油藏数值模拟方法研究

袁益让　芮洪兴　王　宏　著

科 学 出 版 社
北　京

内 容 简 介

油藏数值模拟方法主要包括油田勘探和开发中的渗流力学数值模拟方法、环境科学特别是地下水资源开发和利用与污染问题的防治有关的数值模拟, 以及半导体器件数值模拟中的渗流力学方法等内容. 它是现代计算数学和工业应用数学的重要研究领域. 本书内容包括 Darcy-Forchheimer 正定和半正定混溶驱动问题的数值模拟方法、油藏和半导体问题的块中心差分方法、对流-扩散问题的二阶特征有限元方法和油藏数值模拟的 ELLAM 方法、分数阶的对流-扩散问题的数值方法、区域分解的块中心差分方法和有限元方法、核废料污染和强化采油的混合体积元方法及其理论分析.

本书可作为信息与计算数学、数学与应用数学、计算机软件、计算流体力学、石油勘探与开发、半导体器件、环境与保护、水利和土建等专业的高年级本科生的参考书或研究生教材, 也可供相关领域的教师、科研人员和工程技术人员参考.

图书在版编目(CIP)数据

油藏数值模拟方法研究/袁益让, 芮洪兴, 王宏著. —北京: 科学出版社, 2021.4

ISBN 978-7-03-068651-0

Ⅰ. ①油… Ⅱ. ①袁… ②芮… ③王… Ⅲ.①油藏数值模拟–方法研究 Ⅳ. ①TE319

中国版本图书馆 CIP 数据核字 (2021) 第 073151 号

责任编辑: 王丽平 / 责任校对: 杜子昂
责任印制: 吴兆东 / 封面设计: 无 极

科学出版社 出版
北京东黄城根北街 16 号
邮政编码: 100717
http://www.sciencep.com

北京捷迅佳彩印刷有限公司 印刷
科学出版社发行 各地新华书店经销
*
2021 年 4 月第 一 版 开本: 720 × 1000 1/16
2021 年 4 月第一次印刷 印张: 37 3/4
字数: 760 000

定价: 228.00 元
(如有印装质量问题, 我社负责调换)

前　言

油藏数值模拟方法主要包括油田勘探和开发中的渗流力学数值模拟方法、环境科学特别是地下水资源开发和利用与污染问题的防治有关的数值模拟, 以及半导体器件数值模拟中的渗流力学方法等内容. 它是现代计算数学和工业应用数学的重要研究领域, 著名数学家、油藏数值模拟创始人 J. Douglas Jr. 等开创了能源数值模拟这一重要领域. 20 世纪 80 年代以来, J. Douglas Jr., R. E. Ewing 和 M. F. Wheeler 等针对二相渗流驱动问题, 提出了著名的特征差分方法、特征有限元法和交替方向求解法, 并作了理论分析, 奠定了能源数值模拟方法基础. 本书是作者近年来关于油藏数值模拟中几个重要问题的研究成果的总结.

所谓油藏数值模拟, 就是用电子计算机模拟地下油藏十分复杂的化学、物理及流体流动的真实过程, 以便选出最佳的开采方案和监控措施. 对于三次采油新技术, 特别需要注意驱油剂与油、气、水油藏的宏观构造和微观结构的配伍性, 以及化学剂的用量和能量的消耗. 近年来, 随着电子计算机计算速度和能力惊人的增长, 油藏数值模拟的适用性越来越广泛, 模拟结果越来越精确, 即便极其复杂的油藏情况, 也获得了巨大的成功, 油藏数值模拟已成为石油开采中不可缺少的重要环节. 当多相流体在地下深层多孔介质中流动时, 流体要受到重力、毛细管力和黏滞力的作用, 且在相与相之间可能发生质量交换. 因此用数学模型来描述油藏中流体的流动规律, 就必须考虑上述诸力及相间质量交换的影响. 此外还应考虑油藏的非均质性及复杂的几何形状等. 油藏数值模型首先将非线性系数项线性化, 从而得到线性代数方程组, 再通过线性代数方程组数值解法, 求得所需的未知量: 压力、Darcy 速度、饱和度、温度、组分等的分布和变化. 在此基础上再进行数值解的收敛性和稳定性分析, 使油藏数值模拟的软件系统建立在坚实的数学和力学基础上, 经数十年的迅速发展, 目前油藏数值模拟的理论、方法和应用已从油田开发发展到油气资源评价、油田勘探、半导体器件、地下水资源开发和利用以及环境科学等重要领域, 故通常亦称为能源数值模拟, 或统称为油水资源数值模拟, 本书重点介绍 Darcy-Forchheimer 正定和半正定混溶驱动问题的数值方法、油藏和半导体问题的块中心差分方法、对流-扩散问题的二阶特征有限元方法和油藏数值模拟的 ELLAM 方法、分数阶的对流-扩散问题的数值方法、区域分解的块中心差分方法和有限元方法、核废料污染和强化采油的混合体积元方法和理论分析.

作者在 1970 年应胜利石油管理局地质科学研究院的邀请, 与地质科学研究院水动力学研究室协作, 开始从事油田开发的油水二相渗流驱动问题数值方法和工程应用软件开发研究. 作者在 1985—1988 年访美期间, 师从 J. Douglas Jr. 教授, 系统学习和研究油藏数值模拟、分数步方法等领域的理论、应用和软件开发, 并和 R. E. Ewing 教授合作, 从事强化 (三次) 采油和核废料污染数值模拟等领域的数值方法和应用软件的研究工作, 1988 年回国后带领课题组在此领域承担了 “八五” 国家重点科技攻关计划, 国家 “973” 计划, 攀登计划 (A, B), 国家自然科学基金 (数学、力学), 国家教育委员会博士点基金、中国石油天然气集团有限公司 (中国石油) 和中国石油化工集团有限公司 (中国石化) 等多项攻关项目, 从事这一领域的基础理论和应用技术研究. 全书共十章.

第 1 章研究 Darcy-Forchheimer 混溶渗流驱动问题的数值方法和理论分析. 当流体流速较大和多孔介质不均匀时, 经典的 Darcy 定律已不适用, 对流体的流速和压力必须用 Darcy-Forchheimer 方程来描述. 因此本章主要研究 Darcy-Forchheimer 混溶驱动问题的混合元-特征有限元和混合元-特征差分方法、混合元-特征混合元方法、混合元-特征混合体积元方法、混合元-修正迎风分数步差分方法.

第 2 章研究 Darcy-Forchheimer 油水渗流驱动半正定问题的数值方法. 在许多实际问题中, 饱和度方程经常出现半正定的情况, 此时数值方法和理论分析相对正定情况出现实质性差异和困难. 对于以上情况, 本章主要研究 Darcy-Forchheimer 油水混溶驱动半正定问题的迎风混合元方法、迎风混合元多步方法和网格变动的迎风混合元方法.

第 3 章研究油藏数值模拟的迎风块中心差分方法、块中心差分方法. 它将有限体积元和混合元方法相结合兼有有限差分方法的简单性和有限元方法的高精度性, 并且保持单元质量守恒, 可同时求得压力函数及其 Darcy 流速, 从而提高一阶精确度. 本章主要研究油水渗流驱动问题的块中心方法、迎风块中心多步差分方法、迎风变网格块中心差分方法、可压缩混溶驱动问题混合体积元-迎风混合体积元方法和可压缩二相渗流驱动问题的迎风网格变化的混合体积元方法.

第 4 章研究热传导型半导体器件数值模拟的块中心方法. 我们应用现代油藏数值模拟中具有守恒律特征的块中心差分方法, 来研究半导体瞬态问题的数值计算和分析. 本章主要研究热传导型半导体问题的迎风块中心方法、迎风块中心多步方法和迎风变网格块中心差分方法.

第 5 章研究对流-扩散问题的二阶特征有限元方法的理论和应用. 本章突破了经典的特征有限元方法, 对时间仅能得到一阶精确度的结果具有重要的理论和实用价值. 本章主要研究对流-扩散问题的二阶特征有限元方法和二阶特征有限元方法在年龄结构种群增长模型的应用.

第 6 章研究混溶驱动问题的混合元-欧拉-拉格朗日局部共轭方法, 该方法具有质量守恒这一重要的物理特性, 且离散方程是对称正定的, 可以处理各类边界条件, 适用于大规模科学与工程计算. 本章主要研究对流-扩散方程的几种基于特征线逼近的数值方法和多孔介质中相混溶渗流驱动问题的混合元-欧拉-拉格朗日局部共轭方法.

第 7 章研究分数阶对流-扩散方程的数值方法. 在现代环境科学和技术等领域, 很多实际问题并不满足经典的对流-扩散方程, 需要针对分数阶对流-扩散方程, 研究其新的数值方法, 来解决新的科学和技术问题. 近年来这一领域得到了迅速的发展. 本章主要介绍分数阶偏微分方程的差分方法和导数边界条件的有限差分方法.

第 8 章研究区域分解并行计算块中心差分和有限元方法. 区域分解法是并行求解大型偏微分方程组的有效方法, 将大型计算问题分解为若干小型问题, 简化了计算, 大大减少了计算机时. 由于并行计算机的广泛使用, 这类计算方法得到了迅速发展和广泛使用. 本章主要介绍具有物理守恒律特性的块中心差分区域分解方法和可压缩油水渗流驱动问题的特征修正混合元区域分解方法.

第 9 章研究核废料污染问题的数值模拟方法. 针对核废料污染问题研究具有质量和能量守恒律特性的迎风混合体积元方法及其数值分析. 本章主要研究可压缩核废料污染问题的迎风混合体积元-分数步方法、迎风网格变动的混合体积元-分数步方法和混合体积元-迎风多步混合体积元方法.

第 10 章研究强化采油数值模拟方法, 提出一类具有物理守恒律性质的强化采油数值方法. 本章主要研究化学采油渗流驱动问题的特征混合体积元方法和迎风块中心差分方法.

在油藏数值模拟的基础理论方面, 作者曾先后获得 1995 年国家光华科技基金三等奖, 2003 年教育部提名国家科学技术奖 (自然科学) 一等奖——能源数值模拟的理论和应用, 1997 年国家教育委员会科技进步奖 (甲类自然科学) 二等奖——油水资源数值模拟方法及应用, 1993 年国家教育委员会科技进步奖 (甲类自然科学) 二等奖——能源数值模拟的理论、方法和应用, 1988 年国家教育委员会科技进步奖 (甲类自然科学) 二等奖——有限元方法及其在工程技术中的应用, 并于 1993 年由于培养研究生的突出成果——“面向经济建设主战场探索培养高层次数学人才的新途径” 获国家级优秀教学成果奖一等奖在应用技术方面, 作者先后获得 2010 年国家科技进步奖特等奖 (2010-J-210-0-1-007)——“大庆油田高含水后期 4000 万吨以上持续稳产高效勘探开发技术”, 1995 年山东省科技进步奖一等奖——“三维盆地模拟系统研究”, 2003 年山东省科技进步奖三等奖——“油资源二次运移聚集并行处理区域化精细数值模拟技术研究”, 1997 年国家水利部科技进步奖三等奖——“防治海水入侵主要工程后效和调控模式研究”. 作者多次获山东大学、胜利石油管理局科技进步奖一等奖.

1953 年美国的 G. H. Bruce 等发表了《多孔介质中不稳定气体渗流的计算》一文, 为用电子计算机计算油藏渗流问题开辟了一条新路. 六十多年来, 由于大型快速计算机的迅速发展, 现代大规模科学计算方法不断取得进展和逐步完善, 大大促进油藏数值模拟方法的发展和广泛应用. 目前, 黑油、混相和热力采油模型及其软件已投入工业性生产, 化学驱油模型和软件也正日臻完善. 而且这一方法在近三十年已成功应用到油、气藏勘探 (油气资源评估)、核废料污染、海水入侵预测和防治、地下水资源开发利用和污染防治、半导体器件的数值模拟等众多领域, 并取得重要成果. 可以预期油水资源数值模拟计算方法在 21 世纪将会出现重大的进展和突破, 在国民经济各部门产生重要的经济效益, 并将进一步推动计算数学和工业与应用数学学科的发展, 在国家现代化建设事业中发挥巨大的作用.

关于油藏资源数值模拟计算方法的理论和应用课题的研究, 在数学、渗流力学方面我们始终得到 J. Douglas Jr., R. E. Ewing、姜礼尚教授、石钟慈院士、林群院士、符鸿源研究员的指导、帮助和支持! 在计算渗流力学和石油地质方面得到郭尚平院士、汪集旸院士、秦同洛教授和胜利油田总地质师潘元林、胜利油田地质科学研究院总地质师王捷的指导、帮助和支持! 并一直得到山东大学, 胜利、大庆、长庆等石油管理局和山东省农业委员会有关领导的大力支持! 特在此表示深深的谢意! 本书的出版得到国家科技重大专题课题 (批准号: ZR2011ZX0511-004,201ZX05052)、国家自然科学基金项目 (批准号: 11871312) 和山东大学数学学科人才培养专项经费的资助.

在本课题长达四十多年的研究过程中, 山东大学先后参加此项攻关课题的还有我的学生: 王文洽教授, 羊丹平、梁栋、程爱杰、鲁统超、赵卫东、崔明荣、杜宁和李长峰等博士. 大庆和胜利油田先后参加此项工作的有: 孙长明、戚连庆、桓冠仁、韩玉笈等高级工程师, 他们都为此付出辛勤的劳动. 在此一并表示感谢.

限于作者水平, 书中不当之处在所难免, 恳请读者批评指正.

作　者

2018 年 10 月于山东大学 (济南)

目　录

第 1 章　Darcy-Forchheimer 油水混溶渗流驱动问题的数值方法

对于在多孔介质中一个流体驱动另一个流体的相混溶驱动问题, 流体流速和压力用 Darcy-Forchheimer 方程来描述, 这适用于流速较高和多孔介质不均匀的情况, 此时经典的 Darcy 定律已不再适用. 本章针对此情况研究 Darcy-Forchheimer 油水混溶渗流驱动问题的数值方法和理论分析, 共四节. 1.1 节研究 Darcy-Forchheimer 混溶驱动问题的混合元-特征有限元和混合元-特征差分方法. 1.2 节研究 Darcy-Forchheimer 混溶驱动问题的混合元-特征混合元方法和分析. 1.3 节研究 Darcy-Forchheimer 混溶驱动问题的混合元-特征混合体积元方法和分析. 1.4 节研究 Darcy-Forchheimer 混溶驱动问题的混合元-修正迎风分数步差分方法.

1.1　Darcy-Forchheimer 混溶驱动问题的混合元-特征有限元和混合元-特征差分方法

1.1.1　引言

对于在多孔介质中一个流体驱动另一个流体的相混溶驱动问题, 速度-压力的流动用 Darcy-Forchheimer 方程来描述. 这种不可压缩相混溶驱动问题的数学模型是下述非线性偏微分方程组的初边值问题[1-4]:

$$\mu(c)\kappa^{-1}\mathbf{u}+\beta\rho(c)|\mathbf{u}|\mathbf{u}+\nabla p=r(c)\nabla d,\quad X=(x,y,z)^{\mathrm{T}}\in\Omega,t\in J=(0,\bar{T}],\tag{1.1.1a}$$

$$\nabla\cdot\mathbf{u}=q=q_I+q_p,\quad X\in\Omega,t\in J,\tag{1.1.1b}$$

$$\varphi\frac{\partial c}{\partial t}+\mathbf{u}\cdot\nabla c-\nabla\cdot(D(\mathbf{u})\nabla c)+q_Ic=q_Ic_I,\quad X\in\Omega,t\in J,\tag{1.1.2}$$

此处 Ω 是三维有界区域, $J=(0,\bar{T}]$ 是时间区间.

Darcy-Forchheimer 方程由 Forchheimer 在文献 [1] 中提出并用来描述在多孔介质中流体速度较快和介质不均匀的情况, 特别是在井点附近[2]. 当 $\beta=0$ 时 Darcy-Forchheimer 定律即退化为 Darcy 定律. 关于 Darcy-Forchheimer 定律的理论推导见文献 [3], 关于问题的正则性分析见文献 [4].

模型 (1.1.1) 和 (1.1.2) 表达了两组相混溶混合流体的质量守恒律. $p(X,t)$ 和 $\mathbf{u}(X,t)$ 分别表示流体的压力和 Darcy 速度, $c(X,t)$ 表示混合流体中一个组分的饱和度. $\kappa(X)$, $\varphi(X)$ 和 $\beta(X)$ 分别表示在多孔介质中的绝对渗透率、孔隙度和 Forchheimer 系数. $r(c)$ 是重力系数, $d(X)$ 是垂直坐标. $q(X,t)$ 是产量项, 通常是生产项 q_p 和注入项 q_I 的线性组合, 也就是 $q(X,t) = q_I(X,t) + q_p(X,t)$. c_I 是注入井注入液的饱和度, 是已知的, $c(X,t)$ 是生产井的饱和度.

假设两种流体都不可压缩且混溶后总体积不减, 并且两者之间不发生化学反应. ρ_1 和 ρ_2 为混溶前两种纯流体的密度, 则混溶后的密度为

$$\rho(c) = c\rho_1 + (1-c)\rho_2. \tag{1.1.3}$$

混合后的黏度采用如下的计算格式

$$\mu(c) = (c\mu_1^{-1/4} + (1-c)\mu_2^{-1/4})^{-4}. \tag{1.1.4}$$

这里扩散系数 $D(\mathbf{u})$ 是由分子扩散和机械扩散两部分组成的扩散弥散张量

$$D(\mathbf{u}) = \varphi d_m \mathbf{I} + |\mathbf{u}|(d_l E(\mathbf{u}) + d_t E^{\perp}(\mathbf{u})), \tag{1.1.5}$$

此处 d_m 是分子扩散系数, d_l 是纵向扩散系数, d_t 是横向扩散系数, $E(\mathbf{u}) = \mathbf{u} \otimes \mathbf{u}/|\mathbf{u}|^2$, $E^{\perp}(\mathbf{u}) = \mathbf{I} - E(\mathbf{u})$, $\mathbf{I}$ 是 3×3 单位矩阵.

问题 (1.1.1)—(1.1.5) 的初始和边界条件:

$$\mathbf{u} \cdot \gamma = 0, \quad (D(\mathbf{u})\nabla c - \mathbf{u}c) \cdot \gamma = 0, \quad X \in \partial\Omega, \quad t \in J, \tag{1.1.6a}$$

$$c(X,0) = \hat{c}_0(X), \quad X \in \Omega. \tag{1.1.6b}$$

此处 $\partial\Omega$ 为有界区域 Ω 的边界面, γ 是 $\partial\Omega$ 的外法向矢量.

最早关于 Forchheimer 方程的混合元方法是 Girault 和 Wheeler 引入的[5]. 在文献 [5] 中速度用分片常数逼近, 压力用 Crouzeix-Raviart 元逼近. 这里混合元方法称为 "原始型". 应用 Raviart-Thomas 混合元对 Forchheimer 方程求解和分析见文献 [6,7]. 应用块中心差分格式处理不可压缩和可压缩驱动问题见文献 [8,9]. 应用混合元方法处理依赖时间的问题已被 Douglas 和 Park 研究[11,12], 在文献 [11, 12] 中半离散格式被提出和分析. 关于在多孔介质中两相渗流驱动问题已有 Douglas 学派经典的系列工作, 参见 [13—16]. 但这些工作都是研究经典的 Darcy 流的. 在多孔介质中研究带有 Forchheimer 方程的渗流驱动问题是 Douglas 系列工作实际性的

推广, 并适用于流速较大的渗流和非均匀介质的情况.

在上述工作基础上, 我们对问题 (1.1.1)—(1.1.6) 提出两类实用的计算格式: 格式 I 混合元-特征有限元格式和格式 II 混合元-特征差分格式, 即为 Forchheimer 流动方程应用混合元逼近 (Raviart-Thomas 元, Brezzi-Douglas-Marimi 元等). 格式 I 关于饱和度方程应用特征有限元逼近, 即饱和度方程的对流部分用特征线法, 特征线方法可以保证格式在流体锋线前沿逼近的高度稳定性, 消除数值弥散现象, 并可以得到较小的截断时间误差. 可采用较大的时间步长, 提高整体计算精确度[13-16]. 扩散项采用有限元离散. 格式 II 对饱和度方程应用特征差分逼近[13,14], 即对饱和度方程的对流部分应用特征线法, 对扩散部分采用七点差分格式离散. 本书作者应用微分方程先验估计理论和技巧, 得到关于流体速度、压力和饱和度的误差估计.

为了数值分析, 问题 (1.1.1), (1.1.2) 的系数需要下述正定性假定:

$$
\text{(C)}\quad \begin{cases} 0 < a_*|X|^2 \leqslant (\mu(c)\kappa^{-1}(X)X)\cdot X \leqslant a^*|X|^2, \quad 0<\varphi_* \leqslant \varphi(X) \leqslant \varphi^*, \\ 0 < D_*|X|^2 \leqslant (D(X,\mathbf{u})X)\cdot X \leqslant D^*|X|^2, \quad 0<\rho_* \leqslant \rho(c) \leqslant \rho^*, \\ \left|\dfrac{\partial(\kappa/\mu)}{\partial c}(X,c)\right| + \left|\dfrac{\partial r}{\partial c}(X,c)\right| + |\nabla\varphi| + \left|\dfrac{\partial D}{\partial \mathbf{u}}(X,\mathbf{u})\right| + |q_I(X,t)| \\ +\left|\dfrac{\partial q_I}{\partial t}(X,t)\right| \leqslant K^*, \end{cases} \tag{1.1.7}
$$

此处 a_*, a^*, φ_*, φ^*, D_*, D^*, ρ_* 和 ρ^* 均为确定的正常数.

对于问题(1.1.1)—(1.1.5), 在数值分析时, 还需要正则性条件, 类似于文献[14,15].

格式 I 的正则性条件:

$$
\text{(R-I)}\quad \begin{cases} p\in L^\infty(H^{k+1}), \\ \mathbf{u}\in L^\infty(H^{k+1}(\mathrm{div}))\cap L^\infty(W^{1,\infty})\cap W^{1,\infty}(L^\infty)\cap H^2(L^2), \\ c\in L^\infty(H^{l+1})\cap H^1(H^{l+1})\cap L^\infty(W^{1,\infty})\cap H^2(L^2). \end{cases}
$$

对于我们选定的计算格式, 此处 $l\geqslant 1$, $k\geqslant 1$.

格式 II 的正则性条件:

$$
\text{(R-II)}\quad \begin{cases} p\in L^\infty(H^{k+1}), \\ \mathbf{u}\in L^\infty(H^{k+1}(\mathrm{div}))\cap L^\infty(W^{1,\infty})\cap W^{1,\infty}(L^\infty)\cap H^2(L^2), \\ c\in L^\infty(W^{4,\infty})\cap H^1(W^{4,\infty})\cap L^\infty(W^{1,\infty})\cap H^2(L^2). \end{cases}
$$

我们假定问题 (1.1.1)—(1.1.7) 是 Ω-周期的[13,16,17], 也就是在本节中全部函数假定是 Ω-周期的. 这在物理上是合理的, 因为无流动边界条件 (1.1.6a) 一般能作镜面反射处理, 而且通常在油藏数值模拟中, 边界条件对油藏内部流动影响较小[13,16,17]. 因此边界条件是省略的.

1.1.2 混合元-特征有限元格式

对于 Darcy-Forchheimer 相混溶驱动问题, 我们提出混合元-特征有限元计算格式. 首先引入 Sobolev 空间及其范数如下:

$$
\begin{aligned}
&X = \{\mathbf{u} \in L^2(\Omega)^3, \nabla\cdot\mathbf{u} \in L^2(\Omega), \mathbf{u}\cdot\gamma = 0\}, \quad ||\mathbf{u}||_X = ||\mathbf{u}||_{L^2} + ||\nabla\cdot\mathbf{u}||_{L^2},\\
&M = L_0^2(\Omega) = \left\{p \in L^2(\Omega) : \int_\Omega p dX = 0\right\}, \quad ||p||_M = ||p||_{L^2},\\
&V = H^1(\Omega), \quad ||c||_V = ||c||_{H^1}.
\end{aligned} \tag{1.1.8}
$$

问题 (1.1.1)—(1.1.5) 的弱形式通过乘检验函数和分部积分得到. 寻求 $(\mathbf{u}, p, c) : (0, T] \to (X, M, V)$ 使得

$$
\int_\Omega (\mu(c)\kappa^{-1}\mathbf{u} + \beta\rho(c)|\mathbf{u}|\mathbf{u})\cdot v dX - \int_\Omega p\nabla v dX = \int_\Omega r(c)\nabla d\cdot v dX, \quad \forall v \in X, \tag{1.1.9a}
$$

$$
-\int_\Omega w\nabla\cdot\mathbf{u} dX = -\int_\Omega wq dX, \quad \forall w \in M, \tag{1.1.9b}
$$

$$
\begin{aligned}
&\int_\Omega \left(\varphi\frac{\partial c}{\partial t} + \mathbf{u}\cdot\nabla c\right)\chi dX + \int_\Omega D(\mathbf{u})\nabla c\cdot\nabla\chi dX + \int_\Omega q_I c\chi dX\\
=&\int_\Omega q_I c_I \chi dX, \quad \forall \chi \in V.
\end{aligned} \tag{1.1.9c}
$$

设 Δt_p 是流动方程的时间步长, 第一步时间步长记为 $\Delta t_{p,1}$. 设 $0 = t_0 < t_1 < \cdots < t_M = T$ 是关于时间的一个剖分. 对于 $i \geqslant 1$, $t_i = \Delta t_{p,1} + (i-1)\Delta t_p$. 类似地, 记 $0 = t^0 < t^1 < \cdots < t^N = T$ 是饱和度方程关于时间的一个剖分, $t^n = n\Delta t_c$, 此处 Δt_c 是饱和度方程的时间步长. 我们假设对于任一 m, 都存在一个 n 使得 $t_m = t^n$, 这里 $\dfrac{\Delta t_p}{\Delta t_c}$ 是一个正整数. 记 $j^0 = \Delta t_{p,1}/\Delta t_c$, $j = \Delta t_p/\Delta t_c$. 设 J_p 是一类对于三维区域 Ω 的拟正则 (四面体, 长方六面体) 剖分, 其单元最大直径为 h_p. $(X_h, M_h) \subset X \times M$ 是一个对应于混合元空间指数为 k 的 Raviart-Thomas 元或 Brezzi-Douglas-Marini 元[18,19]. 设 J_c 是一类对应于三维区域 Ω 的拟正则 (四面体, 长方六面体) 剖分, 其单元最大直径为 h_c. $V_h \subset V$ 是对应的标准有限元空间, 其指数为 l.

选定初始逼近: $C_h^0 = \tilde{C}_h^0$, 此处 $\tilde{C}_h^0$ 是初始值 $c_0(X)$ 的椭圆投影, 将在式 (1.1.21) 中定义.

我们提出混合元-特征有限元格式: 寻求 $(\mathbf{U}_{h,m}, P_{h,m}) \in X_h \times M_h, m = 0, 1, \cdots, M$ 和 $C_h^n \in V_h, n = 1, 2, \cdots, N$, 使得

$$\int_\Omega (\mu(\bar{C}_{h,m})\kappa^{-1}\mathbf{U}_{h,m} + \beta\rho(\bar{C}_{h,m})|\mathbf{U}_{h,m}|\mathbf{U}_{h,m}) \cdot v_h dX - \int_\Omega P_{h,m}\nabla v_h dX$$
$$= \int_\Omega r(\bar{C}_{h,m})\nabla d \cdot v_h dX, \quad \forall v_h \in X_h, \tag{1.1.10a}$$

$$-\int_\Omega w_h \nabla \cdot \mathbf{U}_{h,m} dX = -\int_\Omega w_h q_m dX, \quad \forall w_h \in M_h, \tag{1.1.10b}$$

$$\int_\Omega \varphi \frac{C_h^n - \hat{C}_h^{n-1}}{\Delta t_c}\chi_h dX + \int_\Omega D(E\mathbf{U}_h^n)\nabla C_h^n \cdot \nabla\chi_h dX + \int_\Omega q_I^n C_h^n \chi_h dX$$
$$= \int_\Omega q_I^n C_I^n \chi_h dX, \quad \forall \chi_h \in V_h. \tag{1.1.10c}$$

此处 $\hat{C}_h^{n-1} = C_h^{n-1}(\hat{X}^n) = C_h^{n-1}(X - \varphi^{-1}E\mathbf{U}_h^n\Delta t)$, $\hat{X}^n = X - \varphi^{-1}E\mathbf{U}_h^n\Delta t$. 由于在非线性项 μ, ρ 和 r 中用近似解 $C_{h,m}$ 代替在 $t = t_m$ 时刻的真解,

$$\bar{C}_{h,m} = \min\{1, \max(0, C_{h,m})\} \in [0, 1]. \tag{1.1.11}$$

在时间步 t^n, $t_{m-1} < t^n \leqslant t_m$, 应用如下的外推公式

$$E\mathbf{U}_h^n = \begin{cases} \mathbf{U}_{h,0}, & t_0 < t^n \leqslant t_1, m = 1, \\ \left(1 + \dfrac{t^n - t_{m-1}}{t_{m-1} - t_{m-2}}\right)\mathbf{U}_{h,m-1}, & \\ -\dfrac{t^n - t_{m-1}}{t_{m-1} - t_{m-2}}\mathbf{U}_{h,m-2}, & t_{m-1} < t^n \leqslant t_m, m \geqslant 2. \end{cases} \tag{1.1.12}$$

格式的计算程序: 对于 $m=0$, 当 $C_h^0 = C_{h,0}$ 是已知的时, 逼近解 $\{\mathbf{U}_{h,0}, P_{h,0}\}$ 应用 (1.1.10a), (1.1.10b) 能够得到. 再用 (1.1.10c) 可得 $C_h^1, C_h^2, \cdots, C_h^j$. 对 $m \geqslant 1$, 此处 $C_h^{j_0+(m-1)j} = C_{h,m}$ 是已知的, 逼近解 $\{C_{h,m}, P_{h,m}\}$ 应用 (1.1.10a), (1.1.10b) 能够得到, 再用 (1.1.10c) 可得 $C_h^{j_0+(m-1)j+1}, C_h^{j_0+(m-1)j+2}, \cdots, C_h^{j_0+mj}$. 由正定性条件 (C), 可以推断解存在且唯一.

对于三维有限元空间, 我们假定存在不依赖网格剖分的常数 K 使得下述逼近

性质和逆性质成立:

$$
(\mathrm{A_{p,u}}) \quad \begin{cases} \inf\limits_{v_h \in X_h} \|f - v_h\|_{L^q} \leqslant K\|f\|_{W^{m,q}} h_p^m, & 1 \leqslant m \leqslant k+1, \\ \inf\limits_{w_h \in M_h} \|g - w_h\|_{L^q} \leqslant K\|g\|_{W^{m,q}} h_p^m, & 1 \leqslant m \leqslant k+1, \\ \inf\limits_{v_h \in X_h} \|\mathrm{div}(f - v_h)\|_{L^2} \leqslant K\|\mathrm{div} f\|_{H^m} h_p^m, & 1 \leqslant m \leqslant k+1, \end{cases} \tag{1.1.13}
$$

$$
(\mathrm{I_{p,u}}) \quad \|v_h\|_{L^\infty} \leqslant K h_p^{-3/2} \|v_h\|_{L^2}, \quad v_h \in X_h, \tag{1.1.14}
$$

$$
(\mathrm{A_c}) \quad \inf_{\chi_h \in V_h} [\|f - \chi_h\|_{L^2} + h_c\|f - \chi_h\|_{H^1}] \leqslant K h_c^m \|f\|_m, \quad 2 \leqslant m \leqslant k+1, \tag{1.1.15}
$$

$$
(\mathrm{I_c}) \quad \|\chi_h\|_{W^{m,\infty}} \leqslant K h_c^{-3/2} \|\chi_h\|_{W^m}, \quad \chi_h \in V_h. \tag{1.1.16}
$$

定义 Forchheimer 投影算子 (Π_h, P_h): $(\mathbf{u}, p) \to (\Pi_h \mathbf{u}, P_h p) = (\tilde{\mathbf{u}}_h, \tilde{P}_h)$, 由下述方程组确定:

$$
\int_\Omega [\mu(c)\kappa^{-1}(\mathbf{u} - \tilde{\mathbf{u}}_h) + \beta\rho(c)(|\mathbf{u}|\mathbf{u} - |\tilde{\mathbf{u}}_h|\tilde{\mathbf{u}}_h)] \cdot v_h dX - \int_\Omega (p - \tilde{P}_h)\nabla v_h dX = 0, \quad \forall v_h \in X_h, \tag{1.1.17a}
$$

$$
-\int_\Omega w_h \nabla \cdot (\mathbf{u} - \tilde{\mathbf{u}}_h) dX = 0, \quad \forall w_h \in M_h. \tag{1.1.17b}
$$

应用方程式 (1.1.9a) 和 (1.1.9b) 可得

$$
\int_\Omega (\mu(c)\kappa^{-1}\tilde{\mathbf{u}}_h + \beta\rho(c)|\tilde{\mathbf{u}}_h|\tilde{\mathbf{u}}_h) \cdot v_h dX - \int_\Omega \tilde{p}_h \nabla v_h dX = \int_\Omega r(c)\nabla d \cdot v_h dX, \quad \forall v_h \in X_h, \tag{1.1.18a}
$$

$$
-\int_\Omega w_h \nabla \cdot \tilde{\mathbf{u}}_h dX = -\int_\Omega w_h \nabla \cdot \mathbf{u} dX = -\int_\Omega w_h q dX, \quad \forall w_h \in M_h. \tag{1.1.18b}
$$

依据文献 [7] 中的结果, 存在不依赖 h_p 的正常数 K 使得

$$
\|\mathbf{u} - \tilde{\mathbf{u}}_h\|_{L^2}^2 + \|\mathbf{u} - \tilde{\mathbf{u}}_h\|_{L^3}^3 + \|p - p_h\|_{L^2}^2 \leqslant K\{\|\mathbf{u}\|_{W^{k+1,3}}^2 + \|p\|_{H^{k+1}}^2\} h_p^{2(k+1)}. \tag{1.1.19}
$$

当 $k \geqslant 1$ 和 h_p 足够小时, 有

$$
\|\tilde{\mathbf{u}}_h\|_{L^\infty} \leqslant \|\mathbf{u}\|_{L^\infty} + 1. \tag{1.1.20}
$$

对饱和度方程定义椭圆投影[15,16] Σ: $c \to \Sigma c = \tilde{c}_h$, 使得

$$
\int_\Omega D(\mathbf{u})\nabla(c - \tilde{c}_h) \cdot \nabla\chi_h dX + \int_\Omega \mathbf{u} \cdot \nabla(c - \tilde{c}_h)\chi_h dX + \lambda \int_\Omega (c - \tilde{c}_h)\chi_h dX + \int_\Omega q_I(c - \tilde{c}_h) dX = 0. \tag{1.1.21}
$$

此处 λ 是取得足够大的正常数, 保证此椭圆算子是强制的, 故得知其存在且唯一. 记 $\tilde{c}_h(0)=\tilde{C}_h^0$. 应用 (1.1.9c) 可得, 对任一 $\chi_h\in V_h$ 有

$$\begin{aligned}&\int_\Omega D(\mathbf{u})\nabla\tilde{c}_h\cdot\nabla\chi_h dX+\int_\Omega \mathbf{u}\cdot\nabla\tilde{c}_h\,\chi_h dX+\lambda\int_\Omega\tilde{c}_h\,\chi_h dX+\int_\Omega q_I\,\tilde{c}_h\,dX\\&=-\int_\Omega\left(\varphi\frac{\partial c}{\partial t}+\mathbf{u}\cdot\nabla c\right)\chi_h dX+\lambda\int_\Omega c\chi_h dX+\int_\Omega q_I c_I\chi_h dX.\end{aligned}\tag{1.1.22}$$

应用椭圆问题的有限元理论 [17,20,21] 可得

$$||c-\tilde{c}_h||_{L^\infty(L^2)}+h_c||\nabla(c-\tilde{c}_h)||_{L^\infty(L^2)}\leqslant Kh_c^{l+1}||c||_{L^\infty(H^{l+1})},\tag{1.1.23a}$$

$$\left\|\frac{\partial}{\partial t}(c-\tilde{c}_h)\right\|_{L^2}\leqslant Kh_c^{l+1}\left\|\frac{\partial c}{\partial t}\right\|_{L^2},\tag{1.1.23b}$$

$$||\tilde{c}||_{L^\infty(W^{1,\infty})}\leqslant K.\tag{1.1.23c}$$

1.1.3 混合元-特征有限元格式的收敛性分析

为了进行收敛性分析, 我们需要下面几个引理. 引理 1.1.1 是混合元的 LBB 条件, 在文献 [7] 中有详细的论述.

引理 1.1.1 存在不依赖 h 的 $\bar{r}$ 使得

$$\inf_{w_h\in M_h}\sup_{v_h\in X_h}\frac{(w_h,\nabla\cdot v_h)}{||w_h||_{M_h}||v_h||_{X_h}}\geqslant\bar{r}.\tag{1.1.24}$$

下面几个引理是非线性 Darcy-Forchheimer 算子的一些性质.

引理 1.1.2 设 $f(v)=|v|v$, 则存在正常数 $K_i, i=1,2,3$, 对于 $u,v,w\in L^3(\Omega)^d$ 满足

$$K_1\int_\Omega(|u|+|v|)|v-u|^2dX\leqslant\int_\Omega(f(v)-f(u))\cdot(v-u)dX,\tag{1.1.25a}$$

$$K_2||v-u||_{L^3}^3\leqslant\int_\Omega(f(v)-f(u))\cdot(v-u)dX,\tag{1.1.25b}$$

$$K_3\int_\Omega|f(v)-f(u)||v-u|dX\leqslant\int_\Omega(f(v)-f(u))\cdot(v-u)dX,\tag{1.1.25c}$$

$$\int_\Omega(f(v)-f(u))\cdot wdX\leqslant\left[\int_\Omega(|v|+|u|)|v-u|^2dX\right]^{1/2}[||u||_{L^3}^{1/2}+||v||_{L^3}^{1/2}]||w||_{L^3}.\tag{1.1.25d}$$

现在考虑 $(\mathbf{u}, p)$, 因为 $c \in [0,1]$, 容易看到

$$|\bar{C}_{h,m} - c_m| \leqslant |C_{h,m} - c_m|. \tag{1.1.26}$$

从格式 (1.1.10a), (1.1.10b) 和投影 $(\tilde{\mathbf{u}}, \tilde{p})$ 的函数定义 (1.1.17), 可得下述引理.

引理 1.1.3 存在不依赖网格剖分的 K 使得

$$||\mathbf{u}_m - \mathbf{U}_{h,m}||_{L^2}^2 + ||\mathbf{u}_m - \mathbf{U}_{h,m}||_{L^3}^3 \leqslant K\{h_p^{2(k+1)} + ||c_m - C_{h,m}||_{L^2}^2\}. \tag{1.1.27}$$

详细的证明见文献 [7,8].

现在考虑饱和度方程 (1.1.10c) 的误差估计. 记 $c - C_h = \xi - \zeta$, $\xi = c - \tilde{C}_h$, $\zeta = C_h - \tilde{C}_h$. 从方程 (1.1.10a) 减去 (1.1.22) $(t = t^n)$, 经整理可得

$$\begin{aligned}
&\left(\varphi\frac{\zeta^n - \zeta^{n-1}}{\Delta t_c}, \chi_h\right) + (D(E\mathbf{U}_h^n)\nabla\zeta^n, \nabla\chi_h^n) \\
=&\left(\left[\varphi\frac{\partial c^n}{\partial c} + E\mathbf{u}^n \cdot \nabla c^n\right] - \varphi\frac{c^n - \check{c}^{n-1}}{\Delta t}, \chi_h\right) \\
&+ ([\mathbf{u}^n - E\mathbf{u}^n] \cdot \nabla c^n, \chi_h) \\
&+ ([D(\mathbf{u}^n) - D(E\mathbf{U}_h^n)] \cdot \nabla\tilde{c}_h^n, \nabla\chi_h^n) \\
&+ \left(\varphi\frac{\xi^n - \xi^{n-1}}{\Delta t}, \chi_h\right) - (\xi^n, \chi_h) - (q_I^n\zeta^n, \chi_h) \\
&+ \left(\varphi\frac{\hat{c}^n - \check{c}^{n-1}}{\Delta t_c}, \chi_h\right) - \left(\varphi\frac{\hat{\xi}^{n-1} - \check{\xi}^{n-1}}{\Delta t_c}, \chi_h\right) \\
&+ \left(\varphi\frac{\hat{\zeta}^{n-1} - \check{\zeta}^{n-1}}{\Delta t_c}, \chi_h\right) - \left(\varphi\frac{\check{\xi}^{n-1} - \xi^{n-1}}{\Delta t_c}, \chi_h\right) \\
&+ \left(\varphi\frac{\check{\zeta}^{n-1} - \zeta^{n-1}}{\Delta t_c}, \chi_h\right), \quad \chi_h \in M_h, n \geqslant 1.
\end{aligned} \tag{1.1.28}$$

为了得到关于 ζ 的 L^2 估计, 选取 $\chi_h = \zeta^n$ 作为检验函数. 将 (1.1.28) 的右端诸项分别用 $T_1, T_2, \cdots, T_{11}$ 表示. 对左端应用不等式 $a(a-b) \geqslant \frac{1}{2}(a^2 - b^2)$, 经整理可得

$$\frac{1}{2\Delta t_c}\{(\varphi\zeta^n, \zeta^n) - (\varphi\zeta^{n-1}, \zeta^{n-1})\} + (D(E\mathbf{U}_h^n)\nabla\zeta^n, \nabla\zeta^n) \leqslant \sum_{i=1}^{11} T_i. \tag{1.1.29}$$

现在依次估计误差方程 (1.1.29) 右端诸项. 首先考虑 T_1, 记 $\sigma(X)=[\varphi^2(X)+|E\mathbf{U}^n|^2]^{1/2}$, 则

$$\varphi\frac{\partial c^n}{\partial t}+E\mathbf{u}^n\cdot\nabla c^n=\sigma\frac{\partial c^n}{\partial\tau(X,t)},\tag{1.1.30}$$

于是可得

$$\frac{\partial c^n}{\partial\tau}-\frac{\varphi}{\sigma}\frac{c^n-\check{c}^{n-1}}{\Delta t_c}=\frac{\varphi}{\sigma}\int_{(\hat{X},t^{n-1})}^{(X,t)}[|X-\check{X}|^2+(t-t^{n-1})^2]^{1/2}\frac{\partial^2 c}{\partial\tau^2}d\tau,\tag{1.1.31}$$

对上式乘以 σ 并作 L^2 模估计可得

$$\begin{aligned}\left\|\sigma\frac{\partial c^n}{\partial\tau}-\varphi\frac{c^n-\check{c}^{n-1}}{\Delta t_c}\right\|^2&\leqslant\int_\Omega\left[\frac{\varphi}{\Delta t_c}\right]^2\left[\frac{\sigma\Delta t_c}{\varphi}\right]^2\left|\int_{(\check{X},t^{n-1})}^{(X,t)}\frac{\partial^2 c}{\partial\tau^2}d\tau\right|^2dX\\&\leqslant\Delta t_c\left\|\frac{\sigma^3}{\varphi}\right\|_{L^\infty}\int_\Omega\int_{(\check{X},t^{n-1})}^{(X,t)}\left|\frac{\partial^2 c}{\partial\tau^2}\right|^2d\tau dX\\&\leqslant\Delta t_c\left\|\frac{\sigma^4}{\varphi^2}\right\|_{L^\infty}\int_\Omega\int_{t^{n-1}}^{t^n}\left|\frac{\partial^2 c}{\partial\tau^2}(\bar{\tau}\check{X}+(1-\bar{\tau})X)\right|^2dtdX,\end{aligned}\tag{1.1.32}$$

由此可得

$$|T_1|\leqslant K\left\|\frac{\partial^2 c}{\partial\tau^2}\right\|_{L^2(t^{n-1},t^n;L^2)}\Delta t_c+K\|\zeta^n\|^2.\tag{1.1.33}$$

对于 T_2 有

$$|T_2|\leqslant\|\mathbf{u}^n-E\mathbf{u}^n\|\cdot\|\nabla c^n\|_{L^\infty}\cdot\|\zeta^n\|\leqslant K(\Delta t_p)^3\left\|\frac{\partial^2 c}{\partial t^2}\right\|_{L^2(t_{m-1},t_m;L^2)}+K\|\zeta^n\|^2.\tag{1.1.34}$$

对于 T_3, 由估计式 (1.1.34) 有

$$\begin{aligned}\|E\mathbf{u}^n-E\,\tilde{\mathbf{u}}_h^n\|&\leqslant K\{\|\mathbf{u}_{m-1}-\tilde{\mathbf{u}}_{h,m-1}\|+\|\mathbf{u}_{m-2}-\tilde{\mathbf{u}}_{h,m-2}\|\}\\&\leqslant K(\|p\|_{L^\infty(H^{l+1})},\|\mathbf{u}\|_{L^\infty(H^{k+1}(\mathrm{div}))})h_p^{k+1},\end{aligned}$$

且由估计式 (1.1.27) 可得

$$\begin{aligned}\|E\,\tilde{\mathbf{u}}_h^n-E\mathbf{U}_h^n\|&\leqslant K\{h_p^{k+1}+\|c_{m-1}-C_{h,m-1}\|+\|c_{m-2}-C_{h,m-2}\|\}\\&\leqslant K\{h_p^{k+1}+h_c^{l+1}+\|\zeta_{m-1}\|+\|\zeta_{m-2}\|\}.\end{aligned}$$

由上述两个估计式可得

$$
\begin{aligned}
|T_3| \leqslant & K\{||\mathbf{u}^n - E\mathbf{u}^n|| + ||E\mathbf{u}^n - E\,\tilde{\mathbf{u}}_h^n|| + ||E\,\tilde{\mathbf{u}}_h^n - E\mathbf{U}_h^n||\} \cdot ||\nabla\,\tilde{c}_h^n\,||_{L^\infty} \cdot ||\nabla\zeta^n|| \\
\leqslant & K(\Delta t_p)^3 \left|\left|\frac{\partial^2 \mathbf{u}}{\partial t^2}\right|\right|_{L^2(t_{m-1},t_m;L^2)} + K(||p||_{L^\infty(H^{l+1})}, ||\mathbf{u}||_{L^\infty(H^{k+1}(\mathrm{div}))})h_p^{2(k+1)} \\
& + K||c||_{L^\infty(H^{l+1})}h_c^{2(l+1)} + K[||\zeta_{m-1}||^2 + ||\zeta_{m-2}||^2] + \varepsilon||\zeta^n||^2.
\end{aligned} \tag{1.1.35}
$$

类似地可得

$$
\begin{aligned}
|T_4| \leqslant & K\left\{\left|\left|\frac{\xi^n - \xi^{n-1}}{\Delta t_c}\right|\right|^2 + ||\zeta^n||^2\right\} \leqslant K\left\{(\Delta t_c)^{-1}\left|\left|\frac{\partial \xi}{\partial t}\right|\right|_{L^2(t^{n-1},t^n;L^2)} + ||\zeta^n||^2\right\} \\
\leqslant & K(\Delta t_c)^{-1}h_c^{2(l+1)}||c||_{H^1(t^{n-1},t^n;H^{l+1})} + K||\zeta^n||^2.
\end{aligned} \tag{1.1.36}
$$

对于 T_5, T_6, 有

$$
|T_5| \leqslant K||c||_{L^\infty(H^{k+1})}h_c^{2(l+1)} + K||\zeta^n||^2, \tag{1.1.37}
$$

$$
|T_6| \leqslant K||\zeta^n||^2. \tag{1.1.38}
$$

估计 T_7, T_8 和 T_9 导致下述一般的关系式. 若函数 f 定义在 Ω 上, f 对应的是 c, ζ 和 ξ, Z 表示方向 $E\mathbf{U}_h^n - E\mathbf{u}^n$ 的单位矢量. 则

$$
\begin{aligned}
& \int_\Omega \varphi \frac{\hat{f}^{n-1} - \check{f}^{n-1}}{\Delta t}\zeta^n dX = (\Delta t_c)^{-1}\int_\Omega \varphi\left[\int_{\check{X}}^{\hat{X}} \frac{\partial f^{n-1}}{\partial Z}dZ\right]\zeta^n dX \\
= & (\Delta t)^{-1}\int_\Omega \varphi\left[\int_0^1 \frac{\partial f^{n-1}}{\partial Z}((1-\bar{Z})\check{X} + \bar{Z}\hat{X})d\bar{Z}\right]\left|\hat{X} - \check{X}\right|\zeta^n dX \\
= & \int_\Omega \left[\int_0^1 \frac{\partial f^{n-1}}{\partial Z}((1-\bar{Z})\check{X} + \bar{Z}\hat{X})d\bar{Z}\right]|E(\mathbf{u} - \mathbf{U}_h)^n|\,\zeta^n dX,
\end{aligned} \tag{1.1.39}
$$

此处参数 $\bar{Z} \in [0,1]$, 应用关系式 $\hat{X} - \check{X} = \Delta t_c[E(\mathbf{u} - \mathbf{U}_h)^n]/\varphi(X)$. 设

$$
g_f = \int_0^1 \frac{\partial f^{n-1}}{\partial Z}((1-\bar{Z})\check{X} + \bar{Z}\hat{X})d\bar{Z},
$$

则可写出关于式 (1.1.39) 三个特殊情况:

$$
|T_7| \leqslant ||g_c||_\infty\,||E(\mathbf{u} - \mathbf{U}_h)^n||\,||\zeta^n||, \tag{1.1.40a}
$$

$$
|T_8| \leqslant ||g_\xi||\,||E(\mathbf{u} - \mathbf{U}_h)^n||\,||\zeta^n||_{L^\infty}, \tag{1.1.40b}
$$

$$
|T_9| \leqslant ||g_\zeta||\,||E(\mathbf{u} - \mathbf{U}_h)^n||\,||\zeta^n||_{L^\infty}. \tag{1.1.40c}
$$

在 T_3 的估计中曾经指出

$$||E(\mathbf{u}-\mathbf{U}_h)^n||^2 \leqslant K\left\{h_p^{2(k+1)}+h_c^{2(l+1)}+||\zeta_{m-1}||^2+||\zeta_{m-1}||^2\right\}. \tag{1.1.41}$$

因为 $g_c(X)$ 是 c^{n-1} 的一阶偏导数的平均值, 它能用 $||c^{n-1}||_{W^1_\infty}$ 来估计. 由式 (1.1.40a) 可得

$$|T_7| \leqslant K\left\{||\zeta_{m-1}||^2+||\zeta_{m-2}||^2+h_p^{2(k+1)}+h_c^{2(l+1)}\right\}. \tag{1.1.42}$$

为了估计 $||g_\xi||$ 和 $||g_\zeta||$, 需要作归纳法假定:

$$||\mathbf{U}_{h,m-i}||_\infty \leqslant \left[\frac{h_p}{\Delta t_c}\right]^{1/2}. \tag{1.1.43}$$

现在考虑

$$||g_f||^2 \leqslant \int_0^1\int_\Omega\left[\frac{\partial f^{n-1}}{\partial Z}((1-\bar{Z})\check{X}+\bar{Z}\hat{X})\right]^2 dXd\bar{Z}. \tag{1.1.44}$$

定义变换

$$G_{\bar{Z}}(X)=(1-\bar{Z})\check{X}+\bar{Z}\hat{X}=X-[E\mathbf{u}^n(X)-E(\mathbf{U}_h-\mathbf{u})^n(X)]\frac{\Delta t_c}{\varphi(X)}. \tag{1.1.45}$$

设 J 是压力网格剖分单元, 则式 (1.1.44) 可写为

$$||g_f||^2 \leqslant \int_0^1\sum_J\left|\frac{\partial f^{n-1}}{\partial Z}(G_{\bar{Z}}(X))\right|^2 dXd\bar{Z}. \tag{1.1.46}$$

应用归纳法假定 (1.1.43), 注意到

$$|\nabla(E\mathbf{U}_h)|\Delta t_c \leqslant Kh_p^{-1}||\mathbf{u}_{h,m-i}||_\infty\Delta t \leqslant K\left[\frac{\Delta t_c}{\Delta t_p}\right]^{1/2}=o(1).$$

这里由于 $\Delta t_c = o(h_p)$, 因此

$$\det DG_{\bar{Z}} = 1+o(1).$$

则式 (1.1.46) 进行变量替换后可得

$$||g_f||^2 \leqslant K\left||\nabla f^{n-1}\right||^2. \tag{1.1.47}$$

于是应用 Sobolev 嵌入定理[22], 并注意到 $l \geqslant 1$ 可得下述估计:

$$
\begin{aligned}
|T_8| &\leqslant K\|\nabla\xi^{n-1}\| \cdot \|E(\mathbf{u}-\mathbf{U}_h)^n\| \cdot (1+\log h_c^{-1})^{2/3} h_c^{-1/2} \|\nabla\zeta^n\| \\
&\leqslant K h_c^{2l} h_c^{-1}(1+\log h_c^{-1})^{4/3} \|E(\mathbf{u}-\mathbf{U}_h)^n\|^2 + \varepsilon \|\zeta^n\|_1^2 \\
&\leqslant K \|E(\mathbf{u}-\mathbf{U}_h)^n\|^2 + \varepsilon \|\zeta^n\|_1^2 .
\end{aligned} \tag{1.1.48}
$$

从式 (1.1.27) 我们清楚地看到 $\|E(\mathbf{u}-\mathbf{U}_h)^n\|_m = o((1+\log h_c^{-1})^{2/3} h_c^{-1/2})$, 因为定理将证明 $\|\zeta_{m-i}\| = O(h_p^{k+1} + h_c^{l+1} + \Delta t_c + (\Delta t_{p,1})^{3/2} + (\Delta t_p)^2)$. 类似于在文献 [15] 中的分析, 得到下述估计

$$
\begin{aligned}
|T_9| &\leqslant K\|\nabla\zeta^{n-1}\| \cdot \|E(\mathbf{u}-\mathbf{U}_h)^{n+1}\| \cdot (1+\log h_c^{-1})^{2/3} h_c^{-1/2} \|\nabla\zeta^n\| \\
&\leqslant \varepsilon\{\|\zeta^n\|_1^2 + \|\zeta^{n-1}\|_1^2\}.
\end{aligned} \tag{1.1.49}
$$

综合估计式 (1.1.42), (1.1.48) 和 (1.1.49) 并利用估计式 (1.1.27) 可得

$$
\begin{aligned}
|T_7| + |T_8| + |T_9| \leqslant & K\{h_p^{2(k+1)} + h_c^{2(l+1)} + \|\zeta_{m-1}\|^2 + \|\zeta_{m-2}\|^2 \\
& + \|\zeta^n\|^2\} + \varepsilon\{\|\zeta^n\|_1^2 + \|\zeta^{n-1}\|_1^2\}.
\end{aligned} \tag{1.1.50}
$$

对 T_{10}, T_{11} 应用负模估计可得

$$
|T_{10}| \leqslant K h_c^{2(l+1)} + \varepsilon \|\zeta^n\|_1^2 . \tag{1.1.51}
$$

$$
|T_{11}| \leqslant K \left\|\zeta^{n-1}\right\|^2 + \varepsilon \|\zeta^n\|_1^2 . \tag{1.1.52}
$$

对误差估计式 (1.1.29) 左右两端分别应用式 (1.1.33)—(1.1.38), (1.1.50)—(1.1.52) 可得下述估计式

$$
\begin{aligned}
& \frac{1}{2\Delta t_c}\{(\varphi\zeta^n, \zeta^n) - (\varphi\zeta^{n-1}, \zeta^{n-1})\} + (D(E\mathbf{U}_h^n)\nabla\zeta^n, \nabla\zeta^n) \\
\leqslant & K\{\|c\|_{H^1(t^{n-1},t^n;L^2)} h_c^{2(l+1)} (\Delta t_c)^{-1} + \|c\|_{L^\infty(H^{l+1})} h_c^{2(l+1)}\} \\
& + K(\|p\|_{L^\infty(H^{l+1})}, \|\mathbf{u}\|_{L^\infty(H^{k+1}(\mathrm{div}))}) \cdot h_p^{2(k+1)} \\
& + K\left\|\frac{\partial^2 c}{\partial\tau^2}\right\|_{L^2(t^{n-1},t^n;L^2)} \Delta t_c + K\left\|\frac{\partial^2 \mathbf{u}}{\partial t^2}\right\|_{L^2(t_{m-1},t_m;L^2)} (\Delta t_p)^3 \\
& + K\{\left\|\zeta^{n-1}\right\|^2 + \|\zeta^n\|^2 + \|\zeta_{m-1}\|^2 + \|\zeta_{m-2}\|^2\} + \varepsilon\{\|\zeta^n\|_1^2 + \left\|\zeta^{n-1}\right\|_1^2\}.
\end{aligned} \tag{1.1.53}
$$

对上式乘以 $2\Delta t_c$, 对 n 求和 $(0 \leqslant n \leqslant L)$, 注意到 $\zeta^0 = 0$, 由正定性条件 (C), 最后项可消去, 并应用 Gronwall 引理可得

$$\max_n \|\zeta^n\|^2 + \sum_n \|\nabla\zeta^n\|^2 \Delta t \leqslant K\left\{h_p^{2(k+1)} + h_c^{2(l+1)} + (\Delta t_c)^2 + (\Delta t_{p,1})^3 + (\Delta t_p)^4\right\}. \tag{1.1.54}$$

下面需要检验归纳法假定 (1.1.43). 对于 $t^n = t_m$ 时, 注意到 (1.1.20), (1.1.27), (1.1.11), (1.1.54) 和限制性条件

$$\Delta t_c = o(h_p^{3/2}),\quad h_c^{l+1} = o(h_p^{3/2}),\quad (\Delta t_{p,1})^{3/2} = o(h_p^{3/2}),\quad (\Delta t_p)^2 = o(h_p^{3/2}). \tag{1.1.55}$$

有

$$\begin{aligned}
\|\mathbf{U}_{h,m}\|_{L^\infty} &\leqslant \|\tilde{\mathbf{u}}_{h,m}\|_{L^\infty} + \|\tilde{\mathbf{u}}_{h,m} - \mathbf{U}_{h,m}\|_{L^\infty} \leqslant K + Kh_p^{-3/2}\|\tilde{\mathbf{u}}_{h,m} - \mathbf{U}_{h,m}\| \\
&\leqslant K + Kh_p^{-3/2}\{h_p^{k+1} + h_c^{l+1} + \Delta t_c + (\Delta t_{p,1})^{3/2} + (\Delta t_p)^2 + \|\zeta_{m-1}\| \\
&\quad + \|\zeta_{m-2}\|\} \\
&\leqslant K + Kh_p^{-3/2}\{h_p^{k+1} + h_c^{l+1} + \Delta t_c + (\Delta t_{p,1})^{3/2} + (\Delta t_p)^2\} \\
&\leqslant \left[\frac{h_p}{\Delta t_c}\right]^{1/2}.
\end{aligned} \tag{1.1.56}$$

归纳法假定得证.

由估计式 (1.1.19), (1.1.23), (1.1.27) 和 (1.1.54), 可以建立下述定理.

定理 1.1.1 假定问题 (1.1.1)—(1.1.6) 满足正定性条件 (C), 正则性条件 (R-I), 并且有限元空间指数 $k \geqslant 1$, $l \geqslant 1$, 且剖分参数满足限制性条件 (1.1.55). 则存在一个不依赖于剖分的常数 K 使得

$$\begin{aligned}
&\max_n \|c^n - C_h^n\|_{L^2}^2 + \sum_{n=0}^{L} \|\nabla(c^n - C_h^n)\|_{L^2}^2 \Delta t_c \\
&\leqslant K\{h_p^{2(k+1)} + h_c^{2(l+1)} + (\Delta t_c)^2 + (\Delta t_{p,1})^3 + (\Delta t_p)^4\},
\end{aligned} \tag{1.1.57a}$$

$$\max_m \|\mathbf{u}_m - \mathbf{U}_{h,m}\|_{L^2}^2 \leqslant K\{h_p^{2(k+1)} + h_c^{2(l+1)} + (\Delta t_c)^2 + (\Delta t_{p,1})^3 + (\Delta t_p)^4\}, \tag{1.1.57b}$$

此处常数 K 不依赖于网格剖分参数, 仅依赖于函数 $p, \mathbf{u}, c$ 及其导函数.

1.1.4 混合元-特征差分方法和收敛性分析

在研究格式 I 混合元-特征有限元的基础上, 研究更为实用的混合元-特征差分格式. 在这里仍然研究不可压缩混溶驱动问题 (1.1.1)—(1.1.6). 仅对饱和度方程 (1.1.2) 的扩散项 $D(\mathbf{u})$ 做了简化, 假定其仅为分子扩散项, 即 $D = D(X) = d_m\varphi(X)$[13,14].

对流动方程 (1.1.1) 如同 1.1.2 小节, 1.1.3 小节选用同样的混合元方法, 对饱和度方程 (1.1.2) 采用特征差分方法. 在物理上这流动是沿着特征线迁移的, 因此选用特征线法具有很高的逼近精度, 特别是锋线前沿具有高稳定性, 且可用大步长计算[13,14].

我们将方程 (1.1.2) 写为下述形式

$$\psi(X,t,\mathbf{u})\frac{\partial c}{\partial \tau} - \nabla\cdot(D\nabla c) + q_I c = q_I c_I, \tag{1.1.58}$$

此处 $\psi(X,t,\mathbf{u}) = [\varphi^2(X) + |\mathbf{u}(X,t)|^2]^{1/2}$, $\dfrac{\partial}{\partial\tau} = \psi^{-1}\left\{\varphi\dfrac{\partial}{\partial t} + \mathbf{u}\cdot\nabla\right\}$. 用向后差商离散饱和度方程 (1.1.58).

用 $E\mathbf{U}^n_{h,ijk}$ 表示经混合元方法计算出的 $E\mathbf{U}^n_h$ 在 X_{ijk} 处的值. 记 $\hat{X}^{n-1}_{ijk} = X_{ijk} - \varphi^{-1}_{ijk}E\mathbf{U}^n_{h,ijk}\Delta t_c$, $\hat{C}^{n-1}_{ijk} = C^{n-1}(\hat{X}^{n-1}_{ijk})$, $\check{X}^{n-1}_{ijk} = X_{ijk} - \varphi^{-1}_{ijk}E\mathbf{u}^n_{ijk}\Delta t_c$, $\check{c}_{ijk} = c^{n-1}(t^{n-1}, \check{X}^n_{ijk})$, 此处 $C^{n-1}(X)$ 是由节点值 $\{C^{n-1}_{ijk}\}$ 的三二次插值函数确定[22].

容易指出

$$\left(\psi\frac{\partial c}{\partial\tau}\right)(t^n, X_{ijk}) = \varphi_{ijk}\frac{c^n_{ijk} - \check{c}^{n-1}_{ijk}}{\Delta t_c} + O\left(\left|\frac{\partial^2 c}{\partial\tau^2}\right|\Delta\tau\right), \tag{1.1.59}$$

此处 $\dfrac{\partial^2 c}{\partial\tau^2}$ 在 (t^n, X_{ijk}) 和 (t^{n-1}, X^{n-1}_{ijk}) 之间取值.

自然, 我们用下述特征差分格式逼近饱和度方程 (1.1.58):

$$\varphi_{ijk}\frac{C^n_{ijk} - \hat{C}^{n-1}_{ijk}}{\Delta t_c} - \nabla_h(D\nabla_h C^n)_{ijk} + q_I C^n_{ijk} = q_I C^n_{I,ijk}, \tag{1.1.60}$$

此处

$$\nabla_h(D\nabla_h C^n)_{ijk} = \delta_{\bar{x}}(D\delta_x C^n)_{ijk} + \delta_{\bar{y}}(D\delta_y C^n)_{ijk} + \delta_{\bar{z}}(D\delta_z C^n)_{ijk},$$

$$\delta_{\bar{x}}(D\delta_x C^n)_{ijk} = \frac{1}{h_1}\left\{D(X_{i+1/2,jk})\frac{C^n_{i+1,jk} - C^n_{ijk}}{h_1} - D(X_{i-1/2,jk})\frac{C^n_{ijk} - C^n_{i-1,jk}}{h_1}\right\},$$

$$\delta_{\bar{y}}(D\delta_y C^n)_{ijk} = \frac{1}{h_2}\left\{D(X_{i,j+1/2,k})\frac{C^n_{i,j+1,k} - C^n_{ijk}}{h_2} - D(X_{i,j-1/2,k})\frac{C^n_{ijk} - C^n_{i,j-1,k}}{h_2}\right\},$$

$$\delta_{\bar{z}}(D\delta_z C^n)_{ijk} = \frac{1}{h_3}\left\{D(X_{ij,k+1/2})\frac{C^n_{ij,k+1}-C^n_{ijk}}{h_3} - D(X_{ij,k-1/2})\frac{C^n_{ijk}-C^n_{ij,k-1}}{h_3}\right\}.$$

注意到初始逼近:

$$C^0_{ijk} = c_0(X_{ijk}). \tag{1.1.61}$$

如果 C^{n-1}_{ijk} 已知, 应用混合元格式 (1.1.10) 求出 $(E\mathbf{U}^n_{h,m}, P^n_{h,m})$, 再利用 (1.1.60) 求出 C^n_{ijk}. 由正定性条件 (C) 可知其解存在且唯一.

为了讨论混合元-特征差分格式的收敛性分析, 记 $\xi_{ijk} = c(X_{ijk}) - C_{ijk}$. 由饱和度方程 (1.1.58) $(t = t^n)$ 和差分方程 (1.1.60) 相减, 可得下述误差方程式:

$$\varphi_{ijk}\frac{\xi^n_{ijk} - (c^{n-1}(\check{X}^{n-1}_{ijk}) - \hat{C}^{n-1}_{ijk})}{\Delta t_c} - \nabla_h(D\nabla_h\xi^n)_{ijk} + q^n_{I,ijk}\xi^n_{ijk} = \varepsilon^n_{ijk}, \tag{1.1.62}$$

$$|\varepsilon^n_{ijk}| \leqslant K_1\left\{||c||_{4,\infty}, \left\|\frac{\partial^2 c}{\partial\tau^2}\right\|_{0,\infty}\right\}(h_c^2 + \Delta t). \tag{1.1.63}$$

在此处用 $||\cdot||_{j,r}$ 表示在空间 $L^\infty(0,T;W^{j,r}(\Omega))$ 的模, 节点值 ξ^{n-1}_{ijk} 为函数 $\xi^{n-1} = I_2(\xi^{n-1}_{ijk})$, 它是分块三二次插值函数[20]和记 $\hat{\xi}^{n-1}_{ijk} = \xi^{n-1}(\hat{X}^{n-1}_{ijk})$.

注意到 (1.1.62) 的表达式

$$\begin{aligned}\xi^n_{ijk} - (c^{n-1}(\check{X}^{n-1}_{ijk}) - \hat{C}^{n-1}_{ijk}) = &(\xi^n_{ijk} - \hat{\xi}^{n-1}_{ijk}) - (c^{n-1}(\check{X}^{n-1}_{ijk}) - c^{n-1}(\hat{X}^{n-1}_{ijk})) \\ &+ (I - I_2)c^{n-1}(\hat{X}^{n-1}_{ijk}).\end{aligned} \tag{1.1.64}$$

首先

$$|(I - I_2)c^{n-1}(\hat{X}^{n-1}_{ijk})| \leqslant K_2||c||_{2,\infty}\min(h_c^2 + h_c\Delta t), \tag{1.1.65a}$$

当 $|E\mathbf{U}^n_{h,ijk}|\Delta t\varphi^{-1}_{ijk} < \dfrac{1}{2}h_c$ 时, 出现此项.

其次

$$\begin{aligned}|c^{n-1}(\check{X}^n_{ijk}) - c^{n-1}(\hat{X}^n_{ijk})| &\leqslant ||c^{n-1}||_{1,\infty}|\check{X}^n_{ijk} - \hat{X}^n_{ijk}| \\ &\leqslant K_3||c^{n-1}||_{1,\infty}|\mathbf{u}^n_{ijk} - E\mathbf{U}^n_{h,ijk}|\Delta t,\end{aligned} \tag{1.1.65b}$$

因此方程 (1.1.62) 可改写为

$$\varphi_{ijk}\frac{\xi^n_{ijk} - \hat{\xi}^{n-1}_{ijk}}{\Delta t} - \nabla_h(D\nabla_h\xi^n)_{ijk} + q^n_{I,ijk}\xi^n_{ijk} = \tilde{\varepsilon}^n_{ijk}, \tag{1.1.66}$$

此处

$$|\,\hat{\varepsilon}_{ijk}^n\,| \leqslant K_4\left(\|c\|_{4,\infty}, \left\|\frac{\partial^2 c}{\partial \tau^2}\right\|_{0,\infty}\right)\{h_c^2+\Delta t\}+K_4(\|c\|_{1,\infty})|\mathbf{u}_{ijk}^n - E\mathbf{U}_{h,ijk}^n|\Delta t. \tag{1.1.67}$$

对方程式 (1.1.66) 乘以检验函数 ξ_{ijk}^n, 求和并分部求和, 应用估计式 (1.1.27), 经整理可得

$$\begin{aligned}
&\frac{1}{2\Delta t}\{\langle\varphi\xi^n,\xi^n\rangle - \langle\varphi\hat{\xi}^{n-1},\xi^n\rangle\} + \langle D\nabla_h\xi^n,\nabla_h\xi^n\rangle + \langle q_I\xi^n,\xi^n\rangle\\
&\leqslant K_5\left(\|c\|_{4,\infty}, \left\|\frac{\partial^2 c}{\partial \tau^2}\right\|_{0,\infty}, \|p\|_{k,2}\right)\\
&\quad\cdot\{|\xi_{m-1}|_0^2+|\xi_{m-2}|_0^2+h_p^{2(k+1)}+h_c^4+(\Delta t_c)^2\}+K_6(\|p\|_{3,2})h_p^4,
\end{aligned} \tag{1.1.68}$$

最后一项是用 $l^2(\Omega)$ 模代替 $L^2(\Omega)$ 模时出现的, 当 $k=0$ 或 $k=1$ 时没有此项[14].

下面估计项 $\langle\varphi\hat{\xi}^{n-1},\xi^n\rangle$, 写 $\hat{\xi}_{ijk}^{n-1}$ 为下面形式:

$$\begin{aligned}
\hat{\xi}_{ijk}^{n-1} &= \xi^{n-1}(X_{ijk}-\varphi^{-1}\mathbf{u}_{ijk}^n\Delta t)\\
&\quad+[\xi^{n-1}(X_{ijk}-\varphi^{-1}E\mathbf{U}_{h,ijk}^n\Delta t)-\xi^{n-1}(X_{ijk}\\
&\quad-\varphi^{-1}\mathbf{u}_{ijk}^n\Delta t)]\\
&= \xi^{n-1}(X_{ijk}-\varphi^{-1}\mathbf{u}_{ijk}^n\Delta t)+r_{ijk}^{n-1}.
\end{aligned} \tag{1.1.69}$$

从文献 [13,14] 可知

$$\sum_{i,j,k}\varphi_{ijk}[\xi^{n-1}(X_{ijk}-\varphi^{-1}\mathbf{u}_{ijk}^n\Delta t)]^2h_c^3 \leqslant \{1+K_7(\|c\|_{1,\infty},\|p\|_{2,\infty})\Delta t\}\langle\varphi\xi^{n-1},\xi^{n-1}\rangle. \tag{1.1.70}$$

随后需要估计

$$\begin{aligned}
\langle\varphi\xi^{n-1},\xi^{n-1}\rangle &\leqslant K_8\Delta t\langle|\mathbf{u}^n - E\mathbf{U}_h^n||\nabla\xi^{n-1}|,|\xi^{n-1}|\rangle\\
&\leqslant K_8\Delta t|\xi^n|_{0,\infty}|\mathbf{u}^n - E\mathbf{U}_h^n|_0|\nabla\xi^{n-1}|_0\\
&\leqslant K_9\Delta t\left(1+\log\frac{1}{h_c}\right)^{2/3}h_c^{-1/2}|\mathbf{u}^n - E\mathbf{U}_h^n|_0|\xi^n|_1|\nabla\xi^{n-1}|_0,
\end{aligned} \tag{1.1.71}$$

这里应用了 Sobolev 嵌入定理[22,23]的结果.

将估计式 (1.1.70), (1.1.71) 代入 (1.1.68) 中经整理可得

$$\frac{1}{2\Delta t}\{\langle\varphi\xi^n,\xi^n\rangle - \langle\varphi\xi^{n-1},\xi^{n-1}\rangle\}+d_*|\nabla_h\xi^n|_0^2$$

$$
\begin{aligned}
&-K_9\left(1+\log\frac{1}{h_c}\right)^{2/3} h_c^{-1/2}|\mathbf{u}^n-E\mathbf{U}_h^n|_0\{|\nabla_h\xi^n|_0^2+|\nabla_h\xi^{n-1}|_0^2\}\\
\leqslant &K_9\left\{\left(1+\log\frac{1}{h_c}\right)^{2/3} h_c^{-1/2}|\mathbf{u}^n-E\mathbf{U}_h^n|_0|\xi^n|_0^2\right.\\
&\left.+|\xi^{n-1}|_0^2+h_p^{2(k+1)}+h_c^4+(\Delta t)^2\right\}.
\end{aligned}
\tag{1.1.72}
$$

引入归纳法假设

$$
\max_n|\mathbf{u}^n-E\mathbf{U}_h^n|_0\to 0,\quad \left(1+\log\frac{1}{h_c}\right)^{2/3} h_c^{-1/2}\to 0,\quad \Delta t\to 0,(h_p,h_c)\to 0.
\tag{1.1.73}
$$

因此有

$$
K_9|\mathbf{u}^n-E\mathbf{U}_h^n|_0\left(1+\log\frac{1}{h_c}\right)^{2/3} h_c^{-1/2}\leqslant\frac{1}{3}d_*,
\tag{1.1.74a}
$$

$$
K_9\left(1+\log\frac{1}{h_c}\right)^{2/3} h_c^{-1/2}|\mathbf{u}^n-E\mathbf{U}_h^n|_0\leqslant K_{10}.
\tag{1.1.74b}
$$

对误差方程 (1.1.72) 应用估计式 (1.1.74),

$$
\begin{aligned}
&\frac{1}{2\Delta t}\{\langle\varphi\xi^n,\xi^n\rangle-\langle\varphi\xi^{n-1},\xi^{n-1}\rangle\}+\frac{2}{3}d_*|\nabla_h\xi^n|_0^2-\frac{1}{3}d_*|\nabla_h\xi^{n-1}|_0^2\\
\leqslant &K_{10}\{|\xi^n|_0^2+|\xi^{n-1}|_0^2+h_p^{2(k+1)}+h_c^4+(\Delta t)^2\}.
\end{aligned}
\tag{1.1.75}
$$

式 (1.1.75) 乘以 $2\Delta t$, 对 n 求和, 并注意到 $\xi^0=0$, 可得

$$
\langle\varphi\xi^L,\xi^L\rangle+\sum_{n=1}^{L}|\nabla_h\xi^n|_0^2\Delta t\leqslant K_{11}\left\{\sum_{n=1}^{L}|\xi^n|_0^2\Delta t+h_p^{2(k+1)}+h_c^4+(\Delta t)^2\right\}.
\tag{1.1.76}
$$

应用 Gronwall 引理可得

$$
\langle\varphi\xi^L,\xi^L\rangle+\sum_{n=1}^{L}|\nabla_h\xi^n|_0^2\Delta t\leqslant K_{12}\{h_p^{2(k+1)}+h_c^4+(\Delta t)^2\}.
\tag{1.1.77}
$$

由 (1.1.27) 和 (1.1.77) 可以推得

$$
|\mathbf{u}^n-E\mathbf{U}_h^n|_0\leqslant K_{13}\{h_p^{k+1}+h_c^2+\Delta t\}.
\tag{1.1.78}
$$

再满足下述剖分限制性条件

$$\Delta t = o(h_c), \quad h_p^{k+1} = o(h_c). \tag{1.1.79}$$

可以直接推出

$$\left(1 + \log \frac{1}{h_c}\right)^{2/3} h_c^{-1/2} \{h_p^{k+1} + h_c^2 + \Delta t\} \to 0. \tag{1.1.80}$$

归纳法假定 (1.1.73) 得证.

可以推得

$$\max_m \|\mathbf{u}_m - E\mathbf{U}_{h,m}\|_0 \leqslant K_{14}\{h_p^{k+1} + h_c^2 + \Delta t\}. \tag{1.1.81}$$

在上述讨论中 $K_i (i = 1, 2, \cdots, 14)$ 表示确定的正常数.

定理 1.1.2 假定问题 (1.1.1)—(1.1.6) 满足正定性条件 (C), 正则性条件 (R-II), 采用混合元格式 (1.1.10) 和特征差分格式 (1.1.60) 逐步计算. 并且假设混合元空间指数 $k \geqslant 1$, 且剖分参数满足限制性条件 (1.1.79). 则存在一个不依赖于剖分的常数 K 使得

$$\max_n \|c^n - C_h^n\|_{L^2}^2 + \sum_{n=0}^{L} \|\nabla(c^n - C_h^n)\|_{L^2}^2 \Delta t_c \leqslant K\{h_p^{2(k+1)} + h_c^4 + (\Delta t_c)^2\}, \tag{1.1.82a}$$

$$\max_m \|\mathbf{u}_m - \mathbf{U}_{h,m}\|_{L^2}^2 \leqslant K\{h_p^{2(k+1)} + h_c^4 + (\Delta t_c)^2\}, \tag{1.1.82b}$$

此处常数 K 不依赖于网格剖分参数, 仅依赖于函数 $p, \mathbf{u}, c$ 及其导函数.

1.1.5 总结和讨论

本节研究不可压缩 Darcy-Forchheimer 混溶驱动问题的混合体积元-特征有限元和混合元-特征差分方法. 1.1.1 小节是引言部分, 叙述国内外研究现状、基本数学模型和有关假设. 1.1.2 小节提出混合元-特征有限元格式, 即对流动方程采用混合元离散, 对饱和度方程采用特征有限元格式逼近. 1.1.3 小节对混合元-特征有限元格式进行了收敛性分析, 得到最佳阶误差估计. 1.1.4 小节提出了混合元-特征差分方法, 并进行了收敛性分析. 本节的创新点归结如下: ① 对三维两相渗流驱动问题提出一类实用性很强的数值方法和理论分析; ② 对格式 I, 实质性推广了潘和芮的工作[7,8], 文献 [7, 8] 仅讨论了二维问题的一般有限元方法的误差分析, 而我们这里对三维问题提出实用性很强的混合元-特征有限元方法, 并得到最佳阶误差估计; ③ 对格式 II, 我们实质上拓广和改进了 Douglas 的著名工作[13,14], 文献 [13, 14] 仅对 Darcy 流得到二维问题关于饱和度函数的一阶收敛性进行了分析, 而我们这里对三维问题 Darcy-Forchheimer 流得到二阶的收敛性进行了估计; ④ 本节所提出的

方法对 Darcy-Forchheimer 混溶驱动问题的生产实际应用具有重要的理论和应用价值. 详细的讨论和分析可参阅文献 [24].

1.2 Darcy-Forchheimer 混溶驱动问题的混合元-特征混合元方法和分析

1.2.1 引言

对于在多孔介质中一个流体驱动另一个流体的相混溶驱动问题, 速度-压力的流动用 Darcy-Forchheimer 方程来描述. 这种不可压缩相混溶驱动问题的数学模型是下述非线性偏微分方程组的初边值问题[1-4]:

$$\mu(c)\kappa^{-1}\mathbf{u}+\beta\rho(c)|\mathbf{u}|\mathbf{u}+\nabla p=r(c)\nabla d,\quad X=(x,y,z)^{\mathrm{T}}\in\Omega,t\in J=(0,\bar{T}],\tag{1.2.1a}$$

$$\nabla\cdot\mathbf{u}=q=q_I+q_p,\quad X\in\Omega,t\in J,\tag{1.2.1b}$$

$$\varphi\frac{\partial c}{\partial t}+\mathbf{u}\cdot\nabla c-\nabla\cdot(D(\mathbf{u})\nabla c)+q_Ic=q_Ic_I,\quad X\in\Omega,t\in J,\tag{1.2.2}$$

此处 Ω 是三维有界区域, $J=(0,\bar{T}]$ 是时间区间.

Darcy-Forchheimer 方程由 Forchheimer 在文献 [1] 中提出并用来描述流体流动状态, 适用于流动速度较高和多孔介质不均匀的情况, 特别是在井点附近[2]. 当 $\beta=0$ 时 Darcy-Forchheimer 定律即退化为 Darcy 定律. 关于 Darcy-Forchheimer 定律的理论推导见文献 [3], 关于问题的正则性分析见文献 [4].

模型 (1.2.1) 和 (1.2.2) 表达了两组相混溶混合流体的质量守恒律. $p(X,t)$ 和 $\mathbf{u}(X,t)$ 分别表示流体的压力和 Darcy 速度, $c(X,t)$ 表示混合流体中一个组分的饱和度. $\kappa(X)$, $\varphi(X)$ 和 $\beta(X)$ 分别表示在多孔介质中的绝对渗透率、孔隙度和 Forchheimer 系数. $r(c)$ 是重力系数, $d(X)$ 是垂直坐标. $q(X,t)$ 是产量项, 通常是生产项 q_p 和注入项 q_I 的线性组合, 也就是 $q(X,t)=q_I(X,t)+q_p(X,t)$. c_I 是注入井注入液的饱和度, 是已知的, $c(X,t)$ 是生产井的饱和度.

假设两种流体都不可压缩且混溶后总体积不减少, 且两者之间不发生化学反应. ρ_1 和 ρ_2 为混溶前两种纯流体的密度, 则混溶后的密度为

$$\rho(c)=c\rho_1+(1-c)\rho_2.\tag{1.2.3}$$

混合后的黏度采用如下的计算格式

$$\mu(c)=(c\mu_1^{-1/4}+(1-c)\mu_2^{-1/4})^{-4}.\tag{1.2.4}$$

这里扩散系数 $D(\mathbf{u})$ 是由分子扩散和机械扩散两部分组成的扩散弥散张量

$$D(\mathbf{u}) = \varphi d_m \mathbf{I} + |\mathbf{u}|(d_l E(\mathbf{u}) + d_t E^{\perp}(\mathbf{u})), \tag{1.2.5}$$

此处 d_m 是分子扩散系数, d_l 是纵向扩散系数, d_t 是横向扩散系数, $E(\mathbf{u}) = \mathbf{u} \otimes \mathbf{u}/|\mathbf{u}|^2$, $E^{\perp}(\mathbf{u}) = \mathbf{I} - E(\mathbf{u})$, $\mathbf{I}$ 是 3×3 单位矩阵.

问题 (1.2.1)—(1.2.5) 的初始和边界条件:

$$\mathbf{u} \cdot \gamma = 0, \quad (D(\mathbf{u})\nabla c - \mathbf{u}c) \cdot \gamma = 0, \quad X \in \partial\Omega, t \in J, \tag{1.2.6a}$$

$$c(X, 0) = \hat{c}_0(X), \quad X \in \Omega. \tag{1.2.6b}$$

此处 $\partial\Omega$ 为有界区域 Ω 的边界面, γ 是 $\partial\Omega$ 的外法向矢量.

为确保解的存在唯一性, 我们还需要下述条件

$$\int_{\Omega} q(X, t) dX = 0, \quad \int_{\Omega} p(X, t) dX = 0, \quad t \in J. \tag{1.2.7}$$

最早关于 Forchheimer 方程的混合元方法是 Girault 和 Wheeler 引入的[5]. 在文献 [5] 中速度用分片常数逼近, 压力用 Crouzeix-Raviart 元逼近, 这里混合元方法称为 “原始型”. 应用 Raviart-Thomas 混合元对 Forchheimer 方程求解和分析见文献 [6,7]. 应用块中心差分格式处理不可压缩和可压缩驱动问题见文献 [8,9]. 应用混合元方法处理依赖时间的问题已被 Douglas 和 Park 研究[11,12], 在文献 [11, 12] 中半离散格式被提出和分析. 关于在多孔介质中两相渗流驱动问题已有 Douglas 学派经典的系列工作[13-16]. 但这些工作都是研究经典的 Darcy 流的. 在多孔介质中研究带有 Forchheimer 方程的渗流驱动问题是 Douglas 系列工作实际性的推广, 并适用于流速较大的渗流和非均匀介质的情况.

为了得到对流-扩散问题的高精度数值计算格式, Arbogast 与 Wheeler 在 [25] 中对对流占优的输运方程讨论了一种特征混合有限元方法, 在方程的时空变分形式上, 用类似的 MMOC-Galerkin 方法逼近扩散项. 分片常数组成检验函数空间, 因此在每个单元上是守恒的. 空间的 L^2 模误差估计得到了最优的一阶精度. 并借助引入的有限元解后处理格式, 对空间的 L^2 模误差估计提到 3/2 阶精度, 但必须指出的是此格式中包含大量关于检验函数映像的积分, 使得实际计算十分复杂和困难.

我们对三维不可压缩 Darcy-Forchheimer 混溶驱动问题 (1.2.1)—(1.2.7) 提出一种新型的混合元-特征混合元格式. 对二维简化 Darcy 模型问题, 我们已有初步成果[26], 但在文献 [26] 中仅得到了一阶精度, 不能拓广到三维问题. 在上述工作的基础上, 我们对现代油藏数值模拟急需计算的三维实际问题[27-29], 提出对压力方程应

用混合元方法同时逼近压力和 Darcy 速度, 饱和度方程应用特征混合元方法, 即对流项沿特征方向离散, 对方程的扩散项采用零次混合元离散. 特征方向可以保证格式在流体锋线前沿逼近的高度稳定性, 消除数值弥散现象, 并可以得到较小的截断时间误差, 在实际计算中可以采用较大的时间步长, 提高效率而不降低精度. 扩散项采用零次混合元离散, 可以同时逼近未知饱和度函数及其伴随向量函数, 并且由于分片常数在检验函数空间中, 所以格式保持单元上的质量守恒. 为了得到高阶的 L^2 模误差估计, 引入了近似解的后处理方法. 最后得到关于未知浓度函数, 压力函数和 Darcy-Forchheimer 速度函数的最优的 3/2 阶 L^2 模误差估计. 本节对于一般三维对流-扩散问题做了数值试验, 进一步指明本节的方法是一类切实可行的高效计算方法, 支撑了理论分析结果.

为了数值分析, 对问题 (1.2.1), (1.2.2) 的系数需要下述正定性假定:

$$
\text{(C)}\quad\begin{cases}
0 < a_*|X|^2 \leqslant (\mu(c)\kappa^{-1}(X)X)\cdot X \leqslant a^*|X|^2, \quad 0 < \varphi_* \leqslant \varphi(X) \leqslant \varphi^*, \\
0 < D_*|X|^2 \leqslant (D(X,\mathbf{u})X)\cdot X \leqslant D^*|X|^2, \quad 0 < \rho_* \leqslant \rho(c) \leqslant \rho^*, \\
\left|\dfrac{\partial(\kappa/\mu)}{\partial c}(X,c)\right| + \left|\dfrac{\partial r}{\partial c}(X,c)\right| + |\nabla\varphi| + \left|\dfrac{\partial D}{\partial \mathbf{u}}(X,\mathbf{u})\right| + |q_l(X,t)| \\
+\left|\dfrac{\partial q_I}{\partial t}(X,t)\right| \leqslant K^*,
\end{cases}
\tag{1.2.8}
$$

此处 a_*, a^*, φ_*, φ^*, D_*, D^*, ρ_*, ρ^* 和 K^* 均为确定的正常数.

在数值分析中, 还假定问题 (1.2.1), (1.2.2) 的精确解是足够光滑的.

1.2.2 混合元-特征混合元格式的建立

为了分析方便, 我们假定问题 (1.2.1)—(1.2.7) 是 Ω-周期的[13,14], 也就是在本节中全部函数假定是 Ω-周期的. 这在物理上是合理的, 因为无流动边界条件 (1.2.6a) 一般能作镜面反射处理, 而且在通常油藏数值模拟中边界条件对油藏内部流动影响较小[13-16]. 因此, 边界条件 (1.2.6a) 是省略的.

1.2.2.1 饱和方程的特征混合元方法

为了阐明对浓度方程离散的思想, 先假定 Darcy 速度 $\mathbf{u} = (u_1, u_2, u_3)^{\mathrm{T}}$ 是已知的. 我们将把对时间沿特征线方向离散与空间的混合有限元离散相结合, 给出饱和度方程的特征混合元方法离散的构想. 令

$$
V = \{\chi : \chi \in H(\mathrm{div};\Omega), \chi\cdot\nu|_{\partial\Omega} = 0\}, \quad M = \{\phi : \phi \in L^2(\Omega), \phi \text{ 为分片常数函数}\},
$$

且 M 在 L^2 中稠密. 记 $\tau(X,t)$ 是沿特征方向的单位向量, 并记 $\psi = [|\mathbf{u}|^2 + \varphi^2]^{1/2} =$

$\left(\sum_{i=1}^{3} u_i^2 + \varphi^2\right)^{1/2}$, 则沿 τ 的特征方向导数由下述公式给出

$$\psi \frac{\partial c}{\partial \tau} = \varphi \frac{\partial c}{\partial t} + \mathbf{u} \cdot \nabla c.$$

记 $z = -D(\mathbf{u})\nabla c$, 假设 $\mathbf{u}(X,t)$ 已知, 方程 (1.2.2) 等价于求 $(c,z): J \to L^2(\Omega) \times V$, 满足

$$\left(\psi \frac{\partial c}{\partial \tau}, \phi\right) - (\nabla z, \phi) = ((c_I - c)q_I, \phi), \quad \forall \phi \in L^2(\Omega), \tag{1.2.9a}$$

$$(D^{-1}(\mathbf{u})z, \chi) + (c, \nabla \cdot \chi) = 0, \quad \forall \chi \in V, \tag{1.2.9b}$$

$$c(X,0) = c_0(X), \quad z(X,0) = -D(\mathbf{u}(X,0))\nabla c_0, \quad \forall X \in \Omega. \tag{1.2.9c}$$

记 $\Delta t_c = T/N$ 为饱和度方程时间步长, 其中 N 为正整数, 并记 $t^n = n\Delta t$. 对函数 $\phi(X,t)$, 记 $\phi^n(X) = \phi(X,t^n)$, 对 $X \in \Omega$,

$$\bar{X}^{n-1} = X - \varphi^{-1}\mathbf{u}^n \Delta t, \quad \bar{c}^{n-1}(X) = c^{n-1}(\bar{X}^{n-1}).$$

对 $\dfrac{\partial c^n}{\partial \tau}(X) = \dfrac{\partial c}{\partial \tau}(X,t^n)$, 作如下的向后差分逼近

$$\frac{\partial c^n}{\partial \tau}(X) \approx \frac{c^n(X) - \bar{c}^{n-1}}{\Delta t_c \psi^n}, \tag{1.2.10}$$

此处 $\psi^n = [\varphi^2 + |\mathbf{u}^n|^2]^{1/2}$.

我们把上述对时间变量的离散 (1.2.10) 与空间方面的标准混合元离散相结合. 对 $h_c > 0$, 记 $J_{h_c} = \{J_c\}$ 为 Ω 的拟一致正则四面体或六面体剖分, 其每个单元 J_c 的直径不超过 h_c. 令 $M_h \times H_h \subset M \times V$ 为最低次的 Raviart-Thomas-Nedelec[18,30,31] 混合有限元空间, 满足如下逼近性质和逆性质

$$(\mathrm{A_c}) \quad \begin{cases} \inf\limits_{\phi \in M_h} \|f - \phi\| \leqslant K_1 h_c \|f\|_1, \\ \inf\limits_{\chi \in H_h} \|g - \chi\| \leqslant K_1 h_c \|g\|_1, \quad \inf\limits_{\chi \in H_h} \|g - \chi\|_{H(\mathrm{div})} \leqslant K_1 h_c \|g\|_{H^1(\mathrm{div})}, \end{cases}$$

$$(\mathrm{I_c}) \quad \|\phi\|_{L^\infty} \leqslant K_1 h_c^{-3/2} \|\phi\|, \quad \forall \phi \in M_h,$$

其中 K_1 为与 h_c 无关的正常数.

对 (c,z), 定义椭圆投影: $[0,T] \to M_h \times H_h$, 满足

$$(\tilde{c}_h - c, \phi) + (\nabla \cdot (\tilde{z}_h - z), \phi) = 0, \quad \forall \phi \in M_h, \tag{1.2.11a}$$

$$\left(D^{-1}(\mathbf{u})(\tilde{z}_h - z), \chi\right) + (\tilde{z}_h - z, \nabla\cdot\chi), \quad \forall \chi \in H_h. \tag{1.2.11b}$$

由 [17] 可知 $(\tilde{c}_h, \tilde{z}_h)$ 存在唯一, 且有先验估计

$$\|\tilde{z}_h - z\|_{L^\infty(H(\mathrm{div}))} + \|\tilde{c}_h - c\|_{L^\infty(L^2)} \leqslant K_2 h_c. \tag{1.2.12}$$

问题 (1.2.9) 的特征混合有限元离散形式为: 求 $\{c_h^n, z_h^n\} \in M_h \times H_h$, 满足

$$\left(\psi \frac{c_h^n - \bar{c}_h^{n-1}}{\Delta t_c}, \phi\right) - (\nabla \cdot z_h^n, \phi) + (q_I^n c_h^n, \phi) = (c_I^n q_I^n, \phi), \quad \forall \phi \in M_h, \tag{1.2.13a}$$

$$(D^{-1}(\mathbf{u}^n) z_h^n, \chi) + (c_h^n, \nabla \cdot \chi) = 0, \quad \forall \chi \in H_h, \tag{1.2.13b}$$

$$c_h^0 = \tilde{c}_h^0, \quad z_h^0 = \tilde{z}_h^0, \quad \forall X \in \Omega. \tag{1.2.13c}$$

1.2.2.2 流动方程的混合元方法

对于 Darcy-Forchheimer 相混溶驱动问题, 我们提出混合元-特征有限元计算格式. 首先引入 Sobolev 空间及其范数如下

$$\begin{cases} V = \{\mathbf{u} \in L^2(\Omega), \nabla \cdot \mathbf{u} \in L^2(\Omega), \mathbf{u} \cdot \gamma = 0\}, & \|\mathbf{u}\|_X = \|\mathbf{u}\|_{L^2} + \|\nabla \cdot \mathbf{u}\|_{L^2}, \\ W = L_0^2(\Omega) = \left\{p \in L^2(\Omega) : \displaystyle\int_\Omega p dX = 0\right\}, & \|p\|_M = \|p\|_{L^2}. \end{cases} \tag{1.2.14}$$

问题 (1.2.1) 的弱形式通过乘检验函数和分部积分得到. 寻求 $(\mathbf{u}, p) : (0, T] \to (X, M)$ 使得

$$\int_\Omega (\mu(c)\kappa^{-1}\mathbf{u} + \beta\rho(c)|\mathbf{u}|\mathbf{u}) \cdot v dX - \int_\Omega p \nabla v dX = \int_\Omega r(c) \nabla d \cdot v dX, \quad \forall v \in V, \tag{1.2.15a}$$

$$-\int_\Omega w \nabla \cdot \mathbf{u} dX = -\int_\Omega w q dX, \quad \forall w \in W. \tag{1.2.15b}$$

下面对问题 (1.2.15) 进行离散, 对 $h_p > 0$, 设 J_{h_p} 为区域 Ω 的拟一致正则四面体或六面体剖分, 其每个单元 J_p 的直径不超过 h_p. 取空间 $V_h \times W_h \subset V \times W$ 为该剖分上最低次的 Raviart-Thomas-Nedelec 空间, 满足下述逼近性质和逆性质

$$(\mathrm{A_p}) \begin{cases} \inf\limits_{w \in W_h} \|g - w\| \leqslant K_3 h_p \|g\|_1, \\ \inf\limits_{v \in V_h} \|f - v\| \leqslant K_3 h_p \|f\|_1, \quad \inf\limits_{v \in V_h} \|f - v\|_{H(\mathrm{div})} \leqslant K_3 h_p \|f\|_{H^1(\mathrm{div})}, \end{cases}$$

$$(\mathrm{I_p}) \quad \|v\|_{L^\infty} \leqslant K_3 h_p^{-3/2} \|v\|, \quad \|v\|_{W_1^\infty(J_p)} \leqslant K_3 h_p^{-1} \|v\|_{L^\infty(J_p)}, \quad \forall v \in W_h,$$

其中 K_3 为与 h_p 无关的正常数, J_p 为网格 J_{h_p} 中的一个单元.

引入精确解 $(\mathbf{u},p)$ 的 Forchheimer 投影 $(\tilde{\mathbf{u}}_h,\tilde{p}_h)$: $[0,T]\to V_h\times W_h$, 满足

$$\int_\Omega [\mu(c)\kappa^{-1}\tilde{\mathbf{u}}_h+\beta\rho(c)|\tilde{\mathbf{u}}_h|\tilde{\mathbf{u}}_h]\cdot vdX-\int_\Omega \tilde{p}_h\nabla vdX=\int_\Omega r(c)\nabla d\cdot vdX,\quad \forall v\in V_h, \tag{1.2.16a}$$

$$-\int_\Omega w\nabla\cdot\tilde{\mathbf{u}}_h\,dX=-\int_\Omega wqdX,\quad \forall w\in W_h, \tag{1.2.16b}$$

此处 c 是问题的精确解.

由 [7,8] 可知存在唯一 $(\tilde{\mathbf{u}}_h,\tilde{p}_h)$, 且其有如下估计

$$||\,\tilde{\mathbf{u}}_h-\mathbf{u}||_{L^\infty(H(\mathrm{div}))}+||\,\tilde{p}_h-p||_{L^\infty(L^2)}\leqslant K_4h_p. \tag{1.2.17}$$

由 (1.2.17) 和逆估计 ($\mathrm{I_p}$) 可得

$$||\tilde{\mathbf{u}}||_{L^\infty(L^\infty)}\leqslant K_4. \tag{1.2.18}$$

压力和速度方程的混合元格式为: 在 $t\in J$ 时刻的饱和度近似值 c_h 已知情况下, 求 $(\mathbf{u}_h,p_h)\in V_h\times W_h$ 满足

$$\int_\Omega [\mu(c_h)\kappa^{-1}\mathbf{u}_h+\beta\rho(c_h)|\mathbf{u}_h|\mathbf{u}_h]\cdot vdX-\int_\Omega p_h\nabla vdX=\int_\Omega r(c_h)\nabla d\cdot vdX,\quad \forall v\in V_h, \tag{1.2.19a}$$

$$-\int_\Omega w\nabla\cdot\mathbf{u}_hdX=-\int_\Omega wqdX,\quad \forall w\in W_h. \tag{1.2.19b}$$

文献 [7] 证明了 (1.2.19) 格式近似解的存在唯一性. 由 [7,8] 得知, 利用 (1.2.16) 和 (1.2.18) 式可以得到

$$||\mathbf{u}_h-\tilde{\mathbf{u}}_h\,||_{H(\mathrm{div})}+||p_h-\tilde{p}_h\,||\leqslant K_5(1+||\,\tilde{\mathbf{u}}_h\,||_{L^\infty})||c-c_h||. \tag{1.2.20}$$

利用估计式 (1.2.17) 和 (1.2.20), 结合饱和度的误差估计就可以获得对速度和压力的误差估计. 因此, 问题 (1.2.1)—(1.2.7) 的饱和度的误差估计是主要的, 本节以此为重点.

1.2.2.3　格式的建立

下面将 (1.2.13) 和 (1.2.19) 结合, 提出问题 (1.2.1)—(1.2.7) 的耦合逼近格式. 在实际问题中, Darcy-Forchheimer 速度关于时间的变化比饱和度的变化慢得多, 因此我们对 (1.2.19) 采用大步长计算. 对时间区间 J 进行剖分: $0=t_0<t_1<\cdots<$

$t_L = T$, 记 $\Delta t_p^m = t_m - t_{m-1}$. 除 Δt_p^1 外, 我们假设其余的步长为均匀的, 即 $\Delta t_p^m = \Delta t_p, m \geqslant 2$. 设对每一个正整数 m, 都存在正整数 n, 使得 $t_m = t^n$, 即对每一个压力时间节点也是一个饱和度时间节点, 并记 $j = \Delta t_p/\Delta t_c$, $j_1 = \Delta t_p^1/\Delta t_c$. 对函数 $\phi_m(X) = \phi(X, t_m)$, 对饱和度时间步 t^n, 若 $t_{m-1} < t^n \leqslant t_m$, 在 (1.2.13) 中, 我们用 Darcy 速度 $\mathbf{u}_h$ 的下述逼近形式: 如果 $m \geqslant 2$, 定义 $\mathbf{u}_{h,m-1}$ 和 $\mathbf{u}_{h,m-2}$ 的线性外插

$$E\mathbf{u}_h^n = \left(1 + \frac{t^n - t_{m-1}}{t_{m-1} - t_{m-2}}\right)\mathbf{u}_{h,m-1} - \frac{t^n - t_{m-1}}{t_{m-1} - t_{m-2}}\mathbf{u}_{h,m-2},$$

如果 $m = 1$, 令 $E\mathbf{u}_h^n = \mathbf{u}_{h,0}$.

将 (1.2.13) 和 (1.2.19) 相结合, 并且用近似解代替精确解, 得到问题 (1.2.1)—(1.2.7) 的耦合形式的全离散格式: 求 $(c_h^n, z_h^n) : (t^0, t^1, \cdots, t^N) \to M_h \times H_h$ 和 $(\mathbf{u}_h, p_h) : (t_0, t_1, \cdots, t_L) \to V_h \times W_h$ 满足

$$\left(\varphi\frac{c_h^n - \hat{c}_h^{n-1}}{\Delta t_c}, \phi\right) + (\nabla \cdot z_h^n, \phi) + (q_I^n c_h^n, \phi) = (c_I^n q_I^n, \phi), \quad \forall \phi \in M_h, \tag{1.2.21a}$$

$$(D^{-1}(E\mathbf{u}_h^n) z_h^n, \chi) - (c_h^n, \nabla\chi) = 0, \quad \forall \chi \in H_h, \tag{1.2.21b}$$

$$c_h^0 = \tilde{c}_h^0, \quad z_h^0 = \tilde{z}_h^0, \quad \forall X \in \Omega, \tag{1.2.21c}$$

$$(\mu(c_{h,m})\kappa^{-1}\mathbf{u}_{h,m} + \beta\rho(c_{h,m})|\mathbf{u}_{h,m}|\mathbf{u}_{h,m}, v) - (p_{h,m}, \nabla v) = (r(c_{h,m})\nabla d, v), \quad \forall v \in V_h, \tag{1.2.21d}$$

$$-(\nabla \cdot \mathbf{u}_{h,m}, w) = -(q_m, w), \quad \forall w \in W_h. \tag{1.2.21e}$$

其中 $\hat{c}_h^{n-1}(X) = c_h^{n-1}(X - \varphi^{-1}E\mathbf{u}_h^n \Delta t_c)$.

格式 (1.2.21) 的计算程序是:

(1) 首先求出初始逼近 (c_h^0, z_h^0), 然后可由 (1.2.21d), (1.2.21e) 求出 $(\mathbf{u}_{h,0}, p_{h,0})$.

(2) 由 (1.2.21a), (1.2.21b) 计算 $(c_h^1, z_h^1), (c_h^2, z_h^2), \cdots, (c_h^{j_1}, z_h^{j_1})$.

(3) 由于 $(c_h^{j_1}, z_h^{j_1}) = (\mathbf{u}_{h,1}, p_{h,1})$, 然后可由 (1.2.21d), (1.2.21e) 求出 $(\mathbf{u}_{h,1}, p_{h,1})$.

(4) 类似地, 计算 $(c_h^{j_1+1}, z_h^{j_1+1}), (c_h^{j_1+2}, z_h^{j_1+2}), \cdots, (c_h^{j_1+j}, z_h^{j_1+j}), (\mathbf{u}_{h,2}, p_{h,2})$.

(5) 由此类推, 可求得所有数值解.

我们定义后处理空间 $\tilde{M}_{h_c}$, 其中函数 ϕ 为 J_{h_c} 上的间断分片线性函数. 为了定义问题 (1.2.1)—(1.2.7) 的带后处理的逼近格式, 首先选取 c_h^0 在 $\tilde{M}_{h_c}$ 中的逼近函数 C_h^0, 然后对 $n \geqslant 1$ 和 $m \geqslant 0$, 求 $(c_h^n, z_h^n) \in M_h \times H_h$ 和 $(\mathbf{u}_{h,m}, p_{h,m}) \in V_h \times W_h$ 满足

$$\left(\varphi\frac{c_h^n - \hat{c}_h^{n-1}}{\Delta t_c}, \phi\right) + (\nabla \cdot z_h^n, \phi) + (q_I^n c_h^n, \phi) = (q_I^n c_I^n, \phi), \quad \forall \phi \in M_h, n \geqslant 1, \tag{1.2.22a}$$

$$(D^{-1}(E\mathbf{u}_h^n)z_h^n,\chi)-(c_h^n,\nabla\chi)=0,\quad \forall\chi\in H_h, n\geqslant 1,\tag{1.2.22b}$$

$$(\mu(c_{h,m})\kappa^{-1}\mathbf{u}_{h,m}+\beta\rho(c_{h,m})|\mathbf{u}_{h,m}|\mathbf{u}_{h,m},v)-(p_{h,m},\nabla v)=(r(c_{h,m})\nabla d,v),\quad \forall v\in V_h,\tag{1.2.22c}$$

$$-(\nabla\cdot\mathbf{u}_{h,m},w)=-(q_m,w),\quad \forall w\in W_h.\tag{1.2.22d}$$

最后再将 (c_h^n) 在单元 $J_c\in J_{h_c}$ 上做局部后处理, 即要求 $C_h^n\in\tilde{M}_{h_c}$ 满足

$$(\varphi(C_h^n-c_h^n),1)_{J_c}=0,\tag{1.2.23a}$$

$$(D(E\mathbf{u}_h^n)\nabla C_h^n+z_h^n,\nabla\phi)_{J_c}=0,\quad \forall\phi\in\tilde{M}_{h_c}.\tag{1.2.23b}$$

格式 (1.2.22) 和 (1.2.23) 的计算程序是:

(1) 首先求出初始逼近 C_h^0, 然后可由 (1.2.22a), (1.2.22b) 求出 $(\mathbf{u}_{h,0},p_{h,0})$.

(2) 由 (1.2.22a), (1.2.22b) 计算 (c_h^1,z_h^1), 利用后处理格式 (1.2.23) 计算 C_h^1.

(3) 类似地, 对 $1\leqslant n\leqslant j_1$, 假设 (c_h^{n-1},z_h^{n-1}) 已求出, 由 (1.2.23) 计算 C_h^{n-1}, 再由 (1.2.22a), (1.2.22b) 计算 (c_h^n,z_h^n), 利用 (1.2.23) 计算 C_h^n.

(4) 由于 $C_h^{j_1}=C_{h,1}$, 可由 (1.2.22c), (1.2.22d) 求出 $(\mathbf{u}_{h,1},p_{h,1})$.

(5) 按上述顺序计算 $(c_h^{j_1+1},z_h^{j_1+1})$, $C_h^{j_1+1}$, $(c_h^{j_1+2},z_h^{j_1+2})$, $\cdots$, $(c_h^{j_1+j},z_h^{j_1+j})$, $C_h^{j_1+j}$, $(\mathbf{u}_{h,2},p_{h,2})$.

(6) 由此类推, 可求得所有数值解.

1.2.2.4 局部质量守恒律

如果问题 (1.2.1)—(1.2.7) 没有源汇项, 也就是 $q\equiv 0$ 和边界条件没有流动, 则在每个单元 $J_c\in J_{h_c}$ 上, 浓度方程的局部质量守恒表现为

$$\int_{J_c}\varphi\frac{\partial c}{\partial t}dX-\int_{\partial J_c}D(\mathbf{u})\nabla c\cdot\nu_{J_c}dS=0.$$

下面证明 (1.2.21a) 满足下面的离散意义下的局部质量守恒律.

定理 1.2.1 如果 $q=0$, 则在任意单元 $J_c\in J_{h_c}$ 上, 格式 (1.2.21a) 满足离散意义下的局部质量守恒律

$$\int_{J_c}\varphi\frac{C_h^n-\hat{C}_h^{n-1}}{\Delta t_c}dX-\int_{\partial J_c}Z_h^n\cdot\nu_J dS=0.\tag{1.2.24}$$

证明 因为 $\phi\in M_h$ 为 J_{h_c} 上的分片常数, 对给定单元 $J_c\in J_{h_c}$, 我们取 ϕ 在

单元 J_c 上等于 1, 在其他单元上为 0, 则此时 (1.2.21a) 为

$$\int_{J_c} \varphi \frac{C_h^n - \hat{C}_h^{n-1}}{\Delta t_c} dX + \int_{J_c} \nabla \cdot Z_h^n dX = 0.$$

对上式第二项在单元 J_c 上使用格林公式, 即得 (1.2.24), 定理 1.2.1 得证.

1.2.3 收敛性分析

1.2.3.1 某些假设

为了理论分析简便, 在本节理论分析部分, 扩散矩阵 $D(X, \mathbf{u})$ 仅考虑分子扩散的情况, 即 $D(X, \mathbf{u}) \approx D_m(X)\mathbf{I}$, 简记为 $D(X)$[14-16,27]. 问题 (1.2.1)—(1.2.7) 的系数及右端满足正定性条件 (C).

1.2.3.2 某些引理

我们在单元 $J_c \in J_{h_c}$ 上对 $\tilde{C}_h$ 进行局部后处理. 定义 $\tilde{C}_h \in \tilde{M}_{h_c}$ 满足

$$(\varphi(\tilde{C}_h - \tilde{c}_h), 1) = 0, \tag{1.2.25a}$$

$$(D\nabla \tilde{C}_h + \tilde{z}_h, \nabla \phi)_{J_c} = 0, \quad \phi \in \tilde{M}_{h_c}. \tag{1.2.25b}$$

记 $\eta = \tilde{c}_h - c$, $\tilde{\eta} = \tilde{C}_h - c$, $\xi = c - \tilde{c}_h$, $\tilde{\xi} = C_h - \tilde{C}_h$, $\rho = \tilde{z}_h - z$, $\zeta = z_h - \tilde{z}_h$. 由 [19,20] 可得下述引理.

引理 1.2.1[25] 对 $\forall t \in J$ 和充分小的 h_c, 有

$$\|\eta\| \leqslant K_6 h_c \|z\|_1, \tag{1.2.26a}$$

$$\|\rho\| \leqslant K_6 h_c \|z\|_1, \tag{1.2.26b}$$

$$\|\tilde{\eta}\| \leqslant K_6(\|z\|_1 + \|\nabla \cdot z\|_1) h_c^2, \tag{1.2.26c}$$

$$\left\|\frac{\partial \tilde{\eta}}{\partial t}\right\| \leqslant K_6 \left(\|z\|_1 + \|\nabla \cdot z\|_1 + \left\|\frac{\partial z}{\partial t}\right\|_1 + \left\|\nabla \cdot \frac{\partial z}{\partial t}\right\|_1 \right) h_c^2, \tag{1.2.26d}$$

$$\left\{ \sum_{J_c \in J_{h_c}} \|\nabla \tilde{\eta}\|_{J_c}^2 \right\}^{1/2} \leqslant K_6 \|z\|_1 h_c. \tag{1.2.26e}$$

由逆估计 ($\mathrm{I_c}$) 和先验估计 (1.2.12) 知, 存在与 h_c 无关的正常数 K_7, 使得

$$\|\tilde{C}_h\|_{L^\infty(L^\infty)} \leqslant K_7. \tag{1.2.27}$$

引理 1.2.2[25] 对 $\forall t \in J$, 有

$$(\varphi(\tilde{\xi}^n - \xi^n), \tilde{\xi}^n) = ||\varphi^{1/2}(\tilde{\xi}^n - \xi^n)||^2, \tag{1.2.28a}$$

$$||\varphi^{1/2}\xi^n|| \leqslant ||\varphi^{1/2}\,\tilde{\xi}^n\,||, \tag{1.2.28b}$$

$$||D^{1/2}\nabla\xi^n|| \leqslant ||D^{-1/2}\zeta^n||, \tag{1.2.28c}$$

$$||\varphi^{1/2}(\tilde{\xi}^n - \xi^n)||_{J_c} \leqslant K_8||\nabla\,\tilde{\xi}^n\,||_{J_c}h_c, \tag{1.2.28d}$$

此处 K_8 是一个不依赖于 h_c 的正常数.

引理 1.2.3[25] 存在函数 $\Phi^n \in H^1(\Omega)$ 和不依赖于 h_c 和 n 的正常数 K_9, 使得

$$||\Phi^n||_1 \leqslant K_9\left(||\xi^n||_{-1} + ||\zeta^n||\right), \tag{1.2.29}$$

并且, 当 h_c 充分小时有

$$||\Phi^n - \xi^n|| \leqslant K_9\left(||\xi^n||_{-1} + ||\zeta^n||\right)h_c, \tag{1.2.30}$$

此处 K_9 依赖于 $D(X)$ 的上下界、$||D||_{W^1_\infty(\Omega)}$ 和 $||\cdot||_{-1}$ 表示 $H^1(\Omega)$ 的对偶模数.

1.2.3.3 收敛性定理

下面对饱和度方程推导最优阶 L^2 模误差估计. 然后由 (1.2.17) 和 (1.2.20) 可以立刻得到 Darcy 速度的 $H(\mathrm{div};\Omega)$ 模和压力的 L^2 模估计.

定理 1.2.2 假定问题 (1.2.1), (1.2.2) 的精确解是足够光滑的, 且设 (C), ($\mathrm{A_c}$), ($\mathrm{I_c}$), ($\mathrm{A_p}$), ($\mathrm{I_p}$) 成立, 并设剖分参数满足

$$h_p = O(h_c^{3/2}), \quad (\Delta t_p^1)^{3/2} = O(h_c^{3/2}), \quad (\Delta t_p)^2 = O(h_c^{3/2}), \quad \Delta t_c = O(h_c^{3/2}). \tag{1.2.31}$$

若取 $C_h^0 = \tilde{C}_h^0$, 且存在正常数 K, 使得 $\Delta t_c \geqslant K h_c^{3/2}$, 则 (1.2.22), (1.2.23) 的解满足下述误差估计

$$\max_{0\leqslant n\leqslant T/\Delta t_c}\{||C_h^n - c^n||\} \leqslant K\{h_c^{3/2} + h_p + \Delta t_c + (\Delta t_p)^2 + (\Delta t_p^1)^{3/2}\}, \tag{1.2.32a}$$

$$\max_{0\leqslant n\leqslant T/\Delta t_c}\{||c_h^n - c^n||\} \leqslant K\{h_c + h_p + \Delta t_c + (\Delta t_p)^2 + (\Delta t_p^1)^{3/2}\}, \tag{1.2.32b}$$

$$\max_{0\leqslant m\leqslant T/\Delta t_p}\{||\mathbf{u}_{h,m} - \mathbf{u}_m||_{H(\mathrm{div})} + ||P_{h,m} - p_m||\} \leqslant K\{h_c^{3/2} + h_p + \Delta t_c + (\Delta t_p)^2 + (\Delta t_p^1)^{3/2}\}, \tag{1.2.32c}$$

此处常数 K 依赖于函数 p,c 及其导函数.

证明 首先由 (1.2.9a), (1.2.9b) 和 (1.2.11) 可得

$$\left(\varphi\frac{c^n-\hat{c}^{n-1}}{\Delta t_c},\phi\right)+(\nabla\cdot z_h^n,\phi)=((c_I^n-c^n)q_I^n,\phi)-\left(\psi(c^n)\frac{\partial c^n}{\partial\tau}-\varphi\frac{c^n-\hat{c}^{n-1}}{\Delta t_c},\phi\right),$$

$\forall\phi\in M_h,n\geqslant 1,$ (1.2.33a)

$$(D^{-1}\tilde{z}_h^n,\chi)+(\tilde{c}_h^n,\nabla\cdot\chi)=0,\quad\forall\chi\in H_h.\tag{1.2.33b}$$

从 (1.2.22a), (1.2.22b) 减去 (1.2.33), 经整理可得

$$\begin{aligned}&\left(\varphi\frac{\xi^n-\hat{\tilde{\xi}}^{n-1}}{\Delta t_c},\phi\right)+(\nabla\cdot\zeta^n,\phi)\\&=-((\eta^n+\xi^n)q_I^n,\phi)-\left(\varphi\frac{\eta^n-\hat{\tilde{\eta}}^{n-1}}{\Delta t_c},\phi\right)\\&\quad+\left(\psi(c^n)\frac{\partial c^n}{\partial\tau}-\varphi\frac{c^n-\hat{c}^{n-1}}{\Delta t_c},\phi\right)+(\eta^n,\phi),\quad\forall\phi\in M_h,\end{aligned}\tag{1.2.34a}$$

$$(D^{-1}\zeta^n,\chi)-(\xi^n,\nabla\cdot\chi)=0,\quad\forall\chi\in H_h.\tag{1.2.34b}$$

在 (1.2.34) 中取检验函数 $\phi=\xi^n,\chi=\zeta^n$, 并将 (1.2.34a) 和 (1.2.34b) 相加可得

$$\begin{aligned}&\left(\varphi\frac{\xi^n-\hat{\tilde{\xi}}^{n-1}}{\Delta t_c},\xi^n\right)+(D^{-1}\zeta^n,\zeta^n)\\&=-((\eta^n+\xi^n)q_I^n,\xi^n)-\left(\varphi\frac{\eta^n-\hat{\tilde{\eta}}^{n-1}}{\Delta t_c},\xi^n\right)\\&\quad+\left(\psi(c^n)\frac{\partial c^n}{\partial\tau}-\varphi\frac{c^n-\hat{c}^{n-1}}{\Delta t_c},\xi^n\right)+(\eta^n,\xi^n).\end{aligned}\tag{1.2.35}$$

由 (1.2.25) 和 (1.2.23) 可得

$$(\varphi\xi^n,\phi)=(\varphi\tilde{\xi}^n,\phi),\quad(\varphi\eta^n,\phi)=(\varphi\tilde{\eta}^n,\phi),\quad\phi\in M_h.\tag{1.2.36}$$

记

$$\check{X}^{n-1}=X-\varphi^{-1}E\mathbf{u}^n\Delta t_C,\quad\check{f}^{n-1}(X)=f^{n-1}(\check{X}^{n-1}).\tag{1.2.37}$$

对于定义在 $\Omega\times[0,T]$ 上的任一函数. 对误差方程 (1.2.35) 应用 (1.2.36), 可将其改

写为

$$
\begin{aligned}
&\left(\varphi\frac{\tilde{\xi}^n-\tilde{\xi}^{n-1}}{\Delta t_c},\xi^n\right)+(D^{-1}\zeta^n,\zeta^n)\\
=&\left(\psi(c^n)\frac{\partial c^n}{\partial\tau}-\varphi\frac{c^n-\hat{c}^{n-1}}{\Delta t_c},\xi^n\right)-((\eta^n+\xi^n)q_I^n,\xi^n)+(\eta^n,\xi^n)-\left(\varphi\frac{\tilde{\eta}^n-\tilde{\eta}^{n-1}}{\Delta t_c},\xi^n\right)\\
&+\left(\varphi\frac{\hat{c}^{n-1}-\check{c}^{n-1}}{\Delta t_c},\xi^n\right)-\left(\varphi\frac{\check{\tilde{\eta}}^{n-1}-\hat{\tilde{\eta}}^{n-1}}{\Delta t_c},\xi^n\right)-\left(\varphi\frac{\check{\tilde{\xi}}^{n-1}-\hat{\tilde{\xi}}^{n-1}}{\Delta t_c},\xi^n\right)\\
&-\left(\varphi\frac{\tilde{\eta}^{n-1}-\check{\tilde{\eta}}^{n-1}}{\Delta t_c},\xi^n\right)-\left(\varphi\frac{\tilde{\xi}^{n-1}-\check{\tilde{\xi}}^{n-1}}{\Delta t_c},\xi^n\right).
\end{aligned}
\tag{1.2.38}
$$

对于 (1.2.38) 左端第一项应用 Hölder 不等式和 (1.2.36) 可得

$$
\begin{aligned}
&(\varphi(\tilde{\xi}^n-\tilde{\xi}^{n-1}),\xi^n)\\
\geqslant&(\varphi\tilde{\xi}^n,\xi^n)-\frac{1}{2}[(\varphi\tilde{\xi}^{n-1},\tilde{\xi}^{n-1})+(\varphi\xi^n,\xi^n)]=\frac{1}{2}(\varphi\tilde{\xi}^n,\xi^n)-\frac{1}{2}(\varphi\tilde{\xi}^{n-1},\tilde{\xi}^{n-1})\\
=&\frac{1}{2}[(\varphi\tilde{\xi}^n,\tilde{\xi}^n)-(\varphi\tilde{\xi}^{n-1},\tilde{\xi}^{n-1})]-\frac{1}{2}(\varphi(\tilde{\xi}^n-\xi^n),\tilde{\xi}^n).
\end{aligned}
$$

应用引理 1.2.2 可得

$$
(\varphi(\tilde{\xi}^n-\xi^n),\tilde{\xi}^n)=||\varphi^{1/2}(\tilde{\xi}^n-\xi^n)||^2\leqslant K_8^2\sum_{J_c\in J_{h_c}}||\nabla\tilde{\xi}^n||_{J_c}^2h_c^2\leqslant K_8^2h_c^2||D^{1/2}\zeta^n||^2,
$$

此处 K_8 为某一确定的正常数.

由此, 对误差估计式 (1.2.38) 左端有如下估计

$$
\begin{aligned}
&\frac{1}{\Delta t_c}(\varphi(\tilde{\xi}^n-\tilde{\xi}^{n-1}),\xi^n)+(D^{-1}\zeta^n,\zeta^n)\\
\geqslant&\frac{1}{2\Delta t_c}[(\varphi\tilde{\xi}^n,\tilde{\xi}^n)-(\varphi\tilde{\xi}^{n-1},\tilde{\xi}^{n-1})]\\
&+\frac{1}{2\Delta t_c}(2\Delta t_c-K_8^2h_c^2)(D^{-1/2}\zeta^n,\zeta^n).
\end{aligned}
\tag{1.2.39}
$$

于是将误差估计式 (1.2.38) 右端诸项依次记为 $G_1,G_2,\cdots,G_9$, 并逐项进行估计

$$
|G_1|\leqslant K_{10}\left|\left|\frac{\partial^2 c}{\partial\tau^2}\right|\right|_{L^2(t^{n-1},t^n;L^2)}\Delta t_c+K_{10}||\xi^n||^2. \tag{1.2.40}
$$

$$
|G_2|+|G_3|\leqslant K_{10}\{h_c^4+||\xi^n||^2\}. \tag{1.2.41}
$$

应用引理 1.2.2 估计 G_4 可得

$$
\begin{aligned}
|G_4| &\leqslant K_{11}(\Delta t_c)^{-1}\left\|\frac{\partial\tilde{\eta}}{\partial t}\right\|^2_{L^2(t^{n-1},t^n;L^2)}+K_{11}\|\xi^n\|^2\\
&\leqslant K_{11}(\Delta t_c)^{-1}h_c^4\left\{\|z\|^2_{L^2(t^{n-1},t^n;H^1)}+\|\nabla\cdot z\|^2_{L^2(t^{n-1},t^n;H^1)}+\left\|\frac{\partial z}{\partial t}\right\|^2_{L^2(t^{n-1},t^n;H^1)}\right.\\
&\quad\left.+\left\|\nabla\cdot\frac{\partial z}{\partial t}\right\|^2_{L^2(t^{n-1},t^n;H^1)}\right\}+K_{11}\|\xi^n\|^2. \qquad (1.2.42)
\end{aligned}
$$

下面讨论 G_5 的估计. 首先引入

$$
\begin{aligned}
\hat{c}^{n-1}-\check{c}^{n-1}&=\int_{\check{X}^{n-1}}^{\hat{X}^{n-1}}\frac{\partial c^{n-1}}{\partial z}dz\\
&=\int_0^1\frac{\partial c^{n-1}}{\partial z}((1-\bar{z})\check{X}^{n-1}+\bar{z}\hat{X}^{n-1})\,|E\mathbf{u}^n-E\mathbf{u}_h^n|\,\Delta t_c d\bar{z}, \qquad (1.2.43)
\end{aligned}
$$

此处 z 表示 $E\mathbf{u}^n-E\mathbf{u}_h^n$ 的单位矢量方向. 记

$$
g_c(X)=\int_0^1\frac{\partial c^{n-1}}{\partial z}((1-\bar{z})\check{X}^{n-1}+\bar{z}\hat{X}^{n-1})d\bar{z}.
$$

注意到 $g_c(X)$ 是 $c^{n-1}(X)$ 一阶导数的某一确定的平均, 则有

$$
\|g_c\|_{L^\infty}\leqslant K_{12}\left\|c^{n-1}\right\|_{W^1_\infty}.
$$

从 (1.2.43), (1.2.17), (1.2.20) 和 (1.2.26) 可以推导

$$
\begin{aligned}
|G_5|&=\left|\int_\Omega\varphi(X)g_c(X)|E\mathbf{u}^n-E\mathbf{u}_h^n|\xi^n dX\right|\leqslant\varphi^*\|g_c\|_{L^\infty}\|E\mathbf{u}^n-E\mathbf{u}_h^n\|\|\xi^n\|\\
&\leqslant K_{12}\{\|E\mathbf{u}^n-E\mathbf{u}_h^n\|^2+\|\xi^n\|^2\}\\
&\leqslant K_{12}\{h_p^2+h_c^4+\|\tilde{\xi}_{m-1}\|^2+\|\tilde{\xi}_{m-2}\|^2+\|\xi^n\|^2\}. \qquad (1.2.44)
\end{aligned}
$$

对 G_6, 取 h_c 充分小, 再由引理 1.2.1, (1.2.17), (1.2.20), 逆估计 ($\mathrm{I_c}$) 和引理 1.2.3, 可得

$$
|G_6|=\left|\sum_{J_c\in J_{h_c}}\int_{J_c}\varphi\frac{\hat{\tilde{\eta}}^{n-1}-\check{\tilde{\eta}}^{n-1}}{\Delta t_c}\xi^n dX\right|=\left|\sum_{J_c\in J_{h_c}}\int_{J_c}\varphi(X)g_{\tilde{\eta}}(X)|E\mathbf{u}^n-E\mathbf{u}_h^n|\xi^n dX\right|
$$

$$\leqslant K_{13}\left\{\sum_{J_c\in J_{h_c}}\|g_{\tilde{\eta}}\|_{J_c}^2\right\}^{1/2}\|E\mathbf{u}^n-E\mathbf{u}_h^n\|\left(\|\Phi^n\|_{L^\infty}+\|\Phi^n-\xi^n\|_{L^\infty}\right)$$

$$\leqslant K_{13}\left\{\sum_{J_c\in J_{h_c}}\|g_{\tilde{\eta}}\|_{J_c}^2\right\}^{1/2}\|E\mathbf{u}^n-E\mathbf{u}_h^n\|\,h_c^{-1/2}\left(\|\xi^n\|_{-1}+\|\zeta^n\|\right)$$

$$\leqslant K_{13}\{h_p^2+h_c^4+\|\tilde{\xi}_{m-1}\|^2+\|\tilde{\xi}_{m-2}\|^2+\|\xi^n\|^2\}+\varepsilon\|D^{1/2}\zeta^n\|^2. \tag{1.2.45}$$

对于 G_7 进行类似于 G_6 的估计, 可得

$$|G_7|\leqslant K_{14}\left\{\sum_{J_c\in J_{h_c}}\|\nabla\tilde{\xi}^{n-1}\|_{J_c}^2\right\}^{1/2}\|E\mathbf{u}^n-E\mathbf{u}_h^n\|h_c^{-1/2}\left(\|\xi^n\|_{-1}+\|\zeta^n\|\right)$$
$$\leqslant K_{14}\|D^{-1/2}\zeta^{n-1}\|h_c^{-1/2}(h_p+h_c^2+\|\tilde{\xi}_{m-1}\|+\|\tilde{\xi}_{m-2}\|)\left(\|\xi^n\|_{-1}+\|\zeta^n\|\right)$$
$$\leqslant K_{14}\{h_c^{-1}[h_p^2+h_c^4+\|\tilde{\xi}_{m-1}\|^2+\|\tilde{\xi}_{m-2}\|^2]\|D^{-1/2}\zeta^{n-1}\|$$
$$+h_c^{-1/2}(h_p+h_c^2+\|\tilde{\xi}_{m-1}\|+\|\tilde{\xi}_{m-2}\|)(\|D^{-1/2}\zeta^{n-1}\|+\|D^{-1/2}\zeta^n\|)+\|\xi^n\|^2\}. \tag{1.2.46}$$

现在我们需要归纳法假定. 对任一固定的常数 $l\geqslant 1$, 若 $t^l\leqslant T$, 假定

$$h_c^{-1}\|\tilde{\xi}^{n-1}\|^2\to 0,\quad h_c\to 0,\quad n=1,2,\cdots,L. \tag{1.2.47}$$

由归纳假设 (1.2.47) 和限制性条件 $h_p=O(h_c^{3/2})$, 则有

$$|G_7|\leqslant K_{14}\|\xi^n\|^2+\varepsilon\{\|D^{-1/2}\zeta^{n-1}\|+\|D^{-1/2}\zeta^n\|\}. \tag{1.2.48}$$

对 G_8, 应用引理 1.2.3 可得

$$|G_8|\leqslant K_{15}(\Delta t_c)^{-1}\{|(\tilde{\eta}^{n-1}-\tilde{\tilde{\eta}}^{n-1},\Phi^n)|+|(\tilde{\eta}^{n-1}-\tilde{\tilde{\eta}}^{n-1},\xi^n-\Phi^n)|\}$$
$$\leqslant K_{15}(\Delta t_c)^{-1}\{\|\tilde{\eta}^{n-1}-\tilde{\tilde{\eta}}^{n-1}\|_{-1}\|\Phi^n\|+\|\tilde{\eta}^{n-1}-\tilde{\tilde{\eta}}^{n-1}\|\|\xi^n-\Phi^n\|\}$$
$$\leqslant K_{15}(\Delta t_c)^{-1}\{\|\tilde{\eta}^{n-1}-\tilde{\tilde{\eta}}^{n-1}\|_{-1}+h_c\|\tilde{\eta}^{n-1}-\tilde{\tilde{\eta}}^{n-1}\|\}\{\|\xi^n\|_{-1}+\|\zeta^n\|\}.$$

由文献 [15,17] 可得

$$\|\tilde{\eta}^{n-1}-\tilde{\tilde{\eta}}^{n-1}\|_{-1}\leqslant K_{15}\|\tilde{\eta}^{n-1}\|\Delta t_c,$$

注意到

$$\|\tilde{\eta}^{n-1}-\check{\tilde{\eta}}^{n-1}\|\leqslant K_{15}\|\tilde{\eta}^{n-1}\|.$$

应用上述二个估计式和引理 1.2.3 可得

$$\begin{aligned}|G_8|&\leqslant K_{15}\{\|\tilde{\eta}^{n-1}\|+\|\tilde{\eta}^{n-1}\|(\Delta t_c)^{-1}h_c\}(\|\xi^n\|_{-1}+\|\zeta^n\|)\\&\leqslant\varepsilon\|D^{-1/2}\zeta^n\|^2+K_{15}\{h_c^4+h_c^6(\Delta t_c)^{-1}+\|\xi^n\|^2\}.\end{aligned}\tag{1.2.49}$$

对于最后一项, 经类似的分析有

$$\begin{aligned}|G_9|&\leqslant K_{16}\left\{\|\tilde{\xi}^{n-1}\|+\left[\sum_{J_c\in J_{h_c}}\|\nabla\check{\tilde{\xi}}^{n-1}\|_{J_c}^2\right]^{1/2}(\Delta t_c)^{-1}h_c^2\right\}(\|\xi^n\|_{-1}+\|\zeta^n\|)\\&\leqslant K_{16}\{(\Delta t_c)^{-2}h_c^4(\|D^{-1/2}\zeta^{n-1}\|^2+\|D^{-1/2}\zeta^n\|^2)+\|\check{\tilde{\xi}}^{n-1}\|^2+\|\check{\tilde{\xi}}^n\|^2\}.\end{aligned}\tag{1.2.50}$$

将上述估计式 (1.2.39)—(1.2.50) 应用到误差估计式 (1.2.38), 经整理可得

$$\begin{aligned}&\frac{1}{2\Delta t_c}[(\varphi\check{\tilde{\xi}}^n,\check{\tilde{\xi}}^n)-(\varphi\check{\tilde{\xi}}^{n-1},\check{\tilde{\xi}}^{n-1})]+\frac{1}{2\Delta t_c}(2\Delta t_c-K_8h_c^2)(D^{-1/2}\zeta^n,\zeta^n)\\&\leqslant K_{17}\Bigg\{\left(\left\|\frac{\partial^2c}{\partial\tau^2}\right\|_{L^2(t^{n-1},t^n;L^2)}+\left\|\frac{\partial c}{\partial t}\right\|_{L^2(t^{n-1},t^n;L^2)}\right)\Delta t_c\\&\quad+\left(\left\|\frac{\partial^2\mathbf{u}}{\partial au^2}\right\|_{L^2(t_{m-2},t_m;L^2)}+\left\|\frac{\partial^2\mathbf{u}}{\partial t^2}\right\|_{L^2(t_{m-2},t_m;L^2)}\right)(\Delta t_p)^3\\&\quad+\Bigg(\|z\|^2_{L^2(t^{n-1},t^n;H^1)}+\|\nabla\cdot z\|^2_{L^2(t^{n-1},t^n;H^1)}+\left\|\frac{\partial z}{\partial t}\right\|^2_{L^2(t^{n-1},t^n;H^1)}\\&\quad+\left\|\nabla\cdot\frac{\partial z}{\partial t}\right\|^2_{L^2(t^{n-1},t^n;H^1)}\Bigg)(\Delta t_c)^{-1}h_c^4+h_p^2+h_c^4+h_c^6(\Delta t_c)^{-2}\\&\quad+\|\tilde{\xi}_{m-1}\|^2+\|\tilde{\xi}_{m-2}\|^2+\|\check{\tilde{\xi}}^{n-1}\|^2\\&\quad+\|\check{\tilde{\xi}}^n\|^2+(\Delta t_c)^{-2}h_c^4(\|D^{-1/2}\zeta^{n-1}\|^2+\|D^{-1/2}\zeta^n\|^2)\Bigg\}\\&\quad+\varepsilon\{\|D^{-1/2}\zeta^{n-1}\|^2+\|D^{-1/2}\zeta^n\|^2\}.\end{aligned}\tag{1.2.51}$$

根据有限制性条件 (1.2.31) 和 $\Delta t_c\geqslant K'h_c^{3/2}$, 有

$$K_9h_c^2\leqslant K_9(K')^{-1}\Delta t_ch_c^{1/2},\quad h_c^6(\Delta t_c)^{-2}\leqslant(K')^{-4}(\Delta t_c)^2,\quad(\Delta t_c)^{-2}h_c^4\leqslant(K')^{-2}h_c.$$

对 (1.2.51) 乘以 $2\Delta t_c$, 关于 $1 \leqslant n \leqslant L$ 求和, 选定适当小的 ε 和 h_c, 并应用引理 1.2.2 可得

$$\begin{aligned}&\left\|\tilde{\xi}^L\right\|^2 + \sum_{n=1}^{L} \|\zeta^n\|^2 \Delta t_c \\ &\leqslant K_{18}\left\{(\Delta t_c)^2 + (\Delta t_p)^4 + (\Delta t_p)^3 + h_c^3 + h_p^2 + \sum_{n=1}^{L} \left\|\tilde{\xi}^n\right\|^2 \Delta t_c\right\}.\end{aligned} \quad (1.2.52)$$

应用 Gronwall 引理可得

$$\|\tilde{\xi}^L\|^2 + \sum_{n=1}^{L} \|\zeta^n\|^2 \Delta t_c \leqslant K_{18}\left\{(\Delta t_c)^2 + (\Delta t_p)^4 + (\Delta t_p)^3 + h_c^3 + h_p^2\right\}. \quad (1.2.53)$$

下面要验证归纳法假定 (1.2.47). 因为 $\tilde{\xi}^0 = 0$, (1.2.47) 显然成立. 为证一般情况, 应用 (1.2.53) 和 (1.2.31) 有

$$h_c^{-1} \|\tilde{\xi}^L\|^2 \leqslant K_{18} h_c^{-1}\left\{(\Delta t_c)^2 + (\Delta t_p)^4 + (\Delta t_p)^3 + h_c^3 + h_p^2\right\} \to 0, \quad h_c \to 0. \quad (1.2.54)$$

因此归纳法假定 (1.2.47) 得证.

最后由 (1.2.53) 和 (1.2.26) 可得 (1.2.32), 定理 1.2.2 得证.

1.2.4 数值算例

为了验证三维问题特征混合元方法的有效性, 不妨假设 Darcy 速度 $\mathbf{u}$ 为已知的. 因此, 考虑如下的问题

$$\frac{\partial c}{\partial t} + \mathbf{u} \cdot \nabla c - \frac{\varepsilon}{3\pi^2} \Delta c = f, \quad X = (x_1, x_2, x_3) \in \Omega, \quad 0 < t \leqslant T, \quad (1.2.55\text{a})$$

$$c(X, 0) = c_0(X), \quad X \in \Omega, \quad (1.2.55\text{b})$$

$$\left.\frac{\partial c}{\partial \nu}\right|_{\partial\Omega} = 0, \quad 0 < t \leqslant T, \quad (1.2.55\text{c})$$

其中 $\Omega = [0, 1]^3$, $\mathbf{u} = (u_1, u_2, u_3)$,

$$\begin{aligned} u_1 &= \exp(-\varepsilon t) \sin(\pi x_1) \cos(\pi x_2) \cos(\pi x_3)/(3\pi), \\ u_2 &= \exp(-\varepsilon t) \cos(\pi x_1) \sin(\pi x_2) \cos(\pi x_3)/(3\pi), \\ u_3 &= \exp(-\varepsilon t) \cos(\pi x_1) \cos(\pi x_2) \sin(\pi x_3)/(3\pi). \end{aligned} \quad (1.2.56)$$

取合适的 f 和 c_0, 使得精确解 c 为

$$c = \exp(-\varepsilon t)\cos(\pi x_1)\cos(\pi x_2)\cos(\pi x_3). \tag{1.2.57}$$

我们对 (1.2.55a) 使用特征混合有限元法, 建立数值计算格式, 并用 MATLAB 进行求解. 对 Ω 作均匀正方体剖分, 正方体边长为 $h = 1/N$, 时间步长 $\Delta t = 0.001$. 表 1.2.1, 表 1.2.2 分别给出了 $t = 1.0$ 时刻 $c - c_h$ 和 $z - z_h$、当取 $\varepsilon = 1, 10^{-3}, 10^{-8}$ 时的离散 L^2 模误差和收敛阶. 从表中可以看出, 收敛阶都大于 1, 在 2 左右. 而且随着 ε 的缩小, 计算效果仍然是理想的, 说明了我们的方法对求解对流占优扩散问题是有效的. 图 1.2.1 和图 1.2.2 给出了 $h = 1/16$ 时精确解 c 和近似解 c_h 在

表 1.2.1 $||c - c_h||$ 的计算结果

	$h = 1/4$	$h = 1/8$	$h = 1/16$
$\varepsilon = 1$	0.008379	0.002048	4.467378
收敛阶		2.03	2.20
$\varepsilon = 10^{-3}$	0.014672	0.003774	9.628088
收敛阶		1.96	1.97
$\varepsilon = 10^{-8}$	0.014667	0.003756	9.412367
收敛阶		1.97	2.00

表 1.2.2 $||z - z_h||$ 的计算结果

	$h = 1/4$	$h = 1/8$	$h = 1/16$
$\varepsilon = 1$	0.001282	3.078708	6.831900
收敛阶		2.06	2.17
$\varepsilon = 10^{-3}$	0.002881	9.027969	2.324853
收敛阶		1.67	1.96
$\varepsilon = 10^{-8}$	0.002897	9.136365	2.421173
收敛阶		1.66	1.92

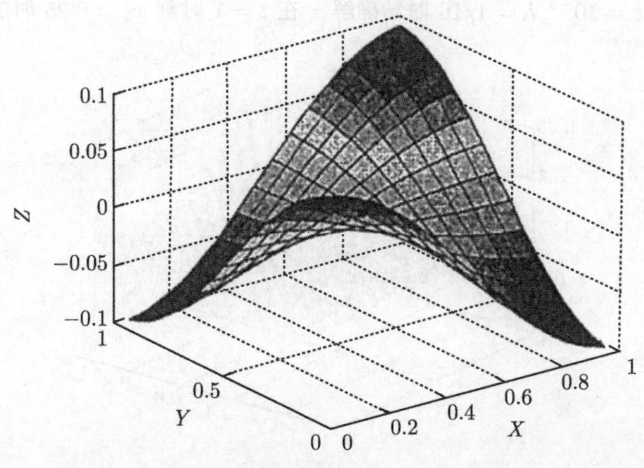

图 1.2.1 $\varepsilon = 10^{-3}, h = 1/16$ 时精确解 c 在 $t = 1$ 时刻 $x_3 = 0.5$ 时的剖面图

$t=1$ 时刻 $x_3=0.5$ 时的剖面图. 图 1.2.3 和图 1.2.4 给出了 $h=1/16$ 时精确解 z 和近似解 z_h 在 $t=1$ 时刻 $x_3=0.25$ 时的矢量图.

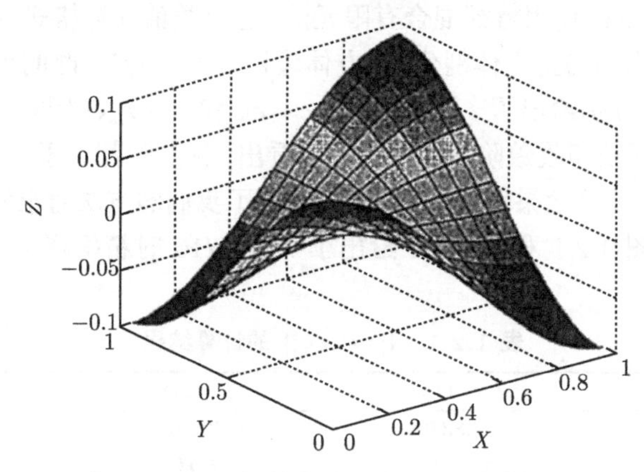

图 1.2.2　$\varepsilon=10^{-3}, h=1/16$ 时近似解 c_h 在 $t=1$ 时刻 $x_3=0.5$ 时的剖面图

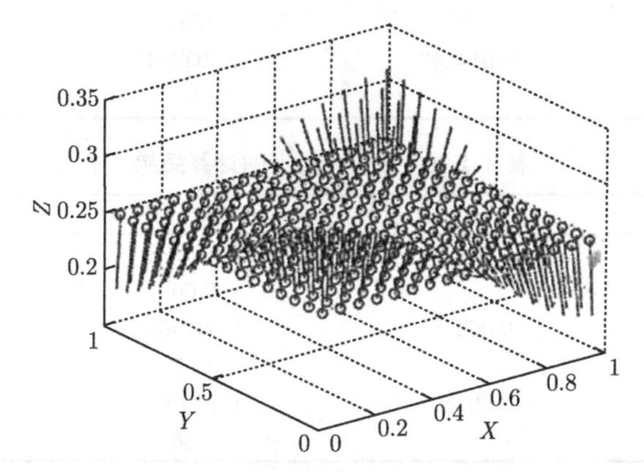

图 1.2.3　$\varepsilon=10^{-3}, h=1/16$ 时精确解 z 在 $t=1$ 时刻 $x_3=0.25$ 时的矢量图

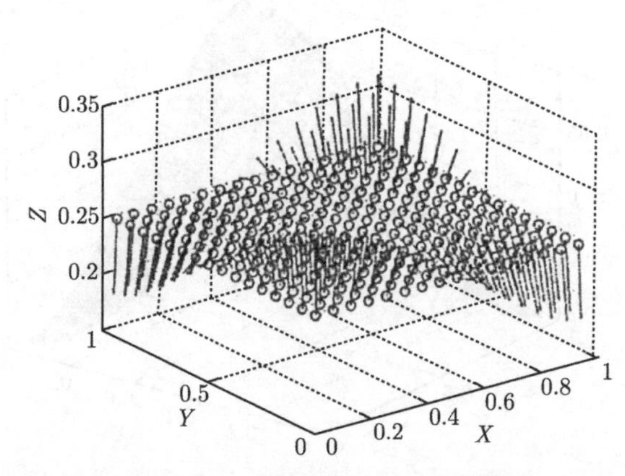

图 1.2.4　$\varepsilon=10^{-3}, h=1/16$ 时精确解 z_h 在 $t=1$ 时刻 $x_3=0.25$ 时的矢量图

1.2.5 总结和讨论

本节研究不可压缩 Darcy-Forchheimer 混溶驱动问题的混合元-特征混合元方法. 1.2.1 小节是引言, 叙述国内外研究现状、基本数学模型和有关假设. 1.2.2 小节提出混合元-特征混合元格式, 即对流动方程采用混合元离散, 对饱和度方程采用特征混合元格式逼近. 1.2.3 小节对格式进行了收敛性分析, 得到 3/2 阶的误差估计结果. 1.2.4 小节是数值计算, 指明了该方法的有效性和实用性. 本节的创新点归结如下: ① 由于考虑了 Darcy-Forchheimer 流, 它更适用于流速较高、非均匀介质的油藏数值模拟; ② 应用特征线法, 保证了格式在流体锋线前沿逼近的稳定性, 并有较小的截断误差, 增大时间步长, 提高了计算精确度; ③ 零阶特征混合元方法保证了单元质量守恒, 这点在油藏数值模拟中是非常重要的; ④ 实质性拓广了 Douglas, Arbogast 和 Wheeler 的著名工作, 数值计算指明该方法的有效性和实用性. 详细的讨论和分析可参阅文献 [32].

1.3 Darcy-Forchheimer 混溶驱动问题的混合元-特征混合体积元方法和分析

1.3.1 引言

对于在多孔介质中一个流体驱动另一个流体的相混溶驱动问题, 速度-压力的流动用 Darcy-Forchheimer 方程来描述. 这种不可压缩相混溶驱动问题的数学模型是下述非线性偏微分方程组的初边值问题[1-4]:

$$\mu(c)\kappa^{-1}\mathbf{u}+\beta\rho(c)|\mathbf{u}|\mathbf{u}+\nabla p=r(c)\nabla d,\quad X=(x,y,z)^{\mathrm{T}}\in\Omega, t\in J=(0,\bar{T}],\tag{1.3.1a}$$

$$\nabla\cdot\mathbf{u}=q=q_I+q_p,\quad X\in\Omega, t\in J,\tag{1.3.1b}$$

$$\varphi\frac{\partial c}{\partial t}+\mathbf{u}\cdot\nabla c-\nabla\cdot(D(\mathbf{u})\nabla c)+q_Ic=q_Ic_I,\quad X\in\Omega, t\in J,\tag{1.3.2}$$

此处 Ω 是三维有界区域, $J=(0,\bar{T}]$ 是时间区间.

Darcy-Forchheimer 方程由 Forchheimer 在文献 [1] 中提出并用来描述在多孔介质中流体速度较快和介质不均匀的情况, 特别是在井点附近[2]. 当 $\beta=0$ 时 Darcy-Forchheimer 定律即退化为 Darcy 定律. 关于 Darcy-Forchheimer 定律的理论推导见文献 [3], 关于问题的正则性分析见文献 [4].

模型 (1.3.1) 和 (1.3.2) 表达了两组相混溶混合流体的质量守恒律. $p(X,t)$ 和 $\mathbf{u}(X,t)$ 分别表示流体的压力和 Darcy 速度, $c(X,t)$ 表示混合流体中一个组分的饱和度. $\kappa(X)$, $\varphi(X)$ 和 $\beta(X)$ 分别表示在多孔介质中的绝对渗透率、孔隙度和 Forchheimer 系数. $r(c)$ 是重力系数, $d(X)$ 是垂直坐标. $q(X,t)$ 是产量项, 通常是生产项 q_p 和注入项 q_I 的线性组合, 也就是 $q(X,t)=q_I(X,t)+q_p(X,t)$. c_I 是注入井注入液的饱和度, 是已知的. $c(X,t)$ 是生产井的饱和度.

假设两种流体都不可压缩且混溶后总体积不减少, 并且两者之间不发生化学反应. ρ_1 和 ρ_2 为混溶前两种纯流体的密度, 则混溶后的密度为

$$\rho(c)=c\rho_1+(1-c)\rho_2. \tag{1.3.3}$$

混合后的黏度采用如下的计算格式

$$\mu(c)=(c\mu_1^{-1/4}+(1-c)\mu_2^{-1/4})^{-4}. \tag{1.3.4}$$

这里扩散系数 $D(\mathbf{u})$ 是由分子扩散和机械扩散两部分组成的扩散弥散张量

$$D(\mathbf{u})=\varphi d_m\mathbf{I}+|\mathbf{u}|(d_lE(\mathbf{u})+d_tE^{\perp}(\mathbf{u})), \tag{1.3.5}$$

此处 d_m 是分子扩散系数, d_l 是纵向扩散系数, d_t 是横向扩散系数, $E(\mathbf{u})=\mathbf{u}\otimes\mathbf{u}/|\mathbf{u}|^2$, $E^{\perp}(\mathbf{u})=\mathbf{I}-E(\mathbf{u})$, $\mathbf{I}$ 是 3×3 单位矩阵.

问题 (1.3.1)—(1.3.5) 的初始和边界条件:

$$\mathbf{u}\cdot\gamma=0,\quad (D(\mathbf{u})\nabla c-\mathbf{u}c)\cdot\gamma=0,\quad X\in\partial\Omega, t\in J, \tag{1.3.6a}$$

$$c(X,0)=\hat{c}_0(X),\quad X\in\Omega. \tag{1.3.6b}$$

此处 $\partial\Omega$ 为有界区域 Ω 的边界面, γ 是 $\partial\Omega$ 的外法向矢量.

在多孔介质中经典的两相 Darcy 渗流驱动问题已有 Douglas 学派经典的系列工作[13,16,27,32-35]. 但这些工作都是研究经典的 Darcy 流的. 最早关于 Forchheimer 方程的混合元方法是 Girault 和 Wheeler 引入的[5]. 在文献 [5] 中速度用分片常数逼近, 压力用 Crouzeix-Raviart 元逼近. 这里混合元方法称为 "原始型". 应用 Raviart-Thomas 混合元对 Forchheimer 方程求解和分析, 见文献 [6,7]. 应用块中心差分格式处理不可压缩和可压缩驱动问题, 见文献 [8, 10, 36]. 应用混合元方法处理依赖时间的问题已被 Douglas 和 Park 研究[11,12], 在文献 [11, 12] 中半离散格式被提出和分析. 在多孔介质中研究带有 Forchheimer 方程的渗流驱动问题是 Douglas 系列工作实际性的拓广, 并适用于流速较大的渗流和非均匀介质的情况.

数值试验和理论分析指明, 经典的有限元方法在处理对流-扩散问题时, 会出现强烈的数值振荡现象. 为了克服上述缺陷, 许多学者提出了一系列新的数值方法. 如欧拉-拉格朗日局部共轭方法 (Eulerian-Lagrangian localized adjoint method, ELLAM)[37] 可以保持局部的质量守恒, 但增加了积分的估算, 计算量很大. 为了得到对流-扩散问题的高精度数值计算格式, Arbogast 与 Wheeler 在 [25] 中针对对流占优的输运方程讨论了一种特征混合元方法, 此格式在单元上是守恒的, 通过后处理得到 3/2 阶的高精度误差估计, 但此格式要计算大量的检验函数的映像积分, 使得实际计算十分复杂和困难. 我们实质性拓广和改进了 Arbogast 与 Wheeler 的工作[25], 提出了一类混合元-特征混合元方法, 大大减少了计算工作量, 并进行了实际问题的数值算例, 指明此方法在实际计算时是可行的和有效的[26,38]. 但在文献 [26, 38] 中我们仅能到一阶精确度误差估计, 且不能拓广到三维问题. 我们注意到有限体积元法兼具有差分方法的简单性和有限元方法的高精度性, 并且保持局部质量守恒, 是求解偏微分方程的一种十分有效的数值方法. 混合元方法可以同时求解压力函数及其 Darcy 流速, 从而提高其一阶精确度. 论文 [39,40] 将有限体积元和混合元结合, 提出了混合有限体积元的思想, 论文 [41—43] 通过数值算例验证这种方法的有效性. 论文 [44—46] 主要对椭圆问题给出混合有限体积元的收敛性估计等理论结果, 形成了混合有限体积元方法的一般框架.

在上述工作的基础上, 我们对三维油水二相渗流 Darcy-Forchheimer 混溶驱动问题提出一类混合元-特征混合体积元方法. 用混合元同时逼近压力函数和 Darcy-Forchheimer 速度, 并对 Darcy-Forchheimer 速度提高了一阶计算精确度. 对饱和度方程用特征混合有限体积元方法, 即对对流项沿特征线方向离散, 方程的扩散项采用混合体积元离散. 特征线方法可以保证格式在流体锋线前沿逼近的高度稳定性, 消除数值弥散现象, 并可以得到较小的截断时间误差. 在实际计算中可以采用较大的时间步长, 提高计算效率而不降低精确度. 扩散项采用混合有限体积元离散, 可以同时逼近未知的饱和度函数及其伴随向量函数, 并且由于分片常数在检验函数空间中, 因此格式保持单元上质量守恒. 这一特性对渗流力学数值模拟计算是特别重要的. 我们充分利用混合体积元的特征、变分形式、能量估计、归纳法假定、Sobolev 嵌入定理和微分方程先验估计理论和特殊技巧, 得到了最优二阶 L^2 模误差估计, 在不需要做后处理的情况下, 得到高于 Arbogast, Wheeler 给出 3/2 阶估计的著名成果[25]. 本节对一般三维椭圆-对流-扩散方程组做了数值试验, 进一步指明本节的方法是一类切实可行的高效计算方法, 支撑了理论分析结果, 成功解决了这一重要问题.

为了数值分析, 问题 (1.3.1), (1.3.2) 的系数需要下述正定性假定:

$$
\text{(C)}\quad \begin{cases} 0 < a_*|X|^2 \leqslant (\mu(c)\kappa^{-1}(X)X)\cdot X \leqslant a^*|X|^2, \quad 0 < \varphi_* \leqslant \varphi(X) \leqslant \varphi^*, \\ 0 < D_*|X|^2 \leqslant (D(X,\mathbf{u})X)\cdot X \leqslant D^*|X|^2, \quad 0 < \rho_* \leqslant \rho(c) \leqslant \rho^*, \\ \left|\dfrac{\partial(\kappa/\mu)}{\partial c}(X,c)\right| + \left|\dfrac{\partial r}{\partial c}(X,c)\right| + |\nabla\varphi| + \left|\dfrac{\partial D}{\partial \mathbf{u}}(X,\mathbf{u})\right| + |q_l(X,t)| \\ +\left|\dfrac{\partial q_I}{\partial t}(X,t)\right| \leqslant K^*, \end{cases} \tag{1.3.7}
$$

此处 a_*, a^*, φ_*, φ^*, D_*, D^*, ρ_*, ρ^* 和 K^* 均为确定的正常数.

问题 (1.3.1)—(1.3.5) 在数值分析时, 还需要下面的正则性条件.

我们使用通常的 Sobolev 空间及其范数记号. 假定问题 (1.3.1)—(1.3.5) 的精确解满足下述正则性条件:

$$
\text{(R)}\quad \begin{cases} p \in L^\infty(H^{k+1}), \\ \mathbf{u} \in L^\infty(H^{k+1}(\mathrm{div})) \cap L^\infty(W^{1,\infty}) \cap W^{1,\infty}(L^\infty) \cap H^2(L^2), \\ c \in L^\infty(H^{l+1}) \cap H^1(H^{l+1}) \cap L^\infty(W^{1,\infty}) \cap H^2(L^2). \end{cases}
$$

对于选定的计算格式, 此处 $k \geqslant 1$.

在本节中, 为了分析方便, 假定问题 (1.3.1)—(1.3.5) 是 Ω-周期的[15,16,33,34], 也就是在本节中全部函数假定是 Ω-周期的. 这在物理上是合理的, 因为无流动边界条件 (1.3.6a) 一般能作镜面反射处理, 而且通常油藏数值模拟中, 边界条件对油藏内部流动影响较小[15,16,33,34]. 因此边界条件是省略的.

在本节中 K 表示一般的正常数, ε 表示一般小的正数, 在不同地方具有不同含义.

1.3.2　记号和引理

为了应用混合元-特征混合体积元方法, 我们需要构造两套网格系统. 粗网格是针对流场压力和 Darcy-Forchheimer 流速的非均匀粗网格, 细网格是针对饱和度方程的非均匀细网格. 先讨论粗网格系统.

研究三维问题, 为简单起见, 设区域 $\Omega = \{[0,1]\}^3$, 用 $\partial\Omega$ 表示其边界. 定义剖分

$$
\begin{aligned}
&\delta_x : 0 = x_{1/2} < x_{3/2} < \cdots < x_{N_x-1/2} < x_{N_x+1/2} = 1, \\
&\delta_y : 0 = y_{1/2} < y_{3/2} < \cdots < y_{N_y-1/2} < y_{N_y+1/2} = 1, \\
&\delta_z : 0 = z_{1/2} < z_{3/2} < \cdots < z_{N_z-1/2} < z_{N_z+1/2} = 1.
\end{aligned}
$$

对 Ω 做剖分 $\delta_x \times \delta_y \times \delta_z$, 对于 $i = 1,2,\cdots,N_x$; $j = 1,2,\cdots,N_y$; $k = 1,2,\cdots,N_z$. 记 $\Omega_{ijk} = \{(x,y,z)|x_{i-1/2} < x < x_{i+1/2}, y_{j-1/2} < y < y_{j+1/2}, z_{k-1/2} < z < z_{k+1/2}\}$,

$x_i=(x_{i-1/2}+x_{i+1/2})/2$, $y_j=(y_{j-1/2}+y_{j+1/2})/2$, $z_k=(z_{k-1/2}+z_{k+1/2})/2$. $h_{x_i}=x_{i+1/2}-x_{i-1/2}$, $h_{y_j}=y_{j+1/2}-y_{j-1/2}$, $h_{z_k}=z_{k+1/2}-z_{k-1/2}$. $h_{x,i+1/2}=(h_{x_i}+h_{x_{i+1}})/2=x_{i+1}-x_i$, $h_{y,j+1/2}=(h_{y_j}+h_{y_{j+1}})/2=y_{j+1}-y_j$, $h_{z,k+1/2}=(h_{z_k}+h_{z_{k+1}})/2=z_{k+1}-z_k$, $h_x=\max\limits_{1\leqslant i\leqslant N_x}\{h_{x_i}\}$, $h_y=\max\limits_{1\leqslant j\leqslant N_y}\{h_{y_j}\}$, $h_z=\max\limits_{1\leqslant k\leqslant N_z}\{h_{z_k}\}$, $h_p=(h_x^2+h_y^2+h_z^2)^{1/2}$. 称剖分是正则的, 是指存在常数 $\alpha_1,\alpha_2>0$, 使得

$$\begin{aligned}&\min_{1\leqslant i\leqslant N_x}\{h_{x_i}\}\geqslant\alpha_1h_x,\quad \min_{1\leqslant j\leqslant N_y}\{h_{y_j}\}\geqslant\alpha_1h_y,\\&\min_{1\leqslant k\leqslant N_z}\{h_{z_k}\}\geqslant\alpha_1h_z,\quad \min\{h_x,h_y,h_z\}\geqslant\alpha_2\max\{h_x,h_y,h_z\}.\end{aligned}$$

特别指出的是, 此处 $\alpha_i(i=1,2)$ 是两个确定的正常数, 它与 Ω 的剖分 $\delta_x\times\delta_y\times\delta_z$ 有关. 图 1.3.1 表示对应于 $N_x=4,N_y=3,N_z=3$ 情况简单网格的示意图. 定义 $M_l^d(\delta_x)=\{f\in C^l[0,1]:f|_{\Omega_i}\in p_d(\Omega_i),i=1,2,\cdots,N_x\}$, 其中 $\Omega_i=[x_{i-1/2},x_{i+1/2}]$, $p_d(\Omega_i)$ 是 Ω_i 上次数不超过 d 的多项式空间, 当 $l=-1$ 时, 表示函数 f 在 $[0,1]$ 上可以不连续. 对 $M_l^d(\delta_y),M_l^d(\delta_z)$ 的定义是类似的. 记

$$\begin{aligned}&S_h=M_{-1}^0(\delta_x)\otimes M_{-1}^0(\delta_y)\otimes M_{-1}^0(\delta_z),\\&V_h=\{\mathbf{w}|\mathbf{w}=(w^x,w^y,w^z),w^x\in M_0^1(\delta_x)\otimes M_{-1}^0(\delta_y)\otimes M_{-1}^0(\delta_z),\\&w^y\in M_{-1}^0(\delta_x)\otimes M_0^1(\delta_y)\otimes M_{-1}^0(\delta_z),\\&w^z\in M_{-1}^0(\delta_x)\otimes M_{-1}^0(\delta_y)\otimes M_0^1(\delta_z),\mathbf{w}\cdot\gamma|_{\partial\Omega}=0\}.\end{aligned}$$

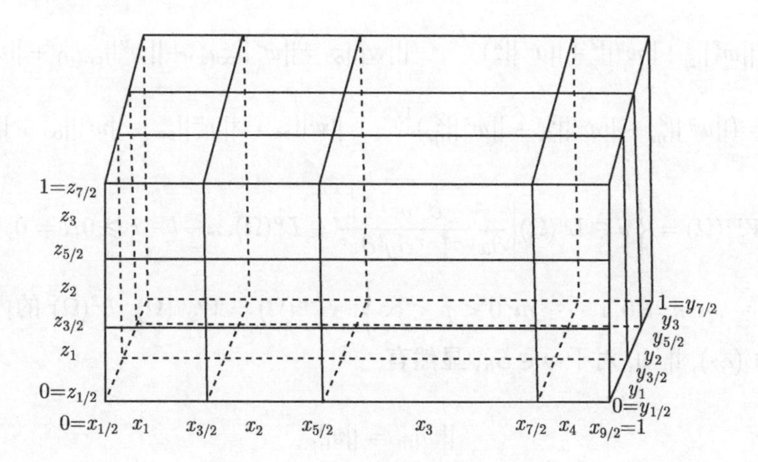

图 1.3.1 非均匀网格剖分示意图

对函数 $v(x,y,z)$, 以 v_{ijk}, $v_{i+1/2,jk}$, $v_{i,j+1/2,k}$ 和 $v_{ij,k+1/2}$ 分别表示 $v(x_i,y_j,z_k)$, $v(x_{i+1/2},y_j,z_k)$, $v(x_i,y_{j+1/2},z_k)$ 和 $v(x_i,y_j,z_{k+1/2})$.

定义下列内积及范数:

$$(v,w)_{\bar{m}}=\sum_{i=1}^{N_x}\sum_{j=1}^{N_y}\sum_{k=1}^{N_z}h_{x_i}h_{y_j}h_{z_k}v_{ijk}w_{ijk},$$

$$(v,w)_x=\sum_{i=1}^{N_x}\sum_{j=1}^{N_y}\sum_{k=1}^{N_z}h_{x_{i-1/2}}h_{y_j}h_{z_k}v_{i-1/2,jk}w_{i-1/2,jk},$$

$$(v,w)_y=\sum_{i=1}^{N_x}\sum_{j=1}^{N_y}\sum_{k=1}^{N_z}h_{x_i}h_{y_{j-1/2}}h_{z_k}v_{i,j-1/2,k}w_{i,j-1/2,k},$$

$$(v,w)_z=\sum_{i=1}^{N_x}\sum_{j=1}^{N_y}\sum_{k=1}^{N_z}h_{x_i}h_{y_j}h_{z_{k-1/2}}v_{ij,k-1/2}w_{ij,k-1/2},$$

$$||v||_s^2=(v,v)_s,\quad s=m,x,y,z,\quad ||v||_\infty=\max_{1\leqslant i\leqslant N_x,1\leqslant j\leqslant N_y,1\leqslant k\leqslant N_z}|v_{ijk}|,$$

$$||v||_{\infty(x)}=\max_{1\leqslant i\leqslant N_x,1\leqslant j\leqslant N_y,1\leqslant k\leqslant N_z}|v_{i-1/2,jk}|,$$

$$||v||_{\infty(y)}=\max_{1\leqslant i\leqslant N_x,1\leqslant j\leqslant N_y,1\leqslant k\leqslant N_z}|v_{i,j-1/2,k}|,$$

$$||v||_{\infty(z)}=\max_{1\leqslant i\leqslant N_x,1\leqslant j\leqslant N_y,1\leqslant k\leqslant N_z}|v_{ij,k-1/2}|.$$

当 $\mathbf{w}=(w^x,w^y,w^z)^{\mathrm{T}}$ 时, 记

$$|||\mathbf{w}|||=\left(||w^x||_x^2+||w^y||_y^2+||w^z||_z^2\right)^{1/2},\quad |||\mathbf{w}|||_\infty=||w^x||_{\infty(x)}+||w^y||_{\infty(y)}+||w^z||_{\infty(z)},$$

$$||\mathbf{w}||_{\bar{m}}=\left(||w^x||_{\bar{m}}^2+||w^y||_{\bar{m}}^2+||w^z||_{\bar{m}}^2\right)^{1/2},\quad ||\mathbf{w}||_\infty=||w^x||_\infty+||w^y||_\infty+||w^z||_\infty.$$

设 $W_p^m(\Omega)=\left\{v\in L^p(\Omega)\left|\dfrac{\partial^n v}{\partial x^{n-l-r}\partial y^l\partial z^r}\in L^p(\Omega),n-l-r\geqslant 0,l=0,1,\cdots,n,\right.\right.$ $\left.r=0,1,\cdots,n;n=0,1,\cdots,m;0<p<\infty\right\}$. $H^m(\Omega)=W_2^m(\Omega)$, $L^2(\Omega)$ 的内积与范数分别为 $(\cdot,\cdot)$, $||\cdot||$, 对于 $v\in S_h$, 显然有

$$||v||_{\bar{m}}=||v||. \tag{1.3.8}$$

定义下列记号:

$$[d_xv]_{i+1/2,jk}=\frac{v_{i+1,jk}-v_{ijk}}{h_{x,i+1/2}},\quad [d_yv]_{i,j+1/2,k}=\frac{v_{i,j+1,k}-v_{ijk}}{h_{y,j+1/2}},$$

$$[d_z v]_{ij,k+1/2} = \frac{v_{ij,k+1} - v_{ijk}}{h_{z,k+1/2}};$$

$$[D_x w]_{ijk} = \frac{w_{i+1/2,jk} - w_{i-1/2,jk}}{h_{x_i}}, \quad [D_y w]_{ijk} = \frac{w_{i,j+1/2,k} - w_{i,j-1/2,k}}{h_{y_j}},$$

$$[D_z w]_{ijk} = \frac{w_{ij,k+1/2} - w_{ij,k-1/2}}{h_{z_k}};$$

$$\hat{w}^x_{ijk} = \frac{w^x_{i+1/2,jk} + w^x_{i-1/2,jk}}{2}, \quad \hat{w}^y_{ijk} = \frac{w^y_{i,j+1/2,k} + w^y_{i,j-1/2,k}}{2},$$

$$\hat{w}^z_{ijk} = \frac{w^z_{ij,k+1/2} + w^z_{ij,k-1/2}}{2};$$

$$\bar{w}^x_{ijk} = \frac{h_{x,i+1}}{2h_{x,i+1/2}} w_{ijk} + \frac{h_{x,i}}{2h_{x,i+1/2}} w_{i+1,jk},$$

$$\bar{w}^y_{ijk} = \frac{h_{y,j+1}}{2h_{y,j+1/2}} w_{ijk} + \frac{h_{y,j}}{2h_{y,j+1/2}} w_{i,j+1,k},$$

$$\bar{w}^z_{ijk} = \frac{h_{z,k+1}}{2h_{z,k+1/2}} w_{ijk} + \frac{h_{z,k}}{2h_{z,k+1/2}} w_{ij,k+1},$$

以及 $\hat{\mathbf{w}}_{ijk} = (\hat{w}^x_{ijk}, \hat{w}^y_{ijk}, \hat{w}^z_{ijk})^{\mathrm{T}}$, $\bar{\mathbf{w}}_{ijk} = (\bar{w}^x_{ijk}, \bar{w}^y_{ijk}, \bar{w}^z_{ijk})^{\mathrm{T}}$. 此处 $d_s(s = x, y, z)$, $D_s(s = x, y, z)$ 是差商算子, 它与方程 (1.3.2) 中的系数 D 无关. 记 N 是一个正整数, $\Delta t_c = T/N$, $t^n = n\Delta t$, v^n 表示函数在 t^n 时刻的值, $d_t v^n = (v^n - v^{n-1})/\Delta t$.

对于上面定义的内积和范数, 下述三个引理成立.

引理 1.3.1 对于 $v \in S_h$, $\mathbf{w} \in V_h$, 显然有

$$(v, D_x w^x)_{\bar{m}} = -(d_x v, w^x)_x, \quad (v, D_y w^y)_{\bar{m}} = -(d_y v, w^y)_y,$$
$$(v, D_z w^z)_{\bar{m}} = -(d_z v, w^z)_z. \tag{1.3.9}$$

引理 1.3.2 对于 $\mathbf{w} \in V_h$, 则有

$$\|\hat{\mathbf{w}}\|_{\bar{m}} \leqslant |||\mathbf{w}|||. \tag{1.3.10}$$

证明 事实上, 只要证明 $\|\hat{w}^x\|_{\bar{m}} \leqslant \|w^x\|_x$, $\|\hat{w}^y\|_{\bar{m}} \leqslant \|w^y\|_y$, $\|\hat{w}^z\|_{\bar{m}} \leqslant \|w^z\|_z$ 即可. 注意到

$$\sum_{i=1}^{N_x} \sum_{j=1}^{N_y} \sum_{k=1}^{N_z} h_{x_i} h_{y_j} h_{z_k} (\hat{w}^x_{ijk})^2$$
$$\leqslant \sum_{j=1}^{N_y} \sum_{k=1}^{N_z} h_{y_j} h_{z_k} \sum_{i=1}^{N_x} \frac{(w^x_{i+1/2,jk})^2 + (w^x_{i-1/2,jk})^2}{2} h_{x_i}$$

$$
\begin{aligned}
&=\sum_{j=1}^{N_y}\sum_{k=1}^{N_z}h_{y_j}h_{z_k}\left(\sum_{i=2}^{N_x}\frac{h_{x,i-1}}{2}(w^x_{i-1/2,jk})^2+\sum_{i=1}^{N_x}\frac{h_{x_i}}{2}(w^x_{i-1/2,jk})^2\right)\\
&=\sum_{j=1}^{N_y}\sum_{k=1}^{N_z}h_{y_j}h_{z_k}\sum_{i=2}^{N_x}\frac{h_{x,i-1}+h_{x_i}}{2}(w^x_{i-1/2,jk})^2\\
&=\sum_{i=1}^{N_x}\sum_{j=1}^{N_y}\sum_{k=1}^{N_z}h_{x,i-1/2}h_{y_j}h_{z_k}(w^x_{i-1/2,jk})^2.
\end{aligned}
$$

从而有 $||\,\hat{w}^x\,||_{\bar{m}}\leqslant||w^x||_x$, 对其余两项的估计是类似的.

引理 1.3.3　对于 $q\in S_h$, 则有

$$
||\,\bar{q}^x\,||_x\leqslant M||q||_m,\quad ||\,\bar{q}^y\,||_y\leqslant M||q||_m,\quad ||\,\bar{q}^z\,||_z\leqslant M||q||_m, \tag{1.3.11}
$$

此处 M 是与 q,h 无关的常数.

引理 1.3.4　对于 $\mathbf{w}\in V_h$, 则有

$$
||w^x||_x\leqslant||D_xw^x||_{\bar{m}},\quad ||w^y||_y\leqslant||D_yw^y||_{\bar{m}},\quad ||w^z||_z\leqslant||D_zw^z||_{\bar{m}}. \tag{1.3.12}
$$

证明　只要证明 $||w^x||_x\leqslant||D_xw^x||_{\bar{m}}$, 其余是类似的. 注意到

$$
w^x_{l+1/2,jk}=\sum_{i=1}^{l}\left(w^x_{i+1/2,jk}-w^x_{i-1/2,jk}\right)=\sum_{i=1}^{l}\frac{w^x_{i+1/2,jk}-w^x_{i-1/2,jk}}{h_{x_i}}h_{x_i}^{1/2}h_{x_i}^{1/2}.
$$

由 Cauchy 不等式, 可得

$$
\left(w^x_{l+1/2,jk}\right)^2\leqslant x_l\sum_{i=1}^{N_x}h_{x_i}\left([D_xw^x]_{ijk}\right)^2.
$$

对上式左、右两边同乘以 $h_{x,i+1/2}h_{y_j}h_{z_k}$, 并求和可得

$$
\sum_{i=1}^{N_x}\sum_{j=1}^{N_y}\sum_{k=1}^{N_z}(w^x_{i-1/2,jk})^2h_{x,i-1/2}h_{y_j}h_{z_k}\leqslant\sum_{i=1}^{N_x}\sum_{j=1}^{N_y}\sum_{k=1}^{N_z}\left([D_xw^x]_{ijk}\right)^2h_{x_i}h_{y_j}h_{z_k}.
$$

引理 1.3.4 得证.

对于细网格系统, 区域为 $\Omega=\{[0,1]\}^3$, 通常是在上述粗网格的基础上再进行均匀细分, 一般取原网格步长的 $1/l$, 通常 l 取 2 或 4, 其余记号不变, 此时 $h_c=h_p/l$.

1.3.3 混合元-特征混合体积元程序

1.3.3.1 格式的提出

对于 Darcy-Forchheimer 相混溶驱动问题, 我们提出混合元-特征混合体积元方法. 对于流动方程的混合元方法, 引入 Sobolev 空间有关记号如下:

$$\begin{cases} X = \{\mathbf{u} \in L^2(\Omega)^3, \nabla\cdot\mathbf{u} \in L^2(\Omega), \mathbf{u}\cdot\gamma = 0\}, \quad \|\mathbf{u}\|_X = \|\mathbf{u}\|_{L^2} + \|\nabla\cdot\mathbf{u}\|_{L^2}, \\ M = L_0^2(\Omega) = \left\{p \in L^2(\Omega) : \int_\Omega p dX = 0\right\}, \quad \|p\|_M = \|p\|_{L^2}, \\ V = H^1(\Omega), \quad \|c\|_V = \|c\|_{H^1}. \end{cases} \tag{1.3.13}$$

流动方程 (1.3.1) 的弱形式通过乘检验函数和分部积分得到. 寻求 $(\mathbf{u}, p) : (0, T] \to (X, M)$ 使得

$$\int_\Omega (\mu(c)\kappa^{-1}\mathbf{u} + \beta\rho(c)|\mathbf{u}|\mathbf{u})\cdot v dX - \int_\Omega p\nabla v dX = \int_\Omega r(c)\nabla d\cdot v dX, \quad \forall v \in X, \tag{1.3.14a}$$

$$-\int_\Omega w\nabla\cdot\mathbf{u} dX = -\int_\Omega wq dX, \quad \forall w \in M. \tag{1.3.14b}$$

对于饱和度方程 (1.3.2), 注意到该流动实际上沿着迁移的特征方向, 采用特征线法处理一阶双曲部分, 它具有很高的精确度和稳定性. 对时间 t 可采用大步长计算[13,16,27,33,34]. 记 $\psi(X, \mathbf{u}) = [\varphi^2(X) + |\mathbf{u}|^2]^{1/2}$, $\dfrac{\partial}{\partial\tau} = \psi^{-1}\left\{\varphi\dfrac{\partial}{\partial t} + \mathbf{u}\cdot\nabla\right\}$. 为了应用混合体积元离散扩散部分, 我们将方程 (1.3.2) 写为下述标准形式

$$\psi\frac{\partial c}{\partial\tau} + \nabla\cdot\mathbf{g} = f(X, c), \tag{1.3.15a}$$

$$\mathbf{g} = -D(\mathbf{u})\nabla c, \tag{1.3.15b}$$

此处 $f(X, c) = (c_I - c)q_I$.

考虑到二相渗流驱动过程中流体的压力和流体速度变化较慢, 而饱和度函数变化较快的特性, 我们对流动方程 (1.3.1) 采用大步长, 对饱和度方程采用小步长计算. 为此设 Δt_p 是流动方程的时间步长, 第一步时间步长记为 $\Delta t_{p,1}$. 设 $0 = t_0 < t_1 < \cdots < t_M = T$ 是关于时间的一个剖分. 对于 $i \geqslant 1$, $t_i = \Delta t_{p,1} + (i-1)\Delta t_p$. 类似地, 记 $0 = t^0 < t^1 < \cdots < t^N = T$ 是饱和度方程关于时间的一个剖分, $t^n = n\Delta t_c$, 此处 Δt_c 是饱和度方程的时间步长. 我们假设对于任一 m, 都存在一个 n 使得 $t_m = t^n$,

这里 $\dfrac{\Delta t_p}{at_c}$ 是一个正整数. 记 $j^0 = \Delta t_{p,1}/\Delta t_c$, $j = \Delta t_p/\Delta t_c$. 设 J_p 是一类对于三维区域 Ω 的拟正则 (长方六面体) 剖分, 如 1.3.2 小节中图 1.3.1 所示, 其剖分单元为 $\Omega_{ijk} = [x_{i-1/2}, x_{i+1/2}] \times [y_{j-1/2}, y_{j+1/2}] \times [z_{k-1/2}, z_{k+1/2}]$, 其单元最大直径为 h_p. $(X_h, M_h) \subset X \times M$ 是一个对应于混合元空间指数为 k 的 Raviart-Thomas 元或 Brezzi-Douglas-Marini 元. 设 J_c 是一类对应于三维区域 Ω 的拟正则 (长方六面体) 剖分, 其单元最大直径为 h_c.

设 $P, \mathbf{U}, C, \mathbf{G}$ 分别为 $p, \mathbf{u}, c$ 和 $\mathbf{g}$ 的混合元-特征混合体积元的近似解. 由有关记号 (1.3.13) 和方程 (1.3.1) 的变分形式 (1.3.14) 可导出下述流体压力和流速的混合元格式:

$$\begin{aligned}&\int_\Omega (\mu(\bar{C}_m)\kappa^{-1}\mathbf{U}_m + \beta\rho(\bar{C}_m)|\mathbf{U}_m|\mathbf{U}_m)\cdot v_h dX - \int_\Omega P_m \nabla v_h dX \\ =& \int_\Omega r(\bar{C}_m)\nabla d\cdot v_h dX, \quad \forall v_h \in X_h,\end{aligned} \tag{1.3.16a}$$

$$-\int_\Omega w_h \nabla\cdot \mathbf{U}_m dX = -\int_\Omega w_h q_m dX, \quad \forall w_h \in M_h. \tag{1.3.16b}$$

对方程 (1.3.15a) 利用向后差商逼近特征方向导数

$$\frac{\partial c^{n+1}}{\partial \tau}(X) \approx \frac{c^{n+1} - c^n(X - \varphi^{-1}\mathbf{u}^{n+1}(X)\Delta t)}{\Delta t(1+\varphi^{-2}|\mathbf{u}^{n+1}|^2)^{1/2}}.$$

则饱和度方程 (1.3.15a) 的特征混合体积元格式为

$$\left(\varphi\frac{C^{n+1} - \hat{C}^n}{\Delta t}, v\right)_{\bar{m}} + \left(D_x G^{x,n+1} + D_y G^{y,n+1} + D_z G^{z,n+1}, v\right)_{\bar{m}} = \left(f(\hat{C}^n), v\right)_{\bar{m}}, \quad \forall v \in S_h, \tag{1.3.17a}$$

$$\begin{aligned}&\left(D^{-1}(E\mathbf{U}^{n+1})G^{x,n+1}, w^x\right)_x + \left(D^{-1}(E\mathbf{U}^{n+1})G^{y,n+1}, w^y\right)_y \\ &+ \left(D^{-1}(E\mathbf{U}^{n+1})G^{z,n+1}, w^z\right)_z - \left(C^{n+1}, D_x w^x + D_y w^y + D_z w^z\right)_{\bar{m}} = 0, \\ &\forall \mathbf{w} \in V_h,\end{aligned} \tag{1.3.17b}$$

此处 $\hat{C}^n = C^n(\hat{X}^n)$, $\hat{X}^n = X - \varphi^{-1}E\mathbf{U}^{n+1}\Delta t_c$. 由于在非线性项 μ, ρ 和 r 中用近似解 C_m 代替在 $t = t_m$ 时刻的真解,

$$\bar{C}_m = \min\{1, \max(0, C_m)\} \in [0,1]. \tag{1.3.18}$$

在时间步 t^{n+1}, $t_{m-1} < t^n \leqslant t_m$, 应用如下的外推公式

$$E\mathbf{U}^{n+1}=\begin{cases}\mathbf{U}_0, & t_0<t^{n+1}\leqslant t_1, m=1\\ \left(1+\dfrac{t^{n+1}-t_{m-1}}{t_{m-1}-t_{m-2}}\right)\mathbf{U}_{m-1}-\dfrac{t^{n+1}-t_{m-1}}{t_{m-1}-t_{m-2}}\mathbf{U}_{m-2}, & t_{m-1}<t^{n+1}\leqslant t_m, m\geqslant 2.\end{cases}\tag{1.3.19}$$

初始逼近:

$$C^0=\tilde{C}^0,\quad \mathbf{G}^0=\tilde{\mathbf{G}}^0,\quad X\in\Omega,\tag{1.3.20}$$

此处 $(\tilde{C}^0,\tilde{\mathbf{G}}^0)$ 为 $(c_0,\mathbf{g}_0)$ 的椭圆投影 (将在 1.3.4 小节定义).

混合元-特征混合体积元格式的计算程序. 首先由初始条件 $c_0,\mathbf{g}_0=-D\nabla c_0$, 应用混合体积元的椭圆投影确定 $\{\tilde{C}^0,\tilde{\mathbf{G}}^0\}$. 取 $C^0=\tilde{C}^0,\mathbf{G}^0=\tilde{\mathbf{G}}^0$, 再应用 (1.3.16a), (1.3.16b), 共轭梯度法求得 $\{\mathbf{U}_0,P_0\}$. 在此基础上, 应用特征混合体积元格式 (1.3.17) 及共轭梯度法求得 $\{C^1,C^2,\cdots,C^{j_0}\}$. 对 $m\geqslant 1$, 此处 $C^{j_0+(m-1)j}=C_m$ 是已知的. 逼近解 $\{\mathbf{U}_m,P_m\}$ 可以应用 (1.3.16a), (1.3.16b) 得到. 再由 (1.3.17a), (1.3.17b) 依次可得 $C^{j_0+(m-1)j+1},C^{j_0+(m-1)j+2},\cdots,C^{j_0+mj}$. 这样依次进行, 可求得全部数值逼近解, 由正定性条件 (C), 解存在且唯一.

1.3.3.2 局部质量守恒律

如果问题 (1.3.1)—(1.3.5) 没有源汇项, 也就是 $q\equiv 0$ 和边界条件是不渗透的, 则在每个单元 $J_c\in\Omega$ 上, 此处为简单起见, 设 $l=1$, 即粗细网格重合, $J_c\equiv J_p=\Omega_{ijk}=[x_{i-1/2},x_{i+1/2}]\times[y_{j-1/2},y_{j+1/2}]\times[z_{k-1/2},z_{k+1/2}]$, 饱和度方程的局部质量守恒表现为

$$\int_{J_c}\psi\frac{\partial c}{\partial\tau}dX-\int_{\partial J_c}\mathbf{g}\cdot\gamma_{J_c}dS=0.\tag{1.3.21}$$

此处 J_c 为区域 Ω 关于饱和度的细网格剖分单元, ∂J_c 为单元 J_c 的边界面, γ_{J_c} 为单元边界面的外法线方向矢量. 下面我们证明 (1.3.17a) 满足下面的离散意义下的局部质量守恒律.

定理 1.3.1 如果 $q\equiv 0$, 则在任意单元 $J_c\in\Omega$ 上, 格式 (1.3.17a) 满足离散的局部质量守恒律

$$\int_{J_c}\varphi\frac{C^{n+1}-\hat{C}^n}{\Delta t}dX-\int_{\partial J_c}\mathbf{G}^{n+1}\cdot\gamma_{J_c}dS=0.\tag{1.3.22}$$

证明 因为 $v\in S_h$, 对给定的单元 $J_c\in\Omega_{ijk}$ 上, 取 $v\equiv 1$, 在其他单元上为零, 则此时 (1.3.17a) 为

$$\left(\varphi\frac{C^{n+1}-\hat{C}^n}{\Delta t},1\right)_{\Omega_{ijk}}+\left(D_xG^{x,n+1}+D_yG^{y,n+1}+D_zG^{z,n+1},1\right)_{\Omega_{ijk}}=0.\tag{1.3.23}$$

按 1.3.2 小节中的记号可得

$$\left(\varphi\frac{C^{n+1}-\hat{C}^n}{\Delta t},1\right)_{\Omega_{ijk}}=\varphi_{ijk}\left(\frac{C_{ijk}^{n+1}-\hat{C}_{ijk}^n}{\Delta t}\right)h_{x_i}h_{y_j}h_{z_k}=\int_{\Omega_{ijk}}\varphi\frac{C^{n+1}-\hat{C}^n}{\Delta t}dX,\tag{1.3.24a}$$

$$\begin{aligned}&\left(D_xG^{x,n+1}+D_yG^{y,n+1}+D_zG^{z,n+1},1\right)_{\Omega_{ijk}}\\&=\left(G_{i+1/2,jk}^{x,n+1}-G_{i-1/2,jk}^{x,n+1}\right)h_{y_j}h_{z_k}+\left(G_{i,j+1/2,k}^{y,n+1}-G_{i,j-1/2,k}^{y,n+1}\right)h_{x_i}h_{z_k}\\&\quad+\left(G_{ij,k+1/2}^{z,n+1}-G_{ij,k-1/2}^{z,n+1}\right)h_{x_i}h_{y_j}\\&=-\int_{\partial\Omega_{ijk}}\mathbf{G}^{n+1}\cdot\gamma_{J_c}dS.\end{aligned}\tag{1.3.24b}$$

将式 (1.3.24) 代入式 (1.3.23), 定理 1.3.1 得证.

由局部质量守恒律 (定理 1.3.1), 即可推出整体质量守恒律.

定理 1.3.2 如果 $q\equiv0$, 边界条件是不渗透的, 则格式 (1.3.17a) 满足整体离散质量守恒律

$$\int_{\Omega}\varphi\frac{C^{n+1}-\hat{C}^n}{\Delta t}dX=0,\quad n\geqslant0.\tag{1.3.25}$$

证明 由局部质量守恒律 (1.3.22), 对全部的网格剖分单元求和, 则有

$$\sum_{i,j,k}\int_{\Omega_{ijk}}\varphi\frac{C^{n+1}-\hat{C}^n}{\Delta t}dX-\sum_{i,j,k}\int_{\partial\Omega_{ijk}}\mathbf{G}^{n+1}\cdot\gamma_{J_c}dS=0.\tag{1.3.26}$$

注意到 $-\sum_{i,j,k}\int_{\partial\Omega_{ijk}}\mathbf{G}^{n+1}\cdot\gamma_{J_c}dS=-\int_{\partial\Omega}\mathbf{G}^{n+1}\cdot\gamma dS=0$, 定理得证.

1.3.4 混合元-特征混合体积元的收敛性分析

对于三维混合元空间, 我们假定存在不依赖网格剖分的常数 K 使得下述逼近性质和逆性质成立:

$$(\mathrm{A_{p,\mathbf{u}}})\quad\begin{cases}\inf\limits_{v_h\in X_h}\|f-v_h\|_{L^q}\leqslant K\|f\|_{W^{m,q}}h_p^m, & 1\leqslant m\leqslant k+1,\\ \inf\limits_{w_h\in M_h}\|g-w_h\|_{L^q}\leqslant K\|g\|_{W^{m,q}}h_p^m, & 1\leqslant m\leqslant k+1,\\ \inf\limits_{v_h\in X_h}\|\mathrm{div}(f-v_h)\|_{L^2}\leqslant K\|\mathrm{div}f\|_{H^m}h_p^m, & 1\leqslant m\leqslant k+1,\end{cases}\tag{1.3.27a}$$

$$(\mathrm{I_{p,\mathbf{u}}})\quad\|v_h\|_{L^\infty}\leqslant Kh_p^{-3/2}\|v_h\|_{L^2},\quad v_h\in X_h,\tag{1.3.27b}$$

$$(\mathrm{A_c})\quad \inf_{\chi_h\in V_h}[||f-\chi_h||_{L^2}+h_c||f-\chi_h||_{H^1}]\leqslant Kh_c^m||f||_m,\quad 2\leqslant m\leqslant k+1, \tag{1.3.27c}$$

$$(\mathrm{I_c})\quad ||\chi_h||_{W^{m,\infty}}\leqslant Kh_c^{-3/2}||\chi_h||_{W^m},\quad \chi_h\in V_h. \tag{1.3.27d}$$

为了理论分析简便, 假定 $D(\mathbf{u})\approx\varphi d_m\mathbf{I}=D(X)$. 并引入二个椭圆投影.

定义 Forchheimer 投影算子 (Π_h,P_h): $(\mathbf{u},p)\to(\Pi_h\mathbf{u},P_hp)=(\tilde{\mathbf{U}},\tilde{P})$, 由下述方程组确定:

$$\int_\Omega[\mu(c)\kappa^{-1}(\mathbf{u}-\tilde{\mathbf{U}})+\beta\rho(c)(|\mathbf{u}|\mathbf{u}-|\tilde{\mathbf{U}}|\tilde{\mathbf{U}})]\cdot v_hdX-\int_\Omega(p-\tilde{P})\nabla v_hdX=0,\quad\forall v_h\in X_h, \tag{1.3.28a}$$

$$-\int_\Omega w_h\nabla\cdot(\mathbf{u}-\tilde{\mathbf{U}})dX=0,\quad\forall w_h\in M_h. \tag{1.3.28b}$$

应用方程式 (1.3.14a) 和 (1.3.14b) 可得

$$\int_\Omega(\mu(c)\kappa^{-1}\tilde{\mathbf{U}}+\beta\rho(c)|\tilde{\mathbf{U}}|\tilde{\mathbf{U}})\cdot v_hdX-\int_\Omega\tilde{P}\nabla v_hdX=\int_\Omega r(c)\nabla d\cdot v_hdX,\quad\forall v_h\in X_h, \tag{1.3.29a}$$

$$-\int_\Omega w_h\nabla\cdot\tilde{\mathbf{U}}dX=-\int_\Omega w_h\nabla\cdot\mathbf{u}dX=-\int_\Omega w_hqdX,\quad\forall w_h\in M_h. \tag{1.3.29b}$$

依据文献 [7] 中的结果, 存在不依赖 h_p 的正常数 K 使得

$$||\mathbf{u}-\tilde{\mathbf{U}}||_{L^2}^2+||\mathbf{u}-\tilde{\mathbf{U}}||_{L^3}^3+||p-\tilde{P}||_{L^2}^2\leqslant K\{||\mathbf{u}||_{W^{k+1,3}}^2+||p||_{H^{k+1}}^2\}h_p^{2(k+1)}. \tag{1.3.30a}$$

当 $k\geqslant1$ 和 h_p 足够小时, 则有

$$||\tilde{\mathbf{U}}||_{L^\infty}\leqslant||\mathbf{u}||_{L^\infty}+1. \tag{1.3.30b}$$

记 $F=f-\psi\dfrac{\partial c}{\partial\tau}$. 引入混合体积元的椭圆投影.

定义 $\tilde{\mathbf{G}}\in V_h$, $\tilde{C}\in S_h$, 满足

$$\left(D_x\tilde{G}^x+D_y\tilde{G}^y+D_z\tilde{G}^z,v\right)_{\bar{m}}=(F,v)_{\bar{m}},\quad\forall v\in S_h, \tag{1.3.31a}$$

$$\left(D^{-1}\tilde{G}^x,w^x\right)_x+\left(D^{-1}\tilde{G}^y,w^y\right)_y+\left(D^{-1}\tilde{G}^z,w^z\right)_z-\left(\tilde{C},D_xw^x+D_yw^y+D_zw^z\right)_{\bar{m}}=0,\quad\forall w\in V_h. \tag{1.3.31b}$$

记 $\pi=P-\tilde{P}$, $\eta=\tilde{P}-p$, $\sigma=\mathbf{U}-\tilde{\mathbf{U}}$, $\rho=\tilde{\mathbf{U}}-\mathbf{u}$, $\xi=C-\tilde{C}$, $\zeta=\tilde{C}-c$, $\alpha=\mathbf{G}-\tilde{\mathbf{G}}$, $\beta=\tilde{\mathbf{G}}-\mathbf{g}$. 设问题 (1.3.1) 和 (1.3.2) 满足正定性条件 (C), 其精确解满足正则性条件 (R). 由 Weiser, Wheeler 理论[40]得知格式 (1.3.31) 确定的辅助函数 $\{\tilde{\mathbf{G}},\tilde{C}\}$ 唯一

存在, 并有下述误差估计.

引理 1.3.5 若问题 (1.3.1), (1.3.2) 的系数和精确解满足条件 (C) 和 (R), 则存在不依赖于 h 的常数 $\bar{C}_1, \bar{C}_2 > 0$, 使得下述估计式成立:

$$||\zeta||_{\bar{m}} + |||\beta||| + \left|\left|\frac{\partial \zeta}{\partial t}\right|\right|_{\bar{m}} \leqslant \bar{C}_1\{h_p^2 + h_c^2\}, \tag{1.3.32a}$$

$$|||\tilde{\mathbf{G}}|||_\infty \leqslant C_2. \tag{1.3.32b}$$

为了进行收敛性分析, 我们需要下面几个引理. 引理 1.3.6 是混合元的 LBB 条件, 在文献 [7] 中有详细的论述.

引理 1.3.6 存在不依赖 h 的 $\bar{r}$ 使得

$$\inf_{w_h \in M_h} \sup_{v_h \in X_h} \frac{(w_h, \nabla \cdot v_h)}{||w_h||_{M_h} ||v_h||_{X_h}} \geqslant \bar{r}. \tag{1.3.33}$$

下面几个引理是非线性 Darcy-Forchheimer 算子的一些性质.

引理 1.3.7 设 $f(v) = |v|v$, 则存在正常数 $K_i, i = 1, 2, 3$, 对于 $u, v, w \in L^3(\Omega)^d$, 满足

$$K_1 \int_\Omega (|u| + |v|)|v - u|^2 dX \leqslant \int_\Omega (f(v) - f(u)) \cdot (v - u) dX, \tag{1.3.34a}$$

$$K_2 ||v - u||_{L^3}^3 \leqslant \int_\Omega (f(v) - f(u)) \cdot (v - u) dX, \tag{1.3.34b}$$

$$K_3 \int_\Omega |f(v) - f(u)||v - u| dX \leqslant \int_\Omega (f(v) - f(u)) \cdot (v - u) dX, \tag{1.3.34c}$$

$$\int_\Omega (f(v) - f(u)) \cdot w dX \leqslant \left[\int_\Omega (|v| + |u|)|v - u|^2 dX\right]^{1/2} [||u||_{L^3}^{1/2} + ||v||_{L^3}^{1/2}]||w||_{L^3}. \tag{1.3.34d}$$

现在考虑 $(\mathbf{u}, p)$, 因为 $c \in [0, 1]$, 我们容易看到

$$|\bar{C}_{h,m} - c_m| \leqslant |C_{h,m} - c_m|. \tag{1.3.35}$$

从格式 (1.3.16a), (1.3.16b) 和投影 $(\tilde{\mathbf{U}}, \tilde{P})$ 的误差估计式 (1.3.30), 可得下述引理.

引理 1.3.8 存在不依赖网格剖分的 K 使得

$$||\mathbf{u}_m - \mathbf{U}_m||_{L^2}^2 + ||\mathbf{u}_m - \mathbf{U}_m||_{L^3}^3 \leqslant K\{h_p^{2(k+1)} + ||c_m - C_m||_{L^2}^2\}. \tag{1.3.36}$$

证明 事实上, 从方程 (1.3.16a), (1.3.16b) 以及 Forchheimer 投影 (1.3.28), 有

$$
\begin{aligned}
&(\mu(\bar{C}_m)K^{-1}(\mathbf{u}_m-\mathbf{U}_m)+\beta\rho(\bar{C}_m)(|\mathbf{u}_m|\,\mathbf{u}_m-|\mathbf{U}_m|\,\mathbf{U}_m),v_h)-(\tilde{P}_m-P_m,\nabla_h v_h)\\
=&-((\mu(c_m)-\mu(\bar{C}_m))K^{-1}\,\tilde{\mathbf{U}}_m+\beta(\rho(c_m)-\rho(\bar{C}_m))K^{-1}|\,\tilde{\mathbf{U}}_m\,|\,\tilde{\mathbf{U}}_m,v_h)\\
&+((r(c_m)-r(\bar{C}_m))\nabla d,v_h),\quad \forall v_h\in X_h, \qquad (1.3.37\text{a})\\
&-(w_h,\nabla\cdot(\tilde{\mathbf{U}}_m-\mathbf{U}_m))=-(w_h,\nabla\cdot(\tilde{\mathbf{U}}_m-\mathbf{u}_m))=0,\quad \forall w_h\in M_h. \qquad (1.3.37\text{b})
\end{aligned}
$$

由 (1.3.37) 得知 $(\tilde{P}_m-P_m,\nabla\cdot(\tilde{\mathbf{U}}_m-\mathbf{U}_m))=0$, 对式 (1.3.37a) 取 $v_h=\tilde{\mathbf{U}}_m-\mathbf{U}_m$, 可得

$$
\begin{aligned}
&(\mu(\bar{C}_m)K^{-1}(\mathbf{u}_m-\mathbf{U}_m)+\beta\rho(\bar{C}_m)(|\mathbf{u}_m|\,\mathbf{u}_m),\mathbf{u}_m-\mathbf{U}_m)\\
=&(\mu(\bar{C}_m)K^{-1}(\mathbf{u}_m-\mathbf{U}_m)+\beta\rho(\bar{C}_m)(|\mathbf{u}_m|\,\mathbf{u}_m),\mathbf{u}_m-\tilde{\mathbf{U}}_m)\\
&-((\mu(c_m)-\mu(\bar{C}_m))K^{-1}\,\tilde{\mathbf{U}}_m+\beta(\rho(c_m)-\rho(\bar{C}_m))K^{-1}|\,\tilde{\mathbf{U}}_m\,|\,\tilde{\mathbf{U}}_m,\tilde{\mathbf{U}}_m-\mathbf{U}_m)\\
&+((r(c_m)-r(\bar{C}_m))\nabla d,\tilde{\mathbf{U}}_m-\mathbf{U}_m). \qquad (1.3.38)
\end{aligned}
$$

分别估计 (1.3.38) 左右两端, 可得

$$
\text{左端}\geqslant K_0\left\{||\mathbf{u}_m-\mathbf{U}_m||_{L^2}^2+||\mathbf{u}_m-\mathbf{U}_m||_{L^3}^3+\int_\Omega(|\mathbf{u}_m|+|\mathbf{U}_m|)|\mathbf{u}_m-\mathbf{U}_m|^2dx\right\}, \qquad (1.3.39\text{a})
$$

$$
\begin{aligned}
\text{右端}\leqslant& K\Bigg\{||\mathbf{u}_m-\mathbf{U}_m||_{L^2}||\mathbf{u}_m-\tilde{\mathbf{U}}_m\,||_{L^2}\\
&+\left[\int_\Omega(|\mathbf{u}_m|+|\mathbf{U}_m|)|\mathbf{u}_m-\mathbf{U}_m|^2dx\right]^{1/2}[||\mathbf{u}_m||_{L^3}^{1/2}+||\mathbf{U}_m||_{L^3}^{1/2}]||\mathbf{u}_m-\tilde{\mathbf{U}}_m\,||_{L^2}\\
&+(1+||\tilde{\mathbf{U}}_m||_{L^\infty})||c_m-C_m||_{L^2}||\mathbf{u}_m-\tilde{\mathbf{U}}_m\,||_{L^2}\Bigg\}\\
\leqslant&\,\varepsilon\left\{||\mathbf{u}_m-\mathbf{U}_m||_{L^2}^2+\int_\Omega(|\mathbf{u}_m|+|\mathbf{U}_m|)|\mathbf{u}_m-\mathbf{U}_m|^2dx\right\}\\
&+K\{||\mathbf{u}_m-\tilde{\mathbf{U}}_m\,||_{L^2}^2+||\mathbf{u}_m-\tilde{\mathbf{U}}_m\,||_{L^3}^3+(1+||\,\tilde{\mathbf{U}}_m\,||_{L^\infty})||c_m-C_m||_{L^2}^2\},
\end{aligned} \qquad (1.3.39\text{b})
$$

其中 K_0 为确定的正常数.

对估计式 (1.3.38) 左右两端分别应用估计式 (1.3.39a), (1.3.39b), 引理 1.3.7 和投影估计式 (1.3.30), 即可得到流速的估计, 引理 1.3.8 得证.

下面讨论饱和度方程 (1.3.2) 的误差估计. 为此将式 (1.3.17a) 和式 (1.3.17b) 分别减去 $t=t^{n+1}$时刻的式 (1.3.31a) 和式 (1.3.31b), 分别取 $v=\xi^{n+1}$, $w=\alpha^{n+1}$, 可得

$$
\left(\varphi\frac{C^{n+1}-\hat{C}^n}{\Delta t},\xi^{n+1}\right)_{\bar{m}}+\left(D_x\alpha^{x,n+1}+D_y\alpha^{y,n+1}+D_z\alpha^{z,n+1},\xi^{n+1}\right)_{\bar{m}}
$$

$$= \left(f(\hat{C}^n) - f(c^{n+1}) + \psi^{n+1}\frac{\partial c^{n+1}}{\partial \tau}, \xi^{n+1}\right)_{\bar{m}}, \tag{1.3.40a}$$

$$\left(D^{-1}\alpha^{x,n+1}, \alpha^{x,n+1}\right)_x + \left(D^{-1}\alpha^{y,n+1}, \alpha^{y,n+1}\right)_y + \left(D^{-1}\alpha^{z,n+1}, \alpha^{z,n+1}\right)_z$$
$$- \left(\xi^{n+1}, D_x\alpha^{x,n+1} + D_y\alpha^{y,n+1} + D_z\alpha^{z,n+1}\right)_{\bar{m}} = 0. \tag{1.3.40b}$$

将式 (1.3.40a) 和式 (1.3.40b) 相加可得

$$\begin{aligned}&\left(\varphi\frac{C^{n+1} - \hat{C}^n}{\Delta t}, \xi^{n+1}\right)_{\bar{m}} + \left(D^{-1}\alpha^{x,n+1}, \alpha^{x,n+1}\right)_x \\ &+ \left(D^{-1}\alpha^{y,n+1}, \alpha^{y,n+1}\right)_y + \left(D^{-1}\alpha^{z,n+1}, \alpha^{z,n+1}\right)_z \\ =&\left(f(\hat{C}^n) - f(c^{n+1}) + \psi^{n+1}\frac{\partial c^{n+1}}{\partial \tau}, \xi^{n+1}\right)_{\bar{m}}.\end{aligned} \tag{1.3.41}$$

应用方程 (1.3.2), $t = t^{n+1}$, 将上式改写为

$$\begin{aligned}&\left(\varphi\frac{\xi^{n+1} - \xi^n}{\Delta t}, \xi^{n+1}\right)_{\bar{m}} + \sum_{s=x,y,z}\left(D^{-1}\alpha^{s,n+1}, \alpha^{s,n+1}\right)_s \\ =&\left(\left[\varphi\frac{\partial c^{n+1}}{\partial t} + \mathbf{u}^{n+1}\cdot\nabla c^{n+1}\right] - \varphi\frac{c^{n+1} - \check{c}^n}{\Delta t}, \xi^{n+1}\right)_{\bar{m}} + \left(\varphi\frac{\zeta^{n+1} - \zeta^n}{\Delta t}, \xi^{n+1}\right)_{\bar{m}} \\ &+ \left(f(\hat{C}^n) - f(c^{n+1}), \xi^{n+1}\right) + \left(\varphi\frac{\hat{c}^n - \check{c}^n}{\Delta t}, \xi^{n+1}\right)_{\bar{m}} - \left(\varphi\frac{\hat{\zeta}^n - \check{\zeta}^n}{\Delta t}, \xi^{n+1}\right)_{\bar{m}} \\ &+ \left(\varphi\frac{\hat{\xi}^n - \check{\xi}^n}{\Delta t}, \xi^{n+1}\right)_{\bar{m}} - \left(\varphi\frac{\check{\zeta}^n - \zeta^n}{\Delta t}, \xi^{n+1}\right)_{\bar{m}} + \left(\varphi\frac{\check{\xi}^n - \xi^n}{\Delta t}, \xi^{n+1}\right)_{\bar{m}},\end{aligned} \tag{1.3.42}$$

此处 $\check{c}^n = c^n(X - \varphi^{-1}\mathbf{u}^{n+1}\Delta t)$, $\hat{c}^n = c^n(X - \varphi^{-1}E\mathbf{U}^{n+1}\Delta t)$, $\hat{\zeta}, \check{\zeta}, \hat{\xi}$ 和 $\check{\xi}$ 类似定义.

对式 (1.3.42) 的左端应用不等式 $a(a-b) \geqslant \frac{1}{2}(a^2-b^2)$, 其右端分别用 $T_1, T_2, \cdots,$ T_8 表示, 可得

$$\begin{aligned}&\frac{1}{2\Delta t}\left\{\left(\varphi\xi^{n+1}, \xi^{n+1}\right)_m - \left(\varphi\xi^n, \xi^n\right)_m\right\} + \sum_{s=x,y,z}\left(D^{-1}\alpha^{s,n+1}, \alpha^{s,n+1}\right)_s \\ \leqslant& T_1 + T_2 + \cdots + T_8.\end{aligned} \tag{1.3.43}$$

为了估计 T_1, 注意到 $\varphi\frac{\partial c^{n+1}}{\partial t} + \mathbf{u}^{n+1}\cdot\nabla c^{n+1} = \psi^{n+1}\frac{\partial c^{n+1}}{\partial \tau}$, 于是可得

$$\frac{\partial c^{n+1}}{\partial \tau} - \frac{\varphi}{\psi^{n+1}}\frac{c^{n+1} - \check{c}^n}{\Delta t} = \frac{\varphi}{\psi^{n+1}\Delta t}\int_{(\check{X},t^n)}^{(X,t^{n+1})}\left[|X - \hat{X}|^2 + (t-t^n)^2\right]^{1/2}\frac{\partial^2 c}{\partial \tau^2}d\tau. \tag{1.3.44}$$

对上式乘以 ψ^{n+1} 并作 m 模估计, 可得

$$\left\|\psi^{n+1}\frac{\partial c^{n+1}}{\partial\tau}-\varphi\frac{c^{n+1}-\check{c}^{n}}{\Delta t}\right\|_m^2\leqslant\int_\Omega\left[\frac{\psi^{n+1}}{\Delta t}\right]^2\left|\int_{(\check{X},t^n)}^{(X,t^{n+1})}\frac{\partial^2 c}{\partial\tau^2}d\tau\right|^2dX$$

$$\leqslant\Delta t\left\|\frac{(\psi^{n+1})^3}{\varphi}\right\|_\infty\int_\Omega\int_{(\check{X},t^n)}^{(X,t^{n+1})}\left|\frac{\partial^2 c}{\partial\tau^2}\right|^2d\tau dX$$

$$\leqslant\Delta t\left\|\frac{(\psi^{n+1})^4}{\varphi^2}\right\|_\infty\int_\Omega\int_{t^n}^{t^{n+1}}\int_0^1\left|\frac{\partial^2 c}{\partial\tau^2}(\bar{\tau}\check{X}+(1-\bar{\tau})X,t)\right|^2d\bar{\tau}dXdt. \tag{1.3.45}$$

因此有

$$|T_1|\leqslant K\left\|\frac{\partial^2 c}{\partial\tau^2}\right\|_{L^2(t^n,t^{n+1};m)}^2\Delta t+K\left\|\xi^{n+1}\right\|_m^2. \tag{1.3.46a}$$

对于 T_2,T_3 的估计, 应用引理 1.3.5 可得

$$|T_2|\leqslant K\left\{(\Delta t)^{-1}\left\|\frac{\partial\zeta}{\partial t}\right\|_{L^2(t^n,t^{n+1};m)}^2+\left\|\xi^{n+1}\right\|_m^2\right\}. \tag{1.3.46b}$$

$$|T_3|\leqslant K\{\|\xi^{n+1}\|_m^2+\|\xi^n\|_m^2+(\Delta t)^2+h^4\}. \tag{1.3.46c}$$

估计 T_4,T_5 和 T_6 导致下述一般的关系式. 若 f 定义在 Ω 上, f 对应的是 c,ζ 和 ξ, Z 表示方向 $E(\mathbf{U}-\mathbf{u})^{n+1}$ 的单位矢量, 则

$$\int_\Omega\varphi\frac{\hat{f}^n-\check{f}^n}{\Delta t}\xi^{n+1}dX=(\Delta t)^{-1}\int_\Omega\varphi\left[\int_{\check{X}}^{\hat{X}}\frac{\partial f^n}{\partial Z}dZ\right]\xi^{n+1}dX$$

$$=(\Delta t)^{-1}\int_\Omega\varphi\left[\int_0^1\frac{\partial f^n}{\partial Z}((1-\bar{Z})\check{X}+\bar{Z}\hat{X})d\bar{Z}\right]|\hat{X}-\check{X}|\xi^{n+1}dX$$

$$=\int_\Omega\left[\int_0^1\frac{\partial f^n}{\partial Z}((1-\bar{Z})\check{X}+\bar{Z}\hat{X})d\bar{Z}\right]|E(\mathbf{u}-\mathbf{U})^{n+1}|\xi^{n+1}dX, \tag{1.3.47}$$

此处参数 $\bar{Z}\in[0,1]$, 应用关系式 $\hat{X}-\check{X}=\Delta t[E\mathbf{u}^{n+1}(X)-E\mathbf{U}^{n+1}(X)]/\varphi(X)$. 可设

$$g_f=\int_0^1\frac{\partial f^n}{\partial Z}((1-\bar{Z})\check{X}+\bar{Z}\hat{X})d\bar{Z}.$$

则可写出关于式 (1.3.47) 三个特殊情况:

$$|T_4|\leqslant\|g_c\|_\infty\|E(\mathbf{u}-\mathbf{U})^{n+1}\|_m\|\xi^{n+1}\|_m, \tag{1.3.48a}$$

$$|T_5| \leqslant ||g_\zeta||_m \, ||E(\mathbf{u}-\mathbf{U})^{n+1}||_m \, ||\xi^{n+1}||_\infty, \tag{1.3.48b}$$

$$|T_6| \leqslant ||g_\xi||_m \, ||E(\mathbf{u}-\mathbf{U})^{n+1}||_m \, ||\xi^{n+1}||_\infty . \tag{1.3.48c}$$

由引理 1.3.1—引理 1.3.5 和 (1.3.36) 可得

$$||E(\mathbf{u}-\mathbf{U})^{n+1}||_{\bar{m}}^2 \leqslant K\{||\xi_{m-1}||_{\bar{m}}^2 + ||\xi_{m-2}||_{\bar{m}}^2 + h_p^{2(k+1)} + h_c^4 + (\Delta t_c)^2\}. \tag{1.3.49}$$

因为 $g_c(X)$ 是 c^n 的一阶偏导数的平均值, 它能用 $||c^n||_{W_\infty^1}$ 来估计. 由式 (1.3.48a) 可得

$$|T_4| \leqslant K\{||\xi_{m-1}||_{\bar{m}}^2 + ||\xi_{m-2}||_{\bar{m}}^2 + ||\xi^{n+1}||_{\bar{m}}^2 + h_p^{2(k+1)} + h_c^4 + (\Delta t_c)^2\}. \tag{1.3.50}$$

为了估计 $||g_\zeta||_{\bar{m}}$ 和 $||g_\xi||_{\bar{m}}$, 我们需要作归纳法假定:

$$\sup_{0\leqslant n\leqslant L} |||\sigma|||_\infty \to 0, \quad \sup_{0\leqslant n\leqslant L} ||\xi^n||_{\bar{m}} \to 0, \quad (h_c, h_p, \Delta t_c) \to 0. \tag{1.3.51}$$

同时作下述剖分参数限制性条件:

$$\Delta t_c = O(h_c^2). \tag{1.3.52}$$

为了估计 T_5, T_6, 现在考虑

$$||g_f||^2 \leqslant \int_0^1 \int_\Omega \left[\frac{\partial f^n}{\partial Z}((1-\bar{Z})\check{X} + \bar{Z}\hat{X})\right]^2 dX d\bar{Z}. \tag{1.3.53}$$

定义变换

$$G_{\bar{Z}}(X) = (1-\bar{Z})\check{X} + \bar{Z}\hat{X} = X - [\varphi^{-1}(X)E\mathbf{u}^{n+1}(X) + \bar{Z}\varphi^{-1}(X)E(\mathbf{U}-\mathbf{u})^{n+1}(X)]\Delta t_c, \tag{1.3.54}$$

设 $J_p = \Omega_{ijk} = [x_{i-1/2}, x_{i+1/2}] \times [y_{j-1/2}, y_{j+1/2}] \times [z_{k-1/2}, z_{k+1/2}]$ 是流动方程的网格单元, 则式 (1.3.53) 可写为

$$||g_f||^2 \leqslant \int_0^1 \sum_{J_p} \left|\frac{\partial f^n}{\partial Z}(G_{\bar{Z}}(X))\right|^2 dX d\bar{Z}. \tag{1.3.55}$$

由归纳法假定 (1.3.51) 和剖分参数限制性条件 (1.3.52) 有

$$\det DG_{\bar{Z}} = 1 + o(1).$$

则式 (1.3.55) 进行变量替换后可得

$$\|g_f\|^2 \leqslant K \|\nabla f^n\|^2 . \tag{1.3.56}$$

对 T_5 应用式 (1.3.56), 引理 1.3.5 和 Sobolev 嵌入定理[22]可得下述估计:

$$\begin{aligned}
|T_5| &\leqslant K\|\nabla\zeta^n\|\cdot\|E(\mathbf{u}-\mathbf{U})^{n+1}\|\cdot h^{-(\varepsilon+1/2)}\|\nabla\xi^{n+1}\| \\
&\leqslant K\{h_c^{2-(\varepsilon+1/2)}\|E(\mathbf{u}-\mathbf{U})^{n+1}\|\|\nabla\xi^{n+1}\|\} \\
&\leqslant K\{\|\xi_{m-1}\|_{\bar{m}}^2+\|\xi_{m-2}\|_{\bar{m}}^2+h_p^{2(k+1)}+h_c^4+(\Delta t_c)^2\}+\varepsilon\,|||\alpha^{n+1}|||^2 .
\end{aligned} \tag{1.3.57a}$$

从式 (1.1.41) 清楚地看到 $\|E(\mathbf{u}-\mathbf{U})^{n+1}\|_m = o(h_c^{-(\varepsilon+1/2)})$, 由我们的定理证明 $\|\xi^n\|_{\bar{m}} = O(h_p^{k+1}+h_c^2+\Delta t_c)$. 类似于在文献 [16] 中的分析, 有

$$\begin{aligned}
|T_6| &\leqslant K\|\nabla\xi^n\|\cdot\|E(\mathbf{u}-\mathbf{U})^{n+1}\|\cdot h^{-(\varepsilon+1/2)}\|\nabla\xi^{n+1}\| \\
&\leqslant \varepsilon\{|||\alpha^{n+1}|||^2+|||\alpha^n|||^2\}.
\end{aligned} \tag{1.3.57b}$$

对 T_7, T_8 应用负模估计可得

$$|T_7| \leqslant Kh_c^4+\varepsilon\,|||\alpha^{n+1}|||^2, \tag{1.3.58a}$$

$$|T_8| \leqslant K\|\xi^n\|_{\bar{m}}^2+\varepsilon\,|||\alpha^{n+1}|||^2 . \tag{1.3.58b}$$

对误差估计式 (1.3.42) 左右两端分别应用式 (1.3.43), (1.3.46), (1.3.57) 和 (1.3.58) 可得

$$\begin{aligned}
&\frac{1}{2\Delta t}\left\{\left(\varphi\xi^{n+1},\xi^{n+1}\right)_{\bar{m}}-\left(\varphi\xi^n,\xi^n\right)_{\bar{m}}\right\}+\sum_{s=x,y,z}\left(D_s\alpha^{s,n+1},\alpha^{s,n+1}\right)_s \\
&\leqslant K\left\{\left\|\frac{\partial^2 c}{\partial\tau^2}\right\|_{L^2(t^n,t^{n+1};m)}^2\Delta t+(\Delta t)^{-1}\left\|\frac{\partial\zeta}{\partial t}\right\|_{L^2(t^n,t^{n+1};m)}^2\right. \\
&\quad+\left\|\xi^{n+1}\right\|_{\bar{m}}^2+\|\xi^n\|_{\bar{m}}^2+\|\xi_{m-1}\|_{\bar{m}}^2 \\
&\quad\left.+\|\xi_{m-2}\|_{\bar{m}}^2+h_p^{2(k+1)}+h_c^4+(\Delta t_c)^2\right\}+\varepsilon\{|||\alpha^{n+1}|||^2+|||\alpha^n|||^2\}.
\end{aligned} \tag{1.3.59}$$

对式 (1.3.59) 乘以 $2\Delta t$, 并对时间 n 求和 $(0\leqslant n\leqslant L)$, 注意到 $\xi^0=0$, 可得

$$\left\|\xi^{L+1}\right\|_{\bar{m}}^2+\sum_{n=0}^{L}\left|\left|\left|\alpha^{n+1}\right|\right|\right|^2\Delta t\leqslant K\left\{\sum_{n=0}^{L}\left\|\xi^{n+1}\right\|_{\bar{m}}^2\Delta t+h_p^{2(k+1)}+h_c^4+(\Delta t_c)^2\right\}.\tag{1.3.60}$$

应用 Gronwall 引理可得

$$\left\|\xi^{L+1}\right\|_{\bar{m}}^2+\sum_{n=0}^{L}\left|\left|\left|\alpha^{n+1}\right|\right|\right|^2\Delta t\leqslant K\{h_p^{2(k+1)}+h_c^4+(\Delta t_c)^2\}.\tag{1.3.61a}$$

对流动方程的误差估计式 (1.3.30) 和 (1.3.36), 应用估计式 (1.3.61a) 可得

$$\sup_{0\leqslant n\leqslant L}\left|\left|\left|\alpha^{n+1}\right|\right|\right|^2\leqslant K\{h_p^{2(k+1)}+h_c^4+(\Delta t_c)^2\}.\tag{1.3.61b}$$

下面需要检验归纳法假定 (1.3.51). 对于 $n=0$ 时, 由于初始值选取 $\xi^0=0$, 由归纳法假定显然是正确的. 若对 $1\leqslant n\leqslant L$ 归纳法假定 (1.3.51) 成立, 则由估计式 (1.3.61) 和限制性条件 (1.3.52) 有

$$\left\|\sigma^{L+1}\right\|_\infty\leqslant Kh_p^{-3/2}\left\{h_p^{k+1}+h_c^2+\Delta t_c\right\}\leqslant Kh_p^{1/2}\to 0,\tag{1.3.62a}$$

$$\left\|\xi^{L+1}\right\|_\infty\leqslant Kh_c^{-3/2}\left\{h_p^{k+1}+h_c^2+\Delta t_c\right\}\leqslant Kh_c^{1/2}\to 0.\tag{1.3.62b}$$

归纳法假定成立.

由估计式 (1.3.61) 和引理 1.3.5, 可以建立下述定理.

定理 1.3.3　对问题 (1.3.1), (1.3.2) 假定其精确解满足正则性条件 (R), 且其系数满足正定性条件 (C), 采用混合元-特征混合体积元方法 (1.3.16), (1.3.17), (1.3.20) 逐层求解. 若剖分参数满足限制性条件 (1.3.52), 则下述误差估计式成立:

$$\|\mathbf{u}-\mathbf{U}\|_{\bar{L}^\infty(J;L^2)}+\|c-C\|_{\bar{L}^\infty(J;\bar{m})}+\|\mathbf{g}-\mathbf{G}\|_{\bar{L}^2(J;L^2)}\leqslant M^*\left\{h_p^{k+1}+h_c^2+\Delta t\right\},\tag{1.3.63}$$

此处 $\|g\|_{\bar{L}^\infty(J;X)}=\sup\limits_{n\Delta t\leqslant T}\|g^n\|_X$, $\|g\|_{\bar{L}^2(J;X)}=\sup\limits_{L\Delta t\leqslant T}\left\{\sum\limits_{n=0}^{L}\|g^n\|_X^2\Delta t\right\}^{1/2}$, 常数 M^* 依赖于函数 p,c 及其导函数.

1.3.5　数值算例

现在, 应用本节提出的混合元-特征混合体积元方法解一个椭圆-对流-扩散方程组:

$$\begin{cases} -\Delta p = \nabla \cdot \mathbf{u} = c + F, & X \in \partial\Omega, 0 \leqslant t \leqslant T, \\ \dfrac{\partial c}{\partial t} + \mathbf{u} \cdot \nabla c - \varepsilon \Delta c = f, & X \in \Omega, 0 < t \leqslant T, \\ c(X,0) = c_0, & X \in \Omega, \\ \dfrac{\partial c}{\partial \nu} = 0, & X \in \partial\Omega, 0 < t \leqslant T, \\ -\dfrac{\partial p}{\partial \nu} = \mathbf{u} \cdot \nu = 0, & X \in \partial\Omega, 0 < t \leqslant T. \end{cases} \tag{1.3.64}$$

此处 p 是流体压力, $\mathbf{u}$ 是 Darcy 速度, c 是饱和度函数. $\Omega = (0,1) \times (0,1) \times (0,1)$ 和 ν 是边界面 $\partial\Omega$ 的单位外法向矢量. 我们选定 F, f 和 c_0 对应的精确解为

$$\begin{aligned} p = & e^{12t}(x_1^4(1-x_1)^4 x_2^4(1-x_2)^4 x_3^4(1-x_3)^4 \\ & - x_1^2(1-x_1)^2 x_2^2(1-x_2)^2 x_3^2(1-x_3)^2/21^3), \\ c = & - e^{12t} \sum_{i=1}^{3} (12x_i^2(1-x_i)^4 - 32x_i^3(1-x_i)^3 \\ & + 12x_i^4(1-x_i)^2) x_{i+1}^4 (1-x_{i+1})^4 x_{i+2}^4 (1-x_{i+2})^4, \end{aligned}$$

此处 $x_4 = x_1, x_5 = x_2$.

对 $\varepsilon = 10^{-3}$, 数值解误差结果在表 1.3.1 指明. 取 $\Delta t = 0.01, T = 1$, 当 h 很小时, 从图 1.3.2—图 1.3.5 可知, 逼近解 $\{\mathbf{U}, P\}$ 对精确解 $\{\mathbf{u}, p\}$ 定性的图像有相当好的近似. 从图 1.3.6—图 1.3.9, 逼近解 $\{\mathbf{G}, C\}$ 对精确解 $\{\mathbf{g}, c\}$ 定性的图像亦有很好的近似. 当步长 h 较小时, 对 $\{p, \mathbf{u}\}$ 的逼近解接近 2 阶精确度.

从表 1.3.1, 图 1.3.2—图 1.3.9 以及前面证明的守恒律 (定理 1.3.1 和定理 1.3.2) 和收敛性 (定理 1.3.3), 我们指明此数值方法在处理三维油水两相驱动问题 (1.3.1)—(1.3.5) 是十分有效的、高精度的.

表 1.3.1 数值解误差结果

	$h = 1/4$	$h = 1/8$	$h = 1/16$
$\|p - P\|_m$	1.82852e − 004	1.17235e − 004	3.30572e − 005
收敛阶		0.64	1.82
$\|\|\|\mathbf{u} - \mathbf{U}\|\|\|$	6.95898e − 003	1.86974e − 003	4.74263e − 004
收敛阶		1.90	1.98
$\|c - C\|_m$	1.39414e − 001	8.76624e − 002	4.46468e − 002
收敛阶		0.67	0.97
$\|\|\|\mathbf{g} - \mathbf{G}\|\|\|$	1.78590e − 003	8.88468e − 004	4.85070e − 004
收敛阶		1.01	0.87

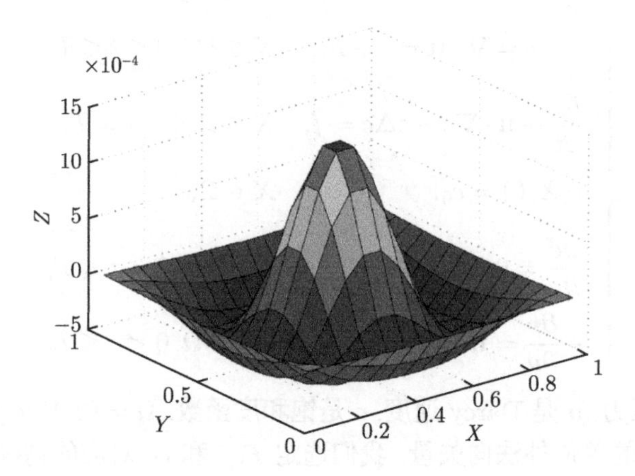

图 1.3.2　p 在 $t=1,h=1/16$ 的剖面图

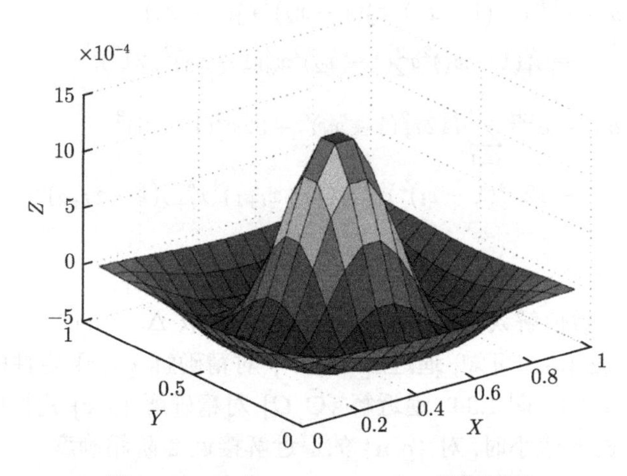

图 1.3.3　P 在 $t=1,h=1/16$ 的剖面图

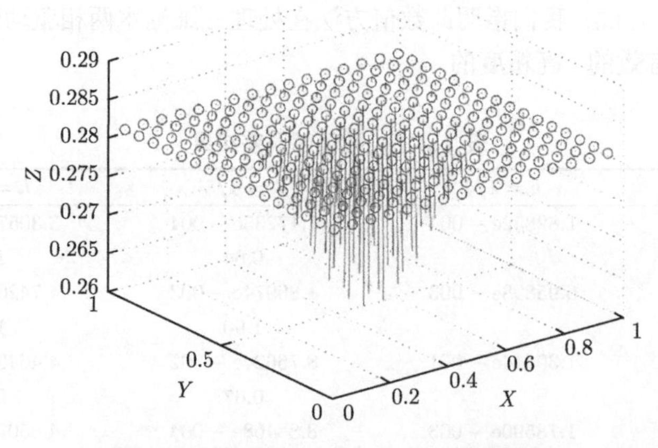

图 1.3.4　$\mathbf{u}$ 在 $t=1,h=1/16$ 的箭状图

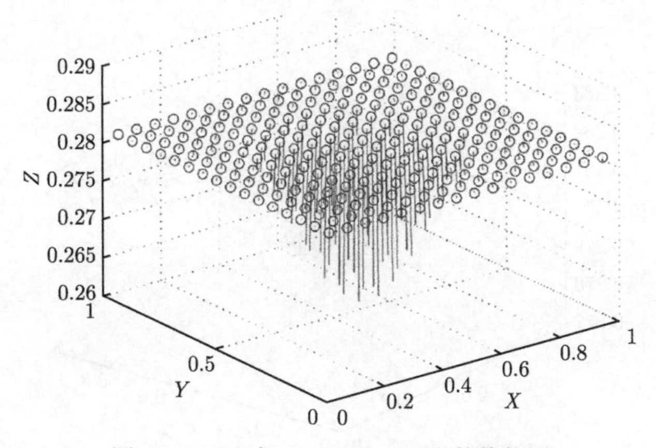

图 1.3.5 **U** 在 $t = 1, h = 1/16$ 的箭状图

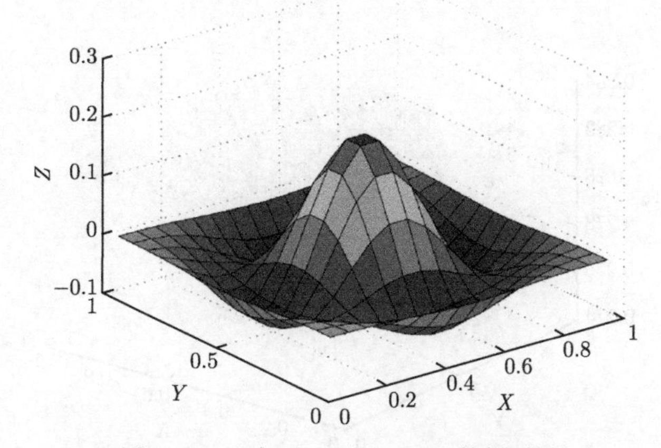

图 1.3.6 c 在 $t = 1, h = 1/16$ 的剖面图

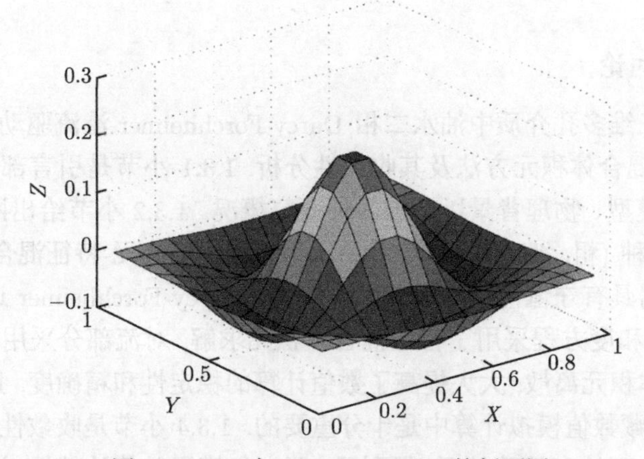

图 1.3.7 C 在 $t = 1, h = 1/16$ 的剖面图

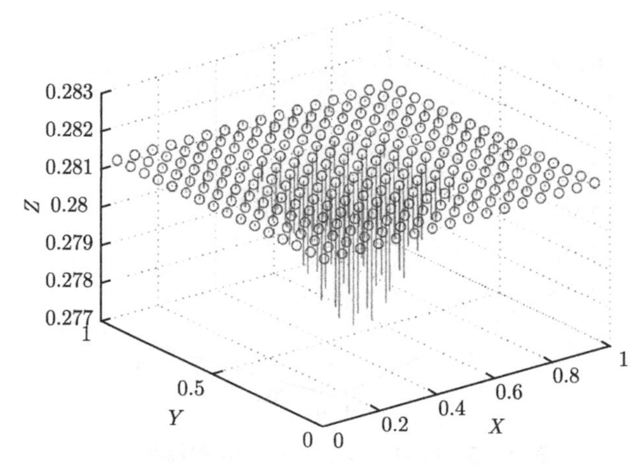

图 1.3.8　$\mathbf{g}$ 在 $t=1, h=1/16$ 的箭状图

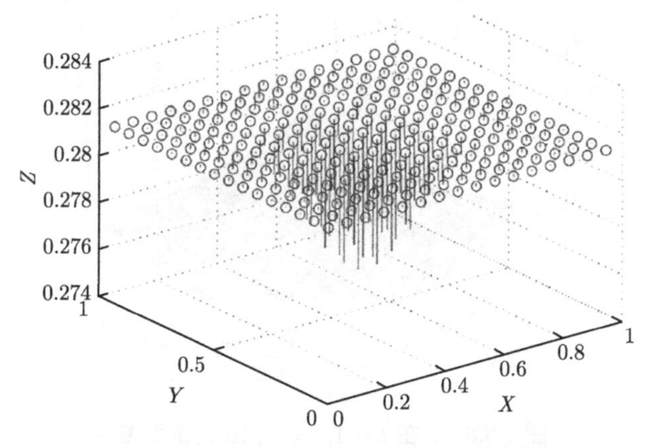

图 1.3.9　$\mathbf{G}$ 在 $t=1, h=1/16$ 的箭状图

1.3.6　总结和讨论

本节研究三维多孔介质中油水二相 Darcy-Forchheimer 渗流驱动问题, 提出一类混合元-特征混合体积元方法及其收敛性分析. 1.3.1 小节是引言部分, 叙述和分析问题的数学模型、物理背景以及国内外研究概况. 1.3.2 小节给出网格剖分记号和引理, 以及两种 (粗, 细) 网格剖分. 1.3.3 小节提出混合元-特征混合体积元程序, 对流动方程采用具有守恒性质的混合元离散, 对 Darcy-Forchheimer 速度提高了一阶精确度. 对饱和度方程采用了特征混合体积元求解, 对流部分采用特征线法, 扩散项采用混合体积元离散, 大大提高了数值计算的稳定性和精确度, 且保持单元质量守恒, 这在油藏数值模拟计算中是十分重要的. 1.3.4 小节是收敛性分析, 应用微分方程先验估计理论和特殊技巧, 得到了二阶 L^2 模误差估计结果. 这点是特别重

要的, 它突破了 Arbogast 和 Wheeler 对同类问题仅能得到 3/2 阶的著名成果. 1.3.5 小节是数值算例, 支撑了理论分析, 并指明本节所提出的方法在实际问题是切实可行和高效的. 本节有如下特征: ① 本格式具有物理守恒律特性, 这点在油藏数值模拟是极其重要的, 特别是强化采油数值模拟计算; ② 由于组合地应用混合体积元和特征线法, 它具有高精度和高稳定性的特征, 特别适用于三维复杂区域大型数值模拟的工程实际计算; ③ 它拓广了 Arbogast 和 Wheeler 对同类问题仅能得到 3/2 阶收敛性结果, 推进并解决了这一重要问题[13,16,27,29]. 详细的讨论见文献 [47].

1.4 Darcy-Forchheimer 混溶驱动问题的混合元-修正迎风分数步差分方法

1.4.1 引言

对于在多孔介质中一个流体驱动另一个流体的相混溶驱动问题, 速度-压力的流动用 Darcy-Forchheimer 方程来描述. 这种不可压缩相混溶驱动问题的数学模型是下述非线性偏微分方程组的初边值问题[1-4]:

$$\mu(c)\kappa^{-1}\mathbf{u}+\beta\rho(c)|\mathbf{u}|\mathbf{u}+\nabla p=r(c)\nabla d,\quad X=(x,y,z)^{\mathrm{T}}\in\Omega,\quad t\in J=(0,\bar{T}], \tag{1.4.1a}$$

$$\nabla\cdot\mathbf{u}=q=q_I+q_p,\quad X\in\Omega,t\in J, \tag{1.4.1b}$$

$$\varphi\frac{\partial c}{\partial t}+\mathbf{u}\cdot\nabla c-\nabla\cdot(D(\mathbf{u})\nabla c)+q_Ic=q_Ic_I,\quad X\in\Omega,t\in J, \tag{1.4.2}$$

此处 Ω 是三维有界区域, $J=(0,\bar{T}]$ 是时间区间.

在流动方程 (1.4.1) 中, 当 $\beta=0$ 时 Darcy-Forchheimer 定律即退化为 Darcy 定律. Darcy-Forchheimer 方程由 Forchheimer 在文献 [1] 中提出并用来描述流体流动状态, 当速度较快和多孔介质不均匀时, 特别是在井点附近[2]流体流动状态, 经典的 Darcy 定律已不适用. 关于 Darcy-Forchheimer 定律的理论推导见文献 [3], 关于问题的正则性分析见文献 [4].

模型 (1.4.1) 和 (1.4.2) 表达了两组相混溶混合流体的质量守恒律. $p(X,t)$ 和 $\mathbf{u}(X,t)$ 分别表示流体的压力和 Darcy 速度, $c(X,t)$ 表示混合流体中一个组分的饱和度. $\kappa(X),\varphi(X)$ 和 $\beta(X)$ 分别表示在多孔介质中的绝对渗透率、孔隙度和 Forchheimer 系数. $r(c)$ 是重力系数, $d(X)$ 是垂直坐标. $q(X,t)$ 是产量项, 通常是生产项 q_p 和注入项 q_I 的线性组合, 也就是 $q(X,t)=q_I(X,t)+q_p(X,t)$. c_I 是注入井注入液的饱和度, 是已知的, $c(X,t)$ 是生产井的饱和度.

假设两种流体都不可压缩且混溶后总体积不减少, 并且两者之间不发生化学反

应. ρ_1 和 ρ_2 为混溶前两种纯流体的密度, 则混溶后的密度为

$$\rho(c) = c\rho_1 + (1-c)\rho_2. \tag{1.4.3}$$

混合后的黏度采用如下的计算格式

$$\mu(c) = (c\mu_1^{-1/4} + (1-c)\mu_2^{-1/4})^{-4}. \tag{1.4.4}$$

这里扩散系数 $D(\mathbf{u})$ 是由分子扩散和机械扩散两部分组成的扩散弥散张量

$$D(\mathbf{u}) = \varphi d_m \mathbf{I} + |\mathbf{u}|(d_l E(\mathbf{u}) + d_t E^{\perp}(\mathbf{u})), \tag{1.4.5}$$

此处 d_m 是分子扩散系数, d_l 是纵向扩散系数, d_t 是横向扩散系数, $E(\mathbf{u}) = \mathbf{u}\otimes\mathbf{u}/|\mathbf{u}|^2$, $E^{\perp}(\mathbf{u}) = \mathbf{I} - E(\mathbf{u})$, $\mathbf{I}$ 是 3×3 单位矩阵.

问题 (1.4.1)—(1.4.5) 的初始和边界条件:

$$\mathbf{u}\cdot\gamma = 0, c(X,t)\cdot\gamma = 0, \quad X\in\partial\Omega, t\in J, \tag{1.4.6a}$$

$$c(X,0) = \hat{c}_0(X), \quad X\in\Omega. \tag{1.4.6b}$$

此处 $\partial\Omega$ 为有界区域 Ω 的边界面, γ 是 $\partial\Omega$ 的外法向矢量.

在多孔介质中经典两相渗流驱动问题已有 Douglas 学派著名的特征有限差分方法、特征有限元方法和特征混合元方法[13-16], 但这些方法都是研究经典 Darcy 流的. 最早关于 Forchheimer 方程的混合元方法是 Girault 和 Wheeler 引入的[5]. 在文献 [5] 中速度用分片常数逼近, 压力用 Crouzeix-Raviart 元逼近. 这里混合元方法称为 “原始型”. 应用 Raviart-Thomas 混合元对 Forchheimer 方程求解和分析见文献 [6,7,11]. 应用块中心差分格式处理不可压缩和可压缩驱动问题见文献 [8—10]. 应用混合元方法处理依赖时间的问题已被 Douglas 和 Park 研究[11,12], 在文献 [11, 12] 中, 半离散格式被提出和分析. 在多孔介质中研究带有 Forchheimer 方程的渗流驱动问题是 Douglas 系列工作实际性的推广, 并适用于流速较大的渗流和非均匀介质的情况.

特征线法虽然真实地处理对流-扩散方程的一阶双曲特性, 减少截断误差, 克服数值振荡和弥散, 提高计算稳定性和精确度. 但由于特征线法需要利用插值计算, 并且特征线在求解区域边界附近可能穿出边界, 需要做特殊处理, 特征线与网格边界点及相应的函数值需要计算, 所以实际计算是比较复杂的. 对抛物型方程, Axelsson, Ewing 和 Lazarov 等提出迎风差分格式[48-50]来克服数值解的振荡和特征线

方法的某些弱点. 虽然 Douglas, Peaceman 曾用此方法于不可压缩二相渗流驱动问题[27,28,51], 并得到了很好的数值结果, 但一直未见理论分析成果发表[52,53]. 现代油田勘探和开发的数值模拟计算是超大规模、三维大范围, 甚至是超长时间的, 节点个数多达数万乃至数百万, 用一般方法不能解决这样的问题, 需要采用现代分数步计算技术才能完整解决这类问题[28,51].

在上述工作基础上, 我们对三维二相 Darcy-Forchheimer 渗流驱动问题提出一类混合元-修正迎风分数步差分方法, 即对流动方程采用混合元逼近 (Raviart-Thomas 元, Brezzi-Douglas-Marimi 元等), 这对流速提高了一阶计算精确度. 对饱和度方程采用二阶修正迎风分数步差分方法求解, 克服了数值振荡、弥散和计算复杂度等困难. 将三维问题化为连续解三个一维问题, 且可用追赶法求解, 大大减少计算工作量. 应用微分方程先验估计理论和特殊技巧, 得到了最优二阶 L^2 模误差估计结果. 数值算例支撑了理论分析结果, 指明本方法在生产实际计算中是高效的、高精度的. 它对能源数值模拟领域有着重要的理论和实用价值.

为了数值分析, 对问题 (1.4.1), (1.4.2) 的系数需要下述正定性假定:

$$
\text{(C)}\quad\left\{
\begin{aligned}
&0 < a_*|X|^2 \leqslant (\mu(c)\kappa^{-1}(X)X)\cdot X \leqslant a^*|X|^2, \quad 0 < \varphi_* \leqslant \varphi(X) \leqslant \varphi^*,\\
&0 < D_*|X|^2 \leqslant (D(X,\mathbf{u})X)\cdot X \leqslant D^*|X|^2, \quad 0 < \rho_* \leqslant \rho(c) \leqslant \rho^*,\\
&\left|\frac{\partial(\kappa/\mu)}{\partial c}(X,c)\right| + \left|\frac{\partial r}{\partial c}(X,c)\right| + |\nabla\varphi| + \left|\frac{\partial D}{\partial \mathbf{u}}(X,\mathbf{u})\right| + |q_l(X,t)|\\
&+\left|\frac{\partial q_I}{\partial t}(X,t)\right| \leqslant K^*,
\end{aligned}
\right.
\tag{1.4.7}
$$

此处 a_*, a^*, φ_*, φ^*, D_*, D^*, ρ_*, ρ^* 和 K^* 均为确定的正常数.

对于问题(1.4.1)—(1.4.5), 在数值分析时, 还需要正则性条件, 类似于[4,15,16].

正则性条件:

$$
\text{(R)}\quad\left\{
\begin{aligned}
&p \in L^\infty(H^{k+1}),\\
&\mathbf{u} \in L^\infty(H^{k+1}(\mathrm{div})) \cap L^\infty(W^{1,\infty}) \cap W^{1,\infty}(L^\infty) \cap H^2(L^2),\\
&c \in L^\infty(W^{4,\infty}), \quad \frac{\partial^2 c}{\partial t^2} \in L^2(L^\infty).
\end{aligned}
\right.
$$

对于我们选定的计算格式, 此处 $k \geqslant 1$.

1.4.2 混合元-修正迎风分数步差分格式

对于 Darcy-Forchheimer 相混溶驱动问题, 我们提出混合元-修正迎风分数步差

分计算格式. 首先引入 Sobolev 空间及其范数如下:

$$\left\{\begin{array}{ll} X=\{\mathbf{u}\in L^2(\Omega)^3,\nabla\cdot\mathbf{u}\in L^2(\Omega),\mathbf{u}\cdot\gamma=0\}, & ||\mathbf{u}||_X=||\mathbf{u}||_{L^2}+||\nabla\cdot\mathbf{u}||_{L^2},\\ M=L_0^2(\Omega)=\left\{p\in L^2(\Omega):\displaystyle\int_\Omega pdX=0\right\}, & ||p||_M=||p||_{L^2}. \end{array}\right. \tag{1.4.8}$$

方程 (1.4.1) 的弱形式通过乘检验函数和分部积分得到. 寻求 $(\mathbf{u},p):(0,T]\to(X,M)$ 使得

$$\int_\Omega(\mu(c)\kappa^{-1}\mathbf{u}+\beta\rho(c)|\mathbf{u}|\mathbf{u})\cdot vdX-\int_\Omega p\nabla vdX=\int_\Omega r(c)\nabla d\cdot vdX,\quad\forall v\in X, \tag{1.4.9a}$$

$$-\int_\Omega w\nabla\cdot\mathbf{u}dX=-\int_\Omega wqdX,\quad\forall w\in M. \tag{1.4.9b}$$

设 Δt_p 是流动方程的时间步长, 第一步时间步长记为 $\Delta t_{p,1}$. 设 $0=t_0<t_1<\cdots<t_M=T$ 是关于时间的一个剖分. 对于 $i\geqslant 1$, $t_i=\Delta t_{p,1}+(i-1)\Delta t_p$. 类似地, 记 $0=t^0<t^1<\cdots<t^N=T$ 是饱和度方程关于时间的一个剖分, $t^n=n\Delta t_c$, 此处 Δt_c 是饱和度方程的时间步长. $d_tc^n=(c^n-c^{n-1})/\Delta t$. 我们假设对于任一 m, 都存在一个 n 使得 $t_m=t^n$, 这里 $\dfrac{\Delta t_p}{\Delta t_c}$ 是一个正整数. 记 $j^0=\Delta t_{p,1}/\Delta t_c$, $j=\Delta t_p/\Delta t_c$. 设 J_p 是一类对于三维区域 Ω 的拟正则 (四面体, 长方六面体) 剖分, 其单元最大直径为 h_p. $(X_h,M_h)\subset X\times M$ 是一个对应于混合元空间指数为 k 的 Raviart-Thomas 元或 Brezzi-Douglas-Marini 元.

我们提出混合元-修正迎风分数步差分格式: 寻求 $(\mathbf{U}_m,P_m)\in X_h\times M_h$, $m=0,1,\cdots,M$, 使得

$$\begin{aligned}&\int_\Omega(\mu(\bar{C}_m)\kappa^{-1}\mathbf{U}_m+\beta\rho(\bar{C}_m)|\mathbf{U}_m|\mathbf{U}_m)\cdot v_hdX-\int_\Omega P_m\nabla v_hdX\\ =&\int_\Omega r(\bar{C}_m)\nabla d\cdot v_hdX,\quad\forall v_h\in X_h,\end{aligned} \tag{1.4.10a}$$

$$-\int_\Omega w_h\nabla\cdot\mathbf{U}_mdX=-\int_\Omega w_hq_mdX,\quad\forall w_h\in M_h. \tag{1.4.10b}$$

由于在非线性项 μ,ρ 和 r 中用近似解 C_m 代替在 $t=t_m$ 时刻的真解,

$$\bar{C}_m=\min\{1,\max(0,C_m)\}\in[0,1]. \tag{1.4.11}$$

在时间步 $t^n, t_{m-1} < t^n \leqslant t_m$, 应用如下的外推公式

$$E\mathbf{U}^n = \begin{cases} \mathbf{U}_0, & t_0 < t^n \leqslant t_1, m = 1, \\ \left(1 + \dfrac{t^n - t_{m-1}}{t_{m-1} - t_{m-2}}\right)\mathbf{U}_{m-1} - \dfrac{t^n - t_{m-1}}{t_{m-1} - t_{m-2}}\mathbf{U}_{m-2}, & t_{m-1} < t^n \leqslant t_m, m \geqslant 2, \end{cases} \tag{1.4.12}$$

为了构造饱和度方程 (1.4.2) 的修正迎风分数步差分格式. 对于区域 $\Omega = \{[0,1]\}^3$, 定义均匀网格剖分系统

$$\begin{aligned} &\delta_x : 0 = x_0 < x_1 < x_2 < \cdots < x_{M_1-1} < x_{M_1} = 1, \\ &\delta_y : 0 = y_0 < y_1 < y_2 < \cdots < y_{M_2-1} < y_{M_2} = 1, \\ &\delta_z : 0 = z_0 < z_1 < z_2 < \cdots < z_{M_3-1} < z_{M_3} = 1. \end{aligned}$$

此处 M_1, M_2, M_3 为正整数. 三个方向步长和网格点分别记为 $h^x = 1/M_1$, $h^y = 1/M_2$, $h^z = 1/M_3$, $x_i = ih^x$, $y_j = jh^y$, $z_k = kh^z$, $h_c = ((h^x)^2 + (h^y)^2 + (h^z)^2)^{1/2}$.

记 $D_{i+1/2,jk} = \dfrac{1}{2}[D(X_{ijk}) + D(X_{i+1,jk})]$, $D_{i-1/2,jk} = \dfrac{1}{2}[D(X_{ijk}) + D(X_{i-1,jk})]$, $D_{i,j+1/2,k}$, $D_{i,j-1/2,k}$, $D_{ij,k+1/2}$, $D_{ij,k-1/2}$ 的定义是类似的. 同时定义

$$\begin{aligned} \delta_{\bar{x}}(D\delta_x W)^n_{ijk} &= (h^x)^{-2}[D_{i+1/2,jk}(W^n_{i+1,jk} - W^n_{ijk}) - D_{i-1/2,jk}(W^n_{ijk} - W^n_{i-1,jk})], \\ \delta_{\bar{y}}(D\delta_y W)^n_{ijk} &= (h^y)^{-2}[D_{i,j+1/2,k}(W^n_{i,j+1,k} - W^n_{ijk}) - D_{i,j-1/2,k}(W^n_{ijk} - W^n_{i,j-1,k})], \\ \delta_{\bar{z}}(D\delta_z W)^n_{ijk} &= (h^z)^{-2}[D_{ij,k+1/2}(W^n_{ij,k+1} - W^n_{ijk}) - D_{ij,k-1/2}(W^n_{ijk} - W^n_{ij,k-1})], \\ \nabla_h(D\nabla_h W)^n_{ijk} &= \delta_{\bar{x}}(D\delta_x W)^n_{ijk} + \delta_{\bar{y}}(D\delta_y W)^n_{ijk} + \delta_{\bar{z}}(D\delta_z W)^n_{ijk}. \end{aligned}$$

下面对饱和度方程 (1.4.2) 引入修正迎风分数步差分格式, 在实际计算中通常 $D(\mathbf{u}) \approx \varphi(X)d_m\mathbf{I} = D(X)$, 于是有

$$\left(1 - \Delta t_c \left(1 + \frac{h^x}{2}\left|EU^{x,n}\right| D^{-1}\right)^{-1}_{ijk} \delta_{\bar{x}}(D\delta_x) - \Delta t_c \delta_{U^{x,n}}\right) C^{n+1/3}_{ijk}$$
$$= C^n_{ijk} + \frac{\Delta t_c}{\varphi_{ijk}} g(C^n_{ijk}), \quad 1 < i < M_1 - 1, \tag{1.4.13a}$$

$$C^{n+1/3}_{ijk} = 0, \quad X_{ijk} \in \partial\Omega_h. \tag{1.4.13b}$$

$$\left(1 - \Delta t_c \left(1 + \frac{h^y}{2}\left|EU^{y,n}\right| D^{-1}\right)^{-1}_{ijk} \delta_{\bar{y}}(D\delta_y) - \Delta t_c \delta_{U^{y,n}}\right) C^{n+2/3}_{ijk} = C^{n+1/3}_{ijk},$$
$$1 < j < M_2 - 1, \tag{1.4.14a}$$

$$C_{ijk}^{n+2/3}=0,\quad X_{ijk}\in\partial\Omega_h. \tag{1.4.14b}$$

$$\left(1-\Delta t_c\left(1+\frac{h^z}{2}\left|EU^{z,n}\right|D^{-1}\right)_{ijk}^{-1}\delta_{\bar z}(D\delta_z)-\Delta t_c\delta_{U^{z,n}}\right)C_{ijk}^{n+1}=C_{ijk}^{n+2/3},$$
$$1<k<M_1-1, \tag{1.4.15a}$$

$$C_{ijk}^{n+1}=0,\quad X_{ijk}\in\partial\Omega_h. \tag{1.4.15b}$$

此处 $g(c)=(\tilde{c}-c)q$,

$$\begin{aligned}
&\delta_{U^{x,n}}C_{ijk}^{n+1}\\
=&EU_{ijk}^{x,n}\left\{H(EU_{ijk}^{x,n})D_{ijk}^{-1}D_{i-1/2,jk}\delta_{\bar x}+(1-H(EU_{ijk}^{x,n}))D_{ijk}^{-1}D_{i+1/2,jk}\delta_x\right\}C_{ijk}^{n+1},\\
&\delta_{U^{y,n}}C_{ijk}^{n+1}\\
=&EU_{ijk}^{y,n}\left\{H(EU_{ijk}^{y,n})D_{ijk}^{-1}D_{i,j-1/2,k}\delta_{\bar y}+(1-H(EU_{ijk}^{y,n}))D_{ijk}^{-1}D_{i,j+1/2,k}\delta_y\right\}C_{ijk}^{n+1},\\
&\delta_{U^{z,n}}C_{ijk}^{n+1}\\
=&EU_{ijk}^{z,n}\left\{H(EU_{ijk}^{z,n})D_{ijk}^{-1}D_{ij,k-1/2}\delta_{\bar z}+(1-H(EU_{ijk}^{z,n}))D_{ijk}^{-1}D_{ij,k+1/2}\delta_z\right\}C_{ijk}^{n+1},\\
&H(z)=1,\quad z\geqslant 0,\quad H(z)=0,\quad z<0.
\end{aligned}$$

初始逼近:

$$C_{ijk}^0=c_0(X_{ijk}),\quad X\in\bar\Omega_h=\Omega\cup\partial\Omega. \tag{1.4.16}$$

混合元-修正迎风分数步差分格式的计算程序: 对于 $m=0$, 当 $C^0=c_0$ 是已知的, 逼近解 $\{\mathbf{U}_0,P_0\}$ 应用 (1.4.10a), (1.4.10b) 能够得到. 再由修正迎风分数步差分格式 (1.4.13)—(1.4.15) 应用一维追赶法依次并行计算出 $\{C_{ijk}^1\}$, $\{C_{ijk}^2\}$, $\cdots$, $\{C_{ijk}^j\}$. 对 $m\geqslant 1$, 此处 $C_{ijk}^{j_0+(m-1)j}=C_{m,ijk}$ 是已知的. 将 $\{C_{m,ijk}\}$ 应用三二次插值拓展至整个区域 Ω 上, 逼近解 $\{C_m,P_m\}$ 应用 (1.4.10a), (1.4.10b) 能够得到. 再由修正迎风分数步差分格式 (1.4.13)—(1.4.15) 可得 $C_h^{j_0+(m-1)j+1},C_h^{j_0+(m-1)j+2},\cdots,C_h^{j_0+mj}$. 由正定性条件 (C), 故解存在且唯一.

对于三维有限元空间, 我们假定存在不依赖网格剖分的常数 K 使得下述逼近性质和逆性质成立:

$$(\mathrm{A}_{\mathrm{p},\mathbf{u}})\quad\left\{\begin{array}{ll}\inf\limits_{v_h\in X_h}||f-v_h||_{L^q}\leqslant K||f||_{W^{m,q}}h_p^m, & 1\leqslant m\leqslant k+1,\\ \inf\limits_{w_h\in M_h}||g-w_h||_{L^q}\leqslant K||g||_{W^{m,q}}h_p^m, & 1\leqslant m\leqslant k+1,\\ \inf\limits_{v_h\in X_h}||\mathrm{div}(f-v_h)||_{L^2}\leqslant K||\mathrm{div}f||_{H^m}h_p^m, & 1\leqslant m\leqslant k+1,\end{array}\right. \tag{1.4.17}$$

$$(\mathrm{I}_{\mathbf{p},\mathbf{u}}) \quad \|v_h\|_{L^\infty} \leqslant K h_p^{-3/2} \|v_h\|_{L^2}, \quad v_h \in X_h, \tag{1.4.18}$$

定义 Forchheimer 投影算子 (Π_h, P_h):$(\mathbf{u}, p) \to (\Pi_h \mathbf{u}, P_h p) = (\tilde{\mathbf{u}}_h, \tilde{p}_h)$, 由下述方程组确定:

$$\int_\Omega [\mu(c)\kappa^{-1}(\mathbf{u}-\tilde{\mathbf{u}}_h)+\beta\rho(c)(|\mathbf{u}|\mathbf{u}-\|\tilde{\mathbf{u}}_h\|\tilde{\mathbf{u}}_h)]\cdot v_h dX - \int_\Omega (p-\tilde{p}_h)\nabla v_h dX = 0, \quad \forall v_h \in X_h, \tag{1.4.19a}$$

$$-\int_\Omega w_h \nabla\cdot(\mathbf{u}-\tilde{\mathbf{u}}_h) dX = 0, \quad \forall w_h \in M_h. \tag{1.4.19b}$$

应用方程式 (1.4.9a) 和 (1.4.9b) 可得

$$\int_\Omega (\mu(c)\kappa^{-1}\tilde{\mathbf{u}}_h + \beta\rho(c)|\tilde{\mathbf{u}}_h|\tilde{\mathbf{u}}_h)\cdot v_h dX - \int_\Omega \tilde{p}_h \nabla v_h dX = \int_\Omega r(c)\nabla d\cdot v_h dX, \quad \forall v_h \in X_h, \tag{1.4.20a}$$

$$-\int_\Omega w_h \nabla\cdot\tilde{\mathbf{u}}_h\, dX = -\int_\Omega w_h \nabla\cdot\mathbf{u} dX = -\int_\Omega w_h q dX, \quad \forall w_h \in M_h. \tag{1.4.20b}$$

依据文献 [7,8] 中的结果, 存在不依赖 h_p 的正常数 K 使得

$$\|\mathbf{u}-\tilde{\mathbf{u}}_h\|_{L^2}^2 + \|\mathbf{u}-\tilde{\mathbf{u}}_h\|_{L^3}^3 + \|p-\tilde{p}_h\|_{L^2}^2 \leqslant K\{\|\mathbf{u}\|_{W^{k+1,3}}^2 + \|p\|_{H^{k+1}}^2\} h_p^{2(k+1)}. \tag{1.4.21}$$

当 $k \geqslant 1$ 和 h_p 足够小时, 则有

$$\|\tilde{\mathbf{u}}_h\|_{L^\infty} \leqslant \|\mathbf{u}\|_{L^\infty} + 1. \tag{1.4.22}$$

1.4.3 混合元-修正迎风分数步差分格式的收敛性分析

为了进行收敛性分析, 我们需要下面几个引理. 引理 1.4.1 是混合元的 LBB 条件, 在文献 [7,8] 中有详细的论述.

引理 1.4.1 存在不依赖 h 的 $\bar{r}$ 使得

$$\inf_{w_h \in M_h} \sup_{v_h \in X_h} \frac{(w_h, \nabla\cdot v_h)}{\|w_h\|_{M_h}\|v_h\|_{X_h}} \geqslant \bar{r}. \tag{1.4.23}$$

下面几个引理是非线性 Darcy-Forchheimer 算子的一些性质.

引理 1.4.2 设 $f(v) = |v|v$, 则存在正常数 $K_i, i = 1,2,3$, 对于 $u, v, w \in L^3(\Omega)^3$, 满足

$$K_1 \int_\Omega (|u|+|v|)|v-u|^2 dX \leqslant \int_\Omega (f(v)-f(u))\cdot(v-u) dX, \tag{1.4.24a}$$

$$K_2||v-u||_{L^3}^3 \leqslant \int_\Omega (f(v)-f(u))\cdot(v-u)dX, \tag{1.4.24b}$$

$$K_3\int_\Omega |f(v)-f(u)||v-u|dX \leqslant \int_\Omega (f(v)-f(u))\cdot(v-u)dX, \tag{1.4.24c}$$

$$\int_\Omega (f(v)-f(u))\cdot wdX \leqslant \left[\int_\Omega (|v|+|u|)|v-u|^2dX\right]^{1/2}[||u||_{L^3}^{1/2}+||v||_{L^3}^{1/2}]||w||_{L^3}. \tag{1.4.24d}$$

现在考虑 $(\mathbf{u},p)$, 因为 $c\in[0,1]$, 我们容易看到

$$|\bar{C}_{h,m}-c_m| \leqslant |C_{h,m}-c_m|. \tag{1.4.25}$$

从格式 (1.4.10a), (1.4.10b) 和投影 $(\tilde{\mathbf{u}},\tilde{p})$ 的函数定义 (1.4.19), 可得下述引理.

引理 1.4.3 存在不依赖网格剖分的 K 使得

$$||\mathbf{u}_m-\mathbf{U}_m||_{L^2}^2+||\mathbf{u}_m-\mathbf{U}_m||_{L^3}^3+||p_m-P_{h,m}||_{L^2}^2 \leqslant \{h_p^{2(k+1)}+||c_m-C_{h,m}||_{L^2}^2\}. \tag{1.4.26}$$

证明 事实上, 从方程 (1.4.10a), (1.4.10b) 以及 Forchheimer 投影 (1.4.19), 有

$$\begin{aligned}
&(\mu(\bar{C}_m)K^{-1}(\mathbf{u}_m-\mathbf{U}_m)+\beta\rho(\bar{C}_m)(|\mathbf{u}_m|\mathbf{u}_m-|\mathbf{U}_m|\mathbf{U}_m),v_h)-(\tilde{p}_h-P_m,\nabla c_h)\\
=&-((\mu(c_m)-\mu(\bar{C}_m))K^{-1}\tilde{\mathbf{u}}_h-\beta(\rho(c_m)-\rho(\bar{C}_m))K^{-1}|\tilde{\mathbf{u}}_h|\tilde{\mathbf{u}}_h,v_h)\\
&+((r(c_m)-r(\bar{C}_m))\nabla d,v_h),\quad \forall v_h\in X_h, \qquad (1.4.27a)\\
&-(w_h,\nabla\cdot(\tilde{\mathbf{u}}_h-\mathbf{U}_m))=-(w_h,\nabla\cdot(\tilde{\mathbf{u}}_h-\mathbf{u}_m))=0,\quad \forall w_h\in M_h. \qquad (1.4.27b)
\end{aligned}$$

由 (1.4.27b) 得知 $(\tilde{p}_h-P_m,\nabla\cdot(\tilde{\mathbf{u}}_h-\mathbf{U}_m))=0$, 对于式 (1.4.27a) 取 $v_h=\tilde{\mathbf{u}}_h-\mathbf{U}_m$, 可得

$$\begin{aligned}
&(\mu(\bar{C}_m)K^{-1}(\mathbf{u}_m-\mathbf{U}_m)+\beta\rho(\bar{C}_m)(|\mathbf{u}_m|\mathbf{u}_m-|\mathbf{U}_m|\mathbf{U}_m),\mathbf{u}_m-\mathbf{U}_m)\\
=&(\mu(\bar{C}_m)K^{-1}(\mathbf{u}_m-\mathbf{U}_m)+\beta\rho(\bar{C}_m)(|\mathbf{u}_m|\mathbf{u}_m-|\mathbf{U}_m|\mathbf{U}_m),\mathbf{u}_m-\tilde{\mathbf{u}}_h)\\
&-((\mu(c_m)-\mu(\bar{C}_m))K^{-1}\tilde{\mathbf{u}}_h+\beta(\rho(c_m)-\rho(\bar{C}_m))K^{-1}|\tilde{\mathbf{u}}_h|\tilde{\mathbf{u}}_h,\tilde{\mathbf{u}}_h-\mathbf{U}_m)\\
&+((r(c_m)-r(\bar{C}_m))\nabla d,\tilde{\mathbf{u}}_h-\mathbf{U}_m), \qquad (1.4.28)
\end{aligned}$$

分别估计 (1.4.28) 左右两端可得

$$\text{左端} \geqslant K_0\left\{||\mathbf{u}_m-\mathbf{U}_m||_{L^2}^2+||\mathbf{u}_m-\mathbf{U}_m||_{L^3}^3+\int_\Omega (|\mathbf{u}_m|+|\mathbf{U}_m|)|\mathbf{u}_m-\mathbf{U}_m|^2dX\right\}, \tag{1.4.29a}$$

此处 K_0 为确定的正函数.

$$\begin{aligned}
\text{左端} \leqslant & K\{||\mathbf{u}_m - \mathbf{U}_m||_{L^2}||\mathbf{u}_m - \tilde{\mathbf{u}}_h||_{L^2} \\
& + \left[\int_\Omega (|\mathbf{u}_m| + |\mathbf{U}_m|)|\mathbf{u}_m - \mathbf{U}_m|^2 dX\right]^{1/2} [||\mathbf{u}_m||_{L^3}^{1/2} + ||\mathbf{U}_m||_{L^3}^{1/2}]||\mathbf{u}_m - \tilde{\mathbf{u}}_h||_{L^2} \\
& + (1 + ||\tilde{\mathbf{u}}_m||_{L^\infty})||c_m - C_m||_{L^2}||\mathbf{u}_m - \tilde{\mathbf{u}}_h||_{L^2}^2\} \\
\leqslant & \varepsilon\left\{||\mathbf{u}_m - \mathbf{U}_m||_{L^2}^2 + \int_\Omega (|\mathbf{u}_m| + |\mathbf{U}_m|)|\mathbf{u}_m - \mathbf{U}_m|^2 dX\right\} \\
& + K\{||\mathbf{u}_m - \tilde{\mathbf{u}}_m||_{L^2}^2 + ||\mathbf{u}_m - \tilde{\mathbf{u}}_m||_{L^3}^3 + (1 + ||\tilde{\mathbf{u}}_m||_{L^\infty})||c_m - C_m||_{L^2}^2\}.
\end{aligned} \tag{1.4.29b}$$

对估计式 (1.4.28) 左右两端分别应用估计式 (1.4.29a), (1.4.29b), 引理 1.4.2 和投影估计式 (1.4.19), 即可得流速的估计, 引理 1.4.3 得证.

在区域 $\bar{\Omega} = \{[0,1]\}^3$ 中的长方体网格 $\bar{\Omega}_h = \Omega_h \cup \partial\Omega_h = \bar{\omega}_1 \times \bar{\omega}_2 \times \bar{\omega}_3$ 上, 记 $\bar{\omega}_1 = \{x_i|i = 0,1,\cdots,M_1\}$, $\bar{\omega}_2 = \{y_j|j = 0,1,\cdots,M_2\}$, $\bar{\omega}_3 = \{z_k|k = 0,1,\cdots,M_3\}$; $\omega_1^+ = \{x_i|i = 1,2,\cdots,M_1\}$, $\omega_2^+ = \{y_j|j = 1,2,\cdots,M_2\}$, $\omega_3^+ = \{z_k|k = 1,2,\cdots,M_3\}$. 记号 $|f|_0 = \langle f, f\rangle^{1/2}$ 表示离散空间 $l^2(\Omega)$ 模,

$$\langle f, g\rangle = \sum_{\bar{\omega}_1} h_i^x \sum_{\bar{\omega}_2} h_j^y \sum_{\bar{\omega}_3} h_k^z f(X_{ijk})g(X_{ijk}) \tag{1.4.30a}$$

表示离散空间内积, 此处 $h_i^x = h^x$, $1 \leqslant i \leqslant M_1 - 1$, $h_0^x = h_{M_1}^x = h^x/2$, $h_j^y = h^y$, $1 \leqslant j \leqslant M_2 - 1$, $h_0^y = h_{M_2}^y = h^y/2$, $h_k^z = h^z$, $1 \leqslant k \leqslant M_3 - 1$, $h_0^z = h_{M_3}^z = h^z/2$. $\langle D\nabla_h f, \nabla_h f\rangle$ 表示对应于 $H^1(\Omega) = W^{1,2}(\Omega)$ 的离散空间 $h^1(\Omega)$ 的加权半模平方, 其中 $D(X)$ 是正定函数,

$$\begin{aligned}
\langle D\nabla_h f, \nabla_h f\rangle = & \sum_{\bar{\omega}_2}\sum_{\bar{\omega}_3} h_j^y h_k^z \sum_{\omega_1^+} h_i^x \left\{D(X)[\delta_{\bar{x}} f(X)]^2\right\} \\
& + \sum_{\bar{\omega}_3}\sum_{\bar{\omega}_1} h_k^z h_i^x \sum_{\omega_2^+} h_j^y \left\{D(X)[\delta_{\bar{y}} f(X)]^2\right\} \\
& + \sum_{\bar{\omega}_1}\sum_{\bar{\omega}_2} h_i^x h_j^y \sum_{\omega_3^+} h_k^z \left\{D(X)[\delta_{\bar{z}} f(X)]^2\right\}.
\end{aligned} \tag{1.4.30b}$$

下面讨论关于饱和度方程的误差估计. 从分数步差分方程 (1.4.13)—(1.4.15) 消去 $C_{ijk}^{n+1/3}$, $C_{ijk}^{n+2/3}$, 可得下述等价形式:

$$\left(1-\Delta t_c\left(1+\frac{h^x}{2}\left|EU^{x,n}\right|D^{-1}\right)^{-1}\delta_{\bar{x}}(D\delta_x)-\Delta t_c\delta_{U^{x,n}}\right)$$
$$\times\left(1-\Delta t_c\left(1+\frac{h^y}{2}\left|EU^{y,n}\right|D^{-1}\right)^{-1}\delta_{\bar{y}}(D\delta_y)-\Delta t_c\delta_{U^{y,n}}\right)$$
$$\times\left(1-\Delta t_c\left(1+\frac{h^z}{2}\left|EU^{z,n}\right|D^{-1}\right)^{-1}\delta_{\bar{z}}(D\delta_z)-\Delta t_c\delta_{U^{z,n}}\right)C_{ijk}^{n+1}$$
$$=C_{ijk}^n+\Delta t_c\varphi_{ijk}^{-1}g(C_{ijk}^n),\quad X_{ijk}\in\Omega_h,\tag{1.4.31a}$$

$$C_{ijk}^{n+1}=0,\quad X_{ijk}\in\partial\Omega_h.\tag{1.4.31b}$$

由展开式 (1.4.31) 可得

$$\varphi_{ijk}\frac{C_{ijk}^{n+1}-C_{ijk}^n}{\Delta t_c}-\sum_{s=x,y,z}\left(1+\frac{h^s}{2}\left|EU^{s,n}\right|D^{-1}\right)_{ijk}^{-1}\delta_{\bar{s}}(D\delta_sC^{n+1})_{ijk}-\sum_{s=x,y,z}\delta_{U^{s,n}}C_{ijk}^n$$
$$+\Delta t_c\left\{\left(1+\frac{h^x}{2}\left|EU^{x,n}\right|D^{-1}\right)^{-1}\delta_{\bar{x}}\left(D\delta_x\left(1+\frac{h^y}{2}\left|EU^{y,n}\right|D^{-1}\right)^{-1}\delta_{\bar{y}}\left(D\delta_y\right)\right)+\cdots\right.$$
$$\left.+\left(1+\frac{h^y}{2}\left|EU^{y,n}\right|D^{-1}\right)^{-1}\delta_{\bar{y}}\left(D\delta_y\left(1+\frac{h^z}{2}\left|EU^{z,n}\right|D^{-1}\right)^{-1}\delta_{\bar{z}}\left(D\delta_z\right)\right)\right\}C_{ijk}^{n+1}$$
$$-(\Delta t_c)^2\left(1+\frac{h^x}{2}\left|EU^{x,n}\right|D^{-1}\right)^{-1}\delta_{\bar{x}}\left(D\delta_x\left(1+\frac{h^y}{2}\left|EU^{y,n}\right|D^{-1}\right)^{-1}\right.$$
$$\left.\cdot\delta_{\bar{y}}\left(D\delta_y\left(1+\frac{h^z}{2}\left|EU^{z,n}\right|D^{-1}\right)^{-1}\delta_{\bar{z}}\left(D\delta_zC^{n+1}\right)\right)\right)_{ijk}$$
$$+\Delta t_c\left\{\delta_{U^{x,n}}\left(\delta_{U^{y,n}}\right)+\delta_{U^{x,n}}\left(\delta_{U^{z,n}}\right)+\delta_{U^{y,n}}\left(\delta_{U^{z,n}}\right)\right\}C_{ijk}^{n+1}$$
$$-(\Delta t_c)^2\delta_{U^{x,n}}\left(\delta_{U^{y,n}}\left(\delta_{U^{z,n}}C^{n+1}\right)\right)_{ijk}$$
$$+\Delta t_c\left\{\left(1+\frac{h^x}{2}\left|EU^{x,n}\right|D^{-1}\right)^{-1}\delta_{\bar{x}}\left(D\delta_x\left(\delta_{U^{y,n}}\right)\right)+\cdots\right\}C_{ijk}^{n+1}$$
$$-(\Delta t_c)^2\left\{\left(1+\frac{h^x}{2}\left|EU^{x,n}\right|D^{-1}\right)^{-1}\delta_{\bar{x}}\left(D\delta_x\left(\delta_{U^{y,n}}\left(\delta_{U^{z,n}}\right)\right)\right)+\cdots\right.$$
$$\left.+\delta_{U^{x,n}}\left(\delta_{U^{y,n}}\left(1+\frac{h^z}{2}\left|EU^{z,n}\right|D^{-1}\right)^{-1}\delta_{\bar{z}}\left(D\delta_z\right)\right)\right\}C_{ijk}^{n+1}$$
$$=g(C_{ijk}^n),\quad X_{ijk}\in\Omega_h,\tag{1.4.32a}$$

$$C_{ijk}^{n+1}=0,\quad X_{ijk}\in\partial\Omega_h.\tag{1.4.32b}$$

由方程式 (1.4.2) ($t=t^{n+1}$) 和式 (1.4.32), 可得下述误差方程:

$$
\begin{aligned}
&\varphi_{ijk}\frac{\theta_{ijk}^{n+1}-\theta_{ijk}^{n}}{\Delta t_c}-\sum_{s=x,y,z}\left(1+\frac{h^s}{2}\left|EU^{s,n}\right|D^{-1}\right)_{ijk}^{-1}\delta_{\bar{s}}(D\delta_s\theta^{n+1})_{ijk}\\
=&\sum_{s=x,y,z}\delta_{U^{s,n}}\theta_{ijk}^{n+1}-\Delta t_c\Bigg\{\left(1+\frac{h^x}{2}\left|EU^{x,n}\right|D^{-1}\right)_{ijk}^{-1}\\
&\cdot\delta_{\bar{x}}\left(D\delta_x\left(1+\frac{h^y}{2}\left|EU^{y,n}\right|D^{-1}\right)^{-1}\delta_{\bar{y}}\left(D\delta_y\theta^{n+1}\right)\right)_{ijk}+\cdots\\
&+\left(1+\frac{h^y}{2}\left|EU^{y,n}\right|D^{-1}\right)_{ijk}^{-1}\delta_{\bar{y}}\left(D\delta_y\left(1+\frac{h^z}{2}\left|EU^{z,n}\right|D^{-1}\right)^{-1}\delta_{\bar{z}}\left(D\delta_z\theta^{n+1}\right)\right)_{ijk}\Bigg\}\\
&+(\Delta t_c)^2\left(1+\frac{h^x}{2}\left|EU^{x,n}\right|D^{-1}\right)_{ijk}^{-1}\delta_{\bar{x}}\Bigg(D\delta_x\left(1+\frac{h^y}{2}\left|EU^{y,n}\right|D^{-1}\right)^{-1}\\
&\cdot\delta_{\bar{y}}\left(D\delta_y\left(1+\frac{h^z}{2}\left|EU^{z,n}\right|D^{-1}\right)^{-1}\delta_{\bar{z}}\left(D\delta_z\theta^{n+1}\right)\right)\Bigg)_{ijk}\\
&+\sum_{s=x,y,z}\left\{\delta_{u^{s,n+1}}c^{n+1}-\delta_{U^{s,n}}c^{n+1}\right\}_{ijk}\\
&+\sum_{s=x,y,z}\left\{\left[\left(1+\frac{h^s}{2}\left|u^{s,n+1}\right|D^{-1}\right)^{-1}-\left(1+\frac{h^s}{2}\left|EU^{s,n}\right|D^{-1}\right)^{-1}\right]\delta_{\bar{s}}\left(D\delta_s c^{n+1}\right)\right\}_{ijk}\\
&-\Delta t_c\Bigg\{\Bigg[\left(1+\frac{h^x}{2}\left|u^{x,n+1}\right|D^{-1}\right)^{-1}\delta_{\bar{x}}\left(D\delta_x\left(1+\frac{h^y}{2}\left|u^{y,n+1}\right|D^{-1}\right)^{-1}\right)\\
&-\left(1+\frac{h^x}{2}\left|EU^{x,n}\right|D^{-1}\right)^{-1}\delta_{\bar{x}}\left(D\delta_x\left(1+\frac{h^y}{2}\left|EU^{y,n}\right|D^{-1}\right)^{-1}\right)\Bigg]\\
&\cdot\delta_{\bar{y}}\left(D\delta_y c^{n+1}\right)_{ijk}+\cdots\Bigg\}+\cdots+\varepsilon(X_{ijk},t^{n+1}),\quad X_{ijk}\in\Omega_h,
\end{aligned}\tag{1.4.33a}
$$

$$
\theta_{ijk}^{n+1}=0,\quad X_{ijk}\in\partial\Omega_h.\tag{1.4.33b}
$$

此处 $\theta_{ijk}^{n+1}=c_{ijk}^{n+1}-C_{ijk}^{n+1}$, $\left|\varepsilon(X_{ijk},t^{n+1})\right|\leqslant M\{\Delta t+h_c^2\}$.

假定时间和空间剖分参数满足限制性条件:

$$
\Delta t_c=O(h_c^2),\quad h_c^2=o(h_p^{3/2}).\tag{1.4.34}
$$

引入归纳法假定:

$$
\sup_{0\leqslant n\leqslant L}|\theta^n|_\infty\to 0,\quad \sup_{0\leqslant m\leqslant N}||\mathbf{u}_m-\mathbf{U}_m||_\infty\to 0,\quad (h_c,h_p,\Delta t_c)\to 0.\tag{1.4.35}
$$

对方程 (1.4.33) 乘以 $\theta_{ijk}^{n+1}\Delta t_c$, 作内积并分部求和, 则有

$$
\begin{aligned}
&\langle(\varphi\theta^{n+1}-\theta^{n}),\theta^{n+1}\rangle \\
&+\Delta t_c\sum_{s=x,y,z}\left\langle D\delta_s\theta^{n+1},\delta_s\left[\left(1+\frac{h^s}{2}\left|EU^{s,n}\right|D^{-1}\right)^{-1}\theta^{n+1}\right]\right\rangle \\
=&\Delta t_c\sum_{s=x,y,z}\langle\delta_{U^{s,n}}\theta^{n+1},\theta^{n+1}\rangle-(\Delta t_c)^2\left\{\left\langle\left(1+\frac{h^x}{2}\left|EU^{x,n}\right|D^{-1}\right)^{-1}\right.\right. \\
&\left.\cdot\delta_{\bar{x}}\left(D\delta_x\left(1+\frac{h^y}{2}|EU^{y,n}|D^{-1}\right)^{-1}\delta_{\bar{y}}\left(D\delta_y\theta^{n+1}\right)\right),\theta^{n+1}\right\rangle+\cdots \\
&+\left\langle\left(1+\frac{h^y}{2}\left|EU^{y,n}\right|D^{-1}\right)^{-1}\right. \\
&\left.\left.\cdot\delta_{\bar{y}}\left(D\delta_y\left(1+\frac{h^z}{2}\left|EU^{z,n}\right|D^{-1}\right)^{-1}\delta_{\bar{z}}\left(D\delta_z\theta^{n+1}\right)\right),\theta^{n+1}\right\rangle\right\} \\
&+(\Delta t_c)^3\left\langle\left(1+\frac{h^x}{2}\left|EU^{x,n}\right|D^{-1}\right)^{-1}\delta_{\bar{x}}\left(D\delta_x\left(1+\frac{h^y}{2}\left|EU^{y,n}\right|D^{-1}\right)^{-1}\right.\right. \\
&\left.\left.\cdot\delta_{\bar{y}}\left(D\delta_y\left(1+\frac{h^z}{2}\left|EU^{z,n}\right|D^{-1}\right)^{-1}\delta_{\bar{z}}\left(D\delta_z\theta^{n+1}\right)\right)\right),\theta^{n+1}\right\rangle \\
&+\Delta t_c\sum_{s=x,y,z}\langle\delta_{u^{s,n+1}}c^{n+1}-\delta_{U^{s,n}}c^{n+1},\theta^{n+1}\rangle \\
&+\Delta t_c\sum_{s=x,y,z}\left\langle\left[\left(1+\frac{h^s}{2}\left|u^{s,n+1}\right|D^{-1}\right)^{-1}\right.\right. \\
&\left.\left.-\left(1+\frac{h^s}{2}\left|EU^{s,n}\right|D^{-1}\right)^{-1}\right]\delta_{\bar{s}}\left(D\delta_s c^{n+1}\right),\theta^{n+1}\right\rangle \\
&-(\Delta t_c)^2\left\{\left\langle\left[\left(1+\frac{h^x}{2}\left|u^{x,n+1}\right|D^{-1}\right)^{-1}\delta_{\bar{x}}\left(D\delta_x\left(1+\frac{h^y}{2}\left|u^{y,n+1}\right|D^{-1}\right)^{-1}\right)\right.\right.\right. \\
&\left.\left.-\left(1+\frac{h^x}{2}\left|EU^{x,n}\right|D^{-1}\right)^{-1}\delta_{\bar{x}}\left(D\delta_x\left(1+\frac{h^y}{2}\left|EU^{y,n}\right|D^{-1}\right)^{-1}\right)\right]\delta_{\bar{y}}\left(D\delta_y c^{n+1}\right),\theta^{n+1}\right\rangle \\
&\left.+\cdots\right\}+(\Delta t_c)^3\left\langle\left[\left(1+\frac{h^x}{2}\left|u^{x,n+1}\right|D^{-1}\right)^{-1}\delta_{\bar{x}}\left(D\delta_x\left(1+\frac{h^y}{2}\left|u^{y,n+1}\right|D^{-1}\right)^{-1}\right.\right.\right. \\
&\left.\left.\cdot\delta_{\bar{z}}\left(D\delta_z\left(1+\frac{h^z}{2}\left|u^{z,n+1}\right|D^{-1}\right)^{-1}\right)\right)-\left(1+\frac{h^x}{2}\left|EU^{x,n}\right|D^{-1}\right)^{-1}\delta_{\bar{x}}\left(D\delta_x\left(1\right.\right.\right. \\
&\left.\left.\left.\left.+\frac{h^y}{2}\left|EU^{y,n}\right|D^{-1}\right)^{-1}\delta_{\bar{z}}\left(D\delta_z\left(1+\frac{h^z}{2}\left|EU^{z,n}\right|D^{-1}\right)^{-1}\right)\right)\right]\delta_{\bar{z}}(D\delta_z c^{n+1}),\theta^{n+1}\right\rangle \\
&+\cdots+\Delta t_c\left\langle\varepsilon^{n+1},\theta^{n+1}\right\rangle.
\end{aligned}
\tag{1.4.36}
$$

先估计饱和度方程 (1.4.36) 左端诸项, 可得

$$
\begin{aligned}
&\left\langle(\varphi\theta^{n+1}-\theta^n),\theta^{n+1}\right\rangle\\
&+\Delta t_c\sum_{s=x,y,z}\left\langle D\delta_s\theta^{n+1},\delta_s\left[\left(1+\frac{h^s}{2}\left|EU^{s,n}\right|D^{-1}\right)^{-1}\theta^{n+1}\right]\right\rangle\\
\geqslant&\frac{1}{2}\{\|\varphi^{1/2}\theta^{n+1}\|_0^2-\|\varphi^{1/2}\theta^n\|_0^2\}\\
&+\Delta t_c\sum_{s=x,y,z}\left\{\left\langle D\delta_s\theta^{n+1},\left(1+\frac{h^s}{2}\left|EU^{s,n}\right|D^{-1}\right)^{-1}\delta_s\theta^{n+1}\right\rangle\right.\\
&\left.+\left\langle D\delta_s\theta^{n+1},\delta_s\left(1+\frac{h^s}{2}\left|EU^{s,n}\right|D^{-1}\right)^{-1}\cdot\theta^{n+1}\right\rangle\right\}\\
\geqslant&\frac{1}{2}\{\|\varphi^{1/2}\theta^{n+1}\|_0^2-\|\varphi^{1/2}\theta^n\|_0^2\}\\
&+\Delta t_c\sum_{s=x,y,z}\left\langle D\delta_s\theta^{n+1},\left(1+\frac{h^s}{2}\left|EU^{s,n}\right|D^{-1}\right)^{-1}\delta_s\theta^{n+1}\right\rangle\\
&-\varepsilon\left|\left|\left|\nabla_h\theta^{n+1}\right|\right|\right|^2\Delta t_c-M\left\|\theta^{n+1}\right\|_0^2\Delta t_c\\
\geqslant&\frac{1}{2}\{\|\varphi^{1/2}\theta^{n+1}\|_0^2-\|\varphi^{1/2}\theta^n\|_0^2\}\\
&+D_0\Delta t\sum_{s=x,y,z}\left\|\delta_s\theta^{n+1}\right\|_0^2-\varepsilon\left\|\nabla_h\theta^{n+1}\right\|^2\Delta t_c-M\left\|\theta^{n+1}\right\|_0^2\Delta t_c,
\end{aligned}
\tag{1.4.37}
$$

此处 D_0 是一确定的正常数. 从关系式

$$
\delta_s\left(1+\frac{h^s}{2}\left|EU^{s,n}\right|D^{-1}\right)^{-1}=\left(1+\frac{h^s}{2}\left|EU^{s,n}\right|D^{-1}\right)^{-2}\cdot\frac{h^s}{2}\frac{EU^{s,n}}{\left|EU^{s,n}\right|}\cdot\delta_s\left(EU^{s,n}\right)
$$

和归纳法假定 (1.4.35), 混合元误差估计式 (1.4.26), 则估计式 (1.4.37) 成立.

现估计饱和度完成方程 (1.4.36) 右端诸项, 同样由归纳法假定 (1.4.35) 和混合元误差估计式 (1.4.26), 可以推得 $\|\mathbf{U}^n\|_\infty$ 是有界的, 则有

$$
\Delta t_c\sum_{s=x,y,z}\left\langle\delta_{U^{s,n}}\theta^{n+1},\theta^{n+1}\right\rangle\leqslant M\{\left\|\theta^{n+1}\right\|_0^2+\left\|\nabla_h\theta^{n+1}\right\|_0^2\}\Delta t_c.
\tag{1.4.38}
$$

对于估计式 (1.4.36) 右端其余的项. 虽然算子 $-\delta_{\bar{x}}(D\delta_x)$, $-\delta_{\bar{y}}(D\delta_y)$, $-\delta_{\bar{z}}(D\delta_z)$ 是自共轭、正定和有界的, 空间区域是正常立方体, 但通常它们的乘积一般是不可交换的. 注意到 $\delta_x\delta_y=\delta_y\delta_x$, $\delta_{\bar{x}}\delta_y=\delta_y\delta_{\bar{x}}$, $\cdots$, 对估计式 (1.4.36) 右端第二项有

$$
\begin{aligned}
&-(\Delta t_c)^2\left\langle\left(1+\frac{h^x}{2}\left|EU^{x,n}\right|D^{-1}\right)^{-1}\right.\\
&\left.\cdot\,\delta_{\bar{x}}\left(D\delta_x\left(1+\frac{h^y}{2}\left|EU^{y,n}\right|D^{-1}\right)^{-1}\delta_{\bar{y}}\left(D\delta_y\theta^{n+1}\right)\right),\theta^{n+1}\right\rangle\\
=&(\Delta t_c)^2\left\{\left\langle D\left(1+\frac{h^y}{2}\left|EU^{y,n}\right|D^{-1}\right)^{-1}\delta_{\bar{y}}\delta_x\left(D\delta_y\theta^{n+1}\right),\left(1+\frac{h^x}{2}\left|EU^{x,n}\right|D^{-1}\right)^{-1}\delta_x\theta^{n+1}\right.\right.\\
&\left.+\delta_x\left(1+\frac{h^x}{2}\left|EU^{x,n}\right|D^{-1}\right)^{-1}\cdot\theta^{n+1}\right\rangle+\left\langle D\delta_x\left(1+\frac{h^y}{2}\left|EU^{y,n}\right|D^{-1}\right)^{-1}\cdot\delta_{\bar{y}}\left(D\delta_y\theta^{n+1}\right),\right.\\
&\left.\left.\left(1+\frac{h^x}{2}\left|EU^{x,n}\right|D^{-1}\right)^{-1}\delta_x\theta^{n+1}+\delta_x\left(1+\frac{h^x}{2}\left|EU^{x,n}\right|D^{-1}\right)^{-1}\cdot\theta^{n+1}\right\rangle\right\}\\
=&-(\Delta t_c)^2\left\{\left\langle D\delta_x\delta_y\theta^{n+1},D\left(1+\frac{h^y}{2}\left|EU^{y,n}\right|D^{-1}\right)^{-1}\right.\right.\\
&\left.\cdot\left(1+\frac{h^x}{2}\left|EU^{x,n}\right|D^{-1}\right)^{-1}\cdot\delta_x\delta_y\theta^{n+1}\right\rangle\\
&+\left\langle\delta_x D\cdot\delta_y\theta^{n+1},D\left(1+\frac{h^y}{2}\left|EU^{y,n}\right|D^{-1}\right)^{-1}\cdot\left(1+\frac{h^x}{2}\left|EU^{x,n}\right|D^{-1}\right)^{-1}\cdot\delta_x\delta_y\theta^{n+1}\right\rangle\\
&+\left\langle D\delta_x\delta_y\theta^{n+1},\delta_y\left[D\left(1+\frac{h^y}{2}\left|EU^{y,n}\right|D^{-1}\right)^{-1}\cdot\left(1+\frac{h^x}{2}\left|EU^{x,n}\right|D^{-1}\right)^{-1}\right]\cdot\delta_x\theta^{n+1}\right.\\
&\left.+\delta_x\left(1+\frac{h^x}{2}\left|EU^{x,n}\right|D^{-1}\right)^{-1}\cdot\delta_y\theta^{n+1}+\delta_x\delta_y\left(1+\frac{h^x}{2}\left|EU^{x,n}\right|D^{-1}\right)^{-1}\cdot\theta^{n+1}\right\rangle\\
&+\left\langle D\delta_y\theta^{n+1},D\delta_x\left(1+\frac{h^y}{2}\left|EU^{y,n}\right|D^{-1}\right)^{-1}\cdot\left(1+\frac{h^x}{2}\left|EU^{x,n}\right|D^{-1}\right)^{-1}\cdot\delta_x\delta_y\theta^{n+1}\right\rangle\\
&+\left\langle D\delta_y\theta^{n+1},\delta_y\left[D\delta_x\left(1+\frac{h^y}{2}\left|EU^{y,n}\right|D^{-1}\right)^{-1}\cdot\left(1+\frac{h^x}{2}\left|EU^{x,n}\right|D^{-1}\right)^{-1}\right]\cdot\delta_x\theta^{n+1}\right.\\
&+D\delta_x\left(1+\frac{h^y}{2}\left|EU^{y,n}\right|D^{-1}\right)^{-1}\cdot\left(1+\frac{h^x}{2}\left|EU^{x,n}\right|D^{-1}\right)^{-1}\cdot\delta_y\theta^{n+1}\\
&\left.\left.+\delta_y\left[D\delta_x\left(1+\frac{h^y}{2}\left|EU^{y,n}\right|D^{-1}\right)^{-1}\cdot\left(1+\frac{h^x}{2}\left|EU^{x,n}\right|D^{-1}\right)^{-1}\right]\cdot\theta^{n+1}\right\rangle\right\}.
\end{aligned}
\tag{1.4.39}
$$

对估计式 (1.4.39) 右端第一项, 由正定性条件 $0<D_*\leqslant D(X)\leqslant D^*$、归纳法假定 (1.4.35) 和 Cauchy 不等式, 消去高阶差商项 $\delta_x\delta_y\theta^{n+1}$, 当 h 适当小时有

$$
-(\Delta t_c)^2\left\langle D\delta_x\delta_y\theta^{n+1},D\left(1+\frac{h^y}{2}\left|EU^{y,n}\right|D^{-1}\right)^{-1}\right.
$$

$$
\cdot\left(1+\frac{h^x}{2}\left|EU^{x,n}\right|D^{-1}\right)^{-1}\cdot\delta_x\delta_y\theta^{n+1}\Bigg\rangle
$$

$$
\leqslant -(\Delta t_c)^2 D_0\left|\left|\delta_x\delta_y\theta^{n+1}\right|\right|_0^2, \tag{1.4.40a}
$$

此处 D_0 是一确定的正常数. 对估计式 (1.4.39) 右端其余诸项有下述估计:

$$
\begin{aligned}
&-(\Delta t_c)^2\Bigg\{\Bigg\langle\delta_x D\cdot\delta_y\theta^{n+1}, D\left(1+\frac{h^y}{2}\left|EU^{y,n}\right|D^{-1}\right)^{-1}\\
&\cdot\left(1+\frac{h^x}{2}\left|EU^{x,n}\right|D^{-1}\right)^{-1}\cdot\delta_x\delta_y\theta^{n+1}\Bigg\rangle\\
&+\Bigg\langle D\delta_x\delta_y\theta^{n+1},\delta_y\left[D\left(1+\frac{h^y}{2}\left|EU^{y,n}\right|D^{-1}\right)^{-1}\cdot\left(1+\frac{h^x}{2}\left|EU^{x,n}\right|D^{-1}\right)^{-1}\right]\\
&\cdot\delta_x\theta^{n+1}+\cdots\Bigg\rangle+\cdots g\Bigg\}\\
\leqslant&-\frac{1}{2}(\Delta t_c)^2 D_0\left|\left|\delta_x\delta_y\theta^{n+1}\right|\right|_0^2+M\{\left|\left|\nabla_h\theta^{n+1}\right|\right|_0^2+\left|\left|\theta^{n+1}\right|\right|_0^2\}(\Delta t_c)^2.
\end{aligned} \tag{1.4.40b}
$$

对估计式 (1.4.39) 应用 (1.4.40) 可得

$$
\begin{aligned}
&-(\Delta t_c)^2\Bigg\langle\left(1+\frac{h^x}{2}\left|EU^{x,n}\right|D^{-1}\right)^{-1}\\
&\cdot\delta_{\bar{x}}\left(D\delta_x\left(1+\frac{h^y}{2}\left|EU^{y,n}\right|D^{-1}\right)^{-1}\delta_{\bar{y}}\left(D\delta_y\theta^{n+1}\right)\right),\theta^{n+1}\Bigg\rangle\\
\leqslant&-\frac{3}{2}D_0(\Delta t_c)^2\left|\left|\delta_x\delta_y\theta^{n+1}\right|\right|_0^2+M\{\left|\left|\nabla_h\theta^{n+1}\right|\right|_0^2+\left|\left|\theta^{n+1}\right|\right|_0^2\}(\Delta t_c)^2.
\end{aligned} \tag{1.4.41}
$$

类似地对估计式 (1.4.36) 右端第二项其余部分的讨论和分析, 可得

$$
\begin{aligned}
&-(\Delta t_c)^2\Bigg\{\Bigg\langle\left(1+\frac{h^x}{2}\left|EU^{x,n}\right|D^{-1}\right)^{-1}\delta_{\bar{x}}\left(D\delta_x\left(1+\frac{h^y}{2}\left|EU^{y,n}\right|\cdot D^{-1}\right)^{-1}\right.\\
&\left.\cdot\delta_{\bar{y}}\left(D\delta_y\theta^{n+1}\right)\right),\theta^{n+1}\Bigg\rangle\\
&+\cdots+\Bigg\langle\left(1+\frac{h^y}{2}\left|EU^{y,n}\right|D^{-1}\right)^{-1}\delta_{\bar{y}}\left(D\delta_y\left(1+\frac{h^z}{2}\left|EU^{z,n}\right|D^{-1}\right)^{-1}\right.\\
&\left.\cdot\delta_{\bar{z}}\left(D\delta_z\theta^{n+1}\right)\right),\theta^{n+1}\Bigg\rangle\Bigg\}\\
\leqslant&-\frac{1}{2}D_0(\Delta t_c)^2\{\left|\left|\delta_x\delta_y\theta^{n+1}\right|\right|_0^2+\left|\left|\delta_x\delta_z\theta^{n+1}\right|\right|_0^2+\left|\left|\delta_y\delta_z\theta^{n+1}\right|\right|_0^2\}\\
&+M\{\left|\left|\nabla_h\theta^{n+1}\right|\right|_0^2+\left|\left|\theta^{n+1}\right|\right|_0^2\}(\Delta t_c)^2.
\end{aligned} \tag{1.4.42}
$$

对估计式 (1.4.36) 右端的第三项, 类似地, 由正定性条件 (C) 和归纳法假定 (1.4.35), 消去高阶差商项 $\delta_x\delta_y\delta_z\theta^{n+1}$, 当 h_c 适当小时有

$$\begin{aligned}&(\Delta t_c)^3\left\langle\left(1+\frac{h^x}{2}\left|EU^{x,n}\right|D^{-1}\right)^{-1}\delta_{\bar{x}}\left(D\delta_x\left(1+\frac{h^y}{2}\left|EU^{y,n}\right|D^{-1}\right)^{-1}\right.\right.\\&\left.\left.\cdot\delta_{\bar{y}}\left(D\delta_y\left(1+\frac{h^z}{2}\left|EU^{z,n}\right|D^{-1}\right)^{-1}\delta_{\bar{z}}\left(D\delta_z\theta^{n+1}\right)\right)\right),\theta^{n+1}\right\rangle\\\leqslant&-\frac{D_0}{2}(\Delta t_c)^3\left\|\delta_x\delta_y\delta_z\theta^{n+1}\right\|_0^2+\varepsilon(\Delta t_c)^2\{\left\|\delta_x\delta_y\theta^{n+1}\right\|_0^2\\&+\left\|\delta_x\delta_z\theta^{n+1}\right\|_0^2+\left\|\delta_y\delta_z\theta^{n+1}\right\|_0^2\}\\&+M\{\left\|\nabla_h\theta^{n+1}\right\|_0^2+\left\|\theta^{n+1}\right\|_0^2\}(\Delta t_c)^2.\end{aligned}\tag{1.4.43}$$

对估计式 (1.4.36) 右端的第四项有

$$\begin{aligned}&\Delta t_c\sum_{s=x,y,z}\left\langle\delta_{u^{s,n+1}}c^{n+1}-\delta_{U^{s,n}}c^{n+1},\theta_c^{n+1}\right\rangle\\\leqslant&M\left\{(\Delta t_c)^2+h_c^4+h_p^4+\left\|\theta^{n+1}\right\|_0^2+\left\|\theta^n\right\|_0^2\right\}\Delta t_c.\end{aligned}\tag{1.4.44}$$

对估计式 (1.4.36) 右端第五项、第六项、第七项的估计方法类似, 且结果相同. 此处利用了关于混合元的估计式 (1.4.26), 得到了下述估计[14,54,55]:

$$\|\mathbf{u}-\mathbf{U}\|_0^2\leqslant M\{\|\theta\|_0^2+h_p^4\}.\tag{1.4.45}$$

对估计式 (1.4.36) 右端最后一项有

$$\left|\left\langle\varepsilon^{n+1},\theta^{n+1}\right\rangle\Delta t\right|\leqslant M\{(\Delta t_c)^2+h_c^4+\left\|\theta^{n+1}\right\|_0^2\}\Delta t_c.\tag{1.4.46}$$

对误差方程 (1.4.36), 组合 (1.4.37), (1.4.38), (1.4.42)—(1.4.44) 和 (1.4.46), 对 n 求和 $(0\leqslant n\leqslant L)$, 当 Δt_c 适当小时, 则有

$$\left\|\theta^{L+1}\right\|_0^2+\sum_{n=0}^{L}\left\|\nabla_h\theta^{n+1}\right\|_0^2\Delta t_c\leqslant M\left\{\sum_{n=0}^{L}\left\|\theta^{n+1}\right\|_0^2\Delta t_c+(\Delta t_c)^2+h_c^4+h_p^4\right\}.\tag{1.4.47}$$

对上式应用离散形式 Gronwall 引理有

$$\left\|\theta^{L+1}\right\|_0^2+\sum_{n=0}^{L}\left\|\nabla_h\theta^{n+1}\right\|_0^2\Delta t_c\leqslant M\left\{(\Delta t_c)^2+h_c^4+h_p^4\right\}.\tag{1.4.48}$$

下面检验归纳法假定 (1.4.35). 对于 $n=0$, 由于初始值选取 $\theta^0=0$, 再由估计式 (1.4.45) 同时得知 (1.4.35) 是显然成立的. 若对 $1\leqslant n\leqslant L$, 归纳法假定 (1.4.35) 成立, 由估计式 (1.4.48) 和限制性条件 (1.4.34), 有

$$\left\|\theta^{L+1}\right\|_\infty\leqslant Mh_c^{-3/2}\left\{h_c^2+h_p^2+\Delta t_c\right\}\leqslant Mh_c^{1/2}\to 0,\tag{1.4.49a}$$

$$\|\mathbf{u}_m-\mathbf{U}_m\|_\infty\leqslant Mh_p^{-3/2}\left\{h_c^2+h_p^2+\Delta t\right\}\leqslant Mh_p^{1/2}\to 0.\tag{1.4.49b}$$

归纳法假定 (1.4.35) 得证.

定理 1.4.1 对问题 (1.4.1), (1.4.2) 假定其精确解满足正则性条件 (R), 且问题是正定的, 即满足正定性条件 (C), 采用混合元-修正迎风分数步差分方法 (1.4.10), (1.4.13)—(1.4.15) 逐层用追赶法并行求解. 若剖分参数满足限制性条件 (1.4.24), 则下述误差估计式成立

$$\|c-C\|_{\bar{L}^\infty(J;L^2)}+\|c-C\|_{\bar{L}_2(J;h^1)}+\|\mathbf{u}-\mathbf{U}\|_{\bar{L}^\infty((0,\hat{T}],L^2)}\leqslant M^*\left\{\Delta t_c+h_c^2+h_p^2\right\},\tag{1.4.50}$$

此处 $\|g\|_{\bar{L}^\infty(J;X)}=\sup\limits_{n\Delta t_c\leqslant T}\|g^n\|_X$, $\|g\|_{\bar{L}_2(J;X)}=\sup\limits_{L\Delta t_c\leqslant T}\left\{\sum\limits_{n=0}^{L}\|g^n\|_X\Delta t_c\right\}^{1/2}$, 常数 M^* 依赖于函数 p,c 及其导函数.

1.4.4 数值算例

我们构造了一个包含椭圆方程和对流-扩散方程组的例子, 用来阐明本节的方法在求解油水两相渗流驱动问题的有效性. 为了更好地贴近油水两相渗流驱动问题数值模拟的实际情况, 我们考虑如下的方程组

$$-\Delta p=\nabla\cdot\mathbf{u}=-c,\quad (x,y)\in(0,1)\times(0,1),\quad t>0,\tag{1.4.51a}$$

$$\frac{\partial c}{\partial t}-k\nabla\cdot(\mathbf{u}c)-\Delta c=f(x,y,t),\quad (x,y)\in(0,1)\times(0,1),\quad t>0,\tag{1.4.51b}$$

其精确解为

$$p=-\frac{1}{2\pi^2}\exp(-2\pi^2t)\sin\pi x\sin\pi y,$$
$$\mathbf{u}=\frac{1}{2\pi}\exp(-2\pi^2t)(\cos\pi x\sin\pi y,\sin\pi x\cos\pi y)^{\mathrm{T}},$$
$$c=\exp(-2\pi^2t)\sin\pi x\sin\pi y.$$

函数 f 可通过精确解计算出.

对问题 (1.4.51a), (1.4.51b), 我们按照本节的思想构造了混合元-修正迎风分数

步差分格式, 计算结果见表 1.4.1 和表 1.4.2. 从表 1.4.1 可以看出, 当对流项与扩散项系数相等时, 都基本达到甚至超过理论分析的结果. 从表 1.4.2 可以看出, 当对流项占优时, 在同样网格下, 相应的误差除个别外都比表 1.4.1 中大一些, 收敛阶也比表 1.4.1 中的相应结果也要低一些, 但也基本上符合理论结果, 这与此时方程的对流占优性质是一致的. 它反映了本节的方法处理这类方程组是有效的.

表 1.4.1　$k = 1.0, \Delta t = 0.001, t = 0.1$

h	$\frac{1}{4}$	$\frac{1}{8}$	$\frac{1}{16}$
$\|\|p-P\|\|_{L^2}$	5.39894×10^{-4}	2.80845×10^{-4}	1.46112×10^{-4}
$\|\|\mathbf{u}-\mathbf{U}\|\|_{L^2}$	2.49803×10^{-2}	9.49419×10^{-3}	3.84348×10^{-3}
$\|\|c-C\|\|_{l^2}$	1.17250×10^{-2}	2.41124×10^{-3}	2.60700×10^{-4}

表 1.4.2　$k = 1.0 \times 10^4, \Delta t = 0.001, t = 0.1$

h	$\frac{1}{4}$	$\frac{1}{8}$	$\frac{1}{16}$
$\|\|p-P\|\|_{L^2}$	5.22689×10^{-4}	2.96090×10^{-4}	1.55494×10^{-4}
$\|\|\mathbf{u}-\mathbf{U}\|\|_{L^2}$	2.47792×10^{-2}	1.09559×10^{-2}	5.42783×10^{-3}
$\|\|c-C\|\|_{l^2}$	1.77480×10^{-2}	9.51986×10^{-3}	4.82983×10^{-3}

1.4.5 总结和讨论

本节研究三维油水二相 Darcy-Forchheimer 渗流驱动问题的混合元-修正迎风分数步差分方法. 1.4.1 小节是引言部分, 叙述问题的数学模型、物理背景以及国内外研究概况. 1.4.2 小节提出混合元-修正迎风分数步差分程序, 混合元方法对 Darcy-Forchheimer 速度的高精度计算, 对饱和度方程的修正迎风分数步差分方法, 将三维问题化为连续解三个一维问题, 大大减少了计算工作量. 1.4.3 小节是收敛性分析, 得到了最佳二阶 L^2 模误差估计. 这里需要特别指出的是, 对高精度要求较低的问题, 我们同样可类似地提出混合元-迎风 (一阶) 分数步差分方法, 经类似的分析, 同样可得一阶 L^2 模误差估计. 1.4.4 小节给出了数值算例, 验证了本节方法在二相 Darcy-Forchheimer 渗流驱动数值模拟中的有效性. 本节有如下特点: ① 由于考虑了 Darcy-Forchheimer 流的特性, 它适用于流速较大、介质不均匀的情况, 使得数值模拟结果更能反映物理性态的真实情况; ② 适用于三维复杂区域大型数值模拟的精确计算; ③ 由于应用混合元方法, 其具有物理守恒律性质, 且它对 Darcy 速度计算提高了一阶精确度, 这对二相渗流驱动问题的数值模拟是十分重要的; ④ 由于对饱和度方程采用修正迎风分数步方法, 它具有二阶高精度的计算结果, 是一类适用于现代计算机上进行油藏数值模拟问题的高精度、快速的工程计算方法和程序. 详细的讨论和分析可参阅文献 [56].

参考文献

[1] Aziz K, Settari A. Petroleum Reservoir Simulation. London: Applied Science Publishers, 1979.

[2] Ewing R E, Lazarov R D, Lyons S L, Papavassiliou D V, Pasciak J, Qin G. Numerical well model for non-darcy flow through isotropic porous media. Comput. Geosci., 1999, 3(3/4): 185-204.

[3] Ruth D, Ma H. On the derivation of the Forchheimer equation by means of the averaging theorem. Transport in Porous Media, 1992, 7(3): 255-264.

[4] Fabrie P. Regularity of the solution of Darcy-Forchheimer's equation. Nonlinear Anal. Theory, Methods Appl., 1989, 13(9): 1025-1049.

[5] Girault V, Wheeler M F. Numerical discretization of a Darcy-Forchheimer model. Numer. Math., 2008, 110(2): 161-198.

[6] López H, Molina B, Salas J J. Comparison between different numerical discretizations for a Darcy-Forchheimer model. Electron. Trans. Numer. Anal., 2009, 34: 187-203.

[7] Pan H, Rui H. Mixed element method for two-dimensional Darcy-Forchheimer model. J. Sci. Comput., 2012, 52: 563-587.

[8] Pan H, Rui H X. A mixed element method for Darcy-Forchheimer incompressible miscible displacement problem. Comput. Methods Appl. Mech. Engrg., 2013, 264: 1-11.

[9] Rui H, Pan H. A block-centered finite difference method for slightly compressible Darcy-Forchheimer flow in porous media. J. Sci. Comput., 2017, 73: 70-92.

[10] Rui H X, Pan H. A block-centered finite difference method for the Darcy-Forchheimer model. SIAM. J Numer. Anal., 2012, 50(5): 2612-2631.

[11] Douglas J, Jr, Paes-Leme P J, Giorgi T. Generalized Forchheimer flow in porous media//Boundary Value Problems for Partial Differential Equations and Applications. RMA Res. Notes Appl. Math., Masson: Paris, 1993, 29: 99-111.

[12] Park E J. Mixed finite element methods for generalized Forchheimer flow in porous media. Numerical Methods for Partial Differential Equations, 2005, 21(2): 213-228.

[13] Douglas J, Jr. Finite difference methods for two-phase incompressible flow in porous media. SIAM J. Numer. Anal., 1983, 20: 681-696.

[14] Douglas J, Jr. Simulation of miscible displacement in porous media by a modified method of characteristic procedure//Numerical Analysis. Lecture Notes in Mathematics, 912. Berlin: Springer-Verlag, 1982.

[15] Ewing R E, Russell T F, Wheeler M F. Convergence analysis of an approximation of miscible displacement in porous media by mixed finite elements and a modified method

of characteristics. Comput. Methods Appl. Mech. Engrg., 1984, 47(1/2): 73-92.

[16] Douglas J, Jr, Yuan Y R. Numerical simulation of immiscible flow in porous media based on combining the method of characteristics with mixed finite element procedure//Numerical Simulation in Oil Recovery. New York: Springer-Berlag, 1986: 119-132.

[17] Russell T F. Time stepping along characteristics with incomplete interaction for a Galerkin approximation of miscible displacement in porous media. SLAM J. Numer. Anal., 1985, 22(5): 970-1013.

[18] Raviart P A, Thomas J M. A mixed finite element method for 2-nd order elliptic problems in mathematical aspects of the finite element method. Lecture Notes in Mathematics, 606, Chapter 19. Berlin, New York: Springer, 1977: 292-315.

[19] Brezzi F, Douglas J, Jr, Marini L D. Two families of mixed finite elements for second order elliptic problems. Numer. Math., 1985, 47(2): 217-235.

[20] Ciarlet P G. The Finite Element Method for Elliptic Problem. Amsterdam: North-Holland, 1978.

[21] Wheeler M F. A priori L^2 error estimates for Galerkin approximation to parabolic partial differential equations. SIAM J. Numer. Anal., 1973, 10: 723-759.

[22] Adams R A. Sobolev Spaces. New York: Academic Press, 1975.

[23] Bramble J H. A second order finite difference analog of the first biharmonic boundary value problem. Numerische Mathematik, 1966, 9(3): 236-249.

[24] 袁益让, 芮洪兴, 李长峰, 孙同军. 可压缩 Darcy-Forchheimer 混溶驱动问题的混合元-特征有限元和混合元-特征差分方法. 山东大学数学研究所科研报告, 2016. 9.

Yuan Y R, Rui H X, Li C F, Sun T J. Mixed element-characteristic finite element and mixed element-characteristic finite difference for compressible miscible Darcy-Forchheimer displacement problem. Asian Journal of Mathematics and Computer Research, 2017, 18(2): 81-97.

[25] Arbogast T, Wheeler M F. A characteristics-mixed finite element method for advection-dominated transport problems. SIAMJ. Numer. Anal., 1995, 32(2): 404-424.

[26] Sun T J, Yuan Y R. An approximation of incompressible miscible displacement in porous media by mixed finite element method and characteristics-mixed finite element method. J. Comput. Appl. Math., 2009, 228(1): 391-411.

[27] 袁益让. 能源数值模拟方法的理论和应用. 北京: 科学出版社, 2013.

[28] Ewing R E. The Mathematics of Reservior Simulation. Philadelphia: SIAM, 1983.

[29] 沈平平, 刘明新, 汤磊. 石油勘探开发中的数学问题. 北京: 科学出版社, 2002.

[30] Nedelec J C. Mixed finite elements in $\mathbb{R}^3$. Numer. Math., 1980, 35(3): 315-341.

[31] Brezzi F. On the existence, uniqueness and approximation of saddle-point problems arising from Lagrangian multipliers. RAIRO Anal. Numer., 1974, 8(2): 129-151.

[32] 袁益让, 李长峰, 孙同军, 杨青. 不可压缩 Darcy-Forchheimer 混溶驱动问题的混合元-特征混合元方法和分析. 山东大学数学研究所科研报告, 2016. 12.

Yuan Y R, Li C F, Sun T J, Yang Q. Mixed element-characteristic mixed finite element of incompressible miscible Darcy-Forchheimer displacement and numerical analysis. 山东大学数学研究所科研报告, 2016. 12.

[33] 袁益让, 程爱杰, 羊丹平. 油藏数值模拟的理论和矿场实际应用. 北京: 科学出版社, 2016.

[34] Yuan Y R, Cheng A J, Yang D P, Li C F. Applications, theoretical analysis, numerical method and mechanical model of the polymer flooding in porous media. Special Topics & Reviews in Porous Media: An International Journal, 2015, 6(4): 383-401.

[35] Yuan Y R, Cheng A J, Yang D P, Li C F. Numerical simulation method, theory, and applications of three-phase (oil, gas, water) chemical-agent oil recovery in porous media. Special Topics & Reviews in Porous Media: An International Journal, 2016, 7(3): 245-272.

[36] Rui H X, Liu W. A two-grid block-centered finite difference method for Darcy-Forchheimer flow in porous media. SIAM J. Numer. Anal., 2015, 53(4): 1941-1962.

[37] Cella M A, Russell T F, Herrera I, Ewing R E. An Eulerian-Lagrangian localized adjoint method for the advection-diffusion equations. Adv. Water Resour., 1990, 13(4): 187-206.

[38] Sun T J, Yuan Y R. Mixed finite method and characteristics-mixed finite element method for a slightly compressible miscible displacement problem in porous media. Mathematics and Computers in Simulation, 2015, 107: 24-45.

[39] Russell T F. Rigorous block-centered discretization on irregular grids: Improved simulation of complex reservoir systems. Project Report, Research Corporation, Tulsa, 1995.

[40] Weiser A, Wheeler M F. On convergence of block-centered finite differences for elliptic problems. SIAM J. Numer. Anal., 1988, 25(2): 351-375.

[41] Jones J E. A mixed volume method for accurate computation of fluid velocities in porous media. Ph. D. Thesis. University of Colorado, Denver, Co. 1995.

[42] Cai Z, Jones J E, McCormilk S F, Russell T F. Control-volume mixed finite element methods. Comput. Geosci., 1997, 1(3): 289-315.

[43] Yuan Y R, Liu Y X, Li C F, Sun T J, Ma L Q. Analysis on block-centered finite differences of numerical simulation of semiconductor device detector. Appl. Math. Comput., 2016, 279: 1-15.

[44] Chou S H, Kawk D Y, Vassileviki P. Mixed covolume methods on rectangular grids for elliptic problem. SIAM J. Numer. Anal., 2000, 37(3): 758-771.

[45] Chou S H, Kawk D Y, Vassileviki P. Mixed covolume methods for elliptic problems on triangular grids. SIAM J. Numer. Anal., 1998, 35(5): 1850-1861.

[46] Chou S H, Vassileviki P. A general mixed covolume framework for constructing conservative schemes for elliptic problems. Math. Comp., 1999, 68(227): 991-1011.

[47] 袁益让, 李长峰, 孙同军, 杨青. Darcy-Forchheimer 混溶驱动问题的混合元-特征混合元方法和分析. 山东大学数学研究所科研报告, 2017. 2.

Yuan Y R, Li C F, Sun T J, Yang Q. A mixed finite element-characteristic mixed volume element and convergence analysis of Darcy-Forchheimer displacement problem. 山东大学数学研究所科研报告, 2017. 2.

[48] Axelsson O, Gustafasson I. A modified upwind scheme for convective transport equations and the use of a conjugate gradient method for the solution of non-symmetric systems of equations. IMA Journal of Applied Mathematics, 1979, 23: 321-337.

[49] Ewing R E, Lazarov R D, Vassilev A T. Finite difference scheme for parabolic problems on a composite grids with refinement in time and space. SIAM J. Numer. Anal., 1994, 31(6): 1605-1622.

[50] Lazarov R D, Mischev I D, Vassilevski P S. Finite volume methods for convection-diffusion problems. SIAM J. Numer. Anal., 1996, 33(1): 31-55.

[51] Peaceman D W. Fundamental of numerical reservoir simulation. Amsterdam: Elsevier, 1980.

[52] Douglas J, Jr, Gunn J E. Two high-order correct difference analogues for the equation of multidimensional heat flow. Math. Comp., 1963, 17(81): 71-80.

[53] Douglas J, Jr, Gunn J E. A general formulation of alternation methods, part I. Parabolic and Hyperbolic Problems. Numer. Math., 1964, 9(5): 428-453.

[54] 袁益让. 多孔介质中可压缩可混溶驱动问题的特征-有限元方法. 计算数学, 1992, 14(4): 385-400.

Yuan Y R. Time stepping along characteristics for the finite element approximation of compressible miscible displacement in porous media. Math. Numer. Sinica, 1992, 14(4): 385-400.

[55] 袁益让. 在多孔介质中完全可压缩、可混溶驱动问题的差分方法. 计算数学, 1993, 15(1): 16-28.

Yuan Y R. Finite difference methods for a compressible miscible displacement problem in porous media. Math. Numer. Sinica, 1993, 15(1): 16-28.

[56] 袁益让, 李长峰, 杨青. Darch-Forchheimer 混溶驱动问题的混合元-修正迎风分数步差分方法. 山东大学数学研究所科研报告, 2017. 4.

Yuan Y R, Li C F, Yang Q. Mixed element-second order upwind fractional step difference scheme of Darcy-Forchheimer miscible displacement problem. 山东大学数学研究所科研报告, 2017. 4.

第 2 章 Darcy-Forchheimer 油水渗流驱动半正定问题的数值方法

对于在多孔介质中一个流体驱动另一个流体的相混溶驱动问题, 当出现流体流速较大和多孔介质不均匀的情况时, 经典的 Darcy 定律已不再适用, 对流体速度和压力必须用 Darcy-Forchheimer 方程来描述. 在实际问题数值模拟计算时, 饱和度方程经常出现半正定的情况, 此时数值方法和计算相对正定情况出现差异和实质性的困难. 本章研究 Darcy-Forchheimer 油水二相混溶驱动半正定问题的数值方法和理论分析, 共三节. 2.1 节研究油水驱动 Darcy-Forchheimer 渗流半正定问题的迎风混合元方法. 2.2 节研究油水驱动 Darcy-Forchheimer 渗流半正定问题的迎风混合元多步方法. 2.3 节研究油水驱动 Darcy-Forchheimer 渗流半正定问题网格变动的迎风混合元方法.

2.1 油水驱动 Darcy-Forchheimer 渗流半正定问题的迎风混合元方法

2.1.1 引言

对于在多孔介质中一个流体驱动另一个流体的相混溶驱动问题, 速度-压力的流动用 Darcy-Forchheimer 方程来描述. 这种不可压缩相混溶驱动问题的数学模型是下述非线性偏微分方程组的初边值问题[1-4]:

$$\mu(c)\kappa^{-1}\mathbf{u}+\beta\rho(c)|\mathbf{u}|\mathbf{u}+\nabla p=r(c)\nabla d,\quad X=(x,y,z)^{\mathrm{T}}\in\Omega,t\in J=(0,\bar{T}],\tag{2.1.1a}$$

$$\nabla\cdot\mathbf{u}=q=q_I+q_p,\quad X\in\Omega,t\in J,\tag{2.1.1b}$$

$$\varphi\frac{\partial c}{\partial t}+\mathbf{u}\cdot\nabla c-\nabla\cdot(D(\mathbf{u})\nabla c)+q_Ic=q_Ic_I,\quad X\in\Omega,t\in J,\tag{2.1.2}$$

此处 Ω 是三维有界区域, $J=(0,\bar{T}]$ 是时间区间.

Darcy-Forchheimer 方程由 Forchheimer 在文献 [1] 中提出并用来描述在多孔介质中流体速度较快和介质不均匀的情况, 特别是在井点附近[2]. 当 $\beta=0$ 时 Darcy-Forchheimer 定律即退化为 Darcy 定律. 关于 Darcy-Forchheimer 定律的理论推导见文献 [3], 关于问题的正则性分析见文献 [4].

模型 (2.1.1) 和 (2.1.2) 表达了两组相混溶混合流体的质量守恒律. $p(X,t)$ 和 $\mathbf{u}(X,t)$ 分别表示流体的压力和 Darcy-Forchheimer 速度, $c(X,t)$ 表示混合流体中一个组分的饱和度. $\kappa(X), \varphi(X)$ 和 $\beta(X)$ 分别表示在多孔介质中的绝对渗透率、孔隙度和 Forchheimer 系数. $r(c)$ 是重力系数, $d(X)$ 是垂直坐标. $q(X,t)$ 是产量项, 通常是生产项 q_p 和注入项 q_I 的线性组合, 也就是 $q(X,t)=q_I(X,t)+q_p(X,t)$. c_I 是注入井注入液的饱和度, 是已知的, $c(X,t)$ 是生产井的饱和度.

假设两种流体都不可压缩且混溶后总体积不减少, 且两者之间不发生化学反应. ρ_1 和 ρ_2 为混溶前两种纯流体的密度, 则混溶后的密度为

$$\rho(c)=c\rho_1+(1-c)\rho_2. \tag{2.1.3}$$

混合后的黏度采用如下的计算格式

$$\mu(c)=(c\mu_1^{-1/4}+(1-c)\mu_2^{-1/4})^{-4}. \tag{2.1.4}$$

这里扩散系数 $D(\mathbf{u})$ 是由分子扩散和机械扩散两部分组成的扩散弥散张量

$$\begin{aligned}D(X,\mathbf{u})=&\varphi d_m\mathbf{I}+d_l|\mathbf{u}|^\beta\begin{pmatrix}\hat{u}_x^2 & \hat{u}_x\hat{u}_y & \hat{u}_x\hat{u}_z\\ \hat{u}_x\hat{u}_y & \hat{u}_y^2 & \hat{u}_y\hat{u}_z\\ \hat{u}_x\hat{u}_z & \hat{u}_y\hat{u}_z & \hat{u}_z^2\end{pmatrix}\\ &+d_t|\mathbf{u}|^\beta\begin{pmatrix}\hat{u}_y^2+\hat{u}_z^2 & -\hat{u}_x\hat{u}_y & -\hat{u}_x\hat{u}_z\\ -\hat{u}_x\hat{u}_y & \hat{u}_x^2+\hat{u}_z^2 & -\hat{u}_y\hat{u}_z\\ -\hat{u}_x\hat{u}_z & -\hat{u}_y\hat{u}_z & \hat{u}_x^2+\hat{u}_y^2\end{pmatrix}.\end{aligned} \tag{2.1.5}$$

此处 d_m 是分子扩散系数, $\mathbf{I}$ 为 3×3 单位矩阵, d_l 是纵向扩散系数, d_t 是横向扩散系数, $\hat{u}_x, \hat{u}_y, \hat{u}_z$ 为 Darcy 速度在坐标轴的方向余弦, 通常 β 为一正常数, 通常 $\beta\geqslant 2$.

问题 (2.1.1)—(2.1.5) 的初始和边界条件:

$$\mathbf{u}\cdot\gamma=0,\quad (D(\mathbf{u})\nabla c-\mathbf{u}c)\cdot\gamma=0,\quad X\in\partial\Omega, t\in J, \tag{2.1.6a}$$

$$c(X,0)=\hat{c}_0(X),\quad X\in\Omega. \tag{2.1.6b}$$

此处 $\partial\Omega$ 为有界区域 Ω 的边界面, γ 是 $\partial\Omega$ 的外法向矢量.

关于在多孔介质中两相 (油、水) Darcy 渗流驱动问题, Douglas 学派已有经典的系列工作[5-10]. 但这些工作都是研究经典的 Darcy 流的. 最早关于 Forchheimer 方程的混合元方法是 Girault 和 Wheeler 引入的[11], 在文献 [11] 中速度用分片常数逼近, 压力用 Crouzeix-Raviart 元逼近. 这里混合元方法称为“原始型”. 应用

Raviart-Thomas 混合元对 Forchheimer 方程的求解和分析见文献 [12]. 应用混合元方法处理依赖时间的问题已被 Douglas 和 Park 研究[13,14], 在文献 [13, 14] 中半离散格式被提出和分析. 在多孔介质中研究带有 Forchheimer 方程的渗流驱动问题是 Douglas 系列工作实际性的拓广, 它适用于流速较大的渗流和非均匀介质的情况[15,16].

在一般情况下, 上述方法均建立在饱和度方程的扩散矩阵是正定的假定条件下. 但在很多实际问题中, 扩散矩阵仅能满足半正定条件[8,17,18]. 在此条件下很多理论不再适用, 因此对这类半正定问题的分析出现了实质性困难, Dawson 和本书作者等在文献 [17—21] 中讨论了二维半正定两相驱动问题的特征有限元方法、特征差分方法和迎风混合元方法. 在上述工作的基础上, 本节对三维油水驱动 Darcy-Forchheimer 渗流半正定问题提出一类迎风混合元格式, 流动方程使用混合元方法求解, 这对流动速度提高了一阶精确度, 而饱和度方程采用迎风混合元方法, 即应用推广的混合元方法处理其扩散项, 对流项应用迎风格式[21]. 这种方法适用于对流占优问题, 能消除数值弥散和非物理性振荡, 提高计算精确度, 可以同时逼近饱和度函数及其伴随向量函数, 还可以保持单元质量守恒, 这一特性在油藏数值模拟实际计算中是极其重要的[8-10]. 应用微分方程先验估计理论和特殊技巧, 得到了格式的最佳阶误差估计结果. 数值算例表明了方法的有效性和实用性, 成功解决了这一重要问题.

为了数值分析, 对问题 (2.1.1), (2.1.2) 的系数需要下述半正定性假定:

$$
\text{(C)}\quad \begin{cases} 0 < a_* |X|^2 \leqslant (\mu(c)\kappa^{-1}(X)X)\cdot X \leqslant a^*|X|^2, \quad 0<\varphi_* \leqslant \varphi(X) \leqslant \varphi^*, \\ 0 \leqslant (D(X,\mathbf{u})X)\cdot X, \quad 0<\rho_* \leqslant \rho(c) \leqslant \rho^*, \\ \left|\dfrac{\partial(\kappa/\mu)}{\partial c}(X,c)\right| + \left|\dfrac{\partial r}{\partial c}(X,c)\right| + |\nabla\varphi| + \left|\dfrac{\partial D}{\partial \mathbf{u}}(X,\mathbf{u})\right| \\ +|q_l(X,t)| + \left|\dfrac{\partial q_I}{\partial t}(X,t)\right| \leqslant K^*, \end{cases} \tag{2.1.7}
$$

此处 $a_*, a^*, \varphi_*, \varphi^*, \rho_*, \rho^*$ 和 K^* 均为确定的正常数.

对于问题 (2.1.1)—(2.1.6) 在数值分析时, 还需要下面的正则性条件.

我们使用通常的 Sobolev 空间及其范数记号. 假定问题 (2.1.1)—(2.1.6) 的精确解满足下述正则性条件:

$$
\text{(R)}\quad \begin{cases} p \in L^\infty(H^{k+1}), \\ \mathbf{u} \in L^\infty(H^{k+1}(\mathrm{div})) \cap L^\infty(W^{1,\infty}) \cap W^{1,\infty}(L^\infty) \cap H^2(L^2), \\ c \in L^\infty(H^1) \cap L^2(W^{1,\infty}). \end{cases}
$$

对于我们选定的计算格式, 此处 $k \geqslant 1$.

在本节中 K 表示一般的正常数, ε 表示一般小的正数, 在不同地方具有不同含义.

2.1.2 混合元-迎风混合元格式

对于油水二相 Darcy-Forchheimer 混溶驱动问题, 我们提出一类混合元-迎风混合元格式. 首先讨论对流动方程 (2.1.1) 的混合元方法. 为此引入 Sobolev 空间及其范数如下:

$$\begin{cases} X = \{\mathbf{u} \in L^2(\Omega)^3, \nabla\cdot\mathbf{u} \in L^2(\Omega), \mathbf{u}\cdot\gamma = 0\}, \quad ||\mathbf{u}||_X = ||\mathbf{u}||_{L^2} + ||\nabla\cdot\mathbf{u}||_{L^2}, \\ M = L_0^2(\Omega) = \left\{p \in L^2(\Omega) : \displaystyle\int_\Omega pdX = 0\right\}, \quad ||p||_M = ||p||_{L^2}. \end{cases} \tag{2.1.8}$$

问题 (2.1.1)—(2.1.6) 的弱形式通过乘检验函数和分部积分得到. 寻求 $(\mathbf{u},p):(0,T]\to(X,M)$ 使得

$$\int_\Omega(\mu(c)\kappa^{-1}\mathbf{u}+\beta\rho(c)|\mathbf{u}|\mathbf{u})\cdot vdX - \int_\Omega p\nabla vdX = \int_\Omega r(c)\nabla d\cdot vdX, \quad \forall v\in X, \tag{2.1.9a}$$

$$-\int_\Omega w\nabla\cdot\mathbf{u}dX = -\int_\Omega wqdX, \quad \forall w \in M. \tag{2.1.9b}$$

设 Δt_p 是流动方程的时间步长, 第一步时间步长记为 $\Delta t_{p,1}$. 设 $0=t_0<t_1<\cdots<t_M=T$ 是关于时间的一个剖分. 对于 $i\geqslant 1$, $t_i=\Delta t_{p,1}+(i-1)\Delta t_p$. 类似地, 记 $0=t^0<t^1<\cdots<t^N=T$ 是饱和度方程关于时间的一个剖分, $t^n=n\Delta t_c$, 此处 Δt_c 是饱和度方程的时间步长. 我们假设对于任一 m, 都存在一个 n 使得 $t_m=t^n$, 这里 $\Delta t_p/\Delta t_c$ 是一个正整数. 记 $j^0=\Delta t_{p,1}/\Delta t_c$, $j=\Delta t_p/\Delta t_c$. 设 J_p 是一类对于三维区域 Ω 的拟正则 (四面体, 长方六面体) 剖分, 其单元最大直径为 h_p. $(X_h,M_h)\subset X\times M$ 是一个对应于混合元空间指数为 k 的 Raviart-Thomas 元或 Brezzi-Douglas-Marini 元[14,22].

下面对饱和度方程 (2.1.2) 构造其迎风混合元格式. 为此将其转变为散度形式, 记 $\mathbf{g}=\mathbf{u}c=(u_1c,u_2c,u_3c)^{\mathrm{T}}$, $\bar{\mathbf{z}}=-\nabla c$, $\mathbf{z}=D\bar{\mathbf{z}}$, 则

$$\varphi\frac{\partial c}{\partial t}+\nabla\cdot\mathbf{g}+\nabla\cdot\mathbf{z}-c\nabla\cdot\mathbf{u}=q_I(c_I-c). \tag{2.1.10}$$

应用流动方程 $\nabla\cdot\mathbf{u}=q=q_I+q_p$, 则方程 (2.1.10) 可改写为

$$\varphi\frac{\partial c}{\partial t}+\nabla\cdot\mathbf{g}+\nabla\cdot\mathbf{z}-q_pc=q_Ic_I. \tag{2.1.11}$$

此处应用推广的混合元方法[23], 此方法不仅得到对扩散流量 $\mathbf{z}$ 的近似, 同时得到对梯度 $\bar{\mathbf{z}}$ 的近似. 设 V_h, W_h 同样是 X, M 的有限元子空间, 且有 $\mathrm{div}V_h=W_h$, 代表

低阶的 Raviart-Thomas 空间. 设 J_c 是一类对应于三维区域 Ω 的拟正则 (四面体, 长方六面体) 剖分, 其单元最大直径为 h_c. w 对于 $\forall w \in W_h$ 在剖分 J_c 的每个小单元 e 上是常数, $\forall \mathbf{v} \in V_h$ 在每个单元上是连续的分块线性函数. $\mathbf{v}\cdot\gamma$ 是 e 边界面重心的值, γ 为 e 的单位外法向量. 在实际计算时, 通常剖分 J_c 是在剖分 J_p 的基础上进一步细分, 取 $h_c = h_p/l$, 此处 l 为一正整数.

饱和度方程的变分形式为

$$\left(\varphi\frac{\partial c}{\partial t}, w\right) + (\nabla\cdot\mathbf{g}, w) + (\nabla\cdot\mathbf{z}, w) - (q_p c, w) = (q_I c_I, w), \quad \forall w \in W_h, \tag{2.1.12a}$$

$$(\bar{\mathbf{z}}, \mathbf{v}) = (c, \nabla\cdot\mathbf{v}), \quad \forall \mathbf{v} \in V_h, \tag{2.1.12b}$$

$$(\mathbf{z}, \mathbf{v}) = (D\bar{\mathbf{z}}, \mathbf{v}), \quad \forall \mathbf{v} \in V_h. \tag{2.1.12c}$$

选定初始值 $C_h^0 = \tilde{C}_h^0$, 此处 $\tilde{C}_h^0$ 是初始值, 为 $c_0(X)$ 的 L^2 投影或插值. 我们提出混合元-迎风混合元格式: 寻求 $\{\mathbf{U}_{h,m}, P_{h,m}\} \in X_h \times M_h, m = 0, 1, \cdots, M$ 和 $\{C^n, \bar{\mathbf{Z}}^n, \mathbf{Z}^n, \mathbf{G}^n\} \in W_h \times V_h \times V_h \times V_h, n = 1, 2, \cdots, N$, 使得

$$\begin{aligned}&\int_\Omega (\mu(\bar{C}_m)K^{-1}\mathbf{U}_m + \beta\rho(\bar{C}_m)|\mathbf{U}_m|\mathbf{U}_m)\mathbf{v}_h dX - \int_\Omega P_m \nabla\cdot\mathbf{v}_h dX \\ =& \int_\Omega \gamma(\bar{C}_m)\nabla d\cdot\mathbf{v}_h dX, \quad \mathbf{v}_h \in X_h,\end{aligned} \tag{2.1.13a}$$

$$-\int_\Omega w_h \nabla\cdot\mathbf{U}_m dX = -\int_\Omega w_h q_m dX, \quad \forall w_h \in M_h. \tag{2.1.13b}$$

$$\begin{aligned}&\left(\varphi(X)\frac{C^n - C^{n-1}}{\Delta t_c}, w_h\right) + (\nabla\cdot\mathbf{G}^n, w_h) + (\nabla\cdot\mathbf{Z}^n, w_h) - (q_p C^n, w_h) \\ =& (q_I c_I^n, w_h), \quad \forall w_h \in W_h,\end{aligned} \tag{2.1.14a}$$

$$(\bar{\mathbf{Z}}^n, \mathbf{v}_h) = (C^n, \nabla\cdot\mathbf{v}_h), \quad \mathbf{v}_h \in V_h, \tag{2.1.14b}$$

$$(\mathbf{Z}^n, \mathbf{v}_h) = (D(E\mathbf{U}^n)\bar{\mathbf{Z}}^n, \mathbf{v}_h), \quad \mathbf{v}_h \in V_h. \tag{2.1.14c}$$

在非线性项 μ, ρ 和 γ 中用近似解 C_m 代替在 $t = t_m$ 时刻的真解 c_m,

$$\bar{C}_m = \min\{1, \max(0, C_m)\} \in [0, 1]. \tag{2.1.15}$$

在时间步 t^{n+1}, $t_{m-1} < t^n \leqslant t_m$, 应用如下的外推公式

$$E\mathbf{U}^n = \begin{cases}\mathbf{U}_0, & t_0 < t^n \leqslant t_1, m = 1, \\ \left(1 + \dfrac{t^n - t_{m-1}}{t_{m-1} - t_{m-2}}\right)\mathbf{U}_{m-1} - \dfrac{t^n - t_{m-1}}{t_{m-1} - t_{m-2}}\mathbf{U}_{m-2}, & t_{m-1} < t^n \leqslant t_m, m \geqslant 2.\end{cases} \tag{2.1.16}$$

初始逼近:

$$C^0 = \tilde{C}^0, \quad X \in \Omega, \tag{2.1.17}$$

可以用插值或 L^2 投影.

混合元-迎风混合元格式的计算程序. 首先利用初始逼近 (2.1.17), 应用共轭梯度法由 (2.1.13) 求出 $\{\mathbf{U}_0, P_0\}$. 在此基础上, 应用 (2.1.14) 求得 $\{C^1, C^2, \cdots, C^{j_0}\}$. 对 $m \geqslant 1$, 此处 $C^{j_0+(m-1)j} = C_m$ 是已知的. 逼近解 $\{\mathbf{U}_m, P_m\}$ 应用 (2.1.13) 可以得到. 再由 (2.1.14) 依次可得 $C^{j_0+(m-1)j+1}, C^{j_0+(m-1)j+2}, \cdots, C^{j_0+mj}$. 这样依次进行, 可求得全部数值逼近解, 由半正定性条件 (C), 解存在且唯一.

对方程 (2.1.14a) 中的迎风项, 用近似解 C 来构造. 本节使用简单的迎风方法. 由于在 $\partial\Omega$ 上 $\mathbf{g} = \mathbf{u}c = 0$, 设在边界上 $\mathbf{G}^n \cdot \gamma$ 的平均积分为 0. 假设单元 e_1, e_2 有公共面 σ, x_l 是此面的重心, γ_l 是从 e_1 到 e_2 的法向量, 那么可以定义

$$\mathbf{G}^n \cdot \gamma = \begin{cases} C_{e_1}^n (E\mathbf{U}^n \cdot \gamma_l)(x_l), & (E\mathbf{U}^n \cdot \gamma_l)(x_l) \geqslant 0, \\ C_{e_2}^n (E\mathbf{U}^n \cdot \gamma_l)(x_l), & (E\mathbf{U}^n \cdot \gamma_l)(x_l) < 0. \end{cases} \tag{2.1.18}$$

此处 $C_{e_1}^n, C_{e_2}^n$ 是 C^n 在单元上的常数值. 至此我们借助 C^n 定义了 $\mathbf{G}^n$, 完成了数值格式 (2.1.14a)—(2.1.14c) 的构造, 形成关于 C 的非对称方程组. 我们也可以用另外的方法计算 $\mathbf{G}^n$, 得到对称线性方程组

$$\mathbf{G}^n \cdot \gamma = \begin{cases} C_{e_1}^{n-1} (E\mathbf{U}^n \cdot \gamma_l)(x_l), & (E\mathbf{U}^n \cdot \gamma_l)(x_l) \geqslant 0, \\ C_{e_2}^{n-1} (E\mathbf{U}^n \cdot \gamma_l)(x_l), & (E\mathbf{U}^n \cdot \gamma_l)(x_l) < 0. \end{cases} \tag{2.1.19}$$

对于 $\mathbf{g}$ 的更高阶的近似, 可以通过在单元上构造分块连续的线性函数得到. 但是由于我们关于饱和度的方法总体上不超过一阶, 故不采用这种方法.

2.1.3 质量守恒原理

如果问题 (2.1.1)—(2.1.6) 没有源汇项, $q \equiv 0$, 且满足不渗流边界条件, 则饱和度方程的数值计算满足质量守恒原理.

首先讨论单元质量守恒律. 在每个单元 $e \subset \Omega$ 上, 饱和度方程 (2.1.11) 的单元质量守恒律表现为

$$\int_e \varphi \frac{\partial c}{\partial t} dX - \int_{\partial e} \mathbf{g} \cdot \gamma_e ds - \int_{\partial e} \mathbf{z} \cdot \gamma_e ds = 0, \quad n > 0. \tag{2.1.20}$$

此处 e 为区域 Ω 关于饱和度的剖分单元, ∂e 为单元 e 的边界面, γ_e 为此边界面的外法向量. 下面首先证明单元质量守恒律.

定理 2.1.1 (单元质量守恒原理) 若 $q \equiv 0$, 则在任意单元 $e \in \Omega$ 上, 格式 (2.1.14a) 满足下述离散单元质量守恒律

$$\int_e \varphi \frac{C^n - C^{n-1}}{\Delta t_c} dX - \int_{\partial e} \mathbf{G}^n \cdot \gamma_{\partial e} ds - \int_{\partial e} \mathbf{Z}^n \cdot \gamma_e ds = 0. \tag{2.1.21}$$

证明 因为 $w_h \in W_h$, 在给定单元 e 上, 取 $w_h \equiv 1$, 在其他单元上为零, 则此时对格式 (2.1.14a) 应用格林公式即可得 (2.1.21). 定理 2.1.1 得证.

在此基础上, 即可推出整体质量守恒律.

定理 2.1.2 (整体质量守恒原理) 若 $q \equiv 0, X \in \Omega$, 且 $\mathbf{u} \cdot \gamma = 0, D\nabla c \cdot \gamma = 0, X \in \partial\Omega$, 那么格式 (2.1.14a) 满足质量守恒原理, 即

$$\int_\Omega \varphi \frac{C^n - C^{n-1}}{\Delta t_c} dX = 0, \quad n \geqslant 1. \tag{2.1.22}$$

证明 由 (2.1.21) 式, 对全部剖分单元求和, 则有

$$\int_\Omega \varphi \frac{C^n - C^{n-1}}{\Delta t_c} dX = -\sum_e \int_{\partial e} \mathbf{G}^n \cdot \gamma_e ds - \sum_e \int_{\partial e} \mathbf{Z}^n \cdot \gamma_e ds. \tag{2.1.23}$$

注意到 $\mathbf{Z}^n \in V_h$, 在 V_h 中函数的定义 $\mathbf{Z}^n$ 超过单元 e 的边界面 σ 是连续的, 并注意到不渗透边界条件, 故有

$$-\sum_e \int_{\partial e} \mathbf{Z}^n \cdot \gamma_e ds = -\sum_\sigma \int_{\sigma_l} \mathbf{Z}^n \cdot \gamma_l ds = -\int_{\partial\Omega} \mathbf{Z}^n \cdot \gamma_{\partial\Omega} ds = 0, \tag{2.1.24}$$

此处 $\gamma_{\partial\Omega}$ 为边界 $\partial\Omega$ 的外法向量. 记单元 e_1, e_2 的公共面为 σ_l, x_l 是此边界面的中点, γ_l 是从 e_1 到 e_2 的法向量, 那么由对流项的定义, 在单元 e_1 上, 若 $E\mathbf{U}^n \cdot \gamma_l(X) \geqslant 0$, 则

$$\int_{\sigma_l} \mathbf{G}^n \cdot \gamma_l ds = C_{e_1}^n E\mathbf{U}^n \cdot \gamma_l(X) |\sigma_l|. \tag{2.1.25}$$

此处 $|\sigma_l|$ 记边界面 σ_l 的测度. 而在单元 e_2 上, σ_l 的法向量是 $-\gamma_l$, 此时 $E\mathbf{U}^n \cdot (-\gamma_l(X)) \leqslant 0$, 则

$$\int_{\sigma_l} \mathbf{G}^n \cdot (-\gamma_l) ds = -C_{e_1}^n E\mathbf{U}^n \cdot \gamma_l(X) |\sigma_l|. \tag{2.1.26}$$

上面两式相互抵消, 故

$$-\sum_e \int_{\partial e} \mathbf{G}^n \cdot \gamma_e ds = 0. \tag{2.1.27}$$

这就是说

$$\int_\Omega \varphi \frac{C^n - C^{n-1}}{\Delta t_c} dX = 0, \quad n \geqslant 1. \tag{2.1.28}$$

定理证毕. 这一物理特性, 对渗流力学数值模拟计算是特别重要的.

2.1.4 混合元-迎风混合元的收敛性分析

对于三维混合元空间, 我们假定存在不依赖网格剖分的常数 K 使得下述逼近性质和逆性质成立:

$$
(\mathrm{A}_{\mathrm{p},\mathbf{u}})\quad \begin{cases} \inf\limits_{v_h\in X_h}||f-v_h||_{L^q}\leqslant K||f||_{W^{m,q}}h_p^m, & 1\leqslant m\leqslant k+1,\\ \inf\limits_{w_h\in M_h}||g-w_h||_{L^q}\leqslant K||g||_{W^{m,q}}h_p^m, & 1\leqslant m\leqslant k+1,\\ \inf\limits_{v_h\in X_h}||\mathrm{div}(f-v_h)||_{L^2}\leqslant K||\mathrm{div}f||_{H^m}h_p^m, & 1\leqslant m\leqslant k+1,\end{cases} \tag{2.1.29a}
$$

$$
(\mathrm{I}_{\mathrm{p},\mathbf{u}})\quad ||v_h||_{L^\infty}\leqslant Kh_p^{-3/2}||v_h||_{L^2},\quad v_h\in X_h, \tag{2.1.29b}
$$

$$
(\mathrm{A}_{\mathrm{c}})\quad \inf_{\chi_h\in V_h}[||f-\chi_h||_{L^2}+h_c||f-\chi_h||_{H^1}]\leqslant Kh_c^m||f||_m,\quad 2\leqslant m\leqslant k+1, \tag{2.1.29c}
$$

$$
(\mathrm{I}_{\mathrm{c}})\quad ||\chi_h||_{W^{m,\infty}}\leqslant Kh_c^{-3/2}||\chi_h||_{W^m},\quad \chi_h\in V_h. \tag{2.1.29d}
$$

为了理论分析简便, 引入下述 Forchheimer 投影.

定义 Forchheimer 投影算子 (Π_h,P_h): $(\mathbf{u},p)\to(\Pi_h\mathbf{u},P_hp)=(\tilde{\mathbf{U}},\tilde{P})$, 由下述方程组确定:

$$
\int_\Omega[\mu(c)\kappa^{-1}(\mathbf{u}-\tilde{\mathbf{U}})+\beta\rho(c)(|\mathbf{u}|\mathbf{u}-||\tilde{\mathbf{U}}||\tilde{\mathbf{U}})]\cdot v_hdX-\int_\Omega(p-\tilde{P})\nabla v_hdX=0,\quad \forall v_h\in X_h, \tag{2.1.30a}
$$

$$
-\int_\Omega w_h\nabla\cdot(\mathbf{u}-\tilde{\mathbf{U}})dX=0,\quad \forall w_h\in M_h. \tag{2.1.30b}
$$

应用方程式 (2.1.9a) 和 (2.1.9b) 可得

$$
\int_\Omega(\mu(c)\kappa^{-1}\tilde{\mathbf{U}}+\beta\rho(c)|\tilde{\mathbf{U}}|\tilde{\mathbf{U}})\cdot v_hdX-\int_\Omega\tilde{P}\nabla v_hdX=\int_\Omega r(c)\nabla d\cdot v_hdX,\quad \forall v_h\in X_h, \tag{2.1.31a}
$$

$$
-\int_\Omega w_h\nabla\cdot\tilde{\mathbf{U}}dX=-\int_\Omega w_h\nabla\cdot\mathbf{u}dX=-\int_\Omega w_hqdX,\quad \forall w_h\in M_h. \tag{2.1.31b}
$$

依据文献 [15] 中的结果, 存在不依赖 h_p 的正常数 K 使得

$$
||\mathbf{u}-\tilde{\mathbf{U}}||_{L^2}^2+||\mathbf{u}-\tilde{\mathbf{U}}||_{L^3}^3+||p-\tilde{P}||_{L^2}^2\leqslant K\{||\mathbf{u}||_{W^{k+1,3}}^2+||p||_{H^{k+1}}^2\}h_p^{2(k+1)}. \tag{2.1.32a}
$$

当 $k\geqslant1$ 和 h_p 足够小时, 则有

$$
||\tilde{\mathbf{U}}||_{L^\infty}\leqslant||\mathbf{u}||_{L^\infty}+1. \tag{2.1.32b}
$$

为了进行收敛性分析, 我们需要下面几个引理. 引理 2.1.1 是混合元的 LBB 条件, 在文献 [15] 中有详细的论述.

引理 2.1.1 存在不依赖 h 的 $\bar{r}$ 使得

$$
\inf_{w_h\in M_h}\sup_{\mathbf{v}_h\in X_h}\frac{(w_h,\nabla\cdot\mathbf{v}_h)}{||w_h||_{M_h}||\mathbf{v}_h||_{X_h}}\geqslant\bar{r}. \tag{2.1.33}
$$

下面几个引理是非线性 Darcy-Forchheimer 算子的一些性质.

引理 2.1.2 设 $f(v)=|v|v$, 则存在正常数 $K_i, i=1,2,3$, 对于 $u,v,w\in L^3(\Omega)^d$, 满足

$$K_1\int_\Omega(|u|+|v|)|v-u|^2dX\leqslant\int_\Omega(f(v)-f(u))\cdot(v-u)dX, \tag{2.1.34a}$$

$$K_2||v-u||_{L^3}^3\leqslant\int_\Omega(f(v)-f(u))\cdot(v-u)dX, \tag{2.1.34b}$$

$$K_3\int_\Omega|f(v)-f(u)||v-u|dX\leqslant\int_\Omega(f(v)-f(u))\cdot(v-u)dX, \tag{2.1.34c}$$

$$\int_\Omega(f(v)-f(u))\cdot wdX\leqslant\left[\int_\Omega(|v|+|u|)|v-u|^2dX\right]^{1/2}[||u||_{L^3}^{1/2}+||v||_{L^3}^{1/2}]||w||_{L^3}. \tag{2.1.34d}$$

现在考虑 $(\mathbf{u},p)$, 因为 $c\in[0,1]$, 容易看到

$$|\bar{C}_m-c_m|\leqslant|C_m-c_m|. \tag{2.1.35}$$

从格式 (2.1.13a), (2.1.13b) 和投影 $(\tilde{\mathbf{U}},\tilde{P})$ 的误差估计式 (2.1.32), 可得下述引理.

引理 2.1.3 存在不依赖网格剖分的 K 使得

$$||\mathbf{u}_m-\mathbf{U}_m||_{L^2}^2+||\mathbf{u}_m-\mathbf{U}_m||_{L^3}^3\leqslant K\{h_p^{2(k+1)}+||c_m-C_m||_{L^2}^2\}. \tag{2.1.36}$$

证明 事实上, 从方程 (2.1.13a), (2.1.13b) 以及 Forchheimer 投影 (2.1.30), 有

$$\begin{aligned}&(\mu(\bar{C}_m)K^{-1}(\mathbf{u}_m-\mathbf{U}_m)+\beta\rho(\bar{C}_m)(|\mathbf{u}_m|\,\mathbf{u}_m-|\mathbf{U}_m|\,\mathbf{U}_m),v_h)-(\tilde{P}_m-P_m,\nabla_hv_h)\\&=-((\mu(c_m)-\mu(\bar{C}_m))K^{-1}\tilde{\mathbf{U}}_m+\beta(\rho(c_m)-\rho(\bar{C}_m))K^{-1}|\tilde{\mathbf{U}}_m|\tilde{\mathbf{U}}_m,v_h)\\&\quad+((r(c_m)-r(\bar{C}_m))\nabla d,v_h),\quad\forall v_h\in X_h,\end{aligned} \tag{2.1.37a}$$

$$-(w_h,\nabla\cdot(\tilde{\mathbf{U}}_m-\mathbf{U}_m))=-(w_h,\nabla\cdot(\tilde{\mathbf{U}}_m-\mathbf{u}_m))=0,\quad\forall w_h\in M_h. \tag{2.1.37b}$$

由 (2.1.37) 知 $(\tilde{P}_m-P_m,\nabla\cdot(\tilde{\mathbf{U}}_m-\mathbf{U}_m))=0$, 对式 (2.1.37a) 取 $v_h=\tilde{\mathbf{U}}_m-\mathbf{U}_m$, 可得

$$\begin{aligned}&(\mu(\bar{C}_m)K^{-1}(\mathbf{u}_m-\mathbf{U}_m)+\beta\rho(\bar{C}_m)(|\mathbf{u}_m|\,\mathbf{u}_m),\mathbf{u}_m-\mathbf{U}_m)\\&=(\mu(\bar{C}_m)K^{-1}(\mathbf{u}_m-\mathbf{U}_m)+\beta\rho(\bar{C}_m)(|\mathbf{u}_m|\,\mathbf{u}_m),\mathbf{u}_m-\tilde{\mathbf{U}}_m)\\&\quad-((\mu(c_m)-\mu(\bar{C}_m))K^{-1}\tilde{\mathbf{U}}_m+\beta(\rho(c_m)-\rho(\bar{C}_m))K^{-1}|\tilde{\mathbf{U}}_m|\tilde{\mathbf{U}}_m,\tilde{\mathbf{U}}_m-\mathbf{U}_m)\\&\quad+((r(c_m)-r(\bar{C}_m))\nabla d,\tilde{\mathbf{U}}_m-\mathbf{U}_m).\end{aligned} \tag{2.1.38}$$

分别估计 (2.1.38) 左右两端, 可得

$$\text{左端} \geqslant K_0\left\{||\mathbf{u}_m - \mathbf{U}_m||_{L^2}^2 + ||\mathbf{u}_m - \mathbf{U}_m||_{L^3}^3 + \int_\Omega (|\mathbf{u}_m| + |\mathbf{U}_m|)|\mathbf{u}_m - \mathbf{U}_m|^2 dx\right\} \tag{2.1.39a}$$

$$\begin{aligned}
\text{右端} \leqslant\ & K\Bigg\{||\mathbf{u}_m - \mathbf{U}_m||_{L^2}||\mathbf{u}_m - \tilde{\mathbf{U}}_m||_{L^2} \\
& + \left[\int_\Omega (|\mathbf{u}_m| + |\mathbf{U}_m|)|\mathbf{u}_m - \mathbf{U}_m|^2 dx\right]^{1/2} [||\mathbf{u}_m||_{L^3}^{1/2} + ||\mathbf{U}_m||_{L^3}^{1/2}]||\mathbf{u}_m - \tilde{\mathbf{U}}_m||_{L^2} \\
& + (1 + ||\tilde{\mathbf{U}}_m||_{L^\infty})||c_m - C_m||_{L^2}||\mathbf{u}_m - \tilde{\mathbf{U}}_m||_{L^2}\Bigg\} \\
\leqslant\ & \varepsilon\left\{||\mathbf{u}_m - \mathbf{U}_m||_{L^2}^2 + \int_\Omega (|\mathbf{u}_m| + |\mathbf{U}_m|)|\mathbf{u}_m - \mathbf{U}_m|^2 dx\right\} \\
& + K\left\{||\mathbf{u}_m - \tilde{\mathbf{U}}_m||_{L^2}^2 + ||\mathbf{u}_m - \tilde{\mathbf{U}}_m||_{L^3}^3 + (1 + ||\tilde{\mathbf{U}}_m||_{L^\infty})||c_m - C_m||_{L^2}^2\right\},
\end{aligned} \tag{2.1.39b}$$

其中 K_0 为确定的正常数.

对估计式 (2.1.38) 左右两端分别应用估计式 (2.1.39a), (2.1.39b), 引理 2.1.2 和投影估计式 (2.1.32), 即可得流速的估计, 引理 2.1.3 得证.

下面讨论饱和度方程 (2.1.2) 的误差估计. 由于饱和度方程的扩散矩阵仅是半正定的, 所以进行误差分析时不能再用传统的椭圆投影, 而是使用 L^2 投影.

引理 2.1.4 令 $\Pi c^n, \Pi\bar{\mathbf{z}}^n, \Pi\mathbf{z}^n$ 分别是 $c^n, \bar{\mathbf{z}}^n, \mathbf{z}^n$ 的 L^2 投影, 满足

$$\begin{aligned}
&\Pi c^n \in W_h, \quad (\varphi c^n - \varphi\Pi c^n, w) = 0, \quad w \in W_h, \quad ||c^n - \Pi c^n|| \leqslant Kh, \\
&\Pi\bar{\mathbf{z}}^n \in V_h, \quad (\bar{\mathbf{z}}^n - \Pi\bar{\mathbf{z}}^n, \mathbf{v}) = 0, \quad \mathbf{v} \in V_h, \quad ||\bar{\mathbf{z}}^n - \Pi\bar{\mathbf{z}}^n|| \leqslant Kh, \\
&\Pi\mathbf{z}^n \in V_h, \quad (\mathbf{z}^n - \Pi\mathbf{z}^n, \mathbf{v}) = 0, \quad \mathbf{v} \in V_h, \quad ||\mathbf{z}^n - \Pi\mathbf{z}^n|| \leqslant Kh.
\end{aligned}$$

对于迎风项的处理, 我们有下面的引理. 首先引入下面的记号: 网格单元 e 的任一面 σ, 令 γ_l 代表 σ 的单位法向量, 给定 (σ, γ_l) 可以唯一确定有公共面 σ 的两个相邻单元 e^+, e^-, 其中 γ_l 指向 e^+. 对于 $f \in W_h$, $x \in \sigma$,

$$f^-(x) = \lim_{s\to 0-} f(x + s\gamma_l), \quad f^+(x) = \lim_{s\to 0+} f(x + s\gamma_l),$$

定义 $[f] = f^+ - f^-$.

引理 2.1.5 令 $f_1, f_2 \in W_h$, 那么

$$\int_\Omega \nabla\cdot(\mathbf{u}f_1)f_2 dx = \frac{1}{2}\sum_\sigma \int_\sigma [f_1][f_2]|\mathbf{u}\cdot\gamma|ds + \frac{1}{2}\sum_\sigma \int_\sigma \mathbf{u}\cdot\gamma_l(f_1^+ f_1^-)(f_2^- - f_2^+)ds. \tag{2.1.40}$$

证明

$$\begin{aligned}&\int_\Omega \nabla\cdot(\mathbf{u}f_1)f_2dx=\sum_e\int_{\Omega_e}\nabla\cdot(\mathbf{u}f_1)f_2dx\\&=\sum_\sigma\int_\sigma\Big[(\mathbf{u}\cdot\gamma_l)_+f_1^{e^-}f_2^{e^-}+(\mathbf{u}\cdot\gamma_l)_-f_1^{e^+}f_2^{e^-}+(\mathbf{u}\cdot(-\gamma_l))_+f_1^{e^+}f_2^{e^+}\\&+(\mathbf{u}\cdot(-\gamma_l))_-f_1^{e^-}f_2^{e^+}\Big]ds,\end{aligned}$$

其中 $(\mathbf{u}\cdot\gamma)_+=\max\{\mathbf{u}\cdot\gamma,0\}$, $(\mathbf{u}\cdot\gamma)_-=\min\{\mathbf{u}\cdot\gamma,0\}$.

应用关系式 $(\mathbf{u}\cdot(-\gamma_l))_+=-(\mathbf{u}\cdot\gamma_l)_-$ 和 $(\mathbf{u}\cdot(-\gamma_l))_-=-(\mathbf{u}\cdot\gamma_l)_+$ 以及 $f^{e^+}=f^r, f^{e^-}=f^l$, 上式可化简为

$$\begin{aligned}&\int_\Omega\nabla\cdot(\mathbf{u}f_1)f_2dx=\sum_\sigma\int_\sigma[(\mathbf{u}\cdot\gamma_l)_+f_1^l(f_2^l-f_2^r)+(\mathbf{u}\cdot\gamma_l)_-f_1^r(f_2^l-f_2^r)]ds\\&=\sum_\sigma\int_\sigma[((\mathbf{u}\cdot\gamma_l)_+-(\mathbf{u}\cdot\gamma_l)_-)f_1^l(f_2^l-f_2^r)+(\mathbf{u}\cdot\gamma_l)_-(f_1^r+f_1^l)(f_2^l-f_2^r)]ds\\&=\sum_\sigma\int_\sigma[|\mathbf{u}\cdot\gamma_l|(f_1^l-f_1^r)(f_2^l-f_2^r)+|\mathbf{u}\cdot\gamma_l|f_1^r(f_2^l-f_2^r)\\&+(\mathbf{u}\cdot\gamma_l)_-(f_1^r+f_1^l)(f_2^l-f_2^r)]ds\\&=\sum_\sigma\int_\sigma\Big[\frac12|\mathbf{u}\cdot\gamma_l|(f_1^l-f_1^r)(f_2^l-f_2^r)+(f_2^l-f_2^r)\\&\cdot\Big(\frac12|\mathbf{u}\cdot\gamma_l|(f_1^l-f_1^r)+|\mathbf{u}\cdot\gamma_l|f_1^r+(\mathbf{u}\cdot\gamma_l)_-(f_1^r+f_1^l)\Big)\Big]ds\\&=\sum_\sigma\int_\sigma\Big[\frac12|\mathbf{u}\cdot\gamma_l|(f_1^l-f_1^r)(f_2^l-f_2^r)+(f_2^l-f_2^r)\\&\cdot\Big(\frac12|\mathbf{u}\cdot\gamma_l|(f_1^l+f_1^r)+(\mathbf{u}\cdot\gamma_l)_-(f_1^r+f_1^l)\Big)\Big]ds\\&=\sum_\sigma\int_\sigma\Big[\frac12|\mathbf{u}\cdot\gamma_l|(f_1^l-f_1^r)(f_2^l-f_2^r)+(\mathbf{u}\cdot\gamma_l)\frac12(f_1^l+f_1^r)(f_2^l-f_2^r)\Big]ds,\end{aligned}$$

其中 $f^r=f^{e^+}, f^l=f^{e^-}$, f^r 即 f_1^r 和 f_2^r, f^l 即 f_1^l 和 f_2^l, 得到引理证明.

将 (2.12a) $(t=t^n)$—(2.12c) $(t=t^n)$ 与 (2.1.14a)—(2.1.14c) 相减并利用 L^2 投影得到误差方程

$$\begin{aligned}&\left(\varphi(x)\frac{\xi_c^n-\xi_c^{n-1}}{\Delta t},w\right)+(\nabla\cdot\xi_z^n,w)+(\nabla\cdot\mathbf{G}^n-\nabla\cdot\mathbf{g}^n,w)-(q_p\xi_c^n,w)\\&=-(q_p\eta_c^n,w)+(\rho^n,w)+(\nabla\cdot\eta_z^n,w),\end{aligned}\tag{2.1.41}$$

$$(\xi_z^n,\mathbf{v})=(\xi_c,\nabla\cdot\mathbf{v}),\tag{2.1.42}$$

$$(\xi_z^n, \mathbf{v}) = (D(E\mathbf{U}^n)\bar{\xi}_z^n, \mathbf{v}) + (D(E\mathbf{U}^n)\bar{\eta}_z^n, \mathbf{v}) + ([D(E\mathbf{U}^n) - D(\mathbf{u}^n)]\bar{\mathbf{z}}^n, \mathbf{v}). \quad (2.1.43)$$

在 (2.1.41) 中取 $w = \xi_c^n$, 在 (2.1.42) 中取 $\mathbf{v} = \xi_z^n$, 在 (2.1.43) 中取 $\mathbf{v} = \bar{\xi}_z^n$, 三式相加减得到

$$\begin{aligned}
&\left(\varphi(x)\frac{\xi_c^n - \xi_c^{n-1}}{\Delta t}, \xi_c^n\right) + (D(E\mathbf{U}^n)\bar{\xi}_z^n, \bar{\xi}_z^n) + (\nabla \cdot \mathbf{G}^n - \nabla \cdot \mathbf{g}^n, \xi_c^n) \\
= &(\rho^n, \xi_c^n) + (\nabla \cdot \eta_z^n, \xi_c^n) + (q_p(\xi_c^n - \eta_c^n), \xi_c^n) \\
&- (D(E\mathbf{U}^n)\bar{\eta}_z^n, \bar{\xi}_z^n) - ([D(E\mathbf{U}^n) - D(\mathbf{u}^n)]\bar{\mathbf{z}}^n, \bar{\xi}_z^n) \\
= &T_1 + T_2 + T_3 + T_4 + T_5.
\end{aligned} \quad (2.1.44)$$

先来估计方程 (2.1.44) 的左端项, 第三项可以分解为

$$(\nabla \cdot (\mathbf{G}^n - \mathbf{g}^n), \xi_c^n) = (\nabla \cdot (\mathbf{G}^n - \Pi\mathbf{g}^n), \xi_c^n) + (\nabla \cdot (\Pi\mathbf{g}^n - \mathbf{g}^n), \xi_c^n). \quad (2.1.45)$$

$\Pi\mathbf{g}$ 的定义类似于 $\mathbf{G}$,

$$\Pi\mathbf{g}^n \cdot \gamma_l = \begin{cases} \Pi c_{e_1}^n (E\mathbf{U}^n \cdot \gamma_l)(x_l), & (E\mathbf{U}^n \cdot \gamma_l)(x_l) \geqslant 0, \\ \Pi c_{e_2}^n (E\mathbf{U}^n \cdot \gamma_l)(x_l), & (E\mathbf{U}^n \cdot \gamma_l)(x_l) < 0. \end{cases}$$

应用引理 2.1.5, (2.1.40) 式

$$\begin{aligned}
&(\nabla \cdot (\mathbf{G}^n - \Pi\mathbf{g}^n), \xi_c^n) = \sum_e \int_{\Omega_e} \nabla \cdot (\mathbf{G}^n - \Pi\mathbf{g}^n)\xi_c^n dx \\
= &\sum_e \int_{\Omega_e} \nabla \cdot (E\mathbf{U}^n \xi_c^n)\xi_c^n dx \\
= &\frac{1}{2}\sum_\sigma \int_\sigma |E\mathbf{U}^n \cdot \gamma_l|[\xi_c^n]^2 ds - \frac{1}{2}\sum_\sigma \int_\sigma (E\mathbf{U}^n \cdot \gamma_l)(\xi_c^{n,+} + \xi_c^{n,-})[\xi_c^n]^2 ds \\
= &Q_1 + Q_2,
\end{aligned}$$

$$\begin{aligned}
Q_1 &= \frac{1}{2}\sum_\sigma \int_\sigma |E\mathbf{U}^n \cdot \gamma_l|[\xi_c^n]^2 ds \geqslant 0, \\
Q_2 &= -\frac{1}{2}\sum_\sigma \int_\sigma (\mathbf{U}^n \cdot \gamma_l)[(\xi_c^{n,+})^2 - (\xi_c^{n,-})^2]ds = \frac{1}{2}\sum_e \int_{\Omega_e} \nabla \cdot E\mathbf{U}^n (\xi_c^n)^2 dx \\
&= \frac{1}{2}\sum_e \int_{\Omega_e} q^n (\xi_c^n)^2 dx.
\end{aligned}$$

把 Q_2 移到方程 (2.1.44) 的右端, 根据 q 的有界性得到 $|Q_2| \leqslant K||\xi_c^n||^2$.

对于 (2.1.45) 式第二项

$$(\nabla \cdot (\mathbf{g}^n - \Pi\mathbf{g}^n), \xi_c^n) = \sum_\sigma \int_\sigma \{c^n\mathbf{u}^n \cdot \gamma_l - \Pi c^n E\mathbf{U}^n \cdot \gamma_l\}[\xi_c^n]^2 ds$$

$$
\begin{aligned}
&= \sum_{\sigma} \int_{\sigma} \{c^n \mathbf{u}^n - c^n E\mathbf{u}^n + c^n E\mathbf{u}^n - c^n E\mathbf{U}^n + c^n E\mathbf{U}^n - \Pi c^n E\mathbf{U}^n\} \cdot \gamma_l [\xi_c^n]^2 ds \\
&= (\nabla \cdot (c^n \mathbf{u}^n - c^n E\mathbf{u}^n), \xi_c^n) + (\nabla \cdot (c^n E(\mathbf{u}^n - \mathbf{U}^n)), \xi_c^n) \\
&\quad + \sum_{\sigma} \int_{\sigma} E\mathbf{U}^n \cdot \gamma_l (c^n - \Pi c^n)[\xi_c^n] ds \\
&\leqslant K\Delta t_p^4 + K\|E(\mathbf{u}^n - \mathbf{U}^n)\|_{H(\mathrm{div})}^2 + K\|\xi_c^n\|^2 + K\sum_{\sigma} \int_{\sigma} |E\mathbf{U}^n \cdot \gamma_l||c^n - \Pi c^n|^2 ds \\
&\quad + \frac{1}{4}\sum_{\sigma} \int_{\sigma} |E\mathbf{U}^n \cdot \gamma_l|[\xi_c^n]^2 ds.
\end{aligned}
$$

由 (2.1.32), (2.1.36) 和 $|c^n - \Pi c^n| = O(h_c)$, 得到

$$
\begin{aligned}
&(\nabla \cdot (\mathbf{g}^n - \Pi \mathbf{g}^n), \xi_c^n) \\
&\leqslant K\{\Delta t_p^4 + h_p^{2(k+1)} + h_c + \|\xi_c^n\|^2 + \|\xi_{c,m-1}\|^2 + \|\xi_{c,m-2}\|^2\} \\
&\quad + \frac{1}{4}\sum_{\sigma} \int_{\sigma} |E\mathbf{U}^n \cdot \gamma_l|[\xi_c^n]^2 ds.
\end{aligned} \tag{2.1.46}
$$

接下来考虑 (2.1.44) 右端各项情况. 很容易得到 T_1, T_2, T_3, T_4 的估计.

$$
|T_1 + T_3| \leqslant K\Delta t_c \left\|\frac{\partial^2 c}{\partial t^2}\right\|_{L^2(t^{n-1},t^n;L^2)}^2 + K\{\|\xi_c^n\|^2 + h_c^2\}, \tag{2.1.47}
$$

对于 T_2, T_4,

$$
\begin{aligned}
|T_2| &= \sum_e \int \nabla \cdot \eta_z^n \xi_c^n dX = \sum_e \int_{\Omega_e} \nabla \cdot (\eta_z^n - \eta_z^n(\Omega_e))\xi_e^n dX \\
&\leqslant K\sum_e Kh_c \left(\int_{\Omega_e} (\xi_e^n)^2 dX\right)^{1/2} \\
&\leqslant K\{h_c^2 + \|\xi_c^n\|^2\},
\end{aligned} \tag{2.1.48}
$$

$$
|T_4| \leqslant K\|\bar{\eta}_z^n\|^2 + \frac{1}{4}(D(E\mathbf{U}^{n-1})\bar{\xi}_z^n, \bar{\xi}_z^n), \tag{2.1.49}
$$

对于 T_5, 注意到若 D 不依赖于 $\mathbf{u}$, 那么 $T_5 = 0$. 否则有

$$
\begin{aligned}
|T_5| &= \int_{\Omega} \frac{\partial D}{\partial \mathbf{u}} (E\mathbf{U}^n - \mathbf{u}^n) \bar{z}^n \bar{\xi}_z^n dx \\
&\leqslant \frac{1}{4}(D(E\mathbf{U}^n)\bar{\xi}_z^n, \bar{\xi}_z^n) + \int_{\Omega} D^{-1}\left(\frac{\partial D}{\partial \mathbf{u}}\right)^2 |E\mathbf{U}^n - \mathbf{u}^n|^2 dx.
\end{aligned} \tag{2.1.50}
$$

若 $D^{-1}|D_{\mathbf{u}}|^2$ 是有界的, 那么可以得到 T_5 的估计. 下面我们就来看一下它的有界性. 为了简单起见, 假设 $\mathbf{u}$ 是定向在 x 方向的 (旋转坐标轴不影响 $(D_{\mathbf{u}})^2$ 的大小),

那么可设

$$D=D_m+|\mathbf{u}|^{\beta}\begin{pmatrix} d_l & 0 & 0 \\ 0 & d_t & 0 \\ 0 & 0 & d_t \end{pmatrix},\quad D^{-1}\leqslant|\mathbf{u}|^{-\beta}\begin{pmatrix} d_l^{-1} & 0 & 0 \\ 0 & d_t^{-1} & 0 \\ 0 & 0 & d_t^{-1} \end{pmatrix},$$

$$\frac{\partial D}{\partial u_x}=|\mathbf{u}|^{\beta-1}\begin{pmatrix} d_l & 0 & 0 \\ 0 & d_t & 0 \\ 0 & 0 & d_t \end{pmatrix},\quad \frac{\partial D}{\partial u_y}=|\mathbf{u}|^{\beta-1}\begin{pmatrix} 0 & d_l-d_t & 0 \\ d_l-d_t & 0 & 0 \\ 0 & 0 & 0 \end{pmatrix},$$

$$\frac{\partial D}{\partial u_z}=|\mathbf{u}|^{\beta-1}\begin{pmatrix} 0 & 0 & d_l-d_t \\ 0 & 0 & 0 \\ d_l-d_t & 0 & 0 \end{pmatrix},$$

$$\begin{aligned}&\left|D^{-1}\left(\frac{\partial D}{\partial \mathbf{u}}\right)^2\right|\\ \leqslant{}&|\mathbf{u}|^{\beta-2}\left\{\beta^2\begin{pmatrix} d_l & 0 & 0 \\ 0 & d_t & 0 \\ 0 & 0 & d_t \end{pmatrix}+\begin{pmatrix} d_l^{-1}(d_l-d_t)^2 & 0 & 0 \\ 0 & d_t^{-1}(d_l-d_t)^2 & 0 \\ 0 & 0 & 0 \end{pmatrix}\right.\\ &\left.+\begin{pmatrix} d_l^{-1}(d_l-d_t)^2 & 0 & 0 \\ 0 & 0 & 0 \\ 0 & 0 & d_t^{-1}(d_l-d_t)^2 \end{pmatrix}\right\}.\end{aligned}$$

只要满足

$$\frac{d_l^2}{d_t}\leqslant d^*<\infty,\quad \frac{d_t^2}{d_l}\leqslant d^*<\infty,\quad \beta\geqslant 2, \tag{2.1.51}$$

那么 $\left|D^{-1}\left(\dfrac{\partial D}{\partial \mathbf{u}}\right)^2\right|$ 是有界的, 条件 (2.1.51) 自然满足.

注意到 $\mathbf{u}^n-E\mathbf{U}^n=\mathbf{u}^n-E\mathbf{u}^n+E\mathbf{u}^n-E\bar{\mathbf{u}}^n+E\bar{\mathbf{u}}^n-E\mathbf{U}^n$, 由 $E\mathbf{u}$ 的定义和 (2.1.32), (2.1.36) 有

$$\begin{aligned}&||\mathbf{u}^n-E\mathbf{U}^n||^2\\ \leqslant{}&K\left\{(\Delta t_p)^3\left|\left|\frac{\partial^2\mathbf{u}}{\partial t^2}\right|\right|^2_{L^2(t_{m-1},t_{m-1};L^2)}+h_p^{2(k+1)}+||\xi_{c,m-1}||^2+||\xi_{c,m-2}||^2\right\}.\end{aligned}$$

故有

$$|T_5|\leqslant\frac{1}{4}(D(E\mathbf{U}^n)\bar{\xi}_z^n,\bar{\xi}_z^n)$$

$$+K\left\{(\Delta t_p)^3\left\|\frac{\partial^2\mathbf{u}}{\partial t^2}\right\|^2_{L^2(t_{m-1},t_{m-1};L^2)}+h_p^{2(k+1)}+\|\xi_{c,m-1}\|^2+\|\xi_{c,m-2}\|^2\right\}. \tag{2.1.52}$$

将 (2.1.45)—(2.1.52) 的估计代入误差估计方程 (2.1.44), 可得

$$\begin{aligned}&\frac{1}{2\Delta t_c}\{\|\varphi^{1/2}\xi_c^n\|^2-\|\varphi^{1/2}\xi_c^{n-1}\|^2\}+(D(E\mathbf{U}^n)\bar{\xi}_z^n,\bar{\xi}_z^n)+\frac{1}{2}\sum_\sigma\int_\sigma|E\mathbf{U}^n\cdot\gamma_l|[\xi_c^n]^2ds\\&\leqslant K\left\{\Delta t_c\left\|\frac{\partial^2 c}{\partial t^2}\right\|^2_{L^2(t^{n-1},t^n;L^2)}+(\Delta t_p)^3\left\|\frac{\partial^2\mathbf{u}}{\partial t^2}\right\|^2_{L^2(t_{m-1},t_{m-1};L^2)}+\|\xi_{c,m-1}\|^2\right.\\&\quad\left.+\|\xi_{c,m-2}\|^2+h_c+h_p^{2(k+1)}+\frac{1}{2}(D(E\mathbf{U}^n)\bar{\xi}_z^n,\bar{\xi}_z^n)\right\}+\frac{1}{2}\sum_\sigma\int_\sigma|E\mathbf{U}^n\cdot\gamma_l|[\xi_c^n]^2ds.\end{aligned} \tag{2.1.53}$$

对式 (2.1.53) 左右两边同乘以 Δt_c 并对时间 n 相加, 注意到 $\xi_c^0=0$ 和外推公式 (2.1.16), 可得

$$\begin{aligned}&\|\varphi^{1/2}\xi_c^N\|^2+\frac{1}{2}\sum_{n=1}^N(D(E\mathbf{U}^n)\bar{\xi}_z^n,\bar{\xi}_z^n)\Delta t_c\\&\leqslant K\{h_p^{2(k+1)}+h_c+(\Delta t_c)^2+(\Delta t_{p,1})^3+(\Delta t_p)^4\}+K\sum_{n=1}^N\|\xi_c^n\|^2\Delta t_c.\end{aligned}$$

利用离散 Gronwall 引理可得

$$\max_n\|\xi_c^n\|^2\leqslant K\{h_p^{2(k+1)}+h_c+(\Delta t_c)^2+(\Delta t_{p,1})^3+(\Delta t_p)^4\}.$$

由此得到下述定理.

定理 2.1.3 假设方程的系数满足半正定性条件 (C), $D(\mathbf{u})\geqslant 0$ 半正定, 并且满足正则性条件 (R). 若 D 不依赖于 $\mathbf{u}$ (也就是说 D 是 0, 或者仅由分子扩散组成), 那么有估计

$$\max_{0\leqslant n\leqslant N}\|c^n-C^n\|\leqslant K\{h_p^{k+1}+h_c^{1/2}+\Delta t_c+(\Delta t_{p,1})^{3/2}+(\Delta t_p)^2\}. \tag{2.1.54}$$

若 D 依赖于 $\mathbf{u}$, 包含非零的弥散项, 具有下面的形式

$$D=D_m\mathbf{I}+d_l|\mathbf{u}|^\beta\begin{pmatrix}\hat{u}_x^2&\hat{u}_x\hat{u}_y&\hat{u}_x\hat{u}_z\\\hat{u}_x\hat{u}_y&\hat{u}_y^2&\hat{u}_y\hat{u}_z\\\hat{u}_x\hat{u}_z&\hat{u}_y\hat{u}_z&\hat{u}_z^2\end{pmatrix}+d_t|\mathbf{u}|^\beta\begin{pmatrix}\hat{u}_y^2+\hat{u}_z^2&-\hat{u}_x\hat{u}_y&-\hat{u}_x\hat{u}_z\\-\hat{u}_x\hat{u}_y&\hat{u}_x^2+\hat{u}_z^2&-\hat{u}_y\hat{u}_z\\-\hat{u}_x\hat{u}_z&-\hat{u}_y\hat{u}_z&\hat{u}_x^2+\hat{u}_y^2\end{pmatrix}.$$

此处假设 D_m 没有下界, 那么估计式 (2.1.54) 成立需要条件:

$$\frac{d_l^2}{d_t} \leqslant d^* < \infty, \quad \frac{d_t^2}{d_l} \leqslant d^* < \infty, \quad \beta \geqslant 2,$$

其中 K 是不依赖于 $h, \Delta t$ 的常数, 仅依赖于函数 $p, \mathbf{u}, c$ 及其导函数.

2.1.5 扩散矩阵正定的情形

以上是针对两相驱动问题扩散矩阵半正定时的误差估计, 若扩散矩阵满足传统的正定性条件:

$$0 < D_* \leqslant D(x, \mathbf{u}) \leqslant D^*,$$

则可以得到最优的误差估计.

此时我们采取传统的 π-投影[24],

$$(\nabla \cdot (\mathbf{z}^n - \pi \mathbf{z}^n), w) = 0, \quad w \in W_h, \tag{2.1.55}$$

$$(\nabla \cdot (\mathbf{g}^n - \pi \mathbf{g}^n), w) = 0, \quad w \in W_h. \tag{2.1.56}$$

则有

$$||\mathbf{z}^n - \pi \mathbf{z}^n|| \leqslant K h_c, \quad ||\mathbf{g}^n - \pi \mathbf{g}^n|| \leqslant K h_c.$$

(2.1.41)—(2.1.43) 的误差方程将会有所改变

$$\left(\varphi(x)\frac{\xi_c^n - \xi_c^{n-1}}{\Delta t}, w\right) + (\nabla \cdot \xi_z^n, w) + (\nabla \cdot \mathbf{G}^n - \nabla \cdot \pi \mathbf{g}^n, w) = (q_p(\xi_c^n - \eta_c^n), w) + (\rho^n, w), \tag{2.1.57}$$

$$(\bar{\xi}_z^n, \mathbf{v}) = (\xi_c, \nabla \cdot \mathbf{v}), \tag{2.1.58}$$

$$(\xi_z^n, \mathbf{v}) = (D(E\mathbf{U}^n)\bar{\xi}_z^n, \mathbf{v}) + (D(E\mathbf{U}^n)\bar{\eta}_z^n, \mathbf{v}) + ([D(E\mathbf{U}^n) - D(\mathbf{u}^n)]\bar{\mathbf{z}}^n, \mathbf{v}) + (\eta_z^n, \mathbf{v}). \tag{2.1.59}$$

在 (2.1.57) 中取 $w = \xi_c^n$, 在 (2.1.58) 中取 $\mathbf{v} = \xi_z^n$, 在 (2.1.59) 中取 $\mathbf{v} = \bar{\xi}_z^n$, 三式相加减得到

$$\begin{aligned}
&\left(\varphi(x)\frac{\xi_c^n - \xi_c^{n-1}}{\Delta t}, \xi_c^n\right) + (D(E\mathbf{U}^n)\bar{\xi}_z^n, \bar{\xi}_z^n) + (\nabla \cdot \mathbf{G}^n - \nabla \cdot \pi \mathbf{g}^n, \xi_c^n) \\
&= (q_p(\xi_c^n - \eta_c^n), \xi_c^n) + (\rho^n, \xi_c^n) - (\eta_z^n, \xi_z^n) - (D(E\mathbf{U}^n)\bar{\eta}_z^n, \bar{\xi}_z^n) \\
&\quad - ([D(E\mathbf{U}^n) - D(\mathbf{u}^n)]\bar{\mathbf{z}}^n, \bar{\xi}_z^n) \\
&= T_1 + T_2 + T_3 + T_4 + T_5.
\end{aligned} \tag{2.1.60}$$

比较 (2.1.60) 和 (2.1.44) 可以看出, 由于 $\Pi \mathbf{g}$ 和 $\pi \mathbf{g}$ 的定义不同, 所以估计也有所不同.

先来看 (2.1.60) 左端第三项. 在 (2.1.58) 中取 $\mathbf{v}=\mathbf{G}^n-\pi\mathbf{g}^n$, 那么有

$$\begin{aligned}(\nabla\cdot(\mathbf{G}^n-\pi\mathbf{g}^n),\xi_c^n)&=(\bar{\xi}_z^n,\mathbf{G}^n-\pi\mathbf{g}^n)\\&\leqslant\frac{1}{8}(D\bar{\xi}_z^n,\bar{\xi}_c^n)+K(D_*^{-1})||\mathbf{G}^n-\pi\mathbf{g}^n||.\end{aligned}\tag{2.1.61}$$

令 σ 是一个公共的面, γ_l 是单位法向量, x_l 是此面的重心. 由 π-投影[24]的性质,

$$\int_\sigma\pi\mathbf{g}^n\cdot\gamma_l ds=\int_\sigma c^n(\mathbf{u}^n\cdot\gamma_l)ds.\tag{2.1.62}$$

对于 $\mathbf{g}^n$ 充分光滑, 由积分的中点法则

$$\frac{1}{m(\sigma)}\int_\sigma[\pi\mathbf{g}^n\cdot\gamma_l-((\mathbf{u}^n\cdot\gamma_l)c^n)(x_l)]ds=O(h_c).\tag{2.1.63}$$

那么

$$\begin{aligned}&\frac{1}{m(\sigma)}\int_\sigma(\mathbf{G}^n-\pi\mathbf{g}^n)\cdot\gamma_l ds\\&=C_e^n(E\mathbf{U}^n\cdot\gamma_l)(x_l)-((\mathbf{u}^n\cdot\gamma_l)c^n)(x_l)+O(h_c)\\&=(C_e^n-c^n(x_l))(E\mathbf{U}^n\cdot\gamma_l)+c^n(x_l)(E\mathbf{U}^n-\mathbf{u}^n)\cdot\gamma_l+O(h_c).\end{aligned}\tag{2.1.64}$$

由 c^n 充分光滑以及 (2.1.36) 式, 有

$$|c^n(x_l)-C_e^n|\leqslant|\xi_c^n|+O(h_c),\tag{2.1.65}$$

$$|E(\mathbf{U}^n-\mathbf{u}^n)|\leqslant K(h_p^{k+1}+h_c+|\xi_{c,m-1}|+|\xi_{c,m-2}|).\tag{2.1.66}$$

由 (2.1.62)—(2.1.66), 有

$$||\mathbf{G}^n-\pi\mathbf{g}^n||^2\leqslant K(||\xi_c^n||^2+||\xi_{c,m-1}||^2+||\xi_{c,m-2}||^2+h_p^{2(k+1)}+h_c^2).\tag{2.1.67}$$

由于 D 正定有下界, (2.1.60) 右端各项的估计与 2.1.4 小节不同.

$$|T_1+T_2|\leqslant K\left\{\Delta t_c\left\|\frac{\partial^2 c}{\partial t^2}\right\|^2_{L^2(t^{n-1},t^n;L^2)}+||\xi_c^n||^2+h_c^2\right\}.\tag{2.1.68}$$

$$|T_3|\leqslant K(D_*^{-1})||\eta_z^n||^2+\frac{1}{8}(D(E\mathbf{U}^n)\bar{\xi}_z^n,\bar{\xi}_z^n).\tag{2.1.69}$$

$$|T_4|\leqslant K||\bar{\eta}_z^n||^2+\frac{1}{8}(D(E\mathbf{U}^n)\bar{\xi}_z^n,\bar{\xi}_z^n).\tag{2.1.70}$$

$$|T_5|\leqslant K(D_*^{-1})||E\mathbf{U}^n-\mathbf{u}^n||^2+\frac{1}{8}(D(E\mathbf{U}^n)\bar{\xi}_z^n,\bar{\xi}_z^n).\tag{2.1.71}$$

类似 (2.1.50), 有

$$
\begin{aligned}
&|T_5| \\
\leqslant& \frac{1}{8}(D(E\mathbf{U}^n)\bar{\xi}_z^n, \bar{\xi}_z^n) \\
&+K\left\{(\Delta t_p)^3\left\|\frac{\partial^2 \mathbf{u}}{\partial t^2}\right\|^2_{L^2(t_{m-1},t_{m-1};L^2)} + h_p^{2(k+1)} + h_c^2 + \|\xi_{c,m-1}\|^2 + \|\xi_{c,m-2}\|^2\right\}.
\end{aligned}
\tag{2.1.72}
$$

将 (2.1.61), (2.1.67)—(2.1.72) 代入 (2.1.60), 可得

$$
\begin{aligned}
&\frac{1}{2\Delta t_c}\{\|\varphi^{1/2}\xi_c^n\|^2 - \|\varphi^{1/2}\xi_c^{n-1}\|^2\} + \frac{1}{2}(D(E\mathbf{U}^n)\bar{\xi}_z^n, \bar{\xi}_z^n) \\
\leqslant& K\{(\Delta t_c)^2 + (\Delta t_{p,1})^3 + (\Delta t_p)^4 + h_c^2 + h_p^{2(k+1)} + \|\xi_c^n\|^2 + \|\xi_{c,m-1}\|^2 + \|\xi_{c,m-2}\|^2\}.
\end{aligned}
\tag{2.1.73}
$$

两边同乘以 $2\Delta t$ 并关于时间 n 相加, 利用 Gronwall 引理得到

$$
\max_n \|\xi_c^n\| \leqslant K\{\Delta t_c + (\Delta t_{p,1})^{3/2} + (\Delta t_p)^2 + h_c + h_p^{k+1}\}. \tag{2.1.74}
$$

根据我们所选的有限元空间, 上面的估计是最优的.

由 2.1.4 小节和 2.1.5 小节的证明可以看到, 扩散矩阵正定和半正定存在本质的区别, 其误差估计的理论明显不同, 这是实际应用中应该注意的问题.

2.1.6　数值算例

为了说明方法的特点和优越性, 下面考虑一组非驻定的对流-扩散方程:

$$
\begin{cases}
\dfrac{\partial u}{\partial t} + \nabla\cdot(-a(x)\nabla u + \mathbf{b}u) = f, & (x,y,z)\in\Omega, t\in(0,T], \\
u|_{t=0} = x(1-x)y(1-y)z(1-z), & (x,y,z)\in\Omega, \\
u|_{\partial\Omega} = 0, & t\in(0,T].
\end{cases}
\tag{2.1.75}
$$

问题 I (对流占优):

$$
a(x) = 0.01,\quad b_1 = (1+x\cos\alpha)\cos\alpha,\quad b_2 = (1+y\sin\alpha)\sin\alpha,\quad b_3 = 1,\quad \alpha = \frac{\pi}{12}.
$$

问题 II (强对流占优):

$$
a(x) = 10^{-5},\quad b_1 = 1,\quad b_2 = 1,\quad b_3 = -2.
$$

其中 $\Omega = (0,1)\times(0,1)\times(0,1)$, 问题的精确解为 $u = e^{t/4}x(1-x)y(1-y)z(1-z)$, 右端 f 使每一个问题均成立. 时间步长为 $\Delta t = \dfrac{T}{6}$. 具体情况如表 2.1.1 和表 2.1.2 所示 $\left(\text{当 } T = \dfrac{1}{2} \text{ 时}\right)$.

表 2.1.1 问题 I 的结果

N		8	16	24
UPMIX	L^2	5.7604e − 007	7.4580e − 008	3.9599e − 008
FDM	L^2	1.2686e − 006	3.4144e − 007	1.5720e − 007

表 2.1.2 问题 II 的结果

N		8	16	24
UPMIX	L^2	5.1822e − 007	1.0127e − 007	6.8874e − 008
FDM	L^2	3.3386e − 005	3.2242e + 009	溢出

其中 L^2 表示误差的 L^2 模, UPMIX 代表本节的迎风混合元方法, FDM 代表五点格式的有限差分方法. 表 2.1.1 和表 2.1.2 分别是问题 I 和问题 II 的数值结果. 由此可以看出, 差分方法对于对流占优的方程有结果, 但对于强对流方程, 剖分步长较大时有结果, 但步长慢慢减小时其结果明显发生振荡不可用. 迎风混合元方法无论对于对流占优的方程还是强对流占优的方程, 都有很好的逼近结果, 没有数值振荡, 可以得到合理的结果, 这是其他有限元或有限差分方法所不能比的.

此外, 我们考虑两类半正定的情形.

问题 III:

$$a(x) = x(1-x), \quad b_1 = 1, \quad b_2 = 1, \quad b_3 = 0.$$

问题 IV:

$$a(x) = (x-1/2)^2, \quad b_1 = -3, \quad b_2 = 1, \quad b_3 = 0.$$

表 2.1.3 中 P-III, P-IV 代表问题 III, 问题 IV, 表中数据是应用迎风混合元方法所得到的. 可以看出, 当扩散矩阵半正定时, 利用此方法可以得到比较理想的结果.

表 2.1.3 问题 III 和问题 IV 的结果

N		8	16	24
P-III	L^2	8.0682e − 007	5.5915e − 008	1.2303e − 008
P-IV	L^2	1.6367e − 005	2.4944e − 006	4.2888e − 007

下面给出问题 IV 真实解与数值解之间的比较, 见表 2.1.4. 由于步长比较小时差分方法发生振荡没有结果, 所以我们选择稍大点的步长 $h = 1/8$.

表 2.1.4 结果比较

节点	TS	UPMIX	FDM
(0.125, 0.25, 0.125)	0.0032	0.0035	0.0262
(0.25, 0.25, 0.25)	0.0146	0.0170	0.0665
(0.125, 0.25, 0.375)	0.0068	0.0076	0.0182
(0.125, 0.25, 0.875)	0.0015	0.0013	−0.0117

其中 TS 代表问题的精确解. 由表 2.1.3 和表 2.1.4 可以清楚地看到, 对于半正定的问题, 本节的迎风混合元方法优势明显, 而差分方法在步长 $h=1/4$ 较大时振荡轻微, 步长减小却发生严重的振荡, 结果不可用.

2.1.7 总结和讨论

本节研究三维多孔介质中油水二相 Darcy-Forchheimer 渗流驱动半正定问题, 提出一类混合元-迎风混合元方法, 并对其收敛性进行分析. 2.1.1 小节是引言部分, 叙述和分析问题的数学模型、物理背景以及国内外研究概况. 2.1.2 小节和 2.1.3 小节提出混合元-迎风混合元程序, 对流动方程采用具有守恒性质的混合元离散, 对 Darcy-Forchheimer 速度提高了一阶精确度. 对饱和度方程采用了迎风混合元求解, 对流部分采用迎风方法, 扩散项采用混合元离散, 大大提高了数值计算的稳定性和精确度, 且保持单元质量守恒, 这在油藏数值模拟计算中是十分重要的. 2.1.4 小节和 2.1.5 小节是收敛性分析, 应用微分方程先验估计理论和特殊技巧, 得到了最佳 L^2 模误差估计结果. 这点是特别重要的, 它突破了 Douglas 经典理论仅能处理 Darcy 流的正定问题的著名成果[5-10]. 2.1.6 小节给出数值算例, 支撑了理论分析, 并指明本节所提出的方法在实际问题是切实可行和高效的. 本节有如下特征: ① 本格式具有物理守恒律特性, 这点在油藏数值模拟是极其重要的, 特别是强化采油数值模拟计算; ② 由于综合地应用混合元和迎风方法, 它具有高精度和高稳定性的特征, 特别适用于三维复杂区域大型数值模拟的工程实际计算; ③ 它拓广了 Douglas 经典理论仅能处理 Darcy 流的正定问题的著名成果, 推进并解决了这一重要问题[5-10,25]; ④ 特别指出的是, 在现代强化采油数值模拟计算中, 经常出现半正定的情况, 且地下渗流在非均匀介质中流速较大时, 经典的 Darcy 理论已不适用, 本节对这类实际问题提出了这一新型的数值方法和理论分析, 具有重要的理论和实用价值. 详细的讨论和分析可参阅文献 [26, 27].

2.2 油水驱动 Darcy-Forchheimer 渗流半正定问题的迎风混合元多步方法

2.2.1 引言

对于在多孔介质中一个流体驱动另一个流体的相混溶驱动问题, 速度-压力的流动用 Darcy-Forchheimer 方程来描述. 这种不可压缩相混溶驱动问题的数学模型是下述非线性偏微分方程组的初边值问题[1-4]:

$$\mu(c)\kappa^{-1}\mathbf{u}+\beta\rho(c)|\mathbf{u}|\mathbf{u}+\nabla p=r(c)\nabla d,\quad X=(x,y,z)^{\mathrm{T}}\in\Omega,t\in J=(0,\bar{T}],\tag{2.2.1a}$$

$$\nabla\cdot\mathbf{u}=q=q_I+q_p,\quad X\in\Omega,t\in J,\tag{2.2.1b}$$

$$\varphi\frac{\partial c}{\partial t}+\mathbf{u}\cdot\nabla c-\nabla\cdot(D(\mathbf{u})\nabla c)+q_I c=q_I c_I,\quad X\in\Omega,t\in J,\tag{2.2.2}$$

此处 Ω 是三维有界区域, $J=(0,\bar{T}]$ 是时间区间.

Darcy-Forchheimer 方程由 Forchheimer 在文献 [1] 中提出并用来描述在多孔介质中流体速度较快和介质不均匀的情况, 特别是在井点附近[2]. 当 $\beta=0$ 时 Darcy-Forchheimer 定律即退化为 Darcy 定律. 关于 Darcy-Forchheimer 定律的理论推导见文献 [3], 关于问题的正则性分析见文献 [4].

模型 (2.2.1) 和 (2.2.2) 表达两组相混溶混合流体的质量守恒律. $p(X,t)$ 和 $\mathbf{u}(X,t)$ 分别表示流体的压力和 Darcy-Forchheimer 速度, $c(X,t)$ 表示混合流体中一个组分的饱和度. $\kappa(X),\varphi(X)$ 和 $\beta(X)$ 分别表示在多孔介质中的绝对渗透率、孔隙度和 Forchheimer 系数. $r(c)$ 是重力系数, $d(X)$ 是垂直坐标. $q(X,t)$ 是产量项, 通常是生产项 q_p 和注入项 q_I 的线性组合, 也就是 $q(X,t)=q_I(X,t)+q_p(X,t)$. c_I 是注入井注入液的饱和度, 是已知的, $c(X,t)$ 是生产井的饱和度.

假设两种流体都不可压缩且混溶后总体积不减少, 并且两者之间不发生化学反应. ρ_1 和 ρ_2 为混溶前两种纯流体的密度, 则混溶后的密度为

$$\rho(c)=c\rho_1+(1-c)\rho_2.\tag{2.2.3}$$

混合后的黏度采用如下的计算格式

$$\mu(c)=(c\mu_1^{-1/4}+(1-c)\mu_2^{-1/4})^{-4}.\tag{2.2.4}$$

这里扩散系数 $D(\mathbf{u})$ 是由分子扩散和机械扩散两部分组成的扩散弥散张量,

$$D(\mathbf{u})=\varphi d_m\mathbf{I}+d_l|\mathbf{u}|^\beta\begin{pmatrix}\hat{u}_x^2 & \hat{u}_x\hat{u}_y & \hat{u}_x\hat{u}_z\\ \hat{u}_x\hat{u}_y & \hat{u}_y^2 & \hat{u}_y\hat{u}_z\\ \hat{u}_x\hat{u}_z & \hat{u}_y\hat{u}_z & \hat{u}_z^2\end{pmatrix}+d_t|\mathbf{u}|^\beta\begin{pmatrix}\hat{u}_y^2+\hat{u}_z^2 & -\hat{u}_x\hat{u}_y & -\hat{u}_x\hat{u}_z\\ -\hat{u}_x\hat{u}_y & \hat{u}_x^2+\hat{u}_z^2 & -\hat{u}_y\hat{u}_z\\ -\hat{u}_x\hat{u}_z & -\hat{u}_y\hat{u}_z & \hat{u}_x^2+\hat{u}_y^2\end{pmatrix},\tag{2.2.5}$$

此处 d_m 是分子扩散系数, $\mathbf{I}$ 为 3×3 单位矩阵, d_l 是纵向扩散系数, d_t 是横向扩散系数, $\hat{u}_x,\hat{u}_y,\hat{u}_z$ 为 Darcy 速度在坐标轴的方向余弦, β 为一正常数, 通常 $\beta\geqslant2$.

问题 (2.2.1)—(2.2.5) 的初始和边界条件:

$$\mathbf{u}\cdot\gamma=0,\quad(D(\mathbf{u})\nabla c-\mathbf{u}c)\cdot\gamma=0,\quad X\in\partial\Omega,t\in J,\tag{2.2.6a}$$

$$c(X,0)=\hat{c}_0(X),\quad X\in\Omega.\tag{2.2.6b}$$

此处 $\partial\Omega$ 为有界区域 Ω 的边界面, γ 是 $\partial\Omega$ 的外法向矢量.

关于在多孔介质中两相 (油、水) Darcy 渗流驱动问题已有 Douglas 学派经典的系列工作[5-10], 但这些工作都是研究经典的 Darcy 流的. 最早关于 Forchheimer 方

程的混合元方法是 Girault 和 Wheeler 引入的[11], 在文献 [11] 中速度用分片常数逼近, 压力用 Crouzeix-Raviart 元逼近. 这里混合元方法称为 "原始型". 应用 Raviart-Thomas 混合元对 Forchheimer 方程求解和分析见文献 [12]. 应用混合元方法处理依赖时间的问题已被 Douglas 和 Park 研究[13,14], 在文献 [13, 14] 中半离散格式被提出和分析. 在多孔介质中研究带有 Forchheimer 方程的渗流驱动问题是 Douglas 系列工作实际性的拓广, 它适用于流速较大的渗流和非均匀介质的情况[15,16].

在一般情况下, 上述方法均建立在饱和度方程的扩散矩阵是正定的假定条件下. 但在很多实际问题中, 扩散矩阵仅能满足半正定条件[8,17,18]. 在此条件下很多理论不再适用, 因此对这类半正定问题的分析出现了实质性困难, Dawson 和本书作者等在文献 [17—21] 中讨论二维半正定问题两相驱动问题的特征有限元方法、特征差分方法和迎风混合元方法. 在上述工作的基础上, 本节对三维油水驱动 Darcy-Forchheimer 渗流半正定问题提出一类迎风混合元多步格式, 流动方程使用混合元方法, 而对饱和度方程采用迎风混合元多步方法, 即其对时间导数采用多步方法逼近[28], 应用推广的混合元方法处理其扩散项, 对流项应用迎风格式[21]. 这种方法适用于对流占优问题, 可以保持质量守恒, 提高时间精确度, 这一特性在油藏数值模拟实际计算中是极其重要的[8-10].

为了数值分析, 对问题 (2.2.1), (2.2.2) 的系数需要下述半正定性假定:

$$
\text{(C)}\quad \begin{cases} 0 < a_*|X|^2 \leqslant (\mu(c)\kappa^{-1}(X)X)\cdot X \leqslant a^*|X|^2, \quad 0<\varphi_* \leqslant \varphi(X) \leqslant \varphi^*, \\ 0 \leqslant (D(X,\mathbf{u})X)\cdot X, \quad 0<\rho_* \leqslant \rho(c) \leqslant \rho^*, \\ \left|\dfrac{\partial(\kappa/\mu)}{\partial c}(X,c)\right| + \left|\dfrac{\partial r}{\partial c}(X,c)\right| + |\nabla\varphi| + \left|\dfrac{\partial D}{\partial \mathbf{u}}(X,\mathbf{u})\right| \\ +|q_I(X,t)| + \left|\dfrac{\partial q_I}{\partial t}(X,t)\right| \leqslant K^*, \end{cases} \tag{2.2.7}
$$

此处 $a_*, a^*, \varphi_*, \varphi^*, \rho_*, \rho^*$ 和 K^* 均为确定的正常数.

对于问题 (2.2.1)—(2.2.6) 在数值分析时, 还需要下面的正则性条件.

我们使用通常的 Sobolev 空间及其范数记号. 假定问题 (2.2.1)—(2.2.6) 的精确解满足下述正则性条件:

$$
\text{(R)}\quad \begin{cases} p \in L^\infty(H^{k+1}), \\ \mathbf{u} \in L^\infty(H^{k+1}(\mathrm{div})) \cap L^\infty(W^{1,\infty}) \cap W^{1,\infty}(L^\infty) \cap H^2(L^2), \\ c \in L^\infty(H^1) \cap L^2(W^{1,\infty}). \end{cases}
$$

对于我们选定的计算格式, 此处 $k \geqslant 1$.

在本节中 K 表示一般的正常数, ε 表示一般小的正数, 在不同地方具有不同含义.

2.2.2 半正定问题的混合元-迎风混合元多步格式

对于油水二相 Darcy-Forchheimer 混溶驱动半正定问题，我们提出一类混合元-迎风混合元多步格式. 首先讨论对流动方程 (2.2.1) 的混合元方法. 为此引入 Sobolev 空间及其范数如下:

$$\begin{aligned}&X=\{\mathbf{u}\in L^2(\Omega)^3,\nabla\cdot\mathbf{u}\in L^2(\Omega),\mathbf{u}\cdot\gamma=0\},\quad ||\mathbf{u}||_X=||\mathbf{u}||_{L^2}+||\nabla\cdot\mathbf{u}||_{L^2},\\&M=L^2(\Omega)=\left\{p\in L^2(\Omega):\int_\Omega pdX=0\right\},\quad ||p||_M=||p||_{L^2}.\end{aligned}\tag{2.2.8}$$

问题 (2.2.1)—(2.2.6) 的弱形式通过乘检验函数和分部积分得到. 寻求 $(\mathbf{u},p):(0,T]\to(X,M)$ 使得

$$\int_\Omega(\mu(c)\kappa^{-1}\mathbf{u}+\beta\rho(c)|\mathbf{u}|\mathbf{u})\cdot vdX-\int_\Omega p\nabla vdX=\int_\Omega r(c)\nabla d\cdot vdX,\quad\forall v\in X,\tag{2.2.9a}$$

$$-\int_\Omega w\nabla\cdot\mathbf{u}dX=-\int_\Omega wqdX,\quad\forall w\in M.\tag{2.2.9b}$$

设 Δt_p 是流动方程的时间步长, 第一步时间步长记为 $\Delta t_{p,1}$. 设 $0=t_0<t_1<\cdots<t_M=T$ 是关于时间的一个剖分. 对于 $i\geqslant 1$, $t_i=\Delta t_{p,1}+(i-1)\Delta t_p$. 类似地, 记 $0=t^0<t^1<\cdots<t^N=T$ 是饱和度方程关于时间的一个剖分, $t^n=n\Delta t_c$, 此处 Δt_c 是饱和度方程的时间步长. 我们假设对于任一 m, 都存在一个 n 使得 $t_m=t^n$, 这里 $\Delta t_p/\Delta t_c$ 是一个正整数. 记 $j^0=\Delta t_{p,1}/\Delta t_c$, $j=\Delta t_p/\Delta t_c$. 设 J_p 是一类对于三维区域 Ω 的拟正则 (四面体, 长方六面体) 剖分, 其单元最大直径为 h_p. $(X_h,M_h)\subset X\times M$ 是一个对应于混合元空间指数为 k 的 Raviart-Thomas 元或 Brezzi-Douglas-Marini 元[14,22].

下面对饱和度方程 (2.2.2) 构造其迎风混合元多步格式. 为此将其转变为散度形式, 记 $\mathbf{g}=\mathbf{u}c=(u_1c,u_2c,u_3c)^{\mathrm{T}}$, $\bar{\mathbf{z}}=-\nabla c$, $\mathbf{z}=D\bar{\mathbf{z}}$, 则

$$\varphi\frac{\partial c}{\partial t}+\nabla\cdot\mathbf{g}+\nabla\cdot\mathbf{z}-c\nabla\cdot\mathbf{u}=q_I(c_I-c).\tag{2.2.10}$$

应用流动方程 $\nabla\cdot\mathbf{u}=q=q_I+q_p$, 则方程 (2.2.10) 可改写为

$$\varphi\frac{\partial c}{\partial t}+\nabla\cdot\mathbf{g}+\nabla\cdot\mathbf{z}-q_pc=q_Ic_I.\tag{2.2.11}$$

此处应用推广的混合元方法[23], 此方法不仅得到对扩散流量 $\mathbf{z}$ 的近似, 同时得到对梯度 $\bar{\mathbf{z}}$ 的近似. 设 V_h,W_h 同样是 X,M 的有限元子空间, 且有 $\mathrm{div}V_h=W_h$, 代表低阶的 Raviart-Thomas 空间. 设 J_c 是一类对应于三维区域 Ω 的拟正则 (四面体, 长方六面体) 剖分, 其单元最大直径为 h_c. $\forall w\in W_h$ 在剖分 J_c 的每个小单元 e 上

是常数, $\forall \mathbf{v} \in V_h$ 在每个单元上是连续的分块线性函数. $\mathbf{v} \cdot \gamma$ 是 e 边界面重心的值, γ 为 ∂e 的单位外法向量. 在实际计算时, 通常剖分 J_c 是在剖分 J_p 的基础上进一步细分, 取 $h_c = h_p/l$, 此处 l 为一正整数.

饱和度方程 (2.2.2) 的变分形式为

$$\left(\varphi\frac{\partial c}{\partial t}, w\right) + (\nabla \cdot \mathbf{g}, w) + (\nabla \cdot \mathbf{z}, w) - (q_p c, w) = (q_I c_I, w), \quad \forall w \in W_h, \tag{2.2.12a}$$

$$(\bar{\mathbf{z}}, \mathbf{v}) = (c, \nabla \cdot \mathbf{v}), \quad \forall \mathbf{v} \in V_h, \tag{2.2.12b}$$

$$(\mathbf{z}, \mathbf{v}) = (D\bar{\mathbf{z}}, \mathbf{v}), \quad \forall \mathbf{v} \in V_h. \tag{2.2.12c}$$

我们提出混合元-迎风混合元多步格式: 对流动方程 (2.2.1) 寻求 $\{\mathbf{U}_m, P_m\} \in X_h \times M_h, m = 0, 1, \cdots, M$ 使得

$$\begin{aligned}&\int_\Omega (\mu(\bar{C}_m)K^{-1}\mathbf{U}_m + \beta\rho(\bar{C}_m)|\mathbf{U}_m|\mathbf{U}_m)\mathbf{v}_h dX - \int_\Omega P_m \nabla \cdot \mathbf{v}_h dX \\ =& \int_\Omega \gamma(\bar{C}_m)\nabla d \cdot \mathbf{v}_h dX, \quad \mathbf{v}_h \in X_h,\end{aligned} \tag{2.2.13a}$$

$$-\int_\Omega w_h \nabla \cdot \mathbf{U}_m dX = -\int_\Omega w_h q_m dX, \quad \forall w_h \in M_h. \tag{2.2.13b}$$

在非线性项 μ, ρ 和 γ 中用近似解 C_m 代替在 $t = t_m$ 时刻的真解 c_m,

$$\bar{C}_m = \min\{1, \max(0, C_m)\} \in [0, 1]. \tag{2.2.14}$$

在时间步 $t^n, t_{m-1} < t^n \leqslant t_m$, 应用如下的外推公式

$$\begin{aligned}&E\mathbf{U}^n \\ =& \begin{cases}\mathbf{U}_0, & t_0 < t^n \leqslant t_1, m = 1 \\ \left(1 + \dfrac{t^n - t_{m-1}}{t_{m-1} - t_{m-2}}\right)\mathbf{U}_{m-1} - \dfrac{t^n - t_{m-1}}{t_{m-1} - t_{m-2}}\mathbf{U}_{m-2}, & t_{m-1} < t^n \leqslant t_m, m \geqslant 2.\end{cases}\end{aligned} \tag{2.2.15}$$

下面研究饱和度方程 (2.2.13) 的迎风混合元多步方法. 为此定义下述向后差分算子. 记

$$\begin{aligned}f^n \equiv f^n(X) \equiv f(X, t^n), \quad \delta f^n = f^n - f^{n-1}, \quad \delta^2 f^n = f^n - 2f^{n-1} + f^{n-2}, \\ \delta^3 f^n = f^n - 3f^{n-1} + 3f^{n-2} - f^{n-3},\end{aligned}$$

定义 $d_t f^n = \delta f^n/\Delta t_c$, $d_t^j f^n = \delta^j f^n/(\Delta t_c)^j$.

对于给定的初始值 $\{C^i \in W_h, i = 0,1,\cdots,\mu-1\}$, 定义 $C^n \in W_h$, $\tilde{\mathbf{Z}}^n \in V_h$, $\mathbf{Z}^n \in V_h$, $\mathbf{G}^n \in V_h$ 满足

$$\varphi \sum_{j=1}^{\mu} \frac{\Delta t^{j-1}}{j} d_t^j C^n + \nabla\cdot\mathbf{G}^n + \nabla\cdot\mathbf{Z}^n - q_p C^n = q_I C_I^n \quad (n=\mu,\mu+1,\cdots,N). \tag{2.2.16}$$

为了精确计算 C^n, C^j 的近似值 $j=0,1,\cdots,\mu-1$, 必须由一个独立的程序确定, C^j 近似 c^j, $j=0,1,\cdots,\mu-1$, 阶为 μ.

为了简单起见, 取较小的 $\mu=1,2,3$, 则 (2.2.16) 写成有限元形式

$$\begin{aligned}&\left(\varphi(X)\frac{C^n-C^{n-1}}{\Delta t}, w_h\right) + \beta(\mu)(\nabla\cdot\mathbf{G}^n, w_h) + \beta(\mu)(\nabla\cdot\mathbf{Z}^n, w_h) - \beta(\mu)(q_p C^n, w_h)\\ &= \frac{1}{\Delta t}(\varphi[\alpha_1(\mu)\delta C^{n-1} + \alpha_2(\mu)\delta C^{n-2}], w_h) + \beta(\mu)(q_I c_I^n, w_h), \quad \forall w_h \in W_h,\end{aligned} \tag{2.2.17}$$

$\alpha_i(\mu), \beta(\mu)$ 的值可以由 (2.2.16) 计算得到, 下面直接给出它们的值.

μ	$\beta(\mu)$	$\alpha_1(\mu)$	$\alpha_2(\mu)$
1	1	0	0
2	2/3	1/3	0
3	6/11	7/11	−2/11

当 $\mu=1$ 时为单步的迎风混合元方法, 本节详细研究当 $\mu=2$ 时的多步情形, 具体格式为

$$\begin{aligned}&\left(\varphi(X)\frac{C^n-C^{n-1}}{\Delta t}, w_h\right) + \frac{2}{3}(\nabla\cdot\mathbf{G}^n, w_h) + \frac{2}{3}(\nabla\cdot\mathbf{Z}^n, w_h) - \frac{2}{3}(q_p C^n, w_h)\\ &= \frac{1}{\Delta t}\left(\varphi\frac{1}{3}\delta C^{n-1}, w_h\right) + \frac{2}{3}(q_I c_I^n, w_h), \quad \forall w_h \in W_h,\end{aligned} \tag{2.2.18}$$

$$(\bar{\mathbf{Z}}^n, \mathbf{v}_h) = (C^n, \nabla\cdot\mathbf{v}_h), \quad \mathbf{v}_h \in X_h, \tag{2.2.19}$$

$$(\mathbf{Z}^n, \mathbf{v}_h) = (D(\hat{E}(\mu)\mathbf{U}^n)\bar{\mathbf{Z}}^n, \mathbf{v}_h), \quad \mathbf{v}_h \in V_h. \tag{2.2.20}$$

(2.2.13a), (2.2.13b) 和 (2.2.18)—(2.2.20) 就构成了方程 (2.2.1)—(2.2.6) 的迎风混合元多步方法. 计算步骤如下: C^0, C^1 借助初始程序已经计算出来, 通过压力方程的混合元程序 (2.2.13a), (2.2.13b) 计算 $\{\mathbf{U}_0, P_0\}$. 从时间层 $n=2$ 开始, 由 (2.2.18)—(2.2.20) 依次计算得到 $\{C^2, C^3, \cdots, C^{j_0}\}$. 对 $m \geqslant 1$, 此处 $C^{j_0+(m-1)j} = C_m$ 是已知的, 代回 (2.2.13a), (2.2.13b) 得 $\{\mathbf{U}_m, P_m\}$. 依次循环计算, 由 (2.2.18)—(2.2.20) 可得 $C^{j_0+(m-1)j+1}, C^{j_0+(m-1)j+2}, \dots, C^{j_0+mj}$. 可得每一时间层的压力、速度和饱和度的数值解, 其中迎风项 $\mathbf{G}$ 以及 $\hat{E}(\mu)\mathbf{U}^n$ 的定义为

$$\hat{E}(1)\mathbf{U}^n = E\mathbf{U}^n - \delta E\mathbf{U}^n, \quad \hat{E}(2)\mathbf{U}^n = E\mathbf{U}^n - \delta^2 E\mathbf{U}^n, \quad \hat{E}(3)\mathbf{U}^n = E\mathbf{U}^n - \delta^3 E\mathbf{U}^n.$$

此处取 $\mu = 2$.

对流流量 $\mathbf{G}$ 由近似解 C 来构造, 有许多种方法可以确定此项. 本节使用简单的迎风方法. 由于在 $\partial\Omega$ 上 $\mathbf{g} = \mathbf{u}c = 0$. 设在边界上 $\mathbf{G}^n \cdot \gamma$ 的平均积分为 0. 假设单元 e_1, e_2 有公共面 σ, x_l 是此面的重心, γ_l 是从 e_1 到 e_2 的法向量, 那么可以定义

$$\mathbf{G}^n \cdot \gamma = \begin{cases} C_{e_1}^n(\hat{E}(2)\mathbf{U}^n \cdot \gamma_l)(x_l), & (\hat{E}(2)\mathbf{U}^n \cdot \gamma_l)(x_l) \geqslant 0, \\ C_{e_2}^n(\hat{E}(2)\mathbf{U}^n \cdot \gamma_l)(x_l), & (\hat{E}(2)\mathbf{U}^n \cdot \gamma_l)(x_l) < 0. \end{cases}$$

此处 $C_{e_1}^n, C_{e_2}^n$ 是 C^n 在单元上的常数值. 至此我们借助 C^n 定义了 $\mathbf{G}^n$, 完成了数值格式 (2.2.13a), (2.2.13b), (2.2.18)—(2.2.20) 的构造, 形成关于 C 的非对称线性方程组. 由半正定条件 (C) 可知数值解存在且唯一.

注 多步方法需要初始值 $C^0, C^1, \cdots, C^{n-1}$ 的确定, 并且希望达到方法的局部截断误差的精度 μ, 在 μ 比较小的时候可以由以下两种方式得到:

(1) 应用 Crank-Nicolson 方法;

(2) 应用单步法 ($\mu = 1$), 相对于方法的时间步长 Δt_c, 选取足够小的时间步长.

混合元-迎风混合元多步格式的计算程序. 首先 C^0, C^1 借助初始程序已经计算出来, 通过流动方程的混合元程序 (2.2.13a), (2.2.13b) 计算出 $\{\mathbf{U}_0, P_0\}$. 在此基础上应用 (2.2.18)—(2.2.20) 依次求得 $\{C^2, C^3, \cdots, C^{j_0}\}$. 对 $m \geqslant 1$, 此处 $C^{j_0+(m-1)j} = C_m$ 是已知的. 逼近解 $\{\mathbf{U}_m, P_m\}$ 可由 (2.2.13a), (2.2.13b) 得到. 再由 (2.2.18)—(2.2.20) 依次可得 $C^{j_0+(m-1)j+1}, C^{j_0+(m-1)j+2}, \cdots, C^{j_0+mj}$. 这样依次进行, 可求得全部数值逼近解, 由半正定性条件 (C), 解存在且唯一.

2.2.3 质量守恒原理

若我们采用单步法 ($\mu = 1$) 来构造初始逼近 $C^0, C^1, \cdots, C^{\mu-1}$. 为此首先证明单步法是满足质量守恒原理的, 在此基础上再证明多步方法质量守恒原理同样是成立的.

对单步法, 方程 (2.2.17) 为下述形式:

$$\left(\varphi(X)\frac{C^n - C^{n-1}}{\Delta t}, w_h\right) + (\nabla \cdot \mathbf{G}^n, w_h) + (\nabla \cdot \mathbf{Z}^n, w_h) - (q_p C^n, w_h) \\ = (q_I c_I^n, w_h), \quad \forall w_h \in W_h. \tag{2.2.21}$$

定理 2.2.1 (质量守恒原理) 若 $q \equiv 0, X \in \Omega$, 且 $\mathbf{u}\cdot\gamma = 0, D\nabla c\cdot\gamma = 0, X \in \partial\Omega$, 那么格式 (2.2.21) 满足质量守恒原理, 即

$$\int_\Omega \varphi \frac{C^n - C^{n-1}}{\Delta t_c} dX = 0, \quad n > 0. \tag{2.2.22}$$

证明 由 (2.2.21) 式有

$$\int_{\Omega}\varphi\frac{C^n-C^{n-1}}{\Delta t_c}dX=-\sum_e\int_e(\nabla\cdot\mathbf{G}^n+\nabla\cdot\mathbf{Z}^n)dX. \tag{2.2.23}$$

注意到 $\mathbf{Z}^n\in V_h$, 在 V_h 中函数的定义 $\mathbf{Z}^n$ 超过单元 e 的边界面 σ 是连续的, 故有

$$\sum_e\int_e\nabla\cdot\mathbf{Z}^n dX=-\sum_\sigma\int_{\sigma_l}\mathbf{Z}^n\cdot\gamma_l ds=0. \tag{2.2.24}$$

记单元 e_1,e_2 的公共面为 σ_l, x_l 是此边界面的中点, γ_l 是从 e_1 到 e_2 的法向量, 那么由对流项的定义, 在单元 e_1 上, 若 $E\mathbf{U}^n\cdot\gamma_l(X)\geqslant 0$, 则

$$\int_{\sigma_l}\mathbf{G}^n\cdot\gamma_l ds=C_{e_1}^n E\mathbf{U}^n\cdot\gamma_l(X)|\sigma_l|. \tag{2.2.25}$$

此处 $|\sigma_l|$ 记为边界面 σ_l 的测度. 而在单元 e_2 上, σ_l 的法向量是 $-\gamma_l$, 此时 $E\mathbf{U}^n\cdot(-\gamma_l(X))\leqslant 0$, 则

$$\int_{\sigma_l}\mathbf{G}^n\cdot(-\gamma_l)ds=-C_{e_1}^n E\mathbf{U}^n\cdot\gamma_l(X)|\sigma_l|. \tag{2.2.26}$$

上面两式相互抵消, 故

$$\sum_e\int_e\nabla\cdot\mathbf{G}^n dX=0. \tag{2.2.27}$$

这就是说

$$\int_{\Omega}\varphi\frac{C^n-C^{n-1}}{\Delta t_c}dX=0,\quad n>0.$$

定理证毕.

在定理 2.2.1 的基础上, 对本节研究 $\mu=2$ 时多步格式 (2.2.18) 的情况有下述定理.

定理 2.2.2 (质量守恒原理) 若 $q\equiv 0, X\in\Omega$, 且 $\mathbf{u}\cdot\gamma=0, D\nabla c\cdot\gamma=0, X\in\partial\Omega$, 那么格式 (2.2.18) 满足质量守恒原理, 即

$$\int_{\Omega}\varphi\frac{C^n-C^{n-1}}{\Delta t_c}dX=0. \tag{2.2.28}$$

证明 由 (2.2.18) 式, 当 $q\equiv 0$ 时为下述形式:

$$\begin{aligned}&\left(\varphi\frac{C^n-C^{n-1}}{\Delta t_c},w_h\right)+\frac{2}{3}(\nabla\cdot\mathbf{G}^n,w_h)+\frac{2}{3}(\nabla\cdot\mathbf{Z}^n,w_h)\\&=\frac{1}{3}\left(\varphi\frac{C^{n-1}-C^{n-2}}{\Delta t_c},w_h\right),\quad\forall w_h\in W_h,\end{aligned} \tag{2.2.29}$$

对式 (2.2.29) 右端第 1 项, 由于我们取其为单步法的结果, 根据定理 2.2.1 可知 $\int_{\Omega} \varphi \frac{C^{n-1}-C^{n-2}}{\Delta t_c} dX = 0$. 类似于定理 2.2.1 的分析, 得知其左端后两项均为零. 于是得到

$$\int_{\Omega} \varphi \frac{C^{n}-C^{n-1}}{\Delta t_c} dX = 0.$$

定理得证.

2.2.4 混合元-迎风混合元多步方法的收敛性分析

对于三维混合元空间, 我们假定存在不依赖网格剖分的常数 K 使得下述逼近性质和逆性质成立:

$$(\mathrm{A}_{\mathrm{p},\mathbf{u}}) \quad \begin{cases} \inf\limits_{v_h \in X_h} ||f - v_h||_{L^q} \leqslant K||f||_{W^{m,q}} h_p^m, & 1 \leqslant m \leqslant k+1, \\ \inf\limits_{w_h \in M_h} ||g - w_h||_{L^q} \leqslant K||g||_{W^{m,q}} h_p^m, & 1 \leqslant m \leqslant k+1, \\ \inf\limits_{v_h \in X_h} ||\mathrm{div}(f - v_h)||_{L^2} \leqslant K||\mathrm{div} f||_{H^m} h_p^m, & 1 \leqslant m \leqslant k+1, \end{cases} \tag{2.2.30a}$$

$$(\mathrm{I}_{\mathrm{p},\mathbf{u}}) \quad ||v_h||_{L^\infty} \leqslant K h_p^{-3/2} ||v_h||_{L^2}, \quad v_h \in X_h, \tag{2.2.30b}$$

$$(\mathrm{A}_{\mathrm{c}}) \quad \inf_{\chi_h \in V_h} [||f - \chi_h||_{L^2} + h_c ||f - \chi_h||_{H^1}] \leqslant K h_c^m ||f||_m, \quad 2 \leqslant m \leqslant k+1, \tag{2.2.30c}$$

$$(\mathrm{I}_{\mathrm{c}}) \quad ||\chi_h||_{W^{m,\infty}} \leqslant K h_c^{-3/2} ||\chi_h||_{W^m}, \quad \chi_h \in V_h. \tag{2.2.30d}$$

为了理论分析简便, 引入下述 Forchheimer 投影.

定义　Forchheimer 投影算子 (Π_h, P_h): $(\mathbf{u}, p) \to (\Pi_h \mathbf{u}, P_h p) = (\tilde{\mathbf{U}}, \tilde{P})$, 由下述方程组确定:

$$\int_{\Omega} [\mu(c)\kappa^{-1}(\mathbf{u} - \tilde{\mathbf{U}}) + \beta\rho(c)(|\mathbf{u}|\mathbf{u} - ||\tilde{\mathbf{U}}||\tilde{\mathbf{U}})] \cdot v_h dX - \int_{\Omega} (p - \tilde{P}) \nabla v_h dX$$
$$= 0, \quad \forall v_h \in X_h, \tag{2.2.31a}$$

$$-\int_{\Omega} w_h \nabla \cdot (\mathbf{u} - \tilde{\mathbf{U}}) dX = 0, \quad \forall w_h \in M_h. \tag{2.2.31b}$$

应用方程式 (2.2.9a) 和 (2.2.9b) 可得

$$\int_{\Omega} (\mu(c)\kappa^{-1}\tilde{\mathbf{U}} + \beta\rho(c)|\tilde{\mathbf{U}}|\tilde{\mathbf{U}}) \cdot v_h dX - \int_{\Omega} \tilde{P} \nabla v_h dX$$
$$= \int_{\Omega} r(c) \nabla d \cdot v_h dX, \quad \forall v_h \in X_h, \tag{2.2.32a}$$

$$-\int_{\Omega} w_h \nabla \cdot \tilde{\mathbf{U}} dX = -\int_{\Omega} w_h \nabla \cdot \mathbf{u} dX = -\int_{\Omega} w_h q dX, \quad \forall w_h \in M_h. \tag{2.2.32b}$$

依据文献 [15] 中的结果, 存在不依赖 h_p 的正常数 K 使得

$$||\mathbf{u}-\tilde{\mathbf{U}}||_{L^2}^2+||\mathbf{u}-\tilde{\mathbf{U}}||_{L^3}^3+||p-\tilde{P}||_{L^2}^2 \leqslant K\{||\mathbf{u}||_{W^{k+1,3}}^2+||p||_{H^{k+1}}^2\}h_p^{2(k+1)}. \tag{2.2.33a}$$

若 $k \geqslant 1$ 和 h_p 足够小, 则有

$$||\tilde{\mathbf{U}}||_{L^\infty} \leqslant ||\mathbf{u}||_{L^\infty}+1. \tag{2.2.33b}$$

为了进行收敛性分析, 我们需要下面几个引理. 引理 2.2.1 是混合元的 LBB 条件, 在文献 [15] 中有详细的论述.

引理 2.2.1 存在不依赖 h 的 $\bar{r}$ 使得

$$\inf_{w_h\in M_h}\sup_{\mathbf{v}_h\in X_h}\frac{(w_h,\nabla\cdot\mathbf{v}_h)}{||w_h||_{M_h}||\mathbf{v}_h||_{X_h}} \geqslant \bar{r}. \tag{2.2.34}$$

下面几个引理是非线性 Darcy-Forchheimer 算子的一些性质.

引理 2.2.2 设 $f(v)=|v|v$, 则存在正常数 $K_i, i=1,2,3$, 存在 $u,v,w\in L^3(\Omega)^d$, 满足

$$K_1\int_\Omega(|u|+|v|)|v-u|^2dX \leqslant \int_\Omega(f(v)-f(u))\cdot(v-u)dX, \tag{2.2.35a}$$

$$K_2||v-u||_{L^3}^3 \leqslant \int_\Omega(f(v)-f(u))\cdot(v-u)dX, \tag{2.2.35b}$$

$$K_3\int_\Omega|f(v)-f(u)||v-u|dX \leqslant \int_\Omega(f(v)-f(u))\cdot(v-u)dX, \tag{2.2.35c}$$

$$\int_\Omega(f(v)-f(u))\cdot wdX \leqslant \left[\int_\Omega(|v|+|u|)|v-u|^2dX\right]^{1/2}[||u||_{L^3}^{1/2}+||v||_{L^3}^{1/2}]||w||_{L^3}. \tag{2.2.35d}$$

现在考虑 $(\mathbf{u},p)$, 因为 $c\in[0,1]$, 我们容易看到

$$|\bar{C}_m-c_m| \leqslant |C_m-c_m|. \tag{2.2.36}$$

从格式 (2.2.13a), (2.2.13b) 和投影 $(\tilde{\mathbf{U}},\tilde{P})$ 的误差估计式 (2.2.33), 可得下述引理.

引理 2.2.3 存在不依赖网格剖分的 K 使得

$$||\mathbf{u}_m-\mathbf{U}_m||_{L^2}^2+||\mathbf{u}_m-\mathbf{U}_m||_{L^3}^3 \leqslant K\{h_p^{2(k+1)}+||c_m-C_m||_{L^2}^2\}. \tag{2.2.37}$$

证明见引理 2.1.3.

很多实际问题中扩散矩阵 $D(u)$ 在某些点为零或在边界上为零, 此时扩散矩阵仅能满足半正定的条件, 即

$$D(x,\mathbf{u}) \geqslant 0.$$

在此条件下很多理论不再适用, 如椭圆投影不再成立, 因此对这种半正定问题的分析出现实质性困难. 本节充分考虑这一困难, 对半正定问题的迎风混合元多步方法进行了收敛性分析, 得到了误差估计.

由于饱和度方程的扩散矩阵仅是半正定的, 所以进行误差分析时不能再用传统的椭圆投影, 而是使用 L^2 投影, 即

引理 2.2.4 令 $\Pi c^n, \Pi\bar{\mathbf{z}}^n, \Pi\mathbf{z}^n$ 分别是 $c^n, \bar{\mathbf{z}}^n, \mathbf{z}^n$ 的 L^2 投影, 满足

$$\begin{aligned}&\Pi c^n \in W_h, \quad (\varphi c^n - \varphi\Pi c^n, w) = 0, \quad w \in W_h, \quad ||c^n - \Pi c^n|| \leqslant Kh,\\&\Pi\bar{\mathbf{z}}^n \in V_h, \quad (\bar{\mathbf{z}}^n - \Pi\bar{\mathbf{z}}^n, \mathbf{v}) = 0, \quad \mathbf{v} \in V_h, \quad ||\bar{\mathbf{z}}^n - \Pi\bar{\mathbf{z}}^n|| \leqslant Kh,\\&\Pi\mathbf{z}^n \in V_h, \quad (\mathbf{z}^n - \Pi\mathbf{z}^n, \mathbf{v}) = 0, \quad \mathbf{v} \in V_h, \quad ||\mathbf{z}^n - \Pi\mathbf{z}^n|| \leqslant Kh.\end{aligned} \tag{2.2.38}$$

对于迎风项, 与正定问题的处理不同, 我们有下面的引理. 首先引入下面的记号: 网格单元 e 的任一面 σ, 令 γ_l 代表 σ 的单位法向量, 给定 (σ, γ_l) 可以唯一确定有公共面 σ 的两个相邻单元 e^+, e^-, 其中 γ_l 指向 e^+. 对于 $f \in W_h, x \in \sigma$,

$$f^-(x) = \lim_{s\to 0-} f(x + s\gamma_l), \quad f^+(x) = \lim_{s\to 0+} f(x + s\gamma_l),$$

定义 $[f] = f^+ - f^-$.

引理 2.2.5 令 $f_1, f_2 \in W_h$, 那么

$$\int_\Omega \nabla\cdot(\mathbf{u}f_1)f_2dx = \frac{1}{2}\sum_\sigma\int_\sigma [f_1][f_2]|\mathbf{u}\cdot\gamma|ds + \frac{1}{2}\sum_\sigma\int_\sigma \mathbf{u}\cdot\gamma_l(f_1^+ f_1^-)(f_2^- - f_2^+)ds. \tag{2.2.39}$$

证明见引理 2.1.5.

流动方程的数值分析已有重要结果 (2.2.36), (2.2.37). 详细研究饱和度方程, 把 $C^n, \bar{\mathbf{Z}}^n, \mathbf{Z}^n$ 与已知的 L^2 投影 $\Pi c^n, \Pi\,\bar{\mathbf{z}}^n, \Pi\mathbf{z}^n$ 进行比较. 令

$$\xi_c = C - \Pi c, \quad \bar{\xi}_z = \bar{\mathbf{Z}} - \Pi\bar{\mathbf{z}}, \quad \xi_z = \mathbf{Z} - \Pi\mathbf{z}, \quad \eta_c = c - \Pi c, \quad \bar{\eta}_z = \bar{\mathbf{z}} - \Pi\bar{\mathbf{z}}, \quad \eta_z = \mathbf{z} - \Pi\mathbf{z}.$$

在时间 t^n 处, 其精确解满足

$$\begin{aligned}&\left(\varphi\frac{c^n - c^{n-1}}{\Delta t_c}, w\right) + \frac{2}{3}(\nabla\cdot\mathbf{g}^n, w) + \frac{2}{3}(\nabla\cdot\mathbf{z}^n, w) - \frac{2}{3}(q_p c^n + q_I c_I^n, w)\\&= \frac{1}{\Delta t_c}\left(\varphi\frac{1}{3}\delta c^{n-1}, w\right) - (\rho^n, w), \quad \forall w \in W_h,\end{aligned} \tag{2.2.40}$$

$$(\bar{\mathbf{z}}^n, \mathbf{v}) = (c^n, \nabla\cdot\mathbf{v}), \quad \forall v \in V_h, \tag{2.2.41}$$

$$(\mathbf{z}^n, \mathbf{v}) = (D(\mathbf{u}^n)\bar{\mathbf{z}}^n, \mathbf{v}), \quad \forall v \in V_h, \tag{2.2.42}$$

其中 $\rho^n = \dfrac{2}{3}\varphi\dfrac{\partial c^n}{\partial t} - \varphi\dfrac{1}{\Delta t_c}\left(c^n - \dfrac{4}{3}c^{n-1} + \dfrac{1}{3}c^{n-2}\right)$.

将 (2.2.40)—(2.2.42) 与 (2.2.18)—(2.2.20) 相减并利用 L^2 投影得到误差方程

$$\left(\varphi(x)\frac{\xi_c^n-\xi_c^{n-1}}{\Delta t},w\right)+(\nabla\cdot\xi_z^n,w)+(\nabla\cdot\mathbf{G}^n-\nabla\cdot\mathbf{g}^n,w)-(q_p\xi_c^n,w)$$
$$=(\rho^n,w)+(\nabla\cdot\eta_z^n,w)-(q_p\eta_c^n,w), \tag{2.2.43}$$

$$(\bar{\xi}_z^n,\mathbf{v})=(\xi_c,\nabla\cdot\mathbf{v}), \tag{2.2.44}$$

$$(\xi_z^n,\mathbf{v})=(D(\hat{E}\mathbf{U}^n)\bar{\xi}_z^n,\mathbf{v})+(D(\hat{E}\mathbf{U}^n)\bar{\eta}_z^n,\mathbf{v})+([D(\hat{E}\mathbf{U}^n)-D(\mathbf{u}^n)]\bar{\mathbf{z}}^n,\mathbf{v}). \tag{2.2.45}$$

在 (2.2.43) 中取 $w=\xi_c^n$, (2.2.45) 乘以 $\dfrac{2}{3}$ 且在 (2.2.44) 中取 $\mathbf{v}=\xi_z^n$, 在 (2.2.45) 中取 $\mathbf{v}=\bar{\xi}_z^n$, 三式相加减得到

$$\left(\varphi(x)\frac{\xi_c^n-\xi_c^{n-1}}{\Delta t_c},\xi_c^n\right)+\frac{2}{3}(D(E(2)\mathbf{U}^n)\bar{\xi}_z^n,\bar{\xi}_z^n)+\frac{2}{3}(\nabla\cdot\mathbf{G}^n-\nabla\cdot\mathbf{g}^n,\xi_c^n)$$
$$=\frac{1}{\Delta t}\left(\varphi\frac{1}{3}\delta\xi_c^{n-1},\xi_c^n\right)+(\rho^n,\xi_c^n)+\frac{2}{3}(\nabla\cdot\eta_z^n,\xi_c^n)+\frac{2}{3}(q_p(\xi_c^n-\eta_c^n),\xi_c^n)$$
$$-\frac{2}{3}(D(\hat{E}(2)\mathbf{U}^n)\bar{\eta}_z^n,\bar{\xi}_z^n)-\frac{2}{3}([D(\hat{E}(2)\mathbf{U}^n)-D(\mathbf{u}^n)]\bar{\mathbf{z}}^n,\bar{\xi}_z^n)$$
$$=T_1+T_2+T_3+T_4+T_5+T_6. \tag{2.2.46}$$

先估计误差方程 (2.2.46) 的左端项. 第一项的估计

$$\left(\varphi(x)\frac{\xi_c^n-\xi_c^{n-1}}{\Delta t_c},\xi_c^n\right)$$
$$=\frac{1}{2\Delta t_c}\left\{\left(\varphi\frac{\xi_c^n-\xi_c^{n-1}}{\Delta t_c},\frac{\xi_c^n+\xi_c^{n-1}}{2}\right)+\left(\varphi\frac{\xi_c^n-\xi_c^{n-1}}{\Delta t_c},\frac{\xi_c^n-\xi_c^{n-1}}{2}g\right)\right\}$$
$$=\frac{1}{2\Delta t_c}\{\|\varphi^{1/2}\xi_c^n\|^2-\|\varphi^{1/2}\xi_c^{n-1}\|^2\}+\frac{1}{2\Delta t_c}\|\varphi^{1/2}(\xi_c^n-\xi_c^{n-1})\|^2. \tag{2.2.47}$$

对第三项可以分解为

$$(\nabla\cdot(\mathbf{G}^n-\mathbf{g}^n),\xi_c^n)=(\nabla\cdot(\mathbf{G}^n-\Pi\mathbf{g}^n),\xi_c^n)+(\nabla\cdot(\Pi\mathbf{g}^n-\mathbf{g}^n),\xi_c^n). \tag{2.2.48}$$

$\Pi\mathbf{g}$ 的定义类似于 $\mathbf{G}$

$$\Pi\mathbf{g}^n\cdot\gamma_l=\begin{cases}\Pi c_{e_1}^n(\hat{E}(2)\mathbf{U}^n\cdot\gamma_l)(x_l), & (\hat{E}(2)\mathbf{U}^n\cdot\gamma_l)(x_l)\geqslant 0,\\ \Pi c_{e_2}^n(\hat{E}(2)\mathbf{U}^n\cdot\gamma_l)(x_l), & (\hat{E}(2)\mathbf{U}^n\cdot\gamma_l)(x_l)<0.\end{cases}$$

应用 (2.2.39) 式

$$(\nabla\cdot(\mathbf{G}^n-\Pi\mathbf{g}^n),\xi_c^n)=\sum_e\int_{\Omega_e}\nabla\cdot(\mathbf{G}^n-\Pi\mathbf{g}^n)\xi_c^n dx$$

$$
\begin{aligned}
&= \sum_e \int_{\Omega_e} \nabla \cdot (\hat{E}(2)\mathbf{U}^n \xi_c^n)\xi_c^n dx \\
&= \frac{1}{2}\sum_\sigma \int_\sigma |\hat{E}(2)\mathbf{U}^n \cdot \gamma_l|[\xi_c^n]^2 ds - \frac{1}{2}\sum_\sigma \int_\sigma (\hat{E}(2)\mathbf{U}^n \cdot \gamma_l)(\xi_c^{n,+} + \xi_c^{n,-})[\xi_c^n]^2 ds \\
&= Q_1 + Q_2,
\end{aligned}
$$

$$
\begin{aligned}
Q_1 &= \frac{1}{2}\sum_\sigma \int_\sigma |\hat{E}(2)\mathbf{U}^n \cdot \gamma_l|[\xi_c^n]^2 ds \geqslant 0, \\
Q_2 &= -\frac{1}{2}\sum_\sigma \int_\sigma (\mathbf{U}^n \cdot \gamma_l)[(\xi_c^{n,+})^2 - (\xi_c^{n,-})^2] ds = \frac{1}{2}\sum_e \int_{\Omega_e} \nabla \cdot \hat{E}(2)\mathbf{U}^n (\xi_c^n)^2 dx \\
&= \frac{1}{2}\sum_e \int_{\Omega_e} \hat{E}(2) q^n (\xi_c^n)^2 dx.
\end{aligned}
$$

把 Q_2 移到方程 (2.2.46) 的右端, 且根据 q 的有界性得到 $|Q_2| \leqslant K||\xi_c^n||^2$.

对于 (2.2.48) 式第二项

$$
\begin{aligned}
&(\nabla \cdot (\mathbf{g}^n - \Pi\mathbf{g}^n), \xi_c^n) = \sum_\sigma \int_\sigma \{c^n \mathbf{u}^n \cdot \gamma_l - \Pi c^n \hat{E}(2)\mathbf{U}^n \cdot \gamma_l\}[\xi_c^n]^2 ds \\
&= \sum_\sigma \int_\sigma \{c^n\mathbf{u}^n - c^n\hat{E}(2)\mathbf{u}^n + c^n\hat{E}(2)\mathbf{u}^n - c^n\hat{E}(2)\mathbf{U}^n + c^n\hat{E}(2)\mathbf{U}^n - \Pi c^n\hat{E}(2)\mathbf{U}^n\} \\
&\quad \cdot \gamma_l [\xi_c^n]^2 ds \\
&= (\nabla \cdot (c^n\mathbf{u}^n - c^n\hat{E}(2)\mathbf{u}^n), \xi_c^n) + (\nabla \cdot c^n\hat{E}(2)(\mathbf{u}^n - \mathbf{U}^n), \xi_c^n) \\
&\quad + \sum_\sigma \int_\sigma \hat{E}(2)\mathbf{U}^n \cdot \gamma_l (c^n - \Pi c^n)[\xi_c^n] ds \\
&\leqslant K\left(\frac{\partial^2 \mathbf{u}}{\partial t^2}, \nabla \cdot \frac{\partial^2 \mathbf{u}}{\partial t^2}\right)\Delta t_p^4 + K\sum_{i=1}^{2} ||\mathbf{u}^{n-i} - \mathbf{U}^{n-i}||^2_{H(\mathrm{div})} + K||\xi_c^n||^2 \\
&\quad + K\sum_\sigma \int_\sigma |\hat{E}(2)\mathbf{U}^n \cdot \gamma_l||c^n - \Pi c^n|^2 ds + \frac{1}{4}\sum_\sigma \int_\sigma |\hat{E}(2)\mathbf{U}^n \cdot \gamma_l|[\xi_c^n]^2 ds.
\end{aligned}
$$

由 (2.2.33), (2.2.37) 和 $|c^n - \Pi c^n| = O(h_c)$, 得到

$$
\begin{aligned}
&(\nabla \cdot (\mathbf{g}^n - \Pi\mathbf{g}^n), \xi_c^n) \\
&\leqslant K\{\Delta t_p^4 + h_p^{2(k+1)} + h_c + ||\xi_c^n||^2 + ||\xi_{c,m-1}||^2 + ||\xi_{c,m-2}||^2\} \\
&\quad + \frac{1}{4}\sum_\sigma \int_\sigma |\hat{E}(2)\mathbf{U}^n \cdot \gamma_l|[\xi_c^n]^2 ds.
\end{aligned} \tag{2.2.49}
$$

接下来考虑 (2.2.46) 右端各项的估计. 对于 T_1 有

$$
T_1 = \frac{1}{3\Delta t_c}(\varphi(\xi_c^{n-1} - \xi_c^{n-2}), \xi_c^n)
$$

$$
\begin{aligned}
&= \frac{1}{3\Delta t_c}\left[(\varphi(\xi_c^{n-1} - \xi_c^{n-2}), \xi_c^n - \xi_c^{n-1}) + \left(\varphi(\xi_c^{n-1} - \xi_c^{n-2}), \frac{\xi_c^{n-1} + \xi_c^{n-2}}{2}\right)\right. \\
&\quad \left. + \left(\varphi(\xi_c^{n-1} - \xi_c^{n-2}), \frac{\xi_c^{n-1} - \xi_c^{n-2}}{2}\right)\right] \\
&\leqslant \frac{1}{3\Delta t_c}\left[\frac{1}{2}\|\varphi^{1/2}(\xi_c^{n-1} - \xi_c^{n-2})\|^2\right. \\
&\quad + \frac{1}{2}\|\varphi^{1/2}(\xi_c^n - \xi_c^{n-1})\|^2 + \frac{1}{2}\|\varphi^{1/2}(\xi_c^{n-1} - \xi_c^{n-2})\|^2 \\
&\quad \left. + \frac{1}{2}(\|\varphi^{1/2}\xi_c^{n-1}\|^2 - \|\varphi^{1/2}\xi_c^{n-2}\|^2)\right].
\end{aligned} \tag{2.2.50}
$$

利用 Taylor 展开式很容易得到 T_2 的估计

$$
|T_2| \leqslant K\Delta t_c^4 \left\|\frac{\partial^3 c}{\partial t^3}\right\|^2 + K\|\xi_c^n\|^2, \tag{2.2.51}
$$

对于 T_3, 有

$$
|T_3| \leqslant K\{h_c^2 + \|\xi_c^n\|^2\}, \tag{2.2.52}
$$

对其余各项依次估计为

$$
|T_4| \leqslant K\{h_c^2 + \|\xi_c^n\|^2\}, \tag{2.2.53}
$$

$$
|T_5| \leqslant K\|\bar{\eta}_z^n\|^2 + \frac{1}{6}(D(\hat{E}(2)\mathbf{U}^n)\bar{\xi}_z^n, \bar{\xi}_z^n), \tag{2.2.54}
$$

对于 T_6, 注意到若 D 不依赖于 $\mathbf{u}$, 那么 $T_6 = 0$. 否则有

$$
\begin{aligned}
|T_6| &= \frac{2}{3}\int_\Omega \frac{\partial D}{\partial \mathbf{u}}(\hat{E}(2)\mathbf{U}^n - \mathbf{u}^n)\bar{z}^n\bar{\xi}_z^n dx \\
&\leqslant \frac{1}{6}(D(\hat{E}(2)\mathbf{U}^n)\bar{\xi}_z^n, \bar{\xi}_z^n) + \frac{2}{3}\int_\Omega D^{-1}\left(\frac{\partial D}{\partial \mathbf{u}}\right)^2 |\hat{E}(2)\mathbf{U}^n - \mathbf{u}^n|^2 dx.
\end{aligned} \tag{2.2.55}
$$

若 $D^{-1}|D_{\mathbf{u}}|^2$ 是有界的, 那么可以得到 T_6 的估计. 下面我们就来看一下它的有界性. 为了简单起见, 假设 $\mathbf{u}$ 是定向在 x 方向的 (旋转坐标轴不影响 $(D_{\mathbf{u}})^2$ 的大小), 那么可设

$$
D = D_m + |\mathbf{u}|^\beta \begin{pmatrix} d_l & 0 & 0 \\ 0 & d_t & 0 \\ 0 & 0 & d_t \end{pmatrix}, \quad D^{-1} \leqslant |\mathbf{u}|^{-\beta} \begin{pmatrix} d_l^{-1} & 0 & 0 \\ 0 & d_t^{-1} & 0 \\ 0 & 0 & d_t^{-1} \end{pmatrix},
$$

$$
\frac{\partial D}{\partial u_x} = |\mathbf{u}|^{\beta-1} \begin{pmatrix} d_l & 0 & 0 \\ 0 & d_t & 0 \\ 0 & 0 & d_t \end{pmatrix}, \quad \frac{\partial D}{\partial u_y} = |\mathbf{u}|^{\beta-1} \begin{pmatrix} 0 & d_l - d_t & 0 \\ d_l - d_t & 0 & 0 \\ 0 & 0 & 0 \end{pmatrix},
$$

$$\frac{\partial D}{\partial u_z}=|\mathbf{u}|^{\beta-1}\begin{pmatrix}0 & 0 & d_l-d_t\\ 0 & 0 & 0\\ d_l-d_t & 0 & 0\end{pmatrix},$$

$$\begin{aligned}&\left|D^{-1}\left(\frac{\partial D}{\partial \mathbf{u}}\right)^2\right|\\ &\leqslant |\mathbf{u}|^{\beta-2}\left\{\beta^2\begin{pmatrix}d_l & 0 & 0\\ 0 & d_t & 0\\ 0 & 0 & d_t\end{pmatrix}+\begin{pmatrix}d_l^{-1}(d_l-d_t)^2 & 0 & 0\\ 0 & d_t^{-1}(d_l-d_t)^2 & 0\\ 0 & 0 & 0\end{pmatrix}\right.\\ &\quad\left.+\begin{pmatrix}d_l^{-1}(d_l-d_t)^2 & 0 & 0\\ 0 & 0 & 0\\ 0 & 0 & d_t^{-1}(d_l-d_t)^2\end{pmatrix}\right\}.\end{aligned}$$

只要满足

$$\frac{d_l^2}{d_t}\leqslant d^*<\infty,\quad \frac{d_t^2}{d_l}\leqslant d^*<\infty,\quad \beta\geqslant 2,\tag{2.2.56}$$

那么 $\left|D^{-1}\left(\dfrac{\partial D}{\partial \mathbf{u}}\right)^2\right|$ 是有界的, 条件 (2.2.56) 自然满足. 故有

$$\begin{aligned}|T_6|\leqslant&\ \frac{1}{6}(D(\hat{E}(2)\mathbf{U}^n)\bar{\xi}_z^n,\bar{\xi}_z^n)\\ &+K\left\{(\Delta t_p)^3\left\|\frac{\partial^2\mathbf{u}}{\partial t^2}\right\|^2_{L^2(t_{m-1},t_{m-1};L^2)}+h_p^{2(k+1)}+||\xi_{c,m-1}||^2+||\xi_{c,m-2}||^2\right\}.\end{aligned}\tag{2.2.57}$$

将 (2.2.47)—(2.2.49) 和 (2.2.50)—(2.2.57) 的估计代入误差估计方程 (2.2.46), 可得

$$\begin{aligned}&\frac{1}{2\Delta t_c}\left\{||\varphi^{1/2}\xi_c^n||^2-||\varphi^{1/2}\xi_c^{n-1}||^2\right\}+\frac{1}{2\Delta t_c}||\varphi^{1/2}(\xi_c^n-\xi_c^{n-1})||^2\\ &+\frac{2}{3}(D(\hat{E}(2)\mathbf{U}^n)\bar{\xi}_z^n,\bar{\xi}_z^n)+\frac{1}{3}\sum_\sigma\int_\sigma|\hat{E}(2)\mathbf{U}^n\cdot\gamma_l|[\xi_c^n]^2ds\\ \leqslant&\ \frac{1}{3\Delta t_c}\left\{||\varphi^{1/2}(\xi_c^{n-1}-\xi_c^{n-2})||^2+\frac{1}{2}||\varphi^{1/2}(\xi_c^n-\xi_c^{n-1})||^2\right.\\ &\left.+\frac{1}{2}(||\varphi^{1/2}\xi_c^{n-1}||^2-||\varphi^{1/2}\xi_c^{n-2}||^2)\right\}\\ &+K\left\{\Delta t_c^4\left\|\frac{\partial^3 c}{\partial t^3}\right\|^2+\Delta t_p^3\left\|\frac{\partial^2\mathbf{u}}{\partial t^2}\right\|^2_{L^2(t_{m-2},t_{m-1};L^2)}\right.\end{aligned}$$

$$
\left.+\|\xi_{c,m-1}\|^2+\|\xi_{c,m-2}\|^2+h_c+h_p^{2(k+1)}\right\}
$$

$$
+\frac{1}{3}(D(\hat{E}(2)\mathbf{U}^n)\bar{\xi}_z^n,\bar{\xi}_z^n)+\frac{1}{6}\sum_\sigma\int_\sigma|\hat{E}(2)\mathbf{U}^n\cdot\gamma_l|[\xi_c^n]^2ds. \tag{2.2.58}
$$

整理上式得到

$$
\begin{aligned}
&\frac{1}{2\Delta t_c}\{\|\varphi^{1/2}\xi_c^n\|^2-\|\varphi^{1/2}\xi_c^{n-1}\|^2\}\\
&+\frac{1}{3\Delta t_c}\{\|\varphi^{1/2}(\xi_c^n-\xi_c^{n-1})\|^2-\|\varphi^{1/2}(\xi_c^{n-1}-\xi_c^{n-2})\|^2\}\\
&\leqslant\frac{1}{3\Delta t_c}\left\{\frac{1}{2}(\|\varphi^{1/2}\xi_c^{n-1}\|^2-\|\varphi^{1/2}\xi_c^{n-2}\|^2)\right\}\\
&+K\left\{\Delta t_c^4\left\|\frac{\partial^3 c}{\partial t^3}\right\|^2+\Delta t_p^3\left\|\frac{\partial^2\mathbf{u}}{\partial t^2}\right\|^2_{L^2(t_{m-2},t_{m-1};L^2)}\right\}\\
&+K\{\|\xi_{c,m-1}\|^2+\|\xi_{c,m-2}\|^2+h_c+h_p^{2(k+1)}\}.
\end{aligned}
$$

两边同乘以 Δt_c 并对时间 n 相加, 注意到式 (2.2.15), 可得

$$
\begin{aligned}
&\frac{1}{2}\{\|\varphi^{1/2}\xi_c^N\|^2-\|\varphi^{1/2}\xi_c^1\|^2\}+\frac{1}{3}\{\|\varphi^{1/2}(\xi_c^N-\xi_c^{N-1})\|^2-\|\varphi^{1/2}(\xi_c^1-\xi_c^0)\|^2\}\\
\leqslant&\frac{1}{6}\{\|\varphi^{1/2}\xi_c^{N-1}\|^2-\|\varphi^{1/2}\xi_c^0\|^2\}+K\{h_c+(\Delta t_{p,1})^3+\Delta t_p^4+\Delta t_c^4+h_p^{2(k+1)}\}\\
&+K\sum_{n=1}^{N-1}\|\xi_c^n\|^2\Delta t_c\\
\leqslant&\frac{1}{6}\{\|\varphi^{1/2}(\xi^N-\xi_c^{N-1})\|^2+\|\varphi^{1/2}\xi_c^N\|^2-\|\varphi^{1/2}\xi_c^0\|^2\}\\
&+K\{h_c+(\Delta t_{p,1})^3+\Delta t_p^4+\Delta t_c^4+h_p^{2(k+1)}\}\\
&+K\sum_{n=1}^{N-1}\|\xi_c^n\|^2\Delta t_c.
\end{aligned}
$$

那么有

$$
\begin{aligned}
&\frac{1}{3}\|\varphi^{1/2}\xi_c^N\|^2+\frac{1}{6}\|\varphi^{1/2}(\xi^N-\xi_c^{N-1})\|^2\\
\leqslant&\frac{1}{6}\{3\|\varphi^{1/2}\xi^1\|^2-\|\varphi^{1/2}\xi_c^0\|^2\}\\
&+\frac{1}{3}\|\varphi^{1/2}(\xi_c^1-\xi_c^0)\|^2+K\{h_c+(\Delta t_{p,1})^3+\Delta t_p^4+\Delta t_c^4+h_p^{2(k+1)}\}\\
&+K\sum_{n=1}^{N-1}\|\xi_c^n\|^2\Delta t_c.
\end{aligned}
$$

利用离散 Gronwall 引理可得

$$\max_n ||\xi_c^n||^2 \leqslant K\{h_c + h_p^{2(k+1)} + \Delta t_c^4 + (\Delta t_{p,1})^3 + \Delta t_p^4\}.$$

由此得到下述定理.

定理 2.2.3 假设方程的系数满足条件 (C), 扩散矩阵 $D(\mathbf{u}) \geqslant 0$ 半正定, 并且满足正则性条件 (R). 若 D 不依赖于 $\mathbf{u}$(也就是说 D 是 0, 或者仅由分子扩散组成), 那么有估计

$$\max_n ||c^n - C^n||_{L^2} \leqslant K\{h_c^{1/2} + h_p^{k+1} + \Delta t_c^2 + (\Delta t_{p,1})^{3/2} + \Delta t_p^2\}, \tag{2.2.59a}$$

$$\max_n ||\mathbf{u}_m - \mathbf{U}_m||_{L^2} \leqslant K\{h_c^{1/2} + h_p^{k+1} + \Delta t_c^2 + (\Delta t_{p,1})^{3/2} + \Delta t_p^2\}. \tag{2.2.59b}$$

若 D 依赖于 $\mathbf{u}$, 包含非零的弥散项, 具有下面的形式

$$D = D_m\mathbf{I} + d_l|\mathbf{u}|^\beta \begin{pmatrix} \hat{u}_x^2 & \hat{u}_x\hat{u}_y & \hat{u}_x\hat{u}_z \\ \hat{u}_x\hat{u}_y & \hat{u}_y^2 & \hat{u}_y\hat{u}_z \\ \hat{u}_x\hat{u}_z & \hat{u}_y\hat{u}_z & \hat{u}_z^2 \end{pmatrix} + d_t|\mathbf{u}|^\beta \begin{pmatrix} \hat{u}_y^2 + \hat{u}_z^2 & -\hat{u}_x\hat{u}_y & -\hat{u}_x\hat{u}_z \\ -\hat{u}_x\hat{u}_y & \hat{u}_x^2 + \hat{u}_z^2 & -\hat{u}_y\hat{u}_z \\ -\hat{u}_x\hat{u}_z & -\hat{u}_y\hat{u}_z & \hat{u}_x^2 + \hat{u}_y^2 \end{pmatrix}.$$

此处假设 D_m 没有下界, 那么估计式 (2.2.59) 成立需要条件:

$$\frac{d_l^2}{d_t} \leqslant d^* < \infty, \quad \frac{d_t^2}{d_l} \leqslant d^* < \infty, \quad \beta \geqslant 2,$$

其中 K 是不依赖于剖分 $h, \Delta t$ 的常数, 仅依赖于函数 $p, \mathbf{u}, c$ 及其导函数.

2.2.5 正定问题的收敛性分析

若饱和度方程 (2.2.2) 的扩散矩阵满足正定性条件:

$$0 < D_* \leqslant (D(X, \mathbf{u})X, X), \tag{2.2.60}$$

此处 D_* 为一确定的正常数. 对正定问题 (2.2.1)—(2.2.6) 在数值分析和数值计算结果要比半正定问题简单且好得多.

此时对于饱和度方程 (2.2.2) 采取传统的 π-投影[24].

引理 2.2.6

$$(\nabla \cdot (\mathbf{z}^n - \pi\mathbf{z}^n), w) = 0, \quad w \in W_h, \tag{2.2.61}$$

$$(\nabla \cdot (\mathbf{g}^n - \pi\mathbf{g}^n), w) = 0, \quad w \in W_h. \tag{2.2.62}$$

则有

$$||\mathbf{z}^n - \pi\mathbf{z}^n|| \leqslant Kh_c, \quad ||\mathbf{g}^n - \pi\mathbf{g}^n|| \leqslant Kh_c. \tag{2.2.63}$$

令

$$\xi_c = C - \Pi c, \quad \bar{\xi}_z = \bar{\mathbf{Z}} - \Pi\bar{\mathbf{z}}, \quad \xi_z = \mathbf{Z} - \Pi\mathbf{z},$$
$$\eta_c = c - \Pi c, \quad \bar{\eta}_z = \bar{\mathbf{z}} - \Pi\bar{\mathbf{z}}, \quad \eta_z = \mathbf{z} - \Pi\mathbf{z}.$$

在时间 t^n 处, 其精确解满足

$$\left(\varphi\frac{c^n - c^{n-1}}{\Delta t_c}, w\right) + \frac{2}{3}(\nabla\cdot\mathbf{g}^n, w) + \frac{2}{3}(\nabla\cdot\mathbf{z}^n, w) - \frac{2}{3}(q_p c^n + q_I c_I^n, w)$$
$$= \frac{1}{\Delta t_c}\left(\varphi\frac{1}{3}\delta c^{n-1}, w\right) + \frac{2}{3}(q\bar{c}^n, w) - (\rho^n, w), \quad \forall w \in W_h, \tag{2.2.64}$$

$$(\bar{\mathbf{z}}^n, \mathbf{v}) = (c^n, \nabla\cdot\mathbf{v}), \quad \forall \mathbf{v} \in V_h, \tag{2.2.65}$$

$$(\mathbf{z}^n, \mathbf{v}) = (D(\mathbf{u}^n)\bar{\mathbf{z}}^n, \mathbf{v}), \quad \forall \mathbf{v} \in V_h, \tag{2.2.66}$$

其中 $\rho^n = \frac{2}{3}\varphi\frac{\partial c^n}{\partial t} - \varphi\frac{1}{\Delta t_c}\left(c^n - \frac{4}{3}c^{n-1} + \frac{1}{3}c^{n-2}\right)$.

对 (2.2.64)—(2.2.66) 与 (2.2.18)—(2.2.20) 相减并利用 π-投影得到误差方程

$$\left(\varphi(x)\frac{\xi_c^n - \xi_c^{n-1}}{\Delta t}, w\right) + \frac{2}{3}(\nabla\cdot\xi_z^n, w) + \frac{2}{3}(\nabla\cdot\mathbf{G}^n - \nabla\cdot\mathbf{g}^n, w) - \frac{2}{3}(q_p(\xi_c^n - \eta_c^n), w)$$
$$= \frac{1}{\Delta t_c}\left(\varphi\frac{1}{3}\delta c^{n-1}, w\right) + (\rho^n, w), \tag{2.2.67}$$

$$(\bar{\xi}_z^n, \mathbf{v}) = (\xi_c, \nabla\cdot\mathbf{v}), \tag{2.2.68}$$

$$(\xi_z^n, \mathbf{v}) = (D(\hat{E}(2)\mathbf{U}^n)\bar{\xi}_z^n, \mathbf{v}) + (D(\hat{E}(2)\mathbf{U}^n)\bar{\eta}_z^n, \mathbf{v})$$
$$+ ([D(\hat{E}(2)\mathbf{U}^n) - D(\mathbf{u}^n)]\bar{\mathbf{z}}^n, \mathbf{v}) + (\eta_z^n, \mathbf{v}). \tag{2.2.69}$$

在 (2.2.67) 中取 $w = \xi_c^n$, (2.2.69) 乘以 $\frac{2}{3}$ 且在 (2.2.68) 中取 $\mathbf{v} = \xi_z^n$, 在 (2.2.69) 中取 $\mathbf{v} = \bar{\xi}_z^n$, 三式相加减得到

$$\left(\varphi(x)\frac{\xi_c^n - \xi_c^{n-1}}{\Delta t_c}, \xi_c^n\right) + \frac{2}{3}(D(E(2)\mathbf{U}^n)\bar{\xi}_z^n, \bar{\xi}_z^n) + \frac{2}{3}(\nabla\cdot\mathbf{G}^n - \nabla\cdot\mathbf{g}^n, \xi_c^n)$$
$$= \frac{1}{\Delta t}\left(\varphi\frac{1}{3}\delta\xi_c^{n-1}, \xi_c^n\right) + (\rho^n, \xi_c^n) + \frac{2}{3}(\eta_z^n, \bar{\xi}_c^n) + \frac{2}{3}(q_p(\xi_c^n - \eta_c^n), \xi_c^n)$$
$$- \frac{2}{3}(D(\hat{E}(2)\mathbf{U}^n)\bar{\eta}_z^n, \bar{\xi}_z^n) - \frac{2}{3}([D(\hat{E}(2)\mathbf{U}^n) - D(\mathbf{u}^n)]\bar{\mathbf{z}}^n, \bar{\xi}_z^n)$$
$$= T_1 + T_2 + T_3 + T_4 + T_5 + T_6. \tag{2.2.70}$$

先估计误差方程 (2.2.70) 的左端项. 第一项的估计和半正定问题一样, 如 (2.2.47) 式.

对左端第三项, 在 (2.2.67) 中取 $\mathbf{v} = \mathbf{G}^n - \Pi\mathbf{g}^n$, 那么有

$$(\nabla\cdot(\mathbf{G}^n - \Pi\mathbf{g}^n), \xi_c^n)$$

$$
\begin{aligned}
&= (\bar{\xi}_z^n, \mathbf{G}^n - \Pi \mathbf{g}^n) \\
&\leqslant \frac{1}{8}(D\bar{\xi}_z^n, \bar{\xi}_z^n) + K(D_*^{-1})||\mathbf{G}^n - \Pi \mathbf{g}^n||.
\end{aligned} \tag{2.2.71}
$$

令 σ 是一个公共的面, γ_l 代表 σ 的单位法向量, x_l 是此面的重心, 由 π-投影[24]的性质,

$$
\int_\sigma \pi \mathbf{g}^n \cdot \gamma_l ds = \int_\sigma c^n(\mathbf{u}^n \cdot \gamma_l) ds. \tag{2.2.72}
$$

对于 $\mathbf{g}^n$ 充分光滑, 由积分的中点法则

$$
\frac{1}{m(\sigma)} \int_\sigma [\pi \mathbf{g}^n \cdot \gamma_l - ((\mathbf{u}^n \cdot \gamma_l) c^n)(x_l)] ds = O(h_c). \tag{2.2.73}
$$

那么

$$
\begin{aligned}
&\frac{1}{m(\sigma)} \int_\sigma (\mathbf{G}^n - \pi \mathbf{g}^n) \cdot \gamma_l ds \\
&= C_e^n (\hat{E}(2)\mathbf{U}^n \cdot \gamma_l)(x_l) - ((\mathbf{u}^n \cdot \gamma_l) c^n)(x_l) + O(h_c) \\
&= (C_e^n - c^n(x_l))(\hat{E}(2)\mathbf{U}^n \cdot \gamma_l) + c^n(x_l)(\hat{E}(2)\mathbf{U}^n - \hat{E}(2)\mathbf{u}^n) \cdot \gamma_l \\
&\quad + c^n(x_l)(\hat{E}(2)\mathbf{u}^n - \mathbf{u}^n) \cdot \gamma_l + O(h_c).
\end{aligned} \tag{2.2.74}
$$

由 c^n 充分光滑以及 (2.2.37) 式

$$
|c^n(x_l) - C_e^n| \leqslant |\xi_c^n| + O(h_c), \tag{2.2.75}
$$

$$
|\hat{E}(2)\mathbf{U}^n - \hat{E}(2)\mathbf{u}^n| \leqslant K(h_p^{k+1} + h_c + |\xi_{c,m-1}| + |\xi_{c,m-2}|). \tag{2.2.76}
$$

由 (2.2.72)—(2.2.76), 有

$$
||\mathbf{G}^n - \pi \mathbf{g}^n||^2 \leqslant K(||\xi_c^n||^2 + ||\xi_{c,m-1}||^2 + ||\xi_{c,m-2}||^2 + h_p^{2(k+1)} + h_c^2 + \Delta t_c^4). \tag{2.2.77}
$$

接下来考虑 (2.2.70) 右端各项的估计. 对于 T_1, T_2 和 T_3 如半正定问题一样, 有估计式 (2.2.50)—(2.2.52).

对于 T_4, T_5 的估计

$$
|T_4| \leqslant K(D_*^{-1})||\eta_z^n||^2 + \frac{1}{8}(D(\hat{E}(2)\mathbf{U}^n)\bar{\xi}_z^n, \bar{\xi}_z^n). \tag{2.2.78}
$$

$$
|T_5| \leqslant K||\bar{\eta}_z^n||^2 + \frac{1}{8}(D(\hat{E}(2)\mathbf{U}^n)\bar{\xi}_z^n, \bar{\xi}_z^n). \tag{2.2.79}
$$

对于最后一项 T_6,

$$
|T_6| \leqslant K(D_*^{-1})||\hat{E}(2)(\mathbf{U}^n - \mathbf{u}^n)||^2 + \frac{1}{8}(D(\hat{E}(2)\mathbf{U}^n)\bar{\xi}_z^n, \bar{\xi}_z^n). \tag{2.2.80}
$$

而 $\mathbf{u}^n - \hat{E}(2)\mathbf{U}^n = \mathbf{u}^n - \hat{E}(2)\mathbf{u}^n + \hat{E}(2)\mathbf{u}^n - \hat{E}(2)\bar{\mathbf{u}}^n + \hat{E}(2)\bar{\mathbf{u}}^n - \hat{E}(2)\mathbf{U}^n$, 由 $\hat{E}(2)\mathbf{u}$ 的定义以及 (2.2.33), (2.2.37)

$$\begin{aligned}&||\mathbf{u}^n - \hat{E}(2)\mathbf{U}^n||\\ \leqslant\ & K\Delta t^3 \left|\left|\frac{\partial^2 \mathbf{u}}{\partial t^2}\right|\right|^2_{L^2(t_{m-2},t_{m-1};L^2)} + h_p^{2(k+1)} + ||\xi_{c,m-1}||^2 + ||\xi_{c,m-2}||^2,\end{aligned}$$

故有

$$\begin{aligned}|T_6| \leqslant\ & \frac{1}{8}(D(\hat{E}(2)\mathbf{U}^n)\bar{\xi}_z^n, \bar{\xi}_z^n)\\ & + K\left\{\Delta t^3 \left|\left|\frac{\partial^2 \mathbf{u}}{\partial t^2}\right|\right|^2_{L^2(t_{m-2},t_{m-1};L^2)} + h_p^{2(k+1)} + ||\xi_{c,m-1}||^2 + ||\xi_{c,m-2}||^2\right\}.\end{aligned} \tag{2.2.81}$$

把 (2.2.47), (2.2.71), (2.2.50)—(2.2.52), (2.2.78)—(2.2.81) 的估计代回误差方程 (2.2.70), 得到

$$\begin{aligned}&\frac{1}{3}||\varphi^{1/2}\xi_c^N||^2 + \frac{1}{6}||\varphi^{1/2}(\xi^N - \xi_c^{N-1})||^2\\ \leqslant\ & \frac{1}{6}\{3||\varphi^{1/2}\xi^1||^2 - ||\varphi^{1/2}\xi_c^0||^2\} + \frac{1}{3}||\varphi^{1/2}(\xi_c^1 - \xi_c^0)||^2\\ & + K\{h_p^{2(k+1)} + h_c^2 + (\Delta t_{p,1})^3 + \Delta t_p^4 + \Delta t_c^4\}\\ & + K\sum_{n=1}^{N-1}||\xi_c^n||^2\Delta t_c.\end{aligned}$$

利用离散 Gronwall 引理可得

$$\max_n ||\xi_c^n||^2 \leqslant K\{h_p^{2(k+1)} + h_c^2 + (\Delta t_{p,1})^3 + \Delta t_p^4 + \Delta t_c^4\}. \tag{2.2.82}$$

由此得到下述定理.

定理 2.2.4 若方程的扩散矩阵 $D(\mathbf{u})$ 对称正定, 那么迎风混合元多步方法有下面估计

$$\max_n ||c^n - C^n||_{L^2} \leqslant K\{h_c + h_p^{k+1} + \Delta t_c^2 + (\Delta t_{p,1})^{3/2} + \Delta t_p^2\}, \tag{2.2.83a}$$

$$\max_n ||\mathbf{u}_m - \mathbf{U}_m||_{L^2} \leqslant K\{h_c + h_p^{k+1} + \Delta t_c^2 + (\Delta t_{p,1})^{3/2} + \Delta t_p^2\}, \tag{2.2.83b}$$

其中 K 是不依赖于剖分 $h, \Delta t$ 的常数, 仅依赖于函数 $p, \mathbf{u}, c$ 及其导函数.

注 由 2.2.4 小节和 2.2.5 小节的证明可以看到, 饱和度方程的扩散矩阵正定和半正定存在本质的区别, 其误差估计的理论明显不同, 这是实际应用中应该注意的问题.

2.2.6 数值算例

为了说明方法的特点和优越性, 下面考虑一组三维非驻定的对流-扩散方程:

$$\begin{cases} \dfrac{\partial u}{\partial t} + \nabla \cdot (-a(x)\nabla u + \mathbf{b}u) = f, & (x,y,z) \in \Omega, t \in (0,T], \\ u|_{t=0} = x(1-x)y(1-y)z(1-z), & (x,y,z) \in \Omega, \\ u|_{\partial\Omega} = 0, & t \in (0,T]. \end{cases} \tag{2.2.84}$$

我们考虑两类半正定问题. 首先研究二维问题.

问题 I:

$$a(x) = x(1-x), \quad b_1 = 1, \quad b_2 = 1.$$

问题 II:

$$a(x) = \left(x - \frac{1}{2}\right)^2, \quad b_1 = 1, \quad b_2 = 1.$$

其中 $\Omega = (0,1) \times (0,1)$, 问题的精确解为 $u = e^{t/4}x(1-x)y(1-y)$, 右端 f 使每一个问题均成立. 时间步长为 $\Delta t = \dfrac{T}{6}$. 具体情况如表 2.2.1 所示 $\left(当\ T = \dfrac{1}{2}\ 时\right)$.

表 2.2.1 半正定问题的结果

N		8	16	24
P-I	L^2	1.1535e − 005	8.7161e − 007	2.8756e − 007
P-II	L^2	1.5035e − 005	1.3049e − 006	5.7133e − 007

表 2.2.1 中 L^2 表示误差的 L^2 模, N 代表空间剖分, P-I, P-II 代表问题 I, 问题 II. 表中数据是应用迎风混合元方法得到的. 可以看出, 当扩散矩阵半正定时, 利用此方法可以得到比较理想的结果.

下面给出单步法与多步法的比较. 对半正定问题 I 分别应用迎风混合元多步 (M) 和迎风混合元单步方法 (S), 前者的时间步长取为 $\Delta t = T/6$, 后者的时间步长为 $\Delta t = T/12$, 由表 2.2.2 可以看出: 多步方法保持了单步的优点, 同时在精度上有所提高, 并且计算量小.

表 2.2.2 单步与多步结果比较

N		8	10	12
M	L^2	7.2342e − 006	3.1653e − 006	2.1387e − 006
S	L^2	1.0888e − 005	8.0852e − 006	3.8630e − 006

对三维问题.

问题 III:

$$a(x) = x(1-x), \quad b_1 = 1, \quad b_2 = 1, \quad b_3 = 0.$$

问题 IV:

$$a(x) = \left(x - \frac{1}{2}\right)^2, \quad b_1 = -3, \quad b_2 = 1, \quad b_3 = 0.$$

其中 $\Omega = (0,1) \times (0,1) \times (0,1)$, 问题的精确解为 $u = e^{t/4}x(1-x)y(1-y)z(1-z)$, 右端 f 使每一个问题均成立. 时间步长为 $\Delta t = \dfrac{T}{6}$. 具体情况如表 2.2.3 所示 $\left(当\ T = \dfrac{1}{2}\ 时\right)$.

表 2.2.3 中 P-III, P-IV 代表问题 III, 问题 IV, 表中数据是应用迎风混合元方法所得到的. 可以看出, 当扩散矩阵半正定时, 利用此方法可以得到比较理想的结果.

表 2.2.3 半正定问题的结果

N		8	16	24
P-III	L^2	8.0682e − 007	5.5915e − 008	1.2303e − 008
P-IV	L^2	1.6367e − 005	2.4944e − 006	4.2888e − 007

2.2.7 总结和讨论

本节研究三维多孔介质中油水二相 Darcy-Forchheimer 渗流驱动半正定问题, 提出一类混合元-迎风混合元多步方法及其收敛性分析. 2.2.1 小节是引言, 叙述和分析问题的数学模型、物理背景以及国内外研究概况. 2.2.2 小节提出混合元-迎风混合元多步方法程序, 对流动方程采用具有守恒性质的混合元离散, 对 Darcy-Forchheimer 速度提高了一阶精确度. 对饱和度方程采用了迎风低阶混合元多步方法, 对时间导数部分采用多步法, 对对流部分采用迎风方法, 对扩散项采用混合元离散, 大大提高了数值计算的稳定性、精确度和效率. 2.2.3 小节讨论了保持单元质量守恒, 这在油藏数值模拟计算中是十分重要的. 2.2.4 小节是收敛性分析, 应用微分方程先验估计理论和特殊技巧, 得到了最佳阶 L^2 模误差估计结果. 这点是特别重要的, 它突破了 Douglas 经典理论仅能处理 Darcy 流的正定问题的著名成果[6-10]和 Bramble 关于抛物问题关于多步法的经典成果[28,29], 在文献 [28, 29] 中仅能处理正定问题. 2.2.5 小节是正定问题的收敛性分析. 2.2.6 小节是数值算例, 支撑了理论分析, 并指明本节所提出的方法对处理实际问题是切实可行高效的. 本节的特点如下: ① 本格式具有物理守恒律特性, 这在油藏数值模拟是极其重要的, 特别是现代强化采油数值模拟计算; ② 由于组合地应用混合元、迎风多步方法, 它具有高精度、高稳定性和高效率的特征, 特别适用于三维复杂区域大型油藏数值模拟的工程实际计算; ③ 它拓广了 Douglas 经典理论仅能处理 Darcy 流的正定问题的著名成果和 Bramble 关于抛物问题多步法的经典成果[6-10,28,29], 推进并解决了这一重要问题. 详细的讨论和分析可参阅文献 [30].

2.3 油水驱动 Darcy-Forchheimer 渗流半正定问题网格变动的迎风混合元方法

2.3.1 引言

对于在多孔介质中一个流体驱动另一个流体的相混溶驱动问题, 速度-压力的流动用 Darcy-Forchheimer 方程来描述. 这种不可压缩相混溶驱动问题的数学模型是下述非线性偏微分方程组的初边值问题[1-4]:

$$\mu(c)\kappa^{-1}\mathbf{u}+\beta\rho(c)|\mathbf{u}|\mathbf{u}+\nabla p=r(c)\nabla d,\quad X=(x,y,z)^{\mathrm{T}}\in\Omega,t\in J=(0,\bar{T}],\tag{2.3.1a}$$

$$\nabla\cdot\mathbf{u}=q=q_I+q_p,\quad X\in\Omega,t\in J,\tag{2.3.1b}$$

$$\varphi\frac{\partial c}{\partial t}+\mathbf{u}\cdot\nabla c-\nabla\cdot(D(\mathbf{u})\nabla c)+q_Ic=q_Ic_I,\quad X\in\Omega,t\in J,\tag{2.3.2}$$

此处 Ω 是三维有界区域, $J=(0,\bar{T}]$ 是时间区间.

Darcy-Forchheimer 方程由 Forchheimer 在文献 [1] 中提出并用来描述在多孔介质中流体速度较快和介质不均匀的情况, 特别是在井点附近[2]. 当 $\beta=0$ 时 Darcy-Forchheimer 定律即退化为 Darcy 定律. 关于 Darcy-Forchheimer 定律的理论推导见文献 [3], 关于问题的正则性分析见文献 [4].

模型 (2.3.1) 和 (2.3.2) 表达了两组相混溶混合流体的质量守恒律. $p(X,t)$ 和 $\mathbf{u}(X,t)$ 分别表示流体的压力和 Darcy-Forchheimer 速度, $c(X,t)$ 表示混合流体中一个组分的饱和度. $\kappa(X)$, $\varphi(X)$ 和 $\beta(X)$ 分别表示在多孔介质中的绝对渗透率、孔隙度和 Forchheimer 系数. $r(c)$ 是重力系数, $d(X)$ 是垂直坐标. $q(X,t)$ 是产量项, 通常是生产项 q_p 和注入项 q_I 的线性组合, 也就是 $q(X,t)=q_I(X,t)+q_p(X,t)$. c_I 是注入井注入液的饱和度, 是已知的, $c(X,t)$ 是生产井的饱和度.

假设两种流体都不可压缩且混溶后总体积不减少, 且两者之间不发生化学反应. ρ_1 和 ρ_2 为混溶前两种纯流体的密度, 则混溶后的密度为

$$\rho(c)=c\rho_1+(1-c)\rho_2.\tag{2.3.3}$$

混合后的黏度采用如下的计算格式

$$\mu(c)=(c\mu_1^{-1/4}+(1-c)\mu_2^{-1/4})^{-4}.\tag{2.3.4}$$

这里扩散系数 $D(\mathbf{u})$ 是由分子扩散和机械扩散两部分组成的扩散弥散张量

$$
D(X,\mathbf{u}) = \varphi d_m \mathbf{I} + d_l |\mathbf{u}|^\beta \begin{pmatrix} \hat{u}_x^2 & \hat{u}_x\hat{u}_y & \hat{u}_x\hat{u}_z \\ \hat{u}_x\hat{u}_y & \hat{u}_y^2 & \hat{u}_y\hat{u}_z \\ \hat{u}_x\hat{u}_z & \hat{u}_y\hat{u}_z & \hat{u}_z^2 \end{pmatrix}
+ d_t |\mathbf{u}|^\beta \begin{pmatrix} \hat{u}_y^2+\hat{u}_z^2 & -\hat{u}_x\hat{u}_y & -\hat{u}_x\hat{u}_z \\ -\hat{u}_x\hat{u}_y & \hat{u}_x^2+\hat{u}_z^2 & -\hat{u}_y\hat{u}_z \\ -\hat{u}_x\hat{u}_z & -\hat{u}_y\hat{u}_z & \hat{u}_x^2+\hat{u}_y^2 \end{pmatrix}. \tag{2.3.5}
$$

此处 d_m 是分子扩散系数, $\mathbf{I}$ 为 3×3 单位矩阵, d_l 是纵向扩散系数, d_t 是横向扩散系数, $\hat{u}_x,\hat{u}_y,\hat{u}_z$ 为 Darcy 速度在坐标轴的方向余弦, 通常 β 为一正常数, 取 $\beta\geqslant 2$.

问题 (2.3.1)—(2.3.5) 的初始和边界条件:

$$
\mathbf{u}\cdot\gamma = 0, \quad (D(\mathbf{u})\nabla c - \mathbf{u}c)\cdot\gamma = 0, \quad X\in\partial\Omega, t\in J, \tag{2.3.6a}
$$

$$
c(X,0) = \hat{c}_0(X), \quad X\in\Omega. \tag{2.3.6b}
$$

此处 $\partial\Omega$ 为有界区域 Ω 的边界面, γ 是 $\partial\Omega$ 的外法向矢量.

关于在多孔介质中两相 (油、水) Darcy 渗流驱动问题已有 Douglas 学派经典的系列工作[5-10], 但这些工作都是研究经典的 Darcy 流的. 最早关于 Forchheimer 方程的混合元方法是 Girault 和 Wheeler 引入的[11]. 在文献 [11] 中速度用分片常数逼近, 压力用 Crouzeix-Raviart 元逼近, 这里混合元方法称为"原始型". 应用 Raviart-Thomas 混合元对 Forchheimer 方程求解和分析见文献 [12]. 应用混合元方法处理依赖时间的问题已被 Douglas 和 Park 研究[13,14], 在文献 [13, 14] 中半离散格式被提出和分析. 在多孔介质中研究带有 Forchheimer 方程的渗流驱动问题是 Douglas 系列工作实际性的拓广, 它适用于流速较大的渗流和非均匀介质的情况[15,16].

在一般情况下, 上述方法均建立在饱和度方程的扩散矩阵是正定的假定条件下. 但在很多实际问题中, 扩散矩阵仅能满足半正定条件[8,17,18]. 在此条件下很多理论不再适用, 因此对这类半正定问题的分析出现了实质性困难, Dawson 和本书作者等在文献 [17—21] 中讨论了二维半正定问题两相驱动问题的特征有限元方法、特征差分方法和迎风混合元方法. 现代网格变动的自适应有限元方法, 已成为精确有效地逼近偏微分方程的重要工具, 特别是关于油水两相渗流驱动问题的数值模拟计算, 对于油水驱动激烈变化的前沿和某些局部性质, 此方法具有十分有效的理想结果. Dawson 等在文献 [31] 中对于热传导方程和对流-扩散方程提出了基于网格变动的混合有限元方法, 在特殊的网格变化情况下可以得到最优的误差估计. 在上述工作的基础上, 本节对三维油水驱动 Darcy-Forchheimer 渗流半正定问题提出网格变动的迎风混合元方法. 对流动方程使用混合元方法, 利用推广的混合元方法处理饱和度方程的扩散项, 迎风方法逼近对流项. 这两种方法相结合具有很好的物理性质, 满足对流占优的特性, 没有振荡和数值弥散, 并且可以保持质量守恒, 这一特性在油藏数值模拟实际计算中是极其重要的[5,8,10].

为了数值分析, 对问题 (2.3.1), (2.3.2) 的系数需要下述半正定性假定:

$$\text{(C)}\quad\begin{cases} 0 < a_*|X|^2 \leqslant (\mu(c)\kappa^{-1}(X)X)\cdot X \leqslant a^*|X|^2, \quad 0 < \varphi_* \leqslant \varphi(X) \leqslant \varphi^*, \\ 0 \leqslant (D(X,\mathbf{u})X)\cdot X, \quad 0 < \rho_* \leqslant \rho(c) \leqslant \rho^*, \\ \left|\dfrac{\partial(\kappa/\mu)}{\partial c}(X,c)\right| + \left|\dfrac{\partial r}{\partial c}(X,c)\right| + |\nabla\varphi| + \left|\dfrac{\partial D}{\partial \mathbf{u}}(X,\mathbf{u})\right| \\ +|q_I(X,t)| + \left|\dfrac{\partial q_I}{\partial t}(X,t)\right| \leqslant K^*, \end{cases} \tag{2.3.7}$$

此处 a_*, a^*, φ_*, φ^*, ρ_*, ρ^* 和 K^* 均为确定的正常数.

对于问题 (2.3.1)—(2.3.6) 在数值分析时, 还需要下面的正则性条件. 我们使用通常的 Sobolev 空间及其范数记号. 假定问题 (2.3.1)—(2.3.6) 的精确解满足下述正则性条件:

$$\text{(R)}\quad\begin{cases} p \in L^\infty(H^{k+1}), \\ \mathbf{u} \in L^\infty(H^{k+1}(\text{div})) \cap L^\infty(W^{1,\infty}) \cap W^{1,\infty}(L^\infty) \cap H^2(L^2), \\ c \in L^\infty(H^1) \cap L^2(W^{1,\infty}). \end{cases}$$

对于我们选定的计算格式, 此处 $k \geqslant 1$.

在本节中 K 表示一般的正常数, ε 表示一般小的正数, 在不同地方具有不同含义.

2.3.2 半正定问题的混合元-迎风变网格混合元格式

对于油水二相 Darcy-Forchheimer 混溶驱动半正定问题, 我们提出一类混合元-迎风变网格混合元格式. 首先讨论对流动方程 (2.3.1) 的混合元方法. 为此引入 Sobolev 空间及其范数如下:

$$\begin{cases} X = \{\mathbf{u} \in L^2(\Omega)^3, \nabla\cdot\mathbf{u} \in L^2(\Omega), \mathbf{u}\cdot\gamma = 0\}, \quad ||\mathbf{u}||_X = ||\mathbf{u}||_{L^2} + ||\nabla\cdot\mathbf{u}||_{L^2}, \\ M = L_0^2(\Omega) = \left\{p \in L^2(\Omega) : \displaystyle\int_\Omega p dX = 0\right\}, \quad ||p||_M = ||p||_{L^2}. \end{cases} \tag{2.3.8}$$

问题 (2.3.1)—(2.3.6) 的弱形式通过乘检验函数和分部积分得到. 寻求 $(\mathbf{u},p):(0,T] \to (X,M)$ 使得

$$\int_\Omega (\mu(c)\kappa^{-1}\mathbf{u} + \beta\rho(c)|\mathbf{u}|\mathbf{u})\cdot v dX - \int_\Omega p\nabla v dX = \int_\Omega r(c)\nabla d\cdot v dX, \quad \forall v \in X, \tag{2.3.9a}$$

$$-\int_\Omega w\nabla\cdot\mathbf{u} dX = -\int_\Omega wq dX, \quad \forall w \in M. \tag{2.3.9b}$$

设 Δt_p 是流动方程的时间步长, 第一步时间步长记为 $\Delta t_{p,1}$. 设 $0 = t_0 < t_1 < \cdots < t_M = T$ 是关于时间的一个剖分. 对于 $i \geqslant 1$, $t_i = \Delta t_{p,1} + (i-1)\Delta t_p$. 类似地, 记 $0 = t^0 < t^1 < \cdots < t^N = T$ 是饱和度方程关于时间的一个剖分, $t^n = n\Delta t_c$, 此处 Δt_c 是饱和度方程的时间步长. 我们假设对于任一 m, 都存在一个 n 使得 $t_m = t^n$, 这里 $\Delta t_p/\Delta t_c$ 是一个正整数. 记 $j^0 = \Delta t_{p,1}/\Delta t_c$, $j = \Delta t_p/\Delta t_c$. 设 J_p 是一类对于三维区域 Ω 的拟正则 (四面体, 长方六面体) 剖分, 其单元最大直径为 h_p. $(X_h, M_h) \subset X \times M$ 是一个对应于混合元空间指数为 k 的 Raviart-Thomas 元或 Brezzi-Douglas-Marini 元[14,22].

下面对饱和度方程 (2.3.2) 构造其迎风混合元多步格式. 为此将其改写为散度形式, 记 $\mathbf{g} = \mathbf{u}c = (u_1c, u_2c, u_3c)^{\mathrm{T}}$, $\bar{\mathbf{z}} = -\nabla c$, $\mathbf{z} = D\bar{\mathbf{z}}$, 则

$$\varphi\frac{\partial c}{\partial t} + \nabla\cdot\mathbf{g} + \nabla\cdot\mathbf{z} - c\nabla\cdot\mathbf{u} = q_I(c_I - c). \tag{2.3.10}$$

应用流动方程 $\nabla\cdot\mathbf{u} = q = q_I + q_p$, 则方程 (2.3.10) 可改写为

$$\varphi\frac{\partial c}{\partial t} + \nabla\cdot\mathbf{g} + \nabla\cdot\mathbf{z} - q_p c = q_I c_I. \tag{2.3.11}$$

此处应用推广的混合元方法[23], 此方法不仅得到对扩散流量 $\mathbf{z}$ 的近似, 同时得到对梯度 $\bar{\mathbf{z}}$ 的近似. 设 V_h, W_h 同样是 X, M 的混合元子空间, 且有 $\mathrm{div}V_h^n = W_h^n$, 代表低阶的 Raviart-Thomas 空间. 设 J_c^n 是一类对应于三维区域 Ω 的拟正则 (四面体, 长方六面体) 剖分, 其单元最大直径为 h_c. $\forall w \in W_h^n$ 在剖分 J_c^n 的每个小单元 e 上是常数, $\forall \mathbf{v} \in V_h^n$ 在每个单元上是连续的分块线性函数. $\mathbf{v}\cdot\gamma$ 是 e 边界面重心的值, γ 为 ∂e 的单位外法向量. 在实际计算时, 通常情况下剖分 J_c^n 是在剖分 J_p 的基础上进一步细分, 只有在变格的情况下, 需要单独仔细剖分. 取 $h_c = h_p/l$, 此处 l 为一正整数.

饱和度方程的变分形式为

$$\left(\varphi\frac{\partial c}{\partial t}, w^n\right) + (\nabla\cdot\mathbf{g}, w^n) + (\nabla\cdot\mathbf{z}, w^n) - (q_p c, w^n) = (q_I c_I, w^n), \quad \forall w^n \in W_h^n, \tag{2.3.12a}$$

$$(\bar{\mathbf{z}}, \mathbf{v}^n) = (c, \nabla\cdot\mathbf{v}^n), \quad \forall \mathbf{v}^n \in V_h^n, \tag{2.3.12b}$$

$$(\mathbf{z}, \mathbf{v}^n) = (D\bar{\mathbf{z}}, \mathbf{v}^n), \quad \forall \mathbf{v}^n \in V_h^n. \tag{2.3.12c}$$

我们提出混合元-迎风变网格混合元格式: 对流动方程 (2.3.1) 寻求 $\{\mathbf{U}_m, P_m\} \in X_h \times M_h, m = 0, 1, \cdots, M$ 使得

$$\begin{aligned}&\int_\Omega (\mu(\bar{C}_m)K^{-1}\mathbf{U}_m + \beta\rho(\bar{C}_m)|\mathbf{U}_m|\mathbf{U}_m)\mathbf{v}dX - \int_\Omega P_m\nabla\cdot\mathbf{v}dX\\ &= \int_\Omega \gamma(\bar{C}_m)\nabla d\cdot\mathbf{v}dX, \quad \mathbf{v} \in X_h,\end{aligned} \tag{2.3.13a}$$

$$-\int_{\Omega} w_h \nabla \cdot \mathbf{U}_m dX = -\int_{\Omega} w q_m dX, \quad \forall w \in M_h. \tag{2.3.13b}$$

在非线性项 μ, ρ 和 γ 中用近似解 C_m 代替在 $t = t_m$ 时刻的真解 c_m, 记

$$\bar{C}_m = \min\{1, \max(0, C_m)\} \in [0, 1]. \tag{2.3.14}$$

在时间步 t^n, $t_{m-1} < t^n \leqslant t_m$, 应用如下的外推公式

$$E\mathbf{U}^n = \begin{cases} \mathbf{U}_0, & t_0 < t^n \leqslant t_1, m = 1 \\ \left(1 + \dfrac{t^n - t_{m-1}}{t_{m-1} - t_{m-2}}\right)\mathbf{U}_{m-1} - \dfrac{t^n - t_{m-1}}{t_{m-1} - t_{m-2}}\mathbf{U}_{m-2}, & t_{m-1} < t^n \leqslant t_m, m \geqslant 2. \end{cases} \tag{2.3.15}$$

下面对饱和度方程 (2.3.12), 在每一时间层 t^n, 求 $C^n \in W_h^n, \bar{\mathbf{Z}}^n \in V_h^n, \mathbf{Z}^n \in V_h^n, \mathbf{G}^n \in V_h^n$ 满足

$$\begin{aligned} &\left(\varphi(X)\frac{C^n - C^{n-1}}{\Delta t_c}, w^n\right) + (\nabla \cdot \mathbf{G}^n, w^n) + (\nabla \cdot \mathbf{Z}^n, w^n) - (q_p C^n, w^n) \\ &= (q_I c_I^n, w^n), \quad \forall w^n \in W_h^n, \end{aligned} \tag{2.3.16a}$$

$$(\bar{\mathbf{Z}}^n, \mathbf{v}^n) = (C^n, \nabla \cdot \mathbf{v}^n), \quad \mathbf{v}^n \in V_h^n, \tag{2.3.16b}$$

$$(\mathbf{Z}^n, \mathbf{v}^n) = (D(E\mathbf{U}^n)\bar{\mathbf{Z}}^n, \mathbf{v}^n), \quad \mathbf{v}^n \in V_h^n. \tag{2.3.16c}$$

对流流量 $\mathbf{G}$ 由近似解 C 来构造. 本节使用简单的迎风方法. 由于在 $\partial\Omega$ 上 $\mathbf{g} = \mathbf{u}c = 0$, 设在边界面上 $\mathbf{G}^n \cdot \gamma$ 的平均积分为 0. 假设单元 e_1, e_2 有公共面 σ, x_l 是此面的重心, γ_l 是从 e_1 到 e_2 的法向量, 那么我们可以定义

$$\mathbf{G}^n \cdot \gamma = \begin{cases} C_{e_1}^n (E\mathbf{U}^n \cdot \gamma_l)(x_l), & (E\mathbf{U}^n \cdot \gamma_l)(x_l) \geqslant 0, \\ C_{e_2}^n (E\mathbf{U}^n \cdot \gamma_l)(x_l), & (E\mathbf{U}^n \cdot \gamma_l)(x_l) < 0. \end{cases}$$

此处 $C_{e_1}^n, C_{e_2}^n$ 是 C^n 在单元上的常数值. 至此定义了 $\mathbf{G}^n$, $E\mathbf{U}^n$, 完成了格式 (2.3.13)—(2.3.16) 的构造.

注 由于网格发生变动, 在 (2.3.16a) 中必须计算 (C^{n-1}, w^n), 也就是 C^{n-1} 的 L^2 投影: 由 J_c^{n-1} 上的分片常数投影到 J_c^n 上的分片常数.

混合元-迎风变网格混合元格式的计算程序. 首先利用初始条件 (2.3.6), 利用 L^2 投影或插值计算出 C_0, 通过流动方程的混合元程序 (2.3.13a), (2.3.13b) 计算 $\{\mathbf{U}_0, P_0\}$. 从时间层 $n = 2$ 开始由 (2.3.16a)—(2.3.16c) 依次计算得 $\{C^1, C^2, \cdots, C^{j_0}\}$. 对 $m \geqslant 1$, 此处 $C^{j_0+(m-1)j} = C_m$ 是已知的, 由 (2.3.13a) 和 (2.3.13b) 得到 $\{\mathbf{U}_m, P_m\}$. 依次循环计算, 由 (2.3.16a)—(2.3.16c) 可得 $C^{j_0+(m-1)j+1}, C^{j_0+(m-1)j+2}, \cdots, C^{j_0+mj}$. 可得每一时间层的压力、速度和饱和度的数值解. 由问题的半正定条件 (C), 数值解存在且唯一.

2.3.3 质量守恒原理

如果问题 (2.3.1)—(2.3.6) 没有源汇项, $q\equiv 0$, 且满足不渗透边界条件, 则饱和度方程满足质量守恒原理. 对应的迎风变网格混合元方法 (2.3.16a), 在网格不变动的时间步具有单元质量守恒和整体质量守恒.

定理 2.3.1 如果 $q\equiv 0$, 则在任意单元 $e=[x_{i-1/2},x_{i+1/2}]\times[y_{j-1/2},y_{j+1/2}]\times[z_{k-1/2},z_{k+1/2}]$, 那么格式 (2.3.16a) 满足单元质量守恒律

$$\int_e \varphi\frac{C^n-C^{n-1}}{\Delta t_c}dX-\int_{\partial e}\mathbf{G}^n\cdot\gamma_e ds-\int_{\partial e}\mathbf{Z}^n\cdot\gamma_e ds=0. \tag{2.3.17}$$

证明 对方程 (2.3.16a), 因为 $w^n\in W_h$, 在给定的单元 $e=\Omega_{ijk}$ 上, 取 $w^n\equiv 1$, 在其他单元上为零. 则 (2.3.16a) 为

$$\left(\varphi\frac{C^n-C^{n-1}}{\Delta t_c},1\right)_{\Omega_{ijk}}-\int_{\partial\Omega_{ijk}}\mathbf{G}^n\cdot\gamma_{\Omega_{ijk}}ds+(D_xZ^{x,n}+D_yZ^{y,n}+D_zZ^{z,n},1)_{\Omega_{ijk}}=0. \tag{2.3.18}$$

按 2.2.2 小节中的记号可得

$$\left(\varphi\frac{C^n-C^{n-1}}{\Delta t_c},1\right)_{\Omega_{ijk}}=\varphi_{ijk}\left(\frac{C^n_{ijk}-C^{n+1}_{ijk}}{\Delta t_c}\right)h_{x_i}h_{y_j}h_{z_k}=\int_{\Omega_{ijk}}\varphi\frac{C^n-C^{n-1}}{\Delta t_c}dX, \tag{2.3.19a}$$

$$\begin{aligned}&(D_xZ^{x,n}+D_yZ^{y,n}+D_zZ^{z,n},1)_{\Omega_{ijk}}\\&=(Z^{x,n}_{i+1/2,jk}-Z^{x,n}_{i-1/2,jk})h_{y_j}h_{z_k}+(Z^{y,n}_{i,j+1/2,k}-Z^{y,n}_{i,j-1/2,k})h_{x_i}h_{z_k}\\&\quad+(Z^{z,n}_{ij,k+1/2}-Z^{z,n}_{ij,k-1/2})h_{x_i}h_{y_j}\\&=-\int_{\partial\Omega_{ijk}}\mathbf{Z}^n\cdot\gamma_{\Omega_{ijk}}ds.\end{aligned} \tag{2.3.19b}$$

将式 (2.3.19) 代入式 (2.3.18), 定理 2.3.1 得证.

定理 2.3.2 如果 $q\equiv 0$, 边界条件是不渗透的, 则格式 (2.3.16a) 满足整体离散质量守恒律

$$\int_\Omega \varphi\frac{C^n-C^{n-1}}{\Delta t_c}dX=0,\quad n\geqslant 1. \tag{2.3.20}$$

证明 由单元质量守恒律 (2.3.17), 对全部的网格剖分单元求和, 则有

$$\sum_e\int_e\varphi\frac{C^n-C^{n-1}}{\Delta t_c}dX+\sum_e\int_{\partial e}\mathbf{G}^n\cdot\gamma_e ds-\sum_e\int_{\partial e}\mathbf{Z}^n\cdot\gamma_e ds=0. \tag{2.3.21}$$

记单元 e_1,e_2 的公共面为 σ_l, X_l 是此边界面的重心点, γ_l 是从 e_1 到 e_2 的法向量, 那么由对流项的定义, 在单元 e_1 上, 若 $E\mathbf{U}^n\cdot\gamma_l(X_l)\geqslant 0$, 则

$$\int_{\sigma_l}\mathbf{G}^n\cdot\gamma_l ds=C^n_{e_1}E\mathbf{U}^n\cdot\gamma_l(X_l)|\sigma_l|. \tag{2.3.22a}$$

此处 $|\sigma_l|$ 是边界面 σ_l 的测度. 而在单元 e_2 上, σ_l 的法向量是 $-\gamma_l$, 此时 $E\mathbf{U}^n\cdot(-\gamma_l(X_l))\leqslant 0$, 则

$$\int_{\sigma_l}\mathbf{G}^n\cdot(-\gamma_l)ds=-C_{e_1}^n E\mathbf{U}^n\cdot\gamma_l(X_l)|\sigma_l|. \tag{2.3.22b}$$

上面两式相互抵消, 故

$$\sum_e\int_{\partial e}\mathbf{G}^n\cdot\gamma_e ds=0. \tag{2.3.23}$$

注意到不渗透边界条件有

$$-\sum_e\int_{\partial e}\mathbf{Z}^n\cdot\gamma_{\partial e}ds=-\int_{\partial\Omega}\mathbf{Z}^n\cdot\gamma_{\partial\Omega}ds=0. \tag{2.3.24}$$

将式 (2.3.23), (2.3.24) 代入 (2.3.21) 可得到 (2.3.20), 定理 2.3.2 得证. 这一物理特性对渗流力学数值模拟计算是特别重要的.

2.3.4 混合元-迎风变网格混合元的收敛性分析

对于三维混合元空间, 我们假定存在不依赖网格剖分的常数 K 使得下述逼近性质和逆性质成立:

$$(\mathrm{A_{p,\mathbf{u}}})\quad\begin{cases}\inf\limits_{v_h\in X_h}||f-v_h||_{L^q}\leqslant K||f||_{W^{m,q}}h_p^m, & 1\leqslant m\leqslant k+1,\\ \inf\limits_{w_h\in M_h}||g-w_h||_{L^q}\leqslant K||g||_{W^{m,q}}h_p^m, & 1\leqslant m\leqslant k+1,\\ \inf\limits_{v_h\in X_h}||\mathrm{div}(f-v_h)||_{L^2}\leqslant K||\mathrm{div}f||_{H^m}h_p^m, & 1\leqslant m\leqslant k+1,\end{cases} \tag{2.3.25a}$$

$$(\mathrm{I_{p,\mathbf{u}}})\quad ||v_h||_{L^\infty}\leqslant Kh_p^{-3/2}||v_h||_{L^2},\quad v_h\in X_h, \tag{2.3.25b}$$

$$(\mathrm{A_c})\quad \inf_{\chi_h\in V_h}[||f-\chi_h||_{L^2}+h_c||f-\chi_h||_{H^1}]\leqslant Kh_c^m||f||_m,\quad 2\leqslant m\leqslant k+1, \tag{2.3.25c}$$

$$(\mathrm{I_c})\quad ||\chi_h||_{W^{m,\infty}}\leqslant Kh_c^{-3/2}||\chi_h||_{W^m},\quad \chi_h\in V_h. \tag{2.3.25d}$$

为了理论分析简便, 并引入下述 Forchheimer 投影.

定义 Forchheimer 投影算子 (Π_h,P_h): $(\mathbf{u},p)\to(\Pi_h\mathbf{u},P_hp)=(\tilde{\mathbf{U}},\tilde{P})$, 由下述方程组确定:

$$\int_\Omega[\mu(c)\kappa^{-1}(\mathbf{u}-\tilde{\mathbf{U}})+\beta\rho(c)(|\mathbf{u}|\mathbf{u}-|\tilde{\mathbf{U}}|\tilde{\mathbf{U}})]\cdot v_h dX-\int_\Omega(p-\tilde{P})\nabla v_h dX$$
$$=0,\quad\forall v_h\in X_h, \tag{2.3.26a}$$

$$-\int_\Omega w_h\nabla\cdot(\mathbf{u}-\tilde{\mathbf{U}})dX=0,\quad\forall w_h\in M_h. \tag{2.3.26b}$$

应用方程式 (2.3.9a) 和 (2.3.9b) 可得

$$\int_{\Omega}(\mu(c)\kappa^{-1}\tilde{\mathbf{U}}+\beta\rho(c)|\tilde{\mathbf{U}}|\tilde{\mathbf{U}})\cdot v_h dX-\int_{\Omega}\tilde{P}\nabla v_h dX$$
$$=\int_{\Omega}r(c)\nabla d\cdot v_h dX,\quad \forall v_h\in X_h, \tag{2.3.27a}$$

$$-\int_{\Omega}w_h\nabla\cdot\tilde{\mathbf{U}}dX=-\int_{\Omega}w_h\nabla\cdot\mathbf{u}dX=-\int_{\Omega}w_h q dX,\quad \forall w_h\in M_h. \tag{2.3.27b}$$

依据文献 [15] 中的结果, 存在不依赖 h_p 的正常数 K 使得

$$||\mathbf{u}-\tilde{\mathbf{U}}||_{L^2}^2+||\mathbf{u}-\tilde{\mathbf{U}}||_{L^3}^3+||p-\tilde{P}||_{L^2}^2\leqslant K\{||\mathbf{u}||_{W^{k+1,3}}^2+||p||_{H^{k+1}}^2\}h_p^{2(k+1)}. \tag{2.3.28a}$$

若 $k\geqslant 1$ 和 h_p 足够小, 则有

$$||\tilde{\mathbf{U}}||_{L^\infty}\leqslant||\mathbf{u}||_{L^\infty}+1. \tag{2.3.28b}$$

为了进行收敛性分析, 我们需要下面几个引理. 引理 2.3.1 是混合元的 LBB 条件, 在文献 [15] 中有详细的论述.

引理 2.3.1 存在不依赖 h 的 $\bar{r}$ 使得

$$\inf_{w_h\in M_h}\sup_{\mathbf{v}_h\in X_h}\frac{(w_h,\nabla\cdot\mathbf{v}_h)}{||w_h||_{M_h}||\mathbf{v}_h||_{X_h}}\geqslant\bar{r}. \tag{2.3.29}$$

下面几个引理是非线性 Darcy-Forchheimer 算子的一些性质.

引理 2.3.2 设 $f(v)=|v|v$, 则存在正常数 $K_i, i=1,2,3$, 存在 $u,v,w\in L^3(\Omega)^d$, 满足

$$K_1\int_{\Omega}(|u|+|v|)|v-u|^2dX\leqslant\int_{\Omega}(f(v)-f(u))\cdot(v-u)dX, \tag{2.3.30a}$$

$$K_2||v-u||_{L^3}^3\leqslant\int_{\Omega}(f(v)-f(u))\cdot(v-u)dX, \tag{2.3.30b}$$

$$K_3\int_{\Omega}|f(v)-f(u)||v-u|dX\leqslant\int_{\Omega}(f(v)-f(u))\cdot(v-u)dX, \tag{2.3.30c}$$

$$\int_{\Omega}(f(v)-f(u))\cdot w dX\leqslant\left[\int_{\Omega}(|v|+|u|)|v-u|^2dX\right]^{1/2}[||u||_{L^3}^{1/2}+||v||_{L^3}^{1/2}]||w||_{L^3}. \tag{2.3.30d}$$

现在考虑 $(\mathbf{u},p)$, 因为 $c\in[0,1]$, 我们容易看到

$$|\bar{C}_m-c_m|\leqslant|C_m-c_m|. \tag{2.3.31}$$

从格式 (2.3.13a), (2.3.13b) 和投影 $(\tilde{\mathbf{U}}, \tilde{P})$ 的误差估计式 (2.3.28), 可得下述引理.

引理 2.3.3 存在不依赖网格剖分的 K 使得

$$||\mathbf{u}_m - \mathbf{U}_m||_{L^2}^2 + ||\mathbf{u}_m - \mathbf{U}_m||_{L^3}^3 \leqslant K\{h_p^{2(k+1)} + ||c_m - C_m||_{L^2}^2\}. \tag{2.3.32}$$

证明见引理 2.1.3.

下面讨论饱和度方程 (2.3.2) 的误差估计. 由于饱和度方程的扩散矩阵仅是半正定的, 所以进行误差分析时不能再用传统的椭圆投影, 而是使用 L^2 投影.

引理 2.3.4 令 $\Pi c^n, \Pi\bar{\mathbf{z}}^n, \Pi\mathbf{z}^n$ 分别是 $c^n, \bar{\mathbf{z}}^n, \mathbf{z}^n$ 的 L^2 投影, 满足

$$\begin{aligned}
&\Pi c^n \in W_h, \quad (\varphi c^n - \varphi\Pi c^n, w) = 0, \quad w \in W_h, \quad ||c^n - \Pi c^n|| \leqslant Kh,\\
&\Pi\bar{\mathbf{z}}^n \in V_h, \quad (\bar{\mathbf{z}}^n - \Pi\bar{\mathbf{z}}^n, \mathbf{v}) = 0, \quad \mathbf{v} \in V_h, \quad ||\bar{\mathbf{z}}^n - \Pi\bar{\mathbf{z}}^n|| \leqslant Kh,\\
&\Pi\mathbf{z}^n \in V_h, \quad (\mathbf{z}^n - \Pi\mathbf{z}^n, \mathbf{v}) = 0, \quad \mathbf{v} \in V_h, \quad ||\mathbf{z}^n - \Pi\mathbf{z}^n|| \leqslant Kh.
\end{aligned}$$

对于迎风项的处理, 我们有下面的引理. 首先引入下面的记号: 网格单元 e 的任一面 σ, 令 γ_l 代表 σ 的单位法向量, 给定 (σ, γ_l) 可以唯一确定有公共面 σ 的两个相邻单元 e^+, e^-, 其中 γ_l 指向 e^+. 对于 $f \in W_h$, $x \in \sigma$,

$$f^-(x) = \lim_{s\to 0-} f(x + s\gamma_l), \quad f^+(x) = \lim_{s\to 0+} f(x + s\gamma_l),$$

定义 $[f] = f^+ - f^-$.

引理 2.3.5 令 $f_1, f_2 \in W_h$, 那么

$$\int_\Omega \nabla\cdot(\mathbf{u}f_1)f_2 dx = \frac{1}{2}\sum_\sigma \int_\sigma [f_1][f_2]|\mathbf{u}\cdot\gamma|ds + \frac{1}{2}\sum_\sigma \int_\sigma \mathbf{u}\cdot\gamma_l(f_1^+ f_1^-)(f_2^- - f_2^+)ds. \tag{2.3.33}$$

证明见引理 2.1.5.

下面详细研究饱和度方程, 把 $C^n, \bar{\mathbf{Z}}^n, \mathbf{Z}^n$ 与已知的 L^2 投影 $\Pi c^n, \Pi\bar{\mathbf{z}}^n, \Pi\mathbf{z}^n$ 进行比较. 令

$$\begin{aligned}
\xi_c = C - \Pi c, \quad \bar{\xi}_z = \bar{\mathbf{Z}} - \Pi\bar{\mathbf{z}}, \quad \xi_z = \mathbf{Z} - \Pi\mathbf{z}, \quad \eta_c = c - \Pi c,\\
\bar{\eta}_z = \bar{\mathbf{z}} - \Pi\bar{\mathbf{z}}, \quad \eta_z = \mathbf{z} - \Pi\mathbf{z}.
\end{aligned}$$

在时间 t^n 处, 真解满足

$$\begin{aligned}
&\left(\varphi(x)\frac{c^n - c^{n-1}}{\Delta t}, w^n\right) + (\nabla\cdot\mathbf{g}^n, w^n) + (\nabla\cdot\mathbf{z}^n, w^n) - (q_p c^n, w^n)\\
&= (q_I c_I^n, w^n) - (\rho^n, w^n), \quad \forall w^n \in W_h,
\end{aligned} \tag{2.3.34a}$$

$$(\bar{\mathbf{z}}^n, \mathbf{v}^n) = (c, \nabla\cdot\mathbf{v}^n), \quad \forall \mathbf{v}^n \in V_h, \tag{2.3.34b}$$

$$(\mathbf{z}^n, \mathbf{v}^n) = (D(\mathbf{u}^n)\bar{\mathbf{z}}^n, \mathbf{v}^n), \quad \forall \mathbf{v}^n \in V_h, \tag{2.3.34c}$$

其中 $\rho^n = \varphi c_t^n - \varphi(x)\dfrac{c^n - c^{n-1}}{\Delta t}$.

将 (2.3.16a)—(2.3.16c) 与 (2.3.34a)—(2.3.34c) 相减, 并利用 L^2 投影得到误差方程

$$\begin{aligned}&\left(\varphi(x)\frac{\xi_c^n - \xi_c^{n-1}}{\Delta t}, w^n\right) + (\nabla\cdot\xi_z^n, w^n) + (\nabla\cdot\mathbf{G}^n - \nabla\cdot\mathbf{g}^n, w^n) - (q_p\xi_c^n, w^n)\\ &= -(q_p\eta_c^n, w^n) + (\rho^n, w^n) + (\nabla\cdot\eta_z^n, w^n),\end{aligned} \tag{2.3.35a}$$

$$(\bar{\xi}_z^n, \mathbf{v}^n) = (\xi_c, \nabla\cdot\mathbf{v}^n), \tag{2.3.35b}$$

$$(\xi_z^n, \mathbf{v}^n) = (D(E\mathbf{U}^n)\bar{\xi}_z^n, \mathbf{v}^n) + (D(E\mathbf{U}^n)\bar{\eta}_z^n, \mathbf{v}^n) + ([D(E\mathbf{U}^n) - D(\mathbf{u}^n)]\bar{\mathbf{z}}^n, \mathbf{v}^n). \tag{2.3.35c}$$

在 (2.3.35a) 中取 $w = \xi_c^n$, 在 (2.3.35b) 中取 $\mathbf{v} = \xi_z^n$, 在 (2.3.35c) 中取 $\mathbf{v} = \bar{\xi}_z^n$, 三式相加减得到

$$\begin{aligned}&\left(\varphi(x)\frac{\xi_c^n - \xi_c^{n-1}}{\Delta t}, \xi_c^n\right) + (D(E\mathbf{U}^n)\bar{\xi}_z^n, \bar{\xi}_z^n) + (\nabla\cdot\mathbf{G}^n - \nabla\cdot\mathbf{g}^n, \xi_c^n)\\ &= (\rho^n, \xi_c^n) + (\nabla\cdot\eta_z^n, \xi_c^n) + (q_p(\xi_c^n - \eta_c^n), \xi_c^n) - (D(E\mathbf{U}^n)\bar{\eta}_z^n, \bar{\xi}_z^n)\\ &\quad - ([D(E\mathbf{U}^n) - D(\mathbf{u}^n)]\bar{\mathbf{z}}^n, \bar{\xi}_z^n) + \left(\varphi(x)\frac{\eta_c^n - \eta_c^{n-1}}{\Delta t}, \xi_c^n\right)\\ &= T_1 + T_2 + T_3 + T_4 + T_5 + T_6.\end{aligned} \tag{2.3.36}$$

先来估计方程 (2.3.36) 的左端项, 第三项可以分解为

$$(\nabla\cdot(\mathbf{G}^n - \mathbf{g}^n), \xi_c^n) = (\nabla\cdot(\mathbf{G}^n - \Pi\mathbf{g}^n), \xi_c^n) + (\nabla\cdot(\Pi\mathbf{g}^n - \mathbf{g}^n), \xi_c^n). \tag{2.3.37}$$

$\Pi\mathbf{g}$ 的定义类似于 $\mathbf{G}$

$$\Pi\mathbf{g}^n\cdot\gamma_l = \begin{cases}\Pi c_{e_1}^n(E\mathbf{U}^n\cdot\gamma_l)(x_l), & (E\mathbf{U}^n\cdot\gamma_l)(x_l) \geqslant 0,\\ \Pi c_{e_2}^n(E\mathbf{U}^n\cdot\gamma_l)(x_l), & (E\mathbf{U}^n\cdot\gamma_l)(x_l) < 0.\end{cases}$$

应用 (2.3.33) 式

$$\begin{aligned}&(\nabla\cdot(\mathbf{G}^n - \Pi\mathbf{g}^n), \xi_c^n) = \sum_e\int_{\Omega_e}\nabla\cdot(\mathbf{G}^n - \Pi\mathbf{g}^n)\xi_c^n dx\\ &= \sum_e\int_{\Omega_e}\nabla\cdot(E\mathbf{U}^n\xi_c^n)\xi_c^n dx\\ &= \frac{1}{2}\sum_\sigma\int_\sigma|E\mathbf{U}^n\cdot\gamma_l|[\xi_c^n]^2 ds - \frac{1}{2}\sum_\sigma\int_\sigma(E\mathbf{U}^n\cdot\gamma_l)(\xi_c^{n,+} + \xi_c^{n,-})[\xi_c^n]^2 ds\end{aligned}$$

$$= Q_1 + Q_2,$$

$$Q_1 = \frac{1}{2}\sum_{\sigma}\int_{\sigma}|E\mathbf{U}^n\cdot\gamma_l|[\xi_c^n]^2ds \geqslant 0,$$

$$Q_2 = -\frac{1}{2}\sum_{\sigma}\int_{\sigma}(\mathbf{U}^n\cdot\gamma_l)[(\xi_c^{n,+})^2-(\xi_c^{n,-})^2]ds = \frac{1}{2}\sum_{e}\int_{\Omega_e}\nabla\cdot E\mathbf{U}^n(\xi_c^n)^2dx$$
$$= \frac{1}{2}\sum_{e}\int_{\Omega_e}q^n(\xi_c^n)^2dx.$$

把 Q_2 移到方程 (2.3.36) 的右端, 且根据 q 的有界性得到, $|Q_2| \leqslant K||\xi_c^n||^2$.

对于 (2.3.37) 式第二项

$$(\nabla\cdot(\mathbf{g}^n-\Pi\mathbf{g}^n),\xi_c^n) = \sum_{\sigma}\int_{\sigma}\{c^n\mathbf{u}^n\cdot\gamma_l - \Pi c^nE\mathbf{U}^n\cdot\gamma_l\}[\xi_c^n]^2ds$$
$$= \sum_{\sigma}\int_{\sigma}\{c^n\mathbf{u}^n - c^nE\mathbf{u}^n + c^nE\mathbf{u}^n - c^nE\mathbf{U}^n + c^nE\mathbf{U}^n - \Pi c^nE\mathbf{U}^n\}\cdot\gamma_l[\xi_c^n]^2ds$$
$$= (\nabla\cdot(c^n\mathbf{u}^n - c^nE\mathbf{u}^n),\xi_c^n) + (\nabla\cdot c^nE(\mathbf{u}^n-\mathbf{U}^n),\xi_c^n)$$
$$+\sum_{\sigma}\int_{\sigma}E\mathbf{U}^n\cdot\gamma_l(c^n-\Pi c^n)[\xi_c^n]ds$$
$$\leqslant K\{\Delta t_p^4 + ||E(\mathbf{u}^n-\mathbf{U}^n)||_{H(\mathrm{div})}^2 + ||\xi_c^n||^2\} + K\sum_{\sigma}\int_{\sigma}|E\mathbf{U}^n\cdot\gamma_l||c^n-\Pi c^n|^2ds$$
$$+\frac{1}{4}\sum_{\sigma}\int_{\sigma}|E\mathbf{U}^n\cdot\gamma_l|[\xi_c^n]^2ds.$$

由 (2.3.28), (2.3.32) 和 $|c^n-\Pi c^n| = O(h_c)$, 得到

$$\begin{aligned}&(\nabla\cdot(\mathbf{g}^n-\Pi\mathbf{g}^n),\xi_c^n)\\&\leqslant K\{\Delta t_p^4 + h_p^{2(k+1)} + h_c + ||\xi_c^n||^2 + ||\xi_{c,m-1}||^2 + ||\xi_{c,m-2}||^2\}\\&\quad+\frac{1}{4}\sum_{\sigma}\int_{\sigma}|E\mathbf{U}^n\cdot\gamma_l|[\xi_c^n]^2ds.\end{aligned} \tag{2.3.38}$$

接下来考虑 (2.3.36) 右端各项情况. 很容易得到 T_1—T_4 的估计.

$$|T_1| \leqslant K\Delta t_c\left|\left|\frac{\partial^2 c}{\partial t^2}\right|\right|_{L^2(t^{n-1},t^n;L^2)}^2 + K\{||\xi_c^n||^2 + h_c^2\}, \tag{2.3.39a}$$

$$|T_2+T_3| \leqslant K\{h_c^2 + ||\xi_c^n||^2\}, \tag{2.3.39b}$$

$$|T_4| \leqslant K||\bar{\eta}_z^n||^2 + \frac{1}{4}(D(E\mathbf{U}^{n-1})\bar{\xi}_z^n,\bar{\xi}_z^n), \tag{2.3.39c}$$

对于 T_5, 注意到若 D 不依赖于 $\mathbf{u}$, 那么 $T_5=0$. 否则有

$$|T_5|=\int_\Omega \frac{\partial D}{\partial \mathbf{u}}(E\mathbf{U}^n-\mathbf{u}^n)\bar{\mathbf{z}}^n\bar{\xi}_z^n dx$$
$$\leqslant \frac{1}{4}(D(E\mathbf{U}^n)\bar{\xi}_z^n,\bar{\xi}_z^n)+\int_\Omega D^{-1}\left(\frac{\partial D}{\partial \mathbf{u}}\right)^2|E\mathbf{U}^n-\mathbf{u}^n|^2dx. \qquad (2.3.40a)$$

若 $D^{-1}|D_{\mathbf{u}}|^2$ 是有界的, 那么可以得到 T_5 的估计. 下面我们就来看一下它的有界性. 为了简单起见, 假设 $\mathbf{u}$ 是定向在 x 方向的 (旋转坐标轴不影响 $(D_{\mathbf{u}})^2$ 的大小), 那么可设

$$D=D_m+|\mathbf{u}|^\beta\begin{pmatrix} d_l & 0 & 0\\ 0 & d_t & 0\\ 0 & 0 & d_t\end{pmatrix},\quad D^{-1}\leqslant|\mathbf{u}|^{-\beta}\begin{pmatrix} 0 & d_l-d_t & 0\\ 0 & d_t^{-1} & 0\\ 0 & 0 & d_t^{-1}\end{pmatrix},$$

$$\frac{\partial D}{\partial u_x}=|\mathbf{u}|^{\beta-1}\begin{pmatrix} d_l & 0 & 0\\ 0 & d_t & 0\\ 0 & 0 & d_t\end{pmatrix},\quad \frac{\partial D}{\partial u_y}=|\mathbf{u}|^{\beta-1}\begin{pmatrix} 0 & d_l-d_t & 0\\ d_l-d_t & 0 & 0\\ 0 & 0 & 0\end{pmatrix},$$

$$\frac{\partial D}{\partial u_z}=|\mathbf{u}|^{\beta-1}\begin{pmatrix} 0 & 0 & d_l-d_t\\ 0 & 0 & 0\\ d_l-d_t & 0 & 0\end{pmatrix},$$

$$\left|D^{-1}\left(\frac{\partial D}{\partial \mathbf{u}}\right)^2\right|$$
$$\leqslant|\mathbf{u}|^{\beta-2}\left\{\beta^2\begin{pmatrix} d_l & 0 & 0\\ 0 & d_t & 0\\ 0 & 0 & d_t\end{pmatrix}+\begin{pmatrix} d_l^{-1}(d_l-d_t)^2 & 0 & 0\\ 0 & d_t^{-1}(d_l-d_t)^2 & 0\\ 0 & 0 & 0\end{pmatrix}\right.$$
$$\left.+\begin{pmatrix} d_l^{-1}(d_l-d_t)^2 & 0 & 0\\ 0 & 0 & 0\\ 0 & 0 & d_t^{-1}(d_l-d_t)^2\end{pmatrix}\right\}.$$

只要满足

$$\frac{d_l^2}{d_t}\leqslant d^*<\infty,\quad \frac{d_t^2}{d_l}\leqslant d^*<\infty,\quad \beta\geqslant 2, \qquad (2.3.40b)$$

那么 $\left|D^{-1}\left(\dfrac{\partial D}{\partial \mathbf{u}}\right)^2\right|$ 是有界的, 条件 (2.3.40b) 自然满足.

注意到 $\mathbf{u}^n - E\mathbf{U}^n = \mathbf{u}^n - E\mathbf{u}^n + E\mathbf{u}^n - E\bar{\mathbf{u}}^n + E\bar{\mathbf{u}}^n - E\mathbf{U}^n$, 由 $E\mathbf{u}$ 的定义和 (2.3.28), (2.3.32) 有

$$\begin{aligned}&||\mathbf{u}^n - E\mathbf{U}^n||^2\\ \leqslant& K\left\{(\Delta t_p)^3\left|\left|\frac{\partial^2 \mathbf{u}}{\partial t^2}\right|\right|^2_{L^2(t_{m-2},t_{m-1};L^2)} + h_p^{2(k+1)} + ||\xi_{c,m-1}||^2 + ||\xi_{c,m-2}||^2\right\}, \quad m \geqslant 2,\\ &||\mathbf{u}^n - E\mathbf{U}^n||^2\\ \leqslant& K\left\{(\Delta t_{p,1})^2\left|\left|\frac{\partial^2 \mathbf{u}}{\partial t^2}\right|\right|^2_{L^2(t_0,t_1;L^2)} + h_p^{2(k+1)} + ||\xi_{c,1}||^2 + ||\xi_{c,0}||^2\right\}, \quad m = 1.\end{aligned}$$

故有

$$\begin{aligned}|T_5| \leqslant& \frac{1}{4}(D(E\mathbf{U}^n)\bar{\xi}_z^n, \bar{\xi}_z^n)\\ &+ K\left\{(\Delta t_p)^3\left|\left|\frac{\partial^2 \mathbf{u}}{\partial t^2}\right|\right|^2_{L^2(t_{m-2},t_{m-1};L^2)} + (\Delta t_{p,1})^2\left|\left|\frac{\partial^2 \mathbf{u}}{\partial t^2}\right|\right|^2_{L^2(t_0,t_1;L^2)}\right.\\ &\left. + h_p^{2(k+1)} + ||\xi_{c,m-1}||^2 + ||\xi_{c,m-2}||^2\right\}. \end{aligned} \tag{2.3.40c}$$

将 (2.3.37)—(2.3.40) 的估计代入误差估计方程 (2.3.36), 可得

$$\begin{aligned}&\frac{1}{2\Delta t_c}\{||\varphi^{1/2}\xi_c^n||^2 - ||\varphi^{1/2}\xi_c^{n-1}||^2\} + (D(E\mathbf{U}^n)\bar{\xi}_z^n, \bar{\xi}_z^n) + \frac{1}{2}\sum_\sigma \int_\sigma |E\mathbf{U}^n\cdot\gamma_l|[\xi_c^n]^2 ds\\ \leqslant& K\left\{\Delta t_c\left|\left|\frac{\partial^2 c}{\partial t^2}\right|\right|^2_{L^2(t^{n-1},t^n;L^2)} + (\Delta t_p)^3\left|\left|\frac{\partial^2 \mathbf{u}}{\partial t^2}\right|\right|^2_{L^2(t_{m-2},t_{m-1};L^2)}\right.\\ &+ (\Delta t_{p,1})^2\left|\left|\frac{\partial^2 \mathbf{u}}{\partial t^2}\right|\right|^2_{L^2(t_0,t_1;L^2)}\\ &\left.+||\xi_{c,m-1}||^2 + ||\xi_{c,m-2}||^2 + h_c + h_p^{2(k+1)} + \frac{1}{2}(D(E\mathbf{U}^n)\bar{\xi}_z^n, \bar{\xi}_z^n)\right\}\\ &+ \left(\varphi(x)\frac{\eta_c^n - \eta_c^{n-1}}{\Delta t_c}, \xi_c^n\right)\\ &+ \frac{1}{4}\sum_\sigma\int_\sigma |E\mathbf{U}^n\cdot\gamma_l|[\xi_c^n]^2 ds.\end{aligned} \tag{2.3.41}$$

右边最后一项被左边最后一项吸收. 令 N 是 $||\varphi^{1/2}\xi_c^n||$ 取最大时的时间层, 也就是说 $||\varphi^{1/2}\xi_c^N||^2 = \max\limits_{1\leqslant n\leqslant N^*}||\varphi^{1/2}\xi_c^n||^2$, (2.3.41) 两边同乘以 $2\Delta t_c$ 并对时间 n 相加 $(n = 1, 2, \cdots, N)$, 可得

$$||\varphi^{1/2}\xi_c^N||^2 + \frac{1}{2}\sum_{n=1}^N (D(E\mathbf{U}^n)\bar{\xi}_z^n, \bar{\xi}_z^n)\Delta t_c$$

$$\leqslant K\{h_p^{2(k+1)}+h_c+(\Delta t_c)^2+(\Delta t_{p,1})^3+(\Delta t_p)^4\}$$
$$+K\sum_{n=1}^{N}\|\xi_c^n\|^2\Delta t_c+\sum_{n=1}^{N}\left(\varphi(x)\frac{\eta_c^n-\eta_c^{n-1}}{\Delta t_c},\xi_c^n\right)\Delta t_c. \tag{2.3.42}$$

由 (2.3.42) 右端最后一项, 有 $(\varphi(x)\eta_c^n,\xi_c^n)=0$. 假设网格至多变动 M 次, 且有 $M\leqslant M^*$, 此处 M^* 是不依赖于 h 和 Δt 的常数, 那么有

$$\sum_{n=1}^{N}\left(\varphi(x)\frac{\eta_c^n-\eta_c^{n-1}}{\Delta t_c},\xi_c^n\right)\Delta t_c=\sum_{n=1}^{N}(\varphi(x)(c^{n-1}-\Pi c^{n-1}),\xi_c^n)\leqslant KM^*h_c\|\varphi^{1/2}\xi_c^N\|$$
$$\leqslant K(M^*h_c)^2+\frac{1}{4}\|\varphi^{1/2}\xi_c^N\|^2. \tag{2.3.43}$$

将 (2.3.43) 代入 (2.3.42), 并利用离散 Gronwall 引理可得

$$\|\xi_c^N\|^2\leqslant K\{h_c+h_p^{2(k+1)}+(M^*h_c)^2+(\Delta t_c)^2+(\Delta t_{p,1})^3+(\Delta t_p)^4\}. \tag{2.3.44}$$

由估计式 (2.3.44), 再组合流动方程估计式 (2.3.32) 可得到本节的主要定理.

定理 2.3.3 假设方程的系数满足半正定性条件 (C), 并且满足正则性条件 (R). 网格任意变动, 至多变动 M 次, 且有 $M\leqslant M^*$. 若 D 不依赖于 $\mathbf{u}$ (也就是说 D 是 0, 或者仅由分子扩散组成), 那么有估计

$$\max_{0\leqslant m\leqslant M}\|\mathbf{u}_m-\mathbf{U}_m\|_{L^2}\leqslant K\{h_p^{k+1}+M^*h_c+h_c^{1/2}+\Delta t_c+(\Delta t_{p,1})^{3/2}+(\Delta t_p)^2\}, \tag{2.3.45a}$$

$$\max_{0\leqslant n\leqslant N}\|c^n-C^n\|_{L^2}\leqslant K\{h_p^{k+1}+M^*h_c+h_c^{1/2}+\Delta t_c+(\Delta t_{p,1})^{3/2}+(\Delta t_p)^2\}. \tag{2.3.45b}$$

若 D 依赖于 $\mathbf{u}$, 包含非零的弥散项, 具有下面的形式

$$D=D_m\mathbf{I}+d_l|\mathbf{u}|^\beta\begin{pmatrix}\hat{u}_x^2 & \hat{u}_x\hat{u}_y & \hat{u}_x\hat{u}_z\\ \hat{u}_x\hat{u}_y & \hat{u}_y^2 & \hat{u}_y\hat{u}_z\\ \hat{u}_x\hat{u}_z & \hat{u}_y\hat{u}_z & \hat{u}_z^2\end{pmatrix}+d_t|\mathbf{u}|^\beta\begin{pmatrix}\hat{u}_y^2+\hat{u}_z^2 & -\hat{u}_x\hat{u}_y & -\hat{u}_x\hat{u}_z\\ -\hat{u}_x\hat{u}_y & \hat{u}_x^2+\hat{u}_z^2 & -\hat{u}_y\hat{u}_z\\ -\hat{u}_x\hat{u}_z & -\hat{u}_y\hat{u}_z & \hat{u}_x^2+\hat{u}_y^2\end{pmatrix}.$$

此处假设 D_m 没有下界, 那么估计式 (2.3.45) 成立需要条件:

$$\frac{d_l^2}{d_t}\leqslant d^*<\infty,\quad \frac{d_t^2}{d_l}\leqslant d^*<\infty,\quad \beta\geqslant 2,$$

其中 K 是不依赖于 $h,\Delta t$ 的常数, 仅依赖于函数 $p,\mathbf{u},c$ 及其导函数.

2.3.5 扩散矩阵正定的情形

以上是针对两相驱动问题扩散矩阵半正定时的误差估计, 若扩散矩阵满足传统的正定性条件:

$$0<D_*\leqslant D(x,\mathbf{u})\leqslant D^*,$$

则我们可以得到最优的误差估计.

此时我们采取传统的 π-投影[24],

$$(\nabla\cdot(\mathbf{z}^n-\pi\mathbf{z}^n),w^n)=0,\quad w^n\in W_h, \tag{2.3.46}$$

$$(\nabla\cdot(\mathbf{g}^n-\pi\mathbf{g}^n),w^n)=0,\quad w^n\in W_h. \tag{2.3.47}$$

则有

$$\|\mathbf{z}^n-\pi\mathbf{z}^n\|\leqslant Kh_c,\quad \|\mathbf{g}^n-\pi\mathbf{g}^n\|\leqslant Kh_c.$$

(2.3.35a)—(2.3.35c) 的误差方程将会有所改变

$$\begin{aligned}&\left(\varphi(x)\frac{\xi_c^n-\xi_c^{n-1}}{\Delta t_c},w^n\right)+(\nabla\cdot\xi_z^n,w^n)+(\nabla\cdot\mathbf{G}^n-\nabla\cdot\pi\mathbf{g}^n,w^n)-(q_pc^n,w^n)\\&=\left(\varphi(x)\frac{\eta_c^n-\eta_c^{n-1}}{\Delta t_c},w^n\right)+(\rho^n,w^n)+(q_Ic_I^n,w^n),\end{aligned} \tag{2.3.48a}$$

$$(\bar{\xi}_z^n,\mathbf{v}^n)=(\xi_c,\nabla\cdot\mathbf{v}^n), \tag{2.3.48b}$$

$$(\xi_z^n,\mathbf{v}^n)=(D(E\mathbf{U}^n)\bar{\xi}_z^n,\mathbf{v}^n)+(D(E\mathbf{U}^n)\bar{\eta}_z^n,\mathbf{v}^n)+([D(E\mathbf{U}^n)-D(\mathbf{u}^n)]\bar{\mathbf{z}}^n,\mathbf{v}^n)+(\eta_z^n,\mathbf{v}^n). \tag{2.3.48c}$$

在 (2.3.48a) 中取 $w^n=\xi_c^n$, 在 (2.3.48b) 中取 $\mathbf{v}^n=\xi_z^n$, 在 (2.3.48c) 中取 $\mathbf{v}^n=\bar{\xi}_z^n$, 三式相加减得到

$$\begin{aligned}&\left(\varphi(x)\frac{\xi_c^n-\xi_c^{n-1}}{\Delta t},\xi_c^n\right)+(D(E\mathbf{U}^n)\,\bar{\xi}_z^n,\bar{\xi}_z^n)+(\nabla\cdot\mathbf{G}^n-\nabla\cdot\pi\mathbf{g}^n,\xi_c^n)\\&=(\rho^n,\xi_c^n)-(\eta_z^n,\xi_c^n)+(q_p(\xi_c^n-\eta_c^n),\xi_c^n)-(D(E\mathbf{U}^n)\,\bar{\eta}_z^n,\bar{\xi}_z^n)\\&\quad-([D(E\mathbf{U}^n)-D(\mathbf{u}^n)]\,\bar{\mathbf{z}}^n,\bar{\xi}_z^n)\\&\quad+\left(\varphi(x)\frac{\eta_c^n-\eta_c^{n-1}}{\Delta t_c},\xi_c^n\right)\\&=T_1+T_2+T_3+T_4+T_5+T_6.\end{aligned} \tag{2.3.49}$$

比较 (2.3.49) 和 (2.3.36) 可以看出, 由于 $\Pi\mathbf{g}$ 和 $\pi\mathbf{g}$ 的定义不同, 所以估计也有所不同.

先来看 (2.3.49) 左端第三项. 在 (2.3.48c) 中取 $\mathbf{v}^n=\mathbf{G}^n-\pi\mathbf{g}^n$, 那么有

$$\begin{aligned}(\nabla\cdot(\mathbf{G}^n-\pi\mathbf{g}^n),\xi_c^n)&=(\bar{\xi}_z^n,\mathbf{G}^n-\pi\mathbf{g}^n)\\&\leqslant\frac{1}{8}(D\bar{\xi}_z^n,\bar{\xi}_c^n)+K(D_*^{-1})\|\mathbf{G}^n-\pi\mathbf{g}^n\|.\end{aligned} \tag{2.3.50}$$

令 σ 是一个公共的面, γ_l 代表单位法向量, x_l 是此面的重心, 由 π-投影[24]的性质,

$$\int_\sigma\pi\mathbf{g}^n\cdot\gamma_l ds=\int_\sigma c^n(\mathbf{u}^n\cdot\gamma_l)ds. \tag{2.3.51}$$

对于 $\mathbf{g}^n$ 充分光滑, 由积分的中点法则有

$$\frac{1}{m(\sigma)}\int_\sigma [\pi\mathbf{g}^n\cdot\gamma_l-((\mathbf{u}^n\cdot\gamma_l)c^n)(x_l)]ds=O(h_c). \tag{2.3.52}$$

那么

$$\begin{aligned}&\frac{1}{m(\sigma)}\int_\sigma (\mathbf{G}^n-\pi\mathbf{g}^n)\cdot\gamma_l ds\\ =&C_e^n(E\mathbf{U}^n\cdot\gamma_l)(x_l)-((\mathbf{u}^n\cdot\gamma_l)c^n)(x_l)+O(h_c)\\ =&(C_e^n-c^n(x_l))(E\mathbf{U}^n\cdot\gamma_l)+c^n(x_l)(E\mathbf{U}^n-\mathbf{u}^n)\cdot\gamma_l+O(h_c).\end{aligned} \tag{2.3.53}$$

由 c^n 充分光滑以及 (2.3.32) 式,

$$|c^n(x_l)-C_e^n|\leqslant|\xi_c^n|+O(h_c), \tag{2.3.54a}$$

$$|E(\mathbf{U}^n-\mathbf{u}^n)|\leqslant K(h_p^{k+1}+h_c+|\xi_{c,m-1}|+|\xi_{c,m-2}|). \tag{2.3.54b}$$

由 (2.3.51)—(2.3.54), 有

$$||\mathbf{G}^n-\pi\mathbf{g}^n||^2\leqslant K\{||\xi_c^n||^2+||\xi_{c,m-1}||^2+||\xi_{c,m-2}||^2+h_p^{2(k+1)}+h_c^2\}. \tag{2.3.55}$$

由于 D 正定有下界, (2.3.49) 右端各项的估计与 2.3.4 小节不同.

$$|T_1|\leqslant K\left\{\Delta t_c\left|\left|\frac{\partial^2 c}{\partial t^2}\right|\right|^2_{L^2(t^{n-1},t^n;L^2)}+||\xi_c^n||^2+h_c^2\right\}, \tag{2.3.56a}$$

$$|T_2|\leqslant K(D_*^{-1})||\eta_z^n||^2+\frac{1}{8}(D(E\mathbf{U}^n)\bar{\xi}_z^n,\bar{\xi}_z^n), \tag{2.3.56b}$$

$$|T_3|\leqslant K\{||\xi_c^n||^2+h_c^2\}, \tag{2.3.56c}$$

$$|T_4|\leqslant K||\bar{\eta}_z^n||^2+\frac{1}{8}(D(E\mathbf{U}^n)\bar{\xi}_z^n,\bar{\xi}_z^n), \tag{2.3.56d}$$

$$|T_5|\leqslant K(D_*^{-1})||E\mathbf{U}^n-\mathbf{u}^n||^2+\frac{1}{8}(D(E\mathbf{U}^n)\bar{\xi}_z^n,\bar{\xi}_z^n). \tag{2.3.56e}$$

类似 (2.3.40), 有

$$\begin{aligned}|T_5|\leqslant&\frac{1}{8}(D(E\mathbf{U}^n)\bar{\xi}_z^n,\bar{\xi}_z^n)\\ &+K\left\{(\Delta t_p)^3\left|\left|\frac{\partial^2\mathbf{u}}{\partial t^2}\right|\right|^2_{L^2(t_{m-2},t_{m-1};L^2)}+(\Delta t_{p,1})^2\left|\left|\frac{\partial^2\mathbf{u}}{\partial t^2}\right|\right|^2_{L^2(t_0,t_1;L^2)}\right.\\ &\left.+h_p^{2(k+1)}+h_c^2+||\xi_{c,m-1}||^2+||\xi_{c,m-2}||^2\right\}.\end{aligned} \tag{2.3.56f}$$

将 (2.3.50), (2.3.55), (2.3.56) 代入 (2.3.49), 并注意到对 T_6 的估计和 2.3.4 小节是一样的, 可得

$$\begin{aligned}&\frac{1}{2\Delta t_c}\{\|\varphi^{1/2}\xi_c^n\|^2-\|\varphi^{1/2}\xi_c^{n-1}\|^2\}+\frac{1}{2}(D(E\mathbf{U}^n)\bar{\xi}_z^n,\bar{\xi}_z^n)\\ \leqslant\ &K\{(\Delta t_c)^2+(\Delta t_{p,1})^3+(\Delta t_p)^4+h_c^2+(M^*h_c)^2\\ &+h_p^{2(k+1)}+\|\xi_c^n\|^2+\|\xi_{c,m-1}\|^2+\|\xi_{c,m-2}\|^2\},\end{aligned}\tag{2.3.57}$$

两边同乘以 $2\Delta t_c$ 并关于时间 n 相加, 利用 Gronwall 引理得到

$$\max_n\|\xi_c^n\|\leqslant K\{\Delta t_c+(\Delta t_{p,1})^{3/2}+(\Delta t_p)^2+h_c+M^*h_c+h_p^{k+1}\}.\tag{2.3.58}$$

定理 2.3.4 若问题 (2.3.1)—(2.3.6) 的系数满足正定性条件 $(\hat{\mathrm{C}})$, 即在 (2.3.7) 中将 $0\leqslant(D(x,\mathbf{u})X)\cdot X$ 换为 $0<D_*\leqslant(D(x,\mathbf{u})X)\cdot X$, 此处 D_* 为确定的正常数, 并且精确解满足正则性条件 (R). 则对正定问题的迎风混合元格式 (2.3.13)—(2.3.16), 我们有误差估计式

$$\max_{0\leqslant m\leqslant M}\|\mathbf{u}_m-\mathbf{U}_m\|_{L^2}\leqslant K\{h_p^{k+1}+M^*h_c+h_c+\Delta t_c+(\Delta t_{p,1})^{3/2}+(\Delta t_p)^2\},\tag{2.3.59a}$$

$$\max_{0\leqslant n\leqslant N}\|c^n-C^n\|_{L^2}\leqslant K\{h_p^{k+1}+M^*h_c+h_c+\Delta t_c+(\Delta t_{p,1})^{3/2}+(\Delta t_p)^2\},\tag{2.3.59b}$$

其中 K 依赖于函数 $p,\mathbf{u},c$ 及其导函数.

在本节最后, 研究格式的改进. 对基于网格变动的迎风混合元方法 (2.3.13)—(2.3.16) 进行改进, 即解在两个时间层变换时采用一个线性近似来代替前面的投影, 可以得到任意网格变动下最优的误差估计.

对于已知的 $C^{n-1}\in W_h^{n-1}$, 在单元 e^{n-1} 上定义线性函数 $\bar{C}^{n-1}$,

$$\bar{C}_{e^{n-1}}^{n-1}=C^{n-1}(x_e^{n-1})+(x-x_e^{n-1})\cdot\delta C_e^{n-1},\tag{2.3.60}$$

此处 x_e^{n-1} 是单元 e^{n-1} 的重心, δC_e^{n-1} 是梯度或近似解的斜率, 我们借助混合元方法对梯度 ∇C 的近似, 也即 $-\tilde{Z}$, 故有

$$\delta C_e^{n-1}=-\frac{1}{\mathrm{mes}(e^{n-1})}\int_{e^{n-1}}\tilde{Z}^{n-1}(x)dx.\tag{2.3.61}$$

保持流动方程的格式 (2.3.13)—(2.3.15) 不变, 饱和度方程的 (2.3.16b), (2.3.16c) 不变, (2.3.16a) 则改进为

$$\begin{aligned}&\left(\varphi(x)\frac{C^n-\bar{C}^{n-1}}{\Delta t_c},w^n\right)+(\nabla\cdot\mathbf{G}^n,w^n)+(\nabla\cdot\mathbf{Z}^n,w^n)-(q_pC^n,w^n)\\ =\ &(q_Ic_I^n,w^n),\quad\forall w^n\in W_h^n.\end{aligned}\tag{2.3.62}$$

只有当网格发生变化时, 才会增加 $\bar{C}^{n-1}$ 的计算, 而当网格不发生变化, 即 $W_h^{n-1} = W_h^n$ 时,

$$(\bar{C}^{n-1}, w^n) = (C^{n-1}, w^n). \tag{2.3.63}$$

类似上面的讨论, 采用相同的记号和定义, 误差方程 (2.3.48b), (2.3.48c) 不变, 则 (2.3.48a) 变为

$$\begin{aligned}&\left(\varphi(x)\frac{\xi_c^n - \xi_c^{n-1}}{\Delta t_c}, w^n\right) + (\nabla\cdot\xi_{\mathbf{z}}, w^n) + (\nabla\cdot\mathbf{G}^n - \nabla\cdot\mathbf{g}^n, w^n) - (q_p\xi_c^n, w^n)\\&= \left(\varphi(x)\frac{\bar{\xi}_c^{n-1} - \xi_c^{n-1}}{\Delta t_c}, w^n\right) - \left(\varphi(x)\frac{c^{n-1} - \bar{\Pi}c^{n-1}}{\Delta t_c}, w^n\right) - (q_p\eta_c^n, w^n) + (\rho^n, w^n),\end{aligned} \tag{2.3.64}$$

此处 $\bar{\xi}_c^{n-1} = \bar{C}^{n-1} - \bar{\Pi}c^{n-1}$, 定义 $\bar{\Pi}c^{n-1}$

$$\bar{\Pi}c^{n-1}|_{e^{n-1}} = \Pi c^{n-1}(x_e^{n-1}) - (x - x_e^{n-1})\left(\frac{1}{\text{mes}(e^{n-1})}\int_{e^{n-1}}\Pi\tilde{z}^{n-1}(x)dx\right). \tag{2.3.65}$$

作 (2.3.49) 与同样的运算, 有

$$\begin{aligned}&\left(\varphi(x)\frac{\xi_c^n - \xi_c^{n-1}}{\Delta t_c}, \xi_c^n\right) + (D(E\mathbf{U}^n)\tilde{\xi}_z^n, \tilde{\xi}_z^n) + (\nabla\cdot\mathbf{G}^n - \nabla\cdot\mathbf{g}^n, \xi_c^n)\\&= (\rho^n, \xi_c^n) - (\eta_z^n, \bar{\xi}_z^n) + (q_p(\xi_c^n - \eta_c^n)) - (D(E\mathbf{U}^n)\tilde{\eta}_z^n, \tilde{\xi}_z^n)\\&\quad - ([D(E\mathbf{U}^n) - D(\mathbf{u}^n)]\tilde{\mathbf{z}}^n, \tilde{\xi}_z^n) + \left(\varphi(x)\frac{\bar{\xi}_c^{n-1} - \xi_c^{n-1}}{\Delta t_c}, \xi_c^n\right)\\&\quad - \left(\varphi(x)\frac{c^{n-1} - \bar{\Pi}c^{n-1}}{\Delta t_c}, \xi_c^n\right).\end{aligned} \tag{2.3.66}$$

(2.3.66) 右端前五项的估计和前面相同, 我们详细讨论最后两项. 首先,

$$\begin{aligned}&\left(\varphi(x)\frac{\bar{\xi}_c^{n-1} - \xi_c^{n-1}}{\Delta t_c}, \xi_c^n\right)\\&\leqslant \frac{1}{\Delta t_c}\|\bar{\xi}_c^{n-1} - \xi_c^{n-1}\|\cdot\|\xi_c^n\| \leqslant \frac{\varepsilon}{(\Delta t_c)^2}\|\bar{\xi}_c^{n-1} - \xi_c^{n-1}\|^2 + K\|\xi_c^n\|^2.\end{aligned} \tag{2.3.67}$$

考虑任一时间层 t^n, 由 (2.3.60), (2.3.61), (2.3.65) 的定义

$$\begin{aligned}\|\bar{\xi}_c^n - \xi_c^n\|^2 &= \sum_i\int_{e_i}|\bar{\xi}_c^n - \xi_c^n|^2dx\\&= \sum_i\int_{e_i}\left|(x - x_e^n)\frac{1}{\text{mes}(e^n)}\int_{e^n}\tilde{\xi}_z^n dy\right|^2 dx \leqslant (h_c)^2\|\tilde{\xi}_z^n\|^2.\end{aligned} \tag{2.3.68}$$

把 (2.3.68) 代入 (2.3.67), 并要求剖分参数满足 $h_c = O(\Delta t_c)$, 则有

$$\begin{aligned}\left(\varphi(x)\frac{\bar{\xi}_c^{n-1}-\xi_c^{n-1}}{\Delta t_c},\xi_c^n\right) &\leqslant \frac{\varepsilon(h_c)^2}{(\Delta t_c)^2}\|\tilde{\xi}_z^{n-1}\|^2+K\|\xi_c^n\|^2\\ &\leqslant K\varepsilon\|\tilde{\xi}_z^{n-1}\|^2+K\|\xi_c^n\|^2.\end{aligned}\tag{2.3.69}$$

接下来考虑 (2.3.66) 中最后一项,

$$\left(\varphi(x)\frac{c^{n-1}-\bar{\Pi}c^{n-1}}{\Delta t_c},\xi_c^n\right)\leqslant\frac{\varepsilon}{(\Delta t_c)^2}\|c^{n-1}-\bar{\Pi}c^{n-1}\|^2+K\|\xi_c^n\|^2.\tag{2.3.70}$$

由 Taylor 展开式, $\forall x\in e^{n-1}$,

$$\begin{aligned}c^{n-1}(x)&=c^{n-1}(x_e^{n-1})-(x-x_e^{n-1})\tilde{z}^{n-1}(x_e^{n-1})+O((h_c)^2)\\ &=\Pi c^{n-1}(x_e^{n-1})-(x-x_e^{n-1})\frac{1}{\mathrm{mes}(e^{n-1})}\int_{e^{n-1}}\tilde{z}^{n-1}dy+O((h_c)^2).\end{aligned}$$

上式应用 $c^{n-1}(x_e^{n-1})-\Pi c^{n-1}(x_e^{n-1})=O((h_c)^2)$ 以及 $\tilde{z}^{n-1}(x_e^{n-1})-\frac{1}{\mathrm{mes}(e^{n-1})}\cdot\int_{e^{n-1}}\tilde{z}^{n-1}dy=O((h_c)^2)$. 因此

$$\begin{aligned}&\|c^{n-1}-\bar{\Pi}c^{n-1}\|^2=\sum_i\int_{e_i}|c^{n-1}-\bar{\Pi}c^{n-1}|^2dx\\ &=\sum_i\int_{e_i}\left|(x-x_e^{n-1})\frac{1}{\mathrm{mes}(e^{n-1})}\int_{e^{n-1}}\tilde{\eta}_z^{n-1}dy+O((h_c)^2)\right|^2dx\\ &\leqslant K(h_c)^2\|\tilde{\eta}_z^{n-1}\|^2+K(h_c)^4\leqslant K(h_c)^4.\end{aligned}\tag{2.3.71}$$

把 (2.3.71) 代入 (2.3.70) 得到

$$\left(\varphi(x)\frac{c^{n-1}-\bar{\Pi}c^{n-1}}{\Delta t_c},\xi_c^n\right)\leqslant K(h_c)^2+K\|\xi_c^n\|^2.\tag{2.3.72}$$

把 (2.3.69), (2.3.72) 代入 (2.3.66), 两边同乘以 $2\Delta t_c$, 关于时间 $n=1,2,\cdots,N$ 相加, 得到

$$\begin{aligned}&\|\varphi^{1/2}\xi_c^N\|^2+\sum_{n=1}^N(D(E\mathbf{U}^n)\tilde{\xi}_z^n,\tilde{\xi}_z^n)\Delta t_c\\ &\leqslant\sum_{n=1}^N\|\xi_c^n\|^2\Delta t_c+K\{h_p^{2(k+1)}+h_c^2+(\Delta t_c)^2+(\Delta t_{p,1})^3+(\Delta t_p)^4\}.\end{aligned}\tag{2.3.73}$$

最后应用离散的 Gronwall 引理, 得到下述改进的收敛性定理.

定理 2.3.5 假设方程的系数满足正定性条件 (C), 并且满足正则性条件 (R), 网格任意变动. 若网格剖分参数满足限制性条件 $h_c = O(\Delta t_c)$, 则改进后的格式可得下述最优误差估计

$$\max_{0\leqslant m\leqslant M} \|\mathbf{u}_m - \mathbf{U}_m\|_{L^2} + \max_{0\leqslant n\leqslant N} \|c^n - C^n\|_{L^2} \leqslant K\{h_p^{k+1} + h_c + \Delta t_c + (\Delta t_{p,1})^{3/2} + (\Delta t_p)^2\}. \tag{2.3.74}$$

注 1 (2.3.59) 和 (2.3.74) 比较, 后者与网格变动无关, 其估计优于前者, 是最优的估计.

注 2 由 2.3.4 小节和 2.3.5 小节的证明可以看到, 扩散矩阵正定和半正定存在本质的区别, 其误差估计的理论明显不同, 这是实际应用中应该注意的问题.

2.3.6 数值算例

在这一节中使用上面的方法考虑简化的油水驱动问题, 假设压力、速度已知, 只考虑对流占优的饱和度方程

$$\frac{\partial c}{\partial t} + c_x - ac_{xx} = f, \tag{2.3.75}$$

其中 $a = 1.0 \times 10^{-4}$, 对流占优, $t \in \left(0, \dfrac{1}{2}\right)$, $x \in [0, \pi]$. 问题的精确解为

$$c = \exp(-0.05t)(\sin(x-t))^{20},$$

选择右端 f 使方程 (2.3.75) 成立.

此函数在区间 $[1.5, 2.5]$ 之间有尖峰 (图 2.3.1), 并且随着时间的变化而发生变

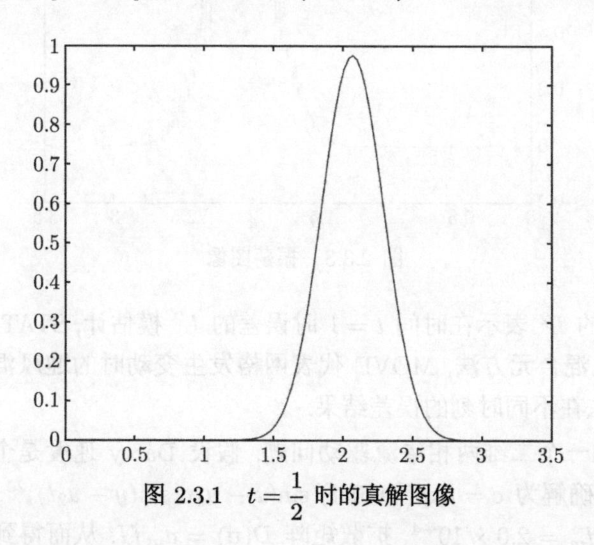

图 2.3.1 $t = \dfrac{1}{2}$ 时的真解图像

化, 若采取一般的有限元方法会产生数值振荡. 我们采取迎风混合元方法, 同时应用 2.3.2 小节的网格变动来近似此方程, 进行一次网格变化, 可以得到较理想的结果, 没有数值振荡和弥散 (图 2.3.2). 图 2.3.3 是采取一般有限元方法近似此对流占优方程所产生的振荡图.

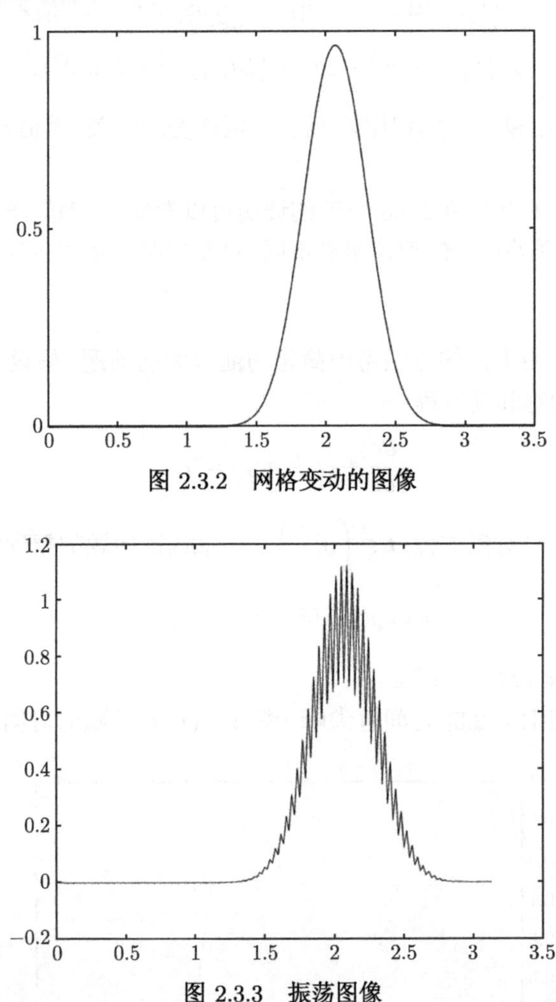

图 2.3.2　网格变动的图像

图 2.3.3　振荡图像

表 2.3.1 中的 L^2 表示在时间 $t = 1$ 时误差的 L^2 模估计, STATIC 代表网格固定不动时的迎风混合元方法, MOVE 代表网格发生变动时的迎风混合元方法. 表 2.3.2 是本节方法在不同时刻的误差结果.

接下来考虑一个二维两相渗流驱动问题, 假设 Darcy 速度是个常数, 令 $\Omega = [0,\pi]\times[0,\pi]$, 精确解为 $c = \exp(-0.05t)(\sin(x-u_1t)\sin(y-u_2t))^{20}$, 且令 $\varphi = 1.0$, $\mathbf{u} = (1.0, 0.05)$, $d_m = 2.0\times10^{-4}$, 扩散矩阵 $D(\mathbf{u}) = d_m f I$, 从而得到一个对流占优

的饱和度方程. 对其应用网格变动的迎风混合元方法, 表 2.3.3 是在不同时刻所得的误差结果.

表 2.3.1 在 $t=1$ 时的误差

(h,t)		$(\pi/30,1/20)$	$(\pi/60,1/40)$	$(\pi/100,1/80)$	$(\pi/200,1/160)$
STATIC	L^2	3.1254e − 002	1.1985e − 002	6.6938e − 003	2.0442e − 003
MOVE	L^2	3.8610e − 003	3.9650e − 004	4.1865e − 004	5.4789e − 005

表 2.3.2 不同时刻的误差比较

(h,t)	$t=0.5$	$t=1.0$	$t=2.0$
$(\pi/30,1/20)$	4.5332e − 003	3.8610e − 003	2.5249e − 003
$(\pi/60,1/40)$	3.6357e − 004	3.9650e − 004	6.4911e − 004
$(\pi/100,1/80)$	1.6198e − 004	4.1865e − 004	5.0429e − 004
$(\pi/200,1/160)$	2.9258e − 005	5.4789e − 005	4.9248e − 004

表 2.3.3 不同时刻的误差比较

(h_x,h_y,t)	$t=0.5$	$t=1.0$
$(\pi/60,\pi/60,1/20)$	3.1354e − 004	1.5828e − 003
$(\pi/120,\pi/120,1/40)$	6.9629e − 005	1.9392e − 004

由以上结果可以得出结论, 采用本节的方法可以很好地逼近精确解, 而一般的方法对于对流占优的扩散方程有一定的局限性. 数值结果表明基于网格变动的迎风混合元方法可以很好地逼近对流占优的扩散方程, 具有一阶的收敛精度, 与我们的理论证明一致.

2.3.7 总结和讨论

本节研究三维多孔介质中油水二相 Darcy-Forchheimer 渗流驱动半正定问题, 提出一类混合元-迎风变网格混合元方法及其收敛性分析. 2.3.1 小节是引言部分, 叙述和分析问题的数学模型、物理背景以及国内外研究概况. 2.3.2 小节提出混合元-迎风变网格混合元方法, 对流动方程采用具有守恒性质的混合元离散, 对 Darcy-Forchheimer 速度提高了一阶精确度. 对饱和度方程采用了迎风变网格混合元方法求解, 对流部分采用迎风方法, 扩散项采用混合元方法. 这对油水驱动激烈变化的前沿和某些局部性质, 具有十分有效的理想结果, 大大提高了计算的稳定性、精确度和效率. 2.3.3 小节讨论了保持单元质量守恒的方法, 这对油藏数值模拟计算是十分重要的. 2.3.4 小节是收敛性分析, 应用微分方程先验估计理论和特殊技巧, 得到了最佳阶 L^2 模误差估计结果. 这点是特别重要的, 它拓广了 Douglas 经典理论仅能处理 Darcy 流的正定问题的著名成果[6-10]. 2.3.5 小节是正定问题的数值分析. 2.3.6 小节是数值算例, 支撑了理论分析, 并指明本节所提出的方法在实际问题是切实可行和高效的. 本节有如下特征和创新点: ① 本格式具有物理守恒律特性, 这点在油藏数值模拟是极其重要的, 特别是现代强化采油数值模拟计算; ② 由于组合混合元-迎风变网格方法, 它对处理油水驱动前沿和某些局部性质是十分有效的, 特别适用于三维复杂区域大型油藏数值模拟的工程实际计算; ③ 它拓广了 Douglas 经典理论仅能处理 Darcy 流的正定问题的著名成果, 推进并解决了这一类重要问题[6-10,21,31]; ④ 本节拓广了 Dawson 等基于网格变动的混合有限元方法, 对简单的抛物问题, 仅在特殊网格变动情况下, 才能得到最优的误差估计[21]. 详细的讨论和分析可参阅文献 [32].

参 考 文 献

[1] Aziz K, Settari A. Petroleum Reservoir Simulation. London: Applied Science Publishers, 1979.

[2] Ewing R E, Lazarov R D, Lyons S L, Papavassiliou D V, Pasciak J, Qin G. Numerical well model for non-darcy flow through isotropic porous media. Comput. Geosci., 1999, 3(3/4): 185-204.

[3] Ruth D, Ma H. On the derivation of the Forchheimer equation by means of the averaging theorem. Transport in Porous Media, 1992, 7(3): 255-264.

[4] Fabrie P. Regularity of the solution of Darcy-Forchheimer's equation. Nonlinear Anal. Theory, Methods Appl., 1989, 13(9): 1025-1049.

[5] Douglas J, Jr. Finite difference methods for two-phase incompressible flow in porous media. SIAM J. Numer. Anal., 1983, 20: 681-696.

[6] Douglas J, Jr, Yuan Y R. Numerical simulation of immiscible flow in porous media based on combining the method of characteristics with mixed finite element procedure// Numerical Simulation in Oil Recovery. New York: Springer-Berlag, 1986: 119-132.

[7] Ewing R E, Russell T F, Wheeler M F. Convergence analysis of an approximation of miscible displacement in porous media by mixed finite elements and a modified method of characteristics. Comput. Methods Appl. Mech. Engrg., 1984, 47(1/2): 73-92.

[8] 袁益让, 程爱杰, 羊丹平. 油藏数值模拟的理论和矿场实际应用. 北京: 科学出版社, 2016.

[9] Yuan Y R, Cheng A J, Yang D P, Li C F. Applications, theoretical analysis, numerical method and mechanical model of the polymer flooding in porous media. Special Topics & Reviews in Porous Media: An International Journal, 2015, 6(4): 383-401.

[10] Yuan Y R, Cheng A J, Yang D P, Li C F. Numerical simulation method, theory and applications of three-phase (oil, gas, water) chemical-agent oil recovery in porous media. Special Topics & Reviews in Porous Media: An International Journal, 2016, 7(3): 245-272.

[11] Girault V, Wheeler M F. Numerical discretization of a Darcy-Forchheimer model. Numer. Math., 2008, 110(2): 161-198.

[12] López H, Molina B, Salas J J. Comparison between different numerical discretizations for a Darcy-Forchheimer model. Electron. Trans. Numer. Anal., 2009, 34: 187-203.

[13] Douglas J, Jr, Paes-Leme P J, Giorgi T. Generalized Forchheimer flow in porous media//Boundary Value Problems for Partial Differential Equations and Applications. RMA Res. Notes Appl. Math., Masson: Paris, 1993, 29: 99-111.

[14] Park E J. Mixed finite element methods for generalized Forchheimer flow in porous media. Numerical Methods for Partial Differential Equations, 2005, 21(2): 213-228.

[15] Pan H, Rui H. Mixed element method for two-dimensional Darcy-Forchheimer model. J. Sci. Comput., 2012, 52: 563-587.

[16] Pan H, Rui H. A mixed element method for Darcy-Forchheimer incompressible miscible displacement problem. Comput. Methods Appl. Mech. Engrg., 2013, 264: 1-11.

[17] 袁益让. 能源数值模拟方法的理论和应用. 北京: 科学出版社, 2013.

[18] Dawson C N, Russell T F, Wheeler M F. Some improved error estimates for the modified method of characteristics. SIAM J. Numer. Anal., 1989, 26(6): 1487-1512.

[19] Yuan Y R. Characteristic finite difference methods for positive semidefinite problem of two phase miscible flow in porous media. J. Systems Sci. Math. Sci., 1999, 12(4): 299-306.

[20] 袁益让. 三维油水驱动半定问题特征有限元格式及分析. 科学通报, 1996, 41(22): 2027-2032.

Yuan Y R. Characteristic finite element scheme and analysis the three-dimensional two-phase displacement semi-definite problem. Chin. Sci. Bull., 1997, 42(1): 17-32.

[21] Dawson C N. Godunov-mixed methods for advection-diffusion equations in multidimensions. SIAM J. Numer. Anal., 1993, 30(5): 1315-1332.

[22] Cella M A, Russell T F, Herrera I, Ewing R E. An Eulerian-Lagrangian localized adjoint method for the advection-diffusion equations. Adv., Water Resour., 1990, 13(4): 187-206.

[23] Arbogast T, Wheeler M F, Yotov I. Mixed finite elements for elliptic problems with tensor coefficients as cell-centered finite differences. SIAM J. Numer. Anal., 1997, 34(2): 828-852.

[24] Douglas J, Jr, Roberts J E. Global estimates for mixed methods for second order elliptic equations. Math. Comp., 1985, 44: 39-52.

[25] 沈平平, 刘明新, 汤磊. 石油勘探开发中的数学问题. 北京: 科学出版社, 2002.

[26] 袁益让, 宋怀玲, 李长峰, 孙同军. 三维油水驱动 Darcy-Forchheimer 渗流半正定问题的迎风混合元方法. 山东大学数学研究所科研报告, 2017. 8.

Yuan Y R, Song H L, Li C F, Sun T J. The upwind-mixed element method for three-dimensional positive semi-definite displacement problem of Darcy-Forchheimer flow. 山

东大学数学研究所科研报告, 2017. 8.

[27] 袁益让, 李长峰. 三维不可压缩混溶驱动半正定问题的混合元-特征有限元逼近的收敛性分析. 山东大学数学研究所科研报告, 2016. 12.

Yuan Y R, Li C F. Convergence analysis for a mixed element-characteristic finite element method of three-dimensional incompressible miscible positive semi-definite displacement problems. Journal of Mathematics Research, 2017, 9(3): 14-22.

[28] Bramble J H, Pasciak J E, Sammon P H, Thomée V. Incomplete iterations in multistep backward difference methods for parabolic problems with smooth and nonsmooth data. Mathematics of Computation, 1989, 52(186): 339-367.

[29] Bramble J H, Ewing R E, Li G. Alternating direction multistep methods for parabolic problems-iterative stabilization. SIAM J. Numer. Anal., 1989, 26(4): 904-919.

[30] 袁益让, 宋怀玲, 李长峰, 孙同军. 三维油水驱动 Darcy-Forchheimer 渗流半正定问题的迎风混合元多步方法. 山东大学数学研究所科研报告, 2017. 10.

Yuan Y R, Song H L, Li C F, Sun T J. The upwind-mixed finite element multi-step method for the three-dimensional positive semi-definite miscible displacement problem of Darcy-Forchheimer flow. 山东大学数学研究所科研报告, 2017. 10.

[31] Dawson C N, Kirby R. Solution of parabolic equations by backward Euler-mixed finite element method on a dynamically changing mesh. SIAM J. Numer. Anal., 2000, 37(2): 423-442.

[32] 袁益让, 宋怀玲, 李长峰, 孙同军. 油水驱动 Darcy-Forchheimer 渗流半正定问题网格变动的迎风混合元方法. 山东大学数学研究所科研报告, 2017. 12.

Yuan Y R, Song H L, Li C F, Sun T J. An upwind mixed finite element method on changing meshes for positive semi-definite oil-water displacement of Darcy-Forchheimer flow in porous media. Advances in Applied Mathematics and Mechanics, 2020, 12(5): 1196-1223.

第3章　油藏数值模拟的迎风块中心差分方法

块中心差分方法是现代油藏数值模拟中的一个重要且实用的数值方法, 其思想源于物理上的守恒定律, 实际上是守恒律的直观离散表述, 近年来在石油工程、环境科学和信息科学技术领域得到广泛的应用. 在数学上, 注意到有限体积元方法兼有有限差分方法的简单性和有限元方法的高精度性, 并且保持局部质量守恒, 是求解偏微分方程一种十分有效的数值方法. 混合元方法可以同时求得压力函数及其 Darcy 流速, 从而提高其一阶精确度. 我们将有限体积元方法和混合元方法相结合, 提出块中心数值方法的思想. 数值试验验证了这种方法的有效性和实用性. 本章研究油藏数值模拟的迎风块中心差分方法及其理论分析, 共五节. 3.1 节研究油水二相渗流驱动问题的块中心差分方法和分析. 3.2 节研究油藏数值模拟的迎风块中心多步差分方法和分析. 3.3 节研究油藏渗流力学数值模拟的迎风变网格块中心差分方法. 3.4 节研究可压缩二相渗流驱动问题的混合体积元-迎风混合体积元方法及分析. 3.5 节研究可压缩二相渗流驱动问题的迎风网格变动的混合体积元方法.

3.1　油水二相渗流驱动问题的块中心方法和分析

3.1.1　引言

本节研究三维多孔介质中油水渗流驱动问题, 它是能源数值模拟的基础. 对不可压缩、可混溶问题, 其数学模型关于压力的流动方程是椭圆型的, 关于饱和度方程是对流-扩散型的, 具有很强的双曲特性. 流体压力通过 Darcy 流速在饱和度方程中出现, 并控制着饱和度方程的全过程. 问题的数学模型是下述非线性偏微分方程组耦合问题[1-6]:

$$-\nabla\cdot\left(\frac{\kappa(X)}{\mu(c)}\nabla p\right)\equiv\nabla\cdot\mathbf{u}=q_I+q_p,\quad X=(x,y,z)^{\mathrm{T}}\in\Omega,t\in J=(0,T],\tag{3.1.1a}$$

$$\mathbf{u}=-\frac{\kappa(X)}{\mu(c)}\nabla p,\quad X\in\Omega,t\in J,\tag{3.1.1b}$$

$$\varphi\frac{\partial c}{\partial t}+\mathbf{u}\cdot\nabla c-\nabla\cdot(D(\mathbf{u})\nabla c)+q_Ic=q_Ic_I,\quad X\in\Omega,t\in J,\tag{3.1.2}$$

此处 Ω 是三维空间 R^3 中的有界区域, $p(X,t)$ 是压力函数, $\mathbf{u}=(u_1,u_2,u_3)^{\mathrm{T}}$ 是 Darcy 速度, $c(X,t)$ 是水的饱和度函数. $q(X,t)$ 是产量项, 通常是生产项 q_p 和注入

项 q_I 的线性组合, 也就是 $q(X,t) = q_I(X,t) + q_p(X,t)$. c_I 是注入井注入液的饱和度, 是已知的, $c(X,t)$ 是生产井的饱和度. $\varphi(X)$ 是多孔介质的空隙度, $\kappa(X)$ 是岩石的渗透率, $\mu(c)$ 为依赖于饱和度 c 的黏度. $D = D(\mathbf{u})$ 是扩散系数. 压力函数 $p(X,t)$ 和饱和度函数 $c(X,t)$ 是待求函数. 这里扩散系数矩阵 $D(\mathbf{u})$ 由分子扩散和机械扩散两部分组成的扩散弥散张量, 可表示为[6,7]

$$D(X,\mathbf{u}) = D_m\mathbf{I} + \mathbf{u}(d_l\mathbf{E} + d_t(\mathbf{I} - \mathbf{E})), \tag{3.1.3}$$

此处 $\mathbf{E} = \mathbf{u}\mathbf{u}^{\mathrm{T}}/|\mathbf{u}|$, $D_m = \varphi d_m$, d_m 是分子扩散系数, $\mathbf{I}$ 是 3×3 单位矩阵, d_l 是纵向扩散系数, d_t 是横向扩散系数.

不渗透边界条件:

$$\mathbf{u}\cdot\nu = 0, \quad X\in\partial\Omega, \quad (D\nabla c - c\mathbf{u})\cdot\nu = 0, \quad X\in\partial\Omega, t\in J, \tag{3.1.4}$$

此处 ν 是区域 Ω 的边界曲面 $\partial\Omega$ 的外法线方向矢量.

初始条件:

$$c(X,0) = c_0(X), \quad X\in\Omega. \tag{3.1.5}$$

为保证解的存在唯一性, 还需要下述相容性和唯一性条件:

$$\int_\Omega q(X,t)dX = 0, \quad \int_\Omega p(X,t)dX = 0, \quad t\in J. \tag{3.1.6}$$

我们注意到有限体积元法[8,9]兼具有差分方法的简单性和有限元方法的高精度性, 并且保持局部质量守恒, 是求解偏微分方程的一种十分有效的数值方法. 混合元方法[10-12]可以同时求解压力函数及其 Darcy 流速, 从而提高其一阶精确度. 文献 [1,13,14] 将有限体积元和混合元结合, 提出了块中心数值方法的思想, 论文 [15,16] 通过数值算例验证这种方法的有效性. 论文 [17—19] 主要对椭圆问题给出块中心数值方法的收敛性估计等理论结果, 形成了块中心差分方法的一般框架. 芮洪兴等用此方法研究了非 Darcy 油气渗流问题的数值模拟计算[20,21]. 本书作者用此方法处理半导体器件瞬态问题的数值模拟计算, 得到了十分满意的结果[22,23]. 在上述工作的基础上, 我们对三维油水二相渗流驱动问题提出一类迎风块中心数值方法, 用块中心差分方法同时逼近压力函数和 Darcy 速度, 并对 Darcy 速度提高了一阶计算精确度. 对饱和度方程用迎风块中心方法, 即对对流项采用迎风格式来处理, 方程的扩散项采用块中心数值方法离散. 这种方法适用于对流占优问题, 能消除数值弥散和非物理性振荡, 提高计算精确度. 扩散项采用块中心数值方法离散, 可以同时逼近未知的饱和度函数及其伴随向量函数, 并且由于分片常数在检验函数空间中, 因此格式保持单元上质量守恒. 这一特性对渗流力学数值模拟计算是特别重要的. 应用微分方程先验估计理论和特殊技巧, 得到了最优阶误差估计. 本节对一般对流-扩散方程做了数值试验, 进一步指明本节的方法是一类切实可行的高效计算方法, 支撑了理论分析结果, 成功解决了这一重要问题[1,2,6,24].

我们使用通常的 Sobolev 空间及其范数记号. 假定问题 (3.1.1)—(3.1.6) 的精确解满足下述正则性条件:

$$
\text{(R)}\quad \begin{cases} p \in L^\infty(H^1), \\ \mathbf{u} \in L^\infty(H^1(\mathrm{div})) \cap L^\infty(W^1_\infty) \cap W^1_\infty(L^\infty) \cap H^2(L^2), \\ c \in L^\infty(H^2) \cap H^1(H^1) \cap L^\infty(W^1_\infty) \cap H^2(L^2). \end{cases}
$$

同时假定问题 (3.1.1)—(3.1.6) 的系数满足正定性条件:

$$
\text{(C)}\quad 0 < a_* \leqslant \frac{\kappa(X)}{\mu(c)} \leqslant a^*, \quad 0 < \varphi_* \leqslant \varphi(X) \leqslant \varphi^*, \quad 0 < D_* \leqslant D(X, \mathbf{u}),
$$

此处 $a_*, a^*, \varphi_*, \varphi^*$ 和 D_* 均为确定的正常数.

在本节中 K 表示一般的正常数, ε 表示一般小的正数, 在不同地方具有不同含义.

3.1.2 记号和引理

为了应用迎风块中心方法, 我们需要构造两套网格系统. 粗网格是针对流场压力和 Darcy 流速的非均匀粗网格, 细网格是针对饱和度方程的非均匀细网格. 首先讨论粗网格系统.

研究三维问题, 为简单起见, 设区域 $\Omega = \{[0,1]\}^3$, 用 $\partial\Omega$ 表示其边界. 定义剖分

$$
\begin{aligned}
&\delta_x : 0 = x_{1/2} < x_{3/2} < \cdots < x_{N_x-1/2} < x_{N_x+1/2} = 1, \\
&\delta_y : 0 = y_{1/2} < y_{3/2} < \cdots < y_{N_y-1/2} < y_{N_y+1/2} = 1, \\
&\delta_z : 0 = z_{1/2} < z_{3/2} < \cdots < z_{N_z-1/2} < z_{N_z+1/2} = 1.
\end{aligned}
$$

对 Ω 做剖分 $\delta_x \times \delta_y \times \delta_z$, 对于 $i = 1, 2, \cdots, N_x$; $j = 1, 2, \cdots, N_y$; $k = 1, 2, \cdots, N_z$, 记 $\Omega_{ijk} = \{(x, y, z) | x_{i-1/2} < x < x_{i+1/2}, y_{j-1/2} < y < y_{j+1/2}, z_{k-1/2} < z < z_{k+1/2}\}$, $x_i = (x_{i-1/2} + x_{i+1/2})/2$, $y_j = (y_{j-1/2} + y_{j+1/2})/2$, $z_k = (z_{k-1/2} + z_{k+1/2})/2$, $h_{x_i} = x_{i+1/2} - x_{i-1/2}$, $h_{y_j} = y_{j+1/2} - y_{j-1/2}$, $h_{z_k} = z_{k+1/2} - z_{k-1/2}$, $h_{x,i+1/2} = (h_{x_i} + h_{x_{i+1}})/2 = x_{i+1} - x_i$, $h_{y,j+1/2} = (h_{y_j} + h_{y_{j+1}})/2 = y_{j+1} - y_j$, $h_{z,k+1/2} = (h_{z_k} + h_{z_{k+1}})/2 = z_{k+1} - z_k$, $h_x = \max\limits_{1 \leqslant i \leqslant N_x} \{h_{x_i}\}$, $h_y = \max\limits_{1 \leqslant j \leqslant N_y} \{h_{y_j}\}$, $h_z = \max\limits_{1 \leqslant k \leqslant N_z} \{h_{z_k}\}$, $h_p = (h_x^2 + h_y^2 + h_z^2)^{1/2}$. 称剖分是正则的, 是指存在常数 $\alpha_1, \alpha_2 > 0$, 使得

$$
\begin{aligned}
&\min_{1 \leqslant i \leqslant N_x} \{h_{x_i}\} \geqslant \alpha_1 h_x, \qquad \min_{1 \leqslant j \leqslant N_y} \{h_{y_j}\} \geqslant \alpha_1 h_y, \\
&\min_{1 \leqslant k \leqslant N_z} \{h_{z_k}\} \geqslant \alpha_1 h_z, \qquad \min\{h_x, h_y, h_z\} \geqslant \alpha_2 \max\{h_x, h_y, h_z\}.
\end{aligned}
$$

特别指出的是, 此处 $\alpha_i(i=1,2)$ 是两个确定的正常数, 它与 Ω 的剖分 $\delta_x\times\delta_y\times\delta_z$ 有关. 图 3.1.1 表示对应于 $N_x=4,N_y=3,N_z=3$ 情况简单网格的示意图. 定义 $M_l^d(\delta_x)=\{f\in C^l[0,1]:f|_{\Omega_i}\in p_d(\Omega_i),i=1,2,\cdots,N_x\}$, 其中 $\Omega_i=[x_{i-1/2},x_{i+1/2}]$, $p_d(\Omega_i)$ 是 Ω_i 上次数不超过 d 的多项式空间, 当 $l=-1$ 时, 表示函数 f 在 $[0,1]$ 上可以不连续. 对 $M_l^d(\delta_y),M_l^d(\delta_z)$ 的定义是类似的. 记 $S_h=M_{-1}^0(\delta_x)\otimes M_{-1}^0(\delta_y)\otimes M_{-1}^0(\delta_z)$, $V_h=\{\mathbf{w}|\mathbf{w}=(w^x,w^y,w^z),w^x\in M_0^1(\delta_x)\otimes M_{-1}^0(\delta_y)\otimes M_{-1}^0(\delta_z),w^y\in M_{-1}^0(\delta_x)\otimes M_0^1(\delta_y)\otimes M_{-1}^0(\delta_z),w^z\in M_{-1}^0(\delta_x)\otimes M_{-1}^0(\delta_y)\otimes M_0^1(\delta_z),\mathbf{w}\cdot\gamma|_{\partial\Omega}=0\}$. 对函数 $v(x,y,z)$, 用 v_{ijk}, $v_{i+1/2,jk}$, $v_{i,j+1/2,k}$ 和 $v_{ij,k+1/2}$ 分别表示 $v(x_i,y_j,z_k)$, $v(x_{i+1/2},y_j,z_k)$, $v(x_i,y_{j+1/2},z_k)$ 和 $v(x_i,y_j,z_{k+1/2})$.

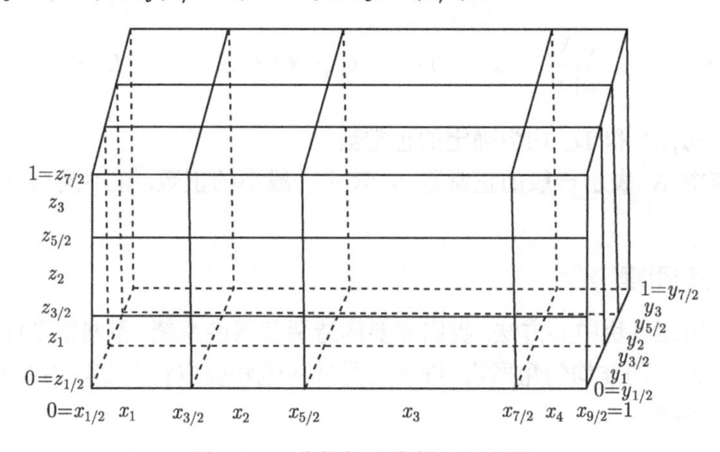

图 3.1.1 非均匀网格剖分示意图

定义下列内积及范数:

$$(v,w)_{\bar{m}}=\sum_{i=1}^{N_x}\sum_{j=1}^{N_y}\sum_{k=1}^{N_z}h_{x_i}h_{y_j}h_{z_k}v_{ijk}w_{ijk},$$

$$(v,w)_x=\sum_{i=1}^{N_x}\sum_{j=1}^{N_y}\sum_{k=1}^{N_z}h_{x_{i-1/2}}h_{y_j}h_{z_k}v_{i-1/2,jk}w_{i-1/2,jk},$$

$$(v,w)_y=\sum_{i=1}^{N_x}\sum_{j=1}^{N_y}\sum_{k=1}^{N_z}h_{x_i}h_{y_{j-1/2}}h_{z_k}v_{i,j-1/2,k}w_{i,j-1/2,k},$$

$$(v,w)_z=\sum_{i=1}^{N_x}\sum_{j=1}^{N_y}\sum_{k=1}^{N_z}h_{x_i}h_{y_j}h_{z_{k-1/2}}v_{ij,k-1/2}w_{ij,k-1/2},$$

$$||v||_s^2=(v,v)_s,\ s=\bar{m},x,y,z,\quad ||v||_\infty=\max_{1\leqslant i\leqslant N_x,1\leqslant j\leqslant N_y,1\leqslant k\leqslant N_z}|v_{ijk}|,$$

$$||v||_{\infty(x)}=\max_{1\leqslant i\leqslant N_x,1\leqslant j\leqslant N_y,1\leqslant k\leqslant N_z}|v_{i-1/2,jk}|,$$

$$\|v\|_{\infty(y)} = \max_{1\leqslant i\leqslant N_x, 1\leqslant j\leqslant N_y, 1\leqslant k\leqslant N_z} |v_{i,j-1/2,k}|,$$
$$\|v\|_{\infty(z)} = \max_{1\leqslant i\leqslant N_x, 1\leqslant j\leqslant N_y, 1\leqslant k\leqslant N_z} |v_{ij,k-1/2}|.$$

当 $\mathbf{w}=(w^x,w^y,w^z)^{\mathrm{T}}$ 时, 记

$$|||\mathbf{w}||| = \left(\|w^x\|_x^2 + \|w^y\|_y^2 + \|w^z\|_z^2\right)^{1/2},$$
$$|||\mathbf{w}|||_\infty = \|w^x\|_{\infty(x)} + \|w^y\|_{\infty(y)} + \|w^z\|_{\infty(z)},$$
$$\|\mathbf{w}\|_{\bar{m}} = \left(\|w^x\|_{\bar{m}}^2 + \|w^y\|_{\bar{m}}^2 + \|w^z\|_{\bar{m}}^2\right)^{1/2}, \quad \|\mathbf{w}\|_\infty = \|w^x\|_\infty + \|w^y\|_\infty + \|w^z\|_\infty.$$

设 $W_p^m(\Omega) = \left\{ v \in L^p(\Omega) \middle| \dfrac{\partial^n v}{\partial x^{n-l-r}\partial y^l \partial z^r} \in L^p(\Omega), n-l-r \geqslant 0, l=0,\right.$ $\left. 1,\cdots,n; r=0,1,\cdots,n; n=0,1,\cdots,m; 0<p<\infty \right\}$. $H^m(\Omega)=W_2^m(\Omega)$, $L^2(\Omega)$ 的内积与范数分别为 $(\cdot,\cdot)$, $\|\cdot\|$, 对于 $v\in S_h$, 显然有

$$\|v\|_{\bar{m}} = \|v\|. \tag{3.1.7}$$

定义下列记号:

$$[d_x v]_{i+1/2,jk} = \frac{v_{i+1,jk}-v_{ijk}}{h_{x,i+1/2}}, \quad [d_y v]_{i,j+1/2,k} = \frac{v_{i,j+1,k}-v_{ijk}}{h_{y,j+1/2}},$$
$$[d_z v]_{ij,k+1/2} = \frac{v_{ij,k+1}-v_{ijk}}{h_{z,k+1/2}};$$

$$[D_x w]_{ijk} = \frac{w_{i+1/2,jk}-w_{i-1/2,jk}}{h_{x_i}}, \quad [D_y w]_{ijk} = \frac{w_{i,j+1/2,k}-w_{i,j-1/2,k}}{h_{y_j}},$$
$$[D_z w]_{ijk} = \frac{w_{ij,k+1/2}-w_{ij,k-1/2}}{h_{z_k}};$$

$$\hat{w}_{ijk}^x = \frac{w_{i+1/2,jk}^x + w_{i-1/2,jk}^x}{2}, \quad \hat{w}_{ijk}^y = \frac{w_{i,j+1/2,k}^y + w_{i,j-1/2,k}^y}{2},$$
$$\hat{w}_{ijk}^z = \frac{w_{ij,k+1/2}^z + w_{ij,k-1/2}^z}{2};$$

$$\bar{w}_{ijk}^x = \frac{h_{x,i+1}}{2h_{x,i+1/2}} w_{ijk} + \frac{h_{x,i}}{2h_{x,i+1/2}} w_{i+1,jk}, \quad \bar{w}_{ijk}^y = \frac{h_{y,j+1}}{2h_{y,j+1/2}} w_{ijk} + \frac{h_{y,j}}{2h_{y,j+1/2}} w_{i,j+1,k},$$
$$\bar{w}_{ijk}^z = \frac{h_{z,k+1}}{2h_{z,k+1/2}} w_{ijk} + \frac{h_{z,k}}{2h_{z,k+1/2}} w_{ij,k+1},$$

以及 $\hat{\mathbf{w}}_{ijk} = (\hat{w}_{ijk}^x, \hat{w}_{ijk}^y, \hat{w}_{ijk}^z)^{\mathrm{T}}$, $\bar{\mathbf{w}}_{ijk} = (\bar{w}_{ijk}^x, \bar{w}_{ijk}^y, \bar{w}_{ijk}^z)^{\mathrm{T}}$. 此处 $d_s(s=x,y,z)$, $D_s(s=x,y,z)$ 是差商算子, 它与方程 (3.1.2) 中的系数 D 无关. 记 L 是一个正整数, $\Delta t = T/L$, $t^n = n\Delta t$, v^n 表示函数在 t^n 时刻的值, $d_t v^n = (v^n - v^{n-1})/\Delta t$.

对于上面定义的内积和范数, 下述三个引理成立.

引理 3.1.1 对于 $v \in S_h$, $\mathbf{w} \in V_h$, 显然有

$$\begin{gathered}(v, D_x w^x)_{\bar{m}} = -(d_x v, w^x)_x, \quad (v, D_y w^y)_{\bar{m}} = -(d_y v, w^y)_y, \\ (v, D_z w^z)_{\bar{m}} = -(d_z v, w^z)_z.\end{gathered} \tag{3.1.8}$$

引理 3.1.2 对于 $\mathbf{w} \in V_h$, 则有

$$||\hat{\mathbf{w}}||_{\bar{m}} \leqslant |||\mathbf{w}|||. \tag{3.1.9}$$

证明 事实上, 只要证明 $||\,\hat{w}^x\,||_{\bar{m}} \leqslant ||w^x||_x$, $||\,\hat{w}^y\,||_{\bar{m}} \leqslant ||w^y||_y$, $||\,\hat{w}^z\,||_{\bar{m}} \leqslant ||w^z||_z$ 即可. 注意到

$$\begin{aligned}
&\sum_{i=1}^{N_x}\sum_{j=1}^{N_y}\sum_{k=1}^{N_z} h_{x_i}h_{y_j}h_{z_k}(\hat{w}_{ijk}^x)^2 \\
\leqslant &\sum_{j=1}^{N_y}\sum_{k=1}^{N_z} h_{y_j}h_{z_k}\sum_{i=1}^{N_x}\frac{(w_{i+1/2,jk}^x)^2+(w_{i-1/2,jk}^x)^2}{2}h_{x_i} \\
= &\sum_{j=1}^{N_y}\sum_{k=1}^{N_z} h_{y_j}h_{z_k}\left(\sum_{i=2}^{N_x}\frac{h_{x,i-1}}{2}(w_{i-1/2,jk}^x)^2+\sum_{i=1}^{N_x}\frac{h_{x_i}}{2}(w_{i-1/2,jk}^x)^2\right) \\
= &\sum_{j=1}^{N_y}\sum_{k=1}^{N_z} h_{y_j}h_{z_k}\sum_{i=2}^{N_x}\frac{h_{x,i-1}+h_{x_i}}{2}(w_{i-1/2,jk}^x)^2 \\
= &\sum_{i=1}^{N_x}\sum_{j=1}^{N_y}\sum_{k=1}^{N_z} h_{x,i-1/2}h_{y_j}h_{z_k}(w_{i-1/2,jk}^x)^2.
\end{aligned}$$

从而有 $||\,\hat{w}^x\,||_{\bar{m}} \leqslant ||w^x||_x$, 对其余两项估计是类似的.

引理 3.1.3 对于 $q \in S_h$, 则有

$$||\,\bar{q}^x\,||_x \leqslant M||q||_{\bar{m}}, \quad ||\,\bar{q}^y\,||_y \leqslant M||q||_{\bar{m}}, \quad ||\,\bar{q}^z\,||_z \leqslant M||q||_{\bar{m}}, \tag{3.1.10}$$

此处 M 是与 q, h 无关的常数.

引理 3.1.4 对于 $\mathbf{w} \in V_h$, 则有

$$||w^x||_x \leqslant ||D_x w^x||_{\bar{m}}, \quad ||w^y||_y \leqslant ||D_y w^y||_{\bar{m}}, \quad ||w^z||_z \leqslant ||D_z w^z||_{\bar{m}}. \tag{3.1.11}$$

证明 只要证明 $||w^x||_x \leqslant ||D_x w^x||_{\bar{m}}$, 其余是类似的. 注意到

$$w_{l+1/2,jk}^x = \sum_{i=1}^{l}(w_{i+1/2,jk}^x - w_{i-1/2,jk}^x) = \sum_{i=1}^{l}\frac{w_{i+1/2,jk}^x - w_{i-1/2,jk}^x}{h_{x_i}}h_{x_i}^{1/2}h_{x_i}^{1/2}.$$

由 Cauchy 不等式, 可得

$$(w_{l+1/2,jk}^x)^2 \leqslant x_l \sum_{i=1}^{N_x} h_{x_i} \left([D_x w^x]_{ijk}\right)^2.$$

对上式左、右两边同乘以 $h_{x,i+1/2}h_{y_j}h_{z_k}$, 并求和可得

$$\sum_{i=1}^{N_x}\sum_{j=1}^{N_y}\sum_{k=1}^{N_z}(w_{i-1/2,jk}^x)^2 h_{x,i-1/2}h_{y_j}h_{z_k} \leqslant \sum_{i=1}^{N_x}\sum_{j=1}^{N_y}\sum_{k=1}^{N_z}\left([D_x w^x]_{ijk}\right)^2 h_{x_i}h_{y_j}h_{z_k}.$$

引理 3.1.4 得证.

对于细网格系统, 区域为 $\Omega = \{[0,1]\}^3$, 通常在上述粗网格的基础上再进行均匀细分, 一般取原网格步长的 $1/l$, 通常 l 取 2 或 4, 其余全部记号不变, 此时 $h_c = h_p/l$.

3.1.3　迎风块中心差分方法程序

为了引入块中心差分方法的处理思想, 我们将流动方程 (3.1.1) 写为下述标准形式:

$$\nabla \cdot \mathbf{u} = q, \tag{3.1.12a}$$

$$\mathbf{u} = -a(c)\nabla p, \tag{3.1.12b}$$

此处 $a(c) = \kappa(X)\mu^{-1}(c)$.

对饱和度方程 (3.1.2) 构造其迎风块中心差分格式. 为此将其转变为散度形式, 记 $\mathbf{g} = \mathbf{u}c = (u_1c, u_2c, u_3c)^{\mathrm{T}}$, $\bar{\mathbf{z}} = -\nabla c$, $\mathbf{z} = D\bar{\mathbf{z}}$, 则方程 (3.1.2) 可改写为

$$\varphi\frac{\partial c}{\partial t} + \nabla\cdot\mathbf{g} + \nabla\cdot\mathbf{z} - c\nabla\cdot\mathbf{u} = q_I(c_I - c). \tag{3.1.13}$$

应用流动方程 $\nabla\cdot\mathbf{u} = q = q_I + q_p$, 则方程 (3.1.13) 可改写为

$$\varphi\frac{\partial c}{\partial t} + \nabla\cdot\mathbf{g} + \nabla\cdot\mathbf{z} - q_p c = q_I c_I. \tag{3.1.14}$$

应用拓广的块中心方法[25], 此方法不仅得到对扩散流量 $\mathbf{z}$ 的近似, 同时得到对梯度 $\bar{\mathbf{z}}$ 的近似.

设 Δt_p 是流动方程的时间步长, 第一步时间步长记为 $\Delta t_{p,1}$. 设 $0 = t_0 < t_1 < \cdots < t_M = T$ 是关于时间的一个剖分. 对于 $i \geqslant 1$, $t_i = \Delta t_{p,1} + (i-1)\Delta t_p$. 类似地, 记 $0 = t^0 < t^1 < \cdots < t^N = T$ 是饱和度方程关于时间的一个剖分, $t^n = n\Delta t_c$, 此处 Δt_c 是饱和度方程的时间步长. 我们假设对于任一 m, 都存在一个 n 使得 $t_m = t^n$, 这里 $\Delta t_p/\Delta t_c$ 是一个正整数. 记 $j^0 = \Delta t_{p,1}/\Delta t_c$, $j = \Delta t_p/\Delta t_c$.

设 $P, \mathbf{U}, C, \mathbf{G}, \mathbf{Z}$ 和 $\bar{\mathbf{Z}}$ 分别为 $p, \mathbf{u}, c, \mathbf{g}, \mathbf{z}$ 和 $\bar{\mathbf{z}}$ 在 $S_h \times V_h \times S_h \times V_h \times V_h \times V_h$ 空间上的近似解. 由 3.1.2 小节的记号和引理 3.1.1—引理 3.1.4 的结果导出流体压力和 Darcy 流速的块中心格式为

$$(D_x U_m^x + D_y U_m^y + D_z U_m^z, v)_{\bar{m}} = (q_m, v)_{\bar{m}}, \quad \forall v \in S_h, \tag{3.1.15a}$$

$$\begin{aligned}&\left(a^{-1}(\bar{C}_m^x)U_m^x, w^x\right)_x + \left(a^{-1}(\bar{C}_m^y)U_m^y, w^y\right)_y + \left(a^{-1}(\bar{C}_m^z)U_m^z, w^z\right)_z\\&-(P_m, D_x w^x + D_y w^y + D_z w^z)_{\bar{m}} = 0, \quad \forall \mathbf{w} \in V_h.\end{aligned} \tag{3.1.15b}$$

饱和度方程 (3.1.14) 的变分形式为

$$\left(\varphi\frac{\partial c}{\partial t}, v\right)_{\bar{m}} + (\nabla\cdot\mathbf{g}, v)_{\bar{m}} + (\nabla\cdot\mathbf{z}, v)_{\bar{m}} - (q_p c, v)_{\bar{m}} = (q_I c_I, v)_{\bar{m}}, \quad \forall v \in S_h, \tag{3.1.16a}$$

$$(\bar{z}^x, w^x)_x + (\bar{z}^y, w^y)_y + (\bar{z}^z, w^z)_z - \left(c, \sum_{s=x,y,z} D_s w^s\right)_{\bar{m}} = 0, \quad \forall \mathbf{w} \in V_h, \tag{3.1.16b}$$

$$(z^x, w^x)_x + (z^y, w^y)_y + (z^z, w^z)_z = (D(\mathbf{u})\bar{\mathbf{z}}, \mathbf{w}), \quad \forall \mathbf{w} \in V_h. \tag{3.1.16c}$$

饱和度方程 (3.1.14) 的迎风块中心格式为

$$\begin{aligned}&\left(\varphi\frac{C^n - C^{n-1}}{\Delta t_c}, v\right)_{\bar{m}} + (\nabla\cdot\mathbf{G}, v)_{\bar{m}}\\&+(D_x Z^{x,n} + D_y Z^{y,z} + D_z Z^{z,n}, v)_{\bar{m}} - (q_p C^n, v)_{\bar{m}}\\&=(q_I C_I^n, v)_{\bar{m}}, \quad \forall v \in S_h,\end{aligned} \tag{3.1.17a}$$

$$\left(\bar{Z}^{x,n}, w^x\right)_x + \left(\bar{Z}^{y,n}, w^y\right)_y + \left(\bar{Z}^{z,n}, w^z\right)_z - \left(C^n, \sum_{s=x,y,z} D_s w^s\right)_{\bar{m}} = 0, \quad \forall \mathbf{w} \in V_h, \tag{3.1.17b}$$

$$(Z^{x,n}, w^x)_x + (Z^{y,n}, w^y)_y + (Z^{z,n}, w^z)_z = \left(D(E\mathbf{U}^n)\bar{\mathbf{Z}}^n, \mathbf{w}\right), \quad \forall \mathbf{w} \in V_h. \tag{3.1.17c}$$

在非线性项 $a(c)$ 中用近似解 C_m 代替在 $t = t_m$ 时刻的真解 c_m,

$$\bar{C}_m = \min\{1, \max(0, C_m)\} \in [0,1]. \tag{3.1.18}$$

在时间步 $t^n, t_{m-1} < t^n \leqslant t_m$, 应用如下的外推公式

$$E\mathbf{U}^n = \begin{cases}\mathbf{U}_0, & t_0 < t^n \leqslant t_1, m = 1\\ \left(1 + \dfrac{t^n - t_{m-1}}{t_{m-1} - t_{m-2}}\right)\mathbf{U}_{m-1} - \dfrac{t^n - t_{m-1}}{t_{m-1} - t_{m-2}}\mathbf{U}_{m-2}, & t_{m-1} < t^n \leqslant t_m, m \geqslant 2.\end{cases} \tag{3.1.19}$$

初始逼近:

$$C^0 = \tilde{C}^0, \quad X \in \Omega, \tag{3.1.20}$$

可以用椭圆投影 (将在 3.1.5 小节定义) 插值或 L^2 投影确定.

对方程 (3.1.17a) 中的迎风项, 用近似解 C 来构造. 本节使用简单的迎风方法. 由于在 $\partial\Omega$ 上 $\mathbf{g}=\mathbf{u}c=0$, 设在边界上 $\mathbf{G}^n\cdot\gamma$ 的平均积分为 0. 假设单元 e_1,e_2 有公共面 σ, x_l 是此面的重心, γ_l 是从 e_1 到 e_2 的法向量, 那么我们可以定义

$$\mathbf{G}^n\cdot\gamma=\begin{cases}C_{e_1}^n(E\mathbf{U}^n\cdot\gamma_l)(x_l), & (E\mathbf{U}^n\cdot\gamma_l)(x_l)\geqslant 0,\\ C_{e_2}^n(E\mathbf{U}^n\cdot\gamma_l)(x_l), & (E\mathbf{U}^n\cdot\gamma_l)(x_l)<0.\end{cases}\tag{3.1.21}$$

此处 $C_{e_1}^n,C_{e_2}^n$ 是 C^n 在单元上的常数值. 至此我们借助 C^n 定义了 $\mathbf{G}^n$, 完成了数值格式 (3.1.17a)—(3.1.17c) 的构造, 形成关于 C 的非对称方程组. 我们也可以用另外的方法计算 $\mathbf{G}^n$, 得到对称线性方程组

$$\mathbf{G}^n\cdot\gamma=\begin{cases}C_{e_1}^{n-1}(E\mathbf{U}^n\cdot\gamma_l)(x_l), & (E\mathbf{U}^n\cdot\gamma_l)(x_l)\geqslant 0,\\ C_{e_2}^{n-1}(E\mathbf{U}^n\cdot\gamma_l)(x_l), & (E\mathbf{U}^n\cdot\gamma_l)(x_l)<0.\end{cases}\tag{3.1.22}$$

迎风块中心格式的计算程序: 先利用初始逼近 (3.1.20), 应用共轭梯度法由 (3.1.15) 求出 $\{\mathbf{U}_0,P_0\}$. 在此基础上, 应用 (3.1.17) 求得 $\{C^1,C^2,\cdots,C^{j_0}\}$. 对 $m\geqslant 1$, 此处 $C^{j_0+(m-1)j}=C_m$ 是已知的. 逼近解 $\{\mathbf{U}_m,P_m\}$ 应用 (3.1.15) 可以得到. 再由 (3.1.17) 依次可得 $C^{j_0+(m-1)j+1},C^{j_0+(m-1)j+2},\cdots,C^{j_0+mj}$. 这样依次进行可求得全部数值逼近解, 由正定性条件 (C), 解存在且唯一.

3.1.4 质量守恒律

如果问题 (3.1.1)—(3.1.6) 没有源汇项, 也就是 $q\equiv 0$, 边界条件是不渗透的, 则在每个单元 $e\in\Omega$ 上, $e=\Omega_{ijk}=[x_{i-1/2},x_{i+1/2}]\times[y_{j-1/2},y_{j+1/2}]\times[z_{k-1/2},z_{k+1/2}]$, 饱和度方程的局部质量守恒表现为

$$\int_e\varphi\frac{\partial c}{\partial t}dX-\int_{\partial e}\mathbf{g}\cdot\gamma_e dS-\int_{\partial e}\mathbf{z}\cdot\gamma_e dS=0.\tag{3.1.23}$$

此处 e 为区域 Ω 关于饱和度的细网格剖分单元, ∂e 为单元 e 的边界面, γ_e 为单元边界面的外法线方向矢量.

下面我们证明 (3.1.17a) 满足下面的离散意义下的局部质量守恒律.

定理 3.1.1 如果 $q\equiv 0$, 则在任意单元 $e\in\Omega$ 上, 格式 (3.1.17a) 满足离散的局部质量守恒律

$$\int_e\varphi\frac{C^n-C^{n-1}}{\Delta t_c}dX-\int_{\partial e}\mathbf{G}^n\cdot\gamma_e dS-\int_{\partial e}\mathbf{Z}^n\cdot\gamma_e dS=0.\tag{3.1.24}$$

证明 因为 $v\in S_h$, 对给定的单元 $e\in\Omega_{ijk}$ 上, 取 $v\equiv 1$, 在其他单元上为零.

则此时 (3.1.17a) 为

$$\left(\varphi\frac{C^n-C^{n-1}}{\Delta t_c},1\right)_{\Omega_{ijk}}-\int_{\partial e}\mathbf{G}^n\cdot\gamma_e dS+(D_xZ^{x,n}+D_yZ^{y,n}+D_zZ^{z,n},1)_{\Omega_{ijk}}=0. \tag{3.1.25}$$

按 3.1.2 小节中的记号可得

$$\left(\varphi\frac{C^n-C^{n-1}}{\Delta t_c},1\right)_{\Omega_{ijk}}=\varphi_{ijk}\left(\frac{C^n_{ijk}-C^{n-1}_{ijk}}{\Delta t_c}\right)h_{x_i}h_{y_j}h_{z_k}=\int_{\Omega_{ijk}}\varphi\frac{C^n-C^{n-1}}{\Delta t_c}dX, \tag{3.1.26a}$$

$$\begin{aligned}&(D_xZ^{x,n}+D_yZ^{y,n}+D_zZ^{z,n},1)_{\Omega_{ijk}}\\=&(Z^{x,n}_{i+1/2,jk}-Z^{x,n}_{i-1/2,jk})h_{y_j}h_{z_k}+(Z^{y,n}_{i,j+1/2,k}-Z^{y,n}_{i,j-1/2,k})h_{x_i}h_{z_k}\\&+(Z^{z,n}_{ij,k+1/2}-Z^{z,n}_{ij,k-1/2})h_{x_i}h_{y_j}\\=&-\int_{\partial\Omega_{ijk}}\mathbf{Z}^n\cdot\gamma_e dS.\end{aligned} \tag{3.1.26b}$$

将式 (3.1.26) 代入式 (3.1.25), 定理 3.1.1 得证.

由局部质量守恒律定理 3.1.1, 即可推出整体质量守恒律.

定理 3.1.2　如果 $q\equiv 0$, 边界条件是不渗透的, 则格式 (3.1.17a) 满足整体离散质量守恒律

$$\int_\Omega\varphi\frac{C^n-C^{n-1}}{\Delta t_c}dX=0,\quad n>0. \tag{3.1.27}$$

证明　由局部质量守恒律 (3.1.24), 对全部的网格剖分单元求和, 则有

$$\sum_e\int_e\varphi\frac{C^n-C^{n-1}}{\Delta t_c}dX-\sum_e\int_{\partial e}\mathbf{G}^n\cdot\gamma_e dS-\sum_e\int_{\partial e}\mathbf{Z}^n\cdot\gamma_e dS=0. \tag{3.1.28}$$

记单元 e_1,e_2 的公共面为 σ_l, x_l 是此边界面的重心点, γ_l 是从 e_1 到 e_2 的法向量. 那么由对流项的定义, 在单元 e_1 上, 若 $E\mathbf{U}^n\cdot\gamma_l(X)\geqslant 0$, 则

$$\int_{\sigma_l}\mathbf{G}^n\cdot\gamma_l ds=C^n_{e_1}E\mathbf{U}^n\cdot\gamma_l(X)|\sigma_l|. \tag{3.1.29a}$$

此处 $|\sigma_l|$ 记边界面 σ_l 的测度. 而在单元 e_2 上, σ_l 的法向量是 $-\gamma_l$, 此时 $E\mathbf{U}^n\cdot(-\gamma_l(X))\leqslant 0$, 则

$$\int_{\sigma_l}\mathbf{G}^n\cdot(-\gamma_l)ds=-C^n_{e_1}E\mathbf{U}^n\cdot\gamma_l(X)|\sigma_l|. \tag{3.1.29b}$$

上面两式相互抵消, 故

$$\sum_e\int_{\partial e}\mathbf{G}^n\cdot\gamma_e dS=0. \tag{3.1.30}$$

并注意到

$$-\sum_e \int_{\partial e} \mathbf{Z}^n \cdot \gamma_e dS = -\int_{\partial\Omega} \mathbf{Z}^n \cdot \gamma_\Omega dS = 0. \tag{3.1.31}$$

将 (3.1.30), (3.1.31) 代入 (3.1.28) 可得

$$\int_\Omega \varphi \frac{C^n - C^{n-1}}{\Delta t_c} dX = 0, \quad n > 0. \tag{3.1.32}$$

定理证毕.

这一物理特性, 对渗流力学数值模拟计算是特别重要的.

3.1.5 收敛性分析

为了进行收敛性分析, 引入下述辅助性椭圆投影. 定义 $\tilde{\mathbf{U}} \in V_h, \tilde{P} \in S_h$ 满足

$$(D_x \tilde{U}^x + D_y \tilde{U}^y + D_z \tilde{U}^z, v)_{\bar{m}} = (q, v)_{\bar{m}}, \quad \forall v \in S_h, \tag{3.1.33a}$$

$$\begin{aligned}&(a^{-1}(c)\tilde{U}^x, w^x)_x + (a^{-1}(c)\tilde{U}^y, w^y)_y + (a^{-1}(c)\tilde{U}^z, w^z)_z \\ &- (\tilde{P}, D_x w^x + D_y w^y + D_z w^z)_{\bar{m}} = 0, \quad \forall \mathbf{w} \in V_h,\end{aligned} \tag{3.1.33b}$$

其中 c 是问题 (3.1.1), (3.1.2) 的精确解.

记 $F = q_p c + q_I c_I - \left(\psi \dfrac{\partial c}{\partial t} + \nabla \cdot \mathbf{g}\right)$. 定义 $\tilde{\mathbf{Z}}, \tilde{\bar{\mathbf{Z}}} \in V_h, \tilde{C} \in S_h$, 满足

$$(D_x \tilde{Z}^x + D_y \tilde{Z}^y + D_z \tilde{Z}^z, v)_{\bar{m}} = (F, v)_{\bar{m}}, \quad \forall v \in S_h, \tag{3.1.34a}$$

$$(\tilde{\bar{Z}}^x, w^x)_x + (\tilde{\bar{Z}}^y, w^y)_y + (\tilde{\bar{Z}}^z, w^z)_z = \left(\tilde{C}, \sum_{s=x,y,z} D_s w^s\right)_{\bar{m}}, \quad \forall \mathbf{w} \in V_h, \tag{3.1.34b}$$

$$(\tilde{Z}^x, w^x)_x + (\tilde{Z}^y, w^y)_y + (\tilde{Z}^z, w^z)_z = (D(\mathbf{u})\tilde{\bar{\mathbf{Z}}}, \mathbf{w}). \tag{3.1.34c}$$

记

$$\begin{aligned}&\pi = P - \tilde{P}, \quad \eta = \tilde{P} - p, \quad \sigma = \mathbf{U} - \tilde{\mathbf{U}}, \quad \rho = \tilde{\mathbf{U}} - \mathbf{u}, \quad \xi_c = C - \tilde{C}, \\ &\zeta_c = \tilde{C} - c, \quad \alpha_z = \mathbf{Z} - \tilde{\mathbf{Z}}, \quad \beta_z = \tilde{\mathbf{Z}} - \mathbf{z}, \quad \bar{\alpha}_z = \bar{\mathbf{Z}} - \tilde{\bar{\mathbf{Z}}}, \quad \bar{\beta}_z = \tilde{\bar{\mathbf{Z}}} - \bar{\mathbf{z}}.\end{aligned}$$

设问题 (3.1.1)—(3.1.6) 满足正定性条件 (C), 其精确解满足正则性条件 (R). 由 Weiser, Wheeler 理论[14]得知格式 (3.1.33), (3.1.34) 确定的辅助函数 $\{\tilde{P}, \tilde{\mathbf{U}}, \tilde{\mathbf{Z}}, \tilde{\bar{\mathbf{Z}}}, \tilde{C}\}$ 存在且唯一, 并有下述误差估计.

引理 3.1.5 若问题 (3.1.1), (3.1.2) 的系数和精确解满足条件 (C) 和 (R), 则存在不依赖于 h 的常数 $\bar{C}_1, \bar{C}_2 > 0$, 使得下述估计式成立:

$$\|\eta\|_{\bar{m}} + \|\zeta_c\|_{\bar{m}} + |||\rho||| + |||\beta_z||| + |||\bar{\beta}_z||| + \left\|\frac{\partial \eta}{\partial t}\right\|_{\bar{m}} + \left\|\frac{\partial \zeta_c}{\partial t}\right\|_{\bar{m}} \leqslant \bar{C}_1\{h_p^2 + h_c^2\}, \tag{3.1.35a}$$

$$|||\tilde{\mathbf{U}}|||_\infty + |||\tilde{\mathbf{Z}}|||_\infty + |||\tilde{\tilde{\mathbf{Z}}}|||_\infty \leqslant C_2. \tag{3.1.35b}$$

首先估计 π 和 σ. 将式 (3.1.15a), (3.1.15b) 分别减式 (3.1.33a) $(t = t_m)$ 和式 (3.1.33b) $(t = t_m)$ 可得下述关系式

$$(D_x\sigma_m^x + D_y\sigma_m^y + D_z\sigma_m^z, v)_{\bar{m}} = 0, \quad \forall v \in S_h, \tag{3.1.36a}$$

$$\begin{aligned}
&\left(a^{-1}(\bar{C}_m^x)\sigma_m^x, w^x\right)_x + \left(a^{-1}(\bar{C}_m^y)\sigma_m^y, w^y\right)_y + \left(a^{-1}(\bar{C}_m^z)\sigma_m^z, w^z\right)_z \\
&-(\pi_m, D_xw^x + D_yw^y + D_zw^z)_{\bar{m}} \\
=& -\left\{ \left(\left(a^{-1}(\bar{C}_m^x) - a^{-1}(c_m)\right)\tilde{U}_m^x, w^x\right)_x + \left(\left(a^{-1}(\bar{C}_m^y) - a^{-1}(c_m)\right)\tilde{U}_m^y, w^y\right)_y \right. \\
&\left. + \left(\left(a^{-1}(\bar{C}_m^z) - a^{-1}(c_m)\right)\tilde{U}_m^z, w^z\right)_z \right\}, \quad \forall w \in V_h.
\end{aligned} \tag{3.1.36b}$$

在式 (3.1.36a) 中取 $v = \pi_m$, 在式 (3.1.36b) 中取 $w = \sigma_m$, 组合上述二式可得

$$\begin{aligned}
&\left(a^{-1}(\bar{C}_m^x)\sigma_m^x, \sigma_m^x\right)_x + \left(a^{-1}(\bar{C}_m^y)\sigma_m^y, \sigma_m^y\right)_y + \left(a^{-1}(\bar{C}_m^z)\sigma_m^z, \sigma_m^z\right)_z \\
&- \sum_{s=x,y,z} \left(\left(a^{-1}(\bar{C}_m^s) - a^{-1}(c_m)\right)\tilde{U}_m^s, \sigma_m^s\right)_s.
\end{aligned} \tag{3.1.37}$$

对于估计式 (3.1.37) 应用引理 3.1.1—引理 3.1.5、Taylor 公式和正定性条件 (C) 可得

$$\begin{aligned}
|||\sigma_m|||^2 &\leqslant K \sum_{s=x,y,z} ||\bar{C}_m^s - c_m||_{\bar{m}}^2 \\
&\leqslant K\left\{ \sum_{s=x,y,z} ||\bar{c}_m^s - c_m||_{\bar{m}}^2 + ||\xi_{c,m}||_{\bar{m}}^2 + ||\zeta_{c,m}||_{\bar{m}}^2 + (\Delta t)^2 \right\} \\
&\leqslant K\{||\xi_{c,m}||^2 + h_c^4 + (\Delta t_c)^2\}.
\end{aligned} \tag{3.1.38}$$

对 $\pi_m \in S_h$, 利用对偶方法进行估计[26,27], 为此考虑下述椭圆问题:

$$\nabla \cdot \omega = \pi_m, \quad X = (x, y, z)^{\mathrm{T}} \in \Omega, \tag{3.1.39a}$$

$$\omega = \nabla p, \quad X \in \Omega, \tag{3.1.39b}$$

$$\omega \cdot \gamma = 0, \quad X \in \partial\Omega. \tag{3.1.39c}$$

由问题 (3.1.39) 的正则性, 有

$$\sum_{s=x,y,z} \left|\left| \frac{\partial \omega^s}{\partial s} \right|\right|_{\bar{m}}^2 \leqslant K\,||\pi_m||_{\bar{m}}^2. \tag{3.1.40}$$

设 $\tilde{\omega} \in V_h$ 满足

$$\left(\frac{\partial \tilde{\omega}^s}{\partial s}, v\right)_m = \left(\frac{\partial \omega^s}{\partial s}, v\right)_m, \quad \forall v \in S_h, s = x, y, z. \tag{3.1.41a}$$

这样定义的 $\tilde{\omega}$ 是存在的, 且有

$$\sum_{s=x,y,z} \left\|\frac{\partial \tilde{\omega}^s}{\partial s}\right\|_m^2 \leqslant \sum_{s=x,y,z} \left\|\frac{\partial \omega^s}{\partial s}\right\|_m^2. \tag{3.1.41b}$$

应用引理 3.1.4, 式 (3.1.38)—(3.1.40) 可得

$$\begin{aligned}
\|\pi_m\|_m^2 &= (\pi_m, \nabla \cdot \omega) \\
&= (\pi_m, D_x \tilde{\omega}^x + D_y \tilde{\omega}^y + D_z \tilde{\omega}^z)_m \\
&= \sum_{s=x,y,z} (a^{-1}(\bar{C}_m^s)\sigma_m^s, \tilde{\omega}^s)_s + \sum_{s=x,y,z} \left((a^{-1}(\bar{C}_m^s) - a^{-1}(c_m))\,\tilde{U}_m^s, \tilde{\omega}^s\right)_s \\
&\leqslant K\,|||\tilde{\omega}|||\left\{|||\sigma_m|||^2 + \|\xi_{c,m}\|_m^2 + h_c^4 + (\Delta t_c)^2\right\}^{1/2}.
\end{aligned} \tag{3.1.42}$$

由引理 3.1.4, (3.1.40), (3.1.41) 可得

$$|||\tilde{\omega}|||^2 \leqslant \sum_{s=x,y,z} \|D_s \tilde{\omega}^s\|_{\bar{m}}^2 = \sum_{s=x,y,z} \left\|\frac{\partial \tilde{\omega}^s}{\partial s}\right\|_{\bar{m}}^2 \leqslant \sum_{s=x,y,z} \left\|\frac{\partial \omega^s}{\partial s}\right\|_{\bar{m}}^2 \leqslant K\|\pi_m\|_{\bar{m}}^2. \tag{3.1.43}$$

将式 (3.1.43) 代入式 (3.1.42) 可得

$$\|\pi_m\|_m^2 \leqslant K\left\{|||\sigma_m|||^2 + \|\xi_{c,m}\|_m^2 + h_c^4 + (\Delta t_c)^2\right\} \leqslant K\left\{\|\xi_{c,m}\|_m^2 + h_c^4 + (\Delta t_c)^2\right\}. \tag{3.1.44}$$

对于迎风项的处理, 有下面的引理. 先引入下面的记号: 网格单元 e 的任一面 σ, 令 γ_l 代表 σ 的单位法向量, 给定 (σ, γ_l) 可以唯一确定有公共面 σ 的两个相邻单元 e^+, e^-, 其中 γ_l 指向 e^+. 对于 $f \in S_h$, $x \in \sigma$,

$$f^-(x) = \lim_{s\to 0-} f(x + s\gamma_l), \quad f^+(x) = \lim_{s\to 0+} f(x + s\gamma_l),$$

定义 $[f] = f^+ - f^-$.

引理 3.1.6 令 $f_1, f_2 \in S_h$, 那么

$$\int_\Omega \nabla \cdot (\mathbf{u} f_1) f_2 dx = \frac{1}{2}\sum_\sigma \int_\sigma [f_1][f_2]|\mathbf{u}\cdot\gamma| ds + \frac{1}{2}\sum_\sigma \int_\sigma \mathbf{u}\cdot\gamma_l (f_1^+ + f_1^-)(f_2^- - f_2^+) ds. \tag{3.1.45}$$

证明

$$\int_\Omega \nabla \cdot (\mathbf{u} f_1) f_2 dx = \sum_e \int_{\Omega_e} \nabla \cdot (\mathbf{u} f_1) f_2 dx$$

$$
\begin{aligned}
&= \sum_\sigma \int_\sigma [(\mathbf{u}\cdot\gamma_l)_+ f_1^{e^-} f_2^{e^-} \\
&\quad + (\mathbf{u}\cdot\gamma_l)_- f_1^{e^+} f_2^{e^-} + (\mathbf{u}\cdot(-\gamma_l))_+ f_1^{e^+} f_2^{e^+} + (\mathbf{u}\cdot(-\gamma_l))_- f_1^{e^-} f_2^{e^+}]ds,
\end{aligned}
$$

其中 $(\mathbf{u}\cdot\gamma)_+ = \max\{\mathbf{u}\cdot\gamma, 0\}$, $(\mathbf{u}\cdot\gamma)_- = \min\{\mathbf{u}\cdot\gamma, 0\}$.

应用关系式 $(\mathbf{u}\cdot(-\gamma_l))_+ = -(\mathbf{u}\cdot\gamma_l)_-$ 和 $(\mathbf{u}\cdot(-\gamma_l))_- = -(\mathbf{u}\cdot\gamma_l)_+$ 以及 $f^{e^+} = f^r$, $f^{e^-} = f^l$, 上式可化简为

$$
\begin{aligned}
&\int_\Omega \nabla\cdot(\mathbf{u}f_1)f_2 dx \\
&= \sum_\sigma \int_\sigma [(\mathbf{u}\cdot\gamma_l)_+ f_1^l(f_2^l - f_2^r) + (\mathbf{u}\cdot\gamma_l)_- f_1^r(f_2^l - f_2^r)]ds \\
&= \sum_\sigma \int_\sigma [((\mathbf{u}\cdot\gamma_l)_+ - (\mathbf{u}\cdot\gamma_l)_-) f_1^l(f_2^l - f_2^r) + (\mathbf{u}\cdot\gamma_l)_-(f_1^r + f_1^l)(f_2^l - f_2^r)]ds \\
&= \sum_\sigma \int_\sigma [|\mathbf{u}\cdot\gamma_l|(f_1^l - f_1^r)(f_2^l - f_2^r) + |\mathbf{u}\cdot\gamma_l| f_1^r(f_2^l - f_2^r) + (\mathbf{u}\cdot\gamma_l)_-(f_1^r + f_1^l)(f_2^l - f_2^r)]ds \\
&= \sum_\sigma \int_\sigma \left[\frac{1}{2}|\mathbf{u}\cdot\gamma_l|(f_1^l - f_1^r)(f_2^l - f_2^r) + (f_2^l - f_2^r)\right. \\
&\quad \left.\cdot\left(\frac{1}{2}|\mathbf{u}\cdot\gamma_l|(f_1^l - f_1^r) + |\mathbf{u}\cdot\gamma_l| f_1^r + (\mathbf{u}\cdot\gamma_l)_-(f_1^r + f_1^l)\right) g\right]ds \\
&= \sum_\sigma \int_\sigma \left[\frac{1}{2}|\mathbf{u}\cdot\gamma_l|(f_1^l - f_1^r)(f_2^l - f_2^r) + (f_2^l - f_2^r)\right. \\
&\quad \left.\cdot\left(\frac{1}{2}|\mathbf{u}\cdot\gamma_l|(f_1^l + f_1^r) + (\mathbf{u}\cdot\gamma_l)_-(f_1^r + f_1^l)\right)\right]ds \\
&= \sum_\sigma \int_\sigma \left[\frac{1}{2}|\mathbf{u}\cdot\gamma_l|(f_1^l - f_1^r)(f_2^l - f_2^r) + (\mathbf{u}\cdot\gamma_l)\frac{1}{2}(f_1^l + f_1^r)(f_2^l - f_2^r)\right] ds,
\end{aligned}
$$

其中 $f^r = f^{e+}$, $f^l = f^{e-}$, 其中 f^r 即 f_1^r 和 f_2^r, f^l 即 f_1^l 和 f_2^l, 得到引理证明.

下面讨论饱和度方程 (3.1.2) 的误差估计. 为此将式 (3.1.17) 分别减去 $t = t^n$ 时刻的式 (3.1.34) 可得

$$
\begin{aligned}
&\left(\varphi\frac{C^n - C^{n-1}}{\Delta t_c}, v\right)_{\bar{m}} + (\nabla\cdot\mathbf{G}^n, v)_{\bar{m}} + \left(\sum_{s=x,y,z} D_s\alpha_z^{s,n}, v\right)_{\bar{m}} \\
&= \left(q_p C^n + q_I c_I^n - q_p c^n - q_I c_I^n + \varphi\frac{\partial c^n}{\partial t} + \nabla\cdot\mathbf{g}^n, v\right)_{\bar{m}}, \quad \forall v \in S_h,
\end{aligned}
\tag{3.1.46a}
$$

$$
(\bar{\alpha}_z^{x,n}, w^x)_x + (\bar{\alpha}_z^{y,n}, w^y)_y + (\bar{\alpha}_z^{z,n}, w^z)_z = \left(\xi_c^n, \sum_{s=x,y,z} D_s w^s\right)_{\bar{m}}, \quad \forall \mathbf{w} \in V_h,
\tag{3.1.46b}
$$

$$
(\alpha_z^{x,n}, w^x)_x + (\alpha_z^{y,n}, w^y)_y + (\alpha_z^{z,n}, w^z)_z = (D(E\mathbf{U}^n)\bar{\mathbf{Z}} - D(\mathbf{u}^n)\bar{\bar{\mathbf{Z}}}, w), \quad \forall \mathbf{w} \in V_h.
\tag{3.1.46c}
$$

在 (3.1.46a) 中取 $v=\xi_{c,m}$, 在 (3.1.46b) 中取 $\mathbf{w}=\alpha_z^n$, 在 (3.1.46c) 中取 $\mathbf{w}=\bar{\alpha}_z^n$, 将 (3.1.46a) 和 (3.1.46b) 相加, 再减去 (3.1.46c), 经整理可得

$$\begin{aligned}&\left(\varphi\frac{\xi_c^n-\xi_c^{n-1}}{\Delta t_c},\xi_c^n\right)_{\bar{m}}+(\nabla\cdot(\mathbf{G}^n-\mathbf{g}^n),\xi_c^n)_{\bar{m}}\\&=(q_p\xi_c^n,\xi_c^n)_{\bar{m}}+\left(q_p\zeta_c^n-\varphi\frac{\zeta_c^n-\zeta_c^{n-1}}{\Delta t_c},\xi_c^n\right)_{\bar{m}}+\left(\varphi\left(\frac{\partial c^n}{\partial t}-\frac{c^n-c^{n-1}}{\Delta t_c}\right),\xi_c^n\right)_{\bar{m}}\\&\quad-(D(E\mathbf{U}^n)\,\bar{\alpha}_z^n,\bar{\alpha}_z^n)+([D(\mathbf{u}^n)-D(E\mathbf{U}^n)]\,\bar{\tilde{\mathbf{Z}}}^n,\bar{\alpha}_z^n).\end{aligned}\tag{3.1.47}$$

上式可改写为

$$\begin{aligned}&\left(\varphi\frac{\xi_c^n-\xi_c^{n-1}}{\Delta t_c},\xi_c^n\right)_{\bar{m}}+(D(E\mathbf{U}^n)\,\bar{\alpha}_z^n,\bar{\alpha}_z^n)+(\nabla\cdot(\mathbf{G}^n-\mathbf{g}^n),\xi_c^n)_{\bar{m}}\\&=(q_p\xi_c^n,\xi_c^n)_{\bar{m}}+\left(q_p\zeta_c^n-\varphi\frac{\zeta_c^n-\zeta_c^{n-1}}{\Delta t_c},\xi_c^n\right)_{\bar{m}}+\left(\varphi\left(\frac{\partial c^n}{\partial t}-\frac{c^n-c^{n-1}}{\Delta t_c}\right),\xi_c^n\right)_{\bar{m}}\\&\quad+([D(\mathbf{u}^n)-D(E\mathbf{U}^n)]\,\bar{\tilde{\mathbf{Z}}}^n,\bar{\alpha}_z^n)=T_1+T_2+T_3+T_4.\end{aligned}\tag{3.1.48}$$

首先估计 (3.1.48) 左端诸项.

$$\left(\varphi\frac{\xi_c^n-\xi_c^{n-1}}{\Delta t_c},\xi_c^n\right)_{\bar{m}}\geqslant\frac{1}{2\Delta t_c}\{(\varphi\xi_c^n,\xi_c^n)_{\bar{m}}-(\varphi\xi_c^{n-1},\xi_c^{n-1})_{\bar{m}}\},\tag{3.1.49a}$$

$$(D(E\mathbf{U}^n)\,\bar{\alpha}_z^n,\bar{\alpha}_z^n)\geqslant D_*|||\,\bar{\alpha}_z^n\,|||^2.\tag{3.1.49b}$$

对第三项可以分解为

$$(\nabla\cdot(\mathbf{G}^n-\mathbf{g}^n),\xi_c^n)_{\bar{m}}=(\nabla\cdot(\mathbf{G}^n-\Pi\mathbf{g}^n),\xi_c^n)_{\bar{m}}+(\nabla\cdot(\Pi\mathbf{g}^n-\mathbf{g}^n),\xi_c^n)_{\bar{m}}.\tag{3.1.49c}$$

$\Pi\mathbf{g}$ 的定义类似于 $\mathbf{G}$

$$\Pi\mathbf{g}^n\cdot\gamma_l=\begin{cases}\Pi c_{e_1}^n(E\mathbf{U}^n\cdot\gamma_l)(x_l), & (E\mathbf{U}^n\cdot\gamma_l)(x_l)\geqslant 0,\\ \Pi c_{e_2}^n(E\mathbf{U}^n\cdot\gamma_l)(x_l), & (E\mathbf{U}^n\cdot\gamma_l)(x_l)<0.\end{cases}$$

应用 (3.1.45) 式

$$\begin{aligned}&(\nabla\cdot(\mathbf{G}^n-\Pi\mathbf{g}^n),\xi_c^n)_{\bar{m}}\\&=\sum_e\int_{\Omega_e}\nabla\cdot(\mathbf{G}^n-\Pi\mathbf{g}^n)\xi_c^n dx\\&=\sum_e\int_{\Omega_e}\nabla\cdot(E\mathbf{U}^n\xi_c^n)\xi_c^n dx\\&=\frac{1}{2}\sum_\sigma\int_\sigma|E\mathbf{U}^n\cdot\gamma_l|[\xi_c^n]^2ds-\frac{1}{2}\sum_\sigma\int_\sigma(E\mathbf{U}^n\cdot\gamma_l)(\xi_c^{n,+}+\xi_c^{n,-})[\xi_c^n]^2ds\end{aligned}$$

$$
\begin{aligned}
&= Q_1 + Q_2, \\
&Q_1 = \frac{1}{2}\sum_{\sigma}\int_{\sigma} |E\mathbf{U}^n \cdot \gamma_l| [\xi_c^n]^2 ds \geqslant 0, \\
&Q_2 = -\frac{1}{2}\sum_{\sigma}\int_{\sigma} (\mathbf{U}^n \cdot \gamma_l)[(\xi_c^{n,+})^2 - (\xi_c^{n,-})^2] ds = \frac{1}{2}\sum_{e}\int_{\Omega_e} \nabla \cdot E\mathbf{U}^n (\xi_c^n)^2 dx \\
&= \frac{1}{2}\sum_{e}\int_{\Omega_e} q^n (\xi_c^n)^2 dx.
\end{aligned}
$$

把 Q_2 移到方程 (3.1.48) 的右端, 且根据 q 的有界性得到, $|Q_2| \leqslant K||\xi_c^n||^2$.

对于 (3.1.49c) 式第二项

$$
\begin{aligned}
&(\nabla \cdot (\mathbf{g}^n - \Pi \mathbf{g}^n), \xi_c^n)_{\bar{m}} \\
&= \sum_{\sigma}\int_{\sigma} \{c^n \mathbf{u}^n \cdot \gamma_l - \Pi c^n E\mathbf{U}^n \cdot \gamma_l\} [\xi_c^n]^2 ds \\
&= \sum_{\sigma}\int_{\sigma} \{c^n \mathbf{u}^n - c^n E\mathbf{u}^n + c^n E\mathbf{u}^n - c^n E\mathbf{U}^n + c^n E\mathbf{U}^n - \Pi c^n E\mathbf{U}^n\} \cdot \gamma_l [\xi_c^n]^2 ds \\
&= (\nabla \cdot (c^n \mathbf{u}^n - c^n E\mathbf{u}^n), \xi_c^n)_m + (\nabla \cdot c^n E(\mathbf{u}^n - \mathbf{U}^n), \xi_c^n)_m \\
&\quad + \sum_{\sigma}\int_{\sigma} E\mathbf{U}^n \cdot \gamma_l (c^n - \Pi c^n)[\xi_c^n] ds \\
&\leqslant K\Delta t_p^4 + K||E(\mathbf{u}^n - \mathbf{U}^n)||_{H(\mathrm{div})}^2 + K||\xi_c^n||^2 + K\sum_{\sigma}\int_{\sigma} |E\mathbf{U}^n \cdot \gamma_l||c^n - \Pi c^n|^2 ds \\
&\quad + \frac{1}{4}\sum_{\sigma}\int_{\sigma} |E\mathbf{U}^n \cdot \gamma_l| [\xi_c^n]^2 ds.
\end{aligned}
$$

由估计式 (3.1.38), (3.1.44), 引理 3.1.5 和文献 [4,14,25] 有 $|c^n - \Pi c^n| = O(h_c^2)$, 得到

$$
\begin{aligned}
&(\nabla \cdot (\mathbf{g}^n - \Pi \mathbf{g}^n), \xi_c^n)_{\bar{m}} \\
&\leqslant K\{\Delta t_p^4 + h_p^4 + h_c^2 + ||\xi_c^n||_{\bar{m}}^2 + ||\xi_{c,m-1}||_{\bar{m}}^2 + ||\xi_{c,m-2}||_{\bar{m}}^2\} \\
&\quad + \frac{1}{4}\sum_{\sigma}\int_{\sigma} |E\mathbf{U}^n \cdot \gamma_l| [\xi_c^n]^2 ds.
\end{aligned}
\tag{3.1.49d}
$$

对误差估计式 (3.1.48) 的右端诸项的估计有

$$
|T_1| + |T_2| + |T_3| \leqslant K\Delta t_c \left\| \frac{\partial^2 c}{\partial t^2} \right\|_{L^2(t^{n-1}, t^n; \bar{m})}^2 + K\{||\xi_c^n||_{\bar{m}}^2 + h_c^4\}. \tag{3.1.50a}
$$

对 T_4 应用 (3.1.38), (3.1.44) 和引理 3.1.5 可得

$$
|T_4| \leqslant \varepsilon ||| \bar{\alpha}_z^n |||^2 + K\left\{ (\Delta t_p)^3 \left\| \frac{\partial \mathbf{u}}{\partial t} \right\|_{L^2(t_{m-1}, t_m; \bar{m})}^2 + h_p^4 + ||\xi_{c,m-1}||_{\bar{m}}^2 + ||\xi_{c,m-2}||_{\bar{m}}^2 \right\}. \tag{3.1.50b}
$$

将估计式 (3.1.49), (3.1.50) 代入误差估计方程 (3.1.48), 可得

$$\frac{1}{2\Delta t_c}\{\|\varphi^{1/2}\xi_c^n\|_m^2-\|\varphi^{1/2}\xi_c^{n-1}\|_m^2\}+\frac{D_*}{2}|||\bar{\alpha}_z^n|||^2+\frac{1}{2}\sum_\sigma\int_\sigma|E\mathbf{U}^n\cdot\gamma_l|[\xi_c^n]^2ds$$
$$\leqslant K\left\{\Delta t_c\left\|\frac{\partial^2 c}{\partial t^2}\right\|^2_{L^2(t^{n-1},t^n;\bar{m})}+(\Delta t_p)^3\left\|\frac{\partial \mathbf{u}}{\partial t}\right\|^2_{L^2(t_{m-1},t_m;\bar{m})}+\|\xi_c^n\|_{\bar{m}}^2\right.$$
$$\left.+\|\xi_{c,m-1}\|_{\bar{m}}^2+\|\xi_{c,m-2}\|_{\bar{m}}^2+h_c^2+h_p^4\right\}+\frac{1}{4}\sum_\sigma\int_\sigma|E\mathbf{U}^n\cdot\gamma_l|[\xi_c^n]^2ds. \tag{3.1.51}$$

右边最后一项被左边最后一项吸收, 两边同乘以 $2\Delta t_c$, 并对时间 n 相加, 注意到 $\xi_c^0=0$ 和外推公式 (3.1.19), 可得

$$\|\varphi^{1/2}\xi_c^N\|_m^2+\sum_{n=1}^N|||\bar{\alpha}_z^n|||^2\Delta t_c$$
$$\leqslant K\{h_p^4+h_c^2+(\Delta t_c)^2+(\Delta t_{p,1})^3+(\Delta t_p)^4\}+K\sum_{n=1}^N\|\xi_c^n\|_{\bar{m}}^2\Delta t_c. \tag{3.1.52}$$

应用离散 Gronwall 引理可得

$$\|\xi_c^N\|_m^2+\sum_{n=0}^N|||\bar{\alpha}^n|||^2\Delta t_c\leqslant K\{h_p^4+h_c^2+(\Delta t_c)^2+(\Delta t_{p,1})^3+(\Delta t_p)^4\}. \tag{3.1.53}$$

对流动方程的误差估计式 (3.1.38) 和 (3.1.44), 应用估计式 (3.1.53) 可得

$$\sup_{0\leqslant m\leqslant M}\{\|\pi_m\|_{\bar{m}}^2+|||\sigma_m|||^2\}\leqslant K\{h_p^4+h_c^2+(\Delta t_c)^2+(\Delta t_{p,1})^3+(\Delta t_p)^4\}. \tag{3.1.54}$$

由估计式 (3.1.53), (3.1.54) 和引理 3.1.5, 可以建立下述定理.

定理 3.1.3 对问题 (3.1.1), (3.1.2), 假定其精确解满足正则性条件 (R), 且其系数满足正定性条件 (C), 采用块中心迎风差分方法 (3.1.15), (3.1.17) 逐层求解. 则下述误差估计式成立

$$\|p-P\|_{\bar{L}^\infty(J;m)}+\|\mathbf{u}-\mathbf{U}\|_{\bar{L}^\infty(J;V)}+\|c-C\|_{\bar{L}^\infty(J;\bar{m})}+\left\|\bar{\mathbf{z}}-\bar{\mathbf{Z}}\right\|_{\bar{L}^2(J;V)}$$
$$\leqslant M^*\{h_p^2+h_c+\Delta t_c+(\Delta t_{p,1})^{3/2}+(\Delta t_p)^2\}. \tag{3.1.55}$$

此处 $\|g\|_{\bar{L}^\infty(J;X)}=\sup\limits_{n\Delta t\leqslant T}\|g^n\|_X$, $\|g\|_{\bar{L}^2(J;X)}=\sup\limits_{L\Delta t\leqslant T}\left\{\sum\limits_{n=0}^L\|g^n\|_X^2\Delta t\right\}^{1/2}$, 常数 M^* 依赖于函数 p,c 及其导函数.

3.1.6 数值算例

我们用本节的方法考虑简化的油水驱动问题. 假定压力、速度已知, 只考虑对

流占优的饱和度方程

$$\frac{\partial c}{\partial t}+\mathbf{u}\cdot\nabla c-\nabla\cdot(D(\mathbf{u})\nabla c)=f,\quad 0<x<\pi,0<t\leqslant 1, \tag{3.1.56a}$$

$$c(x,0)=(\sin x)^{20},\quad 0\leqslant x\leqslant \pi, \tag{3.1.56b}$$

此处 $D(\mathbf{u})=1.0\times10^{-4}$, 对流占优. 问题的精确解为 $c=\exp(-0.05t)\cdot(\sin(x-t))^{20}$, 选择右端 f 使得方程 (3.1.56) 成立.

这函数在区间 $[0,\pi]$ 上有尖峰, 并且随时间的变化而发生变动. 若采用一般的有限元或有限差分方法, 不能很好地逼近真实的结果. 我们采用本节的迎风块中心差分方法, 空间和时间步长分别取为 $h=\pi/n$, $\Delta t=1/m$. 图 3.1.2—图 3.1.5 是不同时刻真解和近似解的图像. 表 3.1.1 是不同的时刻所得的误差结果.

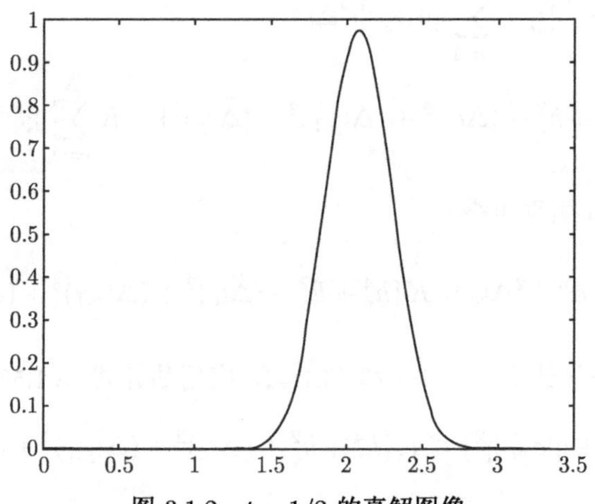

图 3.1.2　$t=1/2$ 的真解图像

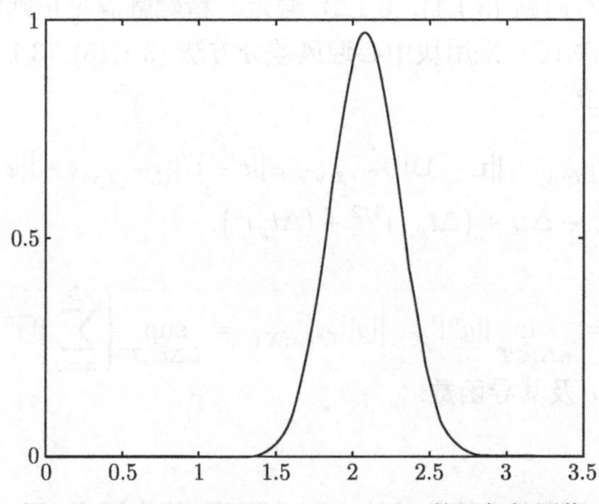

图 3.1.3　$n=120, m=20, t=1/2$ 的近似解图像

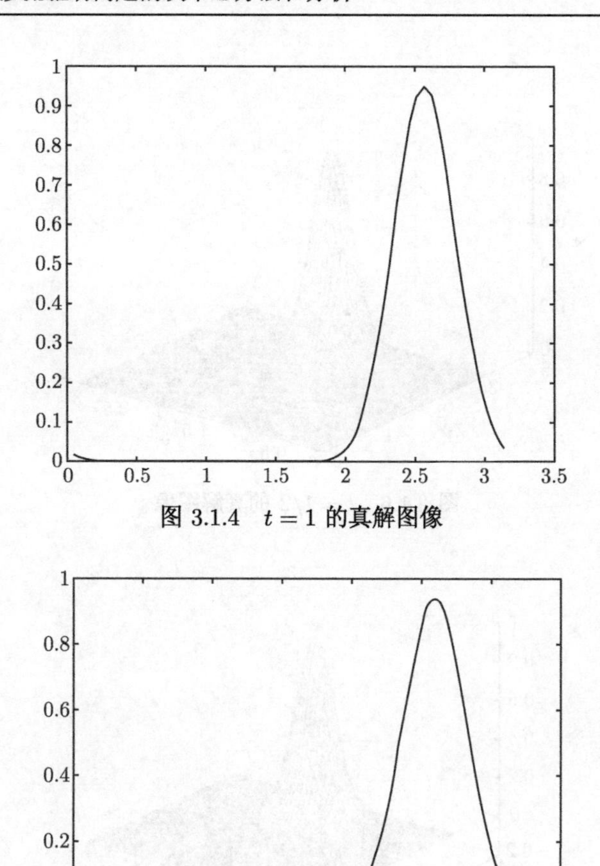

图 3.1.4 $t=1$ 的真解图像

图 3.1.5 $n=120, m=40, t=1$ 的近似解图像

表 3.1.1 误差结果

$t=1/2$	$n=30, m=5$	$n=60, m=10$	$n=120, m=20$
$\bar{m}$	1.4499e − 004	3.7891e − 005	2.0451e − 005
$t=1$	$n=30, m=10$	$n=60, m=20$	$n=120, m=40$
$\bar{m}$	5.3953e − 004	1.4583e − 004	7.9787e − 005

接下来考虑一个二维两相渗流驱动问题. 假设 Darcy 速度是个常数, 令 $\Omega=[0,\pi]\times[0,\pi]$, 精确解为 $c=\exp(-0.05t)\cdot(\sin(x-u_1t)\sin(y-u_2t))^{20}$, 且令 $\varphi=1, \mathbf{u}=(1,0.05), D_m=2.0\times10^{-4}$, 扩散矩阵 $D(\mathbf{u})=D_m\mathbf{I}$, 从而得到一个对流占优的饱和度方程. 我们对其应用迎风块中心差分方法, 图 3.1.6—图 3.1.9 是不同时刻真解与近似解的图像, 表 3.1.2 是在不同的时刻所得的误差结果.

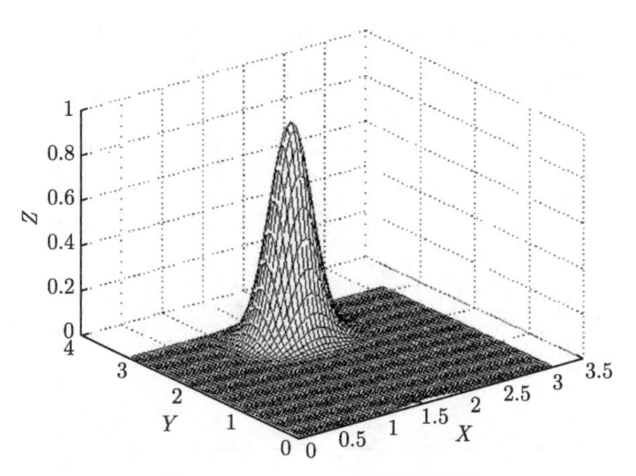

图 3.1.6　$t=1/2$ 的真解图像

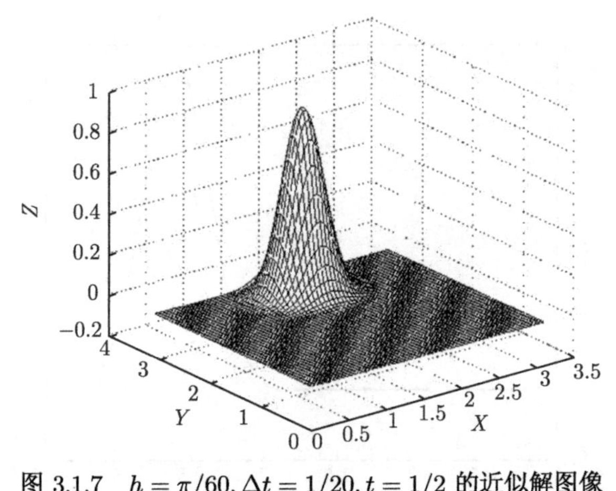

图 3.1.7　$h=\pi/60, \Delta t=1/20, t=1/2$ 的近似解图像

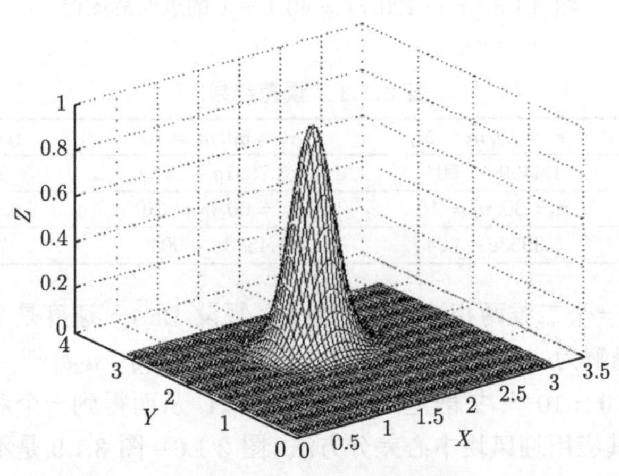

图 3.1.8　$t=1$ 的真解图像

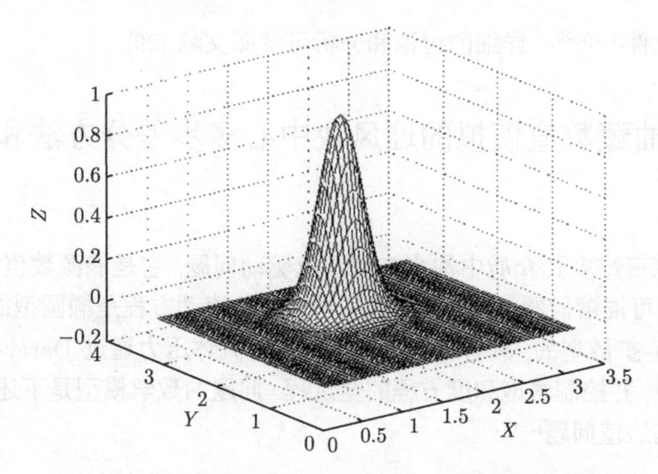

图 3.1.9 $h=\pi/60, \Delta t=1/20, t=1$ 的近似解图像

表 3.1.2 误差结果

	$h=\pi/30, \Delta t=1/10$	$h=\pi/60, \Delta t=1/20$
$t=1/2$	1.7887e − 004	4.3001e − 005
$t=1$	6.6902e − 004	2.0656e − 004

以上的数值试验结果指明, 对于对流占优问题, 迎风块中心差分方法有收敛的稳定结果, 并且可以有效地克服数值弥散和非物理振荡.

3.1.7 总结和讨论

本节研究三维多孔介质中油水二相渗流驱动问题, 提出一类迎风块中心差分方法及其收敛性分析. 3.1.1 小节是引言部分, 叙述和分析问题的数学模型、物理背景以及国内外研究概况. 3.1.2 小节给出网格剖分记号和引理. 3.1.3 小节和 3.1.4 小节提出迎风块中心差分方法程序, 对流动方程采用具有守恒性质的块中心方法离散, 对 Darcy 速度提高了一阶精确度. 对饱和度方程采用了迎风块中心差分方法求解, 即对方程的扩散部分采用块中心方法离散, 对流部分采用迎风格式来处理. 这种方法适用于对流占优问题, 能消除数值弥散和非物理性振荡, 提高了计算精确度. 扩散项采用块中心离散, 可以同时逼近饱和度函数及其伴随函数, 保持单元质量守恒, 这在渗流力学数值模拟计算中是十分重要的. 3.1.5 小节是收敛性分析, 应用微分方程先验估计理论和特殊技巧, 得到了最佳阶误差估计结果. 3.1.6 小节给出数值算例, 指明该方法的有效性和实用性. 本节有如下特征: ① 本格式具有物理守恒律特性, 这点在油藏数值模拟实际计算中是十分重要的, 特别是强化采油数值模拟计算; ② 由于组合地应用块中心差分和迎风格式, 它具有高精度和高稳定性的特征, 特别适用于三维复杂区域大型数值模拟的工程实际计算; ③ 处理边界条件简单, 易于编制工程应用软件[1,25,28]. 详细的讨论和分析可参阅文献 [29].

3.2 油藏数值模拟的迎风块中心多步差分方法和分析

3.2.1 引言

本节研究三维多孔介质中油水二相渗流驱动问题, 它是能源数值模拟的基础. 对不可压缩、可混溶问题, 其数学模型关于压力的流动方程是椭圆型的, 关于饱和度方程是对流-扩散型的, 具有很强的双曲特性. 流体压力通过 Darcy 流速在饱和度方程中出现, 并控制着饱和度方程的全过程. 问题的数学模型是下述非线性偏微分方程组的初边值问题[1-6]:

$$-\nabla\cdot\left(\frac{\kappa(X)}{\mu(c)}\nabla p\right)\equiv\nabla\cdot\mathbf{u}=q=q_I+q_p,\quad X=(x,y,z)^{\mathrm{T}}\in\Omega,t\in J=(0,T],\tag{3.2.1a}$$

$$\mathbf{u}=-\frac{\kappa(X)}{\mu(c)}\nabla p,\quad X\in\Omega,t\in J,\tag{3.2.1b}$$

$$\varphi\frac{\partial c}{\partial t}+\mathbf{u}\cdot\nabla c-\nabla\cdot(D(\mathbf{u})\nabla c)+q_Ic=q_Ic_I,\quad X\in\Omega,t\in J,\tag{3.2.2}$$

此处 Ω 是三维空间 R^3 中的有界区域, $p(X,t)$ 是压力函数, $\mathbf{u}=(u_1,u_2,u_3)^{\mathrm{T}}$ 是 Darcy 速度, $c(X,t)$ 是水的饱和度函数. $q(X,t)$ 是产量项, 通常是生产项 q_p 和注入项 q_I 的线性组合, 也就是 $q(X,t)=q_I(X,t)+q_p(X,t)$. c_I 是注入液的饱和度, 是已知的, $c(X,t)$ 是生产井的饱和度. $\varphi(X)$ 是多孔介质的空隙度, $\kappa(X)$ 是岩石的渗透率, $\mu(c)$ 为依赖于饱和度 c 的黏度. $D(\mathbf{u})$ 是扩散系数矩阵. 压力函数 $p(X,t)$ 和饱和度函数 $c(X,t)$ 是待求函数.

这里扩散系数矩阵 $D(\mathbf{u})$ 由分子扩散和机械扩散两部分组成的扩散弥散张量, 可表示为[6,7]

$$D(X,\mathbf{u})=D_m\mathbf{I}+|\mathbf{u}|(d_l\mathbf{E}+d_t(\mathbf{I}-\mathbf{E})),\tag{3.2.3}$$

此处 $\mathbf{E}=\mathbf{u}\mathbf{u}^{\mathrm{T}}/|\mathbf{u}|^2, D_m=\varphi d_m$, d_m 是分子扩散系数, $\mathbf{I}$ 为 3×3 单位矩阵, d_l 是纵向扩散系数, d_t 是横向扩散系数.

不渗透边界条件:

$$\mathbf{u}\cdot\gamma=0,\quad X\in\partial\Omega,\quad (D\nabla c-c\mathbf{u})\cdot\gamma=0,\quad X\in\partial\Omega,t\in J,\tag{3.2.4}$$

此处 γ 是区域 Ω 的边界曲面 $\partial\Omega$ 的外法线方向矢量.

初始条件:

$$c(X,0)=c_0(X),\quad X\in\Omega.\tag{3.2.5}$$

为保证解的存在唯一性, 还需要下述相容性和唯一性条件:

$$\int_{\Omega} q(X,t)dX = 0, \quad \int_{\Omega} p(X,t)dX = 0, \quad t \in J. \tag{3.2.6}$$

我们注意到有限体积元法[8,9]兼具有差分方法的简单性和有限元方法的高精度性, 并且保持单元质量守恒, 是求解偏微分方程的一种十分有效的数值方法. 混合元方法[10-12]可以同时求解压力函数及其 Darcy 流速, 且能提高近似解的一阶精确度. 文献 [1,13,14] 将有限体积元和混合元结合, 提出了块中心数值方法的思想, 论文 [15,16] 通过数值算例验证这种方法的有效性. 论文 [17—19] 主要对椭圆问题给出块中心数值方法的收敛性估计等理论结果, 形成了块中心差分方法的一般框架. 芮洪兴等用此方法研究了非 Darcy 渗流的数值模拟计算问题[20,21]. 作者用此方法处理半导体器件瞬态问题的数值模拟计算, 得到了十分满意的结果[22,23]. 在上述工作的基础上, 我们对三维油水二相渗流驱动问题提出一类迎风块中心多步数值方法. 用块中心差分方法同时逼近压力函数和 Darcy 速度, 并对 Darcy 速度提高了一阶计算精确度. 对饱和度方程用迎风块中心多步方法求解, 即对时间导数采用多步方法逼近, 对流项采用迎风格式来处理, 扩散项采用块中心数值方法离散. 可以同时逼近饱和度函数及其伴随向量函数, 并且由于分片常数在检验函数空间中, 因此格式保持单元质量守恒. 这一特性对渗流力学数值模拟计算是特别重要的. 这种方法适用于对流占优问题, 能消除数值弥散和非物理性振荡, 提高计算精确到. 应用微分方程先验估计理论和特殊技巧, 得到了最优阶误差估计. 本节对一般对流-扩散方程做了数值试验, 进一步指明方法的有效性和实用性, 成功解决了这一重要问题[1,2,6,24].

我们使用通常的 Sobolev 空间及其范数记号. 假定问题 (3.2.1)—(3.2.6) 的精确解满足下述正则性条件:

$$(\mathrm{R}) \quad \begin{cases} p \in L^{\infty}(H^1), \\ \mathbf{u} \in L^{\infty}(H^1(\mathrm{div})) \cap L^{\infty}(W_{\infty}^1) \cap W_{\infty}^1(L^{\infty}) \cap H^2(L^2), \\ c \in L^{\infty}(H^2) \cap H^1(H^1) \cap L^{\infty}(W_{\infty}^1) \cap H^2(L^2). \end{cases}$$

同时假定问题 (3.2.1)—(3.2.6) 的系数满足正定性条件:

$$(\mathrm{C}) \quad 0 < a_* \leqslant \frac{\kappa(X)}{\mu(c)} \leqslant a^*, \quad 0 < \varphi_* \leqslant \varphi(X) \leqslant \varphi^*, \quad 0 < D_* \leqslant D(X,\mathbf{u}),$$

此处 $a_*, a^*, \varphi_*, \varphi^*$ 和 D_* 均为确定的正常数.

在本节中 K 表示一般的正常数, ε 表示一般小的正数, 在不同地方具有不同含义.

3.2.2 记号和引理

为了应用块中心-迎风块中心多步方法, 我们需要构造两套网格系统. 粗网格是针对流场压力和 Darcy 流速的非均匀粗网格, 细网格是针对饱和度方程的非均匀细网格. 首先讨论粗网格系统.

研究三维问题, 为简单起见, 设区域 $\Omega=\{[0,1]\}^3$, 用 $\partial\Omega$ 表示其边界. 定义剖分

$$\begin{aligned}
&\delta_x: 0=x_{1/2}<x_{3/2}<\cdots<x_{N_x-1/2}<x_{N_x+1/2}=1,\\
&\delta_y: 0=y_{1/2}<y_{3/2}<\cdots<y_{N_y-1/2}<y_{N_y+1/2}=1,\\
&\delta_z: 0=z_{1/2}<z_{3/2}<\cdots<z_{N_z-1/2}<z_{N_z+1/2}=1.
\end{aligned}$$

对 Ω 做剖分 $\delta_x\times\delta_y\times\delta_z$, 对于 $i=1,2,\cdots,N_x;j=1,2,\cdots,N_y$; $k=1,2,\cdots,N_z$, 记 $\Omega_{ijk}=\{(x,y,z)|x_{i-1/2}<x<x_{i+1/2},y_{j-1/2}<y<y_{j+1/2},z_{k-1/2}<z<z_{k+1/2}\}$, $x_i=(x_{i-1/2}+x_{i+1/2})/2$, $y_j=(y_{j-1/2}+y_{j+1/2})/2$, $z_k=(z_{k-1/2}+z_{k+1/2})/2$, $h_{x_i}=x_{i+1/2}-x_{i-1/2}$, $h_{y_j}=y_{j+1/2}-y_{j-1/2}$, $h_{z_k}=z_{k+1/2}-z_{k-1/2}$, $h_{x,i+1/2}=(h_{x_i}+h_{x_{i+1}})/2=x_{i+1}-x_i$, $h_{y,j+1/2}=(h_{y_j}+h_{y_{j+1}})/2=y_{j+1}-y_j$, $h_{z,k+1/2}=(h_{z_k}+h_{z_{k+1}})/2=z_{k+1}-z_k$, $h_x=\max\limits_{1\leqslant i\leqslant N_x}\{h_{x_i}\}$, $h_y=\max\limits_{1\leqslant j\leqslant N_y}\{h_{y_j}\}$, $h_z=\max\limits_{1\leqslant k\leqslant N_z}\{h_{z_k}\}$, $h_p=(h_x^2+h_y^2+h_z^2)^{1/2}$. 称剖分是正则的, 是指存在常数 $\alpha_1,\alpha_2>0$, 使得

$$\begin{aligned}
&\min_{1\leqslant i\leqslant N_x}\{h_{x_i}\}\geqslant\alpha_1h_x,\quad \min_{1\leqslant j\leqslant N_y}\{h_{y_j}\}\geqslant\alpha_1h_y,\\
&\min_{1\leqslant k\leqslant N_z}\{h_{z_k}\}\geqslant\alpha_1h_z,\quad \min\{h_x,h_y,h_z\}\geqslant\alpha_2\max\{h_x,h_y,h_z\}.
\end{aligned}$$

特别指出的是, 此处 $\alpha_i(i=1,2)$ 是两个确定的正常数, 它与 Ω 的剖分 $\delta_x\times\delta_y\times\delta_z$ 有关.

图 3.2.1 表示对应于 $N_x=4,N_y=3,N_z=3$ 情况简单网格的示意图. 定义 $M_l^d(\delta_x)=\{f\in C^l[0,1]:f|_{\Omega_i}\in p_d(\Omega_i),i=1,2,\cdots,N_x\}$, 其中 $\Omega_i=[x_{i-1/2},x_{i+1/2}]$, $p_d(\Omega_i)$ 是 Ω_i 上次数不超过 d 的多项式空间, 当 $l=-1$ 时, 表示函数 f 在 $[0,1]$ 上可以不连续. 对 $M_l^d(\delta_y),M_l^d(\delta_z)$ 的定义是类似的. 记 $S_h=M_{-1}^0(\delta_x)\otimes M_{-1}^0(\delta_y)\otimes M_{-1}^0(\delta_z)$, $V_h=\{\mathbf{w}|\mathbf{w}=(w^x,w^y,w^z),w^x\in M_0^1(\delta_x)\otimes M_{-1}^0(\delta_y)\otimes M_{-1}^0(\delta_z),w^y\in M_{-1}^0(\delta_x)\otimes M_0^1(\delta_y)\otimes M_{-1}^0(\delta_z),w^z\in M_{-1}^0(\delta_x)\otimes M_{-1}^0(\delta_y)\otimes M_0^1(\delta_z),\mathbf{w}\cdot\gamma|_{\partial\Omega}=0\}$. 对函数 $v(x,y,z)$, 用 v_{ijk}, $v_{i+1/2,jk}$, $v_{i,j+1/2,k}$ 和 $v_{ij,k+1/2}$ 分别表示 $v(x_i,y_j,z_k)$, $v(x_{i+1/2},y_j,z_k)$, $v(x_i,y_{j+1/2},z_k)$ 和 $v(x_i,y_j,z_{k+1/2})$.

定义下列内积及范数:

$$(v,w)_{\bar{m}}=\sum_{i=1}^{N_x}\sum_{j=1}^{N_y}\sum_{k=1}^{N_z}h_{x_i}h_{y_j}h_{z_k}v_{ijk}w_{ijk},$$

$$(v,w)_x=\sum_{i=1}^{N_x}\sum_{j=1}^{N_y}\sum_{k=1}^{N_z}h_{x_{i-1/2}}h_{y_j}h_{z_k}v_{i-1/2,jk}w_{i-1/2,jk},$$

$$(v,w)_y=\sum_{i=1}^{N_x}\sum_{j=1}^{N_y}\sum_{k=1}^{N_z}h_{x_i}h_{y_{j-1/2}}h_{z_k}v_{i,j-1/2,k}w_{i,j-1/2,k},$$

$$(v,w)_z=\sum_{i=1}^{N_x}\sum_{j=1}^{N_y}\sum_{k=1}^{N_z}h_{x_i}h_{y_j}h_{z_{k-1/2}}v_{ij,k-1/2}w_{ij,k-1/2},$$

$$\|v\|_s^2=(v,v)_s,\quad s=\bar{m},x,y,z,\quad \|v\|_\infty=\max_{1\leqslant i\leqslant N_x,1\leqslant j\leqslant N_y,1\leqslant k\leqslant N_z}|v_{ijk}|,$$

$$\|v\|_{\infty(x)}=\max_{1\leqslant i\leqslant N_x,1\leqslant j\leqslant N_y,1\leqslant k\leqslant N_z}|v_{i-1/2,jk}|,$$

$$\|v\|_{\infty(y)}=\max_{1\leqslant i\leqslant N_x,1\leqslant j\leqslant N_y,1\leqslant k\leqslant N_z}|v_{i,j-1/2,k}|,$$

$$\|v\|_{\infty(z)}=\max_{1\leqslant i\leqslant N_x,1\leqslant j\leqslant N_y,1\leqslant k\leqslant N_z}|v_{ij,k-1/2}|.$$

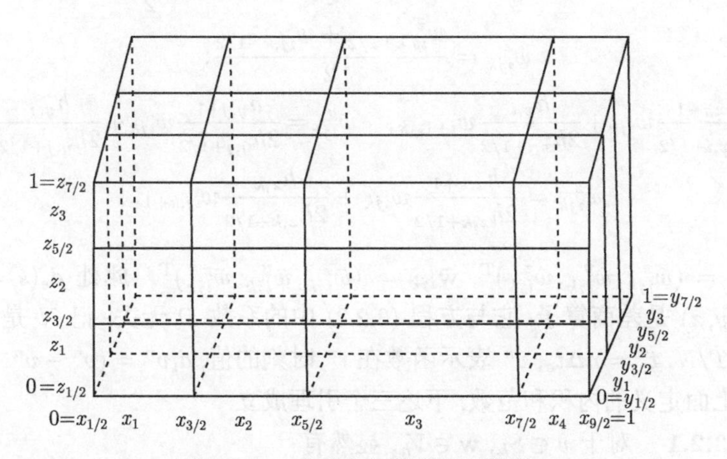

图 3.2.1 非均匀网格剖分示意图

当 $\mathbf{w}=(w^x,w^y,w^z)^{\mathrm{T}}$ 时, 记

$$|||\mathbf{w}|||=\left(\|w^x\|_x^2+\|w^y\|_y^2+\|w^z\|_z^2\right)^{1/2},$$

$$|||\mathbf{w}|||_\infty=\|w^x\|_{\infty(x)}+\|w^y\|_{\infty(y)}+\|w^z\|_{\infty(z)},$$

$$\|\mathbf{w}\|_{\bar{m}}=\left(\|w^x\|_{\bar{m}}^2+\|w^y\|_{\bar{m}}^2+\|w^z\|_{\bar{m}}^2\right)^{1/2},\quad \|\mathbf{w}\|_\infty=\|w^x\|_\infty+\|w^y\|_\infty+\|w^z\|_\infty.$$

设 $W_p^m(\Omega)=\left\{v\in L^p(\Omega)\middle|\dfrac{\partial^n v}{\partial x^{n-l-r}\partial y^l\partial z^r}\in L^p(\Omega),n-l-r\geqslant 0,l=0,1,\cdots,n;\right.$ $\left.r=0,1,\cdots,n;n=0,1,\cdots,m;0<p<\infty\right\}$. $H^m(\Omega)=W_2^m(\Omega)$, $L^2(\Omega)$ 的内积与范

数分别为 $(\cdot,\cdot)$, $\|\cdot\|$, 对于 $v\in S_h$, 显然有

$$\|v\|_{\bar{m}}=\|v\|. \tag{3.2.7}$$

定义下列记号:

$$[d_xv]_{i+1/2,jk}=\frac{v_{i+1,jk}-v_{ijk}}{h_{x,i+1/2}},\quad [d_yv]_{i,j+1/2,k}=\frac{v_{i,j+1,k}-v_{ijk}}{h_{y,j+1/2}},$$
$$[d_zv]_{ij,k+1/2}=\frac{v_{ij,k+1}-v_{ijk}}{h_{z,k+1/2}};$$
$$[D_xw]_{ijk}=\frac{w_{i+1/2,jk}-w_{i-1/2,jk}}{h_{x_i}},\quad [D_yw]_{ijk}=\frac{w_{i,j+1/2,k}-w_{i,j-1/2,k}}{h_{y_j}},$$
$$[D_zw]_{ijk}=\frac{w_{ij,k+1/2}-w_{ij,k-1/2}}{h_{z_k}};$$
$$\hat{w}^x_{ijk}=\frac{w^x_{i+1/2,jk}+w^x_{i-1/2,jk}}{2},\quad \hat{w}^y_{ijk}=\frac{w^y_{i,j+1/2,k}+w^y_{i,j-1/2,k}}{2},$$
$$\hat{w}^z_{ijk}=\frac{w^z_{ij,k+1/2}+w^z_{ij,k-1/2}}{2};$$
$$\bar{w}^x_{ijk}=\frac{h_{x,i+1}}{2h_{x,i+1/2}}w_{ijk}+\frac{h_{x,i}}{2h_{x,i+1/2}}w_{i+1,jk},\quad \bar{w}^y_{ijk}=\frac{h_{y,j+1}}{2h_{y,j+1/2}}w_{ijk}+\frac{h_{y,j}}{2h_{y,j+1/2}}w_{i,j+1,k},$$
$$\bar{w}^z_{ijk}=\frac{h_{z,k+1}}{2h_{z,k+1/2}}w_{ijk}+\frac{h_{z,k}}{2h_{z,k+1/2}}w_{ij,k+1},$$

以及 $\hat{\mathbf{w}}_{ijk}=(\hat{w}^x_{ijk},\hat{w}^y_{ijk},\hat{w}^z_{ijk})^{\mathrm{T}}$, $\bar{\mathbf{w}}_{ijk}=(\bar{w}^x_{ijk},\bar{w}^y_{ijk},\bar{w}^z_{ijk})^{\mathrm{T}}$. 此处 $d_s(s=x,y,z)$, $D_s(s=x,y,z)$ 是差商算子, 它与方程 (3.2.2) 中的系数 D 无关. 记 N 是一个正整数, $\Delta t_c=T/N$, $t^n=n\Delta t_c$, v^n 表示函数在 t^n 时刻的值, $d_tv^n=(v^n-v^{n-1})/\Delta t_c$.

对于上面定义的内积和范数, 下述三个引理成立.

引理 3.2.1 对于 $v\in S_h$, $\mathbf{w}\in V_h$, 显然有

$$(v,D_xw^x)_{\bar{m}}=-(d_xv,w^x)_x,\quad (v,D_yw^y)_{\bar{m}}=-(d_yv,w^y)_y,$$
$$(v,D_zw^z)_{\bar{m}}=-(d_zv,w^z)_z. \tag{3.2.8}$$

引理 3.2.2 对于 $\mathbf{w}\in V_h$, 则有

$$\|\hat{\mathbf{w}}\|_{\bar{m}}\leqslant|||\mathbf{w}|||. \tag{3.2.9}$$

证明见引理 3.1.2.

引理 3.2.3 对于 $q\in S_h$, 则有

$$\|\bar{q}^x\|_x\leqslant M\|q\|_m,\quad \|\bar{q}^y\|_y\leqslant M\|q\|_m,\quad \|\bar{q}^z\|_z\leqslant M\|q\|_m, \tag{3.2.10}$$

此处 M 是与 q,h 无关的常数.

引理 3.2.4 对于 $\mathbf{w}\in V_h$, 则有

$$||w^x||_x \leqslant ||D_x w^x||_{\bar{m}},\quad ||w^y||_y \leqslant ||D_y w^y||_{\bar{m}},\quad ||w^z||_z \leqslant ||D_z w^z||_{\bar{m}}. \tag{3.2.11}$$

证明见引理 3.1.4.

对于细网格系统, 区域为 $\Omega=\{[0,1]\}^3$, 通常在上述粗网格的基础上再进行均匀细分, 一般取原网格步长的 $1/l$, 通常 l 取 2 或 4, 其余全部记号不变, 此时 $h_c=h_p/l$.

3.2.3 迎风块中心多步差分方法程序

为了引入块中心的处理思想, 我们将流动方程 (3.2.1) 写为下述标准形式:

$$\nabla\cdot\mathbf{u}=q, \tag{3.2.12a}$$

$$\mathbf{u}=-a(c)\nabla p, \tag{3.2.12b}$$

此处 $a(c)=\kappa(X)\mu^{-1}(c)$.

对饱和度方程 (3.2.2) 构造其迎风块中心多步差分格式. 为此将其转变为散度形式, 记 $\mathbf{g}=\mathbf{u}c=(u_1c,u_2c,u_3c)^{\mathrm{T}}$, $\bar{\mathbf{z}}=-\nabla c$, $\mathbf{z}=D\bar{\mathbf{z}}$, 则方程 (3.2.2) 改写为

$$\varphi\frac{\partial c}{\partial t}+\nabla\cdot\mathbf{g}+\nabla\cdot\mathbf{z}-c\nabla\cdot\mathbf{u}=q_I(c_I-c). \tag{3.2.13}$$

应用流动方程 $\nabla\cdot\mathbf{u}=q=q_I+q_p$, 则方程 (3.2.13) 可改写为

$$\varphi\frac{\partial c}{\partial t}+\nabla\cdot\mathbf{g}+\nabla\cdot\mathbf{z}-q_pc=q_Ic_I, \tag{3.2.14}$$

此处应用拓广的块中心方法[25]. 此方法不仅得到对扩散流量 $\mathbf{z}$ 的近似, 同时得到对梯度 $\bar{\mathbf{z}}$ 的近似.

设 Δt_p 是流动方程的时间步长, 第一步时间步长记为 $\Delta t_{p,1}$. 设 $0=t_0<t_1<\cdots<t_M=T$ 是关于时间的一个剖分. 对于 $i\geqslant 1$, $t_i=\Delta t_{p,1}+(i-1)\Delta t_p$. 类似地, 记 $0=t^0<t^1<\cdots<t^N=T$ 是饱和度方程关于时间的一个剖分, $t^n=n\Delta t_c$, 此处 Δt_c 是饱和度方程的时间步长. 我们假设对于任一 m, 都存在一个 n 使得 $t_m=t^n$, 这里 $\Delta t_p/\Delta t_c$ 是一个正整数. 记 $j^0=\Delta t_{p,1}/\Delta t_c$, $j=\Delta t_p/\Delta t_c$.

为研究饱和度方程 (3.2.13) 的迎风块中心多步方法, 定义下述向后差分算子, 记 $f^n\equiv f^n(X)\equiv f(X,t^n)$, $\delta f^n=f^n-f^{n-1}$, $\delta^2f^n=f^n-2f^{n-1}+f^{n-2}$, $\delta^3f^n=f^n-3f^{n-1}+3f^{n-2}-f^{n-3}$. 定义 $d_tf^n=\delta f^n/\Delta t_c$, $d_t^jf^n=\delta^jf^n/(\Delta t_c)^j$.

我们提出块中心-迎风块中心多步格式: 对流动方程寻求 $\{\mathbf{U}_m,P_m\}\in V_h\times S_h, m=0,1,\cdots,M$, 使得

$$(D_xU_m^x+D_yU_m^y+D_zU_m^z,v)_{\bar{m}}=(q_m,v)_{\bar{m}},\quad \forall v\in S_h, \tag{3.2.15a}$$

$$\begin{aligned}&\left(a^{-1}(\bar{C}_m^x)U_m^x,w^x\right)_x+\left(a^{-1}(\bar{C}_m^y)U_m^y,w^y\right)_y+\left(a^{-1}(\bar{C}_m^z)U_m^z,w^z\right)_z\\&-(P_m,D_xw^x+D_xw^y+D_xw^z)_{\bar{m}}=0,\quad\forall w\in V_h.\end{aligned}\tag{3.2.15b}$$

在非线性项 $\mu(c)$ 中, 用近似解 C_m 代替在 $t=t_m$ 时刻的真解 c_m,

$$\bar{C}_m=\min\{1,\max(0,C_m)\}\in[0,1].\tag{3.2.16}$$

在时间步 t^n, $t_{m-1}<t^n\leqslant t_m$, 应用如下的外推公式

$$\begin{aligned}&E\mathbf{U}^n\\=&\begin{cases}\mathbf{U}_0, & t_0<t^n\leqslant t_1,m=1\\ \left(1+\dfrac{t^n-t_{m-1}}{t_{m-1}-t_{m-2}}\right)\mathbf{U}_{m-1}-\dfrac{t^n-t_{m-1}}{t_{m-1}-t_{m-2}}\mathbf{U}_{m-2}, & t_{m-1}<t^n\leqslant t_m,m\geqslant 2.\end{cases}\end{aligned}\tag{3.2.17}$$

下面研究饱和度方程 (3.2.14) 的迎风块中心多步方法. 对于给定的初始值 $\{C^i\in S_h,i=0,1,\cdots,\mu-1\}$, 定义 $C^n\in S_h$, $\bar{\mathbf{Z}}^n\in V_h$, $\mathbf{Z}^n\in V_h$ 满足

$$\varphi\sum_{j=1}^{\mu}\frac{\Delta t^{j-1}}{j}d_t^jC^n+\nabla\cdot\mathbf{G}^n+\nabla\cdot\mathbf{Z}^n-q_pC^n=q_IC_I^n\quad(n=\mu,\mu+1,\cdots,N).\tag{3.2.18}$$

为了精确计算 C^n, C^j 的近似值 $j=0,1,\cdots,\mu-1$, 必须由一个独立的程序确定, C^j 近似 c^j, $j=0,1,\cdots,\mu-1$ 的阶为 μ.

为了简单起见, 取较小的 $\mu=1,2,3$, 则 (3.2.18) 写成下述变分形式

$$\begin{aligned}&\left(\varphi(X)\frac{C^n-C^{n-1}}{\Delta t_c},v\right)_{\bar{m}}+\beta(\mu)(\nabla\cdot\mathbf{G}^n,v)_{\bar{m}}+\beta(\mu)(\nabla\cdot\mathbf{Z}^n,v)_{\bar{m}}-\beta(\mu)(q_pC^n,v)_{\bar{m}}\\=&\frac{1}{\Delta t_c}(\varphi[\alpha_1(\mu)\delta C^{n-1}+\alpha_2(\mu)\delta C^{n-2}],v)_{\bar{m}}+\beta(\mu)(q_Ic_I^n,v)_{\bar{m}},\quad\forall v\in S_h,\end{aligned}\tag{3.2.19}$$

$\alpha_i(\mu),\beta(\mu)$ 的值可以由 (3.2.18) 计算得到, 下面直接给出它们的值.

μ	$\beta(\mu)$	$\alpha_1(\mu)$	$\alpha_2(\mu)$
1	1	0	0
2	2/3	1/3	0
3	6/11	7/11	−2/11

当 $\mu=1$ 时为单步的迎风块中心方法, 本节详细研究 $\mu=2$ 时的多步情形, 具体格式为

$$\left(\varphi(X)\frac{C^n-C^{n-1}}{\Delta t_c},v\right)_{\bar{m}}+\frac{2}{3}(\nabla\cdot\mathbf{G}^n,v)_{\bar{m}}+\frac{2}{3}\left(\sum_{s=x,y,z}D_sZ^{s,n},v\right)_{\bar{m}}-\frac{2}{3}(q_pC^n,v)_{\bar{m}}$$

$$= \frac{1}{\Delta t_c}\left(\varphi\frac{1}{3}\delta C^{n-1}, v\right)_{\bar{m}} + \frac{2}{3}(q_I c_I^n, v)_{\bar{m}}, \quad \forall v \in S_h, \tag{3.2.20a}$$

$$(\bar{Z}^{x,n}, w^x)_x + (\bar{Z}^{y,n}, w^y)_y + (\bar{Z}^{z,n}, w^z)_z = \left(C^n, \sum_{s=x,y,z} D_s w^s\right)_{\bar{m}}, \quad \mathbf{w} \in V_h, \tag{3.2.20b}$$

$$(Z^{x,n}, w^x)_x + (Z^{y,n}, w^y)_y + (Z^{z,n}, w^z)_z = (D(\hat{E}(2)\mathbf{U}^n)\,\bar{\mathbf{Z}}^n, \mathbf{w}), \quad \mathbf{w} \in V_h. \tag{3.2.20c}$$

方程 (3.2.15) 和 (3.2.20) 构成了方程 (3.2.1)—(3.2.6) 的迎风块中心多步方法. 计算步骤如下: C^0, C^1 借助初始程序已经计算出来. 通过流动方程的块中心程序 (3.2.15a), (3.2.15b) 计算 $\{\mathbf{U}_0, P_0\}$. 从时间层 $n=2$ 开始, 由 (3.2.20a)—(3.2.20c) 依次计算得到 $\{C^2, C^3, \cdots, C^{j_0}\}$. 对 $m \geqslant 1$, 此处 $C^{j_0+(m-1)j} = C_m$ 是已知的. 由 (3.2.15a) 和 (3.2.15b) 计算可得 $\{\mathbf{U}_m, P_m\}$. 依次循环计算, 可得 $C^{j_0+(m-1)j+1}$, $C^{j_0+(m-1)j+2}, \cdots, C^{j_0+mj}$. 可得每一时间层的压力、速度和饱和度的数值解. 由问题的正定性条件 (C), 数值解存在且唯一. 格式 (3.2.20a) 中迎风项 $\mathbf{G}$ 以及 $\hat{E}(\mu)\mathbf{U}^n$ 的定义为

$$\hat{E}(1)\mathbf{U}^n = E\mathbf{U}^n - \delta E\mathbf{U}^n, \quad \hat{E}(2)\mathbf{U}^n = E\mathbf{U}^n - \delta^2 E\mathbf{U}^n, \quad \hat{E}(3)\mathbf{U}^n = E\mathbf{U}^n - \delta^3 E\mathbf{U}^n.$$

此处取 $\mu = 2$.

对流量 $\mathbf{G}$ 由近似解 C 来构造, 有多种方法可以确定此项. 本节使用简单的迎风方法. 由于在 $\partial\Omega$ 上 $\mathbf{g} = \mathbf{u}c = 0$, 设在边界上 $\mathbf{G}^n \cdot \gamma$ 的平均积分为 0. 假设单元 e_1, e_2 有公共面 σ, x_l 是此面的重心, γ_l 是从 e_1 到 e_2 的法向量, 那么我们可以定义

$$\mathbf{G}^n \cdot \gamma_l = \begin{cases} C_{e_1}^n(\hat{E}(2)\mathbf{U}^n \cdot \gamma_l)(x_l), & (\hat{E}(2)\mathbf{U}^n \cdot \gamma_l)(x_l) \geqslant 0, \\ C_{e_2}^n(\hat{E}(2)\mathbf{U}^n \cdot \gamma_l)(x_l), & (\hat{E}(2)\mathbf{U}^n \cdot \gamma_l)(x_l) < 0. \end{cases} \tag{3.2.21}$$

此处 $C_{e_1}^n, C_{e_2}^n$ 是 C^n 在单元上的常数值. 至此我们借助 C^n 定义了 $\mathbf{G}^n$, 完成了数值格式 (3.2.15), (3.2.20) 的构造, 形成关于 C 的非对称的线性方程组. 由正定性条件 (C), 数值解存在且唯一.

注 多步方法需要初始值 $C^0, C^1, \cdots, C^{n-1}$ 的确定, 并且希望达到方法的局部截断误差的 μ 阶精度, 在 μ 比较小的时候可以由以下几种方式得到:

(1) 应用 Crank-Nicolson 方法;

(2) 相对于方法的时间步长 Δt_c, 选取足够小的时间步长.

3.2.4 质量守恒律

问题 (3.2.1)—(3.2.6) 若没有源汇项, 也就是 $q \equiv 0$, 且满足不渗透边界条件, 那么饱和度方程满足质量守恒原理 $\int_\Omega \varphi\frac{\partial c}{\partial t}dX = 0$. 对应的块中心多步方法 (3.2.19)

有下述原理.

定理 3.2.1 (质量守恒原理) 若 $q\equiv 0, X\in\Omega$, 且 $\mathbf{u}\cdot\gamma=0, D\nabla c\cdot\gamma=0, X\in\partial\Omega$, 那么格式 (3.2.19) 满足质量守恒原理, 即

$$\int_\Omega \varphi\frac{C^n-C^{n-1}}{\Delta t_c}dX-\frac{1}{\Delta t_c}\int_\Omega \varphi[\alpha_1(\mu)\delta C^{n-1}+\alpha_2(\mu)\delta C^{n-2}]dX=0,\quad n>0. \tag{3.2.22}$$

证明 由 (3.2.19) 有

$$\begin{aligned}&\int_\Omega \varphi\frac{C^n-C^{n-1}}{\Delta t_c}dX-\frac{1}{\Delta t_c}\int_\Omega \varphi[\alpha_1(\mu)\delta C^{n-1}+\alpha_2(\mu)\delta C^{n-2}]dX\\ =&-\sum_e\int_e\beta(\mu)(\nabla\cdot\mathbf{G}^n+\nabla\cdot\mathbf{Z}^n)dX.\end{aligned} \tag{3.2.23}$$

注意到 $\mathbf{Z}^n\in V_h$, 在 V_h 中函数的定义 $\mathbf{Z}^n$ 超过单元 e 的边界面 σ 是连续的, 故有

$$\sum_e\int_e\nabla\cdot\mathbf{Z}^n dX=-\sum_\sigma\int_{\sigma_l}\mathbf{Z}^n\cdot\gamma_l ds=0. \tag{3.2.24}$$

记单元 e_1,e_2 的公共面为 σ_l, x_l 是此边界面的重心点, γ_l 是从 e_1 到 e_2 的法向量, 那么由对流项的定义, 在单元 e_1 上, 若 $\hat{E}(2)\mathbf{U}^n\cdot\gamma_l(x_l)\geqslant 0$, 则

$$\int_{\sigma_l}\mathbf{G}^n\cdot\gamma_l ds=C_{e_1}^n\hat{E}(2)\mathbf{U}^n\cdot\gamma(x_l)|\sigma_l|. \tag{3.2.25}$$

此处 $|\sigma_l|$ 记边界面 σ_l 的测度. 而在单元 e_2 上, σ_l 的法向量是 $-\gamma_l$, 此时 $\hat{E}(2)\mathbf{U}^n\cdot(-\gamma_l(x_l))\leqslant 0$, 则

$$\int_{\sigma_l}\mathbf{G}^n\cdot(-\gamma_l)ds=-C_{e_1}^n\hat{E}(2)\mathbf{U}^n\cdot\gamma_l(x_l)|\sigma_l|. \tag{3.2.26}$$

上面两式相互抵消, 故

$$\sum_e\int_e\nabla\cdot\mathbf{G}^n dX=0. \tag{3.2.27}$$

也就是 $\int_\Omega \varphi\frac{C^n-C^{n-1}}{\Delta t_c}dX-\frac{1}{\Delta t_c}\int_\Omega \varphi[\alpha_1(\mu)\delta C^{n-1}+\alpha_2(\mu)\delta C^{n-2}]dX=0$. 定理证毕.

3.2.5 收敛性分析

为了进行收敛性分析, 引入下述辅助性椭圆投影. 定义 $\tilde{\mathbf{U}}\in V_h, \tilde{P}\in S_h$ 满足

$$(D_x\tilde{U}^x+D_y\tilde{U}^y+D_z\tilde{U}^z,v)_m=(q,v)_m,\quad \forall v\in S_h, \tag{3.2.28a}$$

$$
\begin{aligned}
&(a^{-1}(c)\tilde{U}^x, w^x)_x + (a^{-1}(c)\tilde{U}^y, w^y)_y + (a^{-1}(c)\tilde{U}^z, w^z)_z \\
&-(\tilde{P}, D_x w^x + D_y w^y + D_z w^z)_m = 0, \quad \forall \mathbf{w} \in V_h,
\end{aligned} \tag{3.2.28b}
$$

其中 c 是问题 (3.2.1), (3.2.2) 的精确解.

记 $F = q_p c + q_I c_I - \left(\varphi \dfrac{\partial c}{\partial t} + \nabla \cdot \mathbf{g}\right)$. 定义 $\tilde{\tilde{\mathbf{Z}}}, \tilde{\mathbf{Z}} \in V_h$, $\tilde{C} \in S_h$, 满足

$$
(D_x \tilde{\tilde{Z}}^x + D_y \tilde{\tilde{Z}}^y + D_z \tilde{\tilde{Z}}^z, v)_{\bar{m}} = (F, v)_{\bar{m}}, \quad \forall v \in S_h, \tag{3.2.29a}
$$

$$
(\tilde{\tilde{Z}}^x, w^x)_x + (\tilde{\tilde{Z}}^y, w^y)_y + (\tilde{\tilde{Z}}^z, w^z)_z = \left(\tilde{C}, \sum_{s=x,y,z} D_s w^s\right)_{\bar{m}}, \quad \forall \mathbf{w} \in V_h, \tag{3.2.29b}
$$

$$
(\tilde{Z}^x, w^x)_x + (\tilde{Z}^y, w^y)_y + (\tilde{Z}^z, w^z)_z = (D(\mathbf{u})\tilde{\tilde{\mathbf{Z}}}, \mathbf{w}), \quad \forall \mathbf{w} \in V_h. \tag{3.2.29c}
$$

记 $\pi = P - \tilde{P}$, $\eta = \tilde{P} - p$, $\sigma = \mathbf{U} - \tilde{\mathbf{U}}$, $\rho = \tilde{\mathbf{U}} - \mathbf{u}$, $\xi_c = C - \tilde{C}$, $\zeta_c = \tilde{C} - c$, $\bar{\alpha}_z = \bar{\mathbf{Z}} - \tilde{\tilde{\mathbf{Z}}}$, $\bar{\beta}_z = \tilde{\tilde{\mathbf{Z}}} - \bar{\mathbf{z}}$, $\alpha_z = \mathbf{Z} - \tilde{\mathbf{Z}}$, $\beta_z = \tilde{\mathbf{Z}} - \mathbf{z}$. 设问题 (3.2.1)—(3.2.6) 满足正定性条件 (C), 其精确解满足正则性条件 (R). 由 Weiser, Wheeler 理论[14]与 Arbogast, Wheeler, Yotov 理论[25]得知格式 (3.2.28), (3.2.29) 确定的辅助函数 $\{\tilde{P}, \tilde{\mathbf{U}}, \tilde{C}, \tilde{\tilde{\mathbf{Z}}}, \tilde{\mathbf{Z}}\}$ 存在且唯一, 并有下述误差估计.

引理 3.2.5 若问题 (3.2.1)—(3.2.6) 的系数和精确解满足条件 (C) 和 (R), 则存在不依赖于 h 的常数 $\bar{C}_1, \bar{C}_2 > 0$, 使得下述估计式成立:

$$
\|\eta\|_{\bar{m}} + \|\zeta_c\|_{\bar{m}} + |||\rho||| + |||\beta_z||| + |||\bar{\beta}_z||| + \left\|\frac{\partial \eta}{\partial t}\right\|_{\bar{m}} + \left\|\frac{\partial \zeta_c}{\partial t}\right\|_{\bar{m}} \leqslant \bar{C}_1\{h_p^2 + h_c^2\}, \tag{3.2.30a}
$$

$$
|||\tilde{\mathbf{U}}|||_\infty + |||\tilde{\mathbf{Z}}|||_\infty + |||\tilde{\tilde{\mathbf{Z}}}|||_\infty \leqslant \bar{C}_2. \tag{3.2.30b}
$$

首先估计 π 和 σ. 将式 (3.2.15a), (3.2.15b) 分别减式 (3.2.28a) ($t = t_m$) 和式 (3.2.28b) ($t = t_m$) 可得下述关系式

$$
(D_x \sigma_m^x + D_y \sigma_m^y + D_z \sigma_m^z, v)_{\bar{m}} = 0, \quad \forall v \in S_h, \tag{3.2.31a}
$$

$$
\begin{aligned}
&\left(a^{-1}(\bar{C}_m^x)\sigma_m^x, w^x\right)_x + \left(a^{-1}(\bar{C}_m^y)\sigma_m^y, w^y\right)_y \\
&+ \left(a^{-1}(\bar{C}_m^z)\sigma_m^z, w^z\right)_z - (\pi_m, D_x w^x + D_y w^y + D_z w^z)_{\bar{m}} \\
=& -\sum_{s=x,y,z} ((a^{-1}(\bar{C}_m^s) - a^{-1}(c_m))\tilde{U}_m^s, w^s)_s, \quad \forall \mathbf{w} \in V_h.
\end{aligned} \tag{3.2.31b}
$$

在式 (3.2.31a) 中取 $v = \pi_m$, 在式 (3.2.31b) 中取 $\mathbf{w} = \sigma_m$, 组合上述二式可得

$$
\begin{aligned}
&\left(a^{-1}(\bar{C}_m^x)\sigma_m^x, \sigma_m^x\right)_x + \left(a^{-1}(\bar{C}_m^y)\sigma_m^y, \sigma_m^y\right)_y + \left(a^{-1}(\bar{C}_m^z)\sigma_m^z, \sigma_m^z\right)_z \\
=& -\sum_{s=x,y,z} \left((a^{-1}(\bar{C}_m^s) - a^{-1}(c_m))\tilde{U}_m^s, \sigma_m^s\right)_s.
\end{aligned} \tag{3.2.32}
$$

对于估计式 (3.2.32) 应用引理 3.2.1—引理 3.2.5, Taylor 公式和正定性条件 (C) 可得

$$
\begin{aligned}
|||\sigma_m|||^2 &\leqslant K \sum_{s=x,y,z} ||\bar{C}_m^s - c_m||_{\bar{m}}^2 \\
&\leqslant K \left\{ \sum_{s=x,y,z} ||\bar{c}_m^s - c_m||_{\bar{m}}^2 + ||\xi_{c,m}||_{\bar{m}}^2 + ||\zeta_{c,m}||_{\bar{m}}^2 + (\Delta t_c)^2 \right\} \\
&\leqslant K \left\{ ||\xi_{c,m}||^2 + h_c^4 + (\Delta t_c)^2 \right\}.
\end{aligned} \tag{3.2.33}
$$

对 $\pi_m \in S_h$, 利用对偶方法进行估计[26,27], 为此考虑下述椭圆问题:

$$\nabla \cdot \omega = \pi_m, \quad X = (x, y, z)^{\mathrm{T}} \in \Omega, \tag{3.2.34a}$$

$$\omega = \nabla p, \quad X \in \Omega, \tag{3.2.34b}$$

$$\omega \cdot \gamma = 0, \quad X \in \partial\Omega. \tag{3.2.34c}$$

由问题 (3.2.34) 的正则性, 有

$$\sum_{s=x,y,z} \left\| \frac{\partial \omega^s}{\partial s} \right\|_{\bar{m}}^2 \leqslant K ||\pi_m||_{\bar{m}}^2. \tag{3.2.35}$$

设 $\tilde{\omega} \in V_h$ 满足

$$\left(\frac{\partial \tilde{\omega}^s}{\partial s}, v \right)_{\bar{m}} = \left(\frac{\partial \omega^s}{\partial s}, v \right)_{\bar{m}}, \quad \forall v \in S_h, s = x, y, z. \tag{3.2.36a}$$

这样定义的 $\tilde{\omega}$ 是存在的, 且有

$$\sum_{s=x,y,z} \left\| \frac{\partial \tilde{\omega}^s}{\partial s} \right\|_{\bar{m}}^2 \leqslant \sum_{s=x,y,z} \left\| \frac{\partial \omega^s}{\partial s} \right\|_{\bar{m}}^2. \tag{3.2.36b}$$

应用引理 3.2.4, 式 (3.2.33)—(3.2.35) 可得

$$
\begin{aligned}
&||\pi_m||_{\bar{m}}^2 = (\pi_m, \nabla \cdot \omega) = (\pi_m, D_x \tilde{\omega}^x + D_y \tilde{\omega}^y + D_z \tilde{\omega}^z)_{\bar{m}} \\
=& \sum_{s=x,y,z} \left(a^{-1}(\bar{C}_m^s) \sigma_m^s, \tilde{\omega}^s \right)_s + \sum_{s=x,y,z} \left((a^{-1}(\bar{C}_m^s) - a^{-1}(c_m)) \tilde{U}_m^s, \tilde{\omega}^s \right)_s \\
\leqslant& K |||\tilde{\omega}||| \left\{ |||\sigma_m|||^2 + ||\xi_{c,m}||_{\bar{m}}^2 + h_c^4 \right\}^{1/2}.
\end{aligned} \tag{3.2.37}
$$

由引理 3.2.4, (3.2.35), (3.2.36) 可得

$$|||\tilde{\omega}|||^2 \leqslant \sum_{s=x,y,z} ||D_s \tilde{\omega}^s||_{\bar{m}}^2 = \sum_{s=x,y,z} \left\| \frac{\partial \tilde{\omega}^s}{\partial s} \right\|_{\bar{m}}^2 \leqslant \sum_{s=x,y,z} \left\| \frac{\partial \omega^s}{\partial s} \right\|_{\bar{m}}^2 \leqslant K ||\pi_m||_{\bar{m}}^2. \tag{3.2.38}$$

将式 (3.2.38) 代入式 (3.2.37) 可得

$$||\pi_m||_{\bar{m}}^2 \leqslant K\left\{|||\sigma_m|||^2 + ||\xi_{c,m}||_{\bar{m}}^2 + h_c^4\right\} \leqslant K\left\{||\xi_{c,m}||_{\bar{m}}^2 + h_c^4\right\}. \tag{3.2.39}$$

对于迎风项的处理, 我们有下面的引理. 首先引入下面的记号: 网格单元 e 的任一面 σ, 令 γ_l 代表 σ 的单位法向量, 给定 (σ,γ_l) 可以唯一确定有公共面 σ 的两个相邻单元 e^+,e^-, 其中 γ_l 指向 e^+. 对于 $f\in S_h$, $x\in\sigma$,

$$f^-(x) = \lim_{s\to 0-} f(x+s\gamma_l), \quad f^+(x) = \lim_{s\to 0+} f(x+s\gamma_l),$$

定义 $[f]=f^+-f^-$.

引理 3.2.6 令 $f_1,f_2\in S_h$, 那么

$$\int_\Omega \nabla\cdot(\mathbf{u}f_1)f_2dx = \frac{1}{2}\sum_\sigma\int_\sigma [f_1][f_2]|\mathbf{u}\cdot\gamma|ds + \frac{1}{2}\sum_\sigma\int_\sigma \mathbf{u}\cdot\gamma_l(f_1^+ + f_1^-)(f_2^- - f_2^+)ds. \tag{3.2.40}$$

证明见引理 3.1.6.

下面讨论饱和度方程 (3.2.2) 的误差估计. 注意到在时间 $t=t^n$ 时, 饱和度函数满足

$$\left(\varphi\frac{c^n-c^{n-1}}{\Delta t_c},v\right)_{\bar{m}} + \frac{2}{3}(\nabla\cdot\mathbf{g}^n,v)_{\bar{m}} + \frac{2}{3}(\nabla\cdot\mathbf{z}^n,v)_{\bar{m}}$$
$$= \frac{1}{\Delta t_c}\left(\varphi\frac{1}{3}\delta c^{n-1},v\right)_{\bar{m}} + \frac{2}{3}(q_I(c_I-c),v)_{\bar{m}} - (\rho^n,v)_{\bar{m}}, \quad \forall v\in S_h, \tag{3.2.41a}$$

$$(\bar{z}^{x,n},w^x)_x + (\bar{z}^{y,n},w^y)_y + (\bar{z}^{z,n},w^z)_z = \left(c^n,\sum_{s=x,y,z}D_sw^s\right)_{\bar{m}}, \quad \forall\mathbf{w}\in V_h, \tag{3.2.41b}$$

$$(z^{x,n},w^x)_x + (z^{y,n},w^y)_y + (z^{z,n},w^z)_z = (D(\mathbf{u}^n)\bar{\mathbf{z}}^n,\mathbf{w}), \quad \forall\mathbf{w}\in V_h, \tag{3.2.41c}$$

此处 $\rho^n = \frac{2}{3}\varphi\frac{\partial c^n}{\partial t} - \varphi\frac{1}{\Delta t_c}\left(c^n - \frac{4}{3}c^{n-1} + \frac{1}{3}c^{n-2}\right)$.

将 (3.2.20) 与 (3.2.41) 相减, 并利用 L^2 投影 (3.2.29) 可得

$$\left(\varphi\frac{\xi_c^n-\xi_c^{n-1}}{\Delta t_c},v\right)_{\bar{m}} + \frac{2}{3}(\nabla\cdot(\mathbf{G}^n-\mathbf{g}^n),v)_{\bar{m}} + \frac{2}{3}\left(\sum_{s=x,y,z}D_s\alpha_z^{s,n},v\right)_{\bar{m}}$$
$$= \frac{1}{\Delta t_c}\left(\varphi\frac{1}{3}\delta\xi_c^{n-1},v\right)_{\bar{m}} + (\rho^n,v)_{\bar{m}} + \frac{2}{3}(q_p(\xi_c^n+\zeta_c^n),v)_{\bar{m}}, \quad \forall v\in S_h, \tag{3.2.42a}$$

$$(\bar{\alpha}_z^{x,n},w^x)_x + (\bar{\alpha}_z^{y,n},w^y)_y + (\bar{\alpha}_z^{z,n},w^z)_z = \left(\xi_c^n,\sum_{s=x,y,z}D_sw^s\right)_{\bar{m}}, \quad \mathbf{w}\in V_h, \tag{3.2.42b}$$

$$(\alpha_z^{x,n}, w^x)_x + (\alpha_z^{y,n}, w^y)_y + (\alpha_z^{z,n}, w^z)_z = (D(\hat{E}(2)\mathbf{U}^n)\bar{\mathbf{Z}}^n - D(\mathbf{u}^n)\bar{\tilde{\mathbf{Z}}}^n, \mathbf{w}), \quad \mathbf{w} \in V_h, \tag{3.2.42c}$$

在 (3.2.42a) 中取 $v = \xi_c^n$, 对 (3.2.42b) 乘以 $\frac{2}{3}$, 并取 $\mathbf{w} = \alpha_z^n$, 同样对 (3.2.42c) 乘以 $\frac{2}{3}$, 并取 $\mathbf{w} = \bar{\alpha}_z^n$, 将 (3.2.42a) 和 (3.2.42b) 相加, 再减去 (3.2.42c), 经整理可得

$$\begin{aligned}&\left(\varphi\frac{\xi_c^n - \xi_c^{n-1}}{\Delta t_c}, \xi_c^n\right)_{\bar{m}} + \frac{2}{3}\left(D(\hat{E}(2)\mathbf{U}^n)\,\bar{\alpha}_z^n, \bar{\alpha}_z^n\right) + \frac{2}{3}(\nabla\cdot(\mathbf{G}^n - \mathbf{g}^n), \xi_c^n)_{\bar{m}}\\ =&\frac{1}{3\Delta t_c}(\varphi\delta\xi_c^{n-1}, \xi_c^n)_{\bar{m}} + (\rho^n, \xi_c^n)_{\bar{m}} + \frac{2}{3}(q_p(\xi_c^n + \zeta_c^n), \xi_c^n)_{\bar{m}}\\ &+\frac{2}{3}\left([D(\mathbf{u}^n) - D(\hat{E}(2)\mathbf{U}^n)]\bar{\tilde{\mathbf{Z}}}^n, \bar{\alpha}_z^n\right) = T_1 + T_2 + T_3 + T_4.\end{aligned} \tag{3.2.43}$$

首先估计 (3.2.43) 左端诸项.

$$\left(\varphi\frac{\xi_c^n - \xi_c^{n-1}}{\Delta t_c}, \xi_c^n\right)_{\bar{m}} = \frac{1}{2\Delta t_c}\{||\varphi^{1/2}\xi_c^n||_{\bar{m}}^2 - ||\varphi^{1/2}\xi_c^{n-1}||_{\bar{m}}^2\} + \frac{1}{2\Delta t_c}||\varphi^{1/2}(\xi_c^n - \xi_c^{n-1})||_{\bar{m}}^2, \tag{3.2.44a}$$

$$\frac{2}{3}\left(D(\hat{E}(2)\mathbf{U}^n)\,\bar{\alpha}_z^n, \bar{\alpha}_z^n\right)_s \geqslant \frac{2}{3}D_*|||\,\bar{\alpha}_z^n\,|||^2. \tag{3.2.44b}$$

对第三项可以分解为

$$\frac{2}{3}(\nabla\cdot(\mathbf{G}^n - \mathbf{g}^n), \xi_c^n)_{\bar{m}} = \frac{2}{3}(\nabla\cdot(\mathbf{G}^n - \Pi\mathbf{g}^n), \xi_c^n)_{\bar{m}} + \frac{2}{3}(\nabla\cdot(\Pi\mathbf{g}^n - \mathbf{g}^n), \xi_c^n)_{\bar{m}}. \tag{3.2.44c}$$

$\Pi\mathbf{g}$ 的定义类似于 $\mathbf{G}$

$$\Pi\mathbf{g}^n\cdot\gamma_l = \begin{cases}\Pi c_{e_1}^n(\hat{E}(2)\mathbf{U}^n\cdot\gamma_l)(x_l), & (\hat{E}(2)\mathbf{U}^n\cdot\gamma_l)(x_l) \geqslant 0,\\ \Pi c_{e_2}^n(\hat{E}(2)\mathbf{U}^n\cdot\gamma_l)(x_l), & (\hat{E}(2)\mathbf{U}^n\cdot\gamma_l)(x_l) < 0,\end{cases}$$

此处 $\Pi c^n = \tilde{C}^n$. 应用 (3.2.40) 式

$$\begin{aligned}&(\nabla\cdot(\mathbf{G}^n - \Pi\mathbf{g}^n), \xi_c^n)_{\bar{m}}\\ =&\sum_e\int_{\Omega_e}\nabla\cdot(\mathbf{G}^n - \Pi\mathbf{g}^n)\xi_c^n dX\\ =&\sum_e\int_{\Omega_e}\nabla\cdot(\hat{E}(2)\mathbf{U}^n\xi_c^n)\xi_c^n dX\\ =&\frac{1}{2}\sum_\sigma\int_\sigma|\hat{E}(2)\mathbf{U}^n\cdot\gamma_l|[\xi_c^n]^2 ds - \frac{1}{2}\sum_\sigma\int_\sigma(\hat{E}(2)\mathbf{U}^n\cdot\gamma_l)(\xi_c^{n,+} + \xi_c^{n,-})[\xi_c^n]^2 ds\\ =&Q_1 + Q_2,\end{aligned}$$

$$Q_1 = \frac{1}{2}\sum_\sigma\int_\sigma|\hat{E}(2)\mathbf{U}^n\cdot\gamma_l|[\xi_c^n]^2 ds \geqslant 0,$$

$$Q_2 = -\frac{1}{2}\sum_\sigma\int_\sigma (\hat{E}(2)\mathbf{U}^n\cdot\gamma_l)[(\xi_c^{n,+})^2-(\xi_c^{n,-})^2]ds = \frac{1}{2}\sum_e\int_{\Omega_e}\nabla\cdot\hat{E}(2)\mathbf{U}^n(\xi_c^n)^2dx$$
$$= \frac{1}{2}\sum_e\int_{\Omega_e}\hat{E}(2)q^n(\xi_c^n)^2dx.$$

把 Q_2 移到方程 (3.2.43) 的右端, 且根据 q 的有界性得到 $|Q_2|\leqslant K||\xi_c^n||^2$.

对于 (3.2.44c) 式第二项

$$\begin{aligned}
&(\nabla\cdot(\mathbf{g}^n-\Pi\mathbf{g}^n),\xi_c^n)_{\bar{m}}\\
&=\sum_\sigma\int_\sigma\{c^n\mathbf{u}^n\cdot\gamma_l-\Pi c^n\hat{E}(2)\mathbf{U}^n\cdot\gamma_l\}[\xi_c^n]^2ds\\
&=\sum_\sigma\int_\sigma\{c^n\mathbf{u}^n-c^n\hat{E}(2)\mathbf{u}^n+c^n\hat{E}(2)\mathbf{u}^n\\
&\quad -c^n\hat{E}(2)\mathbf{U}^n+c^n\hat{E}(2)\mathbf{U}^n-\Pi c^n\hat{E}(2)\mathbf{U}^n\}\cdot\gamma_l[\xi_c^n]^2ds\\
&=(\nabla\cdot(c^n\mathbf{u}^n-c^n\hat{E}(2)\mathbf{u}^n),\xi_c^n)_m+(\nabla\cdot c^n\hat{E}(2)(\mathbf{u}^n-\mathbf{U}^n),\xi_c^n)_m\\
&\quad +\sum_\sigma\int_\sigma\hat{E}(2)\mathbf{U}^n\cdot\gamma_l(c^n-\Pi c^n)[\xi_c^n]ds\\
&\leqslant K(\Delta t_p)^4+K||\hat{E}(2)(\mathbf{u}^n-\mathbf{U}^n)||_{H(\mathrm{div})}^2+K||\xi_c^n||^2\\
&\quad +K\sum_\sigma\int_\sigma|\hat{E}(2)\mathbf{U}^n\cdot\gamma_l||c^n-\Pi c^n|^2ds\\
&\quad +\frac{1}{4}\sum_\sigma\int_\sigma|\hat{E}(2)\mathbf{U}^n\cdot\gamma_l|[\xi_c^n]^2ds.
\end{aligned}$$

由 (3.2.33), (3.2.39), 引理 3.2.5 和文献 [26] 有 $|c^n-\Pi c^n|=O(h_c^2)$, 可以得到

$$\begin{aligned}
(\nabla\cdot(\mathbf{g}^n-\Pi\mathbf{g}^n),\xi_c^n)_{\bar{m}}\leqslant{}&K\{(\Delta t_p)^4+h_p^4+h_c^2+||\xi_c^n||_{\bar{m}}^2+||\xi_{c,m-1}||_{\bar{m}}^2+||\xi_{c,m-2}||_{\bar{m}}^2\}\\
&+\frac{1}{4}\sum_\sigma\int_\sigma|\hat{E}(2)\mathbf{U}^n\cdot\gamma_l|[\xi_c^n]^2ds. \qquad (3.2.44\text{d})
\end{aligned}$$

对误差估计式 (3.2.43) 的右端诸项的估计有

$$\begin{aligned}
T_1&=\frac{1}{3\Delta t_c}(\varphi(\xi_c^{n-1}-\xi_c^{n-2}),\xi_c^n)=\frac{1}{3\Delta t_c}[(\varphi(\xi_c^{n-1}-\xi_c^{n-2}),\xi_c^n-\xi_c^{n-1}+\xi_c^{n-1})]\\
&\leqslant\frac{1}{3\Delta t_c}\left[\frac{1}{2}||\varphi^{1/2}(\xi_c^{n-1}-\xi_c^{n-2})||_{\bar{m}}^2+\frac{1}{2}||\varphi^{1/2}(\xi_c^n-\xi_c^{n-1})||_{\bar{m}}^2\right.\\
&\quad\left.+\frac{1}{2}||\varphi^{1/2}(\xi_c^{n-1}-\xi_c^{n-2})^2||_{\bar{m}}^2\right]\\
&=\frac{1}{3\Delta t_c}\left[\frac{1}{2}||\varphi^{1/2}(\xi_c^n-\xi_c^{n-1})||_{\bar{m}}^2+\frac{1}{2}||\varphi^{1/2}(\xi_c^{n-1}-\xi_c^{n-2})^2||_{\bar{m}}^2\right.
\end{aligned}$$

$$+\frac{1}{2}(||\varphi^{1/2}\xi_c^{n-1}||_{\bar{m}}^2-||\varphi^{1/2}\xi_c^{n-2}||_{\bar{m}}^2)\Bigg], \tag{3.2.45a}$$

$$T_2\leqslant K(\Delta t_c)^4\left|\left|\frac{\partial^3 c}{\partial t^3}\right|\right|_{\bar{m}}^2+K||\xi_c^n||_{\bar{m}}^2, \tag{3.2.45b}$$

$$T_3\leqslant K\{||\xi_c^n||_{\bar{m}}^2+h_c^4\}. \tag{3.2.45c}$$

对 T_4 应用 (3.2.33), (3.2.39) 和引理 3.2.5 可得

$$|T_4|\leqslant\varepsilon|||\,\bar{\alpha}_z^n\,|||^2+K\left\{(\Delta t_p)^3\left|\left|\frac{\partial\mathbf{u}}{\partial t}\right|\right|_{L^2(t_{m-1},t_m;\bar{m})}^2+h_p^4+||\xi_{c,m-1}||_{\bar{m}}^2+||\xi_{c,m-2}||_{\bar{m}}^2\right\}. \tag{3.2.45d}$$

将 (3.2.44), (3.2.45) 的估计代入误差估计方程 (3.2.43), 可得

$$\begin{aligned}
&\frac{1}{2\Delta t_c}\{||\varphi^{1/2}\xi_c^n||_{\bar{m}}^2-||\varphi^{1/2}\xi_c^{n-1}||_{\bar{m}}^2\}+\frac{1}{2}||\varphi^{1/2}(\xi_c^n-\xi_c^{n-1})||_{\bar{m}}^2+\frac{2}{3}D_*|||\,\bar{\alpha}_z^n\,|||^2\\
&\quad+\frac{1}{3}\sum_{\sigma}\int_{\sigma}|\hat{E}(2)\mathbf{U}^n\cdot\gamma_l|[\xi_c^n]^2ds\\
\leqslant&\frac{1}{3\Delta t_c}\left\{\frac{1}{2}||\varphi^{1/2}(\xi_c^n-\xi_c^{n-1})||_{\bar{m}}^2+\frac{1}{2}||\varphi^{1/2}(\xi_c^{n-1}-\xi_c^{n-2})^2||_{\bar{m}}^2\right.\\
&\quad\left.+\frac{1}{2}(||\varphi^{1/2}\xi_c^{n-1}||_{\bar{m}}^2-||\varphi^{1/2}\xi_c^{n-2}||_{\bar{m}}^2)\right\}\\
&\quad+K\left\{(\Delta t_c)^4\left|\left|\frac{\partial^3 c}{\partial t^3}\right|\right|_{\bar{m}}^2+(\Delta t_p)^3\left|\left|\frac{\partial^2\mathbf{u}}{\partial t^2}\right|\right|_{L^2(t_{m-2},t_{m-1};\bar{m})}^2\right\}\\
&\quad+K\{||\xi_c^n||_{\bar{m}}^2+||\xi_{c,m-1}||_{\bar{m}}^2+||\xi_{c,m-2}||_{\bar{m}}^2+h_c^2+h_p^4\}+\varepsilon|||\alpha_z^n|||^2\\
&\quad+\frac{1}{6}\sum_{\sigma}\int_{\sigma}|\hat{E}(2)\mathbf{U}^n\cdot\gamma_l|[\xi_c^n]^2ds.
\end{aligned} \tag{3.2.46}$$

上式经整理可得

$$\begin{aligned}
&\frac{1}{2\Delta t_c}\{||\varphi^{1/2}\xi_c^n||_{\bar{m}}^2-||\varphi^{1/2}\xi_c^{n-1}||_{\bar{m}}^2\}\\
&\quad+\frac{1}{3\Delta t_c}\{||\varphi^{1/2}(\xi_c^n-\xi_c^{n-1})||_{\bar{m}}^2-||\varphi^{1/2}(\xi_c^{n-1}-\xi_c^{n-2})^2||_{\bar{m}}^2\}\\
\leqslant&\frac{1}{6\Delta t_c}\{||\varphi^{1/2}\xi_c^{n-1}||_{\bar{m}}^2-||\varphi^{1/2}\xi_c^{n-2}||_{\bar{m}}^2\}\\
&\quad+K\left\{(\Delta t_c)^4\left|\left|\frac{\partial^3 c}{\partial t^3}\right|\right|_{\bar{m}}^2+(\Delta t_p)^3\left|\left|\frac{\partial^2\mathbf{u}}{\partial t^2}\right|\right|_{L^2(t_{m-2},t_{m-1};\bar{m})}^2\right\}\\
&\quad+K\{||\xi_c^n||_{\bar{m}}^2+||\xi_{c,m-1}||_{\bar{m}}^2+||\xi_{c,m-2}||_{\bar{m}}^2+h_c^2+h_p^4\}.
\end{aligned} \tag{3.2.47}$$

对式 (3.2.47) 两边同乘以 Δt_c, 并对时间 n 相加可得

$$\frac{1}{2}\{||\varphi^{1/2}\xi_c^N||_{\bar{m}}^2-||\varphi^{1/2}\xi_c^1||_{\bar{m}}^2\}+\frac{1}{3}\{||\varphi^{1/2}(\xi_c^N-\xi_c^{N-1})||_{\bar{m}}^2-||\varphi^{1/2}(\xi_c^1-\xi_c^0)^2||_{\bar{m}}^2\}$$

$$+\frac{1}{2}D_*\sum_{n=1}^{N}|||\bar{\alpha}_z^n|||^2\Delta t_c$$
$$\leqslant\frac{1}{6}\{\|\varphi^{1/2}\xi_c^{N-1}\|_{\bar{m}}^2-\|\varphi^{1/2}\xi_c^0\|_{\bar{m}}^2\}+K\{(\Delta t_{p,1})^3$$
$$+(\Delta t_p)^4+(\Delta t_c)^4+h_p^4+h_c^2\}+K\sum_{n=1}^{N}\|\xi_c^n\|_{\bar{m}}^2\Delta t_c,\tag{3.2.48}$$

则有

$$\frac{1}{3}\|\varphi^{1/2}\xi_c^N\|_{\bar{m}}^2+\frac{1}{6}\|\varphi^{1/2}(\xi_c^N-\xi_c^{N-1})\|_{\bar{m}}^2+\frac{1}{2}D_*\sum_{n=1}^{N}|||\bar{\alpha}_z^n|||^2\Delta t_c$$
$$\leqslant\frac{1}{6}\{\|\varphi^{1/2}\xi_c^1\|_{\bar{m}}^2-\|\varphi^{1/2}\xi_c^0\|_{\bar{m}}^2\}+\frac{1}{3}\|\varphi^{1/2}(\xi_c^1-\xi_c^0)\|_{\bar{m}}^2$$
$$+K\{(\Delta t_{p,1})^3+(\Delta t_p)^4+(\Delta t_c)^4+h_p^4+h_c^2\}+K\sum_{n=1}^{N}\|\xi_c^n\|_{\bar{m}}^2\Delta t_c.\tag{3.2.49}$$

利用离散 Gronwall 引理可得

$$\|\xi_c^N\|_{\bar{m}}^2+\sum_{n=1}^{N}|||\bar{\alpha}_z^n|||^2\Delta t_c\leqslant K\{h_c^2+h_p^4+(\Delta t_c)^4+(\Delta t_{p,1})^3+(\Delta t_p)^4\}.\tag{3.2.50}$$

对流动方程的误差估计式 (3.2.33) 和 (3.2.39), 应用估计式 (3.2.50) 可得

$$\sup_{0\leqslant n\leqslant N}\{\|\pi^n\|_{\bar{m}}^2+|||\sigma^n|||^2\}\leqslant K\{h_c^2+h_p^4+(\Delta t_c)^4+(\Delta t_{p,1})^3+(\Delta t_p)^4\}.\tag{3.2.51}$$

由估计式 (3.2.47), (3.2.48) 和引理 3.2.5, 可以建立下述定理.

定理 3.2.2 对问题 (3.2.1)—(3.2.6) 假定其精确解满足正则性条件 (R), 且其系数满足正定性条件 (C), 采用块中心迎风多步方法 (3.2.15), (3.2.20) 逐层求解, 则下述误差估计式成立:

$$\|p-P\|_{\bar{L}^\infty(J;\bar{m})}+\|\mathbf{u}-\mathbf{U}\|_{\bar{L}^\infty(J;V)}+\|c-C\|_{\bar{L}^\infty(J;\bar{m})}+\|\bar{\mathbf{z}}-\bar{\mathbf{Z}}\|_{\bar{L}^2(J;V)}$$
$$\leqslant M^*\{h_p^2+h_c+(\Delta t_c)^2+(\Delta t_{p,1})^{3/2}+(\Delta t_p)^2\}.\tag{3.2.52}$$

此处 $\|g\|_{\bar{L}^\infty(J;X)}=\sup\limits_{n\Delta t\leqslant T}\|g^n\|_X$, $\|g\|_{\bar{L}^2(J;X)}=\sup\limits_{L\Delta t\leqslant T}\left\{\sum\limits_{n=0}^{L}\|g^n\|_X^2\Delta t_c\right\}^{1/2}$, 常数 M^* 依赖于函数 p,c 及其导函数.

3.2.6 数值算例

为了说明方法的特点和优越性, 下面考虑一组非驻定的正定和半正定对流-扩散方程, 应用两种数值方法进行对照.

$$\frac{\partial u}{\partial t}+\nabla\cdot(-a(x)\nabla u+\mathbf{b}u)=f,\quad (x,y)\in\Omega,t\in(0,T],\tag{3.2.53a}$$

$$u|_{t=0} = x(1-x)y(1-y), \quad (x,y) \in \Omega, \tag{3.2.53b}$$

$$u|_{\partial\Omega} = 0, \quad t \in (0,T]. \tag{3.2.53c}$$

问题 I (对流项为零):

$$a(x) = 0.0, \quad \mathbf{b} = (0,0)^{\mathrm{T}}.$$

问题 II (对流占优):

$$a(x) = 0.01, \quad b_1 = (1 + x\cos\alpha)\cos\alpha, \quad b_2 = (1 + y\sin\alpha)\sin\alpha, \quad \alpha = \frac{\pi}{12}.$$

问题 III (强对流占优):

$$a(x) = 10^{-5}, \quad b_1 = -2, \quad b_2 = 1.$$

其中 $\Omega = (0,1) \times (0,1)$, 问题的精确解为 $u = e^{t/4}x(1-x)y(1-y)$, 右端 f 使每一个问题均成立. 时间步长为 $\Delta t = \dfrac{T}{6}$. 具体情况如表 3.2.1—表 3.2.3 所示 $\left(\text{当 } T = \dfrac{1}{2} \text{ 时}\right)$.

表 3.2.1 问题 I 的结果

N		8	16	24
UBCM	L^2	8.2142e − 006	2.7864e − 007	3.0435e − 008
FDM	L^2	7.3442e − 007	1.6386e − 008	1.5424e − 009

表 3.2.2 问题 II 的结果

N		8	16	24
UBCM	L^2	1.0368e − 005	1.3068e − 006	6.9301e − 007
FDM	L^2	1.5079e − 006	4.3753e − 006	2.0154e − 006

表 3.2.3 问题 III 的结果

N		8	16	24
UBCM	L^2	2.9149e − 004	1.8608e − 004	2.8281e − 005
FDM	L^2	1.1676e − 003	4.4482e + 012	溢出

表中 L^2 表示误差的 L^2 模, N 代表空间剖分, UBCM 代表本节的迎风块中心方法, FDM 代表五点格式的有限差分方法. 表 3.2.1, 表 3.2.2 和表 3.2.3 分别是对问题 I, 问题 II 和问题 III 的数值近似解. 由表可以看出, 差分方法对于对流占优的方程有结果, 但对于强对流方程, 剖分步长较大时有结果, 但当步长慢慢减小时其

结果明显发生振荡不可用. 迎风块中心方法无论对于对流占优的方程还是强对流占优的方程, 都有很好的逼近结果, 没有数值振荡, 可以得到合理的结果, 这是其他有限元或有限差分方法所不能比的.

此外, 为了更好地说明方法的应用性, 我们考虑两类半正定的情形.

问题 IV:

$$a(x) = x(1-x), \quad b_1 = 1, \quad b_2 = 1.$$

问题 V:

$$a(x) = (x-1/2)^2, \quad b_1 = -3, \quad b_2 = 1.$$

表 3.2.4 中 P-IV, P-V 代表问题 IV, 问题 V, 表中数据是应用迎风块中心方法所得到的. 可以看出, 当扩散矩阵半正定时, 利用此方法可以得到比较理想的结果.

表 3.2.4　半正定问题的结果

N		8	16	24
P-IV	L^2	1.1535e − 005	8.7161e − 007	2.8756e − 007
P-V	L^2	1.5035e − 005	1.3049e − 006	5.7133e − 007

表 3.2.5 给出单步法与多步法的比较.

表 3.2.5　单步与多步结果比较

N		8	10	12
M	L^2	7.2342e − 006	3.1653e − 006	2.1388e − 006
S	L^2	1.0888e − 005	8.0852e − 006	3.8630e − 006

对流占优的扩散问题 (问题 II) 分别应用迎风块中心多步 (M) 和单步迎风块中心方法 (S), 前者的时间步长取为 $\Delta t = T/6$, 后者的时间步长为 $\Delta t = T/12$. 所得结果可以从表 3.2.5 看出: 多步方法保持了单步的优点, 同时在精度上有所提高, 并且计算量小.

3.2.7　总结和讨论

本节研究三维多孔介质中油水二相渗流驱动问题, 提出一类迎风块中心多步方法及其收敛性分析. 3.2.1 小节是引言部分, 叙述和分析问题的数学模型、物理背景以及国内外研究概况. 3.2.2 小节给出网格剖分记号和引理. 3.2.3 小节和 3.2.4 小节提出迎风块中心多步方法程序, 对流动方程采用具有守恒性质的块中心方法离散, 对 Darcy 速度提高了一阶精确度. 对饱和度方程采用了迎风块中心多步方法求解, 即方程的时间导数采用多步方法逼近, 对方程的扩散部分采用块中心方法离散, 对流部分采用迎风格式来处理. 这种方法适用于对流占优问题, 能消除数值弥散和非物理性振荡, 提高了计算精确度. 扩散项采用块中心离散, 可以同时逼近饱和度函数及其伴随函数, 保持单元质量守恒, 这在渗流力学数值模拟计算中是十分重要的. 3.2.5 小节是收敛性分析, 应用微分方程先验估计理论和特殊技巧, 得到了最佳阶误差估计结果. 3.2.6 小节是数值算例, 指明该方法的有效性和实用性. 本节有如下特征: ① 本格式具有物理守恒律特性, 这点在油藏数值模拟实际计算中是十分重要的, 特别是强化采油数值模拟计算; ② 由于组合地应用多步方法、块中心差分和迎风格式, 它具有高精度和高稳定性的特征, 特别适用于三维复杂区域大型数值模拟的工程实际计算; ③ 处理边界条件简单, 易于编制工程应用软件[1,24,28]; ④ 本节实质性拓广了 Bramble 关于抛物问题多步法的经典成果[30]. 详细的讨论和分析可参阅文献 [31].

3.3　油藏渗流力学数值模拟的迎风变网格块中心差分方法

3.3.1　引言

本节研究三维多孔介质中油水二相渗流驱动问题, 它是能源数值模拟的基础. 对不可压缩、相混溶问题, 其数学模型关于压力的流动方程是椭圆型的, 关于饱和度方程是对流-扩散型的, 具有很强的双曲特性. 流体压力通过 Darcy 流速在饱和度方程中出现, 并控制着饱和度方程的全过程. 问题的数学模型是下述非线性偏微分方程组的初边值问题[1-6]:

$$-\nabla\cdot\left(\frac{\kappa(X)}{\mu(c)}\nabla p\right)\equiv\nabla\cdot\mathbf{u}=q_I+q_p,\quad X=(x,y,z)^{\mathrm{T}}\in\Omega,\quad t\in J=(0,T],\tag{3.3.1a}$$

$$\mathbf{u}=-\frac{\kappa(X)}{\mu(c)}\nabla p,\quad X\in\Omega,t\in J,\tag{3.3.1b}$$

$$\varphi\frac{\partial c}{\partial t}+\mathbf{u}\cdot\nabla c-\nabla\cdot(D(\mathbf{u})\nabla c)+q_Ic=q_Ic_I,\quad X\in\Omega,t\in J,\tag{3.3.2}$$

此处 Ω 是三维空间 R^3 中的有界区域, $p(X,t)$ 是压力函数, $\mathbf{u}=(u_1,u_2,u_3)^{\mathrm{T}}$ 是 Darcy 速度, $c(X,t)$ 是水的饱和度函数. $q(X,t)$ 是产量项, 通常是生产项 q_p 和注入项 q_I 线性组合, 也就是 $q(X,t)=q_I(X,t)+q_p(X,t)$. c_I 是注入井注入液的饱和度, 是已知的, $c(X,t)$ 是生产井的饱和度. $\varphi(X)$ 是多孔介质的空隙度, $\kappa(X)$ 是岩石的渗透率, $\mu(c)$ 为依赖于饱和度的黏度. $D=D(\mathbf{u})$ 是扩散系数矩阵. 压力函数 $p(X,t)$ 和饱和度函数 $c(X,t)$ 是待求函数. 这里扩散系数矩阵 $D(\mathbf{u})$ 是由分子扩散和机械扩散两部分组成的扩散弥散张量, 可表示为[6,7]

$$D(X,\mathbf{u})=D_mI+|\mathbf{u}|(d_l\mathbf{E}+d_t(\mathbf{I}-E)).\tag{3.3.3}$$

此处 $E=\mathbf{u}\mathbf{u}^{\mathrm{T}}/|\mathbf{u}|^2, D_m=\varphi d_m$, d_m 是分子扩散系数, $\mathbf{I}$ 为 3×3 单位矩阵, d_l 是纵向扩散系数, d_t 是横向扩散系数.

不渗透边界条件:

$$\mathbf{u}\cdot\nu=0,\quad X\in\partial\Omega,\quad (D\nabla c-c\mathbf{u})\cdot\nu=0,\quad X\in\partial\Omega,t\in J,\tag{3.3.4}$$

此处 ν 是区域 Ω 的边界曲面 $\partial\Omega$ 的外法线方向矢量.

初始条件:

$$c(X,0)=c_0(X),\quad X\in\Omega.\tag{3.3.5}$$

为保证解的存在唯一性, 还需要下述相容性和唯一性条件:

$$\int_\Omega q(X,t)dX=0,\quad \int_\Omega p(X,t)dX=0,\quad t\in J.\tag{3.3.6}$$

我们注意到有限体积元法[8,9]兼具有差分方法的简单性和有限元方法的高精度性, 并且保持单元质量守恒, 是求解偏微分方程的一种十分有效的数值方法. 混合元方法[10-12]可以同时求解压力函数及其 Darcy 流速, 且能提高其一阶精确度. 文献 [1, 13, 14] 将有限体积元和混合元结合, 提出了块中心数值方法的思想, 论文 [15, 16] 通过数值算例验证这种方法的有效性. 论文 [17—19] 主要对椭圆问题给出块中心数值方法的收敛性估计等理论结果, 形成了块中心差分方法的一般框架. 芮洪兴等用此方法研究了非 Darcy 油气渗流问题的数值模拟计算[20,21]. 本书作者用此方法处理半导体器件瞬态问题的数值模拟计算, 得到了十分满意的结果[22,23]. 现代网格变动的自适应有限元方法, 已成为精确有效地逼近偏微分方程的重要工具, 特别是关于油水两相渗流驱动问题的数值模拟计算, 对于油水驱动激烈变化的前沿和某些局部性质, 此方法具有十分有效的理想结果. Dawson 等在文献 [32] 中对于热传导方程和对流-扩散方程提出了基于网格变动的混合有限元方法, 在特殊的网格变化情况下可以得到最优阶的误差估计. 在上述工作的基础上, 我们对三维油水二相渗流驱动问题提出一类迎风网格变动的块中心数值方法. 用块中心差分方法同时逼近压力函数和 Darcy 速度, 并对 Darcy 速度提高了一阶计算精确度. 对饱和度方程用迎风网格变动的块中心方法求解, 在整体上用网格变动技术, 对对流项采用迎风格式来处理, 扩散项采用块中心数值方法离散, 可以同时逼近未知的饱和度函数及其伴随向量函数, 并且由于分片常数在检验函数空间中, 因此格式保持单元上质量守恒. 这一特性对渗流力学数值模拟计算是特别重要的. 这种方法适用于对流占优问题, 能消除数值弥散和非物理性振荡, 提高计算精确度. 应用微分方程先验估计理论和特殊技巧, 得到了最优阶误差估计. 本节对一般对流-扩散方程做了数值试验, 进一步指明本节的方法是一类切实可行的高效计算方法, 支撑了理论分析结果, 成功解决了这一重要问题[1,2,6,24]. 这项研究成果对油藏数值模拟的计算方法、应用软件研制和矿场实际应用均有重要的价值.

我们使用通常的 Sobolev 空间及其范数记号. 假定问题 (3.3.1)—(3.3.6) 的精确解满足下述正则性条件:

$$
\text{(R)} \quad \begin{cases} p \in L^\infty(H^1), \\ \mathbf{u} \in L^\infty(H^1(\mathrm{div})) \cap L^\infty(W^1_\infty) \cap W^1_\infty(L^\infty) \cap H^2(L^2), \\ c \in L^\infty(H^2) \cap H^1(H^1) \cap L^\infty(W^1_\infty) \cap H^2(L^2). \end{cases}
$$

同时假定问题 (3.3.1)—(3.3.6) 的系数满足正定性条件:

$$
\text{(C)} \quad 0 < a_* \leqslant \frac{\kappa(X)}{\mu(c)} \leqslant a^*, \quad 0 < \varphi_* \leqslant \varphi(X) \leqslant \varphi^*, \quad 0 < D_* \leqslant D(X, \mathbf{u}),
$$

此处 $a_*, a^*, \varphi_*, \varphi^*$ 和 D_* 均为确定的正常数.

在本节中 K 表示一般的正常数, ε 表示一般小的正数, 在不同地方具有不同含义.

3.3.2 记号和引理

为了应用块中心-迎风块中心方法, 我们需要构造两套网格系统. 粗网格是针对流场压力和 Darcy 流速的非均匀粗网格, 细网格是针对饱和度方程的非均匀细网格, 其是依赖于时间 t^n 的. 首先讨论粗网格系统.

研究三维问题, 为简单起见, 设区域 $\Omega = \{[0,1]\}^3$, 用 $\partial\Omega$ 表示其边界. 定义剖分

$$
\begin{aligned}
&\delta_x : 0 = x_{1/2} < x_{3/2} < \cdots < x_{N_x-1/2} < x_{N_x+1/2} = 1, \\
&\delta_y : 0 = y_{1/2} < y_{3/2} < \cdots < y_{N_y-1/2} < y_{N_y+1/2} = 1, \\
&\delta_z : 0 = z_{1/2} < z_{3/2} < \cdots < z_{N_z-1/2} < z_{N_z+1/2} = 1.
\end{aligned}
$$

对 Ω 做剖分 $\delta_x \times \delta_y \times \delta_z$, 对于 $i = 1, 2, \cdots, N_x; j = 1, 2, \cdots, N_y;\ k = 1, 2, \cdots, N_z$, 记 $\Omega_{ijk} = \{(x, y, z) | x_{i-1/2} < x < x_{i+1/2}, y_{j-1/2} < y < y_{j+1/2}, z_{k-1/2} < z < z_{k+1/2}\}$, $x_i = (x_{i-1/2} + x_{i+1/2})/2$, $y_j = (y_{j-1/2} + y_{j+1/2})/2$, $z_k = (z_{k-1/2} + z_{k+1/2})/2$, $h_{x_i} = x_{i+1/2} - x_{i-1/2}$, $h_{y_j} = y_{j+1/2} - y_{j-1/2}$, $h_{z_k} = z_{k+1/2} - z_{k-1/2}$, $h_{x,i+1/2} = (h_{x_i} + h_{x_{i+1}})/2 = x_{i+1} - x_i$, $h_{y,j+1/2} = (h_{y_j} + h_{y_{j+1}})/2 = y_{j+1} - y_j$, $h_{z,k+1/2} = (h_{z_k} + h_{z_{k+1}})/2 = z_{k+1} - z_k$, $h_x = \max\limits_{1 \leqslant i \leqslant N_x} \{h_{x_i}\}$, $h_y = \max\limits_{1 \leqslant j \leqslant N_y} \{h_{y_j}\}$, $h_z = \max\limits_{1 \leqslant k \leqslant N_z} \{h_{z_k}\}$, $h_p = (h_x^2 + h_y^2 + h_z^2)^{1/2}$. 称剖分是正则的, 是指存在常数 $\alpha_1, \alpha_2 > 0$, 使得

$$
\min_{1 \leqslant i \leqslant N_x} \{h_{x_i}\} \geqslant \alpha_1 h_x, \quad \min_{1 \leqslant j \leqslant N_y} \{h_{y_j}\} \geqslant \alpha_1 h_y, \quad \min_{1 \leqslant k \leqslant N_z} \{h_{z_k}\} \geqslant \alpha_1 h_z,
$$

$$
\min\{h_x, h_y, h_z\} \geqslant \alpha_2 \max\{h_x, h_y, h_z\}.
$$

特别指出的是, 此处 $\alpha_i (i = 1, 2)$ 是两个确定的正常数, 它与 Ω 的剖分 $\delta_x \times \delta_y \times \delta_z$ 有关. 图 3.1.1 表示对应于 $N_x = 4, N_y = 3, N_z = 3$ 情况简单网格的示意图. 定义

$M_l^d(\delta_x)=\{f\in C^l[0,1]:f|_{\Omega_i}\in p_d(\Omega_i),i=1,2,\cdots,N_x\}$, 其中 $\Omega_i=[x_{i-1/2},x_{i+1/2}]$, $p_d(\Omega_i)$ 是 Ω_i 上次数不超过 d 的多项式空间, 当 $l=-1$ 时, 表示函数 f 在 $[0,1]$ 上可以不连续. 对 $M_l^d(\delta_y),M_l^d(\delta_z)$ 的定义是类似的. 记 $S_h=M_{-1}^0(\delta_x)\otimes M_{-1}^0(\delta_y)\otimes M_{-1}^0(\delta_z)$, $V_h=\{\mathbf{w}|\mathbf{w}=(w^x,w^y,w^z),w^x\in M_0^1(\delta_x)\otimes M_{-1}^0(\delta_y)\otimes M_{-1}^0(\delta_z),w^y\in M_{-1}^0(\delta_x)\otimes M_0^1(\delta_y)\otimes M_{-1}^0(\delta_z),w^z\in M_{-1}^0(\delta_x)\otimes M_{-1}^0(\delta_y)\otimes M_0^1(\delta_z),\mathbf{w}\cdot\gamma|_{\partial\Omega}=0\}$. 对函数 $v(x,y,z)$, 用 v_{ijk}, $v_{i+1/2,jk}$, $v_{i,j+1/2,k}$ 和 $v_{ij,k+1/2}$ 分别表示 $v(x_i,y_j,z_k)$, $v(x_{i+1/2},y_j,z_k)$, $v(x_i,y_{j+1/2},z_k)$ 和 $v(x_i,y_j,z_{k+1/2})$.

定义下列内积及范数:

$$(v,w)_{\bar{m}}=\sum_{i=1}^{N_x}\sum_{j=1}^{N_y}\sum_{k=1}^{N_z}h_{x_i}h_{y_j}h_{z_k}v_{ijk}w_{ijk},$$

$$(v,w)_x=\sum_{i=1}^{N_x}\sum_{j=1}^{N_y}\sum_{k=1}^{N_z}h_{x_{i-1/2}}h_{y_j}h_{z_k}v_{i-1/2,jk}w_{i-1/2,jk},$$

$$(v,w)_y=\sum_{i=1}^{N_x}\sum_{j=1}^{N_y}\sum_{k=1}^{N_z}h_{x_i}h_{y_{j-1/2}}h_{z_k}v_{i,j-1/2,k}w_{i,j-1/2,k},$$

$$(v,w)_z=\sum_{i=1}^{N_x}\sum_{j=1}^{N_y}\sum_{k=1}^{N_z}h_{x_i}h_{y_j}h_{z_{k-1/2}}v_{ij,k-1/2}w_{ij,k-1/2},$$

$$\|v\|_s^2=(v,v)_s,\quad s=\bar{m},x,y,z,\quad \|v\|_\infty=\max_{1\leqslant i\leqslant N_x,1\leqslant j\leqslant N_y,1\leqslant k\leqslant N_z}|v_{ijk}|,$$

$$\|v\|_{\infty(x)}=\max_{1\leqslant i\leqslant N_x,1\leqslant j\leqslant N_y,1\leqslant k\leqslant N_z}|v_{i-1/2,jk}|,$$

$$\|v\|_{\infty(y)}=\max_{1\leqslant i\leqslant N_x,1\leqslant j\leqslant N_y,1\leqslant k\leqslant N_z}|v_{i,j-1/2,k}|,$$

$$\|v\|_{\infty(z)}=\max_{1\leqslant i\leqslant N_x,1\leqslant j\leqslant N_y,1\leqslant k\leqslant N_z}|v_{ij,k-1/2}|.$$

当 $\mathbf{w}=(w^x,w^y,w^z)^{\mathrm{T}}$ 时, 记

$$|||\mathbf{w}|||=\left(\|w^x\|_x^2+\|w^y\|_y^2+\|w^z\|_z^2\right)^{1/2},$$

$$|||\mathbf{w}|||_\infty=\|w^x\|_{\infty(x)}+\|w^y\|_{\infty(y)}+\|w^z\|_{\infty(z)},$$

$$\|\mathbf{w}\|_{\bar{m}}=\left(\|w^x\|_{\bar{m}}^2+\|w^y\|_{\bar{m}}^2+\|w^z\|_{\bar{m}}^2\right)^{1/2},\quad \|\mathbf{w}\|_\infty=\|w^x\|_\infty+\|w^y\|_\infty+\|w^z\|_\infty.$$

设 $W_p^m(\Omega)=\left\{v\in L^p(\Omega)\left|\dfrac{\partial^n v}{\partial x^{n-l-r}\partial y^l\partial z^r}\in L^p(\Omega),n-l-r\geqslant 0,l=0,1,\cdots,n;\right.\right.$ $\left.r=0,1,\cdots,n;n=0,1,\cdots,m;0<p<\infty\right\}$. $H^m(\Omega)=W_2^m(\Omega)$, $L^2(\Omega)$ 的内积与范

数分别为 $(\cdot,\cdot)$, $||\cdot||$, 对于 $v\in S_h$, 显然有

$$||v||_{\bar{m}}=||v||. \tag{3.3.7}$$

定义下列记号:

$$[d_xv]_{i+1/2,jk}=\frac{v_{i+1,jk}-v_{ijk}}{h_{x,i+1/2}},\quad [d_yv]_{i,j+1/2,k}=\frac{v_{i,j+1,k}-v_{ijk}}{h_{y,j+1/2}},$$
$$[d_zv]_{ij,k+1/2}=\frac{v_{ij,k+1}-v_{ijk}}{h_{z,k+1/2}};$$
$$[D_xw]_{ijk}=\frac{w_{i+1/2,jk}-w_{i-1/2,jk}}{h_{x_i}},\quad [D_yw]_{ijk}=\frac{w_{i,j+1/2,k}-w_{i,j-1/2,k}}{h_{y_j}},$$
$$[D_zw]_{ijk}=\frac{w_{ij,k+1/2}-w_{ij,k-1/2}}{h_{z_k}};$$
$$\hat{w}^x_{ijk}=\frac{w^x_{i+1/2,jk}+w^x_{i-1/2,jk}}{2},\quad \hat{w}^y_{ijk}=\frac{w^y_{i,j+1/2,k}+w^y_{i,j-1/2,k}}{2},$$
$$\hat{w}^z_{ijk}=\frac{w^z_{ij,k+1/2}+w^z_{ij,k-1/2}}{2};$$
$$\bar{w}^x_{ijk}=\frac{h_{x,i+1}}{2h_{x,i+1/2}}w_{ijk}+\frac{h_{x,i}}{2h_{x,i+1/2}}w_{i+1,jk},\quad \bar{w}^y_{ijk}=\frac{h_{y,j+1}}{2h_{y,j+1/2}}w_{ijk}+\frac{h_{y,j}}{2h_{y,j+1/2}}w_{i,j+1,k},$$
$$\bar{w}^z_{ijk}=\frac{h_{z,k+1}}{2h_{z,k+1/2}}w_{ijk}+\frac{h_{z,k}}{2h_{z,k+1/2}}w_{ij,k+1},$$

以及 $\hat{\mathbf{w}}_{ijk}=(\hat{w}^x_{ijk},\hat{w}^y_{ijk},\hat{w}^z_{ijk})^{\mathrm{T}}$, $\bar{\mathbf{w}}_{ijk}=(\bar{w}^x_{ijk},\bar{w}^y_{ijk},\bar{w}^z_{ijk})^{\mathrm{T}}$. 此处 $d_s(s=x,y,z)$, $D_s(s=x,y,z)$ 是差商算子, 它与方程 (3.3.2) 中的系数 D 无关. 记 L 是一个正整数, $\Delta t=T/L$, $t^n=n\Delta t$, v^n 表示函数在 t^n 时刻的值, $d_tv^n=(v^n-v^{n-1})/\Delta t$.

对于上面定义的内积和范数, 下述三个引理成立.

引理 3.3.1　对于 $v\in S_h$, $\mathbf{w}\in V_h$, 显然有

$$(v,D_xw^x)_{\bar{m}}=-(d_xv,w^x)_x,\quad (v,D_yw^y)_{\bar{m}}=-(d_yv,w^y)_y,$$
$$(v,D_zw^z)_{\bar{m}}=-(d_zv,w^z)_z. \tag{3.3.8}$$

引理 3.3.2　对于 $\mathbf{w}\in V_h$, 则有

$$||\hat{\mathbf{w}}||_{\bar{m}}\leqslant |||\mathbf{w}|||. \tag{3.3.9}$$

证明见引理 3.1.2.

引理 3.3.3　对于 $q\in S_h$, 则有

$$||\,\bar{q}^x\,||_x\leqslant M||q||_{\bar{m}},\quad ||\,\bar{q}^y\,||_y\leqslant M||q||_{\bar{m}},\quad ||\,\bar{q}^z\,||_z\leqslant M||q||_{\bar{m}}, \tag{3.3.10}$$

此处 M 是与 q, h 无关的常数.

引理 3.3.4 对于 $\mathbf{w} \in V_h$, 则有

$$\|w^x\|_x \leqslant \|D_x w^x\|_{\bar{m}}, \quad \|w^y\|_y \leqslant \|D_y w^y\|_{\bar{m}}, \quad \|w^z\|_z \leqslant \|D_z w^z\|_{\bar{m}}. \tag{3.3.11}$$

证明见引理 3.1.4.

对于细网格系统, 需要特别指出的是, 我们这里的变网格系统在结构上具有两个特性. 一是非等距的, 可局部加密网格; 二是此局部加密网格可以随时间移动. 其特别适用于油水渗流驱动前沿锋面附近的精确计算. 对于区域 $\Omega = \{[0,1]\}^3$, 通常基于上述粗网格的基础上再进行均匀细分, 一般取原网格步长的 $1/l$, 通常 l 取 2 或 4, 其余记号不变, 此时 $h_c = h_p/l$, 其是依赖于时间 t^n 的变动网格.

3.3.3 迎风变动网格块中心差分方法程序

3.3.3.1 格式的提出

为了引入块中心差分方法的处理思想, 我们将流动方程 (3.3.1) 写为下述标准形式:

$$\nabla \cdot \mathbf{u} = q, \tag{3.3.12a}$$

$$\mathbf{u} = -a(c)\nabla p, \tag{3.3.12b}$$

此处 $a(c) = \kappa(X)\mu^{-1}(c)$.

设 Δt_p 是流动方程的时间步长, 第一步时间步长记为 $\Delta t_{p,1}$. 设 $0 = t_0 < t_1 < \cdots < t_M = T$ 是关于时间的一个剖分. 对于 $i \geqslant 1$, $t_i = \Delta t_{p,1} + (i-1)\Delta t_p$. 类似地, 记 $0 = t^0 < t^1 < \cdots < t^N = T$ 是饱和度方程关于时间的一个剖分, $t^n = n\Delta t_c$, 此处 Δt_c 是饱和度方程的时间步长. 我们假设对于任一 m, 都存在一个 n 使得 $t_m = t^n$, 这里 $\Delta t_p/\Delta t_c$ 是一个正整数. 记 $j^0 = \Delta t_{p,1}/\Delta t_c$, $j = \Delta t_p/\Delta t_c$.

对饱和度方程 (3.3.2) 构造其迎风变动网格块中心差分格式. 为此将其转变为散度形式, 记 $\mathbf{g} = \mathbf{u}c = (u_1 c, u_2 c, u_3 c)^{\mathrm{T}}$, $\bar{\mathbf{z}} = -\nabla c$, $\mathbf{z} = D\bar{\mathbf{z}}$, 则方程 (3.3.2) 改写为

$$\varphi\frac{\partial c}{\partial t} + \nabla \cdot \mathbf{g} + \nabla \cdot \mathbf{z} - c\nabla \cdot \mathbf{u} = q_I(c_I - c). \tag{3.3.13}$$

应用流动方程 $\nabla \cdot \mathbf{u} = q = q_I + q_p$, 则方程 (3.3.13) 可改写为

$$\varphi\frac{\partial c}{\partial t} + \nabla \cdot \mathbf{g} + \nabla \cdot \mathbf{z} - q_p c = q_I c_I. \tag{3.3.14}$$

应用拓广的块中心方法[25], 此方法不仅得到对扩散流量 $\mathbf{z}$ 的近似, 同时得到对梯度 $\bar{\mathbf{z}}$ 的近似.

饱和度方程 (3.3.14) 的变分形式为

$$\left(\varphi\frac{\partial c}{\partial t},v\right)_{\bar{m}}+(\nabla\cdot\mathbf{g},v)_{\bar{m}}+(\nabla\cdot\mathbf{z},v)_{\bar{m}}-(q_pc,v)_{\bar{m}}=(q_Ic_I,v)_{\bar{m}},\quad \forall v\in S_h^n, \tag{3.3.15a}$$

$$(\bar{z}^x,w^x)_x+(\bar{z}^y,w^y)_y+(\bar{z}^z,w^z)_z-\left(c,\sum_{s=x,y,z}D_sw^s\right)_{\bar{m}}=0,\quad \forall\mathbf{w}\in V_h^n, \tag{3.3.15b}$$

$$(z^x,w^x)_x+(z^y,w^y)_y+(z^z,w^z)_z=(D(\mathbf{u})\bar{\mathbf{z}},\mathbf{w}),\quad \forall\mathbf{w}\in V_h^n. \tag{3.3.15c}$$

由 3.3.2 小节的记号和引理 3.3.1—引理 3.3.4, 我们提出块中心-迎风变网格块中心差分格式: 对流动方程 (3.3.1) 寻求 $\{P_m,\mathbf{U}_m\}\in S_h\times V_h, m=0,1,2,\cdots,M$, 使得

$$(D_xU_m^x+D_yU_m^y+D_zU_m^z,v)_{\bar{m}}=(q_m,v)_{\bar{m}},\quad \forall v\in S_h, \tag{3.3.16a}$$

$$\begin{aligned}&\left(a^{-1}(\bar{C}_m^x)U_m^x,w^x\right)_x+\left(a^{-1}(\bar{C}_m^y)U_m^y,w^y\right)_y+\left(a^{-1}(\bar{C}_m^z)U_m^z,w^z\right)_z\\&-(P_m,D_xw^x+D_yw^y+D_zw^z)_{\bar{m}}=0,\quad \forall\mathbf{w}\in V_h.\end{aligned} \tag{3.3.16b}$$

在非线性项 $\mu(c)$ 中, 用近似解 C_m 代替在 $t=t_m$ 时刻的真解 c_m,

$$\bar{C}_m=\min\{1,\max(0,C_m)\}\in[0,1]. \tag{3.3.17}$$

在时间步 $t^n, t_{m-1}<t^n\leqslant t_m$, 应用如下的外推公式

$$E\mathbf{U}^n=\begin{cases}\mathbf{U}_0, & t_0<t^n\leqslant t_1, m=1,\\ \left(1+\dfrac{t^n-t_{m-1}}{t_{m-1}-t_{m-2}}\right)\mathbf{U}_{m-1}-\dfrac{t^n-t_{m-1}}{t_{m-1}-t_{m-2}}\mathbf{U}_{m-2}, & t_{m-1}<t^n\leqslant t_m, m\geqslant 2.\end{cases} \tag{3.3.18}$$

下面对饱和度方程 (3.3.15), 在每一时间层 t^n, 求 $C^n\in S_h^n, \mathbf{Z}\in V_h^n, \bar{\mathbf{Z}}\in V_h^n$ 满足

$$\begin{aligned}&\left(\varphi\frac{C^n-C^{n-1}}{\Delta t_c},v^n\right)_{\bar{m}}+(\nabla\cdot\mathbf{G},v^n)_{\bar{m}}+(\nabla\cdot\mathbf{Z}^n,v^n)_{\bar{m}}\\&-(q_pC^n,v^n)_{\bar{m}}=(q_Ic_I^n,v^n)_{\bar{m}},\quad \forall v^n\in S_h^n,\end{aligned} \tag{3.3.19a}$$

$$\left(\bar{Z}^{x,n},w^{x,n}\right)_x+\left(\bar{Z}^{y,n},w^{y,n}\right)_y+\left(\bar{Z}^{z,n},w^{z,n}\right)_z=\left(C^n,\sum_{s=x,y,z}D_sw^{s,n}\right)_{\bar{m}},\quad \forall\mathbf{w}^n\in V_h^n, \tag{3.3.19b}$$

$$(Z^{x,n},w^x)_x+(Z^{y,n},w^y)_y+(Z^{z,n},w^z)_z\,z=\left(D(E\mathbf{U}^n)\,\bar{\mathbf{Z}}^n,\mathbf{w}^n\right),\quad \forall\mathbf{w}^n\in V_h^n. \tag{3.3.19c}$$

对流量 $\mathbf{G}$ 由近似解 C 来构造, 有多种方法可以确定此项. 本节使用简单的迎风方法. 由于在 $\partial\Omega$ 上 $\mathbf{g}=\mathbf{u}c=0$, 设在边界上 $\mathbf{G}^n\cdot\gamma$ 的平均积分为 0. 假设单元 e_1,e_2 有公共面 σ, x_l 是此面的重心, γ_l 是从 e_1 到 e_2 的法向量, 那么我们可以定义

$$\mathbf{G}^n\cdot\gamma=\begin{cases}C_{e_1}^n(E\mathbf{U}^n\cdot\gamma_l)(x_l), & (E\mathbf{U}^n\cdot\gamma_l)(x_l)\geqslant 0,\\ C_{e_2}^n(E\mathbf{U}^n\cdot\gamma_l)(x_l), & (E\mathbf{U}^n\cdot\gamma_l)(x_l)<0.\end{cases}$$

此处 $C_{e_1}^n, C_{e_2}^n$ 是 C^n 在单元上的常数值. 至此我们借助 C^n 定义了 $\mathbf{G}^n$, 完成了数值格式 (3.3.16), (3.3.19) 的构造, 形成关于 C 的非对称的线性方程组. 由正定性条件 (C), 解存在且唯一.

注 由于网格发生变动, 在 (3.3.19a) 中必须计算 $(\varphi C^{n-1}, v^n)$, 也就是 φC^{n-1} 的 L^2 投影, 即在 J_c^{n-1} 上的分片常数投影到 J_c^n 上的分片常数, 此处 J_c^{n-1}, J_c^n 分别记 t^{n-1} 和 t^n 时刻的网格剖分.

初始逼近:

$$C^0 = \tilde{C}^0, \quad X \in \Omega, \tag{3.3.20}$$

可以用椭圆投影 (将在 3.3.4 小节定义)、插值或 L^2 投影确定.

块中心-迎风变网格块中心差分格式的计算程序: 首先利用初始逼近 (3.3.20) 计算出 C_0, 通过流动方程的块中心程序 (3.3.16a), (3.3.16b) 求出 $\{\mathbf{U}_0, P_0\}$. 从时间层 $n=1$ 开始由 (3.3.19a) 和 (3.3.19b) 依次计算得 $\{C^1, C^2, \cdots, C^{j_0}\}$. 对 $m \geqslant 1$, 此处 $C^{j_0+(m-1)j} = C_m$ 是已知的. 由 (3.3.16a), (3.3.16b) 可以得到 $\{\mathbf{U}_m, P_m\}$. 依次循环计算, 由 (3.3.19a)—(3.3.19c) 可得 $C^{j_0+(m-1)j+1}, C^{j_0+(m-1)j+2}, \cdots, C^{j_0+mj}$. 可得每一时间层的压力、Darcy 流速和饱和度的数值解. 由问题的正定性条件 (C), 数值解存在且唯一.

3.3.3.2 质量守恒律

如果问题 (3.3.1)—(3.3.6) 没有源汇项, 也就是 $q \equiv 0$, 且满足不渗透边界条件, 则在网格不变动的时间步, 在每个单元 $e \in \Omega$ 上, $e = \Omega_{ijk} = [x_{i-1/2}, x_{i+1/2}] \times [y_{j-1/2}, y_{j+1/2}] \times [z_{k-1/2}, z_{k+1/2}]$, 饱和度方程的迎风块中心方法 (3.3.19a) 满足单元和整体质量守恒.

饱和度方程 (3.3.2) 的单元质量守恒表现为

$$\int_e \varphi \frac{\partial c}{\partial t} dX - \int_{\partial e} \mathbf{g} \cdot \gamma_{\partial e} ds - \int_{\partial e} \mathbf{z} \cdot \gamma_{\partial e} ds = 0, \tag{3.3.21}$$

此处 e 为区域 Ω 关于饱和度的网格剖分单元, ∂e 为单元 e 的边界面, $\gamma_{\partial e}$ 为此边界面的外法向量. 下面证明迎风块中心格式 (3.3.19a) 满足下述离散意义下的局部质量守恒律.

定理 3.3.1 (单元质量守恒) 若 $q \equiv 0, X \in \Omega$, 则在任意单元 e 上, 迎风块中心格式 (3.3.19a) 满足离散的单元质量守恒律

$$\int_e \varphi \frac{C^n - C^{n-1}}{\Delta t_c} dX - \int_{\partial e} \mathbf{G}^n \cdot \gamma_{\partial e} ds - \int_{\partial e} \mathbf{Z}^n \cdot \gamma_{\partial e} ds = 0. \tag{3.3.22}$$

证明 因为 $v \in S_h$, 在给定单元 $e = \Omega_{ijk}$ 上, 取 $v \equiv 1$, 在其他单元上为零, 则

此时 (3.3.19a) 为

$$\left(\varphi\frac{C^n-C^{n-1}}{\Delta t_c},1\right)_{\Omega_{ijk}}-\int_{\partial\Omega_{ijk}}\mathbf{G}^n\cdot\gamma ds+(D_xZ^{x,n}+D_yZ^{y,n}+D_zZ^{z,n},1)_{\Omega_{ijk}}=0. \tag{3.3.23}$$

按 3.3.2 小节中的记号可得

$$\left(\varphi\frac{C^n-C^{n-1}}{\Delta t_c},1\right)_{\Omega_{ijk}}=\varphi_{ijk}\left(\frac{C^n_{ijk}-C^{n-1}_{ijk}}{\Delta t_c}\right)h_{x_i}h_{y_j}h_{z_k}=\int_e\varphi\frac{C^n-C^{n-1}}{\Delta t_c}dX, \tag{3.3.24a}$$

$$\begin{aligned}&(D_xZ^{x,n}+D_yZ^{y,n}+D_zZ^{z,n},1)_{\Omega_{ijk}}\\&=(Z^{x,n}_{i+1/2,jk}-Z^{x,n}_{i-1/2,jk})h_{y_j}h_{z_k}\\&\quad+(Z^{y,n}_{i,j+1/2,k}-Z^{y,n}_{i,j-1/2,k})h_{x_i}h_{z_k}+(Z^{z,n}_{ij,k+1/2}-Z^{z,n}_{ij,k-1/2})h_{x_i}h_{y_j}\\&=-\int_{\partial e}\mathbf{Z}^n\cdot\gamma_{\partial e}ds.\end{aligned} \tag{3.3.24b}$$

将式 (3.3.24) 代入 (3.3.23), 定理 3.3.1 得证.

由单元质量守恒律 (定理 3.3.1), 即可推出整体质量守恒律.

定理 3.3.2 (整体质量守恒) 若 $q\equiv 0, X\in\Omega$, 且满足不渗透边界条件. 则格式 (3.3.19a) 满足整体离散形式的质量守恒律

$$\int_\Omega\varphi\frac{C^n-C^{n-1}}{\Delta t_c}dX=0,\quad n\geqslant 1. \tag{3.3.25}$$

证明 由单元局部守恒律式 (3.3.22), 对全部网格剖分单元求和, 则有

$$\sum_e\int_e\varphi\frac{C^n-C^{n-1}}{\Delta t_c}dX-\sum_e\int_{\partial e}\mathbf{G}^n\cdot\gamma_{\partial e}ds-\sum_e\int_{\partial e}\mathbf{Z}^n\cdot\gamma_{\partial e}ds=0. \tag{3.3.26}$$

记单元 e_1,e_2 的公共面为 σ_l, x_l 是此边界面的中点, γ_l 是从 e_1 到 e_2 的法向量, 那么由对流项的定义, 在单元 e_1 上, 若 $E\mathbf{U}^n\cdot\gamma_l(X)\geqslant 0$, 则

$$\int_{\sigma_l}\mathbf{G}^n\cdot\gamma_l ds=C^n_{e_1}E\mathbf{U}^n\cdot\gamma_l(x_l)|\sigma_l|, \tag{3.3.27a}$$

此处 $|\sigma_l|$ 记边界面 σ_l 的测度. 而在单元 e_2 上, σ_l 的法向量是 $-\gamma_l$, 此时 $E\mathbf{U}^n\cdot(-\gamma_l(X))\leqslant 0$, 则

$$\int_{\sigma_l}\mathbf{G}^n\cdot(-\gamma_l)ds=-C^{n+1}_{e_1}E\mathbf{U}^n\cdot\gamma_l(X)|\sigma_l|. \tag{3.3.27b}$$

上面两式相互抵消, 故

$$\sum_e\int_{\partial e}\mathbf{G}^n\cdot\gamma_{\partial e}ds=0. \tag{3.3.28}$$

注意到

$$-\sum_e \int_{\partial e} \mathbf{Z}^n \cdot \gamma_{\partial e} ds = -\int_{\partial\Omega} \mathbf{Z}^n \cdot \gamma ds = 0. \tag{3.3.29}$$

将 (3.3.28), (3.3.29) 代入 (3.3.26) 即得 (3.3.25), 定理 3.3.2 得证.

这一物理特性对渗流力学数值模拟计算是特别重要的.

3.3.4 收敛性分析

为了进行收敛性分析, 引入下述辅助性椭圆投影. 定义 $\tilde{\mathbf{U}} \in V_h, \tilde{P} \in S_h$ 满足

$$\left(D_x \tilde{U}^x + D_y \tilde{U}^y + D_z \tilde{U}^z, v\right)_{\bar{m}} = (q, v)_{\bar{m}}, \quad \forall v \in S_h, \tag{3.3.30a}$$

$$\begin{aligned} &\left(a^{-1}(c)\tilde{U}^x, w^x\right)_x + \left(a^{-1}(c)\tilde{U}^y, w^y\right)_y + \left(a^{-1}(c)\tilde{U}^z, w^z\right)_z \\ &= (\tilde{P}, D_x w^x + D_y w^y + D_z w^z)_{\bar{m}}, \quad \forall \mathbf{w} \in V_h. \end{aligned} \tag{3.3.30b}$$

其中 c 是问题 (3.3.1), (3.3.2) 的精确解.

记 $F = q_p c + q_I c_I - \left(\psi \dfrac{\partial c}{\partial t} + \nabla \cdot \mathbf{g}\right)$. 定义 $\tilde{\mathbf{Z}}, \tilde{\bar{\mathbf{Z}}} \in V_h^n$, $\tilde{C} \in S_h^n$, 满足

$$\left(D_x \tilde{Z}^{x,n} + D_y \tilde{Z}^{y,n} + D_z \tilde{Z}^{z,n}, v^n\right)_{\bar{m}} = (F^n, v^n)_{\bar{m}}, \quad \forall v^n \in S_h^n, \tag{3.3.31a}$$

$$\left(\tilde{\bar{Z}}^{x,n}, w^{x,n}\right)_x + \left(\tilde{\bar{Z}}^{y,n}, w^{y,n}\right)_y + \left(\tilde{\bar{Z}}^{z,n}, w^{z,n}\right)_z = \left(\tilde{C}, \sum_{s=x,y,z} D_s w^{s,n}\right)_{\bar{m}}, \quad \forall \mathbf{w}^n \in V_h^n, \tag{3.3.31b}$$

$$\left(\tilde{Z}^{x,n}, w^{x,n}\right)_x + \left(\tilde{Z}^{y,n}, w^{y,n}\right)_y + \left(\tilde{Z}^{z,n}, w^{z,n}\right)_z = \left(D(\mathbf{u}^n)\tilde{\bar{Z}}^n, w^n\right), \quad \forall \mathbf{w}^n \in V_h^n. \tag{3.3.31c}$$

记 $\pi = P - \tilde{P}$, $\eta = \tilde{P} - p$, $\sigma = \mathbf{U} - \tilde{\mathbf{U}}$, $\rho = \tilde{\mathbf{U}} - \mathbf{u}$, $\xi_c = C - \tilde{C}$, $\zeta_c = \tilde{C} - c$, $\bar{\alpha}_z = \bar{\mathbf{Z}} - \tilde{\bar{\mathbf{Z}}}$, $\bar{\beta}_z = \tilde{\bar{\mathbf{Z}}} - \bar{\mathbf{z}}$, $\alpha_z = \mathbf{Z} - \tilde{\mathbf{Z}}$, $\beta_z = \tilde{\mathbf{Z}} - \mathbf{z}$. 设问题 (3.3.1)—(3.3.6) 满足正定性条件 (C), 其精确解满足正则性条件 (R). 由 Weiser, Wheeler 理论[14]与 Arbogast, Wheeler, Yotov 理论[25]得知格式 (3.3.30), (3.3.31) 确定的辅助函数 $\{\tilde{P}, \tilde{\mathbf{U}}, \tilde{C}, \tilde{\bar{\mathbf{Z}}}, \tilde{\mathbf{Z}}\}$ 存在且唯一, 并有下述误差估计.

引理 3.3.5 若问题 (3.3.1)—(3.3.6) 的系数和精确解满足条件 (C) 和 (R), 则存在不依赖于 h 的常数 $\bar{C}_1, \bar{C}_2 > 0$, 使得下述估计式成立:

$$\|\eta\|_{\bar{m}} + \|\zeta_c\|_{\bar{m}} + |||\rho||| + |||\beta_z||| + |||\bar{\beta}_z||| + \left\|\frac{\partial \eta}{\partial t}\right\|_{\bar{m}} + \left\|\frac{\partial \zeta_c}{\partial t}\right\|_{\bar{m}} \leqslant \bar{C}_1\{h_p^2 + h_c^2\}, \tag{3.3.32a}$$

$$|||\tilde{\mathbf{U}}|||_\infty + |||\tilde{\mathbf{Z}}|||_\infty + |||\tilde{\bar{\mathbf{Z}}}|||_\infty \leqslant \bar{C}_2. \tag{3.3.32b}$$

首先估计 π 和 σ. 将式 (3.3.16a), (3.3.16b) 分别减式 (3.3.30a) ($t=t_m$) 和式 (3.3.30b) ($t=t_m$) 可得下述关系式

$$(D_x\sigma_m^x+D_y\sigma_m^y+D_z\sigma_m^z,v)_{\bar{m}}=0,\quad \forall v\in S_h, \tag{3.3.33a}$$

$$\begin{aligned}&\left(a^{-1}(\bar{C}_m^x)\sigma_m^x,w^x\right)_x+\left(a^{-1}(\bar{C}_m^y)\sigma_m^y,w^y\right)_y+\left(a^{-1}(\bar{C}_m^z)\sigma_m^z,w^z\right)_z\\&-(\pi_m,D_xw^x+D_yw^y+D_zw^z)_{\bar{m}}\\&=-\sum_{s=x,y,z}\left(\left(a^{-1}(\bar{C}_m^s)-a^{-1}(c_m)\right)\tilde{U}_m^s,w^s\right)_s,\quad \forall w\in V_h.\end{aligned} \tag{3.3.33b}$$

在式 (3.3.33a) 中取 $v=\pi_m$, 在式 (3.3.33b) 中取 $\mathbf{w}=\sigma_m$, 组合上述二式可得

$$\begin{aligned}&\left(a^{-1}(\bar{C}_m^x)\sigma_m^x,\sigma_m^x\right)_x+\left(a^{-1}(\bar{C}_m^y)\sigma_m^y,\sigma_m^y\right)_y+\left(a^{-1}(\bar{C}_m^z)\sigma_m^z,\sigma_m^z\right)_z\\=&-\sum_{s=x,y,z}\left(\left(a^{-1}(\bar{C}_m^s)-a^{-1}(c_m)\right)\tilde{U}_m^s,\sigma_m^s\right)_s.\end{aligned} \tag{3.3.34}$$

对于估计式 (3.3.34) 应用引理 3.3.1—引理 3.3.5, Taylor 公式和正定性条件 (C) 可得

$$\begin{aligned}|||\sigma_m|||^2&\leqslant K\sum_{s=x,y,z}\left\|\bar{C}_m^s-c_m\right\|_{\bar{m}}^2\\&\leqslant K\left\{\sum_{s=x,y,z}\|\bar{c}_m^s-c_m\|_{\bar{m}}^2+\|\xi_{c,m}\|_{\bar{m}}^2+\|\zeta_{c,m}\|_{\bar{m}}^2+(\Delta t_c)^2\right\}\\&\leqslant K\left\{\|\xi_{c,m}\|^2+h_c^4+(\Delta t_c)^2\right\}.\end{aligned} \tag{3.3.35}$$

对 $\pi_m\in S_h$, 利用对偶方法进行估计[26,27], 为此考虑下述椭圆问题:

$$\nabla\cdot\omega=\pi_m,\quad X=(x,y,z)^{\mathrm{T}}\in\Omega, \tag{3.3.36a}$$

$$\omega=\nabla p,\quad X\in\Omega, \tag{3.3.36b}$$

$$\omega\cdot\gamma=0,\quad X\in\partial\Omega. \tag{3.3.36c}$$

由问题 (3.3.36) 的正则性, 有

$$\sum_{s=x,y,z}\left\|\frac{\partial\omega^s}{\partial s}\right\|_{\bar{m}}^2\leqslant K\|\pi_m\|_{\bar{m}}^2. \tag{3.3.37}$$

设 $\tilde{\omega}\in V_h$ 满足

$$\left(\frac{\partial\tilde{\omega}^s}{\partial s},v\right)_{\bar{m}}=\left(\frac{\partial\omega^s}{\partial s},v\right)_{\bar{m}},\quad \forall v\in S_h, s=x,y,z. \tag{3.3.38a}$$

这样定义的 $\tilde{\omega}$ 是存在的, 且有

$$\sum_{s=x,y,z}\left\|\frac{\partial\tilde{\omega}^s}{\partial s}\right\|_{\bar{m}}^2\leqslant\sum_{s=x,y,z}\left\|\frac{\partial\omega^s}{\partial s}\right\|_{\bar{m}}^2. \tag{3.3.38b}$$

应用引理 3.3.4, 式 (3.3.35)—(3.3.37) 可得

$$\begin{aligned}&\|\pi_m\|_{\bar{m}}^2=(\pi_m,\nabla\cdot\omega)\\&=(\pi_m,D_x\tilde{\omega}^x+D_y\tilde{\omega}^y+D_z\tilde{\omega}^z)_{\bar{m}}\\&=\sum_{s=x,y,z}(a^{-1}(\bar{C}_m^s)\sigma_m^s,\tilde{\omega}^s)_s+\sum_{s=x,y,z}\left((a^{-1}(\bar{C}_m^s)-a^{-1}(c_m))\tilde{U}_m^s,\tilde{\omega}^s\right)_s\\&\leqslant K|||\tilde{\omega}|||\left\{|||\sigma_m|||^2+\|\xi_{c,m}\|_{\bar{m}}^2+h_c^4+(\Delta t_c)^2\right\}^{1/2}.\end{aligned} \tag{3.3.39}$$

由引理 3.3.4, (3.3.37), (3.3.38) 可得

$$|||\tilde{\omega}|||^2\leqslant\sum_{s=x,y,z}\|D_s\tilde{\omega}^s\|_{\bar{m}}^2=\sum_{s=x,y,z}\left\|\frac{\partial\tilde{\omega}^s}{\partial s}\right\|_{\bar{m}}^2\leqslant\sum_{s=x,y,z}\left\|\frac{\partial\omega^s}{\partial s}\right\|_{\bar{m}}^2\leqslant K\|\pi_m\|_{\bar{m}}^2. \tag{3.3.40}$$

将式 (3.3.40) 代入式 (3.3.39) 可得

$$\|\pi_m\|_m^2\leqslant K\left\{|||\sigma_m|||^2+\|\xi_{c,m}\|_{\bar{m}}^2+h_c^4+(\Delta t_c)^2\right\}\leqslant K\left\{\|\xi_{c,m}\|_{\bar{m}}^2+h_c^4+(\Delta t_c)^2\right\}. \tag{3.3.41}$$

对于迎风项的处理, 我们有下面的引理. 先引入下面的记号: 网格单元 e 的任一面 σ, 令 γ_l 代表 σ 的单位法向量, 给定 (σ,γ_l) 可以唯一确定有公共面 σ 的两个相邻单元 e^+,e^-, 其中 γ_l 指向 e^+. 对于 $f\in S_h$, $x\in\sigma$,

$$f^-(x)=\lim_{s\to0-}f(x+s\gamma_l),\quad f^+(x)=\lim_{s\to0+}f(x+s\gamma_l),$$

定义 $[f]=f^+-f^-$.

引理 3.3.6 令 $f_1,f_2\in S_h$, 那么

$$\int_\Omega\nabla\cdot(\mathbf{u}f_1)f_2dx=\frac{1}{2}\sum_\sigma\int_\sigma[f_1][f_2]|\mathbf{u}\cdot\gamma|ds+\frac{1}{2}\sum_\sigma\int_\sigma\mathbf{u}\cdot\gamma_l(f_1^++f_1^-)(f_2^--f_2^+)ds. \tag{3.3.42}$$

证明见引理 3.1.6.

下面讨论饱和度方程 (3.3.2) 的误差估计. 为此将式 (3.3.19) 分别减去 $t=t^n$ 时刻的式 (3.3.31) 可得

$$\left(\varphi\frac{C^n-C^{n-1}}{\Delta t_c},v^n\right)_{\bar{m}}+(\nabla\cdot\mathbf{G}^n,v^n)_{\bar{m}}+\left(\sum_{s=x,y,z}D_s\alpha_z^{s,n},v^n\right)_{\bar{m}}$$

$$= \left(q_p C^n + q_I c_I^n - d q_p c^n - q_I c_I^n + \varphi \frac{\partial c^n}{\partial t} + \nabla \cdot \mathbf{g}^n, v^n \right)_{\bar{m}}, \quad \forall v^n \in S_h^n, \quad (3.3.43a)$$

$$(\bar{\alpha}_z^{x,n}, w^{x,n})_x + (\bar{\alpha}_z^{y,n}, w^{y,n})_y + (\bar{\alpha}_z^{z,n}, w^{z,n})_z = \left(\xi_c^n, \sum_{s=x,y,z} D_s w^{s,n} \right)_{\bar{m}}, \quad \forall \mathbf{w}^n \in V_h^n, \quad (3.3.43b)$$

$$\begin{aligned} &(\alpha_z^{x,n}, w^{x,n})_x + (\alpha_z^{y,n}, w^{y,n})_y + (\alpha_z^{z,n}, w^{z,n})_z \\ =& (D(E\mathbf{U}^n)\bar{\mathbf{Z}}^n - D(\mathbf{u}^n)\bar{\bar{\mathbf{Z}}}^n, \mathbf{w}^n), \quad \forall \mathbf{w}^n \in V_h^n, \end{aligned} \quad (3.3.43c)$$

在 (3.3.43a) 中取 $v = \xi_{c,m}$, 在 (3.3.43b) 中取 $\mathbf{w} = \alpha_z^n$, 在 (3.3.43c) 中取 $\mathbf{w} = \bar{\alpha}_z^n$, 将 (3.3.43a) 和 (3.3.43b) 相加, 再减去 (3.3.43c), 经整理可得

$$\begin{aligned} &\left(\varphi \frac{\xi_c^n - \xi_c^{n-1}}{\Delta t_c}, \xi_c^n \right)_{\bar{m}} + (\nabla \cdot (\mathbf{G}^n - \mathbf{g}^n), \xi_c^n)_{\bar{m}} \\ =& (q_p(\xi_c^n + \zeta_c^n), \xi_c^n)_{\bar{m}} + \left(\varphi \left(\frac{\partial c^n}{\partial t} - \frac{c^n - c^{n-1}}{\Delta t_c} \right), \xi_c^n \right)_{\bar{m}} - \left(\varphi \frac{\zeta_c^n - \zeta_c^{n-1}}{\Delta t_c}, \xi_c^n \right)_{\bar{m}} \\ &- (D(E\mathbf{U}^n)\bar{\alpha}_z^n, \bar{\alpha}_z^n) + ([D(\mathbf{u}^n) - D(E\mathbf{U}^n)]\bar{\bar{\mathbf{Z}}}^n, \bar{\alpha}_z^n). \end{aligned} \quad (3.3.44)$$

上式可改写为

$$\begin{aligned} &\left(\varphi \frac{\xi_c^n - \xi_c^{n-1}}{\Delta t_c}, \xi_c^n \right)_{\bar{m}} + (D(E\mathbf{U}^n)\bar{\alpha}_z^n, \bar{\alpha}_z^n) + (\nabla \cdot (\mathbf{G}^n - \mathbf{g}^n), \xi_c^n)_{\bar{m}} \\ =& (q_p(\xi_c^n + \zeta_c^n), \xi_c^n)_{\bar{m}} + \left(\varphi \left(\frac{\partial c^n}{\partial t} - \frac{c^n - c^{n-1}}{\Delta t_c} \right), \xi_c^n \right)_{\bar{m}} \\ &+ ([D(\mathbf{u}^n) - D(E\mathbf{U}^n)]\bar{\bar{\mathbf{Z}}}^n, \bar{\alpha}_z^n) - \left(\varphi \frac{\zeta_c^n - \zeta_c^{n-1}}{\Delta t_c}, \xi_c^n \right)_{\bar{m}} \\ =& T_1 + T_2 + T_3 + T_4. \end{aligned} \quad (3.3.45)$$

首先估计 (3.3.45) 左端诸项.

$$\left(\varphi \frac{\xi_c^n - \xi_c^{n-1}}{\Delta t_c}, \xi_c^n \right)_{\bar{m}} \geqslant \frac{1}{2\Delta t_c} \{ (\varphi \xi_c^n, \xi_c^n)_{\bar{m}} - (\varphi \xi_c^{n-1}, \xi_c^{n-1})_{\bar{m}} \}, \quad (3.3.46a)$$

$$(D(E\mathbf{U}^n)\bar{\alpha}_z^n, \bar{\alpha}_z^n) \geqslant D_* ||| \bar{\alpha}_z^n |||^2. \quad (3.3.46b)$$

对第三项可以分解为

$$(\nabla \cdot (\mathbf{G}^n - \mathbf{g}^n), \xi_c^n)_{\bar{m}} = (\nabla \cdot (\mathbf{G}^n - \Pi \mathbf{g}^n), \xi_c^n)_{\bar{m}} + (\nabla \cdot (\Pi \mathbf{g}^n - \mathbf{g}^n), \xi_c^n)_{\bar{m}}. \quad (3.3.46c)$$

$\Pi \mathbf{g}$ 的定义类似于 $\mathbf{G}$

$$\Pi \mathbf{g}^n \cdot \gamma_l = \begin{cases} \Pi c_{e_1}^n (E\mathbf{U}^n \cdot \gamma_l)(x_l), & (E\mathbf{U}^n \cdot \gamma_l)(x_l) \geqslant 0, \\ \Pi c_{e_2}^n (E\mathbf{U}^n \cdot \gamma_l)(x_l), & (E\mathbf{U}^n \cdot \gamma_l)(x_l) < 0. \end{cases}$$

此处 $\Pi c^n = \tilde{C}^n$. 应用 (3.3.42) 式

$$\begin{aligned}
&(\nabla\cdot(\mathbf{G}^n-\Pi\mathbf{g}^n),\xi_c^n)_{\bar{m}}\\
&=\sum_e\int_{\Omega_e}\nabla\cdot(\mathbf{G}^n-\Pi\mathbf{g}^n)\xi_c^n dx\\
&=\sum_e\int_{\Omega_e}\nabla\cdot(E\mathbf{U}^n\xi_c^n)\xi_c^n dx\\
&=\frac{1}{2}\sum_\sigma\int_\sigma|E\mathbf{U}^n\cdot\gamma_l|[\xi_c^n]^2ds-\frac{1}{2}\sum_\sigma\int_\sigma(E\mathbf{U}^n\cdot\gamma_l)(\xi_c^{n,+}+\xi_c^{n,-})[\xi_c^n]^2ds\\
&=Q_1+Q_2,
\end{aligned}$$

$$Q_1=\frac{1}{2}\sum_\sigma\int_\sigma|E\mathbf{U}^n\cdot\gamma_l|[\xi_c^n]^2ds\geqslant 0,$$

$$\begin{aligned}
Q_2&=-\frac{1}{2}\sum_\sigma\int_\sigma(\mathbf{U}^n\cdot\gamma_l)[(\xi_c^{n,+})^2-(\xi_c^{n,-})^2]ds=\frac{1}{2}\sum_e\int_{\Omega_e}\nabla\cdot E\mathbf{U}^n(\xi_c^n)^2dx\\
&=\frac{1}{2}\sum_e\int_{\Omega_e}q^n(\xi_c^n)^2dx.
\end{aligned}$$

把 Q_2 移到方程 (3.3.45) 的右端, 且根据 q 的有界性得到 $|Q_2|\leqslant K\|\xi_c^n\|^2$.

对于 (3.3.46c) 式第二项

$$\begin{aligned}
&(\nabla\cdot(\mathbf{g}^n-\Pi\mathbf{g}^n),\xi_c^n)_{\bar{m}}\\
&=\sum_\sigma\int_\sigma\{c^n\mathbf{u}^n\cdot\gamma_l-\Pi c^nE\mathbf{U}^n\cdot\gamma_l\}[\xi_c^n]^2ds\\
&=\sum_\sigma\int_\sigma\{c^n\mathbf{u}^n-c^nE\mathbf{u}^n+c^nE\mathbf{u}^n-c^nE\mathbf{U}^n+c^nE\mathbf{U}^n-\Pi c^nE\mathbf{U}^n\}\cdot\gamma_l[\xi_c^n]^2ds\\
&=(\nabla\cdot(c^n\mathbf{u}^n-c^nE\mathbf{u}^n),\xi_c^n)_m+(\nabla\cdot c^nE(\mathbf{u}^n-\mathbf{U}^n),\xi_c^n)_m\\
&\quad+\sum_\sigma\int_\sigma E\mathbf{U}^n\cdot\gamma_l(c^n-\Pi c^n)[\xi_c^n]ds\\
&\leqslant K\{(\Delta t_p)^4+\|E(\mathbf{u}^n-\mathbf{U}^n)\|_{H(\mathrm{div})}^2+\|\xi_c^n\|^2\}+K\sum_\sigma\int_\sigma|E\mathbf{U}^n\cdot\gamma_l||c^n-\Pi c^n|^2ds\\
&\quad+\frac{1}{4}\sum_\sigma\int_\sigma|E\mathbf{U}^n\cdot\gamma_l|[\xi_c^n]^2ds.
\end{aligned}$$

由估计式 (3.3.35), (3.3.41), 引理 3.3.5 和文献 [26] 有 $|c^n-\Pi c^n|=O(h_c^2)$, 得到

$$\begin{aligned}
&(\nabla\cdot(\mathbf{g}^n-\Pi\mathbf{g}^n),\xi_c^n)_{\bar{m}}\\
&\leqslant K\{\Delta t_p^4+h_p^4+h_c^2+\|\xi_c^n\|_{\bar{m}}^2+\|\xi_{c,m-1}\|_{\bar{m}}^2+\|\xi_{c,m-2}\|_{\bar{m}}^2\}\\
&\quad+\frac{1}{4}\sum_\sigma\int_\sigma|E\mathbf{U}^n\cdot\gamma_l|[\xi_c^n]^2ds.
\end{aligned}\tag{3.3.46d}$$

对误差估计式 (3.3.45) 的右端诸项的估计有

$$|T_1| + |T_2| \leqslant K\Delta t_c \left\| \frac{\partial^2 c}{\partial t^2} \right\|^2_{L^2(t^{n-1},t^n;\bar{m})} + K\{||\xi_c^n||^2_{\bar{m}} + h_c^4\}. \tag{3.3.47a}$$

对 T_3 应用 (3.3.35), (3.3.41) 和引理 3.3.5 可得

$$|T_3| \leqslant \varepsilon ||| \, \bar{\alpha}_z^n \, |||^2 + K \left\{ (\Delta t_p)^3 \left\| \frac{\partial^2 \mathbf{u}}{\partial t^2} \right\|^2_{L^2(t_{m-1},t_m;\bar{m})} + h_p^4 + ||\xi_{c,m-1}||^2_{\bar{m}} + ||\xi_{c,m-2}||^2_{\bar{m}} \right\}. \tag{3.3.47b}$$

将估计式 (3.3.46), (3.3.47) 代入误差估计方程 (3.3.45), 可得

$$\begin{aligned}
&\frac{1}{2\Delta t_c}\{||\varphi^{1/2}\xi_c^n||^2_{\bar{m}} - ||\varphi^{1/2}\xi_c^{n-1}||^2_{\bar{m}}\} + \frac{D_*}{2} ||| \, \bar{\alpha}_z^n \, |||^2 + \frac{1}{2}\sum_\sigma \int_\sigma |E\mathbf{U}^n \cdot \gamma_l| [\xi_c^n]^2 ds \\
\leqslant{}& K\left\{ \Delta t_c \left\| \frac{\partial^2 c}{\partial t^2} \right\|^2_{L^2(t^{n-1},t^n;\bar{m})} + (\Delta t_p)^3 \left\| \frac{\partial^2 \mathbf{u}}{\partial t^2} \right\|^2_{L^2(t_{m-1},t_m;\bar{m})} + ||\xi_c^n||^2_{\bar{m}} \right. \\
&\left. + ||\xi_{c,m-1}||^2_{\bar{m}} + ||\xi_{c,m-2}||^2_{\bar{m}} + h_c^2 + h_p^4 \right\} \\
&+ \frac{1}{4}\sum_\sigma \int_\sigma |E\mathbf{U}^n \cdot \gamma_l| [\xi_c^n]^2 ds - \left(\varphi \frac{\zeta_c^n - \zeta_c^{n-1}}{\Delta t_c}, \xi_c^n \right)_{\bar{m}}.
\end{aligned} \tag{3.3.48}$$

右边最后第二项被左边最后一项吸收, 两边同乘以 $2\Delta t_c$, 并对时间 n 相加, 注意到 $\xi_c^0 = 0$ 和外推公式 (3.3.18), 可得

$$\begin{aligned}
&||\varphi^{1/2}\xi_c^N||^2_{\bar{m}} + \sum_{n=1}^{L} ||| \, \bar{\alpha}_z^n \, |||^2 \Delta t_c \\
\leqslant{}& K\{h_p^4 + h_c^2 + (\Delta t_c)^2 + (\Delta t_{p,1})^3 + (\Delta t_p)^4\} + K\sum_{n=1}^{L} ||\xi_c^n||^2_{\bar{m}} \Delta t_c \\
&- 2\sum_{n=1}^{L} \left(\varphi \frac{\zeta_c^n - \zeta_c^{n-1}}{\Delta t_c}, \xi_c^n \right)_{\bar{m}} \Delta t_c.
\end{aligned} \tag{3.3.49}$$

注意到估计式最后一项, 应分别就网格不变和变动两种情况来分析, 即

$$\begin{aligned}
&- 2\sum_{n=1}^{L} \left(\varphi \frac{\zeta_c^n - \zeta_c^{n-1}}{\Delta t_c}, \xi_c^n \right)_{\bar{m}} \Delta t_c \\
={}& -2\sum_{n=n'} \left(\varphi \frac{\zeta_c^n - \zeta_c^{n-1}}{\Delta t_c}, \xi_c^n \right)_{\bar{m}} \Delta t_c \\
&- 2\sum_{n=n''} \left(\varphi \frac{\zeta_c^n - \zeta_c^{n-1}}{\Delta t_c}, \xi_c^n \right)_{\bar{m}} \Delta t_c.
\end{aligned} \tag{3.3.50a}$$

对 $n=n'$ 为网格不变的情况, 有

$$-2\sum_{n=n'}\left(\varphi\frac{\zeta_c^n-\zeta_c^{n-1}}{\Delta t_c},\xi_c^n\right)_{\bar{m}}\Delta t_c\leqslant Kh_c^4+\varepsilon\sum_{n=1}^{L}\|\varphi\xi_c^n\|^2\Delta t_c. \tag{3.3.50b}$$

对 $n=n''$ 为网格变动的情况, 有

$$(\varphi\zeta_c^{n''},\xi_c^{n''})_{\bar{m}}=0. \tag{3.3.50c}$$

假设网格变动至多 $\bar{M}$ 次, 且有 $\bar{M}\leqslant M^*$, 此处 $\bar{M}$ 是不依赖于 h 和 Δt_c 的常数, 那么由 (3.3.49) 和引理 3.3.5 可得

$$-2\sum_{n=1}^{L}\left(\varphi\frac{\zeta_c^n-\zeta_c^{n-1}}{\Delta t_c},\xi_c^n\right)_{\bar{m}}\Delta t_c\leqslant K(M^*h_c)^2+Kh_c^4+\frac{1}{4}\|\varphi^{1/2}\xi_c^L\|^2+\varepsilon\sum_{n=1}^{L}\|\varphi\xi_c^n\|^2\Delta t_c. \tag{3.3.51}$$

将 (3.3.50), (3.3.51) 代回 (3.3.49), 并利用离散 Gronwall 引理可得

$$\|\varphi^{1/2}\xi_c^L\|_{\bar{m}}^2+\sum_{n=0}^{L}|||\bar{\alpha}^n|||^2\Delta t_c\leqslant K\{h_p^4+h_c^2+(M^*h_c)^2+(\Delta t_c)^2+(\Delta t_{p,1})^3+(\Delta t_p)^4\}. \tag{3.3.52}$$

对流动方程的误差估计式 (3.3.35) 和 (3.3.41), 应用估计式 (3.3.52) 可得

$$\sup_{0\leqslant m\leqslant M}\{\|\pi_m\|_{\bar{m}}^2+|||\sigma_m|||^2\}\leqslant K\{h_p^4+h_c^2+(M^*h_c)^2+(\Delta t_c)^2+(\Delta t_{p,1})^3+(\Delta t_p)^4\}. \tag{3.3.53}$$

由估计式 (3.3.52), (3.3.53) 和引理 3.3.5, 可以建立下述定理.

定理 3.3.3 对问题 (3.3.1)—(3.3.6) 假定其精确解满足正则性条件 (R), 且其系数满足正定性条件 (C), 采用迎风变网格块中心差分方法 (3.3.16), (3.3.19) 逐层求解, 网格任意变动, 至多变动 $\bar{M}$ 次, $\bar{M}\leqslant M^*$. 则下述误差估计式成立:

$$\begin{aligned}&\|p-P\|_{\bar{L}^\infty(J;m)}+\|\mathbf{u}-\mathbf{U}\|_{\bar{L}^\infty(J;V)}+\|c-C\|_{\bar{L}^\infty(J;\bar{m})}+\|\bar{\mathbf{z}}-\bar{\mathbf{Z}}\|_{\bar{L}^2(J;V)}\\&\leqslant K^*\{h_p^2+h_c+M^*h_c+\Delta t_c+(\Delta t_{p,1})^{3/2}+(\Delta t_p)^2\}.\end{aligned} \tag{3.3.54}$$

此处 $\|g\|_{\bar{L}^\infty(J;X)}=\sup\limits_{n\Delta t\leqslant T}\|g^n\|_X$, $\|g\|_{\bar{L}^2(J;X)}=\sup\limits_{L\Delta t\leqslant T}\left\{\sum\limits_{n=0}^{L}\|g^n\|_X^2\Delta t\right\}^{1/2}$, 常数 K^* 依赖于函数 p,c 及其导函数.

格式的改进. 对基于迎风网格变动的块中心差分格式 (3.3.16) 和 (3.3.19) 进行改进. 对流动方程格式 (3.3.16) 不变, 而对饱和度方程的网格变动的迎风块中心格式 (3.3.19) 进行改进, 即解在两个时间层变换时用一个线性近似来代替前面的 L^2 投影, 可以得到任意网格变动下最优的误差估计.

关于饱和度方程, 对已知的 $C^{n-1} \in S_h^{n-1}$, 在单元 e^{n-1} 上定义线性函数 $\bar{C}^{n-1}$,

$$\bar{C}^{n-1}|_{e^{n-1}} = C^{n-1}(X_e^{n-1}) + (X - X_e^{n-1}) \cdot \delta C_e^{n-1}, \tag{3.3.55}$$

此处 X_e^{n-1} 是单元 e^{n-1} 的重心, δC_e^{n-1} 是梯度或近似解的斜率. 我们借助块中心差分方法对梯度的近似, 也即 $-\bar{\mathbf{Z}}$, 故有

$$\delta C_e^{n-1} = -\frac{1}{\mathrm{mes}(e^{n-1})} \int_{e^{n-1}} \bar{\mathbf{Z}}^{n-1}(X) dX. \tag{3.3.56}$$

饱和度方程的 (3.3.19b), (3.3.19c) 不变, (3.3.19a) 则改进为

$$\begin{aligned}&\left(\frac{C^n - \bar{C}^{n-1}}{\Delta t_c}, v^n\right)_{\bar{m}} - (\nabla \cdot \mathbf{G}^n, v^n)_{\bar{m}} + (\nabla \cdot \mathbf{Z}^n, v^n)_{\bar{m}} - (q_p C^n, v^n)\\ &= (q_p c_I^n, v^n)_{\bar{m}}, \quad \forall v^n \in S_h^n.\end{aligned} \tag{3.3.57}$$

只有当网格发生变化时, 才会增加 $\bar{C}^{n-1}$ 的计算, 而当网格不发生变化, 即 $S_h^{n-1} = S_h^n$ 时,

$$(\bar{C}^{n-1}, v)_{\bar{m}} = (C^{n-1}, v)_{\bar{m}}. \tag{3.3.58}$$

类似前面进行的估计, 采用相同的记号和定义, 误差方程 (3.3.43b), (3.3.43c) 不变, 则 (3.3.43a) 变为

$$\begin{aligned}&\left(\frac{\xi_c^n - \xi_c^{n-1}}{\Delta t_c}, \xi_c^n\right)_{\bar{m}} + \sum_{s=x,y,z} (d_s(E\mathbf{U}^n)\, \bar{\alpha}_z^{s,n}, \bar{\alpha}_z^{s,n})_s\\ &= -(\nabla \cdot (\mathbf{G}^n - \mathbf{g}^n), \xi_c^n)_{\bar{m}} + (q_p(\xi_c^{n-1} + \zeta_c^n), \xi_c^n)_{\bar{m}} + \left(\varphi\left(\frac{\partial c^n}{\partial t} - \frac{c^n - c^{n-1}}{\Delta t_c}\right), \xi_c^n\right)_{\bar{m}}\\ &\quad + \sum_{s=x,y,z} ([d_s(\mathbf{u}^n) - d_s(E\mathbf{U}^n)]\, \tilde{\tilde{Z}}^{s,n}, \bar{\alpha}_z^{s,n})_s\\ &\quad + \left(\varphi \frac{\bar{\xi}_c^{n-1} - \xi_c^{n-1}}{\Delta t_c}, \xi_c^n\right)_{\bar{m}} - \left(\varphi \frac{c^{n-1} - \bar{\Pi} c^{n-1}}{\Delta t_c}, \xi_c^n\right)_{\bar{m}},\end{aligned} \tag{3.3.59}$$

此处 $\bar{\xi}_c^{n-1} = \bar{C}^{n-1} - \bar{\Pi} c^{n-1}$. 定义 $\bar{\Pi} c^{n-1}$,

$$\bar{\Pi} c^{n-1}|_{e^{n-1}} = \Pi c^{n-1}(X_e^{n-1}) - (X - X_e^{n-1}) \cdot \left(\frac{1}{\mathrm{mes}(e^{n-1})} \int_{e^{n-1}} \Pi\, \bar{\mathbf{z}}^{n-1}(X) dX\right), \tag{3.3.60}$$

此处 Π 为 (3.3.31) 中的投影算子, $\Pi c^{n-1} = \tilde{c}^{n-1}$, $\Pi\, \bar{\mathbf{z}}^{n-1} = \tilde{\bar{\mathbf{z}}}^{n-1}$.

(3.3.59) 式右端前四项的估计与前面相同, 现详细讨论最后两项. 首先有

$$\left(\frac{\bar{\xi}_c^{n-1} - \xi_c^{n-1}}{\Delta t_c}, \xi_c^n\right)_{\bar{m}}$$

$$\leqslant \frac{\varphi^*}{\Delta t_c} \| \bar{\xi}_c^{n-1} - \xi_c^{n-1} \|_{\bar{m}} \cdot \| \xi_c^n \|_{\bar{m}} \leqslant \frac{\varepsilon}{(\Delta t_c)^2} \| \bar{\xi}_c^{n-1} - \xi_c^{n-1} \|_{\bar{m}}^2 + K \| \xi_c^n \|_{\bar{m}}^2. \quad (3.3.61)$$

由 (3.3.55), (3.3.56) 和 (3.3.60) 的定义, 有

$$\| \bar{\xi}_c^{n-1} - \xi_c^{n-1} \|_{\bar{m}}^2 = \sum_i \int_{e_i^{n-1}} | \bar{\xi}_c^n - \xi_e^n |^2 dX$$

$$= \sum_i \int_{e_i^{n-1}} |(X - X_e^{n-1}) \frac{1}{\text{mes}(e^{n-1})} \int_{e_i} \bar{\alpha}_z^n \, dy|^2 dX. \quad (3.3.62)$$

将 (3.3.62) 的估计式回代到 (3.3.61), 并要求剖分参数满足 $h_c = O(\Delta t_c)$, 则有

$$\left(\frac{\bar{\xi}_c^{n-1} - \xi_c^{n-1}}{\Delta t_c}, \xi_c^n \right)_{\bar{m}} \leqslant \frac{\varepsilon (h_c)^2}{(\Delta t_c)^2} |||\, \bar{\alpha}_z^n \,|||^2 + K \| \xi_c^n \|_{\bar{m}}^2 \leqslant \varepsilon |||\, \bar{\alpha}_z^n \,|||^2 + K \| \xi_c^n \|_{\bar{m}}^2. \quad (3.3.63)$$

接下来考虑 (3.3.59) 中最后一项.

$$-\left(\varphi \frac{c^{n-1} - \bar{\Pi} c^{n-1}}{\Delta t_c}, \xi_c^n \right)_{\bar{m}} \leqslant \frac{K}{(\Delta t_c)^2} \| c^{n-1} - \bar{\Pi} c^{n-1} \|_{\bar{m}}^2 + K \| \xi_c^n \|_{\bar{m}}^2. \quad (3.3.64)$$

由 Taylor 展开式, $\forall X \in e^{n-1}$,

$$\bar{c}^{n-1}(x) = c^{n-1}(X_e^{n-1}) - (X - X_e^{n-1}) \cdot \bar{\mathbf{z}}^{n-1}(X_e^{n-1}) + O(h_c^2)$$

$$= \Pi c^{n-1}(X_e^{n-1}) - (X - X_e^{n-1}) \frac{1}{\text{mes}(e^{n-1})} \int_{e^{n-1}} \bar{\mathbf{z}}^{n-1} \, dy + O(h_c^2).$$

上式应用 $c^{n-1}(X_e^{n-1}) - \Pi c^{n-1}(X_e^{n-1}) = O(h_c^2)$ 以及

$$\left| \bar{\mathbf{z}}^{n-1}(X_e^{n-1}) - \frac{1}{\text{mes}(e^{n-1})} \int_{e^{n-1}} \bar{\mathbf{z}}^{n-1} \, dy \right| = O(h_c^2).$$

因此

$$\| c^{n-1} - \bar{\Pi} c^{n-1} \|_{\bar{m}}^2 = \sum_i \int_{e_i} \left| (X - X_e^{n-1}) \frac{1}{\text{mes}(e^{n-1})} \int_{e^{n-1}} \beta_z^{n-1} dy + O(h_c^2) \right|^2 dX$$

$$\leqslant K h_c^2 |||\beta_z^{n-1}|||^2 + K h_c^4 \leqslant K h_c^4. \quad (3.3.65)$$

把 (3.3.65) 代入 (3.3.64) 得到

$$-\left(\frac{c^{n-1} - \bar{\Pi} c^{n-1}}{\Delta t_c}, \xi_c^n \right)_{\bar{m}} \leqslant K h_c^2 + K \| \xi_c^n \|_{\bar{m}}^2. \quad (3.3.66)$$

把 (3.3.63), (3.3.66) 代入 (3.3.59), 经整理, 两边同乘以 Δt_c, 关于时间 $n = 1, 2, \cdots, L$ 相加, 并注意到 $\xi_c^0 = 0$, 并应用离散的 Gronwall 引理得到

$$\| \varphi^{1/2} \xi_c^L \|_{\bar{m}}^2 + \sum_{n=0}^{L} |||\, \bar{\alpha}_z^n \,|||^2 \Delta t_c \leqslant K \{ h_p^4 + h_c^2 + (\Delta t_{p,1})^3 + (\Delta t_p)^4 + (\Delta t_c)^2 \}. \quad (3.3.67)$$

组合误差估计式 (3.3.35), (3.3.41), (3.3.67) 和引理 3.3.5, 可以建立下述定理.

定理 3.3.4　对问题 (3.3.1)—(3.3.6) 假定其精确解足正则性条件 (R), 且系数满足正定性条件 (C). 采用改进的迎风网格变动的块中心差分方法逐层求解, 假定剖分参数满足限制性条件 $h_c = O(\Delta t_c)$, 则下述误差估计式成立

$$\begin{aligned}&\|p-P\|_{\bar{L}^\infty(J;\bar{m})}+\|\mathbf{u}-\mathbf{U}\|_{\bar{L}^\infty(J;V)}+\|c-C\|_{\bar{L}^\infty(J;\bar{m})}+\left\|\bar{\mathbf{z}}-\bar{\mathbf{Z}}\right\|_{\bar{L}^2(J;V)}\\&\leqslant K^{**}\{h_p^2+h_c+\Delta t_c+(\Delta t_{p,1})^{3/2}+(\Delta t_p)^2\}.\end{aligned}\tag{3.3.68}$$

此处 K^{**} 依赖于函数 $p,\mathbf{u},c$ 及其导函数.

3.3.5　数值算例

这一小节使用上面的方法考虑简化的油水驱动问题, 设压力、速度已知. 只考虑对流占优的饱和度方程

$$\frac{\partial c}{\partial t}+c_x-ac_{xx}=f,\tag{3.3.69}$$

其中 $a = 1.0\times10^{-4}$, 对流占优, $t\in\left(0,\dfrac{1}{2}\right)$, $x\in[0,\pi]$. 问题的精确解为 $c=\exp(-0.05t)\cdot(\sin(x-t))^{20}$, 选择右端 f 使方程 (3.3.69) 成立.

此函数在区间 [1.5, 2.5] 之间有尖峰 (图 3.3.1), 并且随着时间的变化而发生变化. 若采取一般的有限元方法会产生数值振荡. 我们采取迎风块中心方法, 同时应用 3.3.3 小节的网格变动来近似此方程, 进行一次网格变化, 可以得到较理想的结果, 没有数值振荡和弥散 (图 3.3.2). 图 3.3.3 是采取一般有限元方法近似此对流占优方程所产生的振荡图.

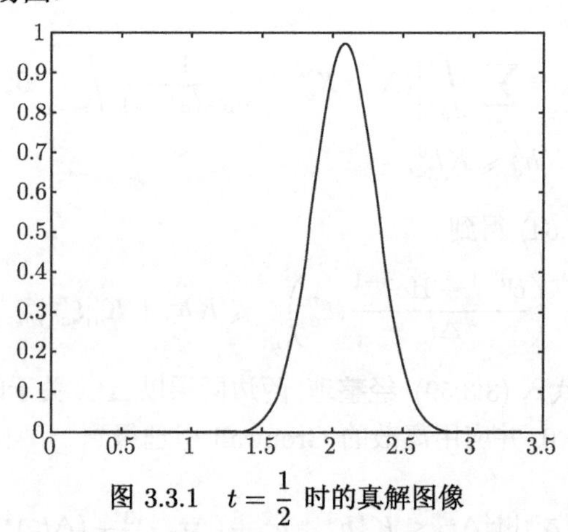

图 3.3.1　$t=\dfrac{1}{2}$ 时的真解图像

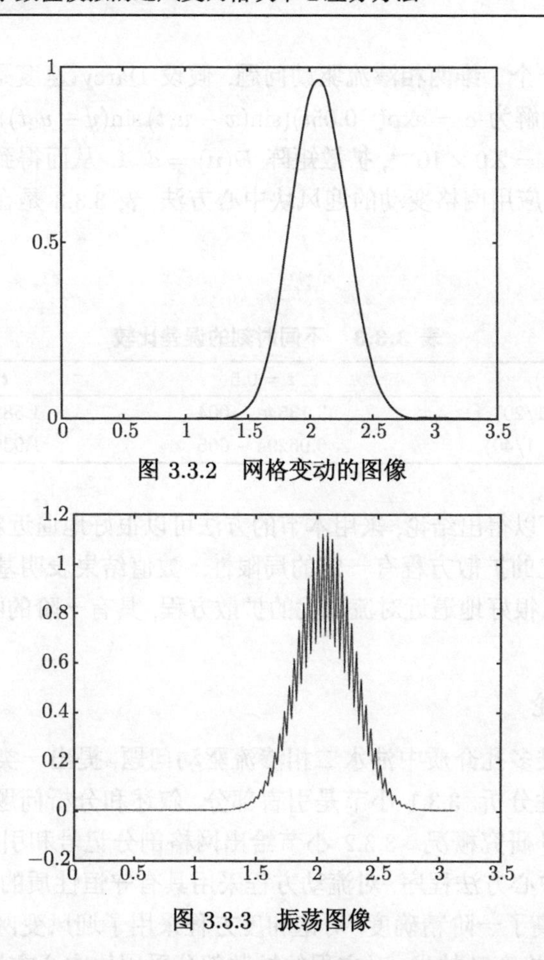

图 3.3.2 网格变动的图像

图 3.3.3 振荡图像

表 3.3.1 中的 L^2 表示在时间 $t=1$ 时误差的 L^2 模估计, STATIC 代表网格固定不动时的迎风块中心方法, MOVE 代表网格发生变动时的迎风块中心方法. 表 3.3.2 是本节方法在不同时刻的误差结果.

表 3.3.1 $t=1$ 时的误差

(h,t)		$(\pi/30,1/20)$	$(\pi/60,1/40)$	$(\pi/100,1/80)$	$(\pi/200,1/160)$
STATIC	L^2	$3.1254\mathrm{e}-002$	$1.1985\mathrm{e}-002$	$6.6938\mathrm{e}-003$	$2.0442\mathrm{e}-003$
MOVE	L^2	$3.8610\mathrm{e}-003$	$3.9650\mathrm{e}-004$	$4.1865\mathrm{e}-004$	$5.4789\mathrm{e}-005$

表 3.3.2 不同时刻的误差比较

(h,t)	$t=0.5$	$t=1.0$	$t=2.0$
$(\pi/30,1/20)$	$4.5332\mathrm{e}-003$	$3.8610\mathrm{e}-003$	$2.5249\mathrm{e}-003$
$(\pi/60,1/40)$	$3.6357\mathrm{e}-004$	$3.9650\mathrm{e}-004$	$6.4911\mathrm{e}-004$
$(\pi/100,1/80)$	$1.6198\mathrm{e}-004$	$4.1865\mathrm{e}-004$	$5.0429\mathrm{e}-004$
$(\pi/200,1/160)$	$2.9258\mathrm{e}-005$	$5.4789\mathrm{e}-005$	$4.9248\mathrm{e}-004$

接下来考虑一个二维两相渗流驱动问题, 假设 Darcy 速度是个常数, 令 $\Omega = [0,\pi]\times[0,\pi]$, 精确解为 $c=\exp(-0.05t)(\sin(x-u_1t)\sin(y-u_2t))^{20}$, 且令 $\varphi=1.0$, $\mathbf{u}=(1.0,0.05)$, $d_m=2.0\times10^{-4}$, 扩散矩阵 $D(\mathbf{u})=d_m\mathbf{I}$. 从而得到一个对流占优的饱和度方程. 对其应用网格变动的迎风块中心方法, 表 3.3.3 是在不同时刻所得的误差估计结果.

表 3.3.3　不同时刻的误差比较

(h_x,h_y,t)	$t=0.5$	$t=1.0$
$(\pi/60,\pi/60,1/20)$	3.1354e − 004	1.5828e − 003
$(\pi/120,\pi/120,1/40)$	6.9629e − 005	1.9392e − 004

由以上结果可以得出结论, 采用本节的方法可以很好地逼近精确解, 而一般的方法对于对流占优的扩散方程有一定的局限性. 数值结果表明基于网格变动的迎风块中心方法可以很好地逼近对流占优的扩散方程, 具有一阶的收敛精度, 与我们的理论证明一致.

3.3.6　总结和讨论

本节研究三维多孔介质中油水二相渗流驱动问题, 提出一类迎风变网格块中心方法及其收敛性分析. 3.3.1 小节是引言部分, 叙述和分析问题的数学模型、物理背景以及国内外研究概况. 3.3.2 小节给出网格剖分记号和引理. 3.3.3 小节提出迎风变网格块中心方法程序, 对流动方程采用具有守恒性质的块中心方法离散, 对 Darcy 速度提高了一阶精确度. 对饱和度方程采用了迎风变网格块中心方法求解, 在整体上用网格变动技术, 对方程的扩散部分采用块中心方法离散, 对流部分采用迎风格式来处理. 这种方法适用于对流占优问题, 能消除数值弥散和非物理性振荡, 提高了计算精确度. 扩散项采用块中心离散, 可以同时逼近饱和度函数及其伴随函数, 保持单元质量守恒, 这在渗流力学数值模拟计算中是十分重要的. 3.3.4 小节是收敛性分析, 应用微分方程先验估计理论和特殊技巧, 得到了最佳阶误差估计结果. 3.3.5 给出了数值算例, 指明该方法的有效性和实用性. 本节有如下特征: ① 本格式具有物理守恒律特性, 这点在油藏数值模拟实际计算中是十分重要的, 特别强化采油数值模拟计算; ② 由于组合地应用块中心差分、迎风格式和变网格技术, 它具有高精度和高稳定性的特征, 特别适用于三维复杂区域大型数值模拟的工程实际计算; ③ 处理边界条件简单, 易于编制工程应用软件[1,25,29]; ④ 本节实质性拓广了 Dawson 关于抛物问题变网格的经典成果[32], 文献 [32] 仅能对简单的抛物问题, 在特殊网格变动的情况下, 才能得到最优的误差估计. 详细讨论和分析见参考文献 [33].

3.4 可压缩二相渗流驱动问题的混合体积元-迎风混合体积元方法及分析

3.4.1 引言

用高压泵将水强行注入油层, 使原油从生产井排出, 这是近代采油的一种重要手段. 将水注入油层后, 水驱动油层中的原油从生产井排出, 这就是二相驱动问题. 在近代油气田开发过程中, 为了将经油田二次采油后, 残存在油层中的原油尽可能采出, 必须采用强化采油 (化学) 新技术. 在强化采油数值模拟时, 必须考虑流体的压缩性, 否则数值模拟将会失真. Douglas 等率先提出 "微可压缩" 相混溶的数学模型, 并提出特征有限元方法和特征混合元方法, 开创了现代油藏数值模拟这一重要新领域[1-5]. 问题的数学模型是下述一类非线性抛物型方程组的初边值问题[1,6,34-36]:

$$d(c)\frac{\partial p}{\partial t}+\nabla\cdot\mathbf{u}=d(c)\frac{\partial p}{\partial t}-\nabla\cdot(a(c)\nabla p)=q(X,t)=q_I+q_p,$$

$$X=(x,y,z)^{\mathrm{T}}\in\Omega,\quad t\in J=(0,T], \tag{3.4.1a}$$

$$\mathbf{u}=-a(c)\nabla p,\quad X\in\Omega,t\in J, \tag{3.4.1b}$$

$$\varphi\frac{\partial c}{\partial t}+b(c)\frac{\partial p}{\partial t}+\mathbf{u}\cdot\nabla c-\nabla\cdot(D(\mathbf{u})\nabla c)+q_Ic=q_Ic_I,\quad X\in\Omega,t\in J, \tag{3.4.2}$$

此处 Ω 为 R^3 中的有界区域, $p(X,t)$ 是压力函数, $\mathbf{u}=(u_x,u_y,u_z)^{\mathrm{T}}$ 是流体的 Darcy 速度, $c(X,t)$ 是水的饱和度函数. $q(X,t)$ 是产量项, 通常是生产项 q_p 和注入项 q_I 的线性组合, 也就是 $q(X,t)=q_I(X,t)+q_p(X,t)$. c_I 是注入井注入液的饱和度, 是已知的, $c(X,t)$ 是生产井的饱和度. $a(c)=k(X)\mu^{-1}(c)$, $k(X)$ 是地层的渗透率, $\mu(c)$ 是混合流体的黏度, $\varphi=\varphi(X)$ 是多孔介质的孔隙度, $D(\mathbf{u})$ 是扩散矩阵, 由分子扩散和机械扩散两部分组成, 可表示为[2,5]

$$D(X,\mathbf{u})=D_mI+|\mathbf{u}|(d_l\mathbf{E}+d_t(\mathbf{I}-\mathbf{E})). \tag{3.4.3}$$

此处 $E=\mathbf{u}\mathbf{u}^{\mathrm{T}}/|\mathbf{u}|^2, D=\varphi d_m\mathbf{I}$, d_m 是分子扩散系数, $\mathbf{I}$ 为 3×3 单位矩阵, d_l 是纵向扩散系数, d_t 是横向扩散系数. $d(c)$ 是压缩系数, $b(c)$ 是与压缩相关连的函数[2,3]. 这里压力函数 $p(X,t)$ 和饱和度函数 $c(X,t)$ 是待求的基本函数.

不渗透边界条件:

$$\mathbf{u}\cdot\nu=0,\quad X\in\partial\Omega,t\in J,\quad (D\nabla c-c\mathbf{u})\cdot\nu=0,\quad X\in\partial\Omega,t\in J, \tag{3.4.4}$$

此处 ν 是 $\partial\Omega$ 的外法线方向矢量.

初始条件:

$$p(X,0)=p_0(X),\quad X\in\Omega,\quad c(X,0)=c_0(X),\quad X\in\Omega. \tag{3.4.5}$$

对于经典的不可压缩的二相渗流驱动问题, Douglas, Ewing, Russell, Wheeler 和本书作者已有系列研究成果[2-5]. 对于现代能源和环境科学数值模拟新技术, 特别是在强化 (化学) 采油新技术中, 必须考虑流体的可压缩性. 否则数值模拟将失真[37,38]. 关于可压缩二相渗流驱动问题, Douglas 和本书作者已有系列的研究成果 [1, 6, 34—36], 如特征有限元法[35,39,40]、特征差分方法[36,41]、分数步差分方法等[41,42]. 我们注意到有限体积元法[8,9]兼具有差分方法的简单性和有限元方法的高精度性, 并且保持局部质量守恒, 是求解偏微分方程的一种十分有效的数值方法. 混合元方法[10-12]可以同时求解压力函数及其 Darcy 流速, 从而提高其一阶精确度. 论文 [13, 14] 将有限体积元和混合元相结合, 提出了混合有限体积元的思想, 论文 [15, 16] 通过数值算例验证这种方法的有效性. 论文 [17—19] 主要对椭圆问题给出混合有限体积元的收敛性估计等理论结果, 形成了混合有限体积元方法的一般框架. 芮洪兴等用此方法研究了非 Darcy 油气渗流驱动问题的数值模拟计算[20,21]. 在上述工作的基础上, 我们对三维油水二相渗流驱动问题提出一类混合体积元-迎风混合体积元方法 (简称为 MFVE-UMFVE 方法). 用具有物理守恒律性质的混合体积元同时逼近压力函数和 Darcy 速度, 并对 Darcy 速度提高了一阶计算精确度. 对饱和度方程同样用具有物理守恒律性质的迎风混合体积元方法, 即对对流项用迎风格式来处理, 此方法适用于对流占优问题, 能消除数值弥散现象. 扩散项采用混合有限体积元离散, 可以同时逼近未知的饱和度函数及其伴随向量函数, 保持单元质量守恒, 这对油藏数值模拟计算是十分重要的特性. 应用微分方程先验估计理论和特殊技巧, 得到了最优阶误差估计. 本节对一般三维对流-扩散方程做了数值试验, 指明本节的方法是一类切实可行的高效计算方法, 支撑了理论分析结果, 成功解决了这一重要问题[1,2,6,24,34].

我们使用通常的 Sobolev 空间及其范数记号. 假定问题 (3.4.1)—(3.4.5) 的精确解满足下述正则性条件:

$$(\mathrm{R})\quad \begin{cases} c\in L^\infty(H^2)\cap H^1(H^1)\cap L^\infty(W^1_\infty)\cap H^2(L^2),\\ p\in L^\infty(H^1),\\ \mathbf{u}\in L^\infty(H^1(\mathrm{div}))\cap L^\infty(W^1_\infty)\cap W^1_\infty(L^\infty)\cap H^2(L^2). \end{cases}$$

同时假定问题 (3.4.1)—(3.4.5) 的系数满足正定性条件:

$$(\mathrm{C})\quad \begin{array}{l} 0<d_*\leqslant d(c)\leqslant d^*,\quad 0<a_*\leqslant a(c)\leqslant a^*,\\ 0<\varphi_*\leqslant \varphi(X)\leqslant \varphi^*,\quad 0<D_*\leqslant D(X,\mathbf{u}), \end{array}$$

此处 $d_*, d^*, a_*, a^*, \varphi_*, \varphi^*$ 和 D_* 均为确定的正常数.

在本节中 K 表示一般的正常数, ε 表示一般小的正数, 在不同地方具有不同含义.

3.4.2 MFVE-UMFVE 格式

本节的记号和引理全部见 3.1.2 小节. 本节中的范数 $\|\cdot\|_m$ 定义如同 3.1.2 小节中的 $\|\cdot\|_{\bar{m}}$. 为了引入混合有限体积元方法的处理思想, 将流动方程 (3.4.1) 写为下述标准形式:

$$d(c)\frac{\partial p}{\partial t} + \nabla\cdot\mathbf{u} = q(X,t), \quad (X,t)\in\Omega\times J, \tag{3.4.6a}$$

$$\mathbf{u} = -a(c)\nabla p, \quad (X,t)\in\Omega\times J. \tag{3.4.6b}$$

对饱和度方程 (3.4.2) 构造迎风混合体积元格式 (UMFV), 为此将其转变为散度形式. 记 $\mathbf{g}=\mathbf{u}c=(u_1c,u_2c,u_3c)^{\mathrm{T}}$, $\bar{\mathbf{z}}=-\nabla c$, $\mathbf{z}=D\bar{\mathbf{z}}$, 则

$$\varphi\frac{\partial c}{\partial t} + b(c)\frac{\partial p}{\partial t} + \nabla\cdot\mathbf{g} + \nabla\cdot\mathbf{z} - c\nabla\cdot\mathbf{u} = q_I(c_I - c). \tag{3.4.7}$$

应用流动方程 $-c\nabla\cdot\mathbf{u} = -c(q_p+q_I) + cd(c)\dfrac{\partial p}{\partial t}$, 则方程 (3.4.7) 可改写为

$$\varphi\frac{\partial c}{\partial t} + B(c)\frac{\partial p}{\partial t} + \nabla\cdot\mathbf{g} + \nabla\cdot\mathbf{z} - q_p c = q_I c_I, \tag{3.4.8}$$

此处 $B(c)=b(c)+cd(c)$. 在这里我们应用拓广的混合体积元方法[25], 此方法不仅能得到对扩散流量 $\mathbf{z}$ 的近似, 同时得到对梯度 $\bar{\mathbf{z}}$ 的近似.

设 $P,\mathbf{U},C,\mathbf{G},\mathbf{Z}$ 和 $\bar{\mathbf{Z}}$ 分别为 $p,\mathbf{u},c,\mathbf{g},\mathbf{z}$ 和 $\bar{\mathbf{z}}$ 在空间 $S_h\times V_h\times S_h\times V_h\times V_h\times V_h$ 的近似解. 由 3.1.2 小节中的记号和引理 3.1.1—引理 3.1.4 导出的流体压力和 Darcy 流速的混合体积元 (MFV) 格式为

$$\begin{aligned}&\left(d(C^n)\frac{P^{n+1}-P^n}{\Delta t}, v\right)_m + (D_xU^{x,n+1}+D_yU^{y,n+1}+D_zU^{z,n+1}, v)_m\\&= (q^{n+1}, v)_m, \quad \forall v\in S_h,\end{aligned} \tag{3.4.9a}$$

$$\begin{aligned}&\left(a^{-1}(\bar{C}^{x,n})U^{x,n+1}, w^x\right)_x + \left(a^{-1}(\bar{C}^{y,n})U^{y,n+1}, w^y\right)_y + \left(a^{-1}(\bar{C}^{z,n})U^{z,n+1}, w^z\right)_z\\&-\left(P^{n+1}, D_xw^x + D_xw^y + D_xw^z\right)_m = 0, \quad \forall\mathbf{w}\in V_h.\end{aligned} \tag{3.4.9b}$$

饱和度方程 (3.4.8) 的变分形式为

$$\left(\varphi\frac{\partial c}{\partial t}, v\right)_m + \left(B(c)\frac{\partial p}{\partial t}, v\right)_m + (\nabla\cdot\mathbf{g}, v)_m - (q_p c, v)_m = (q_I c_I, v)_m, \quad \forall v\in S_h, \tag{3.4.10a}$$

$$(\bar{z}^x, w^x)_x + (\bar{z}^y, w^y)_y + (\bar{z}^z, w^z)_z - \left(c, \sum_{s=x,y,z} D_s w^s\right)_m = 0, \quad \forall \mathbf{w} \in V_h, \quad (3.4.10\text{b})$$

$$(z^x, w^x)_x + (z^y, w^y)_y + (z^z, w^z)_z = (D(\mathbf{u})\bar{\mathbf{z}}, \mathbf{w}), \quad \forall \mathbf{w} \in V_h. \quad (3.4.10\text{c})$$

则饱和度方程 (3.4.8) 的迎风混合体积元 (UMFV) 格式为

$$\begin{aligned}
&\left(\varphi \frac{C^{n+1} - C^n}{\Delta t}, v\right)_m + \left(B(C^n)\frac{P^{n+1} - P^n}{\Delta t}, v\right)_m \\
&+ (\nabla \cdot \mathbf{G}^{n+1}, v)_m + (D_x Z^{x,n} + D_y Z^{y,n} + D_z Z^{z,n}, v)_m \\
&- (q_p C^{n+1}, v)_m = (q_I c_I^{n+1}, v)_m, \quad \forall v \in S_h, \qquad (3.4.11\text{a}) \\
&(\bar{Z}^{x,n+1}, w^x)_x + (\bar{Z}^{y,n+1}, w^y)_y + (\bar{Z}^{z,n+1}, w^z)_z \\
&- \left(C^{n+1}, \sum_{s=x,y,z} D_s w^s\right)_m = 0, \quad \forall \mathbf{w} \in V_h, \qquad (3.4.11\text{b})
\end{aligned}$$

$$(Z^{x,n+1}, w^x)_x + (Z^{y,n+1}, w^y)_y + (Z^{z,n+1}, w^z)_z = (D(\mathbf{U}^{n+1})\bar{\mathbf{Z}}^{n+1}, \mathbf{w}), \quad \forall \mathbf{w} \in V_h. \quad (3.4.11\text{c})$$

初始逼近:

$$P^0 = \tilde{P}^0, \quad \mathbf{U}^0 = \tilde{\mathbf{U}}^0, \quad C^0 = \tilde{C}^0, \quad \mathbf{Z}^0 = \tilde{\mathbf{Z}}^0, \quad \bar{\mathbf{Z}}^0 = \tilde{\bar{\mathbf{Z}}}^0, \quad X \in \Omega, \quad (3.4.12)$$

此处 $(\tilde{P}^0, \tilde{\mathbf{U}}^0)$, $(\tilde{C}^0, \tilde{\mathbf{Z}}^0, \tilde{\bar{\mathbf{Z}}}^0)$ 为 $(\tilde{p}_0, \tilde{\mathbf{u}}_0)$, $(c_0, \mathbf{z}_0, \bar{\mathbf{z}}^0)$ 的椭圆投影 (将在 3.4.4 小节定义).

对方程 (3.4.11a) 中的迎风项, 用近似解 C 来构造. 本节使用简单的迎风方法. 由于在 $\partial\Omega$ 上 $\mathbf{g} = \mathbf{u}c = 0$, 设在边界上 $\mathbf{G}^{n+1} \cdot \gamma$ 的平均积分为 0. 假设单元 e_1, e_2 有公共面 σ, x_l 是此面的重心, γ_l 是从 e_1 到 e_2 的法向量, 那么我们可以定义

$$\mathbf{G}^{n+1} \cdot \gamma = \begin{cases} C_{e_1}^{n+1}(\mathbf{U}^{n+1} \cdot \gamma_l)(x_l), & (\mathbf{U}^{n+1} \cdot \gamma_l)(x_l) \geqslant 0, \\ C_{e_2}^{n+1}(\mathbf{U}^{n+1} \cdot \gamma_l)(x_l), & (\mathbf{U}^{n+1} \cdot \gamma_l)(x_l) < 0. \end{cases} \quad (3.4.13)$$

此处 $C_{e_1}^{n+1}, C_{e_2}^{n+1}$ 是 C^{n+1} 在单元上的常数值. 至此我们借助 C^{n+1} 定义了 $\mathbf{G}^{n+1}$, 完成了数值格式 (3.4.11a)—(3.4.11c) 的构造, 形成关于 C 的非对称方程组. 我们也可以用另外的方法计算 $\mathbf{G}^{n+1}$, 得到对称方程组:

$$\mathbf{G}^{n+1} \cdot \gamma = \begin{cases} C_{e_1}^{n}(\mathbf{U}^{n} \cdot \gamma_l)(x_l), & (\mathbf{U}^{n} \cdot \gamma_l)(x_l) \geqslant 0, \\ C_{e_2}^{n}(\mathbf{U}^{n} \cdot \gamma_l)(x_l), & (\mathbf{U}^{n} \cdot \gamma_l)(x_l) < 0. \end{cases} \quad (3.4.14)$$

混合体积元-迎风混合体积元的计算程序: 先由初始条件 (3.4.5), 应用混合体积元的椭圆投影确定 $\{\tilde{P}^0, \tilde{\mathbf{U}}^0\}$ 和 $\{\tilde{C}^0, \tilde{\mathbf{Z}}^0, \tilde{\bar{\mathbf{Z}}}^0\}$. 取 $P^0 = \tilde{P}^0, \mathbf{U}^0 = \tilde{\mathbf{U}}^0$ 和 $C^0 = \tilde{C}^0, \mathbf{Z}^0 = \tilde{\mathbf{Z}}^0, \bar{\mathbf{Z}}^0 = \tilde{\bar{\mathbf{Z}}}^0$. 在此基础上, 再由格式 (3.4.9) 应用共轭梯度法求得 $\{P^1, \mathbf{U}^1\}$. 然

后, 再由格式 (3.4.11) 应用共轭梯度法求得 $\{C^1, \mathbf{Z}^1, \bar{\mathbf{Z}}^1\}$. 如此, 再由 (3.4.9) 求得 $\{P^2, \mathbf{U}^2\}$. 这样依次进行, 可求得全部数值逼近解, 由正定性条件 (C), 解存在且唯一.

3.4.3 质量守恒原理

如果问题 (3.4.1)—(3.4.5) 是微小压缩的情况[1,6,34], 即 $b(c) \approx 0$, 且没有源汇项, $q \equiv 0$, 且边界条件是不渗透的, 则在每个单元 $e \in \Omega$ 上, $e = \Omega_{ijk} = [x_{i-1/2}, x_{i+1/2}] \times [y_{j-1/2}, y_{j+1/2}] \times [z_{k-1/2}, z_{k+1/2}]$, 饱和度的局部质量守恒律表现为

$$\int_e \varphi \frac{\partial c}{\partial t} dX - \int_{\partial e} \mathbf{g} \cdot \gamma_{\partial e} ds - \int_{\partial e} \mathbf{z} \cdot \gamma_{\partial e} ds = 0, \tag{3.4.15}$$

此处 e 为区域 Ω 关于饱和度的网格剖分单元, ∂e 为单元 e 的边界面, $\gamma_{\partial e}$ 为此边界面的外法向量.

下面证明格式 (3.4.11a) 满足离散意义下的局部质量守恒律.

定理 3.4.1 若 $d(c) \equiv 0, b(c) \equiv 0, q \equiv 0, X \in \Omega$, 则在任意单元 e 上, 格式 (3.4.11a) 满足离散的局部质量守恒律

$$\int_e \varphi \frac{C^{n+1} - C^n}{\Delta t} dX - \int_{\partial e} \mathbf{G}^{n+1} \cdot \gamma_{\partial e} ds - \int_{\partial e} \mathbf{Z}^{n+1} \cdot \gamma_{\partial e} ds = 0. \tag{3.4.16}$$

由局部守质量恒律 (定理 3.4.1), 即可推出整体质量守恒律.

定理 3.4.2 若 $d(c) \equiv 0, b(c) \equiv 0, q \equiv 0, X \in \Omega$, 则格式 (3.4.11a) 满足离散质量守恒律

$$\int_\Omega \varphi \frac{C^n - C^{n-1}}{\Delta t_c} dX = 0, \quad n \geqslant 1. \tag{3.4.17}$$

3.4.4 收敛性分析

本节我们对一个模型问题进行收敛性分析, 即假定问题中的 $a(c) = k(X) \cdot \mu^{-1}(c) \approx k(X)\mu_0^{-1} = a(X)$, 即黏度近似为常数, 此情况出现在低渗流油田的情况[1,43]. 为了进行收敛性分析, 引入下述辅助性椭圆投影. 记 $f = q - d(c)\dfrac{\partial p}{\partial t}$, 定义 $\{\tilde{P}, \tilde{\mathbf{U}}\} \in S_h \times V_h$, 满足

$$(D_x \tilde{U}^x + D_y \tilde{U}^y + D_z \tilde{U}^z, v)_m = (f, v)_m, \quad \forall v \in S_h, \tag{3.4.18a}$$

$$(a^{-1}\tilde{U}^x, w^x)_x + (a^{-1}\tilde{U}^y, w^y)_y + (a^{-1}\tilde{U}^z, w^z)_z$$
$$- (\tilde{P}, D_x w^x + D_y w^y + D_z w^z)_m = 0, \quad \forall \mathbf{w} \in V_h, \tag{3.4.18b}$$

$$(\tilde{P} - p, 1)_m = 0. \tag{3.4.18c}$$

记 $F=q_pc+q_Ic_I-\left(\varphi\frac{\partial c}{\partial t}\right)+B(c)\frac{\partial p}{\partial t}+\nabla\cdot\mathbf{g}$. 定义 $\{\tilde{C},\tilde{\bar{\mathbf{Z}}},\tilde{\mathbf{Z}}\}\in S_h\times V_h\times V_h$, 满足

$$(D_x\tilde{G}^x+D_y\tilde{G}^y+D_z\tilde{G}^z,v)_m=(F,v)_m,\quad \forall v\in S_h, \tag{3.4.19a}$$

$$(\tilde{\bar{Z}}^x,w^x)_x+(\tilde{\bar{Z}}^y,w^y)_y+(\tilde{\bar{Z}}^z,w^z)_z=\left(\tilde{C},\sum_{s=x,y,z}D_sw^s\right)_m,\quad \forall \mathbf{w}\in V_h, \tag{3.4.19b}$$

$$(\bar{Z}^x,w^x)_x+(\bar{Z}^y,w^y)_y+(\bar{Z}^z,w^z)_z=(D(\mathbf{u})\tilde{\bar{\mathbf{Z}}},\mathbf{w}),\quad \forall \mathbf{w}\in V_h, \tag{3.4.19c}$$

$$(\tilde{C}-c,1)_m=0. \tag{3.4.19d}$$

记 $\pi=P-\tilde{P}$, $\eta=\tilde{P}-p$, $\sigma=\mathbf{U}-\tilde{\mathbf{U}}$, $\rho=\tilde{\mathbf{U}}-\mathbf{u}$, $\xi_c=C-\tilde{C}$, $\zeta_c=\tilde{C}-c$, $\bar{\alpha}_z=\bar{\mathbf{Z}}-\tilde{\bar{\mathbf{Z}}}$, $\bar{\beta}=\tilde{\bar{\mathbf{Z}}}-\bar{\mathbf{Z}}$, $\alpha_z=\mathbf{Z}-\tilde{\mathbf{Z}}$, $\beta=\tilde{\mathbf{Z}}-\mathbf{Z}$. 设问题 (3.4.1)—(3.4.5) 满足正定性条件 (C), 其精确解满足正则性条件 (R). 由 Weiser, Wheeler 理论[14]和 Arbogast, Wheeler, Yotov 理论[25]得知格式 (3.4.18), (3.4.19) 确定的辅助函数 $\{\tilde{\mathbf{U}},\tilde{P},\tilde{C},\tilde{\mathbf{Z}},\tilde{\bar{\mathbf{Z}}}\}$ 存在唯一, 并有下述误差估计.

引理 3.4.1 若问题 (3.4.1)—(3.4.5) 的系数和精确解满足条件 (C) 和 (R), 则存在不依赖于 $h,\Delta t$ 的常数 $\bar{C}_1,\bar{C}_2>0$, 使得下述估计式成立:

$$||\eta||_m+||\zeta_c||_m+|||\rho|||+|||\bar{\beta}_z|||+|||\beta_z|||+\left|\left|\frac{\partial\eta}{\partial t}\right|\right|_m+\left|\left|\frac{\partial\zeta}{\partial t}\right|\right|_m\leqslant \bar{C}_1\{h_p^2+h_c^2\}, \tag{3.4.20a}$$

$$|||\tilde{\mathbf{U}}|||_\infty+|||\tilde{\mathbf{Z}}|||_\infty+|||\tilde{\bar{\mathbf{Z}}}|||_\infty\leqslant \bar{C}_2. \tag{3.4.20b}$$

首先估计 π 和 σ. 将式 (3.4.9a), (3.4.9b) 分别减式 (3.4.18a) $(t=t^{n+1})$ 和式 (3.4.18b) $(t=t^{n+1})$ 可得下述误差关系式

$$\begin{aligned}
&(d(C^n)\partial_t\pi^n,v)_m+(D_x\sigma^{x,n+1}+D_y\sigma^{y,n+1}+D_z\sigma^{z,n+1},v)_m\\
=&((d(c^{n+1})-d(C^n))\tilde{p}_t^{n+1},v)_m-(d(c^{n+1})\partial_t\eta^n,v)_m\\
&+(d(C^n)(\tilde{p}_t^{n+1}-\partial_t\tilde{P}^n),v)_m,\quad \forall v\in S_h,
\end{aligned} \tag{3.4.21a}$$

$$\begin{aligned}
&(a^{-1}\sigma^{x,n+1},w^x)_x+(a^{-1}\sigma^{y,n+1},w^y)_y+(a^{-1}\sigma^{z,n+1},w^z)_z\\
&-(\pi^{n+1},D_xw^x+D_yw^y+D_zw^z)_m\\
=&0,\quad \forall\mathbf{w}\in V_h,
\end{aligned} \tag{3.4.21b}$$

此处 $\partial_t\pi^n=(\pi^{n+1}-\pi^n)/\Delta t$, $\tilde{p}_t^{n+1}=\dfrac{\partial\tilde{p}^{n+1}}{\partial t}$.

为了估计 π 和 σ. 在式 (3.4.21a) 中取 $v=\partial_t\pi^n$, 在式 (3.4.21b) 中取 t^{n+1} 时刻和 t^n 时刻的值, 两式相减, 再除以 Δt, 取 $\mathbf{w}=\sigma^{n+1}$ 时再相加. 注意到如下关系式, 当 $A\geqslant 0$ 时有

$$\left(\partial_t(AB^n),B^{n+1}\right)_s=\frac{1}{2}\partial_t\left(AB^n,B^n\right)_s+\frac{1}{2\Delta t}\left(A(B^{n+1}-B^n),B^{n+1}-B^n\right)_s$$

$$\geqslant \frac{1}{2}\partial_t (AB^n, B^n)_s, \quad s = x, y, z. \tag{3.4.22}$$

我们有

$$\begin{aligned} & d_* \|\partial_t \pi^n\|_m^2 + \frac{1}{2}\partial_t \Big[\left(a^{-1}\sigma^{x,n+1}, \sigma^{x,n+1}\right)_x + \left(a^{-1}\sigma^{y,n+1}, \sigma^{y,n+1}\right)_y \\ & + \left(a^{-1}\sigma^{z,n+1}, \sigma^{z,n+1}\right)_z \Big] \\ \leqslant & \left((d(c^{n+1}) - d(C^n))\, \tilde{p}_t^{n+1}, \partial_t\pi^n\right)_m - \left(d(c^{n+1})\frac{\partial \eta^{n+1}}{\partial t}, \partial_t \pi^n\right)_m \\ & + \left(d(C^n)(\tilde{p}_t^{n+1} - \partial_t \tilde{P}^n), \partial_t \pi^n\right)_m \\ = & T_1 + T_2 + T_3. \end{aligned} \tag{3.4.23}$$

由引理 3.4.1 可得

$$|T_1 + T_2 + T_3| \leqslant \varepsilon \|\partial_t \pi^n\|_m^2 + K\left\{\|\xi^n\|_m^2 + h_p^4 + (\Delta t)^2\right\}. \tag{3.4.24}$$

对估计式 (3.4.23) 的右端应用式 (3.4.24) 可得

$$\|\partial_t \pi^n\|_m^2 + \partial_t \sum_{s=x,y,z} \left(a^{-1}\sigma^{s,n}, \sigma^{s,n}\right)_s \leqslant \varepsilon \|\partial_t\pi^n\|_m^2 + K\left\{\|\xi^n\|_m^2 + h_p^4 + (\Delta t)^2\right\}. \tag{3.4.25}$$

下面讨论饱和度方程 (3.4.2) 的误差估计. 为此将式 (3.4.11a) 和式 (3.4.11b) 分别减去 $t = t^{n+1}$ 时刻的式 (3.4.19a) 和式 (3.4.19b),

$$\begin{aligned} & \left(\varphi\frac{C^{n+1} - C^n}{\Delta t}, v\right)_m + (\nabla\cdot \mathbf{G}^{n+1}, v)_m \\ & + \left(B(C^n)\frac{P^{n+1} - P^n}{\Delta t}, v\right)_m + \left(\sum_{s=x,y,z} D_s \alpha_z^{s,n+1}, v\right)_m \\ = & \left(q_p C^{n+1} + q_I c_I^{n+1} - q_p c^{n+1} - q_I c_I^{n+1} + \varphi \frac{\partial c^{n+1}}{\partial t}\right. \\ & \left. + B(c^{n+1})\frac{\partial p^{n+1}}{\partial t} + \nabla\cdot \mathbf{g}^{n+1}, v\right)_m, \quad \forall v \in S_h, \end{aligned} \tag{3.4.26a}$$

$$(\bar{\alpha}_z^{x,n+1}, w^x)_x + (\bar{\alpha}_z^{y,n+1}, w^y)_y + (\bar{\alpha}_z^{z,n+1}, w^z)_z = \left(\xi_c^{n+1}, \sum_{s=x,y,z} D_s w^s\right)_m, \quad \forall \mathbf{w} \in V_h, \tag{3.4.26b}$$

$$\begin{aligned} & (\alpha_z^{x,n+1}, w^x)_x + (\alpha_z^{y,n+1}, w^y)_y + (\alpha_z^{z,n+1}, w^z)_z \\ = & (D(\mathbf{U}^{n+1})\bar{\mathbf{Z}}^{n+1} - D(\mathbf{u}^{n+1})\tilde{\bar{\mathbf{Z}}}^{n+1}, \mathbf{w}), \quad \forall \mathbf{w} \in V_h. \end{aligned} \tag{3.4.26c}$$

在 (3.4.26a) 取 $v = \xi_c^{n+1}$, 在 (3.4.26b) 中取 $\mathbf{w} = \alpha_z^{n+1}$, 在 (3.4.26c) 中取 $\mathbf{w} = \bar{\alpha}_z^{n+1}$, 将 (3.4.26a) 和 (3.4.26b) 相加, 再减去 (3.4.26c), 经整理可得

$$\begin{aligned}
&\left(\varphi\frac{\xi_c^{n+1}-\xi_c^n}{\Delta t},\xi_c^{n+1}\right)_m+(\nabla\cdot(\mathbf{G}^{n+1}-\mathbf{g}^{n+1}),\xi_c^{n+1})_m\\
=&(q_p\xi_c^{n+1},\xi_c^{n+1})+\left(q_p\zeta_c^{n+1}-\varphi\frac{\zeta_c^{n+1}-\zeta_c^n}{\Delta t},\xi_c^{n+1}\right)_m\\
&+\left(\varphi\left(\frac{\partial c^{n+1}}{\partial t}-\frac{c^{n+1}-c^n}{\Delta t}\right),\xi_c^{n+1}\right)_m\\
&+\left(B(c^{n+1})\frac{\partial p^{n+1}}{\partial t}-B(C^n)\frac{P^{n+1}-P^n}{\Delta t},\xi_c^{n+1}\right)_m-(D(\mathbf{U}^{n+1})\bar{\alpha}_z^{n+1},\bar{\alpha}_z^{n+1})\\
&+((D(\mathbf{u}^{n+1})-D(\mathbf{U}^{n+1}))\bar{\bar{\mathbf{Z}}}^{n+1},\bar{\alpha}_z^{n+1}).
\end{aligned}\tag{3.4.27}$$

上式可改写为

$$\begin{aligned}
&\left(\varphi\frac{\xi_c^{n+1}-\xi_c^n}{\Delta t},\xi_c^{n+1}\right)_m+(D(\mathbf{U}^{n+1})\bar{\alpha}_z^{n+1},\bar{\alpha}_z^{n+1})\\
=&-(\nabla\cdot(\mathbf{G}^{n+1}-\mathbf{g}^{n+1}),\xi_c^{n+1})_m+(q_p\xi_c^{n+1},\xi_c^{n+1})+\left(q_p\zeta_c^{n+1}-\varphi\frac{\zeta_c^{n+1}-\zeta_c^n}{\Delta t},\xi_c^{n+1}\right)_m\\
&+\left(\varphi\left(\frac{\partial c^{n+1}}{\partial t}-\frac{c^{n+1}-c^n}{\Delta t}\right),\xi_c^{n+1}\right)_m\\
&+\left(B(c^{n+1})\frac{\partial p^{n+1}}{\partial t}-B(C^n)\frac{P^{n+1}-P^n}{\Delta t},\xi_c^{n+1}\right)_m\\
&+((D(\mathbf{u}^{n+1})-D(\mathbf{U}^{n+1}))\bar{\bar{\mathbf{Z}}}^{n+1},\bar{\alpha}_z^{n+1})=T_1+T_2+T_3+T_4+T_5+T_6.
\end{aligned}\tag{3.4.28}$$

首先估计 (3.4.28) 的左端项.

$$\left(\varphi\frac{\xi_c^{n+1}-\xi_c^n}{\Delta t},\xi_c^{n+1}\right)_m\geqslant\frac{1}{2\Delta t}\{(\varphi\xi_c^{n+1},\xi_c^{n+1})_m-(\varphi\xi_c^n,\xi_c^n)_m\},\tag{3.4.29a}$$

$$(D(\mathbf{U}^{n+1})\bar{\alpha}_z^{n+1},\bar{\alpha}_z^{n+1})\geqslant D_*|||\bar{\alpha}_z^{n+1}|||^2.\tag{3.4.29b}$$

对误差方程 (3.4.28) 右端第一项进行估计.

$$\begin{aligned}
-(\nabla\cdot(\mathbf{G}^{n+1}-\mathbf{g}^{n+1}),\xi_c^{n+1})_m&=(\mathbf{G}^{n+1}-\mathbf{g}^{n+1},\nabla\xi_c^{n+1})_m\\
&\leqslant\varepsilon|||\,\bar{\alpha}_z^{n+1}\,|||^2+K||\mathbf{G}^{n+1}-\mathbf{g}^{n+1}||_m^2.
\end{aligned}\tag{3.4.30}$$

记 σ 是单元剖分的一个公共面, γ_l 代表 σ 的单位法向量, X_l 是此面的重心. 于是有

$$\int_\sigma\mathbf{g}^{n+1}\cdot\gamma_l=\int_\sigma c^{n+1}(\mathbf{u}^{n+1}\cdot\gamma_l)ds.\tag{3.4.31a}$$

由于 $\mathbf{g}^{n+1}$ 满足正则性条件 (R), 由积分中值定理

$$\frac{1}{\mathrm{mes}(\sigma)}\int_\sigma(\mathbf{G}^{n+1}-\mathbf{g}^{n+1})\cdot\gamma_l$$

$$
\begin{aligned}
&= C_e^{n+1}(\mathbf{U}^{n+1}\cdot\gamma_l)(X_l) - c^{n+1}(\mathbf{u}^{n+1}\cdot\gamma_l)(X_l) + O(h_c) \\
&= (C_e^{n+1} - c^{n+1}(X_l))(\mathbf{U}^{n+1}\cdot\gamma_l)(X_l) + c^{n+1}(X_l)((\mathbf{U}^{n+1}-\mathbf{u}^{n+1})\cdot\gamma_l)(X_l) + O(h_c).
\end{aligned}
\tag{3.4.31b}
$$

由 c^{n+1} 的正则性, 引理 3.1.4 和文献 [14,25] 得知

$$
|C_e^{n+1} - c^{n+1}(X_l)| \leqslant |\xi_c^{n+1}| + O(h_c), \tag{3.4.31c}
$$

$$
|U^{n+1} - \mathbf{u}^{n+1}| \leqslant K|\xi_c^{n+1}| + O(h_c). \tag{3.4.31d}
$$

由 (3.4.31), 可得

$$
||\mathbf{G}^{n+1} - \mathbf{g}^{n+1}||_m^2 \leqslant K\{||\xi_c^{n+1}||_m^2 + h_c^2\}. \tag{3.4.32}
$$

于是对 (3.4.28) 右端逐项有估计式

$$
|T_1| = |(\mathbf{G}^{n+1} - \mathbf{g}^{n+1}, \nabla\xi_c^{n+1})_m| \leqslant \varepsilon|||\,\bar{\alpha}_z^{n+1}\,|||^2 + K\{||\xi_c^{n+1}||_m^2 + h_c^2\}, \tag{3.4.33a}
$$

$$
|T_2 + T_3 + T_4| \leqslant K\left\|\frac{\partial^2 c}{\partial t^2}\right\|_{L^2(t^n,t^{n+1};m)}^2 \Delta t + K\{||\xi_c^{n+1}||_m^2 + h_c^4\}, \tag{3.4.33b}
$$

$$
|T_5| \leqslant \varepsilon||\partial_t\pi^n||_m^2 + K\left\|\frac{\partial^2 p}{\partial t^2}\right\|_{L^2(t^n,t^{n+1};m)}^2 \Delta t + K\{||\xi_c^{n+1}||_m^2 + ||\xi_c^n||_m^2 + (\Delta t)^2\}, \tag{3.4.33c}
$$

对于 T_6, 应用 (3.4.20), (3.4.24) 和引理 3.1.4 可得

$$
|T_6| \leqslant \varepsilon|||\bar{\alpha}_z^{n+1}|||^2 + K\left\{\left\|\frac{\partial^2 \mathbf{u}}{\partial t^2}\right\|_{L^2(t^n,t^{n+1};m)}^2 \Delta t + h_p^4 + ||\xi_c^{n+1}||_m^2\right\}. \tag{3.4.33d}
$$

将 (3.4.29), (3.4.33) 和 (3.4.25) 代入误差估计方程 (3.4.28), 可得

$$
\begin{aligned}
&\frac{1}{2\Delta t}\{||\varphi^{1/2}\xi_c^{n+1}||_m^2 - ||\varphi^{1/2}\xi_c^n||_m^2\} + \frac{D_*}{2}|||\bar{\alpha}_z^{n+1}|||^2 \\
&\leqslant \varepsilon||\partial_t\pi^n||_m^2 + K\left\{\left\|\frac{\partial^2 c}{\partial t^2}\right\|_{L^2(t^n,t^{n+1};m)}^2 + \left\|\frac{\partial^2 p}{\partial t^2}\right\|_{L^2(t^n,t^{n+1};m)}^2\right. \\
&\quad \left. + \left\|\frac{\partial^2 \mathbf{u}}{\partial t^2}\right\|_{L^2(t^n,t^{n+1};m)}^2\right\}\Delta t + K\{||\xi_c^{n+1}||_m^2 + ||\xi_c^n||_m^2 + h_p^4 + h_c^2 + (\Delta t)^2\}.
\end{aligned}
\tag{3.4.34}
$$

对式 (3.4.34) 两端同乘以 $2\Delta t$, 并对 n 求和 $(0 \leqslant n \leqslant L-1)$, 注意到 $\xi_c^0 = 0$, 可得

$$
||\varphi^{1/2}\xi_c^L||_m^2 + \sum_{n=0}^{L}|||\bar{\alpha}_z^n|||^2 \leqslant \varepsilon\sum_{n=0}^{L}||\partial_t\pi^n||_m^2 + K\{h_p^4 + h_c^2 + (\Delta t)^2\} + K\sum_{n=0}^{L}||\xi_c^n||_m^2\Delta t.
\tag{3.4.35}
$$

对流动方程的估计式 (3.4.25) 同样乘以 Δt, 并对 n 求和 $(0 \leqslant n \leqslant L-1)$, 注意到 $\sigma^0 = 0$, 可得

$$|||\sigma^L|||^2 + \sum_{n=0}^{L-1} ||\partial_t \pi^n||_m^2 \Delta t \leqslant K \left\{ \sum_{n=0}^{L} ||\xi_c^n||_m^2 \Delta t + h_p^4 + (\Delta t)^2 \right\}. \tag{3.4.36}$$

组合估计式 (3.4.35) 和 (3.4.36) 可得

$$\begin{aligned} &|||\sigma^L|||^2 + \sum_{n=0}^{L} ||\partial_t \pi^n||_m^2 \Delta t + ||\varphi^{1/2} \xi_c^L||_m^2 + \sum_{n=0}^{L} |||\bar{\alpha}_z^n|||^2 \Delta t \\ \leqslant & K \left\{ \sum_{n=0}^{L} ||\xi_c^n||_m^2 \Delta t + h_p^4 + h_c^2 + (\Delta t)^2 \right\}. \end{aligned} \tag{3.4.37}$$

应用离散形式 Gronwall 引理可得

$$|||\sigma^L|||^2 + \sum_{n=0}^{L} ||\partial_t \pi^n||_m^2 \Delta t + ||\xi_c^L||_m^2 + \sum_{n=0}^{L} |||\bar{\alpha}_z^n|||^2 \Delta t \leqslant K\{h_p^4 + h_c^2 + (\Delta t)^2\}. \tag{3.4.38}$$

对 $\pi^L \in S_h$, 利用对偶方法进行估计[26,27], 为此考虑下述椭圆问题:

$$\nabla \cdot \omega = \pi^{L+1}, \quad X = (x, y, z)^{\mathrm{T}} \in \Omega, \tag{3.4.39a}$$

$$\omega = \nabla p, \quad X \in \Omega, \tag{3.4.39b}$$

$$\omega \cdot \nu = 0, \quad X \in \partial\Omega. \tag{3.4.39c}$$

由问题的正则性, 有

$$\sum_{s=x,y,z} \left\| \frac{\partial \omega^s}{\partial s} \right\|_m^2 \leqslant K ||\pi^L||_m^2. \tag{3.4.40}$$

设 $\tilde{\omega} \in V_h$ 满足

$$\left(\frac{\partial \tilde{\omega}^s}{\partial s}, v \right)_m = \left(\frac{\partial \omega^s}{\partial s}, v \right)_m, \quad \forall v \in S_h, s = x, y, z. \tag{3.4.41a}$$

这样定义的 $\tilde{\omega}$ 是存在的, 且有

$$\sum_{s=x,y,z} \left\| \frac{\partial \tilde{\omega}^s}{\partial s} \right\|_m^2 \leqslant \sum_{s=x,y,z} \left\| \frac{\partial \omega^s}{\partial s} \right\|_m^2. \tag{3.4.41b}$$

应用引理 3.1.4, 式 (3.4.39), (3.4.40) 和 (3.4.21) 可得

$$\|\pi^L\|_m^2 = (\pi^L, \nabla \omega) = (\pi^L, D_x \tilde{\omega}^x + D_y \tilde{\omega}^y + D_z \tilde{\omega}^z)_m = \sum_{s=x,y,z} (a^{-1} \sigma^{s,L}, \tilde{\omega}^s)_s$$

$$\leqslant K|||\tilde{\omega}|||\cdot|||\sigma^L|||. \tag{3.4.42}$$

由引理 3.1.4, (3.4.40), (3.4.41) 可得

$$\begin{aligned}|||\tilde{\omega}|||^2 &\leqslant \sum_{s=x,y,z}||D_s\tilde{\omega}^s||_m = \sum_{s=x,y,z}\left\|\frac{\partial\tilde{\omega}^s}{\partial s}\right\|_m^2 \leqslant \sum_{s=x,y,z}\left\|\frac{\partial\omega^s}{\partial s}\right\|_m^2\\ &\leqslant K||\pi^L||_m^2.\end{aligned} \tag{3.4.43}$$

将式 (3.4.43) 代入式 (3.4.42), 并利用误差估计式 (3.4.38) 可得

$$||\pi^{L+1}||_m^2 \leqslant K\{h_p^4+h_c^2+(\Delta t)^2\}. \tag{3.4.44}$$

综合估计式 (3.4.38), (3.4.44) 和引理 3.4.1, 可以建立下述迎风混合体积元方法的收敛性定理.

定理 3.4.3 对问题 (3.4.1)—(3.4.5) 假定其精确解满足正则性条件 (R), 且其系数满足正定性条件 (C), 采用迎风混合体积元格式 (3.4.9), (3.4.11) 逐层求解. 则下述误差估计式成立:

$$\begin{aligned}&||p-P||_{\bar{L}^\infty(J;m)}+||\partial_t(p-P)||_{\bar{L}^2(J;m)}+||\mathbf{u}-\mathbf{U}||_{\bar{L}^\infty(J;V)}\\ &\quad+||c-C||_{\bar{L}^\infty(J;m)}+||\bar{\mathbf{z}}-\bar{\mathbf{Z}}||_{\bar{L}^2(J;V)}\\ &\leqslant M^*\{h_p^2+h_c+\Delta t\},\end{aligned} \tag{3.4.45}$$

此处 $||g||_{\bar{L}^\infty(J;X)} = \sup\limits_{n\Delta t\leqslant T}||g^n||_X$, $||g||_{\bar{L}^2(J;X)} = \sup\limits_{L\Delta t\leqslant T}\left\{\sum_{n=0}^{L}||g^n||_X^2\,\Delta t\right\}^{1/2}$, 常数 M^* 依赖于函数 p, c 及其导函数.

3.4.5 数值算例

为了说明方法的特点和优越性, 下面考虑一组非驻定的对流-扩散方程:

$$\begin{cases}\dfrac{\partial u}{\partial t}+\nabla\cdot(-a(x)\nabla u+\mathbf{b}u)=f, & (x,y,z)\in\Omega, t\in(0,T],\\ u|_{t=0}=x(1-x)y(1-y)z(1-z), & (x,y,z)\in\Omega,\\ u|_{\partial\Omega}=0, & t\in(0,T].\end{cases} \tag{3.4.46}$$

问题 I (对流占优):

$$a(x)=0.01,\quad b_1=(1+x\cos\alpha)\cos\alpha,\quad b_2=(1+y\sin\alpha)\sin\alpha,\quad b_3=1, \alpha=\frac{\pi}{12}.$$

问题 II (强对流占优):

$$a(x)=10^{-5},\quad b_1=1,\quad b_2=1,\quad b_3=-2.$$

其中 $\Omega=(0,1)\times(0,1)\times(0,1)$, 问题的精确解为 $u=e^{t/4}x(1-x)y(1-y)z(1-z)$, 右端 f 使每一个问题均成立. 时间步长为 $\Delta t=\dfrac{T}{6}$. 具体情况如表 3.4.1 和表 3.4.2 所示 $\left(\text{当 } T=\dfrac{1}{2} \text{ 时}\right)$.

表 3.4.1 问题 I 的结果

N		8	16	24
UMFVE	L^2	5.7604e − 007	7.4580e − 008	3.9599e − 008
FDM	L^2	1.2686e − 006	3.4144e − 007	1.5720e − 007

表 3.4.2 问题 II 的结果

N		8	16	24
UMFVE	L^2	5.1822e − 007	1.0127e − 007	6.8874e − 008
FDM	L^2	3.3386e − 005	3.2242e + 009	溢出

其中 L^2 表示误差的 L^2 模, UMFVE 代表本节的迎风混合体积元方法, FDM 代表五点格式的有限差分方法. 表 3.4.1 和表 3.4.2 分别是对问题 I 和问题 II 的数值结果. 由此可以看出, 差分方法对于对流占优的方程有结果, 但对于强对流方程, 剖分步长较大时有结果, 但步长慢慢减小时其结果明显发生振荡不可用. 迎风混合体积元方法无论对于对流占优的方程还是强对流占优的方程, 都有很好的逼近结果, 没有数值振荡, 可以得到合理的结果, 这是其他有限元或有限差分方法所不能比的.

此外, 我们还用本节方法研究两类半正定的情形.

问题 III:

$$a(x)=x(1-x),\quad b_1=1,\quad b_2=1,\quad b_3=0.$$

问题 IV:

$$a(x)=(x-1/2)^2,\quad b_1=-3,\quad b_2=1,\quad b_3=0.$$

表 3.4.3 中 P-III, P-IV 代表问题 III, 问题 IV, 表中数据是应用迎风混合体积元方法所得到的. 可以看出, 当扩散矩阵半正定时, 利用此方法可以得到比较理想的结果.

表 3.4.3 问题 III 和问题 IV 的结果

N		8	16	24
P-III	L^2	8.0682e − 007	5.5915e − 008	1.2303e − 008
P-IV	L^2	1.6367e − 005	2.4944e − 006	4.2888e − 007

下面给出问题 IV 真实解与数值解之间的比较, 由于步长比较小时差分方法发生振荡没有结果, 所以我们选择稍大点的步长 $h=1/8$.

其中 TS 代表问题的精确解. 由表 3.4.3 和表 3.4.4 可以清楚地看到, 对于半正定的问题, 本节的迎风混合体积元方法优势明显, 而差分方法在步长 $h = 1/4$ 较大时振荡轻微, 步长减小却发生严重的振荡, 结果不可用.

表 3.4.4 结果比较

节点	TS	UMFVE	FDM
(0.125, 0.25, 0.125)	0.0032	0.0035	0.0262
(0.25, 0.25, 0.25)	0.0146	0.0170	0.0665
(0.125, 0.25, 0.375)	0.0068	0.0076	0.0182
(0.125, 0.25, 0.875)	0.0015	0.0013	−0.0117

3.4.6 总结和讨论

本节研究三维多孔介质中油水可压缩可混溶渗流驱动问题, 提出一类混合体积元-迎风混合体积元方法及其收敛性分析. 3.4.1 小节是引言部分, 叙述和分析问题的数学模型、物理背景以及国内外研究概况. 3.4.2 小节提出混合体积元-迎风混合体积元程序, 对流动方程采用具有守恒性质的混合体积元离散, 对 Darcy 速度提高了一阶精确度. 对饱和度方程同样采用具有守恒性质的迎风混合体积元求解, 对流部分采用迎风格式处理, 扩散部分采用混合体积元离散, 大大提高了数值计算的稳定性和精确度. 3.4.3 小节讨论格式具有质量守恒律物理特性, 这在油藏数值模拟计算中是十分重要的. 3.4.4 小节是收敛性分析, 应用微分方程先验估计理论和特殊技巧, 得到了最佳阶误差估计结果. 这点特别重要. 3.4.5 小节给出数值算例, 支撑了理论分析, 并指明本节所提出的方法在实际问题是切实可行和高效的. 本节有如下特征: ① 本节拓广了 Douglas 学派经典的油藏数值模拟方法[1-5,34,37], 提出的数值格式具有物理守恒律特性, 且考虑了流体的压缩性, 这点在油藏数值模拟是极其重要的, 特别是化学采油数值模拟计算; ② 由于组合地应用混合体积元和迎风混合体积元, 它具有高精度和高稳定性的特征, 特别适用于三维复杂区域大型数值模拟的工程实际计算; ③ 它拓广了经典的可压缩两相渗流驱动问题在数值分析时, 仅能考虑分子扩散项, 不能同时考虑机械弥散项的情况, 解决了这一重要问题[1,2,21,24,34]. 详细的讨论和分析见参考文献 [44].

3.5 可压缩混溶渗流驱动问题的迎风网格变动的混合体积元方法

3.5.1 引言

用高压泵将水强行注入油层, 使原油从生产井排出, 这是近代采油的一种重要手段. 将水注入油层后, 水驱动油层中的原油从生产井排出, 这就是油水驱动问题. 在近代油气田开发过程中, 为了将经油田二次采油后, 残存在油层中的原油尽可能采出, 必须采用强化采油 (化学) 新技术. 在强化采油数值模拟时, 必须考虑流体的压缩性, 否则数值模拟将会失真. Douglas 等率先提出 "微可压缩" 相混溶的数学模型, 并提出特征有限元方法和特征混合元方法, 开创了现代油藏数值模拟这一重要新领域[1-6,34-36]. 问题的数学模型是下述一类非线性抛物型方程组的初边值问题[1-6,34-36]:

$$d(c)\frac{\partial p}{\partial t}+\nabla\cdot\mathbf{u}=d(c)\frac{\partial p}{\partial t}-\nabla\cdot a(c)\nabla p)=q(X,t)=q_I+q_p,$$
$$X=(x,y,z)^{\mathrm{T}}\in\Omega,\quad t\in J=(0,T],\tag{3.5.1a}$$

$$\mathbf{u}=-a(c)\nabla p,\quad X\in\Omega,t\in J,\tag{3.5.1b}$$

$$\varphi\frac{\partial c}{\partial t}+b(c)\frac{\partial p}{\partial t}+\mathbf{u}\cdot\nabla c-\nabla\cdot(D(\mathbf{u})\nabla c)+q_Ic=q_Ic_I,\quad X\in\Omega,t\in J,\tag{3.5.2}$$

此处 Ω 为 R^3 中的有界区域, $p(X,t)$ 是压力函数, $\mathbf{u}=(u_x,u_y,u_z)^{\mathrm{T}}$ 是流体的 Darcy 速度, $c(X,t)$ 是水的饱和度函数. $q(X,t)$ 是产量项, 通常是生产项 q_p 和注入项 q_I 的线性组合, 也就是 $q(X,t)=q_I(X,t)+q_p(X,t)$. c_I 是注入井注入液的饱和度, 是已知的, $c(X,t)$ 是流出生产井水的饱和度. $a(c)=k(X)\mu^{-1}(c)$, $k(X)$ 是地层的渗透率, $\mu(c)$ 是混合流体的黏度, $\varphi=\varphi(X)$ 是多孔介质的孔隙度, $D(\mathbf{u})$ 是扩散矩阵, 由分子扩散和机械扩散两部分组成, 可表示为[2,5]

$$D(X,\mathbf{u})=D_m\mathbf{I}+|\mathbf{u}|(d_l\mathbf{E}+d_t(\mathbf{I}-\mathbf{E})).\tag{3.5.3}$$

此处 $E=\mathbf{u}\mathbf{u}^{\mathrm{T}}/|\mathbf{u}|^2, D=\varphi d_m\mathbf{I}$, d_m 是分子扩散系数, $\mathbf{I}$ 为 3×3 单位矩阵, d_l 是纵向扩散系数, d_t 是横向扩散系数. $d(c)$ 是压缩系数, $b(c)$ 是与压缩有关连的函数[2,5]. 这里压力函数 $p(X,t)$ 和饱和度函数 $c(X,t)$ 是待求的基本函数.

不渗透边界条件:

$$\mathbf{u}\cdot\nu=0,\quad X\in\partial\Omega,t\in J,\quad(D\nabla c-c\mathbf{u})\cdot\nu=0,\quad X\in\partial\Omega,t\in J,\tag{3.5.4}$$

此处 ν 是 $\partial\Omega$ 的外法线方向矢量.

初始条件:

$$p(X,0)=p_0(X),\quad X\in\Omega,\quad c(X,0)=c_0(X),\quad X\in\Omega.\tag{3.5.5}$$

对于经典的不可压缩的混溶渗流驱动问题, Douglas, Ewing, Russell, Wheeler 和本书作者已有系列研究成果[2-5]. 对于现代能源和环境科学数值模拟新技术, 特别是在强化 (化学) 采油新技术中, 必须考虑流体的可压缩性. 否则数值模拟将失真[37,38]. 关于可压缩混溶渗流驱动问题, Douglas 和本书作者已有系列的研究成果[1-6,34-36], 如特征有限元法[35,39,40]、特征差分方法[36,41]、分数步差分方法等[41,42]. 我们注意到有限体积元法[8,9]兼具有差分方法的简单性和有限元方法的高精度性, 并且保持局部质量守恒, 是求解偏微分方程的一种十分有效的数值方法. 混合元方法[10-12]可以同时求解压力函数及其 Darcy 流速, 从而提高其一阶精确度. 论文 [13,14] 将有限体积元和混合元相结合, 提出了混合有限体积元的思想, 论文 [15,16] 通过数值算例验证这种方法的有效性. 论文 [17—19] 主要对椭圆问题给出混合有限体积元的收敛性估计等理论结果, 形成了混合有限体积元方法的一般框架. 芮洪兴等用此方法研究了非 Darcy 油气渗流驱动问题的数值模拟计算[20,21]. 本书作者用此方法处理半导体问题的数值模拟计算, 得到了十分满意的结果[22,23]. 现代网格变动的自适应有限元方法, 已成为精确有效地逼近偏微分方程的重要工具. 特别对于油水混溶渗流驱动问题的计算, 对于油水驱动激烈变化的前沿和某些局部性质, 此方法具有十分有效的理想结果. Dawson 等在文献 [32] 对热传导方程和对流-扩散方程提出基于网格变动的混合有限元方法. 在特殊的网格变动情况下, 可以得到最优阶的误差估计结果. 在上述工作的基础上, 我们对三维油水混溶渗流驱动问题提出一类混合体积元-迎风变网格混合体积元方法. 用具有物理守恒律性质的混合体积元同时逼近压力函数和 Darcy 速度, 并对 Darcy 速度提高了一阶计算精确度. 对饱和度方程在整体上采用变网格技术, 同样用具有物理守恒律性质的迎风混合体积元方法, 即对对流项用迎风格式来处理, 此方法适用于对流占优问题, 能消除数值弥散现象. 扩散项采用混合有限体积元离散, 可以同时逼近未知的饱和度函数及其伴随向量函数, 保持单元质量守恒, 这对油藏数值模拟计算是十分重要的特性. 应用微分方程先验估计理论和特殊技巧, 得到了最优阶误差估计. 本节对一般一维对流-扩散方程做了数值试验, 此项数值试验可类似拓广到三维问题, 指明本节的方法是一类切实可行的高效计算方法, 支撑了理论分析结果, 成功解决了这一重要问题[1,2,4,24,32].

我们使用通常的 Sobolev 空间及其范数记号. 假定问题 (3.5.1)—(3.5.5) 的精确解满足下述正则性条件

$$
\text{(R)}\quad \begin{cases} c \in L^{\infty}(H^2) \cap H^1(H^1) \cap L^{\infty}(W_{\infty}^1) \cap H^2(L^2), \\ p \in L^{\infty}(H^1), \\ \mathbf{u} \in L^{\infty}(H^1(\mathrm{div})) \cap L^{\infty}(W_{\infty}^1) \cap W_{\infty}^1(L^{\infty}) \cap H^2(L^2). \end{cases}
$$

同时假定问题 (3.5.1)—(3.5.5) 的系数满足正定性条件:

$$
\text{(C)}\quad \begin{aligned} &0 < d_* \leqslant d(c) \leqslant d^*, \quad 0 < a_* \leqslant a(c) \leqslant a^*, \\ &0 < \varphi_* \leqslant \varphi(X) \leqslant \varphi^*, \quad 0 < D_* \leqslant D(X, \mathbf{u}), \end{aligned}
$$

此处 $d_*, d^*, a_*, a^*, \varphi_*, \varphi^*$ 和 D_* 均为确定的正常数.

在本节中 K 表示一般的正常数, ε 表示一般小的正数, 在不同地方具有不同含义.

3.5.2 混合体积元-迎风变网格混合体积元程序

本节的记号和引理见 3.1.2 小节. 本节中的范数 $\|\cdot\|_m$ 定义如同 3.1.2 小节中的 $\|\cdot\|_{\bar{m}}$. 为了引入混合有限体积元方法的处理思想, 将流动方程 (3.5.1) 写为下述标准形式:

$$d(c)\frac{\partial p}{\partial t} + \nabla\cdot\mathbf{u} = q(X,t), \quad (X,t)\in\Omega\times J, \tag{3.5.6a}$$

$$\mathbf{u} = -a(c)\nabla p, \quad (X,t)\in\Omega\times J. \tag{3.5.6b}$$

对饱和度方程 (3.5.2) 构造迎风变网格混合体积元格式, 为此将其转变为散度形式. 记 $\mathbf{g} = \mathbf{u}c = (u_1c, u_2c, u_3c)^{\mathrm{T}}$, $\bar{\mathbf{z}} = -\nabla c$, $\mathbf{z} = D\bar{\mathbf{z}}$, 则

$$\varphi\frac{\partial c}{\partial t} + b(c)\frac{\partial p}{\partial t} + \nabla\cdot\mathbf{g} + \nabla\cdot\mathbf{z} - c\nabla\cdot\mathbf{u} = q_I(c_I - c). \tag{3.5.7}$$

应用流动方程 $-c\nabla\cdot\mathbf{u} = -c(q_p + q_I) + cd(c)\dfrac{\partial p}{\partial t}$, 则方程 (3.5.7) 可改写为

$$\varphi\frac{\partial c}{\partial t} + B(c)\frac{\partial p}{\partial t} + \nabla\cdot\mathbf{g} + \nabla\cdot\mathbf{z} - q_p c = q_I c_I, \tag{3.5.8}$$

此处 $B(c) = b(c) + cd(c)$. 在这里我们应用拓广的混合体积元方法[25], 此方法不仅能得到对扩散流量 $\mathbf{z}$ 的近似, 同时能得到对梯度 $\bar{\mathbf{z}}$ 的近似.

设 $P, \mathbf{U}, C, \mathbf{G}, \mathbf{Z}$ 和 $\bar{\mathbf{Z}}$ 分别为 $p, \mathbf{u}, c, \mathbf{g}, \mathbf{z}$ 和 $\bar{\mathbf{z}}$ 在空间 $S_h\times V_h\times S_h\times V_h\times V_h\times V_h$ 的近似解. 由 3.1.2 小节中的记号和引理 3.1.1—引理 3.1.4 导出的流体压力和 Darcy 流速的混合体积元 (MFV) 格式为

$$\begin{aligned}&\left(d(C^n)\frac{P^{n+1}-P^n}{\Delta t}, v\right)_m + (D_xU^{x,n+1} + D_yU^{y,n+1} + D_zU^{z,n+1}, v)_m\\&= \left(q^{n+1}, v\right)_m, \quad \forall v\in S_h,\end{aligned} \tag{3.5.9a}$$

$$\begin{aligned}&\left(a^{-1}(\bar{C}^{x,n})U^{x,n+1}, w^x\right)_x + \left(a^{-1}(\bar{C}^{y,n})U^{y,n+1}, w^y\right)_y + \left(a^{-1}(\bar{C}^{z,n})U^{z,n+1}, w^z\right)_z\\&- \left(P^{n+1}, D_xw^x + D_yw^y + D_zw^z\right)_m = 0, \quad \forall\mathbf{w}\in V_h.\end{aligned} \tag{3.5.9b}$$

饱和度方程 (3.5.8) 的变分形式为

$$\left(\varphi\frac{\partial c}{\partial t}, v\right)_m + \left(B(c)\frac{\partial p}{\partial t}, v\right)_m + (\nabla\cdot\mathbf{g}, v)_m - (q_pc, v)_m = (q_Ic_I, v)_m, \quad \forall v\in S_h^{n+1}, \tag{3.5.10a}$$

$$(\bar{z}^x, w^x)_x + (\bar{z}^y, w^y)_y + (\bar{z}^z, w^z)_z - \left(c, \sum_{s=x,y,z} D_s w^s\right)_m = 0, \quad \forall \mathbf{w} \in V_h^n, \quad (3.5.10\text{b})$$

$$(z^x, w^x)_x + (z^y, w^y)_y + (z^z, w^z)_z = (D(\mathbf{u})\bar{\mathbf{z}}, \mathbf{w}), \quad \forall \mathbf{w} \in V_h^n. \quad (3.5.10\text{c})$$

则饱和度方程 (3.5.8) 的迎风混合体积元格式为

$$\begin{aligned}
&\left(\varphi \frac{C^{n+1} - C^n}{\Delta t}, v\right)_m + \left(B(C^n) \frac{P^{n+1} - P^n}{\Delta t}, v\right)_m \\
&+ (\nabla \cdot \mathbf{G}^{n+1}, v)_m + (D_x Z^{x,n} + D_y Z^{y,n} + D_z Z^{z,n}, v)_m \\
&- (q_p C^{n+1}, v)_m = (q_I c_I^{n+1}, v)_m, \quad \forall v \in S_h^{n+1}, \quad (3.5.11\text{a})
\end{aligned}$$

$$\begin{aligned}
&(\bar{Z}^{x,n+1}, w^x)_x + (\bar{Z}^{y,n+1}, w^y)_y + (\bar{Z}^{z,n+1}, w^z)_z \\
&- \left(C^{n+1}, \sum_{s=x,y,z} D_s w^s\right)_m = 0, \quad \forall \mathbf{w} \in V_h^{n+1}, \quad (3.5.11\text{b})
\end{aligned}$$

$$\begin{aligned}
&(Z^{x,n+1}, w^x)_x + (Z^{y,n+1}, w^y)_y + (Z^{z,n+1}, w^z)_z \\
&= (D(\mathbf{U}^{n+1})\bar{\mathbf{Z}}^{n+1}, \mathbf{w}) = 0, \quad \forall \mathbf{w} \in V_h^{n+1}, \quad (3.5.11\text{c})
\end{aligned}$$

初始逼近:

$$P^0 = \tilde{P}^0, \quad \mathbf{U}^0 = \tilde{\mathbf{U}}^0, \quad C^0 = \tilde{C}^0, \quad \mathbf{Z}^0 = \tilde{\mathbf{Z}}^0, \quad \bar{\mathbf{Z}}^0 = \tilde{\bar{\mathbf{Z}}}^0, \quad X \in \Omega, \quad (3.5.12)$$

此处 $(\tilde{P}^0, \tilde{\mathbf{U}}^0)$, $(\tilde{C}^0, \tilde{\mathbf{Z}}^0, \tilde{\bar{\mathbf{Z}}}^0)$ 为 $(\tilde{p}_0, \tilde{\mathbf{u}}_0)$, $(c_0, \mathbf{z}_0, \bar{\mathbf{z}}^0)$ 的椭圆投影 (将在 3.5.4 小节定义).

对方程 (3.5.11a) 中的迎风项, 用近似解 C 来构造, 本节使用简单的迎风方法. 由于在 $\partial\Omega$ 上 $\mathbf{g} = \mathbf{u}c = 0$, 设在边界上 $\mathbf{G}^{n+1} \cdot \gamma$ 的平均积分为 0. 假设单元 e_1, e_2 有公共面 σ, x_l 是此面的重心, γ_l 是从 e_1 到 e_2 的法向量, 那么可以定义

$$\mathbf{G}^{n+1} \cdot \gamma_l = \begin{cases} C_{e_1}^{n+1}(\mathbf{U}^{n+1} \cdot \gamma_l)(x_l), & (\mathbf{U}^{n+1} \cdot \gamma_l)(x_l) \geqslant 0, \\ C_{e_2}^{n+1}(\mathbf{U}^{n+1} \cdot \gamma_l)(x_l), & (\mathbf{U}^{n+1} \cdot \gamma_l)(x_l) < 0. \end{cases} \quad (3.5.13)$$

此处 $C_{e_1}^{n+!}, C_{e_2}^{n+1}$ 是 C^{n+1} 在单元上的常数值. 至此我们借助 C^{n+1} 定义了 $\mathbf{G}^{n+1}$, 完成了数值格式 (3.5.11a)—(3.5.11c) 的构造, 形成关于 C 的非对称方程组. 我们也可以用另外的方法计算 $\mathbf{G}^{n+1}$, 得到对称方程组:

$$\mathbf{G}^{n+1} \cdot \gamma_l = \begin{cases} C_{e_1}^{n}(\mathbf{U}^{n} \cdot \gamma_l)(x_l), & (\mathbf{U}^{n} \cdot \gamma_l)(x_l) \geqslant 0, \\ C_{e_2}^{n}(\mathbf{U}^{n} \cdot \gamma_l)(x_l), & (\mathbf{U}^{n} \cdot \gamma_l)(x_l) < 0. \end{cases} \quad (3.5.14)$$

注 由于网格发生变动, 在 (3.5.11a) 中必须计算 $(\varphi C^n, v^{n+1})$, 也就是 φC^n 的 L^2 投影, 即在 J_e^n 上的分片常数投影到 J_e^{n+1} 上的分片常数, 此处 J_e^n, J_e^{n+1} 分别记 t^n 和 t^{n+1} 时刻的剖分单元.

混合体积元-迎风变网格混合体积元的计算程序: 先由初始条件 (3.5.5), 应用混合体积元的椭圆投影确定 $\{\tilde{P}^0,\tilde{\mathbf{U}}^0\}$ 和 $\{\tilde{C}^0,\tilde{\mathbf{Z}}^0,\tilde{\bar{\mathbf{Z}}}^0\}$. 取 $P^0=\tilde{P}^0,\mathbf{U}^0=\tilde{\mathbf{U}}^0$ 和 $C^0=\tilde{C}^0,\mathbf{Z}^0=\tilde{\mathbf{Z}}^0,\bar{\mathbf{Z}}^0=\bar{\mathbf{Z}}^0$. 在此基础上, 再由格式 (3.5.9) 应用共轭梯度法求得 $\{P^1,\mathbf{U}^1\}$. 然后, 再由迎风变网格混合体积元格式 (3.5.11) 应用共轭梯度法求得 $\{C^1,\mathbf{Z}^1,\bar{\mathbf{Z}}^1\}$. 如此, 再由格式 (3.5.9) 求得 $\{P^2,fU^2\}$. 这样依次进行, 可求得全部数值逼近解, 由问题的正定性条件 (C) 可知解存在且唯一.

3.5.3 质量守恒原理

如果问题 (3.5.1)—(3.5.5) 是微小压缩的情况[1,6,34], 即 $b(c)\approx 0$, 且没有源汇项, $q\equiv 0$, 且边界条件是不渗透的, 则在每个单元 $e\in\Omega$ 上, $e=\Omega_{ijk}=[x_{i-1/2},x_{i+1/2}]\times[y_{j-1/2},y_{j+1/2}]\times[z_{k-1/2},z_{k+1/2}]$, 饱和度的局部质量守恒律表现为

$$\int_e\varphi\frac{\partial c}{\partial t}dX-\int_{\partial e}\mathbf{g}\cdot\gamma_{\partial e}ds-\int_{\partial e}\mathbf{z}\cdot\gamma_{\partial e}ds=0,\tag{3.5.15}$$

此处 e 为区域 Ω 关于饱和度的网格剖分单元, ∂e 为单元 e 的边界面, $\gamma_{\partial e}$ 为此边界面的外法向量.

下面证明格式 (3.5.11a) 满足离散意义下的局部质量守恒律.

定理 3.5.1 若 $d(c)\equiv 0,b(c)\equiv 0,q\equiv 0,X\in\Omega$, 则在任意单元 e 上, 格式 (3.5.11a) 满足离散的局部质量守恒律

$$\int_e\varphi\frac{C^{n+1}-C^n}{\Delta t}dX-\int_{\partial e}\mathbf{G}^{n+1}\cdot\gamma_{\partial e}ds-\int_{\partial e}\mathbf{Z}^{n+1}\cdot\gamma_{\partial e}ds=0.\tag{3.5.16}$$

由局部守恒律定理 3.5.1, 即可推出整体质量守恒律.

定理 3.5.2 若 $d(c)\equiv 0,b(c)\equiv 0,q\equiv 0,X\in\Omega$, 则格式 (3.5.11a) 满足离散质量守恒律

$$\int_\Omega\varphi\frac{C^n-C^{n-1}}{\Delta t_c}dX=0,\quad n>0.\tag{3.5.17}$$

3.5.4 收敛性分析

本节我们对一个模型问题进行收敛性分析, 即假定问题中的 $a(c)=k(X)\cdot\mu^{-1}(c)\approx k(X)\mu_0^{-1}(c)=a(X)$, 即黏度近似为常数, 此情况出现在低渗流油田的情况[1,43]. 为了进行收敛性分析, 引入下述辅助性椭圆投影. 记 $f=q-d(c)\dfrac{\partial p}{\partial t}$, 定义 $\{\tilde{P},\tilde{\mathbf{U}}\}\in S_h\times V_h$, 满足

$$(D_x\tilde{U}^x+D_y\tilde{U}^y+D_z\tilde{U}^z,v)_m=(f,v)_m,\quad\forall v\in S_h,\tag{3.5.18a}$$

$$(a^{-1}\tilde{U}^x,w^x)_x+(a^{-1}\tilde{U}^y,w^y)_y+(a^{-1}\tilde{U}^z,w^z)_z$$

$$-(\tilde{P}, D_x w^x + D_y w^y + D_z w^z)_m = 0, \quad \forall \mathbf{w} \in V_h, \tag{3.5.18b}$$

$$(\tilde{P} - p, 1)_m = 0. \tag{3.5.18c}$$

记 $F = q_p c + q_I c_I - \left(\varphi \dfrac{\partial c}{\partial t}\right) + B(c)\dfrac{\partial p}{\partial t} + \nabla \cdot \mathbf{g}$, 定义 $\{\tilde{C}^n, \bar{\tilde{\mathbf{Z}}}^n, \tilde{\mathbf{Z}}^n\} \in S_h^n \times V_h^n \times V_h^n$, 满足

$$(D_x \tilde{G}^{n,x} + D_y \tilde{G}^{n,y} + D_z \tilde{G}^{n,z}, v)_m = (F^n, v)_m, \quad \forall v \in S_h^n, \tag{3.5.19a}$$

$$(\bar{\tilde{Z}}^{n,x}, w^x)_x + (\bar{\tilde{Z}}^{n,y}, w^y)_y + (\bar{\tilde{Z}}^{n,z}, w^z)_z = \left(\tilde{C}^n, \sum_{s=x,y,z} D_s w^s\right)_m, \quad \forall \mathbf{w} \in V_h^n, \tag{3.5.19b}$$

$$(\bar{Z}^{n,x}, w^x)_x + (\bar{Z}^{n,y}, w^y)_y + (\bar{Z}^{n,z}, w^z)_z = (D(\mathbf{u}^n)\bar{\tilde{\mathbf{Z}}}^n, \mathbf{w})_m, \quad \forall \mathbf{w} \in V_h^n, \tag{3.5.19c}$$

$$(\tilde{C}^n - c^n, 1)_m = 0. \tag{3.5.19d}$$

记 $\pi = P - \tilde{P}$, $\eta = \tilde{P} - p$, $\sigma = \mathbf{U} - \tilde{\mathbf{U}}$, $\rho = \tilde{\mathbf{U}} - \mathbf{u}$, $\xi_c = C - \tilde{C}$, $\zeta_c = \tilde{C} - c$, $\bar{\alpha}_z = \bar{\mathbf{Z}} - \bar{\tilde{\mathbf{Z}}}$, $\bar{\beta} = \bar{\tilde{\mathbf{Z}}} - \bar{\mathbf{Z}}$, $\alpha_z = \mathbf{Z} - \tilde{\mathbf{Z}}$, $\beta = \tilde{\mathbf{Z}} - \mathbf{Z}$. 设问题 (3.5.1)—(3.5.5) 满足正定性条件 (C), 其精确解满足正则性条件 (R). 由 Weiser, Wheeler 理论[14]和 Arbogast, Wheeler, Yotov 理论[25]得知格式 (3.5.18), (3.5.19) 确定的辅助函数 $\{\tilde{\mathbf{U}}, \tilde{P}, \tilde{C}, \tilde{\mathbf{Z}}, \bar{\tilde{\mathbf{Z}}}\}$ 存在唯一, 并有下述误差估计.

引理 3.5.1 若问题 (3.5.1)—(3.5.5) 的系数和精确解满足条件 (C) 和 (R), 则存在不依赖于 $h, \Delta t$ 的常数 $\bar{C}_1, \bar{C}_2 > 0$, 使得下述估计式成立:

$$||\eta||_m + ||\zeta_c||_m + |||\rho||| + |||\bar{\beta}_z||| + |||\beta_z||| + \left|\left|\frac{\partial \eta}{\partial t}\right|\right|_m + \left|\left|\frac{\partial \zeta}{\partial t}\right|\right|_m \leqslant \bar{C}_1\{h_p^2 + h_c^2\}, \tag{3.5.20a}$$

$$|||\tilde{\mathbf{U}}|||_\infty + |||\tilde{\mathbf{Z}}|||_\infty + |||\bar{\tilde{\mathbf{Z}}}|||_\infty \leqslant \bar{C}_2. \tag{3.5.20b}$$

首先估计 π 和 σ. 将式 (3.5.9a), (3.5.9b) 分别减式 (3.5.18a) $(t = t^{n+1})$ 和式 (3.5.18b) $(t = t^{n+1})$ 可得下述误差关系式

$$\begin{aligned}
&(d(C^n)\partial_t \pi^n, v)_m + (D_x \sigma^{x,n+1} + D_y \sigma^{y,n+1} + D_z \sigma^{z,n+1}, v)_m \\
&= ((d(c^{n+1}) - d(C^n))\tilde{p}_t^{n+1}, v)_m - (d(c^{n+1})\partial_t \eta^n, v)_m \\
&\quad + (d(C^n)(\tilde{p}_t^{n+1} - \partial_t \tilde{P}^n), v)_m, \quad \forall v \in S_h,
\end{aligned} \tag{3.5.21a}$$

$$\begin{aligned}
&(a^{-1}\sigma^{x,n+1}, w^x)_x + (a^{-1}\sigma^{y,n+1}, w^y)_y + (a^{-1}\sigma^{z,n+1}, w^z)_z \\
&- (\pi^{n+1}, D_x w^x + D_y w^y + D_z w^z)_m \\
&= 0, \quad \forall \mathbf{w} \in V_h.
\end{aligned} \tag{3.5.21b}$$

此处 $\partial_t \pi^n = (\pi^{n+1} - \pi^n)/\Delta t$, $\tilde{p}_t^{n+1} = \dfrac{\partial \tilde{p}^{n+1}}{\partial t}$.

为了估计 π 和 σ, 在式 (3.5.21a) 中取 $v=\partial_t\pi^n$, 在式 (3.5.21b) 中取 t^{n+1} 时刻和 t^n 时刻的值, 两式相减, 再除以 Δt, 取 $\mathbf{w}=\sigma^{n+1}$ 时再相加. 注意到如下关系式, 当 $A\geqslant 0$ 时有

$$\begin{aligned}\left(\partial_t(AB^n),B^{n+1}\right)_s&=\frac{1}{2}\partial_t\left(AB^n,B^n\right)_s+\frac{1}{2\Delta t}\left(A(B^{n+1}-B^n),B^{n+1}-B^n\right)_s\\&\geqslant\frac{1}{2}\partial_t\left(AB^n,B^n\right)_s,\quad s=x,y,z.\end{aligned}\tag{3.5.22}$$

我们有

$$\begin{aligned}&d_*\left\|\partial_t\pi^n\right\|_m^2+\frac{1}{2}\partial_t\Big[\left(a^{-1}\sigma^{x,n+1},\sigma^{x,n+1}\right)_x\\&\quad+\left(a^{-1}\sigma^{y,n+1},\sigma^{y,n+1}\right)_y+\left(a^{-1}\sigma^{z,n+1},\sigma^{z,n+1}\right)_z\Big]\\&\leqslant\left((d(c^{n+1})-d(C^n))\tilde{p}_t^{n+1},\partial_t\pi^n\right)_m-\left(d(c^{n+1})\frac{\partial\eta^{n+1}}{\partial t},\partial_t\pi^n\right)_m\\&\quad+\left(d(C^n)(\tilde{p}_t^{n+1}-\partial_t\tilde{P}^n),\partial_t\pi^n\right)_m\\&=T_1+T_2+T_3.\end{aligned}\tag{3.5.23}$$

由引理 3.5.1 可得

$$|T_1+T_2+T_3|\leqslant\varepsilon\left\|\partial_t\pi^n\right\|_m^2+K\left\{\left\|\xi^n\right\|_m^2+h_p^4+(\Delta t)^2\right\}.\tag{3.5.24}$$

对估计式 (3.5.23) 的右端应用式 (3.5.24) 可得

$$\left\|\partial_t\pi^n\right\|_m^2+\partial_t\sum_{s=x,y,z}\left(a^{-1}\sigma^{s,n},\sigma^{s,n}\right)_s\leqslant\varepsilon\left\|\partial_t\pi^n\right\|_m^2+K\left\{\left\|\xi^n\right\|_m^2+h_p^4+(\Delta t)^2\right\}.\tag{3.5.25}$$

下面讨论饱和度方程 (3.5.2) 的误差估计. 为此将式 (3.5.11a) 和式 (3.5.11b) 分别减去 $t=t^{n+1}$ 时刻的式 (3.5.19a) 和式 (3.5.19b),

$$\begin{aligned}&\left(\varphi\frac{C^{n+1}-C^n}{\Delta t},v\right)_m+\left(\nabla\cdot\mathbf{G}^{n+1},v\right)_m\\&\quad+\left(B(C^n)\frac{P^{n+1}-P^n}{\Delta t},v\right)_m+\left(\sum_{s=x,y,z}D_s\alpha_z^{s,n+1},v\right)_m\\&=\left(q_pC^{n+1}+q_Ic_I^{n+1}-q_pc^{n+1}-q_Ic_I^{n+1}+\varphi\frac{\partial c^{n+1}}{\partial t}\right.\\&\quad\left.+B(c^{n+1})\frac{\partial p^{n+1}}{\partial t}+\nabla\cdot\mathbf{g}^{n+1},v\right)_m,\quad\forall v\in S_h^{n+1},\end{aligned}\tag{3.5.26a}$$

$$\left(\bar{\alpha}_z^{x,n+1},w^x\right)_x+\left(\bar{\alpha}_z^{y,n+1},w^y\right)_y+\left(\bar{\alpha}_z^{z,n+1},w^z\right)_z$$

$$=\left(\xi_c^{n+1},\sum_{s=x,y,z}D_s w^s\right)_m=0,\quad \forall \mathbf{w}\in V_h^{n+1}, \tag{3.5.26b}$$

$$\left(\alpha_z^{x,n+1},w^x\right)_x+\left(\alpha_z^{y,n+1},w^y\right)_y+\left(\alpha_z^{z,n+1},w^z\right)_z$$

$$=(D(\mathbf{U}^{n+1})\bar{\mathbf{Z}}^{n+1}-D(\mathbf{u}^{n+1})\bar{\bar{\mathbf{Z}}}^{n+1},\mathbf{w})=0,\quad \forall \mathbf{w}\in V_h^{n+1}, \tag{3.5.26c}$$

在 (3.5.26a) 取 $v=\xi_c^{n+1}$, 在 (3.5.26b) 中取 $\mathbf{w}=\alpha_z^{n+1}$, 在 (3.5.26c) 中取 $\mathbf{w}=\bar{\alpha}_z^{n+1}$, 将 (3.5.26a) 和 (3.5.26b) 相加, 再减去 (3.5.26c), 经整理可得

$$\begin{aligned}&\left(\varphi\frac{\xi_c^{n+1}-\xi_c^n}{\Delta t},\xi_c^n\right)_m+(\nabla\cdot(\mathbf{G}^{n+1}-\mathbf{g}^{n+1}),\xi_c^{n+1})_m\\
=&(q_p\xi_c^{n+1},\xi_c^{n+1})_m+\left(q_p\zeta_c^{n+1}-\varphi\frac{\zeta_c^{n+1}-\zeta_c^n}{\Delta t},\xi_c^{n+1}\right)_m\\
&+\left(\varphi\left(\frac{\partial c^{n+1}}{\partial t}-\frac{c^{n+1}-c^n}{\Delta t}\right),\xi_c^{n+1}\right)_m\\
&+\left(B(c^{n+1})\frac{\partial p^{n+1}}{\partial t}-B(C^n)\frac{P^{n+1}-P^n}{\Delta t},\xi_c^{n+1}\right)_m\\
&-(D(\mathbf{U}^{n+1})\bar{\alpha}_z^{n+1},\bar{\alpha}_z^{n+1})+([D(\mathbf{u}^{n+1})-D(\mathbf{U}^{n+1})]\bar{\bar{\mathbf{Z}}}^{n+1},\bar{\alpha}_z^{n+1}).\end{aligned} \tag{3.5.27}$$

上式可改写为

$$\begin{aligned}&\left(\varphi\frac{\xi_c^{n+1}-\xi_c^n}{\Delta t},\xi_c^n\right)_m+(D(\mathbf{U}^{n+1})\bar{\alpha}_z^{n+1},\bar{\alpha}_z^{n+1})\\
=&-(\nabla\cdot(\mathbf{G}^{n+1}-\mathbf{g}^{n+1}),\xi_c^{n+1})_m+(q_p\xi_c^{n+1},\xi_c^{n+1})_m\\
&+(q_p\zeta_c^{n+1},\xi_c^{n+1})_m+\left(\varphi\left(\frac{\partial c^{n+1}}{\partial t}-\frac{c^{n+1}-c^n}{\Delta t}\right),\xi_c^{n+1}\right)_m\\
&+\left(B(c^{n+1})\frac{\partial p^{n+1}}{\partial t}-B(C^n)\frac{P^{n+1}-P^n}{\Delta t},\xi_c^{n+1}\right)_m\\
&+([D(\mathbf{u}^{n+1})-D(\mathbf{U}^{n+1})]\bar{\bar{\mathbf{Z}}}^{n+1},\bar{\alpha}_z^{n+1})\\
&-\left(\varphi\frac{\zeta_c^{n+1}-\zeta_c^n}{\Delta t},\xi_c^{n+1}\right)_m=T_1+T_2+\cdots+T_7.\end{aligned} \tag{3.5.28}$$

首先估计 (3.5.28) 的左端项.

$$\left(\varphi\frac{\xi_c^{n+1}-\xi_c^n}{\Delta t},\xi_c^{n+1}\right)_m\geqslant\frac{1}{2\Delta t}\{(\varphi\xi_c^{n+1},\xi_c^{n+1})_m-(\varphi\xi_c^n,\xi_c^n)_m\}, \tag{3.5.29a}$$

$$(D(\mathbf{U}^{n+1})\bar{\alpha}_z^{n+1},\bar{\alpha}_z^{n+1})\geqslant D_*|||\bar{\alpha}_z^{n+1}|||^2. \tag{3.5.29b}$$

对误差方程 (3.5.28) 右端第一项进行估计.

$$-(\nabla\cdot(\mathbf{G}^{n+1}-\mathbf{g}^{n+1}),\xi_c^{n+1})_m=(\mathbf{G}^{n+1}-\mathbf{g}^{n+1},\nabla\xi_c^{n+1})_m$$

$$\leqslant \varepsilon|||\bar{\alpha}_z^{n+1}|||^2 + K||\mathbf{G}^{n+1} - \mathbf{g}^{n+1}||_m^2. \quad (3.5.30)$$

记 σ 是单元剖分的一个公共面, γ_l 代表 σ 的单位法向量, X_l 是此面的重心, 于是有

$$\int_\sigma \mathbf{g}^{n+1} \cdot \gamma_l = \int_\sigma c^{n+1}(\mathbf{u}^{n+1} \cdot \gamma_l) ds. \quad (3.5.31a)$$

由于 $\mathbf{g}^{n+1}$ 满足正则性条件 (R), 由积分中值定理

$$\begin{aligned}
&\frac{1}{\text{mes}(\sigma)} \int_\sigma (\mathbf{G}^{n+1} - \mathbf{g}^{n+1}) \cdot \gamma_l \\
&= C_e^{n+1}(\mathbf{U}^{n+1} \cdot \gamma_l)(X_l) - c^{n+1}(\mathbf{u}^{n+1} \cdot \gamma_l)(X_l) + O(h_c) \\
&= (C_e^{n+1} - c^{n+1}(X_l))(\mathbf{U}^{n+1} \cdot \gamma_l)(X_l) \\
&\quad + c^{n+1}(X_l)((\mathbf{U}^{n+1} - \mathbf{u}^{n+1}) \cdot \gamma_l)(X_l) + O(h_c).
\end{aligned} \quad (3.5.31b)$$

由 c^{n+1} 的正则性、引理 3.1.4 和文献 [14,25] 得知

$$|C_e^{n+1} - c^{n+1}(X_l)| \leqslant |\xi_c^{n+1}| + O(h_c), \quad (3.5.31c)$$

$$|\mathbf{U}^{n+1} - \mathbf{u}^{n+1}| \leqslant K|\xi_c^{n+1}| + O(h_c). \quad (3.5.31d)$$

由 (3.5.31), 可得

$$||\mathbf{G}^{n+1} - \mathbf{g}^{n+1}||_m^2 \leqslant K\{||\xi_c^{n+1}||_m^2 + h_c^2\}. \quad (3.5.32)$$

于是对 (3.5.28) 右端逐项有估计式

$$|T_1| = |(\mathbf{G}^{n+1} - \mathbf{g}^{n+1}, \nabla\xi_c^{n+1})_m| \leqslant \varepsilon|||\bar{\alpha}_z^{n+1}|||^2 + K\{||\xi_c^{n+1}||_m^2 + h_c^2\}, \quad (3.5.33a)$$

$$|T_2 + T_3 + T_4| \leqslant K\left\|\frac{\partial^2 c}{\partial t^2}\right\|_{L^2(t^n,t^{n+1};m)}^2 \Delta t + K\{||\xi_c^{n+1}||_m^2 + h_c^4\}, \quad (3.5.33b)$$

$$|T_5| \leqslant \varepsilon||\partial_t \pi^n||_m^2 + K\left\|\frac{\partial^2 p}{\partial t^2}\right\|_{L^2(t^n,t^{n+1};m)}^2 \Delta t + K\{||\xi_c^{n+1}||_m^2 + ||\xi_c^n||_m^2 + (\Delta t)^2\}. \quad (3.5.33c)$$

对于 T_6, 应用 (3.5.20), (3.5.24) 和引理 3.1.4 可得

$$|T_6| \leqslant \varepsilon|||\,\bar{\alpha}_z^{n+1}\,|||^2 + K\left\{\left\|\frac{\partial^2 \mathbf{u}}{\partial t^2}\right\|_{L^2(t^n,t^{n+1};m)}^2 + h_p^4 + ||\xi_c^{n+1}||_m^2\right\}, \quad (3.5.33d)$$

将 (3.5.29), (3.5.33) 和 (3.5.25) 代入误差估计方程 (3.5.28), 并运用 (3.5.25), 可得

$$\frac{1}{2\Delta t}\{||\varphi^{1/2}\xi_c^{n+1}||_m^2 - ||\varphi^{1/2}\xi_c^n||_m^2\} + \frac{D_*}{2}|||\bar{\alpha}_z^{n+1}|||^2$$

$$\leqslant \varepsilon\|\partial_t \pi^n\|_m^2 + K\left\{\left\|\frac{\partial^2 c}{\partial t^2}\right\|^2_{L^2(t^n,t^{n+1};m)} + \left\|\frac{\partial^2 p}{\partial t^2}\right\|^2_{L^2(t^n,t^{n+1};m)} + \left\|\frac{\partial^2 \mathbf{u}}{\partial t^2}\right\|^2_{L^2(t^n,t^{n+1};m)}\right\}\Delta t$$

$$+ K\{\|\xi_c^{n+1}\|_m^2 + \|\xi_c^n\|_m^2 + h_p^4 + h_c^2 + (\Delta t)^2\} - \left(\varphi\frac{\zeta_c^{n+1}-\zeta_c^n}{\Delta t}, \xi_c^{n+1}\right)_m. \tag{3.5.34}$$

对式 (3.5.34) 两端同乘以 $2\Delta t$, 并对 n 求和 $(0 \leqslant n \leqslant L-1)$, 注意到 $\xi_c^0 = 0$, 可得

$$\|\varphi^{1/2}\xi_c^L\|_m^2 + \sum_{n=0}^{L}|||\bar{\alpha}_z^n|||^2\Delta t$$

$$\leqslant \varepsilon\sum_{n=0}^{L}\|\partial_t\pi^n\|_m^2\Delta t + K\{h_p^4 + h_c^2 + (\Delta t)^2\}$$

$$+ K\sum_{n=1}^{L}\|\xi_c^n\|_m^2\Delta t - 2\sum_{n=0}^{L-1}\left(\varphi\frac{\zeta_c^{n+1}-\zeta_c^n}{\Delta t}, \xi_c^{n+1}\right)_m\Delta t. \tag{3.5.35}$$

注意到估计式 (3.5.35) 最后一项, 应分别就网格不变和变动两种情况来分析, 即

$$-2\sum_{n=0}^{L-1}\left(\varphi\frac{\zeta_c^{n+1}-\zeta_c^n}{\Delta t}, \xi_c^{n+1}\right)_m\Delta t$$

$$= -2\sum_{n=n'}\left(\varphi\frac{\zeta_c^{n+1}-\zeta_c^n}{\Delta t}, \xi_c^{n+1}\right)_m\Delta t - 2\sum_{n=n''}\left(\varphi\frac{\zeta_c^{n+1}-\zeta_c^n}{\Delta t}, \xi_c^{n+1}\right)_m\Delta t. \tag{3.5.36a}$$

对 $n = n'$ 为网格不变的情况, 有

$$-2\sum_{n=n'}\left(\varphi\frac{\zeta_c^{n+1}-\zeta_c^n}{\Delta t}, \xi_c^{n+1}\right)_m\Delta t \leqslant Kh_c^4 + \varepsilon\sum_{n=1}^{L}\|\varphi\xi_c^{n+1}\|^2\Delta t. \tag{3.5.36b}$$

对 $n = n''$ 为网格变动的情况, 有

$$(\varphi\zeta_c^{n''}, \xi_c^{n''})_{\bar{m}} = 0. \tag{3.5.36c}$$

假设网格变动至多 $\bar{M}$ 次, 且有 $\bar{M} \leqslant M^*$, 此处 $\bar{M}$ 是不依赖于 h 和 Δt 的正常数, 那么由 (3.5.36) 和引理 3.5.1 可得

$$-2\sum_{n=0}^{L-1}\left(\varphi\frac{\zeta_c^{n+1}-\zeta_c^n}{\Delta t}, \xi_c^{n+1}\right)_m\Delta t$$

$$\leqslant K(M^*h_c)^2 + Kh_c^4 + \frac{1}{4}\|\varphi^{1/2}\xi_c^L\|^2 + \varepsilon\sum_{n=0}^{L-1}\|\xi_c^{n+1}\|^2\Delta t. \tag{3.5.37}$$

将 (3.5.36), (3.5.37) 代回 (3.5.35), 可得

$$\|\varphi^{1/2}\xi_c^L\|_m^2 + \sum_{n=0}^{L}|||\bar{\alpha}^n|||^2\Delta t_c$$

$$\leqslant K\{h_p^4+h_c^2+(M^*h_c)^2+(\Delta t)^2\}+K\sum_{n=0}^{L-1}\|\xi_c^{n+1}\|^2\Delta t+\varepsilon\sum_{n=0}^{L-1}\|\partial_t\pi^n\|^2\Delta t. \quad (3.5.38)$$

对流动方程的估计式 (3.5.25) 同样乘以 Δt, 并对 n 求和 $(0\leqslant n\leqslant L-1)$, 注意到 $\sigma^0=0$, 可得

$$|||\sigma^L|||^2+\sum_{n=0}^{L-1}\|\partial_t\pi^n\|_m^2\Delta t\leqslant K\left\{\sum_{n=0}^{L}\|\xi_c^n\|_m^2\Delta t+h_p^4+(\Delta t)^2\right\}. \quad (3.5.39)$$

组合估计式 (3.5.38) 和 (3.5.39) 可得

$$\begin{aligned}&|||\sigma^L|||^2+\sum_{n=0}^{L-1}\|\partial_t\pi^n\|_m^2\Delta t+\|\varphi^{1/2}\xi_c^L\|_m^2+\sum_{n=0}^{L}|||\,\bar{\alpha}_z^n\,|||^2\Delta t\\ \leqslant\ &K\left\{\sum_{n=0}^{L}\|\xi_c^n\|_m^2\Delta t+h_p^4+h_c^2+(M^*h_c)^2+(\Delta t)^2\right\}. \end{aligned} \quad (3.5.40)$$

应用离散形式 Gronwall 引理可得

$$\begin{aligned}&|||\sigma^L|||^2+\sum_{n=0}^{L-1}\|\partial_t\pi^n\|_m^2\Delta t+\|\xi_c^L\|_m^2+\sum_{n=0}^{L}|||\,\bar{\alpha}_z^n\,|||^2\Delta t\\ \leqslant\ &K\{h_p^4+h_c^2+(M^*h_c)^2+(\Delta t)^2\}. \end{aligned} \quad (3.5.41)$$

对 $\pi^L\in S_h$, 利用对偶方法进行估计[26,27], 为此考虑下述椭圆问题:

$$\nabla\cdot\omega=\pi^{L+1},\quad X=(x,y,z)^{\mathrm{T}}\in\Omega, \quad (3.5.42a)$$

$$\omega=\nabla p,\quad X\in\Omega, \quad (3.5.42b)$$

$$\omega\cdot\nu=0,\quad X\in\partial\Omega. \quad (3.5.42c)$$

由问题的正则性, 有

$$\sum_{s=x,y,z}\left\|\frac{\partial\omega^s}{\partial s}\right\|_m^2\leqslant K\|\pi^L\|_m^2. \quad (3.5.43)$$

设 $\tilde{\omega}\in V_h$ 满足

$$\left(\frac{\partial\,\tilde{\omega}^s}{\partial s},v\right)_m=\left(\frac{\partial\omega^s}{\partial s},v\right)_m,\quad \forall v\in S_h, s=x,y,z. \quad (3.5.44a)$$

这样定义的 $\tilde{\omega}$ 是存在的, 且有

$$\sum_{s=x,y,z}\left\|\frac{\partial\tilde{\omega}^s}{\partial s}\right\|_m^2\leqslant\sum_{s=x,y,z}\left\|\frac{\partial\omega^s}{\partial s}\right\|_m^2. \quad (3.5.44b)$$

应用引理 3.1.4, 式 (3.5.42), (3.5.43) 和 (3.5.21) 可得

$$\begin{aligned}||\pi^L||_m^2 &= (\pi^L, \nabla\omega) = (\pi^L, D_x\tilde{\omega}^x + D_y\tilde{\omega}^y + D_z\tilde{\omega}^z)_m \\ &= \sum_{s=x,y,z}(a^{-1}\sigma^{s,L}, \tilde{\omega}^s)_s \leqslant K|||\tilde{\omega}|||\cdot|||\sigma^L|||.\end{aligned} \tag{3.5.45}$$

由引理 3.1.4, (3.5.43), (3.5.44) 可得

$$|||\tilde{\omega}|||^2 \leqslant \sum_{s=x,y,z}||D_s\tilde{\omega}^s||_m = \sum_{s=x,y,z}\left|\left|\frac{\partial\tilde{\omega}^s}{\partial s}\right|\right|_m^2 \leqslant \sum_{s=x,y,z}\left|\left|\frac{\partial\omega^s}{\partial s}\right|\right|_m^2 \leqslant K||\pi^L||_m^2. \tag{3.5.46}$$

将式 (3.5.46) 代入式 (3.5.45), 并利用误差估计式 (3.5.41) 可得

$$||\pi^{L+1}||_m^2 \leqslant K\{h_p^4 + h_c^2 + (M^*h_c)^2 + (\Delta t)^2\}. \tag{3.5.47}$$

综合估计式 (3.5.41), (3.5.47) 和引理 3.5.1, 可以建立下述迎风变网格混合体积元方法的收敛性定理.

定理 3.5.3 对问题 (3.5.1)—(3.5.5) 假定其精确解满足正则性条件 (R), 且其系数满足正定性条件 (C), 采用迎风变网格混合体积元格式 (3.5.9), (3.5.11) 逐层求解. 网格任意变动, 至多变动 $\bar{M}$ 次, $\bar{M} \leqslant M^*$. 则下述误差估计式成立:

$$\begin{aligned}&||p-P||_{\bar{L}^\infty(J;m)} + ||\partial_t(p-P)||_{\bar{L}^2(J;m)} + ||\mathbf{u}-\mathbf{U}||_{\bar{L}^\infty(J;V)} \\ &\quad + ||c-C||_{\bar{L}^\infty(J;m)} + ||\bar{\mathbf{z}}-\bar{\mathbf{Z}}||_{\bar{L}^2(J;V)} \\ &\leqslant \hat{M}^*\{h_p^2 + h_c + M^*h_c + \Delta t\},\end{aligned} \tag{3.5.48}$$

此处 $||g||_{\bar{L}^\infty(J;X)} = \sup\limits_{n\Delta t\leqslant T}||g^n||_X$, $||g||_{\bar{L}^2(J;X)} = \sup\limits_{L\Delta t\leqslant T}\left\{\sum\limits_{n=0}^{L}||g^n||_X^2\,\Delta t\right\}^{1/2}$, 常数 $\hat{M}^*$ 依赖于函数 p, c 及其导函数.

3.5.5 数值算例

在这一节中使用上面的方法考虑简化的油水驱动问题, 假设压力、速度已知, 只考虑对流占优的饱和度方程

$$\frac{\partial c}{\partial t} + c_x - ac_{xx} = f, \tag{3.5.49}$$

其中 $a = 1.0\times10^{-4}$, 对流占优, $t \in \left(0, \frac{1}{2}\right)$, $x \in [0,\pi]$. 问题的精确解为 $c = \exp(-0.05t)(\sin(x-t))^{20}$, 选择右端 f 使方程 (3.5.49) 成立.

此函数在区间 $[1.5, 2.5]$ 之间有尖峰 (图 3.5.1), 并且随着时间的变化而发生变化. 若采取一般的有限元方法会产生数值振荡. 我们采取迎风混合体积元方法, 同时应用前面的网格变动来近似此方程, 进行一次网格变化, 可以得到较理想的结果, 没有数值振荡和弥散 (图 3.5.2). 图 3.5.3 是采取一般有限元方法近似此对流占优方程所产生的振荡图.

由图 3.5.1—图 3.5.3 可以看出, 使用本节的方法可以很好地逼近精确解, 而一般的方法对于对流占优的扩散方程有一定的局限性. 表 3.5.1 给出了网格变动与网格固定时的比较, 表 3.5.1 中的 L^2 表示在时间 $t = 1/2$ 时误差的 L^2 模, STATIC 代表网格固定不动时的迎风混合体积元方法, MOVE 代表网格发生变动时的迎风混合体积元方法. 数值结果表明基于网格变动的迎风混合体积元方法可以很好地逼近对流占优的扩散方程, 具有一阶的收敛精度, 与理论证明一致. 具体数值可以参见表 3.5.1 (当 $t = 1/2$ 时).

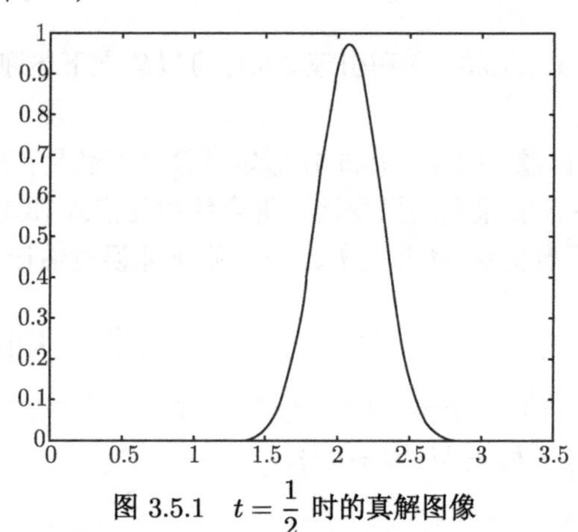

图 3.5.1　$t = \frac{1}{2}$ 时的真解图像

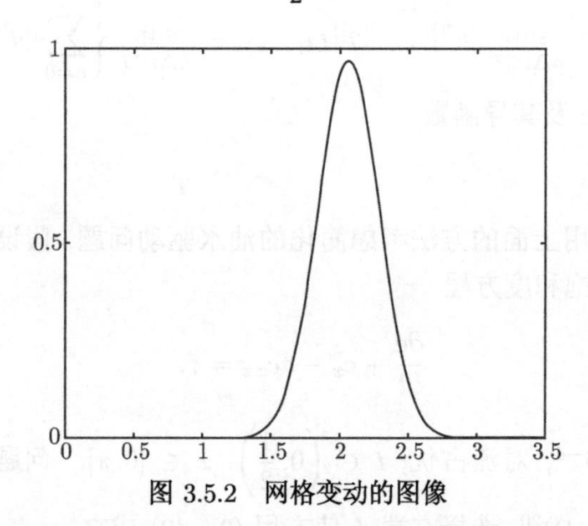

图 3.5.2　网格变动的图像

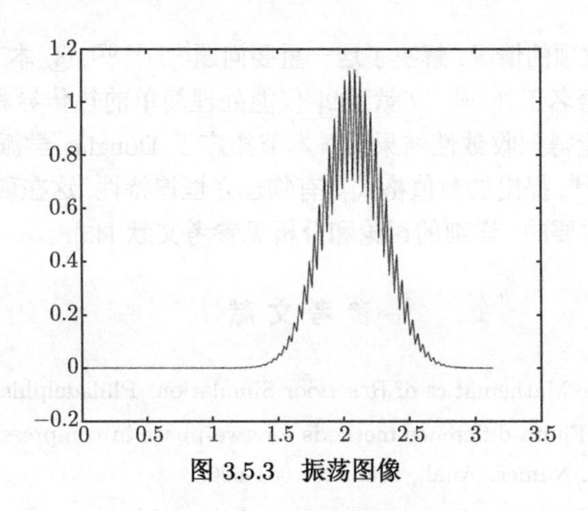

图 3.5.3 振荡图像

表 3.5.1 数值结果

h		$\pi/60$	$\pi/80$	$\pi/100$	$\pi/120$
STATIC	L^2	7.70e − 003	3.89e − 003	2.11e − 003	1.23e − 003
MOVE	L^2	1.59e − 003	5.5064e − 004	1.6198e − 004	2.8174e − 005

注 实际的计算过程显示, 当时间步长与空间步长没有关系时, 所有数值结果不理想. 但当时间步长和空间步长阶数相当时所得结果最好, 这与理论结果定理 3.5.3 相吻合.

3.5.6 总结和讨论

本节研究三维多孔介质中可压缩可混溶渗流驱动问题, 提出一类混合体积元-迎风变网格混合体积元方法. 3.5.1 小节是引言部分, 叙述和分析问题的数学模型、物理背景以及国内外研究概况. 3.5.2 小节提出混合体积元-迎风变网格混合体积元程序, 对流动方程采用具有守恒性质的混合体积元离散, 对 Darcy 速度提高了一阶精确度. 对饱和度方程采用基于变网格的具有守恒性质的迎风混合体积元求解, 对流部分采用迎风格式处理, 扩散部分采用混合体积元离散, 用变网格技术处理油水前沿锋面的精确计算, 大大提高了数值计算的稳定性和精确度. 3.5.3 小节讨论了格式具有质量守恒律这一物理特性, 这在油藏数值模拟计算中是十分重要的. 3.5.4 小节是收敛性分析, 应用微分方程先验估计理论和特殊技巧, 得到了最佳阶误差估计结果. 3.5.5 小节给出数值算例, 支撑了理论分析, 并指明本节所提出的方法在实际问题是切实可行和高效的. 本节有如下特征: ① 本节格式考虑了流体的压缩性且具有物理守恒律特征, 这点在油藏数值模拟是极其重要的, 特别是化学采油数值模拟计算; ② 由于组合地应用混合体积元、变网格和迎风混合体积元, 它具有高精度和高稳定性的特征, 特别适用于三维复杂区域大型数值模拟的工程实际计算; ③ 它拓广了经典的可压缩两相渗流驱动问题在数值分析时, 仅能考虑分子扩散项, 不能同时考虑机械弥散项的情况, 解决了这一重要问题[1-5,34,37]; ④ 本节拓广了 Dawson 等关于变网格的著名工作[32], 文献 [32] 仅能处理简单的热传导和对流-扩散问题, 在特殊条件下才能得到收敛性结果; ⑤ 本节拓广了 Douglas 学派经典的油藏数值模拟方法[1,2,21,24,34], 提出的数值格式具有物理守恒律特性, 这在现代强化采油数值模拟计算是十分重要的. 详细的讨论和分析见参考文献 [45].

参 考 文 献

[1] Ewing R E. The Mathematics of Reservior Simulation. Philadelphia: SIAM, 1983.

[2] Douglas J, Jr. Finite difference methods for two-phase in compressible flwo in porous media. SIAM J. Numer. Anal., 1983, 20: 681-696.

[3] Russell T F. Time stepping along characteristics with incomplete interaction for a Galerkin approximation of miscible displacement in porous media. SLAM J. Numer. Anal., 1985, 22(5): 970-1013.

[4] Ewing R E, Russell T F, Wheeler M F. Convergence analysis of an approximation of miscible displacement in porous media by mixed finite elements and a modified method of characteristics. Comput. Methods Appl. Mech. Engrg., 1984, 47(1/2): 73-92.

[5] Douglas J, Jr, Yuan Y R. Numerical simulation of immiscible flow in porous media based on combining the method of characteristics with mixed finite element procedure. Numerical Simulation in Oil Rewvery. New York: Springer-Berlag, 1986: 119-132.

[6] 袁益让. 能源数值模拟方法的理论和应用. 北京: 科学出版社, 2013.

[7] Dawson C N, Russell T F, Wheeler M F. Some improved error estimates for the modified method of characteristics. SIAM J. Numer. Anal., 1989, 26(6): 1487-1512.

[8] Cai Z. On the finite volume element method. Numer. Math., 1991, 58(1): 713-735.

[9] 李荣华, 陈仲英. 微分方程广义差分方法. 长春: 吉林大学出版社, 1994.

[10] Raviart P A, Thomas J M. A mixed finite element method for second order elliptic problems//Mathematical Aspects of the Finite Element Method. Lecture Notes in Mathematics, 606. New York: Springer, 1977.

[11] Douglas J, Jr, Ewing R E, Wheeler M F. Approximation of the pressure by a mixed method in the simulation of miscible displacement. RAIRO Anal. Numer., 1983, 17(1): 17-33.

[12] Douglas J, Jr, Ewing R E, Wheeler M F. A time-discretization procedure for a mixed finite element approximation of miscible displacement in porous media. RAIRO Anal. Numer., 1983, 17(3): 249-265.

[13] Russell T F. Rigorous block-centered discritization on inregular grids: Improved simulation of complex reservoir systems. Project Report, Research Comporation, Tulsa, 1995.

[14] Weiser A, Wheeler M F. On convergence of block-centered finite differences for elliptic problems. SIAM J Numer Anal., 1988, 25(2): 351-375.

[15] Jones J E. A mixed volume method for accurate computation of fluid velocities in porous media. Ph. D. Thesis. University of Colorado, Denver, Co. 1995.

[16] Cai Z, Jones J E, McCormilk S F, Russell T F. Control-volume mixed finite element methods. Comput. Geosci., 1997, 1(3): 289-315.

[17] Chou S H, Kawk D Y, Vassileviki P. Mixed covolume methods on rectangular grids for elliptic problem. SIAM J. Numer. Anal., 2000, 37: 758-771.

[18] Chou S H, Kawk D Y, Vassileviki P. Mixed covolume methods for elliptic problems on trianglar grids. SIAM J. Numer. Anal., 1998, 35: 1850-1861.

[19] Chou S H, Vassileviki P. A general mixed covolume frame work for constructing conservative schemes for elliptic problems. Math. Comp., 2003, 12: 150-161.

[20] Rui H X, Pan H. A block-centered finite difference method for the Darcy-Forchheimer Model. SIAM J. Numer. Anal., 2012, 50(5): 2612-2631.

[21] Pan H, Rui H X. Mixed element method for two-dimensional Darcy-Forchheimer model. J. of Scientific Computing, 2012, 52(3): 563-587.

[22] Yuan Y R, Liu Y X, Li C F, Sun T J, Ma L Q. Analysis on block-centered finite differences of numerical simulation of semiconductor detector. Appl., Math. Comput., 2016, 279: 1-15.

[23] Yuan Y R, Yang Q, Li C F, Sun T J. Numerical method of mixed finite volume-modified upwind fractional step difference for three-dimensional semiconductor device transient behavior problems. Acta. Mathematica Scientia, 2017, 37B(1): 259-279.

[24] 沈平平, 刘明新, 汤磊. 石油勘探开发中的数学问题. 北京: 科学出版社, 2002.

[25] Arbogast T, Wheeler M F, Yotov I. Mixed finite elements for elliptic problems with tensor coefficients as cell-centered finite differences. SIAM J. Numer. Anal., 1997, 34(2): 828-852.

[26] Nitsche J. Lineare spline-funktionen und die methoden von Ritz für elliptische randwertprobleme. Arch. for Rational Mech. and Anal., 1970, 36: 348-355.

[27] 姜礼尚, 庞之垣. 有限元方法及其理论基础. 北京: 人民教育出版社, 1979.

[28] 袁益让, 程爱杰, 羊丹平. 油藏数值模拟的理论和矿场实际应用. 北京: 科学出版社, 2016.

[29] 袁益让, 宋怀玲, 李长峰, 孙同军. 油水二相渗流驱动问题的块中心方法和分析. 山东大学数学研究所科研报告, 2017. 7.

Yuan Y R, Song H L, Li C F, Sun T J. Block-centered upwind method for two-phase displacement and convergence analysis. 山东大学数学研究所科研报告, 2017. 7.

[30] Bramble J H, Ewing R E, Li G. Alternating direction multistep methods for parabolic problems-iterative stabilization. SIAM J. Numer. Anal., 1989, 26(4): 904-919.

[31] 袁益让, 宋怀玲, 李长峰, 孙同军. 油藏数值模拟的迎风块中心多步差分方法和分析. 山东大学数学研究所科研报告, 2017. 9.

Yuan Y R, Song H L, Li C F, Sun T J. Block-centered upwind multistep difference method and convergence analysis for numerical simulation of oil reservoir. Math. Meth. Appl. Sci., 2019, 42: 3289-3304.

[32] Dawson C N, Kirby R. Solution of parabolic equations by backward Euler-mixed finite element method on a dynamically changing mesh. SIAM J. Numer. Anal., 2000, 37(2): 423-442.

[33] 袁益让, 宋怀玲, 李长峰, 崔明荣. 油藏渗流力学数值模拟的迎风变网格块中心差分方法. 山东大学数学研究所科研报告, 2017. 10.

Yuan Y R, Song H L, Li C F, Cui M R. Block-centered upwind difference on changing meshes for numerical simulation of seepage flow. 山东大学数学研究所科研报告, 2017. 10.

[34] Douglas J, Jr, Roberts J E. Numerical methods for a model for compressible miscible displacement in porous media. Math. Comp., 1983, 41(164): 441-459.

[35] 袁益让. 多孔介质中完全可压缩可混溶驱动问题的特征-有限元方法. 计算数学, 1992, 14(4): 385-400.

[36] 袁益让. 在多孔介质中完全可压缩、可混溶驱动问题的差分方法. 计算数学, 1993, 15(1): 16-28.

[37] Ewing R E, Yuan Y R, Li G. Finite element for chemical-flooding simulation. Proceeding of the 7th International conference finite element method in flow problems. The University of Alabama in Huntsville, Huntsville, Alabama: UAHDRESS, 1989: 1264-1271.

[38] 袁益让, 羊丹平, 戚连庆, 等. 聚合物驱应用软件算法研究//冈秦麟. 化学驱油论文集. 北京: 石油工业出版社, 1998, 246-253.

[39] Yuan Y R. The characteristic finite element alternating direction method with moving meshes for nonlinear convection-dominated diffusion problems. Numer. Methods of Partial Differential Eq., 2005, 22: 661-679.

[40] Yuan Y R. The modified method of characteristics with finite element operator-splitting procedures for compressible multi-component displacement problem. J. Systerms Science and Complexity, 2003, 1: 30-45.

[41] Yuan Y R. The characteristic finite difference fractional steps method for compressible two-phase displacement problem. Science in China Series A, 1999, 1: 48-57.

[42] Yuan Y R. The upwind finite difference fractional steps methods for two-phase compressible flow in porous media. Numer Methods Partial Differential Eq., 2003, 19: 67-88.

[43] Ewing R E, Wheeler M F. Galerkin methods for miscible displacement problems with point sources and sinks-unit mobility ratio case. Proc. Special Year in Numerical Anal., Lecture Notes, 20, Univ. Maryland, College Park, 1981: 151-174.

[44] 袁益让, 李长峰, 宋怀玲. 三维可压缩二相渗流驱动问题的混合体积元-迎风混合体积元方

法及分析. 山东大学数学研究所科研报告, 2017. 11.

Yuan Y R, Li C F, Song H L. Mixed finite volume element-upwind mixed volume element of compressible two-phase displacement and its numerical analysis. Journal of Computational and Applied Mathematics, 2020, 370, 112637.

[45] 袁益让, 宋怀玲, 李长峰. 可压缩混溶渗流驱动问题的迎风网格变动的混合体积元方法. 山东大学数学研究所科研报告, 2017. 12.

Yuan Y R, Song H L, Li C F, Sun T J. An upwind-mixed volume element method on changing meshes for compressible miscible displacement problem. 山东大学数学研究所科研报告, 2017. 12.

第 4 章　热传导型半导体器件数值模拟的块中心方法

高维热传导型半导体器件瞬态问题数值模拟计算, 是现代信息科学与技术的重要手段和方法. 其数学模型是由四个方程组成的非线性偏微分方程组的初边值问题. 电场位势方程是椭圆型的, 电子和空穴浓度方程是对流-扩散型的, 温度方程是热传导型的. 电场位势通过电场强度在浓度方程和热传导方程中出现, 并控制着全过程. 我们应用现代油藏数值模拟中守恒律特征的块中心差分方法, 研究热传导型半导体器件瞬态问题的数值模拟计算和分析, 得到了系列研究成功. 本章共 3 节. 4.1 节讨论热传导型半导体问题的迎风块中心方法和分析. 4.2 节讨论热传导型半导体问题的迎风块中心多步方法和分析. 4.3 节讨论热传导型半导体问题的迎风变网格块中心差分方法.

4.1　热传导型半导体问题的迎风块中心差分方法和分析

4.1.1　引言

三维热传导型半导体瞬态问题的数值方法研究是信息科学数值模拟的基础, 其数学模型是由四个方程组成的非线性偏微分方程组的初边值问题. 电场位势方程是椭圆型的, 电子和空穴浓度方程是对流-扩散型的, 温度方程是热传导型的. 电场位势通过其电场强度控制浓度方程和热传导方程, 并控制着全过程, 和相应的边界和初始条件构成封闭系统. 三维空间区域 Ω 上的初边值问题如下[1-4]:

$$-\Delta\psi=\alpha(p-e+N(X)),\quad X=(x,y,z)^{\mathrm{T}}\in\Omega,\ \ t\in J=(0,\bar{T}],\tag{4.1.1}$$

$$\frac{\partial e}{\partial t}=\nabla\cdot[D_e(X)\nabla e-\mu_e(X)e\nabla\psi]-R_1(e,p,T),\quad (X,t)\in\Omega\times J,\tag{4.1.2}$$

$$\frac{\partial p}{\partial t}=\nabla\cdot[D_p(X)\nabla p+\mu_p(X)p\nabla\psi]-R_2(e,p,T),\quad (X,t)\in\Omega\times J,\tag{4.1.3}$$

$$\begin{aligned}\rho\frac{\partial T}{\partial t}-\Delta T=&\{(D_p(X)\nabla p+\mu_p(X)p\nabla\psi)-(D_e(X)\nabla e-\mu_e(X)e\nabla\psi)\}\\&\cdot\nabla\psi,(X,t)\in\Omega\times J,\end{aligned}\tag{4.1.4}$$

此处未知函数是电场位势 ψ 和电子、空穴浓度 e, p 以及温度函数 T. 方程 (4.1.1)—(4.1.4) 出现的系数均有正的上界和下界. $\alpha=q/\varepsilon$, 其中 q,ε 分别表示电子负荷和介电系数, 均为正常数. 扩散系数 $D_s(X), s=e,p$ 和迁移率 $\mu_s(X)$ 之间的关系是 $D_s(X)=U_T\mu_s(X)$, 此处 U_T 是热量伏特. $N(X)$ 是给定的函数, 等于 $N_D(X)-N_A(X)$, $N_D(X)$ 和 $N_A(X)$ 是施主和受主杂质浓度. 当 X 接近半导体 P-N 结时, $N(X)$ 的变化是非常快的. $R_i(e,p,T)(i=1,2)$ 是电子、空穴和温度影响下产生的复合率. $\rho(X)$ 是热传导系数. 在这里看到非均匀网格剖分在数值计算时是十分重要的[5,6].

初始条件:

$$e(X,0)=e_0(X), \quad p(X,0)=p_0(X), \quad T(X,0)=T_0(X), \quad X\in\Omega. \tag{4.1.5}$$

此处 $e_0(X), p_0(X), T_0(X)$ 均为正的已知函数.

本节重点研究第 2 类 (Neumann) 边界条件:

$$\left.\frac{\partial\psi}{\partial\gamma}\right|_{\partial\Omega}=\left.\frac{\partial e}{\partial\gamma}\right|_{\partial\Omega}=\left.\frac{\partial p}{\partial\gamma}\right|_{\partial\Omega}=\left.\frac{\partial T}{\partial\gamma}\right|_{\partial\Omega}=0, \quad t\in J, \tag{4.1.6}$$

此处 $\partial\Omega$ 为区域 Ω 的边界, γ 为 Ω 的边界 $\partial\Omega$ 的单位外法线方向.

我们还需要相容性条件和唯一性条件:

$$\int_\Omega [p-e+N]dX=0, \tag{4.1.7}$$

$$\int_\Omega \psi dX=0. \tag{4.1.8}$$

半导体器件瞬态问题的数值模拟对于半导体研制技术的发展具有重要的价值[5-8]. Gummel 于 1964 年提出用序列迭代法计算这类问题, 开创了半导体器件数值模拟这一新领域[9]. Douglas 等率先对一维、二维基本模型 (常系数、不考虑温度影响) 提出了便于实用的差分方法并应用于生产实际, 得到了严谨的理论分析成果[10,11]. 在此基础上, 本书作者研究了二维问题在变系数情况下的特征有限元方法[12], 并注意到在浓度方程中只出现电场强度 $-\nabla\psi$, 还研究了该问题的特征混合元方法, 得到了最优阶 H^1 和 L^2 估计[13,14]. 本书作者从生产实际出发, 研究了热传导对半导体器件的影响, 研究和分析了均匀网格剖分下三维热传导型半导体器件瞬态问题的特征差分方法[4].

我们注意到有限体积元法[15,16] 兼具有差分方法的简单性和有限元方法的高精度性, 并且保持单元质量守恒, 是求解偏微分方程的一种十分有效的数值方法. 混合元方法[17-19] 可以同时求解位势函数及其电场强度向量, 从而提高其一阶精确度. 论文 [20, 21] 将有限体积元和混合元结合, 提出了块中心数值方法的思想, 论文 [22, 23] 通过数值算例验证了这种方法的有效性. 论文 [24—26] 主要对椭圆问题给出块中心数值方法的收敛性估计等理论结果, 形成了块中心差分方法的一般框架. 芮洪兴等用此方法研究了非 Darcy 渗流的数值模拟计算问题[27,28]. 本书作者曾用此方法研究半导体问题, 均得到很好的结果, 但始终未能得到具有局部守恒律物理特征的数值模拟结果[29,30].

在上述工作的基础上, 我们对三维热传导型半导体器件瞬态问题提出一类迎风块中心差分数值方法. 对电场位势方程采用具有守恒律性质的块中心方法求解, 它对电场强度的计算提高了一阶精确度. 对浓度方程和热传导方程采用迎风块中心差分方法求解, 即对方程的扩散部分采用块中心方法离散, 对流部分采用迎风格式来处理. 这种方法适用于对流占优问题, 能消除数值弥散和非物理性振荡. 可以同时逼近浓度和温度函数及其伴随向量函数, 并且由于分片常数在检验函数空间中, 因此格式保持单元质量守恒. 这对半导体问题的数值模拟计算是十分重要的. 应用微分方程先验估计理论和特殊技巧, 得到了最优阶误差估计. 本节对一般对流-扩散方程做了数值试验, 进一步指明本节方法是一类切实可行高效的计算方法, 支撑了理论分析结果, 成功解决了这一重要问题[2,5-8]. 这项研究成果对半导体器件的数值模拟计算方法、应用软件研制和实际应用均有重要的价值.

假设问题 (4.1.1)—(4.1.8) 的精确解是正则的, 即满足

$$\text{(R)}\quad \begin{array}{l}\psi\in L^\infty(J;H^3(\Omega))\cap H^1(J;W^{4,\infty}(\Omega)),\quad e,p,T\in L^\infty\\ (J;H^3(\Omega))\cap H^2(J;W^{4,\infty}(\Omega)).\end{array}\tag{4.1.9}$$

其系数满足正定性条件:

$$\text{(C)}\quad \begin{array}{l}0<D_*\leqslant D_\delta(X)\leqslant D^*,\quad 0<\mu_*\leqslant\mu_\delta(X)\leqslant\mu^*,\\ (\delta=e,p),\quad 0<\rho_*\leqslant\rho(X)\leqslant\rho^*,\end{array}\tag{4.1.10}$$

此处 D_*, D^*, μ_*, μ^*, ρ_* 和 ρ^* 均为正常数. 方程的右端 $R_i(e,p,T)(i=1,2)$ 在 ε_0-邻域关于三个变量均是 Lipschitz 连续的, 即存在正常数 C, 当 $|\varepsilon_i|\leqslant\varepsilon_0(1\leqslant i\leqslant 6)$ 时有

$$\begin{aligned}&|R_i(e(X,t)+\varepsilon_1,p(X,t)+\varepsilon_2,T(X,t)+\varepsilon_3)\\ &\quad -R_i(e(X,t)+\varepsilon_4,p(X,t)+\varepsilon_5,T(X,t)+\varepsilon_6)|\\ &\leqslant K\left\{|\varepsilon_1-\varepsilon_4|+|\varepsilon_2-\varepsilon_5|+|\varepsilon_3-\varepsilon_6|\right\},\quad i=1,2.\end{aligned}\tag{4.1.11}$$

本节中记号 K 和 ε 分别表示普通正常数和普通小正数, 在不同处可具有不同的含义.

4.1.2 记号和引理

为了应用块中心-迎风块中心方法, 我们需要构造两套网格系统. 粗网格是针对

电场位势和电场强度的非均匀粗网格, 细网格是针对浓度和温度方程的非均匀细网格. 先讨论粗网格系统.

研究三维问题, 为简单起见, 设区域 $\Omega=\{[0,1]\}^3$, 用 $\partial\Omega$ 表示其边界. 定义剖分

$$\begin{aligned}
&\delta_x: 0=x_{1/2}<x_{3/2}<\cdots<x_{N_x-1/2}<x_{N_x+1/2}=1,\\
&\delta_y: 0=y_{1/2}<y_{3/2}<\cdots<y_{N_y-1/2}<y_{N_y+1/2}=1,\\
&\delta_z: 0=z_{1/2}<z_{3/2}<\cdots<z_{N_z-1/2}<z_{N_z+1/2}=1.
\end{aligned}$$

对 Ω 做剖分 $\delta_x\times\delta_y\times\delta_z$, 对于 $i=1,2,\cdots,N_x$; $j=1,2,\cdots,N_y$; $k=1,2,\cdots,N_z$. 记 $\Omega_{ijk}=\{(x,y,z)|x_{i-1/2}<x<x_{i+1/2},y_{j-1/2}<y<y_{j+1/2},z_{k-1/2}<z<z_{k+1/2}\}$, $x_i=(x_{i-1/2}+x_{i+1/2})/2$, $y_j=(y_{j-1/2}+y_{j+1/2})/2$, $z_k=(z_{k-1/2}+z_{k+1/2})/2$, $h_{x_i}=x_{i+1/2}-x_{i-1/2}$, $h_{y_j}=y_{j+1/2}-y_{j-1/2}$, $h_{z_k}=z_{k+1/2}-z_{k-1/2}$, $h_{x,i+1/2}=(h_{x_i}+h_{x_{i+1}})/2=x_{i+1}-x_i$, $h_{y,j+1/2}=(h_{y_j}+h_{y_{j+1}})/2=y_{j+1}-y_j$, $h_{z,k+1/2}=(h_{z_k}+h_{z_{k+1}})/2=z_{k+1}-z_k$, $h_x=\max\limits_{1\leqslant i\leqslant N_x}\{h_{x_i}\}$, $h_y=\max\limits_{1\leqslant j\leqslant N_y}\{h_{y_j}\}$, $h_z=\max\limits_{1\leqslant k\leqslant N_z}\{h_{z_k}\}$, $h_p=(h_x^2+h_y^2+h_z^2)^{1/2}$. 称剖分是正则的, 是指存在常数 $\alpha_1,\alpha_2>0$, 使得

$$\begin{aligned}
&\min_{1\leqslant i\leqslant N_x}\{h_{x_i}\}\geqslant\alpha_1 h_x,\quad \min_{1\leqslant j\leqslant N_y}\{h_{y_j}\}\geqslant\alpha_1 h_y,\\
&\min_{1\leqslant k\leqslant N_z}\{h_{z_k}\}\geqslant\alpha_1 h_z,\quad \min\{h_x,h_y,h_z\}\geqslant\alpha_2\max\{h_x,h_y,h_z\}.
\end{aligned}$$

特别指出的是, 此处 $\alpha_i(i=1,2)$ 是两个确定的正常数, 它与 Ω 的剖分 $\delta_x\times\delta_y\times\delta_z$ 有关.

图 4.1.1 表示对应于 $N_x=4,N_y=3,N_z=3$ 情况简单网格的示意图. 定义 $M_l^d(\delta_x)=\{f\in C^l[0,1]:f|_{\Omega_i}\in p_d(\Omega_i),i=1,2,\cdots,N_x\}$, 其中 $\Omega_i=[x_{i-1/2},x_{i+1/2}]$, $p_d(\Omega_i)$ 是 Ω_i 上次数不超过 d 的多项式空间, 当 $l=-1$ 时, 表示函数 f 在 $[0,1]$ 上可以不连续. 对 $M_l^d(\delta_y),M_l^d(\delta_z)$ 的定义是类似的. 记 $S_h=M_{-1}^0(\delta_x)\otimes M_{-1}^0(\delta_y)\otimes M_{-1}^0(\delta_z)$, $V_h=\{\mathbf{w}|\mathbf{w}=(w^x,w^y,w^z),w^x\in M_0^1(\delta_x)\otimes M_{-1}^0(\delta_y)\otimes M_{-1}^0(\delta_z),w^y\in M_{-1}^0(\delta_x)\otimes M_0^1(\delta_y)\otimes M_{-1}^0(\delta_z),w^z\in M_{-1}^0(\delta_x)\otimes M_{-1}^0(\delta_y)\otimes M_0^1(\delta_z),\mathbf{w}\cdot\gamma|_{\partial\Omega}=0\}$. 对函数 $v(x,y,z)$, 用 v_{ijk}, $v_{i+1/2,jk}$, $v_{i,j+1/2,k}$ 和 $v_{ij,k+1/2}$ 分别表示 $v(x_i,y_j,z_k)$, $v(x_{i+1/2},y_j,z_k)$, $v(x_i,y_{j+1/2},z_k)$ 和 $v(x_i,y_j,\ z_{k+1/2})$.

定义下列内积及范数:

$$(v,w)_{\bar{m}}=\sum_{i=1}^{N_x}\sum_{j=1}^{N_y}\sum_{k=1}^{N_z}h_{x_i}h_{y_j}h_{z_k}v_{ijk}w_{ijk},$$

$$(v,w)_x=\sum_{i=1}^{N_x}\sum_{j=1}^{N_y}\sum_{k=1}^{N_z}h_{x_{i-1/2}}h_{y_j}h_{z_k}v_{i-1/2,jk}w_{i-1/2,jk},$$

$$(v,w)_y=\sum_{i=1}^{N_x}\sum_{j=1}^{N_y}\sum_{k=1}^{N_z}h_{x_i}h_{y_{j-1/2}}h_{z_k}v_{i,j-1/2,k}w_{i,j-1/2,k},$$

$$(v,w)_z=\sum_{i=1}^{N_x}\sum_{j=1}^{N_y}\sum_{k=1}^{N_z}h_{x_i}h_{y_j}h_{z_{k-1/2}}v_{ij,k-1/2}w_{ij,k-1/2},$$

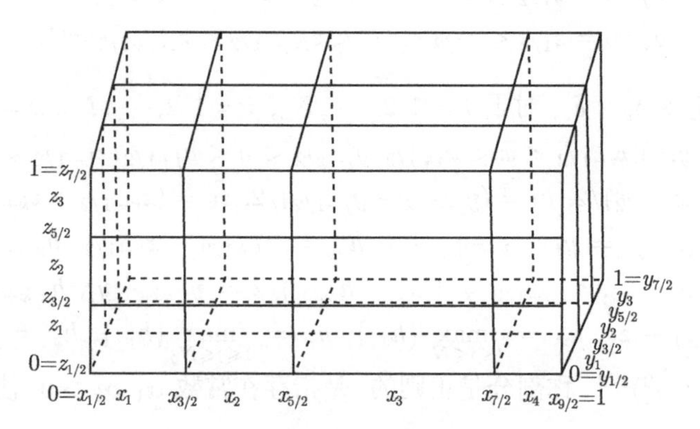

图 4.1.1 非均匀网格剖分示意图

$$||v||_s^2=(v,v)_s,\quad s=\bar{m},x,y,z,\quad ||v||_\infty=\max_{1\leqslant i\leqslant N_x,1\leqslant j\leqslant N_y,1\leqslant k\leqslant N_z}|v_{ijk}|,$$

$$||v||_{\infty(x)}=\max_{1\leqslant i\leqslant N_x,1\leqslant j\leqslant N_y,1\leqslant k\leqslant N_z}|v_{i-1/2,jk}|,$$

$$||v||_{\infty(y)}=\max_{1\leqslant i\leqslant N_x,1\leqslant j\leqslant N_y,1\leqslant k\leqslant N_z}|v_{i,j-1/2,k}|,$$

$$||v||_{\infty(z)}=\max_{1\leqslant i\leqslant N_x,1\leqslant j\leqslant N_y,1\leqslant k\leqslant N_z}|v_{ij,k-1/2}|.$$

当 $\mathbf{w}=(w^x,w^y,w^z)^{\mathrm{T}}$ 时, 记

$$|||\mathbf{w}|||=\left(||w^x||_x^2+||w^y||_y^2+||w^z||_z^2\right)^{1/2},$$

$$|||\mathbf{w}|||_\infty=||w^x||_{\infty(x)}+||w^y||_{\infty(y)}+||w^z||_{\infty(z)},$$

$$||\mathbf{w}||_{\bar{m}}=\left(||w^x||_{\bar{m}}^2+||w^y||_{\bar{m}}^2+||w^z||_{\bar{m}}^2\right)^{1/2},$$

$$||\mathbf{w}||_\infty=||w^x||_\infty+||w^y||_\infty+||w^z||_\infty.$$

设 $W_p^m(\Omega)=\left\{v\in L^p(\Omega)\left|\dfrac{\partial^n v}{\partial x^{n-l-r}\partial y^l\partial z^r}\in L^p(\Omega),n-l-r\geqslant 0,l=0,1,\cdots,\right.\right.$ $\left.n;r=0,1,\cdots,n;n=0,1,\cdots,m;0<p<\infty\right\}$. $H^m(\Omega)=W_2^m(\Omega)$, $L^2(\Omega)$ 的内积与范数分别为 $(\cdot,\cdot)$, $||\cdot||$, 对于 $v\in S_h$, 显然有

$$\|v\|_{\bar{m}}=\|v\|. \tag{4.1.12}$$

定义下列记号:

$$[d_xv]_{i+1/2,jk}=\frac{v_{i+1,jk}-v_{ijk}}{h_{x,i+1/2}},\quad [d_yv]_{i,j+1/2,k}=\frac{v_{i,j+1,k}-v_{ijk}}{h_{y,j+1/2}},$$
$$[d_zv]_{ij,k+1/2}=\frac{v_{ij,k+1}-v_{ijk}}{h_{z,k+1/2}};$$
$$[D_xw]_{ijk}=\frac{w_{i+1/2,jk}-w_{i-1/2,jk}}{h_{x_i}},\quad [D_yw]_{ijk}=\frac{w_{i,j+1/2,k}-w_{i,j-1/2,k}}{h_{y_j}},$$
$$[D_zw]_{ijk}=\frac{w_{ij,k+1/2}-w_{ij,k-1/2}}{h_{z_k}};$$
$$\hat{w}^x_{ijk}=\frac{w^x_{i+1/2,jk}+w^x_{i-1/2,jk}}{2},\quad \hat{w}^y_{ijk}=\frac{w^y_{i,j+1/2,k}+w^y_{i,j-1/2,k}}{2},$$
$$\hat{w}^z_{ijk}=\frac{w^z_{ij,k+1/2}+w^z_{ij,k-1/2}}{2},$$

以及 $\hat{\boldsymbol{w}}_{ijk}=(\hat{w}^x_{ijk},\hat{w}^y_{ijk},\hat{w}^z_{ijk})^{\mathrm{T}}$. 此处 $d_s(s=x,y,z)$, $D_s(s=x,y,z)$ 是差商算子, 它与方程 (4.1.2) 中的系数 D 无关. 记 L 是一个正整数, $\Delta t_s=T/L$, $t^n=n\Delta t_s$, v^n 表示函数在 t^n 时刻的值, $d_tv^n=(v^n-v^{n-1})/\Delta t_s$.

对于上面定义的内积和范数, 下述三个引理成立.

引理 4.1.1 对于 $v\in S_h$, $\mathbf{w}\in V_h$, 显然有

$$(v,D_xw^x)_{\bar{m}}=-(d_xv,w^x)_x,\quad (v,D_yw^y)_{\bar{m}}=-(d_yv,w^y)_y,\quad (v,D_zw^z)_{\bar{m}}=-(d_zv,w^z)_z. \tag{4.1.13}$$

引理 4.1.2 对于 $\mathbf{w}\in V_h$, 则有

$$\|\hat{\boldsymbol{w}}\|_{\bar{m}}\leqslant |||\mathbf{w}|||. \tag{4.1.14}$$

证明 事实上, 只要证明 $\|\hat{w}^x\|_{\bar{m}}\leqslant\|w^x\|_x$, $\|\hat{w}^y\|_{\bar{m}}\leqslant\|w^y\|_y$, $\|\hat{w}^z\|_{\bar{m}}\leqslant\|w^z\|_z$ 即可. 注意到

$$\begin{aligned}
&\sum_{i=1}^{N_x}\sum_{j=1}^{N_y}\sum_{k=1}^{N_z}h_{x_i}h_{y_j}h_{z_k}(\hat{w}^x_{ijk})^2\leqslant\sum_{j=1}^{N_y}\sum_{k=1}^{N_z}h_{y_j}h_{z_k}\sum_{i=1}^{N_x}\frac{(w^x_{i+1/2,jk})^2+(w^x_{i-1/2,jk})^2}{2}h_{x_i}\\
=&\sum_{j=1}^{N_y}\sum_{k=1}^{N_z}h_{y_j}h_{z_k}\left(\sum_{i=2}^{N_x}\frac{h_{x,i-1}}{2}(w^x_{i-1/2,jk})^2+\sum_{i=1}^{N_x}\frac{h_{x_i}}{2}(w^x_{i-1/2,jk})^2\right)\\
=&\sum_{j=1}^{N_y}\sum_{k=1}^{N_z}h_{y_j}h_{z_k}\sum_{i=2}^{N_x}\frac{h_{x,i-1}+h_{x_i}}{2}(w^x_{i-1/2,jk})^2\\
=&\sum_{i=1}^{N_x}\sum_{j=1}^{N_y}\sum_{k=1}^{N_z}h_{x,i-1/2}h_{y_j}h_{z_k}(w^x_{i-1/2,jk})^2.
\end{aligned}\tag{4.1.15}$$

从而有 $||\hat{w}^x||_{\bar{m}} \leqslant ||w^x||_x$, 对其余两项的估计是类似的.

引理 4.1.3 对于 $\mathbf{w} \in V_h$, 则有

$$||w^x||_x \leqslant ||D_x w^x||_{\bar{m}}, \quad ||w^y||_y \leqslant ||D_y w^y||_{\bar{m}}, \quad ||w^z||_z \leqslant ||D_z w^z||_{\bar{m}}. \tag{4.1.16}$$

证明 只要证明 $||w^x||_x \leqslant ||D_x w^x||_{\bar{m}}$, 其余是类似的. 注意到

$$w^x_{l+1/2,jk} = \sum_{i=1}^{l} \left(w^x_{i+1/2,jk} - w^x_{i-1/2,jk} \right) = \sum_{i=1}^{l} \frac{w^x_{i+1/2,jk} - w^x_{i-1/2,jk}}{h_{x_i}} h_{x_i}^{1/2} h_{x_i}^{1/2}.$$

由 Cauchy 不等式, 可得

$$\left(w^x_{l+1/2,jk} \right)^2 \leqslant x_l \sum_{i=1}^{N_x} h_{x_i} \left([D_x w^x]_{ijk} \right)^2.$$

对上式左、右两边同乘以 $h_{x,i+1/2} h_{y_j} h_{z_k}$, 并求和可得

$$\sum_{i=1}^{N_x} \sum_{j=1}^{N_y} \sum_{k=1}^{N_z} (w^x_{i-1/2,jk})^2 h_{x,i-1/2} h_{y_j} h_{z_k} \leqslant \sum_{i=1}^{N_x} \sum_{j=1}^{N_y} \sum_{k=1}^{N_z} \left([D_x w^x]_{ijk} \right)^2 h_{x_i} h_{y_j} h_{z_k}. \tag{4.1.17}$$

引理 4.1.3 得证.

对于细网格系统, 区域为 $\Omega = \{[0,1]\}^3$, 通常在上述粗网格的基础上再进行均匀细分, 一般取原网格步长的 $1/l$, 通常 l 为正整数, 其余记号不变, 此时 $h_s = h_\psi / l$.

4.1.3 迎风块中心差分方法程序

引入块中心方法处理思想, 将方程组 (4.1.1)—(4.1.4) 写成下述形式:

$$\nabla \cdot \mathbf{u} = \alpha(p - e + N), \quad X \in \Omega, t \in J, \tag{4.1.18a}$$

$$\mathbf{u} = -\nabla \psi, \quad X \in \Omega, t \in J. \tag{4.1.18b}$$

对浓度方程 (4.1.2), (4.1.3) 和温度方程 (4.1.4) 构造迎风块中心差分格式. 为此将其转变为散度形式, 记 $\mathbf{g}_r = \mu_r(X) r \mathbf{u}$, $\bar{\mathbf{z}}_r = -\nabla r$, $\mathbf{z}_r = D_r \bar{\mathbf{z}}_r$, $r = e, p$, $\mathbf{z}_T = -\nabla T$, 则有

$$\frac{\partial e}{\partial t} - \nabla \cdot \mathbf{g}_e + \nabla \cdot \mathbf{z}_e = -R_1(e,p,T), \quad X \in \Omega, t \in J, \tag{4.1.19}$$

$$\frac{\partial p}{\partial t} + \nabla \cdot \mathbf{g}_p + \nabla \cdot \mathbf{z}_p = -R_2(e,p,T), \quad X \in \Omega, t \in J, \tag{4.1.20}$$

$$\rho(X)\frac{\partial T}{\partial t}+\nabla\cdot\mathbf{z}_T=\{(\mathbf{z}_p+\mathbf{g}_p)-(\mathbf{z}_e-\mathbf{g}_e)\}\cdot\mathbf{u},\quad X\in\Omega,t\in J.\tag{4.1.21}$$

应用拓广的块中心方法[31,32]. 此方法不仅能得到对扩散流量 $\mathbf{z}_r(r=e,p)$, $\mathbf{z}_T$ 的近似, 同时得到对梯度 $\bar{\mathbf{z}}_r(r=e,p)$ 的近似.

设 Δt_ψ 是电场位势方程的时间步长, 第一步时间步长记为 $\Delta t_{\psi,1}$. 设 $0=t_0<t_1<\cdots<t_M=\bar{T}$ 是关于时间的一个剖分. 对于 $i\geqslant 1$, $t_i=\Delta t_{\psi,1}+(i-1)\Delta t_\psi$. 类似地, 记 $0=t^0<t^1<\cdots<t^N=\bar{T}$ 是浓度和热传导方程关于时间的一个剖分, $t^n=n\Delta t_s$, 此处 Δt_s 是浓度和热传导方程的时间步长. 我们假设对于任一 m, 都存在一个 n 使得 $t_m=t^n$, 这里 $\Delta t_\psi/\Delta t_s$ 是一个正整数. 记 $j^0=\Delta t_{\psi,1}/\Delta t_s$, $j=\Delta t_\psi/\Delta t_s$.

设 $\Psi,\mathbf{U},E,\mathbf{Z}_e,\bar{\mathbf{Z}}_e,P,\mathbf{Z}_p,\bar{\mathbf{Z}}_p,H$ 和 $\mathbf{Z}_T$ 分别为 $\psi,\mathbf{u},e,\mathbf{z}_e,\bar{\mathbf{z}}_e,p,\mathbf{z}_p,\bar{\mathbf{z}}_p,T$ 和 $\mathbf{z}_T$ 在 $S_h\times V_h\times S_h\times V_h\times V_h\times S_h\times V_h\times V_h\times S_h\times V_h$ 空间的近似解. 由 4.1.2 小节中的记号和引理 4.1.1—引理 4.1.3 导出的电场位势和电场强度的块中心格式为

$$(D_xU_m^x+D_yU_m^y+D_zU_m^z,v)_{\bar{m}}=\alpha(E_m^n-P_m^n+N,v)_{\bar{m}},\quad\forall v\in S_h,\tag{4.1.22a}$$

$$(U_m^x,w^x)_x+(U_m^y,w^y)_y+(U_m^z,w^z)_z-(\Psi_m,D_xw^x+D_yw^y+D_zw^z)_{\bar{m}}=0,\quad\mathbf{w}\in V_h.\tag{4.1.22b}$$

电子浓度方程 (4.1.19) 的变分形式为

$$\left(\frac{\partial e}{\partial t},v\right)_{\bar{m}}-(\nabla\cdot\mathbf{g}_e,v)_{\bar{m}}+(\nabla\cdot\mathbf{z}_e,v)_{\bar{m}}=-(R_1(e,p,T),v)_{\bar{m}},\quad\forall v\in S_h,\tag{4.1.23a}$$

$$(\bar{Z}_e^x,w^x)_x+(\bar{Z}_e^y,w^y)_y+(\bar{Z}_e^z,w^z)_z=(e,D_xw^x+D_yw^y+D_zw^z)_{\bar{m}}=0,\quad\mathbf{w}\in V_h,\tag{4.1.23b}$$

$$\begin{aligned}&(Z_e^x,w^x)_x+(Z_e^y,w^y)_y+(Z_e^z,w^z)_z\\&=(D_e\bar{Z}_e^x,w^x)_x+(D_e\bar{Z}_e^y,w^y)_y+(D_e\bar{Z}_e^z,w^z)_z,\quad\mathbf{w}\in V_h.\end{aligned}\tag{4.1.23c}$$

电子浓度方程 (4.1.19) 的迎风块中心差分格式为

$$\begin{aligned}&\left(\frac{E^n-E^{n-1}}{\Delta t_s},v\right)_{\bar{m}}-(\nabla\cdot\mathbf{G}_e^n,v)_{\bar{m}}+\left(\sum_{s=x,y,z}D_sZ_e^{s,n},v\right)_{\bar{m}}\\&=-(R_1(E^{n-1},P^{n-1},H^{n-1}),v)_{\bar{m}},\quad\forall v\in S_h,\end{aligned}\tag{4.1.24a}$$

$$(\bar{Z}_e^{x,n},w^x)_x+(\bar{Z}_e^{y,n},w^y)_y+(\bar{Z}_e^{z,n},w^z)_z=\left(E^n,\sum_{s=x,y,z}D_sw^s\right)_{\bar{m}},\quad\mathbf{w}\in V_h,\tag{4.1.24b}$$

$$(Z_e^{x,n}, w^x)_x + (Z_e^{y,n}, w^y)_y + (Z_e^{z,n}, w^z)_z = \sum_{s=x,y,z} \left(D_e \bar{Z}_e^{s,n}, w^s\right)_s, \quad \mathbf{w} \in V_h. \tag{4.1.24c}$$

对时间步 t^n, $t_{m-1} < t^n \leqslant t_m$, 应用如下的外推公式

$$EU^n = \begin{cases} \mathbf{U}_0, & t_0 < t^n \leqslant t_1, m=1 \\ \left(1 + \dfrac{t^n - t_{m-1}}{t_{m-1} - t_{m-2}}\right)\mathbf{U}_{m-1} - \dfrac{t^n - t_{m-1}}{t_{m-1} - t_{m-2}}\mathbf{U}_{m-2}, & t_{m-1} < t^n \leqslant t_m, m \geqslant 2. \end{cases} \tag{4.1.25}$$

对流量 $\mathbf{G}_e$ 由近似解 E 来构造, 有多种方法可以确定此项. 本节使用简单的迎风方法. 由于在 $\partial\Omega$ 上 $\mathbf{g}_e = \mu_e e\mathbf{u} = 0$, 设在边界上 $\mathbf{G}_e^n \cdot \gamma$ 的平均积分为 0. 假设单元 ω_1, ω_2 有公共面 σ, x_l 是此面的重心, γ_l 是从 ω_1 到 ω_2 的法向量, 那么可以定义

$$\mathbf{G}_e^n \cdot \gamma_l = \begin{cases} E_{\omega_1}^n(\mu_e E\mathbf{U}^n \cdot \gamma_l)(x_l), & (E\mathbf{U}^n \cdot \gamma_l)(x_l) \geqslant 0, \\ E_{\omega_2}^n(\mu_e E\mathbf{U}^n \cdot \gamma_l)(x_l), & (E\mathbf{U}^n \cdot \gamma_l)(x_l) < 0. \end{cases} \tag{4.1.26}$$

此处 $E_{\omega_1}^n, E_{\omega_2}^n$ 是 E^n 在单元上的数值. 这样我们借助 E^n 定义了 $\mathbf{G}_e^n$.

对于格式 (4.1.24) 是非对称方程组, 我们也可用另外的方法计算 $\mathbf{G}_e^n$, 得到对称方程组

$$\mathbf{G}_e^n \cdot \gamma_l = \begin{cases} E_{\omega_1}^{n-1}(\mu_e E\mathbf{U}^{n-1} \cdot \gamma_l)(x_l), & (E\mathbf{U}^{n-1} \cdot \gamma_l)(x_l) \geqslant 0, \\ E_{\omega_2}^{n-1}(\mu_e E\mathbf{U}^{n-1} \cdot \gamma_l)(x_l), & (E\mathbf{U}^{n-1} \cdot \gamma_l)(x_l) < 0. \end{cases} \tag{4.1.27}$$

类似地, 空穴浓度方程 (4.1.20) 的变分形式为

$$\left(\frac{\partial p}{\partial t}, v\right)_{\bar{m}} + (\nabla \cdot \mathbf{g}_p, v)_{\bar{m}} + (\nabla \cdot \mathbf{z}_p, v)_{\bar{m}} = -(R_2(e,p,T), v)_{\bar{m}}, \quad \forall v \in S_h, \tag{4.1.28a}$$

$$(\bar{Z}_p^x, w^x)_x + (\bar{Z}_p^y, w^y)_y + (\bar{Z}_p^z, w^z)_z = (p, D_x w^x + D_y w^y + D_z w^z)_{\bar{m}} = 0, \quad \mathbf{w} \in V_h, \tag{4.1.28b}$$

$$\begin{aligned} &(Z_p^x, w^x)_x + (Z_p^y, w^y)_y + (Z_p^z, w^z)_z \\ =&(D_p \bar{Z}_p^x, w^x)_x + (D_p \bar{Z}_p^y, w^y)_y + (D_p \bar{Z}_p^z, w^z)_z, \quad \mathbf{w} \in V_h. \end{aligned} \tag{4.1.28c}$$

空穴浓度方程 (4.1.20) 的迎风块中心格式为

$$\begin{aligned} &\left(\frac{P^n - P^{n-1}}{\Delta t_s}, v\right)_{\bar{m}} + (\nabla \cdot \mathbf{G}_p^n, v)_{\bar{m}} + \left(\sum_{s=x,y,z} D_s Z_p^{s,n}, v\right)_{\bar{m}} \\ =& -(R_2(E^{n-1}, P^{n-1}, H^{n-1}), v)_{\bar{m}}, \quad \forall v \in S_h, \end{aligned} \tag{4.1.29a}$$

$$(\bar{Z}_p^{x,n}, w^x)_x + (\bar{Z}_p^{y,n}, w^y)_y + (\bar{Z}_p^{z,n}, w^z)_z = \left(P^n, \sum_{s=x,y,z} D_s w^s\right)_{\bar{m}}, \quad \mathbf{w} \in V_h, \tag{4.1.29b}$$

$$(Z_p^{x,n}, w^x)_x + (Z_p^{y,n}, w^y)_y + (Z_p^{z,n}, w^z)_z = \sum_{s=x,y,z} (D_p \bar{Z}_p^{s,n}, w^s)_s, \quad \mathbf{w} \in V_h. \tag{4.1.29c}$$

类似地, 构造对流量 $\mathbf{G}_p^n$ 为

$$\mathbf{G}_p^n \cdot \gamma_l = \begin{cases} E_{\omega_1}^n(\mu_p E\mathbf{U}^n \cdot \gamma_l)(x_l), & (E\mathbf{U}^n \cdot \gamma_l)(x_l) \geqslant 0, \\ E_{\omega_2}^n(\mu_p E\mathbf{U}^n \cdot \gamma_l)(x_l), & (E\mathbf{U}^n \cdot \gamma_l)(x_l) < 0. \end{cases}$$

热传导方程 (4.1.21) 的变分形式为

$$\left(\rho\frac{\partial T}{\partial t}, v\right)_{\bar{m}} + (\nabla \cdot \mathbf{Z}_T, v)_{\bar{m}} = ([(\mathbf{Z}_p + \mathbf{g}_p) - (\mathbf{Z}_e + \mathbf{g}_e)] \cdot \mathbf{u}, v)_{\bar{m}}, \quad \forall v \in S_h, \tag{4.1.30a}$$

$$(Z_T^x, w^x)_x + (Z_T^y, w^y)_y + (Z_T^z, w^z)_z = (T, D_x w^x + D_y w^y + D_z w^z)_{\bar{m}}, \quad \mathbf{w} \in V_h. \tag{4.1.30b}$$

热传导方程 (4.1.21) 的块中心格式为

$$\begin{aligned} &\left(\frac{H^n - H^{n-1}}{\Delta t_s}, v\right)_{\bar{m}} + \left(\sum_{s=x,y,z} D_s Z_T^{s,n}, v\right)_{\bar{m}} \\ =&([(\mathbf{Z}_p^{n-1} + \mu_p P^{n-1} \bar{E}\mathbf{U}^n) \\ &- (\mathbf{Z}_e^{n-1} - \mu_e E^{n-1} \bar{E}\mathbf{U}^n)] \cdot \bar{E}\mathbf{U}^n, v)_{\bar{m}}, \quad \forall v \in S_h, \end{aligned} \tag{4.1.31a}$$

$$(Z_T^{x,n}, w^x)_x + (Z_T^{y,n}, w^y)_y + (Z_T^{z,n}, w^z)_z = \left(H^n, \sum_{s=x,y,z} D_s w^s\right)_{\bar{m}}, \quad \mathbf{w} \in V_h. \tag{4.1.31b}$$

初始逼近:

$$E^0 = \tilde{E}^0, \quad P^0 = \tilde{P}^0, \quad H^0 = \tilde{H}^0, \quad X \in \Omega, \tag{4.1.32}$$

可以应用椭圆投影 (将在 4.1.5 小节定义)、插值或 L^2 投影来确定.

迎风块中心格式计算程序: 首先利用初始逼近 (4.1.32) 由 (4.1.22) 应用共轭梯度法求出 $\{\mathbf{U}_0, \Psi_0\}$. 在此基础上, 应用 (4.1.24), (4.1.29) 和 (4.1.31) 求得 $(E^1, P^1, H^1), (E^2, P^2, H^2), \cdots, (E^{j_0}, P^{j_0}, H^{j_0})$. 对 $m \geqslant 1$, 此处 $S^{j_0+(m-1)j} = S_m (S = E, P, H)$ 是已知的. 逼近解 $\{\mathbf{U}_m, \Psi_m\}$ 应用 (4.1.22) 可以得到. 再由 (4.1.24), (4.1.29) 和 (4.1.31) 依次可得 $\{S^{j_0+(m-1)j+1}\}, \{S^{j_0+(m-1)j+2}\}, \cdots, \{S^{j_0+mj}\}$, $S = E, P, H$. 这样依次进行可得全部数值逼近解. 由问题的正定性条件 (C), 数值解存

在且唯一.

4.1.4 质量守恒原理

若问题 (4.1.1)—(4.1.8) 的复合率为 0, 也就是 $R_i(e,p,T)\equiv 0, i=1,2$, 且边界条件是齐次 Neumann 问题, 则在每个单元 $\omega\in\Omega$ 上, $\omega=\omega_{ijk}=[x_{i-1/2},x_{i+1/2}]\times[y_{j-1/2},y_{j+1/2}]\times[z_{k-1/2},z_{k+1/2}]$, 电子和空穴浓度方程的局部质量守恒表现为

$$\int_\omega \frac{\partial e}{\partial t}dX+\int_{\partial\omega}\mathbf{g}_e\cdot\gamma_{\partial\omega}ds-\int_{\partial\omega}\mathbf{z}_e\cdot\gamma_{\partial\omega}ds=0, \tag{4.1.33a}$$

$$\int_\omega \frac{\partial p}{\partial t}dX-\int_{\partial\omega}\mathbf{g}_p\cdot\gamma_{\partial\omega}ds-\int_{\partial\omega}\mathbf{z}_p\cdot\gamma_{\partial\omega}ds=0, \tag{4.1.33b}$$

此处 ω 为区域 Ω 关于浓度的网格剖分单元, $\partial\omega$ 为单元 ω 的边界面, $\gamma_{\partial\omega}$ 为此边界面的外法向量. 下面证明迎风块中心格式 (4.1.24a), (4.1.29a) 满足下述离散意义下的局部质量守恒律.

定理 4.1.1 如果 $R_i(e,p,T)\equiv 0, i=1,2$, 则在任意单元 ω 上, 迎风块中心格式 (4.1.24a), (4.1.29a) 满足离散的局部质量守恒律

$$\int_\omega \frac{E^n-E^{n-1}}{\Delta t_s}dX+\int_{\partial\omega}\mathbf{G}_e^n\cdot\gamma_{\partial\omega}ds-\int_{\partial\omega}\mathbf{Z}_e^n\cdot\gamma_{\partial\omega}ds=0, \tag{4.1.34a}$$

$$\int_\omega \frac{P^n-P^{n-1}}{\Delta t_s}dX-\int_{\partial\omega}\mathbf{G}_p^n\cdot\gamma_{\partial\omega}ds-\int_{\partial\omega}\mathbf{Z}_p^n\cdot\gamma_{\partial\omega}ds=0. \tag{4.1.34b}$$

证明 仅证明 (4.1.34a), 对 (4.1.34b) 是类似的. 因为 $v\in S_h$, 在给定单元 $\omega=\Omega_{ijk}$ 上, 取 $v\equiv 1$, 在其他单元上为零. 则此时 (4.1.24a) 为

$$\left(\frac{E^n-E^{n-1}}{\Delta t_s},1\right)_{\Omega_{ijk}}+\int_{\partial\Omega_{ijk}}\mathbf{G}_e^n\cdot\gamma_{\partial\omega}ds+(D_xZ_e^{x,n}+D_yZ_e^{y,n}+D_zZ_e^{z,n},1)_{\Omega_{ijk}}=0. \tag{4.1.35}$$

对 (4.1.35) 式, 按 4.1.2 小节中的记号可得

$$\left(\frac{E^n-E^{n-1}}{\Delta t_s},1\right)_{\Omega_{ijk}}=\sum_{i,j,k}\left(\frac{E_{ijk}^n-E_{ijk}^{n-1}}{\Delta t_s}\right)h_{x_i}h_{y_j}h_{z_k}=\int_\omega\frac{E^n-E^{n-1}}{\Delta t_s}dX, \tag{4.1.36a}$$

$$\left(\sum_{s=x,y,z}D_sZ_e^{s,n},1\right)_{\Omega_{ijk}}=\sum_{j,k}(Z_{e,i+1/2,jk}^{x,n}-Z_{e,i-1/2,jk}^{x,n})h_{y_j}h_{z_k}$$

$$+\sum_{i,k}(Z^{y,n}_{e,i,j+1/2,k}-Z^{y,n}_{e,i,j-1/2,k})h_{x_i}h_{z_k}$$
$$+\sum_{i,j}(Z^{z,n}_{e,ij,k+1/2}-Z^{z,n}_{e,i,j-1/2,k})h_{x_i}h_{y_j}$$
$$=-\int_{\partial\omega}\mathbf{Z}^n_e\cdot\gamma_{\partial\omega}ds, \tag{4.1.36b}$$

将 (4.1.36) 代入 (4.1.35), 定理 4.1.1 得证.

由局部质量守恒律定理 4.1.1, 可以推出整体质量守恒律.

定理 4.1.2 如果 $R_i(e,p,T)\equiv 0, i=1,2$, 对齐次 Neumann 条件, 则格式 (4.1.22a), (4.1.24a) 满足整体离散形式的质量守恒原理

$$\int_{\Omega}\frac{E^n-E^{n-1}}{\Delta t_s}dX=0,\quad n>0, \tag{4.1.37a}$$

$$\int_{\Omega}\frac{P^n-P^{n-1}}{\Delta t_s}dX=0,\quad n>0. \tag{4.1.37b}$$

证明 仅对 (4.1.37a) 证明. 对 (4.1.37b) 是类似的. 由单元局部守恒律 (4.1.34a), 对全部网格剖分单元求和, 则有

$$\sum_{\omega}\int_{\omega}\frac{E^n-E^{n-1}}{\Delta t_s}dX+\sum_{\omega}\int_{\partial\omega}\mathbf{G}^n_e\cdot\gamma_{\partial\omega}ds-\sum_{\omega}\int_{\partial\omega}\mathbf{Z}^n_e\cdot\gamma_{\partial\omega}ds=0. \tag{4.1.38}$$

记单元 ω_1,ω_2 的公共面为 σ_l, x_l 是此边界面的重心点, γ_l 是从 ω_1 到 ω_2 的法向量, 那么由对流量的定义, 在单元 ω_1 上, 若 $E\mathbf{U}^n\cdot\gamma_l(X)\geqslant 0$. 则

$$\int_{\sigma_l}\mathbf{G}^n_e\cdot\gamma_l ds=E^n_{\omega_1}E\mathbf{U}^n\cdot\gamma(X)|\sigma_l|, \tag{4.1.39a}$$

此处 $|\sigma_l|$ 记为边界面 σ_l 的测度. 而在单元 ω_2 上, σ_l 的法向量是 $-\gamma_l$, 此时 $E\mathbf{U}^n\cdot(-\gamma_l(X))\leqslant 0$, 则

$$\int_{\sigma_l}\mathbf{G}^n_e\cdot(-\gamma_l)ds=-E^n_{\omega_1}E\mathbf{U}^n\cdot\gamma_l(X)|\sigma_l|, \tag{4.1.39b}$$

上面两式相互抵消, 故

$$\sum_{\omega}\int_{\partial\omega}\mathbf{G}^n_e\cdot\gamma_{\partial\omega}ds=0. \tag{4.1.40}$$

注意到

$$-\sum_{\omega}\int_{\partial\omega}\mathbf{Z}_e^n\cdot\gamma_{\partial\omega}ds=-\int_{\partial\Omega}\mathbf{Z}_e^n\cdot\gamma_{\partial\Omega}ds=0. \tag{4.1.41}$$

将 (4.1.40), (4.1.41) 代入 (4.1.38), 即得 (4.1.37a). 定理证毕.

这一物理特性, 对半导体器件的数值模拟计算是十分重要的.

4.1.5 收敛性分析

为了进行收敛性分析, 引入下述辅助性椭圆投影. 定义 $\tilde{\mathbf{U}}\in V_h,\tilde{\Psi}\in S_h$ 满足

$$(D_x\tilde{U}_m^x+D_y\tilde{U}_m^y+D_z\tilde{U}_m^z,v)_{\bar{m}}=\alpha(e_m-p_m+N,v)_{\bar{m}},\quad\forall v\in S_h, \tag{4.1.42a}$$

$$(\tilde{U}_m^x,w^x)_x+(\tilde{U}_m^y,w^y)_y+(\tilde{U}_m^z,w^z)_z=(\tilde{\Psi}_m,D_xw^x+D_yw^y+D_zw^z)_{\bar{m}},\quad\forall\mathbf{w}\in V_h. \tag{4.1.42b}$$

其中 e,p 是问题 (4.1.1)—(4.1.8) 的精确解.

记 $F_e=R_1(e,p,T)-\left(\dfrac{\partial e}{\partial t}-\nabla\cdot\mathbf{g}_e\right)$. 定义 $\tilde{\mathbf{Z}}_e,\tilde{\tilde{\mathbf{Z}}}_e\in V_h$, $\tilde{E}\in S_h$, 满足

$$(D_x\tilde{Z}_e^x+D_y\tilde{Z}_e^y+D_z\tilde{Z}_e^z,v)_{\bar{m}}=(F_e,v)_{\bar{m}},\quad\forall v\in S_h, \tag{4.1.43a}$$

$$(\tilde{\tilde{Z}}_e^x,w^x)_x+(\tilde{\tilde{Z}}_e^y,w^y)_y+(\tilde{\tilde{Z}}_e^z,w^z)_z=(\tilde{E},D_xw^x+D_yw^y+D_zw^z)_{\bar{m}},\quad\forall\mathbf{w}\in V_h, \tag{4.1.43b}$$

$$\begin{aligned}&(\tilde{Z}_e^x,w^x)_x+(\tilde{Z}_e^y,w^y)_y+(\tilde{Z}_e^z,w^z)_z\\&=(D_e\tilde{\tilde{Z}}_e^x,w^x)_x+(D_e\tilde{\tilde{Z}}_e^y,w^y)_y+(D_e\tilde{\tilde{Z}}_e^z,w^z)_z,\quad\forall\mathbf{w}\in V_h.\end{aligned} \tag{4.1.43c}$$

记 $F_p=R_2(e,p,T)-\left(\dfrac{\partial p}{\partial t}+\nabla\cdot\mathbf{g}_p\right)$. 定义 $\tilde{\mathbf{Z}}_p,\tilde{\tilde{\mathbf{Z}}}_p\in V_h$, $\tilde{P}\in S_h$, 满足

$$(D_x\tilde{Z}_p^x+D_y\tilde{Z}_p^y+D_z\tilde{Z}_p^z,v)_{\bar{m}}=(F_p,v)_{\bar{m}},\quad\forall v\in S_h, \tag{4.1.44a}$$

$$(\tilde{\tilde{Z}}_p^x,w^x)_x+(\tilde{\tilde{Z}}_p^y,w^y)_y+(\tilde{\tilde{Z}}_p^z,w^z)_z=(\tilde{P},D_xw^x+D_yw^y+D_zw^z)_{\bar{m}},\quad\forall\mathbf{w}\in V_h, \tag{4.1.44b}$$

$$\begin{aligned}&(\tilde{Z}_p^x,w^x)_x+(\tilde{Z}_p^y,w^y)_y+(\tilde{Z}_p^z,w^z)_z\\&=(D_p\tilde{\tilde{Z}}_p^x,w^x)_x+(D_p\tilde{\tilde{Z}}_p^y,w^y)_y+(D_p\tilde{\tilde{Z}}_p^z,w^z)_z,\quad\forall\mathbf{w}\in V_h.\end{aligned} \tag{4.1.44c}$$

记 $F_T=\{(\mathbf{z}_p+\mathbf{g}_p)-(\mathbf{z}_e-\mathbf{g}_e)\}\cdot\mathbf{u}-\rho\dfrac{\partial T}{\partial t}$. 定义 $\tilde{\mathbf{Z}}_T\in V_h$, $\tilde{H}\in S_h$, 满足

$$(D_x\tilde{Z}_T^x+D_y\tilde{Z}_T^y+D_z\tilde{Z}_T^z,v)_{\bar{m}}=(F_T,v)_{\bar{m}},\quad\forall v\in S_h, \tag{4.1.45a}$$

$$(\tilde{Z}_T^x, w^x)_x + (\tilde{Z}_T^y, w^y)_y + (\tilde{Z}_T^z, w^z)_z = (\tilde{H}, D_x w^x + D_y w^y + D_z w^z)_{\bar{m}}, \quad \forall \mathbf{w} \in V_h. \tag{4.1.45b}$$

记 $\pi = \Psi - \tilde{\Psi}$, $\eta = \tilde{\Psi} - \psi$, $\sigma = \mathbf{U} - \tilde{\mathbf{U}}$, $\rho_T = \tilde{\mathbf{U}} - \mathbf{u}$, $\xi_s = S - \tilde{S}$, $\zeta_s = \tilde{S} - s (s = e, p)$, $\xi_T = H - \tilde{H}$, $\zeta_T = \tilde{H} - T$, $\alpha_{z,s} = Z_s - \tilde{\mathbf{Z}}_s$, $\beta_{z,s} = \tilde{\mathbf{Z}}_s - \mathbf{z}_s (s = e, p, T)$, $\bar{\alpha}_{z,s} = \bar{\mathbf{Z}}_s - \bar{\tilde{\mathbf{Z}}}_s$, $\bar{\beta}_{z,s} = \bar{\tilde{\mathbf{Z}}}_s - \bar{\mathbf{z}}_s$ $(s = e, p)$. 设问题 (4.1.1)—(4.1.8) 满足正定性条件 (C), 其精确解满足正则性条件 (R). 由 Weiser, Wheeler 理论[21]和 Arbogast, Wheeler, Yotov 理论[31,32]得知格式 (4.1.42)—(4.1.45) 确定的辅助函数 $\{\tilde{\Psi}, \tilde{\mathbf{U}}, \tilde{S}, \tilde{\mathbf{Z}}_s, \bar{\tilde{\mathbf{Z}}}_s (s = e, p), \tilde{H}, \tilde{Z}_H\}$ 存在且唯一, 并有下述误差估计.

引理 4.1.4 若问题 (4.1.1)—(4.1.8) 的系数和精确解满足条件 (C) 和 (R), 则存在不依赖于 h 的常数 $\bar{C}_1, \bar{C}_2 > 0$, 使得下述估计式成立:

$$\begin{aligned} &\|\eta\|_{\bar{m}} + \sum_{s=e,p,T} \|\zeta_s\|_{\bar{m}} + |||\rho_T||| + \sum_{s=e,p,T} |||\beta_{z,s}||| + \sum_{s=e,p} |||\bar{\beta}_{z,s}||| \\ &+ \left\|\frac{\partial \eta}{\partial t}\right\|_{\bar{m}} + \sum_{s=e,p,T} \left\|\frac{\partial \zeta_s}{\partial t}\right\|_{\bar{m}} \leqslant \bar{C}_1 \{h_\psi^2 + h_s^2\}, \end{aligned} \tag{4.1.46a}$$

$$|||\tilde{\mathbf{U}}|||_\infty + \sum_{s=e,p,T} |||\tilde{\mathbf{Z}}_s|||_\infty + \sum_{s=e,p} |||\bar{\tilde{\mathbf{Z}}}_s|||_\infty \leqslant \bar{C}_2. \tag{4.1.46b}$$

先估 π 和 σ. 将式 (4.1.22a) (4.1.22b) 分别减式 (4.1.42a) $(t = t_m)$ 和式 (4.1.42b) $(t = t_m)$ 可得下述关系式

$$(D_x \sigma_m^x + D_y \sigma_m^y + D_z \sigma_m^z, v)_{\bar{m}} = \alpha(E_m - e_m - P_m + p_m, v)_{\bar{m}}, \quad \forall v \in S_h, \tag{4.1.47a}$$

$$(\sigma_m^x, w^x)_x + (\sigma_m^y, w^y)_y + (\sigma_m^z, w^z)_z - (\pi_m, D_x w^x + D_y w^y + D_z w^z)_{\bar{m}} = 0, \quad \forall \mathbf{w} \in V_h. \tag{4.1.47b}$$

在式 (4.1.47a) 中取 $v = \pi_m$, 在式 (4.1.47b) 中取 $\mathbf{w} = \sigma_m$, 组合上述二式可得

$$(\sigma_m^x, \sigma_m^x)_x + (\sigma_m^y, \sigma_m^y)_y + (\sigma_m^z, \sigma_m^z)_z = \alpha(E_m - e_m - P_m + p_m, \pi_m)_{\bar{m}}. \tag{4.1.48}$$

对于估计式 (4.1.478) 应用引理 4.1.1—引理 4.1.4 可得

$$|||\sigma_m|||^2 = \alpha(E_m - e_m - P_m + p_m, \pi_m)_{\bar{m}}. \tag{4.1.49}$$

对 $\pi_m \in S_h$, 利用对偶方法进行估计 [33, 34]. 为此考虑下述椭圆问题:

$$\nabla \cdot \omega = \pi_m, \quad X = (x, y, z)^{\mathrm{T}} \in \Omega, \tag{4.1.50a}$$

$$\omega = \nabla\psi, \quad X \in \Omega, \tag{4.1.50b}$$

$$\omega \cdot \gamma = 0, \quad X \in \partial\Omega. \tag{4.1.50c}$$

由问题 (4.1.50) 的正则性, 有

$$\sum_{s=x,y,z} \left\| \frac{\partial \omega^s}{\partial s} \right\|_{\bar{m}}^2 \leqslant K \|\pi_m\|_{\bar{m}}^2. \tag{4.1.51}$$

设 $\tilde{\omega} \in V_h$ 满足

$$\left(\frac{\partial \tilde{\omega}^s}{\partial s}, v \right)_{\bar{m}} = \left(\frac{\partial \omega^s}{\partial s}, v \right)_{\bar{m}}, \quad \forall v \in S_h, s = x, y, z. \tag{4.1.52a}$$

这样定义的 $\tilde{\omega}$ 是存在的, 且有

$$\sum_{s=x,y,z} \left\| \frac{\partial \tilde{\omega}^s}{\partial s} \right\|_{\bar{m}}^2 \leqslant \sum_{s=x,y,z} \left\| \frac{\partial \omega^s}{\partial s} \right\|_{\bar{m}}^2. \tag{4.1.52b}$$

应用引理 4.1.3, 式 (4.1.49)—(4.1.51) 可得

$$\begin{aligned} \|\pi_m\|_{\bar{m}}^2 &= (\pi_m, \nabla \cdot \omega)_{\bar{m}} = (\pi_m, D_x w^x + D_y w^y + D_z w^z)_{\bar{m}} = \sum_{s=x,y,z} (\sigma_m^s, \tilde{\omega}^s)_s \\ &\leqslant K |||\tilde{\omega}||| \cdot |||\sigma_m|||. \end{aligned} \tag{4.1.53}$$

由引理 4.1.3, (4.1.51), (4.1.52) 可得

$$\begin{aligned} |||\tilde{\omega}|||^2 &\leqslant (\pi_m, \nabla \cdot \omega)_{\bar{m}} = \sum_{s=x,y,z} \|D_s \tilde{\omega}^s\|_{\bar{m}}^2 = \sum_{s=x,y,z} \left\| \frac{\partial \tilde{\omega}^s}{\partial s} \right\|_{\bar{m}}^2 \leqslant \sum_{s=x,y,z} \left\| \frac{\partial \omega^s}{\partial s} \right\|_{\bar{m}}^2 \\ &\leqslant K \|\pi_m\|_{\bar{m}}^2. \end{aligned} \tag{4.1.54}$$

将式 (4.1.54) 代入式 (4.1.53), 注意到式 (4.1.49) 可得

$$\|\pi_m\|_{\bar{m}}^2 + |||\sigma_m|||^2 \leqslant K\{\|\xi_{e,m}\|_{\bar{m}}^2 + \|\xi_{p,m}\|_{\bar{m}}^2 + h_\psi^4 + h_s^4\}. \tag{4.1.55}$$

下面讨论电子浓度方程 (4.1.2) 的误差估计. 为此将 (4.1.24) 减去时间 $t = t^n$ 时的方程 (4.1.43) 可得

$$\left(\frac{E^n - E^{n-1}}{\Delta t_s}, v \right)_{\bar{m}} - (\nabla \cdot \mathbf{G}_e^n, v)_{\bar{m}} + \left(\sum_{s=x,y,z} D_s \alpha_{z,e}^{s,n}, v \right)_{\bar{m}}$$

$$= \left(-R_1(E^{n-1}, P^{n-1}, H^{n-1}) + R_1(e^n, p^n, T^n) + \frac{\partial e}{\partial t} - \mathbf{g}_e^n, v \right)_{\bar{m}},$$

$$\forall v \in S_h, \tag{4.1.56a}$$

$$(\bar{\alpha}_{z,e}^{x,n}, w^x)_x + (\bar{\alpha}_{z,e}^{y,n}, w^y)_y + (\bar{\alpha}_{z,e}^{z,n}, w^z)_z = \left(\xi_e^n, \sum_{s=x,y,z} D_s w^s \right)_{\bar{m}}, \quad \mathbf{w} \in V_h, \tag{4.1.56b}$$

$$(\alpha_{z,e}^{x,n}, w^x)_x + (\alpha_{z,e}^{y,n}, w^y)_y + (\alpha_{z,e}^{z,n}, w^z)_z = \sum_{s=x,y,z} (D_e \bar{\alpha}_{z,e}^{s,n}, w^s)_s, \quad \mathbf{w} \in V_h. \tag{4.1.56c}$$

在 (4.1.56a) 中取 $v = \xi_e^n$, 在 (4.1.56b) 中取 $\mathbf{w} = \alpha_{z,e}^n$, 在 (4.1.56c) 中取 $\mathbf{w} = \bar{\alpha}_{z,e}^n$, 将 (4.1.56a) 和 (4.1.56b) 相加, 再减去 (4.1.56c), 经整理可得

$$\begin{aligned} &\left(\frac{\xi_e^n - \xi_e^{n-1}}{\Delta t_s}, \xi_e^n \right)_{\bar{m}} + \sum_{s=x,y,z} (D_e \bar{\alpha}_{z,e}^{s,n}, \bar{\alpha}_{z,e}^{s,n})_s \\ =& (\nabla \cdot (\mathbf{G}_e^n - \mathbf{g}_e^n), \xi_e^n)_{\bar{m}} - (R_1(E^{n-1}, P^{n-1}, H^{n-1}) - R_1(e^n, p^n, T^n), \xi_e^n)_{\bar{m}} \\ &- \left(\frac{\zeta_e^n - \zeta_e^{n-1}}{\Delta t_s}, \xi_e^n \right)_{\bar{m}} + \left(\frac{\partial e^n}{\partial t} - \frac{e^n - e^{n-1}}{\Delta t_s}, \xi_e^n \right)_{\bar{m}} \\ =& T_1 + T_2 + T_3 + T_4. \end{aligned} \tag{4.1.57}$$

首先估计 (4.1.57) 左端诸项.

$$\left(\frac{\xi_e^n - \xi_e^{n-1}}{\Delta t_s}, \xi_e^n \right)_{\bar{m}} \geqslant \frac{1}{2\Delta t_s} \{ \|\xi_e^n\|_{\bar{m}}^2 - \|\xi_e^{n-1}\|_{\bar{m}}^2 \}, \tag{4.1.58a}$$

$$\sum_{s=x,y,z} (D_e \bar{\alpha}_{z,e}^{s,n}, \bar{\alpha}_{z,e}^{s,n})_s \geqslant D_* |||\bar{\alpha}_{z,e}^n|||^2. \tag{4.1.58b}$$

其次对 (4.1.57) 右端诸项进行估计.

$$T_1 = (\nabla \cdot (\mathbf{G}_e^n - \mathbf{g}_e^n), \xi_e^n)_{\bar{m}} = -(\mathbf{G}_e^n - \mathbf{g}_e^n, \nabla \xi_e^n)_{\bar{m}} \leqslant \varepsilon |||\bar{\alpha}_{z,e}^n|||^2 + K \|\mathbf{G}_e^n - \mathbf{g}_e^n\|_{\bar{m}}^2. \tag{4.1.59}$$

记 $\bar{\sigma}$ 是单元剖分的一个公共面, γ_r 代表 $\bar{\sigma}$ 的单位法向量, X_l 是由此面的重心. 于是有

$$\int_{\bar{\sigma}} \mathbf{g}_e^n \cdot \gamma_r = \int_{\omega} \mu_e e^n (\mathbf{u}^n \cdot \gamma_r) ds. \tag{4.1.60}$$

由正则性条件 (R) 和积分中值法则,

$$\frac{1}{\mathrm{mes}(\bar{\sigma})} \int_{\bar{\sigma}} \mathbf{g}_e^n \cdot \gamma_r - (\mu_e (\mathbf{u}^n \cdot \gamma_r) e^n)(X_l) = O(h_s). \tag{4.1.61a}$$

那么

$$
\begin{aligned}
\frac{1}{\mathrm{mes}(\bar{\sigma})}\int_{\bar{\sigma}}(\mathbf{G}_e^n-\mathbf{g}_e^n)\cdot\gamma_r &= E_{\bar{\sigma}}^n(\mu_e E\mathbf{U}^n\cdot\gamma_r)(X_l)-(\mu_e(\mathbf{u}^n\cdot\gamma_r)e^n)(X_l)+O(h_s)\\
&=(E_{\bar{\sigma}}^n-e^n(X_l))(\mu_e E\mathbf{U}^n\cdot\gamma_r)(X_l)+e^n(X_l)\\
&\quad\cdot(\mu_e(E\mathbf{U}^n-\mathbf{u}^n)\cdot\gamma_r)(X_l)+O(h_s).
\end{aligned}\tag{4.1.61b}
$$

由 e^n 的正则性, 引理 4.1.4 和文献 [21, 31, 32] 得知

$$
|E_{\bar{\sigma}}^n-e^n(X_l)|\leqslant|\xi_e^n|+O(h_s),\tag{4.1.62a}
$$

$$
|E\mathbf{U}^n-\mathbf{u}^n|\leqslant K\left\{|\xi_{e,m-1}|+|\xi_{e,m-2}|\right\}+O(h_s)+O(\Delta t_\psi^2).\tag{4.1.62b}
$$

由 (4.1.59)—(4.1.62), 可得

$$
||\mathbf{G}_e^n-\mathbf{g}_e^n||_{\bar{m}}^2\leqslant K\{||\xi_e^n||_{\bar{m}}^2+||\xi_{e,m-1}||_{\bar{m}}^2+||\xi_{e,m-2}||_{\bar{m}}^2+h_s^2+(\Delta t_\psi)^4\}.\tag{4.1.63}
$$

于是可得

$$
\begin{aligned}
T_1 &=(\nabla\cdot(\mathbf{G}_e^n-\mathbf{g}_e^n),\xi_e^n)_{\bar{m}}\leqslant\varepsilon|||\bar{\alpha}_{z,e}^n|||^2+K\{||\xi_e^n||_{\bar{m}}^2+||\xi_{e,m-1}||_{\bar{m}}^2\\
&\quad+||\xi_{e,m-2}||_{\bar{m}}^2+h_s^2+(\Delta t_\psi)^4\},
\end{aligned}\tag{4.1.64a}
$$

$$
T_2\leqslant K\{||\xi_e^n||_{\bar{m}}^2+||\xi_e^{n-1}||_{\bar{m}}^2+||\xi_p^{n-1}||_{\bar{m}}^2+||\xi_T^{n-1}||_{\bar{m}}^2+(\Delta t_s)^2+h_s^4\},\tag{4.1.64b}
$$

$$
|T_3|+|T_4|\leqslant K\Delta t_s\left\|\frac{\partial^2 e}{\partial t^2}\right\|_{\bar{L}^2(t^{n-1},t^n,\bar{m})}^2+K\{h_s^4+(\Delta t_s)^2\}.\tag{4.1.64c}
$$

将估计式 (4.1.58)—(4.1.64) 代入误差估计方程 (4.1.57) 可得

$$
\begin{aligned}
&\frac{1}{2\Delta t_s}\{||\xi_e^n||_{\bar{m}}^2-||\xi_e^{n-1}||_{\bar{m}}^2\}+\frac{1}{2}D_*|||\bar{\alpha}_{z,e}^n|||^2\\
&\leqslant K\left\{\Delta t_s\left\|\frac{\partial^2 e}{\partial t^2}\right\|_{\bar{L}^2(t^{n-2},t^n,\bar{m})}^2+(\Delta t_\psi)^3\left\|\frac{\partial^2\mathbf{u}}{\partial t^2}\right\|_{\bar{L}^2(t_{m-2},t_{m-1},\bar{m})}^2\right\}\\
&\quad+K\left\{||\xi_e^n||_{\bar{m}}^2+||\xi_e^{n-1}||_{\bar{m}}^2+||\xi_p^{n-1}||_{\bar{m}}^2+||\xi_T^{n-1}||_{\bar{m}}^2+||\xi_{e,m-1}||_{\bar{m}}^2\right.\\
&\quad\left.+||\xi_{e,m-2}||_{\bar{m}}^2+(\Delta t_s)^2+h_\psi^4+h_s^2\right\}.
\end{aligned}\tag{4.1.65}
$$

对上式 (4.1.65) 两边同乘以 Δt_s, 并对时间 n 相加, 注意到 $\xi_e^0=0$, 可得

$$
\frac{1}{2}\{||\xi_e^N||_{\bar{m}}^2-||\xi_e^0||_{\bar{m}}^2\}+\frac{1}{2}D_*\sum_{n=1}^{N}|||\bar{\alpha}_{z,e}^n|||^2\Delta t_s
$$

$$\leqslant K\{(\Delta t_{\psi,1})^3+(\Delta t_\psi)^4+(\Delta t_s)^2+h_\psi^4+h_s^2\}$$
$$+K\sum_{n=1}^{N}\{\|\xi_e^n\|_{\bar m}^2+\|\xi_p^n\|_{\bar m}^2+\|\xi_T^n\|_{\bar m}^2\}\Delta t_s. \tag{4.1.66}$$

对空穴浓度方程 (4.1.3) 类似地可得下述估计式

$$\frac{1}{2}\|\xi_p^N\|_{\bar m}^2+\frac{1}{2}D_*\sum_{n=1}^{N}|||\bar\alpha_{z,p}^n|||^2\Delta t_s$$
$$\leqslant K\{(\Delta t_{\psi,1})^3+(\Delta t_\psi)^4+(\Delta t_s)^2+h_\psi^4+h_s^2\}$$
$$+K\sum_{n=1}^{N}\{\|\xi_e^n\|_{\bar m}^2+\|\xi_p^n\|_{\bar m}^2+\|\xi_T^n\|_{\bar m}^2\}\Delta t_s. \tag{4.1.67}$$

最后研究热传导方程 (4.1.4) 的误差估计. 为此将式 (4.1.31a) 减去式 (4.1.45a) $(t=t^n)$, 将式 (4.1.31b) 减去式 (4.1.45b) $(t=t^n)$. 经计算可得

$$\left(\rho\frac{\xi_T^n-\xi_T^{n-1}}{\Delta t_s},v\right)_{\bar m}+\sum_{s=x,y,z}(D_s\bar\alpha_{z,T}^{s,n},v)_s$$
$$=\left(\rho\left(\frac{\partial T^n}{\partial t}-\frac{T^n-T^{n-1}}{\Delta t_s}\right)-\rho\left(\frac{\zeta_T^n-\zeta_T^{n-1}}{\Delta t_s}\right),v\right)_{\bar m}$$
$$+([(\mathbf{Z}_p^{n-1}+\mu_pP^{n-1}\bar E\mathbf{U}^n)-(\mathbf{Z}_e^{n-1}+\mu_eE^{n-1}\bar E\mathbf{U}^n)]$$
$$\cdot\bar E\mathbf{U}^n-[(\mathbf{z}_p^n+\mu_pp^n\mathbf{u}^n)-(\mathbf{z}_e^n+\mu_ee^n\mathbf{u}^n)]\cdot\mathbf{u}^n,v)_{\bar m},\quad\forall v\in S_h, \tag{4.1.68a}$$

$$(\alpha_{z,T}^{x,n},w^x)_x+(\alpha_{z,T}^{y,n},w^y)_y+(\alpha_{z,T}^{z,n},w^z)_z=\left(\xi_T^n,\sum_{s=x,y,z}D_sw^s\right)_{\bar m},\quad\forall\mathbf{w}\in V_h. \tag{4.1.68b}$$

引入归纳法假定和网格剖分参数假定,

$$\max_{0\leqslant m\leqslant M}|||\sigma_m|||_\infty\leqslant 1,\quad(\Delta t,h)\to 0, \tag{4.1.69}$$

$$(\Delta t_{\psi,1})^{3/2}+(\Delta t_\psi)^2+(\Delta t_s)^2=o(h_\psi^{3/2}),\quad(\Delta t,h)\to 0, \tag{4.1.70a}$$

$$h_s=o(h_\psi^{3/2}),\quad(\Delta t,h)\to 0, \tag{4.1.70b}$$

在式 (4.1.68a) 中取 $v=\xi_T^n$, 在式 (4.1.68b) 中取 $\mathbf{w}=\alpha_{z,T}^n$, 再将 (4.1.68a) 和 (4.1.68b) 相加可得

$$\left(\rho\frac{\xi_T^n-\xi_T^{n-1}}{\Delta t_s},\xi_T^n\right)_{\bar m}+|||\sigma_m|||^2$$

$$
\begin{aligned}
=&([(\mathbf{Z}_p^{n-1}+\mu_p P^{n-1}\bar{E}\mathbf{U}^n)-(\mathbf{Z}_e^{n-1}+\mu_e E^{n-1}\bar{E}\mathbf{U}^n)]\\
&\cdot\bar{E}\mathbf{U}^n-[(\mathbf{z}_p^n+\mu_p p^n\mathbf{u}^n)-(\mathbf{z}_e^n+\mu_e e^n\mathbf{u}^n)]\cdot\mathbf{u}^n,\xi_T^n)_{\bar{m}}\\
&+\left(\rho\left(\frac{\partial T^n}{\partial t}-\frac{T^n-T^{n-1}}{\Delta t_s}\right)-\rho\left(\frac{\zeta_T^n-\zeta_T^{n-1}}{\Delta t_s}\right),v\right)_{\bar{m}}.
\end{aligned}
\tag{4.1.71}
$$

对误差方程 (4.1.71) 左右两端进行估计, 利用引理 4.1.1—引理 4.1.4 和归纳法假定 (4.1.69) 可得

$$
\begin{aligned}
&\frac{1}{2}||\rho^{1/2}\xi_T^N||_{\bar{m}}^2+\sum_{n=1}^N|||\alpha_{z,T}^n|||^2\Delta t_s\\
\leqslant&\varepsilon\sum_{n=1}^N\{|||\bar{\alpha}_{z,e}^n|||^2+|||\bar{\alpha}_{z,p}^n|||^2\}\Delta t_s\\
&+K\{(\Delta t_{\psi,1})^3+(\Delta t_\psi)^4+(\Delta t_s)^2+h_\psi^4+h_s^2\}\\
&+\sum_{n=1}^N\{||\xi_e^n||_{\bar{m}}^2+||\xi_p^n||_{\bar{m}}^2+||\rho^{1/2}\xi_T^n||_{\bar{m}}^2\}\Delta t_s.
\end{aligned}
\tag{4.1.72}
$$

组合 (4.1.66), (4.1.67) 和 (4.1.72) 可得下述估计式:

$$
\begin{aligned}
&\frac{1}{2}\left\{\sum_{s=e,p}||\xi_s^N||_{\bar{m}}^2+||\rho^{1/2}\xi_T^N||_{\bar{m}}^2\right\}\\
&+\frac{1}{4}D_*\sum_{n=1}^N\sum_{s=e,p}|||\alpha_{z,s}^n|||^2\Delta t_s+\sum_{n=1}^N|||\alpha_{z,T}^n|||^2\Delta t_s\\
\leqslant&K\{(\Delta t_{\psi,1})^3+(\Delta t_\psi)^4+(\Delta t_s)^2+h_\psi^4+h_s^2\}\\
&+K\sum_{n=1}^N\{||\xi_e^n||_{\bar{m}}^2+||\xi_p^n||_{\bar{m}}^2+||\rho^{1/2}\xi_T^n||_{\bar{m}}^2\}\Delta t_s.
\end{aligned}
\tag{4.1.73}
$$

应用离散形式的 Gronwall 引理和初始逼近的选取的性质, 可得

$$
\begin{aligned}
&\sum_{s=e,p,T}||\xi_s^N||_{\bar{m}}^2+\sum_{n=1}^N\left\{\sum_{s=e,p}|||\bar{\alpha}_{z,s}^n|||^2+|||\alpha_{z,T}^n|||^2\right\}\Delta t_c\\
\leqslant&K\{h_s^2+h_\psi^4+(\Delta t_s)^2+(\Delta t_{\psi,1})^3+(\Delta t_\psi)^4\}.
\end{aligned}
\tag{4.1.74}
$$

对电场位势方程的误差估计式 (4.1.55), 应用估计式 (4.1.74) 可得

$$
\sup_{0\leqslant n\leqslant N}\{||\pi_m||_{\bar{m}}^2+|||\sigma_m|||^2\}\leqslant K\{h_s^2+h_\psi^4+(\Delta t_s)^2+(\Delta t_{\psi,1})^3+(\Delta t_\psi)^4\}.\tag{4.1.75}
$$

最后需要检验归纳法假定 (4.1.69). 对估计式 (4.1.75), 注意到网格剖分参数限制性条件 (4.1.70), 归纳法假设 (4.1.69) 显然是成立的.

由估计式 (4.1.74), (4.1.75) 和引理 4.1.4, 可以建立下述定理.

定理 4.1.3 对问题 (4.1.1)—(4.1.8) 假定其精确解满足正则性条件 (R), 且其系数满足正定性条件 (C), 采用块中心迎风差分方法 (4.1.22), (4.1.24), (4.1.29) 和 (4.1.31) 逐层求解. 假定剖分参数满足限制性条件 (4.1.70). 则下述误差估计式成立:

$$
\begin{aligned}
&||\psi-\Psi||_{\bar{L}^\infty(J;\bar{m})}+||\mathbf{u}-\mathbf{U}||_{\bar{L}^\infty(J;V)}+\sum_{s=e,p}||s-S||_{\bar{L}^\infty(J;\bar{m})}+||T-H||_{\bar{L}^\infty(J;\bar{m})}\\
&+\sum_{s=e,p}||\bar{\mathbf{z}}_s-\bar{\mathbf{Z}}_s||_{\bar{L}^2(J;V)}+||\mathbf{z}_T-\mathbf{Z}_T||_{\bar{L}^2(J;V)}\\
&\leqslant M^*\{h_\psi^2+h_s+\Delta t_s+(\Delta t_{\psi,1})^{3/2}+(\Delta t_\psi)^2\}.
\end{aligned}
\tag{4.1.76}
$$

此处 $||g||_{\bar{L}^\infty(J;X)}=\sup\limits_{n\Delta t\leqslant T}||g^n||_X$, $||g||_{\bar{L}^2(J;X)}=\sup\limits_{L\Delta t\leqslant T}\left\{\sum\limits_{n=0}^{L}||g^n||_X^2\Delta t_c\right\}^{1/2}$, 常数 M^* 依赖于函数 $\psi,\mathbf{u},e,p,T$ 及其导函数.

4.1.6 数值算例

为了说明方法的特点和优越性, 下面考虑一组非驻定的对流-扩散方程:

$$
\begin{cases}
\dfrac{\partial u}{\partial t}+\nabla\cdot(-a(x)\nabla u+\mathbf{b}u)=f, & (x,y,z)\in\Omega, t\in(0,T],\\
u|_{t=0}=x(1-x)y(1-y)z(1-z), & (x,y,z)\in\Omega,\\
u|_{\partial\Omega}=0, & t\in(0,T].
\end{cases}
\tag{4.1.77}
$$

问题 I (对流占优):

$$
a(x)=0.01,\quad b_1=(1+x\cos\alpha)\cos\alpha,\quad b_2=(1+y\sin\alpha)\sin\alpha,\quad b_3=1,\quad \alpha=\frac{\pi}{12}.
$$

问题 II (强对流占优):

$$
a(x)=10^{-5},\quad b_1=1,\quad b_2=1,\quad b_3=-2.
$$

其中 $\Omega=(0,1)\times(0,1)\times(0,1)$, 问题的精确解为 $u=e^{t/4}x(1-x)y(1-y)z(1-z)$, 右端 f 使每一个问题均成立. 时间步长为 $\Delta t=\dfrac{T}{6}$, 具体情况如表 4.1.1 和表 4.1.2 所示 $\left(\text{当 } T=\dfrac{1}{2} \text{ 时}\right)$.

表 4.1.1 问题 I 的结果

N		8	16	24
UPBCF	L^2	5.7604e − 007	7.4580e − 008	3.9599e − 008
FDM	L^2	1.2686e − 006	3.4144e − 007	1.5720e − 007

表 4.1.2 问题 II 的结果

N		8	16	24
UPBCF	L^2	5.1822e − 007	1.0127e − 007	6.8874e − 008
FDM	L^2	3.3386e − 005	3.2242e + 009	溢出

其中 L^2 表示误差的 L^2 模, UPBCF 代表本节的迎风块中心方法, FDM 代表五点格式的有限差分方法, 表 4.1.1 和表 4.1.2 分别是对问题 I 和问题 II 的数值结果. 由此可以看出, 差分方法对于对流占优的方程有结果. 但对于强对流方程, 剖分步长较大时有结果, 但步长慢慢减小时其结果明显发生振荡不可用. 迎风块中心方法无论对于对流占优的方程还是强对流占优的方程, 都有很好的逼近结果, 没有数值振荡, 可以得到合理的结果, 这是其他有限元或有限差分方法所不能比的.

此外, 为了更好地说明方法的应用性, 我们考虑两类半正定的情形.

问题 III:

$$a(x) = x(1-x), \quad b_1 = 1, \quad b_2 = 1, \quad b_3 = 0.$$

问题 IV:

$$a(x) = (x-1/2)^2, \quad b_1 = -3, \quad b_2 = 1, \quad b_3 = 0.$$

表 4.1.3 中 P-III, P-IV 代表问题 III, 问题 IV, 表中数据是应用迎风块中心方法所得到的. 可以看出, 当扩散矩阵半正定时, 利用此方法可以得到比较理想的结果.

表 4.1.3 半正定问题的结果

N		8	16	24
P-III	L^2	8.0682e−007	5.5915e − 008	1.2303e−008
P-IV	L^2	1.6367e − 005	2.4944e − 006	4.2888e − 007

下面给出问题 IV 真实解与数值解之间的比较. 由于步长比较小时差分方法发生振荡没有结果, 所以我们选择稍大点的步长 $h = 1/8$ (表 4.1.4).

表 4.1.4 结果比较

节点	TS	UPBCF	FDM
$(0.125, 0.25, 0.125)$	0.0032	0.0035	0.0262
$(0.25, 0.25, 0.25)$	0.0146	0.0170	0.0665
$(0.125, 0.25, 0.375)$	0.0068	0.0076	0.0182
$(0.125, 0.25, 0.875)$	0.0015	0.0013	−0.0117

其中 TS 代表问题的精确解. 由表 4.1.3 和表 4.1.4 可以清楚地看到, 对于半正定的问题, 本节的迎风块中心方法优势明显, 而差分方法在步长 $h=1/4$ 较大时振荡轻微, 步长减小却发生严重的振荡, 结果不可用.

4.1.7 总结和讨论

本节研究三维热传导型半导体器件瞬态问题的数值模拟, 提出一类迎风块中心差分方法, 并对其收敛性进行了分析. 4.1.1 小节是引言部分, 叙述和分析问题的数学模型、物理背景以及国内外研究概况. 4.1.2 小节给出网格剖分记号和引理. 4.1.3 小节和 4.1.4 小节提出迎风块中心差分方法计算程序, 对电场位势方程采用具有守恒性质的块中心方法离散, 对电场强度的计算提高了一阶精确度. 对浓度和热传导方程采用了迎风块中心差分方法求解, 即对方程的扩散部分采用块中心方法离散, 对流部分采用迎风格式来处理. 这种方法适用于对流占优问题, 能消除数值弥散和非物理性振荡. 可以同时逼近浓度和温度函数及其伴随向量函数, 保持单元质量守恒, 这对半导体问题的数值模拟计算中是十分重要的. 4.1.5 小节是收敛性分析, 应用微分方程先验估计理论和特殊技巧, 得到了最佳阶误差估计结果. 4.1.6 小节是数值算例, 指明该方法的有效性和实用性, 成功解决这一问题[2,5-8]. 本节方法与电子计算工程界的经典方法 SG-FB 格式和 UFE 格式[35]相比, 有以下优越性: ① 它能同时逼近电场位势和电场强度, 对电场强度的计算精确度提高一阶; ② 它能同时逼近浓度函数和温度函数及其伴随函数, 保持单元质量守恒这一重要的物理特性; ③ 它能消除数值弥散和非物理振荡, 特别适用于三维热传导型半导体器件瞬态问题的精细数值模拟计算. 这三大特点是经典的体积元方法和迎风方法无法相比的. 本节有如下特征: ① 本格式具有物理守恒律特性, 这点在半导体器件实际计算中是十分重要的, 特别是在信息科学数值模拟计算中; ② 由于组合地应用块中心差分方法和迎风格式, 它具有高精度和高稳定性的特征, 特别适用于三维复杂区域精细数值模拟的工程实际计算; ③ 本节所提出的数值方法, 具有局部质量守恒这一重要的物理特性, 这对经典的信息科学数值模拟具有实质性的创新和拓展[2,5-10]. 详细的讨论和分析可参阅文献 [35].

4.2 热传导型半导体问题的迎风块中心多步方法和分析

4.2.1 引言

三维热传导型半导体瞬态问题的数值方法研究是信息科学数值模拟的基础, 其数学模型是由四个方程组成的非线性偏微分方程组的初边值问题. 电场位势方程是椭圆型的, 电子和空穴浓度方程是对流-扩散型的, 温度方程是热传导型的. 电场位势通过其电场强度控制浓度方程和热传导方程, 并控制着全过程, 和相应的边界和初始条件构成封闭系统. 三维空间区域 Ω 上的初边值问题如下[1-4]:

$$-\Delta\psi = \alpha(p - e + N(X)), \quad X = (x, y, z)^{\mathrm{T}} \in \Omega, \ t \in J = (0, \bar{T}], \tag{4.2.1}$$

$$\frac{\partial e}{\partial t} = \nabla \cdot [D_e(X)\nabla e - \mu_e(X)e\nabla\psi] - R_1(e, p, T), \quad (X, t) \in \Omega \times J, \tag{4.2.2}$$

$$\frac{\partial p}{\partial t} = \nabla \cdot [D_p(X)\nabla p + \mu_p(X)p\nabla\psi] - R_2(e, p, T), \quad (X, t) \in \Omega \times J, \tag{4.2.3}$$

$$\begin{aligned}\rho\frac{\partial T}{\partial t} - \Delta T =& \{(D_p(X)\nabla p + \mu_p(X)p\nabla\psi) - (D_e(X)\nabla e \\ &- \mu_e(X)e\nabla\psi)\} \cdot \nabla\psi, \quad (X, t) \in \Omega \times J,\end{aligned} \tag{4.2.4}$$

此处未知函数是电场位势 ψ 和电子、空穴浓度 e, p 以及温度函数 T. 方程 (4.2.1)—(4.2.4) 出现的系数均有正的上、下界. $\alpha = q/\varepsilon$, 其中 q, ε 分别表示电子负荷和介电系数, 均为正常数. 扩散系数 $D_s(X), s = e, p$ 和迁移率 $\mu_s(X)$ 之间的关系是 $D_s(X) = U_T\mu_s(X)$, 此处 U_T 是热量伏特. $N(X)$ 是给定的函数, 等于 $N_D(X) - N_A(X)$, $N_D(X)$ 和 $N_A(X)$ 是施主和受主杂质浓度. 当 X 接近半导体 P-N 结时, $N(X)$ 的变化是非常快的. $R_i(e, p, T)(i = 1, 2)$ 是电子、空穴和温度影响下产生的复合率. $\rho(X)$ 是热传导系数. 在这里看到非均匀网格剖分在数值计算时是十分重要的[5,6].

初始条件:

$$e(X, 0) = e_0(X), \quad p(X, 0) = p_0(X), \quad T(X, 0) = T_0(X), \quad X \in \Omega. \tag{4.2.5}$$

此处 $e_0(X), p_0(X), T_0(X)$ 均为正的已知函数.

本节重点研究第 2 类 (Neumann) 边界条件:

$$\left.\frac{\partial\psi}{\partial\gamma}\right|_{\partial\Omega} = \left.\frac{\partial e}{\partial\gamma}\right|_{\partial\Omega} = \left.\frac{\partial p}{\partial\gamma}\right|_{\partial\Omega} = \left.\frac{\partial T}{\partial\gamma}\right|_{\partial\Omega} = 0, \quad t \in J, \tag{4.2.6}$$

此处 $\partial\Omega$ 为区域 Ω 的边界, γ 为 Ω 的边界 $\partial\Omega$ 的单位外法线方向.

我们还需要相容性条件和唯一性条件:

$$\int_{\Omega}[p-e+N]dX=0, \tag{4.2.7}$$

$$\int_{\Omega}\psi dX=0. \tag{4.2.8}$$

半导体器件瞬态问题的数值模拟对于半导体研制技术的发展具有重要的价值[5-8]. Gummel 于 1964 年提出用序列迭代法计算这类问题, 开创了半导体器件数值模拟这一新领域[9]. Douglas 等率先对一维、二维基本模型 (常系数、不考虑温度影响) 提出了便于实用的差分方法并应用于生产实际, 得到了严谨的理论分析成果[10,11]. 在此基础上, 本书作者研究了二维问题在变系数情况下的特征有限元方法[12], 并注意到在浓度方程中只出现电场强度 $-\nabla\psi$, 还研究了该问题的特征混合元方法, 得到了最优阶 H^1 和 L^2 估计[13,14]. 本书作者从生产实际出发, 研究了热传导对半导体器件的影响, 研究和分析了均匀网格剖分下三维热传导型半导体器件瞬态问题的特征差分方法[4].

我们注意到有限体积元法[15,16]兼具有差分方法的简单性和有限元方法的高精度性, 并且保持单元质量守恒, 是求解偏微分方程的一种十分有效的数值方法. 混合元方法[17-19]可以同时求解位势函数及其电场强度向量, 从而提高其一阶精确度. 论文 [20, 21] 将有限体积元和混合元结合, 提出了块中心数值方法的思想, 论文 [22, 23] 通过数值算例验证了这种方法的有效性. 论文 [24—26] 主要对椭圆问题给出块中心数值方法的收敛性估计等理论结果, 形成了块中心差分方法的一般框架. 芮洪兴等用此方法研究了非 Darcy 渗流的数值模拟计算问题[27,28]. 本书作者曾用此方法研究半导体问题, 均得到很好的结果, 但始终未能得到具有局部守恒律物理特征的数值模拟结果[29,30].

在上述工作的基础上, 我们对三维热传导型半导体器件瞬态问题提出一类迎风块中心多步数值方法. 对电场位势方程采用具有守恒律性质的块中心方法求解, 它对电场强度的计算提高了一阶精确度. 对浓度方程和热传导方程采用迎风块中心多步方法求解, 即对时间导数采用多步方法逼近, 对方程的扩散部分采用块中心方法离散, 对流部分采用迎风格式来处理. 这种方法适用于对流占优问题, 能消除数值弥散和非物理性振荡. 可以同时逼近浓度和温度函数及其伴随向量函数, 并且由于分片常数在检验函数空间中, 因此格式保持单元质量守恒. 这对半导体问题的数值模拟计算是十分重要的. 应用微分方程先验估计理论和特殊技巧, 得到了最优阶误差估计. 本节对一般对流-扩散方程做了数值试验, 进一步指明本节方法是一类切实可行高效的计算方法, 支撑了理论分析结果, 成功解决了这一重要问题[2,5-8]. 这项研究成果对半导体器件的数值模拟计算方法、应用软件研制和实际应用均有重要的价值.

假设问题 (4.2.1)—(4.2.8) 的精确解是正则的, 即满足

$$\text{(R)} \quad \begin{aligned} &\psi \in L^\infty(J; H^3(\Omega)) \cap H^1(J; W^{4,\infty}(\Omega)), \\ &e, p, T \in L^\infty(J; H^3(\Omega)) \cap H^2(J; W^{4,\infty}(\Omega)). \end{aligned} \tag{4.2.9}$$

其系数满足正定性条件:

$$\text{(C)} \quad \begin{aligned} &0 < D_* \leqslant D_\delta(X) \leqslant D^*, \quad 0 < \mu_* \leqslant \mu_\delta(X) \leqslant \mu^*, \\ &\delta = e, p, \quad 0 < \rho_* \leqslant \rho(X) \leqslant \rho^*, \end{aligned} \tag{4.2.10}$$

此处 D_*, D^*, μ_*, μ^*, ρ_* 和 ρ^*均为正常数. 方程的右端 $R_i(e,p,T)(i=1,2)$ 在 ε_0-邻域关于三个变量均是 Lipschitz 连续的, 即存在正常数 C, 当 $|\varepsilon_i|\leqslant\varepsilon_0(1\leqslant i\leqslant 6)$ 时有

$$\begin{aligned} &|R_i(e(X,t)+\varepsilon_1, p(X,t)+\varepsilon_2, T(X,t)+\varepsilon_3) \\ &\quad - R_i(e(X,t)+\varepsilon_4, p(X,t)+\varepsilon_5, T(X,t)+\varepsilon_6)| \\ &\leqslant K\left\{|\varepsilon_1-\varepsilon_4|+|\varepsilon_2-\varepsilon_5|+|\varepsilon_3-\varepsilon_6|\right\}, \quad i=1,2. \end{aligned} \tag{4.2.11}$$

本节中记号 K 和 ε 分别表示普通正常数和普通小正数, 在不同处可具有不同的含义.

4.2.2 迎风块中心多步差分方法程序

本节的记号和引理全部见 4.1.2 小节. 引入混合元方法处理思想, 将方程组 (4.2.1)—(4.2.4) 写成下述形式:

$$\nabla \cdot \mathbf{u} = \alpha(p-e+N), \quad X \in \Omega, t \in J, \tag{4.2.12a}$$

$$\mathbf{u} = -\nabla\psi, \quad X \in \Omega, t \in J. \tag{4.2.12b}$$

对浓度方程 (4.2.2), (4.2.3) 和温度方程 (4.2.4) 构造迎风块中心多步差分格式. 为此将其转变为散度形式, 记 $\mathbf{g}_r = \mu_r(X)r\mathbf{u}$, $\bar{\mathbf{z}}_r = -\nabla r$, $\mathbf{z}_r = D_r\bar{\mathbf{z}}_r$, $r = e, p$, $\mathbf{z}_T = -\nabla T$, 则有

$$\frac{\partial e}{\partial t} - \nabla\cdot\mathbf{g}_e + \nabla\cdot\mathbf{z}_e = -R_1(e,p,T), \quad X \in \Omega, t \in J, \tag{4.2.13}$$

$$\frac{\partial p}{\partial t} + \nabla\cdot\mathbf{g}_p + \nabla\cdot\mathbf{z}_p = -R_2(e,p,T), \quad X \in \Omega, t \in J, \tag{4.2.14}$$

$$\rho(X)\frac{\partial T}{\partial t}+\nabla\cdot\mathbf{z}_T=\{(\mathbf{z}_p+\mathbf{g}_p)-(\mathbf{z}_e-\mathbf{g}_e)\}\cdot\mathbf{u},\quad X\in\Omega,t\in J. \tag{4.2.15}$$

应用拓广的块中心方法[31,32]. 此方法不仅得到对扩散流量 $\mathbf{z}_r(r=e,p)$, $\mathbf{z}_T$ 的近似, 同时得到对梯度 $\bar{\mathbf{z}}_r(r=e,p)$ 的近似.

设 Δt_ψ 是电场位势方程的时间步长, 第一步时间步长记为 $\Delta t_{\psi,1}$. 设 $0=t_0<t_1<\cdots<t_M=\bar{T}$ 是关于时间的一个剖分. 对于 $i\geqslant 1$, $t_i=\Delta t_{\psi,1}+(i-1)\Delta t_\psi$. 类似地, 记 $0=t^0<t^1<\cdots<t^N=\bar{T}$ 是浓度和热传导方程关于时间的一个剖分, $t^n=n\Delta t_s$, 此处 Δt_s 是浓度和热传导方程的时间步长. 我们假设对于任一 m, 都存在一个 n 使得 $t_m=t^n$, 这里 $\Delta t_\psi/\Delta t_s$ 是一个正整数. 记 $j^0=\Delta t_{\psi,1}/\Delta t_s$, $j=\Delta t_\psi/\Delta t_s$.

为研究浓度方程 (4.2.13), (4.2.14) 和热传导方程 (4.2.15) 的迎风块中心多步差分方法. 为此定义下述向后差分算子. 记 $f^n\equiv f^n(X)\equiv f(X,t^n)$, $\delta f^n=f^n-f^{n-1}$, $\delta^2f^n=f^n-2f^{n-1}+f^{n-2}$, $\delta^3f^n=f^n-3f^{n-1}+3f^{n-2}-f^{n-3}$, 定义 $d_tf^n=\delta f^n/\Delta t_s$, $d_t^jf^n=\delta^jf^n/(\Delta t_s)^j$.

设 $\Psi,\mathbf{U},E,\mathbf{Z}_e,\bar{\mathbf{Z}}_e,P,\mathbf{Z}_p,\bar{\mathbf{Z}}_p,H$ 和 $\mathbf{Z}_T$ 分别为 $\psi,\mathbf{u},e,\mathbf{z}_e,\bar{\mathbf{z}}_e,p,\mathbf{z}_p,\bar{\mathbf{z}}_p,T$ 和 $\mathbf{z}_T$ 在 $S_h\times V_h\times S_h\times V_h\times V_h\times S_h\times V_h\times V_h\times S_h\times V_h$ 空间的近似解. 由 4.1.2 小节中的记号和引理 4.1.1—引理 4.1.3 导出的电场位势和电场强度的块中心格式为

$$(D_xU_m^x+D_yU_m^y+D_zU_m^z,v)_{\bar{m}}=\alpha(E_m^n-P_m^n+N,v)_{\bar{m}},\quad\forall v\in S_h, \tag{4.2.16a}$$

$$(U_m^x,w^x)_x+(U_m^y,w^y)_y+(U_m^z,w^z)_z-(\Psi_m,D_xw^x+D_yw^y+D_zw^z)_{\bar{m}}=0,\quad\mathbf{w}\in V_h. \tag{4.2.16b}$$

电子浓度方程 (4.2.13) 的变分形式为

$$\left(\frac{\partial e}{\partial t},v\right)_{\bar{m}}-(\nabla\cdot\mathbf{g}_e,v)_{\bar{m}}+(\nabla\cdot\mathbf{z}_e,v)_{\bar{m}}=-(R_1(e,p,T),v)_{\bar{m}},\quad\forall v\in S_h, \tag{4.2.17a}$$

$$(\bar{Z}_e^x,w^x)_x+(\bar{Z}_e^y,w^y)_y+(\bar{Z}_e^z,w^z)_z=(e,D_xw^x+D_yw^y+D_zw^z)_{\bar{m}}=0,\quad\mathbf{w}\in V_h, \tag{4.2.17b}$$

$$\begin{aligned}&(Z_e^x,w^x)_x+(Z_e^y,w^y)_y+(Z_e^z,w^z)_z\\=&(D_e\bar{Z}_e^x,w^x)_x+(D_e\bar{Z}_e^y,w^y)_y+(D_e\bar{Z}_e^z,w^z)_z,\quad\mathbf{w}\in V_h.\end{aligned} \tag{4.2.17c}$$

下面研究电子浓度方程 (4.2.17) 的迎风块中心多步方法. 对于给定的初始值 $\{E^i\in S_h,i=0,1,\cdots,\mu-1\}$, 定义 $E^n\in S_h$, $\bar{\mathbf{Z}}_e^n\in V_h$, $\mathbf{Z}_e^n\in V_h$ 满足

$$\sum_{j=1}^{\mu}\frac{\Delta t_s^{j-1}}{j}d_t^jE^n-\nabla\cdot\mathbf{G}_e^n+\nabla\cdot\mathbf{Z}_e^n=-R_1(E^n,P^n,H^n)\quad(n=\mu,\mu+1,\cdots,N). \tag{4.2.18}$$

为了精确计算 E^n, E^j 的近似值 $j=0,1,\cdots,\mu-1$, 必须由一个独立的程序确定, E^j 近似 e^j, $j=0,1,\cdots,\mu-1$ 的阶为 μ.

为了简单起见, 取较小的 $\mu=1,2,3$, 则 (4.2.18) 写成下述变分形式

$$\begin{aligned}&\left(\frac{E^n-E^{n-1}}{\Delta t_s},v\right)_{\bar{m}}-\beta(\mu)(\nabla\cdot\mathbf{G}_e^n,v)_{\bar{m}}+\beta(\mu)(\nabla\cdot\mathbf{Z}_e^n,v)_{\bar{m}}\\=&\frac{1}{\Delta t_s}([\alpha_1(\mu)\delta E^{n-1}+\alpha_2(\mu)\delta E^{n-2}],v)_{\bar{m}}\\&-\beta(\mu)(R_1(\hat{E}(\mu)(E,P,H)^n),v)_{\bar{m}},\quad\forall v\in S_h,\end{aligned}\tag{4.2.19}$$

$\alpha_i(\mu),\beta(\mu),\hat{E}(\mu)f^n$ 的值可以由 (4.2.18) 计算得到, 下面直接给出它们的值.

μ	$\beta(\mu)$	$\alpha_1(\mu)$	$\alpha_2(\mu)$	$\hat{E}(\mu)f^n$
1	1	0	0	$f^n-\delta f^n$
2	2/3	1/3	0	$f^n-\delta^2 f^n$
3	6/11	7/11	−2/11	$f^n-\delta^3 f^n$

当 $\mu=1$ 时为单步的迎风块中心方法. 本节详细研究当 $\mu=2$ 时的多步情形, 具体格式为

$$\begin{aligned}&\left(\frac{E^n-E^{n-1}}{\Delta t_s},v\right)_{\bar{m}}-\frac{2}{3}(\nabla\cdot\mathbf{G}_e^n,v)_{\bar{m}}+\frac{2}{3}\left(\sum_{s=x,y,z}D_sZ_e^{s,n},v\right)_{\bar{m}}\\=&\frac{1}{\Delta t_s}\left(\frac{1}{3}\delta E^{n-1},v\right)_{\bar{m}}-\frac{2}{3}(R_1(\hat{E}(2)(E,P,H)^n),v)_{\bar{m}},\quad\forall v\in S_h,\end{aligned}\tag{4.2.20a}$$

$$(\bar{Z}_e^{x,n},w^x)_x+(\bar{Z}_e^{y,n},w^y)_y+(\bar{Z}_e^{z,n},w^z)_z=\left(E^n,\sum_{s=x,y,z}D_sw^s\right)_{\bar{m}},\quad\mathbf{w}\in V_h,\tag{4.2.20b}$$

$$(Z_e^{x,n},w^x)_x+(Z_e^{y,n},w^y)_y+(Z_e^{z,n},w^z)_z=\sum_{s=x,y,z}(D_e\bar{Z}_e^{s,n},w^s)_s,\quad\mathbf{w}\in V_h.\tag{4.2.20c}$$

在格式 (4.2.20a) 中的迎风项 $\mathbf{G}_e^n$ 及 $\hat{E}(2)U^n$ 的定义为

$$\hat{E}(2)\mathbf{U}^n=\bar{E}\mathbf{U}^n-\delta^2\bar{E}\mathbf{U}^n.$$

对时间步 t^n, $t_{m-1}<t^n\leqslant t_m$, 应用如下的外推公式

$$\bar{E}\mathbf{U}^n=\begin{cases}\mathbf{U}_0, & t_0<t^n\leqslant t_1,m=1\\ \left(1+\dfrac{t^n-t_{m-1}}{t_{m-1}-t_{m-2}}\right)\mathbf{U}_{m-1}-\dfrac{t^n-t_{m-1}}{t_{m-1}-t_{m-2}}\mathbf{U}_{m-2}, & t_{m-1}<t^n\leqslant t_m,m\geqslant 2.\end{cases}\tag{4.2.21}$$

对流量 $\mathbf{G}_e$ 由近似解 E 来构造, 有多种方法可以确定此项. 本节使用简单的迎风方法. 由于在 $\partial\Omega$ 上 $\mathbf{g}_e=\mu_e e\mathbf{u}=0$, 设在边界上 $\mathbf{G}_e^n\cdot\gamma$ 的平均积分为 0. 假设单元 ω_1,ω_2 有公共面 σ, x_l 是此面的重心, γ_l 是从 ω_1 到 ω_2 的法向量, 那么我们可以定义

$$\mathbf{G}_e^n\cdot\gamma_l=\begin{cases}E_{\omega_1}^n(\mu_e\hat{E}(2)\mathbf{U}^n\cdot\gamma_l)(x_l), & (\hat{E}(2)\mathbf{U}^n\cdot\gamma_l)(x_l)\geqslant 0,\\ E_{\omega_2}^n(\mu_e\hat{E}(2)\mathbf{U}^n\cdot\gamma_l)(x_l), & (\hat{E}(2)\mathbf{U}^n\cdot\gamma_l)(x_l)<0.\end{cases}$$

此处 $E_{\omega_1}^n,E_{\omega_2}^n$ 是 E^n 在单元上的数值. 这样我们借助 E^n 定义了 $\mathbf{G}_e^n$.

类似地, 研究空穴浓度方程 (4.2.14) 的迎风块中心多步方法. 对于给定的初始值 $\{P^i\in S_h,i=0,1,\cdots,\mu-1\}$, 定义 $P^n\in S_h$, $\bar{\mathbf{Z}}_p^n\in V_h$, $\mathbf{Z}_p^n\in V_h$ 满足

$$\sum_{j=1}^{\mu}\frac{\Delta t_s^{j-1}}{j}d_t^jP^n+\nabla\cdot\mathbf{G}_p^n+\nabla\cdot\mathbf{Z}_p^n=-R_2(E^n,P^n,H^n)\quad(n=\mu,\mu+1,\cdots,N).\tag{4.2.22}$$

同样我们研究 $\mu=2$ 的情况, 具体格式为

$$\left(\frac{P^n-P^{n-1}}{\Delta t_s},v\right)_{\bar{m}}+\frac{2}{3}(\nabla\cdot\mathbf{G}_p^n,v)_{\bar{m}}+\frac{2}{3}\left(\sum_{s=x,y,z}D_sZ_p^{s,n},v\right)_{\bar{m}}$$
$$=\frac{1}{\Delta t_s}\left(\frac{1}{3}\delta P^{n-1},v\right)_{\bar{m}}-\frac{2}{3}(R_2(\hat{E}(2)(E,P,H)^n),v)_{\bar{m}},\quad\forall v\in S_h,\tag{4.2.23a}$$

$$(\bar{Z}_p^{x,n},w^x)_x+(\bar{Z}_p^{y,n},w^y)_y+(\bar{Z}_p^{z,n},w^z)_z=\left(P^n,\sum_{s=x,y,z}D_sw^s\right)_{\bar{m}},\quad\mathbf{w}\in V_h,\tag{4.2.23b}$$

$$(Z_p^{x,n},w^x)_x+(Z_p^{y,n},w^y)_y+(Z_p^{z,n},w^z)_z=\sum_{s=x,y,z}(D_p\bar{Z}_p^{s,n},w^s)_s,\quad\mathbf{w}\in V_h.\tag{4.2.23c}$$

类似地, 构造对流量 $\mathbf{G}_p^n$ 为

$$\mathbf{G}_p^n\cdot\gamma_l=\begin{cases}E_{\omega_1}^n(\mu_p\hat{E}(2)\mathbf{U}^n\cdot\gamma_l)(x_l), & (\hat{E}(2)\mathbf{U}^n\cdot\gamma_l)(x_l)\geqslant 0,\\ E_{\omega_2}^n(\mu_p\hat{E}(2)\mathbf{U}^n\cdot\gamma_l)(x_l), & (\hat{E}(2)\mathbf{U}^n\cdot\gamma_l)(x_l)<0.\end{cases}$$

对热传导方程 (4.2.15) 的多步块中心格式定义如下. 对于给定的初始值 $\{H^i\in S_h,i=0,1,\cdots,\mu-1\}$, 定义 $H^n\in S_h$, $\mathbf{Z}_T^n\in V_h$ 满足

$$\sum_{j=1}^{\mu}\frac{\Delta t_s^{j-1}}{j}d_t^jH^n+\nabla\cdot\mathbf{Z}_T^n=\{(\mathbf{Z}_p^{n-1}+\mu_pP^{n-1}\bar{E}\mathbf{U}^n)-(\mathbf{Z}_e^{n-1}-\mu_eE^{n-1}\bar{E}\mathbf{U}^n)\}\cdot\bar{E}\mathbf{U}^n.\tag{4.2.24}$$

对 $\mu=2$, 其格式为

$$\left(\frac{H^n - H^{n-1}}{\Delta t_s}, v\right)_{\bar{m}} + \frac{2}{3}\left(\sum_{s=x,y,z} D_s Z_T^{s,n}, v\right)_{\bar{m}}$$

$$= \frac{1}{\Delta t_s}\left(\frac{1}{3}\delta H^{n-1}, v\right)_{\bar{m}} + \frac{2}{3}([(\mathbf{Z}_p^{n-1} + \mu_p P^{n-1}\bar{E}\mathbf{U}^n)$$

$$- (\mathbf{Z}_e^{n-1} - \mu_e E^{n-1}\bar{E}\mathbf{U}^n)] \cdot \bar{E}\mathbf{U}^n, v)_{\bar{m}}, \quad \forall v \in S_h, \tag{4.2.25a}$$

$$(Z_T^{x,n}, w^x)_x + (Z_T^{y,n}, w^y)_y + (Z_T^{z,n}, w^z)_z = \left(H^n, \sum_{s=x,y,z} D_s w^s\right)_{\bar{m}}, \quad \mathbf{w} \in V_h. \tag{4.2.25b}$$

迎风块中心多步计算程序: 格式 (4.2.16), (4.2.20), (4.2.23) 和 (4.2.25) 构成了问题 (4.2.1)—(4.2.8) 的迎风块中心多步方法, 具体计算步骤如下: (E^0, E^1), (P^0, P^1), (H^0, H^1) 借助初始程序已经计算出来. 通过电场位势方程的块中心程序 (4.2.16a), (4.2.16b) 计算 $\{\mathbf{U}_0, \Psi_0\}$. 从时间层 $n = 2$ 开始, 由 (4.2.20), (4.2.23) 和 (4.2.25) 并行地计算得出 $(E^2, P^2, H^2), (E^3, P^3, H^3), \cdots, (E^{j_0}, P^{j_0}, H^{j_0})$. 对 $m \geqslant 1$, 此处 $E^{j_0+(m-1)j} = E_m, P^{j_0+(m-1)j} = P_m, H^{j_0+(m-1)j} = H_m$. 由 (4.2.16) 计算可得 $\{\mathbf{U}_m, \Psi_m\}$. 依次循环计算, 可得 $(E^{j_0+(m-1)j+1}, P^{j_0+(m-1)j+1}, H^{j_0+(m-1)j+1})$, $(E^{j_0+(m-1)j+2}, P^{j_0+(m-1)j+2}, H^{j_0+(m-1)j+2}), \cdots,$ $(E^{j_0+mj}, P^{j_0+mj}, H^{j_0+mj})$. 可得每一时间层的电场位势、电场强度、空穴浓度和温度函数的数值解. 由问题的正定性条件 (C), 数值解存在且唯一.

注　多步方法需要初始值 $(E^0, P^0, H^0), (E^1, P^1, H^1), \cdots, (E^{\mu-1}, P^{\mu-1}, H^{\mu-1})$ 的确定, 并且希望达到方法的局部截断误差的 μ 阶精度, 在 μ 比较小的时候可以由以下几种方式得到:

(1) 应用 Crank-Nicolson 方法;

(2) 相对于方法的时间步长 Δt_s, 选取足够小的时间步长.

4.2.3　质量守恒原理

若问题 (4.2.1)—(4.2.8) 的复合率为 0, 也就是 $R_i(e, p, T) \equiv 0, i = 1, 2$, 且边界条件是齐次 Neumann 问题, 则在每个单元 $\omega \in \Omega$ 上, $\omega = \omega_{ijk} = [x_{i-1/2}, x_{i+1/2}] \times [y_{j-1/2}, y_{j+1/2}] \times [z_{k-1/2}, z_{k+1/2}]$, 电子和空穴浓度方程的局部质量守恒表现为

$$\int_\omega \frac{\partial e}{\partial t} dX + \int_{\partial\omega} \mathbf{g}_e \cdot \gamma_{\partial\omega} ds - \int_{\partial\omega} \mathbf{z}_e \cdot \gamma_{\partial\omega} ds = 0, \tag{4.2.26a}$$

$$\int_\omega \frac{\partial p}{\partial t} dX - \int_{\partial\omega} \mathbf{g}_p \cdot \gamma_{\partial\omega} ds - \int_{\partial\omega} \mathbf{z}_p \cdot \gamma_{\partial\omega} ds = 0, \tag{4.2.26b}$$

此处 ω 为区域 Ω 关于浓度的网格剖分单元, $\partial\omega$ 为单元 ω 的边界面, $\gamma_{\partial\omega}$ 为此边界

面的外法向量. 下面证明迎风块中心多步格式 (4.2.20a), (4.2.23a) 满足下述离散意义下的局部质量守恒律.

定理 4.2.1 如果 $R_i(e,p,T)\equiv 0, i=1,2$, 则在任意单元 ω 上, 迎风块中心多步格式 (4.2.20a), (4.2.23a) 满足离散的局部质量守恒律

$$\int_\omega \frac{E^n-E^{n-1}}{\Delta t_s}dX-\frac{1}{3}\int_{\partial\omega}\frac{E^{n-1}-E^{n-2}}{\Delta t_s}dX+\frac{2}{3}\int_{\partial\omega}\mathbf{G}_e^n\cdot\gamma_{\partial\omega}ds-\frac{2}{3}\int_{\partial\omega}\mathbf{Z}_e^n\cdot\gamma_{\partial\omega}ds=0, \tag{4.2.27a}$$

$$\int_\omega \frac{P^n-P^{n-1}}{\Delta t_s}dX-\frac{1}{3}\int_{\partial\omega}\frac{P^{n-1}-P^{n-2}}{\Delta t_s}dX-\frac{2}{3}\int_{\partial\omega}\mathbf{G}_p^n\cdot\gamma_{\partial\omega}ds-\frac{2}{3}\int_{\partial\omega}\mathbf{Z}_p^n\cdot\gamma_{\partial\omega}ds=0. \tag{4.2.27b}$$

证明 仅证明 (4.2.27a). 对 (4.2.27b) 是类似的. 因为 $v\in S_h$, 在给定单元 $\omega=\Omega_{ijk}$ 上, 取 $v\equiv 1$, 在其他单元上为零. 则此时 (4.2.20a) 为

$$\begin{aligned}&\left(\frac{E^n-E^{n-1}}{\Delta t_s},1\right)_{\Omega_{ijk}}-\frac{1}{3}\left(\frac{E^{n-1}-E^{n-2}}{\Delta t_s},1\right)_{\Omega_{ijk}}+\frac{2}{3}\int_{\partial\Omega_{ijk}}\mathbf{G}_e^n\cdot\gamma_{\partial\omega}ds\\&+\frac{2}{3}(D_xZ_e^{x,n}+D_yZ_e^{y,n}+D_zZ_e^{z,n},1)_{\Omega_{ijk}}=0.\end{aligned} \tag{4.2.28}$$

对 (4.2.28) 式, 按 4.1.2 小节中的记号可得

$$\left(\frac{E^n-E^{n-1}}{\Delta t_s},1\right)_{\Omega_{ijk}}=\sum_{i,j,k}\left(\frac{E^n_{ijk}-E^{n-1}_{ijk}}{\Delta t_s}\right)h_{x_i}h_{y_j}h_{z_k}=\int_\omega\frac{E^n-E^{n-1}}{\Delta t_s}dX, \tag{4.2.29a}$$

$$-\frac{1}{3}\left(\frac{E^{n-1}-E^{n-2}}{\Delta t_s},1\right)_{\omega_{ijk}}=-\frac{1}{3}\int_\omega\frac{E^{n-1}-E^{n-2}}{\Delta t_s}dX, \tag{4.2.29b}$$

$$\begin{aligned}&\frac{2}{3}\left(\sum_{s=x,y,z}D_sZ_e^{s,n},1\right)_{\Omega_{ijk}}\\&=\frac{2}{3}\sum_{j,k}(Z^{x,n}_{e,i+1/2,jk}-Z^{x,n}_{e,i-1/2,jk})h_{y_j}h_{z_k}\\&\quad+\frac{2}{3}\sum_{i,k}(Z^{y,n}_{e,i,j+1/2,k}-Z^{y,n}_{e,i,j-1/2,k})h_{x_i}h_{z_k}\\&\quad+\frac{2}{3}\sum_{i,j}(Z^{z,n}_{e,ij,k+1/2}-Z^{z,n}_{e,i,j-1/2,k})h_{x_i}h_{y_j}\\&=-\frac{2}{3}\int_{\partial\omega}\mathbf{Z}_e^n\cdot\gamma_{\partial\omega}ds,\end{aligned} \tag{4.2.29c}$$

将 (4.2.29) 代入 (4.2.28), 定理 4.2.1 得证.

由局部质量守恒律定理 4.2.1, 可以推出整体质量守恒律.

定理 4.2.2 如果 $R_i(e,p,T)\equiv 0, i=1,2$, 对齐次 Neumann 条件, 则格式 (4.2.16a), (4.2.20a) 满足整体离散形式的质量守恒原理

$$\int_\Omega \frac{E^n-E^{n-1}}{\Delta t_s}dX-\frac{1}{3}\int_\Omega \frac{E^{n-1}-E^{n-2}}{\Delta t_s}dX=0,\quad n>0, \tag{4.2.30a}$$

$$\int_\Omega \frac{P^n-P^{n-1}}{\Delta t_s}dX-\frac{1}{3}\int_\Omega \frac{P^{n-1}-P^{n-2}}{\Delta t_s}dX=0,\quad n>0. \tag{4.2.30b}$$

证明 仅对 (4.2.30a) 证明, 对 (4.2.30b) 是类似的. 由单元局部守恒律 (4.2.27a), 对全部网格剖分单元求和, 则有

$$\begin{aligned}&\sum_\omega\int_\omega \frac{E^n-E^{n-1}}{\Delta t_s}dX-\frac{1}{3}\sum_\omega\int_{\partial\omega} \frac{E^{n-1}-E^{n-2}}{\Delta t_s}dX\\&+\frac{2}{3}\sum_\omega\int_{\partial\omega}\mathbf{G}_e^n\cdot\gamma_{\partial\omega}ds-\frac{2}{3}\sum_\omega\int_{\partial\omega}\mathbf{Z}_e^n\cdot\gamma_{\partial\omega}ds=0.\end{aligned} \tag{4.2.31}$$

记单元 ω_1,ω_2 的公共面为 σ_l, x_l 是此边界面的重心点, γ_l 是从 ω_1 到 ω_2 的法向量. 那么由对流量的定义, 在单元 ω_1 上, 若 $\bar{E}(2)\mathbf{U}^n\cdot\gamma_l(X)\geqslant 0$, 则

$$\int_{\sigma_l}\mathbf{G}_e^n\cdot\gamma_l ds=E_{\omega_1}^n\bar{E}(2)\mathbf{U}^n\cdot\gamma(X)|\sigma_l|, \tag{4.2.32a}$$

此处 $|\sigma_l|$ 记为边界面 σ_l 的测度. 而在单元 ω_2 上, σ_l 的法向量是 $-\gamma_l$, 此时 $\bar{E}(2)\mathbf{U}^n\cdot(-\gamma_l(X))\leqslant 0$, 则

$$\int_{\sigma_l}\mathbf{G}_e^n\cdot(-\gamma_l)ds=-E_{\omega_1}^n\bar{E}(2)\mathbf{U}^n\cdot\gamma_l(X)|\sigma_l|. \tag{4.2.32b}$$

上面两式相互抵消, 故

$$\frac{2}{3}\sum_\omega\int_{\partial\omega}\mathbf{G}_e^n\cdot\gamma_{\partial\omega}ds=0. \tag{4.2.33}$$

注意到

$$-\frac{2}{3}\sum_\omega\int_{\partial\omega}\mathbf{Z}_e^n\cdot\gamma_{\partial\omega}ds=-\frac{2}{3}\int_{\partial\Omega}\mathbf{Z}_e^n\cdot\gamma_{\partial\Omega}ds=0. \tag{4.2.34}$$

将 (4.2.33), (4.2.34) 代入 (4.2.31), 即得 (4.2.30a). 定理证毕.

这一物理特性, 对半导体器件的数值模拟计算是十分重要的.

4.2.4 收敛性分析

为了进行收敛性分析, 引入下述辅助性椭圆投影. 定义 $\tilde{\mathbf{U}} \in V_h, \tilde{\Psi} \in S_h$ 满足

$$(D_x\tilde{U}_m^x + D_y\tilde{U}_m^y + D_z\tilde{U}_m^z, v)_{\bar{m}} = \alpha(e_m - p_m + N, v)_{\bar{m}}, \quad \forall v \in S_h, \tag{4.2.35a}$$

$$(\tilde{U}_m^x, w^x)_x + (\tilde{U}_m^y, w^y)_y + (\tilde{U}_m^z, w^z)_z = (\tilde{\Psi}_m, D_x w^x + D_y w^y + D_z w^z)_{\bar{m}}, \quad \forall \mathbf{w} \in V_h. \tag{4.2.35b}$$

其中 e, p 是问题 (4.2.1)—(4.2.8) 的精确解.

记 $F_e = R_1(e,p,T) - \left(\dfrac{\partial e}{\partial t} - \nabla \cdot \mathbf{g}_e\right)$. 定义 $\tilde{\mathbf{Z}}_e, \tilde{\tilde{Z}}_e \in V_h$, $\tilde{E} \in S_h$, 满足

$$(D_x\tilde{Z}_e^x + D_y\tilde{Z}_e^y + D_z\tilde{Z}_e^z, v)_{\bar{m}} = (F_e, v)_{\bar{m}}, \quad \forall v \in S_h, \tag{4.2.36a}$$

$$(\tilde{\tilde{Z}}{}_e^x, w^x)_x + (\tilde{\tilde{Z}}{}_e^y, w^y)_y + (\tilde{\tilde{Z}}{}_e^z, w^z)_z = (\tilde{E}, D_x w^x + D_y w^y + D_z w^z)_{\bar{m}}, \quad \forall \mathbf{w} \in V_h, \tag{4.2.36b}$$

$$\begin{aligned}&(\tilde{Z}_e^x, w^x)_x + (\tilde{Z}_e^y, w^y)_y + (\tilde{Z}_e^z, w^z)_z \\ &= (D_e\tilde{\tilde{Z}}{}_e^x, w^x)_x + (D_e\tilde{\tilde{Z}}{}_e^y, w^y)_y + (D_e\tilde{\tilde{Z}}{}_e^z, w^z)_z, \quad \forall \mathbf{w} \in V_h.\end{aligned} \tag{4.2.36c}$$

记 $F_p = R_2(e,p,T) - \left(\dfrac{\partial p}{\partial t} + \nabla \cdot \mathbf{g}_p\right)$. 定义 $\tilde{\mathbf{Z}}_p, \tilde{\tilde{\mathbf{Z}}}_p \in V_h$, $\tilde{P} \in S_h$, 满足

$$(D_x\tilde{Z}_p^x + D_y\tilde{Z}_p^y + D_z\tilde{Z}_p^z, v)_{\bar{m}} = (F_p, v)_{\bar{m}}, \quad \forall v \in S_h, \tag{4.2.37a}$$

$$(\tilde{\tilde{Z}}{}_p^x, w^x)_x + (\tilde{\tilde{Z}}{}_p^y, w^y)_y + (\tilde{\tilde{Z}}{}_p^z, w^z)_z = (\tilde{P}, D_x w^x + D_y w^y + D_z w^z)_{\bar{m}}, \quad \forall \mathbf{w} \in V_h, \tag{4.2.37b}$$

$$\begin{aligned}&(\tilde{Z}_p^x, w^x)_x + (\tilde{Z}_p^y, w^y)_y + (\tilde{Z}_p^z, w^z)_z \\ &= (D_p\tilde{\tilde{Z}}{}_p^x, w^x)_x + (D_p\tilde{\tilde{Z}}{}_p^y, w^y)_y + (D_p\tilde{\tilde{Z}}{}_p^z, w^z)_z, \quad \forall \mathbf{w} \in V_h.\end{aligned} \tag{4.2.37c}$$

记 $F_T = \{(\mathbf{z}_p + \mathbf{g}_p) - (\mathbf{z}_e - \mathbf{g}_e)\} \cdot \mathbf{u} - \rho\dfrac{\partial T}{\partial t}$. 定义 $\tilde{\mathbf{Z}}_T \in V_h$, $\tilde{H} \in S_h$, 满足

$$(D_x\tilde{Z}_T^x + D_y\tilde{Z}_T^y + D_z\tilde{Z}_T^z, v)_{\bar{m}} = (F_T, v)_{\bar{m}}, \quad \forall v \in S_h, \tag{4.2.38a}$$

$$(\tilde{Z}_T^x, w^x)_x + (\tilde{Z}_T^y, w^y)_y + (\tilde{Z}_T^z, w^z)_z = (\tilde{H}, D_x w^x + D_y w^y + D_z w^z)_{\bar{m}}, \quad \forall \mathbf{w} \in V_h. \tag{4.2.38b}$$

记 $\pi = \Psi - \tilde{\Psi}$, $\eta = \tilde{\Psi} - \psi$, $\sigma = \mathbf{U} - \tilde{\mathbf{U}}$, $\rho_T = \tilde{\mathbf{U}} - \mathbf{u}$, $\xi_s = S - \tilde{S}$, $\zeta_s = \tilde{S} - s (s = e,p)$, $\xi_T = H - \tilde{H}$, $\zeta_T = \tilde{H} - T$, $\alpha_{z,s} = Z_s - \tilde{\mathbf{Z}}_s$, $\beta_{z,s} = \tilde{\mathbf{Z}}_s - \mathbf{z}_s (s = e,p,T)$, $\bar{\alpha}_{z,s} = \bar{\mathbf{Z}}_s - \tilde{\tilde{\mathbf{Z}}}_s$, $\bar{\beta}_{z,s} = \tilde{\tilde{\mathbf{Z}}}_s - \bar{\mathbf{z}}_s (s = e,p)$. 设问题 (4.2.1)—(4.2.8) 满足正定性条件 (C), 其精确解满足正则性条件 (R). 由 Weiser, Wheeler 理论[21]和 Arbogast, Wheeler,

Yotov 理论[31,32]得知格式 (4.2.35)—(4.2.38) 确定的辅助函数 $\{\tilde{\Psi}, \tilde{\mathbf{U}}, \tilde{S}, \tilde{\mathbf{Z}}_s, \tilde{\tilde{\mathbf{Z}}}_s(s = e,p), \tilde{H}, \tilde{Z}_H\}$ 存在且唯一, 并有下述误差估计.

引理 4.2.1 若问题 (4.2.1)—(4.2.8) 的系数和精确解满足条件 (C) 和 (R), 则存在不依赖于 h 的常数 $\bar{C}_1, \bar{C}_2 > 0$, 使得下述估计式成立

$$\begin{aligned}&\|\eta\|_{\bar{m}} + \sum_{s=e,p,T}\|\zeta_s\|_{\bar{m}} + |||\rho_T||| + \sum_{s=e,p,T}|||\beta_{z,s}|||\\&+\sum_{s=e,p}|||\bar{\beta}_{z,s}||| + \left\|\frac{\partial\eta}{\partial t}\right\|_{\bar{m}} + \sum_{s=e,p,T}\left\|\frac{\partial\zeta_s}{\partial t}\right\|_{\bar{m}} \leqslant \bar{C}_1\{h_\psi^2 + h_s^2\},\end{aligned} \tag{4.2.39a}$$

$$|||\tilde{\mathbf{U}}|||_\infty + \sum_{s=e,p,T}|||\tilde{\mathbf{Z}}_s|||_\infty + \sum_{s=e,p}|||\tilde{\tilde{\mathbf{Z}}}_s|||_\infty \leqslant \bar{C}_2. \tag{4.2.39b}$$

先估计 π 和 σ. 将式 (4.2.16a), (4.2.16b) 分别减式 (4.2.35a) $(t = t_m)$ 和式 (4.2.35b) $(t = t_m)$ 可得下述关系式

$$(D_x\sigma_m^x + D_y\sigma_m^y + D_z\sigma_m^z, v)_{\bar{m}} = \alpha(E_m - e_m - P_m + p_m, v)_{\bar{m}}, \quad \forall v \in S_h, \tag{4.2.40a}$$

$$(\sigma_m^x, w^x)_x + (\sigma_m^y, w^y)_y + (\sigma_m^z, w^z)_z - (\pi_m, D_x w^x + D_y w^y + D_z w^z)_{\bar{m}} = 0, \quad \forall \mathbf{w} \in V_h. \tag{4.2.40b}$$

在式 (4.2.40a) 中取 $v = \pi_m$, 在式 (4.2.40b) 中取 $\mathbf{w} = \sigma_m$, 组合上述二式可得

$$(\sigma_m^x, \sigma_m^x)_x + (\sigma_m^y, \sigma_m^y)_y + (\sigma_m^z, \sigma_m^z)_z = \alpha(E_m - e_m - P_m + p_m, \pi_m)_{\bar{m}}. \tag{4.2.41}$$

对于估计式 (4.2.41) 应用引理 4.1.1—引理 4.1.3, 引理 4.2.1 可得

$$|||\sigma_m|||^2 = \alpha(E_m - e_m - P_m + p_m, \pi_m)_{\bar{m}}. \tag{4.2.42}$$

对 $\pi_m \in S_h$, 利用对偶方法进行估计[33,34]. 为此考虑下述椭圆问题:

$$\nabla\cdot\omega = \pi_m, \quad X = (x,y,z)^{\mathrm{T}} \in \Omega, \tag{4.2.43a}$$

$$\omega = \nabla\psi, \quad X \in \Omega, \tag{4.2.43b}$$

$$\omega\cdot\gamma = 0, \quad X \in \partial\Omega. \tag{4.2.43c}$$

由问题 (4.2.43) 的正则性, 有

$$\sum_{s=x,y,z}\left\|\frac{\partial\omega^s}{\partial s}\right\|_{\bar{m}}^2 \leqslant K\|\pi_m\|_{\bar{m}}^2. \tag{4.2.44}$$

设 $\tilde{\omega} \in V_h$ 满足

$$\left(\frac{\partial \tilde{\omega}^s}{\partial s}, v\right)_{\bar{m}} = \left(\frac{\partial \omega^s}{\partial s}, v\right)_{\bar{m}}, \quad \forall v \in S_h, s = x, y, z. \tag{4.2.45a}$$

这样定义的 $\tilde{\omega}$ 是存在的, 且有

$$\sum_{s=x,y,z} \left\|\frac{\partial \tilde{\omega}^s}{\partial s}\right\|_{\bar{m}}^2 \leqslant \sum_{s=x,y,z} \left\|\frac{\partial \omega^s}{\partial s}\right\|_{\bar{m}}^2, \quad \forall v \in S_h, s = x, y, z. \tag{4.2.45b}$$

应用引理 4.1.3, 式 (4.2.42)—(4.2.44) 可得

$$\begin{aligned} ||\pi_m||_{\bar{m}}^2 &= (\pi_m, \nabla \cdot \omega)_{\bar{m}} = (\pi_m, D_x w^x + D_y w^y + D_z w^z)_{\bar{m}} = \sum_{s=x,y,z} (\sigma_m^s, \tilde{\omega}^s)_s \\ &\leqslant K|||\tilde{\omega}||| \cdot |||\sigma_m|||. \end{aligned} \tag{4.2.46}$$

由引理 4.1.3, (4.2.44), (4.2.45) 可得

$$\begin{aligned} |||\tilde{\omega}|||^2 &\leqslant (\pi_m, \nabla \cdot \omega)_{\bar{m}} = \sum_{s=x,y,z} \left\|D_s \tilde{\omega}^s\right\|_{\bar{m}}^2 = \sum_{s=x,y,z} \left\|\frac{\partial \tilde{\omega}^s}{\partial s}\right\|_{\bar{m}}^2 \\ &\leqslant \sum_{s=x,y,z} \left\|\frac{\partial \omega^s}{\partial s}\right\|_{\bar{m}}^2 \leqslant K||\pi_m||_{\bar{m}}^2. \end{aligned} \tag{4.2.47}$$

将式 (4.2.47) 代入式 (4.2.46), 注意到式 (4.2.42) 可得

$$||\pi_m||_{\bar{m}}^2 + |||\sigma_m|||^2 \leqslant K\{||\xi_{e,m}||_{\bar{m}}^2 + ||\xi_{p,m}||_{\bar{m}}^2 + h_\psi^4 + h_s^4\}. \tag{4.2.48}$$

下面讨论电子浓度方程 (4.2.2) 的误差估计. 注意到在时间 $t = t^n$ 时, 电子浓度函数满足

$$\begin{aligned} &\left(\varphi \frac{e^n - e^{n-1}}{\Delta t_s}, v\right)_{\bar{m}} - \frac{2}{3}(\nabla \cdot \mathbf{g}_e^n, v)_{\bar{m}} + \frac{2}{3}(\nabla \cdot \mathbf{z}_e^n, v)_{\bar{m}} = \frac{1}{\Delta t_s}\left(\frac{1}{3}\delta e^{n-1}, v\right)_{\bar{m}} \\ &- \frac{2}{3}(R_1(e^n, p^n, T^n), v)_{\bar{m}} - (\rho^n, v)_{\bar{m}}, \quad \forall v \in S_h, \end{aligned} \tag{4.2.49a}$$

$$(\bar{z}_e^{x,n}, w^x)_x + (\bar{z}_e^{y,n}, w^y)_y + (\bar{z}_e^{z,n}, w^z)_z = \left(e^n, \sum_{s=x,y,z} D_s w^s\right)_{\bar{m}}, \quad \forall \mathbf{w} \in V_h, \tag{4.2.49b}$$

$$(z_e^{x,n}, w^x)_x + (z_e^{y,n}, w^y)_y + (z_e^{z,n}, w^z)_z = \sum_{s=x,y,z} (D_e \bar{z}_e^{s,n}, w^s)_s, \quad \forall \mathbf{w} \in V_h, \tag{4.2.49c}$$

此处 $\rho^n = \dfrac{2}{3}\dfrac{\partial e^n}{\partial t} - \varphi\dfrac{1}{\Delta t_s}\left(e^n - \dfrac{4}{3}e^{n-1} + \dfrac{1}{3}e^{n-2}\right)$.

将 (4.2.20) 与 (4.2.49) 相减, 并利用 L^2 投影 (4.2.36) 可得

$$\begin{aligned}&\left(\frac{\xi_e^n - \xi_e^{n-1}}{\Delta t_s}, v\right)_{\bar{m}} - \frac{2}{3}(\nabla\cdot(\mathbf{G}_e^n - \mathbf{g}_e^n), v)_{\bar{m}} + \frac{2}{3}\left(\sum_{s=x,y,z} D_s\alpha_{z,e}^{s,n}, v\right)_{\bar{m}}\\ =&\frac{1}{\Delta t_s}\left(\frac{1}{3}\delta\xi_e^{n-1}, v\right)_{\bar{m}} + (\rho^n, v)_{\bar{m}} - \frac{2}{3}(R_1(e^n, p^n, T^n)\\ &- R_1(\hat{E}(2)(E,P,H)^n), v)_{\bar{m}}, \quad \forall v \in S_h,\end{aligned} \tag{4.2.50a}$$

$$(\bar{\alpha}_{z,e}^{x,n}, w^x)_x + (\bar{\alpha}_{z,e}^{y,n}, w^y)_y + (\bar{\alpha}_{z,e}^{z,n}, w^z)_z = \left(\xi_e^n, \sum_{s=x,y,z} D_s w^s\right)_{\bar{m}}, \quad \mathbf{w} \in V_h, \tag{4.2.50b}$$

$$(\alpha_{z,e}^{x,n}, w^x)_x + (\alpha_{z,e}^{y,n}, w^y)_y + (\alpha_{z,e}^{z,n}, w^z)_z = \sum_{s=x,y,z}(D_e\bar{\alpha}_{z,e}^{s,n}, w^s)_s, \quad \mathbf{w} \in V_h. \tag{4.2.50c}$$

在 (4.2.50a) 中取 $v = \xi_e^n$, 对 (4.2.50b) 乘以 $\dfrac{2}{3}$, 并取 $\mathbf{w} = \alpha_{z,e}^n$, 同样对 (4.2.50c) 乘以 $\dfrac{2}{3}$, 并取 $\mathbf{w} = \bar{\alpha}_{z,e}^n$, 将 (4.2.50a) 和 (4.2.50b) 相加, 再减去 (4.2.50c). 经整理可得

$$\begin{aligned}&\left(\frac{\xi_e^n - \xi_e^{n-1}}{\Delta t_s}, \xi_e^n\right)_{\bar{m}} + \frac{2}{3}\sum_{s=x,y,z}(D_e\bar{\alpha}_{z,e}^{s,n}, \bar{\alpha}_{z,e}^{s,n})_s\\ =&\frac{2}{3}(\nabla\cdot(\mathbf{G}_e^n - \mathbf{g}_e^n), \xi_e^n)_{\bar{m}}\\ &+ \frac{1}{3\Delta t_s}(\delta\xi_e^{n-1}, \xi_e^n)_{\bar{m}} + (\rho^n, \xi_e^n)_{\bar{m}} - \left(\frac{\zeta_e^n - \zeta_e^{n-1}}{\Delta t_s}, \xi_e^n\right)_{\bar{m}}\\ &- \frac{2}{3}(R_1(e^n, p^n, T^n)\\ &- R_1(\hat{E}(2)(E,P,H)^n), \xi_e^n)_{\bar{m}}\\ =&T_1 + T_2 + T_3 + T_4 + T_5.\end{aligned} \tag{4.2.51}$$

首先估计 (4.2.51) 左端诸项.

$$\left(\frac{\xi_e^n - \xi_e^{n-1}}{\Delta t_s}, \xi_e^n\right)_{\bar{m}} = \frac{1}{2\Delta t_s}\{||\xi_e^n||_{\bar{m}}^2 - ||\xi_e^{n-1}||_{\bar{m}}^2\} + \frac{1}{2\Delta t_s}||\xi_e^n - \xi_e^{n-1}||_{\bar{m}}^2, \tag{4.2.52a}$$

$$\frac{2}{3}\sum_{s=x,y,z}(D_e\bar{\alpha}_{z,e}^{s,n}, \bar{\alpha}_{z,e}^{s,n})_s \geqslant \frac{2}{3}D_*|||\bar{\alpha}_{z,e}^n|||^2. \tag{4.2.52b}$$

其次对 (4.2.51) 右端诸项进行估计.

$$T_1 = \frac{2}{3}(\nabla \cdot (\mathbf{G}_e^n - \mathbf{g}_e^n), \xi_e^n)_{\bar{m}} = -\frac{2}{3}(\mathbf{G}_e^n - \mathbf{g}_e^n, \nabla \xi_e^n)_{\bar{m}} \leqslant \varepsilon |||\bar{\alpha}_{z,e}^n|||^2 + K||\mathbf{G}_e^n - \mathbf{g}_e^n||_{\bar{m}}^2. \tag{4.2.53a}$$

记 $\bar{\sigma}$ 是单元剖分的一个公共面, γ_r 代表 $\bar{\sigma}$ 的单位法向量, X_l 是由此面的重心. 于是有

$$\int_{\bar{\sigma}} \mathbf{g}_e^n \cdot \gamma_r = \int_{\bar{\sigma}} \mu_e e^n (\mathbf{u}^n \cdot \gamma_r) ds. \tag{4.2.53b}$$

由正则性条件 (R) 和积分中值法则,

$$\frac{1}{\text{mes}(\bar{\sigma})} \int_{\bar{\sigma}} \mathbf{g}_e^n \cdot \gamma_r - (\mu_e (\mathbf{u}^n \cdot \gamma_r) e^n)(X_l) = O(h_s). \tag{4.2.53c}$$

那么

$$\begin{aligned}
\frac{1}{\text{mes}(\bar{\sigma})} \int_{\bar{\sigma}} (\mathbf{G}_e^n - \mathbf{g}_e^n) \cdot \gamma_r &= E_{\bar{\sigma}}^n (\mu_e \bar{E}\mathbf{U}^n \cdot \gamma_r)(X_l) - (\mu_e (\mathbf{u}^n \cdot \gamma_r) e^n)(X_l) + O(h_s) \\
&= (E_{\bar{\sigma}}^n - e^n(X_l))(\mu_e \bar{E}\mathbf{U}^n \cdot \gamma_r)(X_l) \\
&\quad + e^n(X_l)(\mu_e (\bar{E}\mathbf{U}^n - \mathbf{u}^n) \cdot \gamma_r)(X_l) + O(h_s).
\end{aligned} \tag{4.2.53d}$$

由 e^n 的正则性, 引理 4.2.1 和文献 [21, 31, 32] 得知

$$|E_{\bar{\sigma}}^n - e^n(X_l)| \leqslant |\xi_e^n| + O(h_s), \tag{4.2.53e}$$

$$\left|\bar{E}\mathbf{U}^n - \mathbf{u}^n\right| \leqslant K\left\{|\xi_{e,m-1}| + |\xi_{e,m-2}|\right\} + O(h_s) + O(\Delta t_\psi^2). \tag{4.2.53f}$$

由 (4.2.53b)—(4.2.53f), 可得

$$||\mathbf{G}_e^n - \mathbf{g}_e^n||_{\bar{m}}^2 \leqslant K\{||\xi_e^n||_{\bar{m}}^2 + ||\xi_{e,m-1}||_{\bar{m}}^2 + ||\xi_{e,m-2}||_{\bar{m}}^2 + h_s^2 + (\Delta t_\psi)^4\}. \tag{4.2.54}$$

于是可得

$$\begin{aligned}
T_1 &= \frac{2}{3}(\nabla \cdot (\mathbf{G}_e^n - \mathbf{g}_e^n), \xi_e^n)_{\bar{m}} \\
&\leqslant \varepsilon |||\bar{\alpha}_{z,e}^n|||^2 + K\{||\xi_e^n||_{\bar{m}}^2 + ||\xi_{e,m-1}||_{\bar{m}}^2 \\
&\quad + ||\xi_{e,m-2}||_{\bar{m}}^2 + h_s^2 + (\Delta t_\psi)^4\}.
\end{aligned} \tag{4.2.55a}$$

对 (4.2.51) 右端第二项有

$$T_2 = \frac{1}{3\Delta t_s}(\xi_e^{n-1} - \xi_e^{n-2}, \xi_e^n)_{\bar{m}} = \frac{1}{3\Delta t_s}(\xi_e^{n-1} - \xi_e^{n-2}, \xi_e^n - \xi_e^{n-1} + \xi_e^{n-1})_{\bar{m}}$$

$$\leqslant \frac{1}{3\Delta t_s}\left\{\frac{1}{2}||\xi_e^{n-1}-\xi_e^{n-2}||_{\bar{m}}^2+\frac{1}{2}||\xi_e^{n}-\xi_e^{n-1}||_{\bar{m}}^2+\frac{1}{2}||\xi_e^{n-1}-\xi_e^{n-2}||_{\bar{m}}^2\right.$$
$$\left.+\frac{1}{2}[||\xi_e^{n-1}||_{\bar{m}}^2-||\xi_e^{n-2}||_{\bar{m}}^2]\right\}$$
$$=\frac{1}{3\Delta t_s}\left\{||\xi_e^{n-1}-\xi_e^{n-2}||_{\bar{m}}^2\right.$$
$$\left.+\frac{1}{2}||\xi_e^{n}-\xi_e^{n-1}||_{\bar{m}}^2+\frac{1}{2}[||\xi_e^{n-1}||_{\bar{m}}^2-||\xi_e^{n-2}||_{\bar{m}}^2]\right\} \tag{4.2.55b}$$

$$T_3 \leqslant K(\Delta t_s)^4\left|\left|\frac{\partial^3 e}{\partial t^3}\right|\right|_{\bar{m}}^2+K||\xi_e^{n-1}||_{\bar{m}}^2. \tag{4.2.55c}$$

$$T_4 \leqslant K\{||\xi_e^{n}||_{\bar{m}}^2+h_s^4\}, \tag{4.2.55d}$$

$$T_5 \leqslant K\{||\xi_e^{n}||_{\bar{m}}^2+||\xi_e^{n-1}||_{\bar{m}}^2+||\xi_p^{n-1}||_{\bar{m}}^2+||\xi_T^{n-1}||_{\bar{m}}^2+(\Delta t_s)^4+h_s^4\}. \tag{4.2.55e}$$

将估计式 (4.2.52)—(4.2.55) 代入误差估计方程 (4.2.51) 可得

$$\frac{1}{2\Delta t_s}\{||\xi_e^{n}||_{\bar{m}}^2-||\xi_e^{n-1}||_{\bar{m}}^2\}+\frac{1}{2\Delta t_s}||\xi_e^{n}-\xi_e^{n-1}||_{\bar{m}}^2+\frac{1}{2}D_*|||\bar{\alpha}_{z,e}^{n}|||^2$$
$$\leqslant\frac{1}{3\Delta t_s}\left\{||\xi_e^{n-1}-\xi_e^{n-2}||_{\bar{m}}^2+\frac{1}{2}||\xi_e^{n}-\xi_e^{n-1}||_{\bar{m}}^2+\frac{1}{2}[||\xi_e^{n-1}||_{\bar{m}}^2-||\xi_e^{n-2}||_{\bar{m}}^2]\right\}$$
$$+K\left\{(\Delta t_s)^3\left|\left|\frac{\partial^3 e}{\partial t^3}\right|\right|_{\bar{L}^2(t^{n-2},t^n;\bar{m})}^2+(\Delta t_\psi)^3\left|\left|\frac{\partial^2 \mathbf{u}}{\partial t^2}\right|\right|_{\bar{L}^2(t_{m-2},t_{m-1};\bar{m})}^2\right\}$$
$$+K\{||\xi_e^{n}||_{\bar{m}}^2+||\xi_e^{n-1}||_{\bar{m}}^2+||\xi_p^{n-1}||_{\bar{m}}^2+||\xi_T^{n-1}||_{\bar{m}}^2$$
$$+||\xi_{e,m-1}||_{\bar{m}}^2+||\xi_{e,m-2}||_{\bar{m}}^2+(\Delta t_s)^4+h_\psi^4+h_s^2\}, \tag{4.2.56}$$

上式整理后可得

$$\frac{1}{2\Delta t_s}\{||\xi_e^{n}||_{\bar{m}}^2-||\xi_e^{n-1}||_{\bar{m}}^2\}+\frac{1}{3\Delta t_s}\{||\xi_e^{n}-\xi_e^{n-1}||_{\bar{m}}^2$$
$$-||\xi_e^{n-1}-\xi_e^{n-2}||_{\bar{m}}^2\}+\frac{1}{2}D_*|||\bar{\alpha}_{z,e}^{n}|||^2$$
$$\leqslant\frac{1}{6\Delta t_s}\{||\xi_e^{n-1}||_{\bar{m}}^2-||\xi_e^{n-2}||_{\bar{m}}^2\}+K\left\{(\Delta t_s)^3\left|\left|\frac{\partial^3 e}{\partial t^3}\right|\right|_{\bar{L}^2(t^{n-2},t^n;\bar{m})}^2\right.$$
$$\left.+(\Delta t_\psi)^3\left|\left|\frac{\partial^2 \mathbf{u}}{\partial t^2}\right|\right|_{\bar{L}^2(t_{m-2},t_{m-1};\bar{m})}^2\right\}+K\{||\xi_e^{n}||_{\bar{m}}^2$$
$$+||\xi_e^{n-1}||_{\bar{m}}^2+||\xi_p^{n-1}||_{\bar{m}}^2+||\xi_T^{n-1}||_{\bar{m}}^2+||\xi_{e,m-1}||_{\bar{m}}^2$$
$$+||\xi_{e,m-2}||_{\bar{m}}^2+(\Delta t_s)^4+h_\psi^4+h_s^2\}. \tag{4.2.57}$$

对式 (4.2.57) 两边同乘以 Δt_s, 并对时间 n 相加, 可得

$$\begin{aligned}
&\frac{1}{2}\{||\xi_e^N||_{\bar{m}}^2 - ||\xi_e^1||_{\bar{m}}^2\} + \frac{1}{3}\{||\xi_e^N - \xi_e^{N-1}||_{\bar{m}}^2 - ||\xi_e^1 - \xi_e^0||_{\bar{m}}^2\} + \frac{1}{2}D_*\sum_{n=1}^{N}|||\bar{\alpha}_{z,e}^n|||^2\Delta t_s \\
\leqslant &\frac{1}{6}\{||\xi_e^{N-1}||_{\bar{m}}^2 - ||\xi_e^0||_{\bar{m}}^2\} + K\{(\Delta t_{\psi,1})^3 + (\Delta t_\psi)^4 + (\Delta t_s)^4 + h_\psi^4 + h_s^2\} \\
&+ K\sum_{n=1}^{N}\{||\xi_e^n||_{\bar{m}}^2 + ||\xi_p^n||_{\bar{m}}^2 + ||\xi_T^n||_{\bar{m}}^2\}\Delta t_s \\
\leqslant &\frac{1}{6}\{||\xi_e^N - \xi_e^{N-1}||_{\bar{m}}^2 + ||\xi_e^N||_{\bar{m}}^2 - ||\xi_e^0||_{\bar{m}}^2\} \\
&+ K\{(\Delta t_{\psi,1})^3 + (\Delta t_\psi)^4 + (\Delta t_s)^4 + h_\psi^4 + h_s^2\} \\
&+ K\sum_{n=1}^{N}\{||\xi_e^n||_{\bar{m}}^2 + ||\xi_p^n||_{\bar{m}}^2 + ||\xi_T^n||_{\bar{m}}^2\}\Delta t_s.
\end{aligned} \tag{4.2.58}$$

那么有

$$\begin{aligned}
&\frac{1}{3}||\xi_e^N||_{\bar{m}}^2 + \frac{1}{6}||\xi_e^N - \xi_e^{N-1}||_{\bar{m}}^2 + \frac{1}{2}D_*\sum_{n=1}^{N}|||\bar{\alpha}_{z,e}^n|||^2\Delta t_s \\
\leqslant &\frac{1}{6}\{3||\xi_e^1||_{\bar{m}}^2 - ||\xi_e^0||_{\bar{m}}^2\} + \frac{1}{3}\{||\xi_e^1 - \xi_e^0||_{\bar{m}}^2 \\
&+ K\{(\Delta t_{\psi,1})^3 + (\Delta t_\psi)^4 + (\Delta t_s)^4 + h_\psi^4 + h_s^2\} \\
&+ K\sum_{n=1}^{N}\{||\xi_e^n||_{\bar{m}}^2 + ||\xi_p^n||_{\bar{m}}^2 + ||\xi_T^n||_{\bar{m}}^2\}\Delta t_s.
\end{aligned} \tag{4.2.59}$$

对空穴浓度方程 (4.2.3) 类似地可得下述估计式

$$\begin{aligned}
&\frac{1}{3}||\xi_p^N||_{\bar{m}}^2 + \frac{1}{6}||\xi_p^N - \xi_p^{N-1}||_{\bar{m}}^2 + \frac{1}{2}D_*\sum_{n=1}^{N}|||\bar{\alpha}_{z,p}^n|||^2\Delta t_s \\
\leqslant &\frac{1}{6}\{3||\xi_p^1||_{\bar{m}}^2 - ||\xi_p^0||_{\bar{m}}^2\} + \frac{1}{3}\{||\xi_p^1 - \xi_p^0||_{\bar{m}}^2 \\
&+ K\{(\Delta t_{\psi,1})^3 + (\Delta t_\psi)^4 + (\Delta t_s)^4 + h_\psi^4 + h_s^2\} \\
&+ K\sum_{n=1}^{N}\{||\xi_e^n||_{\bar{m}}^2 + ||\xi_p^n||_{\bar{m}}^2 + ||\xi_T^n||_{\bar{m}}^2\}\Delta t_s.
\end{aligned} \tag{4.2.60}$$

最后研究热传导方程 (4.2.4) 的误差估计. 为此将式 (4.2.25a) 减去式 (4.2.38a) ($t =$

t^n), 将式 (4.2.25b) 减去式 (4.2.38b) ($t=t^n$). 经计算可得

$$\begin{aligned}&\left(\rho\frac{\xi_T^n-\xi_T^{n-1}}{\Delta t_s},v\right)_{\bar m}+\frac{2}{3}\sum_{s=x,y,z}(D_s\bar\alpha_{z,T}^{s,n},v)_s\\&=\frac{1}{\Delta t_s}\left(\frac{1}{3}\delta\xi_T^{n-1},v\right)_{\bar m}+(r^n,v)_{\bar m}\\&\quad+\frac{2}{3}([(\mathbf{Z}_p^{n-1}+\mu_pP^{n-1}\bar E\mathbf{U}^n)-(\mathbf{Z}_e^{n-1}+\mu_eE^{n-1}\bar E\mathbf{U}^n)]\cdot\bar E\mathbf{U}^n\\&\quad-[(\mathbf{z}_p^n+\mu_pp^n\mathbf{u}^n)-(\mathbf{z}_e^n+\mu_ee^n\mathbf{u}^n)]\cdot\mathbf{u}^n,v)_{\bar m},\quad\forall v\in S_h,\end{aligned}\tag{4.2.61a}$$

$$(\alpha_{z,T}^{x,n},w^x)_x+(\alpha_{z,T}^{y,n},w^y)_y+(\alpha_{z,T}^{z,n},w^z)_z=\left(\xi_T^n,\sum_{s=x,y,z}D_sw^s\right)_{\bar m},\quad\forall\mathbf{w}\in V_h,\tag{4.2.61b}$$

其中 $r^n=\frac{2}{3}\rho\frac{\partial T^n}{\partial t}-\frac{\rho}{\Delta t_s}\left(T^n-\frac{4}{3}T^{n-1}+\frac{1}{3}T^{n-2}\right)$.

引入归纳法假定和网格剖分参数假定:

$$\max_{0\leqslant m\leqslant M}|||\sigma_m|||_\infty\leqslant 1,\quad(\Delta t,h)\to 0,\tag{4.2.62}$$

$$(\Delta t_{\psi,1})^{3/2}+(\Delta t_\psi)^2+(\Delta t_s)^2=o(h_\psi^{3/2}),\quad(\Delta t,h)\to 0,\tag{4.2.63a}$$

$$h_s=o(h_\psi^{3/2}),\quad(\Delta t,h)\to 0,\tag{4.2.63b}$$

在式 (4.2.61a) 中取 $v=\xi_T^n$, 在式 (4.2.61b) 中取 $\mathbf{w}=\alpha_{z,T}^n$, 并对其乘以 $\frac{2}{3}$, 再将 (4.2.61a) 和 (4.2.61b) 相加可得

$$\begin{aligned}&\left(\rho\frac{\xi_T^n-\xi_T^{n-1}}{\Delta t_s},\xi_T^n\right)_{\bar m}+|||\sigma_m|||^2\\&=\frac{1}{\Delta t_s}\left(\frac{1}{3}\delta\xi_T^{n-1},\xi_T^n\right)_{\bar m}+(r^n,\xi_T^n)_{\bar m}\\&\quad+\frac{2}{3}([(\mathbf{Z}_p^{n-1}+\mu_pP^{n-1}\bar E\mathbf{U}^n)-(\mathbf{Z}_e^{n-1}+\mu_eE^{n-1}\bar E\mathbf{U}^n)]\cdot\bar E\mathbf{U}^n\\&\quad-[(\mathbf{z}_p^n+\mu_pp^n\mathbf{u}^n)-(\mathbf{z}_e^n+\mu_ee^n\mathbf{u}^n)]\cdot\mathbf{u}^n,\xi_T^n)_{\bar m}.\end{aligned}\tag{4.2.64}$$

对误差方程 (4.2.64) 左右两端进行估计, 利用归纳法假定 (4.2.62) 可得

$$\begin{aligned}&\frac{1}{3}||\rho^{1/2}\xi_T^N||_{\bar m}^2+\frac{1}{6}||\rho^{1/2}(\xi_T^N-\xi_T^{N-1})||_{\bar m}^2+\sum_{n=1}^N|||\alpha_{z,T}^n|||^2\Delta t_s\\&\leqslant\frac{1}{6}\{3||\rho^{1/2}\xi_T^1||_{\bar m}^2-||\rho^{1/2}\xi_T^0||_{\bar m}^2\}+\frac{1}{3}||\rho^{1/2}(\xi_T^1-\xi_T^0)||_{\bar m}^2\end{aligned}$$

$$
\begin{aligned}
&+\varepsilon\sum_{n=1}^{N}\{|||\bar{\alpha}_{z,e}^{n}|||^{2}+|||\bar{\alpha}_{z,p}^{n}|||^{2}\}\Delta t_{s}\\
&+K\{(\Delta t_{\psi,1})^{3}+(\Delta t_{\psi})^{4}+(\Delta t_{s})^{4}+h_{\psi}^{4}+h_{s}^{2}\}\\
&+\sum_{n=1}^{N}\{||\xi_{e}^{n}||_{\bar{m}}^{2}+||\xi_{p}^{n}||_{\bar{m}}^{2}+||\rho^{1/2}\xi_{T}^{n}||_{\bar{m}}^{2}\}\Delta t_{s}. \qquad (4.2.65)
\end{aligned}
$$

组合 (4.2.59), (4.2.60) 和 (4.2.65) 可得下述估计式:

$$
\begin{aligned}
&\frac{1}{3}\left\{\sum_{s=e,p}||\xi_{s}^{N}||_{\bar{m}}^{2}+||\rho^{1/2}\xi_{T}^{N}||_{\bar{m}}^{2}\right\}\\
&+\frac{1}{6}\left\{\sum_{s=e,p}||\xi_{s}^{N}-\xi_{s}^{N-1}||_{\bar{m}}^{2}+||\rho^{1/2}(\xi_{T}^{N}-\xi_{T}^{N-1})||_{\bar{m}}^{2}\right\}\\
&+\frac{1}{4}D_{*}\sum_{n=1}^{N}\sum_{s=e,p}|||\alpha_{z,s}^{n}|||^{2}\Delta t_{s}+\sum_{n=1}^{N}|||\alpha_{z,T}^{n}|||^{2}\Delta t_{s}\\
\leqslant&\frac{1}{6}\left\{\sum_{s=e,p}[3||\xi_{s}^{1}||_{\bar{m}}^{2}-||\xi_{s}^{0}||_{\bar{m}}^{2}]+3||\rho^{1/2}\xi_{T}^{1}||_{\bar{m}}^{2}-||\rho^{1/2}\xi_{T}^{0}||_{\bar{m}}^{2}\right\}\\
&+\frac{1}{3}\left\{\sum_{s=e,p}||\xi_{s}^{1}-\xi_{s}^{0}||_{\bar{m}}^{2}+||\rho^{1/2}(\xi_{T}^{1}-\xi_{T}^{0})||_{\bar{m}}^{2}\right\}\\
&+K\{(\Delta t_{\psi,1})^{3}+(\Delta t_{\psi})^{4}+(\Delta t_{s})^{4}+h_{\psi}^{4}+h_{s}^{2}\}\\
&+K\sum_{n=1}^{N}\{||\xi_{e}^{n}||_{\bar{m}}^{2}+||\xi_{p}^{n}||_{\bar{m}}^{2}+||\rho^{1/2}\xi_{T}^{n}||_{\bar{m}}^{2}\}\Delta t_{s}. \qquad (4.2.66)
\end{aligned}
$$

应用离散形式的 Gronwall 引理和初始逼近的选取的性质可得

$$
\begin{aligned}
&\sum_{s=e,p,T}||\xi_{s}^{N}||_{\bar{m}}^{2}+\sum_{n=1}^{N}\left\{\sum_{s=e,p}|||\bar{\alpha}_{z,s}^{n}|||^{2}+|||\alpha_{z,T}^{n}|||^{2}\right\}\Delta t_{c}\\
\leqslant&K\{h_{s}^{2}+h_{\psi}^{4}+(\Delta t_{s})^{4}+(\Delta t_{\psi,1})^{3}+(\Delta t_{\psi})^{4}\}. \qquad (4.2.67)
\end{aligned}
$$

对电场位势方程的误差估计式 (4.2.48), 应用估计式 (4.2.67) 可得

$$
\sup_{0\leqslant n\leqslant N}\{||\pi_{m}||_{\bar{m}}^{2}+|||\sigma_{m}|||^{2}\}\leqslant K\{h_{s}^{2}+h_{\psi}^{4}+(\Delta t_{s})^{4}+(\Delta t_{\psi,1})^{3}+(\Delta t_{\psi})^{4}\}. \qquad (4.2.68)
$$

最后需要检验归纳法假定 (4.2.62). 对估计式 (4.2.68), 注意到网格剖分参数限制性条件 (4.2.63), 归纳法假设 (4.2.62) 显然是成立的.

由估计式 (4.2.66), (4.2.67) 和引理 4.2.1, 可以建立下述定理.

定理 4.2.3　对问题 (4.2.1)—(4.2.8) 假定其精确解满足正则性条件 (R), 且其系数满足正定性条件 (C), 采用块中心迎风多步方法 (4.2.16), (4.2.20), (4.2.23) 和 (4.2.25) 逐层求解. 假定剖分参数满足限制性条件 (4.2.63), 则下述误差估计式成立

$$\begin{aligned}&||\psi-\Psi||_{\bar{L}^\infty(J;\bar{m})}+||\mathbf{u}-\mathbf{U}||_{\bar{L}^\infty(J;V)}+\sum_{s=e,p}||s-S||_{\bar{L}^\infty(J;\bar{m})}+||T-H||_{\bar{L}^\infty(J;\bar{m})}\\&+\sum_{s=e,p}||\bar{\mathbf{z}}_s-\bar{\mathbf{Z}}_s||_{\bar{L}^2(J;V)}+||\mathbf{z}_T-\mathbf{Z}_T||_{\bar{L}^2(J;V)}\\&\leqslant M^*\{h_\psi^2+h_s+(\Delta t_s)^2+(\Delta t_{\psi,1})^{3/2}+(\Delta t_\psi)^2\}.\end{aligned}\tag{4.2.69}$$

此处 $||g||_{\bar{L}^\infty(J;X)}=\sup\limits_{n\Delta t\leqslant T}||g^n||_X$, $||g||_{\bar{L}^2(J;X)}=\sup\limits_{L\Delta t\leqslant T}\left\{\sum\limits_{n=0}^{L}||g^n||_X^2\Delta t_c\right\}^{1/2}$, 常数 M^* 依赖于函数 $\psi,\mathbf{u},e,p,T$ 及其导函数.

4.2.5　数值算例

为了说明方法的特点和优越性, 下面考虑一组非驻定的对流-扩散方程:

$$\begin{cases}\dfrac{\partial u}{\partial t}+\nabla\cdot(-a(x)\nabla u+\mathbf{b}u)=f, & (x,y,z)\in\Omega,t\in(0,T],\\u|_{t=0}=x(1-x)y(1-y)z(1-z), & (x,y,z)\in\Omega,\\u|_{\partial\Omega}=0, & t\in(0,T].\end{cases}\tag{4.2.70}$$

问题 I (对流占优):

$$a(x)=0.01,\quad b_1=(1+x\cos\alpha)\cos\alpha,\quad b_2=(1+y\sin\alpha)\sin\alpha,\quad b_3=1,\quad \alpha=\frac{\pi}{12}.$$

问题 II (强对流占优):

$$a(x)=10^{-5},\quad b_1=1,\quad b_2=1,\quad b_3=-2.$$

其中 $\Omega=(0,1)\times(0,1)\times(0,1)$, 问题的精确解为 $u=e^{t/4}x(1-x)y(1-y)z(1-z)$, 右端 f 使每一个问题均成立. 时间步长为 $\Delta t=\dfrac{T}{6}$, 具体情况如表 4.2.1 和表 4.2.2 所示 $\left(当\ T=\dfrac{1}{2}\ 时\right)$.

表 4.2.1 问题 I 的结果

N		8	16	24
UPBCF	L^2	$5.7604\text{e}-007$	$7.4580\text{e}-008$	$3.9599\text{e}-008$
FDM	L^2	$1.2686\text{e}-006$	$3.4144\text{e}-007$	$1.5720\text{e}-007$

表 4.2.2 问题 II 的结果

N		8	16	24
UPBCF	L^2	$5.1822\text{e}-007$	$1.0127\text{e}-007$	$6.8874\text{e}-008$
FDM	L^2	$3.3386\text{e}-005$	$3.2242\text{e}+009$	溢出

其中 L^2 表示误差的 L^2 模, UPBCF 代表本节的迎风块中心方法, FDM 代表五点格式的有限差分方法. 表 4.2.1 和表 4.2.2 分别是对问题 I 和问题 II 的数值结果. 由此可以看出, 差分方法对于对流占优的方程有结果. 对于强对流方程, 剖分步长较大时有结果, 但步长慢慢减小时其结果明显发生振荡不可用. 迎风块中心方法无论对于对流占优的方程还是强对流占优的方程, 都有很好的逼近结果, 没有数值振荡, 可以得到合理的结果, 这是其他有限元或有限差分方法所不能比的.

表 4.2.3 给出单步方法与多步方法的比较. 对流占优的扩散方程 (问题 I) 分别应用迎风块中心多步 (M) 和迎风块中心单步方法 (S), 前者的时间步长取为 $\Delta t = \dfrac{T}{3}$, 后者的时间步长为 $\Delta t = \dfrac{T}{6}$. 由所得结果可以看出: 多步方法保持了单步的优点, 同时在精度上有所提高, 并且计算量小.

表 4.2.3 结果比较

N		8	16	24
M	L^2	$2.8160\text{e}-007$	$6.5832\text{e}-008$	$7.9215\text{e}-008$
S	L^2	$5.7604\text{e}-007$	$7.4580\text{e}-008$	$3.9599\text{e}-008$

此外, 为了更好地说明方法的应用性, 我们考虑两类半正定的情形.

问题 III:

$$a(x) = x(1-x), \quad b_1 = 1, \quad b_2 = 1, \quad b_3 = 0.$$

问题 IV:

$$a(x) = (x-1/2)^2, \quad b_1 = -3, \quad b_2 = 1, \quad b_3 = 0.$$

表 4.2.4 中 P-III, P-IV 代表问题 III, 问题 IV, 表中数据是应用迎风块中心方法所得到的. 可以看出, 当扩散矩阵半正定时, 利用此方法可以得到比较理想的结果.

表 4.2.4 半正定问题的结果

N		8	16	24
P-III	L^2	$8.0682\mathrm{e}-007$	$5.5915\mathrm{e}-008$	$1.2303\mathrm{e}-008$
P-IV	L^2	$1.6367\mathrm{e}-005$	$2.4944\mathrm{e}-006$	$4.2888\mathrm{e}-007$

4.2.6 总结和讨论

本节研究三维热传导型半导体器件瞬态问题的数值模拟, 提出一类迎风块中心多步方法及其收敛性分析. 4.2.1 小节是引言部分, 叙述和分析问题的数学模型、物理背景以及国内外研究概况. 4.2.2 小节和 4.2.3 小节提出迎风块中心多步方法计算程序, 对电场位势方程采用具有守恒性质的块中心方法离散, 对电场强度的计算提高了一阶精确度. 对浓度和热传导方程采用了迎风块中心多步方法求解, 即对时间导数采用多步方法逼近, 对方程的扩散部分采用块中心方法离散, 对流部分采用迎风格式来处理. 这种方法适用于对流占优问题, 能消除数值弥散和非物理性振荡. 可以同时逼近浓度和温度函数及其伴随向量函数, 保持单元质量守恒, 这对半导体问题的数值模拟计算中是十分重要的. 4.2.4 小节是收敛性分析, 应用微分方程先验估计理论和特殊技巧, 得到了最佳阶误差估计结果. 4.2.5 小节是数值算例, 指明该方法的有效性和实用性, 成功解决这一问题[2,5-10,36]. 本节有如下特征: ① 本格式具有物理守恒律特性, 这点在半导体器件实际计算中是十分重要的, 特别在信息科学数值模拟计算; ② 由于组合地应用多步方法、块中心差分和迎风格式, 它具有高精度和高稳定性的特征, 特别适用于三维复杂区域精细数值模拟的工程实际计算; ③ 本节拓广了 Bramble 关于抛物问题多步法的经典成果[36]; ④ 本节所提出的数值方法, 具有局部质量守恒这一重要的物理特性, 这对经典的信息科学数值模拟具有实质性的创新和拓展[2,5-10,36]. 详细的讨论和分析见参考文献 [37].

4.3 热传导型半导体问题的迎风变网格块中心差分方法

4.3.1 引言

三维热传导型半导体瞬态问题的数值方法研究是信息科学数值模拟的基础, 其数学模型是由四个方程组成的非线性偏微分方程组的初边值问题. 电场位势方程是椭圆型的, 电子和空穴浓度方程是对流-扩散型的, 温度方程是热传导型的. 电场位势通过其电场强度控制浓度方程和热传导方程, 并控制着全过程, 和相应的边界和初始条件构成封闭系统. 三维空间区域 Ω 上的初边值问题如下[1-4]:

$$-\Delta\psi = \alpha(p - e + N(X)), \quad X = (x,y,z)^{\mathrm{T}} \in \Omega, t \in J = (0,\tilde{T}], \tag{4.3.1}$$

$$\frac{\partial e}{\partial t}=\nabla\cdot[D_e(X)\nabla e-\mu_e(X)e\nabla\psi]-R_1(e,p,T),\quad (X,t)\in\Omega\times J,\tag{4.3.2}$$

$$\frac{\partial p}{\partial t}=\nabla\cdot[D_p(X)\nabla p+\mu_p(X)p\nabla\psi]-R_2(e,p,T),\quad (X,t)\in\Omega\times J,\tag{4.3.3}$$

$$\begin{aligned}\rho\frac{\partial T}{\partial t}-\Delta T=&\{(D_p(X)\nabla p+\mu_p(X)p\nabla\psi)-(D_e(X)\nabla e-\mu_e(X)e\nabla\psi)\}\\&\cdot\nabla\psi,\quad (X,t)\in\Omega\times J,\end{aligned}\tag{4.3.4}$$

此处未知函数是电场位势 ψ 和电子、空穴浓度 e,p 以及温度函数 T. 方程 (4.3.1)—(4.3.4) 出现的系数均有正的上、下界. $\alpha=q/\varepsilon$, 其中 q,ε 分别表示电子负荷和介电系数, 均为正常数. 扩散系数 $D_s(X),s=e,p$ 和迁移率 $\mu_s(X)$ 之间的关系是 $D_s(X)=U_T\mu_s(X)$, 此处 U_T 是热量伏特. $N(X)$ 是给定的函数, 等于 $N_D(X)-N_A(X)$, $N_D(X)$ 和 $N_A(X)$ 是施主和受主杂质浓度. 当 X 接近半导体 P-N 结时, $N(X)$ 的变化是非常快的. $R_i(e,p,T)(i=1,2)$ 是电子、空穴和温度影响下产生的复合率. $\rho(X)$ 是热传导系数. 在这里看到非均匀网格剖分在数值计算时是十分重要的[5,6].

初始条件:

$$e(X,0)=e_0(X),\quad p(X,0)=p_0(X),\quad T(X,0)=T_0(X),\quad X\in\Omega.\tag{4.3.5}$$

此处 $e_0(X),p_0(X),T_0(X)$ 均为正的已知函数.

本节重点研究第 2 类 (Neumann) 边界条件:

$$\left.\frac{\partial\psi}{\partial\gamma}\right|_{\partial\Omega}=\left.\frac{\partial e}{\partial\gamma}\right|_{\partial\Omega}=\left.\frac{\partial p}{\partial\gamma}\right|_{\partial\Omega}=\left.\frac{\partial T}{\partial\gamma}\right|_{\partial\Omega}=0,\quad t\in J,\tag{4.3.6}$$

此处 $\partial\Omega$ 为区域 Ω 的边界, γ 为 Ω 的边界 $\partial\Omega$ 的单位外法线方向.

我们还需要相容性条件和唯一性条件:

$$\int_\Omega[p-e+N]dX=0,\tag{4.3.7}$$

$$\int_\Omega\psi dX=0.\tag{4.3.8}$$

半导体器件瞬态问题的数值模拟对于半导体研制技术的发展具有重要的价值[5-8]. Gummel 于 1964 年提出用序列迭代法计算这类问题, 开创了半导体器件数值模拟这一新领域[9]. Douglas 等率先对一维、二维基本模型 (常系数、不考虑温度影响) 提出了便于实用的差分方法并应用于生产实际, 得到了严谨的理论分析成果[10,11]. 在此基础上, 本书作者研究了二维问题在变系数情况下的特征有限元方法[12], 并注意到在浓度方程中只出现电场强度 $-\nabla\psi$, 还研究了该问题的特征混合元方法, 得到了最优阶 H^1 和 L^2 估计[13,14]. 本书作者从生产实际出发, 研究了热传导对半导体器件的影响, 研究和分析了均匀网格剖分下三维热传导型半导体器件瞬态问题的特征差分方法[4].

我们注意到有限体积元法[15,16]兼具有差分方法的简单性和有限元方法的高精度性, 并且保持单元质量守恒, 是求解偏微分方程的一种十分有效的数值方法. 混合元方法[17-19]可以同时求解位势函数及其电场强度向量, 从而提高其一阶精确度. 论文 [20, 21] 将有限体积元和混合元结合, 提出了块中心数值方法的思想, 论文 [22, 23] 通过数值算例验证了这种方法的有效性. 论文 [24—26] 主要对椭圆问题给出块中心数值方法的收敛性估计等理论结果, 形成了块中心差分方法的一般框架. 芮洪兴等用此方法研究了非 Darcy 渗流的数值模拟计算问题[27,28]. 本书作者曾用此方法研究半导体问题, 均得到很好的结果, 但始终未能得到具有局部守恒律物理特征的数值模拟结果[29,30].

现代网格变动的自适应有限元方法, 已成为精确有效地逼近偏微分方程的重要工具. 特别是对半导体器件瞬态问题的数值模拟计算, 对于 P-N 结附近的某些局部性质, 此方法是十分有效的. Dawson 等在文献 [38] 中对热传导方程和对流-扩散方程提出基于网格变动的混合有限元方法. 在特殊的网格变动情况下, 可以得到最优阶的误差估计结果.

在上述工作的基础上, 我们对三维热传导型半导体器件瞬态问题提出一类迎风网格变动的块中心差分数值方法. 对电场位势方程采用具有守恒律性质的块中心方法求解, 它对电场强度的计算提高了一阶精确度. 对浓度方程和热传导方程采用迎风网格变动的块中心差分方法求解, 即对方程的扩散部分采用块中心方法离散, 对流部分采用迎风格式来处理. 这种方法适用于对流占优问题, 能消除数值弥散和非物理性振荡. 可以同时逼近浓度和温度函数及其伴随向量函数, 并且由于分片常数在检验函数空间中, 因此格式保持单元质量守恒. 这对半导体问题的数值模拟计算是十分重要的. 应用微分方程先验估计理论和特殊技巧, 得到了最优阶误差估计. 本节对一般对流-扩散方程做了数值试验, 进一步指明本节方法是一类切实可行高效的计算方法, 支撑了理论分析结果, 成功解决了这一重要问题[2,5-8]. 这项研究成果对半导体器件的数值模拟计算方法、应用软件研制和实际应用均有重要的价值.

假设问题 (4.3.1)—(4.3.8) 的精确解是正则的, 即满足

$$
\text{(R)}\quad \begin{aligned} &\psi \in L^\infty(J; H^3(\Omega)) \cap H^1(J; W^{4,\infty}(\Omega)), \\ &e, p, T \in L^\infty(J; H^3(\Omega)) \cap H^2(J; W^{4,\infty}(\Omega)). \end{aligned} \tag{4.3.9}
$$

其系数满足正定性条件:

$$\text{(C)}\quad \begin{aligned}&0 < D_* \leqslant D_\delta(X) \leqslant D^*, \quad 0 < \mu_* \leqslant \mu_\delta(X) \leqslant \mu^* \\ &(\delta = e, p), \quad 0 < \rho_* \leqslant \rho(X) \leqslant \rho^*,\end{aligned} \tag{4.3.10}$$

此处 $D_*, D^*, \mu_*, \mu^*, \rho_*$ 和 ρ^* 均为正常数. 方程的右端 $R_i(e,p,T)(i=1,2)$ 在 ε_0-邻域关于三个变量均是 Lipschitz 连续的, 即存在正常数 C, 当 $|\varepsilon_i| \leqslant \varepsilon_0 (1 \leqslant i \leqslant 6)$ 时有

$$\begin{aligned}&|R_i(e(X,t)+\varepsilon_1, p(X,t)+\varepsilon_2, T(X,t)+\varepsilon_3) \\ &\quad -R_i(e(X,t)+\varepsilon_4, p(X,t)+\varepsilon_5, T(X,t)+\varepsilon_6)| \\ &\leqslant K\left\{|\varepsilon_1-\varepsilon_4|+|\varepsilon_2-\varepsilon_5|+|\varepsilon_3-\varepsilon_6|\right\}, \quad i=1,2.\end{aligned} \tag{4.3.11}$$

本节中记号 K 和 ε 分别表示普通正常数和普通小正数, 在不同处可具有不同的含义.

4.3.2 迎风变网格块中心差分方法程序

本节的记号和引理全部见 4.1.2 小节. 引入块中心方法处理思想, 将方程组 (4.3.1)—(4.3.4) 写成下述形式:

$$\nabla \cdot \mathbf{u} = \alpha(p-e+N), \quad X \in \Omega, t \in J, \tag{4.3.12a}$$

$$\mathbf{u} = -\nabla \psi, \quad X \in \Omega, t \in J. \tag{4.3.12b}$$

对浓度方程 (4.3.2), (4.3.3) 和温度方程 (4.3.4) 构造迎风块中心差分格式. 为此将其转变为散度形式, 记 $\mathbf{g}_r = \mu_r(X) r \mathbf{u}$, $\bar{\mathbf{z}}_r = -\nabla r$, $\mathbf{z}_r = D_r \bar{\mathbf{z}}_r$, $r = e, p$, $\mathbf{z}_T = -\nabla T$, 则有

$$\frac{\partial e}{\partial t} - \nabla \cdot \mathbf{g}_e + \nabla \cdot \mathbf{z}_e = -R_1(e,p,T), \quad X \in \Omega, t \in J, \tag{4.3.13}$$

$$\frac{\partial p}{\partial t} + \nabla \cdot \mathbf{g}_p + \nabla \cdot \mathbf{z}_p = -R_2(e,p,T), \quad X \in \Omega, t \in J, \tag{4.3.14}$$

$$\rho(X)\frac{\partial T}{\partial t} + \nabla \cdot \mathbf{z}_T = \{(\mathbf{z}_p + \mathbf{g}_p) - (\mathbf{z}_e - \mathbf{g}_e)\} \cdot \mathbf{u}, \quad X \in \Omega, t \in J. \tag{4.3.15}$$

应用拓广的块中心方法[31,32]. 此方法不仅能得到对扩散流量 $\mathbf{z}_r(r=e,p)$, $\mathbf{z}_T$ 的近似, 同时能得到对梯度 $\bar{\mathbf{z}}_r(r=e,p)$ 的近似.

设 Δt_ψ 是电场位势方程的时间步长, 第一步时间步长记为 $\Delta t_{\psi,1}$. 设 $0 = t_0 < t_1 < \cdots < t_M = \bar{T}$ 是关于时间的一个剖分. 对于 $i \geqslant 1$, $t_i = \Delta t_{\psi,1} + (i-1)\Delta t_\psi$. 类似地, 记 $0 = t^0 < t^1 < \cdots < t^N = \bar{T}$ 是浓度和热传导方程关于时间的一个剖分, $t^n = n\Delta t_s$, 此处 Δt_s 是浓度和热传导方程的时间步长. 我们假设对于任一 m,

都存在一个 n 使得 $t_m = t^n$, 这里 $\Delta t_\psi/\Delta t_s$ 是一个正整数. 记 $j^0 = \Delta t_{\psi,1}/\Delta t_s$, $j = \Delta t_\psi/\Delta t_s$.

设 $\Psi, \mathbf{U}, E, \mathbf{Z}_e, \bar{\mathbf{Z}}_e, P, \mathbf{Z}_p, \bar{\mathbf{Z}}_p, H$ 和 $\mathbf{Z}_T$ 分别为 $\psi, \mathbf{u}, e, \mathbf{z}_e, \bar{\mathbf{z}}_e, p, \mathbf{z}_p, \bar{\mathbf{z}}_p, T$ 和 $\mathbf{z}_T$ 在 $S_h \times V_h \times S_h \times V_h \times V_h \times S_h \times V_h \times V_h \times S_h \times V_h$ 空间的近似解. 由 4.1.2 小节中的记号和引理 4.1.1—引理 4.1.3 导出的电场位势和电场强度的块中心格式为

$$(D_x U_m^x + D_y U_m^y + D_z U_m^z, v)_{\bar{m}} = \alpha(E_m^n - P_m^n + N, v)_{\bar{m}}, \quad \forall v \in S_h, \tag{4.3.16a}$$

$$(U_m^x, w^x)_x + (U_m^y, w^y)_y + (U_m^z, w^z)_z - (\Psi_m, D_x w^x + D_y w^y + D_z w^z)_{\bar{m}} = 0, \quad \mathbf{w} \in V_h. \tag{4.3.16b}$$

电子浓度方程 (4.3.13) 的变分形式为

$$\left(\frac{\partial e}{\partial t}, v\right)_{\bar{m}} - (\nabla \cdot \mathbf{g}_e, v)_{\bar{m}} + (\nabla \cdot \mathbf{z}_e, v)_{\bar{m}} = -(R_1(e,p,T), v)_{\bar{m}}, \quad \forall v \in S_h, \tag{4.3.17a}$$

$$(\bar{Z}_e^x, w^x)_x + (\bar{Z}_e^y, w^y)_y + (\bar{Z}_e^z, w^z)_z = (e, D_x w^x + D_y w^y + D_z w^z)_{\bar{m}} = 0, \quad \mathbf{w} \in V_h, \tag{4.3.17b}$$

$$(Z_e^x, w^x)_x + (Z_e^y, w^y)_y + (Z_e^z, w^z)_z = (D_e \bar{Z}_e^x, w^x)_x + (D_e \bar{Z}_e^y, w^y)_y + (D_e \bar{Z}_e^z, w^z)_z, \mathbf{w} \in V_h. \tag{4.3.17c}$$

电子浓度方程 (4.3.13) 的迎风块中心差分格式为

$$\begin{aligned}&\left(\frac{E^n - E^{n-1}}{\Delta t_s}, v\right)_{\bar{m}} - (\nabla \cdot \mathbf{G}_e^n, v)_{\bar{m}} + \left(\sum_{s=x,y,z} D_s Z_e^{s,n}, v\right)_{\bar{m}} \\ &= -(R_1(E^{n-1}, P^{n-1}, H^{n-1}), v)_{\bar{m}}, \quad \forall v \in S_h,\end{aligned} \tag{4.3.18a}$$

$$(\bar{Z}_e^{x,n}, w^x)_x + (\bar{Z}_e^{y,n}, w^y)_y + (\bar{Z}_e^{z,n}, w^z)_z = \left(E^n, \sum_{s=x,y,z} D_s w^s\right)_{\bar{m}}, \quad \mathbf{w} \in V_h, \tag{4.3.18b}$$

$$(Z_e^{x,n}, w^x)_x + (Z_e^{y,n}, w^y)_y + (Z_e^{z,n}, w^z)_z = \sum_{s=x,y,z} (D_e \bar{Z}_e^{s,n}, w^s)_s, \quad \mathbf{w} \in V_h. \tag{4.3.18c}$$

对时间步 t^n, $t_{m-1} < t^n \leqslant t_m$, 应用如下的外推公式

$$E\mathbf{U}^n = \begin{cases} \mathbf{U}_0, & t_0 < t^n \leqslant t_1, m = 1 \\ \left(1 + \dfrac{t^n - t_{m-1}}{t_{m-1} - t_{m-2}}\right)\mathbf{U}_{m-1} - \dfrac{t^n - t_{m-1}}{t_{m-1} - t_{m-2}}\mathbf{U}_{m-2}, & t_{m-1} < t^n \leqslant t_m, m \geqslant 2. \end{cases} \tag{4.3.19}$$

对流量 $\mathbf{G}_e$ 由近似解 E 来构造. 本节使用简单的迎风方法. 由于在 $\partial\Omega$ 上

$\mathbf{g}_e = \mu_e e \mathbf{u} = 0$, 设在边界上 $\mathbf{G}_e^n \cdot \gamma$ 的平均积分为 0. 假设单元 ω_1, ω_2 有公共面 σ, x_l 是此面的重心, γ_l 是从 ω_1 到 ω_2 的法向量. 那么我们可以定义

$$\mathbf{G}_e^n \cdot \gamma_l = \begin{cases} E_{\omega_1}^n(\mu_e E\mathbf{U}^n \cdot \gamma_l)(x_l), & (E\mathbf{U}^n \cdot \gamma_l)(x_l) \geqslant 0, \\ E_{\omega_2}^n(\mu_e E\mathbf{U}^n \cdot \gamma_l)(x_l), & (E\mathbf{U}^n \cdot \gamma_l)(x_l) < 0. \end{cases} \tag{4.3.20}$$

此处 $E_{\omega_1}^n, E_{\omega_2}^n$ 是 E^n 在单元上的数值. 这样我们借助 E^n 定义了 $\mathbf{G}_e^n$.

对于格式 (4.3.18) 是非对称方程组, 我们也可用另外的方法计算 $\mathbf{G}_e^n$, 得到对称方程组

$$\mathbf{G}_e^n \cdot \gamma_l = \begin{cases} E_{\omega_1}^{n-1}(\mu_e E\mathbf{U}^{n-1} \cdot \gamma_l)(x_l), & (E\mathbf{U}^{n-1} \cdot \gamma_l)(x_l) \geqslant 0, \\ E_{\omega_2}^{n-1}(\mu_e E\mathbf{U}^{n-1} \cdot \gamma_l)(x_l), & (E\mathbf{U}^{n-1} \cdot \gamma_l)(x_l) < 0. \end{cases} \tag{4.3.21}$$

类似地, 空穴浓度方程 (4.3.14) 的变分形式为

$$\left(\frac{\partial p}{\partial t}, v\right)_{\bar{m}} + (\nabla \cdot \mathbf{g}_p, v)_{\bar{m}} + (\nabla \cdot \mathbf{z}_p, v)_{\bar{m}} = -(R_2(e,p,T), v)_{\bar{m}}, \quad \forall v \in S_h, \tag{4.3.22a}$$

$$(\bar{Z}_p^x, w^x)_x + (\bar{Z}_p^y, w^y)_y + (\bar{Z}_p^z, w^z)_z = (p, D_x w^x + D_y w^y + D_z w^z)_{\bar{m}} = 0, \quad \mathbf{w} \in V_h, \tag{4.3.22b}$$

$$\begin{aligned} &(Z_p^x, w^x)_x + (Z_p^y, w^y)_y + (Z_p^z, w^z)_z \\ &= (D_p \bar{Z}_p^x, w^x)_x + (D_p \bar{Z}_p^y, w^y)_y + (D_p \bar{Z}_p^z, w^z)_z, \quad \mathbf{w} \in V_h. \end{aligned} \tag{4.3.22c}$$

空穴浓度方程 (4.3.14) 的迎风块中心格式为

$$\begin{aligned} &\left(\frac{P^n - P^{n-1}}{\Delta t_s}, v\right)_{\bar{m}} + (\nabla \cdot \mathbf{G}_p^n, v)_{\bar{m}} + \left(\sum_{s=x,y,z} D_s Z_p^{s,n}, v\right)_{\bar{m}} \\ &= -(R_2(E^{n-1}, P^{n-1}, H^{n-1}), v)_{\bar{m}}, \quad \forall v \in S_h, \end{aligned} \tag{4.3.23a}$$

$$(\bar{Z}_p^{x,n}, w^x)_x + (\bar{Z}_p^{y,n}, w^y)_y + (\bar{Z}_p^{z,n}, w^z)_z = \left(P^n, \sum_{s=x,y,z} D_s w^s\right)_{\bar{m}}, \quad \mathbf{w} \in V_h, \tag{4.3.23b}$$

$$(Z_p^{x,n}, w^x)_x + (Z_p^{y,n}, w^y)_y + (Z_p^{z,n}, w^z)_z = \sum_{s=x,y,z} (D_p \bar{Z}_p^{s,n}, w^s)_s, \quad \mathbf{w} \in V_h. \tag{4.3.23c}$$

类似地, 构造对流量 $\mathbf{G}_p^n$ 为

$$\mathbf{G}_p^n \cdot \gamma_l = \begin{cases} E_{\omega_1}^n(\mu_p E\mathbf{U}^n \cdot \gamma_l)(x_l), & (E\mathbf{U}^n \cdot \gamma_l)(x_l) \geqslant 0, \\ E_{\omega_2}^n(\mu_p E\mathbf{U}^n \cdot \gamma_l)(x_l), & (E\mathbf{U}^n \cdot \gamma_l)(x_l) < 0. \end{cases}$$

热传导方程 (4.3.15) 的变分形式为

$$\left(\rho\frac{\partial T}{\partial t},v\right)_{\bar{m}}+(\nabla\cdot\mathbf{Z}_T,v)_{\bar{m}}=([(\mathbf{Z}_p+\mathbf{g}_p)-(\mathbf{Z}_e+\mathbf{g}_e)]\cdot\mathbf{u},v)_{\bar{m}},\quad\forall v\in S_h,\quad(4.3.24\text{a})$$

$$(Z_T^x,w^x)_x+(Z_T^y,w^y)_y+(Z_T^z,w^z)_z=(T,D_xw^x+D_yw^y+D_zw^z)_{\bar{m}},\quad\mathbf{w}\in V_h.\quad(4.3.24\text{b})$$

热传导方程 (4.3.15) 的块中心格式为

$$\begin{aligned}&\left(\frac{H^n-H^{n-1}}{\Delta t_s},v\right)_{\bar{m}}+\left(\sum_{s=x,y,z}D_sZ_T^{s,n},v\right)_{\bar{m}}\\&=([(\mathbf{Z}_p^{n-1}+\mu_pP^{n-1}E\mathbf{U}^n)-(\mathbf{Z}_e^{n-1}-\mu_eE^{n-1}E\mathbf{U}^n)]\\&\quad\cdot E\mathbf{U}^n,v)_{\bar{m}},\quad\forall v\in S_h,\end{aligned}\quad(4.3.25\text{a})$$

$$(Z_T^{x,n},w^x)_x+(Z_T^{y,n},w^y)_y+(Z_T^{z,n},w^z)_z=\left(H^n,\sum_{s=x,y,z}D_sw^s\right)_{\bar{m}},\quad\mathbf{w}\in V_h.\quad(4.3.25\text{b})$$

初始逼近:

$$E^0=\tilde{E}^0,\quad P^0=\tilde{P}^0,\quad H^0=\tilde{H}^0,\quad X\in\Omega,\quad(4.3.26)$$

可以应用椭圆投影 (将在 4.3.4 小节定义)、插值或 L^2 投影来确定.

迎风变网格块中心格式计算程序: 首先利用初始逼近 (4.3.26) 由 (4.3.16) 应用共轭梯度法求出 $\{\mathbf{U}_0,\Psi_0\}$. 在此基础上, 应用 (4.3.18), (4.3.23) 和 (4.3.25) 求得 $(E^1,P^1,H^1),(E^2,P^2,H^2),\cdots,(E^{j_0},P^{j_0},H^{j_0})$. 对 $m\geqslant 1$, 此处 $S^{j_0+(m-1)j}=S_m(S=E,P,H)$ 是已知的. 逼近解 $\{\mathbf{U}_m,\Psi_m\}$ 应用 (4.1.22) 可以得到. 再由 (4.3.18), (4.3.23) 和 (4.3.25) 依次可得 $\{S^{j_0+(m-1)j+1}\},\{S^{j_0+(m-1)j+2}\},\cdots,\{S^{j_0+mj}\}$, $S=E,P,H$. 这样依次进行可得全部数值逼近解. 由问题的正定性条件 (C), 数值解存在且唯一.

注 由于网格发生变动, (4.3.18a) 中必须计算 $(E^{n-1},v^n)_{\bar{m}}$, 也就是 E^{n-1} 的 L^2 投影, 由 $J_e^{n-1}=w^{n-1}$ 上的分片常数投影到 $J_e^n=w^n$ 上的分片常数. 对格式 (4.3.23a) 中的 $(P^{n-1},v^n)_{\bar{m}}$, (4.3.25a) 中的 $(H^{n-1},v^n)_{\bar{m}}$ 的计算是类似的.

4.3.3 质量守恒原理

若问题 (4.3.1)—(4.3.8) 的复合率为 0, 也就是 $R_i(e,p,T)\equiv 0, i=1,2$, 且边界条件是齐次 Neumann 问题. 在网格不变动的时间步, 每个单元 $\omega\in\Omega$ 上, $\omega=\omega_{ijk}=[x_{i-1/2},x_{i+1/2}]\times[y_{j-1/2},y_{j+1/2}]\times[z_{k-1/2},z_{k+1/2}]$, 电子和空穴浓度方程的局部质量

守恒表现为

$$\int_\omega \frac{\partial e}{\partial t}dX + \int_{\partial\omega} \mathbf{g}_e \cdot \gamma_{\partial\omega} ds - \int_{\partial\omega} \mathbf{z}_e \cdot \gamma_{\partial\omega} ds = 0, \tag{4.3.27a}$$

$$\int_\omega \frac{\partial p}{\partial t}dX - \int_{\partial\omega} \mathbf{g}_p \cdot \gamma_{\partial\omega} ds - \int_{\partial\omega} \mathbf{z}_p \cdot \gamma_{\partial\omega} ds = 0, \tag{4.3.27b}$$

此处 ω 为区域 Ω 关于浓度的网格剖分单元, $\partial\omega$ 为单元 ω 的边界面, $\gamma_{\partial\omega}$ 为此边界面的外法向量.

下面证明迎风块中心格式 (4.3.18a), (4.3.23a) 满足下述离散意义下的局部质量守恒律.

定理 4.3.1 如果 $R_i(e,p,T) \equiv 0, i = 1,2$, 则在任意单元 ω 上, 迎风块中心格式 (4.3.18a), (4.3.23a) 满足离散的局部质量守恒律

$$\int_\omega \frac{E^n - E^{n-1}}{\Delta t_s}dX + \int_{\partial\omega} \mathbf{G}_e^n \cdot \gamma_{\partial\omega} ds - \int_{\partial\omega} \mathbf{Z}_e^n \cdot \gamma_{\partial\omega} ds = 0, \tag{4.3.28a}$$

$$\int_\omega \frac{P^n - P^{n-1}}{\Delta t_s}dX - \int_{\partial\omega} \mathbf{G}_p^n \cdot \gamma_{\partial\omega} ds - \int_{\partial\omega} \mathbf{Z}_p^n \cdot \gamma_{\partial\omega} ds = 0. \tag{4.3.28b}$$

由局部质量守恒律定理 4.3.1, 可以推出整体质量守恒律.

定理 4.3.2 如果 $R_i(e,p,T) \equiv 0, i = 1,2$, 对齐次 Neumann 条件, 则格式 (4.3.16a), (4.3.18a) 满足整体离散形式的质量守恒原理

$$\int_\Omega \frac{E^n - E^{n-1}}{\Delta t_s}dX = 0, \quad n > 0, \tag{4.3.29a}$$

$$\int_\Omega \frac{P^n - P^{n-1}}{\Delta t_s}dX = 0, \quad n > 0. \tag{4.3.29b}$$

4.3.4 收敛性分析

为了进行收敛性分析, 引入下述辅助性椭圆投影. 定义 $\tilde{\mathbf{U}} \in V_h, \tilde{\Psi} \in S_h$ 满足

$$(D_x\tilde{U}_m^x + D_y\tilde{U}_m^y + D_z\tilde{U}_m^z, v)_{\bar{m}} = \alpha(e_m - p_m + N, v)_{\bar{m}}, \quad \forall v \in S_h, \tag{4.3.30a}$$

$$(\tilde{U}_m^x, w^x)_x + (\tilde{U}_m^y, w^y)_y + (\tilde{U}_m^z, w^z)_z = (\tilde{\Psi}_m, D_x w^x + D_y w^y + D_z w^z)_{\bar{m}}, \quad \forall \mathbf{w} \in V_h. \tag{4.3.30b}$$

其中 e, p 是问题 (4.3.1)—(4.3.8) 的精确解.

记 $F_e = R_1(e,p,T) - \left(\dfrac{\partial e}{\partial t} - \nabla \cdot \mathbf{g}_e\right)$. 定义 $\tilde{\mathbf{Z}}_e, \tilde{\tilde{\mathbf{Z}}}_e \in V_h$, $\tilde{E} \in S_h$, 满足

$$(D_x\tilde{Z}_e^x + D_y\tilde{Z}_e^y + D_z\tilde{Z}_e^z, v)_{\bar{m}} = (F_e, v)_{\bar{m}}, \quad \forall v \in S_h, \tag{4.3.31a}$$

$$(\bar{\tilde{Z}}^x_e, w^x)_x + (\bar{\tilde{Z}}^y_e, w^y)_y + (\bar{\tilde{Z}}^z_e, w^z)_z = (\tilde{E}, D_x w^x + D_y w^y + D_z w^z)_{\bar{m}}, \quad \forall \mathbf{w} \in V_h,$$

$$(\tilde{Z}^x_e, w^x)_x + (\tilde{Z}^y_e, w^y)_y + (\tilde{Z}^z_e, w^z)_z \tag{4.3.31b}$$

$$= (D_e \bar{\tilde{Z}}^x_e, w^x)_x + (D_e \bar{\tilde{Z}}^y_e, w^y)_y + (D_e \bar{\tilde{Z}}^z_e, w^z)_z, \quad \forall \mathbf{w} \in V_h. \tag{4.3.31c}$$

记 $F_p = R_2(e,p,T) - \left(\dfrac{\partial p}{\partial t} + \nabla \cdot \mathbf{g}_p\right)$. 定义 $\tilde{\mathbf{Z}}_p, \bar{\tilde{\mathbf{Z}}}_p \in V_h$, $\tilde{P} \in S_h$, 满足

$$(D_x \tilde{Z}^x_p + D_y \tilde{Z}^y_p + D_z \tilde{Z}^z_p, v)_{\bar{m}} = (F_p, v)_{\bar{m}}, \quad \forall v \in S_h, \tag{4.3.32a}$$

$$(\bar{\tilde{Z}}^x_p, w^x)_x + (\bar{\tilde{Z}}^y_p, w^y)_y + (\bar{\tilde{Z}}^z_p, w^z)_z$$

$$= (\tilde{P}, D_x w^x + D_y w^y + D_z w^z)_{\bar{m}}, \quad \forall \mathbf{w} \in V_h, \tag{4.3.32b}$$

$$(\tilde{Z}^x_p, w^x)_x + (\tilde{Z}^y_p, w^y)_y + (\tilde{Z}^z_p, w^z)_z$$

$$= (D_p \bar{\tilde{Z}}^x_p, w^x)_x + (D_p \bar{\tilde{Z}}^y_p, w^y)_y + (D_p \bar{\tilde{Z}}^z_p, w^z)_z, \quad \forall \mathbf{w} \in V_h. \tag{4.3.32c}$$

记 $F_T = \{(\mathbf{z}_p + \mathbf{g}_p) - (\mathbf{z}_e - \mathbf{g}_e)\} \cdot \mathbf{u} - \rho \dfrac{\partial T}{\partial t}$. 定义 $\tilde{\mathbf{Z}}_T \in V_h$, $\tilde{H} \in S_h$, 满足

$$(D_x \tilde{Z}^x_T + D_y \tilde{Z}^y_T + D_z \tilde{Z}^z_T, v)_{\bar{m}} = (F_T, v)_{\bar{m}}, \quad \forall v \in S_h, \tag{4.3.33a}$$

$$(\tilde{Z}^x_T, w^x)_x + (\tilde{Z}^y_T, w^y)_y + (\tilde{Z}^z_T, w^z)_z = (\tilde{H}, D_x w^x + D_y w^y + D_z w^z)_{\bar{m}}, \quad \forall \mathbf{w} \in V_h. \tag{4.3.33b}$$

记 $\pi = \Psi - \tilde{\Psi}$, $\eta = \tilde{\Psi} - \psi$, $\sigma = \mathbf{U} - \tilde{\mathbf{U}}$, $\rho_T = \tilde{\mathbf{U}} - \mathbf{u}$, $\xi_s = S - \tilde{S}$, $\zeta_s = \tilde{S} - s (s = e,p)$, $\xi_T = H - \tilde{H}$, $\zeta_T = \tilde{H} - T$, $\alpha_{z,s} = \mathbf{Z}_s - \tilde{\mathbf{Z}}_s$, $\beta_{z,s} = \tilde{\mathbf{Z}}_s - \mathbf{z}_s (s = e,p,T)$, $\bar{\alpha}_{z,s} = \bar{\mathbf{Z}}_s - \bar{\tilde{\mathbf{Z}}}_s$, $\bar{\beta}_{z,s} = \bar{\tilde{\mathbf{Z}}}_s - \bar{\mathbf{z}}_s$ $(s = e,p)$. 设问题 (4.3.1)—(4.3.8) 满足正定性条件 (C), 其精确解满足正则性条件 (R). 由 Weiser, Wheeler 理论[21]和 Arbogast, Wheeler, Yotov 理论[31,32]得知格式 (4.3.30)—(4.3.33) 确定的辅助函数 $\{\tilde{\Psi}, \tilde{\mathbf{U}}, \tilde{S}, \tilde{\mathbf{Z}}_s, \bar{\tilde{\mathbf{Z}}}_s (s = e,p), \tilde{H}, \tilde{Z}_H\}$ 存在且唯一, 并有下述误差估计.

引理 4.3.1 若问题 (4.3.1)—(4.3.8) 的系数和精确解满足条件 (C) 和 (R), 则存在不依赖于 h 的常数 $\bar{C}_1, \bar{C}_2 > 0$, 使得下述估计式成立:

$$\begin{aligned}
&\|\eta\|_{\bar{m}} + \sum_{s=e,p,T} \|\zeta_s\|_{\bar{m}} + |||\rho_T||| + \sum_{s=e,p,T} |||\beta_{z,s}||| \\
&\quad + \sum_{s=e,p} |||\bar{\beta}_{z,s}||| + \left\|\frac{\partial \eta}{\partial t}\right\|_{\bar{m}} + \sum_{s=e,p,T} \left\|\frac{\partial \zeta_s}{\partial t}\right\|_{\bar{m}} \\
&\leqslant \bar{C}_1 \{h_\psi^2 + h_s^2\},
\end{aligned} \tag{4.3.34a}$$

$$|||\tilde{\mathbf{U}}|||_\infty + \sum_{s=e,p,T} |||\tilde{\mathbf{Z}}_s|||_\infty + \sum_{s=e,p} |||\bar{\tilde{\mathbf{Z}}}_s|||_\infty \leqslant \bar{C}_2. \tag{4.3.34b}$$

先估计 π 和 σ. 将式 (4.3.16a), (4.3.16b) 分别减式 (4.3.30a) ($t=t_m$) 和式 (4.3.30b) ($t=t_m$) 可得下述关系式

$$(D_x\sigma_m^x+D_y\sigma_m^y+D_z\sigma_m^z,v)_{\bar{m}}=\alpha(E_m-e_m-P_m+p_m,v)_{\bar{m}},\quad \forall v\in S_h,\tag{4.3.35a}$$

$$(\sigma_m^x,w^x)_x+(\sigma_m^y,w^y)_y+(\sigma_m^z,w^z)_z-(\pi_m,D_xw^x+D_yw^y+D_zw^z)_{\bar{m}}=0,\quad \forall \mathbf{w}\in V_h.\tag{4.3.35b}$$

在式 (4.3.35a) 中取 $v=\pi_m$, 在式 (4.3.35b) 中取 $\mathbf{w}=\sigma_m$, 组合上述二式可得

$$(\sigma_m^x,\sigma_m^x)_x+(\sigma_m^y,\sigma_m^y)_y+(\sigma_m^z,\sigma_m^z)_z=\alpha(E_m-e_m-P_m+p_m,\pi_m)_{\bar{m}}.\tag{4.3.36}$$

对于估计式 (4.3.36) 应用引理 4.1.1—引理 4.1.3 和引理 4.3.1 可得

$$|||\sigma_m|||^2=\alpha(E_m-e_m-P_m+p_m,\pi_m)_{\bar{m}}.\tag{4.3.37}$$

对 $\pi_m\in S_h$, 利用对偶方法进行估计[33,34]. 为此考虑下述椭圆问题:

$$\nabla\cdot\omega=\pi_m,\quad X=(x,y,z)^{\mathrm{T}}\in\Omega,\tag{4.3.38a}$$

$$\omega=\nabla\psi,\quad X\in\Omega,\tag{4.3.38b}$$

$$\omega\cdot\gamma=0,\quad X\in\partial\Omega.\tag{4.3.38c}$$

由问题 (4.3.38) 的正则性, 有

$$\sum_{s=x,y,z}\left\|\frac{\partial\omega^s}{\partial s}\right\|_{\bar{m}}^2\leqslant K\|\pi_m\|_{\bar{m}}^2.\tag{4.3.39}$$

设 $\tilde{\omega}\in V_h$ 满足

$$\left(\frac{\partial\tilde{\omega}^s}{\partial s},v\right)_{\bar{m}}=\left(\frac{\partial\omega^s}{\partial s},v\right)_{\bar{m}},\quad \forall v\in S_h, s=x,y,z.\tag{4.3.40a}$$

这样定义的 $\tilde{\omega}$ 是存在的, 且有

$$\sum_{s=x,y,z}\left\|\frac{\partial\tilde{\omega}^s}{\partial s}\right\|_{\bar{m}}^2\leqslant\sum_{s=x,y,z}\left\|\frac{\partial\omega^s}{\partial s}\right\|_{\bar{m}}^2.\tag{4.3.40b}$$

应用引理 4.1.3, 式 (4.3.37)—(4.3.39) 可得

$$\begin{aligned}||\pi_m||_{\bar{m}}^2 &= (\pi_m, \nabla\cdot\omega)_{\bar{m}} = (\pi_m, D_x w^x + D_y w^y + D_z w^z)_{\bar{m}} \\ &= \sum_{s=x,y,z} (\sigma_m^s, \tilde{\omega}^s)_s \leqslant K|||\tilde{\omega}|||\cdot|||\sigma_m|||\cdot\end{aligned} \tag{4.3.41}$$

由引理 4.1.3, (4.3.39), (4.3.40) 可得

$$\begin{aligned}|||\tilde{\omega}|||^2 &\leqslant (\pi_m, \nabla\cdot\omega)_{\bar{m}} = \sum_{s=x,y,z} ||D_s\tilde{\omega}^s||_{\bar{m}}^2 = \sum_{s=x,y,z} \left|\left|\frac{\partial\tilde{\omega}^s}{\partial s}\right|\right|_{\bar{m}}^2 \\ &\leqslant \sum_{s=x,y,z} \left|\left|\frac{\partial\omega^s}{\partial s}\right|\right|_{\bar{m}}^2 \leqslant K||\pi_m||_{\bar{m}}^2.\end{aligned} \tag{4.3.42}$$

将式 (4.3.42) 代入式 (4.3.41), 注意到式 (4.3.37) 可得

$$||\pi_m||_{\bar{m}}^2 + |||\sigma_m|||^2 \leqslant K\{||\xi_{e,m}||_{\bar{m}}^2 + ||\xi_{p,m}||_{\bar{m}}^2 + h_\psi^4 + h_s^4\}. \tag{4.3.43}$$

下面讨论电子浓度方程 (4.3.2) 的误差估计. 为此将 (4.3.18) 减去时间 $t = t^n$ 时的方程 (4.3.31) 可得

$$\begin{aligned}&\left(\frac{E^n - E^{n-1}}{\Delta t_s}, v\right)_{\bar{m}} - (\nabla\cdot\mathbf{G}_e^n, v)_{\bar{m}} + \left(\sum_{s=x,y,z} D_s\alpha_{z,e}^{s,n}, v\right)_{\bar{m}} \\ &= \left(-R_1(E^{n-1}, P^{n-1}, H^{n-1}) + R_1(e^n, p^n, T^n) + \frac{\partial e}{\partial t} - \mathbf{g}_e^n, v\right)_{\bar{m}}, \\ &\quad \forall v \in S_h,\end{aligned} \tag{4.3.44a}$$

$$(\bar{\alpha}_{z,e}^{x,n}, w^x)_x + (\bar{\alpha}_{z,e}^{y,n}, w^y)_y + (\bar{\alpha}_{z,e}^{z,n}, w^z)_z = \left(\xi_e^n, \sum_{s=x,y,z} D_s w^s\right)_{\bar{m}}, \quad \mathbf{w} \in V_h, \tag{4.3.44b}$$

$$(\alpha_{z,e}^{x,n}, w^x)_x + (\alpha_{z,e}^{y,n}, w^y)_y + (\alpha_{z,e}^{z,n}, w^z)_z = \sum_{s=x,y,z} (D_e\bar{\alpha}_{z,e}^{s,n}, w^s)_s, \quad \mathbf{w} \in V_h. \tag{4.3.44c}$$

在 (4.3.44a) 中取 $v = \xi_e^n$, 在 (4.3.44b) 中取 $\mathbf{w} = \alpha_{z,e}^n$, 在 (4.3.44c) 中取 $\mathbf{w} = \bar{\alpha}_{z,e}^n$, 将 (4.3.44a) 和 (4.3.44b) 相加, 再减去 (4.3.44c). 经整理可得

$$\begin{aligned}&\left(\frac{\xi_e^n - \xi_e^{n-1}}{\Delta t_s}, \xi_e^n\right)_{\bar{m}} + \sum_{s=x,y,z} (D_e\bar{\alpha}_{z,e}^{s,n}, \bar{\alpha}_{z,e}^{s,n})_s \\ &= (\nabla\cdot(\mathbf{G}_e^n - \mathbf{g}_e^n), \xi_e^n)_{\bar{m}} - (R_1(E^{n-1}, P^{n-1}, H^{n-1})\end{aligned}$$

$$
\begin{aligned}
&- R_1(e^n, p^n, T^n), \xi_e^n)_{\bar{m}} - \left(\frac{\zeta_e^n - \zeta_e^{n-1}}{\Delta t_s}, \xi_e^n\right)_{\bar{m}} \\
&+ \left(\frac{\partial e^n}{\partial t} - \frac{e^n - e^{n-1}}{\Delta t_s}, \xi_e^n\right)_{\bar{m}} \\
&= T_1 + T_2 + T_3 + T_4.
\end{aligned} \tag{4.3.45}
$$

首先估计 (4.3.45) 左端诸项.

$$
\left(\frac{\xi_e^n - \xi_e^{n-1}}{\Delta t_s}, \xi_e^n\right)_{\bar{m}} \geqslant \frac{1}{2\Delta t_s}\{\|\xi_e^n\|_{\bar{m}}^2 - \|\xi_e^{n-1}\|_{\bar{m}}^2\}, \tag{4.3.46a}
$$

$$
\sum_{s=x,y,z} (D_e \bar{\alpha}_{z,e}^{s,n}, \bar{\alpha}_{z,e}^{s,n})_s \geqslant D_* |||\bar{\alpha}_{z,e}^n|||^2. \tag{4.3.46b}
$$

其次对 (4.3.45) 右端诸项进行估计.

$$
T_1 = (\nabla \cdot (\mathbf{G}_e^n - \mathbf{g}_e^n), \xi_e^n)_{\bar{m}} = -(\mathbf{G}_e^n - \mathbf{g}_e^n, \nabla \xi_e^n)_{\bar{m}} \leqslant \varepsilon |||\bar{\alpha}_{z,e}^n|||^2 + K\|\mathbf{G}_e^n - \mathbf{g}_e^n\|_{\bar{m}}^2. \tag{4.3.47}
$$

记 $\bar{\sigma}$ 是单元剖分的一个公共面, γ_r 代表 $\bar{\sigma}$ 的单位法向量, X_l 是由此面的重心. 于是有

$$
\int_{\bar{\sigma}} \mathbf{g}_e^n \cdot \gamma_r = \int_{\omega} \mu_e e^n (\mathbf{u}^n \cdot \gamma_r) ds. \tag{4.3.48}
$$

由正则性条件 (R) 和积分中值法则,

$$
\frac{1}{\operatorname{mes}(\bar{\sigma})} \int_{\sigma} \mathbf{g}_e^n \cdot \gamma_r - (\mu_e (\mathbf{u}^n \cdot \gamma_r) e^n)(X_l) = O(h_s). \tag{4.3.49a}
$$

那么

$$
\begin{aligned}
\frac{1}{\operatorname{mes}(\bar{\sigma})} \int_{\bar{\sigma}} (\mathbf{G}_e^n - \mathbf{g}_e^n) \cdot \gamma_r &= E_{\bar{\sigma}}^n (\mu_e E\mathbf{U}^n \cdot \gamma_r)(X_l) - (\mu_e (\mathbf{u}^n \cdot \gamma_r) e^n)(X_l) + O(h_s) \\
&= (E_{\bar{\sigma}}^n - e^n(X_l))(\mu_e E\mathbf{U}^n \cdot \gamma_r)(X_l) \\
&\quad + e^n(X_l)(\mu_e (E\mathbf{U}^n - \mathbf{u}^n) \cdot \gamma_r)(X_l) + O(h_s).
\end{aligned} \tag{4.3.49b}
$$

由 e^n 的正则性, 引理 4.3.1 和文献 [21, 31, 32] 得知

$$
|E_{\bar{\sigma}}^n - e^n(X_l)| \leqslant |\xi_e^n| + O(h_s), \tag{4.3.50a}
$$

$$
|E\mathbf{U}^n - \mathbf{u}^n| \leqslant K\{|\xi_{e,m-1}| + |\xi_{e,m-2}|\} + O(h_s) + O(\Delta t_\psi^2). \tag{4.3.50b}
$$

由 (4.3.47)—(4.3.50), 可得

$$\|\mathbf{G}_e^n - \mathbf{g}_e^n\|_{\bar{m}}^2 \leqslant K\{\|\xi_e^n\|_{\bar{m}}^2 + \|\xi_{e,m-1}\|_{\bar{m}}^2 + \|\xi_{e,m-2}\|_{\bar{m}}^2 + h_s^2 + (\Delta t_\psi)^4\}. \tag{4.3.51}$$

于是可得

$$\begin{aligned} T_1 &= (\nabla\cdot(\mathbf{G}_e^n - \mathbf{g}_e^n), \xi_e^n)_{\bar{m}} \\ &\leqslant \varepsilon |||\bar{\alpha}_{z,e}^n|||^2 + K\{\|\xi_e^n\|_{\bar{m}}^2 + \|\xi_{e,m-1}\|_{\bar{m}}^2 + \|\xi_{e,m-2}\|_{\bar{m}}^2 \\ &\quad + h_s^2 + (\Delta t_\psi)^4\}, \end{aligned} \tag{4.3.52a}$$

$$T_2 + T_3 \leqslant K\{\|\xi_e^n\|_{\bar{m}}^2 + \|\xi_e^{n-1}\|_{\bar{m}}^2 + \|\xi_p^{n-1}\|_{\bar{m}}^2 + \|\xi_T^{n-1}\|_{\bar{m}}^2 + (\Delta t_s)^2 + h_s^4\}, \tag{4.3.52b}$$

$$|T_4| \leqslant K\Delta t_s \left\|\frac{\partial^2 e}{\partial t^2}\right\|_{\bar{L}^2(t^{n-1},t^n,\bar{m})}^2 + K\{h_s^4 + (\Delta t_s)^2\}. \tag{4.3.52c}$$

将估计式 (4.3.46)—(4.3.50) 代入误差估计方程 (4.3.45) 可得

$$\begin{aligned} &\frac{1}{2\Delta t_s}\{\|\xi_e^n\|_{\bar{m}}^2 - \|\xi_e^{n-1}\|_{\bar{m}}^2\} + \frac{1}{2}D_* |||\bar{\alpha}_{z,e}^n|||^2 \\ \leqslant & K\left\{\Delta t_s \left\|\frac{\partial^2 e}{\partial t^2}\right\|_{\bar{L}^2(t^{n-2},t^n,\bar{m})}^2 + (\Delta t_\psi)^3 \left\|\frac{\partial^2 \mathbf{u}}{\partial t^2}\right\|_{\bar{L}^2(t_{m-2},t_{m-1},\bar{m})}^2\right\} \\ &+ K\{\|\xi_e^n\|_{\bar{m}}^2 + \|\xi_e^{n-1}\|_{\bar{m}}^2 + \|\xi_p^{n-1}\|_{\bar{m}}^2 + \|\xi_T^{n-1}\|_{\bar{m}}^2 + \|\xi_{e,m-1}\|_{\bar{m}}^2 \\ &+ \|\xi_{e,m-2}\|_{\bar{m}}^2 + (\Delta t_s)^2 + h_\psi^4 + h_s^2\} - \left(\frac{\zeta_e^n - \zeta_e^{n-1}}{\Delta t_s}, \xi_e^n\right)_{\bar{m}}. \end{aligned} \tag{4.3.53}$$

对式 (4.3.53) 两边同乘以 Δt_s, 并对时间 n 相加, 并注意到 $\xi_e^0 = 0$. 可得

$$\begin{aligned} &\frac{1}{2}\{\|\xi_e^N\|_{\bar{m}}^2 - \|\xi_e^0\|_{\bar{m}}^2\} + \frac{1}{2}D_* \sum_{n=1}^N |||\bar{\alpha}_{z,e}^n|||^2 \Delta t_s \\ \leqslant & K\{(\Delta t_{\psi,1})^3 + (\Delta t_\psi)^4 + (\Delta t_s)^2 + h_\psi^4 + h_s^2\} \\ &+ K\sum_{n=1}^N \{\|\xi_e^n\|_{\bar{m}}^2 + \|\xi_p^n\|_{\bar{m}}^2 + \|\xi_T^n\|_{\bar{m}}^2\}\Delta t_s \\ &- \sum_{n=1}^N \left(\frac{\zeta_e^n - \zeta_e^{n-1}}{\Delta t_s}, \xi_e^n\right)_{\bar{m}} \Delta t_s. \end{aligned} \tag{4.3.54}$$

对空穴浓度方程 (4.3.3) 类似地可得下述估计式

$$
\begin{aligned}
&\frac{1}{2}\|\xi_p^N\|_{\bar{m}}^2+\frac{1}{2}D_*\sum_{n=1}^{N}|||\bar{\alpha}_{z,p}^n|||^2\Delta t_s\\
\leqslant& K\{(\Delta t_{\psi,1})^3+(\Delta t_\psi)^4+(\Delta t_s)^2+h_\psi^4+h_s^2\}\\
&+K\sum_{n=1}^{N}\{\|\xi_e^n\|_{\bar{m}}^2+\|\xi_p^n\|_{\bar{m}}^2+\|\xi_T^n\|_{\bar{m}}^2\}\Delta t_s\\
&-\sum_{n=1}^{N}\left(\frac{\zeta_p^n-\zeta_p^{n-1}}{\Delta t_s},\xi_p^n\right)_{\bar{m}}\Delta t_s.
\end{aligned}
\tag{4.3.55}
$$

最后研究热传导方程 (4.3.4) 的误差估计. 为此将式 (4.3.25a) 减去式 (4.3.33a) $(t=t^n)$, 将式 (4.3.25b) 减去式 (4.3.33b) $(t=t^n)$, 经计算可得

$$
\begin{aligned}
&\left(\rho\frac{\xi_T^n-\xi_T^{n-1}}{\Delta t_s},v\right)_{\bar{m}}+\sum_{s=x,y,z}(D_s\bar{\alpha}_{z,T}^{s,n},v)_s\\
=&\left(\rho\left(\frac{\partial T^n}{\partial t}-\frac{T^n-T^{n-1}}{\Delta t_s}\right)-\rho\left(\frac{\zeta_T^n-\zeta_T^{n-1}}{\Delta t_s}\right),v\right)_{\bar{m}}\\
&+([(\mathbf{Z}_p^{n-1}+\mu_pP^{n-1}\bar{E}\mathbf{U}^n)-(\mathbf{Z}_e^{n-1}+\mu_eE^{n-1}\bar{E}\mathbf{U}^n)]\\
&\cdot\bar{E}\mathbf{U}^n-[(\mathbf{z}_p^n+\mu_pp^n\mathbf{u}^n)-(\mathbf{z}_e^n+\mu_ee^n\mathbf{u}^n)]\cdot\mathbf{u}^n,v)_{\bar{m}},\quad\forall v\in S_h,
\end{aligned}
\tag{4.3.56a}
$$

$$
(\alpha_{z,T}^{x,n},w^x)_x+(\alpha_{z,T}^{y,n},w^y)_y+(\alpha_{z,T}^{z,n},w^z)_z=\left(\xi_T^n,\sum_{s=x,y,z}D_sw^s\right)_{\bar{m}},\quad\forall\mathbf{w}\in V_h.
\tag{4.3.56b}
$$

引入归纳法假定和网格剖分参数假定

$$
\max_{0\leqslant m\leqslant M}|||\sigma_m|||_\infty\leqslant 1,\quad(\Delta t,h)\to 0,
\tag{4.3.57}
$$

$$
(\Delta t_{\psi,1})^{3/2}+(\Delta t_\psi)^2+(\Delta t_s)^2=o(h_\psi^{3/2}),\quad(\Delta t,h)\to 0,
\tag{4.3.58a}
$$

$$
h_s=o(h_\psi^{3/2}),\quad(\Delta t,h)\to 0,
\tag{4.3.58b}
$$

在式 (4.3.56a) 中取 $v=\xi_T^n$, 在式 (4.3.56b) 中取 $\mathbf{w}=\alpha_{z,T}^n$, 再将 (4.3.56a) 和 (4.3.56b) 相加可得

$$
\begin{aligned}
&\left(\rho\frac{\xi_T^n-\xi_T^{n-1}}{\Delta t_s},\xi_T^n\right)_{\bar{m}}+|||\sigma_m|||^2\\
=&([(\mathbf{Z}_p^{n-1}+\mu_pP^{n-1}\bar{E}\mathbf{U}^n)\\
&-(\mathbf{Z}_e^{n-1}+\mu_eE^{n-1}\bar{E}\mathbf{U}^n)]\cdot\bar{E}\mathbf{U}^n-[(\mathbf{z}_p^n+\mu_pp^n\mathbf{u}^n)-(\mathbf{z}_e^n+\mu_ee^n\mathbf{u}^n)]\cdot\mathbf{u}^n,\xi_T^n)_{\bar{m}}
\end{aligned}
$$

$$+\left(\rho\left(\frac{\partial T^n}{\partial t}-\frac{T^n-T^{n-1}}{\Delta t_s}\right)-\rho\left(\frac{\zeta_T^n-\zeta_T^{n-1}}{\Delta t_s}\right),v\right)_{\bar{m}}. \tag{4.3.59}$$

对误差方程 (4.3.59) 左右两端进行估计, 利用引理 4.1.1—引理 4.1.3, 引理 4.3.1 和归纳法假定 (4.3.57) 可得

$$\begin{aligned}
&\frac{1}{2}||\rho^{1/2}\xi_T^N||_{\bar{m}}^2+\sum_{n=1}^N|||\alpha_{z,T}^n|||^2\Delta t_s\\
\leqslant&\varepsilon\sum_{n=1}^N\{|||\bar{\alpha}_{z,e}^n|||^2+|||\bar{\alpha}_{z,p}^n|||^2\}\Delta t_s\\
&+K\{(\Delta t_{\psi,1})^3+(\Delta t_\psi)^4+(\Delta t_s)^2+h_\psi^4+h_s^2\}\\
&+\sum_{n=1}^N\{||\xi_e^n||_{\bar{m}}^2+||\xi_p^n||_{\bar{m}}^2+||\rho^{1/2}\xi_T^n||_{\bar{m}}^2\}\Delta t_s\\
&-\sum_{n=1}^N\left(\rho\frac{\zeta_T^n-\zeta_T^{n-1}}{\Delta t_s},\xi_T^n\right)_{\bar{m}}\Delta t_s.
\end{aligned} \tag{4.3.60}$$

组合 (4.3.54), (4.3.55) 和 (4.3.60) 可得下述估计式:

$$\begin{aligned}
&\frac{1}{2}\left\{\sum_{s=e,p}||\xi_s^N||_{\bar{m}}^2+||\rho^{1/2}\xi_T^N||_{\bar{m}}^2\right\}+\frac{1}{4}D_*\sum_{n=1}^N\sum_{s=e,p}|||\alpha_{z,s}^n|||^2\Delta t_s+\sum_{n=1}^N|||\alpha_{z,T}^n|||^2\Delta t_s\\
\leqslant&K\{(\Delta t_{\psi,1})^3+(\Delta t_\psi)^4+(\Delta t_s)^2+h_\psi^4+h_s^2\}\\
&+K\sum_{n=1}^N\{||\xi_e^n||_{\bar{m}}^2+||\xi_p^n||_{\bar{m}}^2+||\rho^{1/2}\xi_T^n||_{\bar{m}}^2\}\Delta t_s-\sum_{n=1}^N\left\{\left(\frac{\zeta_e^n-\zeta_e^{n-1}}{\Delta t_s},\xi_e^n\right)_{\bar{m}}\right.\\
&\left.+\left(\frac{\zeta_p^n-\zeta_p^{n-1}}{\Delta t_s},\xi_p^n\right)_{\bar{m}}+\left(\rho\frac{\zeta_T^n-\zeta_T^{n-1}}{\Delta t_s},\xi_T^n\right)_{\bar{m}}\right\}\Delta t_s.
\end{aligned} \tag{4.3.61}$$

注意到估计式 (4.3.61) 最后一项. 首先讨论电子浓度函数的误差估计, 它应分为网格不变和变动两种情况来分析, 即

$$\begin{aligned}
&-\sum_{n=1}^N\left(\frac{\zeta_e^n-\zeta_e^{n-1}}{\Delta t_s},\xi_e^n\right)_{\bar{m}}\Delta t_s\\
=&-\sum_{n=n'}\left(\frac{\zeta_e^n-\zeta_e^{n-1}}{\Delta t_s},\xi_e^n\right)_{\bar{m}}\Delta t_s\\
&-\sum_{n=n''}\left(\frac{\zeta_e^n-\zeta_e^{n-1}}{\Delta t_s},\xi_e^n\right)_{\bar{m}}\Delta t_s.
\end{aligned} \tag{4.3.62a}$$

对 $n = n'$ 为网格不变的情况, 有

$$-\sum_{n=n'}\left(\frac{\zeta_e^n-\zeta_e^{n-1}}{\Delta t_s},\xi_e^n\right)_{\bar{m}}\Delta t_s \leqslant Kh_s^4+\varepsilon\sum_{n=1}^{N}\|\xi_e^n\|_{\bar{m}}^2\Delta t_s. \tag{4.3.62b}$$

对 $n = n''$ 为网格变动的情况, 有

$$(\zeta_e^{n''},\xi_e^{n''})_{\bar{m}}=0. \tag{4.3.62c}$$

假设网格变动至多 $\bar{M}$ 次, 且有 $\bar{M}\leqslant M^*$, 此处 $\bar{M}$ 是不依赖于 h 和 Δt 的正常数, 那么由 (4.3.62) 和引理 4.3.1 可得

$$-\sum_{n=1}^{N}\left(\frac{\zeta_e^n-\zeta_e^{n-1}}{\Delta t_s},\xi_e^n\right)_{\bar{m}}\Delta t_s \leqslant K(M^*h_s)^2+Kh_s^4+\frac{1}{4}\|\xi_e^N\|_{\bar{m}}^2+\varepsilon\sum_{n=1}^{N}\|\xi_e^n\|_{\bar{m}}^2\Delta t_s. \tag{4.3.63}$$

对于空穴浓度和温度函数的估计是类似的. 将 (4.3.63) 代回 (4.3.61), 应用离散形式的 Gronwall 引理和初始逼近的选取的性质, 可得

$$\begin{aligned}&\sum_{s=e,p,T}\|\xi_s^N\|_{\bar{m}}^2+\sum_{n=1}^{N}\left\{\sum_{s=e,p}|||\bar{\alpha}_{z,s}^n|||^2+|||\alpha_{z,T}^n|||^2\right\}\Delta t_c\\ \leqslant{}&K\{h_s^2+(M^*h_s)^2+h_\psi^4+(\Delta t_s)^2+(\Delta t_{\psi,1})^3+(\Delta t_\psi)^4\}.\end{aligned} \tag{4.3.64}$$

对电场位势方程的误差估计式 (4.3.43), 应用估计式 (4.3.64) 可得

$$\sup_{0\leqslant m\leqslant M}\{\|\pi_m\|_{\bar{m}}^2+|||\sigma_m|||^2\}\leqslant K\{h_s^2+(M^*h_s)^2+h_\psi^4+(\Delta t_s)^2+(\Delta t_{\psi,1})^3+(\Delta t_\psi)^4\}. \tag{4.3.65}$$

最后需要检验归纳法假定 (4.3.57). 对估计式 (4.3.65), 注意到网格剖分参数限制性条件 (4.3.58), 归纳法假设 (4.3.57) 显然是成立的.

由估计式 (4.3.64), (4.3.65) 和引理 4.3.1, 可以建立下述定理.

定理 4.3.3 对问题 (4.3.1)—(4.3.8) 假定其精确解满足正则性条件 (R), 且其系数满足正定性条件 (C), 采用变网格块中心迎风差分方法 (4.3.16), (4.3.18), (4.3.23) 和 (4.3.25) 逐层求解. 假定剖分参数满足限制性条件 (4.3.58), 则下述误差估计式成立:

$$\|\psi-\Psi\|_{\bar{L}^\infty(J;\bar{m})}+\|\mathbf{u}-\mathbf{U}\|_{\bar{L}^\infty(J;V)}+\sum_{s=e,p}\|s-S\|_{\bar{L}^\infty(J;\bar{m})}+\|T-H\|_{\bar{L}^\infty(J;\bar{m})}$$

$$+\sum_{s=e,p}||\bar{\mathbf{z}}_s-\bar{\mathbf{Z}}_s||_{\bar{L}^2(J;V)}+||\mathbf{z}_T-\mathbf{Z}_T||_{\bar{L}^2(J;V)}$$
$$\leqslant M^{**}\{h_\psi^2+h_s+M^*h_s+\Delta t_s+(\Delta t_{\psi,1})^{3/2}+(\Delta t_\psi)^2\}. \tag{4.3.66}$$

此处 $||g||_{\bar{L}^\infty(J;X)}=\sup\limits_{n\Delta t\leqslant T}||g^n||_X$, $||g||_{\bar{L}^2(J;X)}=\sup\limits_{L\Delta t\leqslant T}\left\{\sum\limits_{n=0}^{L}||g^n||_X^2\Delta t_c\right\}^{1/2}$, 常数 M^{**} 依赖于函数 $\psi,\mathbf{u},e,p,T$ 及其导函数.

4.3.5　格式的改进

对于迎风网格变动的块中心差分格式 (4.3.16), (4.3.18), (4.3.23) 和 (4.3.25) 进行改进. 对电场位势格式 (4.3.16) 不变, 而对浓度和温度方程的网格变动的迎风块中心格式 (4.3.18), (4.3.23) 和 (4.3.25) 进行改进. 即解在两个时间层变换时用一个线性近似来代替前节的 L^2 投影, 可以得到任意网格变动下最优的误差估计.

首先研究电子浓度方程, 对已知的 $E^{n-1}\in S_h^{n-1}$, 在单元 ω^{n-1} 上定义线性函数 $\bar{E}^{n-1}$,

$$\bar{E}^{n-1}|_{\omega^{n-1}}=E^{n-1}(X_\omega^{n-1})+(X-X_\omega^{n-1})\cdot\delta E_\omega^{n-1}, \tag{4.3.67}$$

此处 X_ω^{n-1} 是单元 ω^{n-1} 的重心, δE_ω^{n-1} 是梯度或近似解的斜率. 我们借助块中心方法对梯度的近似, 也即 $-\bar{\mathbf{Z}}_e$, 故有

$$\delta E_\omega^{n-1}=-\frac{1}{m(\omega^{n-1})}\int_{\omega^{n-1}}\bar{\mathbf{Z}}_e^{n-1}(X)dX. \tag{4.3.68}$$

电子浓度方程的 (4.3.18b), (4.3.18c) 不变, (4.3.18a) 则改进为

$$\left(\frac{E^n-\bar{E}^{n-1}}{\Delta t_s},v\right)_{\bar{m}}-(\nabla\cdot\mathbf{G}_e^n,v)_{\bar{m}}+\left(\sum_{s=x,y,z}D_sZ_e^{s,n},v\right)_{\bar{m}}$$
$$=-(R_1(E^{n-1},P^{n-1},H^{n-1}),v)_{\bar{m}},\quad\forall v\in S_h. \tag{4.3.69}$$

只有当网格发生变化时, 才会增加 $\bar{E}^{n-1}$ 的计算. 而当网格不发生变化, 即 $S_h^{n-1}=S_h^n$ 时,

$$(\bar{E}^{n-1},v)_{\bar{m}}=(E^{n-1},v)_{\bar{m}}. \tag{4.3.70}$$

类似 4.3.4 小节进行的估计, 采用相同的记号和定义. 误差方程 (4.3.44b), (4.3.44c) 不变, 则 (4.3.44a) 变为

$$\left(\frac{\xi_e^n-\xi_e^{n-1}}{\Delta t_s},\xi_e^n\right)_{\bar{m}}+\sum_{s=x,y,z}(D_e\bar{\alpha}_{z,e}^{s,n},\bar{\alpha}_{z,e}^{s,n})_s$$

$$
\begin{aligned}
&=(\nabla\cdot(\mathbf{G}_e^n-\mathbf{g}_e^n),\xi_e^n)_{\bar{m}}-(R_1(E^{n-1},P^{n-1},H^{n-1})\\
&\quad-R_1(e^n,p^n,T^n),\xi_e^n)_{\bar{m}}+\left(\frac{\partial e^n}{\partial t}-\frac{e^n-e^{n-1}}{\Delta t_s},\xi_e^n\right)_{\bar{m}}\\
&\quad+\left(\frac{\bar{\xi}_e^{n-1}-\xi_e^{n-1}}{\Delta t_s},\xi_e^n\right)_{\bar{m}}-\left(\frac{e^{n-1}-\bar{\Pi}e^{n-1}}{\Delta t_s},\xi_e^n\right)_{\bar{m}},
\end{aligned}\tag{4.3.71}
$$

此处 $\bar{\xi}_e^{n-1}=\bar{E}^{n-1}-\bar{\Pi}e^{n-1}$. 定义 $\bar{\Pi}e^{n-1}$:

$$
\bar{\Pi}e^{n-1}|_{\omega^{n-1}}=\Pi e^{n-1}(X_\omega^{n-1})-(X-X_\omega^{n-1})\cdot\left(\frac{1}{\mathrm{mes}(\omega^{n-1})}\int_{\omega^{n-1}}\Pi\bar{\mathbf{z}}_e^{n-1}(X)dX\right),\tag{4.3.72}
$$

此处 Π 为 (4.3.31) 中的投影算子, $\Pi e^{n-1}=\tilde{E}^{n-1}$, $\Pi\bar{\mathbf{z}}_e^{n-1}=\tilde{\bar{\mathbf{z}}}_e^{n-1}$.

(4.3.71) 式右端前三项的估计与 4.3.4 小节相同, 现详细讨论最后两项. 首先有

$$
\begin{aligned}
\left(\frac{\bar{\xi}_e^{n-1}-\xi_e^{n-1}}{\Delta t_s},\xi_e^n\right)_{\bar{m}}&\leqslant\frac{1}{\Delta t_s}\|\bar{\xi}_e^{n-1}-\xi_e^{n-1}\|_{\bar{m}}\cdot\|\xi_e^n\|_{\bar{m}}\\
&\leqslant\frac{\varepsilon}{(\Delta t_s)^2}\|\bar{\xi}_e^{n-1}-\xi_e^{n-1}\|_{\bar{m}}^2+K\|\xi_e^n\|_{\bar{m}}^2.
\end{aligned}\tag{4.3.73}
$$

考虑任一时间层 t^n, 由 (4.3.67), (4.3.68) 和 (4.3.72) 的定义, 有

$$
\begin{aligned}
\|\bar{\xi}_e^n-\xi_e^n\|_{\bar{m}}^2=&\sum_i\int_{\omega_i}|\bar{\xi}_e^n-\xi_e^n|^2dX=\sum_i\int_{\omega_i}\left|(X-X_\omega^n)\frac{1}{m(\omega^n)}\int_{\omega_i}\bar{\alpha}_{z,e}^n dy\right|^2dX\\
&\leqslant h_c^2|||\bar{\alpha}_{z,e}^n|||^2.
\end{aligned}\tag{4.3.74}
$$

将 (4.3.74) 的估计式回代到 (4.3.73), 并要求剖分参数满足限定性条件 (4.3.58), 显然有 $h_s=O(\Delta t_s)$. 则有

$$
\left(\frac{\bar{\xi}_e^{n-1}-\xi_e^{n-1}}{\Delta t_s},\xi_e^n\right)_{\bar{m}}\leqslant\frac{\varepsilon(h_s)^2}{(\Delta t_s)^2}|||\bar{\alpha}_{z,e}^{n-1}|||^2+K\|\xi_e^n\|_{\bar{m}}^2\leqslant\varepsilon|||\bar{\alpha}_{z,e}^n|||^2+K\|\xi_e^n\|_{\bar{m}}^2.\tag{4.3.75}
$$

接下来考虑 (4.3.71) 中最后一项.

$$
-\left(\frac{e^{n-1}-\bar{\Pi}e^{n-1}}{\Delta t_s},\xi_e^n\right)_{\bar{m}}\leqslant\frac{K}{(\Delta t_s)^2}\|e^{n-1}-\bar{\Pi}e^{n-1}\|_{\bar{m}}^2+K\|\xi_e^n\|_{\bar{m}}^2.\tag{4.3.76}
$$

由 Taylor 展开式, $\forall X\in\omega^{n-1}$,

$$
e^{n-1}(x)=e^{n-1}(X_\omega^{n-1})-(X-X_\omega^{n-1})\cdot\bar{\mathbf{z}}_e^{n-1}(X_\omega^{n-1})+O(h_s^2)
$$

$$=\Pi e^{n-1}(X_\omega^{n-1})-(X-X_\omega^{n-1})\frac{1}{\mathrm{mes}(\omega^{n-1})}\int_{\omega^{n-1}}\bar{\mathbf{z}}_e^{n-1}dy+O(h_s^2).$$

上式应用 $e^{n-1}(X_\omega^{n-1})-\Pi e^{n-1}(X_\omega^{n-1})=O(h_s^2)$ 以及

$$\left|\bar{\mathbf{z}}_e^{n-1}(X_\omega^{n-1})-\frac{1}{\mathrm{mes}(\omega^{n-1})}\int_{\omega^{n-1}}\bar{\mathbf{z}}_e^{n-1}dy\right|=O(h_s^2).$$

因此

$$\begin{aligned}||e^{n-1}-\bar{\Pi}e^{n-1}||_{\bar{m}}^2&=\sum_i\int_{\omega_i}\left|(X-X_\omega^{n-1})\frac{1}{\mathrm{mes}(\omega^{n-1})}\int_{\omega^{n-1}}\beta_{z,e}^{n-1}dy+O(h_s^2)\right|^2dX\\&\leqslant Kh_s^2|||\beta_{z,e}^{n-1}|||^2+Kh_s^4\leqslant Kh_s^4.\end{aligned}\tag{4.3.77}$$

把 (4.3.77) 代入 (4.3.76) 得到

$$-\left(\frac{e^{n-1}-\bar{\Pi}e^{n-1}}{\Delta t_s},\xi_e^n\right)_{\bar{m}}\leqslant Kh_s^2+K||\xi_e^n||_{\bar{m}}^2.\tag{4.3.78}$$

把 (4.3.77), (4.3.78) 代入 (4.3.71), 经整理, 两边同乘以 Δt_s, 关于时间 $n=1,2,\cdots,N$ 相加, 并注意到 $\xi_e^0=0$, 得到

$$\begin{aligned}&\frac{1}{2}||\xi_e^N||_{\bar{m}}^2+\frac{1}{2}D_*\sum_{n=1}^N|||\bar{\alpha}_{z,e}^n|||^2\Delta t_s\\&\leqslant K\{(\Delta t_{\psi,1})^3+(\Delta t_\psi)^4+(\Delta t_s)^2+h_\psi^4+h_s^2\}\\&\quad+K\sum_{n=1}^N\{||\xi_e^n||_{\bar{m}}^2+||\xi_p^n||_{\bar{m}}^2+||\xi_T^n||_{\bar{m}}^2\}\Delta t_s.\end{aligned}\tag{4.3.79}$$

对空穴浓度方程 (4.3.3) 类似地可得下述估计式

$$\begin{aligned}&\frac{1}{2}||\xi_p^N||_{\bar{m}}^2+\frac{1}{2}D_*\sum_{n=1}^N|||\bar{\alpha}_{z,p}^n|||^2\Delta t_s\\&\leqslant K\{(\Delta t_{\psi,1})^3+(\Delta t_\psi)^4+(\Delta t_s)^2+h_\psi^4+h_s^2\}\\&\quad+K\sum_{n=1}^N\{||\xi_e^n||_{\bar{m}}^2+||\xi_p^n||_{\bar{m}}^2+||\xi_T^n||_{\bar{m}}^2\}\Delta t_s.\end{aligned}\tag{4.3.80}$$

对热传导方程 (4.3.4), 同样引入归纳法假定 (4.3.57) 和剖分参数满足限定性条件

(4.3.58), 经类似的估计可得

$$\begin{aligned}&\frac{1}{2}\|\rho^{1/2}\xi_T^N\|_{\bar{m}}^2+\sum_{n=1}^N|||\bar{\alpha}_{z,T}^n|||^2\Delta t_s\\&\leqslant\varepsilon\sum_{n=1}^N\{|||\bar{\alpha}_{z,e}^n|||^2+|||\bar{\alpha}_{z,p}^n|||^2\}\Delta t_s\\&\quad+K\{(\Delta t_{\psi,1})^3+(\Delta t_\psi)^4+(\Delta t_s)^2+h_\psi^4+h_s^2\}.\end{aligned}\tag{4.3.81}$$

组合误差估计式 (4.3.79)—(4.3.81), 应用离散形式的 Gronwall 引理和初始逼近的选取性质可得

$$\begin{aligned}&\sum_{s=e,p,T}\|\xi_s^N\|_{\bar{m}}^2+\sum_{n=1}^N\left\{\sum_{s=e,p}^N|||\bar{\alpha}_{z,s}^n|||^2+|||\alpha_{z,p}^n|||^2\right\}\Delta t_s\\&\leqslant K\{h_\psi^4+h_s^2+(\Delta t_{\psi,1})^3+(\Delta t_\psi)^4+(\Delta t_s)^2\}.\end{aligned}\tag{4.3.82}$$

对电场位势方程的误差估计式 (4.3.43), 应用估计式 (4.3.82) 可得

$$\sup_{0\leqslant m\leqslant M}\{\|\pi_m\|_{\bar{m}}^2+|||\sigma_m|||^2\}\leqslant K\{h_s^2+h_\psi^4+(\Delta t_s)^2+(\Delta t_{\psi,1})^3+(\Delta t_\psi)^4\}.\tag{4.3.83}$$

同样检验归纳法假定 (4.3.57) 是成立的.

由误差估计式 (4.3.82), (4.3.83) 和引理 4.3.1, 可以建立下述定理.

定理 4.3.4 对问题 (4.3.1)—(4.3.8) 假定其精确解足正则性条件 (R), 且系数满足正定性条件 (C). 采用改进的变网格块中心迎风差分方法逐层求解, 假定剖分参数满足限制性条件 (4.3.58), 则下述最优误差估计式成立

$$\begin{aligned}&\|\psi-\Psi\|_{\bar{L}^\infty(J;\bar{m})}+\|\mathbf{u}-\mathbf{U}\|_{\bar{L}^\infty(J;V)}+\sum_{s=e,p}\|s-S\|_{\bar{L}^\infty(J;\bar{m})}\\&\quad+\|T-H\|_{\bar{L}^\infty(J;\bar{m})}+\sum_{s=e,p}\|\bar{\mathbf{z}}_s-\bar{\mathbf{Z}}_s\|_{\bar{L}^2(J;V)}+\|\mathbf{z}_T-\mathbf{Z}_T\|_{\bar{L}^2(J;V)}\\&\leqslant M^{***}\{h_\psi^2+h_s+\Delta t_s+(\Delta t_{\psi,1})^{3/2}+(\Delta t_\psi)^2\}.\end{aligned}\tag{4.3.84}$$

此处 M^{***} 依赖于函数 $\psi,\mathbf{u},e,p,T$ 及其导函数.

4.3.6 数值算例

在这一小节中使用本节的方法考虑简化的半导体器件瞬态问题. 假设电场位

势、电场强度已知, 只考虑对流占优的饱和度方程

$$\frac{\partial e}{\partial t}+e_x-ae_{xx}=f, \tag{4.3.85}$$

其中 $a=1.0\times10^{-4}$, 对流占优, $t\in\left(0,\frac{1}{2}\right)$, $x\in[0,\pi]$. 问题的精确解为 $e=\exp(-0.05t)(\sin(x-t))^{20}$, 选择右端 f 使方程 (4.1.77) 成立.

此函数在区间 [1.5, 2.5] 之间有尖峰 (图 4.3.1), 并且随着时间的变化而发生变化. 若采取一般的有限元方法会产生数值振荡. 我们采取迎风变网格块中心方法, 同时应用 4.3.5 小节的网格变动来近似此方程, 进行一次网格变化, 可以得到较理想的结果, 没有数值振荡和弥散 (图 4.3.2). 图 4.3.3 是采取一般有限元方法近似此对流占优方程所产生的振荡图.

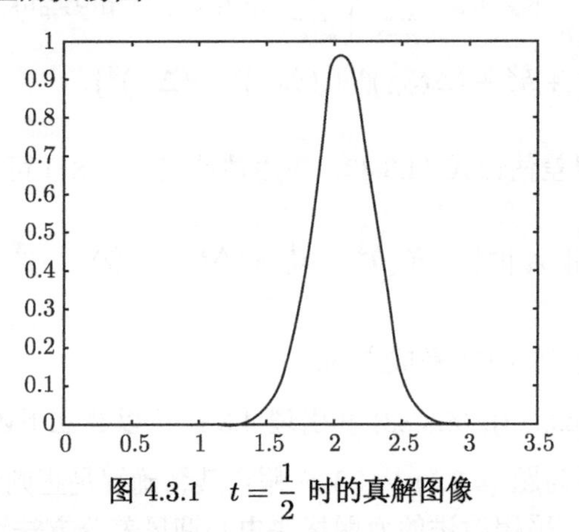

图 4.3.1 $t=\frac{1}{2}$ 时的真解图像

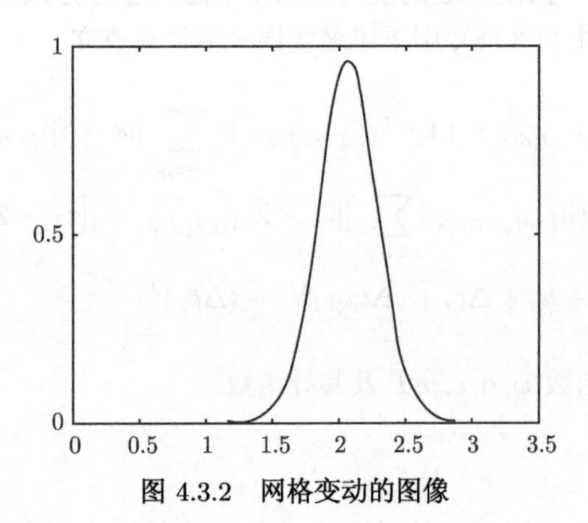

图 4.3.2 网格变动的图像

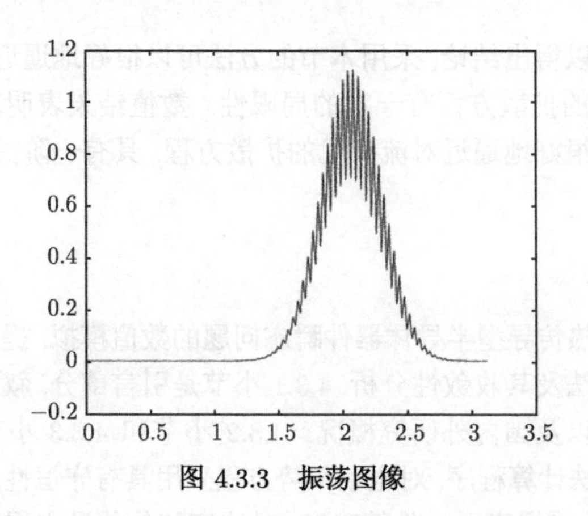

图 4.3.3 振荡图像

表 4.3.1 中的 L^2 表示在时间 $t=1$ 时误差的 L^2 模估计, STATIC 代表网格固定不动时的迎风块中心方法, MOVE 代表网格发生变动时的迎风块中心方法. 表 4.3.2 是本节方法在不同时刻的误差结果.

表 4.3.1 $t=1$ 时的误差

(h,t)		$(\pi/30,1/20)$	$(\pi/60,1/40)$	$(\pi/100,1/80)$	$(\pi/200,1/160)$
STATIC	L^2	3.1254e − 002	1.1985e − 002	6.6938e − 003	2.0442e − 003
MOVE	L^2	3.8610e − 003	3.9650e − 004	4.1965e − 004	5.4789e − 005

表 4.3.2 不同时刻的误差比较

(h,t)	$t=0.5$	$t=1.0$	$t=2.0$
$(\pi/30,1/20)$	4.5332e − 003	3.8610e − 003	2.5249e − 003
$(\pi/60,1/40)$	3.6357e − 004	3.9650e − 004	6.4911e − 004
$(\pi/100,1/80)$	1.6198e − 004	4.1865e − 004	5.0429e − 004
$(\pi/200,1/160)$	2.9258e − 005	5.4789e − 005	4.9248e − 004

接下来考虑一个二维半导体器件的模型问题. 假设电场强度 $\mathbf{u}=(u_1,u_2)$ 是个常数, 令 $\Omega=[0,\pi]\times[0,\pi]$. 电子浓度方程的精确解为 $e=\exp-0.05t(\sin(x-u_1t)\sin(y-u_2t))^{20}$, 且令 $\mathbf{u}=(1,0.05)$, $D_e=2.0\times10^{-4}$, 从而得到一个对流占优的电子浓度方程. 对其应用网格变动的迎风块中心方法, 表 4.3.3 是不同时刻所得的误差结果.

表 4.3.3 不同时刻的误差比较

(h_x,h_y,t)	$t=0.5$	$t=1.0$
$(\pi/60,\pi/60,1/20)$	3.1354e − 004	1.5828e − 003
$(\pi/120,\pi/120,1/40)$	6.9629e − 005	1.9392e − 004

由以上结果可以得出结论, 采用本节的方法可以很好地逼近精确解, 而一般的方法对于对流占优的扩散方程有一定的局限性. 数值结果表明基于网格变动的迎风块中心方法可以很好地逼近对流占优的扩散方程, 具有一阶的收敛精度, 与理论证明一致.

4.3.7 总结和讨论

本节研究三维热传导型半导体器件瞬态问题的数值模拟, 提出一类迎风网格变动的块中心差分方法及其收敛性分析. 4.3.1 小节是引言部分, 叙述和分析问题的数学模型、物理背景以及国内外研究概况. 4.3.2 小节和 4.3.3 小节提出迎风网格变动的块中心差分方法计算程序, 对电场位势方程采用具有守恒性质的块中心方法离散, 对电场强度的计算提高了一阶精确度. 对浓度和热传导方程采用了迎风网格变动的块中心差分方法求解, 即对方程的扩散部分采用块中心方法离散, 对流部分采用迎风格式来处理. 这种方法适用于对流占优问题, 能消除数值弥散和非物理性振荡. 可以同时逼近浓度和温度函数及其伴随向量函数, 保持单元质量守恒, 这对半导体问题的数值模拟计算中是十分重要的. 4.3.4 小节是收敛性分析, 应用微分方程先验估计理论和特殊技巧, 得到了最佳阶误差估计结果. 4.3.5 小节讨论了改进的变网格块中心格式, 并给出了最优误差分析结果. 4.3.6 小节给出了数值算例, 指明该方法的有效性和实用性. 本节有如下特征: ① 本格式具有物理守恒律特性, 这点在半导体器件实际计算中是十分重要的, 特别对经典的信息科学数值模拟具有实质性的创新和拓展; ② 由于组合地应用块中心差分方法、迎风格式和变网格技术, 它具有高精度和高稳定性的特征, 特别适用于三维复杂区域精细数值模拟的工程实际计算; ③ 本节拓广了 Dawson 等关于抛物问题变网格的经典结果[38]. 详细的讨论和分析可参阅文献 [39].

参 考 文 献

[1] Bank R E, Coughran W M, Fichtner W, Grosse E H, Rose D J, Smith R K. Transient simulation of silicon devices and circuits. IEEE Transactions on Computer-Aided Design., 1985, 4(4): 436-451.

[2] Jerome J W. Mathematical Theory and Approximation of Semiconductor Models. Philadelphia: SIAM, 1994.

[3] Yuan L. On basic semiconductor equation with heat conduction. J. Partial Diff. Eqs., 1995, 8(1): 43-54.

[4] 袁益让. 三维热传导型半导体问题的差分方法和分析. 中国科学 (A 辑), 1996, 3911: 973-978.

[5] 施敏. 现代半导体器件物理. 北京: 科学出版社, 2002.

[6] 何野, 魏同立. 半导体器件计算机模拟方法. 北京: 科学出版社, 1989.

[7] 袁益让. 半导体瞬态问题计算方法的新进展. 计算物理, 2009, 26(3): 317-324.

[8] 袁益让. 能源数值模拟方法的理论和应用. 北京: 科学出版社, 2013.

[9] Gummel H K. A self-consistent iterative scheme for one-dimensional steady-state transistor calculation. IEEE Transactions on Electron Device, 1964, 11(10): 455-465.

[10] Douglas J, Jr, Yuan Y R. Finite difference methods for transient behavior of a semiconductor device. Mat. Apli. Comp., 1987, 6(1): 25-37.

[11] Yuan Y R, Ding L Y, Yang H. A new method and theoretical analysis of numerical analog of semiconductor. Chinese Science Bulletin, 1982, 27(7): 790-795.

[12] Yuan Y R. Finite element method and analysis of numerical simulation of semiconductor device. Acta Math. Sci., 1993, 13(3): 241-251.

[13] Yuan Y R. The approximation of the electronic potential by a mixed method in the simulation of semiconductor. J. Systems Sci. Math. Sci., 1991, 11(2): 117-120.

[14] Yuan Y R. Characteristics method with mixed finite element for transient behavior of semiconductor device. Chin. Sci. Bull., 1991, 36(17): 1356-1357.

[15] Cai Z. On the finite volume element method. Numer. Math., 1991, 58(1): 713-735.

[16] 李荣华, 陈仲英. 微分方程广义差分方法. 长春: 吉林大学出版社, 1994.

[17] Raviart P A, Thomas J M. A mixed finite element method for second order elliptic problems // Mathematical Aspects of the Finite Element Method. Lecture Notes in Mathematics, 606. New York: Springer, 1977.

[18] Douglas J, Jr, Ewing R E, Wheeler M F. Approximation of the pressure by a mixed method in the simulation of miscible displacement. RAIRO Anal. Numer., 1983, 17(1): 17-33.

[19] Douglas J, Jr, Ewing R E, Wheeler M F. A time-discretization procedure for a mixed finite element approximation of miscible displacement in porous media. RAIRO Anal. Numer., 1983, 17(3): 249-265.

[20] Russell T F. Rigorous block-centered discritization on inregular grids: Improved simulation of complex reservoir systems. Project Report, Research Comporation, Tulsa, 1995.

[21] Weiser A, Wheeler M F. On convergence of block-centered finite differences for elliptic problems. SIAM J. Numer. Anal., 1988, 25(2): 351-375.

[22] Jones J E. A mixed volume method for accurate computation of fluid velocities in porous media. Ph. D. Thesis. University of Colorado, Denver, Co., 1995.

[23] Cai Z, Jones J E, McCormilk S F, Russell T F. Control-volume mixed finite element methods. Comput. Geosci., 1997, 1(3): 289-315.

[24] Chou S H, Kawk D Y, Vassileviki P. Mixed covolume methods on rectangular grids for elliptic problem. SIAM J. Numer. Anal., 2000, 37(3): 758-771.

[25] Chou S H, Kawk D Y, Vassileviki P. Mixed covolume methods for elliptic problems on trianglar grids. SIAM J. Numer. Anal., 1998, 35(5): 1850-1861.

[26] Chou S H, Vassileviki P. A general mixed covolume framework for constructing conservative schemes for elliptic problems. Math. Comp., 1999, 68(227): 991-1011.

[27] Rui H X, Pan H. A block-centered finite difference method for the Darcy-Forchheimer Model. SIAM J. Numer. Anal., 2012, 50(5): 2612-2631.

[28] Pan H, Rui H X. Mixed element method for two-dimensional Darcy-Forchheimer model. J. of Scientific Computing, 2012, 52(3): 563-587.

[29] Yuan Y R, Liu Y X, Li C F, Sun T J, Ma L Q. Analysis on block-centered finite differences of numerical simulation of semiconductor detector. Appl., Math. Comput., 2016, 279: 1-15.

[30] Yuan Y R, Yang Q, Li C F, Sun T J. Numerical method of mixed finite volume-modified upwind fractional step difference for three-dimensional semiconductor device transient behavior problems. Acta. Mathematica Scientia, 2017, 37B(1): 259-279.

[31] Arbogast T, Wheeler M F, Yotov I. Mixed finite elements for elliptic problems with tensor coefficients as cell-centered finite differences. SIAM J. Numer. Anal., 1997, 34(2): 828-852.

[32] Arbogast T, Dawson C N, Keenan P T, Wheeler M F, Yotov I. Enhanced cell-centered finite differences for elliptic equations on general geometry. SIAM J. Sci., Comput., 1998, 19(2): 404-425.

[33] Nitsche J. Linear splint-funktionen and die methoden von Ritz for elliptishce randwert probleme. Arch. for Rational Mech. and Anal., 1968, 36(5): 348-355.

[34] 姜礼尚, 庞之垣. 有限元方法及其理论基础. 北京: 人民教育出版社, 1979.

[35] 袁益让, 李长峰, 宋怀玲. 热传导型半导体问题的迎风块中心差分方法和数值分析. 山东大学数学研究所科研报告, 2017. 9.

Yuan Y R, Li C F, Song H L. An upwind-block-centered finite difference method for a semiconductor device of heat conduction and its numerical analysis. 山东大学数学研究所科研报告, 2017. 9.

[36] Bramble J H, Ewing R E, Li G. Alternating direction multistep methods for parabolic problems-iterative stabilization. SIAM J. Numer. Anal., 1989, 26(4): 904-919.

[37] 袁益让, 李长峰, 宋怀玲. 热传导型半导体问题的迎风块中心多步方法和数值分析. 山东大学数学研究所科研报告, 2017. 11.

Yuan Y R, Li C F, Song H L. An upwind-block-centered multistep difference method for a semiconductor device and numerical analysis. 山东大学数学研究所科研报告, 2017. 11.

[38] Dawson C N, Kirby R. Solution of parabolic equations by backward Euler-mixed finite element method on a dynamically changing mesh. SIAM J. Numer. Anal., 2000, 37(2): 423-442.

[39] 袁益让, 李长峰, 宋怀玲. 热传导型半导体问题的迎风变网格块中心差分方法. 山东大学数学研究所科研报告, 2018. 1.
Yuan Y R, Li C F, Song H L. A block-centered upwind approximation of semiconductor device problem on a dynamically changing mesh. Acta Mathematica Scientia, 2020, 40B(5): 1405-1428.

第 5 章　对流-扩散问题的二阶特征有限元方法的理论和应用

对流-扩散方程作为偏微分方程一个很重要的分支, 在众多领域都有着广泛的应用, 比如流体力学、气体动力学等. 由于对流-扩散方程很难通过解析的方法得到解析解, 所以通过各种数值方法来求解对流-扩散方程在数值分析中占有很重要的地位. 在对流-扩散方程中, 若扩散项在物理过程中起主导作用, 则用标准有限差分方法以及有限元方法求解就可以得到很好的数值结果. 但是, 若对流项占主导地位, 即对流的影响远大于扩散的影响, 则会给数值求解带来很多困难, 如数值振荡、数值的过度扩散, 或者二者皆有. 在处理对流占优扩散方程的数值方法中, 很重要的一类方法就是特征线法. 这一方法考虑沿特征线 (流动方向) 作离散, 利用对流-扩散问题的物理学特征, 对于处理具有双曲性质的对流占优扩散问题具有十分重要的优越性. 它不仅可以从本质上减少非物理振荡和过多的数值弥散, 而且对时间步长没有稳定性限制条件, 并且沿特征方向的导数值远比沿时间方向相应的导数值小.

对于特征线法, 前人已经有了很多数学上的分析以及实际应用上的研究工作. 20 世纪 60 年代, 人们构造了向前追踪的特征方法 (MOC)[1], 直到近年来, 人们还在不断地改进这一方法, 并将它们广泛地应用到许多实际问题. 这类方法对于相对简单的问题比较容易实现, 但是沿特征线向前追踪扭曲了原有空间网格, 给计算带来很多不便. 1982 年, Douglas 和 Russell 在 [2] 中提出了沿特征线向后追踪的修正特征线法 (MMOC), 克服了原有特征线法的缺点. 这种方法也得到了广泛的应用, 如 [3—5] 将这类特征线法与混合元等方法结合来处理多孔介质混溶驱动问题. 但是 (MMOC) 不能满足质量守恒, 不久 Douglas 等又构造了校正对流项的特征线法 (MMOCAA)[6], 该方法可以满足整体质量守恒.

本章讨论对流-扩散问题的二阶特征有限元方法的理论和应用, 共二节. 5.1 节介绍对流-扩散问题的二阶特征有限元方法[7]. 5.2 节介绍二阶特征有限元方法在年龄结构种群增长模型的应用[8].

5.1　对流-扩散问题的二阶特征有限元方法

5.1.1　引言

本节讨论二阶特征有限元方法对于对流-扩散问题的求解. 这类数值方法是基

于逼近物质导数项, 它是时间导数项加对流项. 这逼近从物理观点来看是自然的, 对于对流占优问题具有很好的结果.

基于这种思想, 诸多学者给出了相关的逼近技术[2,9-13]. 其中, Douglas 和 Russell[2]对于对流-扩散方程提出了特征-Galerkin 格式. 利用特征有限元方法, Süli[13], Pironneau[9,10] 和 Russell[12] 分别对 Navier-Stokes 方程和多孔介质中混溶驱动问题进行了数值模拟. Tezduyar[11]考虑了依赖时间区域的特征有限元方法, 在文献 [11] 中一阶特征有限元方法的理论分析和应用是成功的. Pironneau[10], Pironneau 等[11] 曾对于物质导数项提出一个二阶 Runge-Kutta 逼近, 但他们没有给出一个关于对流项的正确的二阶逼近. 因此, 最后格式没有关于时间增量的二阶精确度结果.

这里仍然应用二阶 Runge-Kutta 方法去逼近物质导数项, 此处的特点在于估计扩散项在正确位置保持关于时间增量 Δt 的二阶精确度, 自然需要补充关于 Δt 的校正项. 此格式得到关于 Δt 的二阶、对称和无条件稳定性, 给出了误差估计结果, 在 L^2 理论框架下是最好的. 最后给出了两个数值算例, 指明关于补充校正项是必要的和方法具有二阶收敛性.

本节应用 Sobolev 空间 $L^2(\Omega), H^1(\Omega)$(还有 $H_0^1(\Omega)$) 和 $H^m(\Omega)$, 其对应的范数用 $\|\cdot\|, \|\cdot\|_1$ 和 $\|\cdot\|_m$ 表示, 通常对 L^2 模 $\|\cdot\|_0$ 略去下标 0. 还运用 Sobolev 空间 $W^{m,\infty}(\Omega)$, 函数空间 $H^m(X) \equiv H^m((0,T),X)$ 和 $C^m(X) \equiv C^m([0,T],X)$, 其中 T 是一个正数, X 为一 Banach 空间, 对应的范数用 $\|\cdot\|_{H^m(X)}$ 和 $\|\cdot\|_{C^m(X)}$ 表示, 通常略去 $(0,T)$ 和 Ω. 如果不引起混乱, 记 $C^j([0,T],H^{m-j}(\Omega))$ 为 $C^j(H^{m-j})$. 对于非负整数 m, 引入函数空间 Z^m, 定义

$$Z^m = \left\{ f \in C^j(H^{m-j}) : j = 0, 1, \cdots, m, |||f|||_m < +\infty \right\},$$

此处

$$|||f|||_m = \max\left\{ \|f\|_{C^j(H^{m-j})}, 0 \leqslant j \leqslant m \right\}.$$

用 c 表示通常的正常数, 它不依赖于剖分参数和解, 在不同之处有着不同的含义. 常数 c_0, c_1 和 c_2 在本节中有特殊含义, 将在 5.1.3 小节中指出.

5.1.2 一个二阶特征方法

本小节提出一个二阶特征有限元格式, 还给出对流项速度函数的某些假定. 设 Ω 为一个在 $R^d(d=1,2,3)$ 上的有界区域和 T 是一个正常数.

考虑初边值问题: 寻求 $\phi : \Omega \times (0,T) \to R$ 使得

$$
\begin{cases}
\dfrac{\partial \phi}{\partial t} + u \cdot \nabla \phi - \nu \Delta \phi = f, & (X,t) \in \Omega \times (0,T), \\
\phi = 0, & (X,t) \in \partial\Omega \times (0,T), \\
\phi(X,0) = \phi^0(X), & X \in \Omega.
\end{cases} \tag{5.1.1}
$$

此处 ν 是一个正常数, $u : \Omega \times (0,T) \to R^d$ 和 $f : \Omega \times (0,T) \to R$ 是给定的函数. 物理上 u 是一个流场的速度. 假定这流体是不可压缩的, 满足零边界条件.

假定 1　流速 u 满足

$$
\begin{cases}
u \in C^0(W^{1,\infty}(\Omega)), \\
u = 0, \quad X \in \partial\Omega, \\
\mathrm{div} u = 0, \quad X \in \Omega.
\end{cases}
$$

设 $X : (0,T) \to R^d$ 是一个常微分方程的解,

$$
\frac{dX}{dt} = u(X,t).
$$

则

$$
\left(\frac{\partial}{\partial t} + u \cdot \nabla \right) \phi(x,t) = \frac{d}{dt} \phi(X(t),t).
$$

设 Δt 是一个时间增量. 取 $N_T = [T/\Delta t]$ 和 $t^n = n\Delta t$. 对于 $n \in Z \cup \{Z + 1/2\}$, 主题是一个初始条件 $X(t^{n+1}) = x$. 由相对应的 Euler 方法和二阶 Runge-Kutta 方法, 将获得 X 在 t^n 的逼近值.

$$
X_1^n(x) = x - u^n(x)\Delta t,
$$

$$
X_2^n(x) = x - u^{n+1/2}(x - u^n(x)\Delta t/2)\Delta t.
$$

命题 1　若假定 1 和 $\Delta t < 1/||u||_{C^0(W^{1,\infty})}$, 则

$$
X_1^n(\Omega) = X_2^n(\Omega) = \Omega
$$

成立.

证明　仅指明对 $X_1^n(\Omega) = \Omega$ 的证明, 另一个证明类似.

设 $d(x) = \mathrm{dist}(x, \partial\Omega), x \in \Omega$, 因为 u 在边界上消失, 则

$$
|X_1^n(x) - x| = |u^n(x)|\,\Delta t \leqslant ||u||_{C^0(W^{1,\infty})} d(x)\Delta t < d(x),
$$

这意味着 $X_1^n(x) \in \Omega$. 从而 $X_1^n(\partial\Omega) = \partial\Omega$ 和 u^n 连续, 则有 $X_1^n(\Omega) = \Omega$.

设 $T_h \equiv \{K\}$ 是一个关于区域 $\bar{\Omega}$ 的有限元剖分, h 是单元最大直径和 $V_h \subset H_0^1(\Omega)$ 是一个有限元空间.

假定 $\{\phi^n\}_{n=0}^{N_T} \subset H_0^1(\Omega)$ 和 $f \in C_0(L^2)$ 是给定的. 在 V_h 上定义线性形式 $A_h^{n+1/2}\phi$ 和 F_h^{n+1}, 对 $n=0,1,\cdots,N_T-1$,

$$\begin{aligned}
&\left\langle A_h^{n+1/2}\phi, \varphi_h \right\rangle \\
&\equiv \left(\frac{\phi^{n+1}-\phi^n\circ X_2^n}{\Delta t}, \varphi_h\right) + \frac{\nu}{2}\left(\nabla\phi^{n+1}+\nabla\phi^n\circ X_1^n, \nabla\varphi_h\right) \\
&\quad + \frac{\nu\Delta t}{2}\left(J^n\nabla\phi^n\circ X_1^n, \nabla\varphi_h\right), \\
&\left\langle F_h^{n+1/2}, \varphi_h \right\rangle \equiv \frac{1}{2}\left(f^{n+1}+f^n\circ X_1^n, \varphi_h\right).
\end{aligned} \tag{5.1.2}$$

此处 $(\cdot,\cdot)$ 是在 $L^2(\Omega)$ 空间的内积, J^n 是一个矩阵 $J_{ij}^n = \dfrac{\partial u_i^n}{\partial x_j}(i,j=1,2,\cdots,d)$ 和 $\phi^n\circ X_2^n, \nabla\phi^n\circ X_1^n$ 是

$$(\phi^n\circ X_2^n)(x) = \phi^n(X_2^n(x)), \quad (\nabla\phi^n\circ X_1^n)(x) = (\nabla\phi^n)(X_1^n(x)).$$

设 $\phi_h^0 \in V_h$ 是给出的. 二阶特征有限元格式按下述方式提出: 寻求 $\{\phi_h^n\}_{n=1}^{N_T} \subset V_h$, 使得对 $n=0,1,\cdots,N_T-1$

$$A_h^{n+1/2}\phi_h = F_h^{n+1/2}, \ \text{在 } V_h \text{ 上}. \tag{5.1.3}$$

显然 (5.1.3) 等价于方程: 对 $n=0,1,\cdots,N_T-1$,

$$\begin{aligned}
&\left(\frac{\phi_h^{n+1}-\phi_h^n\circ X_2^n}{\Delta t}, \varphi_h\right) + \frac{\nu}{2}\left(\nabla\phi_h^{n+1}+\nabla\phi_h^n\circ X_1^n, \nabla\varphi_h\right) \\
&\quad + \frac{\nu\Delta t}{2}\left(J^n\nabla\phi_h^n\circ X_1^n, \nabla\varphi_h\right) \\
&= \frac{1}{2}\left(f^{n+1}+f^n\circ X_1^n, \varphi_h\right), \quad \forall\varphi_h \in V_h.
\end{aligned} \tag{5.1.4}$$

附注 (I) 这一阶特征有限元格式为

$$\left(\frac{\phi_h^{n+1}-\phi_h^n\circ X_1^n}{\Delta t}, \varphi_h\right) + \nu\left(\nabla\phi_h^{n+1}, \nabla\varphi_h\right) = \left(f^{n+1}, \varphi_h\right), \quad \forall\varphi_h \in V_h. \tag{5.1.5}$$

有很多学者研究过, 该格式对未知函数 ϕ_h^{n+1} 是对称的和无条件稳定的. 这些性质对现在的格式 (5.1.4) 是保留的.

(II) 在 [10] 和 [11] 中提出的格式

$$\left(\frac{\phi_h^{n+1}-\phi_h^n\circ X_2^n}{\Delta t}, \varphi_h\right) + \frac{\nu}{2}\left(\nabla\phi_h^{n+1}+\nabla\phi_h^n, \nabla\varphi_h\right) = \frac{1}{2}\left(f^{n+1}+f^n, \varphi_h\right), \quad \forall\varphi_h \in V_h. \tag{5.1.6}$$

此格式是优于一阶特征有限元格式 (5.1.5), 但它不是二阶格式. 事实上, 尽管下述估计式成立的

$$
\begin{aligned}
&\frac{\phi_h^{n+1}(x)-\phi_h^n\circ X_2^n(x)}{\Delta t}=\left(\frac{\partial\phi}{\partial t}+u\cdot\nabla\phi\right)^{n+1/2}\left(\frac{x+X_2^n(x)}{2}\right)+O\left(\Delta t^2\right),\\
&\frac{\nu}{2}\left(\nabla\phi_h^{n+1}+\nabla\phi_h^n\right)(x)=\nu\nabla\phi^{n+1/2}(x)+O\left(\Delta t^2\right),\\
&\frac{1}{2}\left(f^{n+1}+f^n\right)(x)=f^{n+1/2}(x)+O\left(\Delta t^2\right).
\end{aligned}
$$

由于这点 $(x+X_2^n(x))/2$ 和 x 的距离是 $O(\Delta t)$, 因此整体精确度减少至 $O(\Delta t)$.

(III) 条件 $\mathrm{div}u=0$ 不是本质的, 如果不是此情况, 可用下式代替 (5.1.2)

$$
\begin{aligned}
\left\langle A_h^{n+1/2}\phi,\varphi_h\right\rangle\equiv&\left(\frac{\phi^{n+1}-\phi^n\circ X_2^n}{\Delta t},\varphi_h\right)+\frac{\nu}{2}\left(\nabla\phi^{n+1}+\nabla\phi^n\circ X_1^n,\nabla\varphi_h\right)\\
&+\frac{\nu\Delta t}{2}\left\{(J^n\nabla\phi^n\circ X_1^n,\nabla\varphi_h)+(\nabla\mathrm{div}u\cdot\nabla\phi^n,\varphi_h)\right\}.
\end{aligned}
$$

仍能够证明定理 5.1.1 和定理 5.1.2 在此情况是有效的.

(IV) 在 (5.1.4) 中用 X_2^n 代替 X_1^n, 此格式定理 5.1.1 和定理 5.1.2 仍然有效.

5.1.3 主要结果

在本小节主要叙述两个主要定理, 指明格式 (5.1.3) 的稳定性和误差估计. 其证明将在 5.1.4 小节和 5.1.5 小节给出.

对于给出系列函数 $\{\phi_h^n\}_{n=0}^{N_T}$, 定义下述范数和半范数

$$
||\phi||_{L^\infty(L^2)}\equiv\max\left\{||\phi||:0\leqslant n\leqslant N_T\right\},
$$

$$
||\phi||_{L^2(L^2)}\equiv\left\{\Delta t\sum_{n=0}^{N_T}||\phi^n||^2\right\}^{1/2},
$$

$$
|\phi|'_{L^2(H^1)}\equiv\left\{\Delta t\sum_{n=0}^{N_T-1}\left\|\frac{\nabla\phi^{n+1}+\nabla\phi^n\circ X_1^n}{2}\right\|^2\right\}^{1/2}.
$$

定理 5.1.1 (稳定性) 设假定 1 成立, $\{\phi_h^n\}_{n=0}^{N_T}$ 是带有初始值 ϕ_h^0 的格式 (5.1.3) 的解, 则存在一个不依赖 h 和 Δt 的正数 $c_1=c_1(||u||_{C^0(W^{1,\infty})})$ 使得

$$
\begin{aligned}
&||\phi_h||_{L^\infty(L^2)}+\sqrt{\nu\Delta t}||\nabla\phi_h||_{L^\infty(L^2)}+\sqrt{\nu}|\phi_h|'_{L^2(H^1)}\\
\leqslant&\, c_1\left\{||\phi_h^0||+\sqrt{\nu\Delta t}||\nabla\phi_h^0||_{L^\infty(L^2)}+||f||_{L^2(L^2)}\right\}.
\end{aligned}\tag{5.1.7}
$$

依次讨论误差估计, 为此准备下述假定. 设 Π_h 是从 $C^0(\bar{\Omega})$ 到 V_h 的 Lagrange 插值算子[14].

假定 2 存在一个正整数 k, 使得对于 $\phi \in H^{k+1}(\Omega) \cap C^0(\bar{\Omega})$ 有

$$||\Pi_h \phi - \phi||_s \leqslant ch^{k+1-s}||\phi||_{k+1}, \quad s = 0, 1. \tag{5.1.8}$$

假定 3 u 和 ϕ 满足

(i) $u \in C^0(W^{2,\infty}) \cap C^1(L^\infty)$;

(ii) $\phi \in C^0(H^{k+1}) \cap H^1(H^k) \cap Z^3$, $\Delta\phi \in Z^2$.

定理 5.1.2 (误差估计) 设 k 是一个正整数, ϕ 是问题 (5.1.1) 的解, 假定 1, 假定 2 和假定 3 成立. 设 ϕ_h 是带有初始条件 $\phi_h^0 = \Pi_h \phi^0$ 格式 (5.1.3) 的解. 则存在一个不依赖于 h 和 Δt 的正常数 $c_2 = c_2(||u||_{C^0(W^{2,\infty}) \cap C^1(L^\infty)})$, 使得

$$\begin{aligned}
&||\phi - \phi_h||_{L^\infty(L^2)} + \sqrt{\nu\Delta t}||\nabla(\phi - \phi_h)||_{L^\infty(L^2)} + \sqrt{r}\nu\,|\phi - \phi_h|'_{L^2(H^1)} \\
&\leqslant c_2\left\{h^k\left(\left|\left|\frac{\partial\phi}{\partial t}\right|\right|_{L^2(H^k)} + ||\phi||_{C^0(H^{k+1})}\right) + \Delta t^2\left(|||\Delta\phi|||_2 + |||\phi|||_3\right)\right\}.
\end{aligned} \tag{5.1.9}$$

在下小节将应用正数

$$c_0 = c_0(||u||_{C^0(L^\infty)}), \quad c_1 = c_1(||u||_{C^0(W^{1,\infty})}), \quad c_2 = c_2(||u||_{C^0(W^{2,\infty}) \cap C^1(L^\infty)}),$$

它们是不依赖于 h 和 Δt, 在不同之处代表不同的数值.

5.1.4 定理 5.1.1 的证明

预备两个引理后再证明定理 5.1.1.

引理 5.1.1 假设 $u \in C^0(W^{1,\infty})$, 则对于 $n = 0, 1, \cdots, N_T$ 和 $\phi \in L^2(\Omega)$, 有

$$||\phi \circ X_i^n|| \leqslant (1 + c_1\Delta t)\,||\phi||, \quad i = 1, 2. \tag{5.1.10}$$

证明 我们仅指出 $i = 1$ 的证明. 设 J_1 是变换 $y = X_1^n(x)$ 的雅可比矩阵 $(\det J_1 > 0)$, 有

$$||\phi \circ X_1^n||^2 = \int_\Omega \phi^2(X_1^n(x))dx = \int_\Omega \phi^2(y)(\det J_1)^{-1}dy,$$

因为

$$|\det J_1 - 1| \leqslant c_1\Delta t$$

成立, 则引理 5.1.1 得证.

引理 5.1.2 假设假定 1 成立, 设 $\{\phi_h^n\}_{n=0}^{N_T}$ 是格式 (5.1.3) 的一个解, 则下述估计式成立

$$\begin{aligned}
\left\langle A_h^{n+1/2}\phi_h, \phi_h^{n+1}\right\rangle \geqslant\, &D_{\Delta t}\left(\frac{1}{2}||\phi_h^n||^2 + \frac{\nu\Delta t}{4}||\nabla\phi_h^n||^2\right) + \frac{1}{2\Delta t}||\phi_h^{n+1} - \phi_h^n \circ X_2^n||^2 \\
&+ \frac{\nu}{4}||\nabla\phi_h^{n+1} + \nabla\phi_h^n \circ X_1^n||^2
\end{aligned}$$

$$- c_1 \left\{ ||\phi_h^n||^2 + \nu\Delta t \left\{ ||\nabla\phi_h^n||^2 + ||\nabla\phi_h^{n+1}||^2 \right\} \right\},$$

此处 $D_{\Delta t}$ 是如下定义的向前差商算子

$$D_{\Delta t}\varphi^n = (\varphi^{n+1} - \varphi^n)/\Delta t.$$

证明 代 $\varphi_h = \phi_h^{n+1}$ 到 (5.1.4) 中, 有

$$\begin{aligned} \left\langle A_h^{n+1/2}\phi_h, \phi_h^{n+1} \right\rangle &= \left(\frac{\phi_h^{n+1} - \phi_h^n \circ X_2^n}{\Delta t}, \phi_h^{n+1} \right) \\ &\quad + \nu \left(\frac{\nabla\phi_h^{n+1} + \nabla\phi_h^n \circ X_1^n}{2}, \nabla\phi_h^{n+1} \right) \\ &\quad + \frac{\nu\Delta t}{2} \left(J^n \nabla\phi_h^n \circ X_1^n, \nabla\phi_h^{n+1} \right) \\ &= I_1 + I_2 + I_3. \end{aligned}$$

引理 5.1.1 隐含着

$$I_1 \geqslant D_{\Delta t}\left(\frac{1}{2}||\phi_h^n||^2\right) - \frac{c_1}{2}||\phi_h^n||^2 + \frac{1}{2\Delta t}||\phi_h^{n+1} - \phi_h^n \circ X_2^n||^2,$$

$$I_2 \geqslant D_{\Delta t}\left(\frac{\nu\Delta t}{2}||\nabla\phi_h^n||^2\right) - \frac{c_1\nu\Delta t}{4}||\nabla\phi_h^n||^2 + \frac{\nu}{4}||\nabla\phi_h^{n+1} + \nabla\phi_h^n \circ X_1^n||^2,$$

$$I_3 \geqslant \frac{c_1\nu\Delta t}{4} \left\{ (1 + c_1\Delta t)\, ||\nabla\phi_h^n||^2 + ||\nabla\phi_h^{n+1}||^2 \right\}.$$

引理 5.1.2 得证.

定理 5.1.1 的证明 从引理 5.1.1 有

$$\begin{aligned} \left\langle F_h^{n+1/2}, \phi_h^{n+1} \right\rangle &= \left(\frac{f^{n+1} + f^n \circ X_1^n}{2}, \phi_h^{n+1} \right) \\ &\leqslant \frac{1}{2}||\phi_h^{n+1}||^2 + \frac{1}{4}\left\{ ||f^{n+1}||^2 + (1 + c_1\Delta t)\, ||f^n||^2 \right\}. \end{aligned} \tag{5.1.11}$$

组合 (5.1.11) 和引理 5.1.2, 可得

$$\begin{aligned} & D_{\Delta t}\left(\frac{1}{2}||\phi_h^n||^2 + \frac{\nu\Delta t}{4}||\nabla\phi_h^n||^2\right) + \frac{1}{2\Delta t}||\phi_h^{n+1} - \phi_h^n \circ X_2^n||^2 \\ & + \frac{\nu}{4}||\nabla\phi_h^{n+1} + \nabla\phi_h^n \circ X_1^n||^2 \\ \leqslant\, & c_1 \left\{ ||\phi_h^n||^2 + ||\phi_h^{n+1}||^2 + \nu\Delta t \left\{ ||\nabla\phi_h^n||^2 + ||\nabla\phi_h^{n+1}||^2 \right\} \right\} + c_1 \left\{ ||f^n||^2 + ||f^{n+1}||^2 \right\}. \end{aligned}$$

应用 Gronwall 不等式, 定理 5.1.1 得证.

5.1.5 定理 5.1.2 证明

在引入三个引理后, 再证明定理 5.1.2.

对应于 $A_h^{n+1/2}$ 和 $F_h^{n+1/2}$, 引入如下的 $A^{n+1/2}$ 和 $F^{n+1/2}$. 设 $\phi \in C^1(L^2) \cap C^0(H^2) u \in C^0(L^\infty)$ 和 $f \in C^0(L^2)$ 是给定的. 定义线性形式 $A^{n+1/2}$ 和 $F^{n+1/2}$ 在 $H\left(\equiv L^2(\Omega)\right)$ 上, 对 $n = 0, 1, \cdots, N_T$,

$$\left\langle A^{n+1/2}\phi, \varphi\right\rangle \equiv \left(\left(\frac{\partial \phi}{\partial t} + u \circ \nabla\phi\right)^{n+1/2} \circ Y_1^n - \nu\Delta\phi^{n+1/2} \circ Y_1^n, \varphi\right),$$

$$\left\langle F^{n+1/2}, \varphi\right\rangle \equiv \left(f^{n+1/2} \circ Y_1^n, \varphi\right),$$

此处

$$Y_1^n(x) = \frac{x + X_1^n(x)}{2} = x - u^n(x)\frac{\Delta t}{2}.$$

如果 ϕ 是问题 (5.1.1) 的解, 对于 $n = 0, 1, \cdots, N_T$ 有

$$A^{n+1/2}\phi = F^{n+1/2}.$$

记 $e_h^n = \phi_h^n - \Pi_h \phi^n$ 和 $\eta^n = \phi^n - \Pi_h \phi^n$, 则有

$$\|\eta^n\|_1 \leqslant ch^k \|\phi^n\|_{k+1}, \quad \|D_{\Delta t}\eta^n\| \leqslant \frac{ch^k}{\sqrt{\Delta t}} \left\|\frac{\partial \phi}{\partial t}\right\|_{L^2(t^n, t^{n+1}; H^k)}. \tag{5.1.12}$$

分解 e_h,

$$A_h^{n+1/2} e_h = \left(F_h^{n+1/2} - F^{n+1/2}\right) + \left(A^{n+1/2} - A_h^{n+1/2}\right)\phi + A_h^{n+1/2}\eta. \tag{5.1.13}$$

依次估计 (5.1.13) 右端诸项. 预备下述引理.

引理 5.1.3 (扰动误差) 对于 $\varphi_h \in V_h$, 则有

$$\left|\left\langle F^{n+1/2} - F_h^{n+1/2}, \varphi_h\right\rangle\right| \leqslant c_0 \Delta t^2 |||f|||_2 \|\varphi_h\|. \tag{5.1.14}$$

证明 由定义可知

$$\begin{aligned}&\left(\frac{1}{2}\left(f^{n+1} + f^n \circ X_1^n\right) - f^{n+1/2} \circ Y_1^n\right)(x)\\=&\frac{1}{2}\left\{f(x, t^{n+1}) + f(X_1^n(x), t^n)\right\} - f(Y_1^n(x), t^{n+1/2}).\end{aligned}$$

由关系式

$$(Y_1^n(x), t^{n+1/2}) = \frac{1}{2}\left\{(X_1^n(x), t^n) + (x, t^{n+1})\right\},$$

引理得证.

引理 5.1.4 (截断误差) 对于 $\varphi_h \in V_h$, 则有

$$\left|\left\langle (A^{n+1/2} - A_h^{n+1/2})\phi, \varphi_h \right\rangle\right| \leqslant c_2 \Delta t^2 \left(|||\Delta\phi|||_2 + |||\phi|||_3\right) ||\varphi_h||.$$

证明 应用 Taylor 公式, 有

$$\frac{\phi^{n+1}(x) - \phi^n(X_2^n(x))}{2} = \left(\frac{\partial \phi}{\partial t} + u \cdot \nabla \phi\right)^{n+1/2} (Y_1^n(x)) + R_1^n,$$

此处

$$|R_1^n| \leqslant c_0 \Delta t^2 |||\phi|||_3.$$

类似引理 5.1.3 的证明, 可得

$$\left\|\Delta\phi^{n+1/2} \circ Y_1^n - \frac{1}{2}\left(\Delta\phi^{n+1} + \Delta\phi^n \circ X_1^n\right)\right\| \leqslant c_0 \Delta t^2 |||\Delta\phi|||_2. \tag{5.1.15}$$

现在考虑 $\Delta\phi^n \circ X_1^n$, 对算子 Δ 改变求导顺序 $\partial/\partial X_i$ 和构造 X_1^n. 取 $y \equiv X_1^n(x) = x - \Delta t u^n(x)$, 写雅可比矩阵

$$\frac{\partial y}{\partial x} = I - \Delta t J^n.$$

如果 $\Delta t \leqslant \mathrm{const}/||u||_{C^0(W^{1,\infty})}, \partial y/\partial x$ 是正则的和,

$$\left\|\left(\frac{\partial y}{\partial x}\right)^{-1} - (I + \Delta t J^n)\right\| \leqslant c_2 \Delta t^2. \tag{5.1.16}$$

此处左边是矩阵的范数. 固定 $i \in \{1, \cdots, d\}$, 定义一个数量函数 g 和一个矢量函数 z,

$$g = \frac{\partial \phi^n}{\partial x_i} \circ y, \quad z_j = \frac{\partial^2 \phi^n}{\partial x_i \partial x_j} \circ y, \quad j = 1, 2, \cdots, d,$$

则有

$$\nabla g = \left(\frac{\partial y}{\partial x}\right)^{\mathrm{T}} z.$$

解这一个线性方程, 可得

$$z = \left(\frac{\partial y}{\partial x}\right)^{-\mathrm{T}} \nabla g = \left\{1 + (\Delta t J^n)^{\mathrm{T}}\right\} \nabla g + O\left(\Delta t^2\right).$$

则对 $i = 1, \cdots, d$ 可得

$$\frac{\partial^2 \phi^n}{\partial x_i^2} \circ y = \frac{\partial}{\partial x_i}\left(\frac{\partial \phi^n}{\partial x_i} \circ y\right) + \Delta t \sum_{j=1}^{d} \frac{\partial u_j^n}{\partial x_i} \frac{\partial}{\partial x_j}\left(\frac{\partial \phi^n}{\partial x_i} \circ y\right) + R_i,$$

此处

$$\|R_i\| \leqslant c_2 \Delta t^2 \|\phi\|_{C^0(H^2)}.$$

因为 $\mathrm{div} u = 0$, 分部积分得到

$$(\Delta\phi^n \circ X_1^n, \varphi_h) = -(\nabla\phi^n \circ X_1^n, \nabla\varphi_h) - \Delta t\,(J^n \nabla\phi^n \circ X_1^n, \nabla\varphi_h) + \sum_{i=1}^{d} (R_i, \varphi_h), \tag{5.1.17}$$

结合 (5.1.17) 和 (5.1.14), (5.1.15) 可得

$$\left(\Delta\phi^{n+1}, \varphi_h\right) = -\left(\nabla\phi^{n+1}, \nabla\varphi_h\right),$$

得证.

引理 5.1.5 (插值误差) 令 $\eta = \phi - \Pi_h\phi$. 在假定 3 条件下, 下述估计式成立

$$\begin{aligned}\left\langle A_h^{n+1/2}\eta, e_h^{n+1}\right\rangle \leqslant & \frac{\nu}{8}\|\nabla e_h^{n+1} + \nabla e_h^n \circ X_1^n\|^2 + \frac{\nu}{2}\left\{(\nabla\eta^{n+1}, \nabla e_h^{n+1}) - (\nabla\eta^n, \nabla e_h^n)\right\} \\ & + c_1\left\{h^{2k}\left(\frac{1}{\Delta t}\left\|\frac{\partial\phi}{\partial t}\right\|^2_{L^2(t^n,t^{n+1};H^k)} + \|\phi\|^2_{C^0(H^{k+1})}\right)\right. \\ & \left. + \|e_h^{n+1}\|^2 + \nu\Delta t\left(\|\nabla e_h^n\|^2 + \|\nabla e_h^{n+1}\|^2\right)\right\}.\end{aligned}$$

证明 从 $A_h^{n+1/2}$ 的定义有

$$\begin{aligned}\left\langle A_h^{n+1/2}\eta, e_h^{n+1}\right\rangle = & \left(\frac{\eta^{n+1} - \eta^n \circ X_2^n}{\Delta t}, e_h^{n+1}\right) + \frac{\nu}{2}\left(\nabla\eta^{n+1} + \nabla\eta^n \circ X_1^n, \nabla e_h^{n+1}\right) \\ & + \frac{\nu\Delta t}{2}\left(J^n \nabla\eta^n \circ X_1^n, \nabla e_h^{n+1}\right) \\ \equiv & I_1 + I_2 + I_3.\end{aligned} \tag{5.1.18}$$

注意到

$$\left\|\frac{\eta^{n+1} - \eta^n \circ X_2^n}{\Delta t}\right\| \leqslant \frac{c_1}{\sqrt{\Delta t}}\left\{\left\|\frac{\partial\eta}{\partial t}\right\|_{L^2(t^n,t^{n+1};L^2)} + \|\eta\|_{L^2(t^n,t^{n+1};H^1)}\right\},$$

则有

$$I_1 \leqslant \frac{c_1 h^{2k}}{\Delta t}\left\{\left\|\frac{\partial\phi}{\partial t}\right\|_{L^2(t^n,t^{n+1};H^k)} + \|\phi\|_{L^2(t^n,t^{n+1};H^{k+1})}\right\} + c_1\|e_h^{n+1}\|^2. \tag{5.1.19}$$

为了估计 I_2, 分解它为三部分

$$I_2 = \frac{\nu}{2}\left[(\nabla\eta^{n+1}, \nabla e_h^{n+1}) - (\nabla\eta^n, \nabla e_h^n)\right] + I_{21} + I_{22}, \tag{5.1.20}$$

此处

$$I_{21}=\frac{\nu}{2}\left[\left(\nabla\eta^n\circ X_1^n,\nabla e_h^{n+1}+\nabla e_h^n\circ X_1^n\right)\right],$$

$$I_{22}=\frac{\nu}{2}\left[(\nabla\eta^n,\nabla e_h^n)-(\nabla\eta^n\circ X_1^n,\nabla e_h^n\circ X_1^n)\right].$$

I_{21} 可以估计为

$$\begin{aligned}I_{21}&\leqslant\frac{\nu}{8}||\nabla e_h^{n+1}+\nabla e_h^n\circ X_1^n||^2+c\nu||\nabla\eta^n\circ X_1^n||^2\\&\leqslant\frac{\nu}{8}||\nabla e_h^{n+1}+\nabla e_h^n\circ X_1^n||^2+c_1\nu h^{2k}||\phi||^2_{C^0(H^{k+1})}.\end{aligned}\tag{5.1.21}$$

利用变换 $y=X_1^n(x)$, 得到

$$\begin{aligned}I_{22}&=\frac{\nu}{2}\left\{\int_\Omega\nabla\eta^n\cdot\nabla e_h^n dx-\int_{X_1^n(\Omega)}\nabla\eta^n\cdot\nabla e_h^n\det\left(\frac{\partial y}{\partial x}\right)^{-1}dy\right\}\\&=\frac{\nu}{2}\int_\Omega\nabla\eta^n\cdot\nabla e_h^n\left[1-\det\left(\frac{\partial y}{\partial x}\right)^{-1}\right]dx\\&\leqslant c_1\nu\Delta t||\nabla\eta^n||||\nabla e_h^n||\\&\leqslant c_1\nu\Delta t\left\{h^{2k}||\phi||^2_{C^0(H^{k+1})}+||\nabla e_h^n||^2\right\}.\end{aligned}\tag{5.1.22}$$

对于 I_3 有

$$I_3\leqslant c_1\nu\Delta t\left\{h^{2k}||\phi||^2_{C^0(H^{k+1})}+||\nabla e_h^{n+1}||^2\right\}.\tag{5.1.23}$$

综合 (5.1.18)—(5.1.23), 引理 5.1.5 得证.

定理 5.1.2 的证明 估计 e_h^n. 从 $A_h^{n+1/2}$ 和 $A^{n+1/2}$ 的定义有

$$\begin{aligned}\left\langle A_h^{n+1/2}e_h,e_h^{n+1}\right\rangle=&\left\langle A_h^{n+1/2}\eta,e_h^{n+1}\right\rangle+\left\langle\left(A^{n+1/2}-A_h^{n+1/2}\right)\phi,e_h^{n+1}\right\rangle\\&+\left\langle F_h^{n+1/2}-F^{n+1/2},e_h^{n+1}\right\rangle.\end{aligned}$$

根据引理 5.1.2 — 引理 5.1.5,

$$\begin{aligned}&D_{\Delta t}\left(\frac{1}{2}||e_h^n||^2+\frac{\nu\Delta t}{4}||\nabla e_h^n||^2\right)+\frac{1}{2\Delta t}||e_h^{n+1}-e_h^n\circ X_2^n||^2+\frac{\nu}{8}||\nabla e_h^{n+1}+\nabla e_h^n\circ X_1^n||^2\\&\leqslant c_1\left\{||e_h^n||^2+||e_h^{n+1}||^2+\nu\Delta t\left\{||\nabla e_h^n||^2+||\nabla e_h^{n+1}||^2\right\}\right\}\\&\quad+\frac{\nu}{2}\left\{(\nabla\eta^{n+1},\nabla e_h^{n+1})-(\nabla\eta^n,\nabla e_h^n)\right\}\\&\quad+c_2\left\{h^{2k}\left(\frac{1}{\Delta t}\left\|\frac{\partial\phi}{\partial t}\right\|^2_{L^2(t^n,t^{n+1};H^k)}+||\phi||^2_{C^0(H^{k+1})}\right)+\Delta t^4\left(|||\Delta\phi|||_2^2+|||\phi|||_3^2\right)\right\}.\end{aligned}$$

此处应用了

$$|||f|||_2\leqslant c_2\left\{|||\phi|||_3+|||\Delta\phi|||_2\right\}.$$

对上式从 $j=0$ 到 n 求和

$$a_{n+1}+\Delta t\sum_{j=0}^{n}b_j \leqslant c_1\Delta t\sum_{j=0}^{n+1}a_j+\frac{\nu\Delta t}{2}\left\{\left(\nabla\eta^{n+1},\nabla e_h^{n+1}\right)-\left(\nabla\eta^0,\nabla e_h^0\right)\right\}$$
$$+c_2\left\{h^{2k}\left(\left\|\frac{\partial\phi}{\partial t}\right\|_{L^2(H^k)}^2+\|\phi\|_{C^0(H^{k+1})}^2\right)\right.$$
$$\left.+\Delta t^4\left(|||\Delta\phi|||_2^2+|||\phi|||_3^2\right)\right\},$$

其中

$$a_n=\frac{1}{2}\|e_h^n\|^2+\frac{\nu\Delta t}{4}\|\nabla e_h^n\|^2,$$
$$b_n=\frac{1}{2\Delta t}\|e_h^{n+1}-e_h^n\circ X_2^n\|^2+\frac{\nu}{8}\|\nabla e_h^{n+1}+\nabla e_h^n\circ X_1^n\|^2.$$

注意到 $j=0$ 和 $j=n+1$ 时

$$\frac{\nu\Delta t}{2}\left(\nabla\eta^j,\nabla e_h^j\right)\leqslant\frac{\nu\Delta t}{8}\|\nabla e_h^j\|^2+c\nu\Delta t h^{2k}\|\phi^j\|_{k+1}^2,$$

并利用 Gronwall 不等式和 (5.1.12), 得到估计式 (5.1.19).

5.1.6 数值算例

本节在二维情况中讨论数值算例. 格式 (5.1.4) 中需要计算三角形单元 K 上积分

$$I^n\equiv\int_K\phi_h^n\circ X_i^n(x)\varphi_h(x)dx,$$

$i=1,2$. 因为 $\phi_h^n\circ X_i^n$ 在 K 上不是光滑的, 在整个 K 上无法应用高阶数值积分公式, 但是在 K 分割得到的每一个小三角形上可应用低阶数值积分公式. 在实际计算中, 三角形 K 分成 9 个全等小三角形, 在每个小三角形上利用线性插值逼近 $\phi_h^n\circ X_i^n(x)\varphi_h(x)$, 得到 I^n 的一个近似

$$\frac{|K|}{27}\sum_{j=1}^{10}\omega_j\phi_h^n\circ X_i^n(A_j)\varphi_h(A_j).$$

此处 $\{A_j\}_{j=1}^{10}$ 是积分点, 如图 5.1.1 所示.

$|K|$ 代表 K 的面积, 当 $j=1,2,3$ 时 $\omega_j=1$, $\omega_{10}=6$, 其余情况均为 $\omega_j=3$.

应用 P_1 有限元, 隐含着最后的误差估计在 $L^\infty(L^2)$ 意义下为 $O(h+\Delta t^2)$. 保持比率 $h/\Delta t^2$ 常数进行精细剖分, 我们会发现 $\|\phi-\phi_h\|_{L^\infty(L^2)}$ 降低. 因为本节例子中, 区域 Ω 是一正方形, 每一个边分成 N 等份, 得到 N^2 个边长 h_0 为的小正方

形. 连接对角线, 得到 $2N^2$ 个三角形. 在计算中, 采用离散 L^2 模, 记为 E_{L^2},

$$E_{L^2} \equiv \max\left\{\sqrt{h_0^2\sum_i |\phi^n(P_i) - \phi_h^n(P_i)|^2}, 0 \leqslant n \leqslant N_T\right\},$$

此处 P_i 代表区域 $\bar{\Omega}$ 内所有的节点.

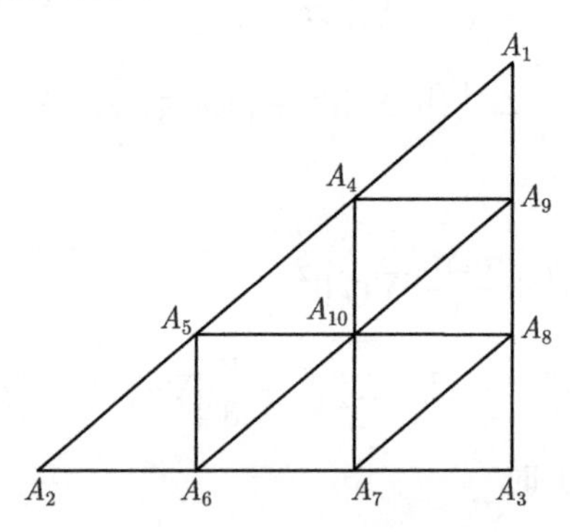

图 5.1.1 三角形 K 和积分点 A_j

在下面的例子中, 矢量 u 在边界上不满足 $u = 0$. 因此, $X_i^n(\Omega) \neq \Omega$. 但是 ϕ 和 $\nabla\phi$ 的值在 $X_i^n(\Omega)\backslash\Omega$ 上差不多是零, 在 Ω 外部可以取 $\phi = 0$ 来应用本节的格式.

例 5.1.1 在此例中指明项

$$\frac{\nu\Delta t}{2}\left(J^n\nabla\phi_h^n \circ X_1^n, \nabla\varphi_h\right) \tag{5.1.24}$$

为要达到关于 Δt 的二阶精确度是必需的. 如果去掉这项, 格式变为

$$\begin{aligned}&\left(\frac{\phi_h^{n+1} - \phi_h^n \circ X_2^n}{\Delta t}, \varphi_h\right) + \frac{\nu}{2}\left(\nabla\phi_h^{n+1} + \nabla\phi_h^n \circ X_1^n, \nabla\varphi_h\right)\\ =&\frac{1}{2}\left(f^{n+1} + f^n \circ X_1^n, \varphi_h\right), \quad \forall\varphi_h \in V_h.\end{aligned} \tag{5.1.25}$$

取

$$\Omega = (-1,1) \times (-1,1), \quad T = 1, \quad u = (x_2, 0)^{\mathrm{T}}, \quad \nu = 0.05.$$

这初始条件 ϕ^0 和源汇项 f 是给定的, 使得精确解是

$$\phi(x_1, x_2, t) = \exp(-20(x_1 - x_2t)^2).$$

这流入边界 $\Gamma_{in} \equiv \{x \in \partial\Omega; u \cdot n < 0\}$ 等于

$$\{(-1, x_2); 0 < x_2 < 1\} \cup \{(1, x_2); -1 < x_2 < 0\}.$$

因为 ϕ 在靠近 Γ_{in} 几乎等于零, 所以上面给出的假定是成立的.

这里 $h=2\sqrt{2}/N$ 和时间增量 $\Delta t=T/N_T$, $N_T=2\sqrt{N}$, 其中 $N=8,12,16$ 和 20. 图 5.1.2 指明 E_{L^2} 模意义下关于时间增量 Δt 阶的比较, 这里记号 "□" 和 "+" 分别表示本节讨论的格式 (5.1.4) 和格式 (5.1.25) 的数值结果, 表明要保证关于 Δt 的二阶精确度, 项 (5.1.24) 是必需的.

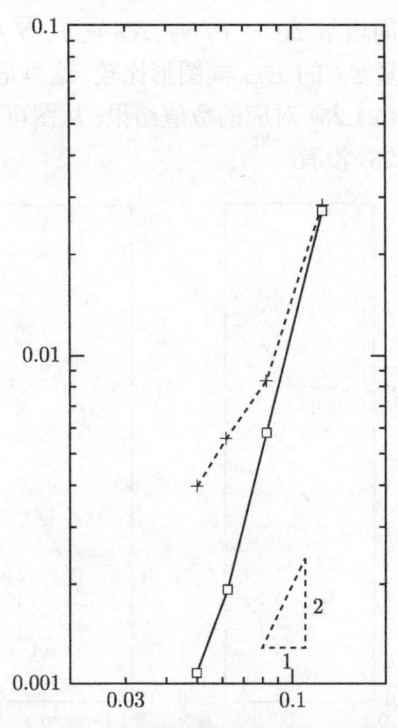

图 5.1.2 关于 Δt 的 E_{L^2} 数值结果比较 (□: (5.1.4); +: (5.1.25))

例 5.1.2 解一个旋转 Gaussian 山问题, 该问题提供一个例子用于讨论具有变流速和有解析解的对流-扩散问题, 它有着广泛的应用去检验对流-扩散方程的数值格式. 取

$$\Omega=(0.5,0.5)\times(-0.5,0.5),\quad T=\pi,\quad u=(-x_2,x_1)^{\mathrm{T}},\quad f=0$$

和关于 ν 的 4 个值

$$\nu=1.25\times10^{-4},2.5\times10^{-4},5.0\times10^{-4},1.0\times10^{-3}.$$

这给定初始条件 ϕ^0 使得精确及为

$$\phi(x_1,x_2,t)=\frac{\sigma}{\sigma+4\nu t}\exp\left\{-\frac{(\bar{x}_1(t)-x_{1,c})^2+(\bar{x}_2(t)-x_{2,c})^2}{\sigma+4\nu t}\right\},$$

此处

$$\bar{x}_1(t) = x_1 \cos t + x_2 \sin t,\quad \bar{x}_2(t) = -x_1 \sin t + x_2 \cos t,$$
$$(x_{1c}, x_{2c}) = (0.25, 0),\quad \sigma = 0.01.$$

因为 ϕ 在靠近边界处几乎为零, 所以上述假定成立.

这里 $h = \sqrt{2}/N$, 时间增量 $\Delta t = T/N_T, N_T = 5\sqrt{N}\Big/2$, $N = 32, 48, 64$ 和 80. 图 5.1.3 指明关于时间增量 Δt 的 E_{L^2} 模图形比较, 这里记号 "□" 和 "+" 分别表示目前格式 (5.1.4) 和格式 (5.1.25) 对应的数值结果, 从图可以看出格式 (5.1.4) 达到二阶收敛阶, 但格式 (5.1.25) 没有.

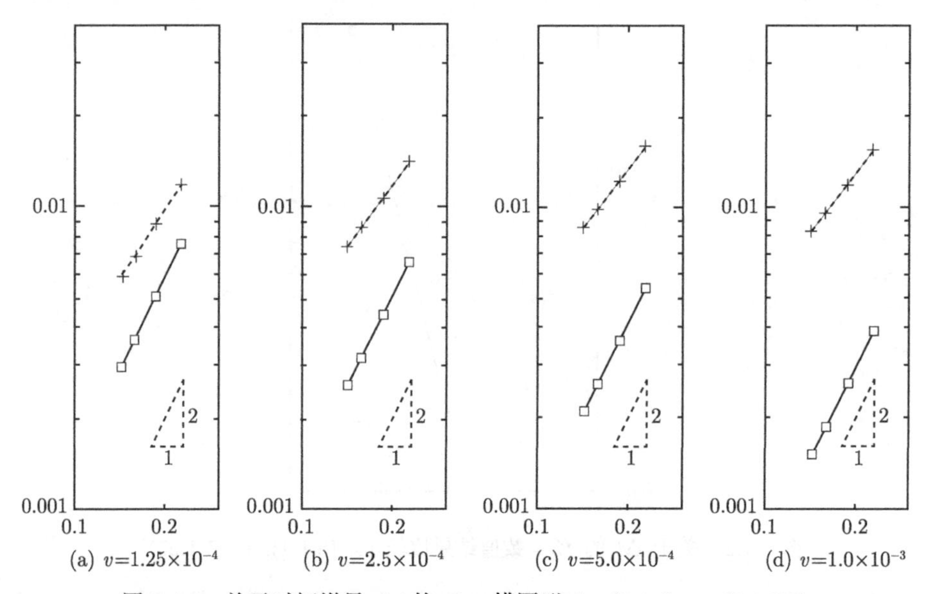

图 5.1.3　关于时间增量 Δt 的 E_{L^2} 模图形 (□: (5.1.4); +: (5.1.25))

5.1.7　讨论和分析

对于对流-扩散问题提出新的特征有限元格式, 对时间增量具有二阶精确度. 格式是对称的和无条件稳定的, 具有最优 L^2 模误差估计. 最后给出两个数值结果, 证实理论分析收敛阶和指明格式的效率. 详细的讨论和分析及后续工作可参阅文献 [7,15,16].

5.2　二阶特征有限元方法在年龄结构种群增长模型的应用

5.2.1　引言

年龄结构种群模型已经被很多人研究过. 最早的无扩散年龄结构模型是

McKendrick-von Foerster 的线性模型[17,18]和 Gurtin-MacCamy 的非线性模型[19]. 考虑带非线性扩散和反应的年龄结构模型. 令 $u(x,a,t)$ 为在 $t>0$ 时刻年龄为 $a>0$ 的个体在 $x\in\Omega\subset R^2$ 的种群密度, 则模型如下

$$\frac{\partial u}{\partial t}+\frac{\partial u}{\partial a}-\nabla\left(k(x,a,p(u))\nabla u\right)+\mu(x,a,p(u))u=0,\quad x\in\Omega,t>0, \tag{5.2.1}$$

$$p(u)=\int_0^\infty u(x,a,t)da,\quad x\in\Omega,t>0, \tag{5.2.2}$$

$$u(x,0,t)=\int_0^\infty \beta(x,a,t)u(x,a,t)da,\quad x\in\Omega,t>0, \tag{5.2.3}$$

$$k(x,a,p(u))\nabla u(x,a,t)\cdot\nu=0,\quad x\in\partial\Omega,a_+\geqslant a>0,t>0, \tag{5.2.4}$$

$$u(x,a,0)=u_0(x,a),\quad x\in\Omega,a_+\geqslant a>0, \tag{5.2.5}$$

此处 $k(x,a,p(u))$ 是扩散系数, $\mu(x,a,p(u))$ 是死亡率, $\beta(x,a,t)$ 是出生率, $p(u)$ 是种群总数. 边界条件 (5.2.4) 是无流动边界条件, 即种群一直被限制在空间区域 Ω. 我们假设 $u_0\in C^0([0,\infty);L^2(\Omega))$ 是非负的. 令 a_+ 为个体的最大年龄, 那么当 $a\geqslant a_+$ 时, $u_0(x,a)=0,u(x,a,t)=0$. 我们进一步令 $T>0$ 为总时间, $J=[0,a_+]\times[0,T]$, $\mathbb{R}^+=[0,+\infty)$. Ω 是有界的, 其边界为 $\partial\Omega$.

假定: (i) $k:\bar\Omega\times[0,a_+]\times R^+\to R$, 为二阶连续可微且导数是有界的, $0<k_*\leqslant k(x,a,p)\leqslant k^*<\infty$, k_* 和 k^* 是正常数.

(ii) $\mu:\bar\Omega\times[0,a_+]\times R^+\to R$, 为二阶连续可微且导数是有界的, $0<\mu_*\leqslant\mu(x,a,p)\leqslant\mu^*<\infty$, μ_* 和 μ^* 是正常数.

(iii) $\beta:\bar\Omega\times J\to\mathbb{R}, 0<\beta_*\leqslant\beta(x,a,t)\leqslant\beta^*<\infty$, β_* 和 β^* 是正常数.

对 $1\leqslant q\leqslant\infty$ 和任意非负整数 m, 令 $W^{m,q}(\Omega)$ 代表区域 Ω 上的标准 Sobolev 空间. 当 $q=2$ 时, 记 $H^m=W^{m,2}(\Omega)$, 其模记为 $\|\cdot\|_m$. 若 $m=0$, 记 $\|\cdot\|=\|\cdot\|_m$, 同 [20]. 假设问题 (5.2.1)—(5.2.5) 有唯一解 $u\in C^2(J;H^2(\Omega))$, $u(\cdot,a,t)$ 属于 $W^{1,\infty}(\Omega)$, p 属于 $C^1([0,T];W^{1,\infty}(\Omega))$.

本节对非线性种群增长问题 (5.2.1)—(5.2.5) 提出了两个二阶格式, 一个隐格式, 一个显格式. 用变分方法、Schauder 固定点定理和先验估计技巧分析了这两个数值格式. 证明了隐格式解的存在唯一性, 得到了隐格式和显格式的最优误差估计. 这两个格式在时间和年龄方向都是二阶的. 和一阶格式相比, 本节的格式可以用较大的时间步长, 从而在计算中可以用较少的网格点来得到相同的精度. 用数值算例来验证理论结果.

算例中的模型有实际意义, 可以描述某一物种的种群动态, 例如鱼类[21,22]. 数值结果和 [21] 的方法进行了比较. 本节的格式在时间和年龄方向显然是二阶的. 因此, 本节的工作对计算生物中种群增长的研究有理论和应用价值.

本节结构安排如下. 5.2.2 小节给出这个问题的二阶隐格式和显格式. 然后, 5.2.3 小节分析了隐格式的误差估计. 5.2.4 小节证明了非线性隐格式的解的全局存在性. 5.2.5 小节分析了显格式的误差估计. 最后, 5.2.6 小节给出了数值算例.

5.2.2　二阶隐格式和显格式

由 (5.2.1) 和 (5.2.4), 可得到下面的弱形式: 寻求一个映射 $u: J \to H^1(\Omega)$ 满足

$$\left(\frac{\partial u}{\partial t}+\frac{\partial u}{\partial a},\omega\right)+(k(x,a,p(u))\nabla u,\nabla\omega)+(\mu(x,a,p(u))u,\omega)=0,\quad \omega\in H^1(\Omega), \tag{5.2.6}$$

以及 (5.2.2), (5.2.3) 和 (5.2.5).

N 为正整数, 令 $\Delta t=T/N$. 用相等的年龄步长 $\Delta a=\Delta t$ 来剖分年龄区间, 令 $N_a=[a_+/\Delta t+1]$. 接着, 定义 $t^n=n\Delta t, 0\leqslant n\leqslant N$ 和 $a_i=i\Delta t, 0\leqslant i\leqslant N_a$. 沿时间-年龄特征线本小节采用有限差分法[2,20,23]. 沿特征线 $t=a$ 定义 χ 的方向导数 $D\chi$ 和一个差分算子 $\bar{D}$ 如下

$$D\chi(a,t)=\lim_{\Delta t\to 0}\frac{\chi(a+\Delta t,t+\Delta t)-\chi(a,t)}{\Delta t}, \tag{5.2.7}$$

对 $i\geqslant 1, n\geqslant 1$,

$$\bar{D}\chi_i^n=\frac{\chi_i^n-\chi_{i-1}^{n-1}}{\Delta t}, \tag{5.2.8}$$

记 $D(D\chi)$ 为 $D^2\chi$.

对 Ω 进行三角剖分, 假设 J_h 是 Ω 的一个最大直径为 h 的正则、拟一致剖分 (见 [14] 和 [24]). 令 V_h 代表在 J_h 上的由次数不超过 $r\geqslant 1$ 的连续分片多项式组成的有限维空间. 由于问题 (5.2.1)—(5.2.5) 的解 $u(x,a,t)$ 满足 $u(x,a_+,t)=0$, 假设 $u_{N_a,h}^n=0, n=1,2,\cdots,N$.

定义问题 (5.2.1)—(5.2.5) 的隐格式如下: 对 $1\leqslant n\leqslant N$, 寻求 $\{u_{i,h}^n\}\subset V_h$, 使得

$$\begin{aligned}&\left(\frac{u_{i,h}^n-u_{i-1,h}^{n-1}}{\Delta t},\omega\right)+\left(k_{i-1/2}(P_I(u_h^{n-1/2}))\nabla\frac{u_{i,h}^n+u_{i-1,h}^{n-1}}{2},\nabla\omega\right)\\&+\left(\mu_{i-1/2}(P_I(u_h^{n-1/2}))\frac{u_{i,h}^n+u_{i-1,h}^{n-1}}{2},\omega\right)=0,\quad \forall\omega\in V_h, 1\leqslant i\leqslant N_a,\end{aligned} \tag{5.2.9}$$

并且

$$u_{i,h}^0=Q_h u_0(a_i),\quad 0\leqslant i\leqslant N_a, \tag{5.2.10}$$

$$u_{0,h}^n=\frac{1}{2}\beta_0^n u_{0,h}^n\Delta t+\sum_{i=1}^{N_a-1}\beta_i^n u_{i,h}^n\Delta t+\frac{1}{2}\beta_{N_a}^n u_{N_a,h}^n\Delta t, \tag{5.2.11}$$

$$P_I(u_h^{n-1/2})=\frac{\Delta t}{2}u_{0,h}^{n-1/2}+\sum_{i=1}^{N_a-1}u_{i,h}^{n-1/2}\Delta t+\frac{\Delta t}{2}u_{N_a,h}^{n-1/2},\tag{5.2.12}$$

其中

$$u_h^{n-1/2}=(u_h^n+u_h^{n-1})/2,\quad k_{i-1/2}(P_I(u_h^{n-1/2}))=k(a_{i-1/2},P_I(u_h^{n-1/2})),$$

$$\mu_{i-1/2}(P_I(u_h^{n-1/2}))=\mu(a_{i-1/2},P_I(u_h^{n-1/2})),\quad a_{i-1/2}=(i-1/2)\Delta t,$$

Q_h 是到 Q_h 上的 L^2 投影.

由于方程 (5.2.9) 的非线性系数 k 和 μ 中用到了 $u_h^{n-1/2}=(u_h^n+u_h^{n-1})/2$, 所以格式 (5.2.9)—(5.2.12) 是隐式的. 在每个时间层中, 要用迭代方法来求近似解. 5.2.3 小节将证明这个格式在时间和年龄方向是二阶的. 为了克服隐格式的计算复杂性, 还构造了一个显格式, 它在时间和年龄方向也是二阶的.

令 $\bar{u}_h^{n-1/2}=\dfrac{3}{2}u_h^{n-1}-\dfrac{1}{2}u_h^{n-2}$. 构造问题 (5.2.1)—(5.2.5) 的显格式如下: 寻求 $\{u_{i,h}^n\}\subset V_h$, 当 $2\leqslant n\leqslant N$ 时满足

$$u_{0,h}^n=\frac{1}{2}\beta_0^n u_{0,h}^n\Delta t+\sum_{i=1}^{N_a-1}\beta_i^n u_{i,h}^n\Delta t+\frac{1}{2}\beta_{N_a}^n u_{N_a,h}^n\Delta t,\tag{5.2.13}$$

$$P_I(\bar{u}_h^{n-1/2})=\frac{\Delta t}{2}\bar{u}_{0,h}^{n-1/2}+\sum_{i=1}^{N_a-1}\bar{u}_{i,h}^{n-1/2}\Delta t+\frac{\Delta t}{2}\bar{u}_{N_a,h}^{n-1/2},\tag{5.2.14}$$

$$\begin{aligned}&\left(\frac{u_{i,h}^n-u_{i-1,h}^{n-1}}{\Delta t},\omega\right)+\left(k_{i-1/2}(P_I(\bar{u}_h^{n-1/2}))\nabla\frac{u_{i,h}^n+u_{i-1,h}^{n-1}}{2},\nabla\omega\right)\\&+\left(\mu_{i-1/2}(P_I(\bar{u}_h^{n-1/2}))\frac{u_{i,h}^n+u_{i-1,h}^{n-1}}{2},\omega\right)=0,\quad\forall\omega\in V_h,1\leqslant i\leqslant N_a,\end{aligned}\tag{5.2.15}$$

当 $n=0$ 时,

$$u_{i,h}^0=Q_hu_0(a_i),\quad 0\leqslant i\leqslant N_a,\tag{5.2.16}$$

当 $n=1$ 时, $u_{i,h}^1$ 满足

$$u_{0,h}^{*1}=\frac{1}{2}\beta_0^n u_{0,h}^{*1}\Delta t+\sum_{i=1}^{N_a-1}\beta_i^n u_{i,h}^{*1}\Delta t+\frac{1}{2}\beta_{N_a}^n u_{N_a,h}^{*1}\Delta t,\tag{5.2.17}$$

$$\begin{aligned}&\left(\frac{u_{i,h}^{*1}-u_{i-1,h}^0}{\Delta t},\omega\right)+\left(k_{i-1/2}(P_I(u_h^0))\nabla\frac{\bar{u}_{i,h}^{*1}+u_{i-1,h}^0}{2},\nabla\omega\right)\\&+\left(\mu_{i-1/2}(P_I(u_h^0))\frac{\bar{u}_{i,h}^{*1}+u_{i-1,h}^0}{2},\omega\right)=0,\quad\forall\omega\in V_h,1\leqslant i\leqslant N_a,\end{aligned}\tag{5.2.18}$$

$$\left(\frac{u_{i,h}^1 - u_{i-1,h}^0}{\Delta t}, \omega\right) + \left(k_{i-1/2}\left(P_I\left(\frac{u_h^{*1} + u_h^0}{2}\right)\right) \nabla \frac{u_{i,h}^1 + u_{i-1,h}^0}{2}, \nabla\omega\right)$$
$$+ \left(\mu_{i-1/2}\left(P_I\left(\frac{u_h^{*1} + u_h^0}{2}\right)\right) \frac{u_{i,h}^1 + u_{i-1,h}^0}{2}, \omega\right) = 0, \quad \forall \omega \in V_h, 1 \leqslant i \leqslant N_a. \tag{5.2.19}$$

显然格式 (5.2.13)—(5.2.19) 是显式的. 进一步地, 5.2.5 小节将证明这个格式在时间和年龄方向是二阶的. 显格式容易计算, 在每个时间层我们只需求解一个线性方程组.

考虑到时间和年龄上的离散, 我们也定义如下记号

$$||\chi^n||_{l^1(L^2)} = \frac{1}{2}||\chi_0^n||\Delta t + \sum_{i=1}^{N_a-1} ||\chi_i^n||\Delta t + \frac{1}{2}||\chi_{N_a}^n||\Delta t, \tag{5.2.20}$$

$$||\chi^n||_{l^2(L^2)} = \left(\frac{1}{2}||\chi_0^n||^2\Delta t + \sum_{i=1}^{N_a-1} ||\chi_i^n||^2\Delta t + \frac{1}{2}||\chi_{N_a}^n||^2\Delta t\right)^{1/2}, \tag{5.2.21}$$

$$||\chi^n||_{l^{\infty,2}(L^2)} = \max_{0\leqslant n\leqslant N} ||\chi^n||_{l^2(L^2)}, \tag{5.2.22}$$

$$Q_h(\chi^n) = \frac{\Delta t}{2}\chi_0^n + \sum_{i=1}^{N_a-1} \chi_i^n\Delta t + \frac{\Delta t}{2}\chi_{N_a}^n. \tag{5.2.23}$$

以下几小节的理论分析将用到这些记号.

5.2.3 隐格式的误差估计

本小节将分析隐格式的误差估计. 由 [14] 的标准插值理论, 存在一个插值投影 $\pi_h : H^1(\Omega) \to V_h$ 使得

$$||v - \pi_h v|| + h||\nabla(v - \pi_h v)|| \leqslant Ch^s||v||_s, \quad 1 \leqslant s \leqslant r+1, \tag{5.2.24}$$

$$||v - \pi_h v||_\alpha \leqslant Ch^{s-\alpha}||v||_s, \quad 1 \leqslant s \leqslant r+1, 0 \leqslant \alpha \leqslant r-1, \tag{5.2.25}$$

其中 $v \in H^s(\Omega)$, r 是近似多项式的次数.

定义精确解 u 的椭圆投影 $\tilde{u}$ 如下

$$(k(x,a,p(u))\nabla(\tilde{u} - u), \nabla\omega) + (\mu(x,a,p(u))(\tilde{u} - u), \omega) = 0, \quad \forall \omega \in V_h. \tag{5.2.26}$$

为简单起见, 记 $\rho = u - \tilde{u}$. 令 $u_i^n = u(\cdot, a_i, t^n), \tilde{u}_i^n = \tilde{u}(\cdot, a_i, t^n)$, 以及

$$\varsigma_i^n = u_i^n - u_{i,h}^n, \quad \theta_i^n = \tilde{u}_i^n - u_{i,h}^n, \quad \rho_i^n = u_i^n - \tilde{u}_i^n.$$

由 (5.2.26), 得到 $\tilde{u}^n_{N_a}=0$, 从而 $\theta^n_{N_a}=0$.

为了得到全离散隐格式 (5.2.9)—(5.2.12) 的误差估计, 需要下面的引理. 关于引理 5.2.1 — 引理 5.2.3 的证明, 参见文献 [20].

引理 5.2.1 存在与 h 无关的常数 $C>0$, 使得

$$||\rho||+h||\nabla\rho||\leqslant Ch^{r+1}||u||_{r+1}. \tag{5.2.27}$$

引理 5.2.2 存在与 h 无关的常数 $C>0$, 使得当 h 足够小时

$$\begin{aligned}&||D\rho||\leqslant Ch^{r+1}(||u||_{r+1}+||Du||_{r+1}),\\&||\nabla D\rho||\leqslant Ch^{r}(||u||_{r+1}+||Du||_{r+1}).\end{aligned} \tag{5.2.28}$$

引理 5.2.3 存在与 h 无关的常数 $C>0$, 使得

$$||\tilde{u}||_{0,\infty}\leqslant C||u||_2,\quad ||\nabla\tilde{u}||_{0,\infty}\leqslant C||u||_{2,\infty}. \tag{5.2.29}$$

接着, 得到算子 $D^2\tilde{u}$ 和 $\nabla D^2\tilde{u}$ 的有界性.

引理 5.2.4 存在与 h 无关的常数 $C>0$, 使得

$$||D^2\tilde{u}||\leqslant C,\quad ||\nabla D^2\tilde{u}||\leqslant C. \tag{5.2.30}$$

证明 对 (5.2.26) 微分, 得到

$$\begin{aligned}&\left(k(p(u))\nabla D^2\rho,\nabla\omega\right)+\left(\mu(p(u))D^2\rho,\omega\right)\\=&-\left(D^2k(p(u))\nabla\rho,\nabla\omega\right)\\&-2\left(Dk(p(u))\nabla D\rho,\nabla\omega\right)-2\left(D\rho D\mu(p(u)),\omega\right)-\left(\rho D^2\mu(p(u)),\omega\right).\end{aligned} \tag{5.2.31}$$

由 ρ 的定义可得

$$\begin{aligned}&\left(k(p(u))\nabla D^2\tilde{u},\nabla\omega\right)+\left(\mu(p(u))D^2\tilde{u},\omega\right)\\=&\left(k(p(u))\nabla D^2u,\nabla\omega\right)+\left(\mu(p(u))D^2u,\omega\right)+\left(D^2k(p(u))\nabla\rho,\nabla\omega\right)\\&+2\left(Dk(p(u))\nabla D\rho,\nabla\omega\right)+2\left(D\rho D\mu(p(u)),\omega\right)+\left(\rho D^2\mu(p(u)),\omega\right).\end{aligned} \tag{5.2.32}$$

取 $\omega=D^2\tilde{u}$, 当 h 充分小时

$$\begin{aligned}k_*||\nabla D^2\tilde{u}||+\mu_*||D^2\tilde{u}||&\leqslant k^*||\nabla D^2u||||\nabla D^2\tilde{u}||+\mu^*||D^2\tilde{u}||||D^2u||+C||\nabla\rho||||\nabla D^2\tilde{u}||\\&\quad+C||\nabla D\rho||||\nabla D^2\tilde{u}||+C||D\rho||||D^2\tilde{u}||+C||\rho||||D^2\tilde{u}||\\&\leqslant C\left(||\nabla D^2\tilde{u}||+||D^2\tilde{u}||+h^r||\nabla D^2\tilde{u}||+h^{r+1}||D^2\tilde{u}||\right)\\&\leqslant C\left(||\nabla D^2\tilde{u}||+||D^2\tilde{u}||\right).\end{aligned} \tag{5.2.33}$$

从而可以得到

$$\frac{k_*}{2}||\nabla D^2\tilde{u}||^2 + \frac{\mu_*}{2}||D^2\tilde{u}||^2 \leqslant \frac{C^2}{2k_*} + \frac{C^2}{2\mu_*}.$$

因此, 可以得到 (5.2.30) 和 (5.2.31).

引理 5.2.5 存在与 $h, \Delta t$ 无关的常数 $C > 0$, 使得

$$\left\|\frac{\tilde{u}_i^n + \tilde{u}_{i-1}^{n-1}}{2} - \tilde{u}_{i-1/2}^{n-1/2}\right\| \leqslant C(\Delta t)^2, \tag{5.2.34}$$

$$\left\|\nabla\frac{\tilde{u}_i^n + \tilde{u}_{i-1}^{n-1}}{2} - \nabla\tilde{u}_{i-1/2}^{n-1/2}\right\| \leqslant C(\Delta t)^2, \tag{5.2.35}$$

其中 $\tilde{u}_{i-1/2}^{n-1/2} = \tilde{u}(\cdot, a_{i-1/2}, t^{n-1/2})$.

证明 由中值定理可得

$$\begin{aligned}
\tilde{u}_i^n + \tilde{u}_{i-1}^{n-1} - 2\tilde{u}_{i-1/2}^{n-1/2} &= \int_{((i-1/2)\Delta t,(n-1/2)\Delta t)}^{(i\Delta t,n\Delta t)} D\tilde{u}ds - \int_{((i-1)\Delta t,(n-1)\Delta t)}^{((i-1/2)\Delta t,(n-1/2)\Delta t)} D\tilde{u}ds \\
&= \int_{((i-1/2)\Delta t,(n-1/2)\Delta t)}^{(i\Delta t,n\Delta t)} \left(D\tilde{u}(a,t) - D\tilde{u}\left(a - \frac{\Delta t}{2}, t - \frac{\Delta t}{2}\right)\right) ds \\
&= \frac{\Delta t}{2}\int_{((i-1/2)\Delta t,(n-1/2)\Delta t)}^{(i\Delta t,n\Delta t)} D^2\tilde{u}(\bar{\xi})ds,
\end{aligned}$$

其中 $\bar{\xi}$ 是介于 $(a - \Delta t/2, t - \Delta t/2)$ 和 (a, t) 之间的某一点. 从而可得

$$\left\|\frac{\tilde{u}_i^n + \tilde{u}_{i-1}^{n-1}}{2} - \tilde{u}_{i-1/2}^{n-1/2}\right\| \leqslant C\Delta t\int_{((i-1)\Delta t,(n-1)\Delta t)}^{(i\Delta t,n\Delta t)} ||D^2\tilde{u}(\bar{\xi})||ds \leqslant C\left(\Delta t\right)^2. \tag{5.2.36}$$

类似地, 可得

$$\left\|\nabla\frac{\tilde{u}_i^n + \tilde{u}_{i-1}^{n-1}}{2} - \nabla\tilde{u}_{i-1/2}^{n-1/2}\right\| \leqslant C(\Delta t)^2. \tag{5.2.37}$$

定理 5.2.1 假设对某个 $\varepsilon(0 < \varepsilon \leqslant 1)$, $u \in C^2(J; H^{r+1}(\Omega) \cap H^{2+\varepsilon}(\Omega))$. 令 $u_{i,h}^n$ 为 (5.2.9)—(5.2.12) 定义的近似解. 那么, 对足够小的 Δt 和 h, 误差 $\varsigma_i^n = u_i^n - u_{i,h}^n$ 满足

$$||u - u_h||_{l^\infty,2(L^2)} \leqslant C\left((\Delta t)^2 + h^{r+1}\right), \tag{5.2.38}$$

其中 C 是与 $h, \Delta t$ 无关的正常数.

证明 首先假设 (A): 存在一个正常数 M^* 使得 $\max\limits_{0\leqslant n\leqslant N} ||u||_{l^\infty(L^2)} \leqslant M^*$.

由引理 5.2.1 和 ς_i^n 的定义, 只需估计 θ_i^n. 由 (5.2.1) 可得

$$\left(Du_{i-/2}^{n-1/2}, \omega\right) + \left(k_{i-1/2}(p(u^{n-1/2}))\nabla u_{i-/2}^{n-1/2}, \nabla\omega\right) + \left(\mu_{i-1/2}(p(u^{n-1/2}))u_{i-/2}^{n-1/2}, \omega\right) = 0, \tag{5.2.39}$$

其中 $Du_{i-/2}^{n-1/2} = Du(\cdot, a_{i-1/2}, t^{n-1/2})$. (5.2.39) 减去 (5.2.9), 整理可得

$$
\begin{aligned}
&(\bar{D}\theta_i^n, \omega) + \left(k_{i-1/2}(P_I(u_h^{n-1/2}))\nabla\frac{\theta_i^n + \theta_{i-1}^{n-1}}{2}, \nabla\omega\right) \\
&+ \left(\mu_{i-1/2}(P_I(u_h^{n-1/2}))\frac{\theta_i^n + \theta_{i-1}^{n-1}}{2}, \omega\right) \\
=& \left(\bar{D}\tilde{u}_i^n - Du_{i-1/2}^{n-1/2}, \omega\right) + \left(k_{i-1/2}(P_I(u_h^{n-1/2}))\nabla\frac{\tilde{u}_i^n + \tilde{u}_{i-1}^{n-1}}{2}, \nabla\omega\right) \\
&+ \left(\mu_{i-1/2}(P_I(u_h^{n-1/2}))\frac{\tilde{u}_i^n + \tilde{u}_{i-1}^{n-1}}{2}, \omega\right) - \left(k_{i-1/2}(p(u^{n-1/2}))\nabla u_{i-1/2}^{n-1/2}, \nabla\omega\right) \\
&- \left(\mu_{i-1/2}(p(u^{n-1/2}))u_{i-1/2}^{n-1/2}, \omega\right).
\end{aligned}
\tag{5.2.40}
$$

由 (5.2.20), (5.2.40) 和引理 5.2.5, 可得

$$
\begin{aligned}
&(\bar{D}\theta_i^n, \omega) + \left(k_{i-1/2}(P_I(u_h^{n-1/2}))\nabla\frac{\theta_i^n + \theta_{i-1}^{n-1}}{2}, \nabla\omega\right) \\
&+ \left(\mu_{i-1/2}(P_I(u_h^{n-1/2}))\frac{\theta_i^n + \theta_{i-1}^{n-1}}{2}, \omega\right) \\
=& -(\bar{D}\rho_i^n, \omega) + \left((k_{i-1/2}(P_I(u_h^{n-1/2})) - k_{i-1/2}(p(u^{n-1/2})))\nabla\tilde{u}_{i-/2}^{n-1/2}, \nabla\omega\right) \\
&+ \left(\bar{D}\tilde{u}_i^n - Du_{i-1/2}^{n-1/2}, \omega\right) + \left((\mu_{i-1/2}(P_I(u_h^{n-1/2})) - \mu_{i-1/2}(p(u^{n-1/2})))\tilde{u}_{i-1/2}^{n-1/2}, \omega\right) \\
&+ \left(k_{i-1/2}(P_I(u_h^{n-1/2}))\left(\nabla\frac{\tilde{u}_i^n + \tilde{u}_{i-1}^{n-1}}{2} - \nabla\tilde{u}_{i-1/2}^{n-1/2}\right), \nabla\omega\right) \\
&+ \left(\mu_{i-1/2}(P_I(u_h^{n-1/2}))\left(\frac{\tilde{u}_i^n + \tilde{u}_{i-1}^{n-1}}{2} - \tilde{u}_{i-1/2}^{n-1/2}\right), \omega\right).
\end{aligned}
\tag{5.2.41}
$$

取 $\omega = \dfrac{\theta_i^n + \theta_{i-1}^{n-1}}{2}$ 可得

$$
\left(\frac{\theta_i^n - \theta_{i-1}^{n-1}}{\Delta t}, \omega\right) = \frac{1}{2\Delta t}\left(\|\theta_i^n\|^2 - \|\theta_{i-1}^{n-1}\|^2\right), \tag{5.2.42}
$$

$$
\left(k_{i-1/2}(P_I(u_h^{n-1/2}))\nabla\frac{\theta_i^n + \theta_{i-1}^{n-1}}{2}, \nabla\omega\right) \geqslant k_* \left\|\nabla\frac{\theta_i^n + \theta_{i-1}^{n-1}}{2}\right\|^2, \tag{5.2.43}
$$

$$
\left(\mu_{i-1/2}(P_I(u_h^{n-1/2}))\frac{\theta_i^n + \theta_{i-1}^{n-1}}{2}, \omega\right) \geqslant \mu_* \left\|\frac{\theta_i^n + \theta_{i-1}^{n-1}}{2}\right\|^2. \tag{5.2.44}
$$

所以综合 (5.2.41)—(5.2.44), 可得

$$
\begin{aligned}
&\frac{1}{2\Delta t}\left(\|\theta_i^n\|^2-\|\theta_{i-1}^{n-1}\|^2\right)+k_*\left\|\nabla\frac{\theta_i^n+\theta_{i-1}^{n-1}}{2}\right\|^2+\mu_*\left\|\frac{\theta_i^n+\theta_{i-1}^{n-1}}{2}\right\|^2\\
\leqslant&\|\bar{D}\rho_i^n\|\left\|\frac{\theta_i^n+\theta_{i-1}^{n-1}}{2}\right\|+C(\Delta t)^2\left(\left\|\nabla\frac{\theta_i^n+\theta_{i-1}^{n-1}}{2}\right\|+\left\|\frac{\theta_i^n+\theta_{i-1}^{n-1}}{2}\right\|\right)\\
&+C\|P_I(u_h^{n-1/2})-p(u_h^{n-1/2})\|\left(\left\|\nabla\frac{\theta_i^n+\theta_{i-1}^{n-1}}{2}\right\|+\left\|\frac{\theta_i^n+\theta_{i-1}^{n-1}}{2}\right\|\right).
\end{aligned}
\tag{5.2.45}
$$

由于当 $a>a_+$ 时 $u=0$, 所以

$$
p(u^n)=\int_0^\infty u^n da=\int_0^{a_+}u^n da,
$$

从而得到

$$
\frac{p(u^n)+p(u^{n-1})}{2}-p(u^{n-1/2})=\int_0^{a_+}\frac{u^n+u^{n-1}-2u^{n-1/2}}{2}da,
$$

进一步可得

$$
\begin{aligned}
&P_I(u_h^{n-1/2})-p(u^{n-1/2})=\frac{P_I(u_h^n)+P_I(u_h^{n-1})}{2}-p(u^{n-1/2})\\
=&\frac{P_I(u_h^n)-p(u^n)}{2}+\frac{P_I(u_h^{n-1})-p(u^{n-1})}{2}+\frac{p(u^n)+p(u^{n-1})}{2}-p(u^{n-1/2})\\
=&\frac{1}{2}\left(\frac{\Delta t}{2}\varsigma_0^n+\sum_{i=1}^{N_a-1}\varsigma_i^n\Delta t+\frac{\Delta t}{2}\varsigma_{N_a}^n\right)+\frac{1}{2}\left(\frac{\Delta t}{2}\varsigma_0^{n-1}+\sum_{i=1}^{N_a-1}\varsigma_i^{n-1}\Delta t+\frac{\Delta t}{2}\varsigma_{N_a}^{n-1}\right)\\
&+\frac{P_I(u^n)-p(u^n)}{2}+\frac{P_I(u^{n-1})-p(u^{n-1})}{2}+\frac{p(u^n)+p(u^{n-1})}{2}-p(u^{n-1/2})
\end{aligned}
\tag{5.2.46}
$$

和

$$
\begin{aligned}
\|P_I(u_h^{n-1/2})-p(u^{n-1/2})\|\leqslant&\|\theta^{n-1}\|_{l^1(L^2)}+\|\theta^n\|_{l^1(L^2)}+\|\rho^{n-1}\|_{l^1(L^2)}+\|\rho^n\|_{l^1(L^2)}\\
&+C\Delta t\left(\|\varsigma_0^n\|+\|\varsigma_0^{n-1}\|\right)+C\left(\Delta t\right)^2.
\end{aligned}
\tag{5.2.47}
$$

由 (5.2.45) 和 (5.2.47) 得

$$
\begin{aligned}
&\frac{1}{2\Delta t}\left(\|\theta_i^n\|^2-\|\theta_{i-1}^{n-1}\|^2\right)+k_*\left\|\nabla\frac{\theta_i^n+\theta_{i-1}^{n-1}}{2}\right\|^2+\mu_*\left\|\frac{\theta_i^n+\theta_{i-1}^{n-1}}{2}\right\|^2\\
\leqslant&\|\bar{D}\rho_i^n\|\left\|\frac{\theta_i^n+\theta_{i-1}^{n-1}}{2}\right\|+C(\Delta t)^2\left(\left\|\nabla\frac{\theta_i^n+\theta_{i-1}^{n-1}}{2}\right\|+\left\|\frac{\theta_i^n+\theta_{i-1}^{n-1}}{2}\right\|\right)
\end{aligned}
$$

$$
+ Ch^{r+1}\left(\left\|\nabla\frac{\theta_i^n+\theta_{i-1}^{n-1}}{2}\right\| + \left\|\frac{\theta_i^n+\theta_{i-1}^{n-1}}{2}\right\|\right)
$$

$$
+ C(\|\theta^{n-1}\|_{l^1(L^2)} + \|\theta^n\|_{l^1(L^2)})\left(\left\|\nabla\frac{\theta_i^n+\theta_{i-1}^{n-1}}{2}\right\| + \left\|\frac{\theta_i^n+\theta_{i-1}^{n-1}}{2}\right\|\right). \quad (5.2.48)
$$

由不等式 $2ab \leqslant \varepsilon a^2 + b^2/\varepsilon$, 取 $\varepsilon = k_*/8$ 和 $\varepsilon = \mu_*/8$, 得到

$$
\begin{aligned}
\frac{\Delta t}{2}\left(\|\theta_i^n\|^2 - \|\theta_{i-1}^{n-1}\|^2\right) \leqslant & C\left(\|\bar{D}\rho_i^n\|^2 + (\Delta t)^4 + \|\theta^{n-1}\|_{l^1(L^2)}^2 + \|\theta^n\|_{l^1(L^2)}^2 + h^{2(r+1)}\right) \\
& + C(\Delta t)^2\left(\|\varsigma_0^n\|^2 + \|\varsigma_0^{n-1}\|^2\right).
\end{aligned} \quad (5.2.49)
$$

由于

$$
\|\varsigma_0^n\|^2 \leqslant C\left(\|\theta^n\|_{l^1(L^2)}^2 + \|\rho^n\|_{l^1(L^2)}^2 + (\Delta t)^4\right),
$$

可得

$$
\begin{aligned}
\|\theta_i^n\|^2 - \|\theta_{i-1}^{n-1}\|^2 \leqslant & C\Delta t\|\bar{D}\rho_i^n\|^2 + C(\Delta t)^5 + C\Delta t\|\theta^{n-1}\|_{l^2(L^2)}^2 \\
& + C\Delta t\|\theta^n\|_{l^2(L^2)}^2 + C\Delta t h^{2(r+1)}.
\end{aligned} \quad (5.2.50)
$$

(5.2.50) 乘以 Δt, 关于 $1 \leqslant i \leqslant N_a - 1$ 相加, 并对所得不等式两边同时加上 $\frac{1}{2}\|\theta_0^n\|^2\Delta t$, 可得

$$
\begin{aligned}
\|\theta^n\|_{l^2(L^2)}^2 \leqslant & \|\theta^{n-1}\|_{l^2(L^2)}^2 + \frac{1}{2}\|\theta_0^{n-1}\|^2\Delta t \\
& + \frac{1}{2}\|\theta_0^n\|^2\Delta t + C(\Delta t)^2\sum_{1\leqslant i\leqslant N_a}\|\bar{D}\rho_i^n\|^2 + C(\Delta t)^5 \\
& + C\Delta t\|\theta^{n-1}\|_{l^2(L^2)}^2 + C\Delta t\|\theta^n\|_{l^2(L^2)}^2 + C\Delta t h^{2(r+1)}.
\end{aligned} \quad (5.2.51)
$$

由于

$$
\|\theta_0^n\|^2 \leqslant 2\|\varsigma_0^n\|^2 + 2\|\rho_0^n\|^2 \leqslant C\left(\|\theta^n\|_{l^1(L^2)}^2 + \|\rho^n\|_{l^1(L^2)}^2 + (\Delta t)^4 + h^{2(r+1)}\right),
$$

所以

$$
\begin{aligned}
& (1 - C\Delta t)\|\theta^n\|_{l^2(L^2)}^2 \\
\leqslant & (1 + C\Delta t)\|\theta^{n-1}\|_{l^2(L^2)}^2 + C\Delta t\left(h^{2(r+1)} + (\Delta t)^4\right) + C(\Delta t)^2\sum_{1\leqslant i\leqslant N_a}\|\bar{D}\rho_i^n\|^2.
\end{aligned} \quad (5.2.52)
$$

(5.2.52) 对 $n \geqslant 1$ 相加, 可得

$$
(1 - C\Delta t)\sum_{n=1}^{m}\|\theta^n\|_{l^2(L^2)}^2
$$

$$\leqslant (1+C\Delta t)\sum_{n=1}^{m}||\theta^{n-1}||_{l^2(L^2)}^2 + C\left(h^{2(r+1)}+(\Delta t)^4\right) + C(\Delta t)^2\sum_{n=1}^{m}\sum_{1\leqslant i\leqslant N_a}||\bar{D}\rho_i^n||^2. \tag{5.2.53}$$

根据离散 Gronwall 引理可得

$$||\theta^m||_{l^2(L^2)}^2 \leqslant C||\theta^0||_{l^2(L^2)}^2 + C\left(h^{2(r+1)}+(\Delta t)^4\right) + C(\Delta t)^2\sum_{n=1}^{m}\sum_{1\leqslant i\leqslant N_a}||\bar{D}\rho_i^n||^2. \tag{5.2.54}$$

由于

$$||\bar{D}\rho_i^n||^2 \leqslant \frac{1}{\Delta t}\int_{(a_{i-1},t^{n-1})}^{(a_i,t^n)}||D\rho||^2 ds = \frac{1}{\Delta t}||D\rho||_{l^2(\Lambda_i^n;L^2)}^2, \quad n\geqslant 1, i\geqslant 1.$$

其中 Λ_i^n 为连接点 (a_{i-1},t^{n-1}) 和点 (a_i,t^n) 的线段, 所以可得

$$\sum_{n=1}^{m}\sum_{1\leqslant i\leqslant N_a}||\bar{D}\rho_i^n||^2\Delta t \leqslant ||D\rho||_{l^2(\Lambda;L^2)}^2.$$

再结合 $||\theta^0||_{l^2(L^2)} \leqslant Ch^{r+1}$ 可得

$$||\theta^m||_{l^2(L^2)}^2 \leqslant C\left(h^{2(r+1)}+(\Delta t)^4\right). \tag{5.2.55}$$

所以

$$||\theta^m||_{l^2(L^2)} \leqslant C\left(h^{r+1}+(\Delta t)^2\right). \tag{5.2.56}$$

进一步可得

$$||\theta^m||_{l^{\infty,2}(L^2)} \leqslant C\left((\Delta t)^2+h^{r+1}\right).$$

最后我们证明假设 (A) 是成立的. 令 $M_0 = ||u||_{l^{\infty,\infty}(L^2)}$. 不妨设 $M^* \geqslant \max(6\beta^* a_+, 3)M_0$. 当 $n=0$ 和 h 足够小时, 有

$$||u_h^0||_{l^\infty(L^2)} \leqslant ||u^0||_{l^\infty(L^2)} + ||\varsigma^0||_{l^\infty(L^2)} \leqslant M_0 + Ch^{r+1} \leqslant 2M_0 \leqslant M^*.$$

当 $n=1$ 时, 由 (5.2.9) 得到

$$||u_{i,h}^1|| \leqslant ||u_{i-1,h}^1|| \leqslant 2M_0, \quad i\geqslant 1.$$

所以如果 $\Delta t \leqslant 1/\beta^*$, 由 (5.2.11) 可得

$$||u_{0,h}^1|| \leqslant 4\beta^* a_+ M_0.$$

因此

$$||u_h^1||_{l^\infty(L^2)} \leqslant \max(4\beta^* a_+, 2)M_0 \leqslant M^*.$$

如果假设 (A) 不成立, 则存在 $n \geqslant 1$ 使得

$$||u_h^j||_{l^\infty(L^2)} \leqslant M^*, \quad 0 \leqslant j \leqslant n-1$$

和

$$||u_h^n||_{l^\infty(L^2)} \geqslant M^*.$$

从 (5.2.55) 的证明, 可以得到

$$||\theta^j||_{l^2(L^2)} \leqslant C\left((\Delta t)^2 + h^{r+1}\right), \quad 1 \leqslant j \leqslant n-1.$$

由 (5.2.9), 可得

$$||u_{i,h}^n|| \leqslant ||u_{i-1,h}^{n-1}||.$$

如果 $i \leqslant n$, 有

$$\begin{aligned} ||u_{i,h}^n|| &\leqslant ||u_{0,h}^{n-i}|| \leqslant ||u_0^{n-i}|| + ||\varsigma_0^{n-i}|| \leqslant M_0 + C||\theta^{n-i}||_{l^2(L^2)} + C(\Delta t)^2 + Ch^{r+1} \\ &\leqslant M_0 + C\left((\Delta t)^2 + h^{r+1}\right) \leqslant 2M_0. \end{aligned} \tag{5.2.57}$$

如果 $i \geqslant n$, 有

$$||u_{i,h}^n|| \leqslant ||u_{n-i,h}^0|| \leqslant 2M_0,$$

所以 $||u_{i,h}^n|| \leqslant 2M_0, i \geqslant 1$. 因为

$$||u_{0,h}^n|| \leqslant 4\beta^* a_+ M_0,$$

可以得到

$$||u_h^n||_{l^\infty(L^2)} \leqslant M^*.$$

这就产生了矛盾. 于是定理得证.

5.2.4 隐格式解的存在性

本小节我们要证明非线性隐格式 (5.2.9)—(5.2.12) 解的存在唯一性.

由 (5.2.9), (5.2.26) 和 (5.2.39), 有

$$\begin{aligned} &(\bar{D}\theta_i^n, \omega) + \left(k_{i-1/2}(p(u^{n-1/2}))\nabla \frac{\theta_i^n + \theta_{i-1}^{n-1}}{2}, \nabla\omega\right) \\ &+ \left(\mu_{i-1/2}(p(u^{n-1/2}))\frac{\theta_i^n + \theta_{i-1}^{n-1}}{2}, \omega\right) \end{aligned}$$

$$
\begin{aligned}
&= -\left(\bar{D}\rho_i^n, \omega\right) + \left(\bar{D}u_i^n, \omega\right) + \left(k_{i-1/2}(P_I(u_h^{n-1/2}))\nabla\frac{\tilde{u}_i^n + \tilde{u}_{i-1}^{n-1}}{2}, \nabla\omega\right) \\
&\quad + \left(\mu_{i-1/2}(P_I(u_h^{n-1/2}))\frac{\tilde{u}_i^n + \tilde{u}_{i-1}^{n-1}}{2}, \omega\right) \\
&\quad + \left(\left(k_{i-1/2}(p(u^{n-1/2})) - k_{i-1/2}(P_I(u_h^{n-1/2}))\right)\nabla\frac{\theta_i^n + \theta_{i-1}^{n-1}}{2}, \nabla\omega\right) \\
&\quad + \left(\left(\mu_{i-1/2}(p(u^{n-1/2})) - \mu_{i-1/2}(P_I(u_h^{n-1/2}))\right)\frac{\theta_i^n + \theta_{i-1}^{n-1}}{2}, \omega\right). \qquad (5.2.58)
\end{aligned}
$$

由 (5.2.6) 和 (5.2.26), 可得

$$
\begin{aligned}
&\left(\bar{D}\theta_i^n, \omega\right) + \left(k_{i-1/2}(p(u^{n-1/2}))\nabla\frac{\theta_i^n + \theta_{i-1}^{n-1}}{2}, \nabla\omega\right) \\
&\quad + \left(\mu_{i-1/2}(p(u^{n-1/2}))\frac{\theta_i^n + \theta_{i-1}^{n-1}}{2}, \omega\right) \\
&= -\left(\bar{D}\rho_i^n, \omega\right) + \left(\left(k_{i-1/2}(P_I(u_h^{n-1/2})) - k_{i-1/2}(p(u^{n-1/2}))\right)\nabla\frac{u_{i,h}^n + u_{i-1,h}^{n-1}}{2}, \nabla\omega\right) \\
&\quad + \left(\bar{D}u_i^n - Du_{i-1/2}^{n-1/2}, \omega\right) \\
&\quad + \left(\left(\mu_{i-1/2}(P_I(u_h^{n-1/2})) - \mu_{i-1/2}(p(u^{n-1/2}))\right)\frac{u_{i,h}^n + u_{i-1,h}^{n-1}}{2}, \omega\right) \\
&\quad + \left(k_{i-1/2}(p(u^{n-1/2}))\left(\nabla\frac{\tilde{u}_i^n + \tilde{u}_{i-1}^{n-1}}{2} - \nabla\tilde{u}_{i-1/2}^{n-1/2}\right), \nabla\omega\right) \\
&\quad + \left(\mu_{i-1/2}(p(u^{n-1/2}))\left(\frac{\tilde{u}_i^n + \tilde{u}_{i-1}^{n-1}}{2} - \tilde{u}_{i-1/2}^{n-1/2}\right), \omega\right) \\
&= -\left(\bar{D}\rho_i^n, \omega\right) + \left(\bar{D}u_i^n - Du_{i-1/2}^{n-1/2}, \omega\right) + (\Psi_1, \nabla\omega) + (\Psi_2, \omega) \\
&\quad + \left(k_{i-1/2}(p(u^{n-1/2}))\left(\nabla\frac{\tilde{u}_i^n + \tilde{u}_{i-1}^{n-1}}{2} - \nabla\tilde{u}_{i-1/2}^{n-1/2}\right), \nabla\omega\right) \\
&\quad + \left(\mu_{i-1/2}(p(u^{n-1/2}))\left(\frac{\tilde{u}_i^n + \tilde{u}_{i-1}^{n-1}}{2} - \tilde{u}_{i-1/2}^{n-1/2}\right), \omega\right), \qquad (5.2.59)
\end{aligned}
$$

其中

$$
\begin{aligned}
\Psi_1 &= \left(k_{i-1/2}(P_I(u_h^{n-1/2})) - k_{i-1/2}(p(u^{n-1/2}))\right)\frac{\nabla u_{i,h}^n + \nabla u_{i-1,h}^{n-1}}{2} \\
&= \frac{\nabla u_{i,h}^n + \nabla u_{i-1,h}^{n-1}}{2}\left(P_I(u_h^{n-1/2}) - p(u^{n-1/2})\right)
\end{aligned}
$$

$$\times\int_0^1\left(\frac{\partial k}{\partial p}\right)_{i-1/2}(p(u^{n-1/2})+\alpha(P_I(u_h^{n-1/2})-p(u^{n-1/2})))d\alpha$$

$$=-\frac{\nabla u_{i,h}^n+\nabla u_{i-1,h}^{n-1}}{2}$$

$$\times\left(\frac{P_I(\theta^n+\rho^n)}{2}+\frac{P_I(\theta^{n-1}+\rho^{n-1})}{2}+\frac{P_I(u^n)+P_I(u^{n-1})}{2}-p(u^{n-1/2})\right)$$

$$\times\int_0^1\left(\frac{\partial k}{\partial p}\right)_{i-1/2}\left(p(u^{n-1/2})+\frac{\alpha}{2}\left(\frac{\Delta t}{2}\varsigma_0^n+\sum_i\varsigma_i^n\Delta t+\frac{\Delta t}{2}\varsigma_{N_a}^n+\frac{\Delta t}{2}\varsigma_0^{n-1}\right.\right.$$

$$\left.\left.+\sum_i\varsigma_i^{n-1}\Delta t+\frac{\Delta t}{2}\varsigma_{N_a}^{n-1}+\frac{P_I(u^n)+P_I(u^{n-1})}{2}-p(u^{n-1/2})\right)\right)d\alpha,$$

$$\Psi_2=\left(\mu_{i-1/2}(P_I(u_h^{n-1/2}))-\mu_{i-1/2}(p(u^{n-1/2}))\right)\frac{u_{i,h}^n+u_{i-1,h}^{n-1}}{2}$$

$$=\frac{u_{i,h}^n+u_{i-1,h}^{n-1}}{2}\left(P_I(u_h^{n-1/2})-p(u^{n-1/2})\right)$$

$$\times\int_0^1\left(\frac{\partial \mu}{\partial p}\right)_{i-1/2}(p(u^{n-1/2})+\alpha(P_I(u_h^{n-1/2})-p(u^{n-1/2})))d\alpha$$

$$=-\frac{u_{i,h}^n+u_{i-1,h}^{n-1}}{2}$$

$$\times\left(\frac{P_I(\theta^n+\rho^n)}{2}+\frac{P_I(\theta^{n-1}+\rho^{n-1})}{2}+\frac{P_I(u^n)+P_I(u^{n-1})}{2}-p(u^{n-1/2})\right)$$

$$\times\int_0^1\left(\frac{\partial \mu}{\partial p}\right)_{i-1/2}\left(p(u^{n-1/2})+\frac{\alpha}{2}\left(\frac{\Delta t}{2}\varsigma_0^n+\sum_i\varsigma_i^n\Delta t+\frac{\Delta t}{2}\varsigma_{N_a}^n+\frac{\Delta t}{2}\varsigma_0^{n-1}\right.\right.$$

$$\left.\left.+\sum_i\varsigma_i^{n-1}\Delta t+\frac{\Delta t}{2}\varsigma_{N_a}^{n-1}+\frac{P_I(u^n)+P_I(u^{n-1})}{2}-p(u^{n-1/2})\right)\right)d\alpha.$$

用 $u_i^n-\varsigma_i^n$ 替换 $u_{i,h}^n$. 再用 Π_i^n 替换 ς_i^n, 可得到 Ψ_1 的线性化形式 $\tilde{\Psi}_1$ 和 Ψ_2 的线性化形式 $\tilde{\Psi}_2$ 如下:

$$\tilde{\Psi}_1(\Pi_i^n)$$

$$=-\frac{\nabla u_i^n+\nabla u_{i-1}^{n-1}-\nabla\Pi_i^n-\nabla\Pi_{i-1}^{n-1}}{2}$$

$$\times\left(\frac{P_I(\theta^n+\rho^n)}{2}+\frac{P_I(\theta^{n-1}+\rho^{n-1})}{2}+\frac{P_I(u^n)+P_I(u^{n-1})}{2}\right.$$

$$\left.-p(u^{n-1/2})\right)\times\int_0^1\left(\frac{\partial k}{\partial p}\right)_{i-1/2}\left(p(u^{n-1/2})+\frac{\alpha}{2}\left(\frac{\Delta t}{2}\Pi_0^n+\sum_i\Pi_i^n\Delta t+\frac{\Delta t}{2}\Pi_{N_a}^n\right.\right.$$

$$\left.\left.+\frac{\Delta t}{2}\Pi_0^{n-1}+\sum_i\Pi_i^{n-1}\Delta t+\frac{\Delta t}{2}\Pi_{N_a}^{n-1}+\frac{P_I(u^n)+P_I(u^{n-1})}{2}-p(u^{n-1/2})\right)\right)d\alpha,$$

$$
\begin{aligned}
&\tilde{\Psi}_2(\Pi_i^n)\\
=&-\frac{u_i^n+u_{i-1}^{n-1}-\Pi_i^n-\Pi_{i-1}^{n-1}}{2}\\
&\times\left(\frac{P_I(\theta^n+\rho^n)}{2}+\frac{P_I(\theta^{n-1}+\rho^{n-1})}{2}+\frac{P_I(u^n)+P_I(u^{n-1})}{2}\right.\\
&\left.-p(u^{n-1/2})\right)\times\int_0^1\left(\frac{\partial\mu}{\partial p}\right)_{i-1/2}\left(p(u^{n-1/2})+\frac{\alpha}{2}\left(\frac{\Delta t}{2}\Pi_0^n+\sum_i\Pi_i^n\Delta t+\frac{\Delta t}{2}\Pi_{N_a}^n\right.\right.\\
&\left.\left.+\frac{\Delta t}{2}\Pi_0^{n-1}+\sum_i\Pi_i^{n-1}\Delta t+\frac{\Delta t}{2}\Pi_{N_a}^{n-1}+\frac{P_I(u^n)+P_I(u^{n-1})}{2}-p(u^{n-1/2})\right)\right)d\alpha.
\end{aligned}
$$

令

$$
\begin{aligned}
F_1(\Pi_i^n)=&\int_0^1\left(\frac{\partial k}{\partial p}\right)_{i-1/2}\left(p(u^{n-1/2})+\frac{\alpha}{2}\left(\frac{\Delta t}{2}\Pi_0^n+\sum_i\Pi_i^n\Delta t+\frac{\Delta t}{2}\Pi_{N_a}^n+\frac{\Delta t}{2}\Pi_0^{n-1}\right.\right.\\
&\left.\left.+\sum_i\Pi_i^{n-1}\Delta t+\frac{\Delta t}{2}\Pi_{N_a}^{n-1}+\frac{P_I(u^n)+P_I(u^{n-1})}{2}-p(u^{n-1/2})\right)\right)d\alpha,\\
F_2(\Pi_i^n)=&\int_0^1\left(\frac{\partial \mu}{\partial p}\right)_{i-1/2}\left(p(u^{n-1/2})+\frac{\alpha}{2}\left(\frac{\Delta t}{2}\Pi_0^n+\sum_i\Pi_i^n\Delta t+\frac{\Delta t}{2}\Pi_{N_a}^n+\frac{\Delta t}{2}\Pi_0^{n-1}\right.\right.\\
&\left.\left.+\sum_i\Pi_i^{n-1}\Delta t+\frac{\Delta t}{2}\Pi_{N_a}^{n-1}+\frac{P_I(u^n)+P_I(u^{n-1})}{2}-p(u^{n-1/2})\right)\right)d\alpha.
\end{aligned}
$$

那么 (5.2.59) 可以写成

$$
\begin{aligned}
&(\bar{D}\theta_i^n,\omega)+\left(k_{i-1/2}(p(u^{n-1/2}))\nabla\frac{\theta_i^n+\theta_{i-1}^{n-1}}{2},\nabla\omega\right)\\
&+\left(\mu_{i-1/2}(p(u^{n-1/2}))\frac{\theta_i^n+\theta_{i-1}^{n-1}}{2},\omega\right)\\
=&-(\bar{D}\rho_i^n,\omega)+(f_1(\Pi_i^n)+f_2(\Pi_i^n),\nabla\omega)+(g_1(\Pi_i^n)+g_2(\Pi_i^n),\omega)\\
&+\left((f_3(\Pi_i^n)+f_4(\Pi_i^n))\frac{P_I(\theta^n)+P_I(\theta^{n-1})}{2},\nabla\omega\right)\\
&+\left((f_3(\Pi_i^n)+f_4(\Pi_i^n))\frac{P_I(\rho^n)+P_I(\rho^{n-1})}{2},\nabla\omega\right)\\
&+\left((g_3(\Pi_i^n)+g_4(\Pi_i^n))\frac{P_I(\theta^n)+P_I(\theta^{n-1})}{2},\omega\right)\\
&+\left((g_3(\Pi_i^n)+g_4(\Pi_i^n))\frac{P_I(\rho^n)+P_I(\rho^{n-1})}{2},\omega\right)
\end{aligned}
$$

$$+\left(\bar{D}u_i^n - Du_{i-1/2}^{n-1/2},\omega\right) + \left(k_{i-1/2}(p(u^{n-1/2}))\left(\nabla\frac{\tilde{u}_i^n+\tilde{u}_{i-1}^{n-1}}{2} - \nabla\tilde{u}_{i-1/2}^{n-1/2}\right),\nabla\omega\right)$$

$$+\left(\mu_{i-1/2}(p(u^{n-1/2}))\left(\frac{\tilde{u}_i^n+\tilde{u}_{i-1}^{n-1}}{2} - \tilde{u}_{i-1/2}^{n-1/2}\right),\omega\right), \tag{5.2.60}$$

其中

$$f_1(\Pi_i^n) = -\frac{\nabla u_{i,h}^n + \nabla u_{i-1,h}^{n-1}}{2}\left(\frac{P_I(u^n)+P_I(u^{n-1})}{2} - p(u^{n-1/2})\right)F_1,$$

$$f_2(\Pi_i^n) = \frac{\nabla\Pi_i^n + \nabla\Pi_{i-1}^{n-1}}{2}\left(\frac{P_I(u^n)+P_I(u^{n-1})}{2} - p(u^{n-1/2})\right)F_1,$$

$$f_3(\Pi_i^n) = -\frac{\nabla u_i^n + \nabla u_{i-1}^{n-1}}{2}F_1,$$

$$g_1(\Pi_i^n) = -\frac{u_i^n + u_{i-1}^{n-1}}{2}\left(\frac{P_I(u^n)+P_I(u^{n-1})}{2} - p(u^{n-1/2})\right)F_2,$$

$$g_2(\Pi_i^n) = \frac{\Pi_i^n + \Pi_{i-1}^{n-1}}{2}\left(\frac{P_I(u^n)+P_I(u^{n-1})}{2} - p(u^{n-1/2})\right)F_2,$$

$$g_3(\Pi_i^n) = -\frac{u_i^n + u_{i-1}^{n-1}}{2}F_2,$$

$$g_4(\Pi_i^n) = \frac{\Pi_i^n + \Pi_{i-1}^{n-1}}{2}F_2.$$

定义算子 $B: l^{\infty,2}(L^2) \to l^{\infty,2}(V_h)$, 使得对每个 $\Pi \in l^{\infty,2}(L^2), \theta = B(\Pi)$. 由于 $\varsigma = \theta + \rho$, 所以 $\varsigma = \rho + B(\Pi)$. 现在定义 $G: l^{\infty,2}(L^2) \to l^{\infty,2}(L^2)$ 使得 $G: G(\Pi) = \rho + B(\Pi)$. 为了证明解的存在性, 需要证明 G 在 $l^{\infty,2}(L^2)$ 有一个固定点, 使得 $G(\Pi) = \Pi$.

定理 5.2.2 假设对某个 $\varepsilon(0<\varepsilon\ll 1)$, $u \in C^2(J; H^{r+1}(\Omega)\cap H^{2+\varepsilon}(\Omega))$. 对 $0<\delta<1, l\geqslant 1$, 如果 h 足够小, 则存在唯一解 $\{u_{i,h}^n\}$ 使得

$$\|u-u_h\|_{l^{\infty,2}(L^2)} \leqslant \delta.$$

证明 取 $\omega = (\theta_i^n + \theta_{i-1}^{n-1})/2$, 由 (5.2.60)、Hölder 不等式、Young 不等式和引理 5.2.5, 可得

$$\frac{1}{2\Delta t}\left(\|\theta_i^n\|^2 - \|\theta_{i-1}^{n-1}\|^2\right) + k_*\left\|\nabla\frac{\theta_i^n+\theta_{i-1}^{n-1}}{2}\right\|^2 + \mu_*\left\|\frac{\theta_i^n+\theta_{i-1}^{n-1}}{2}\right\|^2$$

$$\leqslant C\|\bar{D}\rho_i^n\|^2 + C(\Delta t)^4 + \left\|\frac{Q_h(\theta^n)+Q_h(\theta^{n-1})}{2}\right\|^2 + \left\|\frac{Q_h(\rho^n)+Q_h(\rho^{n-1})}{2}\right\|. \tag{5.2.61}$$

由于

$$\|Q_h(\theta^n)\| \leqslant \frac{\Delta t}{2}\|\theta_0^n\| + \|\theta^n\|_{l^1(L^2)},$$

$$\|\theta_0^n\|^2 \leqslant C\left(\|\varsigma_0^n\|^2 + \|\rho_0^n\|^2\right) \leqslant C\left(\|\theta^n\|^2_{l^1(L^2)} + h^{2(r+1)} + (\Delta t)^4\right),$$

有

$$\begin{aligned}
&\left\|\frac{Q_h(\theta^n)+Q_h(\theta^{n-1})}{2}\right\|^2\\
\leqslant & C(\Delta t)^2\left(\|\theta_0^n\|^2 + \|\theta_0^{n-1}\|^2\right) + C\left(\|\theta^n\|^2_{l^1(L^2)} + \|\theta^{n-1}\|^2_{l^1(L^2)}\right)\\
\leqslant & C(\Delta t)^2\left(\|\theta^n\|^2_{l^2(L^2)} + \|\theta^{n-1}\|^2_{l^2(L^2)} + h^{2(r+1)} + (\Delta t)^4\right)\\
&+ C\left(\|\theta^n\|^2_{l^1(L^2)} + \|\theta^{n-1}\|^2_{l^1(L^2)}\right)\\
\leqslant & C(1+\Delta t)\left(\|\theta^n\|^2_{l^2(L^2)} + \|\theta^{n-1}\|^2_{l^2(L^2)}\right) + C(\Delta t)^2 h^{2(r+1)} + C(\Delta t)^6.
\end{aligned}\tag{5.2.62}$$

从而

$$\begin{aligned}
&\frac{1}{2\Delta t}\left(\|\theta_i^n\|^2 - \|\theta_{i-1}^{n-1}\|^2\right) + k_*\left\|\frac{\nabla\theta_i^n + \nabla\theta_{i-1}^{n-1}}{2}\right\|^2 + \mu_*\left\|\frac{\theta_i^n + \theta_{i-1}^{n-1}}{2}\right\|^2\\
\leqslant & C\|\bar{D}\rho_i^n\|^2 + C(\Delta t)^4 + C\left(\|\theta^n\|^2_{l^2(L^2)} + \|\theta^{n-1}\|^2_{l^2(L^2)}\right) + Ch^{2(r+1)}.
\end{aligned}\tag{5.2.63}$$

(5.2.63) 乘以 Δt, 关于 i 从 1 到 N_a-1 相加, 并在得到的不等式两边同时加上 $\frac{1}{2}\|\theta_0^n\|^2\Delta t$, 得到

$$\begin{aligned}
\|\theta^n\|^2_{l^2(L^2)} \leqslant & \|\theta^{n-1}\|^2_{l^2(L^2)} + \frac{1}{2}\|\theta_0^{n-1}\|^2\Delta t + \frac{1}{2}\|\theta_0^n\|^2\Delta t + C(\Delta t)^2\sum_i\|\bar{D}\rho_i^n\|^2\\
&+ C(\Delta t)^5 + C\Delta t h^{2(r+1)} + C\Delta t\left(\|\theta^n\|^2_{l^2(L^2)} + \|\theta^{n-1}\|^2_{l^2(L^2)}\right)\\
\leqslant & \|\theta^{n-1}\|^2_{l^2(L^2)} + C(\Delta t)^2\sum_i\|\bar{D}\rho_i^n\|^2 + C(\Delta t)^5 + C\Delta t h^{2(r+1)}\\
&+ C\Delta t\left(\|\theta^n\|^2_{l^2(L^2)} + \|\theta^{n-1}\|^2_{l^2(L^2)}\right).
\end{aligned}\tag{5.2.64}$$

(5.2.64) 关于 $n \geqslant 1$ 相加, 可得

$$\begin{aligned}
&(1-C\Delta t)\sum_{n=1}^{m}\|\theta^n\|^2_{l^2(L^2)}\\
\leqslant & (1+C\Delta t)\sum_{n=1}^{m}\|\theta^{n-1}\|^2_{l^2(L^2)} + C(\Delta t)^4 + Ch^{2(r+1)} + C(\Delta t)^2\sum_{i,n}\|\bar{D}\rho_i^n\|^2.
\end{aligned}\tag{5.2.65}$$

所以如果 Δt 足够小 $\left(C\Delta t \leqslant \frac{1}{2}\right)$, 得到

$$||\theta^m||^2_{l^2(L^2)} \leqslant 2\left(1+C\Delta t\right)||\theta^0||^2_{l^2(L^2)} + C\Delta t\sum_{n=1}^{m-1}||\theta^n||^2_{l^2(L^2)} + C(\Delta t)^4 + Ch^{2(r+1)}. \tag{5.2.66}$$

由离散的 Gronwall 引理, 可得

$$||\theta^m||^2_{l^2(L^2)} \leqslant C(\Delta t)^4 + Ch^{2(r+1)}. \tag{5.2.67}$$

结合 $||\theta^0||^2_{l^2(L^2)} \leqslant Ch^{2(r+1)}$, 可得

$$||\theta||_{l^\infty,^2(L^2)} \leqslant C(\Delta t)^2 + Ch^{r+1}. \tag{5.2.68}$$

定义 $|||v||| :\equiv ||v||_{l^{\infty,2}(L^2)}$, 则 $|||\Pi||| :\equiv ||\Pi||_{l^{\infty,2}(L^2)}$. 令 $|||\Pi||| \leqslant \delta < 1$, 可得

$$|||G(\Pi)||| \leqslant ||\rho||_{l^{\infty,2}(L^2)} + ||\theta||_{l^{\infty,2}(L^2)} \leqslant C\left((\Delta t)^2 + h^{r+1}\right).$$

显然存在 $h_0 \leqslant 1$ 和 $\tau \leqslant 1$, 使得当 $0 < h \leqslant h_0$ 和 $0 < \Delta t \leqslant \tau$ 时, $|||G(\Pi)||| \leqslant \delta$. 因此对所有的 $h \leqslant h_0, \Delta t \leqslant \tau$, G 映射 $B_\delta := \{\Pi \in l^{\infty,2}(L^2), |||\Pi||| \leqslant \delta\}, 0 < \delta < 1$ 到自身. 显然 G 是连续并且紧的. 从而由 Schauder 固定点定理, 存在 $\Pi \in B_\delta$, 使得 $G(\Pi) = \Pi$. 因此证明了隐格式解的存在性. 解的唯一性可由常微分方程理论得证.

5.2.5 显格式的误差估计

易知显格式 (5.2.13)—(5.2.19) 有唯一解. 这一小节主要研究全离散格式的误差估计.

定理 5.2.3 假设对某个 $\varepsilon(0 < \varepsilon \ll 1)$, $u \in C^2(J; H^{r+1}(\Omega) \cap H^{2+\varepsilon}(\Omega))$, 并且对 $1 \leqslant n \leqslant N$ 和 $1 \leqslant i \leqslant N_a$, $u_i^n \in H^{r+1}(\Omega) \cap H^{2+\varepsilon}(\Omega)$. $u_{i,h}^n$ 为显格式 (5.2.13)—(5.2.19) 定义的近似解. 那么, 对足够小的 Δt 和 h, 误差 $\varsigma_i^n = u_i^n - u_{i,h}^n$ 满足

$$||u - u_h||_{l^{\infty,2}(L^2)} \leqslant C\left((\Delta t)^2 + h^{r+1}\right), \tag{5.2.69}$$

其中 C 是与 $h, \Delta t$ 无关的正常数.

证明 首先假设 (B): 存在一个正常数 M^{**} 使得 $\max\limits_{0 \leqslant n \leqslant N} ||u_h^n||_{l^\infty(L^2)} \leqslant M^{**}$.

类似于定理 5.2.1 的证明, 得到

$$\left(\frac{\theta_i^n - \theta_{i-1}^{n-1}}{\Delta t}, \omega\right) + \left(k_{i-1/2}(P_I(\bar{u}_h^{n-1/2}))\frac{\nabla\theta_i^n + \nabla\theta_{i-1}^{n-1}}{2}, \nabla\omega\right)$$
$$+ \left(\mu_{i-1/2}(P_I(\bar{u}_h^{n-1/2}))\frac{\theta_i^n + \theta_{i-1}^{n-1}}{2}, \omega\right)$$

$$
\begin{aligned}
&= -\left(\bar{D}\rho_i^n, \omega\right) + \left(\frac{u_i^n - u_{i-1}^{n-1}}{\Delta t} - Du_{i-1/2}^{n-1/2}, \omega\right) \\
&\quad + \left((k_{i-1/2}(P_I(\bar{u}_h^{n-1/2})) - k_{i-1/2}(p(u^{n-1/2})))\nabla\tilde{u}_{i-/2}^{n-1/2}, \nabla\omega\right) \\
&\quad + \left((\mu_{i-1/2}(P_I(\bar{u}_h^{n-1/2})) - \mu_{i-1/2}(p(u^{n-1/2})))\tilde{u}_{i-1/2}^{n-1/2}, \omega\right) \\
&\quad + \left(k_{i-1/2}(P_I(\bar{u}_h^{n-1/2}))\left(\frac{\nabla\tilde{u}_i^n + \nabla\tilde{u}_{i-1}^{n-1}}{2} - \nabla\tilde{u}_{i-1/2}^{n-1/2}\right), \nabla\omega\right) \\
&\quad + \left(\mu_{i-1/2}(P_I(\bar{u}_h^{n-1/2}))\left(\frac{\tilde{u}_i^n + \tilde{u}_{i-1}^{n-1}}{2} - \tilde{u}_{i-1/2}^{n-1/2}\right), \omega\right).
\end{aligned} \tag{5.2.70}
$$

取 $\omega = \dfrac{\theta_i^n + \theta_{i-1}^{n-1}}{2}$ 可得

$$
\left(\frac{\theta_i^n - \theta_{i-1}^{n-1}}{\Delta t}, \omega\right) = \frac{1}{2\Delta t}\left(||\theta_i^n||^2 - ||\theta_{i-1}^{n-1}||^2\right), \tag{5.2.71}
$$

$$
\left(k_{i-1/2}(P_I(\bar{u}_h^{n-1/2}))\frac{\nabla\theta_i^n + \nabla\theta_{i-1}^{n-1}}{2}, \nabla\omega\right) \geqslant k_*\left\|\frac{\nabla\theta_i^n + \nabla\theta_{i-1}^{n-1}}{2}\right\|^2, \tag{5.2.72}
$$

$$
\left(\mu_{i-1/2}(P_I(\bar{u}_h^{n-1/2}))\frac{\theta_i^n + \theta_{i-1}^{n-1}}{2}, \omega\right) \geqslant \mu_*\left\|\frac{\theta_i^n + \theta_{i-1}^{n-1}}{2}\right\|^2. \tag{5.2.73}
$$

所以, 由不等式 $2ab \leqslant \varepsilon a^2 + b^2/\varepsilon$, 取 $\varepsilon = k_*/8$ 和 $\varepsilon = \mu_*/8$, 得到

$$
\frac{1}{2\Delta t}\left(||\theta_i^n||^2 - ||\theta_{i-1}^{n-1}||^2\right) \leqslant C\left(||\bar{D}\rho_i^n||^2 + (\Delta t)^4 + ||P_I(\bar{u}_h^{n-1/2}) - p(u^{n-1/2})||^2\right). \tag{5.2.74}
$$

由于

$$
\begin{aligned}
&P_I(\bar{u}_h^{n-1/2}) - p(u^{n-1/2}) \\
=&\frac{3}{2}P_I(u_h^{n-1}) - \frac{1}{2}P_I(u_h^{n-2}) - \frac{3}{2}p(u^{n-1}) + \frac{1}{2}p(u^{n-2}) \\
&+\frac{3}{2}p(u^{n-1}) - \frac{1}{2}p(u^{n-2}) - p(u^{n-1/2}) \\
=&\frac{3}{2}\left(P_I(u_h^{n-1}) - p(u^{n-1})\right) - \frac{1}{2}\left(P_I(u_h^{n-2}) - p(u^{n-2})\right) \\
&+\left(\frac{3}{2}p(u^{n-1}) - \frac{1}{2}p(u^{n-2})\right) - p(u^{n-1/2}) \\
=& -\frac{3}{2}\left(\frac{\Delta t}{2}\varsigma_0^{n-1} + \sum_{i=1}^{N_a-1}\varsigma_i^{n-1}\Delta t + \frac{\Delta t}{2}\varsigma_{N_a}^{n-1}\right)
\end{aligned}
$$

$$+\frac{1}{2}\left(\frac{\Delta t}{2}\varsigma_0^{n-2}+\sum_{i=1}^{N_a-1}\varsigma_i^{n-2}\Delta t+\frac{\Delta t}{2}\varsigma_{N_a}^{n-2}\right)$$
$$+\frac{3}{2}\left(P_I(u_h^{n-1})-p(u^{n-1})\right)-\frac{1}{2}\left(P_I(u_h^{n-2})-p(u^{n-2})\right)$$
$$+\left(\frac{3}{2}p(u^{n-1})-\frac{1}{2}p(u^{n-2})\right)-p(u^{n-1/2}),$$

所以有

$$\begin{aligned}&\|P_I(\bar{u}_h^{n-1/2})-p(u^{n-1/2})\|^2\\ \leqslant &C\left(\|\theta^{n-1}\|_{l^1(L^2)}+\|\theta^{n-2}\|_{l^1(L^2)}+\|\rho^{n-1}\|_{l^1(L^2)}+\|\rho^{n-2}\|_{l^1(L^2)}\right)\\ &+C\Delta t\left(\|\varsigma_0^{n-1}\|+\|\varsigma_0^{n-2}\|\right)+O\left((\Delta t)^2\right).\end{aligned}\tag{5.2.75}$$

由 (5.2.74) 和 (5.2.75) 可得

$$\begin{aligned}&\frac{1}{2\Delta t}\left(\|\theta_i^n\|^2-\|\theta_{i-1}^{n-1}\|^2\right)\\ \leqslant &C\left(\|\bar{D}\rho_i^n\|^2+(\Delta t)^4+\|\theta^{n-1}\|_{l^1(L^2)}^2+\|\theta^{n-2}\|_{l^1(L^2)}^2+h^{2(r+1)}\right)\\ &+C(\Delta t)^2\left(\|\varsigma_0^{n-1}\|^2+\|\varsigma_0^{n-2}\|^2\right)+O\left((\Delta t)^2\right)\\ \leqslant &C\left(\|\bar{D}\rho_i^n\|^2+(\Delta t)^4+\|\theta^{n-1}\|_{l^1(L^2)}^2+\|\theta^{n-2}\|_{l^1(L^2)}^2+h^{2(r+1)}\right)\\ &+C(\Delta t)^2\left(\|\theta^{n-1}\|_{l^1(L^2)}^2+\|\theta^{n-2}\|_{l^1(L^2)}^2\right)\\ \leqslant &C\|\bar{D}\rho_i^n\|^2+C(\Delta t)^4+C\left(1+(\Delta t)^2\right)\left(\|\theta^{n-1}\|_{l^1(L^2)}^2+\|\theta^{n-2}\|_{l^1(L^2)}^2\right)\\ &+Ch^{2(r+1)}.\end{aligned}\tag{5.2.76}$$

(5.2.76) 乘以 $(\Delta t)^2$, 关于 $1\leqslant i\leqslant N_a-1$ 相加, 再对所得不等式两边同时加上 $\frac{1}{2}\|\theta_0^n\|^2\Delta t$, 可得

$$\begin{aligned}\|\theta^n\|_{l^2(L^2)}^2\leqslant &\|\theta^{n-1}\|_{l^2(L^2)}^2+\frac{1}{2}\|\theta_0^{n-1}\|^2\Delta t+\frac{1}{2}\|\theta_0^n\|^2\Delta t\\ &+C(\Delta t)^2\sum_{1\leqslant i\leqslant N_a}\|\bar{D}\rho_i^n\|^2+C(\Delta t)^5\\ &+C\Delta t\|\theta^{n-1}\|_{l^2(L^2)}^2+C\Delta t\|\theta^{n-2}\|_{l^2(L^2)}^2+C\Delta th^{2(r+1)}.\end{aligned}\tag{5.2.77}$$

由于

$$\|\theta_0^n\|^2\leqslant C\left(\|\varsigma_0^n\|^2+\|\rho_0^n\|^2\right)\leqslant C\left(\|\theta^n\|_{l^2(L^2)}^2+(\Delta t)^4+h^{2(r+1)}\right),$$

可得

$$(1-C\Delta t)\|\theta^n\|_{l^2(L^2)}^2\leqslant(1+C\Delta t)\|\theta^{n-1}\|_{l^2(L^2)}^2+C(\Delta t)^2\sum_{1\leqslant i\leqslant N_a}\|\bar{D}\rho_i^n\|^2$$

$$+C(\Delta t)^5+C\Delta t\|\theta^{n-2}\|_{l^2(L^2)}^2+C\Delta th^{2(r+1)}. \quad (5.2.78)$$

(5.2.78) 对 $n\geqslant 2$ 相加, 可得

$$(1-C\Delta t)\|\theta^n\|_{l^2(L^2)}^2\leqslant 3C\Delta t\sum_{j=1}^{n-1}\|\theta^j\|_{l^2(L^2)}^2+C(\Delta t)^2\sum_{1\leqslant i\leqslant N_a}\|\bar{D}\rho_i^n\|^2$$
$$+(1+2C\Delta t)\|\theta^1\|_{l^2(L^2)}^2+C\left(h^{2(r+1)}+(\Delta t)^4\right). \quad (5.2.79)$$

接着估计 $\|\theta^1\|_{l^2(L^2)}$. 令 $\bar{\theta}_i^1=\bar{u}_i^1-u_{i,h}^{*,1},\bar{\theta}^0=\theta^0=\bar{u}^0-u_h^0$. 类似定理 5.2.1 的证明得到

$$\left(\frac{\bar{\theta}_i^1-\bar{\theta}_{i-1}^0}{\Delta t},\omega\right)+\left(k_{i-1/2}(Q_h(u_h^0))\nabla\frac{\bar{\theta}_i^1+\bar{\theta}_{i-1}^0}{2},\nabla\omega\right)$$
$$+\left(\mu_{i-1/2}(Q_h(u_h^0))\frac{\bar{\theta}_i^1+\bar{\theta}_{i-1}^0}{2},\omega\right)$$
$$=-\left(\bar{D}\rho_i^1,\omega\right)+\left((k_{i-1/2}(Q_h(u_h^0))-k_{i-1/2}(p(u^{1/2})))\nabla\tilde{u}_{i-/2}^{1/2},\nabla\omega\right)$$
$$+\left((\mu_{i-1/2}(Q_h(u_h^0))-\mu_{i-1/2}(p(u^{1/2})))\tilde{u}_{i-1/2}^{1/2},\omega\right)+\left(\frac{u_i^1-u_{i-1}^0}{\Delta t}-Du_{i-1/2}^{1/2},\omega\right)$$
$$+\left(k_{i-1/2}(Q_h(u_h^0))\left(\frac{\nabla\tilde{u}_i^1+\nabla\tilde{u}_{i-1}^0}{2}-\nabla\tilde{u}_{i-1/2}^{1/2}\right),\nabla\omega\right)$$
$$+\left(\mu_{i-1/2}(Q_h(u_h^0))\left(\frac{\tilde{u}_i^1+\tilde{u}_{i-1}^0}{2}-\tilde{u}_{i-1/2}^{1/2}\right),\omega\right). \quad (5.2.80)$$

由于

$$\|Q_h(u_h^0)-p(u^{1/2})\|\leqslant Ch^{r+1}+C\Delta t,$$

取 $\omega=(\bar{\theta}_i^1+\bar{\theta}_{i-1}^0)/2$ 可得

$$\frac{1}{2\Delta t}\left(\|\bar{\theta}_i^1\|^2-\|\bar{\theta}_{i-1}^0\|^2\right)$$
$$\leqslant C\|\bar{D}\rho_i^1\|^2+C(1+\Delta t)\left(\|\bar{\theta}^1\|_{l^1(L^2)}^2+\|\bar{\theta}^0\|_{l^1(L^2)}^2\right)+C(\Delta t)^2+Ch^{2(r+1)}. \quad (5.2.81)$$

(5.2.81) 乘以 $(\Delta t)^2$, 关于 $1\leqslant i\leqslant N_a-1$ 相加, 再对所得不等式两边同时加上 $\frac{1}{2}\|\bar{\theta}_0^1\|^2\Delta t$, 可得

$$(1-C\Delta t)\|\bar{\theta}^1\|_{l^2(L^2)}^2$$
$$\leqslant(1+C\Delta t)\|\bar{\theta}^0\|_{l^1(L^2)}^2+C(\Delta t)^2\sum_{1\leqslant i\leqslant N_a}\|\bar{D}\rho_i^1\|^2+C(\Delta t)^3+C\Delta th^{2(r+1)}$$
$$\leqslant Ch^{2(r+1)}+C(\Delta t)^3+C\Delta th^{2(r+1)}+C\Delta t\sum_{1\leqslant i\leqslant N_a}\|\bar{D}\rho_i^1\|^2\Delta t$$

$$\leqslant Ch^{2(r+1)} + C(\Delta t)^3 + C\Delta t h^{2(r+1)}, \tag{5.2.82}$$

从而

$$\|\bar{\theta}^1\|_{l^2(L^2)}^2 \leqslant Ch^{2(r+1)} + C(\Delta t)^3. \tag{5.2.83}$$

由 (5.2.82), 有

$$\begin{aligned}
&\left(\frac{\theta_i^1 - \theta_{i-1}^0}{\Delta t}, \omega\right) + \left(k_{i-1/2}\left(Q_h\left(\frac{u_h^{*,1} - u_h^0}{2}\right)\right)\nabla\frac{\theta_i^1 + \theta_{i-1}^0}{2}, \nabla\omega\right) \\
&\quad + \left(\mu_{i-1/2}\left(Q_h\left(\frac{u_h^{*,1} - u_h^0}{2}\right)\right)\frac{\theta_i^1 + \theta_{i-1}^0}{2}, \omega\right) \\
&= -\left(\bar{D}\rho_i^1, \omega\right) + \left(\frac{u_i^1 - u_{i-1}^0}{\Delta t} - Du_{i-1/2}^{1/2}, \omega\right) \\
&\quad + \left(\left(k_{i-1/2}\left(Q_h\left(\frac{u_h^{*,1} - u_h^0}{2}\right)\right) - k_{i-1/2}(p(u^{1/2}))\right)\nabla\tilde{u}_{i-/2}^{1/2}, \nabla\omega\right) \\
&\quad + \left(\left(\mu_{i-1/2}\left(Q_h\left(\frac{u_h^{*,1} - u_h^0}{2}\right)\right) - \mu_{i-1/2}(p(u^{1/2}))\right)\tilde{u}_{i-1/2}^{1/2}, \omega\right) \\
&\quad + \left(k_{i-1/2}\left(Q_h\left(\frac{u_h^{*,1} - u_h^0}{2}\right)\right)\left(\nabla\frac{\tilde{u}_i^1 + \tilde{u}_{i-1}^0}{2} - \nabla\tilde{u}_{i-1/2}^{1/2}\right), \nabla\omega\right) \\
&\quad + \left(\mu_{i-1/2}\left(Q_h\left(\frac{u_h^{*,1} - u_h^0}{2}\right)\right)\left(\frac{\tilde{u}_i^1 + \tilde{u}_{i-1}^0}{2} - \tilde{u}_{i-1/2}^{1/2}\right), \omega\right).
\end{aligned} \tag{5.2.84}$$

取 $\omega = \dfrac{\theta_i^1 + \theta_{i-1}^0}{2}$, 可得

$$\frac{1}{2\Delta t}\left(\|\theta_i^1\|^2 - \|\theta_{i-1}^0\|^2\right) \leqslant C\|\bar{D}\rho_i^1\|^2 + C(\Delta t)^4 + \left\|Q_h\left(\frac{u_h^{*,1} - u_h^0}{2}\right) - p(u^{1/2})\right\|^2. \tag{5.2.85}$$

由 $Q_h(\chi^n)$ 的定义, 可得

$$\begin{aligned}
&\left\|\frac{Q_h(u_h^{*,1}) + Q_h(u_h^0)}{2} - p(u^{1/2})\right\| \\
&= \left\|\frac{Q_h(u_h^{*,1}) + Q_h(u_h^0)}{2} - \frac{Q_h(u^1) + Q_h(u^0)}{2} + \frac{Q_h(u^1) + Q_h(u^0)}{2} - p(u^{1/2})\right\| \\
&\leqslant \frac{1}{2}\left\|\frac{\Delta t}{2}\bar{\varsigma}_0^1 + \sum_{i=1}^{N_a-1}\bar{\varsigma}_i^1\Delta t + \frac{\Delta t}{2}\bar{\varsigma}_{N_a}^1\right\| + \frac{1}{2}\left\|\frac{\Delta t}{2}\varsigma_0^1 + \sum_{i=1}^{N_a-1}\varsigma_i^1\Delta t + \frac{\Delta t}{2}\varsigma_{N_a}^1\right\| + O\left((\Delta t)^2\right) \\
&\leqslant \frac{1}{2}\left(\|\theta^0\|_{l^1(L^2)} + \|\rho^0\|_{l^1(L^2)} + \|\bar{\theta}^1\|_{l^1(L^2)} + \|\rho^1\|_{l^1(L^2)}\right) + O\left((\Delta t)^2\right)
\end{aligned}$$

$$\leqslant Ch^{r+1} + ||\bar{\theta}^1||_{l^1(L^2)} + O\left((\Delta t)^2\right)$$
$$\leqslant Ch^{r+1} + O\left((\Delta t)^{3/2}\right). \tag{5.2.86}$$

由 $||\varsigma_0^0|| = ||u_{0,h}^0 - u_0^0|| = ||P_h u_0(\cdot, a_0) - u_0^0|| \leqslant Ch^{r+1}$ 和

$$\begin{aligned} ||\bar{\varsigma}_0^1|| = ||u_{0,h}^{*,1} - u_0^1|| &\leqslant C||u_h^{*,1} - u^1|| + O\left((\Delta t)^2\right) \\ &\leqslant C||u_h^{*,1} - \tilde{u}^1|| + C||\tilde{u}^1 - u^1|| + O\left((\Delta t)^2\right) \\ &\leqslant C(\Delta t)^{3/2} + C\Delta t h^{r+1} + Ch^{r+1}, \end{aligned}$$

以及 (5.2.86), 得到

$$\begin{aligned} \left\|\frac{Q_h(u_h^{*,1}) + Q_h(u_h^0)}{2} - p(u^{1/2})\right\| &\leqslant Ch^{r+1} + ||\bar{\theta}^1||_{l^1(L^2)} + C\Delta t h^{r+1} + O\left((\Delta t)^2\right) \\ &\leqslant ||\bar{\theta}^1||_{l^1(L^2)} + Ch^{r+1} + O\left((\Delta t)^2\right) + C\Delta t h^{r+1} \\ &\leqslant C(\Delta t)^{3/2} + C(\Delta t)^{1/2} h^{r+1} + Ch^{r+1}. \end{aligned} \tag{5.2.87}$$

所以可得

$$\frac{1}{2\Delta t}\left(||\theta_i^1||^2 - ||\theta_{i-1}^0||^2\right) \leqslant C||\bar{D}\rho_i^1||^2 + C(\Delta t)^3 + Ch^{2(r+1)}. \tag{5.2.88}$$

(5.2.88) 乘以 $(\Delta t)^2$, 关于 $1 \leqslant i \leqslant N_a - 1$ 相加, 再对所得不等式两边同时加上 $\frac{1}{2}||\theta_0^1||^2 \Delta t$, 可得

$$\begin{aligned} &||\theta^1||_{l^2(L^2)}^2 \\ &\leqslant ||\theta^0||_{l^2(L^2)}^2 + \frac{1}{2}||\theta_0^0||^2 \Delta t + \frac{1}{2}||\theta_0^1||^2 \Delta t + C(\Delta t)^2 \sum_{1 \leqslant i \leqslant N_a} ||\bar{D}\rho_i^1||^2 \\ &\quad + C(\Delta t)^4 + C\Delta t h^{2(r+1)} \\ &\leqslant Ch^{2(r+1)} + C(\Delta t)^2 \sum_{1 \leqslant i \leqslant N_a} ||\bar{D}\rho_i^1||^2 + C(\Delta t)^4 + C\Delta t h^{2(r+1)}. \end{aligned} \tag{5.2.89}$$

由 (5.2.79) 和 (8.2.89) 可得

$$\begin{aligned} (1 - C\Delta t)\,||\theta^n||_{l^2(L^2)}^2 \leqslant\, & C\Delta t \sum_{j=0}^{n-1} ||\theta^j||_{l^2(L^2)}^2 + C(\Delta t)^2 \sum_{1 \leqslant i \leqslant N_a} ||\bar{D}\rho_i^n||^2 \\ & + C(\Delta t)^2 \sum_{1 \leqslant i \leqslant N_a} ||\bar{D}\rho_i^1||^2 + C\left(h^{2(r+1)} + (\Delta t)^4\right). \end{aligned} \tag{5.2.90}$$

由 Gronwall 引理, 可得

$$||\theta^n||_{l^2(L^2)}^2 \leqslant C||\theta^0||_{l^2(L^2)}^2 + C\left(h^{2(r+1)} + (\Delta t)^4\right). \tag{5.2.91}$$

因此对 $n \geqslant 1$, 有

$$\|\theta^n\|_{l^2(L^2)} \leqslant C\left(h^{r+1} + (\Delta t)^2\right). \tag{5.2.92}$$

再结合 $\|\theta^0\| \leqslant Ch^{r+1}$, 可得

$$\|\theta\|_{l^{\infty,2}(L^2)} \leqslant C\left(h^{r+1} + (\Delta t)^2\right). \tag{5.2.93}$$

为了完成证明, 还需要证明假设 (B) 是成立的. 令 $M_1 = \|u\|_{l^{\infty,\infty}(L^2)}$. 不妨设 $M^{**} \geqslant \max(6\beta^* N_a, 3)M_1$. 当 $n = 0$ 和 h 足够小时, 有

$$\|u_h^0\|_{l^\infty(L^2)} \leqslant \|u^0\|_{l^\infty(L^2)} + \|\varsigma^0\|_{l^\infty(L^2)} \leqslant M_1 + Ch^{r+1} \leqslant 2M_1 \leqslant M^{**}.$$

当 $n = 1$ 时, 由 (5.2.17)—(5.2.19) 得到

$$\|u_{i,h}^1\| \leqslant \|u_{i-1,h}^0\| \leqslant 2M_1, \quad i \geqslant 1.$$

所以如果 $\Delta t \leqslant 1/\beta^*$, 由 (5.2.13) 可得

$$\|u_{0,h}^1\| \leqslant 4\beta^* N_a M_1.$$

因此

$$\|u_h^1\|_{l^\infty(L^2)} \leqslant \max(4\beta^* N_a, 2)M_1 \leqslant M^{**}.$$

如果假设 (B) 不成立, 则存在 $n \geqslant 1$ 使得

$$\|u_h^j\|_{l^\infty(L^2)} \leqslant M^{**}, \quad 0 \leqslant j \leqslant n-1,$$
$$\|u_h^n\|_{l^\infty(L^2)} \geqslant M^*.$$

因此可以得到

$$\|\theta^j\|_{l^2(L^2)} \leqslant C\left((\Delta t)^2 + h^{r+1}\right), \quad 2 \leqslant j \leqslant n.$$

由 (5.2.15) 得到

$$\|u_{i,h}^n\| \leqslant \|u_{i-1,h}^{n-1}\|.$$

如果 $i \leqslant n$, 有

$$\|u_{i,h}^n\| \leqslant \|u_{0,h}^{n-i}\| \leqslant \|u_0^{n-i}\| + \|\varsigma_0^{n-i}\| \leqslant M_1 + C\left((\Delta t)^2 + h^{r+1}\right) \leqslant 2M_1.$$

如果 $i \geqslant n$, 有

$$\|u_{i,h}^n\| \leqslant \|u_{n-i,h}^0\| \leqslant 2M_1,$$

所以 $\|u_{i,h}^n\| \leqslant 2M_1, i \geqslant 1$. 因为

$$\|u_{0,h}^n\| \leqslant 4\beta^* N_a M_1,$$

所以

$$\|u_h^n\|_{l^\infty(L^2)} \leqslant M^{**}.$$

这就产生了矛盾. 从而定理得证.

5.2.6 数值算例

考虑下面的种群模型. 它可以反映一个物种的种群动态, 例如[21,22]

$$\frac{\partial u}{\partial t}+\frac{\partial u}{\partial a}-k\frac{\partial^2 u}{\partial x^2}+\mu(a)u=0,\quad x\in\Omega,0\leqslant a\leqslant A_m,0\leqslant t\leqslant T,$$

$$u(x,0,t)=\int_0^{A_m}\beta u(x,a,t)da,\quad x\in\Omega,0\leqslant t\leqslant T,$$

$$k\frac{\partial u}{\partial \nu}=0,\quad x\in\partial\Omega,0\leqslant a\leqslant A_m,0\leqslant t\leqslant T,$$

$$u(x,a,0)=u_0(x,a),\quad x\in\Omega,0\leqslant a\leqslant A_m,$$

$$p(u)=\int_0^{A_m}u(x,a,t)da,\quad x\in\Omega,0\leqslant t\leqslant T,$$

其中 $k=0.01,\Omega=(0,0.2)$ 千米, $T=12$ 年, $A_m=15$ 年, 并且

$$u_0(x,a)=\begin{cases}10^5(20a+1)^2(1-a/3)e^{-12a}, & a\in[0,3],\\ 0, & a\in[3,A_m].\end{cases}$$

例 5.2.1 取死亡率 $\mu(a)=2$. 分别用我们的二阶显格式和 [21] 的格式来求解这个问题. 为了得到时间方向的收敛率, 我们用很小的空间步长 $h=0.005$ 来求解这个问题, 时间步长分别取 $\Delta t=1/10,1/20,1/30,1/40,1/60$ 和 $1/80$. 计算收敛率的公式如下:

$$\text{收敛率}\approx\frac{\log(E_i/E_{i+1})}{\log(\Delta t_i/\Delta t_{i+1})},$$

其中 E_i 是对应 Δt_i 剖分的时间方向相对误差. 本小节用非常细的网格 $\Delta t=1/240,\Delta a=1/240$ 和 $h=1/800$ 上的数值解来代替精确解.

表 5.2.1 中, 给出 $t=3$ 年时本节的格式和文献 [21] 的格式 (记为 DH 格式) 在不同步长下的误差阶和相对误差. 从表中容易看出我们的格式在时间方向是二阶的, 而 DH 格式是一阶的. 同时可以看出 DH 格式的误差比我们格式误差大很多.

例 5.2.2 取死亡率 $\mu(a)=2.457+2a(a-2)$. 表 5.2.2 给出数值结果. 很显然本节格式的相对误差比 DH 格式的误差小很多. 时间方向本节格式是二阶的, 而 DH 格式是一阶的. 图 5.2.1(a) 反映了种群总数的发展动态, 它描述了 $x=0.1$ (千米) 处, 时间区间为 0—12 年的种群总数变化. 首先, 总数 p 降到最小值, 然后逐步增长到最大值, 接着是较轻微的波动. 经过很长时间, 大约 4 年后, 种群总数趋近一个定值. 图 5.2.1(b) 是物种的种群总数曲面.

详细的讨论和分析, 可参阅文献 [8,25].

表 5.2.1 $\mu(a)=2, t=3$ (年) 时的收敛率和误差

	Δt	1/10	1/20	1/30	1/40	1/60	1/80
本节格式	误差	0.0446	0.0111	0.0049	0.0027	0.0012	6.2433×10^{-4}
	收敛率	–	2.0084	2.0169	2.0374	2.0844	2.1807
DH 格式	误差	0.6568	0.3169	0.2079	0.1545	0.1021	0.0762
	收敛率	–	1.0515	1.0398	1.0303	1.0223	1.0159

表 5.2.2 $\mu(a)=2.457+2a(a-2), t=3$ (年) 时的收敛率和误差

	Δt	1/10	1/20	1/30	1/40	1/60	1/80
本节格式	误差	0.0205	0.0050	0.0022	0.0012	5.3031×10^{-4}	2.8353×10^{-4}
	收敛率	–	2.0388	2.0173	2.0336	2.0140	2.1765
DH 格式	误差	0.5628	0.2763	0.1823	0.1359	0.0901	0.0673
	收敛率	–	1.0264	1.0256	1.0204	1.0136	1.0142

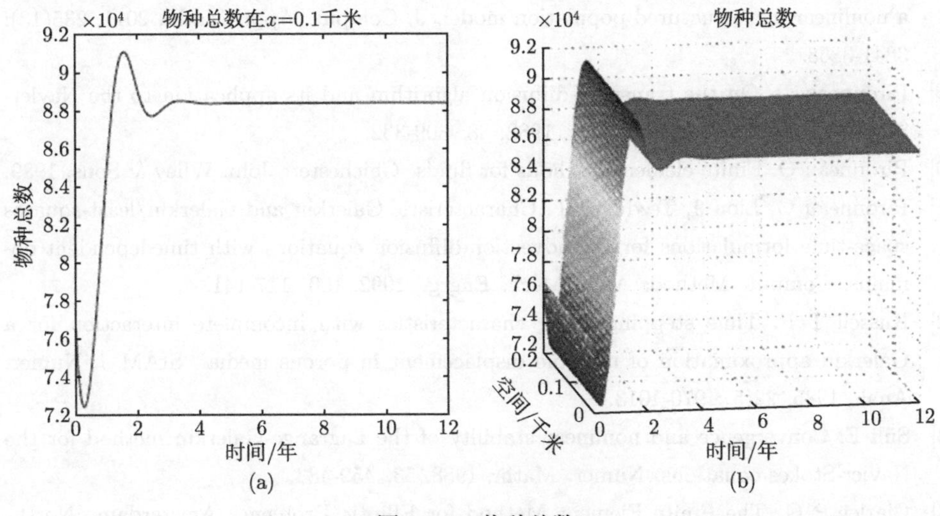

图 5.2.1 物种总数

参 考 文 献

[1] Garder A O, Peaceman D W, Pozzi A L. Numerical calculation of multidimensional miscible displacement by the method of characteristics. Soc. Pet. Eng. J., 1964, 4(1): 26-36.

[2] Douglas J, Jr, Russell T F. Numerical method for convection-dominated diffusion problems based on combining the method of characteristics with finite element or finite difference procedures. SIAM J. Numer. Anal., 1982, 19(5): 871-885.

[3] Ewing R E, Russell T F, Wheeler M F. Simulation of miscible displacement using mixed methods and a modified method of characteristics. SPE Reservoir Simulation Symposium, 1983: 71-81.

[4] Ewing R E, Russell T F, Wheeler M F. Convergence analysis of an approximation of miscible displacement in porous media by mixed finite elements and a modified method of characteristics. Comput. Methods Appl. Mech. Engrg., 1984, 47(1/2): 73-92.

[5] Douglas J, Jr, Yuan Y R. Numerical simulation of immiscible flow in porous media based on combining the method of characteristics with mixed finite element procedure. Numerical Simulation in Oil Recovery. New York: Springer-Berlag, 1986: 119-132.

[6] Douglas J, Jr, Furtado F, Pereira F. On the numerical simulation of waterflooding of heterogeneous petroleum reservoirs. Comput. Geosciences, 1997, 1(2): 155-190.

[7] Rui H X, Tabata M. A second order characteristic finite element scheme for convection-diffusion problems. Numer. Math., 2002, 92: 161-177.

[8] Liang D, Sun G Y, Wang W Q. Second-order characteristic schemes in time and age for a nonlinear age-structured population model. J. Comput. Appl. Math., 2011, 235(13): 3841-3858.

[9] Pironneau O. On the transport-diffusion algorithm and its application to the Navier-Stokes equations. Numer. Math., 1982, 38: 309-332.

[10] Pironneau O. Finite element methods for fluids. Chichester: John Wiley & Sons, 1989.

[11] Pironneau O, Liou J, Tezduyar T. Characteristic-Galerkin and Galerkin/least-squares space-time formulations for the advection-diffusion equations with timedependent domains. Comput. Methods Appl. Mech. Engrg., 1992, 100: 117-141.

[12] Russell T F. Time stepping along characteristics with incomplete interaction for a Galerkin approximation of miscible displacement in porous media. SIAM J. Numer. Anal., 1985, 22(5): 970-1013.

[13] Süli E. Convergence and nonlinear stability of the Lagrange-Galerkin method for the Navier-Stokes equations. Numer. Math., 1988, 53: 459-483.

[14] Ciarlet P G. The Finite Element Method for Elliptic Problem. Amsterdam: North-Holland, 1978.

[15] Bermúdez A, Nogueiras M R, Vázquez C. Numerical analysis of convection-diffusion-reaction problems with higher order characteristics/finite elements. Part I: Time discretization. SIAM J Numer. Anal., 2006, 44(5): 1829-1853. Part II: Fully discretized scheme and quadrature formulas. SIAM J Numer. Anal., 2006, 44(5): 1854-1876.

[16] 王红梅. 对流扩散方程的特征有限元方法. 山东大学博士学位论文, 2012.

[17] Foerster H. Some Remarks on Changing Populations in the Kinetics of Cellular Proliferation. New York: Grune and Stratton, 1959: 382-407.

[18] McKendrick A G. Applications of mathematics to medical problems. Proc. Edinb. Math. Soc., 1926, 44: 98-130.

[19] Gurtin M E, MacCamy R C. Non-linear age-dependent population dynamics. Arch. Ration. Mech. Anal., 1974, 54: 281-300.

[20] Kim M Y, Park E J. An upwind scheme for a nonlinear model in age-structured population dynamics. Comput. Math. Appl., 1995, 30: 5-17.

[21] Deng Q, Hallam T G. Numerical approximations for an age-structured model of a population dispersing in a spatially heterogeneous environment. Math. Med. Biol., 2004, 21: 247-268.

[22] Hallam T G, Lassiter R R, Henson S M. Modeling fish population dynamics. Nonlinear Anal., 2000, 40: 227-250.

[23] Milner F A. A numerical method for a model of population dynamics with spatial diffusion. Comput. Math. Appl., 1990, 19: 31-43.

[24] Thomee V. Galerkin finite element methods for parabolic problems//Lecture Notes in Mathematics, 1054. New York: Springer-Verlag, 1984.

[25] 孙冠颖. 种群模型的有效数值方法研究. 山东大学博士学位论文, 2008.

第 6 章　混溶驱动问题的混合元-欧拉-拉格朗日局部共轭方法

本章研究多孔介质中油水相混溶驱动问题的混合元-欧拉-拉格朗日局部共轭方法. 该方法具有质量守恒这一重要物理特性, 且离散方程是对称正定的, 具有很好的条件数, 对时间变量截断误差小, 适用于大步长精确计算, 可以处理各类边界条件, 适用于大规模科学与工程计算. 本章共 2 节. 6.1 节讨论对流-扩散方程的几种基于特征线逼近的数值方法. 6.2 节讨论多孔介质中相混溶渗流驱动问题的混合元-欧拉-拉格朗日局部共轭方法.

6.1　对流-扩散方程的几种基于特征线逼近的数值方法

6.1.1　引言

本节我们将介绍几种求解依赖时间的线性对流-扩散方程的数值方法. 由于对流-扩散方程的传播性质以及解所具有的动态的界面和复杂的结构, 所以求这类方程的数值解时经常遇到这样那样的问题. 传统的使用中心差商离散对流项的有限差分或有限元方法通常会造成数值解的非物理振荡, 以至于相应的数值解失去意义. 实际上用于油田开发或地下水环境评估的大型生产软件现在主要还是基于经典的单步迎风加权格式[1], 这些模拟器虽然可以消除中心格式所产生的非物理数值振荡, 但它们生成的数值解通常会带来太多的数值弥散, 以至于解的界面被过度的磨平. 此外, 经典的迎风格式还会造成严重的网格效应, 也就是说对同样的物理问题只要计算网格旋转一定角度, 就会得到完全不同的数值解. 一直以来该领域的研究者都在致力于寻求精确有效并保持原问题物理特性的数值格式. 因为依赖时间的对流-扩散方程具有双曲方程的传播特性, 所以基于沿特征线离散的数值逼近, 人们已经构造了很多精确高效并相互关联的数值方法. 接下来为了讨论方便, 我们假定孔隙度 ϕ 为常数, 并将源汇项记为 f, Darcy 速度为 u, 扩散矩阵记为 D. 那么依赖时间的对流-扩散方程可以简化为

$$\frac{\partial c}{\partial t}+\nabla\cdot(uc-D\nabla c)=f,\quad X\in\Omega,t\in(0,T]. \tag{6.1.1}$$

特征线方法的本质就是将流体沿着速度场的传输用拉格朗日坐标系表示出来, 然后沿着流体流动的方向进行逼近. 从数学上讲, 就是将时间导数项和对流项相结合组

成沿拉格朗日坐标的物质导数

$$\frac{dc}{dt}=\frac{\partial c}{\partial t}+u\cdot\nabla c, \tag{6.1.2}$$

那么在拉格朗日坐标系下, 对流-扩散方程 (6.1.1) 就可以转化为

$$\frac{dc}{dt}-\nabla\cdot(D\nabla c)+(\nabla\cdot u)\,c=f. \tag{6.1.3}$$

从而我们只可以显式地看到扩散项、反应项和右端函数的影响, 而看不到对流项的影响. 所以对流-扩散方程的解 $c(X,t)$ 沿特征线方向要比沿时间方向光滑, 这正是特征线方法允许使用大的时间步长, 而不影响解的稳定性和精度的原因.

20 世纪 60 年代人们就基于 (6.1.3) 构造了向前追踪的特征线方法 (the method of characteristics or MOC)[2]. 直到近年来, 人们还在不断地开发改进这一类的方法, 其中包括粒子 (particle) 方法和流线 (streamline) 方法, 并将它们广泛地应用到许多实际问题. 这一类方法的思想是将当前时间步的质量分解为若干个通常分布在单元节点或 Gauss 点上的质量粒子, 然后将这些粒子沿由 (6.1.2) 定义的特征线 (即拉格朗日坐标系) 传输到下一个时间步, 并以适当的方式附加源汇项和扩散项的作用. 这类方法的优点是对于相对简单的问题比较容易实现; 缺点是沿特征线向前追踪扭曲了原有空间网格, 给计算带来诸多不便, 譬如, 这类方法在处理含导数项的边界条件时有困难, 并且难以保证质量守恒.

为了消除向前追踪的特征线方法扭曲求解网格的主要缺陷, 20 世纪 80 年代初期 Douglas 和 Russell 提出了沿特征线向后追踪的所谓修正特征线的方法 (MMOC)[3], 克服了原有特征线方法的缺点. 但是因为 MMOC 方法不满足质量守恒, 不久 Douglas 等又对其进行了修正, 构造了校正对流项的特征线方法 (MMOCAA)[4,5], 该方法满足整体质量守恒. 不过 MMOC 和 MMOCAA 方法及这之前的特征线方法有一个共同的缺点就是不能处理一般边界条件, 它们只适用于周期性边界条件或者 noflow 边界条件等特殊的边界条件, 从而严重影响了特征线方法的应用价值, 因此 1990 年 Celia 等又提出了新的欧拉-拉格朗日局部共轭方法 (ELLAM)[6]. ELLAM 方法不但能够处理一般边界条件, 而且保持质量守恒. 本节中我们将详细介绍 MMOC 方法、MMOCAA 方法和 ELLAM 方法, 并在后面的 6.2 节中分别针对它们展开数值分析和科学计算.

6.1.2 修正的特征线方法和校正对流项的修正特征线方法

6.1.2.1 修正的特征线方法 (MMOC)

当修正的特征线方法 (the modified method of characteristics, MMOC) 用于求解守恒型对流-扩散方程 (6.1.1) 时, 首先需将其改写为沿拉格朗日坐标的非守恒形

式 (6.1.3). 该方法的主要思想是在当前时间步的固定 (欧拉) 空间网格上对方程 (6.1.3) 中的扩散项及其他项进行离散, 而对于沿特征线的物质导数则在固定的空间节点或 Gauss 点上沿特征线 (即拉格朗日坐标系) 向后追踪到之前的一个时间步的对应空间点上, 所以我们更习惯将其统称为欧拉-拉格朗日方法.

具体来讲, 首先定义拟一致的空间剖分 T_h 和时间剖分 $0 = t_0 < t_1 < \cdots t_n < \cdots < t_{N-1} < t_N = T$, 记 $\Delta t = t_n - t_{n-1}, n = 1, 2, \cdots, N$. 这里我们假定方程 (6.1.3) 的空间定义域 Ω 为具有 Lipschitz 边界的 d 维空间 R^d 中的有界凸区域, $d = 2, 3$. 对于当前时间步 t_n 上的任意空间点 X, 定义其向后追踪到时间步 t_{n-1} 上的原像点为

$$X_h^* = r_h(t_{n-1}; X, t_n), \tag{6.1.4}$$

其中近似特征线

$$r_h(t; \bar{X}, \bar{t}) = \bar{X} - u(\bar{X}, \bar{t})(\bar{t} - t). \tag{6.1.5}$$

那么在点 (X, t_n), 沿拉格朗日坐标采用向后差商离散由方程 (6.1.2) 定义的物质导数[3]:

$$\begin{aligned}
&c_t(X, t_n) + u(X, t_n) \cdot \nabla c(X, t_n) \\
&= \sqrt{1 + u(X, t_n)^2} \frac{dc}{dt}(X, t_n) \\
&= \frac{c(X, t_n) - c(X_h^*, t_{n-1})}{\Delta t} \\
&\quad + \frac{1}{\Delta t} \int_{t_{n-1}}^{t_n} \sqrt{(r_h(t; X, t_n) - X_h^*)^2 + (t - t_{n-1})^2} \frac{d^2 c}{dt^2}(r_h(t; X, t_n), t) dt.
\end{aligned}$$

因为修正的特征线方法只能处理 noflow 边界条件、周期性边界条件或第一边界条件下的对流-扩散方程 (6.1.1), 所以这里假定为周期性边界条件, 将上式代入 (6.1.1), 然后在区域 Ω 上与检验函数 $\omega(X)$ 做内积, 得到下述的等价变分形式:

$$\begin{aligned}
&\int_\Omega \frac{c(X, t_n) - c(X_h^*, t_{n-1})}{\Delta t} \omega(X) dX + \int_\Omega D(X, t_n) \nabla c(X, t_n) \cdot \nabla \omega(X) dX \\
&\quad + \int_\Omega \nabla \cdot u(X, t_n) \nabla c(X, t_n) \omega(X) dX \\
&= \int_\Omega f(X, t_n) \omega(X) dX - \frac{1}{\Delta t} E(c, \omega),
\end{aligned} \tag{6.1.6}$$

其中局部截断误差 $E(c, \omega)$ 定义为

$$E(c, \omega) = \int_\Omega \omega(X) \int_{t_{n-1}}^{t_n} \sqrt{(r_h(t; X, t_n) - X_h^*)^2 + (t - t_{n-1})^2} \frac{d^2 c}{dt^2}(r_h(t; X, t_n), t) dt dX.$$

记 $S_h(\Omega)$ 为区域 Ω 上的有限元空间, 那么相应的修正的特征线方法的数值格式可以表述如下: 当 $n=1,2,\cdots,N$ 时, 寻求 $c_h(\cdot,t_n)\in S_h(\Omega)$, 对于任意的检验函数 $\omega_h\in S_h(\Omega)$ 使得

$$\begin{aligned}&\int_\Omega \frac{c_h(X,t_n)-c_h(X_h^*,t_{n-1})}{\Delta t}\omega_h(X)dX+\int_\Omega D(X,t_n)\nabla c_h(X,t_n)\cdot\nabla\omega_h(X)dX\\&+\int_\Omega \nabla\cdot u(X,t_n)\nabla c_h(X,t_n)\omega_h(X)dX\\=&\int_\Omega f(X,t_n)\omega_h(X)dX.\end{aligned}\tag{6.1.7}$$

从上述格式可以看出, MMOC 方法沿拉格朗日坐标将区域 Ω 中的任意一点 X 从当前时间步 t_n 向后追踪到前一个时间步 t_{n-1}, 以确定 X 在前一时间步 t_{n-1} 的原像 X_h^*, 从而计算 t_{n-1} 时间步上的积分, 所以这部分计算并不影响求解网格. 而且 MMOC 方法对于扩散项则依然在固定的网格上进行离散[3,4,7-9], 因此该方法不会扭曲空间网格, 克服了向前追踪的特征线方法的主要缺陷.

此外, 特征线的应用使对流-扩散方程对称化, 从而使这类格式具有对称正定的系数矩阵和相对改进的条件数. 而通常的迎风格式会导致强烈非对称的病态的系数矩阵, 所以 MMOC 方法的数值解极大地减少了数值扩散, 而且不受网格方向的影响; 除此之外, 即便是使用大的时间步长和粗的空间剖分, 数值解也能够很好地逼近精确解[4,8,9]. 然而, 在含导数的边界条件下, 当特征线向后追踪到边界时无法计算 $c_h(X_h^*,t_{n-1})$, 这是 MMOC 方法不能处理含导数的边界条件的原因. 还需要说明的一点是, 由于特征线方法本身的局限, MMOC 方法必须把守恒型的对流-扩散方程表示成非守恒形式. 虽然它们在连续意义上是等价的, 但各自对应的数值离散一般来讲是不等价的, 这也是 MMOC 方法不能保持质量守恒的原因, 而保持质量守恒对多孔介质流体的数值模拟非常重要.

6.1.2.2 校正对流项的修正特征线方法 (MMOCAA)

20 世纪 80 年代后期 Douglas 等又提出了一种校正对流项的修正特征线方法 (the modified method of characteristics with adjusted advection, MMOCAA)[4]. 该方法的基本思想是在每一个时间步上对 MMOC 方法的解进行后处理, 以使经过后处理的解满足质量守恒, 具体来讲就是对 MMOC 格式 (6.1.7) 中的所有检验函数求和, 得到关于 MMOC 方法的数值解 $c_h(X,t_{n-1})$ 的质量守恒方程

$$\int_\Omega c_h(X,t_n)dX=\int_\Omega c_h(X_h^*,t_{n-1})dX+\Delta t\int_\Omega f(X,t_n)dX.$$

另一方面在区域 $\Omega\times[t_{n-1},t_n]$ 上对方程 (6.1.1) 进行积分, 然后在 t_n 时刻应用向后欧拉方法离散时间导数, 并且取 $c(X,t_{n-1})=c_h(X,t_{n-1})$, 得到关于精确解的

质量守恒方程 (忽略截断误差的影响):

$$\int_{\Omega} c(X,t_n)dX = \int_{\Omega} c_h(X,t_{n-1})dX + \Delta t\int_{\Omega} f(X,t_n)dX.$$

记 $Q_{n-1} = \int_{\Omega} c_h(X,t_{n-1})dX, Q^*_{n-1} = \int_{\Omega} c_h(X^*_h,t_{n-1})dX$, 那么当且仅当 $Q_{n-1} = Q^*_{n-1}$ 时 MMOC 方法保持质量守恒. 如果 $Q_{n-1} \neq Q^*_{n-1}$, 为了减少 MMOC 方法的质量损失, 定义 (图 6.1.1)

$$X^*_{h,+} = X^*_h + \kappa u(X,t_n)(\Delta t)^2, \quad X^*_{h,-} = X^*_h - \kappa u(X,t_n)(\Delta t)^2,$$

$$c^{\#}_h(X^*_h,t_{n-1}) = \begin{cases} \max\{c_h(X^*_{h,+},t_{n-1}), c_h(X^*_{h,-},t_{n-1})\}, & Q^*_{n-1} \leqslant Q_{n-1}, \\ \min\{c_h(X^*_{h,+},t_{n-1}), c_h(X^*_{h,-},t_{n-1})\}, & Q^*_{n-1} > Q_{n-1}, \end{cases}$$

$$Q^{\#}_{n-1} = \int_{\Omega} c^{\#}_h(X^*_h,t_{n-1})dX,$$

其中 κ 为固定常数.

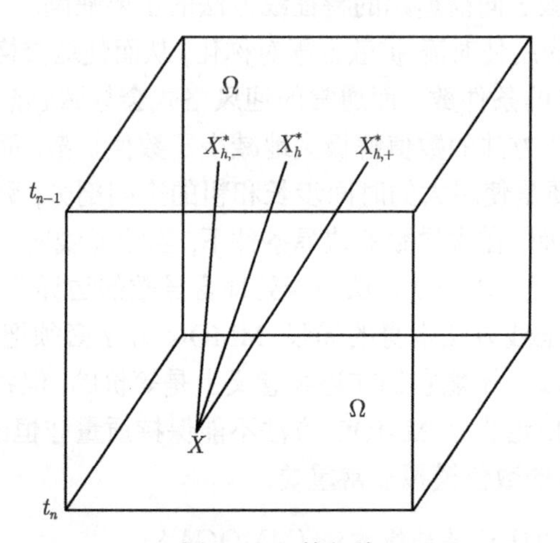

图 6.1.1　特征线

校正对流项的修正特征线方法的格式为: 如果 $Q_{n-1} = F(Q^*_{n-1}, Q^{\#}_{n-1})$, 其中 F 为 Q^*_{n-1} 和 $Q^{\#}_{n-1}$ 的凸线性组合, 定义 $\check{c}_h(X^*_h,t_{n-1}) = F(c_h(X^*_h,t_{n-1}), c^{\#}_h(X^*_h,t_{n-1}))$, 则 $Q_{n-1} = \int_{\Omega} \check{c}_h(X^*_h,t_{n-1})dX$. 那么在 (6.1.7) 中用 $\check{c}_h(X^*_h,t_{n-1})$ 取代 $c_h(X^*_h,t_{n-1})$, 便得到了校正对流项的修正特征线方法.

6.1.3　欧拉-拉格朗日局部共轭方法

欧拉-拉格朗日局部共轭方法 (Eulerian-Lagrangian localized adjoint method, ELLAM) 提供了一种系统地应用欧拉-拉格朗日方式精确求解依赖时间的守恒型对流-扩散方程 (6.1.1) 并保持质量守恒的框架[6], 而且该方法可以系统地处理各种边界条件. 换言之, 欧拉-拉格朗日局部共轭法保持了修正特征线法的各种数值优点, 同时又克服了其不能系统处理一般边界条件和不保持质量守恒的缺点.

6.1.3.1 一维情形

为便于理解, 我们以周期性边界条件为例介绍一维空间的 ELLAM 方法, 将讨论的重点放在 ELLAM 方法本身的构造上, 把多维空间的一般边界条件的情况放在下一小节讨论.

在 ELLAM 方法的框架下, 检验函数在时空区间 $[a,b]\times(t_{n-1},t_n]$ 内为连续的分片光滑的函数, 在 $[a,b]\times(t_{n-1},t_n]$ 区间外为零, 并且满足不连续条件 $\omega(x,t_n)=\lim\limits_{t\to t_n-0}\omega(x,t), \omega(x,t_{n-1})\neq\lim\limits_{t\to t_{n-1}+0}\omega(x,t)$, 记 $\omega(x,t_{n-1}^+)\neq\lim\limits_{t\to t_{n-1}+0}\omega(x,t)$. 以检验函数 $\omega(x,t)$ 乘以方程 (6.1.1) 的两端, 然后在时空区间 $[a,b]\times(t_{n-1},t_n]$ 上积分, 得到如下弱形式:

$$
\begin{aligned}
&\int_a^b c(x,t_n)\omega(x,t_n)dx+\int_{t_{n-1}}^{t_n}\int_a^b D(x,t)c_x(x,t)\omega_x(x,t)dxdt\\
&-\int_{t_{n-1}}^{t_n}\int_a^b c(x,t)(\omega_t(x,t)+u(x,t)\omega_x(x,t))dxdt\\
=&\int_a^b c(x,t_{n-1})\omega(x,t_{n-1}^+)dx+\int_{t_{n-1}}^{t_n}\int_a^b f(x,t)\omega(x,t)dxdt.
\end{aligned}\tag{6.1.8}
$$

在 ELLAM 方法的框架下[6], 要求检验函数满足方程 (6.1.1) 的共轭方程的双曲部分, 即

$$
\omega_t+u\omega_x=0.\tag{6.1.9}
$$

定义在时刻 $\bar{t}$ 若经过点 $\bar{x}$ 的特征曲线 $r(t;\bar{x},\bar{t})$:

$$
\frac{dr}{dt}=u(r,t),\quad r(t;\bar{x},\bar{t})|_{t=\bar{t}}=\bar{x}.\tag{6.1.10}
$$

那么方程 (6.1.9) 说明检验函数 $\omega(x,t)$ 沿特征曲线 $r(t;x,t_n)$ 为常数. 所以一旦检验函数 $\omega(x,t)$ 在 t_n 时刻区间 $[a,b]$ 上的值给定, 它在整个时空区域 $[a,b]\times(t_{n-1},t_n]$ 内的定义就唯一确定了.

注意到 $u(x,t)$ 是关于 x 的周期函数, 周期为 $b-a$, 那么曲线 $r^S(t;b,t_n):=r(t;b,t_n)-(b-a)$ 满足如下初边值问题:

$$
\begin{aligned}
&\frac{dr^S(t;b,t_n)}{dt}=\frac{dr(t;b,t_n)}{dt}=u(r(t;b,t_n),t)=u(r^S(t;b,t_n),t),\\
&r^S(t;b,t_n)|_{t=t_n}=b-(b-a)=a.
\end{aligned}
$$

所以曲线 $r^S(t;b,t_n)$ 和 $r(t;a,t_n)$ 是同一个初边值问题的解, 又由解的存在唯一性可知

$$
r(t;b,t_n)-r(t;a,t_n)=b-a,\quad \forall t\in[t_{n-1},t_n].\tag{6.1.11}
$$

为了表述的清晰和方便, 我们记 x 为 t_n 时刻区间 $[a,b]$ 内的任意一点, 记 y 为 $t\in(t_{n-1},t_n)$ 时刻区间 $[a,b]$ 内的任意一点. 利用关系式 (6.1.11) 和方程 (6.1.1) 的周期性, 源汇项可以离散为

$$\begin{aligned}\int_{t_{n-1}}^{t_n}\int_a^b f(y,t)\omega(y,t)dydt &= \int_{t_{n-1}}^{t_n}\int_{r(t;a,t_n)}^{r(t;b,t_n)} f(y,t)\omega(y,t)dydt\\ &= \int_a^b\left[\int_{t_{n-1}}^{t_n} f(r(t;x,t_n),t)r_x(t;x,t_n)dt\right]\omega(x,t_n)dx\\ &= \Delta t\int_a^b f(x,t_n)\omega(y,t_n)dx + E_1(\omega),\end{aligned}\tag{6.1.12}$$

其中 $E_1(\omega)$ 是局部截断误差, 定义为

$$E_1(\omega):=\int_a^b\int_{t_{n-1}}^{t_n}\left[f(r(t;x,t_n),t)r_x(t;x,t_n)-f(x,t_n)\right]dt\omega(x,t_n)dx.\tag{6.1.13}$$

类似地, 离散扩散项

$$\begin{aligned}&\int_{t_{n-1}}^{t_n}\int_a^b D(y,t)c_y(y,t)\omega_y(y,t)dydt\\ =&\int_a^b\int_{t_{n-1}}^{t_n} D(r(t;x,t_n),t)c_y(r(t;x,t_n),t)\omega_x(x,t_n)dtdx\\ =&\Delta t\int_a^b D(x,t_n)c_x(x,t)\omega_x(x,t_n)dx + E_2(c,\omega),\end{aligned}\tag{6.1.14}$$

局部截断误差 $E_2(c,\omega)$ 定义为

$$E_2(c,\omega):=\int_a^b\int_{t_{n-1}}^{t_n}\left[(Dc_x)(r(t;x,t_n),t)-(Dc_x)(x,t_n)\right]dt\omega_x(x,t_n)dx.\tag{6.1.15}$$

定义

$$x^*=r(t_{n-1};x,t_n),\quad x=r(t_{n-1};\tilde{x},t_n).\tag{6.1.16}$$

将方程 (6.1.12) 和 (6.1.14) 代入 (6.1.8), 得 ELLAM 方法的变分形式

$$\begin{aligned}&\int_a^b c(x,t_n)\omega(x,t_n)dx+\Delta t\int_a^b D(x,t_n)c_x(x,t_n)\omega_x(x,t_n)dx\\ =&\int_a^b c(x^*,t_{n-1})\omega(x,t_n)r_x(t_{n-1};x,t_n)dx\\ &+\Delta t\int_a^b f(x,t_n)\omega(x,t_n)dx+E_1(\omega)+E_2(c,\omega).\end{aligned}\tag{6.1.17}$$

在方程 (6.1.17) 的推导过程中, 利用了问题的周期性、关系式 (6.1.11) 和检验函数 ω 沿特征线为常数的性质, 将方程 (6.1.8) 右端第一项改写为

$$\int_a^b c(y,t_{n-1})\omega(y,t_{n-1}^+)dy = \int_a^b c(x^*,t_{n-1})\omega(x,t_n)r_x(t_{n-1};x,t_n)dx. \quad (6.1.18)$$

下面基于变分形式 (6.1.17), 构造 ELLAM 数值方法. 注意到一般情况下边值问题 (6.1.10) 的精确解是得不到的, 所以在数值上我们取其近似解, 即由 (6.1.5) 所定义的近似特征线的一维简化 $r_h(t;x,t_n)$: 在 ELLAM 的数值格式中检验函数 ω_h 沿近似特征线 $r_h(t;x,t_n)$ 为常数. 所以 ELLAM 方法为: 当 $n=1,2,\cdots,N$ 时, 寻求 $c_h(\cdot,t_n)\in S_h(\Omega)$, 使得对于任意的 $\omega_h(\cdot,t_n)\in S_h(\Omega)$ 满足

$$\begin{aligned}&\int_a^b c_h(x,t_n)\omega_h(x,t_n)dx+\Delta t\int_a^b D(x,t_h)c_{h,x}(x,t_n)\omega_{h,x}(x,t_n)dx\\ =&\int_a^b c_h(x_h^*,t_{n-1})\omega_h(x,t_n)r_{h,x}(t_{n-1};x,t_n)dx+\Delta t\int_a^b f(x,t_n)\omega_h(x,t_n)dx,\end{aligned} \quad (6.1.19)$$

其中 x_h^* 由 (6.1.4) 给出, 而 $\tilde{x}_h$ 由下式定义

$$x=r_h(t_{n-1};\tilde{x}_h,t_n). \quad (6.1.20)$$

ELLAM 方法、MMOC 方法、MMOCAA 方法以及其他的欧拉-拉格朗日方法都要求时间步长 Δt 满足条件:

$$\|u\|_{L^\infty(0,T;W_\infty^1)}\Delta t<1, \quad (6.1.21)$$

该条件确保了由 (6.1.5) 定义的不同的近似特征线在时间区间 $[t_{n-1},t_n]$ 内不相交. 这个限制条件在以后的误差分析中会经常用到, 将不再一一说明.

6.1.3.2 多维情形

本小节考虑依赖时间的对流-扩散方程 (6.1.1) 多维空间的 ELLAM 方法, 一般边界条件定义为

$$\begin{aligned}&(uc-D\nabla c)\cdot n=g^{(i)}(X,t),\quad X\in\Gamma^{(i)},\quad D\nabla c\cdot n=0,\quad X\in\Gamma^{(n)},\\ &D\nabla c\cdot n=g^{(0)}(X,t),\quad X\in\Gamma^{(0)},\end{aligned} \quad (6.1.22)$$

此处 $\Gamma^{(i)},\Gamma^{(n)}$ 和 $\Gamma^{(0)}$ 分别定义为

$$\begin{aligned}\Gamma^{(i)}:=\{X|X\in\Gamma,u\cdot n<0\},\quad \Gamma^{(n)}:=\{X|X\in\Gamma,u\cdot n=0\},\\ \Gamma^{(0)}:=\{X|X\in\Gamma,u\cdot n>0\}.\end{aligned} \quad (6.1.23)$$

显然有 $\Gamma = \Gamma^{(i)} \cup \Gamma^{(n)} \cup \Gamma^{(0)}$.

初始条件定义为

$$c(X,0) = c_0(X), \quad X \in \Omega. \tag{6.1.24}$$

因为速度场 $u(X,t)$ 与时间有关, 所以边界 $\Gamma^{(i)}$, $\Gamma^{(n)}$ 和 $\Gamma^{(0)}$ 随着时间的推移会发生变化, 这里我们假设在给定的时间区间 $(t_{n-1},t_n]$ 内, $\Gamma^{(i)}$, $\Gamma^{(n)}$ 和 $\Gamma^{(0)}$ 固定不变. 记 $B_n^{(i)} := \Gamma^{(i)} \times (t_{n-1},t_n], B_n^{(n)} := \Gamma^{(n)} \times (t_{n-1},t_n], B_n^{(0)} := \Gamma^{(0)} \times (t_{n-1},t_n]$. 同一维情形类似得如下弱形式:

$$\begin{aligned}
&\int_\Omega c(X,t_n)\omega(X,t_n)dX + \int_{t_{n-1}}^{t_n}\int_\Omega (D\nabla c \cdot \nabla\omega)(Y,\theta)dYd\theta \\
&+ \int_{t_{n-1}}^{t_n}\int_\Gamma (uc - D\nabla c)(X,t)\cdot n(X)\omega(X,t)dSdt \\
&- \int_{t_{n-1}}^{t_n}\int_\Omega c(Y,\theta)(\omega_\theta + u\cdot\nabla\omega)(Y,\theta))dYd\theta \\
= &\int_\Omega c(X,t_{n-1})\omega(X,t_{n-1}^+)dX + \int_{t_{n-1}}^{t_n}\int_\Omega f(Y,\theta)\omega(Y,\theta)dYd\theta.
\end{aligned} \tag{6.1.25}$$

用近似特征线 (6.1.5) 直接定义检验函数, 并推导 ELLAM 数值方法. 下面引进几个与时间相关的记号:

(1) $t_n^*(X)$: 对任意的 $X \in \Omega$, 如果存在 $\theta \in [t_{n-1},t_n]$, 使得 $r_h(\theta;X,t_n) \in \Gamma$, 则定义 $t_n^*(X) = \theta$; 否则 $t_n^*(X) = t_{n-1}$.

(2) $t_n^*(X,t)$: 对任意的 $(X,t) \in B_n^{(0)}$, 如果存在 $\theta \in [t_{n-1},t)$, 使得 $r_h(\theta;X,t_n) \in \Gamma$, 则定义 $t_n^*(X,t) = \theta$; 否则 $t_n^*(X,t) = t_{n-1}$.

又记

$$\Delta t_n^{(i)}(X) := t_n - t_n^*(X), \quad \Delta t_n^{(0)}(X,t) := t - t_n^*(X,t). \tag{6.1.26}$$

这里我们定义检验函数 ω 沿近似特征线为常数:

$$\begin{aligned}
\omega\left(r_h(\theta;X,t_n),\theta\right) &:= \omega\left(X,t_n\right), \quad \theta \in [t_n^*(X),t_n], X \in \bar{\Omega}, \\
\omega\left(r_h(\theta;X,t),\theta\right) &:= \omega\left(X,t\right), \quad \theta \in [t_n^*(X,t),t], (X,t) \in B_n^0.
\end{aligned} \tag{6.1.27}$$

ELLAM 方法中主要分析问题在时间区间 $(t_{n-1},t_n]$ 上的性质, 所以在本小节后面的论述中, 在不引起混淆的前提下分别使用 $\Delta t, \Delta t^{(i)}(X)$ 和 $\Delta t^{(0)}(X,t)$ 代替 $\Delta t_n, \Delta t_n^{(i)}(X)$ 和 $\Delta t_n^{(0)}(X,t)$.

对任意的 $\theta \in [t_{n-1},t_n]$, 定义

$$\begin{aligned}
\Omega_n^{(0)}(\theta) &:= \left\{Y \in \Omega | \exists (X,t) \in \Gamma \times [\theta,t_n], \text{ s.t. } Y = r_h(\theta;X,t)\right\}, \\
\Omega_n^{(i)}(\theta) &:= \left\{X \in \Omega | \exists (Y,\gamma) \in \Gamma \times [t_{n-1},\theta], \text{ s.t. } Y = r_h(\gamma;X,\theta)\right\}.
\end{aligned} \tag{6.1.28}$$

然后将方程 (6.1.25) 右端的源汇项分解

$$\begin{aligned}&\int_{t_{n-1}}^{t_n}\int_{\Omega} f(Y,\theta)\omega(Y,\theta)dYd\theta\\=&\int_{t_{n-1}}^{t_n}\int_{\Omega\backslash\Omega_n^{(0)}(\theta)} f(Y,\theta)\omega(Y,\theta)dYd\theta+\int_{t_{n-1}}^{t_n}\int_{\Omega_n^{(0)}(\theta)} f(Y,\theta)\omega(Y,\theta)dYd\theta.\end{aligned} \tag{6.1.29}$$

因为对任意的 $Y\in\Omega\backslash\Omega_n^{(0)}(\theta)$, 存在点 $X\in\Omega$ 使得 $Y=r_h(\theta;X,t_n)$, 所以在上式右端第一项中用 $r_h(\theta;X,t_n)$ 代替 Y, 然后利用检验函数的性质 (6.1.27) 得

$$\begin{aligned}&\int_{t_{n-1}}^{t_n}\int_{\Omega\backslash\Omega_n^{(0)}(\theta)} f(Y,\theta)\omega(Y,\theta)dYd\theta\\=&\int_{\Omega}\int_{t_n^*(X)}^{t_n} f(r_h(\theta;X,t_n),\theta)\omega(r_h(\theta;X,t_n),\theta)\left|\det(J_{h1}(\theta;X,t_n))\right|d\theta dX\\=&\int_{\Omega}\Delta t^{(i)}(X)f(X,t_n)\omega(X,t_n)dX+E_1(f,\omega),\end{aligned} \tag{6.1.30}$$

其中 $J_{h1}(\theta;X,t_n)$ 是从 X 到 $r_h(\theta;X,t_n)$ 的变换的雅可比矩阵, $E_1(f,\omega)$ 是局部截断误差,

$$\begin{aligned}E_1(f,\omega):=\int_{\Omega}\int_{t_n^*(X)}^{t_n}&\left(f(r_h(\theta;X,t_n),\theta)\left|\det(J_{h1}(\theta;X,t_n))\right|\right.\\&\left.-f(X,t_n)\right)d\theta\omega(X,t_n)dX.\end{aligned} \tag{6.1.31}$$

又因为对任意的 $Y\in\Omega_n^{(0)}(\theta)$, 存在 $(X,t)\in B_n^{(0)}$ 使得 $Y=r_h(\theta;X,t)$, 那么类似于方程 (6.1.30) 的推导过程, 可得

$$\begin{aligned}&\int_{t_{n-1}}^{t_n}\int_{\Omega_n^{(0)}(\theta)} f(Y,\theta)\omega(Y,\theta)dYd\theta\\=&\int_{B_n^{(0)}}\left(\int_{t_n^*(X,t)}^{t} f(r_h(\theta;X,t),\theta)\left|\det(J_{h2}(\theta;X,t))\right|d\theta\right)\omega(X,t)dXdt\\=&\int_{B_n^{(0)}}\Delta t^{(0)}(X,t)u(X,t)\cdot n(X)f(X,t)\omega(X,t)dXdt+E_2(f,\omega),\end{aligned} \tag{6.1.32}$$

其中 $J_{h2}(\theta;X,t)$ 是从 $(X,t)\in B_n^{(0)}$ 到 $r_h(\theta;X,t)\in\Omega_n^{(0)}(\theta)$ 的变换的雅可比矩阵, 局部截断误差 $E_2(f,\omega)$ 为

$$\begin{aligned}E_2(f,\omega):=\int_{B_n^{(0)}}\int_{t_n^*(X,t)}^{t}&\left(f(r_h(\theta;X,t),\theta)\left|\det(J_{h2}(\theta;X,t))\right|\right.\\&\left.-u(X,t)\cdot n(X)f(X,t)\right)\omega(X,t)d\theta dXdt.\end{aligned} \tag{6.1.33}$$

仿照方程 (6.1.29), 将 (6.1.25) 式等号左端的扩散项分解为

$$
\begin{aligned}
\int_{t_{n-1}}^{t_n}\int_{\Omega}(D\nabla c)(Y,\theta)\cdot\nabla\omega(Y,\theta)dYd\theta=&\int_{t_{n-1}}^{t_n}\int_{\Omega\backslash\Omega_n^{(0)}(\theta)}(D\nabla c)(Y,\theta)\cdot\nabla\omega(Y,\theta)dYd\theta\\
&+\int_{t_{n-1}}^{t_n}\int_{\Omega_n^{(0)}(\theta)}(D\nabla c)(Y,\theta)\cdot\nabla\omega(Y,\theta)dYd\theta.
\end{aligned}
\tag{6.1.34}
$$

类似于 (6.1.30), 得

$$
\begin{aligned}
&\int_{t_{n-1}}^{t_n}\int_{\Omega\backslash\Omega_n^{(0)}(\theta)}(D\nabla c)(Y,\theta)\cdot\nabla\omega(Y,\theta)dYd\theta\\
=&\int_{\Omega}\int_{t_n^*(X)}^{t_n}(D\nabla c)(r_h(\theta;X,t_n),\theta)\cdot\nabla\omega(r_h(\theta;X,t_n),\theta)\left|\det(J_{h1}(\theta;X,t_n))\right|d\theta dX\\
=&\int_{\Omega}\Delta t^{(i)}(X)D(X,t)\nabla c(X,t_n)\cdot\nabla\omega(X,t_n)dX+E_3(c,\omega),
\end{aligned}
\tag{6.1.35}
$$

其中 $E_3(c,\omega)$ 是局部截断误差, 定义为

$$
\begin{aligned}
E_3(c,\omega):=\int_{\Omega}\int_{t_n^*(X)}^{t_n}&((D\nabla c\cdot\nabla\omega)(r_h(\theta;X,t_n),\theta)\left|\det(J_{h1}(\theta;X,t_n))\right|\\
&-D(X,t_n)\nabla c(X,t_n)\cdot\nabla\omega(X,t_n))\,d\theta dX.
\end{aligned}
\tag{6.1.36}
$$

采用同样的方法离散 (6.1.34) 右端第二项,

$$
\begin{aligned}
&\int_{t_{n-1}}^{t_n}\int_{\Omega_n^{(0)}(\theta)}(D\nabla c)(Y,\theta)\cdot\nabla\omega(Y,\theta)dYd\theta\\
=&\int_{B_n^{(0)}}\left(\int_{t_n^*(X,t)}^{t}(D\nabla c\cdot\nabla\omega)(r_h(\theta;X,t),\theta)\left|\det(J_{h2}(\theta;X,t))\right|d\theta\right)dXdt\\
=&\int_{B_n^{(0)}}\Delta t^{(0)}(X,t)u(X,t)\cdot n(X)D(X,t)\nabla c(X,t)\cdot\nabla\omega(X,t)dXdt+E_4(c,\omega),
\end{aligned}
\tag{6.1.37}
$$

其中局部截断误差 $E_4(c,\omega)$ 为

$$
\begin{aligned}
E_4(c,\omega):=\int_{B_n^{(0)}}\int_{t_n^*(X,t)}^{t}&((D\nabla c\cdot\nabla\omega)(r_h(\theta;X,t),\theta)\left|\det(J_{h2}(\theta;X,t))\right|\\
&-u(X,t)\cdot n(X)D(X,t)\nabla c(X,t)\cdot\nabla\omega(X,t))\,d\theta dXdt.
\end{aligned}
\tag{6.1.38}
$$

记 $n(X)$ 为边界 $\Gamma^{(0)}$ 的单位外法向量, $n_1(X),n_2(X),\cdots,n_{d-1}(X)$ 是边界 $\Gamma^{(0)}$ 的单位切向量, 那么 $n_1(X),n_2(X),\cdots,n_{d-1}(X),n_d(X)(n_d(X)=n(X))$ 构成了点 X

处的一组单位正交基. 结合边界条件 (6.1.22), 在流出边界 $\Gamma^{(0)}$ 上将扩散通量 $D\nabla c$ 进行正交分解

$$D\nabla c = D\sum_{i=1}^{d}(\nabla c\cdot n_i)n_i = D\sum_{i=1}^{d-1}(\nabla c\cdot n_i)n_i + g^{(0)}n := Dc_s + g^{(0)}n. \qquad (6.1.39)$$

从现在起, 记 $c_s = \sum_{i=1}^{d-1}(\nabla c\cdot n_i)n_i$ 为 c 在边界 $\Gamma^{(0)}$ 上的切向导数. 注意到检验函数在流出边界 $\Gamma^{(0)}$ 上严格满足共轭方程的双曲部分, 即

$$\omega_t + (u\cdot n)(\nabla\omega\cdot n) + u^{(s)}\cdot\omega_s = 0, \qquad (6.1.40)$$

其中 $u^{(s)} := \sum_{i=1}^{d-1}(u\cdot n_i)n_i$ 为 u 的切向分量. 根据关系式 (6.1.40), 用 $(u\cdot n)\nabla\omega$ 的切向分量和时间导数替换法向分量:

$$(u\cdot n)\nabla\omega = (u\cdot n)(\nabla\omega\cdot n)n + (u\cdot n)\omega_s = -(\omega_t + u^{(s)}\cdot\omega_s)n + (u\cdot n)\omega_s. \qquad (6.1.41)$$

将 (6.1.39) 和 (6.1.41) 代入 (6.1.37), 得

$$\begin{aligned}
&\int_{t_{n-1}}^{t_n}\int_{\Omega_n^{(0)}(\theta)}(D\nabla c)(Y,\theta)\cdot\nabla\omega(Y,\theta)dYd\theta\\
=&\int_{B_n^{(0)}}\Delta t^{(0)}(X,t)u\cdot nD(X,t)c_s(X,t)\cdot\omega_s(X,t)dXdt\\
&-\int_{B_n^{(0)}}\Delta t^{(0)}(X,t)g^{(0)}(X,t)(\omega_t + u^{(s)}\cdot\omega_s)(X,t)dXdt + E_4(c,\omega). \qquad (6.1.42)
\end{aligned}$$

最后把 (6.1.29), (6.1.30), (6.1.32), (6.1.34), (6.1.35) 和 (6.1.42) 代入 (6.1.25), 得到初边值问题 (6.1.1), (6.1.22) 和 (6.1.24) 的变分形式:

$$\begin{aligned}
&\int_\Omega c(X,t_n)\omega(X,t_n)dX + \int_\Omega \Delta t^{(i)}(X)D(X,t)\nabla c(X,t_n)\cdot\nabla\omega(X,t_n)dX\\
&+\int_{B_n^{(0)}} u\cdot nc(X,t)\omega(X,t)dXdt\\
&+\int_{B_n^{(0)}}\Delta t^{(0)}(X,t)u(X,t)\cdot n(Dc_s)(X,t)\cdot\omega_s(X,t)dXdt\\
=&\int_\Omega c(X,t_{n-1})\omega(X,t_{n-1}^+)dX + \int_\Omega\Delta t^{(i)}(X)f(X,t_n)\omega(X,t_n)dX\\
&+\int_{B_n^{(0)}}\Delta t^{(0)}(X,t)u\cdot nf(X,t)\omega(X,t)dXdt - \int_{B_n^{(i)}} g^{(i)}(X,t)\omega(X,t)dXdt\\
&+\int_{B_n^{(0)}}\Delta t^{(0)}(X,t)g^{(0)}(X,t)(\omega_t(X,t) + u^{(s)}\cdot\omega_s(X,t))dXdt
\end{aligned}$$

$$+\int_{B_n^{(0)}} g^{(0)}(X,t)\omega(X,t)dXdt + E(f,c,\omega), \tag{6.1.43}$$

其中 $E(f,c,\omega)$ 是截断误差:

$$\begin{aligned}E(f,c,\omega) := &\int_{t_{n-1}}^{t_n}\int_\Omega c(Y,\theta)(\omega_\theta + u\cdot\nabla\omega)(Y,\theta)dYd\theta \\ &+ E_1(f,\omega) + E_2(f,\omega) - E_3(c,\omega) - E_4(c,\omega).\end{aligned} \tag{6.1.44}$$

$E_1(f,\omega), E_2(f,\omega), E_3(c,\omega)$ 和 $E_4(c,\omega)$ 分别由方程 (6.1.31), (6.1.33), (6.1.36) 和 (6.1.38) 定义.

定义空间剖分 $T_h = \{K\}$ 是区域 Ω 上直径为 h 的拟一致的剖分, T_h 在边界 Γ^0 上的限制记为 $T_h^{(0)} = \{Q\}$.

为了在时空区域的流出边界 $B_n^{(0)}$ 上获得同样的精度, 根据 Courant 数的大小对 $B_n^{(0)}$ 进行剖分. 记 $C_r := \max_{(X,t)\in\Omega\times[t_{n-1},t_n]}|u(X,t)|\Delta t/h, IC = [C_r]$, 对区间 $[t_{n-1},t_n]$ 加密:

$$t_{n,i} = t_n - i\Delta t_f,\quad i = 0,1,\cdots,IC,\quad \Delta t_f = \frac{\Delta t}{IC}, \tag{6.1.45}$$

其中 $t_{n,0} = t_n, t_{n,IC} = t_{n-1}$. 如果 $C_r \leqslant 1$, 则不再对 $[t_{n-1},t_n]$ 加密.

定义有限元空间 $S_h(\Omega) := \{\phi\in H^1(\Omega) : \phi|_K \in P_m(K), \forall K\in T_h\}$, 其中 $P_m(K)$ 为单元 K 上的 m 次多项式集合, $S_h(\Omega)$ 在 $\Gamma^{(0)}$ 上的限制记为 $S_h(\Gamma^{(0)})$, 下面通过将 $S_h(\Gamma^{(0)})$ 连续延拓到流出界面 $B_n^{(0)}$ 来构造界面 $B_n^{(0)}$ 上的有限元空间 $S_h(B_n^{(0)})$.

$$\begin{aligned}S_h(B_n^{(0)}) := \Big\{&\omega\in C((t_{n-1},t_n];S_h(\Gamma^{(0)}))|\omega = \phi_0^{(i)} + \phi_1^{(i)}t, t\in[t_{n,i},t_{n,i-1}], \\ &1\leqslant i\leqslant IC, \phi_0^{(i)},\phi_1^{(i)}\in S_h(\Gamma^{(0)}), \phi_1^{(IC)} = 0\Big\}.\end{aligned} \tag{6.1.46}$$

相应地, 记 $\bar\Omega\cup B_n^{(0)}$ 上的有限元空间为 S_h, 对任意的 $\omega_h\in S_h$, 利用 (6.1.27) 将其延拓到整个时空区域页 $\bar\Omega\cup(t_{n-1},t_n]$. ELLAM 数值方法为: 当 $n = 1,2,\cdots,N$ 时, 求解 $c_h\in S_h$, 使得对于任意的 $\omega_h\in S_h$ 满足

$$\begin{aligned}&\int_\Omega c_h(X,t_n)\omega_h(X,t_n)dX + \int_\Omega \Delta t^{(i)}(X)D(X,t_n)\nabla c_h(X,t_n)\cdot\nabla\omega_h(X,t_n)dX \\ &+\int_{B_n^{(0)}} u\cdot nc_h(X,t)\omega_h(X,t)dXdt \\ &+\int_{B_n^{(0)}} \Delta t^{(0)}(X,t)u\cdot nD(X,t)c_{hs}(X,t)\cdot\omega_{hs}(X,t)dXdt \\ =&\int_\Omega c_h(X,t_{n-1})\omega_h(X,t_{n-1}^+)dX + \int_\Omega \Delta t^{(i)}(X)f(X,t_n)\omega_h(X,t_n)dX\end{aligned}$$

$$+\int_{B_n^{(0)}}\Delta t^{(0)}(X,t)u\cdot nf(X,t)\omega_h(X,t)dXdt-\int_{B_n^{(i)}}g^{(i)}(X,t)\omega_h(X,t)dXdt$$
$$+\int_{B_n^{(0)}}\Delta t^{(0)}(X,t)g^{(0)}(X,t)(\omega_{ht}(X,t)+u^{(s)}\cdot\omega_{hs}(X,t))dXdt$$
$$+\int_{B_n^{(0)}}g^{(0)}(X,t)\omega_h(X,t)dXdt. \tag{6.1.47}$$

对依赖时间的线性对流-扩散方程的初边值问题 (6.1.1), (6.1.22) 和 (6.1.24), 其相应的 ELLAM 数值方法的数值分析, 是一个十分困难和复杂的问题, 可参阅有关文献 [10,11].

6.2 多孔介质中相混溶驱动问题的混合元-欧拉-拉格朗日局部共轭方法

本节讨论多孔介质中相混溶渗流驱动问题的 ELLAM-MFEM 方法, 其数学模型是由两个方程组成的非线性方程组的初边值问题. 流动方程是椭圆型的, 饱和度方程是对流-扩散型的. 流体压力通过流场 Darcy 速度在饱和度方程中出现, 并控制着全过程. 对流动方程采用混合元方法求解, 它能同时求出 Darcy 流速和流场压力. 对 Darcy 速度的计算提高了一阶精确度. 对饱和度方程采用欧拉-拉格朗日局部共轭方法计算, 此方法和经典的特征有限元方法相比, 具有质量守恒这一重要的物理特征, 且离散方程系数矩阵是对称正定的, 具有很好的条件数. 对时间变量的截断误差小, 适用于大步长精确计算, 可以处理各类边值条件, 适用于大规模科学与工程计算. 数值模拟计算, 指明方法的有效性和实用性.

6.2.1 引言

对于油水渗流驱动问题的研究, 是现代油藏数值模拟的基础, 其数学模型是由两个方程组成的非线性偏微分方程组的初边值问题. 流动方程是椭圆型的, 饱和度方程是对流-扩散型的. 流体压力通过流场 Darcy 速度在饱和度方程中出现, 并控制着全过程, 和相应的初始、边值条件构成封闭系统. 空间区域上的二维问题数学模型如下[12,13]:

$$\nabla\cdot u=q,\quad X\in\Omega,t\in(0,T], \tag{6.2.1a}$$

$$u=-\frac{K}{\mu(c)}(\nabla p-\rho g\nabla d),\quad X\in\Omega,t\in(0,T], \tag{6.2.1b}$$

$$\phi\frac{\partial c}{\partial t}+\nabla\cdot(uc-D(X,u)\nabla c)=\bar{c}q,\quad X\in\Omega,t\in(0,T], \tag{6.2.2}$$

此处未知函数是流动压力函数 $p(X,t)$, Darcy 流速 $u(X,t)$ 和饱和度函数 $c(X,t)$. $K(X)$ 是介质的 2×2 渗透率张量, $\mu(c)$ 是依赖饱和度的混合流体黏度, 由下述公

式确定:

$$\mu(c)=\mu(0)\left[(1-c)+M^{1/4}c\right]^{-4}, \tag{6.2.3}$$

此处 M 是原有的和注入流体之间的流动性比率, $\mu(0)$ 是原有流体 (油) 的黏性值. ρ 是混合流体的密度, g 是重力加速度, $d(X)$ 是油藏的高度, $q(X,t)$ 是注入井和生产井对应的源汇项, $\phi(X)$ 是介质的孔隙度. D 是扩散张量

$$D(X,u):=\phi(X)d_m\mathbf{I}+\frac{d_l}{|u|}\begin{pmatrix}u_x^2 & u_xu_y\\ u_xu_y & u_y^2\end{pmatrix}+\frac{d_t}{|u|}\begin{pmatrix}u_y^2 & -u_xu_y\\ -u_xu_y & u_x^2\end{pmatrix}. \tag{6.2.4}$$

此处 d_m 是分子扩散系数, $\mathbf{I}$ 是 2×2 的单位张量, d_l 和 d_t 是横向和纵向的扩散系数. $\bar{c}(X,t)$ 是在注入井注入液的特定饱和度, 或 $\bar{c}(X,t)=c(X,t)$ 是在生产井的饱和度.

边值条件假定是不渗透的, 也就是齐次 Neumann 边值条件:

$$\begin{aligned}&u\cdot n=0,\quad (X,t)\in\Gamma\times(0,T],\\&(D\nabla c)\cdot n=0,\quad (X,t)\in\Gamma\times(0,T].\end{aligned} \tag{6.2.5}$$

附加: 方程组 (6.2.1) 和 (6.2.2) 还需要对饱和度的初始条件:

$$c(X,0):=c_0(X),\quad X\in\Omega. \tag{6.2.6}$$

由于混合流体是不可压缩的, 对流动方程 (6.2.1) 还需要相容性条件:

$$\int_\Omega q(X,t)dX=0,\quad t\in(0,T]. \tag{6.2.7}$$

6.2.2　对饱和度方程的 ELLAM 格式

6.2.2.1　一个参考方程

对时间区间 $[0,T]$ 定义一个剖分:

$$\begin{aligned}&0=t_0^c<t_1^c<\cdots<t_n^c<\cdots<t_{N-1}^c<t_N^c=T,\\&\Delta t_n^c=t_n^c-t_{n-1}^c.\end{aligned} \tag{6.2.8}$$

在 ELLAM 框架中[6], 选定检验函数 $z(X,t)$, 其在时空区域 $\Omega\times(t_{n-1}^c,t_n^c]$ 上是连续和分片光滑的, 在区域 $\Omega\times(t_{n-1}^c,t_n^c]$ 外为零, 并且允许在时间点 $t=t_{n-1}^c$ 处不连续, $z(X,t_n^c)=\lim\limits_{t\to t_n^c-0}z(X,t), z(X,t_{n-1}^c)\neq\lim\limits_{t\to t_{n-1}^c-0}z(X,t)$. 记

$$z(X,t_{n-1}^{c,+})=\lim_{t\to t_{n-1}^c,t>t_{n-1}^c}z(X,t).$$

用检验函数 $z(X,t)$ 乘以方程 (6.2.2) 的两端, 然后在时空区域 $\Omega\times(t_{n-1}^c,t_n^c]$ 上积分, 可得下述形式

$$\begin{aligned}&\int_\Omega \phi(X)c(X,t_n^c)z(X,t_n^c)dX+\int_{t_{n-1}^c}^{t_n^c}\int_\Omega \nabla z(Y,\theta)\cdot D(Y,u(Y,\theta))\nabla c(Y,\theta)dYd\theta\\&-\int_{t_{n-1}^c}^{t_n^c}\int_\Omega c(Y,\theta)\left[\phi(Y)\frac{\partial z(Y,\theta)}{\partial\theta}+u(Y,\theta)\cdot\nabla z(Y,\theta)\right]dYd\theta\\&=\int_\Omega \phi(X)c(X,t_{n-1}^c)z(X,t_{n-1}^{c,+})dX+\int_{t_{n-1}^c}^{t_n^c}\int_\Omega \bar{c}(Y,\theta)q(Y,\theta)z(Y,\theta)dYd\theta. \qquad (6.2.9)\end{aligned}$$

为了方便, 在时空区域积分中用 (Y,θ) 代替模型中的变量 (X,t), 并用 X 代表 t_{n-1}^c 或 t_n^c 时 Ω 内的点.

在 ELLAM 框架下[6], 要求检验函数满足方程 (6.2.2) 的共轭方程的双曲部分, 即

$$\phi(Y)\frac{\partial z(Y,\theta)}{\partial\theta}+u(Y,\theta)\cdot\nabla z(Y,\theta)=0,\quad Y\in\bar{\Omega},\theta\in[t_{n-1}^c,t_n^c]. \qquad (6.2.10)$$

定义在时刻 $\bar{t}$ 经过 $\bar{X}$ 的特征线 $Y=r(\theta;X,t_n^c)$,

$$\frac{dr}{d\theta}=\frac{u(r,\theta)}{\phi(r)},\quad r(\theta,\bar{X},\bar{t})|_{\theta=\bar{t}}=\bar{X}. \qquad (6.2.11)$$

对任一 $(Y,\theta)\in\Omega\times(t_{n-1}^c,t_n^c]$ 存在一个 $X\in\Omega$ 使得 $Y=r(\theta;X,t_n^c)$. 应用在时刻 t_n^c 的欧拉公式去计算方程 (6.2.9) 右端最后一项, 可得

$$\begin{aligned}&\int_{t_{n-1}^c}^{t_n^c}\int_\Omega \bar{c}(Y,\theta)q(Y,\theta)dYd\theta\\&=\int_\Omega\int_{t_{n-1}^c}^{t_n^c}\bar{c}(r(\theta;X,t_n^c),\theta)q(r(\theta;X,t_n^c),\theta)z(X,t_n^c)\left|\frac{\partial r(\theta;X,t_n^c)}{\partial X}\right|d\theta dX\\&=\Delta t_n^c\int_\Omega \bar{c}(X,t_n^c)q(X,t_n^c)z(X,t_n^c)dX+E_q(\bar{c},z), \qquad (6.2.12)\end{aligned}$$

此处$\left|\dfrac{\partial r(\theta;X,t_n^c)}{\partial X}\right|=1+O(t_n-\theta)$ 是从 X 到 $Y=r(\theta;X,t_n^c)$ 的雅可比行列式, $E_q(\bar{c},z)$ 是局部截断误差.

同样计算在 (6.2.2) 中的对流-扩散项可得

$$\begin{aligned}&\int_{t_{n-1}^c}^{t_n^c}\int_\Omega \nabla z(Y,\theta)\cdot D(Y,u(Y,\theta))\nabla c(Y,\theta)dYd\theta\\&=\Delta t_n^c\int_\Omega \nabla z(X,t_n^c)\cdot D(X,u(X,t_n^c))\nabla c(X,t_n^c)dX+E_D(c,z), \qquad (6.2.13)\end{aligned}$$

此处 $E_D(c,z)$ 为局部截断误差.

将式 (6.2.12), (6.2.13) 代入 (6.2.2) 可得一个参考方程

$$\begin{aligned}&\int_\Omega \phi(X)c(X,t_n^c)z(X,t_n^c)dX+\Delta t_n^c\int_\Omega \nabla z(X,t_n^c)\cdot D(X,u(X,t_n^c))\nabla c(X,t_n^c)dX\\=&\int_\Omega \phi(X)c(X,t_{n-1}^c)z(X,t_{n-1}^{c,+})dX+\Delta t_n^c\int_\Omega \bar{c}(X,t_n^c)q(X,t_n^c)z(X,t_n^c)dX+E(c,z),\end{aligned}\tag{6.2.14}$$

此处

$$\begin{aligned}E(c,z)=&\int_{t_{n-1}^c}^{t_n^c}\int_\Omega c(Y,\theta)\left[\phi(Y)\frac{\partial z(Y,\theta)}{\partial\theta}+u(Y,\theta)\cdot\nabla z(Y,\theta)\right]dYd\theta\\&-E_D(c,z)+E_q(\bar{c},z).\end{aligned}\tag{6.2.15}$$

6.2.2.2 一个 ELLAM 格式

下面给出方程 (6.2.2) 的 ELLAM 格式, 在油水混溶驱动问题的数值模拟中, 取计算区域为典型的矩形或矩形区域的组合体. 为简便, 设 $\Omega:=(a_x,b_x)\times(a_y,b_y)$, 定义一个张量空间剖分:

$$\begin{aligned}&a_x=:x_0^c<x_1^c<\cdots<x_i^c<\cdots<x_{I-1}^c<x_I^c:=b_x,\\&a_y=:y_0^c<y_1^c<\cdots<y_j^c<\cdots<y_{J-1}^c<y_J^c:=b_y.\end{aligned}\tag{6.2.16}$$

定义试探函数和检验函数空间为剖分 (6.2.16) 上的连续、分片双线性多项式空间, 即

$$S^c(\Omega):=M_{0,1}^c[a_x,b_x]\otimes M_{0,1}^c[a_y,b_y],\tag{6.2.17}$$

此处

$$\begin{aligned}&M_{\alpha,\beta}^c[a_x,b_x]:=\left\{v\in C^0[a_x,b_x]\,\middle|\,v|_{[x_{i-1}^c,x_i^c]}\in P_\beta[x_{i-1}^c,x_i^c],i=1,2,\cdots,I\right\},\\&M_{\alpha,\beta}^c[a_y,b_y]:=\left\{v\in C^0[a_y,b_y]\,\middle|\,v|_{[y_{j-1}^c,y_j^c]}\in P_\beta[y_{j-1}^c,y_j^c],j=1,2,\cdots,J\right\}.\end{aligned}\tag{6.2.18}$$

这里 $C^0[a,b]$ 表示 $[a,b]$ 上的连续函数空间, $P_\beta[a,b]$ 表示区间 $[a,b]$ 上低于或等于 β 多项式空间.

如果假设 (6.2.9) 中的 Darcy 流速 $u(X,t_n^c)$ 是已知的, 则 ELLAM 格式定义如下: 寻求 $c(X,t_n^c)\in S^c(\Omega)$ 使得

$$\begin{aligned}&\int_\Omega \phi(X)c(X,t_n^c)z(X,t_n^c)dX+\Delta t_n^c\int_\Omega \nabla z(X,t_n^c)\cdot D(X,u(X,t_n^c))\nabla c(X,t_n^c)dX\\=&\int_\Omega \phi(X)c(X,t_{n-1}^c)z(X,t_{n-1}^{c,+})dX.\end{aligned}$$

$$+\Delta t_n^c\int_\Omega \bar{c}(X,t_n^c)q(X,t_n^c)z(X,t_n^c)dX,\quad \forall z(X,t_n^c)\in S^c(\Omega). \tag{6.2.19}$$

注 1 对于迁移方程 (6.2.2) 应用特征跟踪, ELLAM 格式 (6.2.9) 是对称的. 在数值模拟计算中, 采用较大时间步长, 且具有较小截断误差, 得到精确的数值解. 其系数矩阵为 9 对角、对称正定的. 特别是 ELLAM 格式具有质量守恒这一重要的物理特性, 也就是

$$\int_\Omega \phi(X)c(X,t_n^c)dX=\int_\Omega \phi(X)c(X,t_{n-1}^c)dX+\int_{t_{n-1}^c}^{t_n^c}\int_\Omega \bar{c}(X,t)q(X,t)dXdt, \tag{6.2.20}$$

这一重要的物理特性在油藏数值模拟计算中是十分重要的[6,14].

注 2 在 MMOC 方法中, 过去很多典型的表达是将方程 (6.2.2) 写为下述非守恒形式

$$\phi\frac{\partial c}{\partial t}+u\cdot\nabla c-\nabla\cdot(D(X,u)\nabla c)=(\bar{c}-c)q,\quad X\in\Omega,\ t\in[0,T]. \tag{6.2.21}$$

对方程 (6.2.21) 左端前两项, 构造一个特征跟踪项[3,15]

$$\begin{aligned}&\phi(X)\frac{\partial c(X,t_n^c)}{\partial t}+u(X,t_n^c)\cdot\nabla c(X,t_n^c)\\&=\sqrt{\phi^2(X)+|u(X,t_n^c)|^2}\left.\frac{dc(r(t;X,t_n^c),t)}{dt}\right|_{t=t_n^c}\approx\phi(X)\frac{c(X,t_n^c)-c(X^*,t_{n-1}^c)}{\Delta t_n^c},\end{aligned} \tag{6.2.22}$$

此处

$$X^*:=X-\frac{u(X,t_n^c)}{\phi(X)}\Delta t_n^c. \tag{6.2.23}$$

(6.2.21) 左端的前两项由 (6.2.22) 代替, 再乘以检验函数 $v\in S^c(\Omega)$, 对方程 (6.2.21) 可得 MMOC 格式如下:

$$\begin{aligned}&\int_\Omega \phi(X)\frac{c(X,t_n^c)-c(X^*,t_{n-1}^c)}{\Delta t_n^c}v(X)dX+\int_\Omega \nabla v(X)\cdot D(X,u(X,t_n^c))\nabla c(X,t_n^c)dX\\&=\int_\Omega(\bar{c}(X,t_n^c)-c(X,t_n^c))q(X,t_n^c)v(X)dX,\quad \forall v(X,t_n^c)\in S^c(\Omega).\end{aligned} \tag{6.2.24}$$

它不具有质量守恒这一物理特性.

6.2.3 流动方程的混合元方法

我们应用具有物理守恒律性质的混合元方法, 求解流动方程 (6.2.1).

6.2.3.1 预备记号

设 $L^2(\Omega)$ 是二维的函数空间, 其全部函数在 $v \in S^c(\Omega)$ 上平方 Lebesgue 可积. 定义 Sobolev 空间

$$
\begin{aligned}
&H^1(\Omega) := \left\{ v(X) \left| \frac{\partial v(x,y)}{\partial x}, \frac{\partial v(x,y)}{\partial y} \in L^2(\Omega) \right. \right\}, \\
&L_0^2(\Omega) := \left\{ v(X) \in L^2(\Omega) \left| \int_\Omega v(X) dX = 0 \right. \right\}, \\
&H(\mathrm{div};\Omega) := \left\{ v(X) \in \left(L^2(\Omega)\right)^2, \nabla \cdot v \in L^2(\Omega) \right\}, \\
&H_0(\mathrm{div};\Omega) := \{ v(X) \in H(\mathrm{div};\Omega) \,| v(X) \cdot n(X) = 0, X \in \Gamma \}.
\end{aligned} \tag{6.2.25}
$$

用 $\mu(c)K^{-1}(X)$ 乘以 (6.2.1b) 可得

$$
\mu(c(X,t))K^{-1}(X)u(X,t) + \nabla p(X,t) = \rho g \nabla d(X), \quad X \in \Omega,\ t \in [0,T]. \tag{6.2.26}
$$

对方程 (6.2.26) 乘以检验函数 $v \in H(\mathrm{div};\Omega)$, 在 Ω 上做内积, 并对含有 ∇p 的项应用散度定理. 对方程 (6.2.1a) 乘以检验函数 $w(X)$, 在 Ω 上做内积, 则 (6.2.1) 转化为下述鞍点问题. 求 $(u(X,t), p(X,t)) \in H_0(\mathrm{div};\Omega) \times L_0^2(\Omega)$ 使得

$$
\int_\Omega \mu(c)K^{-1}u \cdot v dX - \int_\Omega p \nabla \cdot v dX = \int_\Omega \rho g \nabla d \cdot v dX, \quad \forall v \in H_0(\mathrm{div};\Omega), t \in [0,T], \tag{6.2.27a}
$$

$$
\int_\Omega w \nabla \cdot u dX = \int_\Omega q(X,t) w dX, \quad \forall w(X) \in L_0^2(\Omega), t \in [0,T]. \tag{6.2.27b}
$$

6.2.3.2 关于流动方程 (6.2.1) 的混合元方法

对于流动方程 (6.2.1) 定义下述时空剖分:

$$
\begin{aligned}
&0 =: t_0^p < t_1^p < \cdots < t_m^p < \cdots < t_{M-1}^p < t_M^p := T, \\
&a_x =: x_0^p < x_1^p < \cdots < x_k^p < \cdots < x_{K-1}^p < x_K^p := b_x, \\
&a_y =: y_0^p < y_1^p < \cdots < y_l^p < \cdots < y_{L-1}^p < y_L^p := b_y.
\end{aligned} \tag{6.2.28}
$$

对于 t_m^p 时间层, 定义时空剖分 (6.2.28) 上的试探函数和检验函数空间为最低阶 Raviart-Thomas 混合元空间:

$$
\begin{aligned}
&S^p(\Omega) := \left(M_{0,1}^p[a_x,b_x] \otimes M_{-1,0}^p[a_y,b_y]\right) \times \left(M_{-1,0}^p[a_x,b_x] \otimes M_{0,1}^p[a_y,b_y]\right), \\
&S_0^p(\Omega) := \{ v(X) \in S^p(\Omega) \,| v(X) \cdot n(X) = 0, X \in \Gamma \}, \\
&W^p(\Omega) := M_{-1,0}^p[a_x,b_x] \otimes M_{-1,0}^p[a_y,b_y], \\
&W_0^p(\Omega) := \left\{ v(X) \in W^p(\Omega) \left| \int_\Omega v(X) dX = 0 \right. \right\}
\end{aligned} \tag{6.2.29}
$$

和

$$
\begin{aligned}
M_{\alpha,\beta}^{p}[a_x,b_x] &:= \left\{ v \in C^0[a_x,b_x] \,\middle|\, v|_{[x_{k-1}^p,x_k^p]} \in P_\beta[x_{k-1}^p,x_k^p], k=1,2,\cdots,K \right\}, \\
M_{\alpha,\beta}^{p}[a_y,b_y] &:= \left\{ v \in C^0[a_y,b_y] \,\middle|\, v|_{[y_{l-1}^p,y_l^p]} \in P_\beta[y_{l-1}^p,y_l^p], l=1,2,\cdots,L \right\}.
\end{aligned}
\tag{6.2.30}
$$

这里 $C^0[a,b]$ 和 $P_\beta[a,b]$ 定义如 (6.2.18).

如果假设 $c(X,t_m^p)$ 已知, 对于流动方程的混合有限元格式如下: 寻求 $u(X,t_m^p)\in S^p(\Omega)$ 和 $p(X,t_m^p)\in W_0^p(\Omega)$ 使得

$$
\begin{aligned}
&\int_\Omega \mu(c(X,t_m^p))K^{-1}u(X,t_m^p)\cdot vdX - \int_\Omega p(X,t_m^p)\nabla\cdot vdX \\
&= \int_\Omega \rho g\nabla d\cdot vdX, \quad \forall v(X)\in S^p(\Omega),
\end{aligned}
\tag{6.2.31a}
$$

$$
\int_\Omega w\nabla\cdot u(X,t_m^p)dX = \int_\Omega q(X,t_m^p)wdX, \quad \forall w(X)\in W_0^p(\Omega). \tag{6.2.31b}
$$

6.2.4 ELLAM-MFEM 数值计算技术

在本小节对油水混溶驱动问题 (6.2.1), (6.2.2) 提出一类 ELLAM-MFEM 数值计算技术. 对于方程 (6.2.2) 应用 ELLAM 格式, 对 (6.2.1) 应用 MFEM 格式. 因为流场的压力和 Darcy 流速的变化远较饱和度函数变化慢得多, 所以在数值计算中流动方程采用的步长比饱和度方程大. 因此采用粗网格和时间步长 (6.2.28) 计算流动方程, 采用细网格 (6.2.16) 和时间步长 (6.2.8) 计算饱和度方程. 假设网格 (6.2.16) 和时间步长 (6.2.8) 可以由 (6.2.28) 加细得到, 也就是说存在自然数

$$
\begin{aligned}
&0=:N_0<N_1<\cdots<N_m<\cdots<N_{M-1}<N_M:=N,\\
&0=:I_0<I_1<\cdots<I_k<\cdots<I_{K-1}<I_K:=I,\\
&0=:J_0<J_1<\cdots<J_l<\cdots<J_{L-1}<J_L:=J,
\end{aligned}
\tag{6.2.32}
$$

使得

$$
t_{N_m}^c=t_m^p,\quad x_{I_k}^c=x_k^p,\quad y_{J_l}^c=y_l^p,\quad 0\leqslant m\leqslant M,\ 0\leqslant k\leqslant K,\ 0\leqslant l\leqslant L. \tag{6.2.33}
$$

对于 $n=N_{m-1}+1,N_{m-1}+2,\cdots,N_m$, 饱和度时间层 t_n^c 介于两个压力时间层之间 $t_{m-1}^p<t_n^c\leqslant t_m^p$. 因此, 需要基于 $u(X,t_m^p)$ 和前面时间节点值来定义 Darcy 流速的一个外推公式

$$
\begin{aligned}
(Eu)(X,t_n^c) &:= \left(1+\frac{t_n^c-t_{m-1}^p}{t_{m-1}^p-t_{m-2}^p}\right)u(X,t_{m-1}^p) - \frac{t_n^c-t_{m-1}^p}{t_{m-1}^p-t_{m-2}^p}u(X,t_{m-2}^p),\\
&\qquad n=N_{m-1}+1,N_{m-1}+2,\cdots,N_m,\quad m=2,3,\cdots,M,\\
(Eu)(X,t_n^c) &:= u(X,0),\quad n=1,2,\cdots,N_1,\ m=1.
\end{aligned}
\tag{6.2.34}
$$

显然 (6.2.34) 中的第一个方程可以写成

$$(Eu)(X,t_n^c) := \frac{t_m^p - t_n^c}{t_m^p - t_{m-1}^p} u(X,t_{m-1}^p) + \frac{t_n^c - t_{m-1}^p}{t_m^p - t_{m-1}^p}(Eu)(X,t_m^p),$$
$$n = N_{m-1}+1, N_{m-1}+2, \cdots, N_m, \quad m = 2,3,\cdots,M. \tag{6.2.35}$$

此处 $(Eu)(X,t_m^p)$ 由公式 (6.2.34) 计算得到, 当 $t_n^c = t_m^p$ 或 $n = N_m$ 时.

对于耦合系统 (6.2.1), (6.2.2), 我们提出 ELLAM-MFEM 程序:

(1) 对于 $m=0$ 和 $n=0$, 确定初始值 $c_0(X)$ 的 L^2 投影, 寻求 $c(X,0)\in S^c(\Omega)$ 使得

$$\int_\Omega c(X,0)v(X)dX = \int_\Omega c_0(X)v(X)dX, \quad \forall v(X)\in S^c(\Omega). \tag{6.2.36}$$

(2) 当 $c(X,0)$ 从 (6.2.36) 确定后, 寻求 $u(X,0)\in S^p(\Omega)$ 和 $p(X,0)\in W_0^p(\Omega)$ 使得

$$\int_\Omega \mu(c(X,0))K^{-1}u(X,0)\cdot v(X)dX - \int_\Omega p(X,0)\nabla\cdot vdX$$
$$= \int_\Omega \rho g\nabla d\cdot v(X)dX, \quad \forall v(X)\in S^p(\Omega), \tag{6.2.37a}$$

$$\int_\Omega w\nabla\cdot u(X,0)dX = \int_\Omega q(X,0)wdX, \quad \forall w(X)\in W_0^p(\Omega). \tag{6.2.37b}$$

(3) 对于 $m=1,2,\cdots,M$, 当 $n = N_{m-1}+1, N_{m-1}+2,\cdots,N_m$ 时, 寻求 $c(X,t_n^c)\in S^c(\Omega)$, 此时 $(Eu)(X,t_n^c)$ 由 (6.2.34) 给出, 使得

$$\int_\Omega \phi(X)c(X,t_n^c)z(X,t_n^c)dX + \nabla t_n^c\int_\Omega \nabla z(X,t_n^c)\cdot D(X,(Eu)(X,t_n^c))\nabla c(X,t_n^c)dX$$
$$= \int_\Omega \phi(X)c(X,t_{n-1}^c)z(X,t_{n-1}^{c,+})dX$$
$$+ \nabla t_n^c\int_\Omega \bar{c}(X,t_n^c)q(X,t_n^c)z(X,t_n^c)dX, \quad \forall z(X,t_n^c)\in S^c(\Omega). \tag{6.2.38}$$

(4) 因为 $t_{N_m}^c = t_m^p$, 当 $n=N_m$ 时, $c(X,t_m^p) = c(X,t_{N_m}^c)$ 可从 (6.2.38) 得到, 则解下述方程组寻求 $u(X,t_m^p)\in S^c(\Omega)$ 和 $p(X,t_m^p)\in W_0^p(\Omega)$:

$$\int_\Omega \mu(c(X,t_m^p))K^{-1}u(X,t_m^p)\cdot v(X)dX - \int_\Omega p(X,t_m^p)\nabla\cdot vdX$$
$$= \int_\Omega \rho g\nabla d\cdot v(X)dX, \quad \forall v(X)\in S^p(\Omega), \tag{6.2.39a}$$

$$\int_\Omega w\nabla\cdot u(X,t_m^p)dX = \int_\Omega q(X,t_m^p)wdX, \quad \forall w(X)\in W_0^p(\Omega). \tag{6.2.39b}$$

如此周而复始计算, 由于方程组 (6.2.1), (6.2.2) 的系数满足正定性条件, 全部数值解存在且唯一.

6.2.5 数值算例

本小节应用 ELLAM-MFEM 方法解决一类二维多孔介质中不可压缩流体混溶驱动问题, 验证算法的计算效率. 试验算例涉及以下几个参数: 大流度比、张量形式的各向异性扩散系数、不连续的渗透率和孔隙率以及点源汇项. 在数值试验中, 我们选择了文献中出现过的问题, 验证本节方法的有效性, 并和其他广泛应用的数值方法进行空间网格和时间步长上的比较.

数值试验模拟了一个单位厚度的水平油藏混溶驱动情况, 时间周期为 10 年 (3600 天), 一个象限内采用标准的五点模式, 注入井和生产井在区域角落. 空间区域为 $\Omega=(0,1000)\times(0,1000)\mathrm{ft}^2$①, 时间周期为 $[0,T]=[0,3600]$ 天, 油的黏度为 $\mu(0)=1.0\mathrm{cP}$②. 注入井在区域右上角 $(1000,1000)$, 注入速度为 $q=30\mathrm{ft}^2/\mathrm{day}$, 注入浓度为 $\bar{c}=1.0$. 生产井在区域左下角 $(0,0)$, 生产速度为 $q=30\mathrm{ft}^2/\mathrm{day}$. 初始浓度为 $c_0(x,y)=0$. 数值模拟中, 尽管区域采用精细的非均匀网格剖分可以增加数值解的精确度, 但本节方法可以允许 x-方向和 y-方向均采用适当均匀粗网格剖分, $\Delta x^c=\Delta y^c=\Delta x^p=\Delta y^p=50\mathrm{ft}$, 同时我们采用了很大的时间步长 $\Delta t^c=\Delta t^p=360$ 天 (一年). 相比而言, 文献 [13,15,16] 中数值结果显示 FDM 和 FEM 采用了几天作为时间步长, MMOC 的时间步长为一个月.

试验 1 假设多孔介质为均质且各向同性的. 渗透系数 (K 的对角线元素) 取为 $k_x=k_y=80\mathrm{MD}$, 介质的孔隙度为 $\phi=0.1$. 进而我们假设注入流体和固定流体之间流度比为 $M=1$, 物理扩散项为 $D_m=\phi d_m=1.0\ \mathrm{ft}^2/\mathrm{day}$, $D_l=\phi d_l=0.0\ \mathrm{ft}$, $D_t=\phi d_t=0.0\ \mathrm{ft}$. 也就是说只考虑分子扩散情形. 因为数值结果很好地解释了物理性质, 所以该例子被广泛用来检验模拟方法.

图 6.2.1(a), (b) 给出了注入流体浓度 (饱和度) 在 $t=3$ 年 (1080 天) 的表面曲线和等值线. 浓度等值线是一些同心圆, 其合理性在于: ① 流度比 $M=1$ 表明流体的黏度是固定值, $\mu(c)=\mu(0)$; ② 注意到 K 是一个常数张量和油藏是水平的, 则 Darcy 速度 u 是水平的; ③ 仅考虑的分子扩散是各向同性的. 事实上, 因为模型没有考虑渗透率或黏度的变化, 也没有考虑机械弥散的影响. 黏性指进现象放到数值误差中, 而不作为模型因素. 因为无流动边界条件和生产井的影响, 没有黏度指进现象发生, 注入流体沿着油藏对角线 (流动方向) 快速移动. 图 6.2.1(c), (d) 显示了 t=10 年 (3600 天) 时刻注入流体浓度的表面曲线和等值线. 数值结果表明尽管数值模拟中采用的时间步长很大, 但是 ELLAM-MFEM 能得到精确合理的物理解.

为了验证 ELLAM-MFEM 方法的质量守恒性质, 本节数值计算了质量平衡误差. 在时间 t_n^c, 对方程 (6.2.20) 左右两端的差除以质量项 $\int_\Omega \phi(X)c(X,t_n^c)dX$. 生产

① $1\mathrm{ft}=3.084\times10^{-1}\mathrm{m}$.
② $1\mathrm{cP}=10^{-3}\mathrm{Pa\cdot s}$.

井处, $\bar{c}(X,t)=c(X,t)$. 利用梯形求积公式计算出现的积分. 在十年周期的模拟中, 质量平衡误差为 1.99×10^{-4}, 若时间步长缩小为 $\Delta t/10$, 则误差降到 2.05×10^{-5}. 为表明方法 ELLAM-MFEM 的精度, 本节给出了当前网格和加细网格 $\Delta t/10, \Delta x/2=\Delta y/2$ 数值解的比较. 误差的 L^∞ 模和 L^1 模分别为 5.71×10^{-2} 和 4.88×10^{-3}.

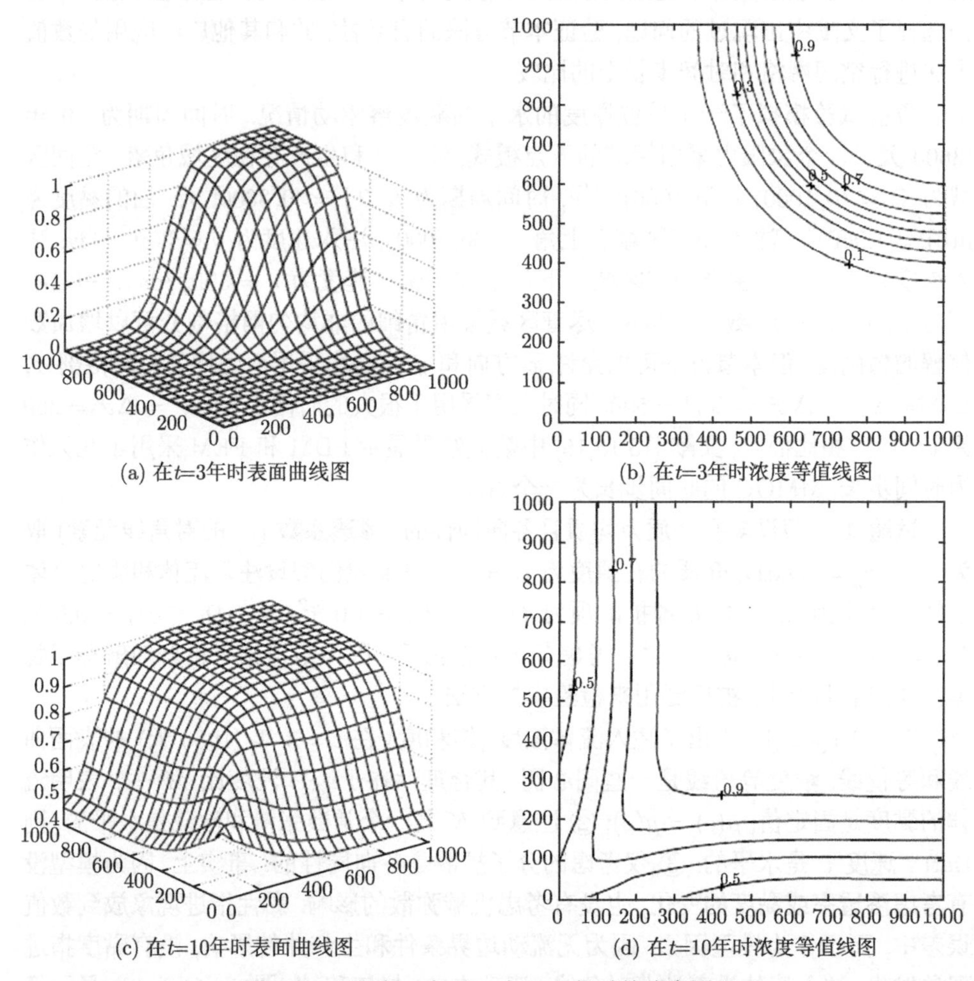

(a) 在t=3年时表面曲线图

(b) 在t=3年时浓度等值线图

(c) 在t=10年时表面曲线图

(d) 在t=10年时浓度等值线图

图 6.2.1 试验 1 在 t=3 年, 10 年时的浓度图形

试验 2 取一个不利流度比 $M=41$ 和张量形式的各向异性弥散项. 物理扩散弥散项为 $D_m=\phi d_m=0.0\ \mathrm{ft}^2/\mathrm{day}, D_l=\phi d_l=5.0\ \mathrm{ft}, D_t=\phi d_t=0.5\ \mathrm{ft}$, 渗透率和介质孔隙度同试验 1. 通过体积均值原理可推出, 方程 (6.2.1) 和 (6.2.2) 在宏观尺度上成立. 然而, 水平扩散减去竖直扩散扩散 (垂直扩散可以看成微观尺度的宏观反射), 由于速度变化, (6.2.1) 和 (6.2.2) 可以刻画宏观指进现象下流体的微观行为. 关于宏观指进现象会传播和类似于小尺度黏性指进方式生长, 读者可查看文献 [13]

去了解具体参数的含义.

图 6.2.2(a), (b) 和图 6.2.2(c), (d) 分别给出了 $t=3$ 年 (1080 天) 和 $t=10$ 年 (3600 天) 注入流体浓度的表面曲线和等值线图形. 由于不利流度比 $M=41$, 所以 (6.2.3) 给出的黏度函数 $\mu(c)$ 在通过陡峭流体表面时会变化很快. 因此, Darcy 速度 u 也会变化很快. 进而, 水平扩散和垂直扩散较大的差别会驱使流体沿着对角线方向从注入井快速流向生产井. 浓度前沿在对角线方向运移速度要快于仅考虑分子扩散情形.

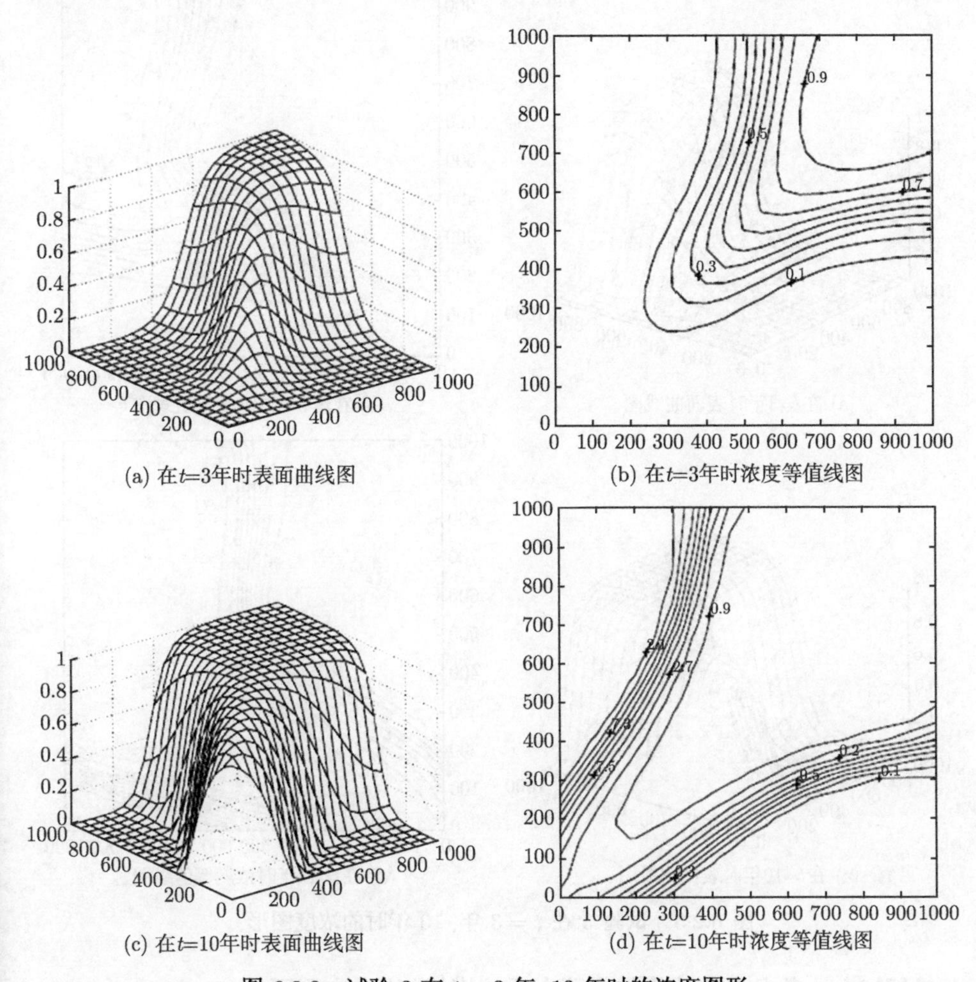

(a) 在t=3年时表面曲线图 (b) 在t=3年时浓度等值线图

(c) 在t=10年时表面曲线图 (d) 在t=10年时浓度等值线图

图 6.2.2 试验 2 在 $t=3$ 年, 10 年时的浓度图形

试验 3 考虑多孔介质中具有不连续渗透率的混溶驱动问题的模拟, 这在实际问题中经常遇到. 在下半区域 $\Omega_L=(0,1000)\times(0,500)$ 上取 $k_x=k_y=80\text{MD}$, 在

上半区域 $\Omega_U = (0,1000) \times (500,1000)$ 上取 $k_x = k_y = 20\text{MD}$, 其他参数定义同试验 2. t=3 年 (1080 天) 和 t=10 年 (3600 天) 时刻注入流体的表面曲线和等值线图分别见图 6.2.3(a), (b) 和图 6.2.3(c), (d).

由图 6.2.3(a), (b) 可以看出, 初始浓度前沿垂直方向的变化比水平方向变化快得多, 因为相比于 Ω_U, 下半区域 Ω_L 的渗透率更大, Darcy 速度也更快. 基于同样的原因, 一旦注入流体到达 Ω_L, 它会在 Ω_L 的水平方向流动更快.

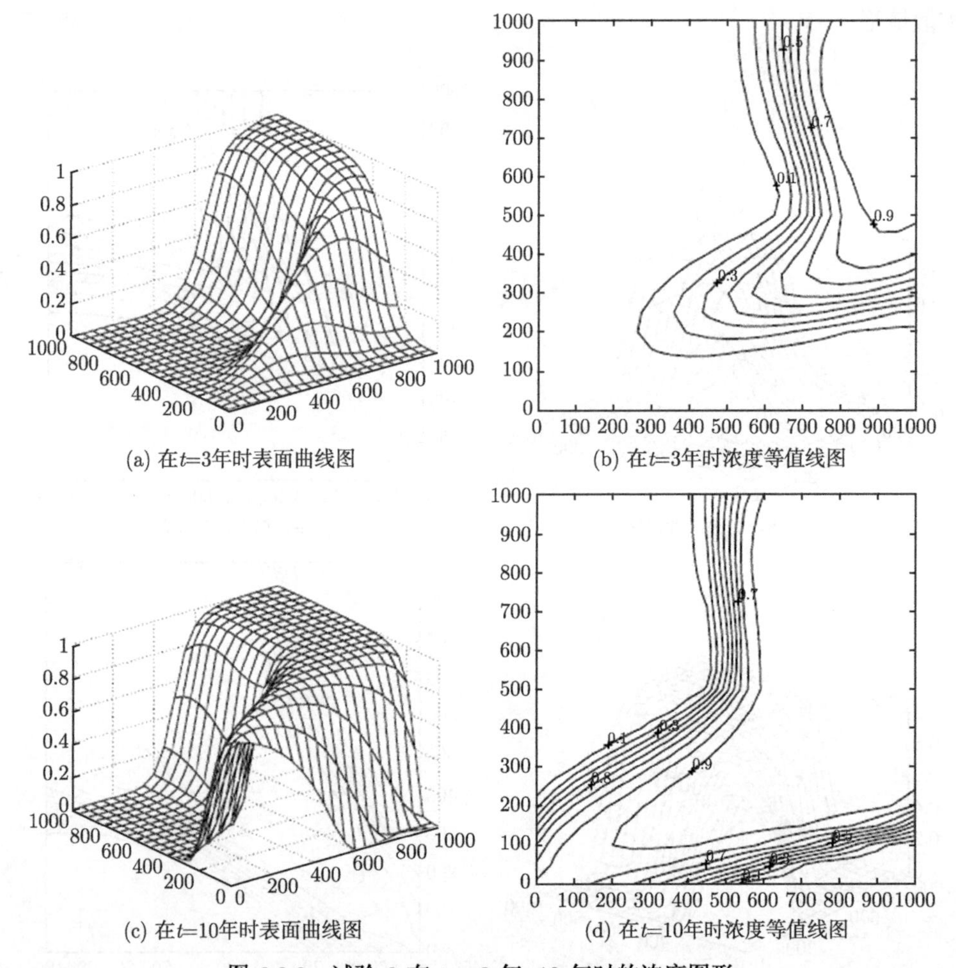

(a) 在t=3年时表面曲线图

(b) 在t=3年时浓度等值线图

(c) 在t=10年时表面曲线图

(d) 在t=10年时浓度等值线图

图 6.2.3 试验 3 在 $t = 3$ 年, 10 年时的浓度图形

试验 4 考虑分片结构的多孔介质的模拟问题. 在子区域 $\Omega_I = (150,550) \times (150,550)$, 定义介质的渗透率为 $k_x = k_y = 25\text{MD}$, 孔隙度为 $\phi = 0.09$, 物理扩散弥散项为 $D_m = \phi d_m = 0.0\ \text{ft}^2/\text{day}, D_l = \phi d_l = 4.5\ \text{ft}, D_t = \phi d_t = 0.45\ \text{ft}$. 在子区域 $\Omega_O = \Omega - \Omega_I$, 定义介质的渗透率为 $k_x = k_y = 80\text{MD}$, 孔隙度为 $\phi = 0.1$, 物理扩散

弥散项为 $D_m = \phi d_m = 0.0\ \mathrm{ft}^2/\mathrm{day}, D_l = \phi d_l = 5.0\ \mathrm{ft}, D_t = \phi d_t = 0.5\ \mathrm{ft}$. 流度比仍然取为 $M = 41$. 注入流体浓度在 t=3 年 (1080 天) 和 t=5 年 (1800 天) 的表面曲线和等值线图形分别为图 6.2.4(a)—(d). t=7 年 (2520 天) 和 t=10 年 (3600 天) 的表面曲线等值线图形见图 6.2.5(a)—(d).

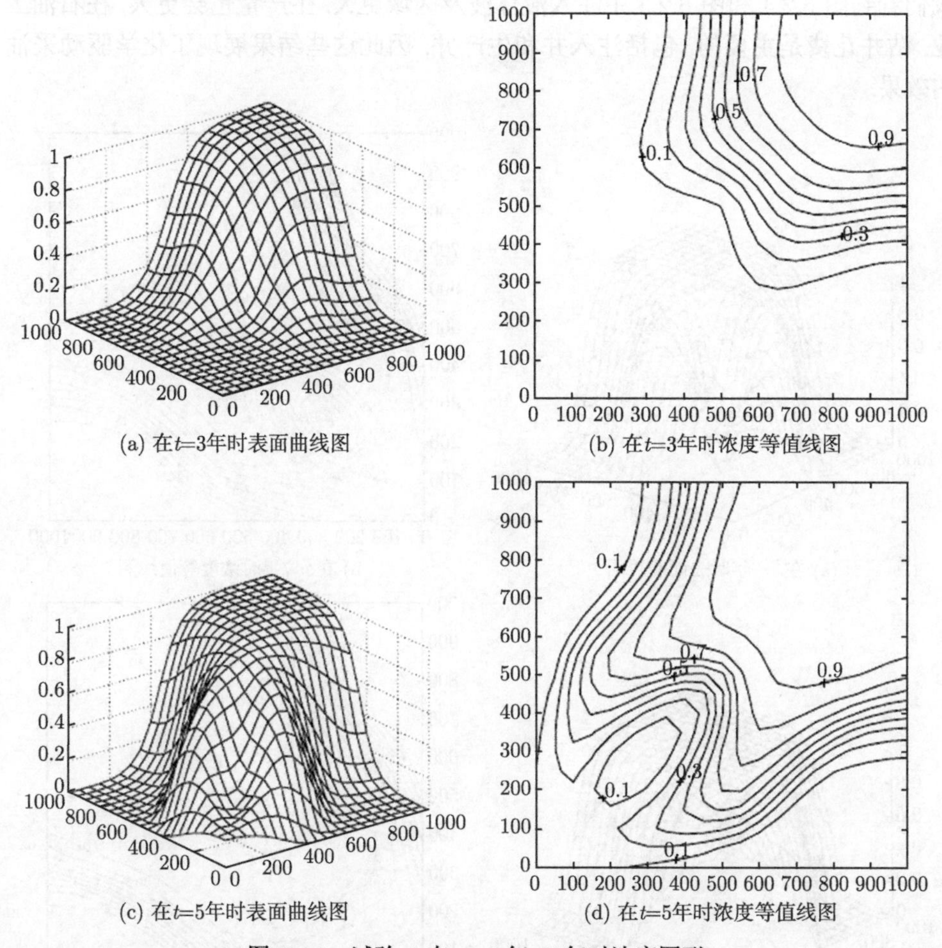

(a) 在t=3年时表面曲线图　(b) 在t=3年时浓度等值线图

(c) 在t=5年时表面曲线图　(d) 在t=5年时浓度等值线图

图 6.2.4　试验 4 在 t=3 年, 5 年时浓度图形

基于这些数值结果可以看出, ① ELLAM-MFEM 求解方法能模拟复杂地质结构中多孔介质流体流动情况, 即使采用粗略的空间网格剖分和较大的时间步长也能求得精确合理的物理解, 并且能很好地提高计算效率. ② 注意到试验 2 结果, 如果可以选择的话, 我们可以将生产井放到低渗透地区以提高注入液的波及面积. 这能显示如何利用模拟数值结果来帮助油田工业的开采. ③ 强化采油中一个非常重要的方法就是在驱油过程中加入化学驱剂来改变油藏介质的渗透率, 并能以某种方式

将液体驱动. 因为化学驱剂是高黏稠的, 它们可以用来选择性的分块或降低特定毛孔和流动区域的渗透能力来引导流体的流动方式, 进而优化化学驱油. 试验 4 也显示了这一结论. 试验 2 展现了原始流体和多孔介质的性质. 按照某种方式加入化学驱, 能改变试验中多孔介质的性质. 比较图 6.2.4, 图 6.2.5 和图 6.2.2 的数值结果, 我们看到图 6.2.4 和图 6.2.5 中注入液体波及区域更大, 生产量也会更大. 在石油工业, 钻井花费是主要的, 包括注入井和生产井, 因此这些结果展现了化学驱动采油的效果.

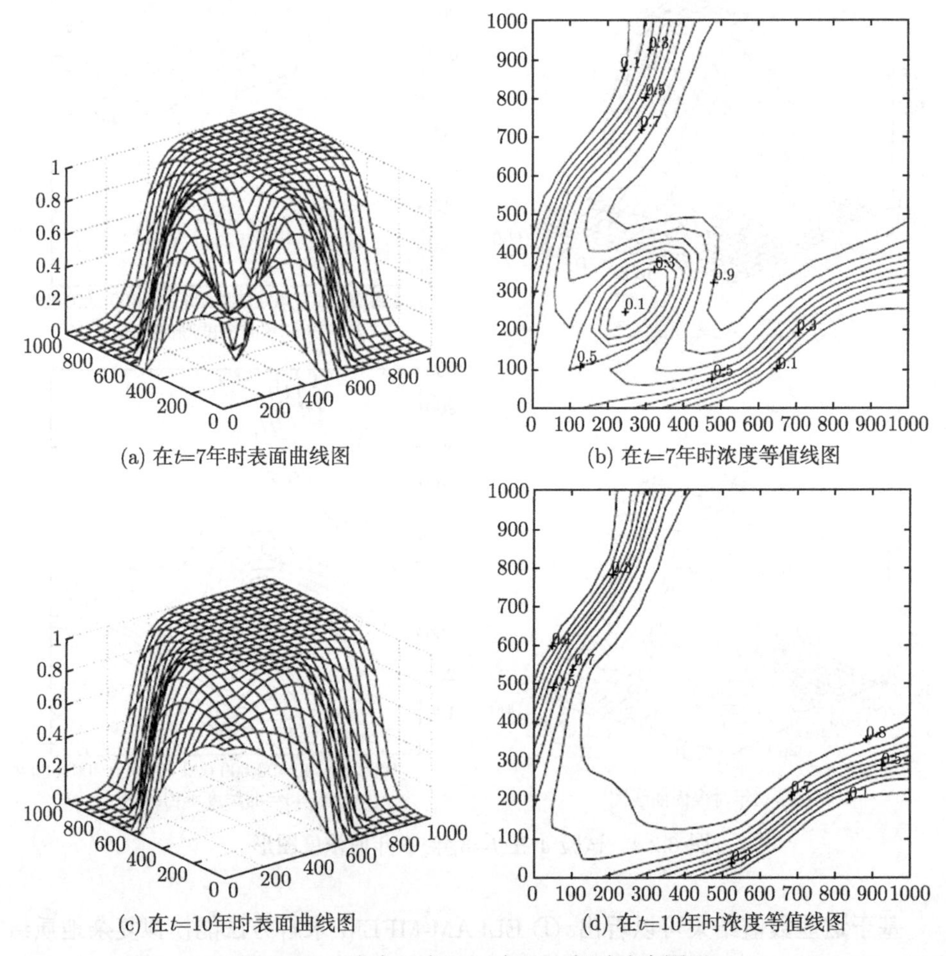

(a) 在t=7年时表面曲线图

(b) 在t=7年时浓度等值线图

(c) 在t=10年时表面曲线图

(d) 在t=10年时浓度等值线图

图 6.2.5　试验 4 在 t=7 年, 10 年时浓度图形

6.2.6　总结和讨论

我们提出了 ELLAM-MFEM 系列求解方法去解决多孔介质混溶驱动问题, 其中注入井和生产井也就是源汇项. ELLAM 用来求解运移方程的浓度, MFEM 用来

求解压力方程中的压力和 Darcy 速度. ELLAM-MFEM 方法能大大地降低临时阶段误差, 并且在采用粗略空间网格和较大时间步长下依然能得到精确的数值解. 它能将运移方程对称化, 很大程度上降低或者消除非物理振荡和在工业应用中运用广泛的求解器所产生的过度数值弥散. 因此, 相比其他方法, ELLAM-MFEM 大大提高了计算效率. 另外, ELLAM-MFEM 方法保持质量守恒, 能精确处理边界条件, 保留了 MMOC 和 MFEM 的数值特点, 同时克服了它们所有的缺点.

文献 [17,18] 的数值算例表明, 在求解线性运移偏微分方程中, ELLAM 胜过很多广泛被使用的方法, 比如迎风有限元、不同的 Galerkin 和 Petrov-Galerkin 有限元[19-21]、流线扩散有限元[22,23]、MUSCL(满足守恒律的单调迎风块中心格式) 和 Minmod 格式[24-27]. 本节的数值算例显示 ELLAM-MFEM 方法能在粗网格和大时间步长下精确模拟多孔介质混溶不可压缩流体的驱动问题, 时间步长大于 MMOC-MFEM, 高于其他许多数值方法 1—2 个数量级. ELLAM-MFEM 方法能处理大流度比、不连续渗透率和孔隙度、各向异性扩散张量和点源汇项等情形.

详细的讨论和分析, 可参阅文献 [9,28,29].

参考文献

[1] Hughes T J R, Brooks A N. A multidimensional upwind scheme with no crosswring diffusion//Hugheses T J R. Finite Element Methods for Convention Dominated Flows, 34. New York: ASME, 1979: 19-35.

[2] Garder A O, Peaceman D W, Pozzi A L. Numerical calculation of multi-dimensional miscible displacement by the method of characteristics. Soc. Pet. Eng. J., 1964, 4: 26-36.

[3] Douglas J, Jr, Russell T F. Numerical methods for convection-dominated diffusion problems based on combining the method of characteristics with finite element or finite difference procedures. SIAM J. Numer. Anal., 1982, 19: 871-885.

[4] Douglas J, Jr, Furtado F, Pereira F. On the numerical simulation of waterflooding of heterogeneous petroleum reservoirs. Comput. Geosciences, 1997, 1: 155-190.

[5] Douglas J, Jr, Huang C S, Pereira F. The modified method of characteristics with adjusted advection. Numer. Math., 1999, 83: 353-369.

[6] Celia M A, Russell T F, Herrera I, Ewing R E. An Eulerian-Lagrangian localized adjoint method for the advection-diffusion equation. Advances in Water Resources, 1990, 13: 187-206.

[7] Wang H, Dahle H K, Ewing R E, Espedal M S, Sharpley R C, Man S. An ELLAM scheme for advection-diffusion equations in two dimensions. SIAM J. Sci. Comput., 1999, 20: 2160-2194.

[8] Wang H, Ewing R E, Qin G, Lyons S L, Al-Lawatia M, Man S. A family of Eulerian-

Lagrangian localized adjoint methods for multidimensional advection-reaction equations. J. Comput. Phys., 1999, 152: 120-163.

[9] Wang H, Liang D, Ewing R E, Lyons S L, Qin G. An ELLAM-MFEM solution technique for compressible fluid flows in porous media with point sources and sinks. J. Comput. Phys., 2000, 159: 344-376.

[10] Wang H, Ewing R E, Russell T F. Eulerian-Lagrangian localized methods for convection-diffusion equations and their convergence analysis. IMA J. Numer. Anal., 1995, 15: 405-459.

[11] Wang H, Shi X, Ewing R E. An ELLAM scheme for multidimensional advection-reaction equations and its optimal-order error estimate. SIAM J. Numer. Anal., 2000, 38: 1846-1885.

[12] Bear J. Hydraulics of Groundwater. New York: McGraw-Hill, 1979.

[13] Ewing R E. The mathematics of reservoir simulation. Research Frontiers in Appl. Math.. Philadelphia: SIAM, 1983.

[14] Russell T F, Trujillo R V. Eulerian-Lagrangian localized adjoint methods with variable coefficients in multiple dimensions//Computational Methods in Surface Hydrology. Proceedings of the 8th International Conference on Computational Methods in Water Resources. Venice, Berlin, New York: Springer-Verlag, 1990: 357-363.

[15] Ewing R E, Russell T F, Wheeler M F. Simulation of miscible displacement using mixed methods and a modified method of characteristics. SPE Reservoir Simulation Symposium, 1983: 71-81.

[16] Russell T F. Finite elements with characteristics for two-component incompressible miscible displacement. SPE Reservoir Symposium Simulation, New Orleans, 1982: 123-135.

[17] Al-Lawatia M, Sharpley R C, Wang H. Second-order characteristic methods for advection-diffusion equations and comparison to other schemes. Advances in Water Resources, 1999, 22: 741-768.

[18] Wang H, Ewing R E, Qin G, Lyons S L, Al-Lawatia M, Man S. A family of Eulerian-Lagrangian localized adjoint methods for multi-dimensional advection-reaction equations. J. Comput. Phys., 1999, 152: 120-163.

[19] Barrett J W, Morton K W. Approximate symmetrization and Petrov-Galerkin methods for diffusion-convection problems. Comput. Methods Appl. Mech. Engrg., 1984, 45: 97-122.

[20] Bouloutas E T, Celia M A. An improved cubic Petrov-Galerkin method for simulation of transient advection-diffusion processes in rectangularly decomposable domains. Comput. Methods Appl. Mech. Engrg., 1991, 91: 289-308.

[21] Christie I, Griffiths D F, Mitchell A R, Zienkiewicz O C. Finite element methods for second order differential equations with significant first derivatives. Internat. J. Numer. Methods Engrg., 1976, 10: 1389-1396.

[22] Hughes T J R, Brooks A N. A multidimensional upwind scheme with no crosswind diffusion//Hughes T J R. Finite Element Methods for Convection Dominated Flows, ADM 34. New York: American Society of Mechanical Engineers (ASME), 1979: 19-35.

[23] Johnson C, Szepessy A, Hansbo P. On the convergence of shock-capturing streamline diffusion finite element methods for hyperbolic conservation laws. Math. Comp., 1990, 54: 107-129.

[24] Colella P. A direct Eulerian MUSCL scheme for gas dynamics. SIAM J. Sci. Statist. Comput., 1985, 6: 104-117.

[25] Einfeldt B. On Godunov-type methods for gas dynamics. SIAM J. Numer. Anal., 1988, 25: 294-318.

[26] Harten A, Engquist B, Osher S, Chakravarthy S. Uniformly high order accurate essentially nonoscillatory schemes, III. J. Comput. Phys., 1987, 71: 231-241.

[27] Van Leer B. On the relation between the upwind-differencing schemes of Godunov, Engquist-Osher and Roe. SIAM J. Sci. Statist. Comput., 1984, 5: 1-20.

[28] Wang H, Liang D, Ewing R E, Lyons S L, Gin G. An approximation to miscible fluid flows in porous media with point sources and sinks by an Eulerian-Lagrangian localized adjoint method and mixed finite element methods. SIAM J. Sci. Comput., 2000, 22(2): 561-581.

[29] 王凯欣. 多孔介质流体的数值方法及其分析与计算. 山东大学博士学位论文, 2010.

第 7 章　分数阶的对流-扩散方程数值方法

分数阶微积分的历史可以追溯到 17 世纪末期[1], 但是到 20 世纪末人们才逐渐发现它的实际应用价值, 比如现在办公室最常见的复印机和打印机, 它们在人们研究随机扩散的运移理论的过程中起了至关重要的作用. 复印机和打印机利用了非晶半导体中电子的弥散运动, 而且 20 世纪 70 年代人们已经意识这种运动不能被传统的对流-扩散方程 (7.0.1) 来描述

$$\frac{\partial p}{\partial t}+u\frac{\partial p}{\partial x}-D\frac{\partial^2 p}{\partial x^2}=0, \tag{7.0.1}$$

其中 u 是平均速度. 1975 年 Scher 和 Montroll 研究发现这是由于电荷在介质中的运动经常会受到局部瑕疵的阻挠, 之后由于热波动又被释放[2]. 这些现象与爱因斯坦和皮尔森在最初推导扩散方程时所做的假设是相违背的, 这正是该运动过程不满足 Gauss 分布, 即对流-扩散方程 (7.0.1) 的真正原因. 实际上它可以用分数阶的对流-扩散方程来描述.

同样地, 现在越来越多的水文地质工作者逐渐意识到地下水中溶解物的传输过程也不满足经典的对流-扩散方程 (7.0.1); 换言之, 地下水中溶解物的弥散不能被经典的菲克定律所描述. 与 Gauss 分布相比, 溶解物的分布更为远离中心, 原因是多孔介质的非均质性不满足布朗运动的假设: 粒子的运动相互独立, 不受周边粒子的影响. 经典定义的扩散-弥散张量虽然考虑到了非均质的多孔介质对地下水中溶解物的影响, 拼造了局部的与尺度有关的弥散张量[3], 但是该方法在推导中依然假定溶解物的运移在某些小尺度上满足 Gauss 分布. 换言之, 该扩散张量的推导也做了与经典的对流-扩散方程相似的假设.

实际问题中当地下水中的溶解物穿过非均质的或者有裂缝的多孔介质时, 其影响区域较大, 甚至会时常吸附到介质上; 它们的分布也有以下两个特点: ① 增长速度快; ② 与 Gauss 分布相比, 外围的密度更大. 数学上相应的分布函数在空间上是按有理分式的速率衰减而不是 Gauss 分布的指数衰减. 这意味着传统模型对环境污染治理效果的预测过于乐观, 实际治理效果比现有模型预测的时间要长几十年、甚至几个世纪.

分数阶的对流-扩散方程能够有效模拟这些流动, 形成与时空有关的非局部算子. 特别地, 空间上的分数阶导数能够刻画空间影响区域很大或者速度变化很快的粒子运动; 另一方面, 我们可以用连续时间的随机游走 (CTRWS) 模型来描述具有大的时空影响的粒子运动. 当粒子运动的方差有限时, 它描述的就是布朗运动, 但

是方差很大时, CTRWS 趋近于空间分数阶的对流-扩散方程, 即福克尔-普朗克方程 (7.0.2)[4-6]:

$$\frac{\partial p}{\partial t}+u\frac{\partial p}{\partial x}-D_{+}\frac{\partial^{\alpha}p}{\partial_{+}x^{\alpha}}-D_{-}\frac{\partial^{\alpha}p}{\partial_{-}x^{\alpha}}=0,\quad x\in(a,b),t\in[0,T], \tag{7.0.2}$$

其中 $D_{+}:=(1+\beta)D/2, D_{-}:=(1-\beta)D/2, -1\leqslant\beta\leqslant 1$ 表示流体在流动方向上的扩散比例, $\partial^{\alpha}/\partial_{\pm}x^{\alpha}$ 的定义为

$$\begin{cases}\dfrac{\partial^{\alpha}f}{\partial_{+}x^{\alpha}}=\dfrac{1}{\Gamma(2-\alpha)}\dfrac{d^{2}}{dx^{2}}\displaystyle\int_{a}^{x}\dfrac{f(\xi)d\xi}{(x-\xi)^{\alpha-1}},\\ \dfrac{\partial^{\alpha}f}{\partial_{-}x^{\alpha}}=\dfrac{1}{\Gamma(2-\alpha)}\dfrac{d^{2}}{dx^{2}}\displaystyle\int_{x}^{b}\dfrac{f(\xi)d\xi}{(x-\xi)^{\alpha-1}}.\end{cases} \tag{7.0.3}$$

它们分别代表 $\alpha(1<\alpha\leqslant 2)$ 阶的黎曼-刘维尔左导数和右导数[7], $\Gamma(\cdot)$ 是 Gamma 函数. 分数阶的对流-扩散方程能够更准确地描述多孔介质中的流体运移, 但是由于分数阶导数的非局部性, 相应的数值方法的系数矩阵是一个满阵, 这就需要庞大的计算量和存储空间, 这一点之后我们还会详细讨论.

本章讨论分数阶对流-扩散问题的差分方法, 共二节. 7.1 节介绍分数阶偏微分方程及其有限差分方法[8], 7.2 节介绍分数阶扩散方程导数边界条件的有限差分方法[9,10].

7.1 分数阶偏微分方程及其有限差分方法

7.1.1 引言

近年来, 人们为分数阶偏微分方程构造了多种数值方法, 比如有限差分方法、有限元方法和谱方法. 与整数阶方程相比, 分数阶方程具有如下特点: ① 分数阶微分算子不是局部算子; ② 分数阶方程的数值方法的系数矩阵是满阵的, 需要 $O(I^3)$ 的计算量和 $O(I^2)$ 的存储量, 其中 I 是未知量的个数. 而整数阶方程的系数矩阵是一个带宽为 $O(I)$ 的稀疏矩阵, 可以使用多重网格方法[11]、区域分解方法[12] 等快速算法求解.

文献 [13,14] 告诉我们如果直接离散分数阶偏微分方程, 即使使用隐式方法, 其数值格式也是不稳定的, 但是一种错位的 Grünwald 离散格式是稳定的, 而且数值试验也证明这种方法的数值解具有很好的逼近精度. 此外, 人们还构造了分数阶方程的有限元方法[15-17], 不过有限元方法的系数矩阵也是满阵, 而且同样需要 $O(I^3)$ 的计算量和 $O(I^2)$ 的存储量.

本节中我们将为分数阶偏微分方程构造一种快速有限差分方法, 使其计算量和存储量分别下降到 $O(I\log^2 I)$ 和 $O(I)$, 而且保持同样的计算精度. 本节内容的结构

为: 7.1.2 小节介绍分数阶偏微分方程, 并推导它的有限差分格式; 7.1.3 小节给出含带状系数矩阵的快速差分算法, 并介绍如何实现计算; 最后在 7.1.4 小节中通过数值算例验证该快速算法的精度.

7.1.2 分数阶偏微分方程及其有限差分方法

考虑下列齐次边界条件下的分数阶对流-扩散方程

$$\begin{aligned}&\frac{\partial c(x,t)}{\partial t}+u\frac{\partial c(x,t)}{\partial x}-D_{+}(x,t)\frac{\partial^{\alpha}c(x,t)}{\partial_{+}x^{\alpha}}-D_{-}(x,t)\frac{\partial^{\alpha}c(x,t)}{\partial_{-}x^{\alpha}}=f(x,t),\\&c(x,0)=c_0(x),\quad a\leqslant x\leqslant b,\end{aligned}\tag{7.1.1}$$

其中 $1<\alpha<2, a<x<b, 0<t\leqslant T$. 由分数阶导数的定义 (7.0.3), 我们知道分数阶导数具有非局部性, 从而相应的数值方法的系数矩阵是一个满阵, 计算时会占用庞大的存储空间, 而且需要极大的计算量. 为了克服这些困难, 我们接下来构造一种新的算法. 考虑到分数阶对流-扩散方程与整数阶对流-扩散方程最主要的区别就是扩散项上分数阶导数的引入. 所以下面我们将以初边值问题 (7.1.2) 为例, 着重讨论带分数阶导数的扩散项[13,14]:

$$\begin{aligned}&\frac{\partial c(x,t)}{\partial t}-D_{+}(x,t)\frac{\partial^{\alpha}c(x,t)}{\partial_{+}x^{\alpha}}-D_{-}(x,t)\frac{\partial^{\alpha}c(x,t)}{\partial_{-}x^{\alpha}}=f(x,t),\\&\qquad 1<\alpha<2,\quad a<x<b,\quad 0<t\leqslant T,\\&c(a,t)=0, c(b,t)=0,\quad 0\leqslant t\leqslant T,\\&c(x,0)=c_0(x),\quad a\leqslant x\leqslant b.\end{aligned}\tag{7.1.2}$$

我们知道分数阶的左导数和右导数定义 (7.0.3) 与下面的 Grünwald-Letnikov 形式[7]的定义等价:

$$\begin{aligned}\frac{\partial^{\alpha}c(x,t)}{\partial_{+}x^{\alpha}}&=\lim_{h\to0+}\frac{1}{h^{\alpha}}\sum_{k=0}^{\lfloor(x-\alpha)/h\rfloor}g_k^{(\alpha)}c(x-kh,t),\\\frac{\partial^{\alpha}c(x,t)}{\partial_{-}x^{\alpha}}&=\lim_{h\to0+}\frac{1}{h^{\alpha}}\sum_{k=0}^{\lfloor(b-x)/h\rfloor}g_k^{(\alpha)}c(x+kh,t),\end{aligned}\tag{7.1.3}$$

其中 $\lfloor x\rfloor$ 代表 x 的整数部分, $g_k^{(\alpha)}=(-1)^k\begin{pmatrix}\alpha\\k\end{pmatrix}$, $\begin{pmatrix}\alpha\\k\end{pmatrix}$ 表述二项式系数. 显然 $g_k^{(\alpha)}$ 满足下列递推性质

$$g_0^{(\alpha)}=1,\quad g_k^{(\alpha)}=\left(1-\frac{\alpha+1}{k}\right)g_{k-1}^{(\alpha)},\quad k\geqslant1.\tag{7.1.4}$$

而且[7,12,14]

$$\begin{cases} g_0^{(\alpha)} = 1, \quad g_1^{(\alpha)} = -\alpha < 0, \quad 1 \geqslant g_2^{(\alpha)} \geqslant g_3^{(\alpha)} \geqslant \cdots \geqslant 0, \\ \sum_{k=0}^{\infty} g_k^{(\alpha)} = 0, \quad \sum_{k=0}^{m} g_k^{(\alpha)} \leqslant 0 \quad (m \geqslant 1). \end{cases} \tag{7.1.5}$$

定义一致的时空剖分: $h = (b-a)/I$, $\Delta t = T/N$, $x_i = a + ih (0 \leqslant i \leqslant I)$, $t^n = n\Delta t (0 \leqslant n \leqslant N)$. 记 $c_i^n = c(x_i, t^n), D_{+,i}^n = D_+(x_i, t^n), D_{-,i}^n = D_-(x_i, t^n)$ 和 $f_i^n = f(x_i, t^n)$. (7.1.2) 中的时间导数可以采用标准的一阶差商进行离散, 而分数阶导数项需要仔细处理. Meerschaert 和 Tadjeran[13,14] 证明了直接截取 (7.1.3) 中的有限项的全隐式有限差分方法是不稳定的, 不过他们又构造了下列逼近方法:

$$\begin{aligned} \frac{\partial^\alpha c(x_i, t^n)}{\partial_+ x^\alpha} &= \frac{1}{h^\alpha} \sum_{k=0}^{i+1} g_k^{(\alpha)} c_{i-k+1}^n + O(h), \\ \frac{\partial^\alpha c(x_i, t^n)}{\partial_- x^\alpha} &= \frac{1}{h^\alpha} \sum_{k=0}^{I-i+1} g_k^{(\alpha)} c_{i+k-1}^n + O(h), \end{aligned} \tag{7.1.6}$$

而且证明了 (7.1.2) 的相应的差分方法是无条件稳定和收敛的.

$$\frac{c_i^{n+1} - c_i^n}{\Delta t} - \frac{D_{+,i}^{n+1}}{h^\alpha} \sum_{k=0}^{i+1} g_k^{(\alpha)} c_{i-k+1}^n - \frac{D_{-,i}^{n+1}}{h^\alpha} \sum_{k=0}^{I-i+1} g_k^{(\alpha)} c_{i+k-1}^n = f_i^{n+1}. \tag{7.1.7}$$

记 $\mathbf{c}^n = [c_1^n, c_2^n, \cdots, c_{I-1}^n]^{\mathrm{T}}, \mathbf{f}^n = [f_1^n, f_2^n, \cdots, f_{I-1}^n]^{\mathrm{T}}, \mathbf{A}^n = [a_{ij}^n]_{i,j=1}^{I-1}$, $\mathbf{I}$ 是 $(I-1)$ 阶的单位矩阵. 那么差分方法 (7.1.7) 的矩阵形式为

$$(\mathbf{I} + \mathbf{A}^{n+1})\mathbf{c}^{n+1} = \mathbf{c}^n + \Delta t \mathbf{f}^{n+1}. \tag{7.1.8}$$

其中矩阵 $\mathbf{A}^{n+1}$ 的组成元素

$$a_{ij}^{n+1} = \begin{cases} -(r_{+,i}^{n+1} + r_{-,i}^{n+1}) g_1^{(\alpha)}, & j = i, \\ -(r_{+,i}^{n+1} g_2^{(\alpha)} + r_{-,i}^{n+1} g_0^{(\alpha)}), & j = i-1, \\ -(r_{+,i}^{n+1} g_0^{(\alpha)} + r_{-,i}^{n+1} g_2^{(\alpha)}), & j = i+1, \\ -r_{+,i}^{n+1} g_{i-j+1}^{(\alpha)}, & j < i-1, \\ -r_{-,i}^{n+1} g_{j-i+1}^{(\alpha)}, & j > i+1, \end{cases} \tag{7.1.9}$$

$$r_{+,i}^{n+1} = D_{+,i}^{n+1} \Delta t / h^\alpha, \quad r_{-,i}^{n+1} = D_{-,i}^{n+1} \Delta t / h^\alpha. \tag{7.1.10}$$

显然当 $i \neq j$ 时, $a_{ij}^{n+1} \leqslant 0$. 由 (7.1.5) 和 (7.1.9) 可得

$$a_{ij}^{n+1} - \sum_{j=1, j\neq i}^{I-1} |a_{ij}^{n+1}| = -(r_{+,i}^{n+1} + r_{-,i}^{n+1}) g_1^{(\alpha)} - r_{+,i}^{n+1} \sum_{k=0, k\neq 1}^{i} g_k^{(\alpha)} - r_{-,i}^{n+1} \sum_{k=0, k\neq 1}^{I-i} g_k^{(\alpha)}$$

$$\geqslant -(r_{+,i}^{n+1}+r_{-,i}^{n+1})g_1^{(\alpha)}-(r_{+,i}^{n+1}+r_{-,i}^{n+1})\sum_{k=0,k\neq 1}^{\infty} g_k^{(\alpha)}$$
$$=-(r_{+,i}^{n+1}+r_{-,i}^{n+1})g_1^{(\alpha)}+(r_{+,i}^{n+1}+r_{-,i}^{n+1})g_1^{(\alpha)}=0. \tag{7.1.11}$$

所以系数矩阵 $\mathbf{I}+\mathbf{A}^{n+1}$ 是非奇异的严格对角占优的 M 矩阵, 从而该差分格式是单调的[18].

7.1.3 含带状系数矩阵的快速差分方法

跟分数阶偏方程的其他数值方法一样, 差分格式 (7.1.8) 的系数矩阵也是满阵, 所以每个时间步求解 (7.1.8) 需要 $O(I^3)$ 的计算量和 $O(I^2)$ 的存储量; 而且适用于稀疏系数矩阵的迭代方法, 因为每次迭代需要 $O(I^2)$ 的计算量, 所以在这种情况下也不能有效地提高计算效率.

下面在不影响精度的前提下, 尝试构造一种与 (7.1.8) 相比能够大大减少计算消耗的快速有限差分方法, 而且满足下列性质:

(1) 具有带状的系数矩阵 $\mathbf{I}+\mathbf{A}_k^{n+1}$, 而不是格式 (7.1.8) 中的满阵 $\mathbf{I}+\mathbf{A}^{n+1}$;

(2) 带状矩阵 $\mathbf{A}_k^{n+1}$ 可以有效地逼近满阵 $\mathbf{A}^{n+1}$;

(3) 系数矩阵 $\mathbf{I}+\mathbf{A}_k^{n+1}$ 可逆, 而且计算量要远远小于 $\mathbf{I}+\mathbf{A}^{n+1}$ 的计算量;

(4) 矩阵 $\mathbf{I}+\mathbf{A}_k^{n+1}$ 求逆的计算量要与右端向量的计算量相近.

为了寻找 $\mathbf{A}^{n+1}$ 的有效带状矩阵近似, 我们考察 $\mathbf{A}^{n+1}$ 的每一行元素的衰减情况. 由 (7.1.4) 和 (7.1.5) 经过简单计算可知, 当 k 趋于无穷时,

$$g_k^{(\alpha)}=\frac{e^{-2}}{\Gamma(-\alpha)k^{\alpha+1}}\left(1+O\left(\frac{1}{k}\right)\right), \tag{7.1.12}$$

也就是说 $g_k^{(\alpha)}$ 以 $\alpha+1$ 的速度渐进地趋于零. 那么将满阵 $\mathbf{A}^{n+1}$ 分解为

$$\mathbf{A}^{n+1}=\mathbf{A}_k^{n+1}+\mathbf{A}_0^{n+1}, \tag{7.1.13}$$

其中 $\mathbf{A}_k^{n+1}$ 由 $\mathbf{A}^{n+1}$ 的 $2k+1$ 条对角线元素组成, 其他元素为零. 分析表明如果选择半带宽 $k=\log I$,

$$\frac{\left\|\mathbf{A}^{n+1}-\mathbf{A}_k^{n+1}\right\|_\infty}{\left\|\mathbf{A}^{n+1}\right\|}=O\left(\log^{-\alpha} I\right)\to 0,\quad I\to\infty. \tag{7.1.14}$$

所以随着未知量 I 的增加, 带状矩阵 $\mathbf{A}_k^{n+1}$ 的带宽也在增加, 但只是随其对数 $\log I$ 增长. 简言之, 带状矩阵 $\mathbf{A}_k^{n+1}$ 基本满足我们的要求, 因此把差分格式 (7.1.8) 按 (7.1.13) 分解, 并对右端作线性外推, 得差分格式

$$\begin{aligned}&(\mathbf{I}+\mathbf{A}_k^1)\mathbf{c}^1=(\mathbf{I}-\mathbf{A}_0^1)\mathbf{c}^0+\Delta t\mathbf{f}^1,\\&(\mathbf{I}+\mathbf{A}_k^{n+1})\mathbf{c}^{n+1}=(\mathbf{I}-2\mathbf{A}_0^{n+1})\mathbf{c}^n+\mathbf{A}_0^{n+1}\mathbf{c}^{n-1}+\Delta t\mathbf{f}^{n+1},\quad n\geqslant 1.\end{aligned} \tag{7.1.15}$$

差分格式 (7.1.15) 中的系数矩阵的求逆运算量已经减少到 $O(I\log^2 I)$, 但是右端向量的计算量和存储量还都是 $O(I^2)$. 下面我们想办法将其存储量减少到 $O(I)$, 同时计算量减少到 $O(I\log I)$. 注意满阵 $\mathbf{A}^{n+1}$ 可以展开为

$$\mathbf{A}^{n+1}=-\mathrm{diag}(r_+^{n+1})\mathbf{A}_L-\mathrm{diag}(r_-^{n+1})\mathbf{A}_R, \tag{7.1.16}$$

其中矩阵 $(\mathbf{A}_L)_{i,i}=g_1^{(\alpha)},(\mathbf{A}_L)_{i,i+1}=g_0^{(\alpha)}$, 当 $j<i$ 时 $(\mathbf{A}_L)_{i,i}=g_{i-j+1}^{(\alpha)}$; 矩阵 $\mathbf{A}_R$ 可类似定义. 所以我们只需存储 $(3I-2)$ 个参数, 不需要存储满阵 $\mathbf{A}^{n+1}$ 的 $(I-1)^2$ 个元素. 又因为向量 $\mathbf{g}^{(\alpha)}$ 与时间和空间无关, 所以对于给定 α 的和 I, 可以把 $\mathbf{g}^{(\alpha)}$ 提前单独存储起来.

为了实现 (7.1.15) 右端计算量为 $O(I\log I)$ 的快速算法, 我们定义下述算法:

(1) 定义 $(2I-2)\times(2I-2)$ 的矩阵和 $(2I-2)$ 的向量

$$\mathbf{S}_{2I-2,L}=\begin{pmatrix}\mathbf{A}_L & \mathbf{B}_L\\ \mathbf{B}_L & \mathbf{A}_L\end{pmatrix},\quad \mathbf{S}_{2I-2,R}=\begin{pmatrix}\mathbf{A}_R & \mathbf{B}_R\\ \mathbf{B}_R & \mathbf{A}_R\end{pmatrix},\quad \mathbf{c}_{2I-2}=\begin{pmatrix}\mathbf{c}\\ 0\end{pmatrix}, \tag{7.1.17}$$

其中 $\mathbf{B}_L$ 定义如下

$$\mathbf{B}_L=\begin{pmatrix}0 & g_{I-1}^{(\alpha)} & \cdots & g_3^{(\alpha)} & g_2^{(\alpha)}\\ 0 & 0 & g_{I-1}^{(\alpha)} & \cdots & g_3^{(\alpha)}\\ \vdots & 0 & 0 & \ddots & \vdots\\ 0 & \vdots & \ddots & \ddots & g_{I-1}^{(\alpha)}\\ g_0^{(\alpha)} & 0 & \cdots & 0 & 0\end{pmatrix} \tag{7.1.18}$$

$\mathbf{B}_R$ 可类似定义. 显然

$$\mathbf{S}_{2I-2,L}\mathbf{c}_{2I-2}=\begin{pmatrix}\mathbf{A}_L\mathbf{c}\\ \mathbf{B}_L\mathbf{c}\end{pmatrix},\quad \mathbf{S}_{2I-2,R}\mathbf{c}_{2I-2}=\begin{pmatrix}\mathbf{A}_R\mathbf{c}\\ \mathbf{B}_R\mathbf{c}\end{pmatrix}. \tag{7.1.19}$$

所以 $\mathbf{A}_L\mathbf{c}$ 和 $\mathbf{A}_R\mathbf{c}$ 可以分别从 $\mathbf{S}_{2I-2,L}\mathbf{c}_{2I-2}$ 和 $\mathbf{S}_{2I-2,R}\mathbf{c}_{2I-2}$ 的前半部分获得.

(2) 注意矩阵 $\mathbf{S}_{2I-2,L}$ 可由一个 $(2I-2)$ 阶数组 $\{sl_i\}_{i=0}^{2I-3}$ 完全表示, 即 $\mathbf{S}_{2I-2,L}$ 的位置 (i,j) 上的元素 $(\mathbf{S}_{2I-2,L})_{i,j}=sl_{(j-i)\mod(2I-2)},i,j=1,2,\cdots,2I-2$. 由矩阵理论可知

$$\mathbf{S}_{2I-2,L}=\mathbf{F}_{2I-2}^{-1}\mathrm{diag}(\mathbf{F}_{2I-2}\mathbf{s}_{2I-2,L})\mathbf{F}_{2I-2}, \tag{7.1.20}$$

其中 $\mathbf{s}_{2I-2,L}=[sl_0,sl_{2I-3},sl_{2I-4},\cdots,sl_2,sl_1]^{\mathrm{T}}$ 是 $\mathbf{S}_{2I-2,L}$ 第一列的列向量, $\mathbf{F}_{2I-2}$ 是一个 $(2I-2)\times(2I-2)$ 的离散傅里叶变换矩阵. $\mathbf{S}_{2I-2,R}$ 类似处理.

(3) 由快速傅里叶变换 (FFT), 矩阵与向量乘积 $\mathbf{w}_{2I-2}=\mathbf{F}_{2I-2}\mathbf{c}_{2I-2}$ 可由 $O(2I\log(2I))$ 的计算量实现.

(4) 类似地, 计算 $\mathbf{v}_{2I-2,L}=\mathbf{F}_{2I-2}\mathbf{s}_{2I-2,L}$ 和 $\mathbf{v}_{2I-2,R}=\mathbf{F}_{2I-2}\mathbf{s}_{2I-2,R}$, 其中 $\mathbf{s}_{2I-2,R}$ 为 $\mathbf{S}_{2I-2,R}$ 第一列的列向量.

(5) 计算 Hadamard 乘积 $\mathbf{z}_{2I-2,L}=\mathbf{w}_{2I-2}\cdot\mathbf{v}_{2I-2,L}=[w_1v_{1,L},\cdots,w_{2I-2}v_{2I-2,L}]^{\mathrm{T}}$ 和 $\mathbf{z}_{2I-2,R}=\mathbf{w}_{2I-2}\cdot\mathbf{v}_{2I-2,R}=[w_1v_{1,R},\cdots,w_{2I-2}v_{2I-2,R}]^{\mathrm{T}}$, 计算量为 $O(I)$.

(6) 计算 $\mathbf{y}_{2I-2,L}=\mathbf{F}_{2I-2}^{-1}\mathbf{z}_{2I-2,L}$ 和 $\mathbf{y}_{2I-2,R}=\mathbf{F}_{2I-2}^{-1}\mathbf{z}_{2I-2,R}$, 应用快速傅里叶逆变换, 计算量为 $O(I\log I)$. 结合 (7.1.17) 和 (7.1.19) 得

$$\begin{aligned}\mathbf{y}_{2I-2,L}&=\begin{pmatrix}\mathbf{y}_L\\ \mathbf{y}_L'\end{pmatrix}=\mathbf{S}_{2I-2,L}\mathbf{c}_{2I-2}=\begin{pmatrix}\mathbf{A}_L\mathbf{c}\\ \mathbf{B}_L\mathbf{c}\end{pmatrix},\\ \mathbf{y}_{2I-2,R}&=\begin{pmatrix}\mathbf{y}_R\\ \mathbf{y}_R'\end{pmatrix}=\mathbf{S}_{2I-2,R}\mathbf{c}_{2I-2}=\begin{pmatrix}\mathbf{A}_R\mathbf{c}\\ \mathbf{B}_R\mathbf{c}\end{pmatrix}.\end{aligned}\tag{7.1.21}$$

(7) 计算 Hadamard 乘积 $\mathbf{c}_L=\mathbf{r}_+^{n+1}\cdot\mathbf{y}_L$ 和 $\mathbf{c}_R=\mathbf{r}_-^{n+1}\cdot\mathbf{y}_R$, 计算量为 $O(I)$. 由 (7.1.16) 得 $\mathbf{A}^{n+1}\mathbf{c}=-\mathbf{c}_L-\mathbf{c}_R$, 计算量为 $O(I)$.

7.1.4 数值算例

本小节以数值算例考察我们构造的快速有限差分方法, 并将其与满阵的有限差分方法[13,14] 比较.

7.1.4.1 模拟分数阶扩散方程

例 7.1.1 对扩散方程 (7.1.2), 取 $[a,b]=[0,2],[0,T]=[0,1],\alpha=1.8$, 扩散项系数为

$$D_+(x,t)=\Gamma(1.2)x^{1.8},\quad D_-(x,t)=\Gamma(1.2)(2-x)^{1.8}.\tag{7.1.22}$$

右端函数和初始函数分别为

$$\begin{aligned}f(x,t)=&-32e^{-t}\Big[x^2+(2-x)^2+0.125x^2(2-x)^2\\&-2.5(x^3+(2-x)^3)+\frac{25}{22}(x^4+(2-x)^4)\Big],\\ c_0(x)=&\ 4x^2(2-x)^2.\end{aligned}\tag{7.1.23}$$

那么方程 (7.1.2) 的解析解为

$$c(x,t)=4e^{-t}x^2(2-x)^2.\tag{7.1.24}$$

我们分别采用快速有限差分方法 (7.1.15) 和一般的有限差分方法 (7.1.7) 两种方法求解, 得到的数值解分别记为 c_{FFD}^n 和 c_{FD}^n. 记 c^n 代表 t^n 时刻的数值解 c_{FFD}^n 或 c_{FD}^n, $c(x,t^n)$ 为 (7.1.2) 的精确解. 表 7.1.1 记录了在不同网格剖分下 $t=T$ 时刻

的误差 $||c_{FFD}^n - c(\cdot, t^n)||_{L^\infty}$ 和 $|c_{FD}^n - c(\cdot, t^n)||_{L^\infty}$; 比较发现快速有限差分方法可以达到与一般有限差分方法同样的精度, 不过一般方法需要 $O(I^2)$ 的存储量和 $O(I^3)$ 的计算量, 而快速方法只需要 $O(I)$ 和 $O(I\log^2 I)$. 图 7.1.1(a) 是两种差分方法在 $I = 256, N = 128$ 时的数值解, 而且两种方法都能够很好地逼近精确解.

表 7.1.1 比较快速算法的数值解 c_{FFD} 和一般算法的数值解 c_{FD}

$I = (b-a)/h$	$N = T/\Delta t$	$\|\|c_{FD} - c\|\|_{L^\infty}$	$\|\|c_{FFD} - c\|\|_{L^\infty}$
2^6	2^5	1.74342×10^{-3}	1.55820×10^{-2}
2^7	2^6	8.35225×10^{-3}	7.02644×10^{-3}
2^8	2^7	4.08363×10^{-3}	3.18051×10^{-3}
2^9	2^8	2.01853×10^{-3}	1.41064×10^{-3}
2^{10}	2^9	1.00343×10^{-3}	5.95001×10^{-4}

例 7.1.2 考察齐次分数阶扩散方程 (7.1.2) 的基本解, 初始函数为 $x = 0$ 点的 Dirac 函数, 取 $\alpha = 1.8, (a, b) = (-1, 1), (0, T) = (0, 1), D_+(x, t) = D_-(x, t) = D = 0.005$, 那么基本解 $c(x, t)$ 为

$$c(x,t) = \frac{1}{\pi}\int_0^\infty e^{-2D|\cos(\pi\alpha/2)|t\xi^\alpha}\cos(\xi x)d\xi.$$

图 7.1.1(b) 是两种差分方法在 $I = 256, N = 128$ 时的数值解, 表 7.1.2 记录了两种方法在不同网格剖分下的误差, 图 7.1.1(b) 和表 7.1.2 都说明快速算法可以得到与一般方法同样的精度.

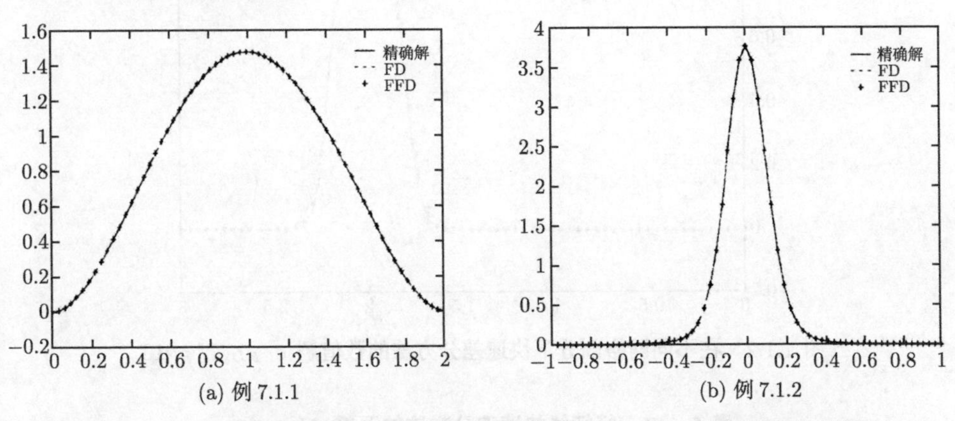

图 7.1.1 $t = T$ 时刻的精确解 c, 快速算法的数值解 c_{FFD} 和一般算法的数值解 c_{FD}

7.1.4.2 模拟分数阶对流-扩散方程

将特征线差分法和快速算法相结合, 形成针对分数阶对流-扩散方程的特征线快速算法, 用以模拟盒子函数: 取 $\alpha = 1.8, (a, b) = (0, 3), (0, T) = (0, 1), D_+(x, t) =$

$D_-(x,t) = D = 0.001, u(x,t) = 1, f = 0$, 初始函数为

$$c_0(x) = \frac{1}{2}\left[\exp\left(\frac{x-0.8}{2.8D}\right) - \exp\left(\frac{x-1.2}{2.8D}\right)\right].$$

那么以非常细的空间剖分下得到的特征线差分方法的数值解作为参考解. 图 7.1.2 是特征线快速算法在不同的空间剖分下的数值解, 而表 7.1.3 和表 7.1.4 分别是快速算法和一般特征线差分方法于 $t = T$ 时刻在 L^1 范数、L^2 范数和 L^∞ 范数意义下的误差. 图 7.1.2、表 7.1.3 和表 7.1.4 中的数据说明特征线快速差分方法可以很好地模拟分数阶对流-扩散方程, 与一般的特征线差分方法具有同样的精度.

表 7.1.2　比较快速算法的数值解 c_{FFD} 和一般算法的数值解 c_{FD}

$I = (b-a)/h$	$N = T/\Delta t$	$\|\|c_{FD} - c\|\|_{L^\infty}$	$\|\|c_{FFD} - c\|\|_{L^\infty}$
2^6	2^5	7.14116×10^{-2}	7.14034×10^{-2}
2^7	2^6	2.13480×10^{-2}	2.13571×10^{-2}
2^8	2^7	7.46298×10^{-3}	7.47406×10^{-3}
2^9	2^8	2.98111×10^{-3}	2.95296×10^{-3}
2^{10}	2^9	1.69132×10^{-3}	1.69132×10^{-3}

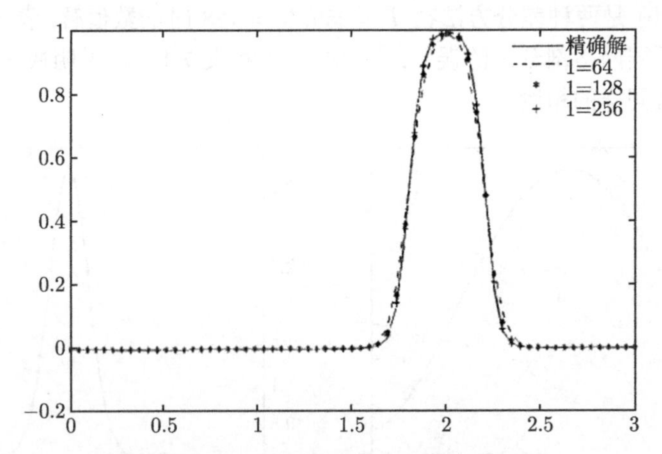

图 7.1.2　在不同网格剖分下快速差分方法的数值解 $c_{FFD}, N = 10$

表 7.1.3　特征线快速差分方法的误差 $N = 10$

$I = (b-a)/h$	$\|\|c - c_{FFD}\|\|_{L^1}$	$\|\|c - c_{FFD}\|\|_{L^2}$	$\|\|c - c_{FFD}\|\|_{L^\infty}$
2^5	6.0795×10^{-2}	7.2252×10^{-2}	1.3826×10^{-1}
2^6	2.9941×10^{-2}	3.7928×10^{-2}	6.7262×10^{-2}
2^7	1.3983×10^{-2}	1.8447×10^{-2}	3.3302×10^{-2}
2^8	4.6326×10^{-3}	5.5834×10^{-3}	1.1240×10^{-2}

表 7.1.4 一般特征线差分方法的误差 $N = 10$

$I = (b-a)/h$	$\|c - c_{FD}\|_{L^1}$	$\|c - c_{FD}\|_{L^2}$	$\|c - c_{FD}\|_{L^\infty}$
2^5	6.0766×10^{-2}	7.2246×10^{-2}	1.3821×10^{-1}
2^6	2.9791×10^{-2}	3.7876×10^{-2}	6.7384×10^{-2}
2^7	1.3590×10^{-2}	1.8247×10^{-2}	3.3057×10^{-2}
2^8	4.6063×10^{-3}	6.2890×10^{-3}	1.1940×10^{-2}

详细的讨论和分析还可参阅文献 [19].

7.2 分数阶扩散方程导数边界条件的有限差分方法

分数阶偏微分方程有非常广泛的应用, 但是分数阶偏微分方程的数值方法往往产生稠密甚至满的刚度矩阵. 用传统的 Gauss 消去法解决这类问题, 需要 $O(N\log N)$ 的存储量和 $O(N^3)$ 的计算量, N 为离散区域的网格点数.

本节介绍了分数阶扩散方程分数阶导数边界条件的预条件 Krylov subspace 快速算法. [8] 给出了一类依赖时间的 Dirichlet 边界问题的分数阶方程快速算法. 它的矩阵结构为刚度矩阵 $\mathbf{A}$ 的前 $(N-1)$ 行和 $(N-1)$ 列. 我们注意到, 虽然刚度矩阵 $\mathbf{A}$ 为满阵, 但它可仅由 $O(N)$ 个元素来存储. 同样, 我们可通过分析刚度矩阵的性质, 得到该问题的快速有限差分算法. 利用得到的矩阵与向量相乘的快算法, 可得每次迭代仅需要 $O(N)$ 的存储量和 $O(N\log N)$ 的计算量, 而预条件算法也大大减少了所需的迭代次数, 从而更加有效地降低了计算时间. 数值算例表现出了本算法相比较传统算法的优越性.

7.2.1 稳态问题的分数阶方程及其有限差分方法

首先我们考虑稳态问题的空间分数阶反常扩散方程

$$
\begin{aligned}
&-d_+(x)\frac{\partial^\alpha u}{\partial_+ x^\alpha} - d_-(x)\frac{\partial^\alpha u}{\partial_- x^\alpha} + q(x)u = f(x), \quad 0 < x < 1, \\
&u(0) = 0, \quad \beta u(1) + \left(d_+(x)\frac{\partial^{\alpha-1} u}{\partial_+ x^{\alpha-1}} + d_-(x)\frac{\partial^{\alpha-1} u}{\partial_- x^{\alpha-1}} \right)\bigg|_{x=1} = b,
\end{aligned}
\tag{7.2.1}
$$

其中 $1 < \alpha < 2$ 是反常扩散的阶数, $d_+(x)$ 和 $d_-(x)$ 分别是左右扩散系数, $f(x)$ 是源汇项, $q(x) \geqslant 0$ 为反应系数. 如果 $q(x)$ 有正下界, 则在边界 $x = 0$ 也可给定为 Neumann 边界条件. 在右边界 $x = 1$, 当 $\beta = 0$ 时为 Neumann 边界条件, 否则为 Robin 边界条件.

分数阶左导数 $\partial^\alpha u/\partial_- x^\alpha$ 和右导数 $\partial^\alpha u/\partial_+ x^\alpha$ 有如下 Grünwald-Letnikov 定义[7]:

$$
\begin{aligned}
\frac{\partial^\alpha u}{\partial_+ x^\alpha} &= \lim_{h\to 0+}\frac{1}{h^\alpha}\sum_{k=0}^{\lfloor x/h\rfloor} g_k^{(\alpha)} u(x-kh),\\
\frac{\partial^\alpha u}{\partial_- x^\alpha} &= \lim_{h\to 0+}\frac{1}{h^\alpha}\sum_{k=0}^{\lfloor (1-x)/h\rfloor} g_k^{(\alpha)} u(x+kh),
\end{aligned}
\tag{7.2.2}
$$

其中 $\lfloor x\rfloor$ 代表 x 的整数下界, $g_k^{(\alpha)}=(-1)^k\begin{pmatrix}\alpha\\ k\end{pmatrix}$ 为分数阶二项式系数. N 为正整数, 网格步长 $h=1/N$. 定义剖分 $x_i=ih, u_i=u(x_i), d_{+,i}=d_+(x_i), d_{-,i}=d_-(x_i), q_i=q(x_i)$, 以及 $f_i=f(x_i), i=0,1,\cdots,N$. 对于上述定义的差分格式, 直接的截断得到的有限差分格式是无条件不稳定的. 然而, 平移的 Grünwald 逼近格式导出的有限差分方法是无条件稳定的[13,14]. 对于稳态问题 (7.2.1), 有限差分格式有如下表示:

$$
-d_{+,i}\sum_{k=0}^{i} g_k^{(\alpha)} u_{i-k+1} - d_{-,i}\sum_{k=0}^{N-i+1} g_k^{(\alpha)} u_{i+k-1} + h^\alpha q_i u_i = h^\alpha f_i,\quad 1\leqslant i\leqslant N. \tag{7.2.3}
$$

对于阶数为 $(\alpha-1)$ 的分数阶导数, 有如下逼近格式

$$
d_+(x)\frac{\partial^{\alpha-1}u}{\partial_+ x^{\alpha-1}}\bigg|_{x=1} \approx \frac{d_{+,N}}{h^{\alpha-1}}\sum_{k=0}^{N} g_k^{(\alpha-1)} u_{N-k},\quad d_-(x)\frac{\partial^{\alpha-1}u}{\partial_- x^{\alpha-1}}\bigg|_{x=1} \approx \frac{d_{-,N}}{h^{\alpha-1}} g_0^{(\alpha-1)} u_N.
$$

从而得到如下的离散边界条件

$$
u_0=0,\quad \beta h^{\alpha-1}u_N + d_{+,N}\sum_{k=0}^{N} g_k^{(\alpha-1)} u_{N-k} + d_{-,N} g_0^{(\alpha-1)} u_N = h^{\alpha-1} b. \tag{7.2.4}
$$

记 $u=[u_1,u_2,\cdots,u_N]^{\mathrm{T}}$, 则有限差分方法的矩阵格式为

$$
\mathbf{A}u=f. \tag{7.2.5}
$$

刚度矩阵 $\mathbf{A}$ 有如下格式

$$
a_{ij}=\begin{cases}
-(d_{+,i}+d_{-,i})g_1^{(\alpha)}+h^\alpha q_i, & 1\leqslant i=j\leqslant N-1,\\
-(d_{+,i}g_2^{(\alpha)}+d_{-,i}g_0^{(\alpha)}), & j=i-1, 2\leqslant i\leqslant N-1,\\
-(d_{+,i}g_0^{(\alpha)}+d_{-,i}g_2^{(\alpha)}), & j=i+1, 1\leqslant i\leqslant N-1,\\
-d_{+,i}g_{i-j+1}^{(\alpha)}, & 1\leqslant j\leqslant i-2, 3\leqslant i\leqslant N-1,\\
-d_{-,i}g_{j-i+1}^{(\alpha)}, & 3\leqslant j\leqslant N, 1\leqslant i\leqslant N-2,\\
-d_{-,N}g_{N-j}^{(\alpha-1)}, & 1\leqslant j\leqslant N-1, i=N,\\
\beta h^{\alpha-1}+(d_{-,N}+d_{+,N})g_0^{(\alpha-1)}, & i=j=N.
\end{cases} \tag{7.2.6}
$$

右端项 $f=[h^\alpha f_1,h^\alpha f_2,\cdots,h^\alpha f_{N-1},h^{\alpha-1}b]^{\mathrm{T}}$, T 为矩阵的转置. 显然, 刚度矩阵 $\mathbf{A}$ 为满阵, 传统算法一般是利用 Gauss 消去法求解, 其计算量为 $O(N^3)$, 存储量为 $O(N^2)$.

7.2.2 依赖时间的空间分数阶扩散方程

在本小节我们将上述分数阶有限差分算法扩展为求解时间问题空间分数阶扩散方程, 方程定义如下:

$$\begin{aligned}
&\frac{\partial u}{\partial t}-d_+(x,t)\frac{\partial^\alpha u}{\partial_+x^\alpha}-d_-(x,t)\frac{\partial^\alpha u}{\partial_-x^\alpha}+q(x,t)u=f(x,t),\quad 0<x<1,0<t\leqslant T,\\
&u(0,t)=0,\quad \beta u(1,t)+\left(d_+(x,t)\frac{\partial^{\alpha-1}u}{\partial_+x^{\alpha-1}}+d_-(x,t)\frac{\partial^{\alpha-1}u}{\partial_-x^{\alpha-1}}\right)\bigg|_{x=1}=b(t),\quad t\in[0,T],\\
&u(x,0)=u_0(x),\quad 0\leqslant x\leqslant 1.
\end{aligned}\tag{7.2.7}$$

M 为正整数, 做时间剖分 $\Delta t=T/M,t^m=m\Delta t,m=0,1,\cdots,M$. 定义 $d_{+,i}^m=d_+(x_i,t^m),d_{-,i}^m=d_-(x_i,t^m),f_i^m=f(x_i,t^m)$, 以及 u_i^m 为 $u(x_i,t^m)$ 的数值近似. 则有限差分方法有如下显格式

$$\begin{aligned}
&\frac{u_i^m-u_i^{m-1}}{\Delta t}-\frac{d_{+,i}^m}{h^\alpha}\sum_{k=0}^{i}g_k^{(\alpha)}u_{i-k+1}^m-\frac{d_{-,i}^m}{h^\alpha}\sum_{k=0}^{i}g_k^{(\alpha)}u_{i+k-1}^m+q_i^mu_i^m=f_i^m,\\
&u_0^m=0,\quad \beta u_N^m+\frac{d_{+,N}^m}{h^{\alpha-1}}\sum_{k=0}^{N}g_k^{(\alpha-1)}u_{N-k}^m+\frac{d_{-,N}^m}{h^{\alpha-1}}g_0^{(\alpha-1)}u_N^m=b(t^m).
\end{aligned}\tag{7.2.8}$$

u^m,f^m 和 $\mathbf{A}^m$ 分别为 u,f 和 $\mathbf{A}$ 在时间点 t^m 的数值逼近, $\mathbf{I}$ 为 N 阶单位矩阵. 则有限差分方法 (7.2.8) 有如下矩阵格式

$$\left[\mathbf{I}+\Delta t\mathrm{diag}\left(\{(1-\delta_{i,N})q_i^m\}_i^N\right)+(\Delta t/h^\alpha)\mathbf{A}^m\right]u^m=u^{m-1}+\Delta tf^m.\tag{7.2.9}$$

7.2.3 刚度矩阵的性质、结构以及存储

在本节, 我们将通过分析刚度矩阵 $\mathbf{A}$ 的数学性质, 得到其高效的存储方法和矩阵向量相乘的快速算法.

定理 7.2.1 刚度矩阵 $\mathbf{A}$ 为严格对角占优的 M 矩阵, 从而有限差分方法 (7.2.4) 和 (7.2.8) 存在唯一解.

证明 $g_k^{(\alpha)}$ 有如下定义

$$g_0^{(\alpha)}=1,\quad g_k^{(\alpha)}=\left(1-\frac{\alpha+1}{k}\right)g_{k-1}^{(\alpha)},\quad k\geqslant 1.\tag{7.2.10}$$

因此, 我们可以得到如下结果

$$\begin{cases} g_0^{(\alpha)} = 1, \quad g_1^{(\alpha)} = -\alpha < 0, \quad 1 > g_2^{(\alpha)} > g_3^{(\alpha)} > \cdots > 0, \\ \sum_{k=0}^{\infty} g_k^{(\alpha)} = 0, \quad \sum_{k=0}^{m} g_k^{(\alpha)} < 0 \quad (m \geqslant 1). \end{cases} \tag{7.2.11}$$

我们通过 (7.2.11) 注意到, 对 $1 \leqslant i \leqslant N-1$, 有 $a_{ii} > 0, a_{ij} < 0, i \neq j$. 因此, 有

$$\begin{aligned} a_{ii} - \sum_{j=1, j\neq i}^{N} |a_{ij}| &= -(d_{+,i} + d_{-,i}) g_1^{(\alpha)} - d_{+,i} \sum_{k=0,k\neq 1}^{i} g_k^{(\alpha)} - d_{-,i} \sum_{k=0,k\neq 1}^{N-i} g_k^{(\alpha)} \\ &> -(d_{+,i} + d_{-,i}) g_1^{(\alpha)} - (d_{+,i} + d_{-,i}) \sum_{k=0,k\neq 1}^{\infty} g_k^{(\alpha)} \\ &= -(d_{+,i} + d_{-,i}) \sum_{k=0}^{\infty} g_k^{(\alpha)} = 0, \quad i \leqslant N-1. \end{aligned} \tag{7.2.12}$$

对 $i = N$, 在 (7.2.10) 中, 用 $\alpha - 1$ 替换 α, 得系数 $g_k^{(\alpha-1)}$ 满足如下性质

$$\begin{cases} g_0^{(\alpha-1)} = 1, \quad -1 < 1-\alpha = g_1^{(\alpha-1)} < g_2^{(\alpha-1)} < g_3^{(\alpha-1)} < \cdots < 0, \\ \sum_{k=0}^{\infty} g_k^{(\alpha-1)} = 0, \quad \sum_{k=0}^{m} g_k^{(\alpha-1)} > 0 \quad (m \geqslant 1). \end{cases} \tag{7.2.13}$$

结合 (7.2.12) 和 (7.2.13), 得到 $a_{NN} > 0, a_{Nj} < 0, 1 \leqslant j \leqslant N-1$. 从而有

$$\begin{aligned} a_{NN} - \sum_{j=1}^{N-1} |a_{Nj}| &= -(d_{+,N} + d_{-,N}) g_0^{(\alpha-1)} - d_{+,N} \sum_{k=0}^{N-1} g_k^{(\alpha-1)} \\ &> -d_{+,N} g_0^{(\alpha-1)} + d_{+,N} \sum_{k=1}^{N-1} g_k^{(\alpha-1)} \\ &= d_{+,N} \sum_{k=0}^{N-1} g_k^{(\alpha-1)} > 0. \end{aligned} \tag{7.2.14}$$

综上所述, **A** 是严格对角占优矩阵. 并且 **A** 的所有对角线元素均是正值, 所有非对角线元素均为负值. 从而 **A** 是非奇异的 M 矩阵, 从而有限差分方法 (7.2.3), (7.2.4) 和 (7.2.8) 存在唯一解.

以下定理说明我们可以用 $O(N)$ 的存储量存储刚度矩阵 **A**, 而不是原来的 $O(N^2)$ 的存储量.

定理 7.2.2 刚度矩阵 **A** 的存储量为 $5N-2$.

证明 我们把刚度矩阵 $\mathbf{A}$ 表述为如下块结构

$$\mathbf{A}=\begin{pmatrix}\mathbf{A}_{N-1,N-1} & \mathbf{A}_{N-1,N}\\ \mathbf{A}_{N,N-1}^{T} & a_{NN}\end{pmatrix}, \tag{7.2.15}$$

其中 $\mathbf{A}_{N-1,N-1}$ 是 $\mathbf{A}$ 的前 $(N-1)$ 行及 $(N-1)$ 列, $\mathbf{A}_{N-1}^{\mathrm{T}}$ 是 $(N-1)$ 维行向量, 由 $\mathbf{A}$ 的第 N 行的前 $(N-1)$ 个元素构成, $\mathbf{A}_{N-1,N}$ 是 $(N-1)$ 维列向量, 由 $\mathbf{A}$ 的第 N 列的前 $(N-1)$ 个元素构成. $\mathbf{A}_{N-1,N-1}$ 与分数阶方程齐次边界条件的有限差分方法[14] 刚度矩阵有相同的结构[8]

$$\mathbf{A}_{N-1,N-1}=-\mathrm{diag}\left(\{d_{+,i}\}_{i=1}^{N-1}\right)\mathbf{A}_{L,N-1}^{(\alpha)}-\mathrm{diag}\left(\{d_{-,i}\}_{i=1}^{N-1}\right)\mathbf{A}_{R,N-1}^{(\alpha)}, \tag{7.2.16}$$

$\mathbf{A}_{L,N-1}^{(\alpha)}$ 为 $(N-1)$ 阶 Toeplitz 矩阵, $\mathbf{A}_{R,N-1}^{(\alpha)}=(\mathbf{A}_{L,N-1}^{(\alpha)})^{\mathrm{T}}$, 并且有

$$\mathbf{A}_{L,N-1}^{(\alpha)}=T^{N-1}\left(g_{N-1}^{(\alpha)},\cdots,g_{2}^{(\alpha)},g_{1}^{(\alpha)},g_{0}^{(\alpha)},0,\cdots,0\right).$$

因此, 对于存储矩阵 $\mathbf{A}$, 我们只需存储依赖扩散系数的向量 $[d_{+,1},d_{+,2},\cdots,d_{+,N-1}]^{\mathrm{T}}$, $[d_{-,1},d_{-,2},\cdots,d_{-,N-1}]^{\mathrm{T}}$, 分数阶二项式系数 $g^{(\alpha)}=[g_0^{(\alpha)},g_1^{(\alpha)},\cdots,g_{N-1}^{(\alpha)}]^{\mathrm{T}}$, 以及矩阵向量 $\mathbf{A}_{N-1,N}=[a_{1,N},a_{2,N},\cdots,a_{N-1,N}]^{\mathrm{T}}, \mathbf{A}_{N,N-1}=[a_{N,1},a_{N,2},\cdots,a_{N,N-1}]^{\mathrm{T}}$ 和 $a_{N,N}$, 共 $(5N-3)$ 个元素.

由于刚度矩阵 $\mathbf{A}$ 为满阵, 对于任意 N 维向量 $\mathbf{z}_N\in R^N$, 矩阵向量乘法 $\mathbf{A}\mathbf{z}_N$ 仅需要 $O(N^2)$ 的计算量. 从而 Krylov subspace 迭代法每个迭代步需要 $O(N^2)$ 的计算量. 然而对于整数阶微分方程, 这类 Krylov subspace 迭代法每个迭代步仅需要 $O(N)$ 的计算量. 对于分数阶偏微分方程, 我们有如下定理.

定理 7.2.3 对任意向量 $\mathbf{z}_N\in R^N$, $\mathbf{A}\mathbf{z}_N$ 的计算量为 $O(N\log N)$.

证明 $\mathbf{z}_{N-1}$ 表示由 $\mathbf{z}_N$ 的前 $(N-1)$ 个元素组成的 $(N-1)$ 维向量. 由 (7.2.15), 我们只需证明 $\mathbf{A}_{N-1,N-1}\mathbf{z}_{N-1}$ 的计算量为 $O(N\log N)$. 结合 (7.2.16), 我们只需证明 $\mathbf{A}_{L,N-1}^{(\alpha)}\mathbf{z}_{N-1}$ 和 $\mathbf{A}_{R,N-1}^{(\alpha)}\mathbf{z}_{N-1}$ 的计算量为 $O(N\log N)$. 由对称性, 我们只需证明 $\mathbf{A}_{L,N-1}^{(\alpha)}\mathbf{z}_{N-1}$ 的计算量为 $O(N\log N)$. 对任意的 $\mathbf{z}_N\in R^N$, Toeplitz 矩阵向量乘法 $\mathbf{A}_{L}^{(\alpha)}\mathbf{z}_N$ 和 $\mathbf{A}_{R}^{(\alpha)}\mathbf{z}_N$ 的计算量 $O(N\log N)$, 结合矩阵结构 (7.2.16), 定理得证.

7.2.4 预条件快速 Krylov subspace 算法

定理 7.2.3 表明, 矩阵向量相乘的快速算法可将 Krylov subspace 算法每次迭代的计算量由原来的 $O(N^2)$ 减少为 $O(N\log N)$. 条件数为 $\kappa(\mathbf{A})=O(h^{-\alpha})$, 因此迭代步数估计为 $O(h^{-\alpha/2})=O(N^{\alpha/2})$. 尽管每个迭代步内都应用快速算法, 但该算法的总体计算量仍为 $O(N^{\alpha/2+1}\log N)$. [20] 对齐次边界的有限体积方法给出了一类对称正定的 Teoplitz 矩阵预条件算法, 对于这类预条件矩阵求逆操作快速算法的计算量为 $O(N\log^2 N)$[21].

我们注意到 (7.2.6) 中表达的刚度矩阵 $\mathbf{A}$ 是非 Toeplitz 的, 在本算法中, 我们首先假定 $d_+(x)=d_-(x)=d(x)$, 则 (7.2.16) 可简化为

$$\mathbf{A}_{N-1,N-1}=\operatorname{diag}\left(\{d_i\}_{i=1}^{N-1}\right)\left(-\mathbf{A}_{L,N-1}^{(\alpha)}-\mathbf{A}_{R,N-1}^{(\alpha)}\right). \tag{7.2.17}$$

刚度矩阵 (7.2.15) 可表示为

$$\mathbf{A}=\mathbf{A}_{N,N}+\mathbf{E}_N, \tag{7.2.18}$$

其中 $\mathbf{A}_{N,N}$ 是 $\mathbf{A}_{N-1,N-1}$ 扩展到的 N 阶矩阵

$$\mathbf{A}_{N,N}=\operatorname{diag}\left(\{d_i\}_{i=1}^{N}\right)\left(-\mathbf{A}_{L,N}^{(\alpha)}-\mathbf{A}_{R,N}^{(\alpha)}\right),$$

$\mathbf{E}_N=\mathbf{A}-\mathbf{A}_{N,N}$, 第 N 行和第 N 列的元素非零, 该矩阵的秩最大不超过 2, 因此有限差分方法 (7.2.5) 可表述为

$$\left(\mathbf{T}_N+\operatorname{diag}\left(\{1/d_i\}_{i=1}^{N}\right)\mathbf{E}_N\right)u=\operatorname{diag}\left(\{1/d_i\}_{i=1}^{N}\right)f, \tag{7.2.19}$$

其中 $\mathbf{T}_N=-\mathbf{A}_{L,N}^{(\alpha)}-\mathbf{A}_{R,N}^{(\alpha)}$ 为严格对角占优的对阵正定 Toeplitz 矩阵, 因此我们可以用 Toeplitz 矩阵 $\mathbf{T}_N$ 的结构得到 Strang's 及 T. Chan's 预条件循环矩阵. 一般情况下我们不能直接将 $\mathbf{A}_{N,N}$ 表示为对角矩阵预 Toeplitz 矩阵的乘积, 但在这里我们仍然用 Strang's 或 T. Chan's 预条件循环矩阵.

7.2.5　高阶格式

我们采用外插法逼近有限差分方法的数值解. 通过局部外插算法, 我们快速得到更加精确的高阶格式.

这里介绍分数阶有限差分方程采用二阶逼近的外插格式, 定义如下

$$u_h\approx u_h+(u_h-u_{0.5h})=2u_h-u_{0.5h}. \tag{7.2.20}$$

7.2.6　数值算例

本小节我们给出上述空间分数阶偏微分方程 (7.2.1) 有限差分方法的预条件快速算法的数值算例.

7.2.6.1　稳态问题

首先我们考虑稳态问题 (7.2.1), 其中 $\alpha=1.8$, 扩散系数 $d_+(x)=d_-(x)=\Gamma(1.2)$. 我们考虑空间区域 $[0,2]$. 源汇项 $f(x)$ 的定义如下

$$f(x)=-8\Gamma(1.2)\left[\frac{2\Gamma(5)}{\Gamma(3.2)}\left(x^{2.2}+(2-x)^{2.2}\right)-\frac{4\Gamma(6)}{\Gamma(4.2)}\left(x^{3.2}+(2-x)^{3.2}\right)\right.$$

$$+\frac{3\Gamma(7)}{\Gamma(5.2)}\left(x^{4.2}+(2-x)^{4.2}\right)-\frac{\Gamma(8)}{\Gamma(6.2)}\left(x^{5.2}+(2-x)^{5.2}\right)$$
$$+\frac{\Gamma(8)}{\Gamma(7.2)}\left(x^{6.2}+(2-x)^{6.2}\right)\Bigg].$$

则该问题的精确解为

$$u(x)=x^4(2-x)^4,\quad x\in[0,2].$$

我们采用 Gauss 消去法作为基础算法, 分别用共轭梯度平方法 (CGS)、快速共轭梯度平方法 (FCGS) 以及预条件的共轭梯度平方法 (PFCGS) 求解该问题. 在这里我们给出了基于 T. Chan's 预条件快速算法 (CFCGS) 和 Strang's 预条件快速算法的数值结果. 我们以 Gauss 消去法为基准, 分别用 CGS, FCGS, T. Chan's 预条件快速 CGS 算法 (TFCGS) 和 Strang's 预条件快速 CGS 算法 (SFCGS) 计算有限差分方法. 表 7.2.1 给出了 Dirichlet 边界条件的数值结果, 表 7.2.2 给出了 Robin 边值条件的数值结果, 表 7.2.3 为 Neumann 边界条件外插法的数值结果.

由以上数值结果, 我们可以看到如下结论:

(1) 所有的数值方法得到与 Gauss 消去法相同的精度.

(2) 对于稳态问题, 由于迭代次数较多, CGS 法的计算时间比 Gauss 消去法多.

(3) FCGS 方法每次迭代的计算量为 $O(N\log N)$, 从而其 CPU 计算时间较 CGS 减少很多.

(4) 预条件的快速共轭梯度法 (SFCGS 和 TFCGS) 有效地减少了迭代次数, 因为计算时间也大大缩减.

表 7.2.1 7.2.6.1 中 Dirichlet 边界条件的数值结果

	N	误差	CPU/s	迭代次数
Gauss	2^9	3.255754×10^{-4}	3.87	
	2^{10}	1.660043×10^{-4}	51	
	2^{11}	8.382121×10^{-5}	455	
CGS	2^9	3.255753×10^{-4}	25	513
	2^{10}	1.660053×10^{-4}	346	1025
	2^{11}	8.382106×10^{-5}	3385	2049
FCGS	2^9	3.255753×10^{-4}	0.42	513
	2^{10}	1.786714×10^{-4}	0.86	1025
	2^{11}	8.389929×10^{-5}	6.04	2049
TFCGS	2^9	3.255754×10^{-4}	0.046	24
	2^{10}	1.660043×10^{-4}	0.054	37
	2^{11}	8.385108×10^{-5}	0.214	39
SFCGS	2^9	3.255752×10^{-4}	0.013	9
	2^{10}	1.660043×10^{-4}	0.017	11
	2^{11}	8.382108×10^{-5}	0.064	12

表 7.2.2 7.2.6.1 中 Robin 边界条件的数值结果

	N	误差	CPU/s	迭代次数
Gauss	2^8	6.261045×10^{-4}	0.448	
	2^9	3.256129×10^{-4}	3.833	
	2^{10}	1.660101×10^{-4}	47.214	
CGS	2^8	6.261045×10^{-4}	2.336	257
	2^9	3.256129×10^{-4}	20.64	513
	2^{10}	1.660115×10^{-4}	357.559	1025
FCGS	2^8	6.261045×10^{-4}	0.113	257
	2^9	3.256017×10^{-4}	0.42	513
	2^{10}	1.660220×10^{-4}	0.86	1025
TFCGS	2^8	6.261045×10^{-4}	0.022	18
	2^9	3.256129×10^{-4}	0.037	23
	2^{10}	1.660101×10^{-4}	0.044	30
SFCGS	2^8	6.261046×10^{-4}	0.005	8
	2^9	3.256128×10^{-4}	0.015	9
	2^{10}	1.660101×10^{-4}	0.017	11

表 7.2.3 7.2.6.1 中 Neumann 边界条件的数值结果

	N	误差	CPU/s	迭代次数
Gauss	2^8	2.533061×10^{-5}	4.652149	
	2^9	6.446072×10^{-6}	52.574409	
	2^{10}	1.641893×10^{-6}	518.490310	
CGS	2^8	2.533054×10^{-5}	30.996473	257
	2^9	6.448483×10^{-6}	469.371534	513
FCGS	2^8	2.533031×10^{-5}	0.626035	257
	2^9	6.427397×10^{-6}	2.180864	513
	2^{10}	2.114846×10^{-6}	13.189840	1025
TFCGS	2^8	2.533014×10^{-5}	0.036449	18
	2^9	6.446823×10^{-6}	0.058389	23
	2^{10}	1.640618×10^{-6}	0.249986	30
SFCGS	2^8	2.533074×10^{-5}	0.022635	8
	2^9	6.446034×10^{-6}	0.027995	10
	2^{10}	1.641590×10^{-6}	0.113902	11

由表 7.2.3 可知, 外插的有限差分方法误差收敛阶为二阶. 表 7.2.4 给出了矩阵 $\mathbf{A}$ 以及 $\mathrm{Pre}\mathbf{C}^{-1}\mathbf{A}$ 和 $\mathrm{Pre}\mathbf{S}^{-1}\mathbf{A}$ 的条件数, 其结果与数值试验的结论一致.

表 7.2.4 刚度矩阵及其预条件系统的条件数

N	2^8	2^9	2^{10}
Cond($\mathbf{A}$)	1.107505×10^4	3.859910×10^4	1.344712×10^5
Cond(Pre$\mathbf{C}^{-1}\mathbf{A}$)	2.731788×10	4.860969×10	8.761562×10
Cond(Pre$\mathbf{S}^{-1}\mathbf{A}$)	2.481479	3.522638	5.392929

7.2.6.2 依赖时间的问题

本小节我们考虑方程 (7.2.10) 的有限差分法 (7.2.11), 其中 $\alpha = 1.8$, 扩散系数

$$d_+(x,t) = \Gamma(1.2)x^{1.8}, \quad d_-(x,t) = \Gamma(1.2)(2-x)^{1.8}.$$

空间区间为 $[a,b] = [0,2]$, 时间区间 $[0,T] = [0,1]$. 其右端项及初值条件如下:

$$\begin{aligned} f(x,t) =& -32e^{-t}\Gamma(1.2)\left[\frac{1}{8\Gamma(1.2)}x^4(2-x)^4 + \frac{2\Gamma(5)}{\Gamma(3.2)}\left(x^4+(2-x)^4\right)\right. \\ & - \frac{4\Gamma(6)}{\Gamma(4.2)}\left(x^5+(2-x)^5\right) + \frac{3\Gamma(7)}{\Gamma(5.2)}\left(x^6+(2-x)^6\right) \\ & \left. - \frac{7\Gamma(7)}{\Gamma(6.2)}\left(x^7+(2-x)^7\right) + \frac{\Gamma(8)}{\Gamma(7.2)}\left(x^8+(2-x)^8\right)\right], \\ u_0(x) =& 4x^4(2-x)^4. \end{aligned}$$

该问题的精确解为

$$u(x,t) = 4e^{-t}x^4(2-x)^4.$$

这里表 7.2.5 中给出的迭代次数为最后一个时间点的迭代次数. 我们可以得到同稳态问题一样的结论.

表 7.2.5 7.2.6.2 中算例的数值结果

	N	M	误差	CPU/s	迭代次数
	2^7	2^6	2.175107×10^{-2}	3.60	
Gauss	2^8	2^7	1.087279×10^{-2}	58	
	2^9	2^8	5.435074×10^{-3}	1234	
	2^7	2^6	2.175107×10^{-2}	16	90
CGS	2^8	2^7	1.087280×10^{-2}	374	196
	2^9	2^8	5.656406×10^{-3}	4266	224
	2^7	2^6	2.175107×10^{-2}	3.35	90
FCGS	2^8	2^7	1.101969×10^{-2}	14	199
	2^9	2^8	5.485103×10^{-3}	128	235

续表

	N	M	误差	CPU/s	迭代次数
TFCGS	2^7	2^6	2.175107×10^{-2}	1.05	11
	2^8	2^7	1.087279×10^{-2}	3.45	11
	2^9	2^8	5.435074×10^{-3}	13	10
SFCGS	2^7	2^6	2.175107×10^{-2}	1.40	17
	2^8	2^7	1.087279×10^{-2}	4.17	18
	2^9	2^8	5.435074×10^{-3}	21	22

详细的讨论和分析可参阅文献 [22].

参 考 文 献

[1] Oldham K B, Spanier J. The Fractional Calculus. New York: Academic Press, 1974.

[2] Scher H, Montroll E W. Anomalous transit-time dispersion in amorphous solids. Phys. Rev. B, 1975, 12: 2455-2477.

[3] Bear J. Dynamics of Fluids in Porous Materials. New York: American Elsevier, 1972.

[4] Benson D, Wheat S W, Meerschaert M M. The fractional-order governing equation of Lévy motion. Water Resour. Res., 2000, 36: 1413-1424.

[5] Chaves A. A fractional diffusion equation to describe Lévy flights. Phys. Rev. A, 1998, 239: 13-16.

[6] Saichev A I, Zaslavsky G M. Fractional kinetic equations: Solutions and applications. Chaos, 1997, 7: 753-764.

[7] Podlubny I. Fractional Differential Equation. New York: Academic Press, 1999.

[8] Wang H, Wang K X, Sircar T. A direct $O(N \log^2 N)$ finite difference method for fractional diffusion equations. J. Comput. Phys., 2010, 229: 8095-8104.

[9] Jia J H, Wang H. Fast finite difference methods for space-fractional diffusion equations with fractional derivative boundary conditions. J. Comput. Phys., 2015, 293: 359-369.

[10] Jia J H, Wang C, Wang H. A fast locally refined method for the boundary value problem of fractional diffusion equations. ICFDA, 2014, 978-1-4799-2591-9/14.

[11] Ingham D B, Tang T. Multi-grid solutions for steady state flow past a cascade of sudden expansions. Comput. Fluids, 1992, 21: 647-660.

[12] Glowinski R, Periaux J, Shi Z C, Widlund O. Domain Decomposition in Sciences and Engineering. New York: Wiley, 1997.

[13] Meerschaert M M, Tadjeran C. Finite difference approximations for fractional advection-dispersion flow equations. J. Comput. Appl. Math., 2004, 172: 65-77.

[14] Meerschaert M M, Tadjeran C. Finite difference approximations for two-sided space-fractional partial differential equations. Appl. Numer. Math., 2006, 56: 80-90.

[15] Deng W. Finite element method for the space and time fractional Fokker-Planck equation. SIAM J. Numer. Anal., 2008, 47: 204-226.

[16] Ervin V J, Heuer N, Roop J P. Numerical approximation of a time dependent, nonlinear, space-fractional diffusion equation. SIAM J. Numer. Anal., 2007, 45: 572-591.

[17] Ervin V J, Roop J P. Variational formulation for the stationary fractional advection dispersion equation. Numer. Methods Part. Different. Equat., 2005, 22: 558-576.

[18] Varga R S. Matrix Iterative Analysis. 2nd ed. Berlin, Heideberg: Springer-Verlag, 2000.

[19] 王凯欣. 多孔介质流体的数值方法及其分析和计算. 山东大学博士学位论文, 2010.

[20] Wang H, Du N. A superfast-preconditioned iterative method for steady-state space-fractional diffusion equations. J. Comput. Phys., 2013, 240: 49-57.

[21] Ammar G S, Gragg W B. Superfast solution of real positive definite Toeplitz systems. SIAM J. Matrix Anal. Appl., 1988, 9: 61-76.

[22] 贾金红. 空间分数阶扩散方程的预条件快速数值法及对流扩散方程的一致估计. 山东大学博士学位论文, 2015.

第 8 章　区域分解并行计算的块中心差分和有限元方法

在油气田的勘探与开发工程中, 需要计算的是求解大型偏微分方程组的数值解. 这些问题的计算区域往往是高维的、大范围的, 其区域形态可能很不规则, 给计算带来很大困难. 区域分解法是并行求解大型偏微分方程组的有效方法, 因为这种方法可以将大型计算问题分解为小型问题, 简化了计算, 大大减少了计算机时. 所以在 20 世纪 50 年代, 并行计算机出现之前, 区域分解方法就已经在串行机上得到应用, 进而随着并行计算机和并行算法的发展, 自 20 世纪 80 年代开始, 区域分解的方法得到迅速发展. 区域分解法通常用于下面两种情况: 第一, 可以通过区域分解的方法把大型问题转化为小型问题, 实现问题的并行求解, 缩短求解时间; 第二, 许多问题在不同的区域表现为不同的数学模型, 那么可以在不同的区域对数学模型采用不相同的方法求解, 从而自然地引入区域分解法, 实现了并行计算[1-5].

本章介绍区域分解并行算法, 共二节. 8.1 节介绍抛物问题的区域分解块中心差分方法. 8.2 节介绍可压缩油水渗流驱动问题的特征修正混合元区域分解方法.

8.1　抛物问题的区域分解块中心差分方法

8.1.1　引言

本节介绍抛物型偏微分方程一个显/隐区域分解程序, 它基于特殊的块中心差分方法离散. 块中心差分方法具有广泛的应用, 特别是它能同时逼近问题的解和通量, 且具有局部质量守恒. 不同于点中心差分方法, 块中心给出的数值解和通量具有同样阶的精确度, 称之为单元-至-单元的质量守恒. 块中心差分方法能够从混合有限元方法得到[6], 应用最低阶的 Raviart-Thomas 逼近空间和特殊的积分法则, 在长方体区域上能拓广至高阶 Raviart-Thomas 空间. 我们这里仅介绍低阶的情况.

在文献 [7—9] 中, 提出基于 Galerkin 有限元的显/隐区域分解技术. 文献 [7,8] 讨论了有限元和点中心差分的区域分解方法和分析, 此方法假定区域是长方体和子区域界面为 Dirichlet 边界条件. 得到了最优阶误差估计但整体守恒律不满足. 在 [9] 中, 作者讨论了一种守恒的 Galerkin 有限元, 区域内边界为 Neumann 边界条件. Galerkin 方法适用于任意几何区域上的计算, 并且描述起来更加容易. 这里我们介绍了一个局部守恒的块中心差分方法, 该方法仅适用于矩形区域. 尽管方法和 [9] 的描述类似, 但细节还是有很大不同的.

在 8.1.2 小节中, 我们讨论一维区域上的区域分解方法, 并给出误差估计结果. 在 8.1.3 小节中, 我们拓广到二维空间的两个子区域情形, 类似地可以拓广到 n 维空间中进行区域分解. 一维问题的区域分解方法仅涉及一个变量, 二维问题的两个变量情形也可以进行讨论, 也就是说一个长方形区域可以分成四个小方块 (图 8.1.1). 两个子区域的情形在 8.1.3 小节进行讨论, 四个子区域的讨论没有本质区别.

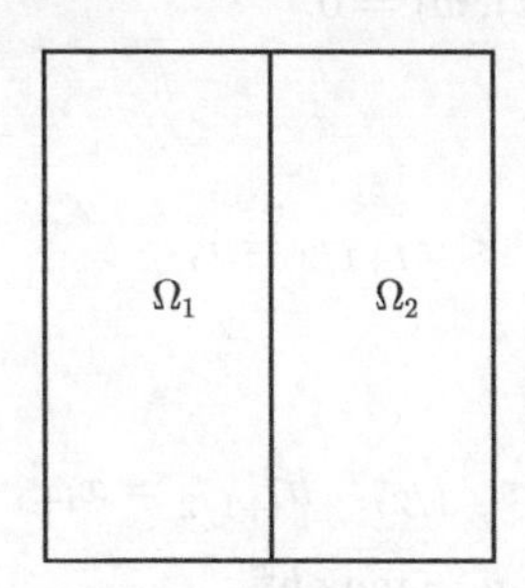

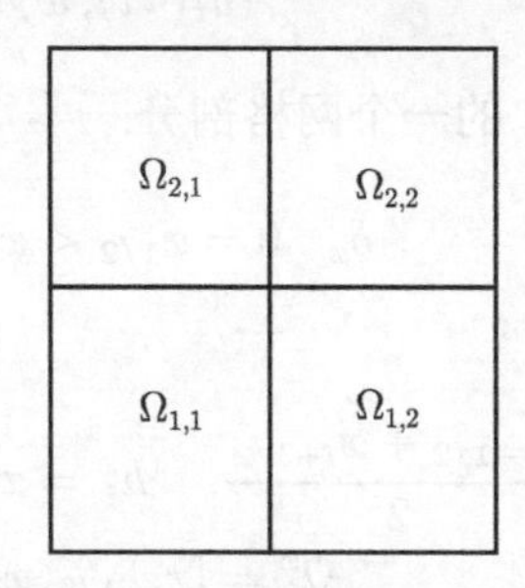

图 8.1.1　二维方形的区域分解示意图

8.1.4 小节给出了数值算例, 验证格式的稳定性、精确度和并行效率. 数值结果显示二维算例的收敛速度要稍好于理论分析结果, 但一维算例结果和 8.1.2 小节的理论结果相一致. 在 8.1.4 小节中, 我们对一个三维问题进行了计算用时的比较, 对一维、二维和三维区域分别进行了区域分解方法的数值检验.

8.1.2　关于一维空间问题

本小节研究一维问题. 设 $u(x,t)$ 满足热传导方程

$$u_t - u_{xx} = 0, \quad 0 < x < 1, \quad 0 < t \leqslant T, \tag{8.1.1}$$

$$u_x(0,t) = u_x(1,t) = 0, \quad 0 < t \leqslant T, \tag{8.1.2}$$

$$u(x,0) = u^0(x), \quad 0 < x < 1. \tag{8.1.3}$$

定义

$$q(x,t) = -u_x(x,t). \tag{8.1.4}$$

那么

$$q(0,t) = q(1,t) = 0, \quad 0 < t \leqslant T \tag{8.1.5}$$

和

$$u_t + q_x = 0. \tag{8.1.6}$$

设 $(\cdot,\cdot)$ 和 $\|\cdot\|$ 分别表示 $L^2(0,1)$ 空间的内积和范数. 令 $H_0^1(0,1)$ 表示 Sobolev 空间 $H^1(0,1)$ 的子空间, 其函数在边界点 0 和 1 上为零. 等式 (8.1.4) 两边同乘以函数 $v\in H_0^1(0,1)$ 并分部积分可得

$$(q(\cdot,t),v)-(u(\cdot,t),v_x)=0. \tag{8.1.7}$$

对 (8.1.6) 乘以函数 $w\in L^2(0,1)$, 并积分得

$$(u_t(\cdot,t),w)+(q_x(\cdot,t),w)=0. \tag{8.1.8}$$

δ_x 为区间 (0,1) 的一个网格剖分:

$$\delta_x:0=x_{1/2}<x_{3/2}<\cdots<x_{I+1/2}=1,$$

令

$$x_i=\frac{x_{i-1/2}+x_{i+1/2}}{2},\quad h_i^x=x_{i+1/2}-x_{i-1/2},\quad h_{i+1/2}^x=x_{i+1}-x_i,$$
$$\Omega_i^x=[x_{i-1/2},x_{i+1/2}],\quad h=\max_i h_i^x.$$

对函数 $f(x),g(x)$, 定义 $f_k=f(x_k),f_{k+1/2}=f(x_{k+1/2})$, 并定义离散内积和相应的半模分别为

$$\langle f,g\rangle=\sum_{i=0}^{I}f_{i+1/2}g_{i+1/2}h_{i+1/2}^x,\quad |||f|||^2=\langle f,f\rangle.$$

如同引言中所指, 块中心差分能够从混合有限元方法导出, 应用最低阶 Raviart-Thomas 逼近空间和特殊的积分法则. $\mathcal{M}_{-1}(d;h^x)$ 表示 $L^2(0,1)$ 的有限维子空间, 其中的函数在每个子区域上是不超过 d 次的多项式. 对 $r\geqslant 0$, 设 $\mathcal{M}_r(d;h^x)=\mathcal{M}_{-1}(d;h^x)\cap C^r(0,1)$ 和

$$\mathcal{M}_r^0(d;h^x)=\mathcal{M}_r(d;h^x)\cap\{v(x)|v(0)=v(1)=0\}.$$

设 $\mathcal{Q},\mathcal{U}$ 是最低阶 Raviart-Thomas 逼近空间, 也就是 $\mathcal{Q}=\mathcal{M}_1^0(1;h^x)$ 和 $\mathcal{U}=\mathcal{M}_{-1}(0;h^x)$. $\mathcal{Q}$ 和 $\mathcal{U}$ 的维数分别是 $I-1$ 和 I. 选择空间的一组标准节点基函数, 也就是关于 x 的线性 "山顶" 函数 $v\in\mathcal{Q}$, 由节点 $x_{i+1/2},i=1,2,\cdots,I-1$ 处的函数值确定. 函数 $w\in\mathcal{U}$ 为 $\Omega_i^x,i=1,2,\cdots,I$ 上分片常数函数, 常数值用 w_i 表示.

假设区间 $(0,1)$ 分成两个子区间 $\Omega_1=(0,\bar{x})$ 和 $\Omega_2=(\bar{x},1)$, 其中 $\bar{x}=x_{\bar{k}+1/2}$, $\bar{k}$ 为某一个正整数, $0<\bar{k}<1$. 设 $0<H\leqslant\min(\bar{x},1-\bar{x})$, 以及 $\bar{x}-H$ 和 $\bar{x}+H$ 仍为 δ_x 的节点.

对于一个给定的函数 $\varphi(x)$, 设 $B(\varphi)$ 为 $-\varphi_x(\bar{x})$ 的一个逼近, 定义为

$$B(\varphi)=\frac{1}{H}\int_0^1\phi'(x)\varphi(x)dx, \tag{8.1.9}$$

此处 $\phi \in \mathcal{Q}$,

$$\phi(x) = \begin{cases} \dfrac{x - \bar{x} + H}{H}, & \bar{x} - H \leqslant x \leqslant \bar{x}, \\ \dfrac{\bar{x} + H - x}{H}, & \bar{x} < x \leqslant \bar{x} + H, \\ 0, & \text{其他}. \end{cases} \tag{8.1.10}$$

显然, 当 φ 对 x 具有三阶导数时, 则有

$$|\varphi_x(\bar{x}) - B(\varphi)| \leqslant CH^2. \tag{8.1.11}$$

下面给出块中心差分格式的定义. 设时间区间剖分为 $0 = t^0 < t^1 < \cdots < t^M = T$, $\Delta t^n = t^n - t^{n-1}$, 对于函数 $f = f(t)$, 定义 $f^n = f(t^n)$ 和

$$\partial_t f^n = \frac{f^n - f^{n-1}}{\Delta t^n}.$$

假定给定 $U^{n-1} \in \mathcal{U}, U^{n-1} \approx u^{n-1}$, 并令 $q^n \approx Q^n \in \mathcal{Q}$. 首先用 $Q^n(\bar{x})$ 逼近 $q^n(\bar{x})$, 此处

$$Q^n(\bar{x}) \equiv Q^n_{\bar{k}+1/2} = B(U^{n-1}). \tag{8.1.12}$$

边界条件 (8.1.2) 变为

$$Q^n_{1/2} = Q^n_{I+1/2} = 0. \tag{8.1.13}$$

对于 $1 \leqslant i \leqslant I - 1, i \neq \bar{k}$, 用下式逼近 $q^n_{i+1/2}$,

$$Q^n_{i+1/2} = \frac{U^n_{i+1} - U^n_i}{h^x_{i+1/2}} \tag{8.1.14}$$

和用 U^n_i 逼近 u^n_i, 此处

$$\partial_t U^n_i + \frac{Q^n_{i+1/2} - Q^n_{i-1/2}}{h^x_i} = 0, \quad i = 1, 2, \cdots, I. \tag{8.1.15}$$

将 (8.1.12)—(8.1.14) 代入 (8.1.15), 可以得到一个用于确定 U^n 的正定对称的方程组. 因为内边界处的通量 $Q^n_{\bar{k}+1/2}$ 不依赖于 U^n, 所以方程组可以对应于两个子区域 Ω_1 和 Ω_2 分解成两个独立的方程组, 从而并行求解.

注意到 (8.1.15) 在一个单元上守恒. 用 h^x_i 乘以 (8.1.15), 对 i 求和并应用 (8.1.13), 可得 $(U^n, 1) = (U^{n-1}, 1)$, 这对精确解也是成立的. 所以该方法是整体守恒的.

初始条件 (8.1.3) 取为

$$U^0 = \tilde{u}^0, \tag{8.1.16}$$

其中 $\tilde{u}^0$ 为 u^0 到 $\mathcal{U}$ 的 L^2 投影, 使得

$$\left(u^0 - \tilde{u}^0, w\right) = 0, \quad w \in \mathcal{U}. \tag{8.1.17}$$

方程 (8.1.14) 和 (8.1.15) 等价于下述方程组

$$\langle Q^n, v\rangle - (U^n, v_x) = 0, \quad v \in \bar{\mathcal{Q}}, \tag{8.1.18}$$

$$(\partial_t U^n, w) + (Q_x^n, w) = 0, \quad w \in \mathcal{U}, \tag{8.1.19}$$

其中 $\bar{\mathcal{Q}} = \mathcal{Q} \cap \{v | v(\bar{x}) = 0\}$.

下面给出格式 (8.1.12)—(8.1.16) 的误差估计.

定理 8.1.1 设 $\tilde{u}(\cdot, t)$ 为 $u(\cdot, t)$ 到 $\mathcal{U}$ 的 L^2 投影, 并假设 u 是充分光滑的, 以及

$$\frac{\Delta t}{H^2} \leqslant \frac{1}{4}, \tag{8.1.20}$$

此处 $\Delta t = \max\limits_n \Delta t^n$. 则存在一个不依赖于 $h, \Delta t$ 和 H 的常数 C 满足

$$\left(\sum_{n=1}^{M} |||q^n - Q^n|||^2 \Delta t^n\right)^{1/2} + \max_n \|\tilde{u}^n - U^n\| \leqslant C\left(\Delta t + h^2 + H^3\right). \tag{8.1.21}$$

证明 设 $\bar{Q}(\cdot, t) \in \mathcal{Q}$ 表示 $q(\cdot, t)$ 的插值, 也就是

$$\bar{Q}(x_{i+1/2}, t) = q(x_{i+1/2}, t), \quad i = 0, 1, \cdots, I. \tag{8.1.22}$$

注意到

$$\left(\bar{Q}_x(\cdot, t), w\right) = (q_x(\cdot, t), w) = -\left(-u_t(\cdot, t), w\right), \quad w \in \mathcal{U}. \tag{8.1.23}$$

对于 $t \in [0, T]$, 定义 $\bar{U}(\cdot, t) \in \mathcal{U}$ 满足

$$\bar{U}(x_1, t) = u(0, t), \tag{8.1.24}$$

$$\bar{Q}(\bar{x}, t) = B(\bar{U}(\cdot, t)), \tag{8.1.25}$$

$$\langle \bar{Q}(\cdot, t), v\rangle - \left(\bar{U}(\cdot, t), v_x\right) = 0, \quad v \in \bar{\mathcal{Q}}. \tag{8.1.26}$$

(8.1.25) 和 (8.1.26) 包含 $(I-1)$ 个方程, $(I-1)$ 个未知数, 并且 $\bar{U}(\cdot, t)$ 唯一存在. 令 $\mu = Q - \bar{Q}, \hat{\mu}(x) = \mu(\bar{x})\phi(x)$ 和 $\xi = U - \bar{U}$. 注意到 $\phi \in \mathcal{M}_0^0(1, h^x)$, $\hat{\mu}$ 也属于这个空间. (8.1.18), (8.1.19) 分别减去 (8.1.26), (8.1.23) 可得

$$\langle \mu^n, v\rangle - (\xi^n, v_x) = 0, \quad v \in \bar{\mathcal{Q}}, \tag{8.1.27}$$

$$(\partial_t\xi^n, w) + (\mu_x^n, w) = \left(\partial_t(\tilde{u}^n - \bar{U}^n), w\right) + (u_t^n - \partial_t u^n, w), \quad w \in \mathcal{U}. \tag{8.1.28}$$

由 (8.1.9), (8.1.12), (8.1.22) 和 (8.1.25) 可得

$$\begin{aligned}\mu^n(\bar{x}) =& Q^n(\bar{x}) - \bar{Q}^n(\bar{x}) = B(\xi^{n-1}) - \left(\bar{Q}^n(\bar{x}) - \bar{Q}^{n-1}(\bar{x})\right) \\ =& \frac{1}{H}\left(\xi^{n-1}, \phi_x\right) - \left(q^n(\bar{x}) - q^{n-1}(\bar{x})\right).\end{aligned} \tag{8.1.29}$$

在 (8.1.27) 中取 $v = \mu^n - \hat{\mu}^n$, 在 (8.1.28) 中取 $w = \xi^n$, 用 $H\mu^n(\bar{x})$ 乘以 (8.1.29), 然后相加可得

$$\begin{aligned}&(\partial_t\xi^n, \xi^n) + |||\mu^n|||^2 + H|\mu^n(\bar{x})|^2 \\ =& \langle\mu^n, \hat{\mu}^n\rangle + \left(\partial_t(\tilde{u}^n - \bar{U}^n), \xi^n\right) + (u_t^n - \partial_t u^n, \xi^n) + \left(\xi^{n-1} - \xi^n, \hat{\mu}_x^n\right) \\ &- H\left(q^n(\bar{x}) - q^{n-1}(\bar{x})\right)\hat{\mu}^n(\bar{x}) \\ \leqslant& \frac{3}{4}|||\mu^n|||^2 + \frac{1}{3}|||\hat{\mu}^n|||^2 + C\|\partial_t(\tilde{u}^n - \bar{U}^n)\|^2 + C\|\xi^n\|^2 + C\|u_t^n - \partial_t u^n\|^2 \\ &+ \frac{1}{2\Delta t^n}\|\xi^{n-1} - \xi^n\|^2 + \frac{\Delta t^n}{2}\|\hat{\mu}_x^n\|^2 + CH|q^n(\bar{x}) - q^{n-1}(\bar{x})|^2 + \varepsilon H|\hat{\mu}^n(\bar{x})|^2.\end{aligned} \tag{8.1.30}$$

其中 ε 为一小的正常数, 并用到了熟知的不等式

$$ab \leqslant \frac{\varepsilon'}{2}a^2 + \frac{1}{2\varepsilon'}b^2, \quad a, b, \varepsilon' \in R, \quad \varepsilon' > 0,$$

其中 ε' 可以取不同的值. 注意到

$$|||\hat{\mu}^n|||^2 \leqslant 2H|\mu^n(\bar{x})|^2$$

和

$$\|\hat{\mu}_x^n\|^2 = \frac{2}{H^2}|\mu^n(\bar{x})|^2.$$

取 $\varepsilon = 1/12$, 根据不等式 (8.1.20) 可得

$$\begin{aligned}\frac{1}{3}|||\hat{\mu}^n|||^2 + \frac{\Delta t}{2}\|\hat{\mu}_x^n\|^2 + \varepsilon H|\mu^n(\bar{x})|^2 \leqslant& \left(\frac{2}{3} + \frac{\Delta t^n}{H^2} + \varepsilon\right)H|\mu^n(\bar{x})|^2 \\ \leqslant& H|\mu^n(\bar{x})|^2.\end{aligned} \tag{8.1.31}$$

当 q 和 u 充分光滑时, 有

$$H|q^n(\bar{x}) - q^{n-1}(\bar{x})|^2 = O(H\Delta t^2) \tag{8.1.32}$$

和

$$\|u_t^n - \partial_t u^n\|^2 = O(\Delta t^2). \tag{8.1.33}$$

进而

$$(\partial_t\xi^n,\xi^{n-1})=\frac{1}{2\Delta t^n}\left[||\xi^n||^2-||\xi^{n-1}||^2+||\xi^n-\xi^{n-1}||^2\right]. \tag{8.1.34}$$

结合 (8.1.30)—(8.1.34) 可得

$$\frac{1}{2\Delta t^n}\left[||\xi^n||^2-||\xi^{n-1}||^2\right]+\frac{1}{4}|||\hat{\mu}|||^2\leqslant C\Delta t^2+C||\partial_t(\tilde{u}^n-\bar{U}^n)||^2. \tag{8.1.35}$$

下面估计 $\partial_t(\tilde{u}^n-\bar{U}^n)$. 对 $0\leqslant t\leqslant T$, 定义 $U^e(\cdot,t)\in\mathcal{U}$ 满足

$$U^e(x_1,t)=u(0,t), \tag{8.1.36}$$

$$\left\langle\bar{Q}(\cdot,t),v\right\rangle-(U^e(\cdot,t),v_x)=0,\quad v\in\mathcal{Q}. \tag{8.1.37}$$

暂时去掉时间 t, 令 $v=\bar{U}-U^e$, (8.1.26) 减去 (8.1.37) 可得

$$(v,v_x)=0,\quad v\in\bar{\mathcal{Q}}. \tag{8.1.38}$$

因为 $\bar{U}(x_1)=U^e(x_1),v(x_1)=0$, 利用 (8.1.38) 得到

$$v_i=0,\quad i\leqslant\bar{k} \tag{8.1.39}$$

和

$$v_i=v_{\bar{k}+1},\quad i\geqslant\bar{k}+1. \tag{8.1.40}$$

因为 $\bar{Q}(\bar{x})=q(\bar{x})$, 利用 (8.1.22), 有

$$0=B(\bar{U})-\bar{Q}(\bar{x})=B(v)+B(U^e)-q(\bar{x}).$$

进而

$$B(v)=-(B(U^e)-q(\bar{x}))=-[B(U^e-\tilde{u})+B(\tilde{u})-q(\bar{x})]\equiv\rho. \tag{8.1.41}$$

利用 (8.1.39) 和 (8.1.40),

$$B(v)=-\frac{1}{H}v_{\bar{k}+1}.$$

从而

$$\left|v_{\bar{k}+1}\right|=H\left|\rho\right|. \tag{8.1.42}$$

在文献 [10] 中, 有 $|U^e(x_i)-\tilde{u}(x_i)|=O(h^2)$. 故

$$B(U^e-\tilde{u})=O\left(\frac{h^2}{H}\right). \tag{8.1.43}$$

注意到 $\phi_x \in \mathcal{U}, B(u) = B(\tilde{u})$, 由 (8.1.11) 得到 $|B(\tilde{u}) - q(\bar{x})| = O(H^2)$. 综合这些结果可得

$$|\rho| = O\left(\frac{h^2}{H} + H^2\right). \tag{8.1.44}$$

故

$$|v_{\bar{k}+1}| = O\left(h^2 + H^3\right), \tag{8.1.45}$$

利用 (8.1.39) 和 (8.1.40)

$$|v(x_i)| = O\left(h^2 + H^3\right), \quad i = 1, 2, \cdots, I. \tag{8.1.46}$$

利用三角不等式,

$$|\tilde{u}(x_i) - \bar{U}(x_i)| \leqslant |\tilde{u}(x_i) - U^e(x_i)| + |v(x_i)| = O\left(h^2 + H^3\right). \tag{8.1.47}$$

对 (8.1.22), (8.1.36) 和 (8.1.37) 作时间的差, 利用文献 [7] 的讨论得到

$$|\partial_t(\tilde{u}^n(x_i) - U^{e,n}(x_i))| = O(h^2), \quad i = 1, 2, \cdots, I. \tag{8.1.48}$$

因此, 对 (8.1.24)—(8.1.26) 作时间的差, 类似上面的讨论, (8.1.46) 依然成立, 只是用 $\partial_t v^n$ 替代 v.

$$|\partial_t(\tilde{u}^n(x_i) - \bar{U}^n(x_i))| = O\left(h^2 + H^3\right). \tag{8.1.49}$$

把 (8.1.49) 代入 (8.1.35), 两边乘以 $2\Delta t^n$, 对 n 求和, 应用 Gronwall 引理可得

$$\left(\sum_{n=1}^{M} |||\mu^n|||^2 \Delta t^n\right)^{1/2} + \max_n ||\xi^n|| \leqslant C\left(\Delta t + h^2 + H^3\right). \tag{8.1.50}$$

组合上面结果, 利用三角不等式和 (8.1.22) 便可完成定理的证明.

8.1.3 拓广到二维问题

在这一小节, 我们拓广该格式到二维空间中更一般的方程. 三维空间或更高维空间的问题也是容易的.

令 $\Omega = (0,1) \times (0,1)$. 假设 u^0, a, b 是 $\bar{\Omega}$ 上光滑的实值函数, $a = \mathrm{diag}(a^x, a^y)$. 假设 b 是非负的, 存在正常数 a_0^x, a_1^x 和 a_0^y, a_1^y 使得

$$a_0^x \leqslant a^x(x, y) \leqslant a_1^x$$

和

$$a_0^y \leqslant a^y(x, y) \leqslant a_1^y.$$

对于 $T>0$, 令 $u(x,y,t)$ 满足

$$\frac{\partial u}{\partial t}-\nabla\cdot(a\nabla u)+bu=0,\quad (x,y,t)\in\Omega\times(0,T], \tag{8.1.51}$$

$$\frac{\partial u}{\partial n_\Omega}=0,\quad (x,y,t)\in\partial\Omega\times(0,T], \tag{8.1.52}$$

$$u(x,y,0)=u^0(x,y),\quad (x,y)\in\Omega, \tag{8.1.53}$$

其中 n_Ω 为 Ω 的外法向量. 令 q 代表向量

$$q=(q^x,q^y)=-(a^x u_x,a^y u_y). \tag{8.1.54}$$

根据 (8.1.51),

$$\frac{\partial u}{\partial t}+\nabla\cdot q+bu=0,\quad (x,y,t)\in\Omega\times(0,T], \tag{8.1.55}$$

利用 (8.1.52)

$$q\cdot n_\Omega=0,\quad (x,y,t)\in\partial\Omega\times(0,T]. \tag{8.1.56}$$

令 δ_x 和 δ_y 为区间 $(0,1)$ 的剖分:

$$\begin{aligned}&\delta_x: 0=x_{1/2}<x_{3/2}<\cdots<x_{I+1/2}=1,\\&\delta_y: 0=y_{1/2}<y_{3/2}<\cdots<y_{J+1/2}=1,\end{aligned}$$

$x_i,h_i^x,h_{i+1/2}^x$ 和 Ω_i^x 类似上一小节定义, 同样可以定义 $y_j,h_j^y,h_{j+1/2}^y$ 和 $\Omega_j^y,j=1,2,\cdots,J$. 令 $h^x=\max\limits_i h_i^x,h^y=\max\limits_j h_j^y,h=\max(h^x,h^y)$ 和 $\Omega_{i,j}=\Omega_i^x\times\Omega_j^y$.

对于函数 $f(x,y),g(x,y)$, 定义 $f_{i,j}=f(x_i,y_j),f_{i+1/2,j}=f(x_{i+1/2},y_j)$ 和 $f_{i,j+1/2}=f(x_i,y_{j+1/2})$. 定义离散内积

$$\langle f,g\rangle_{x,a^x}=\sum_{j=1}^{J}\sum_{i=0}^{I}\frac{1}{a_{i+1/2,j}^x}f_{i+1/2,j}g_{i+1/2,j}h_{i+1/2}^x h_j^y,$$

$$\langle f,g\rangle_{y,a^y}=\sum_{j=0}^{J}\sum_{i=1}^{I}\frac{1}{a_{i,j+1/2}^y}f_{i,j+1/2}g_{i,j+1/2}h_i^x h_{j+1/2}^y$$

和相应的半模

$$|||f|||_{x,a^x}^2=\langle f,f\rangle_{x,a^x},\quad |||f|||_{y,a^y}^2=\langle f,f\rangle_{y,a^y}.$$

当 $a^x\equiv 1$ 时, $\langle f,g\rangle_x,|||f|||_x$ 和 $\langle f,g\rangle_{x,a^x},|||f|||_{x,a^x}$ 含义一样. 类似理解记号 $\langle f,g\rangle_y$, $|||f|||_y$. $|||f|||_x(|||f|||_y)$ 和 $|||f|||_{x,a^x}(|||f|||_{y,a^y})$ 是等价的.

令 $\mathcal{Q},\mathcal{U}$ 表示定义在张量积 $\delta_x\otimes\delta_y$ 上的最低阶 Raviart-Thomas 逼近空间, 也就是 $\mathcal{Q}=\mathcal{Q}^x\otimes\mathcal{Q}^y$, 其中

$$\mathcal{Q}^x=\mathcal{M}_0^0(1;h^x)\otimes\mathcal{M}_{-1}(0;h^y),\quad \mathcal{Q}^y=\mathcal{M}_{-1}(0;h^x)\otimes\mathcal{M}_0^0(1;h^y)$$

和

$$\mathcal{U}=\mathcal{M}_{-1}(0;h^x)\otimes\mathcal{M}_{-1}(0;h^y).$$

空间 $\mathcal{Q}^x,\mathcal{Q}^y$ 和 $\mathcal{U}$ 的维数分别为 $(I-1)\cdot J,I\cdot(J-1)$ 和 $I\cdot J$. 函数 $v^x\in\mathcal{Q}^x$ 由节点 $(x_{i+1/2},y_j),i=1,2,\cdots,I-1,j=1,2,\cdots,J$ 上的值确定. 类似地, 函数 $v^y\in\mathcal{Q}^y$ 由这些点上的函数值确定 $(x_i,y_{j+1/2}),i=1,2,\cdots,I,j=1,2,\cdots,J-1$. 函数 $w\in\mathcal{U}$ 为 $\Omega_{i,j},i=1,2,\cdots,I,j=1,2,\cdots,J-1$ 上的分片常数函数, 函数值记为 $w_{i,j}$.

假设区域 Ω 分解成两个条形区域, $\Omega_1=(0,\bar{x})\times(0,1)$ 和 $\Omega_2=(\bar{x},1)\times(0,1)$, 其中 $\bar{x}=x_{\bar{k}+1/2}\in\delta_x$, $\bar{k}(0<\bar{k}<I)$ 为一正整数. 令 $0<H\leqslant\min(\bar{x},1-\bar{x})$, 假设 $\bar{x}-H,\bar{x}+H$ 属于剖分 δ_x.

类似一维空间情形, 定义

$$B(\varphi(\cdot,y))=\frac{1}{H}\int_0^1\phi'(x)\varphi(x,y)dx\approx-\varphi_x(\bar{x},y),\tag{8.1.57}$$

其中 ϕ 定义如 (8.1.10).

区域分解格式定义如下. 假设 $U^{n-1}\in\mathcal{U}$ 给定, 令 $Q^n=(Q^{x,n},Q^{y,n})\in\mathcal{Q}$. 首先用 $Q^{x,n}(\bar{x},y_j)$ 逼近 $q^{x,n}(\bar{x},y_j)$

$$Q^{x,n}(\bar{x},y_j)\equiv Q^{x,n}_{\bar{k}+1/2,j}=-a^x(\bar{x},y_j)B(U^{n-1}(\cdot,y_j)),\quad j=1,2,\cdots,J.\tag{8.1.58}$$

边界条件 (8.1.56) 变为

$$Q^{x,n}_{1/2,j}=Q^{x,n}_{I+1/2,j}=0,\quad j=1,2,\cdots,J\tag{8.1.59}$$

和

$$Q^{y,n}_{i,1/2}=Q^{y,n}_{i,J+1/2}=0,\quad i=1,2,\cdots,I.\tag{8.1.60}$$

对于 $j=1,2,\cdots,J,1\leqslant i\leqslant I-1,i\neq\bar{k}$, 用下式逼近 $q^{x,n}_{i+1/2,j}$

$$Q^{x,n}_{i+1/2,j}=-a^{x,n}_{i+1/2,j}\frac{U^n_{i+1,j}-U^n_{i,j}}{h^x_{i+1/2,j}}.\tag{8.1.61}$$

对于 $i=1,2,\cdots,I,j=1,2,\cdots,J-1$, 用下式逼近 $q^{y,n}_{i,j+1/2}$

$$Q^{y,n}_{i,j+1/2}=-a^{y,n}_{i,j+1/2}\frac{U^n_{i,j+1}-U^n_{i,j}}{h^y_{i,j+1/2}}.\tag{8.1.62}$$

用 $U_{i,j}^n$ 逼近 $u_{i,j}^n$, 此处

$$\partial_t U_{i,j}^n + \frac{Q_{i+1/2,j}^{x,n} - Q_{i-1/2,j}^{x,n}}{h_i^x} + \frac{Q_{i,j+1/2}^{y,n} - Q_{i,j-1/2}^{y,n}}{h_j^y} + \bar{b}_{i,j} U_{i,j}^n = 0. \tag{8.1.63}$$

这里 $\bar{b}_{i,j}$ 代表函数 b 在 $\Omega_{i,j}$ 上的积分平均值. 将 (8.1.58)—(8.1.62) 代入 (8.1.63), 可以得到一个对称正定的方程组来求解 U^n. 因为通量 $Q_{\bar{k}+1/2,j}^{x,n}$ 不依赖于 U^n, 所以对应两个子区域 Ω_1, Ω_2, 方程组可以分解成两个独立的方程组, 达到并行计算求解.

初始条件变为

$$U^0 = \tilde{u}^0, \tag{8.1.64}$$

其中 $\tilde{u}^0$ 为 u^0 到 U 的 L^2 投影.

问题 (8.1.61)—(8.1.63) 等价于下述方程组:

$$\langle Q^{x,n}, v^x \rangle_{x,a^x} + \langle Q^{y,n}, v^y \rangle_{y,a^y} - (U^n, \nabla \cdot v) = 0, \quad v \in \bar{\mathcal{Q}}, \tag{8.1.65}$$

$$(\partial_t U^n, w) + (\nabla \cdot Q^n, w) + (bU^n, w) = 0, \quad w \in \mathcal{U}, \tag{8.1.66}$$

其中

$$\bar{\mathcal{Q}} = \bar{\mathcal{Q}}^x \times \mathcal{Q}^y, \quad \bar{\mathcal{Q}}^x = \mathcal{Q}^x \cap \{v^x | v^x(\bar{x}, y) = 0\}.$$

注意到 (8.1.63) 是 $\Omega_{i,j}$ 上的一个守恒格式. (8.1.66) 中令 $w = 1$, 有

$$(U^n, 1) = (U^{n-1}, 1) + \Delta t(bU^n, 1).$$

真解满足

$$(u^n, 1) = (u^{n-1}, 1) + \int_{t^{n-1}}^{t^n} (bu(\cdot, t), 1) dt.$$

因此, 真解具有整体守恒性质, 区域分解格式也具有这一守恒性质. (8.1.63) 的守恒形式也称为单元守恒或者局部守恒.

8.1.2 小节一维问题的讨论拓广到二维空间中需要一个关于截断误差 ρ 的假设, 这是很难去验证的. 基于数值结果, 定理 8.1.1 中的收敛阶对于二维空间问题依然成立. 然而我们无法在一般情形下证明该结论, 下面给出一个收敛阶略低一点的结论.

令 $\bar{Q} \in \mathcal{Q}, \bar{U} \in \mathcal{U}$ 表示 q, u 的椭圆块中心差分逼近解[10], 也就是说, 对于 $t \in [0, T]$,

$$\left\langle \bar{Q}^x(\cdot, t), v^x \right\rangle_{x,a^x} + \left\langle \bar{Q}^y(\cdot, t), v^y \right\rangle_{y,a^y} - \left(\bar{U}(\cdot, t), \nabla \cdot v\right) = 0, \quad v \in \mathcal{Q}, \tag{8.1.67}$$

$$\left(\nabla \cdot \bar{Q}(\cdot, t), w\right) + \left(b\bar{U}(\cdot, t), w\right) = -\left(u_t(\cdot, t), w\right), \quad w \in \mathcal{U}. \tag{8.1.68}$$

推广文献 [10] 中定理 4.1、定理 4.2 和公式 (5.27) 到 $b>0$ 情形,

$$|||\bar{Q}^x - q^x|||_x + |||\bar{Q}^y - q^y|||_y + \|\bar{U}-\tilde{u}\| + \|\partial_t(\bar{U}^n - \tilde{u}^n)\| \leqslant Ch^2, \tag{8.1.69}$$

其中 $\tilde{u}^n$ 为 u^n 到 $\mathcal{U}$ 的 L^2 投影. 令 $\kappa = q - \bar{Q}$, 下面的定理见 [10].

定理 8.1.2 假设 u, a^x, a^y, b, u^0 充分光滑, 并且

$$\frac{\Delta t}{H^2}\max_j a^x(\bar{x}, y_j) \leqslant \frac{1}{4}, \tag{8.1.70}$$

其中 $\Delta t = \max\limits_n \Delta t^n$, 则存在一个不依赖于 $h, \Delta t, H$ 的常数 C 满足

$$\begin{aligned}&\left(\sum_{n=1}^{M}\left[|||q^{x,n}-Q^{x,n}|||_x^2 + |||q^{y,n}-Q^{y,n}|||_y^2\right]\Delta t^n\right)^{1/2} + \max_n \|\tilde{u}^n - U^n\| \\ \leqslant\ & C\left(\Delta t H^{1/2} + H^{2.5} + H^{-1/2}h^2 + H\left[\sum_{n=1}^{M}\sum_{j=1}^{J}|\kappa^{x,n}_{\bar{k}+1/2,j}|^2 h_j^y \Delta t^n\right]^{1/2}\right) \\ & + C\left(h^2+\Delta t\right).\end{aligned} \tag{8.1.71}$$

块中心全隐差分格式的收敛阶为 $O(h^2+\Delta t)$, 见文献 [10]. 估计 (8.1.71) 可以看作一个次优结果, 损失了 $H^{1/2}$. 然而, 该结果依然是超收敛的, 因为分片常数函数逼近格式期望的收敛阶为 $O(h+\Delta t)$. 在特定的网格剖分下, $H^{-1/2}h^2$ 可以改进成 $H^{1/2}h^2$, 特别是网格剖分在区间 $[\bar{x}-H, \bar{x}+H]$ 关于 $\bar{x}$ 对称, 或是关于 H 不变. 关于 H 不变, 指的是区间 $[\bar{x}, \bar{x}+H]$ 的剖分可以通过 $[\bar{x}-H, \bar{x}]$ 的剖分节点加上 H 得到. 根据 (8.1.69) 可知, (8.1.71) 中的右端第四项的误差阶最差为 $O(Hh^{3/2})$. 在 (8.1.57) 中应用不同的积分核, 内边界法向量的近似可以达到 H 的更高阶. 比如, 取 $H = \min(\bar{x}/2, (1-\bar{x})/2)$, 假设 $\bar{x}, \bar{x}\pm H, \bar{x}\pm 2H$ 均为 δ_x 剖分节点. 定义 $\phi = \phi_4((x-\bar{x})/H)$, 其中

$$\phi_4(x) = \begin{cases} (x-2)/12, & 1\leqslant x\leqslant 2, \\ -5x/4+7/6, & 0\leqslant x<1, \\ 5x/4+7/6, & -1\leqslant x<0, \\ -(x+2)/12, & -2\leqslant x<-1, \\ 0, & \text{其他}. \end{cases}$$

在 (8.1.57) 中选择这样的 ϕ, 导数的逼近阶为 $O(H^4)$. 利用二阶向后差分, 可以得到一个关于时间的二阶格式. 这些和其他的拓广可以参考文献 [11].

8.1.4　数值结果

这一小节, 我们给出数值算例以便验证格式的稳定性、精度和并行计算效率. 首先验证条件 (8.1.70) 下格式 (8.1.58)—(8.1.63) 的稳定性. 令 $a=\operatorname{diag}(1,1), b=0$, 初始条件由图 8.1.2 给出. 在 $\Delta t/H^2$ 不同取值下, 图 8.1.3 给出了 $\|U(\cdot,t)\|$ 关于 t 的变化. 由图 8.1.3 可以看出, 当约束条件达到 3 的因子时, $\|U(\cdot,t)\|$ 会随着时间突然升高.

下面检验解和通量的误差结果. 令 $\Omega=(0,1)^2$, 考虑下面问题

$$
\begin{aligned}
&u_t-\Delta u=0, && (x,y)\in\Omega, t\in(0,T],\\
&u^0(x,y)=\cos(2\pi x)\cos(\pi y), && (x,y)\in\Omega,\\
&\frac{\partial u}{\partial n_\Omega}=0, && t\in(0,T],
\end{aligned}
$$

其真解为 $u(x,y,t)\equiv u_1(x,y,t)=e^{-5\pi^2 t}\cos(2\pi x)\cos(\pi y)$. 共考虑三种情形. 情形 1 是全隐块中心差分格式 (没有区域分解), 情形 2 和情形 3 分别为区域分解格式的均匀剖分和非均匀剖分. 具体如下:

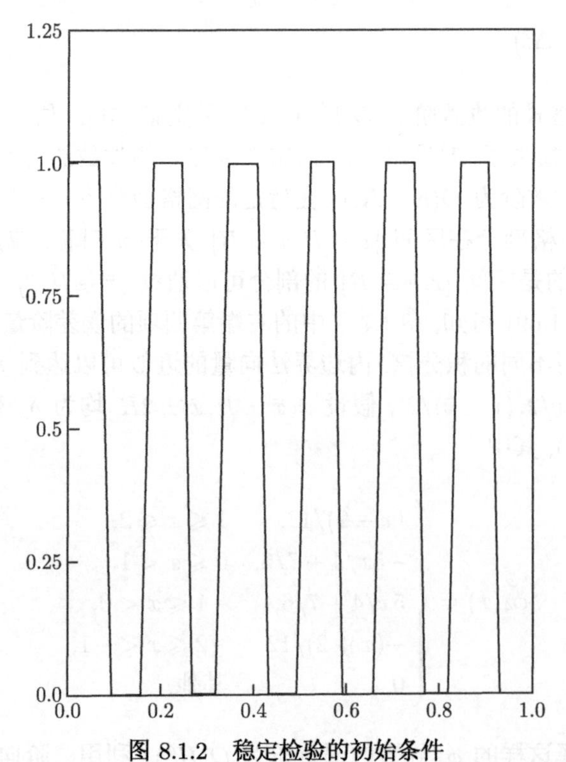

图 8.1.2　稳定检验的初始条件

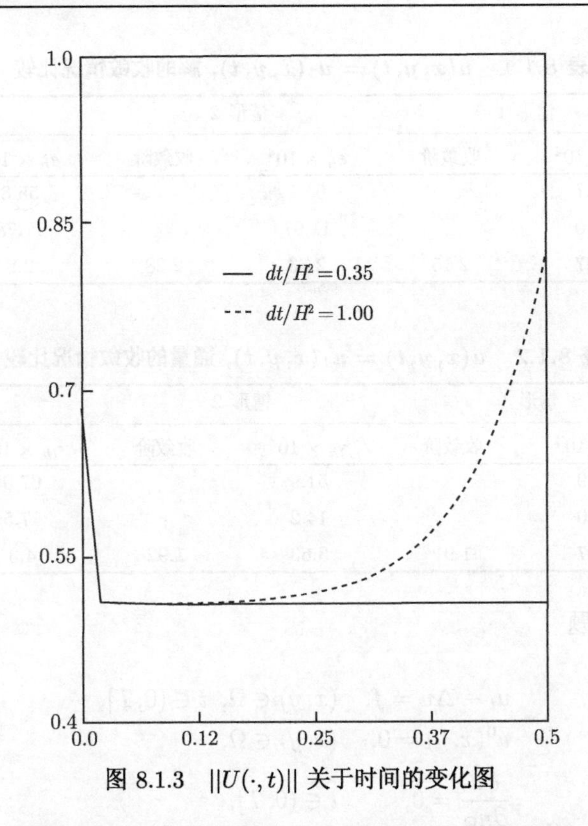

图 8.1.3 $||U(\cdot,t)||$ 关于时间的变化图

情形 1 均匀剖分网格上的全隐块中心差分格式, 网格步长为 $h, \Delta t = 4h^2$.

情形 2 均匀网格剖分, 两个子区域分解 $\Omega_1 = (0, 0.5) \times (0, 1), \Omega_2 = (0.5, 1) \times (0, 1), H = 3h, \Delta t = 4h^2$.

情形 3 两个子区域, $\Omega_1 = (0, 0.4) \times (0, 1), \Omega_2 = (0.4, 1) \times (0, 1)$. Ω_1 采用粗网格, x 方向 5 个单元, y 方向 20 个单元. Ω_2 采用粗网格, x 方向 15 个单元, y 方向 20 个单元. 所有的网格加细均通过对半剖分完成. 令 h_i^x 表示第 i 个子区域 $(i = 1, 2)$ 上 x 方向的空间步长, $H = 3h_1^x, \Delta t = 4(h_1^x)^2$.

三种情形的数值误差比较见表 8.1.1. 其中 $e_h = ||U - \tilde{u}||$ 表示 $T = 0.1$ 时的误差, 网格进行了三次加细, 利用数值结果的最小二乘拟合得到收敛阶. 可以看出, 三种情形下的误差结果基本一致, 误差阶数为 $O(h^2)$. 由定理 8.1.1 的证明看出, 情形 2 的数值结果要好于情形 3, 因为情形 3 采用了非均匀网格剖分.

表 8.1.2 给出了通量的误差结果, 其中

$$\gamma_h = \left(\sum_n \left[|||q^{x,n} - Q^{x,n}|||_x^2 + |||q^{y,n} - Q^{y,n}|||_y^2 \right] \Delta t \right)^{1/2}.$$

表 8.1.2 显示的结果和表 8.1.1 类似, 误差估计结果基本上相同, 阶数约为 h^2.

表 8.1.1　$u(x,y,t)=u_1(x,y,t)$, 解的收敛情况比较

h^{-1}	情形 1		情形 2		情形 3	
	$e_h\times10^4$	收敛阶	$e_h\times10^4$	收敛阶	$e_h\times10^4$	收敛阶
20	56.7		65.1		55.8	
40	12.0		11.97		11.78	
80	2.87	2.15	2.73	2.28	2.8	2.61

表 8.1.2　$u(x,y,t)=u_1(x,y,t)$, 通量的收敛情况比较

h^{-1}	情形 1		情形 2		情形 3	
	$\gamma_h\times10^3$	收敛阶	$\gamma_h\times10^3$	收敛阶	$\gamma_h\times10^3$	收敛阶
20	54.9		51.9		67.0	
40	15.0		14.2		17.5	
80	3.87	1.91	3.63	1.92	4.3	1.98

下面考虑问题

$$
\begin{aligned}
&u_t-\Delta u=f, \quad (x,y)\in\Omega,\ t\in(0,T],\\
&u^0(x,y)=0, \quad (x,y)\in\Omega,\\
&\frac{\partial u}{\partial n_\Omega}=0, \qquad t\in(0,T],
\end{aligned}
$$

其中选择适当的右端项 f 使得真解为 $u(x,y,t)\equiv u_2(x,y,t)=100tx^3(1-x)^2\cos(2\pi y)$. 除了上面三种情形, 还考虑了第四种情形, 在情形 3 的网格剖分上应用全隐格式. 表 8.1.3 和表 8.1.4 分别给出了解和通量的误差结果. 在粗网格上, 全隐格式 (情形 1 和情形 4) 的误差要小于区域分解格式 (情形 2 和情形 3). 随着网格加细, 区域分解格式的误差会迅速变小, 从而在最细网格上的误差大小和全隐格式差不多. 这并不意外, 当 $h,H,\Delta t$ 充分小时, 区域分解得到的数值解能够逼近全隐格式解. 由于区域分解格式的误差急剧变小, 因此数值结果的收敛阶要高于定理 8.1.1 的理论结果.

表 8.1.3　$u(x,y,t)=u_2(x,y,t)$, 解的收敛情况比较

h^{-1}	情形 1		情形 2		情形 3		情形 4	
	$e_h\times10^4$	收敛阶	$e_h\times10^4$	收敛阶	$e_h\times10^4$	收敛阶	$e_h\times10^4$	收敛阶
20	11.8		24.2		65.8		10.6	
40	2.85		4.45		10.9		2.56	
80	0.738		0.891		1.73		0.661	
160	0.183	2.00	0.20	2.31	0.29	2.61	0.17	2.00

表 8.1.4 $u(x,y,t)=u_2(x,y,t)$, 通量的收敛情况比较

h^{-1}	情形 1		情形 2		情形 3		情形 4	
	$\gamma_h\times10^3$	收敛阶	$\gamma_h\times10^3$	收敛阶	$\gamma_h\times10^3$	收敛阶	$\gamma_h\times10^3$	收敛阶
20	0.777		7.02		16.9		0.870	
40	0.171		1.03		2.76		0.194	
80	0.044		0.138		0.393		0.050	
160	0.011	2.04	0.019	2.84	0.053	2.78	0.012	2.04

三维空间数值算例, 考虑如下问题

$$
\begin{aligned}
&u_t-\nabla\cdot(a\nabla u)=f, && (x,y)\in(0,1)^3,\ t\in(0,T],\\
&u^0(x,y,z)=\cos(\pi x)\cos(\pi y)\cos(\pi z), && (x,y,z)\in(0,1)^3,\\
&\frac{\partial u}{\partial n_\Omega}=0, && t\in(0,T],
\end{aligned}
$$

其中 $a=0.005(1+e^{2x}e^{3y}e^{z})$, 右端项 f 使得真解为 $u(x,y,z,t)=e^{-2\pi^2t}u^0(x,y,z)$.

表 8.1.5 给出了计算用时和不同区域分解下的整体 L^2 模误差结果比较. 网格剖分取每个方向为 20 个单元, 时间步长为 $\Delta t=0.005$, $T=0.10$ 和 $H=0.20$. 采用对角预条件共轭梯度格式去求解每个子区域上的线性系统. 表 8.1.5 中, $k\times m\times n$ 代表区域分解情况, x 方向有 k 个区域, y 方向有 m 个区域, z 方向有 n 个区域, 当 $k=m=n=1$ 时, 则为全隐格式. 计算均在 $k\times m\times n$ 个处理器上完成.

表 8.1.5 区域分解效率分析

区域分解情况	计算机用时/s	$e_h\times10^2$
$1\times1\times1$	224.13	1.13
$2\times1\times1$	112.07	1.11
$1\times2\times1$	111.15	1.11
$1\times1\times2$	103.58	1.11
$2\times2\times1$	55.16	1.09
$2\times1\times2$	51.77	1.08
$1\times2\times2$	50.61	1.08
$2\times2\times2$	24.61	1.06
$4\times2\times2$	12.75	1.04
$2\times4\times2$	12.15	1.05
$2\times2\times4$	11.82	1.04
$4\times4\times2$	6.18	1.03
$4\times2\times4$	5.95	1.02
$2\times4\times4$	5.84	1.03

从表 8.1.5 的结果看出, 该数值试验的区域分解格式的数值结果要略微好于全

隐格式, 计算耗时关于处理器增加个数呈现线性递减. 事实上, 在一些情况下, 计算加速效果要高于线性, 因为迭代线性求解算子需要更少的迭代次数. 这些也表明, 用于计算内边界导数和传递相邻单元数据信息的时间远远小于子区域内的数值计算时间.

8.1.5 讨论和分析

基于显/隐块中心有限差分, 本节提出了一种区域分解逼近方法求解抛物方程. 对于一维问题, 推导出格式的先验误差估计结果, 并给出了二维问题的误差估计. 数值试验表明格式的计算效果很好, 具有很强的并行性.

8.2 可压缩油水渗流驱动问题的特征修正混合元区域分解方法

8.2.1 引言

现代油藏数值模拟中最重要的是 "黑油-三元复合驱的数值模拟", 在那里必须考虑流体的压缩性, 同时考虑 "油气水三相问题", 否则模拟将失真. 为了研究数值计算方法, 同时使数值计算方法建立在坚实的数学和力学基础上. 通常研究其模型问题, 即油水混溶渗流驱动问题. 用高压泵将水强行注入油层, 使原油从生产井排出, 这是近代采油的一种重要手段. 将水注入油层后, 水驱动油层中的石油, 从生产井排出, 这就是油水混溶渗流驱动问题. 对可压缩可混溶问题, 其密度实际上不仅依赖于压力, 而且还依赖于饱和度. 其数学模型虽早已提出, 但在数值分析方面, 无论在方法上还是在理论上, 都存在实质性困难.

问题的数学模型是下述一类耦合非线性偏微分方程组的初边值问题[1,2,13-16]:

$$\phi\frac{\partial\rho}{\partial t}=-\nabla\cdot u+q,\quad (x,y,z;t)\in\Omega\times J, J=(0,T],\tag{8.2.1a}$$

$$u=-\frac{\kappa}{r}\nabla p,\quad (x,y,z;t)\in\Omega\times J,\tag{8.2.1b}$$

$$\phi\frac{\partial(\rho c)}{\partial t}=-\nabla\cdot(cu)+\nabla\cdot(D\nabla c)+q\tilde{c},\quad (x,y,z;t)\in\Omega\times J,\tag{8.2.2}$$

此处 $\phi=\phi(x,y,z)$ 是多孔介质的孔隙度, ρ 是混合流体的密度, 它是压力 p 和饱和度 c 的函数, 由下述关系确定

$$\rho=\rho(c,p)=\rho_0(c)\left[1+\alpha_0(c)p\right],\tag{8.2.3a}$$

此处 ρ_0 是混合流体在标准状态下的密度, 可表示为油藏中原有流体密度 ρ_r 和注入流体密度 ρ_i 的线性组合, ρ_r,ρ_i 均为正常数.

$$\rho_0(c)=(1-c)\rho_r+c\rho_i.\tag{8.2.3b}$$

混合流体的压缩系数 $\alpha_0(c)$ 表示为 α_r, α_i 的线性组合

$$\alpha_0(c) = (1-c)\alpha_r + c\alpha_i. \tag{8.2.3c}$$

此处 α_r, α_i 分别对应于油藏中原有流体和侵入流体的压缩系数, 均为正常数. 黏度 $\mu = \mu(c)$ 可表示为

$$\mu(c) = \left((1-c)\mu_r^{1/4} + c\mu_i^{1/4}\right)^4, \tag{8.2.4}$$

此处 μ_r, μ_i 分别对应于油藏中原有流体和侵入流体的黏度.

混合流体的流动黏度 r 是黏度和密度的商, 可表示为

$$r(c,p) = \frac{\mu(c)}{\rho(c,p)}. \tag{8.2.5}$$

$u = u(x,y,z,t)$ 是流体的 Darcy 速度, $\kappa = \kappa(x,y,z)$ 是渗透率, Ω 是 R^3 中的有界区域, $\partial\Omega$ 是其边界. $q(x,y,z,t)$ 是产量函数, $D = D(x,y,z)$ 是由菲克定律给出的扩散系数, $\tilde{c}(x,y,z,t)$ 在注入井 $(q>0)$ 等于 1, 在生产井 $(q<0)$ 等于 c. 注意到密度函数 $\rho(c,p)$ 的表达式, 方程 (8.2.1a) 可改写为

$$\begin{aligned}&\phi\rho_0(c)\alpha_0(c)\frac{\partial p}{\partial t} + \phi\{(\rho_i-\rho_r)[1+\alpha_0(c)p] + (\alpha_i-\alpha_r)\rho_0(c)p\}\frac{\partial c}{\partial t} - \nabla\cdot\left(\frac{\kappa}{r}\nabla p\right)\\ &= q, \quad (x,y,z;t)\in\Omega\times J,\end{aligned} \tag{8.2.6}$$

对饱和度方程 (8.2.2), 注意到 $\phi\dfrac{\partial(\rho c)}{\partial t} = \phi\left(c\dfrac{\partial\rho}{\partial t} + \rho\dfrac{\partial c}{\partial t}\right)$, 并应用 (8.2.1) 于 (8.2.2), 可将其改写为

$$\phi\rho\frac{\partial c}{\partial t} + u\cdot\nabla c - \nabla\cdot(D\nabla c) = q(\tilde{c}-c), \quad (x,y,z;t)\in\Omega\times J. \tag{8.2.7}$$

假定流体在边界面 $\partial\Omega$ 上是不渗透, 于是有下述边界条件

$$\begin{aligned}u\cdot\sigma = 0, &\quad (x,y,z;t)\in\partial\Omega\times J,\\ D\nabla c\cdot\sigma = 0, &\quad (x,y,z;t)\in\partial\Omega\times J.\end{aligned} \tag{8.2.8}$$

最后必须给出初始条件:

$$p(x,y,z,0) = p_0(x,y,z), \quad c(x,y,z,0) = c_0(x,y,z), \quad (x,y,z)\in\Omega. \tag{8.2.9}$$

对平面不可压缩两相渗流驱动问题, 在问题周期性假定下, Douglas 和 Ewing 等提出特征差分方法和特征有限元方法, 并给出严谨的误差估计[17-21]. 他们将特征线方法和标准的有限差分方法或有限元法相结合, 真实地反映出对流-扩散方程的一阶双曲特性, 减少截断误差, 克服数值振荡和弥散, 大大提高计算的稳定性和精确

度. 对于现代强化采油数值模拟新技术, 必须考虑流体的可压缩性[5,6,22]. 对此问题 Douglas 和本书作者率先在周期性条件下提出特征有限元方法和特征混合元方法, 并得到最佳阶 L^2 模误差估计结果, 完整地解决这一著名问题[22-25].

现代油田勘探和开发数值模拟计算是超大规模、三维大范围, 甚至是超长时间的, 节点个数多达数万乃至数百万个, 用一般方法很难解决这样的问题, 需要采用现代并行计算技术才能完整解决问题[26,27]. 对最简单的抛物问题, Dawson, Dupont 和 Du 率先提出 Galerkin 区域分解程序和收敛性分析[7-9,12]. 对于热传导型半导体瞬态问题, 关于区域分解的特征有限元和特征混合元方法我们已有较完整的成果发表[28,29]. 对于可压缩油水渗流驱动问题, 本书作者研究了该问题的特征混合元-混合元方法, 得到了收敛性结果, 数值计算生产实际问题指明该方法是高效、可行和具有物理守恒律的[30,31]. 在上述工作基础上, 我们对三维可压缩渗流驱动问题提出一类特征修正混合元区域分解方法. 即将求解区域剖分为若干子区域, 在每个子区域内用隐式方法求解, 提出一个特征函数, 用此函数前一时刻的函数值给出区域的内边界条件, 从而算法实现了并行. 对流动方程用混合元方法离散计算, 再对饱和度方程用修正特征有限元方法计算. 对模型问题, 应用变分形式、区域分解、特征线法、能量原理、归纳法假定、微分方程先验估计的理论和技巧, 得到了最佳阶 L^2 模误差估计结果. 并做了数值试验支撑了理论分析, 指明此方法在实际数值计算是可行的、高效的, 它对现代油田勘探和开发数值模拟这一重要领域的模型分析、数值方法、机理研究和工业应用软件的研制均有重要的价值, 成功解决了这一重要的区域分解方法问题[26,27].

在本节中需要假定问题 (8.2.1)—(8.2.9) 的解具有一定的光滑性, 还将假定问题的系数满足正定性条件:

$$\text{(C)}\quad 0<\phi_*\leqslant\phi(x,y,z)\leqslant\phi^*,\quad 0<a_*\leqslant\frac{\kappa(x,y,z)}{r(c,p)}\leqslant a^*,\quad 0<D_*\leqslant D(x,y,z)\leqslant D^*,$$

此处 $\phi_*,\phi^*,a_*,a^*,D_*$ 和 D^* 均为确定的正常数.

为了研究简便, 我们假定问题 (8.2.1)—(8.2.9) 是 Ω-周期的[18-21], 即全部函数均假定是 Ω-周期的. 这一假定在物理上是合理的, 因为对无流动边界条件 (8.2.8) 通常可作反射处理, 而且在油藏数值模拟中, 通常边界条件对油藏内部流动影响较小, 因此边界条件 (8.2.8) 能够被略去[18-21].

本节研究可压缩油水渗流驱动问题特征修正混合元区域分解并行算法. 8.2.1 小节是引言部分, 叙述问题的数学模型、物理背景以及国内外研究概况. 8.2.2 小节是某些预备性工作及一些基本估计. 8.2.3 小节提出特征修正混合元区域分解程序. 8.2.4 小节是模型问题的数值分析, 得到了最佳阶 L^2 模误差估计结果. 8.2.5 小节是数值算例, 支撑了理论分析, 同时指明其实用价值. 8.2.6 小节是创新点和应用.

在本节的数值分析中, 通常用 K 表示一般的正常数, 它不依赖于剖分参数 h_c, h_p 和 Δt, 类似地, 用 ε 表示一般小的正数, 在不同地方具有不同含义.

8.2.2 某些预备工作

为叙述简便, 设 $\Omega = \{(x,y,z)|0 < x < 1, 0 < y < 1, 0 < z < 1\}$, 记 $\Omega_1 = \{(x,y,z)|0 < x < 1/2, 0 < y < 1, 0 < z < 1\}, \Omega_2 = \{(x,y,z)|1/2 < x < 1, 0 < y < 1, 0 < z < 1\}, \Gamma = \{(x,y,z)|x = 1/2, 0 < y < 1, 0 < z < 1\}$, 如图 8.2.1 所示.

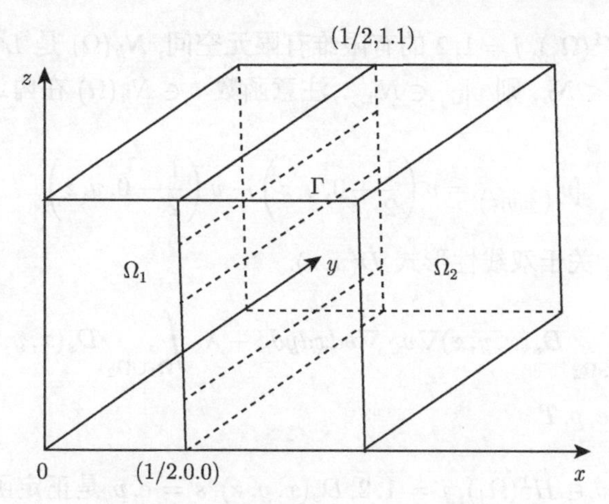

图 8.2.1 区域分解 $\Omega_1, \Omega_2, \Gamma$ 示意图

为了逼近内边界 Γ 的法向导数, 引入两个专用函数

$$\psi_2(x) = \begin{cases} 1-x, & 0 \leqslant x \leqslant 1, \\ x+1, & -1 \leqslant x < 0, \\ 0, & \text{其他}. \end{cases} \tag{8.2.10a}$$

$$\psi_4(x) = \begin{cases} (x-2)/12, & 1 \leqslant x \leqslant 2, \\ -5x/4 + 7/6, & 0 \leqslant x < 1, \\ 5x/4 + 7/6, & -1 \leqslant x < 0, \\ -(x+2)/12, & -2 \leqslant x < -1, \\ 0, & \text{其他}. \end{cases} \tag{8.2.10b}$$

易知, 若 p 为不高于一次多项式, 有

$$\int_{-\infty}^{+\infty} p(x)\psi_2(x)dx = p(0), \tag{8.2.11a}$$

若 p 为不高于三次多项式, 有

$$\int_{-\infty}^{+\infty} p(x)\psi_4(x)dx = p(0). \tag{8.2.11b}$$

定义 8.2.1　对于 $H \in (0,1/2)$, 记

$$\psi(x) = \psi_m((x-1/2)/H)/H, \quad m = 2,4. \tag{8.2.12}$$

设 $N_{h,j}$ 是 $H^1(\Omega_j), j=1,2$ 的有限维有限元空间, $N_h(\Omega)$ 是 $L^2(\Omega)$ 的 l 阶有限元空间, 且如果 $v \in N_h$, 则 $v|_{\Omega_j} \in N_{h,j}$. 注意函数 $v \in N_h(\Omega)$ 在内边界 Γ 上的跳跃 $[v]$, 即

$$[v]_{\left(\frac{1}{2},y,z\right)} = v\left(\frac{1}{2}+0,y,z\right) - v\left(\frac{1}{2}-0,y,z\right) \tag{8.2.13}$$

定义 8.2.2　关于双线性形式 $\bar{D}(u,v)$:

$$\bar{D}(u,v) = \int_{\Omega_1\cup\Omega_2} D_s(x,y,z)\nabla u\cdot\nabla v dxdydz + \lambda_s \int_{\Omega_1\cup\Omega_2} D_s(x,y,z)uvdxdydz,$$
$$s = e,p,T, \tag{8.2.14}$$

此处函数 $u,v \in H^1(\Omega_j), j=1,2, D_s(x,y,z), s=e,p$ 是正定函数, $D_T=1, \lambda_s$ 为正常数.

定义 8.2.3　逼近内边界法向导数的积分算子:

$$B(\varphi)\left(\frac{1}{2},y,z\right) = -\int_0^1 \psi'(x)\varphi(x,y,z)dx, \tag{8.2.15}$$

其中 ψ 为式 (8.2.12) 所给出的函数.

设 $(\cdot,\cdot)$ 表示 $L^2(\Omega_1\cup\Omega_2)$ 内积, 在 $\Omega_1\cup\Omega_2=\Omega$ 时省略, $(\varphi,\rho)=(\varphi,\rho)_\Omega$. 对于限定在 $H^1(\Omega_1)$ 和 $H^1(\Omega_2)$ 的函数 φ, 定义:

$$|||\varphi|||^2 = \bar{D}(\varphi,\varphi) + H^{-1}||D[\varphi]||^2_{L^2(\Gamma)}. \tag{8.2.16}$$

注意到

$$(D(x,y,z)B(\varphi),[\varphi])_\Gamma = -\int_0^1\int_0^1 D\left(\frac{1}{2},y,z\right)\int_0^1 \psi'(x)\varphi(x,y,z)dx[\varphi]\left(\frac{1}{2},y,z\right)dydz,$$

$$\begin{aligned}\int_0^1 \psi'(x)\varphi(x,y,z)dx &= \varphi(x,y,z)\psi(x)|_0^1 - \int_0^1 \psi(x)\varphi_x(x,y,z)dx\\ &= -\frac{1}{H}[\varphi]\left(\frac{1}{2},y,z\right) - \int_0^1 \psi(x)\varphi_x(x,y,z)dx,\end{aligned}$$

因此有

$$
\begin{aligned}
&(D(x,y,z)B(\varphi),[\varphi])_\Gamma \\
&= \frac{1}{H}\int_0^1\int_0^1 D\left(\frac{1}{2},y,z\right)[\varphi]^2\left(\frac{1}{2},y,z\right)dydz \\
&\quad + \int_0^1\int_0^1 D\left(\frac{1}{2},y,z\right)\int_0^1 \psi(x)\varphi_x(x,y,z)dx[\varphi]\left(\frac{1}{2},y,z\right)dydz. \qquad (8.2.17)
\end{aligned}
$$

对上式第二项可改写为

$$
\begin{aligned}
&\int_0^1\int_0^1 D^{1/2}\left(\frac{1}{2},y,z\right)\int_{\frac{1}{2}-H}^{\frac{1}{2}+H} D^{1/2}\left(\frac{1}{2},y,z\right)\psi(x)\varphi_x(x,y,z)dx[\varphi]\left(\frac{1}{2},y,z\right)dydz \\
&\leqslant \int_0^1\int_0^1 D^{1/2}\left(\frac{1}{2},y,z\right)\left(\int_0^1 \psi^2(x)dx\right)^{1/2}\left(\int_{\frac{1}{2}-H}^{\frac{1}{2}+H} D^{1/2}\left(\frac{1}{2},y,z\right)\varphi_x^2(x,y,z)dx\right)^{1/2} \\
&\quad \cdot[\varphi]\left(\frac{1}{2},y,z\right)dydz \\
&\leqslant \left(\frac{2}{3H}\right)^{1/2}\left(\int_0^1\int_0^1 D\left(\frac{1}{2},y,z\right)[\varphi]^2\left(\frac{1}{2},y,z\right)dydz\right)^{1/2} \\
&\quad \cdot\left(\int_0^1\int_0^1\int_{\frac{1}{2}-H}^{\frac{1}{2}+H} D\left(\frac{1}{2},y,z\right)\varphi_x^2(x,y,z)dxdydz\right)^{1/2}.
\end{aligned}
$$

对于 $D\left(\frac{1}{2},y,z\right)$, 注意到

$$
D\left(\frac{1}{2},y,z\right) = D(x,y,z) + \left(x-\frac{1}{2}\right)\frac{\partial D}{\partial x}(\xi_1(x),y,z),
$$

于是有

$$
\begin{aligned}
&\int_0^1\int_0^1\int_{\frac{1}{2}-H}^{\frac{1}{2}+H} D\left(\frac{1}{2},y,z\right)\varphi_x^2(x,y,z)dxdydz \\
&= \int_0^1\int_0^1\int_{\frac{1}{2}-H}^{\frac{1}{2}+H}\left[D(x,y,z)+\left(x-\frac{1}{2}\right)\frac{\partial D}{\partial x}(\xi_1(x),y,z)\right]\varphi_x^2(x,y,z)dxdydz \\
&\leqslant (1+M^*H)\int_0^1\int_0^1\int_{\frac{1}{2}-H}^{\frac{1}{2}+H} D(x,y,z)\varphi_x^2(x,y,z)dxdydz,
\end{aligned}
$$

此处 $M^* = \max\limits_{\substack{x\in\left(\frac{1}{2}-H,\frac{1}{2}+H\right)\\(y,z)\in(0,1)\times(0,1)}} \dfrac{\left|\dfrac{\partial D}{\partial x}(\xi_1(x),y,z)\right|}{D(x,y,z)}$.

从而可得

$$\bar{D}_s(\varphi,\varphi)+(D_sB(\varphi),[\varphi])_\Gamma \geqslant \frac{1}{M_0}|||\varphi|||_s^2, \quad s=e,p,T. \tag{8.2.18a}$$

此处 M_0 为确定的正常数, 亦即有

$$|||\varphi|||_s^2 \leqslant M_0\left\{\bar{D}_s(\varphi,\varphi)+(D_sB(\varphi),[\varphi])_\Gamma\right\}, \quad s=e,p,T. \tag{8.2.18b}$$

类似地, 可推出下述估计式:

$$|||B(\varphi)|||_{L^2(\Gamma)}^2 \leqslant M_1H^{-3}\|\varphi\|_0^2, \tag{8.2.19a}$$

$$|||B(\varphi)|||_{L^2(\Gamma)} \leqslant M_2H^{-1}\|\varphi\|_{0,\infty}, \tag{8.2.19b}$$

$$\left\|\frac{\partial u(\cdot,t)}{\partial\gamma}-B(u)(\cdot,t)\right\|_{L^2(\Gamma)} \leqslant M_3H^m, \tag{8.2.19c}$$

此处 M_1,M_2,M_3 均为确定的正常数, $m=2,4$, $\dfrac{\partial u}{\partial\gamma}$ 是 u 在内边界 Γ 的法向导数, 对于 $0\leqslant t\leqslant T$ 成立.

8.2.3 特征修正混合元区域分解程序

饱和度方程 (8.2.7) 的变分形式为

$$\left(\phi\rho\frac{\partial c}{\partial t},v\right)+(u\cdot\nabla c,v)+(D\nabla c,\nabla v)+\left(D\frac{\partial c}{\partial n},[v]\right)_\Gamma=(g(c),v), \quad v\in N(\Omega), \tag{8.2.20a}$$

$$c(x,y,z;0)=c_0(x,y,z), \quad (x,y,z)\in\Omega. \tag{8.2.20b}$$

为了应用混合元求解压力方程, 引入一些记号. 如果 $f=(f_1,f_2,f_3)^{\mathrm{T}}$ 是一个矢量函数. 记 $\tilde{H}(\mathrm{div};\Omega)=\{f: f_1,f_2,f_3,\nabla\cdot f\in L^2(\Omega),\text{周期}\}, \tilde{L}^2(\Omega)=\{g: g\in L^2(\Omega),\text{周期}\}$. 在以后为了简便, 将 "~" 省略. 记 $V=H(\mathrm{div};\Omega), W=L^2(\Omega)$. 在考虑剖分子区域 Ω_1,Ω_2 上的方程时, 我们需要相容性条件如下:

$$p_1=p_2, \quad u_1\cdot n_1+u_2\cdot n_2=0, \quad (x,y,z)\in\Gamma, \tag{8.2.21}$$

其中 n_1,n_2 是 Ω_1,Ω_2 在 Γ 上的单位外法线方向. 令 $V_i=H(\mathrm{div};\Omega_i), W_i=L^2(\Omega_i)$, 则 (8.2.6) 在 Ω_1,Ω_2 上的鞍点变分形式为

$$\left(\phi\rho_0(c)\alpha_0(c)\frac{\partial p}{\partial t},w\right)_{\Omega_i}+\left(\phi\{(\rho_i-\rho_r)[1+\alpha_0(c)p]+(\alpha_i-\alpha_r)\rho_0(c)p\}\frac{\partial c}{\partial t},w\right)_{\Omega_i}$$
$$+(\nabla\cdot u,w)_{\Omega_i}=(q,w)_{\Omega_i}, \quad \forall w\in W_i, \tag{8.2.22a}$$

$$\left(r^{-1}(c,p)u,z\right)_{\Omega_i}-(\nabla\cdot z,p)_{\Omega_i}+(p,z\cdot n_i)_\Gamma=0,\quad\forall z\in V_i,\tag{8.2.22b}$$

$$(\beta,u_1\cdot n_1+u_2\cdot n_2)_\Gamma=0,\quad\forall\beta\in\Lambda,\tag{8.2.22c}$$

此处 $\Lambda=\{v:v|_\Gamma\in L^2(\Gamma),\Gamma\neq\varnothing\}$. 定义在 Ω_1 和 Ω_2 上的变分形式, 将 (8.2.22a) 和 (8.2.22b) 相加, 可得流动方程 (8.2.6) 在 Ω 上的变分形式:

$$\left(\phi\rho_0(c)\alpha_0(c)\frac{\partial p}{\partial t},w\right)+\left(\phi\{(\rho_i-\rho_r)[1+\alpha_0(c)p]+(\alpha_i-\alpha_r)\rho_0(c)p\}\frac{\partial c}{\partial t},w\right)$$
$$+(\nabla\cdot u,w)=(q,w)\,,\quad\forall w\in W,\tag{8.2.23a}$$

$$\left(r^{-1}(c,p)u,z\right)-(\nabla\cdot z,p)+\sum_{i=1}^{2}\left(p,z^{(i)}\cdot n_i\right)_\Gamma=0,\quad\forall z\in V,\tag{8.2.23b}$$

$$(\beta,u_1\cdot n_1+u_2\cdot n_2)_\Gamma=0,\quad\forall\beta\in\Lambda,\tag{8.2.23c}$$

其中 $z^{(i)}=z|_{\Gamma_i},\Gamma_i=\Gamma\cap\partial\Omega_i$.

下面分别定义饱和度函数、Darcy 速度和压力函数的椭圆投影.

定义 8.2.4 饱和度函数 $c(x,y,z,t)$ 的椭圆投影 $\tilde{c}(x,y,z,t):J\to N_h$ 满足下述方程:

$$(D(x,y,z)(\tilde{c}-c),\nabla v_h)+\lambda(\tilde{c}-c,v_h)=0,\quad\forall v_h\in N_h,\tag{8.2.24}$$

此处 λ 为确定的正常数.

定义 8.2.5 Darcy 速度 $u(x,y,z,t)$ 和压力函数 $p(x,y,z,t)$ 的椭圆投影 $\{\tilde{u},\tilde{p}\}:J\to W_h\times V_h$ 满足下述方程:

$$\left(\phi\frac{\partial\rho(c,p)}{\partial t},w_h\right)+(\nabla\cdot\tilde{u},w_h)=(q,w_h)\,,\quad\forall w_h\in W_h,\tag{8.2.25a}$$

$$\left(r^{-1}(c,p)\tilde{u},v_h\right)-(\nabla\cdot v_h,\tilde{p})=0,\quad\forall v_h\in V_h,\tag{8.2.25b}$$

$$(\tilde{p},1)=(p,1)\,,\tag{8.2.25c}$$

此处 $W_h\times V_h$ 是 Raviart-Thomas 空间, 指数为 k, 步长为 h_p, 其逼近性满足[6,32]

$$\inf_{v_h\in V_h}||v-v_h||_{L^2(\Omega)}\leqslant K||v||_{k+2}h_p^{k+1},\tag{8.2.26a}$$

$$\inf_{v_h\in V_h}||\nabla\cdot(v-v_h)||_0\leqslant K\left\{||v||_{k+1}+||\nabla\cdot v||_{k+1}\right\}h_p^{k+1},\tag{8.2.26b}$$

$$\inf_{w_h\in W_h}||w-w_h||_0\leqslant K||w||_{k+1}h_p^{k+1}.\tag{8.2.26c}$$

引理 8.2.1 对于饱和度函数的椭圆投影误差, 由 Galerkin 方法对椭圆问题的结果[33,34]有

$$||c-\tilde{c}||_0+h_c||c-\tilde{c}||_1\leqslant K||c||_{l+1}h_c^{l+1},\tag{8.2.27a}$$

$$\left\|\frac{\partial(c-\tilde{c})}{\partial t}\right\|_0+h_c\left\|\frac{\partial(c-\tilde{c})}{\partial t}\right\|_1\leqslant K\left\{||c||_{l+1}+\left\|\frac{\partial c}{\partial t}\right\|_{l+1}\right\}h_c^{l+1}. \tag{8.2.27b}$$

引理 8.2.2　对于 Darcy 速度和压力函数的混合元椭圆投影的误差, 由 Brezzi 理论[6,35]可得下述估计式

$$||u-\tilde{u}||_V+||p-\tilde{p}||_1\leqslant K||p||_{k+3}h_p^{k+1}, \tag{8.2.28a}$$

$$\left\|\frac{\partial(u-\tilde{u})}{\partial t}\right\|_V+\left\|\frac{\partial(p-\tilde{p})}{\partial t}\right\|_W\leqslant K\left\{||p||_{k+1}+\left\|\frac{\partial p}{\partial t}\right\|_{k+3}\right\}h_p^{k+1}. \tag{8.2.28b}$$

考虑到此流动实际上沿着带有迁移 $\phi\rho\dfrac{\partial c}{\partial t}+u\cdot\nabla c$ 的特征线方向. 我们引入特征线方法. 记 $\psi=[(\phi\rho(c,p))^2+|u|^2]^{1/2}, \dfrac{\partial}{\partial\tau}=\psi^{-1}\left\{\phi\rho\dfrac{\partial}{\partial t}+u\cdot\nabla\right\}$. 特征方向依赖于饱和度 c、压力 p 和 Darcy 速度 u. 因此饱和度方程 (8.2.7) 可改写为

$$\psi\frac{\partial c}{\partial\tau}-\nabla\cdot(D\nabla c)=g(c),\quad (x,y,z;t)\in\Omega\times J. \tag{8.2.29}$$

记 $\hat{X}^n=X-(\phi\rho(C_h^n,P_h^n))^{-1}U_h^{n+1}\Delta t, \hat{C}_h^n=C_h^n(\hat{X}^n)$, 此处 C_h^n,P_h^n,U_h^n 均为问题的数值解.

设 $N_h\subset N$ 是剖分步长为 h_c, l 阶有限元空间, $W_h\times V_h$ 为剖分步长为 h_p, k 阶 Raviart-Thomas 混合元空间, $\Lambda_h=\{\beta:\beta|_\Gamma\in P_k(\Gamma)\}$ 为 Λ 的子空间.

下面给出特征修正区域分解混合元格式. 已知 t^n 时刻的近似解 $\{C_h^n,P_h^n,U_h^n\}\in N_h\times W_h\times V_h$, 寻求 $\{C_h^{n+1},P_h^{n+1},U_h^{n+1}\}\in N_h\times W_h\times V_h, n=0,1,2,\cdots$, 满足

$$C_h^0=\tilde{c}^0, \tag{8.2.30a}$$

$$\left(\phi\rho(C_h^n,P_h^n)\frac{C_h^{n+1}-\hat{C}_h^n}{\Delta t},v_h\right)+\left(D\nabla C_h^{n+1},\nabla v_h\right)+(DB(C_h^n),[v_h])_\Gamma$$
$$=(g(C_h^n),v_h),\quad v_h\in N_h,\quad n\geqslant 0, \tag{8.2.30b}$$

$$U_h^0=\tilde{u}^0,\quad P_h^0=\tilde{p}^0, \tag{8.2.31a}$$

$$\left(\phi\rho_0(C_h^n)\alpha_0(C_h^n)\frac{P_h^{n+1}-P_h^n}{\Delta t},w_h\right)+\left(\nabla\cdot U_h^{n+1},w_h\right)$$
$$+\left(\phi\{(\rho_i-\rho_r)[1+\alpha_0(C_h^n)P_h^n]+(\alpha_i-\alpha_r)\rho_0(C_h^n)P_h^n\}\frac{C_h^{n+1}-C_h^n}{\Delta t},w_h\right)$$
$$=(q,w_h),\quad w_h\in W_h,\ n\geqslant 0, \tag{8.2.31b}$$

$$\left(r^{-1}(C_h^n,P_h^n)U_h^n,z\right)-\left(\nabla\cdot z,P_h^{n+1}\right)+\sum_{i=1}^{2}\left(P_h^{n+1},z^{(i)}\cdot n_i\right)_\Gamma=0,\quad \forall z\in V_h, \tag{8.2.31c}$$

$$\left(\beta,U_1^{n+1}\cdot n_1+U_2^{n+1}\cdot n_2\right)_\Gamma=0,\quad \forall\beta\in\Lambda_h, \tag{8.2.31d}$$

此处 $U_i^{n+1}=U^{n+1}|_{\Gamma_i}$, $z^{(i)}=z|_{\Gamma_i}$, $\Gamma_i=\Gamma\cap\partial\Omega_i$, $i=1,2$.

区域分解的计算程序: 首先由初始条件 (8.2.9), 利用椭圆投影 (8.2.24), (8.2.25) 或插值确定初始逼近 $\{C_h^0,P_h^0,U_h^0\}$. 在此基础上可算出 $\hat{X}^0$, 从而得出 $\hat{C}_h^0$, 由式 (8.2.15) 计算出 $B(C_h^0)$. 由格式 (8.2.30b) 用有限元方法计算出 C_h^1, 再由格式 (8.2.31b) 和 (8.2.31c) 用共轭梯度法求得 $\{P_h^1,U_h^1\}$. 这样依次求解. 当 $t=t^n$, $\{C_h^n,P_h^n,U_h^n\}$ 已知时, 可求出 $\hat{X}^n$, 从而得到 $\hat{C}_h^n$, 然后由公式 (8.2.15) 计算出 $B(C_h^n)$, 再由格式 (8.2.30b) 用有限元方法计算出 C_h^{n+1}, 再由格式 (8.2.31b)—(8.2.31d) 用共轭梯度法求得 $\{P_h^{n+1},U_h^{n+1}\}$. 这样将问题转化为两个子区域上求解两个相互独立的问题, 实现了并行计算, 由正定性条件 (C) 可知问题的解存在且唯一.

注 这里的方法完全可平行拓广到区域 Ω 分解为多个子区域 $\Omega=\bigcup_{i=1}^{L^*}\Omega_i$ 的情形, 比如 $L^*=4,8$, 实现并行计算. 这样对生产实际问题的数值模拟是十分重要的.

8.2.4 收敛性分析

在本小节中我们仅对一个模型问题进行数值分析. 假定问题是不可压缩的, 即 $\rho(c,p)\approx\rho_0, r(c,p)\approx r(c)$. 此时方程 (8.2.1), (8.2.2) 退化为

$$\nabla\cdot u=q,\quad (X,t)\in\Omega\times J, \tag{8.2.32a}$$

$$u=-r(c)\nabla p,\quad (X,t)\in\Omega\times J, \tag{8.2.32b}$$

$$\phi\rho_0\frac{\partial c}{\partial t}+u\cdot\nabla c-\nabla\cdot(D\nabla c)=g(c),\quad (X,t)\in\Omega\times J. \tag{8.2.33}$$

流动方程 (8.2.32) 的鞍点弱形式为

$$(\nabla\cdot u,w)=(q,w),\quad \forall w\in W, \tag{8.2.34a}$$

$$\left(r^{-1}(c)u,z\right)-(\nabla\cdot z,p)=0,\quad \forall z\in V. \tag{8.2.34b}$$

特征修正区域分解混合元格式为: 已知 $t=t^n$ 时刻的近似解 $\{C_h^n,P_h^n,U_h^n\}\in N_h\times W_h\times V_h$, 寻求 $t=t^{n+1}$ 时刻的近似解 $\{C_h^{n+1},P_h^{n+1},U_h^{n+1}\}\in N_h\times W_h\times V_h$:

$$\left(\phi\rho_0\frac{C_h^{n+1}-\hat{C}_h^n}{\Delta t},v_h\right)+\left(D\nabla C_h^{n+1},\nabla v_h\right)+\left(DB(C_h^n),[v_h]\right)=\left(g(C_h^n),v_h\right),\quad \forall v_h\in N_h, \tag{8.2.35}$$

$$\left(\nabla \cdot U_h^{n+1}, w_h\right) = \left(q^{n+1}, w_h\right), \quad \forall w_h \in W_h, \tag{8.2.36a}$$

$$\left(r^{-1}(C_h^{n+1})U_h^{n+1}, z_h\right) - \left(\nabla \cdot z_h, P_h^{n+1}\right) = 0, \quad \forall z_h \in V_h. \tag{8.2.36b}$$

此时对应于流动方程的椭圆投影定义为: 对 $t \in J = (0, T]$, 让 $\{\tilde{u}, \tilde{p}\} : J \to W_h \times V_h$ 满足

$$(\nabla \cdot \tilde{u}, w_h) = \left(q^{n+1}, w_h\right), \quad \forall w_h \in W_h, \tag{8.2.37a}$$

$$\left(r^{-1}(c)\tilde{u}, v_h\right) - (\nabla \cdot v_h, \tilde{p}) = 0, \quad \forall v_h \in V_h. \tag{8.2.37b}$$

由 Brezzi 理论可得下述估计式[6,35]

$$\|u - \tilde{u}\|_V + \|p - \tilde{p}\|_W \leqslant K \|p\|_{L^\infty(J, H^{k+3})} h_p^{k+1}. \tag{8.2.38}$$

先研究流动方程的误差估计. 现估计 $\tilde{u} - U_h$ 和 $\tilde{p} - P_h$. 将方程 (8.2.36) 减去方程 (8.2.37) $(t = t^{n+1})$ 可得

$$\left(\nabla \cdot (U_h^{n+1} - \tilde{u}^{n+1}), w_h\right) = 0, \quad \forall w_h \in W_h, \tag{8.2.39a}$$

$$\left(r^{-1}(C_h^n)U_h^{n+1} - r^{-1}(c^{n+1})\tilde{u}^{n+1}, v_h\right) - \left(\nabla \cdot v_h, P_h^{n+1} - \tilde{p}^{n+1}\right) = 0, \quad \forall v_h \in V_h. \tag{8.2.39b}$$

应用 Brezzi 稳定性理论[6,20,35] 可得下述估计式

$$\left\|U_h^{n+1} - \tilde{u}^{n+1}\right\|_V + \left\|p_h^{n+1} - \tilde{p}^{n+1}\right\|_W \leqslant K \left\|C_h^n - c^{n+1}\right\|_0. \tag{8.2.40}$$

下面讨论饱和度函数的误差估计. 为此记 $\zeta = c - \tilde{C}_h, \xi = \tilde{C}_h - C_h, \eta = p - \tilde{P}_h, \pi = \tilde{P}_h - P_h, \alpha = u - \tilde{u}, \sigma = \tilde{u} - U_h$. 从方程 (8.2.33) $(t = t^{n+1})$ 减去式 (8.2.35), 并利用式 (8.2.24) 可得

$$\begin{aligned}
&\left(\phi\rho_0 \frac{\partial c^{n+1}}{\partial t} + u^{n+1} \cdot \nabla c^{n+1}, v_h\right) - \left(\phi\rho_0 \frac{C_h^{n+1} - \hat{C}_h^n}{\Delta t}, v_h\right) \\
&+ \left(D\nabla c_h^{n+1}, \nabla v_h\right) - \left(D\nabla C_h^{n+1}, \nabla v_h\right) \\
&+ \left(D\frac{\partial c^{n+1}}{\partial \gamma}, [v_h]\right)_\Gamma - (DB(C_h^n), [v_h])_\Gamma = \left(g(c^{n+1}) - g(C_h^n), v_h\right).
\end{aligned} \tag{8.2.41}$$

注意到

$$\begin{aligned}
&\left(\phi\rho_0 \frac{\partial c^{n+1}}{\partial t} + u^{n+1} \cdot \nabla c^{n+1}, v_h\right) - \left(\phi\rho_0 \frac{C_h^{n+1} - \hat{C}_h^n}{\Delta t}, v_h\right) \\
=&\left(\left[\phi\rho_0 \frac{\partial c^{n+1}}{\partial t} + u^{n+1} \cdot \nabla c^{n+1} - \phi\rho_0 \frac{c_h^{n+1} - c_h^n}{\Delta t}\right], v_h\right)
\end{aligned}$$

$$+\left(\left[\phi\rho_0\frac{c_h^{n+1}-c_h^n}{\Delta t}-\phi\rho_0\frac{C_h^{n+1}-\hat{C}_h^n}{\Delta t}\right],v_h\right)+\left((u^{n+1}-U_h^n)\cdot\nabla c^{n+1},v_h\right),\quad(8.2.42\text{a})$$

$$\begin{aligned}&\left(D\frac{\partial c^{n+1}}{\partial\gamma},[v_h]\right)_\Gamma-(DB(C_h^n),[v_h])_\Gamma\\
=&\left(D\left[\frac{\partial c^{n+1}}{\partial\gamma}-\frac{\partial c^n}{\partial\gamma}\right],[v_h]\right)_\Gamma-\left(D\left[\frac{\partial c^n}{\partial\gamma}-B(C_h^n)\right],[v_h]\right)_\Gamma\\
&+(DB(\zeta^n),[v_h])_\Gamma+(DB(\xi^n),[v_h])_\Gamma.\end{aligned}\quad(8.2.42\text{b})$$

将式 (8.2.42a), (8.2.42b) 代入式 (8.2.41), 令 $v_h=\xi^{n+1}$, 利用椭圆投影关系式 (8.2.24), 可得

$$\begin{aligned}&\left(\phi\rho_0\frac{\xi^{n+1}-\xi^n}{\Delta t},\xi^{n+1}\right)+\left(D\nabla\xi^{n+1},\nabla\xi^{n+1}\right)+\lambda\left(\xi^{n+1},\xi^{n+1}\right)+\left(DB(\xi^{n+1}),[\xi^{n+1}]\right)\\
=&\left(\left[\phi\rho_0\frac{\partial c^{n+1}}{\partial t}+u^{n+1}\cdot\nabla c^{n+1}-\phi\rho_0\frac{c_h^{n+1}-\hat{c}_h^n}{\Delta t}\right],\xi^{n+1}\right)+\left(\phi\rho_0\frac{\hat{\xi}^n-\xi^n}{\Delta t},\xi^{n+1}\right)\\
&-\left(\phi\rho_0\frac{\zeta^{n+1}-\hat{\zeta}^n}{\Delta t},\xi^{n+1}\right)-\left((u^{n+1}-U_h^n)\cdot\nabla c^{n+1},\xi^{n+1}\right)+\left(g(c^{n+1})-g(C_h^n),\xi^{n+1}\right)\\
&-\left(D\left[\frac{\partial c^{n+1}}{\partial\gamma}-\frac{\partial c^n}{\partial\gamma}\right],[\xi^{n+1}]\right)_\Gamma+\left(D\left[\frac{\partial c^n}{\partial\gamma}-B(C_h^n)\right],[\xi^{n+1}]\right)_\Gamma\\
&-\left(DB(\zeta_h^n),[\xi^{n+1}]\right)_\Gamma+\left(DB(\xi^{n+1}-\xi^n),[\xi^{n+1}]\right)_\Gamma+\lambda\left(\xi^{n+1},\xi^{n+1}\right)\\
&+\lambda\left(\zeta^{n+1},\xi^{n+1}\right).\end{aligned}\quad(8.2.43)$$

依次估计式 (8.2.43) 左端诸项可得

$$\begin{aligned}&\left(\phi\rho_0\frac{\xi^{n+1}-\xi^n}{\Delta t},\xi^{n+1}\right)\\
=&\frac{1}{2\Delta t}\left\{\left\|(\phi\rho_0)^{1/2}\xi^{n+1}\right\|^2-\left\|(\phi\rho_0)^{1/2}\xi^n\right\|^2\right\}+\frac{1}{2\Delta t}\left\|(\phi\rho_0)^{1/2}(\xi^{n+1}-\xi^n)\right\|^2,\end{aligned}\quad(8.2.44\text{a})$$

$$\left(D\nabla\xi^{n+1},\nabla\xi^{n+1}\right)+\lambda\left(\xi^{n+1},\xi^{n+1}\right)+\left(DB(\xi^{n+1}),[\xi^{n+1}]\right)\geqslant M_0^{-1}|||\xi^{n+1}|||^2,\quad(8.2.44\text{b})$$

此处 M_0 为确定的正常数.

下面估计式 (8.2.43) 右端诸项, 应用估计式 (8.2.19) 可得

$$\begin{aligned}&\left(DB(\xi^{n+1}-\xi^n),[\xi^{n+1}]\right)_\Gamma\leqslant M_1\left\|B(\xi^{n+1}-\xi^n)\right\|_{L^2(\Gamma)}\cdot\left\|[\xi^{n+1}]\right\|_{L^2(\Gamma)}\\
\leqslant&M_1H^{-3/2}\left\|\xi^{n+1}-\xi^n\right\|\cdot H^{1/2}|||\xi^{n+1}|||\end{aligned}$$

$$\leqslant M_1H^{-2}\left\|\xi^{n+1}-\xi^n\right\|^2+\varepsilon|||\xi^{n+1}|||^2, \tag{8.2.45a}$$

$$\left(D\left[\frac{\partial c^{n+1}}{\partial\gamma}-\frac{\partial c^n}{\partial\gamma}\right],[\xi^{n+1}]\right)_\Gamma\leqslant M_2\left\|\frac{\partial c^{n+1}}{\partial\gamma}-\frac{\partial c^n}{\partial\gamma}\right\|_{L^2(\Gamma)}\cdot\left\|\xi^{n+1}\right\|_{L^2(\Gamma)}$$

$$\leqslant M_2\Delta tH^{1/2}\varepsilon|||\xi^{n+1}|||\leqslant M_2(\Delta t)^2H+\varepsilon|||\xi^{n+1}|||^2, \tag{8.2.45b}$$

$$\left(D\left[\frac{\partial c^n}{\partial\gamma}-B(C_h^n)\right],[\xi^{n+1}]\right)_\Gamma\leqslant M_3H^{2m-1}+\varepsilon|||\xi^{n+1}|||^2, \tag{8.2.45c}$$

$$(DB(\zeta_h^n),[\xi^{n+1}])_\Gamma\leqslant M_4H^{-2}\left\|\zeta^n\right\|^2+\varepsilon|||\xi^{n+1}|||^2\leqslant M_4H^{-2}h_c^{2(l+1)}+\varepsilon|||\xi^{n+1}|||^2, \tag{8.2.45d}$$

此处 $M_i(i=1,2,3)$ 均为确定的正常数.

我们取 Δt 适当小, 满足下述限制性条件

$$\Delta t\leqslant M_p^{-1}H^2,\quad h_c^{l+1}=o(H). \tag{8.2.46}$$

则下述误差估计式成立

$$\frac{1}{2\Delta t}\left\|(\phi\rho_0)^2(\xi^{n+1}-\xi^n)\right\|^2\geqslant M_1H^{-2}\left\|\xi^{n+1}-\xi^n\right\|^2. \tag{8.2.47}$$

我们提出归纳法假定:

$$\sup_{0\leqslant n\leqslant L}||\sigma^n||_{0,\infty}\to 0,\quad \sup_{0\leqslant n\leqslant L}||\xi^n||_{0,\infty}\to 0,\quad (h_p,h_c)\to 0. \tag{8.2.48}$$

现在估计 (8.2.43) 右端其余诸项, 由归纳法假定 (8.2.48) 可得

$$\left|\left(\left[\phi\rho_0\frac{\partial c^{n+1}}{\partial t}+u^{n+1}\cdot\nabla c^{n+1}\right]-\phi\rho_0\frac{c_h^{n+1}-\hat{c}_h^n}{\Delta t},\xi^{n+1}\right)\right|$$

$$\leqslant K\left\{\Delta t\left\|\frac{\partial^2 c}{\partial\tau^2}\right\|^2_{L^2(t^n,t^{n+1};L^2(\Omega))}+\left\|\xi^{n+1}\right\|^2\right\}, \tag{8.2.49a}$$

$$\left|\left(\phi\rho_0\frac{\hat{\xi}^n-\xi^n}{\Delta t},\xi^{n+1}\right)\right|\leqslant K\left\|\xi^n\right\|^2+\varepsilon\left\|\nabla\xi^{n+1}\right\|^2, \tag{8.2.49b}$$

$$\left|\left(\phi\rho_0\frac{\zeta^{n+1}-\hat{\zeta}^n}{\Delta t},\xi^{n+1}\right)\right|\leqslant\left|\left(\phi\rho_0\frac{\zeta^{n+1}-\zeta^n}{\Delta t},\xi^{n+1}\right)\right|+\left|\left(\phi\rho_0\frac{\zeta^n-\hat{\zeta}^n}{\Delta t},\xi^{n+1}\right)\right|$$

$$\leqslant K\left\{(\Delta t)^{-1}\left\|\frac{\partial^2\zeta}{\partial t^2}\right\|^2_{L^2(t^n,t^{n+1};L^2(\Omega))}+\left\|\xi^{n+1}\right\|^2+\left\|\xi^n\right\|^2\right\}+\varepsilon\left\|\nabla\xi^{n+1}\right\|^2, \tag{8.2.49c}$$

$$\left|\lambda\left(\xi^{n+1},\xi^{n+1}\right)+\lambda\left(\zeta^{n+1},\xi^{n+1}\right)\right|\leqslant K\left\{h_c^{2(l+1)}+\left\|\xi^{n+1}\right\|^2\right\},\tag{8.2.49d}$$

$$\left|\left(\left(u^{n+1}-U_h^n\right)\cdot\nabla c^{n+1},\xi^{n+1}\right)\right|\leqslant K\left\{(\Delta t)^2+\|\sigma^n\|^2+\|\alpha^n\|^2+\left\|\xi^{n+1}\right\|^2\right\},\tag{8.2.49e}$$

$$\left|\left(g(c^{n+1})-g(C_h^n),\xi^{n+1}\right)\right|\leqslant K\left\{(\Delta t)^2+h_c^{2(l+1)}+\|\xi^n\|^2+\left\|\xi^{n+1}\right\|^2\right\}.\tag{8.2.49f}$$

对误差估计式 (8.2.43) 的左右两端, 应用估计式 (8.2.44)—(8.2.49) 可得

$$\begin{aligned}&\frac{1}{2\Delta t}\left\{\left\|(\phi\rho_0)^{1/2}\xi^{n+1}\right\|^2-\left\|(\phi\rho_0)^{1/2}\xi^n\right\|^2\right\}+\frac{1}{M_0}|||\xi^{n+1}|||^2\\&\leqslant K\left\{(\Delta t)^{-1}\left\|\frac{\partial^2\zeta}{\partial t^2}\right\|^2_{L^2(t^n,t^{n+1};L^2(\Omega))}+\Delta t\left\|\frac{\partial^2 c}{\partial t^2}\right\|^2_{L^2(t^n,t^{n+1};L^2(\Omega))}\right.\\&\quad+h_c^{2(k+1)}+h_c^{2(l+1)}+(\Delta t)^2+(\Delta t)^2H+H^{-2}h_c^{2(l+1)}+H^{2m+1}\\&\quad\left.+\left\|\xi^{n+1}\right\|^2+\|\xi^n\|^2+\|\sigma^n\|^2\right\}+\varepsilon\left\|\nabla\xi^{n+1}\right\|^2.\end{aligned}\tag{8.2.50}$$

对误差估计式 (8.2.50) 应用投影估计 (8.2.27), 乘以 $2\Delta t$, 并对 n, $0\leqslant n\leqslant L-1$ 求和, 注意到 $\xi^0=0$, 可得

$$\begin{aligned}\|\xi^L\|^2+\sum_{n=0}^{L-1}|||\xi^{n+1}|||^2\Delta t\leqslant K&\left\{\left\|\frac{\partial^2\zeta}{\partial t^2}\right\|^2_{L^2(J;L^2(\Omega))}+\sum_{n=0}^{L-1}\|\xi^{n+1}\|^2\Delta t\right.\\&+(\Delta t)^2\left\|\frac{\partial^2 c}{\partial t^2}\right\|^2_{L^2(J;L^2(\Omega))}+(\Delta t)^2+h_p^{2(k+1)}\\&\left.+h_c^{2(l+1)}+H^{2m+1}+H^{-2}h_c^{2(l+1)}\right\}.\end{aligned}\tag{8.2.51}$$

应用 Gronwall 引理可得

$$\begin{aligned}&\|\xi^L\|^2+\sum_{n=0}^{L-1}|||\xi^{n+1}|||^2\Delta t\\&\leqslant K\left\{(\Delta t)^2+h_p^{2(k+1)}+h_c^{2(l+1)}+H^{-2}h_c^{2(l+1)}+H^{2m+1}\right\}.\end{aligned}\tag{8.2.52}$$

由估计式 (8.2.42) 并应用式 (8.2.52) 可得

$$\begin{aligned}&\left\|U_h^{n+1}-\tilde{u}^{n+1}\right\|_V+\left\|P_h^{n+1}-\tilde{p}^{n+1}\right\|_W\\&\leqslant K\left\{\Delta t+h_p^{k+1}+h_c^{l+1}+H^{-1}h_c^{l+1}+H^{m+1/2}\right\}.\end{aligned}\tag{8.2.53}$$

下面检验归纳法假定 (8.2.48). 当 $n=0$ 时 $\xi^0=0$, 归纳法假定显然是正确的. 当 $0\leqslant n\leqslant L-1$ 时归纳法假定 (8.2.48) 成立. 当 $n=L$, $k,l\geqslant 1$ 时, 由 (8.2.52) 和 (8.2.53) 以及下述限制性条件

$$\Delta t=o(h_c^{3/2}),\quad h_c\sim h_p,\quad H^{-1}h_c^{l+1}=o(h_c^{3/2}),\quad H^{m+1/2}=o(h_c^{3/2}).\tag{8.2.54}$$

归纳法假定是正确的.

组合 (8.2.52) 和 (8.2.53) 以及椭圆投影辅助性结果 (8.2.27) 和 (8.2.38), 可得下述定理.

定理 8.2.1　假定模型问题 (8.2.1), (8.2.2) 的精确解有一定的正则性, $p \in L^\infty(J;W^{k+3}(\Omega)), c \in L^\infty(J;W^{l+1}(\Omega)), \partial^2 c/\partial\tau^2 \in L^\infty(J;L^\infty(\Omega))$. 采用特征修正混合元区域分解程序 (8.2.35), (8.2.36) 在子区域 Ω_1, Ω_2 上并行逐层计算. 若剖分参数满足限制性条件 (8.2.46), (8.2.54), 且有限元空间指数 $k, l \geqslant 1$, 则下述误差估计式成立:

$$
\begin{aligned}
&\|p-P_h\|_{\bar{L}^\infty(J;W)}+\|u-U_h\|_{\bar{L}^\infty(J;V)}+\|c-C_h\|_{\bar{L}^\infty(J;L^2(\Omega))}+\|c-C_h\|_{\bar{L}^2(J;\bar{W})}\\
&\leqslant K^*\left\{\Delta t+h_p^{k+1}+h_c^{l+1}+H^{-1}h_c^{l+1}+H^{m+1/2}\right\},
\end{aligned}
\tag{8.2.55}
$$

此处 $\|g\|_{\bar{L}^\infty(J;X)}=\sup\limits_{n\Delta t\leqslant T}\|g^n\|_X, \|g\|_{\bar{L}^2(J;X)}=\sup\limits_{L\Delta t\leqslant T}\left\{\sum\limits_{n=0}^{L}\|g^n\|_X^2\Delta t\right\}^{1/2}$, 常数 K^* 依赖于函数 p, c 及其导函数.

注　若将区域分解为 L^* 个子区域, 即 $\Omega=\bigcup_{i=1}^{L^*}\Omega_i$, 采用同样推广后的格式 (8.2.35), (8.2.36) 并行计算. 同样可得误差估计式 (8.2.55), 只需将那里的 $H^{-1}h_c^{l+1}$ 改为 $(L^*-1)H^{-1}h_c^{l+1}$.

8.2.5　数值算例

在本小节中我们将给出数值算例来验证上面的算法. 考虑模型问题

$$
(1+p)\frac{\partial c}{\partial t}+u\frac{\partial c}{\partial x}-\frac{\partial}{\partial x}\left(D(x,t)\frac{\partial c}{\partial x}\right)=f(c,x,t),\quad 0<x<1, 0<t\leqslant T, \tag{8.2.56}
$$

$$
u=-(1+p)\frac{\partial p}{\partial x},\quad 0<x<1, 0<t\leqslant T, \tag{8.2.57a}
$$

$$
\frac{\partial p}{\partial t}+\frac{\partial}{\partial x}\left((1+p)\frac{\partial p}{\partial x}\right)=g(x,t),\quad 0<x<1, 0<t\leqslant T, \tag{8.2.57b}
$$

$$
c(x,0)=\cos(2\pi),\quad 0\leqslant x\leqslant 1, \tag{8.2.58a}
$$

$$
p(x,0)=x^2,\quad 0\leqslant x\leqslant 1, \tag{8.2.58b}
$$

$$
\frac{\partial c}{\partial x}(0,t)=\frac{\partial c}{\partial x}(1,t)=0,\quad 0\leqslant t\leqslant T, \tag{8.2.58c}
$$

$$
\frac{\partial p}{\partial x}(0,t)=0,\quad \frac{\partial p}{\partial x}(1,t)=2e^t,\quad 0\leqslant t\leqslant T. \tag{8.2.58d}
$$

取 $D(x,t)=0.01x^2e^{2t}, c=e^t\cos(2\pi x), p=x^2e^t, f=(1+x^2e^t)e^t\cos(2\pi x)+4\pi xe^{2t}(1+x^2e^t)\sin(2\pi x)+0.04\pi xe^{3t}\sin(2\pi x)+0.04\pi^2x^2e^{3t}\cos(2\pi x), H=4h, \Delta t_c=h^2/12,$

$\Delta t_p = 4\Delta t_c, T = 0.25$. 两个子区域分别为 $\Omega_1 = (0, 0.5), \Omega_2 = (0.5, 1)$. 在下表中, 我们给出在不同节点处的绝对误差. 表 8.2.1 和表 8.2.2 分别给出了饱和度函数 c 和压力函数 p 在各节点处的误差.

表 8.2.1 饱和度函数 c 的误差估计 ($\times 10^3$)

h^{-1}	$x = 0.05$	$x = 0.25$	$x = 0.45$	$x = 0.55$	$x = 0.75$	$x = 0.95$
40	64.3205	1.1178	64.1035	64.3205	1.1178	64.3205
80	14.9841	0.0773	14.6352	14.9841	0.0077	14.6351
160	3.6547	0.0048	3.6588	3.6547	0.0051	3.6588

表 8.2.2 压力函数 p 的误差估计 ($\times 10^3$)

h^{-1}	$x = 0.05$	$x = 0.25$	$x = 0.45$	$x = 0.55$	$x = 0.75$	$x = 0.95$
40	51.0082	11.2156	51.3174	51.0882	11.2156	51.3174
80	12.1448	0.8011	12.2184	12.1448	0.0801	12.2184
160	2.9622	0.0499	2.9801	2.9622	0.0499	2.9801

由表 8.2.1, 表 8.2.2 可以看出, 数值结果很好地验证了我们的理论分析.

对内边界法向导数 $\dfrac{\partial c}{\partial x}(0.5) = e^{\mathrm{T}} \sin(\pi) = 0$ 的数值模拟结果见表 8.2.3. 可以看出本节的方法对于区域内边界条件的模拟 (B) 非常精确, 从而使得我们在子区域独立计算时每个子区域可以得到很好的误差精度.

表 8.2.3 区域内边界条件模拟的误差估计

h^{-1}	B
40	3.1746×10^{-15}
80	2.8594×10^{-14}
160	4.1065×10^{-13}

表 8.2.4 给出了区域分解方法计算耗时效率的比较, 时间单位为秒. 可以看出, 当子区域剖分加细时, 由于待解方程组维数急剧变大, 区域分离算法显示了它的优越性. 这其中有两个原因, 首先区域分解方法实现了并行计算, 节省了计算时间; 其

表 8.2.4 计算耗时的比较 (单位: 秒)

h^{-1}	区域分解算法	非区域分解算法
40	0.8532	1.7364
80	1.8976	4.2377
160	7.4303	31.2657
320	166.9077	652.3577

次, 在每个子区域上独立求解的方程组的维数是非区域分解方法在整个求解区域上求解的方程组阶数的一半. 可以预见, 剖分步长越细, 越能显示其快速求解的优越性, 同时我们还指出, 当区域分解的子区间个数增加时, 亦可预期这类并行算法快速求解的独特性质. 这在实际生产中有着十分重要的应用价值.

8.2.6 创新点和应用

本节有如下特点: ① 适用于三维复杂区域油藏数值模拟的精确计算, 由于考虑了流体的压缩性, 特别是适用于强化采油 (黑油-三元复合驱) 数值模拟计算; ② 由于应用混合元方法, 其对 Darcy 速度的计算提高了一阶精度, 这对油藏数值模拟计算具有特别重要的价值; ③ 适用于现代并行机上进行油藏数值模拟问题的高精度、快速、并行计算. 详细的讨论和分析可参阅文献 [36].

参 考 文 献

[1] 袁益让. 能源数值模拟方法的理论和应用. 北京: 科学出版社, 2013.

[2] 袁益让, 程爱杰, 羊丹平. 油藏数值模拟的理论和矿场实际应用. 北京: 科学出版社, 2016.

[3] 袁益让, 刘蕴贤. 半导体器件数值模拟计算方法的理论和应用. 北京: 科学出版社, 2018.

[4] 常洛. 抛物方程的区域分解并行算法. 山东大学博士学位论文, 2005.

[5] 李长峰. 抛物问题非重叠区域分裂有限差分方法. 山东大学博士学位论文, 2006.

[6] Raviart P A, Thomas J M. A mixed finite element method for 2-nd order elliptic problems//Mathematical Aspects of the Finite Element Method. Lecture Notes in Mathematics. Berlin: Springer-Verlag, 1977.

[7] Dawson C N, Du Q. A finite element domain decomposition method for parabolic equations. Rice Technical Report TR90-21, Dept. of Mathematical Sciences, Rice University.

[8] Dawson C N, Du Q, Dupont T F. A finite difference domain decomposition algorithm for numerical solution of the heat equation. Math. Comp., 1991, 57 (195): 63-71.

[9] Dawson C N, Dupont T F. Explicit/implicit conservative Galerkin domain decomposition procedures for parabolic problems. Math. Comp., 1992, 58 (197): 21-34.

[10] Weiser A, Wheeler M F. On convergence of block-centered finite differences for elliptic problems. SIAM J Numer. Anal., 1988, 25(2): 351-375.

[11] Dawson C N, Dupont T F. Analysis of explicit/implicit, block-centered finite difference domain decomposition procedures for parabolic problems in multi-dimensions, Rice Technical Report TR91-36, Dept. of Mathematical Sciences, Rice University.

[12] Dawson C N, Dupont T F. Explicit/implicit, conservative domain decomposition procedures for parabolic problems based on block-centered finite differences. SIAM J. Numer. Anal., 1994, 31: 1045-1061.

[13] Aziz K, Settari A. Petroleum Reservoir Simulation. London: Applied Science Publisher, 1979.

[14] Bird R B, Lightfoot W E, Stewart E N. Transport Phenomenon. New York: John Wiley and Sons, 1960.

[15] 袁益让. 在多孔介质中完全可压缩可混溶驱动问题的差分方法. 计算数学, 1993, 15(1): 16-28.

[16] 袁益让. 多孔介质中可压缩可混溶驱动问题的特征-有限元方法. 计算数学, 1992, 14(4): 385-400.

[17] Douglas J, Jr, Russell T F. Numerical method for convection-dominated diffusion problems based on combining the method of characteristics with finite element or finite difference procedures. SIAM J Numer. Anal., 1982, 19(5): 871-885.

[18] Ewing R E, Russell T F. Efficient time-stepping methods for miscible displacement problems in porous media. SIAM J Numer. Anal., 1982, 19(1): 1-67.

[19] Russell T F. Time stepping along characteristics with incomplete interaction for a Galerkin approximation of miscible displacement in porous media. SLAM J. Numer. Anal., 1985, 22(5): 970-1013.

[20] Douglas J, Jr, Yuan Y R. Numerical simulation of immiscible flow in porous media based on combining the method of characteristics with mixed finite element procedure. The IMA Vol. in Math. and Its Appl. V. 11, 1986: 119-131.

[21] Ewing R E, Yuan Y R, Li G. Time stepping along characteristics of a mixed finite element approximation for compressible flow of contamination by nuclear waste disposal in porous media. SIAM J. Numer. Anal., 1989, 26(6): 1513-1524.

[22] Douglas J, Jr, Roberts J E. Numerical methods for a model for compressible miscible displacement in porous media. Math. Comp., 1983, 41(164): 441-459.

[23] Yuan Y R. The characteristic finite difference fractional steps method for compressible two-phase displacement problem. Science in China Series A, 1999, 1: 48-57.

[24] Yuan Y R. The upwind finite difference fractional steps methods for two-phase compressible flow in porous media. Numer. Methods Partial Differential Eq., 2003, 19: 67-88.

[25] Yuan Y R. The modified method of characteristics with finite element operator-splitting procedures for compressible multi-component displacement problem. J. Systerms Science and Complexity, 2003, 1: 30-45.

[26] Ewing R E. The mathematics of reservoir simulation. Philadelphia: SIAM, 1983.

[27] 沈平平, 刘明新, 汤磊. 石油勘探开发中的数学问题. 北京: 科学出版社, 2002.

[28] Yuan Y R, Chang L, Li C F, Sun T J. Domain decomposition modified with characteristic finite element method for numerical simulation of semiconductor transient problem of heat conduction. J. of Mathematics Research, 2015, 7(3): 1-14.

[29] Yuan Y R, Chang L, Li C F, Sun T J. Theory and applications of domain decomposition with characteristic mixed finite element of three-dimensional semiconductor transient problem of heat conduction. Far East J. Appl. Math., 2015, 92(1): 51-80.

[30] Sun T J, Yuan Y R. An approximation of incompressible miscible displacement in porous media by mixed finite element method and characteristics-mixed finite element method. J. Comput. Appl. Math., 2009, 228(1): 391-411.

[31] Sun T J, Yuan Y R. Mixed finite method and characteristics-mixed finite element method for a slightly compressible miscible displacement problem in porous media. Mathematics and Computers in Simulation, 2015, 107: 24-45.

[32] Ewing R E, Russell T F, Wheeler M F. Convergence analysis of an approximation of miscible displacement in porous media by mixed finite elements and a modified method of characteristics. Comput. Methods Appl. Mech. Engrg., 1984, 47(1-2): 73-92.

[33] Cialet P G. The Finite Element Method for Elliptic Problems. Amsterdam: North Holland, 1978.

[34] Wheeler M F. A prior L^2-error estimates for Galerkin approximations to parabolic differential equations. SIAM J. Numer. Anal., 1973, 10(4): 723-759.

[35] Brezzi F. On the existence, uniqueness and approximation of saddle-point problems arising from lagrangian multipliers. RAIRO Anal. Numer., 1974, 8(R-2): 129-151.

[36] 袁益让, 常洛, 李长峰, 孙同军. 可压缩油水渗流驱动问题的特征修正混合元区域分裂方法和分析. 山东大学数学研究所研究报告, 2017.

Yuan Y R, Chang L, Li C F, Sun T J. Domain decomposition modified with characteristic mixed finite element of compressible oil-water seepage displacement and its numerical analysis. Parallel Computing, 2018, 79: 36-47.

第 9 章　核废料污染问题数值模拟方法的新进展

在多孔介质中三维可压缩核废料污染问题的数学模型是一类非线性对流-扩散偏微分方程组的初边值问题, 其关于流动方程是抛物型的, 关于 brine 和 radionuclide 浓度方程组是对流-扩散型的, 关于温度的传播是热传导型的. 流体的压力通过 Darcy 流速在浓度方程和热传导方程中出现, 并控制着它们的全过程. 本章研究一类具有质量和能量守恒律特性的迎风混合体积元方法及其数值分析. 本章共 3 节. 9.1 节是可压缩核废料污染问题的迎风混合体积元-分数步方法和分析. 9.2 节是可压缩核废料污染问题的迎风网格变动的混合体积元-分数步方法和分析. 9.3 节是核废料污染数值模拟的混合体积元-迎风多步混合体积元方法和分析.

9.1　可压缩核废料污染问题的迎风混合体积元-分数步方法和分析

9.1.1　引言

本节研究多孔介质中可压缩核废料污染数值模拟问题的迎风混合体积元-分数步差分方法及其收敛性分析. 核废料深埋在地层下, 若遇到地震、岩石裂隙, 它就会扩散, 因此研究其扩散及安全问题是十分重要的环境保护问题. 深层核废料污染问题的数值模拟是现代能源数学的重要课题, 在多孔介质中核废料污染问题计算方法研究, 对处理和分析地层核废料设施的安全有重要的价值. 对于可压缩三维数学模型, 它是地层中迁移的耦合对流-扩散型偏微分方程组的初边值问题: ① 流体流动; ② 热量迁移; ③ 主要污染元素 (brine) 的相混溶驱动; ④ 微量污染元素 (radionuclide) 的相混溶驱动. 应用 Douglas 关于 “微小压缩” 的处理, 其对应的偏微分方程组如下[1-3].

流动方程:

$$\varphi_1 \frac{\partial p}{\partial t} + \nabla \cdot \mathbf{u} = -q + R_s, \quad X = (x,y,z)^{\mathrm{T}} \in \Omega, t \in J = (0, \bar{T}], \tag{9.1.1a}$$

$$\mathbf{u} = -\frac{\kappa}{\mu}\nabla p, \quad X \in \Omega, t \in J, \tag{9.1.1b}$$

此处 $p = p(X,t)$ 和 $\mathbf{u} = \mathbf{u}(X,t)$ 对应于流体的压力函数和 Darcy 速度. $\varphi_1 = \varphi c_w$, $q = q(X,t)$ 是产量项. $R_s = R_s(\hat{c}) = [c_s\varphi K_s f_s/(1+c_s)](1-\hat{c})$ 是主要污染元素的

溶解项, $\kappa(X)$ 是岩石的渗透率, $\mu(\hat{c})$ 是流体的黏度, 依赖于 $\hat{c}$, 它是流体中主要污染元素的浓度函数.

热传导方程:

$$d_1(p)\frac{\partial p}{\partial t}+d_2\frac{\partial T}{\partial t}+c_p\mathbf{u}\cdot\nabla T-\nabla\cdot(E_H\nabla T)$$
$$=Q(\mathbf{u},p,T,\hat{c}),\quad X\in\Omega,t\in J,\tag{9.1.2}$$

此处 T 是流体的温度, $d_1(p)=\varphi c_w[v_0+(p/\rho)]$, $d_2=\varphi c_p+(1-\varphi)\rho_R\rho_{pR}$, $E_H=Dc_{pw}+K_m'\mathbf{I}$, $K_m'=\kappa_m/\rho_0$, $\mathbf{I}$ 为单位矩阵. $D=(D_{ij})=(\alpha_T|\mathbf{u}|\delta_{ij}+(\alpha_L-\alpha_T)u_iu_j/|\mathbf{u}|)$, $Q(\mathbf{u},p,T,\hat{c})=-\{[\nabla v_0-c_p\nabla T_0]\cdot\mathbf{u}+[v_0+c_p(T-T_0)+(p/\rho)][-q+R_s']\}-q_L-qH-q_H$. 通常在实际计算时, 取 $E_H=K_m'\mathbf{I}$.

brine (主要污染元素) 浓度方程:

$$\varphi\frac{\partial\hat{c}}{\partial t}+\mathbf{u}\cdot\nabla\hat{c}-\nabla\cdot(E_c\nabla\hat{c})=f(\hat{c}),\quad X\in\Omega,t\in J,\tag{9.1.3}$$

此处 φ 是岩石孔隙度, $E_c=D+D_m\mathbf{I}$, $f(\hat{c})=-\hat{c}\{[c_s\varphi K_sf_s/(1+c_s)](1-\hat{c})\}-q_c-R_s$. 通常在实际计算时, 取 $E_c=D_m\mathbf{I}$.

radionuclide (微量污染元素) 浓度方程组:

$$\varphi K_l\frac{\partial c_l}{\partial t}+\mathbf{u}\cdot\nabla c_l-\nabla\cdot(E_c\nabla c_l)+d_3(c_l)\frac{\partial p}{\partial t}$$
$$=f_l(\hat{c},c_1,c_2,\cdots,c_N),\quad X\in\Omega,t\in J,l=1,2,\cdots,N,\tag{9.1.4}$$

此处 c_l 是微量元素浓度函数 $(l=1,2,\cdots,N)$, $d_3(c_l)=\varphi c_wc_l(K_l-1)$ 和 $f_l(\hat{c},c_1,c_2,\cdots,c_N)=c_l\{q-[c_s\varphi K_sf_s/(1+c_s)](1-\hat{c})\}-qc_l-q_{c_l}+q_{0l}+\sum_{j=1}^{N}k_j\lambda_jK_j\varphi c_j-\lambda_lK_l\varphi c_l$.

假定没有流体越过边界 (不渗透边界条件):

$$\mathbf{u}\cdot\nu=0,\quad (X,t)\in\partial\Omega\times J,\tag{9.1.5a}$$
$$(E_c\nabla\hat{c}-\hat{c}\mathbf{u})\cdot\nu=0,\quad (X,t)\in\partial\Omega\times J,\tag{9.1.5b}$$
$$(E_c\nabla c_l-c_l\mathbf{u})\cdot\nu=0,\quad (X,t)\in\partial\Omega\times J,l=1,2,\cdots,N.\tag{9.1.5c}$$

此处 Ω 是 R^3 空间的有界区域, $\partial\Omega$ 为其边界曲面, ν 是 $\partial\Omega$ 的外法向矢量. 对温度方程 (9.1.2) 的边界条件是绝热的, 即

$$(E_H\nabla T-c_p\mathbf{u})\cdot\nu=0,\quad (X,t)\in\partial\Omega\times J.\tag{9.1.5d}$$

另外, 初始条件必须给出

$$p(X,0)=p_0(X),\quad \hat{c}(X,0)=\hat{c}_0(X),\quad c_l(X,0)=c_{l0}(X),$$

$$l=1,2,\cdots,N,\quad T(X,0)=T_0(X),\quad X\in\Omega. \tag{9.1.6}$$

对于经典的不可压缩的二相渗流驱动问题, Douglas, Ewing, Russell 和本书作者已有系列研究成果[3-8]. 对于现代能源和环境科学数值模拟新技术, 特别是在渗流力学数值模拟新技术中, 必须考虑流体的可压缩性, 否则数值模拟将失真[9,10]. 关于可压缩二相渗流驱动问题, Douglas 和本书作者已有系列的研究成果[3,8,11,12], 如特征有限元法[8,13,14]、特征差分方法[15,16]、分数步差分方法等[8,17]. 我们注意到有限体积元法[18,19]兼具有差分方法的简单性和有限元方法的高精度性, 并且保持局部质量守恒, 是求解偏微分方程的一种十分有效的数值方法. 混合元方法[20-22]可以同时求解压力函数及其 Darcy 流速, 从而提高其一阶精确度. 论文 [3,23,24] 将有限体积元和混合元结合, 提出了混合有限体积元的思想, 论文 [25,26] 通过数值算例验证这种方法的有效性. 论文 [27—29] 主要对椭圆问题给出混合有限体积元的收敛性估计等理论结果, 形成了混合有限体积元方法的一般框架. 芮洪兴等用此方法研究了 Darcy-Forchheimer 油气渗流问题的数值模拟计算[30,31]. 关于核废料污染问题数值模拟的研究, 本书作者和 Ewing 教授关于有限元方法和有限差分方法已有比较系统的研究成果, 并得到实际应用[2,9,12]. 在上述工作的基础上, 我们对三维核废料污染渗流力学数值模拟问题提出一类迎风混合体积元-分数步差分方法. 用混合体积元同时逼近压力函数和 Darcy 速度, 并对 Darcy 速度提高了一阶计算精确度. 对主要污染元素浓度方程和热传导方程用迎风混合有限体积元方法, 即对对流项用迎风格式来处理, 方程的扩散项采用混合体积元离散. 此方法适用于对流占优问题, 能消除数值弥散现象, 并可以得到较小的截断时间误差. 扩散项采用混合有限体积元离散, 可以同时逼近未知的浓度函数和温度函数及其伴随向量函数, 并且由于分片常数在检验函数空间中, 因此格式保持单元上质量和能量守恒. 这一特性对渗流力学数值模拟计算是特别重要的. 应用微分方程先验估计理论和特殊技巧, 得到了最优阶误差估计. 对计算工作量最大的微量污染元素浓度方程组采用迎风分数步差分方法, 将整体三维问题分解为连续解三个一维问题, 且可用追赶法求解, 大大减少实际计算工作量[17]. 本节对一般三维对流-扩散问题做了数值试验, 进一步指明本节的方法是一类切实可行的高效计算方法, 支撑了理论分析结果, 成功解决了这一重要问题[1-3,8,17,32,33].

我们使用通常的 Sobolev 空间及其范数记号. 假定问题 (9.1.1)—(9.1.6) 的精确解满足下述正则性条件:

$$(\mathrm{R})\quad\begin{cases} p\in L^\infty(H^1),\\ \mathbf{u}\in L^\infty(H^1(\mathrm{div}))\cap L^\infty(W^1_\infty)\cap W^1_\infty(L^\infty)\cap H^2(L^2),\\ \hat{c},c_l(l=1,2,\cdots,N),T\in L^\infty(H^2)\cap H^1(H^1)\cap L^\infty(W^1_\infty)\cap H^2(L^2).\end{cases}$$

同时假定问题 (9.1.1)—(9.1.6) 的系数满足正定性条件:

$$
(\mathrm{C})\quad \begin{cases} 0<a_*\leqslant \dfrac{\kappa(X)}{\mu(c)}\leqslant a^*,\quad 0<\varphi_*\leqslant\varphi,\quad \varphi_1\leqslant\varphi^*,\quad 0<d_*\leqslant d_1,d_2,d_3\leqslant d^*,\\ 0<K_*\leqslant K_l\leqslant K^*,\quad l=1,2,\cdots,N,\quad 0<E_*\leqslant E_c\leqslant E^*,\\ 0<\bar{E}_*\leqslant E_H\leqslant \bar{E}^*, \end{cases}
$$

此处 $a_*,a^*,\varphi_*,\varphi^*,d_*,d^*,K_*,K^*,E_*,E^*$ 和 $\bar{E}_*,\bar{E}^*$ 均为确定的正常数, 并且全部系数满足局部有界和局部 Lipschitz 连续条件.

在本节中 K 表示一般的正常数, ε 表示一般小的正数, 在不同地方具有不同含义.

9.1.2 记号和引理

为了应用迎风混合体积元-分数步差分方法, 我们需要构造三套网格系统. 粗网格是针对流场压力和 Darcy 流速的非均匀粗网格, 中网格是针对主要污染元素浓度方程和热传导方程的非均匀网格, 细网格是针对需要精细计算且工作量最大的微量污染元素浓度方程组的均匀细网格. 首先讨论粗网格系统和中网格系统.

研究三维问题, 为简单起见, 设区域 $\Omega=\{[0,1]\}^3$, 用 $\partial\Omega$ 表示其边界. 定义剖分

$$
\begin{aligned}
&\delta_x: 0=x_{1/2}<x_{3/2}<\cdots<x_{N_x-1/2}<x_{N_x+1/2}=1,\\
&\delta_y: 0=y_{1/2}<y_{3/2}<\cdots<y_{N_y-1/2}<y_{N_y+1/2}=1,\\
&\delta_z: 0=z_{1/2}<z_{3/2}<\cdots<z_{N_z-1/2}<z_{N_z+1/2}=1.
\end{aligned}
$$

对 Ω 做剖分 $\delta_x\times\delta_y\times\delta_z$, 对于 $i=1,2,\cdots,N_x;\ j=1,2,\cdots,N_y;\ k=1,2,\cdots,N_z$, 记 $\Omega_{ijk}=\{(x,y,z)|x_{i-1/2}<x<x_{i+1/2},y_{j-1/2}<y<y_{j+1/2},z_{k-1/2}<z<z_{k+1/2}\}$, $x_i=(x_{i-1/2}+x_{i+1/2})/2$, $y_j=(y_{j-1/2}+y_{j+1/2})/2$, $z_k=(z_{k-1/2}+z_{k+1/2})/2$, $h_{x_i}=x_{i+1/2}-x_{i-1/2}$, $h_{y_j}=y_{j+1/2}-y_{j-1/2}$, $h_{z_k}=z_{k+1/2}-z_{k-1/2}$, $h_{x,i+1/2}=(h_{x_i}+h_{x_{i+1}})/2=x_{i+1}-x_i$, $h_{y,j+1/2}=(h_{y_j}+h_{y_{j+1}})/2=y_{j+1}-y_j$, $h_{z,k+1/2}=(h_{z_k}+h_{z_{k+1}})/2=z_{k+1}-z_k$, $h_x=\max\limits_{1\leqslant i\leqslant N_x}\{h_{x_i}\}$, $h_y=\max\limits_{1\leqslant j\leqslant N_y}\{h_{y_j}\}$, $h_z=\max\limits_{1\leqslant k\leqslant N_z}\{h_{z_k}\}$, $h_p=(h_x^2+h_y^2+h_z^2)^{1/2}$. 称剖分是正则的, 是指存在常数 $\alpha_1,\alpha_2>0$, 使得

$$
\begin{aligned}
&\min_{1\leqslant i\leqslant N_x}\{h_{x_i}\}\geqslant\alpha_1 h_x,\quad \min_{1\leqslant j\leqslant N_y}\{h_{y_j}\}\geqslant\alpha_1 h_y,\\
&\min_{1\leqslant k\leqslant N_z}\{h_{z_k}\}\geqslant\alpha_1 h_z,\quad \min\{h_x,h_y,h_z\}\geqslant\alpha_2\max\{h_x,h_y,h_z\}.
\end{aligned}
$$

特别指出的是, 此处 $\alpha_i(i=1,2)$ 是两个确定的正常数, 它与 Ω 的剖分 $\delta_x\times\delta_y\times\delta_z$ 有关. 图 9.1.1 表示对应于 $N_x=4,N_y=3,N_z=3$ 情况简单网格的示意图. 定义

$M_l^d(\delta_x) = \{f \in C^l[0,1] : f|_{\Omega_i} \in p_d(\Omega_i), i = 1, 2, \cdots, N_x\}$, 其中 $\Omega_i = [x_{i-1/2}, x_{i+1/2}]$, $p_d(\Omega_i)$ 是 Ω_i 上次数不超过 d 的多项式空间, 当 $l = -1$ 时, 表示函数 f 在 [0,1] 上可以不连续. 对 $M_l^d(\delta_y), M_l^d(\delta_z)$ 的定义是类似的. 记 $S_h = M_{-1}^0(\delta_x) \otimes M_{-1}^0(\delta_y) \otimes M_{-1}^0(\delta_z)$,$V_h = \{\mathbf{w}|\mathbf{w} = (w^x, w^y, w^z), w^x \in M_0^1(\delta_x) \otimes M_{-1}^0(\delta_y) \otimes M_{-1}^0(\delta_z), w^y \in M_{-1}^0(\delta_x) \otimes M_0^1(\delta_y) \otimes M_{-1}^0(\delta_z), w^z \in M_{-1}^0(\delta_x) \otimes M_{-1}^0(\delta_y) \otimes M_0^1(\delta_z), \mathbf{w} \cdot \gamma|_{\partial\Omega} = 0\}$. 对函数 $v(x,y,z)$, 用 v_{ijk},$v_{i+1/2,jk}$,$v_{i,j+1/2,k}$ 和 $v_{ij,k+1/2}$ 分别表示 $v(x_i, y_j, z_k)$, $v(x_{i+1/2}, y_j, z_k)$, $v(x_i, y_{j+1/2}, z_k)$ 和 $v(x_i, y_j, z_{k+1/2})$.

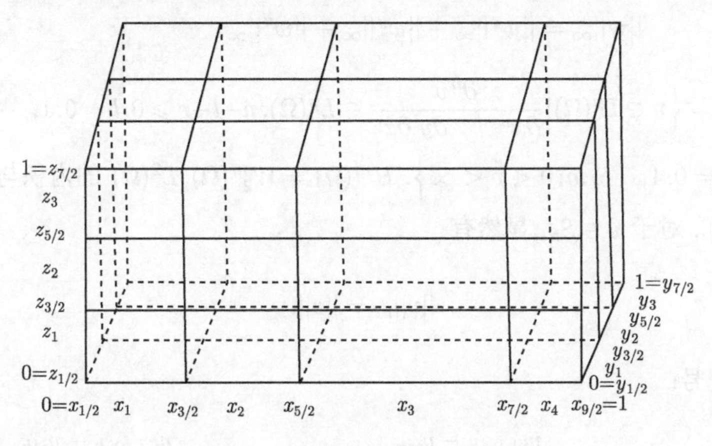

图 9.1.1 非均匀网格剖分示意图

定义下列内积及范数:

$$(v, w)_{\bar{m}} = \sum_{i=1}^{N_x} \sum_{j=1}^{N_y} \sum_{k=1}^{N_z} h_{x_i} h_{y_j} h_{z_k} v_{ijk} w_{ijk},$$

$$(v, w)_x = \sum_{i=1}^{N_x} \sum_{j=1}^{N_y} \sum_{k=1}^{N_z} h_{x_{i-1/2}} h_{y_j} h_{z_k} v_{i-1/2,jk} w_{i-1/2,jk},$$

$$(v, w)_y = \sum_{i=1}^{N_x} \sum_{j=1}^{N_y} \sum_{k=1}^{N_z} h_{x_i} h_{y_{j-1/2}} h_{z_k} v_{i,j-1/2,k} w_{i,j-1/2,k},$$

$$(v, w)_z = \sum_{i=1}^{N_x} \sum_{j=1}^{N_y} \sum_{k=1}^{N_z} h_{x_i} h_{y_j} h_{z_{k-1/2}} v_{ij,k-1/2} w_{ij,k-1/2},$$

$$||v||_s^2 = (v, v)_s, \quad s = m, x, y, z, \quad ||v||_\infty = \max_{1 \leqslant i \leqslant N_x, 1 \leqslant j \leqslant N_y, 1 \leqslant k \leqslant N_z} |v_{ijk}|,$$

$$||v||_{\infty(x)} = \max_{1 \leqslant i \leqslant N_x, 1 \leqslant j \leqslant N_y, 1 \leqslant k \leqslant N_z} |v_{i-1/2,jk}|,$$

$$||v||_{\infty(y)} = \max_{1 \leqslant i \leqslant N_x, 1 \leqslant j \leqslant N_y, 1 \leqslant k \leqslant N_z} |v_{i,j-1/2,k}|,$$

$$||v||_{\infty(z)} = \max_{1\leqslant i\leqslant N_x, 1\leqslant j\leqslant N_y, 1\leqslant k\leqslant N_z} |v_{ij,k-1/2}|.$$

当 $\mathbf{w} = (w^x, w^y, w^z)^{\mathrm{T}}$ 时, 记

$$|||\mathbf{w}|||_V = |||\mathbf{w}||| = \left(||w^x||_x^2 + ||w^y||_y^2 + ||w^z||_z^2\right)^{1/2},$$
$$|||\mathbf{w}|||_\infty = ||w^x||_{\infty(x)} + ||w^y||_{\infty(y)} + ||w^z||_{\infty(z)},$$
$$||\mathbf{w}||_{\bar{m}} = \left(||w^x||_{\bar{m}}^2 + ||w^y||_{\bar{m}}^2 + ||w^z||_{\bar{m}}^2\right)^{1/2},$$
$$||\mathbf{w}||_\infty = ||w^x||_\infty + ||w^y||_\infty + ||w^z||_\infty.$$

设 $W_p^m(\Omega) = \left\{v \in L^p(\Omega) \Big| \dfrac{\partial^n v}{\partial x^{n-l-r}\partial y^l \partial z^r} \in L^p(\Omega), n-l-r \geqslant 0, l = 0, 1, \cdots, n; r = 0, 1, \cdots, n; n = 0, 1, \cdots, m; 0 < p < \infty\right\}$. $H^m(\Omega) = W_2^m(\Omega)$, $L^2(\Omega)$ 的内积与范数分别为 $(\cdot,\cdot), ||\cdot||$. 对于 $v \in S_h$, 显然有

$$||v||_{\bar{m}} = ||v||. \tag{9.1.7}$$

定义下列记号:

$$[d_x v]_{i+1/2,jk} = \frac{v_{i+1,jk} - v_{ijk}}{h_{x,i+1/2}}, \quad [d_y v]_{i,j+1/2,k} = \frac{v_{i,j+1,k} - v_{ijk}}{h_{y,j+1/2}},$$

$$[d_z v]_{ij,k+1/2} = \frac{v_{ij,k+1} - v_{ijk}}{h_{z,k+1/2}}; \quad [D_x w]_{ijk} = \frac{w_{i+1/2,jk} - w_{i-1/2,jk}}{h_{x_i}},$$

$$[D_y w]_{ijk} = \frac{w_{i,j+1/2,k} - w_{i,j-1/2,k}}{h_{y_j}}, \quad [D_z w]_{ijk} = \frac{w_{ij,k+1/2} - w_{ij,k-1/2}}{h_{z_k}};$$

$$\hat{w}_{ijk}^x = \frac{w_{i+1/2,jk}^x + w_{i-1/2,jk}^x}{2}, \quad \hat{w}_{ijk}^y = \frac{w_{i,j+1/2,k}^y + w_{i,j-1/2,k}^y}{2},$$

$$\hat{w}_{ijk}^z = \frac{w_{ij,k+1/2}^z + w_{ij,k-1/2}^z}{2}; \quad \bar{w}_{ijk}^x = \frac{h_{x,i+1}}{2h_{x,i+1/2}} w_{ijk} + \frac{h_{x,i}}{2h_{x,i+1/2}} w_{i+1,jk},$$

$$\bar{w}_{ijk}^y = \frac{h_{y,j+1}}{2h_{y,j+1/2}} w_{ijk} + \frac{h_{y,j}}{2h_{y,j+1/2}} w_{i,j+1,k},$$

$$\bar{w}_{ijk}^z = \frac{h_{z,k+1}}{2h_{z,k+1/2}} w_{ijk} + \frac{h_{z,k}}{2h_{z,k+1/2}} w_{ij,k+1},$$

以及 $\hat{\mathbf{w}}_{ijk} = (\hat{w}_{ijk}^x, \hat{w}_{ijk}^y, \hat{w}_{ijk}^z)^{\mathrm{T}}, \bar{\mathbf{w}}_{ijk} = (\bar{w}_{ijk}^x, \bar{w}_{ijk}^y, \bar{w}_{ijk}^z)^{\mathrm{T}}$. 此处 $d_s(s = x, y, z)$, $D_s(s = x, y, z)$ 是差商算子, 它与方程 (9.1.3) 中的系数 D 无关. 记 L 是一个正整

数, $\Delta t=T/L,t^n=n\Delta t,v^n$ 表示函数在 t^n 时刻的值, $d_tv^n=(v^n-v^{n-1})/\Delta t$.

对于上面定义的内积和范数, 下述四个引理成立.

引理 9.1.1 对于 $v\in S_h,\mathbf{w}\in V_h$, 显然有

$$\begin{aligned}(v,D_xw^x)_{\bar m}=-\left(d_xv,w^x\right)_x,\quad (v,D_yw^y)_{\bar m}=-\left(d_yv,w^y\right)_y,\\ (v,D_zw^z)_{\bar m}=-\left(d_zv,w^z\right)_z.\end{aligned}\tag{9.1.8}$$

引理 9.1.2 对于 $\mathbf{w}\in V_h$, 则有

$$||\hat{\mathbf{w}}||_{\bar m}\leqslant |||\mathbf{w}|||.\tag{9.1.9}$$

证明 事实上, 只要证明 $\|\hat{w}^x\|_{\bar m}\leqslant\|w^x\|_x,\|\hat{w}^y\|_{\bar m}\leqslant\|w^y\|_y,\|\hat{w}^z\|_{\bar m}\leqslant\|w^z\|_z$ 即可. 注意到

$$\begin{aligned}&\sum_{i=1}^{N_x}\sum_{j=1}^{N_y}\sum_{k=1}^{N_z}h_{x_i}h_{y_j}h_{z_k}(\hat{w}^x_{ijk})^2\\ \leqslant&\sum_{j=1}^{N_y}\sum_{k=1}^{N_z}h_{y_j}h_{z_k}\sum_{i=1}^{N_x}\frac{\left(w^x_{i+1/2,jk}\right)^2+\left(w^x_{i-1/2,jk}\right)^2}{2}h_{x_i}\\ =&\sum_{j=1}^{N_y}\sum_{k=1}^{N_z}h_{y_j}h_{z_k}\left(\sum_{i=2}^{N_x}\frac{h_{x,i-1}}{2}(w^x_{i-1/2,jk})^2+\sum_{i=1}^{N_x}\frac{h_{x_i}}{2}(w^x_{i-1/2,jk})^2\right)\\ =&\sum_{j=1}^{N_y}\sum_{k=1}^{N_z}h_{y_j}h_{z_k}\sum_{i=2}^{N_x}\frac{h_{x,i-1}+h_{x_i}}{2}(w^x_{i-1/2,jk})^2\\ =&\sum_{i=1}^{N_x}\sum_{j=1}^{N_y}\sum_{k=1}^{N_z}h_{x,i-1/2}h_{y_j}h_{z_k}(w^x_{i-1/2,jk})^2.\end{aligned}$$

从而有 $\|\hat{w}^x\|_{\bar m}\leqslant\|w^x\|_x$, 对其余二项估计是类似的.

引理 9.1.3 对于 $q\in S_h$, 则有

$$\|\bar{q}^x\|_x\leqslant M\|q\|_m,\quad \|\bar{q}^y\|_y\leqslant M\|q\|_m,\quad \|\bar{q}^z\|_z\leqslant M\|q\|_m,\tag{9.1.10}$$

此处 M 是与 q,h 无关的常数.

引理 9.1.4 对于 $\mathbf{w}\in V_h$, 则有

$$\|w^x\|_x\leqslant\|D_xw^x\|_{\bar m},\quad \|w^y\|_y\leqslant\|D_yw^y\|_{\bar m},\quad \|w^z\|_z\leqslant\|D_zw^z\|_{\bar m}.\tag{9.1.11}$$

证明 只证明 $||w^x||_x \leqslant ||D_x w^x||_{\bar{m}}$, 其余是类似的. 注意到

$$w^x_{l+1/2,jk} = \sum_{i=1}^{l}\left(w^x_{i+1/2,jk} - w^x_{i-1/2,jk}\right) = \sum_{i=1}^{l}\frac{w^x_{i+1/2,jk} - w^x_{i-1/2,jk}}{h_{x_i}}h^{1/2}_{x_i}h^{1/2}_{x_i}.$$

由 Cauchy 不等式, 可得

$$\left(w^x_{l+1/2,jk}\right)^2 \leqslant x_l \sum_{i=1}^{N_x} h_{x_i}\left([D_x w^x]_{ijk}\right)^2.$$

对上式左、右两边同乘以 $h_{x,i+1/2}h_{y_j}h_{z_k}$, 并求和可得

$$\sum_{i=1}^{N_x}\sum_{j=1}^{N_y}\sum_{k=1}^{N_z}(w^x_{i-1/2,jk})^2 h_{x,i-1/2}h_{y_j}h_{z_k} \leqslant \sum_{i=1}^{N_x}\sum_{j=1}^{N_y}\sum_{k=1}^{N_z}\left([D_x w^x]_{ijk}\right)^2 h_{x_i}h_{y_j}h_{z_k}.$$

引理 9.1.4 得证.

对于中网格系统, 区域为 $\Omega = \{[0,1]\}^3$, 通常是在上述粗网格的基础上再进行均匀细分, 一般取原网格步长的 $1/\hat{l}$, 通常 $\hat{l}$ 取 2 或 4, 其余全部记号不变, 此时 $h_{\hat{c}} = h_p/\hat{l}$. 关于细网格系统, 对于区域 $\Omega = \{[0,1]\}^3$, 定义均匀网格剖分:

$$\begin{aligned}
&\bar{\delta}_x : 0 = x_0 < x_1 < \cdots < x_{M_1-1} < x_{M_1} = 1,\\
&\bar{\delta}_y : 0 = y_0 < y_1 < \cdots < y_{M_2-1} < y_{M_2} = 1,\\
&\bar{\delta}_z : 0 = z_0 < z_1 < \cdots < z_{M_3-1} < z_{M_3} = 1,
\end{aligned}$$

此处 $M_i(i = 1,2,3)$ 均为正常数, 三个方向步长和网格点分别记为 $h^x = \dfrac{1}{M_1}$, $h^y = \dfrac{1}{M_2}$, $h^z = \dfrac{1}{M_3}$, $x_i = ih^x, y_j = jh^y, z_k = kh^z, h_c = ((h^x)^2 + (h^y)^2 + (h^z)^2)^{1/2}$. 记 $D_{i+1/2,jk} = \dfrac{1}{2}[D(X_{ijk}) + D(X_{i+1,jk})], D_{i-1/2,jk} = \dfrac{1}{2}[D(X_{ijk}) + D(X_{i-1,jk})]$, $D_{i,j+1/2,k}, D_{i,j-1/2,k}, D_{ij,k+1/2}, D_{ij,k-1/2}$ 的定义是类似的. 同时定义:

$$\delta_{\bar{x}}(D\delta_x W)^n_{ijk} = (h^x)^{-2}[D_{i+1/2,jk}(W^n_{i+1,jk} - W^n_{ijk}) - D_{i-1/2,jk}(W^n_{ijk} - W^n_{i-1,jk})], \tag{9.1.12a}$$

$$\delta_{\bar{y}}(D\delta_y W)^n_{ijk} = (h^y)^{-2}[D_{i,j+1/2,k}(W^n_{i,j+1,k} - W^n_{ijk}) - D_{i,j-1/2,k}(W^n_{ijk} - W^n_{i,j-1,k})], \tag{9.1.12b}$$

$$\delta_{\bar{z}}(D\delta_z W)^n_{ijk} = (h^z)^{-2}[D_{ij,k+1/2}(W^n_{ij,k+1} - W^n_{ijk}) - D_{ij,k-1/2}(W^n_{ijk} - W^n_{ij,k-1})]. \tag{9.1.12c}$$

$$\nabla_h(D\nabla W)_{ijk}^n = \delta_{\bar{x}}(D\delta_x W)_{ijk}^n + \delta_{\bar{y}}(D\delta_y W)_{ijk}^n + \delta_{\bar{z}}(D\delta_z W)_{ijk}^n. \tag{9.1.13}$$

9.1.3 迎风混合体积元-分数步差分方法程序

为了引入混合有限体积元方法的处理思想, 现将流动方程 (9.1.1) 写为下述标准形式:

$$\varphi_1\frac{\partial p}{\partial t} + \nabla\cdot\mathbf{u} = R(\hat{c}), \tag{9.1.14a}$$

$$\mathbf{u} = -a(\hat{c})\nabla p, \tag{9.1.14b}$$

此处 $R(\hat{c}) = -q + R_s'$, $a(\hat{c}) = \kappa(X)\mu^{-1}(\hat{c})$.

对于 brine 浓度方程 (9.1.3) 构造迎风混合体积元格式, 为此将其转变为散度形式. 记 $\mathbf{g} = \mathbf{u}\hat{c} = (u_1\hat{c}, u_2\hat{c}, u_3\hat{c})^{\mathrm{T}}$, $\bar{\mathbf{z}} = -\nabla\hat{c}$, $\mathbf{z} = E_c\bar{\mathbf{z}}$, 则方程 (9.1.3) 写为

$$\varphi\frac{\partial\hat{c}}{\partial t} + \nabla\cdot\mathbf{g} + \nabla\cdot\mathbf{z} - \hat{c}\nabla\cdot\mathbf{u} = f(\hat{c}). \tag{9.1.15}$$

对 (9.1.15) 注意到 $\nabla\cdot\mathbf{u} = -\varphi\dfrac{\partial p}{\partial t} - q + R_s'(\hat{c})$, 则有

$$\varphi\frac{\partial\hat{c}}{\partial t} + \hat{c}\varphi_1\frac{\partial p}{\partial t} + \nabla\cdot\mathbf{g} + \nabla\cdot\mathbf{z} = F(\hat{c}), \tag{9.1.16}$$

此处 $F(\hat{c}) = -\hat{c}q + R_s'(\hat{c}) + f(\hat{c})$.

在这里我们应用拓广的混合体积元方法[34], 此方法不仅能得到扩散流量 $\mathbf{z}$ 的近似, 同时能得到梯度 $\bar{\mathbf{z}}$ 的近似.

对热传导方程 (9.1.2) 类似地构造迎风混合体积元格式, 同样将其转变为散度形式. 记 $\mathbf{g}_T = c_p\mathbf{u}T = (u_1c_pT, u_2c_pT, u_3c_pT)^{\mathrm{T}}$, $\bar{\mathbf{z}}_T = -\nabla T$, $\mathbf{z}_T = E_H\,\bar{\mathbf{z}}_T$, 则方程 (9.1.2) 写为

$$d_{1,T}\frac{\partial p}{\partial t} + d_2\frac{\partial T}{\partial t} + \nabla\cdot\mathbf{g}_T + \nabla\cdot\mathbf{z}_T = Q_T(\mathbf{u}, p, T, \hat{c}), \tag{9.1.17}$$

此处 $d_{1,T} = d_1(p) + c_p\varphi_1 T$, $Q_T(\mathbf{u}, p, T, \hat{c}) = Q(\mathbf{u}, p, T, \hat{c}) - c_pqT + c_pT\,R_s'(\hat{c})$.

设 $P, \mathbf{U}, \hat{C}, \mathbf{G}, \bar{\mathbf{Z}}$ 和 $\mathbf{Z}$ 分别为 $p, \mathbf{u}, \hat{c}, \mathbf{g}, \bar{\mathbf{z}}$ 和 $\mathbf{z}$ 的混合体积元-迎风混合体积元的近似解. 由 9.1.2 小节的记号和引理 9.1.1— 引理 9.1.4 的结果导出流动方程 (9.1.14) 的混合体积元格式为

$$\begin{aligned}&\left(\varphi_1\frac{P^{n+1}-P^n}{\Delta t}, v\right)_m + (D_xU^{x,n+1} + D_yU^{y,n+1} + D_zU^{z,n+1}, v)_m\\&= (R(\hat{C}^n), v)_m, \quad \forall v \in S_h,\end{aligned} \tag{9.1.18a}$$

$$(a^{-1}(\bar{\hat{C}}^{x,n})U^{x,n+1}, w^x)_x + (a^{-1}(\bar{\hat{C}}^{y,n})U^{y,n+1}, w^y)_y + (a^{-1}(\bar{\hat{C}}^{z,n})U^{z,n+1}, w^z)_z$$

$$-\left(P^{n+1}, D_x w^x + D_y w^y + D_z w^z\right)_m = 0, \quad \forall \mathbf{w} \in V_h. \tag{9.1.18b}$$

brine 浓度方程 (9.1.16) 的迎风混合体积元格式为

$$\begin{aligned}
&\left(\varphi \frac{\hat{C}^{n+1} - \hat{C}^{n}}{\Delta t}, v\right)_m + \left(\varphi_1 \hat{C}^{n} \frac{P^{n+1} - P^n}{\Delta t}, v\right)_m \\
&+ (\nabla \cdot \mathbf{G}^{n+1}, v)_m + \left(\sum_{s=x,y,z} D_s \mathbf{Z}^{s,n+1}, v\right)_m \\
&= (F(\hat{C}^{n}), v)_m, \quad \forall v \in S_h,
\end{aligned} \tag{9.1.19a}$$

$$\sum_{s=x,y,z} (\bar{Z}^{s,n+1}, w^s)_s - \left(\hat{C}^{n+1}, \sum_{s=x,y,z} D_s w^s\right)_m = 0, \quad \forall \mathbf{w} \in V_h, \tag{9.1.19b}$$

$$\sum_{s=x,y,z} (Z^{s,n+1}, w^s)_s = \sum_{s=x,y,z} (E_c \bar{Z}^{s,n+1}, w^s)_m, \quad \forall \mathbf{w} \in V_h. \tag{9.1.19c}$$

对热传导方程 (9.1.2), 设 $T_h, \mathbf{G}_T, \bar{\mathbf{Z}}_T$ 和 $\mathbf{Z}_T$ 分别为 $T, \mathbf{g}_T, \bar{\mathbf{z}}_T$ 和 $\mathbf{z}_T$ 的迎风混合体积元的近似解, 热传导方程 (9.1.17) 的迎风混合体积元格式为

$$\begin{aligned}
&\left(d_2 \frac{T_h^{n+1} - T_h^n}{\Delta t}, v\right)_m + \left(d_{1,T}(P^n, T_h^n) \frac{P^{n+1} - P^n}{\Delta t}, v\right)_m \\
&+ (\nabla \cdot \mathbf{G}_T^{n+1}, v)_m + \left(\sum_{s=x,y,z} D_s Z_T^{s,n+1}, v\right)_m \\
&= (Q_T(\mathbf{U}^n, P^n, T_h^n, \hat{C}^{n}), v)_m, \quad \forall v \in S_h,
\end{aligned} \tag{9.1.20a}$$

$$\sum_{s=x,y,z} (\bar{Z}_T^{s,n+1}, w^s)_s - \left(T_h^{n+1}, \sum_{s=x,y,z} D_s w^s\right)_m = 0, \quad \forall \mathbf{w} \in V_h, \tag{9.1.20b}$$

$$\sum_{s=x,y,z} (Z_T^{s,n+1}, w^s)_s = \sum_{s=x,y,z} (E_H \bar{Z}_T^{s,n+1}, w^s)_m, \quad \forall \mathbf{w} \in V_h. \tag{9.1.20c}$$

对 radionuclide 浓度方程组 (9.1.4) 的迎风分数步差分格式为

$$\begin{aligned}
&\varphi_{l,ijk} \frac{C_{l,ijk}^{n+1/3} - C_{l,ijk}^n}{\Delta t} \\
&= \delta_{\bar{x}}(E_c \delta_x C_l^{n+1/3})_{ijk} + \delta_{\bar{y}}(E_c \delta_y C_l^n)_{ijk} \\
&\quad + \delta_{\bar{z}}(E_c \delta_z C_l^n)_{ijk} - d_1(C_{ijk}^n) \frac{P_{ijk}^{n+1} - P_{ijk}^n}{\Delta t} + f_l(\hat{C}^{n+1}, C_1^n, C_2^n, \cdots, C_N^n)_{ijk} \\
&\quad - \sum_{s=x,y,z} \delta_{U_s^{n+1}} C_{l,ijk}^n, \quad 1 \leqslant i \leqslant M_1, l = 1, 2, \cdots, N,
\end{aligned} \tag{9.1.21a}$$

$$\varphi_{l,ijk}\frac{C_{l,ijk}^{n+2/3}-C_{l,ijk}^{n+1/3}}{\Delta t}$$
$$=\delta_{\bar{y}}(E_c\delta_y(C_l^{n+2/3}-C_l^n))_{ijk},\quad 1\leqslant j\leqslant M_2, l=1,2,\cdots,N, \tag{9.1.21b}$$
$$\varphi_{l,ijk}\frac{C_{l,ijk}^{n+1}-C_{l,ijk}^{n+2/3}}{\Delta t}$$
$$=\delta_{\bar{z}}(E_c\delta_z(C_l^{n+1}-C_l^n))_{ijk},\quad 1\leqslant k\leqslant M_3, l=1,2,\cdots,N, \tag{9.1.21c}$$

此处 $\varphi_l=\varphi K_l,\delta_{U_s^{n+1}}C_{l,ijk}^n=U_{s,ijk}^{n+1}\{H(U_{s,ijk}^{n+1})\delta_{\bar{s}}C_{l,ijk}^n+(1-H(U_{s,ijk}^{n+1}))\delta_s C_{l,ijk}^n\}$.

初始逼近:

$$P^0=\tilde{P}^0,\quad \mathbf{U}^0=\tilde{\mathbf{U}}^0,\quad \hat{C}^0=\tilde{\hat{C}}^0,\quad \bar{\mathbf{Z}}^0=\tilde{\bar{\mathbf{Z}}}^0,\quad \mathbf{Z}^0=\tilde{\mathbf{Z}}^0,$$
$$T_h^0=\tilde{T}^0,\quad \bar{\mathbf{Z}}_T^0=\tilde{\bar{\mathbf{Z}}}_T^0,\quad \mathbf{Z}_T^0=\tilde{\mathbf{Z}}_T^0,\quad X\in\Omega, \tag{9.1.22a}$$
$$C_{l,ijk}^0=\tilde{C}_{l0}(X_{ijk}),\quad X_{ijk}\in\bar{\Omega}, l=1,2,\cdots,N. \tag{9.1.22b}$$

此处 $\{\tilde{P}^0,\tilde{\mathbf{U}}^0\},\{\tilde{\hat{C}}^0,\tilde{\mathbf{Z}}^0,\tilde{\bar{\mathbf{Z}}}^0\},\{\tilde{T}_h^0,\tilde{\bar{\mathbf{Z}}}_T^0,\tilde{\mathbf{Z}}_T^0\}$ 分别为 $\{p^0,\mathbf{u}^0\},\{\hat{c}_0,\bar{\mathbf{z}}^0,\mathbf{z}_0\},\{T^0,\bar{\mathbf{z}}_T^0,\mathbf{z}_T^0\}$ 的 Ritz 投影 (将在 9.1.5 小节定义), $\tilde{C}_{l,ijk}^0$ 将由初始条件 (9.1.6) 直接得到.

对方程 (9.1.19a) 中的迎风项用近似解 $\hat{C}$ 来构造, 本节使用简单的迎风方法. 由于在 $\partial\Omega$ 上 $\mathbf{g}=\mathbf{u}c=0$, 设在边界上 $\mathbf{G}^{n+1}\cdot\gamma$ 的平均积分为 0. 假设单元 e_1,e_2 有公共面 σ,X_l 是此面的重心,γ_l 是从 e_1 到 e_2 的法向量, 那么我们可以定义

$$\mathbf{G}^{n+1}\cdot\gamma_l=\begin{cases}\hat{C}_{e_1}^{n+1}(\mathbf{U}^{n+1}\cdot\gamma_l)(X_l), & (\mathbf{U}^{n+1}\cdot\gamma_l)(X_l)\geqslant 0,\\ \hat{C}_{e_2}^{n+1}(\mathbf{U}^{n+1}\cdot\gamma_l)(X_l), & (\mathbf{U}^{n+1}\cdot\gamma_l)(X_l)<0.\end{cases} \tag{9.1.23}$$

此处 $\hat{C}_{e_1}^{n+1},\hat{C}_{e_2}^{n+1}$ 是 $\hat{C}^{n+1}$ 在单元上的数值. 这样我们借助 $\hat{C}^{n+1}$ 定义了 $\mathbf{G}^{n+1}$, 完成了数值格式 (9.1.19a)—(9.1.19c) 的构造. 形成了关于 $\hat{C}$ 的非对称方程组. 我们也可用另外的方法计算 $\mathbf{G}^{n+1}$, 得到对称方程组

$$\mathbf{G}^{n+1}\cdot\gamma_l=\begin{cases}\hat{C}_{e_1}^{n}(\mathbf{U}^{n}\cdot\gamma_l)(X_l), & (\mathbf{U}^{n}\cdot\gamma_l)(X_l)\geqslant 0,\\ \hat{C}_{e_2}^{n}(\mathbf{U}^{n}\cdot\gamma_l)(X_l), & (\mathbf{U}^{n}\cdot\gamma_l)(X_l)<0.\end{cases} \tag{9.1.24}$$

类似地, 对方程 (9.1.20a) 中的迎风项用近似解 T_h 来构造. 由于在 $\partial\Omega$ 上 $\mathbf{g}_T=c_p\mathbf{u}T=0$, 我们可以定义

$$\mathbf{G}_T^{n+1}\cdot\gamma_l=\begin{cases}c_pT_{h,e_1}^{n+1}(\mathbf{U}^{n+1}\cdot\gamma_l)(X_l), & (\mathbf{U}^{n+1}\cdot\gamma_l)(X_l)\geqslant 0,\\ c_pT_{h,e_2}^{n+1}(\mathbf{U}^{n+1}\cdot\gamma_l)(X_l), & (\mathbf{U}^{n+1}\cdot\gamma_l)(X_l)<0,\end{cases} \tag{9.1.25}$$

或

$$\mathbf{G}_T^{n+1}\cdot\gamma_l=\begin{cases}c_pT_{h,e_1}^{n}(\mathbf{U}^{n}\cdot\gamma_l)(X_l), & (\mathbf{U}^{n}\cdot\gamma_l)(X_l)\geqslant 0,\\ c_pT_{h,e_2}^{n}(\mathbf{U}^{n}\cdot\gamma_l)(X_l), & (\mathbf{U}^{n}\cdot\gamma_l)(X_l)<0.\end{cases} \tag{9.1.26}$$

混合体积元-迎风混合体积元-分数步差分格式的计算程序: 首先由 (9.1.6) 应用混合体积元 Ritz 投影确定 $\{\tilde{P}^0, \tilde{\mathbf{U}}^0\}$,$\{\tilde{\hat{C}}^0, \tilde{\bar{\mathbf{Z}}}^0, \tilde{\mathbf{Z}}^0\}$, 取 $P^0 = \tilde{P}^0, \mathbf{U} = \tilde{\mathbf{U}}^0$, $\hat{C}^0 = \tilde{\hat{C}}^0$, $\bar{\mathbf{Z}}^0 = \tilde{\bar{\mathbf{Z}}}^0$, $\mathbf{Z}^0 = \tilde{\mathbf{Z}}^0$. 再由混合体积元格式 (9.1.18) 应用共轭梯度法求得 $\{P^1, \mathbf{U}^1\}$. 然后, 由迎风混合体积元格式 (9.1.19) 应用共轭梯度法求得 $\{\hat{C}^1, \bar{\mathbf{Z}}^1, \mathbf{Z}^1\}$, 再由初始条件 (9.1.6), 应用混合体积元 Ritz 投影确定 $\{\tilde{T}_h^0, \tilde{\bar{\mathbf{Z}}}_T^0, \tilde{\mathbf{Z}}_T^0\}$, 取 $T_h^0 = \tilde{T}_h^0$, $\bar{\mathbf{Z}}_T^0 = \tilde{\bar{\mathbf{Z}}}_T^0$,$\mathbf{Z}_T^0 = \tilde{\mathbf{Z}}_T^0$. 由迎风混合体积元格式 (9.1.20) 求出 $\{T_h^1, \bar{\mathbf{Z}}_T^0, \mathbf{Z}_T^1\}$. 在此基础, 再用迎风分数步差分格式 (9.1.21a)—(9.1.21c), 应用一维追赶法求得 $\{C_{l,ijk}^{1/3}\}$,$\{C_{l,ijk}^{2/3}\}$. 最后 $t = t^1$ 的差分解 $\{C_{l,ijk}^1\}$. 对 $l = 1, 2, \cdots, N$ 可并行计算. 这样完成了第 1 层的计算. 再由混合体积元格式 (9.1.18) 求得 $\{P^2, \mathbf{U}^2\}$. 由格式 (9.1.19) 求出 $\{\hat{C}^2, \bar{\mathbf{Z}}^2, \mathbf{Z}^2\}$, 由格式 (9.1.20) 求出 $\{T_h^2, \bar{\mathbf{Z}}_T^2, \mathbf{Z}_T^2\}$. 然后再由迎风分数步差分格式 (9.1.21) 求出 $\{C_l^2, l = 1, 2, \cdots, N\}$. 这样依次进行, 可求得全部数值逼近解, 由正定性条件 (C), 解存在且唯一.

9.1.4 守恒律原理

如果问题 (9.1.1)—(9.1.5) 是微小压缩的情况[2,11,32,33], 即 $\varphi_1 \cong 0$, 且没有源汇项, 也就是 $F(\hat{c}) \equiv 0$, 且边界条件是不渗透的, 则在每个单元 $e \in \Omega$ 上, $e = \Omega_{ijk} = [x_{i-1/2}, x_{i+1/2}] \times [y_{j-1/2}, y_{j+1/2}] \times [z_{k-1/2}, z_{k+1/2}]$, brine 浓度方程的单元质量守恒表现为

$$\int_e \varphi \frac{\partial \hat{c}}{\partial t} dX - \int_{\partial e} \mathbf{g} \cdot \gamma_e ds - \int_{\partial e} \mathbf{z} \cdot \gamma_e ds = 0. \tag{9.1.27}$$

此处 e 为区域 Ω 关于 brine 浓度的网格剖分单元, ∂e 为单元 e 的边界面, γ_e 为单元边界面的外法线方向矢量. 下面我们证明 (9.1.19a) 满足下面的离散意义下的单元质量守恒律.

定理 9.1.1 如果 $\varphi_1 \cong 0$, $F(\hat{c}) \equiv 0$, 则在任意单元 $e \in \Omega$ 上, 格式 (9.1.19a) 满足离散的单元质量守恒律

$$\int_e \varphi \frac{\hat{C}^{n+1} - \hat{C}^n}{\Delta t} dX - \int_{\partial e} \mathbf{G}^{n+1} \cdot \gamma_e ds - \int_{\partial e} \mathbf{Z}^{n+1} \cdot \gamma_e ds = 0. \tag{9.1.28}$$

证明 因为 $v \in S_h$, 对给定的单元 $e = \Omega_{ijk}$ 上, 取 $v \equiv 1$, 在其他单元上为零, 则此时 (9.1.19a) 为

$$\left(\varphi \frac{\hat{C}^{n+1} - \hat{C}^n}{\Delta t}, 1\right)_{\Omega_{ijk}} - \int_{\partial \Omega_{ijk}} \mathbf{G}^{n+1} \cdot \gamma_{\Omega_{ijk}} ds + \left(\sum_{s=x,y,z} D_s Z^{s,n+1}, 1\right)_{\Omega_{ijk}} = 0. \tag{9.1.29}$$

按 9.1.2 小节中的记号可得

$$\left(\varphi\frac{\hat{C}^{n+1}-\hat{C}^{n}}{\Delta t},1\right)_{\Omega_{ijk}}=\varphi_{ijk}\left(\frac{\hat{C}_{ijk}^{n+1}-\hat{C}_{ijk}^{n}}{\Delta t}\right)h_{x_i}h_{y_j}h_{z_k}$$
$$=\int_{\Omega_{ijk}}\varphi\frac{\hat{C}^{n+1}-\hat{C}^{n}}{\Delta t}dX,\tag{9.1.30a}$$

$$\left(\sum_{s=x,y,z}D_sZ^{s,n+1},1\right)_{\Omega_{ijk}}$$
$$=(Z_{i+1/2,jk}^{x,n+1}-Z_{i-1/2,jk}^{x,n+1})h_{y_j}h_{z_k}+(Z_{i,j+1/2,k}^{y,n+1}-Z_{i,j-1/2,k}^{y,n+1})h_{x_i}h_{z_k}$$
$$+(Z_{ij,k+1/2}^{z,n+1}-Z_{ij,k-1/2}^{z,n+1})h_{x_i}h_{y_j}$$
$$=-\int_{\partial\Omega_{ijk}}\mathbf{Z}^{n+1}\cdot\gamma_{\Omega_{ijk}}ds.\tag{9.1.30b}$$

将式 (9.1.30) 代入式 (9.1.29), 定理 9.1.1 得证.

由单元质量守恒律定理 9.1.1, 即可推出整体质量守恒律.

定理 9.1.2 如果 $\varphi_1\cong 0$, $F(\hat{c})\equiv 0$, 边界条件是不渗透的, 则格式 (9.1.19a) 满足整体离散质量守恒律

$$\int_{\Omega}\varphi\frac{\hat{C}^{n+1}-\hat{C}^{n}}{\Delta t}dX=0,\quad n\geqslant 0.\tag{9.1.31}$$

证明 由单元质量守恒律 (9.1.28), 对全部的网格剖分单元求和, 则有

$$\sum_{i,j,k}\int_{\Omega_{ijk}}\varphi\frac{\hat{C}^{n+1}-\hat{C}^{n}}{\Delta t}dX-\sum_{i,j,k}\int_{\partial\Omega_{ijk}}\mathbf{G}^{n+1}\cdot\gamma_{\Omega_{ijk}}ds$$
$$-\sum_{i,j,k}\int_{\partial\Omega_{ijk}}\mathbf{Z}^{n+1}\cdot\gamma_{\Omega_{ijk}}ds=0.\tag{9.1.32}$$

记单元 e_1,e_2 的公共面为 σ_l, X_l 是边界面的中点,γ_l 是从 e_1 到 e_2 的法向量. 那么由对流项的定义, 在单元 e_1 上, 若 $\mathbf{U}^{n+1}\cdot\gamma_l(X_l)\geqslant 0$, 则

$$\int_{e_1}\mathbf{G}^{n+1}\cdot\gamma_l ds=\hat{C}_{e_1}^{n+1}\mathbf{U}^{n+1}\cdot\gamma_l(X_l)|\sigma_l|,\tag{9.1.33a}$$

此处 $|\sigma_l|$ 是边界面 σ_l 的测度, 而在单元 e_2 上 σ_l 的法向量为 $-\gamma_l$, 此时 $\mathbf{U}^{n+1}\cdot\gamma_l(X_l)\leqslant 0$, 则

$$\int_{e_2}\mathbf{G}^{n+1}\cdot\gamma_l ds=-\hat{C}_{e_1}^{n+1}\mathbf{U}^{n+1}\cdot\gamma_l(X_l)|\sigma_l|.\tag{9.1.33b}$$

上面两式互相抵消, 故

$$\sum_e \int_{\partial e} \mathbf{G}^{n+1} \cdot \gamma_{\partial e} ds = 0. \tag{9.1.34}$$

注意到

$$-\sum_e \int_{\partial e} \mathbf{Z}^{n+1} \cdot \gamma_{\partial e} ds = -\int_{\partial \Omega} \mathbf{Z}^{n+1} \cdot \gamma_{\partial \Omega} ds = 0. \tag{9.1.35}$$

将式 (9.1.33), (9.1.34) 代入 (9.1.32) 可得到 (9.1.31). 定理 9.1.2 得证.

对于热传导方程 (9.1.2) 同样在微小压缩的情况下, 即 $d_{1,T} \cong 0$, 且没有源汇项. 边界条件是绝热的, 则热传导方程 (9.1.17) 在每个单元上具有单元能量守恒律. 下面证明格式 (9.1.20a) 满足离散意义下的单元能量守恒律.

定理 9.1.3 如果 $d_{1,T} \cong 0, Q_T \equiv 0$, 则在任意单元 e 上, 格式 (9.1.20a) 满足离散的单元能量守恒律

$$\int_e d_2 \frac{T_h^{n+1} - T_h^n}{\Delta t} dX - \int_{\partial e} \mathbf{G}^{n+1} \cdot \gamma_e ds - \int_{\partial e} \mathbf{Z}^{n+1} \cdot \gamma_e ds = 0. \tag{9.1.36}$$

证明类似定理 9.1.1.

定理 9.1.4 如果 $d_{1,T} \cong 0, Q_T \equiv 0$, 边界条件是绝热的, 则格式 (9.1.20a) 满足整体离散能量守恒律

$$\int_\Omega d_2 \frac{T_h^{n+1} - T_h^n}{\Delta t} dX = 0, \quad n \geqslant 0. \tag{9.1.37}$$

证明类似定理 9.1.2.

守恒律这一重要的物理特性, 在渗流力学数值模拟计算中具有特别重要的价值.

9.1.5 收敛性分析

为了确定初始逼近 (9.1.22a) 和研究收敛性分析, 我们引入下述混合体积元的 Ritz 投影. 定义 $\{\tilde{P}, \tilde{\mathbf{U}}\} \in S_h \times V_h$, 满足

$$\left(\sum_{s=x,y,z} D_s \tilde{U}^s, v\right)_m = (f, v)_m, \quad \forall v \in S_h, \tag{9.1.38a}$$

$$\sum_{s=x,y,z} (a^{-1}(\hat{c})\tilde{U}^s, w^s)_s = \left(\tilde{P}, \sum_{s=x,y,z} D_s w^s\right)_m, \quad \forall \mathbf{w} \in V_h, \tag{9.1.38b}$$

$$(\tilde{P} - p, 1)_m = 0, \tag{9.1.38c}$$

此处 $f=-\varphi\dfrac{\partial p}{\partial t}-q+R'{}_s(\hat{c})$. 定义 $\{\tilde{\hat{C}},\tilde{\bar{\mathbf{Z}}},\tilde{\mathbf{Z}}\}\in S_h\times V_h\times V_h$, 满足

$$\left(\sum_{s=x,y,z}D_s\tilde{Z}^s,v\right)_m=(f_{\hat{c}},v)_m,\quad\forall v\in S_h,\tag{9.1.39a}$$

$$\left(\sum_{s=x,y,z}\tilde{\bar{Z}}^s,w^s\right)_s=\left(\tilde{\hat{C}},\sum_{s=x,y,z}D_sw^s\right)_m,\quad\forall\mathbf{w}\in V_h,\tag{9.1.39b}$$

$$\sum_{s=x,y,z}(\tilde{Z}^s,w^s)_s=\sum_{s=x,y,z}(E_c\tilde{\bar{Z}}^s,w^s)_s,\quad\forall\mathbf{w}\in V_h,\tag{9.1.39c}$$

$$(\tilde{\hat{C}}-\hat{c},1)_m=0.\tag{9.1.39d}$$

此处 $f_{\hat{c}}=-\varphi\dfrac{\partial\hat{c}}{\partial t}-\mathbf{u}\cdot\nabla\hat{c}+f(\hat{c})$. 定义 $\{\tilde{T}_h,\tilde{\bar{\mathbf{Z}}}_T,\tilde{\mathbf{Z}}_T\}\in S_h\times V_h\times V_h$, 满足

$$\left(\sum_{s=x,y,z}D_s\tilde{Z}_T^s,v\right)_m=(f_T,v)_m,\quad\forall v\in S_h,\tag{9.1.40a}$$

$$\left(\sum_{s=x,y,z}\tilde{\bar{Z}}_T^s,w^s\right)_s=\left(\tilde{T}_h,\sum_{s=x,y,z}D_sw^s\right)_m,\quad\forall\mathbf{w}\in V_h,\tag{9.1.40b}$$

$$\sum_{s=x,y,z}(\tilde{Z}_T^s,w^s)_s=\sum_{s=x,y,z}(E_H\tilde{\bar{Z}}_T^s,w^s)_s,\quad\forall\mathbf{w}\in V_h,\tag{9.1.40c}$$

$$(\tilde{T}_h-T,1)_m=0.\tag{9.1.40d}$$

此处 $f_T=-d_1(p)\dfrac{\partial p}{\partial t}-d_2\dfrac{\partial T}{\partial t}-c_p\mathbf{u}\cdot\nabla T+Q$.

记 $\pi=P-\tilde{P}$, $\eta=\tilde{P}-p$, $\sigma=\mathbf{U}-\tilde{\mathbf{U}}$, $\rho=\tilde{\mathbf{U}}-\mathbf{u}$, $\xi_{\hat{c}}=\hat{C}-\tilde{\hat{C}}$, $\zeta_{\hat{c}}=\tilde{\hat{C}}-\hat{c}$, $\bar{\alpha}_{\hat{c}}=\bar{\mathbf{Z}}-\tilde{\bar{\mathbf{Z}}}$, $\bar{\beta}_{\hat{c}}=\tilde{\bar{\mathbf{Z}}}-\bar{\mathbf{z}}$, $\alpha_c=\mathbf{Z}-\tilde{\mathbf{Z}}$, $\beta_c=\tilde{\mathbf{Z}}-\mathbf{z}$, $\xi_T=T_h-\tilde{T}_h$, $\zeta_T=\tilde{T}_h-T$, $\bar{\alpha}_T=\bar{\mathbf{Z}}_T-\tilde{\bar{\mathbf{Z}}}_T$, $\bar{\beta}_T=\tilde{\bar{\mathbf{Z}}}_T-\bar{\mathbf{z}}_T$, $\alpha_T=\mathbf{Z}_T-\tilde{\mathbf{Z}}_T$ 和 $\beta_T=\tilde{\mathbf{Z}}_T-\mathbf{z}_T$. 设问题 (9.1.1)—(9.1.6) 满足正定性条件 (C), 其精确解满足正则性条件 (R). 由 Weiser, Wheeler 理论[24]和 Arbogast, Wheeler, Yotov 理论[34]得知格式 (9.1.38)—(9.1.40) 确定的辅助函数 $\{\tilde{P},\tilde{\mathbf{U}},\tilde{\hat{C}},\tilde{\bar{\mathbf{Z}}},\tilde{\mathbf{Z}},\tilde{T}_h,\tilde{\bar{\mathbf{Z}}}_T,\tilde{\mathbf{Z}}_T\}$ 存在唯一, 并有下述误差估计.

引理 9.1.5 若问题 (9.1.1)—(9.1.6) 的系数和精确解满足条件 (C) 和 (R), 则存在不依赖于剖分参数 $h,\Delta t$ 的常数 $\bar{C}_1,\bar{C}_2>0$, 使得下述估计式成立:

$$\|\eta\|_m+\sum_{s=\hat{c},T}\|\zeta_s\|_m+|||\rho|||+\sum_{s=\hat{c},T}[|||\bar{\beta}|||+|||\beta_s|||]+\left\|\frac{\partial\eta}{\partial t}\right\|_m$$

$$+\sum_{s=\hat{c},T}\left\|\frac{\partial\zeta_s}{\partial t}\right\|_m\leqslant\bar{C}_1\{h_p^2+h_{\hat{c}}^2\},\tag{9.1.41a}$$

$$|||\tilde{\mathbf{U}}|||_\infty+\sum_{s=\hat{c},T}[|||\,\tilde{\tilde{\mathbf{Z}}}_s\,|||_\infty+|||\,\tilde{\mathbf{Z}}_s\,|||_\infty]\leqslant\bar{C}_2\,.\tag{9.1.41b}$$

本节我们对一个模型问题进行收敛性分析, 在方程 (9.1.1), (9.1.3) 中假定 $\mu(\hat{c})\approx\mu_0,a(\hat{c})=\kappa(X)\mu^{-1}(\hat{c})\approx\kappa(X)\mu_0^{-1}=a(X),R'_s\equiv 0$, 此情况出现在混合流体 “微小压缩” 的低渗流岩石地层的情况[3,35]. 此时原问题简化为

$$\varphi_1\frac{\partial p}{\partial t}+\nabla\cdot\mathbf{u}=-q(X,t),\quad X\in\Omega,t\in J,\tag{9.1.42a}$$

$$\mathbf{u}=-a\nabla p,\quad X\in\Omega,t\in J,\tag{9.1.42b}$$

$$\varphi\frac{\partial\hat{c}}{\partial t}+\mathbf{u}\cdot\nabla\hat{c}-\nabla\cdot(E_c\nabla\hat{c})=f(\hat{c}),\quad X\in\Omega,t\in J.\tag{9.1.43}$$

与此同时, 原问题 (9.1.18) 关于流动方程的混合体积元格式简化为

$$\begin{aligned}&\left(\varphi_1\frac{P^{n+1}-P^n}{\Delta t},v\right)_m+(D_xU^{x,n+1}+D_yU^{y,n+1}+D_zU^{z,n+1},v)_m\\=&-(q^{n+1},v)_m,\quad\forall v\in S_h,\end{aligned}\tag{9.1.44a}$$

$$\begin{aligned}&(a^{-1}U^{x,n+1},w^x)_x+(a^{-1}U^{y,n+1},w^y)_y+(a^{-1}U^{z,n+1},w^z)_z\\&-(P^{n+1},D_xw^x+D_yw^y+D_zw^z)_m\\=&\,0,\quad\forall\mathbf{w}\in V_h.\end{aligned}\tag{9.1.44b}$$

首先估计 π 和 σ. 将式 (9.1.44a), (9.1.44b) 分别减式 (9.1.38a) ($t=t^{n+1}$) 和式 (9.1.38b) ($t=t^{n+1}$) 可得下述误差关系式

$$\begin{aligned}&(\varphi_1\partial_t\pi^n,v)_m+(D_x\sigma^{x,n+1}+D_y\sigma^{y,n+1}+D_z\sigma^{z,n+1},v)_m\\=&-\left(\varphi_1\left(\partial_t\tilde{P}^n-\frac{\partial\tilde{p}^{n+1}}{\partial t}\right),v\right)_m-(\varphi_1\partial_t\eta^n,v)_m,\quad\forall v\in S_h,\end{aligned}\tag{9.1.45a}$$

$$\begin{aligned}&(a^{-1}\sigma^{x,n+1},w^x)_x+(a^{-1}\sigma^{y,n+1},w^y)_y+(a^{-1}\sigma^{z,n+1},w^z)_z\\&-(\pi^{n+1},D_xw^x+D_yw^y+D_zw^z)_m\\=&\,0,\quad\forall\mathbf{w}\in V_h.\end{aligned}\tag{9.1.45b}$$

此处 $\partial_t\pi^n=(\pi^{n+1}-\pi^n)/\Delta t,\ \partial_t\tilde{P}^n=(\tilde{P}^{n+1}-\tilde{P}^n)/\Delta t$.

为了估计 π 和 σ. 在式 (9.1.45a) 中取 $v=\partial_t\pi^n$, 在式 (9.1.45b) 中取 t^{n+1} 时刻

和 t^n 时刻的值, 两式相减, 再除以 Δt, 并取 $\mathbf{w}=\sigma^{n+1}$ 时再相加, 注意到如下关系式, 在 $A\geqslant 0$ 的情况下有

$$
\begin{aligned}
&(\partial_t(AB^n),B^{n+1})_s=\frac{1}{2}\partial_t(AB^n,B^n)_s+\frac{1}{2\Delta t}(A(B^{n+1}-B^n),B^{n+1}-B^n)_s\\
\geqslant&\frac{1}{2}\partial_t(AB^n,B^n)_s,\quad s=x,y,z.
\end{aligned}
$$

我们有

$$
\begin{aligned}
&(\varphi_1\partial_t\pi^n,\partial_t\pi^n)_m+\frac{1}{2}\partial_t[(a^{-1}\sigma^{x,n},\sigma^{x,n})_x+(a^{-1}\sigma^{y,n},\sigma^{y,n})_y+(a^{-1}\sigma^{z,n},\sigma^{z,n})_z]\\
\leqslant&-\left(\varphi_1\left(\partial_t\tilde{P}^n-\frac{\partial\tilde{p}^{n+1}}{\partial t}\right),\partial_t\pi^n\right)_m-\left(\varphi_1\frac{\partial\eta^{n+1}}{\partial t},\partial_t\pi^n\right)_m.
\end{aligned}\tag{9.1.46}
$$

由正定性条件 (C) 和引理 9.1.5 可得

$$
(\varphi_1\partial_t\pi^n,\partial_t\pi^n)_m\geqslant\varphi_*||\partial_t\pi^n||_m^2,\tag{9.1.47a}
$$

$$
\begin{aligned}
&-\left(\varphi_1\left(\partial_t\tilde{P}^n-\frac{\partial\tilde{p}^{n+1}}{\partial t}\right),\partial_t\pi^n\right)_m-\left(\varphi_1\frac{\partial\eta^{n+1}}{\partial t},\partial_t\pi^n\right)_m\\
\leqslant&\varepsilon||\partial_t\pi^n||_m^2+K\{h_p^4+h_{\hat{c}}^4+(\Delta t)^2\}.
\end{aligned}\tag{9.1.47b}
$$

对估计式 (9.1.46) 的右端应用式 (9.1.47) 可得

$$
||\partial_t\pi^n||_m^2+\partial_t\sum_{s=x,y,z}(a^{-1}\sigma^{s,n},\sigma^{s,n})_s\leqslant K\{h_p^4+h_{\hat{c}}^4+(\Delta t)^2\}.\tag{9.1.48}
$$

下面讨论 brine 浓度方程 (9.1.3) 的误差估计. 为此将 (9.1.19a)—(9.1.19c) 分别减去 $t=t^{n+1}$ 时刻的式 (9.1.39a)—(9.1.39c), 分别取 $v=\xi_{\hat{c}}^{n+1}$,$\mathbf{w}=\alpha_{\hat{c}}^{n+1}$,$\mathbf{w}=\bar{\alpha}_{\hat{c}}^{n+1}$, 可得

$$
\begin{aligned}
&\left(\varphi\frac{\hat{C}^{n+1}-\hat{C}^n}{\Delta t},\xi_{\hat{c}}^{n+1}\right)_m+\left(\varphi_1\hat{C}^n\frac{P^{n+1}-P^n}{\Delta t},\xi_{\hat{c}}^{n+1}\right)_m\\
&+(\nabla\cdot\mathbf{G}^{n+1},\xi_{\hat{c}}^{n+1})_m+\left(\sum_{s=x,y,z}D_s\alpha_{\hat{c}}^{s,n+1},\xi_{\hat{c}}^{n+1}\right)_m\\
=&\left(F(\hat{C}^n)-F(\hat{c}^{n+1})+\varphi\frac{\partial\hat{c}^{n+1}}{\partial t}+\hat{c}^{n+1}\varphi\frac{\partial p^{n+1}}{\partial t}+\nabla\cdot\mathbf{g}^{n+1},\xi_{\hat{c}}^{n+1}\right)_m,
\end{aligned}\tag{9.1.49a}
$$

$$
\sum_{s=x,y,z}(\bar{\alpha}_{\hat{c}}^{s,n+1},\alpha_{\hat{c}}^{s,n+1})_s=\left(\xi_{\hat{c}}^{n+1},\sum_{s=x,y,z}D_s\alpha_{\hat{c}}^{s,n+1}\right)_m,\tag{9.1.49b}
$$

$$\sum_{s=x,y,z}(Z^{s,n+1},\bar{\alpha}_{\hat{c}}^{s,n+1})_s=\sum_{s=x,y,z}(E_c\bar{Z}^{s,n+1},\bar{\alpha}_{\hat{c}}^{s,n+1})_m. \tag{9.1.49c}$$

将式 (9.1.49a) 和式 (9.1.49b) 相加, 再减去 (9.1.49c), 经整理可得

$$\begin{aligned}&\left(\varphi\frac{\xi_{\hat{c}}^{n+1}-\xi_{\hat{c}}^{n}}{\Delta t},\xi_{\hat{c}}^{n+1}\right)_m+(\nabla\cdot(\mathbf{G}^{n+1}-\mathbf{g}^{n+1}),\xi_{\hat{c}}^{n+1})_m\\=&(F(\hat{C}^n)-F(\hat{c}^{n+1}),\xi_{\hat{c}}^{n+1})_m-\left(\varphi\frac{\zeta_{\hat{c}}^{n+1}-\zeta_{\hat{c}}^{n}}{\Delta t},\xi_{\hat{c}}^{n+1}\right)_m\\&+\left(\varphi\left(\frac{\partial\hat{c}^{n+1}}{\partial t}-\frac{\hat{c}^{n+1}-\hat{c}^n}{\Delta t}\right),\xi_{\hat{c}}^{n+1}\right)_m\\&+\left(\hat{c}^{n+1}\varphi\frac{\partial p^{n+1}}{\partial t}-\hat{C}^n\varphi\frac{P^{n+1}-P^n}{\Delta t},\xi_{\hat{c}}^{n+1}\right)-\sum_{s=x,y,z}(E_c\bar{\alpha}_{\hat{c}}^{s,n+1},\bar{\alpha}_{\hat{c}}^{s,n+1})_m.\end{aligned} \tag{9.1.50}$$

将上式改写为

$$\begin{aligned}&\left(\varphi\frac{\xi_{\hat{c}}^{n+1}-\xi_{\hat{c}}^{n}}{\Delta t},\xi_{\hat{c}}^{n+1}\right)_m+\sum_{s=x,y,z}(E_c\bar{\alpha}_{\hat{c}}^{s,n+1},\bar{\alpha}_{\hat{c}}^{s,n+1})_m\\=&-(\nabla\cdot(\mathbf{G}^{n+1}-\mathbf{g}^{n+1}),\xi_{\hat{c}}^{n+1})_m+(F(\hat{C}^n)-F(\hat{c}^{n+1}),\xi_{\hat{c}}^{n+1})_m\\&-\left(\varphi\frac{\zeta_{\hat{c}}^{n+1}-\zeta_{\hat{c}}^{n}}{\Delta t},\xi_{\hat{c}}^{n+1}\right)_m+\left(\varphi\left(\frac{\partial\hat{c}^{n+1}}{\partial t}-\frac{\hat{c}^{n+1}-\hat{c}^n}{\Delta t}\right),\xi_{\hat{c}}^{n+1}\right)_m\\&+\left(\hat{c}^{n+1}\varphi\frac{\partial p^{n+1}}{\partial t}-\hat{C}^n\varphi\frac{P^{n+1}-P^n}{\Delta t},\xi_{\hat{c}}^{n+1}\right)\\=&T_1+T_2+T_3+T_4+T_5.\end{aligned} \tag{9.1.51}$$

首先估计上式左端诸项,

$$\left(\varphi\frac{\xi_{\hat{c}}^{n+1}-\xi_{\hat{c}}^{n}}{\Delta t},\xi_{\hat{c}}^{n+1}\right)_m\geqslant\frac{1}{2\Delta t}\{(\varphi\xi_{\hat{c}}^{n+1},\xi_{\hat{c}}^{n+1})_m-(\varphi\xi_{\hat{c}}^{n},\xi_{\hat{c}}^{n})_m\}, \tag{9.1.52a}$$

$$\sum_{s=x,y,z}(E_c\bar{\alpha}_{\hat{c}}^{s,n+1},\bar{\alpha}_{\hat{c}}^{s,n+1})_m\geqslant E_*|||\,\bar{\alpha}_{\hat{c}}^{n+1}\,|||^2. \tag{9.1.52b}$$

对误差方程 (9.1.51) 右端项第一项进行估计,

$$\begin{aligned}&-(\nabla\cdot(\mathbf{G}^{n+1}-\mathbf{g}^{n+1}),\xi_{\hat{c}}^{n+1})_m\\=&((\mathbf{G}^{n+1}-\mathbf{g}^{n+1}),\nabla\xi_{\hat{c}}^{n+1})_m\leqslant\varepsilon|||\,\bar{\alpha}_{\hat{c}}^{n+1}\,|||^2+\|\mathbf{G}^{n+1}-\mathbf{g}^n\|_m^2.\end{aligned} \tag{9.1.53}$$

记 $\bar{\sigma}$ 是单元剖分的一个公共面, γ_l 代表 $\bar{\sigma}$ 的单位法向量, X_l 是此面的重心, 于是有

$$\int_{\bar{\sigma}} \mathbf{g}^{n+1} \cdot \gamma_l = \int_{\bar{\sigma}} \hat{c}^{n+1}(\mathbf{u}^{n+1} \cdot \gamma_l) ds, \tag{9.1.54a}$$

由 $\mathbf{g}^{n+1}$ 满足正则性条件 (R) 和积分中值定理可知

$$\begin{aligned} &\frac{1}{\mathrm{mes}(\bar{\sigma})} \int_{\bar{\sigma}} (\mathbf{G}^{n+1} - \mathbf{g}^n) \cdot \gamma_l \\ =&\hat{C}_e^{n+1} (\mathbf{U}^{n+1} \cdot \gamma_l)(X_l) - (\hat{c}^{n+1} \mathbf{u}^{n+1} \cdot \gamma_l)(X_l) + O(h_{\hat{c}}), \end{aligned} \tag{9.1.54b}$$

由 $\hat{c}^{n+1}$ 的正则性, 引理 9.1.4 和文献 [34] 得知

$$|\hat{C}_e^{n+1} - \hat{c}^{n+1}(X_l)| \leqslant |\xi_{\hat{c}}^{n+1}| + O(h_{\hat{c}}), \tag{9.1.54c}$$

$$|\mathbf{U}^{n+1} - \mathbf{u}^{n+1}| \leqslant |\xi_{\hat{c}}^{n+1}| + O(h_{\hat{c}}). \tag{9.1.54d}$$

由 (9.1.54), 可得

$$||\mathbf{G}^{n+1} - \mathbf{g}^n||_m^2 \leqslant K\{||\xi_{\hat{c}}^{n+1}||_m^2 + h_{\hat{c}}^2\}. \tag{9.1.55}$$

于是对误差方程 (9.1.51) 的右端诸项有以下估计

$$|T_1| \leqslant \varepsilon ||| \bar{\alpha}_{\hat{c}}^{n+1} |||^2 + K\{||\xi_{\hat{c}}^{n+1}||_m^2 + h_{\hat{c}}^2\}, \tag{9.1.56a}$$

$$|T_2| \leqslant K\{||\xi_{\hat{c}}^n||_m^2 + (\Delta t)^2 + h_{\hat{c}}^4\}, \tag{9.1.56b}$$

$$|T_3| \leqslant K\left\{(\Delta t)^{-1}\left\|\frac{\partial \zeta_{\hat{c}}}{\partial t}\right\|_{L^2(t^n,t^{n+1};m)}^2 + ||\xi_{\hat{c}}^{n+1}||_m^2\right\}, \tag{9.1.56c}$$

$$|T_4| \leqslant K\left\{\Delta t\left\|\frac{\partial^2 \hat{c}}{\partial t^2}\right\|_{L^2(t^n,t^{n+1};m)}^2 + ||\xi_{\hat{c}}^{n+1}||_m^2\right\}, \tag{9.1.56d}$$

$$|T_5| \leqslant \varepsilon |\partial_t \pi^n||_m^2 + K\left\{\Delta t\left\|\frac{\partial p}{\partial t}\right\|_{L^2(t^n,t^{n+1};m)}^2 + ||\xi_{\hat{c}}^{n+1}||_m^2 + ||\xi_{\hat{c}}^n||_m^2 + (\Delta t)^2\right\}. \tag{9.1.56e}$$

将 (9.1.52) 和 (9.1.56) 代入 (9.1.51) 可得

$$\begin{aligned} &\frac{1}{2\Delta t}\{||\varphi^{1/2}\xi_{\hat{c}}^{n+1}||_m^2 - ||\varphi^{1/2}\xi_{\hat{c}}^n||_m^2\} + \frac{E_*}{2}||| \bar{\alpha}_{\hat{c}}^{n+1} |||^2 \\ \leqslant& K\left\{\left\|\frac{\partial \hat{c}}{\partial t}\right\|_{L^2(t^n,t^{n+1};m)}^2 + \left\|\frac{\partial p}{\partial t}\right\|_{L^2(t^n,t^{n+1};m)}^2\right\}\Delta t \\ &+ K\{||\xi_{\hat{c}}^{n+1}||_m^2 + ||\xi_{\hat{c}}^n||_m^2 + h_{\hat{c}}^2 + (\Delta t)^2\} + \varepsilon||\partial_t \pi^n||_m^2. \end{aligned} \tag{9.1.57}$$

对 (9.1.57) 左右两端分别乘以 $2\Delta t$, 并对时间 n 求和 $(0 \leqslant n \leqslant L-1)$, 注意到 $\xi_{\hat{c}}^0 = 0$, 可得

$$\begin{aligned}
&\|\varphi^{1/2}\xi_{\hat{c}}^L\|_m^2 + \sum_{n=0}^{L} |||\,\bar{\alpha}_{\hat{c}}^n\,|||^2\Delta t \\
&\leqslant K\{h_{\hat{c}}^2 + (\Delta t)^2\} + K\sum_{n=0}^{L}\|\xi_{\hat{c}}^n\|_m^2\Delta t + \varepsilon\sum_{n=0}^{L-1}\|\partial_t\pi^n\|_m^2\Delta t.
\end{aligned} \tag{9.1.58}$$

对流动方程的估计式 (9.1.48) 左右两端分别乘以 Δt, 并对时间 n 求和 $(0 \leqslant n \leqslant L-1)$, 注意到 $\sigma^0 = 0$, 可得

$$|||\sigma^L|||^2 + \sum_{n=0}^{L-1}\|\partial_t\pi^n\|_m^2\Delta t \leqslant K\{h_p^4 + h_{\hat{c}}^4 + (\Delta t)^2\}. \tag{9.1.59}$$

结合估计式 (9.1.58) 和 (9.1.59) 可得

$$\begin{aligned}
&|||\sigma^L|||^2 + \sum_{n=0}^{L-1}\|\partial_t\pi^n\|_m^2\Delta t + \|\xi_{\hat{c}}^L\|_m^2 + \sum_{n=0}^{L}|||\,\bar{\alpha}_{\hat{c}}^{n+1}\,|||^2\Delta t \\
&\leqslant K\left\{\sum_{n=0}^{L}\|\xi_{\hat{c}}^n\|_m^2\Delta t + h_p^4 + h_{\hat{c}}^2 + (\Delta t)^2\right\}.
\end{aligned} \tag{9.1.60}$$

应用离散形式的 Gronwall 引理可得

$$\begin{aligned}
&|||\sigma^L|||^2 + \sum_{n=0}^{L-1}\|\partial_t\pi^n\|_m^2\Delta t + \|\xi_{\hat{c}}^L\|_m^2 \\
&+ \sum_{n=0}^{L}|||\,\bar{\alpha}_{\hat{c}}^{n+1}\,|||^2\Delta t \leqslant K\{h_p^4 + h_{\hat{c}}^2 + (\Delta t)^2\}.
\end{aligned} \tag{9.1.61}$$

设 $\pi^L \in S_h$, 利用对偶方法进行估计[36,37], 为此考虑下述椭圆问题:

$$\nabla\cdot\omega = \pi^L, \quad X = (x,y,z)^{\mathrm{T}} \in \Omega, \tag{9.1.62a}$$

$$\omega = \nabla p, \quad X \in \Omega, \tag{9.1.62b}$$

$$\omega\cdot\gamma = 0, \quad X \in \partial\Omega. \tag{9.1.62c}$$

由问题的正则性有

$$\sum_{s=x,y,z}\left\|\frac{\partial\omega^s}{\partial s}\right\|^2\leqslant M\left\|\pi^L\right\|^2. \tag{9.1.63}$$

设 $\tilde{\omega}\in V_h$ 满足

$$\left(\frac{\partial\tilde{\omega}^s}{\partial s},v\right)_m=\left(\frac{\partial\omega^s}{\partial s},v\right)_m,\quad \forall v\in S_h, s=x,y,z, \tag{9.1.64a}$$

这样定义的 $\tilde{\omega}$ 是存在的, 且有

$$\sum_{s=x,y,z}\left\|\frac{\partial\tilde{\omega}^s}{\partial s}\right\|_m^2\leqslant\sum_{s=x,y,z}\left\|\frac{\partial\omega^s}{\partial s}\right\|_m^2. \tag{9.1.64b}$$

应用引理 9.1.4, 式 (9.1.38), (9.1.62) 和 (9.1.63) 可得

$$\begin{aligned}||\pi^L||^2&=(\pi^L,\nabla\cdot\omega)=\left(\pi^L,\sum_{s=x,y,z}D_s\tilde{\omega}^s\right)_m=\sum_{s=x,y,z}(a^{-1}\sigma^{s,L},\tilde{\omega}^s)_s\\&\leqslant K|||\tilde{\omega}|||\cdot|||\sigma^L|||.\end{aligned} \tag{9.1.65}$$

由引理 9.1.4, 式 (9.1.63), (9.1.64), 可得

$$|||\tilde{\omega}|||^2\leqslant\sum_{s=x,y,z}||D_s\tilde{\omega}^s||_m^2=\sum_{s=x,y,z}\left\|\frac{\partial\tilde{\omega}^s}{\partial s}\right\|_m^2\leqslant\sum_{s=x,y,z}\left\|\frac{\partial\omega^s}{\partial s}\right\|_m^2\leqslant K||\pi^L||_m^2. \tag{9.1.66}$$

将式 (9.1.66) 代入式 (9.1.48), 并利用误差估计式 (9.1.61) 可得

$$||\pi^L||_m^2\leqslant K\{h_p^4+h_{\hat{c}}^4+(\Delta t)^2\}. \tag{9.1.67}$$

对热传导方程 (9.1.17) 的误差估计和分析是类似的. 将式 (9.1.20a), (9.1.20b) 和 (9.1.20c) 分别减去 $t=t^{n+1}$ 时刻的式 (9.1.40a), (9.1.40b) 和 (9.1.40c), 并取 $v=\xi_T^{n+1},\mathbf{w}=\alpha_T^{n+1},\mathbf{w}=\bar{\alpha}_T^{n+1}$, 经整理可得

$$\begin{aligned}&\left(d_2\frac{T_h^{n+1}-T_h^n}{\Delta t},\xi_T^{n+1}\right)_m+\left(d_{1,T}(P^n,T_h^n)\frac{P^{n+1}-P^n}{\Delta t},\xi_T^{n+1}\right)_m\\&\quad+(\nabla\cdot\mathbf{G}_T^{n+1},\xi_T^{n+1})+\left(\sum_{s=x,y,z}D_s\alpha_T^{s,n+1},\xi_T^{n+1}\right)_m\\&=\left(Q(\mathbf{U}^n,P^n,T_h^n,\hat{C}^n)-Q(\mathbf{u}^{n+1},p^{n+1},T^{n+1},\hat{c}^{n+1})+d_2\frac{\partial T^{n+1}}{\partial t}\right.\end{aligned}$$

$$+ d_{1,T}(p^{n+1}, T^{n+1})\frac{\partial p^{n+1}}{\partial t} + \nabla \cdot \mathbf{g}_T^{n+1}, \xi_T^{n+1}\Bigg)_m, \tag{9.1.68a}$$

$$\sum_{s=x,y,z} (\bar{\alpha}_T^{s,n+1}, \alpha_T^{s,n+1})_s = \left(\xi_T^{n+1}, \sum_{s=x,y,z} D_s \alpha_T^{s,n+1}\right)_m, \tag{9.1.68b}$$

$$\sum_{s=x,y,z} (\alpha_T^{s,n+1}, \bar{\alpha}_T^{s,n+1})_s = \sum_{s=x,y,z} (E_H\, \bar{\alpha}_T^{s,n+1}, \bar{\alpha}_T^{s,n+1})_s. \tag{9.1.68c}$$

将式 (9.1.68a) 和式 (9.1.68b) 相加, 再减去 (9.1.68c), 可得

$$\begin{aligned}
&\left(d_2 \frac{\xi_T^{n+1} - \xi_T^n}{\Delta t}, \xi_T^{n+1}\right)_m + \sum_{s=x,y,z} (E_H\, \bar{\alpha}_T^{s,n+1}, \bar{\alpha}_T^{s,n+1})_s \\
= &-(\nabla \cdot (\mathbf{G}_T^{n+1} - \mathbf{g}_T^{n+1}), \xi_T^{n+1})_m + (Q(\mathbf{U}^n, P^n, T_h^n, \hat{C}^n) \\
&- Q(\mathbf{u}^{n+1}, p^{n+1}, T^{n+1}, \hat{c}^{n+1}), \xi_T^{n+1})_m \\
&- \left(d_2 \frac{\zeta_T^{n+1} - \zeta_T^n}{\Delta t}, \xi_T^{n+1}\right)_m + \left(d_2 \left(\frac{\partial T}{\partial t} - \frac{T^{n+1} - T^n}{\Delta t}\right), \xi_T^{n+1}\right)_m \\
&+ \left(d_{1,T}(p^{n+1}, T^{n+1})\frac{\partial p^{n+1}}{\partial t} - d_{1,T}(P^n, T_h^n)\frac{P^{n+1} - P^n}{\Delta t}, \xi_T^{n+1}\right)_m \\
= &\hat{T}_1 + \hat{T}_2 + \hat{T}_3 + \hat{T}_4 + \hat{T}_5.
\end{aligned} \tag{9.1.69}$$

依次估计误差方程 (9.1.69) 的左、右两端.

$$左端 \geqslant \frac{1}{2\Delta t}\{(d_2\xi_T^{n+1}, \xi_T^{n+1})_m - (d_2\xi_T^n, \xi_T^n)_m\} + \bar{E}_* |||\, \bar{\alpha}_T^{n+1} \,|||^2. \tag{9.1.70}$$

$$|\,\hat{T}_1\,| = |(\nabla \cdot (\mathbf{G}_T^{n+1} - \mathbf{g}_T^{n+1}), \xi_T^{n+1})_m| \leqslant \varepsilon |||\, \bar{\alpha}_T^{n+1} \,|||^2 + K\{||\xi_T^{n+1}||_m^2 + h_{\hat{c}}^2\}, \tag{9.1.71a}$$

$$|\,\hat{T}_2\,| \leqslant K\{||\xi_T^{n+1}||_m^2 + ||\xi_T^n||_m^2 + h_p^4 + h_{\hat{c}}^4 + (\Delta t)^2\}, \tag{9.1.71b}$$

$$|\,\hat{T}_3\,| \leqslant K\left\{(\Delta t)^{-1}\left\|\frac{\partial \zeta_T}{\partial t}\right\|_{L^2(t^n, t^{n+1}; L^2)}^2 + ||\xi_T^{n+1}||_m^2\right\}, \tag{9.1.71c}$$

$$|\,\hat{T}_4\,| \leqslant K\left\{\Delta t\left\|\frac{\partial^2 T}{\partial t^2}\right\|_{L^2(t^n, t^{n+1}; m)}^2 + ||\xi_T^{n+1}||_m^2\right\}, \tag{9.1.71d}$$

$$|\,\hat{T}_5\,| \leqslant \varepsilon ||\partial_t \pi^n||_m^2 + K\{||\xi_T^{n+1}||_m^2 + ||\xi_T^{n+1}||_m^2 + h_p^4 + h_{\hat{c}}^4 + (\Delta t)^2\}. \tag{9.1.71e}$$

将 (9.1.70), (9.1.71) 分别代入误差估计式 (9.1.69) 的左、右端可得

$$\frac{1}{2\Delta t}\{||d_2^{1/2}\xi_T^{n+1}||^2 - ||d_2^{1/2}\xi_T^n||^2\} + \frac{\bar{E}_*}{2} |||\, \bar{\alpha}_T^{n+1} \,|||^2$$

$$\leqslant K\Delta t\left\{\left\|\frac{\partial^2 T}{\partial t^2}\right\|^2_{L^2(t^n,t^{n+1};m)}+\left\|\frac{\partial^2 p}{\partial t^2}\right\|^2_{L^2(t^n,t^{n+1};m)}\right\}$$
$$+K\{\|\xi_T^{n+1}\|_m^2+\|\xi_T^{n+1}\|_m^2+h_p^4+h_{\hat{c}}^2+(\Delta t)^2\}+\varepsilon\|\partial_t\pi^n\|_m^2. \tag{9.1.72}$$

对 (9.1.72) 两端同乘以 $2\Delta t$, 并对时间 n 求和 $0\leqslant n\leqslant L-1$, 注意到 $\xi_T^0=0$, 并应用估计式 (9.1.61) 和离散形式的 Gronwall 引理可得

$$\|\xi_T^L\|_m^2+\sum_{n=0}^{L}|||\,\bar{\alpha}_T^n\,|||^2\Delta t\leqslant K\{h_p^4+h_{\hat{c}}^2+(\Delta t)^2\}. \tag{9.1.73}$$

最后讨论对于 radionuclide 方程组 (9.1.4) 的迎风分数步差分方法的误差估计. 记 $\xi_{l,ijk}^n=c_l(X_{ijk},t^n)-C_{l,ijk}^n$, 为此先从分数步差分格式 (9.1.21a)—(9.1.21c) 消去 $C_l^{n+1/3}$,$C_l^{n+2/3}$, 可得下述等价形式:

$$\varphi_{l,ijk}\frac{C_{l,ijk}^{n+1}-C_{l,ijk}^n}{\Delta t}-\sum_{s=x,y,z}\delta_{\bar{s}}(E_c\delta_sC_l^{n+1})_{ijk}$$
$$=-d_1(C_{l,ijk}^n)\frac{P_{ijk}^{n+1}-P_{ijk}^n}{\Delta t}+f_l(\hat{C}_{ijk}^{n+1},C_{1,ijk}^n,C_{2,ijk}^n,\cdots,C_{N,ijk}^n)$$
$$-(\Delta t)^2\{\delta_{\bar{x}}(E_c\delta_x(\varphi_l^{-1}\delta_{\bar{y}}(E_c\delta_y(\partial_tC_l^n))))_{ijk}$$
$$+\delta_{\bar{x}}(E_c\delta_x(\varphi_l^{-1}\delta_{\bar{z}}(E_c\delta_z(\partial_tC_l^n))))_{ijk}+\delta_{\bar{y}}(E_c\delta_y(\varphi_l^{-1}\delta_{\bar{z}}(E_c\delta_z(\partial_tC_l^n))))_{ijk}\}$$
$$+(\Delta t)^3\delta_{\bar{x}}(E_c\delta_x(\varphi_l^{-1}\delta_{\bar{y}}(E_c\delta_y(\varphi_l^{-1}\delta_{\bar{z}}(E_c\delta_z(\partial_tC_l^n))))))_{ijk}$$
$$-\sum_{s=x,y,z}\delta_{U_s^{n+1}}C_{l,ijk}^n,\quad X_{ijk}\in\Omega_h,l=1,2,\cdots,N. \tag{9.1.74}$$

由 radionuclide 浓度方程组 (9.1.4) ($t=t^{n+1}$) 和式 (9.1.74) 相减可得下述差分方程组:

$$\varphi_{l,ijk}\frac{\xi_{l,ijk}^{n+1}-\xi_{l,ijk}^n}{\Delta t}-\sum_{s=x,y,z}\delta_{\bar{s}}(E_c\delta_s\xi_l^{n+1})_{ijk}$$
$$=f_l(\hat{c}_{ijk}^{n+1},c_{1,ijk}^{n+1},c_{2,ijk}^{n+1},\cdots,c_{N,ijk}^{n+1})-f_l(\hat{C}_{ijk}^{n+1},C_{1,ijk}^n,C_{2,ijk}^n,\cdots,C_{N,ijk}^n)$$
$$-d_1(C_{l,ijk}^n)\frac{\pi_{ijk}^{n+1}-\pi_{ijk}^n}{\Delta t}-[d_1(c_{l,ijk}^{n+1})-d_1(C_{l,ijk}^n)]\frac{p_{ijk}^{n+1}-p_{ijk}^n}{\Delta t}$$
$$-(\Delta t)^2\{\delta_{\bar{x}}(E_c\delta_x(\varphi_l^{-1}\delta_{\bar{y}}(E_c\delta_y(\partial_t\xi_l^n))))_{ijk}+\delta_{\bar{x}}(E_c\delta_x(\varphi_l^{-1}\delta_{\bar{z}}(E_c\delta_z(\partial_t\xi_l^n))))_{ijk}$$
$$+\delta_{\bar{y}}(E_c\delta_y(\varphi_l^{-1}\delta_{\bar{z}}(E_c\delta_z(\partial_t\xi_l^n))))_{ijk}\}$$
$$+(\Delta t)^3\delta_{\bar{x}}(E_c\delta_x(\varphi_l^{-1}\delta_{\bar{y}}(E_c\delta_y(\varphi_l^{-1}\delta_{\bar{z}}(E_c\delta_z(\partial_t\xi_l^n))))))_{ijk}$$
$$+\sum_{s=x,y,z}[\delta_{U_s^{n+1}}C_{l,ijk}^n-\delta_{u_s^{n+1}}c_{l,ijk}^n]+\varepsilon_{l,ijk}^{n+1},\quad X_{ijk}\in\Omega_h,l=1,2,\cdots,N, \tag{9.1.75}$$

此处 $|\varepsilon_{l,ijk}^{n+1}| \leqslant K\{h_c + \Delta t\}$.

由误差方程 (9.1.75) 可得

$$
\begin{aligned}
&\varphi_{l,ijk}\frac{\xi_{l,ijk}^{n+1}-\xi_{l,ijk}^{n}}{\Delta t}-\sum_{s=x,y,z}\delta_{\bar{s}}(E_c\delta_s\xi_l^{n+1})_{ijk}\\
\leqslant & K\left\{\sum_{l=1}^{N}|\xi_{l,ijk}^{n}|+|\hat{\xi}_{ijk}^{n+1}|+|\mathbf{u}_{ijk}^{n+1}-\mathbf{U}_{ijk}^{n}|+h_p^2+h_{\hat{c}}^2+\Delta t\right\}-d_1(C_{l,ijk}^{n})\frac{\pi_{ijk}^{n+1}-\pi_{ijk}^{n}}{\Delta t}\\
&-(\Delta t)^2\{\delta_{\bar{x}}(E_c\delta_x(\varphi_l^{-1}\delta_{\bar{y}}(E_c\delta_y(\partial_t\xi_l^n))))_{ijk}+\cdots+\delta_{\bar{y}}(E_c\delta_y(\varphi_l^{-1}\delta_{\bar{z}}(E_c\delta_z(\partial_t\xi_l^n))))_{ijk}\}\\
&+(\Delta t)^3\delta_{\bar{x}}(E_c\delta_x(\varphi_l^{-1}\delta_{\bar{y}}(E_c\delta_y(\varphi_l^{-1}\delta_{\bar{z}}(E_c\delta_z(\partial_t\xi_l^n))))))_{ijk}\\
&+\sum_{s=x,y,z}[\delta_{U_s^{n+1}}C_{l,ijk}^{n}-\delta_{u_s^{n+1}}c_{l,ijk}^{n}],\quad X_{ijk}\in\Omega_h.
\end{aligned}\tag{9.1.76}
$$

对式 (9.1.76) 乘以 $\partial_t\xi_{l,ijk}^{n}\Delta t=\xi_{l,ijk}^{n+1}-\xi_{l,ijk}^{n}$, 作内积并分部求和可得

$$
\begin{aligned}
&\left\langle\varphi_l\frac{\xi_l^{n+1}-\xi_l^{n}}{\Delta t},\partial_t\xi_l^n\right\rangle\Delta t+\frac{1}{2}\sum_{s=x,y,z}\{\langle E_c\delta_s\xi_l^{n+1},\delta_s\xi_l^{n+1}\rangle-\langle E_c\delta_s\xi_l^{n},\delta_s\xi_l^{n}\rangle\}\\
\leqslant&\varepsilon|\partial_t\xi_l^n|_0^2\Delta t+K\left\{\sum_{l=1}^{N}|\xi_l^n|_0^2+|\hat{\xi}^{n+1}|_0^2+|||\sigma^{n+1}|||^2+h_p^4+h_{\hat{c}}^2+h_c^2+(\Delta t)^2\right\}\Delta t\\
&-\langle d_1(C_l^n)\partial_t\pi^n,\partial_t\zeta_l^n\rangle\Delta t-(\Delta t)^3\{\langle\delta_{\bar{x}}(E_c\delta_x(\varphi_l^{-1}\delta_{\bar{y}}(E_c\delta_y(\partial_t\xi_l^n)))),\partial_t\xi_l^n\rangle\\
&+\cdots+\langle\delta_{\bar{y}}(E_c\delta_y(\varphi_l^{-1}\delta_{\bar{z}}\cdot(E_c\delta_z(\partial_t\xi_l^n)))),\partial_t\xi_l^n\rangle\}\\
&+(\Delta t)^4\langle\delta_{\bar{x}}(E_c\delta_x(\varphi_l^{-1}\delta_{\bar{y}}(E_c\delta_y(\varphi_l^{-1}\delta_{\bar{z}}(E_c\delta_z(\partial_t\xi_l^n)))))),\partial_t\xi_l^n\rangle\\
&+\left\langle\sum_{s=x,y,z}[\delta_{U_s^{n+1}}C_l^n-\delta_{u_s^{n+1}}c_l^n],\partial_t\xi_l^n\right\rangle\Delta t,
\end{aligned}\tag{9.1.77}
$$

此处 $\langle\cdot,\cdot\rangle,|\cdot|_0$ 为对应于 l^2 离散内积和范数, 这里利用了 $L^2(\Omega)$ 连续模和 $l^2(\Omega)$ 离散模之间的关系[38]. 将估计式 (9.1.77) 改写为下述形式

$$
\begin{aligned}
&\left\langle\varphi_l\frac{\xi_l^{n+1}-\xi_l^{n}}{\Delta t},\partial_t\xi_l^n\right\rangle\Delta t+\frac{1}{2}\sum_{s=x,y,z}\{\langle E_c\delta_s\xi_l^{n+1},\delta_s\xi_l^{n+1}\rangle-\langle E_c\delta_s\xi_l^{n},\delta_s\xi_l^{n}\rangle\}\\
\leqslant&K\left\{\sum_{l=1}^{N}|\xi_l^n|_0^2+|\xi_{\hat{c}}^{n+1}|_0^2+|||\sigma^{n+1}|||^2+|\partial_t\pi^n|_0^2+h_p^4+h_{\hat{c}}^2+h_c^2+(\Delta t)^2\right\}\Delta t\\
&-(\Delta t)^3\{\langle\delta_{\bar{x}}(E_c\delta_x(\varphi_l^{-1}\delta_{\bar{y}}(E_c\delta_y(\partial_t\xi_l^n)))),\partial_t\xi_l^n\rangle+\cdots\\
&+\langle\delta_{\bar{y}}(E_c\delta_y(\varphi_l^{-1}\delta_{\bar{z}}(E_c\delta_z(\partial_t\xi_l^n)))),\partial_t\xi_l^n\rangle\}\\
&+(\Delta t)^4\langle\delta_{\bar{x}}(E_c\delta_x(\varphi_l^{-1}\delta_{\bar{y}}(E_c\delta_y(\varphi_l^{-1}\delta_{\bar{z}}(E_c\delta_z(\partial_t\xi_l^n)))))),\partial_t\xi_l^n\rangle+\varepsilon|\partial_t\xi_l^n|_0^2\Delta t
\end{aligned}
$$

$$+\left\langle\sum_{s=x,y,z}[\delta_{U_s^{n+1}}C_l^n-\delta_{u_s^{n+1}}c_l^n],\partial_t\xi_l^n\right\rangle\Delta t. \tag{9.1.78}$$

现估计 (9.1.78) 右端第二项. 首先讨论其首项

$$\begin{aligned}
&-(\Delta t)^3\langle\delta_{\bar{x}}(E_c\delta_x(\varphi_l^{-1}\delta_{\bar{y}}(E_c\delta_y(\partial_t\xi_l^n)))),\partial_t\xi_l^n\rangle\\
=&-(\Delta t)^3\{\langle\delta_x(E_c\delta_y(\partial_t\xi_l^n)),\delta_y(\varphi_l^{-1}E_c\delta_x(\partial_t\xi_l^n))\rangle\\
&+\langle E_c\delta_y(\partial_t\xi_l^n),\delta_y(\delta_x\varphi_l^{-1}\cdot E_c\delta_x(\partial_t\xi_l^n))\rangle\}\\
=&-(\Delta t)^3\sum_{\Omega_h}\{E_{c,i,j+1/2,k}E_{c,i+1/2,jk}\varphi_{l,ijk}^{-1}(\delta_x\delta_y\delta_t\xi_l^n)_{ijk}^2\\
&+E_{c,i,j+1/2,k}\delta_y(E_{c,i+1/2,jk}\varphi_{l,ijk}^{-1})\delta_x(\partial_t\xi_{l,ijk}^n)\delta_y(\partial_t\xi_{l,ijk}^n)\\
&+[E_{c,i,j+1/2,k}E_{c,i+1/2,jk}\delta_x\delta_y\varphi_{l,ijk}^{-1}\\
&+E_{c,i,j+1/2,k}\delta_yE_{c,i+1/2,jk}\delta_x\delta_y\varphi_{l,ijk}^{-1}]\delta_x(\partial_t\xi_{l,ijk}^n)\cdot\delta_y(\partial_t\xi_{l,ijk}^n)\}h_i^xh_j^yh_k^z.
\end{aligned} \tag{9.1.79}$$

由于 E_c 的正定性, 对表达式 (9.1.79) 应用 Cauchy 不等式消去高阶差商项 $\delta_x\delta_y(\partial_t\xi_l^n)$, 最后可得

$$\begin{aligned}
&-(\Delta t)^3\sum_{\Omega_h}\{E_{c,i,j+1/2,k}E_{c,i+1/2,jk}\varphi_{l,ijk}^{-1}(\delta_x\delta_y\delta_t\xi_{l,ijk})^2+\cdots\}h_i^xh_j^yh_k^z\\
&\leqslant K\{|\nabla_h\xi_l^{n+1}|_0^2+|\nabla_h\xi_l^n|_0^2\}\Delta t,
\end{aligned} \tag{9.1.80}$$

此处 $|\nabla_h\xi_l|_0^2=\sum_{s=x,y,z}|\delta_s\xi_l|_0^2$.

对式 (9.1.78) 右端第二项的其余二项和 (9.1.78) 右端第三项的估计是类似的. 故有

$$\begin{aligned}
&-(\Delta t)^3\{\langle\delta_{\bar{x}}(E_c\delta_x(\varphi_l^{-1}\delta_{\bar{y}}(E_c\delta_y(\partial_t\xi_l^n)))),\partial_t\xi_l^n\rangle+\cdots\\
&+\langle\delta_{\bar{y}}(E_c\delta_y(\varphi_l^{-1}\delta_{\bar{z}}(E_c\delta_z(\partial_t\xi_l^n)))),\partial_t\xi_l^n\rangle\}\\
&+(\Delta t)^4\langle\delta_{\bar{x}}(E_c\delta_x(\varphi_l^{-1}\delta_{\bar{y}}(E_c\delta_y(\varphi_l^{-1}\delta_{\bar{z}}(E_c\delta_z(\partial_t\xi_l^n)))))),\partial_t\xi_l^n\rangle\\
\leqslant&K\{|\nabla_h\xi_l^{n+1}|_0^2+|\nabla_h\xi_l^n|_0^2\}\Delta t.
\end{aligned} \tag{9.1.81}$$

对式 (9.1.78) 最后一项有估计式

$$\begin{aligned}
&\left\langle\sum_{s=x,y,z}[\delta_{U_s^{n+1}}C_l^n-\delta_{u_s^{n+1}}c_l^n],\partial_t\xi_l^n\right\rangle\Delta t\\
\leqslant&\varepsilon||\partial_t\xi_l^n||^2\Delta t+K\{|||\sigma^n|||^2+|\nabla_h\xi_l^n|_0^2+h_p^4+(\Delta t)^2\}.
\end{aligned} \tag{9.1.82}$$

对式 (9.1.78) 应用式 (9.1.80)—(9.1.82), 经整理可得

$$
\begin{aligned}
&|\partial_t\xi_l^n|_0^2\Delta t+\frac{1}{2}\sum_{s=x,y,z}\{\langle E_c\delta_s\xi_l^{n+1},\delta_s\xi_l^{n+1}\rangle-\langle E_c\delta_s\xi_l^n,\delta_s\xi_l^n\rangle\}\\
\leqslant{}& K\left\{\sum_{l=1}^N[|\xi_l^n|_0^2+|\nabla_h\xi_l^{n+1}|_0^2+|\nabla_h\xi_l^n|_0^2]+|\xi_{\hat{c}}^{n+1}|_0^2+|||\sigma^{n+1}|||^2+|\partial_t\pi^n|_0^2+h_p^4+h_{\hat{c}}^2\right.\\
&\left.+h_c^2+(\Delta t)^2\right\}\Delta t+\varepsilon|\partial_t\xi_l^n|_0^2\Delta t. \qquad (9.1.83)
\end{aligned}
$$

对 radionuclide 浓度误差方程组 (9.1.83), 先对 $l, 1\leqslant l\leqslant N$ 求和, 再对 $t, 0\leqslant n\leqslant L$ 求和, 注意到 $\xi_l^0=0, l=1,2,\cdots,N$, 并应用已知估计式 (9.1.61) 和 (9.1.67) 可得

$$
\begin{aligned}
&\sum_{n=0}^L\sum_{l=1}^N|\partial_t\xi_l^n|_0^2\Delta t+\frac{1}{2}\sum_{l=1}^N\sum_{s=x,y,z}\langle E_c\delta_s\xi_l^{L+1},\delta_s\xi_l^{L+1}\rangle\\
\leqslant{}&K\sum_{n=0}^L|\partial_t\pi^n|_0^2\Delta t\\
&+K\left\{\sum_{n=0}^L\sum_{l=1}^N[|\xi_l^n|_0^2+|\nabla_h\xi_l^{n+1}|_0^2]+h_p^4+h_{\hat{c}}^2+h_c^2+(\Delta t)^2\right\}\Delta t. \qquad (9.1.84)
\end{aligned}
$$

这里注意到 $\xi_l^0=0$ 和关系式 $|\xi_l^{L+1}|_0^2\leqslant\varepsilon\sum_{n=0}^L|\partial_t\xi_l^n|_0^2\Delta t+K\sum_{n=0}^L|\xi_l^n|_0^2\Delta t$. 并考虑 $L^2(\Omega)$ 连续模和 l^2 离散模之间的关系[8,38], 应用估计式 (9.1.61), (9.1.67) 和 Gronwall 引理可得

$$
\begin{aligned}
&\sum_{n=0}^L\sum_{l=1}^N|\partial_t\xi_l^n|_0^2\Delta t+\sum_{l=1}^N[|\xi_l^n|_0^2+|\nabla_h\xi_l^{n+1}|_0^2]\\
\leqslant{}&K\{h_p^4+h_{\hat{c}}^2+h_c^2+(\Delta t)^2\}. \qquad (9.1.85)
\end{aligned}
$$

由估计式 (9.1.61), (9.1.67), (9.1.73), (9.1.85) 和引理 9.1.5, 可以建立下述定理.

定理 9.1.5 对问题 (9.1.1)—(9.1.6) 假定其精确解满足正则性条件 (R), 且其系数满足正定性条件 (C), 采用混合体积元-迎风分数步差分方法 (9.1.18)—(9.1.21) 逐层求解, 则下述误差估计式成立:

$$
\begin{aligned}
&||p-P||_{\bar{L}^\infty(J;m)}+||\partial_t(p-P)||_{\bar{L}^2(J;m)}+||\mathbf{u}-\mathbf{U}||_{\bar{L}^\infty(J;V)}\\
&+||\hat{c}-\hat{C}||_{\bar{L}^\infty(J;m)}+||\mathbf{z}-\bar{\mathbf{Z}}||_{\bar{L}^2(J;V)}\\
&+||T-T_h||_{\bar{L}^\infty(J;m)}+||\,\mathbf{z}_T-\bar{\mathbf{Z}}_T\,||_{\bar{L}^2(J;V)}\\
&+\sum_{l=1}^N\{||c_l-C_l||_{\bar{L}^\infty(J;h^1)}+||\partial_t(c_l-C_l)||_{\bar{L}^2(J;l^2)}\}
\end{aligned}
$$

$$\leqslant M^*\{h_p^2+h_{\hat{c}}+h_c+\Delta t\}, \tag{9.1.86}$$

此处 $\|g\|_{\bar{L}^\infty(J;X)}=\sup\limits_{n\Delta t\leqslant T}\|g^n\|_X$, $\|g\|_{\bar{L}^2(J;X)}=\sup\limits_{L\Delta t\leqslant T}\left\{\sum\limits_{n=0}^{L}\|g^n\|_X^2\Delta t\right\}^{1/2}$, 常数 M^* 依赖于函数 $p,\hat{c},c_l(l=1,2,\cdots,N),T$ 及其导函数.

9.1.6 数值算例

本节用上述方法考虑简化的模型问题. 假定问题的流体压力, 速度已知, 只考虑对流占优的浓度方程

$$\frac{\partial c}{\partial t}+\mathbf{u}\cdot\nabla c-\nabla\cdot(D(\mathbf{u})\nabla c)=f,\quad 0<x<\pi,0<t\leqslant 1, \tag{9.1.87a}$$

$$c(x,0)=(\sin x)^{20},\quad 0\leqslant x\leqslant\pi, \tag{9.1.87b}$$

此处 $D(\mathbf{u})=1.0\times10^{-4}$, 对流占优. 问题的精确解为 $c=\exp(-0.05t)\cdot(\sin(x-t))^{20}$, 选择右端 f 使得方程 (9.1.87) 成立.

这函数在区间 $[0,\pi]$ 上有尖峰, 并且随时间的变化而发生变动. 若采用一般的有限元方法会产生数值振荡, 不能很好地逼近真实的结果. 我们采用本节的迎风混合体积元方法, 由理论分析我们选择 $\Delta t=O(h)$, 空间和时间步长分别取为 $h=\pi/n$, $\Delta t=1/m$. 图 9.1.2—图 9.1.5 是不同时刻真解和近似解的图像. 表 9.1.1 是不同的时刻所得的误差结果.

接下来考虑一个二维问题. 假设 Darcy 速度是个常数, 令 $\Omega=[0,\pi]\times[0,\pi]$, 精确解为 $c=\exp(-0.05t)\cdot(\sin(x-u_1t)\sin(y-u_2t))^{20}$, 且令 $\varphi=1,\mathbf{u}=(1,0.05),D_m=2.0\times10^{-4}$, 扩散矩阵 $D(\mathbf{u})=D_m\mathbf{I}$, 从而得到一个对流占优的浓度方程. 我们对其

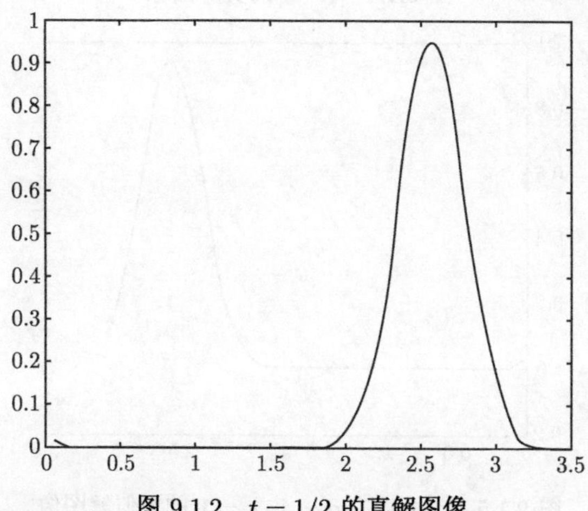

图 9.1.2 $t=1/2$ 的真解图像

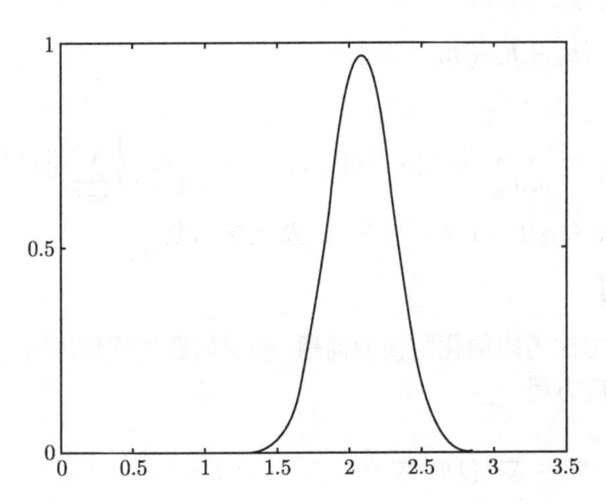

图 9.1.3　$n = 120, m = 20, t = 1/2$ 的近似解图像

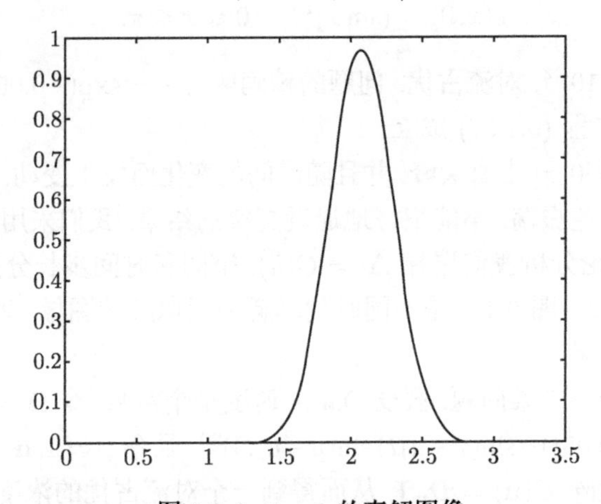

图 9.1.4　$t = 1$ 的真解图像

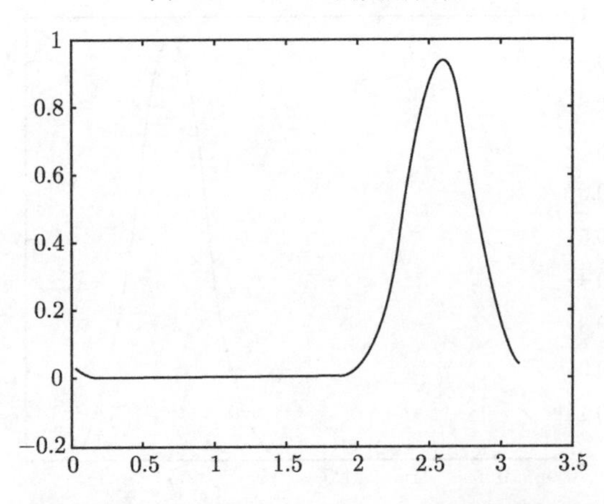

图 9.1.5　$n = 120, m = 40, t = 1$ 的近似解图像

应用迎风混合体积元方法, 图 9.1.6—图 9.1.9 是不同时刻真解与近似解的图像, 表 9.1.2 是在不同的时刻所得的误差结果.

表 9.1.1 误差结果

$t=1/2$	$n=30, m=5$	$n=60, m=10$	$n=120, m=20$
L^2	1.4499e − 004	3.7891e − 005	2.0451e − 005
$t=1$	$n=30, m=10$	$n=60, m=20$	$n=120, m=40$
L^2	5.3953e − 004	1.4583e − 004	7.9787e − 005

由以上的数值实验结果, 可以得到以下结论.

(1) 对于对流占优问题, 迎风混合体积元方法有收敛的稳定结果, 并且可以有效地克服数值弥散和非物理振荡.

(2) 数值结果表明 h 和 Δt 符合一定的关系, 这与我们的理论分析一致, 即有 $\Delta t = O(h)$.

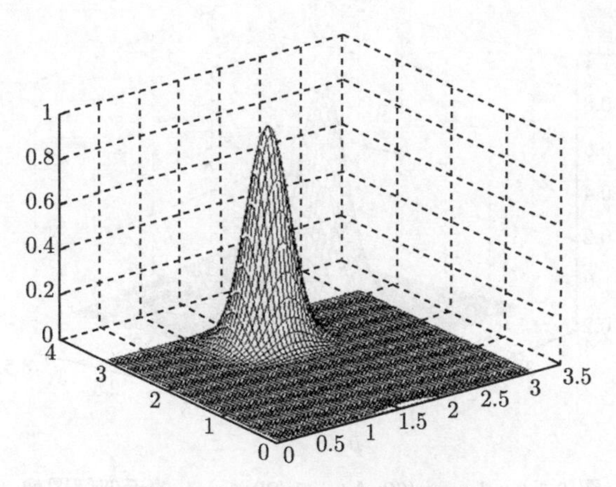

图 9.1.6 $t=1/2$ 的真解图像

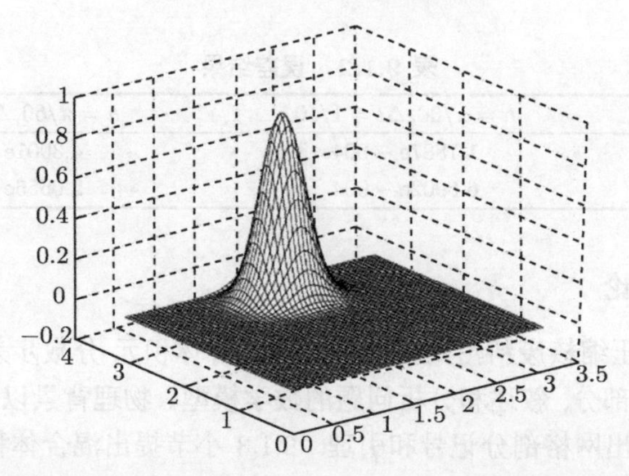

图 9.1.7 $h=\pi/60, \Delta t=1/20, t=1/2$ 的近似解图像

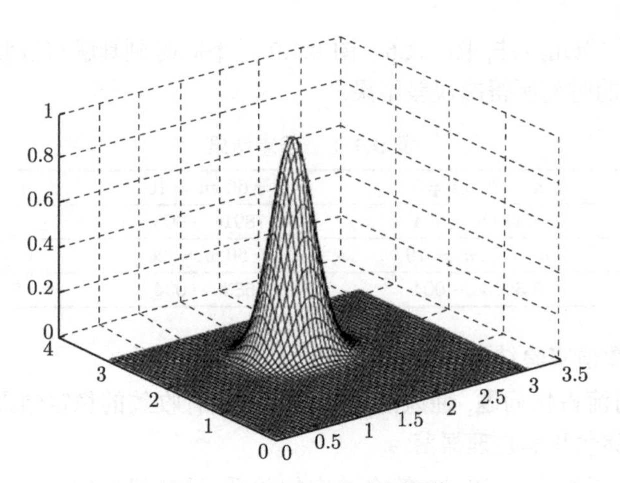

图 9.1.8　$t=1$ 的真解图像

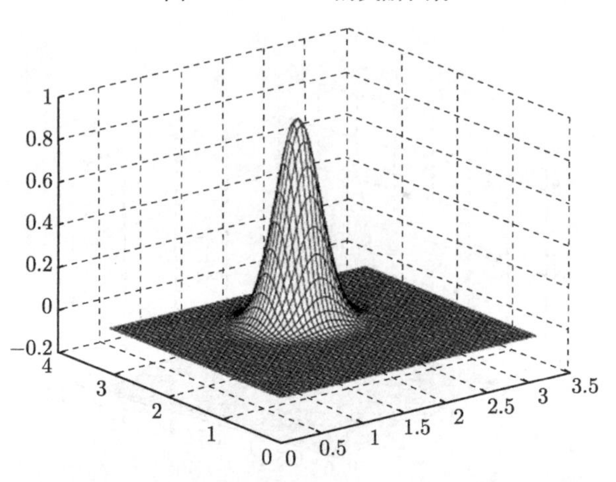

图 9.1.9　$h=\pi/60, \Delta t=1/20, t=1$ 的近似解图像

表 9.1.2　误差结果

	$h=\pi/30, \Delta t=1/10$	$h=\pi/60, \Delta t=1/20$
$t=1/2$	1.7887e − 004	4.3001e − 005
$t=1$	6.6902e − 004	2.0656e − 004

9.1.7　总结和讨论

本节研究可压缩核废料污染问题的迎风混合体积元-分数步差分方法和分析. 9.1.1 小节是引言部分, 叙述和分析问题的数学模型、物理背景以及国内外研究概况. 9.1.2 小节给出网格剖分记号和引理. 9.1.3 小节提出混合体积元-迎风混合体积元-迎风分数步差分方法程序, 对流动方程采用具有守恒性质的混合体积元离散,

对 Darcy 速度提高了一阶精确度. 对 brine 浓度方程和热传导方程采用了同样具有守恒性质的迎风混合体积元求解, 即对方程的扩散项采用混合体积元离散, 对流部分采用迎风格式来处理, 此方法适用于对流占优问题, 能消除数值弥散和非物理性振荡, 并可以提高计算精确度. 扩散项采用混合体积元离散, 可以同时逼近浓度函数和温度函数及其伴随向量函数, 保持单元质量和能量守恒, 此特性在地下渗流力学数值模拟计算中是极其重要的. 对 radionuclide 浓度方程组采用迎风分数步差分方法并行计算, 将整体三维问题分解成连续计算三个一维问题, 且可用追赶法求解, 大大减少了实际计算工作量. 9.1.4 小节论证了格式具有单元质量和能量守恒律这一重要的物理特性. 9.1.5 小节讨论了收敛性分析, 应用微分方程先验估计理论和特殊技巧, 得到了最优阶的误差估计结果. 9.1.6 小节给出了数值算例, 支撑了理论分析结果, 并指明本节所提出的方法在实际问题是切实可行和高效的. 本节有如下创新点: ① 本格式考虑了流体的压缩性, 且具有质量和能量守恒律这一重要的物理特性, 这在地下渗流力学数值模拟是极其重要的; ② 由于组合地应用混合体积元、迎风格式和分数步差分方法, 它具有高精度和高稳定性的特征, 特别适用于三维复杂区域大型数值模拟的工程实际计算; ③ 本节拓广了 Ewing 教授等关于核废料污染问题数值模拟的工作[1,2,12,32,33], 在那里仅能处理二维问题, 且不具有单元质量和能量守恒这一重要的物理特性. 详细的讨论和分析可参考文献 [39].

9.2 可压缩核废料污染问题的迎风网格变动的混合体积元-分数步方法和分析

9.2.1 引言

本节研究多孔介质中可压缩核废料污染数值模拟问题的迎风网格变动侧混合体积元-分数步差分方法及其收敛性分析. 核废料深埋在地层下, 若遇到地震、岩石裂隙, 它就会扩散, 因此研究其扩散及安全问题是十分重要的环境保护问题. 深层核废料污染问题的数值模拟是现代能源数学的重要课题. 在多孔介质中核废料污染问题计算方法研究, 对处理和分析地层核废料设施的安全有重要的价值. 对于可压缩三维数学模型, 它是地层中迁移的耦合对流-扩散型偏微分方程组的初边值问题: ① 流体流动; ② 热量迁移; ③ 主要污染元素 (brine) 的相混溶驱动; ④ 微量污染元素 (radionuclide) 的相混溶驱动. 应用 Douglas 关于 “微小压缩” 的处理, 其对应的偏微分方程组如下[1-3].

流动方程:

$$\varphi_1 \frac{\partial p}{\partial t} + \nabla \cdot \mathbf{u} = -q + R_s, \quad X = (x, y, z)^{\mathrm{T}} \in \Omega, t \in J = (0, \bar{T}], \tag{9.2.1a}$$

$$\mathbf{u} = -\frac{\kappa}{\mu}\nabla p, \quad X \in \Omega, t \in J, \tag{9.2.1b}$$

此处 $p = p(X,t)$ 和 $\mathbf{u} = \mathbf{u}(X,t)$ 对应于流体的压力函数和 Darcy 速度. $\varphi_1 = \varphi c_w, q = q(X,t)$ 是产量项. $R_s = R_s(\hat{c}) = [c_s\varphi K_s f_s/(1+c_s)](1-\hat{c})$ 是主要污染元素的溶解项, $\kappa(X)$ 是岩石的渗透率, $\mu(\hat{c})$ 是流体的黏度, 依赖于 $\hat{c}$, 它是流体中主要污染元素的浓度函数.

热传导方程:

$$d_1(p)\frac{\partial p}{\partial t} + d_2\frac{\partial T}{\partial t} + c_p\mathbf{u}\cdot\nabla T - \nabla\cdot(E_H\nabla T) = Q(\mathbf{u}, p, T, \hat{c}), \quad X \in \Omega, t \in J, \tag{9.2.2}$$

此处 T 是流体的温度, $d_1(p) = \varphi c_w[v_0 + (p/\rho)], d_2 = \varphi c_p + (1-\varphi)\rho_R\rho_{pR}$, $E_H = Dc_{pw} + K'_m\mathbf{I}$, $K'_m = \kappa_m/\rho_0$, $\mathbf{I}$ 为单位矩阵. $D = (D_{ij}) = (\alpha_T|\mathbf{u}|\delta_{ij} + (\alpha_L - \alpha_T)u_iu_j/|\mathbf{u}|)$, $Q(\mathbf{u}, p, T, \hat{c}) = -\{[\nabla v_0 - c_p\nabla T_0]\cdot\mathbf{u} + [v_0 + c_p(T-T_0) + (p/\rho)][-q + R'_s]\} - q_L - qH - q_H$. 通常在实际计算时, 取 $E_H = K'_m\mathbf{I}$.

brine (主要污染元素) 浓度方程:

$$\varphi\frac{\partial\hat{c}}{\partial t} + \mathbf{u}\cdot\nabla\hat{c} - \nabla\cdot(E_c\nabla\hat{c}) = f(\hat{c}), \quad X \in \Omega, t \in J, \tag{9.2.3}$$

此处 φ 是岩石孔隙度, $E_c = D + D_m\mathbf{I}$, $f(\hat{c}) = -\hat{c}\{[c_s\varphi K_s f_s/(1+c_s)](1-\hat{c})\} - q_c - R_s$. 通常在实际计算时, 取 $E_c = D_m\mathbf{I}$.

radionuclide (微量污染元素) 浓度方程组:

$$\begin{aligned}&\varphi K_l\frac{\partial c_l}{\partial t} + \mathbf{u}\cdot\nabla c_l - \nabla\cdot(E_c\nabla c_l) + d_3(c_l)\frac{\partial p}{\partial t}\\ &= f_l(\hat{c}, c_1, c_2, \cdots, c_N), \quad X \in \Omega, t \in J, l = 1, 2, \cdots, N,\end{aligned} \tag{9.2.4}$$

此处c_l 是微量元素浓度函数 $(l = 1, 2, \cdots, N)$, $d_3(c_l) = \varphi c_w c_l(K_l - 1)$ 和 $f_l(\hat{c}, c_1, c_2, \cdots, c_N) = c_l\{q - [c_s\varphi K_s f_s/(1+c_s)](1-\hat{c})\} - qc_l - q_{c_l} + q_{0l} + \sum_{j=1}^{N} k_j\lambda_j K_j\varphi c_j - \lambda_l K_l\varphi c_l$.

假定没有流体越过边界 (不渗透边界条件):

$$\mathbf{u}\cdot\nu = 0, \quad (X,t) \in \partial\Omega\times J, \tag{9.2.5a}$$

$$(E_c\nabla\hat{c} - \hat{c}\mathbf{u})\cdot\nu = 0, \quad (X,t) \in \partial\Omega\times J, \tag{9.2.5b}$$

$$(E_c\nabla c_l - c_l\mathbf{u})\cdot\nu = 0, \quad (X,t) \in \partial\Omega\times J, l = 1, 2, \cdots, N. \tag{9.2.5c}$$

此处 Ω 是 R^3 空间的有界区域, $\partial\Omega$ 为其边界曲面, ν 是 $\partial\Omega$ 的外法向矢量. 对温度

方程 (9.2.2) 的边界条件是绝热的, 即

$$(E_H \nabla T - c_p \mathbf{u}) \cdot \nu = 0, \quad (X,t) \in \partial\Omega \times J. \tag{9.2.5d}$$

另外, 初始条件必须给出

$$\begin{aligned} &p(X,0) = p_0(X), \quad \hat{c}(X,0) = \hat{c}_0(X), \quad c_l(X,0) = c_{l0}(X), \\ &l = 1,2,\cdots,N, \quad T(X,0) = T_0(X), \quad X \in \Omega. \end{aligned} \tag{9.2.6}$$

对于经典的不可压缩的二相渗流驱动问题, Douglas, Ewing, Russell 和本书作者已有系列研究成果[3-8]. 对于现代能源和环境科学数值模拟新技术, 特别是在渗流力学数值模拟新技术中, 必须考虑流体的可压缩性, 否则数值模拟将失真[9,10]. 关于可压缩二相渗流驱动问题, Douglas 和本书作者已有系列的研究成果 [3,8,11,12], 如特征有限元法[8,13,14]、特征差分方法[15,16]、分数步差分方法等[8,17]. 我们注意到有限体积元法[18,19]兼具有差分方法的简单性和有限元方法的高精度性, 并且保持局部质量守恒, 是求解偏微分方程的一种十分有效的数值方法. 混合元方法[20-22]可以同时求解压力函数及其 Darcy 流速, 从而提高其一阶精确度. 论文 [3,23,24] 将有限体积元和混合元结合, 提出了混合有限体积元的思想, 论文 [25,26] 通过数值算例验证这种方法的有效性. 论文 [27—29] 主要对椭圆问题给出混合有限体积元的收敛性估计等理论结果, 形成了混合有限体积元方法的一般框架. 芮洪兴等用此方法研究了 Darcy-Forchheimer 油气渗流问题的数值模拟计算[30,31]. 关于核废料污染问题数值模拟的研究, 本书作者和 Ewing 教授关于有限元方法和有限差分方法已有比较系统的研究成果, 并得到实际应用[2,9,12]. 现代网格变动的自适应有限元方法, 已成为精确有效地逼近偏微分方程的重要工具, 特别是对于地下多孔介质渗流问题的数值模拟计算. 对于浓度方程和热传导方程激烈变化的前沿和某些局部性质, 此方法具有十分有效的理想结果. Dawson 等在文献 [40] 中对于热传导方程和对流-扩散方程提出了基于网格变动的混合有限元方法, 在特殊的网格变化情况下可以得到最优的误差估计. 在上述工作的基础上, 我们对三维核废料污染渗流力学数值模拟问题提出一类迎风网格变动的混合体积元-分数步差分方法. 用混合体积元同时逼近压力函数和 Darcy 速度, 并对 Darcy 速度提高了一阶计算精确度. 对主要污染元素浓度方程和热传导方程用迎风网格变动的混合有限体积元方法, 在整体上用网格变动技术, 即对对流项用迎风格式来处理, 方程的扩散项采用混合体积元离散. 此方法适用于对流占优问题, 能消除数值弥散现象, 并可以得到较小的截断时间误差. 扩散项采用混合有限体积元离散, 可以同时逼近未知的浓度函数和温度函数及其伴随向量函数, 并且由于分片常数在检验函数空间中, 因此格式保持单元上质量和能量守恒. 这一特性对渗流力学数值模拟计算是特别重要的. 应用微分方

程先验估计理论和特殊技巧, 得到了最优阶误差估计. 对计算工作量最大的微量污染元素浓度方程组采用迎风分数步差分方法, 将整体三维问题分解为连续解三个一维问题, 且可用追赶法求解, 大大减少实际计算工作量[17]. 本节对一般三维对流-扩散问题做了数值试验, 进一步指明本节的方法是一类切实可行的高效计算方法, 支撑了理论分析结果, 成功解决了这一重要问题[1-3,8,17,32,33].

我们使用通常的 Sobolev 空间及其范数记号. 假定问题 (9.2.1)—(9.2.6) 的精确解满足下述正则性条件:

$$
(\mathrm{R})\begin{cases} p\in L^{\infty}(H^1),\\ \mathbf{u}\in L^{\infty}(H^1(\mathrm{div}))\cap L^{\infty}(W^1_{\infty})\cap W^1_{\infty}(L^{\infty})\cap H^2(L^2),\\ \hat{c},c_l(l=1,2,\cdots,N),T\in L^{\infty}(H^2)\cap H^1(H^1)\cap L^{\infty}(W^1_{\infty})\cap H^2(L^2). \end{cases}
$$

同时假定问题 (9.2.1)—(9.2.6) 的系数满足正定性条件:

$$
(\mathrm{C})\begin{cases} 0<a_*\leqslant \dfrac{\kappa(X)}{\mu(c)}\leqslant a^*,\quad 0<\varphi_*\leqslant\varphi,\varphi_1\leqslant\varphi^*,\quad 0<d_*\leqslant d_1,d_2,d_3\leqslant d^*,\\ 0<K_*\leqslant K_l\leqslant K^*,\quad l=1,2,\cdots,N,\quad 0<E_*\leqslant E_c\leqslant E^*,\\ 0<\bar{E}_*\leqslant E_H\leqslant \bar{E}^*, \end{cases}
$$

此处 $a_*,a^*,\varphi_*,\varphi^*,d_*,d^*,K_*,K^*,E_*,E^*$ 和 $\bar{E}_*,\bar{E}^*$ 均为确定的正常数, 并且全部系数满足局部有界和局部 Lipschitz 连续条件.

在本节中 K 表示一般的正常数, ε 表示一般小的正数, 在不同地方具有不同含义.

9.2.2　记号和引理

为了应用迎风网格变动的混合体积元-分数步差分方法, 我们需要构造三套网格系统. 粗网格是针对流场压力和 Darcy 流速的非均匀粗网格, 中网格是随时间变动的, 针对主要污染元素浓度方程和热传导方程的非均匀网格, 细网格是针对需要精细计算且工作量最大的微量污染元素浓度方程组的均匀细网格. 首先讨论粗网格系统和中网格系统.

研究三维问题, 为简单起见, 设区域 $\Omega=\{[0,1]\}^3$, 用 $\partial\Omega$ 表示其边界. 定义剖分

$$
\delta_x:0=x_{1/2}<x_{3/2}<\cdots<x_{N_x-1/2}<x_{N_x+1/2}=1,
$$
$$
\delta_y:0=y_{1/2}<y_{3/2}<\cdots<y_{N_y-1/2}<y_{N_y+1/2}=1,
$$
$$
\delta_z:0=z_{1/2}<z_{3/2}<\cdots<z_{N_z-1/2}<z_{N_z+1/2}=1.
$$

$\{(x,y,z)|x_{i-1/2}<x<x_{i+1/2},y_{j-1/2}<y<y_{j+1/2},z_{k-1/2}<z<z_{k+1/2}\},x_i=$

$(x_{i-1/2}+x_{i+1/2})/2, y_j=(y_{j-1/2}+y_{j+1/2})/2, z_k=(z_{k-1/2}+z_{k+1/2})/2, h_{x_i}=x_{i+1/2}-x_{i-1/2}, h_{y_j}=y_{j+1/2}-y_{j-1/2}, h_{z_k}=z_{k+1/2}-z_{k-1/2}, h_{x,i+1/2}=(h_{x_i}+h_{x_{i+1}})/2=x_{i+1}-x_i, h_{y,j+1/2}=(h_{y_j}+h_{y_{j+1}})/2=y_{j+1}-y_j, h_{z,k+1/2}=(h_{z_k}+h_{z_{k+1}})/2=z_{k+1}-z_k, h_x=\max\limits_{1\leqslant i\leqslant N_x}\{h_{x_i}\}, h_y=\max\limits_{1\leqslant j\leqslant N_y}\{h_{y_j}\}, h_z=\max\limits_{1\leqslant k\leqslant N_z}\{h_{z_k}\}, h_p=(h_x^2+h_y^2+h_z^2)^{1/2}$. 称剖分是正则的, 是指存在常数 $\alpha_1,\alpha_2>0$, 使得

$$\min_{1\leqslant i\leqslant N_x}\{h_{x_i}\}\geqslant\alpha_1h_x,\quad \min_{1\leqslant j\leqslant N_y}\{h_{y_j}\}\geqslant\alpha_1h_y,$$
$$\min_{1\leqslant k\leqslant N_z}\{h_{z_k}\}\geqslant\alpha_1h_z,\quad \min\{h_x,h_y,h_z\}\geqslant\alpha_2\max\{h_x,h_y,h_z\}.$$

特别指出的是, 此处 $\alpha_i(i=1,2)$ 是两个确定的正常数, 它与 Ω 的剖分 $\delta_x\times\delta_y\times\delta_z$ 有关.

图 9.2.1 表示对应于 $N_x=4, N_y=3, N_z=3$ 情况简单网格的示意图. 定义 $M_l^d(\delta_x)=\{f\in C^l[0,1]:f|_{\Omega_i}\in p_d(\Omega_i), i=1,2,\cdots,N_x\}$, 其中 $\Omega_i=[x_{i-1/2},x_{i+1/2}]$, $p_d(\Omega_i)$ 是 Ω_i 上次数不超过 d 的多项式空间, 当 $l=-1$ 时, 表示函数 f 在 [0,1] 上可以不连续. 对 $M_l^d(\delta_y), M_l^d(\delta_z)$ 的定义是类似的. 记 $S_h=M_{-1}^0(\delta_x)\otimes M_{-1}^0(\delta_y)\otimes M_{-1}^0(\delta_z)$,$V_h=\{\mathbf{w}|\mathbf{w}=(w^x,w^y,w^z), w^x\in M_0^1(\delta_x)\otimes M_{-1}^0(\delta_y)\otimes M_{-1}^0(\delta_z), w^y\in M_{-1}^0(\delta_x)\otimes M_0^1(\delta_y)\otimes M_{-1}^0(\delta_z), w^z\in M_{-1}^0(\delta_x)\otimes M_{-1}^0(\delta_y)\otimes M_0^1(\delta_z), \mathbf{w}\cdot\gamma|_{\partial\Omega}=0\}$. 对函数 $v(x,y,z)$, 用 v_{ijk},$v_{i+1/2,jk}$,$v_{i,j+1/2,k}$ 和 $v_{ij,k+1/2}$ 分别表示 $v(x_i,y_j,z_k)$, $v(x_{i+1/2}, y_j,z_k)$, $v(x_i$,$y_{j+1/2},z_k)$ 和 $v(x_i,y_j,z_{k+1/2})$.

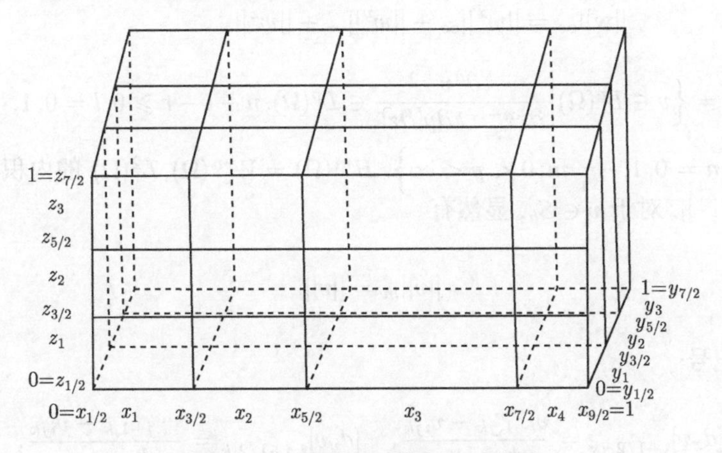

图 9.2.1 非均匀网格剖分示意图

定义下列内积及范数:

$$(v,w)_{\bar{m}}=\sum_{i=1}^{N_x}\sum_{j=1}^{N_y}\sum_{k=1}^{N_z}h_{x_i}h_{y_j}h_{z_k}v_{ijk}w_{ijk},$$

$$(v,w)_x=\sum_{i=1}^{N_x}\sum_{j=1}^{N_y}\sum_{k=1}^{N_z}h_{x_{i-1/2}}h_{y_j}h_{z_k}v_{i-1/2,jk}w_{i-1/2,jk},$$

$$(v,w)_y=\sum_{i=1}^{N_x}\sum_{j=1}^{N_y}\sum_{k=1}^{N_z}h_{x_i}h_{y_{j-1/2}}h_{z_k}v_{i,j-1/2,k}w_{i,j-1/2,k},$$

$$(v,w)_z=\sum_{i=1}^{N_x}\sum_{j=1}^{N_y}\sum_{k=1}^{N_z}h_{x_i}h_{y_j}h_{z_{k-1/2}}v_{ij,k-1/2}w_{ij,k-1/2},$$

$$||v||_s^2=(v,v)_s, s=m,x,y,z,\quad ||v||_\infty=\max_{1\leqslant i\leqslant N_x,1\leqslant j\leqslant N_y,1\leqslant k\leqslant N_z}|v_{ijk}|,$$

$$||v||_{\infty(x)}=\max_{1\leqslant i\leqslant N_x,1\leqslant j\leqslant N_y,1\leqslant k\leqslant N_z}|v_{i-1/2,jk}|,$$

$$||v||_{\infty(y)}=\max_{1\leqslant i\leqslant N_x,1\leqslant j\leqslant N_y,1\leqslant k\leqslant N_z}|v_{i,j-1/2,k}|,$$

$$||v||_{\infty(z)}=\max_{1\leqslant i\leqslant N_x,1\leqslant j\leqslant N_y,1\leqslant k\leqslant N_z}|v_{ij,k-1/2}|.$$

当 $\mathbf{w}=(w^x,w^y,w^z)^{\mathrm{T}}$ 时, 记

$$|||\mathbf{w}|||=\left(||w^x||_x^2+||w^y||_y^2+||w^z||_z^2\right)^{1/2},$$

$$|||\mathbf{w}|||_\infty=||w^x||_{\infty(x)}+||w^y||_{\infty(y)}+||w^z||_{\infty(z)},$$

$$||\mathbf{w}||_{\bar{m}}=\left(||w^x||_{\bar{m}}^2+||w^y||_{\bar{m}}^2+||w^z||_{\bar{m}}^2\right)^{1/2},$$

$$||\mathbf{w}||_\infty=||w^x||_\infty+||w^y||_\infty+||w^z||_\infty.$$

设 $W_p^m(\Omega)=\left\{v\in L^p(\Omega)\Big|\dfrac{\partial^n v}{\partial x^{n-l-r}\partial y^l\partial z^r}\in L^p(\Omega), n-l-r\geqslant 0, l=0,1,\cdots,n; r=0,1,\cdots,n; n=0,1,\cdots,m; 0<p<\infty\right\}$. $H^m(\Omega)=W_2^m(\Omega)$, $L^2(\Omega)$ 的内积与范数分别为 $(\cdot,\cdot)$, $||\cdot||$. 对于 $v\in S_h$, 显然有

$$||v||_{\bar{m}}=||v||. \tag{9.2.7}$$

定义下列记号:

$$[d_xv]_{i+1/2,jk}=\frac{v_{i+1,jk}-v_{ijk}}{h_{x,i+1/2}},\quad [d_yv]_{i,j+1/2,k}=\frac{v_{i,j+1,k}-v_{ijk}}{h_{y,j+1/2}},$$

$$[d_zv]_{ij,k+1/2}=\frac{v_{ij,k+1}-v_{ijk}}{h_{z,k+1/2}};\quad [D_xw]_{ijk}=\frac{w_{i+1/2,jk}-w_{i-1/2,jk}}{h_{x_i}},$$

$$[D_yw]_{ijk}=\frac{w_{i,j+1/2,k}-w_{i,j-1/2,k}}{h_{y_j}},\quad [D_zw]_{ijk}=\frac{w_{ij,k+1/2}-w_{ij,k-1/2}}{h_{z_k}};$$

$$\hat{w}_{ijk}^x = \frac{w_{i+1/2,jk}^x + w_{i-1/2,jk}^x}{2}, \quad \hat{w}_{ijk}^y = \frac{w_{i,j+1/2,k}^y + w_{i,j-1/2,k}^y}{2},$$

$$\hat{w}_{ijk}^z = \frac{w_{ij,k+1/2}^z + w_{ij,k-1/2}^z}{2}; \quad \bar{w}_{ijk}^x = \frac{h_{x,i+1}}{2h_{x,i+1/2}} w_{ijk} + \frac{h_{x,i}}{2h_{x,i+1/2}} w_{i+1,jk},$$

$$\bar{w}_{ijk}^y = \frac{h_{y,j+1}}{2h_{y,j+1/2}} w_{ijk} + \frac{h_{y,j}}{2h_{y,j+1/2}} w_{i,j+1,k},$$

$$\bar{w}_{ijk}^z = \frac{h_{z,k+1}}{2h_{z,k+1/2}} w_{ijk} + \frac{h_{z,k}}{2h_{z,k+1/2}} w_{ij,k+1},$$

以及 $\hat{\mathbf{w}}_{ijk} = (\hat{w}_{ijk}^x, \hat{w}_{ijk}^y, \hat{w}_{ijk}^z)^{\mathrm{T}}, \bar{\mathbf{w}}_{ijk} = (\bar{w}_{ijk}^x, \bar{w}_{ijk}^y, \bar{w}_{ijk}^z)^{\mathrm{T}}$. 此处 $d_s(s=x,y,z)$, $D_s(s=x,y,z)$ 是差商算子, 它与方程 (9.2.3) 中的系数 D 无关. 记 L 是一个正整数, $\Delta t = T/L, t^n = n\Delta t, v^n$ 表示函数在 t^n 时刻的值, $d_t v^n = (v^n - v^{n-1})/\Delta t$.

对于上面定义的内积和范数, 下述四个引理成立.

引理 9.2.1 对于 $v \in S_h, \mathbf{w} \in V_h$, 显然有

$$\begin{aligned} (v, D_x w^x)_m = -(d_x v, w^x)_x, \quad (v, D_y w^y)_m = -(d_y v, w^y)_y, \\ (v, D_z w^z)_m = -(d_z v, w^z)_z. \end{aligned} \tag{9.2.8}$$

引理 9.2.2 对于 $\mathbf{w} \in V_h$, 则有

$$||\hat{\mathbf{w}}||_m \leqslant |||\mathbf{w}|||. \tag{9.2.9}$$

证明同引理 9.1.2.

引理 9.2.3 对于 $q \in S_h$, 则有

$$||\bar{q}^x||_x \leqslant M||q||_m, \quad ||\bar{q}^y||_y \leqslant M||q||_m, \quad ||\bar{q}^z||_z \leqslant M||q||_m, \tag{9.2.10}$$

此处 M 是与 q, h 无关的常数.

引理 9.2.4 对于 $\mathbf{w} \in V_h$, 则有

$$||w^x||_x \leqslant ||D_x w^x||_m, \quad ||w^y||_y \leqslant ||D_y w^y||_m, \quad ||w^z||_z \leqslant ||D_z w^z||_m. \tag{9.2.11}$$

证明同引理 9.1.4.

对于中网格系统, 它是变网格的, 对于区域 $\Omega = \{[0,1]\}^3$, 通常是在上述粗网格的基础上再进行均匀细分, 一般取原网格步长的 $1/\hat{l}$, 通常 $\hat{l}$ 取 2 或 4, 其余全部记号不变, 此时 $h_{\hat{c}} = h_p/\hat{l}$. 它应用于 brine 浓度方程和热传导方法的浓度、温度的锋面前沿局部加密, 并随时间移动.

关于细网格系统, 对于区域 $\Omega = \{[0,1]\}^3$, 定义均匀网格剖分:

$$\bar{\delta}_x : 0 = x_0 < x_1 < \cdots < x_{M_1-1} < x_{M_1} = 1,$$
$$\bar{\delta}_y : 0 = y_0 < y_1 < \cdots < y_{M_2-1} < y_{M_2} = 1,$$
$$\bar{\delta}_z : 0 = z_0 < z_1 < \cdots < z_{M_3-1} < z_{M_3} = 1,$$

此处 $M_i(i = 1,2,3)$ 均为正常数, 三个方向步长和网格点分别记为 $h^x = \dfrac{1}{M_1}, h^y = \dfrac{1}{M_2}$, $h^z = \dfrac{1}{M_3}$, $x_i = ih^x$, $y_j = jh^y$, $z_k = kh^z$, $h_c = ((h^x)^2 + (h^y)^2 + (h^z)^2)^{1/2}$. 记 $D_{i+1/2,jk} = \dfrac{1}{2}[D(X_{ijk}) + D(X_{i+1,jk})]$, $D_{i-1/2,jk} = \dfrac{1}{2}[D(X_{ijk}) + D(X_{i-1,jk})]$, $D_{i,j+1/2,k}, D_{i,j-1/2,k}, D_{ij,k+1/2}, D_{ij,k-1/2}$ 的定义是类似的. 同时定义:

$$\begin{aligned}&\delta_{\bar{x}}(D\delta_x W)^n_{ijk}\\ =&(h^x)^{-2}[D_{i+1/2,jk}(W^n_{i+1,jk} - W^n_{ijk}) - D_{i-1/2,jk}(W^n_{ijk} - W^n_{i-1,jk})],\end{aligned} \tag{9.2.12a}$$

$$\begin{aligned}&\delta_{\bar{y}}(D\delta_y W)^n_{ijk}\\ =&(h^y)^{-2}[D_{i,j+1/2,k}(W^n_{i,j+1,k} - W^n_{ijk}) - D_{i,j-1/2,k}(W^n_{ijk} - W^n_{i,j-1,k})],\end{aligned} \tag{9.2.12b}$$

$$\begin{aligned}&\delta_{\bar{z}}(D\delta_z W)^n_{ijk}\\ =&(h^z)^{-2}[D_{ij,k+1/2}(W^n_{ij,k+1} - W^n_{ijk}) - D_{ij,k-1/2}(W^n_{ijk} - W^n_{ij,k-1})].\end{aligned} \tag{9.2.12c}$$

$$\nabla_h(D\nabla W)^n_{ijk} = \delta_{\bar{x}}(D\delta_x W)^n_{ijk} + \delta_{\bar{y}}(D\delta_y W)^n_{ijk} + \delta_{\bar{z}}(D\delta_z W)^n_{ijk}. \tag{9.2.13}$$

9.2.3 迎风网格变动的混合体积元-分数步差分方法程序

为了引入混合有限体积元方法的处理思想, 我们将流动方程 (9.2.1) 写为下述标准形式:

$$\varphi_1 \frac{\partial p}{\partial t} + \nabla \cdot \mathbf{u} = R(\hat{c}), \tag{9.2.14a}$$

$$\mathbf{u} = -a(\hat{c})\nabla p, \tag{9.2.14b}$$

此处 $R(\hat{c}) = -q + R_s', a(\hat{c}) = \kappa(X)\mu^{-1}(\hat{c})$.

对于 brine 浓度方程 (9.2.3) 构造迎风混合体积元格式, 为此将其转变为散度形式. 记 $\mathbf{g} = \mathbf{u}\hat{c} = (u_1\hat{c}, u_2\hat{c}, u_3\hat{c})^{\mathrm{T}}$, $\bar{\mathbf{z}} = -\nabla\hat{c}$, $\mathbf{z} = E_c\bar{\mathbf{z}}$, 则方程 (9.2.3) 写为

$$\varphi\frac{\partial \hat{c}}{\partial t} + \nabla \cdot \mathbf{g} + \nabla \cdot \mathbf{z} - \hat{c}\nabla \cdot \mathbf{u} = f(\hat{c}). \tag{9.2.15}$$

对 (9.2.15) 注意到 $\nabla \cdot \mathbf{u} = -\varphi\dfrac{\partial p}{\partial t} - q + R_s'(\hat{c})$, 则有

$$\varphi\frac{\partial \hat{c}}{\partial t}+\hat{c}\varphi_1\frac{\partial p}{\partial t}+\nabla\cdot\mathbf{g}+\nabla\cdot\mathbf{z}=F(\hat{c}), \tag{9.2.16}$$

此处 $F(\hat{c})=-\hat{c}q+R_s'(\hat{c})+f(\hat{c})$.

在这里我们应用拓广的混合体积元方法[34], 此方法不仅能得到扩散流量 $\mathbf{z}$ 的近似, 同时能得到梯度 $\bar{\mathbf{z}}$ 的近似.

对热传导方程 (9.2.2) 类似地构造迎风混合体积元格式, 同样将其转变为散度形式. 记 $\mathbf{g}_T=c_p\mathbf{u}T=(u_1c_pT,u_2c_pT,u_3c_pT)^{\mathrm{T}}$, $\bar{\mathbf{z}}_T=-\nabla T$, $\mathbf{z}_T=E_H\,\bar{\mathbf{z}}_T$, 则方程 (9.2.2) 写为

$$d_{1,T}\frac{\partial p}{\partial t}+d_2\frac{\partial T}{\partial t}+\nabla\cdot\mathbf{g}_T+\nabla\cdot\mathbf{z}_T=Q_T(\mathbf{u},p,T,\hat{c}), \tag{9.2.17}$$

此处 $d_{1,T}=d_1(p)+c_p\varphi_1T$, $Q_T(\mathbf{u},p,T,\hat{c})=Q(\mathbf{u},p,T,\hat{c})-c_pqT+c_pT\,R_s'(\hat{c})$.

设 $P,\mathbf{U},\hat{C},\mathbf{G},\bar{\mathbf{Z}}$ 和 $\mathbf{Z}$ 分别为 $p,\mathbf{u},\hat{c},\mathbf{g},\bar{\mathbf{z}}$ 和 $\mathbf{z}$ 的混合体积元-迎风混合体积元的近似解. 由 9.2.2 小节的记号和引理 9.2.1—引理 9.2.4 的结果导出流动方程 (9.2.14) 的混合体积元格式为

$$\begin{aligned}&\left(\varphi_1\frac{P^{n+1}-P^n}{\Delta t},v\right)_m+(D_xU^{x,n+1}+D_yU^{y,n+1}+D_zU^{z,n+1},v)_m\\&=(R(\hat{C}^n),v)_m,\quad\forall v\in S_h,\end{aligned} \tag{9.2.18a}$$

$$\begin{aligned}&(a^{-1}(\bar{\hat{C}}^{x,n})U^{x,n+1},w^x)_x+(a^{-1}(\bar{\hat{C}}^{y,n})U^{y,n+1},w^y)_y+(a^{-1}(\bar{\hat{C}}^{z,n})U^{z,n+1},w^z)_z\\&-(P^{n+1},D_xw^x+D_yw^y+D_zw^z)_m=0,\quad\forall\mathbf{w}\in V_h.\end{aligned} \tag{9.2.18b}$$

brine 浓度方程 (9.2.16) 的迎风网格变动的混合体积元格式为

$$\begin{aligned}&\left(\varphi\frac{\hat{C}^{n+1}-\hat{C}^n}{\Delta t},v\right)_m+\left(\varphi_1\,\hat{C}^n\,\frac{P^{n+1}-P^n}{\Delta t},v\right)_m\\&+\left(\nabla\cdot\mathbf{G}^{n+1},v\right)_m+\left(\sum_{s=x,y,z}D_s\mathbf{Z}^{s,n+1},v\right)_m\\&=(F(\hat{C}^n),v)_m,\quad\forall v\in S_h,\end{aligned} \tag{9.2.19a}$$

$$\sum_{s=x,y,z}(\bar{Z}^{s,n+1},w^s)_s-\left(\hat{C}^{n+1},\sum_{s=x,y,z}D_sw^s\right)_m=0,\quad\forall\mathbf{w}\in V_h, \tag{9.2.19b}$$

$$\sum_{s=x,y,z}(Z^{s,n+1},w^s)_s=\sum_{s=x,y,z}(E_c\,\bar{Z}^{s,n+1},w^s)_m,\quad\forall\mathbf{w}\in V_h. \tag{9.2.19c}$$

对热传导方程 (9.2.2), 设 $T_h,\mathbf{G}_T,\bar{\mathbf{Z}}_T$ 和 $\mathbf{Z}_T$ 分别为 $T,\mathbf{g}_T,\bar{\mathbf{z}}_T$ 和 $\mathbf{z}_T$ 的迎风网

格变动的混合体积元的近似解, 热传导方程 (9.2.17) 的迎风网格变动的混合体积元格式为

$$\left(d_2\frac{T_h^{n+1}-T_h^n}{\Delta t},v\right)_m+\left(d_{1,T}(P^n,T_h^n)\frac{P^{n+1}-P^n}{\Delta t},v\right)_m+(\nabla\cdot\mathbf{G}_T^{n+1},v)_m$$
$$+\left(\sum_{s=x,y,z}D_sZ_T^{s,n+1},v\right)_m$$
$$=\left(Q_T(\mathbf{U}^n,P^n,T_h^n,\hat{C}^n),v\right)_m,\quad \forall v\in S_h, \tag{9.2.20a}$$

$$\sum_{s=x,y,z}(\bar{Z}_T^{s,n+1},w^s)_s-\left(T_h^{n+1},\sum_{s=x,y,z}D_sw^s\right)_m=0,\quad \forall\mathbf{w}\in V_h, \tag{9.2.20b}$$

$$\sum_{s=x,y,z}(Z_T^{s,n+1},w^s)_s=\sum_{s=x,y,z}(E_H\,\bar{Z}_T^{s,n+1},w^s)_m,\quad \forall\mathbf{w}\in V_h. \tag{9.2.20c}$$

对 radionuclide 浓度方程组 (9.2.4) 的迎风分数步差分格式为

$$\varphi_{l,ijk}\frac{C_{l,ijk}^{n+1/3}-C_{l,ijk}^n}{\Delta t}$$
$$=\delta_{\bar{x}}(E_c\delta_xC_l^{n+1/3})_{ijk}+\delta_{\bar{y}}(E_c\delta_yC_l^n)_{ijk}$$
$$+\delta_{\bar{z}}(E_c\delta_zC_l^n)_{ijk}-d_1(C_{ijk}^n)\frac{P_{ijk}^{n+1}-P_{ijk}^n}{\Delta t}+f_l(\hat{C}^{n+1},C_1^n,C_2^n,\cdots,C_N^n)_{ijk}$$
$$-\sum_{s=x,y,z}\delta_{U_s^{n+1}}C_{l,ijk}^n,\quad 1\leqslant i\leqslant M_1,l=1,2,\cdots,N, \tag{9.2.21a}$$

$$\varphi_{l,ijk}\frac{C_{l,ijk}^{n+2/3}-C_{l,ijk}^{n+1/3}}{\Delta t}$$
$$=\delta_{\bar{y}}(E_c\delta_y(C_l^{n+2/3}-C_l^n))_{ijk},\quad 1\leqslant j\leqslant M_2,l=1,2,\cdots,N, \tag{9.2.21b}$$
$$\varphi_{l,ijk}\frac{C_{l,ijk}^{n+1}-C_{l,ijk}^{n+2/3}}{\Delta t}$$
$$=\delta_{\bar{z}}(E_c\delta_z(C_l^{n+1}-C_l^n))_{ijk},\quad 1\leqslant k\leqslant M_3,\ l=1,2,\cdots,N, \tag{9.2.21c}$$

此处 $\varphi_l=\varphi K_l,\delta_{U_s^{n+1}}C_{l,ijk}^n=U_{s,ijk}^{n+1}\{H(U_{s,ijk}^{n+1})\delta_{\bar{s}}C_{l,ijk}^n+(1-H(U_{s,ijk}^{n+1}))\delta_sC_{l,ijk}^n\}$.

初始逼近:

$$P^0=\tilde{P}^0,\quad \mathbf{U}^0=\tilde{\mathbf{U}}^0,\quad \hat{C}^0=\tilde{\hat{C}}^0,\quad \bar{\mathbf{Z}}^0=\tilde{\bar{\mathbf{Z}}}^0,\quad \mathbf{Z}^0=\tilde{\mathbf{Z}}^0,$$
$$T_h^0=\tilde{T}^0,\quad \bar{\mathbf{Z}}_T^0=\tilde{\bar{\mathbf{Z}}}_T^0,\quad \mathbf{Z}_T^0=\tilde{\mathbf{Z}}_T^0,\quad X\in\Omega, \tag{9.2.22a}$$
$$C_{l,ijk}^0=\tilde{C}_{l0}(X_{ijk}),\quad X_{ijk}\in\bar{\Omega},l=1,2,\cdots,N. \tag{9.2.22b}$$

此处 $\{\tilde{P}^0,\tilde{\mathbf{U}}^0\}$, $\{\tilde{\hat{C}}^0,\tilde{\mathbf{Z}}^0,\tilde{\bar{\mathbf{Z}}}^0\}$,$\{\tilde{T}_h^0,\tilde{\bar{\mathbf{Z}}}_T^0,\tilde{\mathbf{Z}}_T^0\}$ 分别为 $\{p^0,\mathbf{u}^0\}$,$\{\hat{c}_0,\bar{\mathbf{z}}^0,\mathbf{z}_0\}$,$\{T^0,\bar{\mathbf{z}}_T^0,\mathbf{z}_T^0\}$

的 Ritz 投影 (将在 9.2.5 小节定义), $\tilde{C}^0_{l,ijk}$ 将由初始条件 (9.2.6) 直接得到.

对方程 (9.2.19a) 中的迎风项用近似解 $\hat{C}$ 来构造, 本节使用简单的迎风方法. 由于在 $\partial\Omega$ 上 $\mathbf{g}=\mathbf{u}c=0$, 设在边界上 $\mathbf{G}^{n+1}\cdot\gamma$ 的平均积分为 0. 假设单元 e_1,e_2 有公共面 σ,X_l 是此面的重心,γ_l 是从 e_1 到 e_2 的法向量, 那么我们可以定义

$$\mathbf{G}^{n+1}\cdot\gamma_l=\begin{cases}\hat{C}^{n+1}_{e_1}(\mathbf{U}^{n+1}\cdot\gamma_l)(X_l), & (\mathbf{U}^{n+1}\cdot\gamma_l)(X_l)\geqslant 0,\\ \hat{C}^{n+1}_{e_2}(\mathbf{U}^{n+1}\cdot\gamma_l)(X_l), & (\mathbf{U}^{n+1}\cdot\gamma_l)(X_l)<0.\end{cases}\tag{9.2.23}$$

此处 $\hat{C}^{n+1}_{e_1},\hat{C}^{n+1}_{e_2}$ 是 $\hat{C}^{n+1}$ 在单元上的数值. 这样我们借助 $\hat{C}^{n+1}$ 定义了 $\mathbf{G}^{n+1}$, 完成了数值格式 (9.2.19a)—(9.2.19c) 的构造. 形成了关于 $\hat{C}$ 的非对称方程组. 我们也可用另外的方法计算 $\mathbf{G}^{n+1}$, 得到对称方程组

$$\mathbf{G}^{n+1}\cdot\gamma_l=\begin{cases}\hat{C}^{n}_{e_1}(\mathbf{U}^{n}\cdot\gamma_l)(X_l), & (\mathbf{U}^{n}\cdot\gamma_l)(X_l)\geqslant 0,\\ \hat{C}^{n}_{e_2}(\mathbf{U}^{n}\cdot\gamma_l)(X_l), & (\mathbf{U}^{n}\cdot\gamma_l)(X_l)<0.\end{cases}\tag{9.2.24}$$

类似地, 对方程 (9.2.20a) 中的迎风项用近似解 T_h 来构造. 由于在 $\partial\Omega$ 上 $\mathbf{g}_T=c_p\mathbf{u}T=0$, 我们可以定义

$$\mathbf{G}^{n+1}_T\cdot\gamma_l=\begin{cases}c_pT^{n+1}_{h,e_1}(\mathbf{U}^{n+1}\cdot\gamma_l)(X_l), & (\mathbf{U}^{n+1}\cdot\gamma_l)(X_l)\geqslant 0,\\ c_pT^{n+1}_{h,e_2}(\mathbf{U}^{n+1}\cdot\gamma_l)(X_l), & (\mathbf{U}^{n+1}\cdot\gamma_l)(X_l)<0,\end{cases}\tag{9.2.25}$$

或

$$\mathbf{G}^{n+1}_T\cdot\gamma_l=\begin{cases}c_pT^{n}_{h,e_1}(\mathbf{U}^{n}\cdot\gamma_l)(X_l), & (\mathbf{U}^{n}\cdot\gamma_l)(X_l)\geqslant 0,\\ c_pT^{n}_{h,e_2}(\mathbf{U}^{n}\cdot\gamma_l)(X_l), & (\mathbf{U}^{n}\cdot\gamma_l)(X_l)<0.\end{cases}\tag{9.2.26}$$

混合体积元-迎风混合体积元-分数步差分格式的计算程序: 首先由 (9.2.6) 应用混合体积元 Ritz 投影确定 $\{\tilde{P}^0,\tilde{\mathbf{U}}^0\},\{\tilde{\hat{C}}^0,\tilde{\bar{\mathbf{Z}}}^0,\tilde{\mathbf{Z}}^0\}$, 取 $P^0=\tilde{P}^0,\mathbf{U}^0=\tilde{\mathbf{U}}^0$, $\hat{C}^0=\tilde{\hat{C}}^0$, $\bar{\mathbf{Z}}^0=\tilde{\bar{\mathbf{Z}}}^0$, $\mathbf{Z}^0=\tilde{\mathbf{Z}}^0$. 再由混合体积元格式 (9.2.18) 应用共轭梯度法求得 $\{P^1,\mathbf{U}^1\}$. 然后, 再由迎风网格变动的混合体积元格式 (9.2.19) 应用共轭梯度法求得 $\{\hat{C}^1,\bar{\mathbf{Z}}^1,\mathbf{Z}^1\}$, 再由初始条件 (9.2.6), 应用混合体积元 Ritz 投影确定 $\{\tilde{T}^0_h,\tilde{\bar{\mathbf{Z}}}^0_T,\tilde{\mathbf{Z}}^0_T\}$, 取 $T^0_h=\tilde{T}^0_h$, $\bar{\mathbf{Z}}^0_T=\tilde{\bar{\mathbf{Z}}}^0_T$, $\mathbf{Z}^0_T=\tilde{\mathbf{Z}}^0_T$. 由迎风网格变动的混合体积元格式 (9.2.20) 求出 $\{T^1_h,\bar{\mathbf{Z}}^0_T,\mathbf{Z}^1_T\}$. 在此基础, 再用迎风分数步差分格式 (9.2.21a)—(9.2.21c), 应用一维追赶法求得 $\{C^{1/3}_{l,ijk}\}$,$\{C^{2/3}_{l,ijk}\}$. 最后得 $t=t^1$ 的差分解 $\{C^1_{l,ijk}\}$. 对 $l=1,2,\cdots,N$ 可并行计算. 这样完成了第 1 层的计算. 再由混合体积元格式 (9.2.18) 求得 $\{P^2,\mathbf{U}^2\}$. 由格式 (9.2.19) 求出 $\{\hat{C}^2,\bar{\mathbf{Z}}^2,\mathbf{Z}^2\}$, 由格式 (9.2.20) 求出 $\{T^2_h,\bar{\mathbf{Z}}^2_T,\mathbf{Z}^2_T\}$. 然后再由迎风分数步差分格式 (9.2.21) 求出 $\{C^2_l,l=1,2,\cdots,N\}$. 这样依次进行, 可求得全部数值逼近解, 由正定性条件 (C), 解存在且唯一.

注 由于网格发生变动, 在 (9.2.19a) 中必须计算 $(\varphi_1 \hat{C}^n, v)_m$, 也就是 $\hat{C}^n$ 的 L^2 投影, 即在 J_e^n 上的分片常数投影到 J_e^{n+1} 上的分片常数, 此处 J_e^n, J_e^{n+1} 分别为 t^n 和 t^{n+1} 时刻的网格剖分. 同样对 (9.2.20b) 中关于 $(d_2 T_h^n, v)_m$ 的计算是类似的.

9.2.4 守恒律原理

如果问题 (9.2.1)—(9.2.5) 是微小压缩的情况[2,11,32,33], 即 $\varphi_1 \cong 0$, 且没有源汇项, 也就是 $F(\hat{c}) \equiv 0$, 且边界条件是不渗透的, 在网格不变动的时间步具有单元质量和能量守恒以及整体质量和能量守恒. 在每个单元 $e \in \Omega$ 上, $e = \Omega_{ijk} = [x_{i-1/2}, x_{i+1/2}] \times [y_{j-1/2}, y_{j+1/2}] \times [z_{k-1/2}, z_{k+1/2}]$, brine 浓度方程的单元质量守恒表现为

$$\int_e \varphi \frac{\partial \hat{c}}{\partial t} dX - \int_{\partial e} \mathbf{g} \cdot \gamma_e ds - \int_{\partial e} \mathbf{z} \cdot \gamma_e ds = 0. \tag{9.2.27}$$

此处 e 为区域 Ω 关于 brine 浓度的网格剖分单元, ∂e 为单元 e 的边界面,γ_e 为单元边界面的外法线方向矢量. 下面我们证明 (9.2.19a) 满足下面的离散意义下的单元质量守恒律.

定理 9.2.1 如果 $\varphi_1 \cong 0$, $F(\hat{c}) \equiv 0$, 则在任意单元 $e \in \Omega$ 上, 格式 (9.2.19a) 满足离散的单元质量守恒律

$$\int_e \varphi \frac{\hat{C}^{n+1} - \hat{C}^n}{\Delta t} dX - \int_{\partial e} \mathbf{G}^{n+1} \cdot \gamma_e ds - \int_{\partial e} \mathbf{Z}^{n+1} \cdot \gamma_e ds = 0. \tag{9.2.28}$$

证明 因为 $v \in S_h$, 对给定的单元 $e = \Omega_{ijk}$ 上, 取 $v \equiv 1$, 在其他单元上为零, 则此时 (9.2.19a) 为

$$\begin{aligned} &\left(\varphi \frac{\hat{C}^{n+1} - \hat{C}^n}{\Delta t}, 1\right)_{\Omega_{ijk}} - \int_{\partial \Omega_{ijk}} \mathbf{G}^{n+1} \cdot \gamma_{\Omega_{ijk}} ds \\ &+ \left(\sum_{s=x,y,z} D_s Z^{s,n+1}, 1\right)_{\Omega_{ijk}} = 0. \end{aligned} \tag{9.2.29}$$

按 9.2.2 小节中的记号可得

$$\begin{aligned} \left(\varphi \frac{\hat{C}^{n+1} - \hat{C}^n}{\Delta t}, 1\right)_{\Omega_{ijk}} &= \varphi_{ijk} \left(\frac{\hat{C}_{ijk}^{n+1} - \hat{C}_{ijk}^n}{\Delta t}\right) h_{x_i} h_{y_j} h_{z_k} \\ &= \int_{\Omega_{ijk}} \varphi \frac{\hat{C}^{n+1} - \hat{C}^n}{\Delta t} dX, \end{aligned} \tag{9.2.30a}$$

$$\left(\sum_{s=x,y,z} D_s Z^{s,n+1}, 1\right)_{\Omega_{ijk}}$$
$$= (Z^{x,n+1}_{i+1/2,jk} - Z^{x,n+1}_{i-1/2,jk})h_{y_j}h_{z_k} + (Z^{y,n+1}_{i,j+1/2,k} - Z^{y,n+1}_{i,j-1/2,k})h_{x_i}h_{z_k}$$
$$+ (Z^{z,n+1}_{ij,k+1/2} - Z^{z,n+1}_{ij,k-1/2})h_{x_i}h_{y_j}$$
$$= -\int_{\partial\Omega_{ijk}} \mathbf{Z}^{n+1}\cdot\gamma_{\Omega_{ijk}} ds. \tag{9.2.30b}$$

将式 (9.2.30) 代入式 (9.2.29), 定理 9.2.1 得证.

由单元质量守恒律定理 9.2.1, 即可推出整体质量守恒律.

定理 9.2.2 如果 $\varphi_1 \cong 0$, $F(\hat{c}) \equiv 0$, 边界条件是不渗透的, 则格式 (9.2.19a) 满足整体离散质量守恒律

$$\int_\Omega \varphi\frac{\hat{C}^{n+1}-\hat{C}^n}{\Delta t}dX = 0, \quad n \geqslant 0. \tag{9.2.31}$$

证明 由单元质量守恒律 (9.2.28), 对全部的网格剖分单元求和, 则有

$$\sum_{i,j,k}\int_{\Omega_{ijk}} \varphi\frac{\hat{C}^{n+1}-\hat{C}^n}{\Delta t}dX - \sum_{i,j,k}\int_{\partial\Omega_{ijk}} \mathbf{G}^{n+1}\cdot\gamma_{\Omega_{ijk}}ds$$
$$-\sum_{i,j,k}\int_{\partial\Omega_{ijk}} \mathbf{Z}^{n+1}\cdot\gamma_{\Omega_{ijk}}ds = 0. \tag{9.2.32}$$

记单元 e_1, e_2 的公共面为 σ_l, X_l 是边界面的中点, γ_l 是从 e_1 到 e_2 的法向量. 那么由对流项的定义, 在单元 e_1 上, 若 $\mathbf{U}^{n+1}\cdot\gamma_l(X_l) \geqslant 0$, 则

$$\int_{e_1} \mathbf{G}^{n+1}\cdot\gamma_l ds = \hat{C}^{n+1}_{e_1}\mathbf{U}^{n+1}\cdot\gamma_l(X_l)|\sigma_l|, \tag{9.2.33a}$$

此处 $|\sigma_l|$ 是边界面 σ_l 的测度, 而在单元 e_2 上 σ_l 的法向量为 $-\gamma_l$, 此时 $\mathbf{U}^{n+1}\cdot\gamma_l(X_l) \leqslant 0$, 则

$$\int_{e_2} \mathbf{G}^{n+1}\cdot\gamma_l ds = -\hat{C}^{n+1}_{e_1}\mathbf{U}^{n+1}\cdot\gamma_l(X_l)|\sigma_l|. \tag{9.2.33b}$$

上面两式互相抵消, 故

$$\sum_e\int_{\partial e} \mathbf{G}^{n+1}\cdot\gamma_{\partial e}ds = 0. \tag{9.2.34}$$

注意到

$$-\sum_e\int_{\partial e} \mathbf{Z}^{n+1}\cdot\gamma_{\partial e}ds = -\int_{\partial\Omega} \mathbf{Z}^{n+1}\cdot\gamma_{\partial\Omega}ds = 0. \tag{9.2.35}$$

将式 (9.2.33), (9.2.34) 代入 (9.2.32) 可得到 (9.2.31). 定理 9.2.2 得证.

对于热传导方程 (9.2.2) 同样在微小压缩的情况下, 即 $d_{1,T} \cong 0$, 且没有源汇项. 边界条件是绝热的, 则热传导方程 (9.2.17) 在每个单元上具有单元能量守恒律. 下面证明格式 (9.2.20a) 满足离散意义下的单元能量守恒律.

定理 9.2.3 如果 $d_{1,T} \cong 0$, $Q_T \equiv 0$, 则在任意单元 e 上, 格式 (9.2.20a) 满足离散的单元能量守恒律

$$\int_e d_2 \frac{T_h^{n+1} - T_h^n}{\Delta t} dX - \int_{\partial e} \mathbf{G}^{n+1} \cdot \gamma_e ds - \int_{\partial e} \mathbf{Z}^{n+1} \cdot \gamma_e ds = 0. \tag{9.2.36}$$

证明类似定理 9.2.1.

定理 9.2.4 如果 $d_{1,T} \cong 0$, $Q_T \equiv 0$, 边界条件是绝热的, 则格式 (9.2.20a) 满足整体离散能量守恒律

$$\int_\Omega d_2 \frac{T_h^{n+1} - T_h^n}{\Delta t} dX = 0, \quad n \geqslant 0. \tag{9.2.37}$$

证明类似定理 9.2.2.

守恒律这一重要的物理特性, 在渗流力学数值模拟计算中具有特别重要的价值.

9.2.5 收敛性分析

为了确定初始逼近 (9.2.22a) 和研究收敛性分析, 我们引入下述混合体积元的 Ritz 投影. 定义 $\{\tilde{P}, \tilde{\mathbf{U}}\} \in S_h \times V_h$, 满足

$$\left(\sum_{s=x,y,z} D_s \tilde{U}^s, v \right)_m = (f, v)_m, \quad \forall v \in S_h, \tag{9.2.38a}$$

$$\sum_{s=x,y,z} (a^{-1}(\hat{c}) \tilde{U}^s, w^s)_s = \left(\tilde{P}, \sum_{s=x,y,z} D_s w^s \right)_m, \quad \forall \mathbf{w} \in V_h, \tag{9.2.38b}$$

$$(\tilde{P} - p, 1)_m = 0, \tag{9.2.38c}$$

此处 $f = -\varphi \dfrac{\partial p}{\partial t} - q + R_s'(\hat{c})$. 定义 $\{\tilde{\hat{C}}, \tilde{\bar{\mathbf{Z}}}, \tilde{\mathbf{Z}}\} \in S_h \times V_h \times V_h$, 满足

$$\left(\sum_{s=x,y,z} D_s \tilde{Z}^s, v \right)_m = (f_{\hat{c}}, v)_m, \quad \forall v \in S_h, \tag{9.2.39a}$$

$$\left(\sum_{s=x,y,z}\tilde{\tilde{Z}}^s,w^s\right)_s=\left(\tilde{\hat{C}},\sum_{s=x,y,z}D_sw^s\right)_m,\quad\forall\mathbf{w}\in V_h,\tag{9.2.39b}$$

$$\sum_{s=x,y,z}(\tilde{Z}^s,w^s)_s=\sum_{s=x,y,z}\left(E_c\tilde{\tilde{Z}}^s,w^s\right)_s,\quad\forall\mathbf{w}\in V_h,\tag{9.2.39c}$$

$$(\tilde{\hat{C}}-\hat{c},1)_m=0.\tag{9.2.39d}$$

此处 $f_{\hat{c}}=-\varphi\dfrac{\partial\hat{c}}{\partial t}-\mathbf{u}\cdot\nabla\hat{c}+f(\hat{c})$. 定义 $\{\tilde{T}_h,\tilde{\bar{\mathbf{Z}}}_T,\tilde{\mathbf{Z}}_T\}\in S_h\times V_h\times V_h$, 满足

$$\left(\sum_{s=x,y,z}D_s\tilde{Z}_T^s,v\right)_m=(f_T,v)_m,\quad\forall v\in S_h,\tag{9.2.40a}$$

$$\left(\sum_{s=x,y,z}\tilde{\tilde{Z}}_T^s,w^s\right)_s=\left(\tilde{T}_h,\sum_{s=x,y,z}D_sw^s\right)_m,\quad\forall\mathbf{w}\in V_h,\tag{9.2.40b}$$

$$\sum_{s=x,y,z}(\tilde{Z}_T^s,w^s)_s=\sum_{s=x,y,z}(E_H\tilde{\tilde{Z}}_T^s,w^s)_s,\quad\forall\mathbf{w}\in V_h,\tag{9.2.40c}$$

$$(\tilde{T}_h-T,1)_m=0.\tag{9.2.40d}$$

此处 $f_T=-d_1(p)\dfrac{\partial p}{\partial t}-d_2\dfrac{\partial T}{\partial t}-c_p\mathbf{u}\cdot\nabla T+Q$.

记 $\pi=P-\tilde{P}$, $\eta=\tilde{P}-p$, $\sigma=\mathbf{U}-\tilde{\mathbf{U}}$, $\rho=\tilde{\mathbf{U}}-\mathbf{u}$, $\xi_{\hat{c}}=\hat{C}-\tilde{\hat{C}}$, $\zeta_{\hat{c}}=\tilde{\hat{C}}-\hat{c}$, $\bar{\alpha}_{\hat{c}}=\bar{\mathbf{Z}}-\tilde{\bar{\mathbf{Z}}}$, $\bar{\beta}_{\hat{c}}=\tilde{\bar{\mathbf{Z}}}-\bar{\mathbf{z}}$, $\alpha_c=\mathbf{Z}-\tilde{\mathbf{Z}}$, $\beta_c=\tilde{\mathbf{Z}}-\mathbf{z}$, $\xi_T=T_h-\tilde{T}_h$, $\zeta_T=\tilde{T}_h-T$, $\bar{\alpha}_T=\bar{\mathbf{Z}}_T-\tilde{\bar{\mathbf{Z}}}_T$, $\bar{\beta}_T=\tilde{\bar{\mathbf{Z}}}_T-\bar{\mathbf{z}}_T$, $\alpha_T=\mathbf{Z}_T-\tilde{\mathbf{Z}}_T$ 和 $\beta_T=\tilde{\mathbf{Z}}_T-\mathbf{z}_T$. 设问题 (9.2.1)—(9.2.6) 满足正定性条件 (C), 其精确解满足正则性条件 (R). 由 Weiser, Wheeler 理论[24]和 Arbogast, Wheeler, Yotov 理论[34]得知格式 (9.2.38)—(9.2.40) 确定的辅助函数 $\{\tilde{P},\tilde{\mathbf{U}},\tilde{\hat{C}},\tilde{\bar{\mathbf{Z}}},\tilde{\mathbf{Z}},\tilde{T}_h,\tilde{\bar{\mathbf{Z}}}_T,\tilde{\mathbf{Z}}_T\}$ 存在唯一, 并有下述误差估计.

引理 9.2.5 若问题 (9.2.1)—(9.2.6) 的系数和精确解满足条件 (C) 和 (R), 则存在不依赖于剖分参数 $h,\Delta t$ 的常数 $\bar{C}_1,\bar{C}_2>0$, 使得下述估计式成立:

$$\begin{aligned}&\|\eta\|_m+\sum_{s=\hat{c},T}\|\zeta_s\|_m+|||\rho|||+\sum_{s=\hat{c},T}[|||\bar{\beta}|||+|||\beta_s|||]+\left\|\frac{\partial\eta}{\partial t}\right\|_m\\&+\sum_{s=\hat{c},T}\left\|\frac{\partial\zeta_s}{\partial t}\right\|_m\leqslant\bar{C}_1\{h_p^2+h_{\hat{c}}^2\},\end{aligned}\tag{9.2.41a}$$

$$|||\tilde{\mathbf{U}}|||_\infty+\sum_{s=\hat{c},T}[|||\tilde{\bar{\mathbf{Z}}}_s|||_\infty+|||\tilde{\mathbf{Z}}_s|||_\infty]\leqslant\bar{C}_2.\tag{9.2.41b}$$

本小节我们对一个模型问题进行收敛性分析, 在方程 (9.2.1), (9.2.3) 中假定

$\mu(\hat{c}) \approx \mu_0$, $a(\hat{c}) = \kappa(X)\mu^{-1}(\hat{c}) \approx \kappa(X)\mu_0^{-1} = a(X)$, $R'_s \equiv 0$, 此情况出现在混合流体"微小压缩"的低渗流岩石地层的情况[3,35]. 此时原问题简化为

$$\varphi_1 \frac{\partial p}{\partial t} + \nabla \cdot \mathbf{u} = R(\hat{c}), \quad X \in \Omega, t \in J, \tag{9.2.42a}$$

$$\mathbf{u} = -a\nabla p, \quad X \in \Omega, t \in J, \tag{9.2.42b}$$

$$\varphi \frac{\partial \hat{c}}{\partial t} + \mathbf{u} \cdot \nabla \hat{c} - \nabla \cdot (E_c \nabla \hat{c}) = f(\hat{c}), \quad X \in \Omega, t \in J. \tag{9.2.43}$$

与此同时, 原问题 (9.2.18) 关于流动方程的混合体积元格式简化为

$$\begin{aligned}&\left(\varphi_1 \frac{P^{n+1} - P^n}{\Delta t}, v\right)_m + (D_x U^{x,n+1} + D_y U^{y,n+1} + D_z U^{z,n+1}, v)_m \\ = &(R(\hat{C}^n), v)_m, \quad \forall v \in S_h,\end{aligned} \tag{9.2.44a}$$

$$\begin{aligned}&(a^{-1}U^{x,n+1}, w^x)_x + (a^{-1}U^{y,n+1}, w^y)_y + (a^{-1}U^{z,n+1}, w^z)_z \\ &- (P^{n+1}, D_x w^x + D_y w^y + D_z w^z)_m \\ = &0, \quad \forall \mathbf{w} \in V_h.\end{aligned} \tag{9.2.44b}$$

首先估计 π 和 σ. 将式 (9.2.44a), (9.2.44b) 分别减式 (9.2.38a) $(t = t^{n+1})$ 和式 (9.2.38b) $(t = t^{n+1})$ 可得下述误差关系式

$$\begin{aligned}&(\varphi_1 \partial_t \pi^n, v)_m + (D_x \sigma^{x,n+1} + D_y \sigma^{y,n+1} + D_z \sigma^{z,n+1}, v)_m \\ = &-\left(\varphi_1 \left(\partial_t \tilde{P}^n - \frac{\partial \tilde{p}^{n+1}}{\partial t}\right), v\right)_m \\ &- (\varphi_1 \partial_t \eta^n, v)_m + (R(\hat{C}^n) - R(\hat{c}^{n+1}), v)_m, \quad \forall v \in S_h,\end{aligned} \tag{9.2.45a}$$

$$\begin{aligned}&(a^{-1}\sigma^{x,n+1}, w^x)_x + (a^{-1}\sigma^{y,n+1}, w^y)_y + (a^{-1}\sigma^{z,n+1}, w^z)_z \\ &- (\pi^{n+1}, D_x w^x + D_y w^y + D_z w^z)_m \\ = &0, \quad \forall \mathbf{w} \in V_h.\end{aligned} \tag{9.2.45b}$$

此处 $\partial_t \pi^n = (\pi^{n+1} - \pi^n)/\Delta t$, $\partial_t \tilde{P}^n = (\tilde{P}^{n+1} - \tilde{P}^n)/\Delta t$.

为了估计 π 和 σ, 在式 (9.2.45a) 中取 $v = \partial_t \pi^n$, 在式 (9.2.45b) 中取 t^{n+1} 时刻和 t^n 时刻的值, 两式相减, 再除以 Δt, 并取 $\mathbf{w} = \sigma^{n+1}$ 时再相加, 注意到如下关系式, 在 $A \geqslant 0$ 的情况下有

$$\begin{aligned}(\partial_t(AB^n), B^{n+1})_s &= \frac{1}{2}\partial_t(AB^n, B^n)_s + \frac{1}{2\Delta t}(A(B^{n+1} - B^n), B^{n+1} - B^n)_s \\ &\geqslant \frac{1}{2}\partial_t(AB^n, B^n)_s, \quad s = x, y, z.\end{aligned}$$

我们有

$$
\begin{aligned}
&(\varphi_1\partial_t\pi^n,\partial_t\pi^n)_m+\frac{1}{2}\partial_t[(a^{-1}\sigma^{x,n},\sigma^{x,n})_x+(a^{-1}\sigma^{y,n},\sigma^{y,n})_y+(a^{-1}\sigma^{z,n},\sigma^{z,n})_z]\\
\leqslant&-\left(\varphi_1\left(\partial_t\tilde{P}^n-\frac{\partial\tilde{p}^{n+1}}{\partial t}\right),\partial_t\pi^n\right)_m-\left(\varphi_1\frac{\partial\eta^{n+1}}{\partial t},\partial_t\pi^n\right)_m\\
&+(R(\hat{C}^n)-R(\hat{c}^{n+1}),\partial_t\pi^n)_m.
\end{aligned}\tag{9.2.46}
$$

由正定性条件 (C) 和引理 9.2.5 可得

$$
(\varphi_1\partial_t\pi^n,\partial_t\pi^n)_m\geqslant\varphi_*||\partial_t\pi^n||_m^2,\tag{9.2.47a}
$$

$$
\begin{aligned}
&-\left(\varphi_1\left(\partial_t\tilde{P}^n-\frac{\partial\tilde{p}^{n+1}}{\partial t}\right),\partial_t\pi^n\right)_m-\left(\varphi_1\frac{\partial\eta^{n+1}}{\partial t},\partial_t\pi^n\right)_m\\
&+(R(\hat{C}^n)-R(\hat{c}^{n+1}),\partial_t\pi^n)_m\\
\leqslant&\,\varepsilon||\partial_t\pi^n||_m^2+K\{||\xi_{\hat{c}}^n||_m^2+h_p^4+h_{\hat{c}}^4+(\Delta t)^2\}.
\end{aligned}\tag{9.2.47b}
$$

对估计式 (9.2.46) 的右端应用式 (9.2.47) 可得

$$
||\partial_t\pi^n||_m^2+\partial_t\sum_{s=x,y,z}(a^{-1}\sigma^{s,n},\sigma^{s,n})_s\leqslant K\{||\xi_{\hat{c}}^n||_m^2+h_p^4+h_{\hat{c}}^4+(\Delta t)^2\}.\tag{9.2.48}
$$

下面讨论 brine 浓度方程 (9.2.3) 的误差估计. 为此将 (9.2.19a)—(9.2.19c) 分别减去 $t=t^{n+1}$ 时刻的式 (9.2.39a)—(9.2.39c), 分别取 $v=i_{\hat{c}}^{n+1},\mathbf{w}=\alpha_{\hat{c}}^{n+1},\mathbf{w}=\bar{\alpha}_{\hat{c}}^{n+1}$, 可得

$$
\begin{aligned}
&\left(\varphi\frac{\hat{C}^{n+1}-\hat{C}^n}{\Delta t},\xi_{\hat{c}}^{n+1}\right)_m+\left(\varphi_1\hat{C}^n\frac{P^{n+1}-P^n}{\Delta t},\xi_{\hat{c}}^{n+1}\right)_m\\
&+(\nabla\cdot\mathbf{G}^{n+1},\xi_{\hat{c}}^{n+1})_m+\left(\sum_{s=x,y,z}D_s\alpha_{\hat{c}}^{s,n+1},\xi_{\hat{c}}^{n+1}\right)_m\\
=&\left(F(\hat{C}^n)-F(\hat{c}^{n+1})+\varphi\frac{\partial\hat{c}^{n+1}}{\partial t}+\varphi\hat{c}^{n+1}\frac{\partial p^{n+1}}{\partial t}+\nabla\cdot\mathbf{g}^{n+1},\xi_{\hat{c}}^{n+1}\right)_m,
\end{aligned}\tag{9.2.49a}
$$

$$
\sum_{s=x,y,z}(\bar{\alpha}_{\hat{c}}^{s,n+1},\alpha_{\hat{c}}^{s,n+1})_s=\left(\xi_{\hat{c}}^{n+1},\sum_{s=x,y,z}D_s\alpha_{\hat{c}}^{s,n+1}\right)_m,\tag{9.2.49b}
$$

$$
\sum_{s=x,y,z}(Z^{s,n+1},\bar{\alpha}_{\hat{c}}^{s,n+1})_s=\sum_{s=x,y,z}(E_c\bar{Z}^{s,n+1},\bar{\alpha}_{\hat{c}}^{s,n+1})_m.\tag{9.2.49c}
$$

将式 (9.2.49a) 和式 (9.2.49b) 相加, 再减去 (9.2.49c), 经整理可得

$$\begin{aligned}&\left(\varphi\frac{\xi_{\hat{c}}^{n+1}-\xi_{\hat{c}}^{n}}{\Delta t},\xi_{\hat{c}}^{n+1}\right)_{m}+(\nabla\cdot(\mathbf{G}^{n+1}-\mathbf{g}^{n+1}),\xi_{\hat{c}}^{n+1})_{m}\\=&(F(\hat{C}^{n})-F(\hat{c}^{n+1}),\xi_{\hat{c}}^{n+1})_{m}-\left(\varphi\frac{\zeta_{\hat{c}}^{n+1}-\zeta_{\hat{c}}^{n}}{\Delta t},\xi_{\hat{c}}^{n+1}\right)_{m}\\&+\left(\varphi\left(\frac{\partial\hat{c}^{n+1}}{\partial t}-\frac{\hat{c}^{n+1}-\hat{c}^{n}}{\Delta t}\right),\xi_{\hat{c}}^{n+1}\right)_{m}\\&+\left(\hat{c}^{n+1}\varphi\frac{\partial p^{n+1}}{\partial t}-\hat{C}^{n}\varphi\frac{P^{n+1}-P^{n}}{\Delta t},\xi_{\hat{c}}^{n+1}\right)\\&-\sum_{s=x,y,z}(E_{c}\,\bar{\alpha}_{\hat{c}}^{s,n+1},\bar{\alpha}_{\hat{c}}^{s,n+1})_{m}.\end{aligned}\tag{9.2.50}$$

将上式改写为

$$\begin{aligned}&\left(\varphi\frac{\xi_{\hat{c}}^{n+1}-\xi_{\hat{c}}^{n}}{\Delta t},\xi_{\hat{c}}^{n+1}\right)_{m}+\sum_{s=x,y,z}(E_{c}\,\bar{\alpha}_{\hat{c}}^{s,n+1},\bar{\alpha}_{\hat{c}}^{s,n+1})_{m}\\=&-(\nabla\cdot(\mathbf{G}^{n+1}-\mathbf{g}^{n+1}),\xi_{\hat{c}}^{n+1})_{m}+(F(\hat{C}^{n})-F(\hat{c}^{n+1}),\xi_{\hat{c}}^{n+1})_{m}\\&+\left(\varphi\left(\frac{\partial\hat{c}^{n+1}}{\partial t}-\frac{\hat{c}^{n+1}-\hat{c}^{n}}{\Delta t}\right),\xi_{\hat{c}}^{n+1}\right)_{m}\\&+\left(\hat{c}^{n+1}\varphi\frac{\partial p^{n+1}}{\partial t}-\hat{C}^{n}\varphi\frac{P^{n+1}-P^{n}}{\Delta t},\xi_{\hat{c}}^{n+1}\right)\\&-\left(\varphi\frac{\zeta_{\hat{c}}^{n+1}-\zeta_{\hat{c}}^{n}}{\Delta t},\xi_{\hat{c}}^{n+1}\right)_{m}=T_{1}+T_{2}+T_{3}+T_{4}+T_{5}.\end{aligned}\tag{9.2.51}$$

首先估计上式左端诸项,

$$\left(\varphi\frac{\xi_{\hat{c}}^{n+1}-\xi_{\hat{c}}^{n}}{\Delta t},\xi_{\hat{c}}^{n+1}\right)_{m}\geqslant\frac{1}{2\Delta t}\{(\varphi\xi_{\hat{c}}^{n+1},\xi_{\hat{c}}^{n+1})_{m}-(\varphi\xi_{\hat{c}}^{n},\xi_{\hat{c}}^{n})_{m}\},\tag{9.2.52a}$$

$$\sum_{s=x,y,z}(E_{c}\,\bar{\alpha}_{\hat{c}}^{s,n+1},\bar{\alpha}_{\hat{c}}^{s,n+1})_{m}\geqslant E_{*}|||\,\bar{\alpha}_{\hat{c}}^{n+1}\,|||^{2}.\tag{9.2.52b}$$

对误差方程 (9.2.51) 右端项第一项进行估计,

$$\begin{aligned}&-(\nabla\cdot(\mathbf{G}^{n+1}-\mathbf{g}^{n+1}),\xi_{\hat{c}}^{n+1})_{m}\\=&((\mathbf{G}^{n+1}-\mathbf{g}^{n+1}),\nabla\xi_{\hat{c}}^{n+1})_{m}\leqslant\varepsilon|||\,\bar{\alpha}_{\hat{c}}^{n+1}\,|||^{2}+||\mathbf{G}^{n+1}-\mathbf{g}^{n}||_{m}^{2}.\end{aligned}\tag{9.2.53}$$

记 $\bar{\sigma}$ 是单元剖分的一个公共面, γ_l 代表 $\bar{\sigma}$ 的单位法向量, X_l 是此面的重心, 于是有

$$\int_{\bar{\sigma}}\mathbf{g}^{n+1}\cdot\gamma_{l}=\int_{\bar{\sigma}}\hat{c}^{n+1}(\mathbf{u}^{n+1}\cdot\gamma_{l})ds,\tag{9.2.54a}$$

由于 $\mathbf{g}^{n+1}$ 满足正则性条件 (R), 利用积分中值定理可知

$$\frac{1}{\mathrm{mes}(\bar{\sigma})}\int_{\bar{\sigma}}(\mathbf{G}^{n+1}-\mathbf{g}^n)\cdot\gamma_l=\hat{C}_e^{n+1}(\mathbf{U}^{n+1}\cdot\gamma_l)(X_l)-(\hat{c}^{n+1}\mathbf{u}^{n+1}\cdot\gamma_l)(X_l)+O(h_{\hat{c}}), \tag{9.2.54b}$$

由 $\hat{c}^{n+1}$ 的正则性, 引理 9.2.4 和文献 [24,34] 得知

$$|\hat{C}_e^{n+1}-\hat{c}^{n+1}(X_l)|\leqslant|\xi_{\hat{c}}^{n+1}|+O(h_{\hat{c}}), \tag{9.2.54c}$$

$$|\mathbf{U}^{n+1}-\mathbf{u}^{n+1}|\leqslant|\xi_{\hat{c}}^{n+1}|+O(h_{\hat{c}}). \tag{9.2.54d}$$

由 (9.2.54), 可得

$$||\mathbf{G}^{n+1}-\mathbf{g}^n||_m^2\leqslant K\{||\xi_{\hat{c}}^{n+1}||_m^2+h_{\hat{c}}^2\}. \tag{9.2.55}$$

于是对误差方程 (9.2.51) 的右端诸项有以下估计

$$|T_1|\leqslant\varepsilon|||\,\bar{\alpha}_{\hat{c}}^{n+1}\,|||^2+K\{||\xi_{\hat{c}}^{n+1}||_m^2+h_{\hat{c}}^2\}, \tag{9.2.56a}$$

$$|T_2|\leqslant K\{||\xi_{\hat{c}}^{n}||_m^2+(\Delta t)^2+h_{\hat{c}}^4\}, \tag{9.2.56b}$$

$$|T_3|\leqslant K\left\{\Delta t\left\|\frac{\partial^2\hat{c}}{\partial t^2}\right\|_{L^2(t^n,t^{n+1};m)}^2+||\xi_{\hat{c}}^{n+1}||_m^2\right\}, \tag{9.2.56c}$$

$$|T_4|\leqslant\varepsilon|\partial_t\pi^n||_m^2+K\left\{\Delta t\left\|\frac{\partial p}{\partial t}\right\|_{L^2(t^n,t^{n+1};m)}^2+||\xi_{\hat{c}}^{n+1}||_m^2+||\xi_{\hat{c}}^{n}||_m^2+(\Delta t)^2\right\}. \tag{9.2.56d}$$

将 (9.2.52) 和 (9.2.56) 代入 (9.2.51) 可得

$$\begin{aligned}&\frac{1}{2\Delta t}\{||\varphi^{1/2}\xi_{\hat{c}}^{n+1}||_m^2-||\varphi^{1/2}\xi_{\hat{c}}^{n}||_m^2\}+\frac{E_*}{2}|||\,\bar{\alpha}_{\hat{c}}^{n+1}\,|||^2\\ \leqslant\;&K\left\|\frac{\partial p}{\partial t}\right\|_{L^2(t^n,t^{n+1};m)}^2\Delta t+K\{||\xi_{\hat{c}}^{n+1}||_m^2+||\xi_{\hat{c}}^{n}||_m^2+h_{\hat{c}}^2+(\Delta t)^2\}\\ &+\varepsilon||\partial_t\pi^n||_m^2-\left(\varphi\frac{\zeta_{\hat{c}}^{n+1}-\zeta_{\hat{c}}^{n}}{\Delta t},\xi_{\hat{c}}^{n+1}\right)_m.\end{aligned} \tag{9.2.57}$$

对 (9.2.57) 左右两端分别乘以 $2\Delta t$, 并对时间 n 求和 $(0\leqslant n\leqslant L-1)$, 注意到 $\xi_{\hat{c}}^0=0$, 可得

$$||\varphi^{1/2}\xi_{\hat{c}}^{L}||_m^2+\sum_{n=0}^{L}|||\,\bar{\alpha}_{\hat{c}}^{n}\,|||^2\Delta t$$

$$
\leqslant K\{h_{\hat{c}}^2+(\Delta t)^2\}+K\sum_{n=0}^{L}\|\xi_{\hat{c}}^n\|_m^2\Delta t+\varepsilon\sum_{n=0}^{L-1}\|\partial_t\pi^n\|_m^2\Delta t
$$

$$
-2\sum_{n=0}^{L-1}\left(\varphi\frac{\zeta_{\hat{c}}^{n+1}-\zeta_{\hat{c}}^n}{\Delta t},\xi_{\hat{c}}^{n+1}\right)_m\Delta t. \tag{9.2.58}
$$

注意到 (9.2.58) 右端最后一项的估计, 应分别就网格不变和变动两种情况来分析, 即

$$
\begin{aligned}
&-2\sum_{n=0}^{L-1}\left(\varphi\frac{\zeta_{\hat{c}}^{n+1}-\zeta_{\hat{c}}^n}{\Delta t},\xi_{\hat{c}}^{n+1}\right)_m\Delta t\\
=&-2\sum_{n=n'}\left(\varphi\frac{\zeta_{\hat{c}}^{n+1}-\zeta_{\hat{c}}^n}{\Delta t},\xi_{\hat{c}}^{n+1}\right)_m\Delta t-2\sum_{n=n''}\left(\varphi\frac{\zeta_{\hat{c}}^{n+1}-\zeta_{\hat{c}}^n}{\Delta t},\xi_{\hat{c}}^{n+1}\right)_m\Delta t.
\end{aligned} \tag{9.2.59a}
$$

对 $n=n'$ 为网格不变的情况, 有

$$
-2\sum_{n=n'}\left(\varphi\frac{\zeta_{\hat{c}}^{n+1}-\zeta_{\hat{c}}^n}{\Delta t},\xi_{\hat{c}}^{n+1}\right)_m\Delta t\leqslant Kh_{\hat{c}}^4+\varepsilon\sum_{n=0}^{L}\|\xi_{\hat{c}}^{n+1}\|^2\Delta t. \tag{9.2.59b}
$$

对 $n=n''$ 为网格变动的情况, 有

$$
(\varphi\zeta_{\hat{c}}^{n''},\xi_{\hat{c}}^{n''})_m=0. \tag{9.2.59c}
$$

假设网格变动至多 $\bar{M}$ 次, 且有 $\bar{M}\leqslant M^*$, 此处 $\bar{M}$ 是不依赖于 h 和 Δt 的正常数, 那么由 (9.2.59) 和引理 9.2.5 可得

$$
\begin{aligned}
&-2\sum_{n=0}^{L-1}\left(\varphi\frac{\zeta_{\hat{c}}^{n+1}-\zeta_{\hat{c}}^n}{\Delta t},\xi_{\hat{c}}^{n+1}\right)_m\Delta t\\
\leqslant& K(M^*h_{\hat{c}})^2+Kh_{\hat{c}}^4+\frac{1}{4}\|\varphi^{1/2}\xi_{\hat{c}}^L\|^2+\varepsilon\sum_{n=0}^{L}\|\xi_{\hat{c}}^n\|^2\Delta t.
\end{aligned} \tag{9.2.60}
$$

将 (9.2.60) 代回 (9.2.58), 可得

$$
\begin{aligned}
&\|\varphi^{1/2}\xi_{\hat{c}}^L\|_m^2+\sum_{n=0}^{L}|||\,\bar{\alpha}^n\,|||^2\Delta t_c\\
\leqslant& K\{h_p^4+h_{\hat{c}}^2+(M^*h_{\hat{c}})^2+(\Delta t)^2\}+K\sum_{n=0}^{L-1}\|\xi_{\hat{c}}^{n+1}\|^2\Delta t\\
&+\varepsilon\sum_{n=0}^{L-1}\|\partial_t\pi^n\|^2\Delta t.
\end{aligned} \tag{9.2.61}
$$

对流动方程的估计式 (9.2.48) 左右两端分别乘以 Δt, 并对时间 $n(0 \leqslant n \leqslant L-1)$ 求和, 注意到 $\sigma^0 = 0$, 可得

$$|||\sigma^L|||^2 + \sum_{n=0}^{L-1} \|\partial_t \pi^n\|_m^2 \Delta t \leqslant K \left\{ \sum_{n=0}^{L} \|\xi_{\hat{c}}^n\|_m^2 \Delta t + h_p^4 + h_{\hat{c}}^4 + (\Delta t)^2 \right\}. \tag{9.2.62}$$

结合估计式 (9.2.61) 和 (9.2.62) 可得

$$\begin{aligned} &|||\sigma^L|||^2 + \sum_{n=0}^{L-1} \|\partial_t \pi^n\|_m^2 \Delta t + \|\xi_{\hat{c}}^L\|_m^2 + \sum_{n=0}^{L} |||\,\bar{\alpha}_{\hat{c}}^{n+1}\,|||^2 \Delta t \\ \leqslant &K \left\{ \sum_{n=0}^{L} \|\xi_{\hat{c}}^n\|_m^2 \Delta t + h_p^4 + h_{\hat{c}}^2 + (M^* h_{\hat{c}})^2 + (\Delta t)^2 \right\}. \end{aligned} \tag{9.2.63}$$

应用离散形式的 Gronwall 引理可得

$$\begin{aligned} &|||\sigma^L|||^2 + \sum_{n=0}^{L-1} \|\partial_t \pi^n\|_m^2 \Delta t + \|\xi_{\hat{c}}^L\|_m^2 \\ &+ \sum_{n=0}^{L} |||\,\bar{\alpha}_{\hat{c}}^{n+1}\,|||^2 \Delta t \leqslant K\{h_p^4 + h_{\hat{c}}^2 + (M^* h_{\hat{c}})^2 + (\Delta t)^2\}. \end{aligned} \tag{9.2.64}$$

设 $\pi^L \in S_h$, 利用对偶方法进行估计[36,37]. 为此考虑下述椭圆问题:

$$\nabla \cdot \omega = \pi^L, \quad X = (x, y, z)^{\mathrm{T}} \in \Omega, \tag{9.2.65a}$$

$$\omega = \nabla p, \quad X \in \Omega, \tag{9.2.65b}$$

$$\omega \cdot \gamma = 0, \quad X \in \partial\Omega. \tag{9.2.65c}$$

由问题的正则性有

$$\sum_{s=x,y,z} \left\| \frac{\partial \omega^s}{\partial s} \right\|^2 \leqslant M \left\| \pi^L \right\|^2. \tag{9.2.66}$$

设 $\tilde{\omega} \in V_h$ 满足

$$\left(\frac{\partial \tilde{\omega}^s}{\partial s}, v \right)_m = \left(\frac{\partial \omega^s}{\partial s}, v \right)_m, \quad \forall v \in S_h, s = x, y, z, \tag{9.2.67a}$$

这样定义的 $\tilde{\omega}$ 是存在的, 且有

$$\sum_{s=x,y,z} \left\| \frac{\partial \tilde{\omega}^s}{\partial s} \right\|_m^2 \leqslant \sum_{s=x,y,z} \left\| \frac{\partial \omega^s}{\partial s} \right\|_m^2. \tag{9.2.67b}$$

应用引理 9.2.4, 式 (9.2.38), (9.2.65) 和 (9.2.66) 可得

$$\begin{aligned}||\pi^L||^2 &= (\pi^L, \nabla\cdot\omega) = \left(\pi^L, \sum_{s=x,y,z} D_s\,\tilde{\omega}^s\right)_m = \sum_{s=x,y,z}(a^{-1}\sigma^{s,L}, \tilde{\omega}^s)_s \\ &\leqslant K|||\tilde{\omega}|||\cdot|||\sigma^L|||.\end{aligned} \tag{9.2.68}$$

由引理 9.2.4, (9.2.66), (9.2.67), 可得

$$|||\tilde{\omega}|||^2 \leqslant \sum_{s=x,y,z}||D_s\,\tilde{\omega}^s\,||_m^2 = \sum_{s=x,y,z}\left\|\frac{\partial\,\tilde{\omega}^s}{\partial s}\right\|_m^2 \leqslant \sum_{s=x,y,z}\left\|\frac{\partial \omega^s}{\partial s}\right\|_m^2 \leqslant K||\pi^L||_m^2. \tag{9.2.69}$$

将 (9.2.69) 代入式 (9.2.48), 并利用误差估计式 (9.2.64) 可得

$$||\pi^L||_m^2 \leqslant K\{h_p^4 + h_{\hat{c}}^2 + (M^* h_{\hat{c}})^2 + (\Delta t)^2\}. \tag{9.2.70}$$

对热传导方程 (9.2.17) 的误差估计和分析是类似的. 将式 (9.2.20a), (9.2.20b) 和 (9.2.20c) 分别减去 $t = t^{n+1}$ 时刻的式 (9.2.40a), (9.2.40b) 和 (9.2.40c), 并取 $v = \xi_T^{n+1}$, $\mathbf{w} = \alpha_T^{n+1}$, $\mathbf{w} = \bar{\alpha}_T^{n+1}$, 经整理可得

$$\begin{aligned}&\left(d_2\frac{T_h^{n+1}-T_h^n}{\Delta t}, \xi_T^{n+1}\right)_m + \left(d_{1,T}(P^n, T_h^n)\frac{P^{n+1}-P^n}{\Delta t}, \xi_T^{n+1}\right)_m + (\nabla\cdot\mathbf{G}_T^{n+1}, \xi_T^{n+1}) \\ &\quad + \left(\sum_{s=x,y,z} D_s\alpha_T^{s,n+1}, \xi_T^{n+1}\right)_m \\ &= \left(Q(\mathbf{U}^n, P^n, T_h^n, \hat{C}^n) - Q(\mathbf{u}^{n+1}, p^{n+1}, T^{n+1}, \hat{c}^{n+1}) + d_2\frac{\partial T^{n+1}}{\partial t}\right. \\ &\quad \left. + d_{1,T}(p^{n+1}, T^{n+1})\frac{\partial p^{n+1}}{\partial t} + \nabla\cdot\mathbf{g}_T^{n+1}, \xi_T^{n+1}\right)_m,\end{aligned} \tag{9.2.71a}$$

$$\sum_{s=x,y,z}(\bar{\alpha}_T^{s,n+1}, \alpha_T^{s,n+1})_s = \left(\xi_T^{n+1}, \sum_{s=x,y,z} D_s\alpha_T^{s,n+1}\right)_m, \tag{9.2.71b}$$

$$\sum_{s=x,y,z}(\alpha_T^{s,n+1}, \bar{\alpha}_T^{s,n+1})_s = \sum_{s=x,y,z}(E_H\,\bar{\alpha}_T^{s,n+1}, \bar{\alpha}_T^{s,n+1})_s. \tag{9.2.71c}$$

将式 (9.2.71a) 和式 (9.2.71b) 相加, 再减去 (9.2.71c), 可得

$$\begin{aligned}&\left(d_2\frac{\xi_T^{n+1}-\xi_T^n}{\Delta t}, \xi_T^{n+1}\right)_m + \sum_{s=x,y,z}(E_H\,\bar{\alpha}_T^{s,n+1}, \bar{\alpha}_T^{s,n+1})_s \\ &= -(\nabla\cdot(\mathbf{G}_T^{n+1} - \mathbf{g}_T^{n+1}), \xi_T^{n+1})_m + (Q(\mathbf{U}^n, P^n, T_h^n, \hat{C}^n)\end{aligned}$$

$$
\begin{aligned}
&- Q(\mathbf{u}^{n+1}, p^{n+1}, T^{n+1}, \xi_T^{n+1})_m) + \left(d_2\left(\frac{\partial T}{\partial t} - \frac{T^{n+1}-T^n}{\Delta t}\right), \xi_T^{n+1}\right)_m \\
&+ \left(d_{1,T}(p^{n+1}, T^{n+1})\frac{\partial p^{n+1}}{\partial t} - d_{1,T}(P^n, T_h^n)\frac{P^{n+1}-P^n}{\Delta t}, \xi_T^{n+1}\right)_m \\
&- \left(d_2\frac{\zeta_T^{n+1}-\zeta_T^n}{\Delta t}, \xi_T^{n+1}\right)_m = \hat{T}_1 + \hat{T}_2 + \hat{T}_3 + \hat{T}_4 + \hat{T}_5 .
\end{aligned} \tag{9.2.72}
$$

依次估计误差方程 (9.2.72) 的左、右两端.

$$
\text{左端} \geqslant \frac{1}{2\Delta t}\{(d_2\xi_T^{n+1}, \xi_T^{n+1})_m - (d_2\xi_T^n, \xi_T^n)_m\} + \bar{E}_* ||| \bar{\alpha}_T^{n+1} |||^2. \tag{9.2.73}
$$

$$
|\hat{T}_1| = |(\nabla\cdot(\mathbf{G}_T^{n+1} - \mathbf{g}_T^{n+1}), \xi_T^{n+1})_m| \leqslant \varepsilon ||| \bar{\alpha}_T^{n+1} |||^2 + K\{||\xi_T^{n+1}||_m^2 + h_{\hat{c}}^2\}, \tag{9.2.74a}
$$

$$
|\hat{T}_2| \leqslant K\{||\xi_T^{n+1}||_m^2 + ||\xi_T^n||_m^2 + h_p^4 + h_{\hat{c}}^4 + (\Delta t)^2\}, \tag{9.2.74b}
$$

$$
|\hat{T}_3| \leqslant K\left\{\Delta t\left\|\frac{\partial^2 T}{\partial t^2}\right\|_{L^2(t^n, t^{n+1}; m)}^2 + ||\xi_T^{n+1}||_m^2\right\}, \tag{9.2.74c}
$$

$$
|\hat{T}_4| \leqslant \varepsilon ||\partial_t \pi^n||_m^2 + K\{||\xi_T^{n+1}||_m^2 + ||\xi_T^{n+1}||_m^2 + h_p^4 + h_{\hat{c}}^4 + (\Delta t)^2\}. \tag{9.2.74d}
$$

将 (9.2.73), (9.2.74) 分别代入误差估计式 (9.2.72) 的左、右端可得

$$
\begin{aligned}
&\frac{1}{2\Delta t}\{||d_2^{1/2}\xi_T^{n+1}||^2 - ||d_2^{1/2}\xi_T^n||^2\} + \frac{\bar{E}_*}{2} ||| \bar{\alpha}_T^{n+1} |||^2 \\
\leqslant{}& K\Delta t\left\{\left\|\frac{\partial^2 T}{\partial t^2}\right\|_{L^2(t^n, t^{n+1}; m)}^2 + \left\|\frac{\partial^2 p}{\partial t^2}\right\|_{L^2(t^n, t^{n+1}; m)}^2\right\} \\
&+ K\{||\xi_T^{n+1}||_m^2 + ||\xi_T^{n+1}||_m^2 + h_p^4 + h_{\hat{c}}^2 + (\Delta t)^2\} \\
&+ \varepsilon ||\partial_t \pi^n||_m^2 - \left(d_2\frac{\zeta_T^{n+1}-\zeta_T^n}{\Delta t}, \xi_T^{n+1}\right)_m .
\end{aligned} \tag{9.2.75}
$$

对 (9.2.75) 两端同乘以 $2\Delta t$, 并对时间 $n(0 \leqslant n \leqslant L-1)$ 求和, 注意到 $\xi_T^0 = 0$. 对 (9.2.75) 右端最后一项, 经和 brine 浓度方程类似的分析和处理, 并应用估计式 (9.2.64) 和离散形式的 Gronwall 引理可得

$$
||\xi_T^L||_m^2 + \sum_{n=0}^{L} ||| \bar{\alpha}_T^n |||^2 \Delta t \leqslant K\{h_p^4 + h_{\hat{c}}^2 + (M^* h_{\hat{c}})^2 + (\Delta t)^2\}. \tag{9.2.76}
$$

最后讨论对于 radionuclide 方程组 (9.2.4) 的迎风分数步差分方法的误差估计. 记 $\xi_{l,ijk}^n = c_l(X_{ijk}, t^n) - C_{l,ijk}^n$, 为此先从分数步差分格式 (9.2.21a)—(9.2.21c) 消去 $C_l^{n+1/3}$,$C_l^{n+2/3}$, 可得下述等价形式:

$$
\begin{aligned}
&\varphi_{l,ijk}\frac{C_{l,ijk}^{n+1}-C_{l,ijk}^{n}}{\Delta t}-\sum_{s=x,y,z}\delta_{\bar{s}}(E_c\delta_s C_l^{n+1})_{ijk}\\
=&-d_1(C_{l,ijk}^{n})\frac{P_{ijk}^{n+1}-P_{ijk}^{n}}{\Delta t}+f_l(\hat{C}_{ijk}^{n+1},C_{1,ijk}^{n},C_{2,ijk}^{n},\cdots,C_{N,ijk}^{n})\\
&-(\Delta t)^2\{\delta_{\bar{x}}(E_c\delta_x(\varphi_l^{-1}\delta_{\bar{y}}(E_c\delta_y(\partial_t C_l^n))))_{ijk}\\
&+\delta_{\bar{x}}(E_c\delta_x(\varphi_l^{-1}\delta_{\bar{z}}(E_c\delta_z(\partial_t C_l^n))))_{ijk}+\delta_{\bar{y}}(E_c\delta_y(\varphi_l^{-1}\delta_{\bar{z}}(E_c\delta_z(\partial_t C_l^n))))_{ijk}\}\\
&+(\Delta t)^3\delta_{\bar{x}}(E_c\delta_x(\varphi_l^{-1}\delta_{\bar{y}}(E_c\delta_y(\varphi_l^{-1}\delta_{\bar{z}}(E_c\delta_z(\partial_t C_l^n))))))_{ijk}\\
&-\sum_{s=x,y,z}\delta_{U_s^{n+1}}C_{l,ijk}^{n},\quad X_{ijk}\in\Omega_h,l=1,2,\cdots,N.
\end{aligned}\tag{9.2.77}
$$

由 radionuclide 浓度方程组 (9.2.4) ($t=t^{n+1}$) 和式 (9.2.77) 相减可得下述差分方程组:

$$
\begin{aligned}
&\varphi_{l,ijk}\frac{\xi_{l,ijk}^{n+1}-\xi_{l,ijk}^{n}}{\Delta t}-\sum_{s=x,y,z}\delta_{\bar{s}}(E_c\delta_s\xi_l^{n+1})_{ijk}\\
=&f_l(\hat{c}_{ijk}^{n+1},c_{1,ijk}^{n+1},c_{2,ijk}^{n+1},\cdots,c_{N,ijk}^{n+1})-f_l(\hat{C}_{ijk}^{n+1},C_{1,ijk}^{n},C_{2,ijk}^{n},\cdots,C_{N,ijk}^{n})\\
&-d_1(C_{l,ijk}^{n})\frac{\pi_{ijk}^{n+1}-\pi_{ijk}^{n}}{\Delta t}-[d_1(c_{l,ijk}^{n+1})-d_1(C_{l,ijk}^{n})]\frac{p_{ijk}^{n+1}-p_{ijk}^{n}}{\Delta t}\\
&-(\Delta t)^2\{\delta_{\bar{x}}(E_c\delta_x(\varphi_l^{-1}\delta_{\bar{y}}(E_c\delta_y(\partial_t\xi_l^n))))_{ijk}+\delta_{\bar{x}}(E_c\delta_x(\varphi_l^{-1}\delta_{\bar{z}}(E_c\delta_z(\partial_t\xi_l^n))))_{ijk}\\
&+\delta_{\bar{y}}(E_c\delta_y(\varphi_l^{-1}\delta_{\bar{z}}(E_c\delta_z(\partial_t\xi_l^n))))_{ijk}\}\\
&+(\Delta t)^3\delta_{\bar{x}}(E_c\delta_x(\varphi_l^{-1}\delta_{\bar{y}}(E_c\delta_y(\varphi_l^{-1}\delta_{\bar{z}}(E_c\delta_z(\partial_t\xi_l^n))))))_{ijk}\\
&+\sum_{s=x,y,z}[\delta_{U_s^{n+1}}C_{l,ijk}^{n}-\delta_{u_s^{n+1}}c_{l,ijk}^{n}]+\varepsilon_{l,ijk}^{n+1},\quad X_{ijk}\in\Omega_h,l=1,2,\cdots,N,
\end{aligned}\tag{9.2.78}
$$

此处 $|\varepsilon_{l,ijk}^{n+1}|\leqslant K\{h_c+\Delta t\}$.

由误差方程 (9.2.78) 可得

$$
\begin{aligned}
&\varphi_{l,ijk}\frac{\xi_{l,ijk}^{n+1}-\xi_{l,ijk}^{n}}{\Delta t}-\sum_{s=x,y,z}\delta_{\bar{s}}(E_c\delta_s\xi_l^{n+1})_{ijk}\\
\leqslant&K\left\{\sum_{l=1}^{N}|\xi_{l,ijk}^{n}|+|\xi_{\hat{c},ijk}^{n+1}|+|\mathbf{u}_{ijk}^{n+1}-\mathbf{U}_{ijk}^{n}|+h_p^2+h_{\hat{c}}^2+h_c^2+\Delta t\right\}-d_1(C_{l,ijk}^{n})\frac{\pi_{ijk}^{n+1}-\pi_{ijk}^{n}}{\Delta t}\\
&-(\Delta t)^2\{\delta_{\bar{x}}(E_c\delta_x(\varphi_l^{-1}\delta_{\bar{y}}(E_c\delta_y(\partial_t\xi_l^n))))_{ijk}+\cdots+\delta_{\bar{y}}(E_c\delta_y(\varphi_l^{-1}\delta_{\bar{z}}(E_c\delta_z(\partial_t\xi_l^n))))_{ijk}\}\\
&+(\Delta t)^3\delta_{\bar{x}}(E_c\delta_x(\varphi_l^{-1}\delta_{\bar{y}}(E_c\delta_y(\varphi_l^{-1}\delta_{\bar{z}}(E_c\delta_z(\partial_t\xi_l^n))))))_{ijk}\\
&+\sum_{s=x,y,z}[\delta_{U_s^{n+1}}C_{l,ijk}^{n}-\delta_{u_s^{n+1}}c_{l,ijk}^{n}],\quad X_{ijk}\in\Omega_h.
\end{aligned}\tag{9.2.79}
$$

对式 (9.2.79) 乘以 $\partial_t\xi_{l,ijk}^n\Delta t=\xi_{l,ijk}^{n+1}-\xi_{l,ijk}^n$, 作内积并分部求和可得

$$
\begin{aligned}
&\left\langle\varphi_l\frac{\xi_l^{n+1}-\xi_l^n}{\Delta t},\partial_t\xi_l^n\right\rangle\Delta t+\frac{1}{2}\sum_{s=x,y,z}\{\langle E_c\delta_s\xi_l^{n+1},\delta_s\xi_l^{n+1}\rangle-\langle E_c\delta_s\xi_l^n,\delta_s\xi_l^n\rangle\}\\
\leqslant&\varepsilon|\partial_t\xi_l^n|_0^2\Delta t+K\left\{\sum_{l=1}^N|\xi_l^n|_0^2+|\xi_{\hat{c}}^{n+1}|_0^2+|||\sigma^{n+1}|||^2+h_p^4+h_{\hat{c}}^2+h_c^2+(\Delta t)^2\right\}\Delta t\\
&-\langle d_1(C_l^n)\partial_t\pi^n,\partial_t\zeta_l^n\rangle\Delta t-(\Delta t)^3\{\langle\delta_{\bar{x}}(E_c\delta_x(\varphi_l^{-1}\delta_{\bar{y}}(E_c\delta_y(\partial_t\xi_l^n)))),\partial_t\xi_l^n\rangle\\
&+\cdots+\langle\delta_{\bar{y}}(E_c\delta_y(\varphi_l^{-1}\delta_{\bar{z}}\cdot(E_c\delta_z(\partial_t\xi_l^n)))),\partial_t\xi_l^n\rangle\}\\
&+(\Delta t)^4\langle\delta_{\bar{x}}(E_c\delta_x(\varphi_l^{-1}\delta_{\bar{y}}(E_c\delta_y(\varphi_l^{-1}\delta_{\bar{z}}(E_c\delta_z(\partial_t\xi_l^n)))))),\partial_t\xi_l^n\rangle\\
&+\left\langle\sum_{s=x,y,z}[\delta_{U_s^{n+1}}C_l^n-\delta_{u_s^{n+1}}c_l^n],\partial_t\xi_l^n\right\rangle\Delta t,
\end{aligned}\tag{9.2.80}
$$

此处 $\langle\cdot,\cdot\rangle,|\cdot|_0$ 为对应于 l^2 离散内积和范数, 这里利用了 $L^2(\Omega)$ 连续模和 $l^2(\Omega)$ 离散模之间的关系[38]. 将估计式 (9.2.80) 改写为下述形式

$$
\begin{aligned}
&\left\langle\varphi_l\frac{\xi_l^{n+1}-\xi_l^n}{\Delta t},\partial_t\xi_l^n\right\rangle\Delta t+\frac{1}{2}\sum_{s=x,y,z}\{\langle E_c\delta_s\xi_l^{n+1},\delta_s\xi_l^{n+1}\rangle-\langle E_c\delta_s\xi_l^n,\delta_s\xi_l^n\rangle\}\\
\leqslant&K\left\{\sum_{l=1}^N|\xi_l^n|_0^2+|\xi_{\hat{c}}^{n+1}|_0^2+|||\sigma^{n+1}|||^2+|\partial_t\pi^n|_0^2+h_p^4+h_{\hat{c}}^2+h_c^2+(\Delta t)^2\right\}\Delta t\\
&-(\Delta t)^3\{\langle\delta_{\bar{x}}(E_c\delta_x(\varphi_l^{-1}\delta_{\bar{y}}(E_c\delta_y(\partial_t\xi_l^n)))),\partial_t\xi_l^n\rangle\\
&+\cdots+\langle\delta_{\bar{y}}(E_c\delta_y(\varphi_l^{-1}\delta_{\bar{z}}(E_c\delta_z(\partial_t\xi_l^n)))),\partial_t\xi_l^n\rangle\}\\
&+(\Delta t)^4\langle\delta_{\bar{x}}(E_c\delta_x(\varphi_l^{-1}\delta_{\bar{y}}(E_c\delta_y(\varphi_l^{-1}\delta_{\bar{z}}(E_c\delta_z(\partial_t\xi_l^n)))))),\partial_t\xi_l^n\rangle+\varepsilon|\partial_t\xi_l^n|_0^2\Delta t\\
&+\left\langle\sum_{s=x,y,z}[\delta_{U_s^{n+1}}C_l^n-\delta_{u_s^{n+1}}c_l^n],\ \partial_t\xi_l^n\right\rangle\Delta t.
\end{aligned}\tag{9.2.81}
$$

现估计 (9.2.81) 右端第二项. 首先讨论其首项

$$
\begin{aligned}
&-(\Delta t)^3\langle\delta_{\bar{x}}(E_c\delta_x(\varphi_l^{-1}\delta_{\bar{y}}(E_c\delta_y(\partial_t\xi_l^n)))),\partial_t\xi_l^n\rangle\\
=&-(\Delta t)^3\{\langle\delta_x(E_c\delta_y(\partial_t\xi_l^n)),\delta_y(\varphi_l^{-1}E_c\delta_x(\partial_t\xi_l^n))\rangle\\
&+\langle E_c\delta_y(\partial_t\xi_l^n),\delta_y(\delta_x\varphi_l^{-1}\cdot E_c\delta_x(\partial_t\xi_l^n))\rangle\}\\
=&-(\Delta t)^3\sum_{\Omega_h}\{E_{c,i,j+1/2,k}E_{c,i+1/2,jk}\varphi_{l,ijk}^{-1}(\delta_x\delta_y\delta_t\xi_l^n)_{ijk}^2\\
&+[E_{c,i,j+1/2,k}\delta_y(E_{c,i+1/2,jk}\varphi_{l,ijk}^{-1})\cdot\delta_x(\partial_t\xi_{l,ijk}^n)
\end{aligned}
$$

$$
\begin{aligned}
&+E_{c,i+1/2,jk}\varphi_{l,ijk}^{-1}\delta_x E_{c,i,j+1/2,k}\cdot\delta_y(\partial_t\xi_{l,ijk}^n)\\
&+E_{c,i,j+1/2,k}E_{c,i+1/2,jk}\delta_y(\partial_t\xi_{l,ijk}^n)]\cdot\delta_x\delta_y(\partial_t\xi_{l,ijk}^n)\\
&+[E_{c,i,j+1/2,k}E_{c,i+1/2,jk}\delta_x\delta_y\varphi_{l,ijk}^{-1}+E_{c,i,j+1/2,k}\delta_y E_{c,i+1/2,jk}\delta_x\delta_y\varphi_{l,ijk}^{-1}]\delta_x(\partial_t\xi_{l,ijk}^n)\\
&\cdot\delta_y(\partial_t\xi_{l,ijk}^n)\}h_i^x h_j^y h_k^z. \qquad (9.2.82)
\end{aligned}
$$

由于E_c的正定性, 对表达式 (9.2.82) 应用 Cauchy 不等式消去高阶差商项$\delta_x\delta_y(\partial_t\xi_l^n)$, 最后可得

$$
\begin{aligned}
&-(\Delta t)^3\sum_{\Omega_h}\{E_{c,i,j+1/2,k}E_{c,i+1/2,jk}\varphi_{l,ijk}^{-1}(\delta_x\delta_y\delta_t\xi_{l,ijk})^2+\cdots\}h_i^x h_j^y h_k^z\\
&\leqslant K\{|\nabla_h\xi_l^{n+1}|_0^2+|\nabla_h\xi_l^n|_0^2\}\Delta t, \qquad (9.2.83)
\end{aligned}
$$

此处 $|\nabla_h\xi_l|_0^2=\sum\limits_{s=x,y,z}|\delta_s\xi_l|_0^2$.

对式 (9.2.81) 右端第二项的其余二项和 (9.2.81) 右端第三项的估计是类似的. 故有

$$
\begin{aligned}
&-(\Delta t)^3\{\langle\delta_{\bar{x}}(E_c\delta_x(\varphi_l^{-1}\delta_{\bar{y}}(E_c\delta_y(\partial_t\xi_l^n)))),\partial_t\xi_l^n\rangle\\
&+\cdots+\langle\delta_{\bar{y}}(E_c\delta_y(\varphi_l^{-1}\delta_{\bar{z}}(E_c\delta_z(\partial_t\xi_l^n)))),\partial_t\xi_l^n\rangle\}\\
&+(\Delta t)^4\langle\delta_{\bar{x}}(E_c\delta_x(\varphi_l^{-1}\delta_{\bar{y}}(E_c\delta_y(\varphi_l^{-1}\delta_{\bar{z}}(E_c\delta_z(\partial_t\xi_l^n)))))),\partial_t\xi_l^n\rangle\\
&\leqslant K\{|\nabla_h\xi_l^{n+1}|_0^2+|\nabla_h\xi_l^n|_0^2\}\Delta t. \qquad (9.2.84)
\end{aligned}
$$

对式 (9.2.81) 最后一项有估计式

$$
\begin{aligned}
&\left\langle\sum_{s=x,y,z}[\delta_{U_s^{n+1}}C_l^n-\delta_{u_s^{n+1}}c_l^n],\partial_t\xi_l^n\right\rangle\Delta t\\
&\leqslant\varepsilon||\partial_t\xi_l^n||^2\Delta t+K\{|||\sigma^n|||^2+|\nabla_h\xi_l^n|_0^2+h_p^4+(\Delta t)^2\}. \qquad (9.2.85)
\end{aligned}
$$

对式 (9.2.81) 应用式 (9.2.83)—(9.2.85), 经整理可得

$$
\begin{aligned}
&|\partial_t\xi_l^n|_0^2\Delta t+\frac{1}{2}\sum_{s=x,y,z}\{\langle E_c\delta_s\xi_l^{n+1},\delta_s\xi_l^{n+1}\rangle-\langle E_c\delta_s\xi_l^n,\delta_s\xi_l^n\rangle\}\\
&\leqslant K\left\{\sum_{l=1}^N[|\xi_l^n|_0^2+|\nabla_h\xi_l^{n+1}|_0^2+|\nabla_h\xi_l^n|_0^2]+|\xi_{\hat{c}}^{n+1}|_0^2+|||\sigma^{n+1}|||^2\right.\\
&\left.+|\partial_t\pi^n|_0^2+h_p^4+h_{\hat{c}}^2+(M^*h_{\hat{c}})^2+h_c^2+(\Delta t)^2\right\}\Delta t+\varepsilon|\partial_t\xi_l^n|_0^2\Delta t. \qquad (9.2.86)
\end{aligned}
$$

对 radionuclide 浓度误差方程组 (9.2.86), 先对 $l, 1 \leqslant l \leqslant N$ 求和, 再对 t, $0 \leqslant n \leqslant L$ 求和, 注意到 $\xi_l^0 = 0, l = 1, 2, \cdots, N$, 并应用已知估计式 (9.2.64) 和 (9.2.70) 可得

$$\sum_{n=0}^{L}\sum_{l=1}^{N}|\partial_t\xi_l^n|_0^2\Delta t + \frac{1}{2}\sum_{l=1}^{N}\sum_{s=x,y,z}\langle E_c\delta_s\xi_l^{L+1}, \delta_s\xi_l^{L+1}\rangle$$
$$\leqslant K\sum_{n=0}^{L}|\partial_t\pi^n|_0^2\Delta t + K\left\{\sum_{n=0}^{L}\sum_{l=1}^{N}[|\xi_l^n|_0^2 + |\nabla_h\xi_l^{n+1}|_0^2] + h_p^4 + h_{\hat{c}}^2 + (M^*h_{\hat{c}})^2 + h_c^2 + (\Delta t)^2\right\}\Delta t. \tag{9.2.87}$$

这里注意到 $\xi_l^0 = 0$ 和关系式 $|\xi_l^{L+1}|_0^2 \leqslant \varepsilon\sum_{n=0}^{L}|\partial_t\xi_l^n|_0^2\Delta t + K\sum_{n=0}^{L}|\xi_l^n|_0^2\Delta t$. 并考虑 $L^2(\Omega)$ 连续模和 l^2 离散模之间的关系[8,38], 并应用估计式 (9.2.64), (9.2.70) 和 Gronwall 引理可得

$$\sum_{n=0}^{L}\sum_{l=1}^{N}|\partial_t\xi_l^n|_0^2\Delta t + \sum_{l=1}^{N}[|\xi_l^n|_0^2 + |\nabla_h\xi_l^{n+1}|_0^2]$$
$$\leqslant K\{h_p^4 + h_{\hat{c}}^2 + (M^*h_{\hat{c}})^2 + h_c^2 + (\Delta t)^2\}. \tag{9.2.88}$$

由估计式 (9.2.64), (9.2.70), (9.2.76), (9.2.88) 和引理 9.2.5, 可以建立下述定理.

定理 9.2.5 对问题 (9.2.1)—(9.2.6) 假定其精确解满足正则性条件 (R), 且其系数满足正定性条件 (C), 采用混合体积元-迎风分数步差分方法 (9.2.18), (9.2.19), (9.2.20), (9.2.21) 逐层求解. 则下述误差估计式成立:

$$\begin{aligned}&||p-P||_{\bar{L}^\infty(J;m)} + ||\partial_t(p-P)||_{\bar{L}^2(J;m)}\\&+ ||\mathbf{u}-\mathbf{U}||_{\bar{L}^\infty(J;V)} + ||\hat{c}-\hat{C}||_{\bar{L}^\infty(J;m)} + ||\bar{\mathbf{z}}-\bar{\mathbf{Z}}||_{\bar{L}^2(J;V)}\\&+ ||T-T_h||_{\bar{L}^\infty(J;m)} + ||\bar{\mathbf{z}}_T-\bar{\mathbf{Z}}_T||_{\bar{L}^2(J;V)}\\&+ \sum_{l=1}^{N}\{||c_l-C_l||_{\bar{L}^\infty(J;h^1)} + ||\partial_t(c_l-C_l)||_{\bar{L}^2(J;l^2)}\}\\&\leqslant M^{**}\{h_p^2 + h_{\hat{c}} + M^*h_{\hat{c}} + h_c + \Delta t\},\end{aligned} \tag{9.2.89}$$

此处 $||g||_{\bar{L}^\infty(J;X)} = \sup\limits_{n\Delta t\leqslant T}||g^n||_X$, $||g||_{\bar{L}^2(J;X)} = \sup\limits_{L\Delta t\leqslant T}\left\{\sum_{n=0}^{L}||g^n||_X^2\Delta t\right\}^{1/2}$ 常数 M^{**} 依赖于函数 $p, \hat{c}, c_l\ (l = 1, 2, \cdots, N), T$ 及其导函数.

下面研究格式的改进. 对基于网格变动的迎风混合体积元-分数步差分格式 (9.2.18)—(9.2.21) 进行改进. 对流动方程格式 (9.2.18) 和 radionuclide 浓度方程格式 (9.2.21) 不变, 而对 brine 浓度格式 (9.2.20) 和热传导方程格式 (9.2.20b) 进行改进, 即解在两个时间层变换时用一个线性近似来代替前面的 L^2 投影, 可以得到任意网格变动下最优的误差估计.

首先研究 brine 浓度方程, 对已知的 $\hat{C}^n \in S_h^n$, 在单元 e^n 上定义线性函数 $\bar{\hat{C}}^n$,

$$\bar{\hat{C}}^n|_{e^n} = \hat{C}^n(x_e^n) + (x - x_e^n) \cdot \delta \hat{C}_e^n, \tag{9.2.90}$$

此处 x_e^n 是单元 e^n 的重心, $\delta \hat{C}_e^n$ 是梯度或近似解的斜率. 我们借助混合有限体积元方法对梯度的近似, 也即 $-\bar{\mathbf{Z}}^n$, 故有

$$\delta \hat{C}_e^n = -\frac{1}{\mathrm{mes}(e^n)} \int_{e^n} \bar{\mathbf{Z}}^n(x) dx. \tag{9.2.91}$$

brine 浓度方程的 (9.2.19b), (9.2.19c) 不变, (9.2.19a) 则改进为

$$\begin{aligned}
&\left(\varphi(x)\frac{\hat{C}^{n+1} - \bar{\hat{C}}^n}{\Delta t}, v\right)_m + \left(\varphi \hat{C}^n \frac{P^{n+1} - P^n}{\Delta t}, v\right)_m \\
&+ (\nabla \cdot \mathbf{G}^{ln+1}, v)_m + \left(\sum_{s=x,y,z} D_s Z^{s,n+1}, v\right)_m = (F(\hat{C}^n), v)_m, \forall v \in S_h^{n+1}.
\end{aligned} \tag{9.2.92}$$

只有当网格发生变化时, 才会增加 $\bar{\hat{C}}^n$ 的计算, 而当网格不发生变化 $S_h^n = S_h^{n+1}$ 时,

$$(\varphi \bar{\hat{C}}^n, v)_m = (\varphi \hat{C}^n, v)_m. \tag{9.2.93}$$

类似前面进行的估计, 采用相同的记号和定义, 误差方程 (9.2.49b), (9.2.49c) 不变, 则 (9.2.49a) 变为

$$\begin{aligned}
&\left(\varphi \frac{\xi_{\hat{c}}^{n+1} - \xi_{\hat{c}}^n}{\Delta t}, \xi_{\hat{c}}^{n+1}\right)_m + \left(\sum_{s=x,y,z} E_c \bar{\alpha}_{\hat{c}}^{s,n+1}, \bar{\alpha}_{\hat{c}}^{s,n+1}\right)_m \\
= &- (\nabla \cdot (\mathbf{G}^{n+1} - \mathbf{g}^{n+1}), \xi_{\hat{c}}^{n+1})_m + (F(\hat{C}^n) - F(\hat{c}^{n+1}), \xi_{\hat{c}}^{n+1})_m \\
&+ \left(\varphi \hat{c}^{n+1} \frac{\partial p^{n+1}}{\partial t} - \varphi \hat{C}^n \frac{P^{n+1} - P^n}{\Delta t}, \xi_{\hat{c}}^{n+1}\right)_m \\
&+ \left(\varphi \frac{\partial \hat{c}^{n+1}}{\partial t} - \varphi \frac{\hat{c}^{n+1} - \hat{c}^n}{\Delta t}, \xi_{\hat{c}}^{n+1}\right)_m \\
&+ \left(\varphi \frac{\bar{\xi}_{\hat{c}}^{n+1} - \xi_{\hat{c}}^n}{\Delta t}, \xi_{\hat{c}}^{n+1}\right)_m - \left(\varphi \frac{\hat{c}^n - \bar{\Pi} \hat{c}^n}{\Delta t}, \xi_{\hat{c}}^{n+1}\right)_m,
\end{aligned} \tag{9.2.94}$$

此处 $\bar{\xi}_{\hat{c}}^n = \bar{\hat{C}}^n - \bar{\Pi}\,\hat{c}^n$, 定义 $\bar{\Pi}\,\hat{c}^n$,

$$\bar{\Pi}\,\hat{c}^n\,|_{e^n} = \Pi\,\hat{c}^n(x_e^n) - (x - x_e^n)\cdot\left(\frac{1}{\text{mes}(e^n)}\int_{e^n}\Pi\,\bar{\mathbf{z}}^n(x)dx\right), \tag{9.2.95}$$

此处 Π 为 (9.2.39) 中的投影算子, $\Pi\,\hat{c}^n = \tilde{\hat{c}}^n$, $\Pi\,\bar{\mathbf{z}}^n = \tilde{\bar{\mathbf{z}}}^n$.

式 (9.2.94) 右端的前四项的估计与前面相同, 现详细讨论最后两项. 首先有

$$\begin{aligned}\left(\varphi\frac{\bar{\xi}_{\hat{c}}^n - \xi_{\hat{c}}^n}{\Delta t}, \xi_{\hat{c}}^n\right)_m &\leqslant \frac{\varphi^*}{\Delta t}\|\,\bar{\xi}_{\hat{c}}^n - \xi_{\hat{c}}^n\|_m \cdot \|\xi_{\hat{c}}^{n+1}\|_m \\ &\leqslant \frac{\varepsilon}{(\Delta t)^2}\|\,\bar{\xi}_{\hat{c}}^n - \xi_{\hat{c}}^n\|_m^2 + K\|\xi_{\hat{c}}^{n+1}\|_m^2.\end{aligned} \tag{9.2.96}$$

由 (9.2.90), (9.2.91) 和 (9.2.95) 的定义, 有

$$\|\,\bar{\xi}_{\hat{c}}^n - \xi_{\hat{c}}^n\|^2 = \sum_i\int_{e_i}|\,\bar{\xi}_{\hat{c}}^n - \xi_{\hat{c}}^n|^2 dx = \sum_i\int_{e_i}\left|(x - x_e^n)\frac{1}{\text{mes}(e^n)}\int_{e_i}\bar{\alpha}_{\hat{c}}^n\,dy\right|^2 dx. \tag{9.2.97}$$

将 (9.2.97) 的估计式回代到 (9.2.96), 并要求剖分参数满足 $h_{\hat{c}} = O(\Delta t)$, 则有

$$\left(\varphi\frac{\bar{\xi}_{\hat{c}}^n - \xi_{\hat{c}}^n}{\Delta t}, \xi_{\hat{c}}^n\right)_m \leqslant \frac{\varepsilon(h_{\hat{c}})^2}{(\Delta t)^2}|||\,\bar{\alpha}_{\hat{c}}^n\,|||^2 + K\|\xi_{\hat{c}}^{n+1}\|_m^2 \leqslant \varepsilon|||\,\bar{\alpha}_{\hat{c}}^n\,|||^2 + K\|\xi_{\hat{c}}^{n+1}\|_m^2. \tag{9.2.98}$$

接下来考虑 (9.2.94) 中最后一项.

$$-\left(\varphi\frac{\hat{c}^n - \bar{\Pi}\,\hat{c}^n}{\Delta t}, \xi_{\hat{c}}^{n+1}\right)_m \leqslant \frac{\varepsilon}{(\Delta t)^2}\|\,\hat{c}^n - \bar{\Pi}\,\hat{c}^n\,\|_m^2 + K\|\xi_{\hat{c}}^{n+1}\|_m^2. \tag{9.2.99}$$

由 Taylor 展开式, $\forall x \in e^n$,

$$\begin{aligned}\hat{c}^n(x) &= \hat{c}^n(x_e^n) - (x - x_e^n)\cdot\bar{\mathbf{z}}^n(x_e^n) + O((h_{\hat{c}})^2) \\ &= \Pi\,\hat{c}^n(x_e^n) - (x - x_e^n)\frac{1}{\text{mes}(e^n)}\int_{e^n}\bar{\mathbf{z}}^n\,dy + O((h_{\hat{c}})^2).\end{aligned}$$

上式应用 $\hat{c}^n(x_e^n) - \Pi\,\hat{c}^n(x_e^n) = O((h_{\hat{c}})^2)$ 以及 $\left|\bar{\mathbf{z}}^n(x_e^n) - \frac{1}{\text{mes}(e^n)}\int_{e^n}\bar{\mathbf{z}}^n\,dy\right| = O((h_{\hat{c}})^2)$. 因此

$$\begin{aligned}&\|\,\hat{c}^n - \bar{\Pi}\,\hat{c}^n\,\|_m^2 = \sum_i\int_{e_i}|(x - x_e^n)\frac{1}{\text{mes}(e^n)}\int_{e^n}\bar{\beta}_{\hat{c}}^n\,dy + O((h_{\hat{c}})^2)|^2 dx \\ &\leqslant K(h_{\hat{c}})^2|||\,\bar{\beta}_{\hat{c}}^n\,|||^2 + K(h_{\hat{c}})^4 \leqslant K(h_{\hat{c}})^4.\end{aligned} \tag{9.2.100}$$

把 (9.2.100) 代入 (9.2.99) 得到

$$-\left(\varphi\frac{\hat{c}^n-\bar{\Pi}\,\hat{c}^n}{\Delta t},\xi_{\hat{c}}^{n+1}\right)_m\leqslant K(h_{\hat{c}})^2+K||\xi_{\hat{c}}^{n+1}||_m^2. \tag{9.2.101}$$

把 (9.2.98), (9.2.101) 代入 (9.2.94), 两边同乘以 $2\Delta t$, 关于时间 $n=1,2,\cdots,L-1$ 相加, 并注意到 $\xi_{\hat{c}}^0=0$, 应用 Gronwall 引理得到

$$||\varphi^{1/2}\xi_{\hat{c}}^L||_m^2+\sum_{n=0}^{L}|||\,\bar{\alpha}_{\hat{c}}^n\,|||^2\Delta t\leqslant K\{h_{\hat{c}}^2+(\Delta t)^2\}. \tag{9.2.102}$$

对热传导方程 (9.2.20) 类似的, 可得下述估计式

$$||d_2^{1/2}\xi_T^L||_m^2+\sum_{n=0}^{L}|||\,\bar{\alpha}_T^n\,|||^2\Delta t\leqslant K\{h_{\hat{c}}^2+(\Delta t)^2\}. \tag{9.2.103}$$

组合误差估计式 (9.2.62), (9.2.70), (9.2.89), (9.2.102), (9.2.103) 和引理 9.2.5 可以建立下述定理.

定理 9.2.6 对问题 (9.2.1)—(9.2.6) 假定其精确解足正则性条件 (R), 且系数满足正定性条件 (C). 采用改进的迎风网格变动的混合体积元-分数步方法逐层求解, 假定剖分参数满足限制性条件 $h_{\hat{c}}=O(\Delta t)$, 则下述最优误差估计式成立

$$\begin{aligned}&||p-P||_{\bar{L}^\infty(J;m)}+||\partial_t(p-P)||_{\bar{L}^2(J;m)}+||\mathbf{u}-\mathbf{U}||_{\bar{L}^\infty(J;V)}\\ \leqslant\ & M^{***}\{h_p^2+h_{\hat{c}}+\Delta t\}, \qquad (9.2.104\text{a})\\ &||\hat{c}-\hat{C}||_{\bar{L}^\infty(J;m)}+||\bar{\mathbf{z}}-\bar{\mathbf{Z}}||_{\bar{L}^2(J;V)}+||T-T_h||_{\bar{L}^\infty(J;m)}+||\,\bar{\mathbf{z}}_T-\bar{\mathbf{Z}}_T\,||_{\bar{L}^2(J;V)}\\ &+\sum_{l=1}^{N}\{||c_l-C_l||_{\bar{L}^\infty(J;h^1)}+||\partial_t(c_l-C_l)||_{\bar{L}^2(J;l^2)}\}\\ \leqslant\ & M^{***}\{h_p^2+h_{\hat{c}}+h_c+\Delta t\}, \qquad (9.2.104\text{b})\end{aligned}$$

此处 M^{***} 依赖于函数 $p,\hat{c},c_l(l=1,2,\cdots,N),T$ 及其导函数.

9.2.6 数值算例

在这一节中使用上面的方法考虑简化的油水驱动问题, 假设压力、速度已知, 只考虑对流占优的饱和度方程

$$\frac{\partial c}{\partial t}+c_x-ac_{xx}=f, \tag{9.2.105}$$

其中 $a = 1.0 \times 10^{-4}$, 对流占优, $t \in \left(0, \dfrac{1}{2}\right)$, $x \in [0, \pi]$. 问题的精确解为 $c = \exp(-0.05t) \cdot (\sin(x-t))^{20}$, 选择右端 f 使方程 (9.2.105) 成立.

此函数在区间 $[1.5, 2.5]$ 之间有尖峰 (图 9.2.2), 并且随着时间的变化而发生变化. 若采取一般的有限元方法会产生数值振荡, 我们采取迎风混合体积元方法, 同时应用 9.2.5 小节的网格变动来近似此方程, 进行一次网格变化, 可以得到较理想的结果, 没有数值振荡和弥散 (图 9.2.3). 图 9.2.4 是采取一般有限元方法近似此对流占优方程所产生的振荡图.

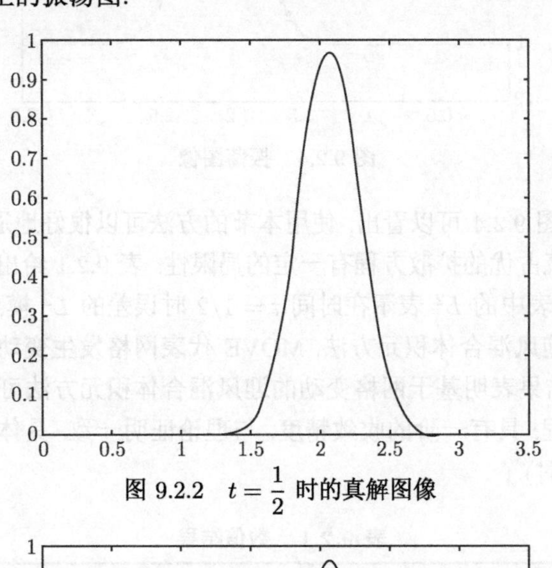

图 9.2.2 $t = \dfrac{1}{2}$ 时的真解图像

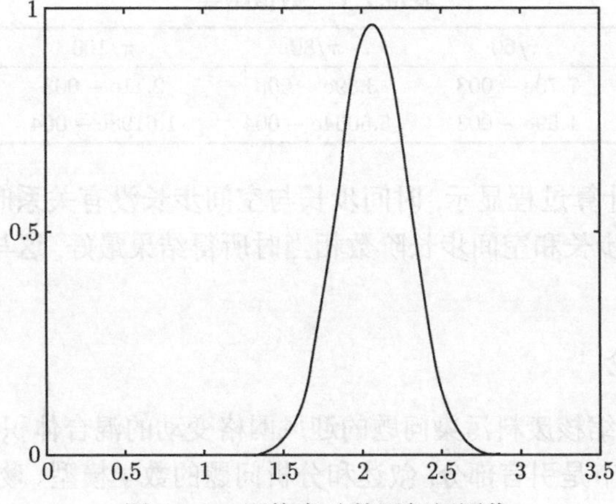

图 9.2.3 网格变动的近似解图像

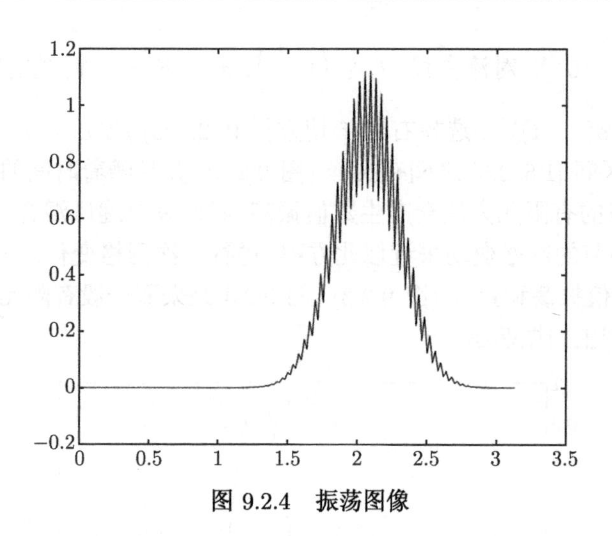

图 9.2.4 振荡图像

由图 9.2.2—图 9.2.4 可以看出, 使用本节的方法可以很好地逼近精确解, 而一般的方法对于对流占优的扩散方程有一定的局限性. 表 9.2.1 给出了网格变动与网格固定时的比较, 表中的 L^2 表示在时间 $t = 1/2$ 时误差的 L^2 模, STATIC 代表网格固定不动时的迎风混合体积元方法, MOVE 代表网格发生变动时的迎风混合体积元方法. 数值结果表明基于网格变动的迎风混合体积元方法可以很好地逼近对流占优的扩散方程, 具有一阶的收敛精度, 与理论证明一致. 具体数值可以参见表 9.2.1 (取 $t = 1/2$ 时).

表 9.2.1 数值结果

h		$\pi/60$	$\pi/80$	$\pi/100$	$\pi/120$
STATIC	L^2	7.70e − 003	3.89e − 003	2.11e − 003	1.23e − 003
MOVE	L^2	1.59e − 003	5.5064e − 004	1.6198e − 004	2.8174e − 005

注 实际的计算过程显示, 时间步长与空间步长没有关系时, 所有数值结果不理想, 但当时间步长和空间步长阶数相当时所得结果最好, 这与理论结果 (定理 9.2.5) 相吻合.

9.2.7 总结和讨论

本节研究可压缩核废料污染问题的迎风网格变动的混合体积元-分数步差分方法和分析. 9.2.1 小节是引言部分, 叙述和分析问题的数学模型、物理背景以及国内外研究概况. 9.2.2 小节给出网格剖分记号和引理. 9.2.3 小节提出混合体积元-迎风网格变动的混合体积元-迎风分数步差分方法程序, 对流动方程采用具有守恒性质的混合体积元离散, 对 Darcy 速度提高了一阶精确度. 对 brine 浓度方程和热传导方程在整体上用网格变动技术, 采用了同样具有守恒性质的迎风网格变动的混合体积元求解, 即对方程的扩散项采用混合体积元离散, 对流部分采用迎风格式来处理, 此方法适用于对流占优问题, 能消除数值弥散和非物理性振荡, 并可以提高计算精确度. 扩散项采用混合体积元离散, 可以同时逼近浓度函数和温度函数及其伴随向量函数, 保持单元质量和能量守恒, 此特性对地下渗流力学数值模拟计算中是极其重要的. 对 radionuclide 浓度方程组采用迎风分数步差分方法并行计算, 将整体三维问题分解成连续计算三个一维问题, 且可用追赶法求解, 大大减少了实际计算工作量. 9.2.4 小节论证了格式具有单元质量和能量守恒律这一重要的物理特性. 9.2.5 小节是收敛性分析, 应用微分方程先验估计理论和特殊技巧, 得到了最优阶的误差估计结果. 9.2.6 小节给出了数值算例, 支撑了理论分析结果, 并指明本节所提出的方法在实际问题是切实可行和高效的. 本节有如下创新点: ① 本格式考虑了流体的压缩性, 且具有质量和能量守恒律这一重要的物理特性, 这在地下渗流力学数值模拟是极其重要的; ② 由于组合地应用混合体积元、迎风变网格混合体积元格式和分数步差分方法, 它具有高精度和高稳定性的特征, 特别适用于三维复杂区域大型数值模拟的工程实际计算; ③ 本节突破了 Ewing 教授等关于核废料污染问题数值模拟的工作[1,2,12,32,33], 在那里仅能处理二维问题, 且不具有单元质量和能量守恒这一重要的物理特性; ④ 本节拓广了 Dawson 等基于网格变动的混合有限元方法, 对简单的抛物问题, 仅能在特殊网格变动情况下, 才能得到最优的误差估计[40]. 详细的讨论和分析可参阅文献 [41].

9.3　核废料污染数值模拟的混合体积元-迎风多步混合体积元方法和分析

9.3.1　引言

本节研究多孔介质中核废料污染数值模拟问题的混合体积元-迎风多步混合体积元方法及其收敛性分析. 核废料深埋在地层下, 若遇到地震、岩石裂隙, 它就会扩散, 因此研究其扩散及安全问题是十分重要的环境保护问题. 深层核废料污染问题的数值模拟是现代能源数学的重要课题. 在多孔介质中核废料污染问题计算方法研究, 对处理和分析地层核废料设施的安全有重要的价值. 对于不可压缩三维数学模型, 它是地层中迁移的耦合对流-扩散型偏微分方程组的初边值问题[1,2,32,33]. 它由四个方程组成: ① 压力函数 $p(X,t)$ 的流动方程; ② 主要污染元素 (brine) 浓度函数 $\hat{c}$ 的对流-扩散方程; ③ 微量污染元素 (radionuclide) 浓度 $\{c_i\}$ 的对流-扩散方程组; ④ 温度 $T(X,t)$ 的热传导方程.

流动方程:

$$\nabla \cdot \mathbf{u} = -q + R_s, \quad X = (x, y, z)^{\mathrm{T}} \in \Omega, t \in J = (0, \bar{T}], \tag{9.3.1a}$$

$$\mathbf{u} = -\frac{\kappa}{\mu} \nabla p, \quad X \in \Omega, t \in J, \tag{9.3.1b}$$

此处 $p = p(X,t)$ 和 $\mathbf{u} = \mathbf{u}(X,t)$ 对应于流体的压力函数和 Darcy 速度. $q = q(X,t)$ 是产量项. $R_s = R_s(\hat{c})$ 是主要污染元素的溶解项, $\kappa(X)$ 是岩石的渗透率, $\mu(\hat{c})$ 是流体的黏度, 依赖于 $\hat{c}$, 它是流体中主要污染元素的浓度函数.

brine (主要污染元素) 浓度方程:

$$\varphi \frac{\partial \hat{c}}{\partial t} + \mathbf{u} \cdot \nabla \hat{c} - \nabla \cdot (\mathbf{E}_c \nabla \hat{c}) = f(\hat{c}), \quad X \in \Omega, t \in J, \tag{9.3.2}$$

此处 φ 是岩石孔隙度, $\mathbf{E}_c = \mathbf{D} + D_m \mathbf{I}$, $\mathbf{I}$ 为单位矩阵, $\mathbf{D} = |\mathbf{u}|(d_l \mathbf{E} + d_t(\mathbf{I} - \mathbf{E}))$, $\mathbf{E} = \mathbf{u} \otimes \mathbf{u}/|\mathbf{u}|^2$, $f(\hat{c}) = -\hat{c}\{[c_s \varphi K_s f_s/(1 + c_s)](1 - \hat{c})\} - q_c - R_s$. 通常在实际计算时, 取 $\mathbf{E}_c = D_m \mathbf{I}$.

radionuclide (微量污染元素) 浓度方程组:

$$\begin{aligned} &\varphi K_l \frac{\partial c_l}{\partial t} + \mathbf{u} \cdot \nabla c_l - \nabla \cdot (\mathbf{E}_c \nabla c_l) \\ =& f_l(\hat{c}, c_1, c_2, \cdots, c_{\hat{N}}), \quad X \in \Omega, t \in J, l = 1, 2, \cdots, \hat{N}, \end{aligned} \tag{9.3.3}$$

此处 c_l 是微量元素浓度函数 $(l = 1, 2, \cdots, \hat{N})$, $d_3(c_l) = \varphi c_w c_l (K_l - 1)$ 和 $f_l(\hat{c}, c_1, c_2, \cdots, c_{\hat{N}}) = c_l\{q - [c_s \varphi K_s f_s/(1 + c_s)](1 - \hat{c})\} - q c_l - q_{c_l} + q_{0l} + \sum_{j=1}^{N} k_j \lambda_j K_j \varphi c_j - \lambda_l K_l \varphi c_l$.

热传导方程:

$$d \frac{\partial T}{\partial t} + c_p \mathbf{u} \cdot \nabla T - \nabla \cdot (\mathbf{E}_H \nabla T) = Q(\mathbf{u}, p, T, \hat{c}), \quad X \in \Omega, t \in J, \tag{9.3.4}$$

此处 T 是流体的温度, $d = \varphi c_p + (1 - \varphi) \rho_R \rho_{pR}$, $\mathbf{E}_H = \mathbf{D} c_{pw} + K_m' \mathbf{I}$, $\mathbf{I}$ 为单位矩阵. $Q(\mathbf{u}, p, T, \hat{c}) = -\{[\nabla v_0 - c_p \nabla T_0] \cdot \mathbf{u} + [v_0 + c_p (T - T_0) + (p/\rho)][-q + R_s']\} - q_L - qH - q_H$. 通常在实际计算时, 取 $\mathbf{E}_H = K_m' \mathbf{I}$.

假定没有流体越过边界 (不渗透边界条件):

$$\mathbf{u} \cdot \nu = 0, \quad (X, t) \in \partial\Omega \times J, \tag{9.3.5a}$$

$$(\mathbf{E}_c \nabla \hat{c} - \hat{c} \mathbf{u}) \cdot \nu = 0, \quad (X, t) \in \partial\Omega \times J, \tag{9.3.5b}$$

$$(\mathbf{E}_c\nabla c_l - c_l\mathbf{u})\cdot\nu = 0, \quad (X,t)\in\partial\Omega\times J, l=1,2,\cdots,\hat{N}. \tag{9.3.5c}$$

此处 Ω 是 R^3 空间的有界区域, $\partial\Omega$ 为其边界曲面, ν 是 $\partial\Omega$ 的外法向矢量. 对温度方程 (9.3.4) 的边界条件是绝热的, 即

$$(\mathbf{E}_H\nabla T - c_p\mathbf{u})\cdot\nu = 0, \quad (X,t)\in\partial\Omega\times J. \tag{9.3.5d}$$

我们还需要相容性条件:

$$(q-R_s,1) = \int_\Omega [q(X,t) - R_s(\hat{c})]dX = 0. \tag{9.3.6}$$

另外, 初始条件必须给出

$$\hat{c}(X,0)=\hat{c}_0(X), \quad c_l(X,0)=c_{l0}(X), \quad l=1,2,\cdots,\hat{N}, \quad T(X,0)=T_0(X), \quad X\in\Omega. \tag{9.3.7}$$

对于经典的不可压缩的二相渗流驱动问题, Douglas, Ewing, Russell 和本书作者已有系列研究成果[3-8]. 我们注意到有限体积元法[18,19]兼具有差分方法的简单性和有限元方法的高精度性, 并且保持局部质量守恒, 是求解偏微分方程的一种十分有效的数值方法. 混合元方法[6,20,21]可以同时求解压力函数及其 Darcy 流速, 从而提高其一阶精确度. 论文 [3,23,24] 将有限体积元和混合元结合, 提出了混合有限体积元的思想, 论文 [25,26] 通过数值算例验证这种方法的有效性. 论文 [27—29] 主要对椭圆问题给出混合有限体积元的收敛性估计等理论结果, 形成了混合有限体积元方法的一般框架. 芮洪兴等用此方法研究了 Darcy-Forchheimer 油气渗流问题的数值模拟计算[30,31]. 本书作者曾用此方法研究半导体问题的数值模拟计算, 均得到很好的结果, 但始终未能得到具有单元守恒律特征的数值模拟结果[42,43]. 关于核废料污染问题数值模拟的研究, 本书作者和 Ewing 教授关于有限元方法和有限差分方法已有比较系统的研究成果, 并得到实际应用[2,9,12]. 在上述工作的基础上, 我们对三维核废料污染渗流力学数值模拟问题提出一类混合体积元-迎风多步混合体积元方法. 用混合体积元同时逼近压力函数和 Darcy 速度, 并对 Darcy 速度提高了一阶计算精确度. 对浓度方程和热传导方程用迎风多步混合有限体积元方法, 即对时间导数采用多步方法逼近, 对对流项用迎风格式来处理, 方程的扩散项采用混合体积元离散. 此方法适用于对流占优问题, 能消除数值弥散现象, 并可以得到较小的截断时间误差. 扩散项采用混合有限体积元离散, 可以同时逼近未知的浓度函数和温度函数及其伴随向量函数, 并且由于分片常数在检验函数空间中, 因此格式保持单元上质量和能量守恒. 这一特性对渗流力学数值模拟计算是特别重要的. 应用微分方程先验估计理论和特殊技巧, 得到了最优二阶 L^2 模误差估计. 本

节对一般三维对流-扩散问题做了数值试验, 进一步指明本节的方法是一类切实可行的高效计算方法, 支撑了理论分析结果, 成功解决了这一重要问题[1-3,8,32,33]. 此项研究成果对核废料污染问题的计算方法、应用软件研制和实际应用均有重要的价值.

我们使用通常的 Sobolev 空间及其范数记号. 假定问题 (9.3.1)—(9.3.7) 的精确解满足下述正则性条件:

$$
(\mathrm{R})\begin{cases} p\in L^{\infty}(H^1),\\ \mathbf{u}\in L^{\infty}(H^1(\mathrm{div}))\cap L^{\infty}(W_{\infty}^1)\cap W_{\infty}^1(L^{\infty})\cap H^2(L^2),\\ \hat{c},c_l(l=1,2,\cdots,\hat{N}),T\in L^{\infty}(H^2)\cap H^1(H^1)\cap L^{\infty}(W_{\infty}^1)\cap H^2(L^2).\end{cases}
$$

同时假定问题 (9.3.1)—(9.3.7) 的系数满足正定性条件:

$$
(\mathrm{C})\begin{cases} 0<a_*\leqslant \dfrac{\kappa(X)}{\mu(c)}\leqslant a^*,\quad 0<\varphi_*\leqslant\varphi,\varphi K_l\leqslant\varphi^*,\\ l=1,2,\cdots,\hat{N},\quad 0<d_*\leqslant d(X)\leqslant d^*,\\ 0<E_*\leqslant X^{\mathrm{T}}\mathbf{E}_cX\leqslant E^*,\quad 0<\bar{E}_*\leqslant X^{\mathrm{T}}\mathbf{E}_HX\leqslant\bar{E}^*,\end{cases}
$$

此处 $a_*,a^*,\varphi_*,\varphi^*,d_*,d^*,E_*,E^*,\bar{E}_*$ 和 $\bar{E}^*$ 均为确定的正常数, 并且全部系数满足局部有界和局部 Lipschitz 连续条件.

在本节中 K 表示一般的正常数, ε 表示一般小的正数, 在不同地方具有不同含义.

9.3.2 记号和引理

为了应用混合体积元-迎风多步混合体积元方法, 我们需要构造两套网格系统. 粗网格是针对流场压力和 Darcy 流速的非均匀粗网格, 细网格是针对浓度方程和热传导方程的非均匀网格. 先讨论粗网格系统.

研究三维问题, 为简单起见, 设区域 $\Omega=\{[0,1]\}^3$, 用 $\partial\Omega$ 表示其边界. 定义剖分

$$
\begin{aligned}
&\delta_x:0=x_{1/2}<x_{3/2}<\cdots<x_{N_x-1/2}<x_{N_x+1/2}=1,\\
&\delta_y:0=y_{1/2}<y_{3/2}<\cdots<y_{N_y-1/2}<y_{N_y+1/2}=1,\\
&\delta_z:0=z_{1/2}<z_{3/2}<\cdots<z_{N_z-1/2}<z_{N_z+1/2}=1.
\end{aligned}
$$

对 Ω 做剖分 $\delta_x\times\delta_y\times\delta_z$, 对于 $i=1,2,\cdots,N_x$; $j=1,2,\cdots,N_y$; $k=1,2,\cdots,N_z$, 记 $\Omega_{ijk}=\{(x,y,z)|x_{i-1/2}<x<x_{i+1/2},y_{j-1/2}<y<y_{j+1/2},z_{k-1/2}<z<z_{k+1/2}\}$, $x_i=(x_{i-1/2}+x_{i+1/2})/2$, $y_j=(y_{j-1/2}+y_{j+1/2})/2$, $z_k=(z_{k-1/2}+z_{k+1/2})/2$, $h_{x_i}=x_{i+1/2}-x_{i-1/2}$, $h_{y_j}=y_{j+1/2}-y_{j-1/2}$, $h_{z_k}=z_{k+1/2}-z_{k-1/2}$, $h_{x,i+1/2}=(h_{x_i}+$

$h_{x_{i+1}})/2 = x_{i+1} - x_i$, $h_{y,j+1/2} = (h_{y_j} + h_{y_{j+1}})/2 = y_{j+1} - y_j$, $h_{z,k+1/2} = (h_{z_k} + h_{z_{k+1}})/2 = z_{k+1} - z_k, h_x = \max\limits_{1 \leqslant i \leqslant N_x}\{h_{x_i}\}, h_y = \max\limits_{1 \leqslant j \leqslant N_y}\{h_{y_j}\}, h_z = \max\limits_{1 \leqslant k \leqslant N_z}\{h_{z_k}\}, h_p = (h_x^2 + h_y^2 + h_z^2)^{1/2}$. 称剖分是正则的, 是指存在常数 $\alpha_1, \alpha_2 > 0$, 使得

$$\min_{1 \leqslant i \leqslant N_x}\{h_{x_i}\} \geqslant \alpha_1 h_x, \quad \min_{1 \leqslant j \leqslant N_y}\{h_{y_j}\} \geqslant \alpha_1 h_y,$$

$$\min_{1 \leqslant k \leqslant N_z}\{h_{z_k}\} \geqslant \alpha_1 h_z, \quad \min\{h_x, h_y, h_z\} \geqslant \alpha_2 \max\{h_x, h_y, h_z\}.$$

特别指出的是, 此处 $\alpha_i (i = 1, 2)$ 是两个确定的正常数, 它与 Ω 的剖分 $\delta_x \times \delta_y \times \delta_z$ 有关.

图 9.3.1 表示对应于 $N_x = 4, N_y = 3, N_z = 3$ 情况简单网格的示意图. 定义 $M_l^d(\delta_x) = \{f \in C^l[0,1] : f|_{\Omega_i} \in p_d(\Omega_i), i = 1, 2, \cdots, N_x\}$, 其中 $\Omega_i = [x_{i-1/2}, x_{i+1/2}]$, $p_d(\Omega_i)$ 是 Ω_i 上次数不超过 d 的多项式空间, 当 $l = -1$ 时, 表示函数 f 在 $[0,1]$ 上可以不连续. 对 $M_l^d(\delta_y), M_l^d(\delta_z)$ 的定义是类似的. 记 $S_h = M_{-1}^0(\delta_x) \otimes M_{-1}^0(\delta_y) \otimes M_{-1}^0(\delta_z), V_h = \{\mathbf{w} | \mathbf{w} = (w^x, w^y, w^z), w^x \in M_0^1(\delta_x) \otimes M_{-1}^0(\delta_y) \otimes M_{-1}^0(\delta_z), w^y \in M_{-1}^0(\delta_x) \otimes M_0^1(\delta_y) \otimes M_{-1}^0(\delta_z), w^z \in M_{-1}^0(\delta_x) \otimes M_{-1}^0(\delta_y) \otimes M_0^1(\delta_z), \mathbf{w} \cdot \gamma|_{\partial\Omega} = 0\}$. 对函数 $v(x, y, z)$, 用 $v_{ijk}, v_{i+1/2,jk}, v_{i,j+1/2,k}$ 和 $v_{ij,k+1/2}$ 分别表示 $v(x_i, y_j, z_k)$, $v(x_{i+1/2}, y_j, z_k)$, $v(x_i, y_{j+1/2}, z_k)$ 和 $v(x_i, y_j, z_{k+1/2})$.

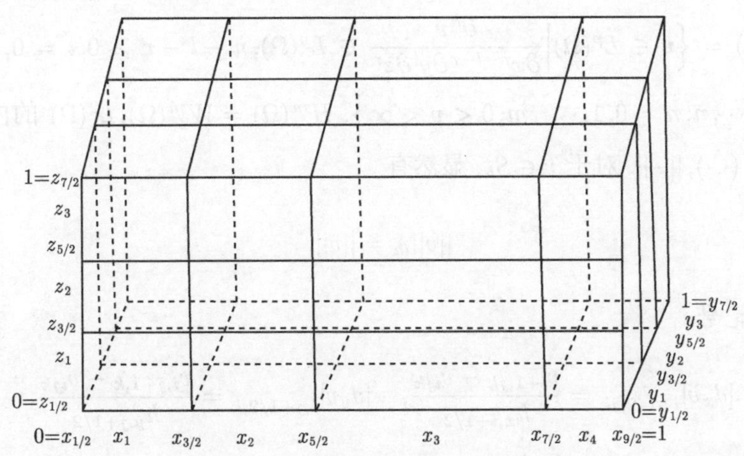

图 9.3.1 非均匀网格剖分示意图

定义下列内积及范数:

$$(v, w)_{\bar{m}} = \sum_{i=1}^{N_x} \sum_{j=1}^{N_y} \sum_{k=1}^{N_z} h_{x_i} h_{y_j} h_{z_k} v_{ijk} w_{ijk},$$

$$(v,w)_x=\sum_{i=1}^{N_x}\sum_{j=1}^{N_y}\sum_{k=1}^{N_z}h_{x_{i-1/2}}h_{y_j}h_{z_k}v_{i-1/2,jk}w_{i-1/2,jk},$$

$$(v,w)_y=\sum_{i=1}^{N_x}\sum_{j=1}^{N_y}\sum_{k=1}^{N_z}h_{x_i}h_{y_{j-1/2}}h_{z_k}v_{i,j-1/2,k}w_{i,j-1/2,k},$$

$$(v,w)_z=\sum_{i=1}^{N_x}\sum_{j=1}^{N_y}\sum_{k=1}^{N_z}h_{x_i}h_{y_j}h_{z_{k-1/2}}v_{ij,k-1/2}w_{ij,k-1/2},$$

$$||v||_s^2=(v,v)_s,\quad s=m,x,y,z,\quad ||v||_\infty=\max_{1\leqslant i\leqslant N_x,1\leqslant j\leqslant N_y,1\leqslant k\leqslant N_z}|v_{ijk}|,$$

$$||v||_{\infty(x)}=\max_{1\leqslant i\leqslant N_x,1\leqslant j\leqslant N_y,1\leqslant k\leqslant N_z}|v_{i-1/2,jk}|,$$

$$||v||_{\infty(y)}=\max_{1\leqslant i\leqslant N_x,1\leqslant j\leqslant N_y,1\leqslant k\leqslant N_z}|v_{i,j-1/2,k}|,$$

$$||v||_{\infty(z)}=\max_{1\leqslant i\leqslant N_x,1\leqslant j\leqslant N_y,1\leqslant k\leqslant N_z}|v_{ij,k-1/2}|.$$

当 $\mathbf{w}=(w^x,w^y,w^z)^{\mathrm{T}}$ 时, 记

$$|||\mathbf{w}|||=\left(||w^x||_x^2+||w^y||_y^2+||w^z||_z^2\right)^{1/2},\quad |||\mathbf{w}|||_\infty=||w^x||_{\infty(x)}+||w^y||_{\infty(y)}+||w^z||_{\infty(z)},$$

$$||\mathbf{w}||_{\bar{m}}=\left(||w^x||_{\bar{m}}^2+||w^y||_{\bar{m}}^2+||w^z||_{\bar{m}}^2\right)^{1/2},\quad ||\mathbf{w}||_\infty=||w^x||_\infty+||w^y||_\infty+||w^z||_\infty.$$

设 $W_p^m(\Omega)=\left\{v\in L^p(\Omega)\middle|\dfrac{\partial^n v}{\partial x^{n-l-r}\partial y^l\partial z^r}\in L^p(\Omega),n-l-r\geqslant 0,l=0,1,\cdots,n;\right.$ $\left.r=0,1,\cdots,n;n=0,1,\cdots,m;0<p<\infty\right\}$. $H^m(\Omega)=W_2^m(\Omega)$, $L^2(\Omega)$ 的内积与范数分别为 $(\cdot,\cdot)$, $||\cdot||$. 对于 $v\in S_h$, 显然有

$$||v||_{\bar{m}}=||v||.\tag{9.3.8}$$

定义下列记号:

$$[d_xv]_{i+1/2,jk}=\frac{v_{i+1,jk}-v_{ijk}}{h_{x,i+1/2}},\quad [d_yv]_{i,j+1/2,k}=\frac{v_{i,j+1,k}-v_{ijk}}{h_{y,j+1/2}},$$

$$[d_zv]_{ij,k+1/2}=\frac{v_{ij,k+1}-v_{ijk}}{h_{z,k+1/2}};\quad [D_xw]_{ijk}=\frac{w_{i+1/2,jk}-w_{i-1/2,jk}}{h_{x_i}},$$

$$[D_yw]_{ijk}=\frac{w_{i,j+1/2,k}-w_{i,j-1/2,k}}{h_{y_j}},\quad [D_zw]_{ijk}=\frac{w_{ij,k+1/2}-w_{ij,k-1/2}}{h_{z_k}};$$

$$\hat{w}_{ijk}^x=\frac{w_{i+1/2,jk}^x+w_{i-1/2,jk}^x}{2},\quad \hat{w}_{ijk}^y=\frac{w_{i,j+1/2,k}^y+w_{i,j-1/2,k}^y}{2},$$

$$\hat{w}_{ijk}^z = \frac{w_{ij,k+1/2}^z + w_{ij,k-1/2}^z}{2}; \quad \bar{w}_{ijk}^x = \frac{h_{x,i+1}}{2h_{x,i+1/2}} w_{ijk} + \frac{h_{x,i}}{2h_{x,i+1/2}} w_{i+1,jk},$$

$$\bar{w}_{ijk}^y = \frac{h_{y,j+1}}{2h_{y,j+1/2}} w_{ijk} + \frac{h_{y,j}}{2h_{y,j+1/2}} w_{i,j+1,k},$$

$$\bar{w}_{ijk}^z = \frac{h_{z,k+1}}{2h_{z,k+1/2}} w_{ijk} + \frac{h_{z,k}}{2h_{z,k+1/2}} w_{ij,k+1},$$

以及 $\hat{\mathbf{w}}_{ijk} = (\hat{w}_{ijk}^x, \hat{w}_{ijk}^y, \hat{w}_{ijk}^z)^{\mathrm{T}}$, $\bar{\mathbf{w}}_{ijk} = (\bar{w}_{ijk}^x, \bar{w}_{ijk}^y, \bar{w}_{ijk}^z)^{\mathrm{T}}$. 此处 $d_s(s = x, y, z)$, $D_s(s = x, y, z)$ 是差商算子, 它与方程 (9.3.2) 中的系数 D 无关. 记 L 是一个正整数, $\Delta t = T/L$, $t^n = n\Delta t$, v^n 表示函数在 t^n 时刻的值, $d_t v^n = (v^n - v^{n-1})/\Delta t$.

对于上面定义的内积和范数, 下述四个引理成立.

引理 9.3.1 对于 $v \in S_h, \mathbf{w} \in V_h$, 显然有

$$\begin{aligned} (v, D_x w^x)_{\bar{m}} = -(d_x v, w^x)_x, \quad (v, D_y w^y)_{\bar{m}} = -(d_y v, w^y)_y, \\ (v, D_z w^z)_{\bar{m}} = -(d_z v, w^z)_z. \end{aligned} \tag{9.3.9}$$

引理 9.3.2 对于 $\mathbf{w} \in V_h$, 则有

$$||\hat{\mathbf{w}}||_{\bar{m}} \leqslant |||\mathbf{w}|||. \tag{9.3.10}$$

证明同引理 9.1.2.

引理 9.3.3 对于 $q \in S_h$, 则有

$$||\bar{q}^x||_x \leqslant M||q||_{\bar{m}}, \quad ||\bar{q}^y||_y \leqslant M||q||_{\bar{m}}, \quad ||\bar{q}^z||_z \leqslant M||q||_{\bar{m}}, \tag{9.3.11}$$

此处 M 是与 q, h 无关的常数.

引理 9.3.4 对于 $\mathbf{w} \in V_h$, 则有

$$||w^x||_x \leqslant ||D_x w^x||_{\bar{m}}, \quad ||w^y||_y \leqslant ||D_y w^y||_{\bar{m}}, \quad ||w^z||_z \leqslant ||D_z w^z||_{\bar{m}}. \tag{9.3.12}$$

证明同引理 9.1.4.

对于细网格系统, 区域为 $\Omega = \{[0,1]\}^3$, 通常是在上述粗网格的基础上再进行均匀细分, 一般取原网格步长的 $1/\hat{l}$, 通常 $\hat{l}$ 取 4 或 8, 其余全部记号不变, 此时 $h_{\hat{c}} = h_p/\hat{l}$.

9.3.3 混合体积元-迎风多步混合体积元程序

为了引入混合有限体积元方法的处理思想, 我们将流动方程 (9.3.1) 写为下述

标准形式:

$$\nabla\cdot\mathbf{u}=R(\hat{c}), \tag{9.3.13a}$$

$$\mathbf{u}=-a(\hat{c})\nabla p, \tag{9.3.13b}$$

此处 $R(\hat{c})=-q+R_s'$, $a(\hat{c})=\kappa(X)\mu^{-1}(\hat{c})$.

对于 brine 浓度方程 (9.3.2) 构造迎风混合体积元格式, 为此将其转变为散度形式. 记 $\mathbf{g}=\mathbf{u}\hat{c}=(u_1\hat{c},u_2\hat{c},u_3\hat{c})^{\mathrm{T}}$, $\bar{\mathbf{z}}=-\nabla\hat{c}$, $\mathbf{z}=\mathbf{E}_c\bar{\mathbf{z}}$, 则方程 (9.3.2) 写为

$$\varphi\frac{\partial\hat{c}}{\partial t}+\nabla\cdot\mathbf{g}+\nabla\cdot\mathbf{z}-\hat{c}\nabla\cdot\mathbf{u}=f(\hat{c}). \tag{9.3.14}$$

对 (9.3.14) 注意到 $\nabla\cdot\mathbf{u}=-q+R_s'(\hat{c})$, 则有

$$\varphi\frac{\partial\hat{c}}{\partial t}+\nabla\cdot\mathbf{g}+\nabla\cdot\mathbf{z}=F(\hat{c}), \tag{9.3.15}$$

此处 $F(\hat{c})=-\hat{c}q+R_s'(\hat{c})+f(\hat{c})$.

对于 radionuclide 浓度方程 (9.3.3) 构造迎风混合体积元格式, 为此将其转变为散度形式. 记 $\mathbf{g}_i=\mathbf{u}c_i=(u_1c_i,u_2c_i,u_3c_i)^{\mathrm{T}}$, $\bar{\mathbf{z}}_i=-\nabla c_i$, $\mathbf{z}_i=\mathbf{E}_c\,\bar{\mathbf{z}}_i$, 则方程 (9.3.3) 写为

$$\varphi K_i\frac{\partial c_i}{\partial t}+\nabla\cdot\mathbf{g}_i+\nabla\cdot\mathbf{z}_i=F_i(\hat{c},c_1,c_2,\cdots,c_{\hat{N}}), \tag{9.3.16}$$

此处 $F_i(\hat{c},c_1,c_2,\cdots,c_{\hat{N}})=f_i(\hat{c},c_1,c_2,\cdots,c_{\hat{N}})-c_iq+c_i\,R_s'(\hat{c})$.

对热传导方程 (9.3.4), 类似地, 构造迎风混合体积元格式, 同样将其转变为散度形式. 记 $\mathbf{g}_T=\mathbf{u}c_pT=(u_1c_pT,u_2c_pT,u_3c_pT)^{\mathrm{T}}$, $\bar{\mathbf{z}}_T=-\nabla T$, $\mathbf{z}_T=\mathbf{E}_H\,\bar{\mathbf{z}}_T$, 则方程 (9.3.4) 写为

$$d\frac{\partial T}{\partial t}+\nabla\cdot\mathbf{g}_T+\nabla\cdot\mathbf{z}_T=Q_T(\mathbf{u},p,T,\hat{c}), \tag{9.3.17}$$

此处 $Q_T(\mathbf{u},p,T,\hat{c})=Q(\mathbf{u},p,T,\hat{c})-c_pqT+c_pT\,R_s'(\hat{c})$.

在这里我们应用拓广的混合体积元方法[34], 此方法不仅能得到扩散流量 $\mathbf{z}$, $\mathbf{z}_i$ $(i=1,2,\cdots,\hat{N})$, $\mathbf{z}_T$ 的近似, 同时能得到梯度 $\bar{\mathbf{z}}$, $\bar{\mathbf{z}}_i(i=1,2,\cdots,\hat{N})$, $\bar{\mathbf{z}}_T$ 的近似.

通常流动方程 (9.3.1) 的压力和 Darcy 流速较浓度方程 (9.3.2), (9.3.3) 的浓度函数和热传导方程 (9.3.4) 的温度函数的变化慢得多[1-6,32,33]. 通常前者采用大步长 Δt_p, 后者采用小步长 Δt_c. 设 Δt_p 是流动方程 (9.3.1) 的时间步长, 第一步时间步长记为 $\Delta t_{p,1}$. 设 $0=t_0<t_1<\cdots<t_M=\bar{T}$ 是关于时间的一个剖分. 对于 $i\geqslant 1$, $t_i=\Delta t_{p,1}+(i-1)\Delta t_p$. 类似地, 记 $0=t^0<t^1<\cdots<t^N=\bar{T}$, Δt_c 是浓度方程 (9.3.2), (9.3.3) 和热传导方程 (9.3.4) 的时间步长, $t^n=n\Delta t_c$. 我们假设对于任一 m, 都存在一个 n 使得 $t_m=t^n$, 这里 $\Delta t_p/\Delta t_c$ 是一个正整数. 记

$j_c^{p,1}=\Delta t_{p,1}/\Delta t_c, j_c^p=\Delta t_p/\Delta t_c$.

设 $P,\mathbf{U},\hat{C},\mathbf{G},\bar{\mathbf{Z}}$ 和 $\mathbf{Z}$ 分别为 $p,\mathbf{u},\hat{c},\mathbf{g},\bar{\mathbf{z}}$ 和 $\mathbf{z}$ 的混合体积元-迎风多步混合体积元的近似解, $\{P,\mathbf{U},\hat{C},\mathbf{G},\bar{\mathbf{Z}},\mathbf{Z}\}\in S_h\times V_h\times S_h\times V_h\times V_h\times V_h$. 由 9.3.2 小节的记号和引理 9.3.1— 引理 9.3.4 的结果导出流动方程 (9.3.1) 的混合体积元格式为

$$(D_xU_m^x+D_yU_m^y+D_zU_m^z,v)_{\bar{m}}=(R(\hat{C}_m),v)_{\bar{m}},\quad \forall v\in S_h, \tag{9.3.18a}$$

$$\begin{aligned}&(a^{-1}(\bar{\hat{C}}_m^x)U_m^x,w^x)_x+(a^{-1}(\bar{\hat{C}}_m^y)U_m^y,w^y)_y+(a^{-1}(\bar{\hat{C}}_m^z)U_m^z,w^z)_z\\&-(P_m,D_xw^x+D_yw^y+D_zw^z)_{\bar{m}}=0,\quad \forall \mathbf{w}\in V_h.\end{aligned} \tag{9.3.18b}$$

在时间步 $t^n, t_{m-1}<t^n\leqslant t_m$, 应用如下的外推公式

$$E\mathbf{U}^n=\begin{cases}\mathbf{U}_0, & m=1,\\ \left(1+\dfrac{t^n-t_{m-1}}{t_{m-1}-t_{m-2}}\right)\mathbf{U}_{m-1}-\dfrac{t^n-t_{m-1}}{t_{m-1}-t_{m-2}}\mathbf{U}_{m-2}, & m\geqslant 2.\end{cases}$$

为研究 brine 浓度方程 (9.3.2)、radionuclide 浓度方程 (9.3.3) 和热传导方程 (9.3.4) 的迎风多步混合体积元方法, 定义下述向后差分算子. 记 $f^n\equiv f^n(X)\equiv f(X,t^n)$, $\delta f^n=f^n-f^{n-1}$, $\delta^2f^n=f^n-2f^{n-1}+f^{n-2}$, $\delta^3f^n=f^n-3f^{n-1}+3f^{n-2}-f^{n-3}$, 定义 $d_tf^n=\delta f^n/\Delta t_c$, $d_t^jf^n=\delta^jf^n/(\Delta t_c)^j (j=1,2,3)$.

对于 brine 浓度方程 (9.3.15) 的变分形式为

$$\left(\varphi\frac{\partial\hat{c}}{\partial t},v\right)_{\bar{m}}+(\nabla\cdot\mathbf{g},v)_{\bar{m}}+(\nabla\cdot\mathbf{z},v)_{\bar{m}}=(F(\hat{c}),v)_{\bar{m}},\quad \forall v\in S_h, \tag{9.3.19a}$$

$$\sum_{s=x,y,z}(\bar{z}^s,w^s)_s-\left(\hat{c},\sum_{s=x,y,z}D_sw^s\right)_{\bar{m}}=0,\quad \forall \mathbf{w}\in V_h, \tag{9.3.19b}$$

$$\sum_{s=x,y,z}(z^s,w^s)_s=\sum_{s=x,y,z}(E_c\,\bar{z}^s,w^s)_{\bar{m}},\quad \forall \mathbf{w}\in V_h. \tag{9.3.19c}$$

对 brine 浓度方程 (9.3.15) 的迎风多步混合体积元格式. 对于给定的初始值 $\{\hat{C}^j\in S_h, j=0,1,\cdots,\mu-1\}$, 定义 $\hat{C}^n\in S_h$,$\tilde{\mathbf{Z}}^n\in V_h$,$\mathbf{Z}^n\in V_h$, $\mathbf{G}^n\in V_h$ 满足

$$\varphi\sum_{j=1}^{\mu}d_t^j\,\hat{C}^n+\nabla\cdot\mathbf{G}^n+\nabla\cdot\mathbf{Z}^n=F(\hat{C}^n)\quad (n=\mu-1,\mu,\mu+1,\cdots,N). \tag{9.3.20}$$

为了精确计算 $\hat{C}^n$,$\hat{C}^j$ 的近似值 $j=0,1,\cdots,\mu-1$, 必须由一个独立的程序确定, $\hat{C}^j$ 近似 $\hat{c}^j(j=0,1,\cdots,\mu-1)$ 的阶为 μ.

为了简单起见, 取较小的 $\mu=1,2,3$, 则 (9.3.20) 写成有限元形式

$$\left(\varphi\frac{\hat{C}^n-\hat{C}^{n-1}}{\Delta t_c},v\right)_{\bar{m}}+\beta(\mu)(\nabla\cdot\mathbf{G}^n,v)_{\bar{m}}+\beta(\mu)(\nabla\cdot\mathbf{Z}^n,v)_{\bar{m}}$$
$$=\frac{1}{\Delta t_c}(\varphi[\alpha_1(\mu)\delta\hat{C}^{n-1}+\alpha_2(\mu)\delta\hat{C}^{n-2}],v)_{\bar{m}}+\beta(\mu)(\hat{E}(\mu)F(\hat{C}^n),v)_{\bar{m}},\quad\forall v\in S_h,\tag{9.3.21}$$

$\alpha_1(\mu),\alpha_2(\mu),\beta(\mu)$ 和 $\hat{E}(\mu)f^n$ 的值可以由表 9.3.1 列出.

表 9.3.1　参数选择

μ	$\beta(\mu)$	$\alpha_1(\mu)$	$\alpha_2(\mu)$	$\hat{E}(\mu)f^n$
1	1	0	0	$f^n-\delta f^n$
2	2/3	1/3	0	$f^n-\delta^2 f^n$
3	6/11	7/11	−2/11	$f^n-\delta^3 f^n$

当 $\mu=1$ 时为通常迎风混合体积元格式. 本节详细研究 $\mu=2$ 通常最实用的多步情形, 具体格式为

$$\left(\varphi\frac{\hat{C}^n-\hat{C}^{n-1}}{\Delta t_c},v\right)_{\bar{m}}+\frac{2}{3}(\nabla\cdot\mathbf{G}^n,v)_{\bar{m}}+\frac{2}{3}\left(\sum_{s=x,y,z}D_sZ^{s,n},v\right)_{\bar{m}}$$
$$=\frac{1}{\Delta t_c}\left(\varphi\frac{1}{3}\delta\hat{C}^{n-1},v\right)_{\bar{m}}+\frac{2}{3}(\hat{E}(2)F(\hat{C}^n),v)_{\bar{m}},\quad\forall v\in S_h,\tag{9.3.22a}$$

$$\sum_{s=x,y,z}(\bar{Z}^{s,n},w^s)_s-\left(\hat{C}^n,\sum_{s=x,y,z}D_sw^s\right)_{\bar{m}}=0,\quad\forall\mathbf{w}\in V_h,\tag{9.3.22b}$$

$$\sum_{s=x,y,z}(Z^{s,n},w^s)_s=\sum_{s=x,y,z}(E_c\bar{Z}^{s,n},w^s)_s,\quad\forall\mathbf{w}\in V_h.\tag{9.3.22c}$$

对 radionuclide 浓度方程组 (9.3.3) 的研究是类似的, 其变分形式为

$$\left(\varphi K_i\frac{\partial c_i}{\partial t},v\right)_{\bar{m}}+(\nabla\cdot\mathbf{g}_i,v)_{\bar{m}}+(\nabla\cdot\mathbf{z}_i,v)_{\bar{m}}$$
$$=(F_i(\hat{c},c_1,c_2,\cdots,c_{\hat{N}}),v)_{\bar{m}},\quad\forall v\in S_h,\tag{9.3.23a}$$

$$\sum_{s=x,y,z}(\bar{z}_i^s,w^s)_s-\left(c_i,\sum_{s=x,y,z}D_sw^s\right)_{\bar{m}}=0,\quad\forall\mathbf{w}\in V_h,\tag{9.3.23b}$$

$$\sum_{s=x,y,z}(z_i^s,w^s)_s=\sum_{s=x,y,z}(E_c\bar{z}_i^s,w^s)_{\bar{m}},\quad\forall\mathbf{w}\in V_h.\tag{9.3.23c}$$

设 $\{C_i,\bar{\mathbf{Z}}_i,\mathbf{Z}_i,i=1,2,\cdots,\hat{N}\}\in S_h\times V_h\times V_h$ 为 $\{c_i,\bar{\mathbf{z}}_i,\mathbf{z}_i\}$ 的迎风多步混合体积元的近似解, 则 radionuclide 浓度方程组的混合体积元格式为

$$\left(\varphi K_i \frac{C_i^n - C_i^{n-1}}{\Delta t_c}, v\right)_{\bar{m}} + \frac{2}{3}(\nabla \cdot \mathbf{G}_i^n, v)_{\bar{m}} + \frac{2}{3}\left(\sum_{s=x,y,z} D_s Z_i^{s,n}, v\right)_{\bar{m}}$$
$$= \frac{1}{\Delta t_c}\left(\varphi \frac{1}{3}\delta C_i^{n-1}, v\right)_{\bar{m}} + \frac{2}{3}(\hat{E}(2)F_i(\hat{C}^n, C_1^n, \cdots, C_{\hat{N}}^n), v)_{\bar{m}},$$
$$\forall v \in S_h, i = 1, 2, \cdots, \hat{N}, \tag{9.3.24a}$$

$$\sum_{s=x,y,z} (\bar{Z}_i^{s,n}, w^s)_s - \left(C_i^n, \sum_{s=x,y,z} D_s w^s\right)_{\bar{m}} = 0, \quad \forall \mathbf{w} \in V_h, i = 1, 2, \cdots, \hat{N}, \tag{9.3.24b}$$

$$\sum_{s=x,y,z} (Z_i^{s,n}, w^s)_s = \sum_{s=x,y,z} (E_c \bar{Z}_i^{s,n}, w^s)_{\bar{m}}, \quad \forall \mathbf{w} \in V_h, i = 1, 2, \cdots, \hat{N}. \tag{9.3.24c}$$

类似地, 研究热传导方程 (9.3.4), 其变分形式为

$$\left(d\frac{\partial T}{\partial t}, v\right)_{\bar{m}} + (\nabla \cdot \mathbf{g}_T, v)_{\bar{m}} + (\nabla \cdot \mathbf{z}_T, v)_{\bar{m}} = (Q_T(\mathbf{u}, p, T, \hat{c}), v)_{\bar{m}}, \quad \forall v \in S_h, \tag{9.3.25a}$$

$$\sum_{s=x,y,z} (\bar{z}_T^s, w^s)_s - \left(T, \sum_{s=x,y,z} D_s w^s\right)_{\bar{m}} = 0, \quad \forall \mathbf{w} \in V_h, \tag{9.3.25b}$$

$$\sum_{s=x,y,z} (z_T^s, w^s)_s = \sum_{s=x,y,z} (E_H \bar{z}_T^s, w^s)_{\bar{m}}, \quad \forall \mathbf{w} \in V_h. \tag{9.3.25c}$$

设 $\{T_h, \mathbf{G}_T, \bar{\mathbf{Z}}_T, \mathbf{Z}_T\} \in S_h \times V_h \times V_h \times V_h$ 为 $\{T, \mathbf{g}_T, \bar{\mathbf{z}}_T, \mathbf{z}_T\}$ 的迎风多步混合体积元的近似解, 则热传导方程 (9.3.25) 的迎风多步混合体积元格式为

$$\left(d\frac{T_h^n - T_h^{n-1}}{\Delta t_c}, v\right)_{\bar{m}} + \frac{2}{3}(\nabla \cdot \mathbf{G}_T^n, v)_{\bar{m}} + \frac{2}{3}\left(\sum_{s=x,y,z} D_s Z_T^{s,n}, v\right)_{\bar{m}}$$
$$= \frac{1}{\Delta t_c}\left(d\frac{1}{3}\delta T_h^{n-1}, v\right)_{\bar{m}} + \frac{2}{3}(\hat{E}(2)Q_T(\mathbf{U}^n, P^n, T^n, \hat{C}^n), v)_{\bar{m}}, \quad \forall v \in S_h, \tag{9.3.26a}$$

$$\sum_{s=x,y,z} (\bar{Z}_T^{s,n}, w^s)_s - \left(T_h^n, \sum_{s=x,y,z} D_s w^s\right)_{\bar{m}} = 0, \quad \forall \mathbf{w} \in V_h, \tag{9.3.26b}$$

$$\sum_{s=x,y,z} (Z_T^{s,n}, w^s)_s = \sum_{s=x,y,z} (E_H \bar{Z}_T^{s,n}, w^s)_{\bar{m}}, \quad \forall \mathbf{w} \in V_h. \tag{9.3.26c}$$

对方程 (9.3.22a) 中的迎风项用近似解 $\hat{C}$ 来构造, 本节使用简单的迎风方法. 由于在 $\partial\Omega$ 上 $\mathbf{g} = \mathbf{u}\hat{c} = 0$, 设在边界上 $\mathbf{G}^n \cdot \gamma$ 的平均积分为 0. 假设单元 e_1, e_2 有公共面 σ, X_l 是此面的重心, γ_l 是从 e_1 到 e_2 的法向量, 那么我们可以定义

$$\mathbf{G}^n \cdot \gamma_l = \begin{cases} \hat{C}_{e_1}^n (E\mathbf{U}^n \cdot \gamma_l)(X_l), & (E\mathbf{U}^n \cdot \gamma_l)(X_l) \geqslant 0, \\ \hat{C}_{e_2}^n (E\mathbf{U}^n \cdot \gamma_l)(X_l), & (E\mathbf{U}^n \cdot \gamma_l)(X_l) < 0. \end{cases} \tag{9.3.27}$$

此处 $\hat{C}^n_{e_1},\hat{C}^n_{e_2}$ 是 $\hat{C}^n$ 在单元上的数值. 这样我们借助 $\hat{C}^n$ 定义了 $\mathbf{G}^n$, 完成了数值格式 (9.3.22a)—(9.3.22c) 的构造, 形成了关于 $\hat{C}$ 的非对称方程组. 我们也可用另外的方法计算 $\mathbf{G}^n$, 得到对称方程组

$$\mathbf{G}^n\cdot\gamma_l=\begin{cases}\hat{C}^{n-1}_{e_1}(E\mathbf{U}^{n-1}\cdot\gamma_l)(X_l), & (E\mathbf{U}^{n-1}\cdot\gamma_l)(X_l)\geqslant 0,\\ \hat{C}^{n-1}_{e_2}(E\mathbf{U}^{n-1}\cdot\gamma_l)(X_l), & (E\mathbf{U}^{n-1}\cdot\gamma_l)(X_l)<0.\end{cases}\tag{9.3.28}$$

对于方程组 (9.3.24a) 中的迎风项构造和方程 (9.3.22a) 是完全一样的, 只要将 (9.3.27) 和 (9.3.28) 中的 $\hat{C}$ 换为 C_i 即可.

类似地, 对方程 (9.3.26a) 中的迎风项用近似解 T_h 来构造. 由于在 $\partial\Omega$ 上 $\mathbf{g}_T=c_p\mathbf{u}T=0$, 我们可以定义

$$\mathbf{G}^n_T\cdot\gamma_l=\begin{cases}c_pT^n_{h,e_1}(E\mathbf{U}^n\cdot\gamma_l)(X_l), & (E\mathbf{U}^n\cdot\gamma_l)(X_l)\geqslant 0,\\ c_pT^n_{h,e_2}(E\mathbf{U}^n\cdot\gamma_l)(X_l), & (E\mathbf{U}^n\cdot\gamma_l)(X_l)<0\end{cases}\tag{9.3.29}$$

或

$$\mathbf{G}^n_T\cdot\gamma_l=\begin{cases}c_pT^{n-1}_{h,e_1}(E\mathbf{U}^{n-1}\cdot\gamma_l)(X_l), & (E\mathbf{U}^{n-1}\cdot\gamma_l)(X_l)\geqslant 0,\\ c_pT^{n-1}_{h,e_2}(E\mathbf{U}^{n-1}\cdot\gamma_l)(X_l), & (E\mathbf{U}^{n-1}\cdot\gamma_l)(X_l)<0.\end{cases}\tag{9.3.30}$$

格式 (9.3.18), (9.3.22), (9.3.24) 和 (9.3.26) 构成了问题 (9.3.1)—(9.3.7) 的混合体积元-迎风多步混合体积元格式, 其具体计算步骤为:

(1) $\{\hat{C}^0,\hat{C}^1\},\{C^0_i,C^1_i\}(1\leqslant i\leqslant\hat{N}),\{T^0_h,T^1_h\}$ 借助初始逼近条件定义.

(2) 对于流动方程由混合体积元程序 (9.3.18) 计算出 $\{\mathbf{U}_0,P_0\}$.

(3) 从时间层 $n=2$ 开始, 由格式 (9.3.22), (9.3.24) 和 (9.3.26) 并行地计算出 $\{\hat{C}^2,C^2_i(1\leqslant i\leqslant\hat{N}),T^2_h\},\{\hat{C}^3,C^3_i(1\leqslant i\leqslant\hat{N}),T^3_h\},\cdots,\{\hat{C}^{j^{p,1}_c},C^{j^{p,1}_c}_i(1\leqslant i\leqslant\hat{N}),T^{j^{p,1}_c}_h\}$. 对 $m\geqslant 1,\hat{C}_m=\hat{C}^{j^{p,1}_c+(m-1)j^p_c},C_{i,m}=C^{j^{p,1}_c+(m-1)j^p_c}_i(1\leqslant i\leqslant\hat{N}),T_{h,m}=T^{j^{p,1}_c+(m-1)j^p_c}_h$. 由 (9.3.18) 计算可得 $\{\mathbf{U}_m,P_m\}$. 依次循环计算可得 $\{\hat{C}^{j^{p,1}_c+(m-1)j^p_c+1},C^{j^{p,1}_c+(m-1)j^p_c+1}_i(1\leqslant i\leqslant\hat{N}),T^{j^{p,1}_c+(m-1)j^p_c+1}_h\},\{\hat{C}^{j^{p,1}_c+(m-1)j^p_c+2},C^{j^{p,1}_c+(m-1)j^p_c+2}_i(1\leqslant i\leqslant\hat{N}),T^{j^{p,1}_c+(m-1)j^p_c+2}_h\},\cdots,\{\hat{C}_{m+1},C_{i,m+1}(i=1,2,\cdots,\hat{N}),T_{h,m+1}\}$. 可得每一时刻的 Darcy 速度、流体压力、主要污染浓度函数、微量核废料污染浓度函数和温度函数. 由问题的正定性条件 (C), 数值解存在且唯一.

注 多步方法需要初始值 $\{\hat{C}^0,C^0_i,T^0_h\},\{\hat{C}^1,C^1_i,T^1_h\},\cdots,\{\hat{C}^{\mu-1},C^{\mu-1}_i,T^{\mu-1}_h\}$ 的确定, 并且达到方法的局部截断误差的 μ 阶精度, 在 μ 比较小的时候可以由以下几种方式得到.

(1) 应用 Crank-Nicolson 方法;

(2) 相对于方法的时间步长 Δt_c, 选取足够小的时间步长.

9.3.4 质量和能量守恒原理

如果问题 (9.3.1)—(9.3.7) 没有源汇项, 对 brine 浓度方程 (9.3.22), 即 $F(\hat{c})\equiv 0$, 且满足不渗透边界条件, 则在每个单元 $e\in\Omega$ 上, $e=\Omega_{ijk}=[x_{i-1/2},x_{i+1/2}]\times[y_{j-1/2},y_{j+1/2}]\times[z_{k-1/2},z_{k+1/2}]$, brine 浓度方程的单元质量守恒表现为

$$\int_e \varphi\frac{\partial\hat{c}}{\partial t}dX-\int_{\partial e}\mathbf{g}\cdot\gamma_e ds-\int_{\partial e}\mathbf{z}\cdot\gamma_e ds=0. \tag{9.3.31}$$

此处 e 为区域 Ω 关于 brine 浓度的网格剖分单元, ∂e 为单元 e 的边界面,γ_e 为单元边界面的外法线方向矢量. 下面我们证明 (9.3.22a) 满足下面的离散意义下的单元质量守恒律.

定理 9.3.1 (局部质量守恒) 如果 $F(\hat{c})\equiv 0$, 则在任意单元 $e\in\Omega$ 上, 格式 (9.3.22a) 满足离散的单元质量守恒律

$$\int_e\varphi\frac{\hat{C}^n-\hat{C}^{n-1}}{\Delta t_c}dX-\frac{1}{3}\int_e\varphi\frac{\hat{C}^{n-1}-\hat{C}^{n-2}}{\Delta t_c}dX-\frac{2}{3}\int_{\partial e}\mathbf{G}^n\cdot\gamma_e ds-\frac{2}{3}\int_{\partial e}\mathbf{Z}^n\cdot\gamma_e ds=0. \tag{9.3.32}$$

证明 因为 $v\in S_h$, 对给定的单元 $e=\Omega_{ijk}$ 上, 取 $v\equiv 1$, 在其他单元上为零, 则此时 (9.3.22a) 为

$$\left(\varphi\frac{\hat{C}^n-\hat{C}^{n-1}}{\Delta t_c},1\right)_{\Omega_{ijk}}-\frac{1}{3}\left(\varphi\frac{\hat{C}^{n-1}-\hat{C}^{n-2}}{\Delta t_c},1\right)_{\Omega_{ijk}}-\frac{2}{3}\int_{\partial\Omega_{ijk}}\mathbf{G}^n\cdot\gamma_{\Omega_{ijk}}ds$$
$$+\frac{2}{3}\left(\sum_{s=x,y,z}D_sZ^{s,n},1\right)_{\Omega_{ijk}}=0. \tag{9.3.33}$$

按 9.3.2 小节中的记号可得

$$\left(\varphi\frac{\hat{C}^n-\hat{C}^{n-1}}{\Delta t_c},1\right)_{\Omega_{ijk}}-\frac{1}{3}\left(\varphi\frac{\hat{C}^{n-1}-\hat{C}^{n-2}}{\Delta t_c},1\right)_{\Omega_{ijk}}$$
$$=\int_{\Omega_{ijk}}\varphi\frac{\hat{C}^n-\hat{C}^{n-1}}{\Delta t}dX-\frac{1}{3}\int_{\Omega_{ijk}}\varphi\frac{\hat{C}^{n-1}-\hat{C}^{n-2}}{\Delta t}dX, \tag{9.3.34a}$$

$$\left(\sum_{s=x,y,z}D_sZ^{s,n},1\right)_{\Omega_{ijk}}$$

$$
\begin{aligned}
&= (Z^{x,n+1}_{i+1/2,jk} - Z^{x,n+1}_{i-1/2,jk})h_{y_j}h_{z_k} + (Z^{y,n}_{i,j+1/2,k} - Z^{y,n}_{i,j-1/2,k})h_{x_i}h_{z_k} \\
&\quad + (Z^{z,n}_{ij,k+1/2} - Z^{z,n}_{ij,k-1/2})h_{x_i}h_{y_j} \\
&= -\int_{\partial\Omega_{ijk}} \mathbf{Z}^n \cdot \gamma_{\Omega_{ijk}} ds.
\end{aligned} \tag{9.3.34b}
$$

将式 (9.3.34) 代入式 (9.3.33), 定理 9.3.1 得证.

由单元质量守恒律定理 9.3.1, 即可推出整体质量守恒律.

定理 9.3.2 (整体质量守恒) 如果 $F(\hat{c}) \equiv 0$, 边界条件是不渗透的, 则格式 (9.3.22a) 满足整体离散质量守恒律

$$
\int_\Omega \varphi \frac{\hat{C}^n - \hat{C}^{n-1}}{\Delta t_c} dX - \frac{1}{3}\int_\Omega \varphi \frac{\hat{C}^{n-1} - \hat{C}^{n-2}}{\Delta t_c} dX = 0, \quad n \geqslant 2. \tag{9.3.35}
$$

证明 由单元质量守恒律 (9.3.32), 对全部的网格剖分单元求和, 则有

$$
\begin{aligned}
&\int_\Omega \varphi \frac{\hat{C}^n - \hat{C}^{n-1}}{\Delta t_c} dX - \frac{1}{3}\int_\Omega \varphi \frac{\hat{C}^{n-1} - \hat{C}^{n-2}}{\Delta t_c} dX \\
&- \frac{2}{3}\sum_e \int_{\partial e} \mathbf{G}^n \cdot \gamma_{\partial e} ds - \frac{2}{3}\sum_e \int_{\partial e} \mathbf{Z}^n \cdot \gamma_{\partial e} ds = 0.
\end{aligned} \tag{9.3.36}
$$

注意到 $\mathbf{Z}^n \in V_h$, 在 V_h 中函数的定义, $\mathbf{Z}^n$ 超过边界面是连续的, 且边界条件是不渗透的, 故有

$$
-\frac{2}{3}\sum_e \int_{\partial e} \mathbf{Z}^n \cdot \gamma_{\partial e} ds = 0. \tag{9.3.37}
$$

记单元 e_1, e_2 的公共面为 σ_l, X_l 是边界面的中点,γ_l 是从 e_1 到 e_2 的法向量. 那么由对流项的定义, 在单元 e_1 上, 若 $E\mathbf{U}^n \cdot \gamma_l(X_l) \geqslant 0$, 则

$$
\int_{e_1} \mathbf{G}^n \cdot \gamma_l ds = \hat{C}^n_{e_1} E\mathbf{U}^n \cdot \gamma_l(X_l)|\sigma_l|, \tag{9.3.38a}
$$

此处 $|\sigma_l|$ 是边界面 σ_l 的测度, 而在单元 e_2 上 σ_l 的法向量为 $-\gamma_l$, 此时 $E\mathbf{U}^n \cdot \gamma_l(X_l) \leqslant 0$, 则

$$
\int_{e_2} \mathbf{G}^n \cdot \gamma_l ds = -\hat{C}^n_{e_1} E\mathbf{U}^n \cdot \gamma_l(X_l)|\sigma_l|. \tag{9.3.38b}
$$

上面两式互相抵消, 故

$$
-\frac{2}{3}\sum_e \int_{\partial e} \mathbf{G}^n \cdot \gamma_{\partial e} ds = 0. \tag{9.3.39}
$$

这样就证明了定理 9.3.2.

对 radionuclide 浓度方程 (9.3.16), 格式 (9.3.24a) 同样具有局部和整体质量守恒律.

类似地可以证明热传导方程 (9.3.17) 在没有源汇项和绝热边界条件下具有局部和整体的能量守恒律.

定理 9.3.3 (局部能量守恒律) 如果 $Q_T \equiv 0$, 则在任意单元 e 上, 格式 (9.3.26a) 满足离散的单元能量守恒律

$$\begin{aligned}&\int_e d\frac{T_h^n - T_h^{n-1}}{\Delta t_c}dX - \frac{1}{3}\int_e d\frac{T_h^{n-1} - T_h^{n-2}}{\Delta t_c}dX - \frac{2}{3}\int_{\partial e}\mathbf{G}_T^n\cdot\gamma_{\partial e}ds\\&-\frac{2}{3}\int_{\partial e}\mathbf{Z}_T^n\cdot\gamma_{\partial e}ds = 0.\end{aligned} \tag{9.3.40}$$

定理 9.3.4 (整体能量守恒律) 如果 $Q_T \equiv 0$, 边界条件是绝热的, 则格式 (9.3.26a) 满足整体离散能量守恒律

$$\int_\Omega d\frac{T_h^n - T_h^{n-1}}{\Delta t_c}dX - \frac{1}{3}\int_\Omega d\frac{T_h^{n-1} - T_h^{n-2}}{\Delta t_c}dX = 0, \quad n \geqslant 2. \tag{9.3.41}$$

混合体积元-迎风多步混合体积元方法具有独特的质量和能量守恒, 这对地下核废料污染问题的数值模拟计算是特别重要的.

9.3.5 收敛性分析

在收敛性分析中, 由于 $R_s(\hat{c}) \approx 0$, 对问题影响很小[1-4], 为了分析方便, 通常将其略去. 为了确定初始逼近 (9.3.7) 和研究收敛性分析, 我们引入下述混合体积元的 Ritz 投影. 定义 $\{\tilde{\mathbf{U}}, \tilde{P}\} \in V_h \times S_h$, 满足

$$\left(\sum_{s=x,y,z} D_s\tilde{U}^s, v\right)_{\bar{m}} = -(q, v)_{\bar{m}}, \quad \forall v \in S_h, \tag{9.3.42a}$$

$$\sum_{s=x,y,z}(a^{-1}(\hat{c})\tilde{U}^s, w^s)_s = \left(\tilde{P}, \sum_{s=x,y,z} D_s w^s\right)_{\bar{m}}, \quad \forall \mathbf{w} \in V_h, \tag{9.3.42b}$$

$$(\tilde{P} - p, 1)_{\bar{m}} = 0, \tag{9.3.42c}$$

定义 $\{\tilde{\hat{C}}, \tilde{\tilde{\mathbf{Z}}}, \tilde{\mathbf{Z}}\} \in S_h \times V_h \times V_h$, 满足

$$\left(\sum_{s=x,y,z} D_s\tilde{Z}^s, v\right)_{\bar{m}} = (f_{\hat{c}}, v)_{\bar{m}}, \quad \forall v \in S_h, \tag{9.3.43a}$$

$$\left(\sum_{s=x,y,z}\tilde{\bar{Z}}^s, w^s\right)_s = \left(\tilde{\hat{C}}, \sum_{s=x,y,z} D_s w^s\right)_{\bar{m}}, \quad \forall \mathbf{w} \in V_h, \tag{9.3.43b}$$

$$\sum_{s=x,y,z}(\tilde{Z}^s, w^s)_s = \sum_{s=x,y,z}(E_c\tilde{\bar{Z}}^s, w^s)_s, \quad \forall \mathbf{w} \in V_h, \tag{9.3.43c}$$

$$(\tilde{\hat{C}} - \hat{c}, 1)_{\bar{m}} = 0. \tag{9.3.43d}$$

此处 $f_{\hat{c}} = -\varphi\dfrac{\partial \hat{c}}{\partial t} - \mathbf{u}\cdot\nabla\hat{c} + f(\hat{c})$. 定义 $\{\tilde{C}_i, \tilde{\bar{\mathbf{Z}}}_i, \tilde{\mathbf{Z}}_i(i=1,2,\cdots,\hat{N})\} \in S_h \times V_h \times V_h$, 满足

$$\left(\sum_{s=x,y,z} D_s\tilde{Z}_i^s, v\right)_{\bar{m}} = (f_{c_i}, v)_{\bar{m}}, \quad \forall v \in S_h, \tag{9.3.44a}$$

$$\left(\sum_{s=x,y,z}\tilde{\bar{Z}}_i^s, w^s\right)_s = \left(\tilde{C}_i, \sum_{s=x,y,z} D_s w^s\right)_{\bar{m}}, \quad \forall \mathbf{w} \in V_h, \tag{9.3.44b}$$

$$\sum_{s=x,y,z}(\tilde{Z}_i^s, w^s)_s = \sum_{s=x,y,z}(E_c\tilde{\bar{Z}}_i^s, w^s)_s, \quad \forall \mathbf{w} \in V_h, \tag{9.3.44c}$$

$$(\tilde{C}_i - c_i, 1)_{\bar{m}} = 0. \tag{9.3.44d}$$

此处 $f_{c_i} = -\varphi K_i\dfrac{\partial c_i}{\partial t} - \mathbf{u}\cdot\nabla c_i + f_i(\hat{c}, c_1, c_2, \cdots, c_{\hat{N}})$. 定义 $\{\tilde{T}_h, \tilde{\bar{\mathbf{Z}}}_T, \tilde{\mathbf{Z}}_T\} \in S_h \times V_h \times V_h$, 满足

$$\left(\sum_{s=x,y,z} D_s\tilde{Z}_T^s, v\right)_{\bar{m}} = (f_T, v)_{\bar{m}}, \quad \forall v \in S_h, \tag{9.3.45a}$$

$$\left(\sum_{s=x,y,z}\tilde{\bar{Z}}_T^s, w^s\right)_s = \left(\tilde{T}_h, \sum_{s=x,y,z} D_s w^s\right)_{\bar{m}}, \quad \forall \mathbf{w} \in V_h, \tag{9.3.45b}$$

$$\sum_{s=x,y,z}(\tilde{Z}_T^s, w^s)_s = \sum_{s=x,y,z}(E_H\tilde{\bar{Z}}_T^s, w^s)_s, \quad \forall \mathbf{w} \in V_h, \tag{9.3.45c}$$

$$(\tilde{T}_h - T, 1)_{\bar{m}} = 0. \tag{9.3.45d}$$

此处 $f_T = -d\dfrac{\partial T}{\partial t} - c_p\mathbf{u}\cdot\nabla T + Q(\mathbf{u}, p, T, \hat{c})$.

记 $\pi = P - \tilde{P}$, $\eta = \tilde{P} - p$, $\sigma = \mathbf{U} - \tilde{\mathbf{U}}$, $\rho = \tilde{\mathbf{U}} - \mathbf{u}$, $\xi_{\hat{c}} = \hat{C} - \tilde{\hat{C}}$, $\zeta_{\hat{c}} = \tilde{\hat{C}} - \hat{c}$, $\bar{\alpha}_{\hat{c}} = \bar{\mathbf{Z}} - \tilde{\bar{\mathbf{Z}}}$, $\bar{\beta}_{\hat{c}} = \tilde{\bar{\mathbf{Z}}} - \bar{\mathbf{z}}$, $\alpha_{\hat{c}} = \mathbf{Z} - \tilde{\mathbf{Z}}$, $\beta_{\hat{c}} = \tilde{\mathbf{Z}} - \mathbf{z}$, $\xi_{c_i} = C_i - C_i$, $\zeta_{c_i} = \tilde{C}_i - c_i$, $\bar{\alpha}_{c_i} = \bar{\mathbf{Z}}_i - \tilde{\bar{\mathbf{Z}}}_i$, $\bar{\beta}_{c_i} = \tilde{\bar{\mathbf{Z}}}_i - \bar{\mathbf{z}}_i$, $\alpha_{c_i} = \mathbf{Z}_i - \tilde{\mathbf{Z}}_i$, $\beta_{c_i} = \tilde{\mathbf{Z}}_i - \mathbf{z}_i$, $\xi_T = T_h - \tilde{T}_h$, $\zeta_T = \tilde{T}_h - T$, $\bar{\alpha}_T = \bar{\mathbf{Z}}_T - \tilde{\bar{\mathbf{Z}}}_T$, $\bar{\beta}_T = \tilde{\bar{\mathbf{Z}}}_T - \bar{\mathbf{z}}_T$, $\alpha_T = \mathbf{Z}_T - \tilde{\mathbf{Z}}_T$ 和 $\beta_T = \tilde{\mathbf{Z}}_T - \mathbf{z}_T$. 设问题 (9.3.1)—(9.3.7) 满足正定性条件 (C), 其精确解满足正则性条件 (R). 由 Weiser, Wheeler 理论[24]和 Arbogast, Wheeler, Yotov 理论[34]得知格式 (9.3.42)—(9.3.45) 确定的辅助

函数 $\{\tilde{P},\tilde{\mathbf{U}},\,\tilde{\hat{C}},\tilde{\hat{\mathbf{Z}}},\tilde{\mathbf{Z}},\,\tilde{C}_i,\tilde{\hat{\mathbf{Z}}}_i,\tilde{\mathbf{Z}}_i(i=1,2,\cdots,\hat{N})\,\tilde{T}_h,\tilde{\hat{\mathbf{Z}}}_T,\tilde{\mathbf{Z}}_T\}$ 存在唯一, 并有下述误差估计.

引理 9.3.5 若问题 (9.3.1)—(9.3.7) 的系数和精确解满足条件 (C) 和 (R), 则存在不依赖于剖分参数 $h,\Delta t$ 的常数 $\bar{C}_1,\bar{C}_2>0$, 使得下述估计式成立:

$$\begin{aligned}&\|\eta\|_{\bar{m}}+|||\rho|||+\sum_{s=\hat{c},T}\|\zeta_s\|_{\bar{m}}+\sum_{i=1}^{\hat{N}}\|\zeta_{c_i}\|_{\bar{m}}\\&+\sum_{s=\hat{c},T}[|||\bar{\beta}_s|||+|||\beta_s|||]+\sum_{i=1}^{\hat{N}}[|||\bar{\beta}_{c_i}|||+|||\beta_{c_i}|||]\\&+\left\|\frac{\partial\eta}{\partial t}\right\|_{\bar{m}}+\sum_{s=\hat{c},T}\left\|\frac{\partial\zeta_s}{\partial t}\right\|_{\bar{m}}+\sum_{i=1}^{\hat{N}}\left\|\frac{\partial\zeta_{c_i}}{\partial t}\right\|_{\bar{m}}\leqslant\bar{C}_1\{h_p^2+h_{\hat{c}}^2\},\end{aligned}\tag{9.3.46a}$$

$$|||\tilde{\mathbf{U}}|||_\infty+\sum_{s=\hat{c},T}[|||\tilde{\bar{\mathbf{Z}}}_s|||_\infty+|||\tilde{\mathbf{Z}}_s|||_\infty]+\sum_{i=1}^{\hat{N}}[|||\tilde{\bar{\mathbf{Z}}}_{c_i}|||_\infty+|||\tilde{\mathbf{Z}}_{c_i}|||_\infty]\leqslant\bar{C}_2.\tag{9.3.46b}$$

首先估计 π 和 σ. 将式 (9.3.18a), (9.3.18b) 分别减式 (9.3.42a)$(t=t_n)$ 和式 (9.3.42b) $(t=t_m)$ 可得下述误差关系式

$$(D_x\sigma_m^x+D_y\sigma_m^y+D_z\sigma_m^z,v)_{\bar{m}}=0,\quad\forall v\in S_h,\tag{9.3.47a}$$

$$\begin{aligned}&(a^{-1}(\bar{\hat{C}}_m^x)\sigma_m^x,w^x)_x+(a^{-1}(\bar{\hat{C}}_m^y)\sigma_m^y,w^y)_y\\&+(a^{-1}(\bar{\hat{C}}_m^z)\sigma_m^z,w^z)_z-(\pi_m,D_xw^x+D_yw^y+D_zw^z)_{\bar{m}}\\=&-\sum_{s=x,y,z}((a^{-1}(\bar{\hat{C}}_m^s)-a^{-1}(\hat{c}_m^s))\tilde{U}_m^s,w^s)_s,\quad\forall\mathbf{w}\in V_h.\end{aligned}\tag{9.3.47b}$$

在式 (9.3.47a) 中取 $v=\pi^n$, 在式 (9.3.47b) 中取 $\mathbf{w}=\sigma_m$, 组合上述二式可得

$$\begin{aligned}&(a^{-1}(\bar{\hat{C}}_m^x)\sigma_m^x,\sigma_m^x)_x+(a^{-1}(\bar{\hat{C}}_m^y)\sigma_m^y,\sigma_m^y)_y+(a^{-1}(\bar{\hat{C}}_m^z)\sigma_m^z,\sigma_m^z)_z\\=&-\sum_{s=x,y,z}((a^{-1}(\bar{\hat{C}}_m^s)-a^{-1}(\hat{c}_m^s))\tilde{U}_m^s,\sigma_m^s)_s.\end{aligned}\tag{9.3.48}$$

对估计式 (9.3.48) 应用引理 9.3.1—引理 9.3.5, Taylor 公式和正定性条件 (C) 可得

$$\begin{aligned}|||\sigma_m|||^2\leqslant&K\sum_{s=x,y,z}\|\bar{\hat{C}}_m^s-\hat{c}_m\|_{\bar{m}}^2\\\leqslant&K\left\{\sum_{s=x,y,z}\|\bar{\hat{c}}_m^s-\hat{c}_m\|_{\bar{m}}^2+\|\xi_{\hat{c},m}\|_{\bar{m}}^2+\|\zeta_{\hat{c},m}\|_{\bar{m}}^2+h_c^4\right\}\\\leqslant&K\{\|\xi_{\hat{c},m}\|_{\bar{m}}^2+h_p^4+h_c^4\}.\end{aligned}\tag{9.3.49}$$

对 $\pi_m \in S_h$, 利用对偶方法进行估计[36,37]. 为此考虑下述椭圆问题:

$$\nabla \cdot \omega = \pi_m, \quad X = (x, y, z)^{\mathrm{T}} \in \Omega, \tag{9.3.50a}$$

$$\omega = \nabla p, \quad X \in \Omega, \tag{9.3.50b}$$

$$\omega \cdot \gamma = 0, \quad X \in \partial\Omega. \tag{9.3.50c}$$

由问题的正则性有

$$\sum_{s=x,y,z} \left\| \frac{\partial \omega^s}{\partial s} \right\|^2 \leqslant M \|\pi_m\|_{\bar{m}}^2. \tag{9.3.51}$$

设 $\tilde{\omega} \in V_h$ 满足

$$\left(\frac{\partial \tilde{\omega}^s}{\partial s}, v \right)_{\bar{m}} = \left(\frac{\partial \omega^s}{\partial s}, v \right)_{\bar{m}}, \quad \forall v \in S_h, s = x, y, z, \tag{9.3.52a}$$

这样定义的 $\tilde{\omega}$ 是存在的, 且有

$$\sum_{s=x,y,z} \left\| \frac{\partial \tilde{\omega}^s}{\partial s} \right\|_{\bar{m}}^2 \leqslant \sum_{s=x,y,z} \left\| \frac{\partial \omega^s}{\partial s} \right\|_{\bar{m}}^2. \tag{9.3.52b}$$

应用引理 9.3.4, 式 (9.3.49)—(9.3.51), 可得

$$\|\pi_m\|^2 = (\pi_m, \nabla \cdot \omega) = \left(\pi_m, \sum_{s=x,y,z} D_s \tilde{\omega}^s \right)_{\bar{m}} = \sum_{s=x,y,z} (\sigma_m^s, \tilde{\omega}^s)_s \leqslant K |||\tilde{\omega}||| \cdot |||\sigma_m|||. \tag{9.3.53}$$

由引理 9.3.4, (9.3.51), (9.3.52), 可得

$$|||\tilde{\omega}|||^2 \leqslant \sum_{s=x,y,z} \|D_s \tilde{\omega}^s\|_{\bar{m}}^2 = \sum_{s=x,y,z} \left\| \frac{\partial \tilde{\omega}^s}{\partial s} \right\|_{\bar{m}}^2 = \sum_{s=x,y,z} \left\| \frac{\partial \omega^s}{\partial s} \right\|_{\bar{m}}^2 \leqslant K \|\pi_m\|_{\bar{m}}^2. \tag{9.3.54}$$

将 (9.3.54) 代入式 (9.3.53), 并利用误差估计式 (9.3.49) 可得

$$\|\pi_m\|_{\bar{m}}^2 \leqslant K\{\|\xi_{\hat{c},m}\|_{\bar{m}}^2 + h_p^4 + h_{\hat{c}}^4\}. \tag{9.3.55}$$

下面讨论 brine 浓度方程 (9.3.2) 的误差估计. 注意到在时间 $t = t^n$ 时刻, brine 浓度函数满足

$$\left(\varphi \frac{\hat{c}^n - \hat{c}^{n-1}}{\Delta t_c}, v \right)_{\bar{m}} + \frac{2}{3} (\nabla \cdot \mathbf{g}^n, v)_{\bar{m}} + \frac{2}{3} (\nabla \cdot \mathbf{z}^n, v)_{\bar{m}}$$

$$= \frac{1}{\Delta t_c}\left(\varphi \frac{1}{3}\delta \hat{c}^{n-1}, v\right)_{\bar{m}} + \frac{2}{3}(F(\hat{c}^n), v)_{\bar{m}} - (\hat{\rho}^n, v)_{\bar{m}}, \quad \forall v \in S_h, \tag{9.3.56a}$$

$$(\bar{z}^{x,n}, w^x)_x + (\bar{z}^{y,n}, w^y)_y + (\bar{z}^{z,n}, w^z)_z = \left(\hat{c}^n, \sum_{s=x,y,z} D_s w^s\right)_{\bar{m}}, \quad \forall \mathbf{w} \in V_h, \tag{9.3.56b}$$

$$(z^{x,n}, w^x)_x + (z^{y,n}, w^y)_y + (z^{z,n}, w^z)_z = \sum_{s=x,y,z} (E_c \bar{z}^{s,n}, w^s)_s, \quad \forall \mathbf{w} \in V_h, \tag{9.3.56c}$$

此处 $\hat{\rho}^n = \frac{2}{3}\varphi \frac{\partial \hat{c}^n}{\partial t} - \varphi \frac{1}{\Delta t_c}\left(\hat{c}^n - \frac{4}{3}\hat{c}^{n-1} + \frac{1}{3}\hat{c}^{n-2}\right)$.

将 (9.3.22) 和 (9.3.56) 相减并利用 Ritz 投影 (9.3.43) 得到误差方程

$$\begin{aligned}
&\left(\varphi \frac{\xi_{\hat{c}}^n - \xi_{\hat{c}}^{n-1}}{\Delta t_c}, v\right)_{\bar{m}} + \frac{2}{3}(\nabla \cdot (\mathbf{G}^n - \mathbf{g}^n), v)_{\bar{m}} + \frac{2}{3}\left(\sum_{s=x,y,z} D_s \alpha_{\hat{c}}^{s,n}, v\right)_{\bar{m}} \\
=&\frac{1}{\Delta t_c}\left(\varphi \frac{1}{3}\delta \xi_{\hat{c}}^{n-1}, v\right)_{\bar{m}} + (\hat{\rho}^n, v)_{\bar{m}} \\
&+ \frac{2}{3}(\hat{E}(2)F(\hat{C}^n) - F(\hat{c}^n), v)_{\bar{m}}, \quad \forall v \in S_h,
\end{aligned} \tag{9.3.57a}$$

$$(\bar{\alpha}_{\hat{c}}^{x,n}, w^x)_x + (\bar{\alpha}_{\hat{c}}^{y,n}, w^y)_y + (\bar{\alpha}_{\hat{c}}^{z,n}, w^z)_z = \left(\xi_{\hat{c}}^n, \sum_{s=x,y,z} D_s w^s\right)_{\bar{m}}, \quad \forall \mathbf{w} \in V_h, \tag{9.3.57b}$$

$$(\alpha_{\hat{c}}^{x,n}, w^x)_x + (\alpha_{\hat{c}}^{y,n}, w^y)_y + (\alpha_{\hat{c}}^{z,n}, w^z)_z = \sum_{s=x,y,z} (E_c \bar{\alpha}_{\hat{c}}^{s,n}, w^s)_s, \quad \forall \mathbf{w} \in V_h, \tag{9.3.57c}$$

在 (9.3.57a) 中取 $v = \xi_{\hat{c}}^n$, 式 (9.3.57b) 中取 $\mathbf{w} = \alpha_{\hat{c}}^n$ 并乘以 $\frac{2}{3}$, 同样对 (9.3.56c) 乘以 $\frac{2}{3}$, 并取 $\mathbf{w} = \bar{\alpha}_{\hat{c}}^n$, 将 (9.3.57a) 和 (9.3.57b) 相加再减去 (9.3.57c), 经整理可得

$$\begin{aligned}
&\left(\varphi \frac{\xi_{\hat{c}}^n - \xi_{\hat{c}}^{n-1}}{\Delta t_c}, \xi_{\hat{c}}^n\right)_{\bar{m}} + \frac{2}{3}\sum_{s=x,y,z} (E_c \bar{\alpha}_{\hat{c}}^{s,n}, \bar{\alpha}_{\hat{c}}^{s,n})_s \\
=& -\frac{2}{3}(\nabla \cdot (\mathbf{G}^n - \mathbf{g}^n), \xi_{\hat{c}}^n)_{\bar{m}} + \frac{1}{3\Delta t_c}(\varphi \delta \xi_{\hat{c}}^{n-1}, \xi_{\hat{c}}^n)_{\bar{m}} + (\hat{\rho}^n, \xi_{\hat{c}}^n)_{\bar{m}} - \left(\varphi \frac{\zeta_{\hat{c}}^n - \zeta_{\hat{c}}^{n-1}}{\Delta t_c}, \xi_{\hat{c}}^n\right)_{\bar{m}} \\
&+ \frac{2}{3}(\hat{E}(2)F(\hat{C}^n) - F(\hat{c}^n), \xi_{\hat{c}}^n)_{\bar{m}} = T_1 + T_2 + T_3 + T_4 + T_5.
\end{aligned} \tag{9.3.58}$$

首先估计上式左端诸项,

$$\left(\varphi \frac{\xi_{\hat{c}}^n - \xi_{\hat{c}}^{n-1}}{\Delta t_c}, \xi_{\hat{c}}^n\right)_{\bar{m}}$$

$$= \frac{1}{2\Delta t_c}\{||\varphi^{1/2}\xi_{\hat{c}}^n||_{\bar{m}}^2 - ||\varphi^{1/2}\xi_{\hat{c}}^{n-1}||_{\bar{m}}^2\} + \frac{1}{2\Delta t_c}||\varphi^{1/2}(\xi_{\hat{c}}^n - \xi_{\hat{c}}^{n-1})||_{\bar{m}}^2, \quad (9.3.59a)$$

$$\frac{2}{3}\sum_{s=x,y,z}(E_c\,\bar{\alpha}_{\hat{c}}^{s,n}, \bar{\alpha}_{\hat{c}}^{s,n})_s \geqslant E_*|||\,\bar{\alpha}_{\hat{c}}^n\,|||^2. \quad (9.3.59b)$$

依次对误差方程 (9.3.58) 右端诸项进行估计,

$$\begin{aligned} T_1 &= -\frac{2}{3}(\nabla\cdot(\mathbf{G}^n - \mathbf{g}^n), \xi_{\hat{c}}^n)_{\bar{m}} = \frac{2}{3}(\mathbf{G}^n - \mathbf{g}^n, \nabla\xi_{\hat{c}}^n)_{\bar{m}} \\ &\leqslant \varepsilon|||\,\bar{\alpha}_{\hat{c}}^n\,|||^2 + K||\mathbf{G}^n - \mathbf{g}^n||_{\bar{m}}^2. \end{aligned} \quad (9.3.60a)$$

记 $\bar{\sigma}$ 是单元剖分的一个公共面, γ_1 代表 $\bar{\sigma}$ 的单位法向量, X_l 是此面的重心, 于是有

$$\int_{\bar{\sigma}} \mathbf{g}^n\cdot\gamma_l = \int_{\bar{\sigma}} \hat{c}^n(\mathbf{u}^n\cdot\gamma_l)ds, \quad (9.3.60b)$$

由正则性条件 (R) 和积分中值定理可知

$$\frac{1}{\text{mes}(\bar{\sigma})}\int_{\bar{\sigma}} \mathbf{g}^n\cdot\gamma_l - (\hat{c}^n\,\mathbf{u}^n\cdot\gamma_l)(X_l) = O(h_{\hat{c}}), \quad (9.3.60c)$$

那么

$$\begin{aligned} &\frac{1}{\text{mes}(\bar{\sigma})}\int_{\bar{\sigma}}(\mathbf{G}^n - \mathbf{g}^n)\cdot\gamma_l = \hat{C}_{\sigma}^n(E\mathbf{U}^n\cdot\gamma_l)(X_l) - (\hat{c}^n\,\mathbf{u}^n\cdot\gamma_l)(X_l) + O(h_{\hat{c}}) \\ =&(\hat{C}_{\bar{\sigma}}^n - \hat{c}^n(X_l))(E\mathbf{U}^n\cdot\gamma_l)(X_l) + \hat{c}^n(X_l)((E\mathbf{U}^n - \mathbf{u}^n)\cdot\gamma_l)(X_l) + O(h_{\hat{c}}), \end{aligned} \quad (9.3.60d)$$

由 $\hat{c}^n$ 的正则性, 引理 9.3.4 和文献 [24,34] 得知

$$|\,\hat{C}_{\bar{\sigma}}^n - \hat{c}^n(X_l)| \leqslant |\xi_{\hat{c}}^n| + O(h_{\hat{c}}), \quad (9.3.60e)$$

$$|E\mathbf{U}^n - \mathbf{u}^n| \leqslant K\{|\xi_{\hat{c},m-1}| + |\xi_{\hat{c},m-2}|\} + O(h_{\hat{c}}) + O(h_p^2). \quad (9.3.60f)$$

由 (9.3.60b)—(9.3.60f), 可得

$$||\mathbf{G}^n - \mathbf{g}^n||_{\bar{m}}^2 \leqslant K\{||\xi_{\hat{c}}^n||_{\bar{m}}^2 + ||\xi_{\hat{c},m-1}||_{\bar{m}}^2 + ||\xi_{\hat{c},m-2}||_{\bar{m}}^2 + h_{\hat{c}}^2 + (h_p)^4\}. \quad (9.3.61)$$

于是可得

$$|T_1| \leqslant \varepsilon|||\,\bar{\alpha}_{\hat{c}}^n\,|||^2 + K\{||\xi_{\hat{c}}^n||_{\bar{m}}^2 + ||\xi_{\hat{c},m-1}||_{\bar{m}}^2 + ||\xi_{\hat{c},m-2}||_{\bar{m}}^2 + h_{\hat{c}}^2 + (\Delta t_p)^4\}. \quad (9.3.62a)$$

对 (9.3.58) 的右端其他诸项有以下估计

$$T_2 = \frac{1}{3\Delta t_c}(\varphi(\xi_{\hat{c}}^{n-1} - \xi_{\hat{c}}^{n-2}), \xi_{\hat{c}}^n)_{\bar{m}} = \frac{1}{3\Delta t_c}(\varphi(\xi_{\hat{c}}^{n-1} - \xi_{\hat{c}}^{n-2}), \xi_{\hat{c}}^n - \xi_{\hat{c}}^{n-1} + \xi_{\hat{c}}^{n-1})_{\bar{m}}$$

$$\leqslant \frac{1}{3\Delta t_c}\left\{\frac{1}{2}||\varphi^{1/2}(\xi_{\hat{c}}^{n-1} - \xi_{\hat{c}}^{n-2})||_{\bar{m}}^2 + \frac{1}{2}||\varphi^{1/2}(\xi_{\hat{c}}^n - \xi_{\hat{c}}^{n-1})||_{\bar{m}}^2 \right.$$

$$\left. + \frac{1}{2}||\varphi^{1/2}(\xi_{\hat{c}}^{n-1} - \xi_{\hat{c}}^{n-2})||_{\bar{m}}^2 + \frac{1}{2}[||\varphi^{1/2}\xi_{\hat{c}}^{n-1}||_{\bar{m}}^2 - ||\varphi^{1/2}\xi_{\hat{c}}^{n-2}||_{\bar{m}}^2]\right\}$$

$$= \frac{1}{3\Delta t_c}\left\{||\varphi^{1/2}(\xi_{\hat{c}}^{n-1} - \xi_{\hat{c}}^{n-2})||_{\bar{m}}^2 \right.$$

$$\left. + \frac{1}{2}||\varphi^{1/2}(\xi_{\hat{c}}^n - \xi_{\hat{c}}^{n-1})||_{\bar{m}}^2 + \frac{1}{2}[||\varphi^{1/2}\xi_{\hat{c}}^{n-1}||_{\bar{m}}^2 - ||\varphi^{1/2}\xi_{\hat{c}}^{n-2}||_{\bar{m}}^2]\right\} \tag{9.3.62b}$$

$$|T_3| \leqslant K\left\{(\Delta t_c)^3\left\|\frac{\partial^3 \hat{c}}{\partial t^3}\right\|_{L^2(t^{n-2}, t^n; \bar{m})}^2 + ||\xi_{\hat{c}}^n||_{\bar{m}}^2\right\}, \tag{9.3.62c}$$

$$|T_4| \leqslant K\{||\xi_{\hat{c}}^n||_m^2 + h_p^4\}, \tag{9.3.62d}$$

$$|T_5| \leqslant K\{||\xi_{\hat{c}}^n||_{\bar{m}}^2 + ||\xi_{\hat{c}}^{n-1}||_{\bar{m}}^2 + ||\xi_{\hat{c}}^{n-2}||_{\bar{m}}^2 + (\Delta t_c)^4 + (h_{\hat{c}})^4\}. \tag{9.3.62e}$$

将 (9.3.59) 和 (9.3.62) 代入 (9.3.58) 可得

$$\frac{1}{2\Delta t_c}\{||\varphi^{1/2}\xi_{\hat{c}}^n||_{\bar{m}}^2 - ||\varphi^{1/2}\xi_{\hat{c}}^{n-1}||_{\bar{m}}^2\} + \frac{1}{2\Delta t_c}||\varphi^{1/2}(\xi_{\hat{c}}^n - \xi_{\hat{c}}^{n-1})||_{\bar{m}}^2 + \frac{1}{2}E_*|||\bar{\alpha}_{\hat{c}}^n|||^2$$

$$\leqslant \frac{1}{3\Delta t_c}\left\{||\varphi^{1/2}(\xi_{\hat{c}}^{n-1} - \xi_{\hat{c}}^{n-2})||_{\bar{m}}^2 + \frac{1}{2}||\varphi^{1/2}(\xi_{\hat{c}}^n - \xi_{\hat{c}}^{n-1})||_{\bar{m}}^2 + \frac{1}{2}[||\varphi^{1/2}\xi_{\hat{c}}^{n-1}||_{\bar{m}}^2 \right.$$

$$\left. - ||\varphi^{1/2}\xi_{\hat{c}}^{n-2}||_{\bar{m}}^2]\right\} + K\left\{(\Delta t_c)^3\left\|\frac{\partial^3 \hat{c}}{\partial t^3}\right\|_{L^2(t^{n-2}, t^n; \bar{m})}^2 + (\Delta t_p)^3\left\|\frac{\partial^2 \mathbf{u}}{\partial t^2}\right\|_{L^2(t_{m-1}, t_m; \bar{m})}^2\right\}$$

$$+ K\{||\xi_{\hat{c}}^n||_{\bar{m}}^2 + ||\xi_{\hat{c},m-1}||_{\bar{m}}^2 + ||\xi_{\hat{c},m-2}||_{\bar{m}}^2 + ||\xi_{\hat{c}}^{n-1}||_{\bar{m}}^2$$

$$+ ||\xi_{\hat{c}}^{n-2}||_{\bar{m}}^2 + (\Delta t_c)^4 + (\Delta t_p)^4 + h_{\hat{c}}^2\}. \tag{9.3.63}$$

上式经整理可得

$$\frac{1}{2\Delta t_c}\{||\varphi^{1/2}\xi_{\hat{c}}^n||_{\bar{m}}^2 - ||\varphi^{1/2}\xi_{\hat{c}}^{n-1}||_{\bar{m}}^2\} + \frac{1}{3\Delta t_c}\{||\varphi^{1/2}(\xi_{\hat{c}}^n$$

$$- \xi_{\hat{c}}^{n-1})||_{\bar{m}}^2 - ||\varphi^{1/2}(\xi_{\hat{c}}^{n-1} - \xi_{\hat{c}}^{n-2})||_{\bar{m}}^2\} + \frac{E_*}{2}|||\bar{\alpha}_{\hat{c}}^n|||^2$$

$$\leqslant \frac{1}{6\Delta t_c}\{||\varphi^{1/2}\xi_{\hat{c}}^{n-1}||_{\bar{m}}^2 - ||\varphi^{1/2}\xi_{\hat{c}}^{n-2}||_{\bar{m}}^2\}$$

$$+ K\left\{(\Delta t_c)^3\left\|\frac{\partial^3 \hat{c}}{\partial t^3}\right\|_{L^2(t^{n-2}, t^n; \bar{m})}^2 + (\Delta t_p)^3\left\|\frac{\partial^2 \mathbf{u}}{\partial t^2}\right\|_{L^2(t_{m-1}, t_m; \bar{m})}^2\right\}$$

$$+ K\{||\xi_{\hat{c}}^n||_{\bar{m}}^2 + ||\xi_{\hat{c},m-1}||_{\bar{m}}^2 + ||\xi_{\hat{c},m-2}||_{\bar{m}}^2 + ||\xi_{\hat{c}}^{n-1}||_{\bar{m}}^2 + ||\xi_{\hat{c}}^{n-2}||_{\bar{m}}^2 + (\Delta t_c)^4 + (\Delta t_p)^4 + h_{\hat{c}}^2\}. \tag{9.3.64}$$

对上式 (9.3.64) 左右两端分别乘以 Δt_c, 并对时间 $n(0 \leqslant n \leqslant L-1)$ 求和, 可得

$$\begin{aligned}
&\frac{1}{2}\{||\varphi^{1/2}\xi_{\hat{c}}^N||_{\bar{m}}^2 - ||\varphi^{1/2}\xi_{\hat{c}}^1||_{\bar{m}}^2\} + \frac{1}{3}\{||\varphi^{1/2}(\xi_{\hat{c}}^N \\
&- \xi_{\hat{c}}^{N-1})||_{\bar{m}}^2 - ||\varphi^{1/2}(\xi_{\hat{c}}^1 - \xi_{\hat{c}}^0)||_{\bar{m}}^2\} + E_* \sum_{n=1}^{N} |||\,\bar{\alpha}_{\hat{c}}^n\,|||^2 \Delta t_c \\
\leqslant &\frac{1}{6}\{||\varphi^{1/2}\xi_{\hat{c}}^{N-1}||_{\bar{m}}^2 - ||\varphi^{1/2}\xi_{\hat{c}}^0||_{\bar{m}}^2\} + K\{(\Delta t_{p,1})^3 + (\Delta t_p)^4 \\
&+ (\Delta t_c)^4 + h_p^4 + h_{\hat{c}}^2\} + K\sum_{n=1}^{N} ||\xi_{\hat{c}}^n||_{\bar{m}}^2 \Delta t_c \\
\leqslant &\frac{1}{6}\{||\varphi^{1/2}(\xi_{\hat{c}}^N - \xi_{\hat{c}}^{N-1})||_{\bar{m}}^2 + ||\varphi^{1/2}\xi_{\hat{c}}^N||_{\bar{m}}^2 - ||\varphi^{1/2}\xi_{\hat{c}}^0||_{\bar{m}}^2\} \\
&+ K\{(\Delta t_{p,1})^3 + (\Delta t_p)^4 + (\Delta t_c)^4 + h_p^4 + h_{\hat{c}}^2\} + K\sum_{n=1}^{N} ||\xi_{\hat{c}}^n||_{\bar{m}}^2 \Delta t_c.
\end{aligned} \tag{9.3.65}$$

则有

$$\begin{aligned}
&\frac{1}{3}||\varphi^{1/2}\xi_{\hat{c}}^N||_{\bar{m}}^2 + \frac{1}{6}||\varphi^{1/2}(\xi_{\hat{c}}^N - \xi_{\hat{c}}^{N-1})||_{\bar{m}}^2 + \frac{1}{2}E_* \sum_{n=1}^{N} |||\,\bar{\alpha}_{\hat{c}}^n\,|||^2 \Delta t_c \\
\leqslant &\frac{1}{6}\{3||\varphi^{1/2}\xi_{\hat{c}}^1||_{\bar{m}}^2 - ||\varphi^{1/2}\xi_{\hat{c}}^0||_{\bar{m}}^2\} + \frac{1}{3}||\varphi^{1/2}(\xi_{\hat{c}}^1 - \xi_{\hat{c}}^0)||_{\bar{m}}^2 \\
&+ K\{(\Delta t_{p,1})^3 + (\Delta t_p)^4 + (\Delta t_c)^4 + h_p^4 + h_{\hat{c}}^2\} + K\sum_{n=1}^{N} ||\varphi^{1/2}\xi_{\hat{c}}^n||_{\bar{m}}^2 \Delta t_c.
\end{aligned} \tag{9.3.66}$$

对 radionuclide 浓度方程类似地得到下述估计

$$\begin{aligned}
&\frac{1}{3}\sum_{i=1}^{\hat{N}} ||\varphi_i^{1/2}\xi_{c_i}^N||_{\bar{m}}^2 + \frac{1}{6}\sum_{i=1}^{\hat{N}} ||\varphi_i^{1/2}(\xi_{c_i}^N - \xi_{c_i}^{N-1})||_{\bar{m}}^2 + \frac{1}{2}E_* \sum_{i=1}^{\hat{N}}\sum_{n=1}^{N} |||\,\bar{\alpha}_{c_i}^n\,|||^2 \Delta t_c \\
\leqslant &\frac{1}{6}\left\{3\sum_{i=1}^{\hat{N}} ||\varphi_i^{1/2}\xi_{c_i}^1||_{\bar{m}}^2 - \sum_{i=1}^{\hat{N}} ||\varphi_i^{1/2}\xi_{c_i}^0||_{\bar{m}}^2\right\} + \frac{1}{3}\sum_{i=1}^{\hat{N}} ||\varphi_i^{1/2}(\xi_{c_i}^1 - \xi_{c_i}^0)||_{\bar{m}}^2 \\
&+ K\{(\Delta t_{p,1})^3 + (\Delta t_p)^4 + (\Delta t_c)^4 + h_p^4 + h_{\hat{c}}^2\} \\
&+ K\sum_{n=1}^{\hat{N}} [||\varphi^{1/2}\xi_{\hat{c}}^n||_{\bar{m}}^2 + \sum_{i=1}^{\hat{N}} ||\varphi_i^{1/2}\xi_{c_i}^n||_{\bar{m}}^2] \Delta t_c,
\end{aligned} \tag{9.3.67}$$

此处 $\varphi_i = \varphi K_i$.

最后研究热传导方程 (9.3.4) 的误差估计. 将式 (9.3.26) 减去 (9.3.25) $(t=t^n)$, 并由 Ritz 投影 (9.3.45) 可得

$$\left(d\frac{\xi_T^n-\xi_T^{n-1}}{\Delta t_c},v\right)_{\bar{m}}+\frac{2}{3}(\nabla\cdot(\mathbf{G}_T^n-\mathbf{g}_T^n),v)_{\bar{m}}+\frac{2}{3}\left(\sum_{s=x,y,z}D_s\,\bar{\alpha}_T^{s,n},v\right)_{\bar{m}}$$

$$=\frac{1}{\Delta t_c}\left(d\frac{1}{3}\delta\xi_T^{n-1},v\right)_{\bar{m}}+(\hat{\rho}_T^n,v)_{\bar{m}}+\frac{2}{3}(\hat{E}(2)Q_T(\mathbf{U}^n,P^n,T_h^n,\hat{C}^n)$$

$$-Q_T(\mathbf{u}^n,p^n,T^n,\hat{c}^n),v)_{\bar{m}},\quad\forall v\in S_h,\tag{9.3.68a}$$

$$\sum_{s=x,y,z}(\bar{\alpha}_T^{s,n},w^s)_s=\left(\xi_T^n,\sum_{s=x,y,z}D_sw^s\right)_{\bar{m}},\quad\forall\mathbf{w}\in V_h,\tag{9.3.68b}$$

$$\sum_{s=x,y,z}(\alpha_T^{s,n},w^s)_s=\sum_{s=x,y,z}(E_H\,\bar{\alpha}_T^{s,n},w^s)_s,\quad\forall\mathbf{w}\in V_h,\tag{9.3.68c}$$

此处 $\hat{\rho}_T^n=\dfrac{2}{3}d\dfrac{\partial T^n}{\partial t}-\dfrac{d}{\Delta t_c}\left(T^n-\dfrac{4}{3}T^{n-1}+\dfrac{1}{3}T^{n-2}\right)$.

引入归纳法假定和网格剖分参数假定:

$$\max_{0\leqslant m\leqslant M}|||\sigma_m|||_\infty\leqslant 1,\quad(\Delta t_c,h)\to 0.\tag{9.3.69}$$

$$(\Delta t_{p,1})^{3/2}+(\Delta t_p)^2+(\Delta t_c)^2=o(h_p^{3/2}),\quad(\Delta t_c,h)\to 0,\tag{9.3.70a}$$

$$h_{\hat{c}}=o(h_p^{3/2}),\quad(\Delta t_c,h)\to 0.\tag{9.3.70b}$$

经类似的分析和估计, 再应用估计式 (9.3.46) 和 (9.3.55) 可得

$$\frac{1}{3}\|d^{1/2}\xi_T^N\|_{\bar{m}}^2+\frac{1}{6}\|d^{1/2}(\xi_T^N-\xi_T^{N-1})\|_{\bar{m}}^2+\frac{1}{2}\bar{E}_*\sum_{n=1}^N|||\,\bar{\alpha}_T^n\,|||^2\Delta t_c$$

$$\leqslant\frac{1}{6}\{3\|d^{1/2}\xi_T^1\|_{\bar{m}}^2-\|d^{1/2}\xi_T^0\|_{\bar{m}}^2\}+\frac{1}{3}\|d^{1/2}(\xi_T^1-\xi_T^0)\|_{\bar{m}}^2$$

$$+K\{(\Delta t_{p,1})^3+(\Delta t_p)^4+(\Delta t_c)^4+h_p^4+h_{\hat{c}}^2\}$$

$$+K\sum_{n=1}^N\{\|\varphi_i^{1/2}\xi_{\hat{c}}^n\|_{\bar{m}}^2+\|d^{1/2}\xi_T^n\|_{\bar{m}}^2\}\Delta t_c.\tag{9.3.71}$$

综合 (9.3.66), (9.3.67) 和 (9.3.71), 可得下述估计式:

$$\frac{1}{3}\left\{\|\varphi^{1/2}\xi_{\hat{c}}^N\|_{\bar{m}}^2+\sum_{i=1}^{\hat{N}}\|\varphi_i^{1/2}\xi_{c_i}^N\|_{\bar{m}}^2+\|d^{1/2}\xi_T^N\|_{\bar{m}}^2\right\}$$

$$+\frac{1}{6}\left\{\|\varphi^{1/2}(\xi_{\hat{c}}^{N}-\xi_{\hat{c}}^{N-1})\|_{\bar{m}}^{2}+\sum_{i=1}^{\hat{N}}\|\varphi_{i}^{1/2}(\xi_{c_i}^{N}-\xi_{c_i}^{N-1})\|_{\bar{m}}^{2}+\|d^{1/2}(\xi_{T}^{N}-\xi_{T}^{N-1})\|_{\bar{m}}^{2}\right\}$$

$$+\frac{1}{4}\left\{E_{*}\sum_{n=1}^{N}|||\bar{\alpha}_{\hat{c}}^{n}|||^{2}\Delta t_c+E_{*}\sum_{n=1}^{N}\sum_{i=1}^{\hat{N}}|||\bar{\alpha}_{c_i}^{n}|||^{2}\Delta t_c+\bar{E}_{*}\sum_{n=1}^{N}|||\bar{\alpha}_{T}^{n}|||^{2}\Delta t_c\right\}$$

$$\leqslant\frac{1}{6}\left\{[3\|\varphi^{1/2}\xi_{\hat{c}}^{1}\|_{\bar{m}}^{2}-\|\varphi^{1/2}\xi_{\hat{c}}^{0}\|_{\bar{m}}^{2}]+\sum_{i=1}^{\hat{N}}[3\|\varphi_{i}^{1/2}\xi_{c_i}^{1}\|_{\bar{m}}^{2}-\|\varphi_{i}^{1/2}\xi_{c_i}^{0}\|_{\bar{m}}^{2}]+[3\|d^{1/2}\xi_{T}^{1}\|_{\bar{m}}^{2}\right.$$

$$\left.-\|d^{1/2}\xi_{T}^{0}\|_{\bar{m}}^{2}]\right\}+\frac{1}{3}\left\{\|\varphi^{1/2}(\xi_{\hat{c}}^{1}-\xi_{\hat{c}}^{0})\|_{\bar{m}}^{2}\right.$$

$$\left.+\sum_{i=1}^{\hat{N}}\|\varphi_{i}^{1/2}(\xi_{c_i}^{1}-\xi_{c_i}^{0})\|_{\bar{m}}^{2}+\|d^{1/2}(\xi_{T}^{1}-\xi_{T}^{0})\|_{\bar{m}}^{2}\right\}$$

$$+K\{(\Delta t_{p,1})^{3}+(\Delta t_p)^{4}+(\Delta t_c)^{4}+h_p^{4}+h_{\hat{c}}^{2}\}$$

$$+K\sum_{n=1}^{N}\left\{\|\xi_{\hat{c}}^{n}\|_{\bar{m}}^{2}+\sum_{i=1}^{\hat{N}}\|\xi_{c_i}^{n}\|_{\bar{m}}^{2}+\|\xi_{T}^{n}\|_{\bar{m}}^{2}\right\}\Delta t_c. \tag{9.3.72}$$

应用离散形式的 Gronwall 引理和初始逼近选取的性质, 可得

$$\|\xi_{\hat{c}}^{N}\|_{\bar{m}}^{2}+\sum_{i=1}^{\hat{N}}\|\xi_{c_i}^{N}\|_{\bar{m}}^{2}+\|\xi_{T}^{N}\|_{\bar{m}}^{2}+\sum_{n=1}^{N}\left\{|||\bar{\alpha}_{\hat{c}}^{n}|||^{2}+\sum_{i=1}^{\hat{N}}|||\bar{\alpha}_{c_i}^{n}|||^{2}+|||\bar{\alpha}_{T}^{n}|||^{2}\right\}\Delta t_c$$

$$\leqslant K\{(\Delta t_{p,1})^{3}+(\Delta t_p)^{4}+(\Delta t_c)^{4}+h_p^{4}+h_{\hat{c}}^{2}\}. \tag{9.3.73}$$

对流动方程的估计式 (9.3.55), 应用 (9.3.73) 可得

$$\sup_{0\leqslant m\leqslant M}\{\|\pi_m\|_{\bar{m}}^{2}+|||\sigma_m|||^{2}\}$$

$$\leqslant K\{h_p^{4}+h_{\hat{c}}^{2}+(\Delta t_{p,1})^{3}+(\Delta t_p)^{4}+(\Delta t_c)^{4}\}. \tag{9.3.74}$$

最后需要验证归纳法假定 (9.3.69). 有估计式 (9.3.74), 注意到网格剖分参数限制性条件 (9.3.70), 归纳法假定 (9.3.69) 显然成立.

由估计式 (9.3.46), (9.3.73) 和 (9.3.74), 可以建立下述定理.

定理 9.3.5 对问题 (9.3.1)—(9.3.7) 假定其精确解满足正则性条件 (R), 且其系数满足正定性条件 (C), 采用混合体积元-迎风多步混合体积元方法 (9.3.18), (9.3.22), (9.3.24) 和 (9.3.26) 逐层求解. 假定剖分参数满足限制性条件 (9.3.70), 则下述误差估计式成立:

$$\|p-P\|_{\bar{L}^{\infty}(J;\bar{m})}+\|\mathbf{u}-\mathbf{U}\|_{\bar{L}^{\infty}(J;V)}+\|\hat{c}-\hat{C}\|_{\bar{L}^{\infty}(J;\bar{m})}+\sum_{i=1}^{\hat{N}}\|c_i-C_i\|_{\bar{L}^{\infty}(J;\bar{m})}$$

$$+\|T-T_h\|_{\bar{L}^\infty(J;\bar{m})}+\|\bar{\mathbf{z}}-\bar{\mathbf{Z}}\|_{\bar{L}^2(J;V)}+\sum_{i=1}^{\hat{N}}\|\bar{\mathbf{z}}_i-\bar{\mathbf{Z}}_i\|_{\bar{L}^2(J;V)}+\|\bar{\mathbf{z}}_T-\bar{\mathbf{Z}}_T\|_{\bar{L}^2(J;V)}$$

$$\leqslant M^*\{h_p^2+h_{\hat{c}}+(\Delta t_c)^2+(\Delta t_{p,1})^{3/2}+(\Delta t_p)^2\}, \tag{9.3.75}$$

此处$\|g\|_{\bar{L}^\infty(J;X)}=\sup\limits_{n\Delta t_c\leqslant\bar{T}}\|g^n\|_X$, $\|g\|_{\bar{L}^2(J;X)}=\sup\limits_{L\Delta t_c\leqslant\bar{T}}\left\{\sum\limits_{n=0}^{L}\|g^n\|_X^2\Delta t_c\right\}^{1/2}$, 常数 M^* 依赖于函数 $p,\mathbf{u},\hat{c},c_i(i=1,2,\cdots,\hat{N}),T$ 及其导函数.

9.3.6 数值算例

为了说明方法的特点和优越性, 下面考虑一组非驻定的对流-扩散方程:

$$\begin{cases}\dfrac{\partial u}{\partial t}+\nabla\cdot(-a(x)\nabla u+\mathbf{b}u)=f, & (x,y,z)\in\Omega,t\in(0,\bar{T}],\\ u|_{t=0}=x(1-x)y(1-y)z(1-z), & (x,y,z)\in\Omega,\\ u|_{\partial\Omega}=0, & t\in(0,\bar{T}].\end{cases} \tag{9.3.76}$$

问题 I (对流占优):

$$a(x)=0.01,\quad b_1=(1+x\cos\alpha)\cos\alpha,\quad b_2=(1+y\sin\alpha)\sin\alpha,$$

$$b_3=1,\quad \alpha=\frac{\pi}{12}.$$

问题 II (强对流占优):

$$a(x)=10^{-5},\quad b_1=1,\quad b_2=1,\quad b_3=-2.$$

其中 $\Omega=(0,1)\times(0,1)\times(0,1)$, 问题的精确解为 $u=e^{t/4}x(1-x)y(1-y)z(1-z)$, 右端 f 使每一个问题均成立. 时间步长为 $\Delta t=\dfrac{\bar{T}}{6}$. 具体情况如表 9.3.2 和表 9.3.3 所示 $\left(当\ \bar{T}=\dfrac{1}{2}\ 时\right)$.

表 9.3.2 问题 I 的结果

N		8	16	24
UPMVE	L^2	5.7604e−007	7.4580e−008	3.9599e−008
FDM	L^2	1.2686e−006	3.4144e−007	1.5720e−007

其中 L^2 表示误差的 L^2 模, UPMVE 代表本节的迎风混合体积元方法, FDM 代表五点格式的有限差分方法, 表 9.3.2 和表 9.3.3 分别是问题 I 和问题 II 的数值

结果. 由此可以看出, 差分方法对于对流占优的方程有结果, 但对于强对流方程, 剖分步长较大时有结果, 但步长慢慢减小时其结果明显发生振荡不可用. 迎风混合体积元方法无论是对于对流占优的方程还是强对流占优的方程, 都有很好的逼近结果, 没有数值振荡, 可以得到合理的结果, 这是其他有限元或有限差分方法所不能比的.

表 9.3.3　问题 II 的结果

N		8	16	24
UPMVE	L^2	5.1822e−007	1.0127e−007	6.8874e−008
FDM	L^2	3.3386e−005	3.2242e+009	溢出

下面给出单步方法与多步方法的比较. 对流占优的扩散方程 (问题 I) 分别应用迎风混合体积元多步 (M) 和迎风混合体积元单步方法 (S), 前者的时间步长取为 $\Delta = \dfrac{\bar{T}}{3}$, 后者的时间步长为 $\Delta t = \dfrac{\bar{T}}{6}$, 由所得结果从表 9.3.4 可以看出: 多步方法保持了单步的优点, 同时在精度上有所提高, 并且计算量小.

表 9.3.4　结果比较

N		8	16	24
M	L^2	2.8160e−007	6.5832e−008	7.9215e−008
S	L^2	5.7604e−007	7.4580e−008	3.9599e−008

此外, 为了更好地说明方法的应用性, 我们考虑两类半正定的情形.

问题 III:

$$a(x) = x(1-x), \quad b_1 = 1, \quad b_2 = 1, \quad b_3 = 0.$$

问题 IV:

$$a(x) = (x-1/2)^2, \quad b_1 = -3, \quad b_2 = 1, \quad b_3 = 0.$$

表 9.3.5 中 P-III, P-IV 代表问题 III, 问题 IV, 表中数据是应用迎风混合体积元方法所得到的. 可以看出, 当扩散矩阵半正定时, 利用此方法可以得到比较理想的结果.

表 9.3.5　半正定问题的结果

N		8	16	24
P-III	L^2	8.0682e−007	5.5915e−008	1.2303e−008
P-IV	L^2	1.6367e−005	2.4944e−006	4.2888e−007

9.3.7 总结和讨论

本节研究核废料污染数值模拟问题的混合体积元-迎风多步混合体积元方法和分析. 9.3.1 小节是引言部分, 叙述和分析问题的数学模型、物理背景以及国内外研究概况. 9.3.2 数据给出网格剖分记号和引理. 9.3.3 小节提出混合体积元-迎风多步混合体积元方法程序, 对流动方程采用具有守恒性质的混合体积元离散, 对 Darcy 速度提高了一阶精确度. 对 brine 浓度方程、radionuclide 浓度方程组和热传导方程采用了同样具有守恒性质的迎风多步混合体积元求解, 即对方程的时间导数采用多步法逼近, 对方程的扩散项采用混合体积元离散, 对流部分采用迎风格式来处理, 此方法适用于对流占优问题, 能消除数值弥散和非物理性振荡, 并可以提高计算精确度. 扩散项采用混合体积元离散, 可以同时逼近浓度函数和温度函数及其伴随向量函数, 保持单元质量和能量守恒, 此特性对地下渗流力学数值模拟计算是极其重要的. 9.3.4 小节讨论了格式具有单元质量和能量守恒律这一重要的物理特性. 9.3.5 小节讨论了收敛性分析, 应用微分方程先验估计理论和特殊技巧, 得到了对时间和空间的二阶最优误差估计结果. 9.3.6 小节给出数值算例支撑了理论分析结果, 并指明本节所提出的方法在实际问题是切实可行和高效的. 本节有如下创新点: ① 本格式具有质量和能量守恒律这一重要的物理特性, 这在地下渗流力学数值模拟是极其重要的; ② 由于组合地应用了多步法、混合体积元、迎风格式, 它具有高精度和高稳定性的特征, 特别适用于三维复杂区域大型数值模拟的工程实际计算; ③ 本节拓广了 Ewing 教授等关于核废料污染问题数值模拟的著名工作 [1,2,32,33], 在那里仅能处理二维问题, 且不具有单元质量和能量守恒这一重要的物理特性; ④ 本节拓广了 Bramble 关于抛物问题多步法的经典成果[44]. 详细的讨论和分析可参阅文献 [45]. 关于半正定问题的讨论和分析可参阅文献 [46,47].

参 考 文 献

[1] Reeves M, Cranwall R M. User's manual for the sanda waste-isolation flow and transport model (SWIFT). Release 4, 81. Sandia Report Nareg/CR-2324, SAND 81-2516, GF. November, 1981.

[2] Ewing R E, Yuan Y R, Li G. Time stepping along characteristics for a mixed finite element approximation for compressible flow of contamination from nuclear waste in porous media. SIAM J. Numer. Anal., 1989, 26(6): 1513-1524.

[3] Ewing R E. The Mathematics of Reservior Simulation. Philadelphia: SIAM, 1983.

[4] Douglas J, Jr. Finite difference method for two-phase in compressible flwo in porous media. SIAM J. Numer. Anal., 1983, 20(4): 681-696.

[5] Douglas J, Jr, Yuan Y R. Numerical simulation of immiscible flow in porous media based on combining the method of characteristics with mixed finite element procedure.

Numerical Simulation in Oil Rewvery. New York: Springer-Berlag, 1986: 119-132.

[6] Ewing R E, Russell T F, Wheeler M F. Convergence analysis of an approximation of miscible displacement in porous media by mixed finite elements and a modified method of characteristics. Comput. Methods Appl. Mech. Engrg., 1984, 47(1/2): 73-92.

[7] Russell T F. Time stepping along characteristics with incomplete interaction for a Galerkin approximation of miscible displacement in porous media. SLAM J. Numer. Anal., 1985, 22(5): 970-1013.

[8] Yuan Y R. Theory and Application of Reservoir Numerical Simulation. Beijing: Science Press, 2013.

[9] Ewing R E, Yuan Y R, Li G. Finite element for chemical-flooding simulation. Proceeding of the 7th International Conference Finite Element Method in Flow Problems. The University of Alabama in Huntsville, Huntsville, Alabama: UAHDRESS, 1989: 1264-1271.

[10] 袁益让, 羊丹平, 戚连庆, 等. 聚合物驱应用软件算法研究// 冈秦麟. 化学驱油论文集. 北京: 石油工业出版社, 1998: 246-253.

[11] Douglas J, Jr, Roberts J E. Numerical methods for a model for compressible miscible displacement in porous media. Math. Comp., 1983, 41(164): 441-459.

[12] Yuan Y R. Numerical simulation and analysis for a model for compressible flow for nuclear waste-disposal contamination in porous media. Acta Mathematicae Applicatae Sinica, 1992, 1: 70-82.

[13] Yuan Y R. The modified method of characteristics with finite element operator-splitting procedures for compressible multi-component displacement problem. J. Syst. Sci. Complex., 2003, 16(1): 30-45.

[14] Yuan Y R. The characteristic finite element alternating direction method with moving meshes for nonlinear convection-dominated diffusion problems. Numer. Meth. Part. D. E., 2006, 22(3): 661-679.

[15] Yuan Y R. Characteristic finite difference methods for positive semidefinite problem of two phase miscible flow in porous media. J. Systems. Sci. Math. Sci., 1999, 12(4): 299-306.

[16] Yuan Y R. The characteristic finite difference fractional steps method for compressible two-phase displacement problem. Sci. Sin. Math., 1999, 42(1): 48-57.

[17] Yuan Y R. Fractional Step Finite Difference Method for Multi-dimensional Mathematical-physical Problems. Beijing: Science Press, 2015.

[18] Cai Z. On the finite volume element method. Numer. Math., 1991, 58(1): 713-735.

[19] Li R H, Chen Z Y. Generalized Difference of Differential Equations. Changchun: Jilin University Press, 1994.

[20] Douglas J, Jr, Ewing R E, Wheeler M F. Approximation of the pressure by a mixed method in the simulation of miscible displacement. RAIRO Anal. Numer., 1983, 17(1):

17-33.

[21] Douglas J, Jr, Ewing R E, Wheeler M F. A time-discretization procedure for a mixed finite element approximation of miscible displacement in porous media. RAIRO Anal. Numer., 1983, 17(3): 249-265.

[22] Raviart P A, Thomas J M. A mixed finite element method for second order elliptic problems//Mathematical Aspects of the Finite Element Method. Lecture Notes in Mathematics, 606. Berlin: Springer-Verlag, 1977.

[23] Russell T F. Rigorous block-centered discritization on inregular grids: Improved simulation of complex reservoir systems. Project Report, Research Comporation, Tulsa, 1995.

[24] Weiser A, Wheeler M F. On convergence of block-centered finite differences for elliptic problems. SIAM J. Numer. Anal., 1988, 25(2): 351-375.

[25] Cai Z, Jones J E, McCormilk S F, Russell T F. Control-volume mixed finite element methods. Comput. Geosci., 1997, 1: 289-315.

[26] Jones J E. A mixed volume method for accurate computation of fluid velocities in porous media. Ph. D. Thesis. University of Colorado, Denver, Co. 1995.

[27] Chou S H, Kawk D Y, Vassileviki P. Mixed volume methods on rectangular grids for elliptic problem. SIAM J. Numer. Anal., 2000, 37(3): 758-771.

[28] Chou S H, Kawk D Y, Vassileviki P. Mixed volume methods for elliptic problems on trianglar grids. SIAM J. Numer. Anal., 1998, 35(5): 1850-1861.

[29] Chou S H, Vassileviki P. A general mixed covolume frame work for constructing conservative schemes for elliptic problems. Math. Comp., 1999, 68(227): 991-1011.

[30] Pan H, Rui H X. Mixed element method for two-dimensional Darcy-Forchheimer model. J. of Scientific Computing, 2012, 52(3): 563-587.

[31] Rui H X, Pan H. A block-centered finite difference method for the Darcy-Forchheimer Model. SIAM J. Numer. Anal., 2012, 50(5): 2612-2631.

[32] Ewing R E, Yuan Y R, Li G. A time-discretization procedure for a mixed finite element approximation of contamination by incompressbile nuclear waste in porous media// Mathematics of Large Scale Computing. New York, Basel: Marcel Dekker, INC, 1988: 127-146.

[33] Ewing R E, Yuan Y R, Li G. Finite element methods for contamination by nuclear waste-disposal in porous media// Griffiths D F, Watson G A, eds. Numerical Analysis Pitman Research Notes in Math., 1970. Fssex: Longman Scientific and Technical, 1988: 53-66.

[34] Arbogast T, Wheeler M F, Yotov I. Mixed finite elements for elliptic problems with tensor coefficients as cell-centered finite differences. SIAM J. Numer. Anal., 1997, 34(2): 828-852.

[35] Ewing R E, Wheeler M F. Galerkin methods for miscible displacement problems with point sources and sinks-unit mobility ratio case. Proc. Special Year in Numerical Anal., Lecture Notes, 20, Univ. Maryland, College Park, 1981: 151-174.

[36] Jiang L S, Pang Z Y. Finite Element Method and Its Theory. Beijing: People's Education Press, 1979.

[37] Nitsche J. Linear splint-funktionen and die methoden von Ritz for elliptishce randwert probleme. Arch. for Rational Mech. and Anal., 1968, 36: 348-355.

[38] Douglas J, Jr. Simulation of miscible displacement in porous media by a modified method of characteristic procedure//Numerical Analysis. Lecture Notes in Mathematics, 912, Berlin: Springer-Verlag, 1982.

[39] 李长峰, 袁益让, 宋怀玲. 三维可压缩核废料污染问题的迎风混合体积元-分数步方法和分析. 山东大学数学研究所科研报告, 2017. 9.

Li C F, Yuan Y R, Song H L. An upwind mixed volume element-fractional step method and convergence analysis for three-dimensional compressible contamination treatment from nuclear waste. Advances in Applied Mathematics and Mechanics, 2018, 10(6): 1384-1417.

[40] Dawson C N, Kirby R. Solution of parabolic equations by backward Euler-mixed finite element method on a dynamically changing mesh. SIAM J. Numer. Anal., 2000, 37(2): 423-442.

[41] 李长峰, 袁益让, 宋怀玲. 可压缩核废料污染问题的迎风网格变动的混合体积元-分数步方法和分析. 山东大学数学研究所科研报告, 2017. 11.

Li C F, Yuan Y R, Song H L. An upwind mixed volume element-fractional step method on a changing mesh for compressible contamination treatment from nuclear waste. J. Sci. Comput., 2017, 72: 467-499.

[42] Yuan Y R, Liu Y X, Li C F, Sun T J, Ma L Q. Analysis on block-centered finite differences of numerical simulation of semiconductor device detector. Appl. Math. Comput., 2016, 279: 1-15.

[43] Yuan Y R, Yang Q, Li C F, Sun T J. Numerical method of mixed finite volume-modified upwind fractional step difference for three-dimensional semiconductor device transient behavior problems. Acta Mathematica Scientia, 2017, 37B(1): 259-279.

[44] Bramble J H, Ewing R E, Li G. Alternating direction multistep methods for parabolic problems-iterative stabilization. SIAM J. Numer. Anal., 1989, 26(4): 904-919.

[45] 李长峰, 袁益让, 宋怀玲. 核废料污染数值模拟的混合体积元-迎风多步混合体积元方法和分析. 山东大学数学研究所科研报告, 2018. 1.

Li C F, Yuan Y R, Song H L. A mixed volume element-upwind multistep mixed volume element and convergence analysis for numerical simulation of nuclear waste contaminant disposal. J. of Comput. and Appl. Math., 2019, 356: 164-181.

[46] 李长峰, 袁益让, 宋怀玲. 核废料污染渗流半正定问题的迎风混合体积元方法和分析. 山东大学数学研究所科研报告, 2018. 5.

Li C F, Yuan Y R, Song H L. An upwing approximation combined with mixed volume element for a positive semi-definite contamination treatment from nuclear waste. Engineering with Computers, 2020, 36: 1599-1614.

[47] 李长峰, 袁益让, 宋怀玲. 核废料污染渗流半正定问题的混合体积元-迎风多步混合体积元方法. 山东大学数学研究所科研报告, 2018. 7.

Li C F, Yuan Y R, Song H L. An upwing multistep difference-mixed volume element method for a positive semi-definite contamination treatment from nuclear waste. 山东大学数学研究所科研报告, 2018. 7.

第10章　强化采油数值模拟一类新的数值方法

油田经注水开采后, 油藏中仍残留大量的原油, 这些油或者被毛细管力束缚住不能流动, 或者由于驱替相和被驱替相之间的不利流度比, 使得注入流波及体积小, 而无法驱动原油. 在注入液中加入某些化学添加剂, 则可大大改善注入液的驱洗油能力. 本章研究一类具有物理守恒律性质的强化采油数值模拟方法. 本章共 2 节. 10.1 节讨论化学采油渗流驱动问题的特征混合体积元方法. 10.2 节讨论强化采油渗流驱动问题的迎风块中心方法和分析.

10.1　化学采油渗流驱动问题的特征混合体积元方法

10.1.1　引言

油田经注水开采后, 油藏中仍残留大量的原油, 这些油或者被毛细管力束缚住不能流动, 或者由于驱替相和被驱替相之间的不利流度比, 使得注入流波及体积小, 而无法驱动原油. 在注入液中加入某些化学添加剂, 则可大大改善注入液的驱洗油能力. 常用的化学添加剂大都为聚合物、表面活性剂和碱. 聚合物被用来优化驱替相的流度, 以调整与被驱替相之间的流度比, 均匀驱动前缘, 减弱高渗层指进, 提高驱替相的波及效率, 同时增加压力梯度等. 表面活性剂和碱主要用于降低地下各相间的界面张力, 从而将被束缚的油驱动[1-6].

本节研究化学采油数值模拟中的 Darcy-Forchheimer 渗流驱动耦合问题, 提出的一类混合元-特征混合体积元分数步差分方法, 得到严谨的收敛性分析结果. 数值试验支撑了理论分析, 它对强化采油数值模拟的理论和实际应用具有重要的价值.

问题的数学模型是一类非线性偏微分方程组的初边值问题[1-7]:

$$\mu(c)\kappa^{-1}\mathbf{u}+\beta\rho(c)|\mathbf{u}|\mathbf{u}+\nabla p=r(c)\nabla d,\quad X=(x,y,z)^{\mathrm{T}}\in\Omega,t\in J=(0,T],\tag{10.1.1a}$$

$$\nabla\cdot\mathbf{u}=q=q_I+q_p,\quad X\in\Omega,t\in J,\tag{10.1.1b}$$

$$\varphi\frac{\partial c}{\partial t}+\mathbf{u}\cdot\nabla c-\nabla\cdot(D(\mathbf{u})\nabla c)+q_Ic=q_Ic_I,\quad X\in\Omega,t\in J,\tag{10.1.2}$$

$$\varphi\frac{\partial}{\partial t}(cs_\alpha)+\nabla\cdot(s_\alpha\mathbf{u}-\varphi c\kappa_\alpha\nabla s_\alpha)=Q_\alpha(X,t,c,s_\alpha),\quad X\in\Omega,t\in J,\alpha=1,2,\cdots,n_c,\tag{10.1.3}$$

此处 Ω 是三维有界区域, $J=(0,T]$ 是时间区间. 方程 (10.1.1) 是 Darcy-Forchheimer 流动方程, 是 Darcy-Forchheimer 在文献 [8] 中提出并用来描述在多孔介质中流体速度较快和介质不均匀的情况, 特别是在井点附近[9]. 当 $\beta=0$ 时 Darcy-Forchheimer 定律即退化为 Darcy 定律. 关于 Darcy-Forchheimer 定律的理论推导见文献 [9], 关于问题的正则性分析见文献 [10].

模型 (10.1.1) 和 (10.1.2) 相混溶混合流体的质量守恒律. $p(X,t)$ 和 $\mathbf{u}(X,t)$ 分别表示在多孔介质中流体的压力和流速, $c(X,t)$ 表示混合流体中水的饱和度. $\kappa(X)$, $\varphi(X)$ 和 $\beta(X)$ 分别表示多孔介质的绝对渗透率, 孔隙度和 Forchheimer 系数. $r(c)$ 是重力系数, $d(X)$ 是垂直坐标. $q(X,t)$ 是产量项, 通常是生产项 q_p 和注入项 q_I 的线性组合, 也就是 $q(X,t)=q_I(X,t)+q_p(X,t)$. c_I 是注入井注入液水的饱和度, 是已知的, $c(X,t)$ 是生产井水的饱和度.

方程 (10.1.3) 为组分浓度方程组, $s_\alpha=s_\alpha(X,t)$ 是组分浓度函数, 组分是指各种化学剂 (聚合物、表面活性剂、碱及各种离子等), n_c 是组分数, $\kappa_\alpha=\kappa_\alpha(X)$ 是相应的扩散系数, Q_α 为与产量相关的源汇项.

方程 (10.1.2) 的扩散矩阵 $D(\mathbf{u})$ 是由分子扩散和机械扩散两部分组成的扩散-弥散张量

$$D(\mathbf{u})=\varphi d_m\mathbf{I}+|\mathbf{u}|(d_lE(\mathbf{u})+d_tE^{\perp}(\mathbf{u})), \tag{10.1.4}$$

此处 d_m 是分子扩散系数, d_l 是纵向扩散系数, d_t 是横向扩散系数, $E(\mathbf{u})=\mathbf{u}\otimes\mathbf{u}/|\mathbf{u}|^2$, $E^{\perp}(\mathbf{u})=\mathbf{I}-E(\mathbf{u})$, $\mathbf{I}$ 是 3×3 单位矩阵.

问题 (10.1.1)—(10.1.4) 的边界和初始条件:

$$\mathbf{u}\cdot\gamma=0,(D(\mathbf{u})\nabla c-\mathbf{u}c)\cdot\gamma=0,\quad X\in\partial\Omega,t\in J, \tag{10.1.5a}$$

$$\nabla s_\alpha\cdot\gamma=0,\quad X\in\partial\Omega,t\in J,\alpha=1,2,\cdots,n_c \tag{10.1.5b}$$

和

$$c(X,0)=\hat{c}_0(X),\quad X\in\Omega, \tag{10.1.6a}$$

$$s_\alpha(X,0)=s_{\alpha,0}(X),\quad X\in\Omega,\alpha=1,2,\cdots,n_c. \tag{10.1.6b}$$

此处 $\partial\Omega$ 为有界区域 Ω 的边界面,γ 是 $\partial\Omega$ 的外法向矢量.

利用方程 (10.1.1) 和 (10.1.2), 我们将方程 (10.1.3) 改写为下述便于计算的形式

$$\varphi c\frac{\partial s_\alpha}{\partial t}+\mathbf{u}\cdot\nabla s_\alpha-\nabla\cdot(\varphi c\kappa_\alpha\nabla s_\alpha)=Q_\alpha-s_\alpha\left(q+\varphi\frac{\partial c}{\partial t}\right),\quad X\in\Omega,t\in J,\alpha=1,2,\cdots,n_c. \tag{10.1.7}$$

对于二维不可压缩二相渗流驱动问题, 在问题周期性假定下, Douglas, Ewing, Russell, Wheeler 等提出著名的特征差分方法和特征有限元方法, 并给出严谨的误

差估计, 奠定了油藏数值模拟理论基础[11-14]. 他们将特征线法和标准的有限差分方法、有限元方法相结合, 真实地反映出对流-扩散方程的一阶双曲特性, 减少截断误差, 克服数值振荡和弥散, 大大提高计算的稳定性和精确度. 本书作者去掉周期性假定, 给出新的修正特征差分格式和有限元格式, 并得到最佳阶 L^2 模误差估计[15,16]. 数值试验和理论分析指明, 经典的有限元方法在处理对流-扩散问题上, 会出现强烈的数值振荡现象. 许多学者们提出了系列新的数值方法, 欧拉-拉格朗日局部对偶方法 (ELLAM)[17]可以保持局部的质量守恒, 但增加了积分的估算, 计算量很大. 为了得到对流-扩散方程的高精度数值计算格式, Arbogast 与 Wheeler 在 [18] 中对对流占优的输运方程提出一种特征混合元方法, 此格式在单元上是守恒的, 通过后处理得到 3/2 阶的高精度误差估计, 但此格式要计算大量的检验函数的映像积分, 使得实际计算十分复杂和困难. 我们实质性拓广和改进了 Arbogast 与 Wheeler 的工作[18], 提出了一类混合元-特征混合元方法, 大大减少了计算工作量, 并进行了实际问题的数值模拟计算, 指明此方法在实际计算时是可行的和有效的[19]. 但在文献 [19] 中我们仅能到一阶精确度误差估计, 且不能拓广到三维问题.

对于在多孔介质中流体流动速度较快和介质不均匀的情况, 特别是在井点附近[8,9], 经典的 Darcy 渗流理论已不适用, 必须考虑 Darcy-Forchheimer 渗流定律, 才能真实反映地下渗流的真实情况[9,10]. 对化学采油数值模拟虽然我们已有迎风差分方法和特征差分方法[20,21]的初步工作, 并得到实际应用, 但在文献 [20,21] 中并没有质量守恒这一重要的物理特性. 在上述工作基础上, 我们对三维化学采油 Darcy-Forchheimer 渗流驱动问题提出一类混合元-特征混合体积元-特征分数步差分方法, 即用混合元同时逼近压力函数和 Darcy-Forchheimer 速度, 并对速度提高了一阶精确度. 对饱和度方程用特征混合体积元方法, 即对对流项沿特征线方向离散, 方程的扩散项采用混合体积元离散. 特征线方法可以保证格式在流体锋线前沿逼近的高度稳定性, 消除数值弥散现象, 并得到较小的截断时间误差. 在实际计算中可以采用较大的时间步长, 提高计算效率. 扩散项采用混合有限体积元离散, 可以同时逼近未知的饱和度函数及其伴随向量函数. 并且由于分片常数在检验函数空间中, 因此格式保持单元上质量守恒, 这一特性对渗流力学数值模拟计算是特别重要的. 对计算工作量最大的组分浓度方程组采用特征分数步差分方法, 将整体三维问题分解为连续解三个一维问题, 且可用追赶法求解, 大大减少实际计算工作量[22,23]. 应用微分方程先验估计理论和特殊技巧, 得到了最优二阶 L^2 模误差估计, 在不需要做后处理的情况下, 得到高于 Arbogast 和 Wheeler 的 3/2 阶估计这一著名成果[18]. 本节对一般三维椭圆-对流-扩散问题做了数值试验, 进一步指明本节的方法是切实可行高效的计算方法, 支撑了理论分析结果, 成功解决了这一重要问题[6,18,24-26]. 这项研究成果对油藏数值模拟的计算方法、软件研制和矿场实际应用均有重要价值[27].

为了数值分析, 我们使用通常的 Sobolev 空间及其范数记号. 假定问题 (10.1.1)—(10.1.6) 的精确解满足下述正则性条件:

$$
\text{(R)}\quad \begin{cases} p \in L^{\infty}(H^{k+1}), \\ \mathbf{u} \in L^{\infty}(H^{k+1}(\mathrm{div})) \cap L^{\infty}(W^{1,\infty}) \cap W^{1,\infty}(L^{\infty}) \cap H^2(L^2), \\ c, s_\alpha \in L^{\infty}(H^2) \cap H^1(H^1) \cap L^{\infty}(W^{1,\infty}) \cap H^2(L^2), \quad \alpha = 1,2,\cdots,n_c, \end{cases}
$$

对于我们选定的计算格式, 此处 $k \geqslant 1$.

同时假定问题 (10.1.1)—(10.1.6) 的系数满足正定性条件:

$$
\text{(C)}\quad \begin{cases} 0 < a_*|X|^2 \leqslant (\mu(c)\kappa^{-1}(X)X)\cdot X \leqslant a^*|X|^2, \quad 0 < \phi_* \leqslant \varphi(X) \leqslant \varphi^*, \\ 0 < D_*|X|^2 \leqslant (D(X,\mathbf{u})X)\cdot X \leqslant D^*|X|^2, \quad 0 < \rho_* \leqslant \rho(c) \leqslant \rho^*, \\ \left|\dfrac{\partial(\kappa/\mu)}{\partial c}(X,c)\right| + \left|\dfrac{\partial r}{\partial c}(X,c)\right| + |\nabla\varphi| + \left|\dfrac{\partial D}{\partial \mathbf{u}}(X,\mathbf{u})\right| + |q_I(X,t)| \\ \quad + \left|\dfrac{\partial q_I}{\partial t}(X,t)\right| \leqslant K^*, \\ 0 < K_* \leqslant \kappa_\alpha(X,t) \leqslant K^*, \quad \alpha = 1,2,\cdots,n_c, \end{cases}
$$

此处 $a_*,a^*,\phi_*,\phi^*,D_*,D^*,\rho_*,\rho^*,K_*$ 和 K^* 均为确定的正常数.

在本节中, 为了分析方便, 我们假定问题 (10.1.1)—(10.1.6) 是 Ω-周期的[11-13], 也就是在本节中全部函数假定是 Ω-周期的. 这在物理上是合理的, 因为无流动边界条件 (10.1.5a) 一般能作镜面反射处理, 而且通常油藏数值模拟中, 边界条件对油藏内部流动影响较小[11-13]. 因此边界条件是省略的.

在本节中 K 表示一般的正常数, ε 表示一般小的正数, 在不同地方具有不同含义.

10.1.2 记号和引理

为了应用混合体积元-修正特征混合体积元方法, 我们需要构造三套网格系统. 粗网格是针对流场压力和 Darcy-Forchheimer 流速的非均匀粗网格, 中网格是针对饱和度方程的非均匀网格, 细网格是针对需要精细计算且工作量最大的组分浓度方程组的均匀细网格. 首先讨论粗网格系统和中网格系统.

研究三维问题, 为简单起见, 设区域 $\Omega = \{[0,1]\}^3$, 用 $\partial\Omega$ 表示其边界. 定义剖分

$$
\begin{aligned}
&\delta_x : 0 = x_{1/2} < x_{3/2} < \cdots < x_{N_x-1/2} < x_{N_x+1/2} = 1, \\
&\delta_y : 0 = y_{1/2} < y_{3/2} < \cdots < y_{N_y-1/2} < y_{N_y+1/2} = 1, \\
&\delta_z : 0 = z_{1/2} < z_{3/2} < \cdots < z_{N_z-1/2} < z_{N_z+1/2} = 1.
\end{aligned}
$$

对 Ω 做剖分 $\delta_x \times \delta_y \times \delta_z$, 对于 $i = 1, 2, \cdots, N_x$; $j = 1, 2, \cdots, N_y$; $k = 1, 2, \cdots, N_z$, 记 $\Omega_{ijk} = \{(x, y, z) | x_{i-1/2} < x < x_{i+1/2}, y_{j-1/2} < y < y_{j+1/2}, z_{k-1/2} < z < z_{k+1/2}\}$, $x_i = (x_{i-1/2} + x_{i+1/2})/2$, $y_j = (y_{j-1/2} + y_{j+1/2})/2$, $z_k = (z_{k-1/2} + z_{k+1/2})/2$, $h_{x_i} = x_{i+1/2} - x_{i-1/2}$, $h_{y_j} = y_{j+1/2} - y_{j-1/2}$, $h_{z_k} = z_{k+1/2} - z_{k-1/2}$, $h_{x,i+1/2} = (h_{x_i} + h_{x_{i+1}})/2 = x_{i+1} - x_i, h_{y,j+1/2} = (h_{y_j} + h_{y_{j+1}})/2 = y_{j+1} - y_j, h_{z,k+1/2} = (h_{z_k} + h_{z_{k+1}})/2 = z_{k+1} - z_k, h_x = \max\limits_{1 \leqslant i \leqslant N_x} \{h_{x_i}\}, h_y = \max\limits_{1 \leqslant j \leqslant N_y} \{h_{y_j}\}, h_z = \max\limits_{1 \leqslant k \leqslant N_z} \{h_{z_k}\}, h_p = (h_x^2 + h_y^2 + h_z^2)^{1/2}$. 称剖分是正则的, 是指存在常数 $\alpha_1, \alpha_2 > 0$, 使得

$$\min_{1 \leqslant i \leqslant N_x} \{h_{x_i}\} \geqslant \alpha_1 h_x, \quad \min_{1 \leqslant j \leqslant N_y} \{h_{y_j}\} \geqslant \alpha_1 h_y, \quad \min_{1 \leqslant k \leqslant N_z} \{h_{z_k}\} \geqslant \alpha_1 h_z,$$
$$\min\{h_x, h_y, h_z\} \geqslant \alpha_2 \max\{h_x, h_y, h_z\}.$$

特别指出的是, 此处 $\alpha_i (i = 1, 2)$ 是两个确定的正常数, 它与 Ω 的剖分 $\delta_x \times \delta_y \times \delta_z$ 有关. 图 10.1.1 表示对应于 $N_x = 4, N_y = 3, N_z = 3$ 情况简单网格的示意图. 定义 $M_l^d(\delta_x) = \{f \in C^l[0, 1] : f|_{\Omega_i} \in p_d(\Omega_i), i = 1, 2, \cdots, N_x\}$, 其中 $\Omega_i = [x_{i-1/2}, x_{i+1/2}]$, $p_d(\Omega_i)$ 是 Ω_i 上次数不超过 d 的多项式空间, 当 $l = -1$ 时, 表示函数 f 在 $[0, 1]$ 上可以不连续. 对 $M_l^d(\delta_y), M_l^d(\delta_z)$ 的定义是类似的. 记 $S_h = M_{-1}^0(\delta_x) \otimes M_{-1}^0(\delta_y) \otimes M_{-1}^0(\delta_z)$, $V_h = \{\mathbf{w} | \mathbf{w} = (w^x, w^y, w^z), w^x \in M_0^1(\delta_x) \otimes M_{-1}^0(\delta_y) \otimes M_{-1}^0(\delta_z), w^y \in M_{-1}^0(\delta_x) \otimes M_0^1(\delta_y) \otimes M_{-1}^0(\delta_z), w^z \in M_{-1}^0(\delta_x) \otimes M_{-1}^0(\delta_y) \otimes M_0^1(\delta_z), \mathbf{w} \cdot \gamma|_{\partial\Omega} = 0\}$. 对函数 $v(x, y, z)$, 用 v_{ijk}, $v_{i+1/2,jk}, v_{i,j+1/2,k}$ 和 $v_{ij,k+1/2}$ 分别表示 $v(x_i, y_j, z_k)$, $v(x_{i+1/2}, y_j, z_k)$, $v(x_i, y_{j+1/2}, z_k)$ 和 $v(x_i, y_j, z_{k+1/2})$.

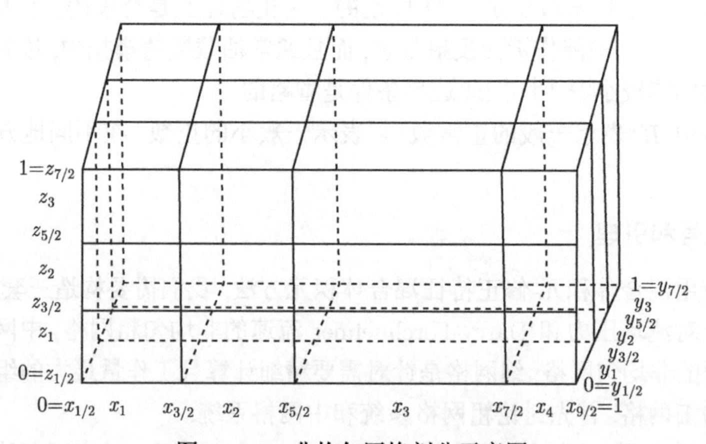

图 10.1.1　非均匀网格剖分示意图

定义下列内积及范数:

$$(v, w)_{\bar{m}} = \sum_{i=1}^{N_x} \sum_{j=1}^{N_y} \sum_{k=1}^{N_z} h_{x_i} h_{y_j} h_{z_k} v_{ijk} w_{ijk},$$

$$(v,w)_x = \sum_{i=1}^{N_x}\sum_{j=1}^{N_y}\sum_{k=1}^{N_z} h_{x_{i-1/2}} h_{y_j} h_{z_k} v_{i-1/2,jk} w_{i-1/2,jk},$$

$$(v,w)_y = \sum_{i=1}^{N_x}\sum_{j=1}^{N_y}\sum_{k=1}^{N_z} h_{x_i} h_{y_{j-1/2}} h_{z_k} v_{i,j-1/2,k} w_{i,j-1/2,k},$$

$$(v,w)_z = \sum_{i=1}^{N_x}\sum_{j=1}^{N_y}\sum_{k=1}^{N_z} h_{x_i} h_{y_j} h_{z_{k-1/2}} v_{ij,k-1/2} w_{ij,k-1/2},$$

$$\|v\|_s^2 = (v,v)_s, \quad s = m, x, y, z, \quad \|v\|_\infty = \max_{1\leqslant i\leqslant N_x, 1\leqslant j\leqslant N_y, 1\leqslant k\leqslant N_z} |v_{ijk}|,$$

$$\|v\|_{\infty(x)} = \max_{1\leqslant i\leqslant N_x, 1\leqslant j\leqslant N_y, 1\leqslant k\leqslant N_z} |v_{i-1/2,jk}|,$$

$$\|v\|_{\infty(y)} = \max_{1\leqslant i\leqslant N_x, 1\leqslant j\leqslant N_y, 1\leqslant k\leqslant N_z} |v_{i,j-1/2,k}|,$$

$$\|v\|_{\infty(z)} = \max_{1\leqslant i\leqslant N_x, 1\leqslant j\leqslant N_y, 1\leqslant k\leqslant N_z} |v_{ij,k-1/2}|.$$

当 $\mathbf{w} = (w^x, w^y, w^z)^{\mathrm{T}}$ 时, 记

$$|||\mathbf{w}||| = \left(\|w^x\|_x^2 + \|w^y\|_y^2 + \|w^z\|_z^2\right)^{1/2}, \quad |||\mathbf{w}|||_\infty = \|w^x\|_{\infty(x)} + \|w^y\|_{\infty(y)} + \|w^z\|_{\infty(z)},$$

$$\|\mathbf{w}\|_{\bar{m}} = \left(\|w^x\|_{\bar{m}}^2 + \|w^y\|_{\bar{m}}^2 + \|w^z\|_{\bar{m}}^2\right)^{1/2}, \quad \|\mathbf{w}\|_\infty = \|w^x\|_\infty + \|w^y\|_\infty + \|w^z\|_\infty.$$

设 $W_p^m(\Omega) = \left\{ v \in L^p(\Omega) \middle| \dfrac{\partial^n v}{\partial x^{n-l-r}\partial y^l \partial z^r} \in L^p(\Omega), n-l-r \geqslant 0, l = 0, 1, \cdots, n; r = 0, 1, \cdots, n; n = 0, 1, \cdots, m; 0 < p < \infty \right\}$. $H^m(\Omega) = W_2^m(\Omega)$, $L^2(\Omega)$ 的内积与范数分别为 $(\cdot,\cdot)$, $\|\cdot\|$. 对于 $v \in S_h$, 显然有

$$\|v\|_{\bar{m}} = \|v\|. \tag{10.1.8}$$

定义下列记号:

$$[d_x v]_{i+1/2,jk} = \frac{v_{i+1,jk} - v_{ijk}}{h_{x,i+1/2}}, \quad [d_y v]_{i,j+1/2,k} = \frac{v_{i,j+1,k} - v_{ijk}}{h_{y,j+1/2}},$$

$$[d_z v]_{ij,k+1/2} = \frac{v_{ij,k+1} - v_{ijk}}{h_{z,k+1/2}};$$

$$[D_x w]_{ijk} = \frac{w_{i+1/2,jk} - w_{i-1/2,jk}}{h_{x_i}}, \quad [D_y w]_{ijk} = \frac{w_{i,j+1/2,k} - w_{i,j-1/2,k}}{h_{y_j}},$$

$$[D_z w]_{ijk} = \frac{w_{ij,k+1/2} - w_{ij,k-1/2}}{h_{z_k}};$$

$$\hat{w}_{ijk}^x = \frac{w_{i+1/2,jk}^x + w_{i-1/2,jk}^x}{2}, \quad \hat{w}_{ijk}^y = \frac{w_{i,j+1/2,k}^y + w_{i,j-1/2,k}^y}{2},$$

$$\hat{w}^z_{ijk} = \frac{w^z_{ij,k+1/2} + w^z_{ij,k-1/2}}{2};$$

$$\bar{w}^x_{ijk} = \frac{h_{x,i+1}}{2h_{x,i+1/2}} w_{ijk} + \frac{h_{x,i}}{2h_{x,i+1/2}} w_{i+1,jk}, \quad \bar{w}^y_{ijk} = \frac{h_{y,j+1}}{2h_{y,j+1/2}} w_{ijk} + \frac{h_{y,j}}{2h_{y,j+1/2}} w_{i,j+1,k},$$

$$\bar{w}^z_{ijk} = \frac{h_{z,k+1}}{2h_{z,k+1/2}} w_{ijk} + \frac{h_{z,k}}{2h_{z,k+1/2}} w_{ij,k+1},$$

以及 $\hat{\mathbf{w}}_{ijk} = (\hat{w}^x_{ijk}, \hat{w}^y_{ijk}, \hat{w}^z_{ijk})^{\mathrm{T}}$, $\bar{\mathbf{w}}_{ijk} = (\bar{w}^x_{ijk}, \bar{w}^y_{ijk}, \bar{w}^z_{ijk})^{\mathrm{T}}$. 此处 $d_s(s = x, y, z)$, $D_s(s = x, y, z)$ 是差商算子, 它与方程 (9.1.3) 中的系数 D 无关. 记 L 是一个正整数, $\Delta t = T/L$, $t^n = n\Delta t$, v^n 表示函数在 t^n 时刻的值, $d_t v^n = (v^n - v^{n-1})/\Delta t$.

对于上面定义的内积和范数, 下述四个引理成立.

引理 10.1.1　对于 $v \in S_h, \mathbf{w} \in V_h$, 显然有

$$(v, D_x w^x)_{\bar{m}} = -(d_x v, w^x)_x, \quad (v, D_y w^y)_{\bar{m}} = -(d_y v, w^y)_y, \quad (v, D_z w^z)_{\bar{m}} = -(d_z v, w^z)_z. \tag{10.1.9}$$

引理 10.1.2　对于 $\mathbf{w} \in V_h$, 则有

$$||\hat{\mathbf{w}}||_{\bar{m}} \leqslant |||\mathbf{w}|||. \tag{10.1.10}$$

证明　事实上, 只要证明 $||\, \hat{w}^x \,||_{\bar{m}} \leqslant ||w^x||_x, ||\, \hat{w}^y \,||_{\bar{m}} \leqslant ||w^y||_y, ||\, \hat{w}^z \,||_{\bar{m}} \leqslant ||w^z||_z$ 即可. 注意到

$$\begin{aligned}
&\sum_{i=1}^{N_x}\sum_{j=1}^{N_y}\sum_{k=1}^{N_z} h_{x_i} h_{y_j} h_{z_k} (\hat{w}^x_{ijk})^2 \\
\leqslant &\sum_{j=1}^{N_y}\sum_{k=1}^{N_z} h_{y_j} h_{z_k} \sum_{i=1}^{N_x} \frac{(w^x_{i+1/2,jk})^2 + (w^x_{i-1/2,jk})^2}{2} h_{x_i} \\
= &\sum_{j=1}^{N_y}\sum_{k=1}^{N_z} h_{y_j} h_{z_k} \left(\sum_{i=2}^{N_x} \frac{h_{x,i-1}}{2} (w^x_{i-1/2,jk})^2 + \sum_{i=1}^{N_x} \frac{h_{x_i}}{2} (w^x_{i-1/2,jk})^2 \right) \\
= &\sum_{j=1}^{N_y}\sum_{k=1}^{N_z} h_{y_j} h_{z_k} \sum_{i=2}^{N_x} \frac{h_{x,i-1} + h_{x_i}}{2} (w^x_{i-1/2,jk})^2 \\
= &\sum_{i=1}^{N_x}\sum_{j=1}^{N_y}\sum_{k=1}^{N_z} h_{x,i-1/2} h_{y_j} h_{z_k} (w^x_{i-1/2,jk})^2.
\end{aligned}$$

从而有 $||\, \hat{w}^x \,||_{\bar{m}} \leqslant ||w^x||_x$, 对其余二项估计是类似的.

引理 10.1.3　对于 $q \in S_h$, 则有

$$||\, \bar{q}^x \,||_x \leqslant M||q||_m, \quad ||\, \bar{q}^y \,||_y \leqslant M||q||_m, \quad ||\, \bar{q}^z \,||_z \leqslant M||q||_m, \tag{10.1.11}$$

此处 M 是与 q,h 无关的常数.

引理 10.1.4 对于 $\mathbf{w}\in V_h$, 则有

$$\|w^x\|_x\leqslant\|D_xw^x\|_{\bar{m}},\quad \|w^y\|_y\leqslant\|D_yw^y\|_{\bar{m}},\quad \|w^z\|_z\leqslant\|D_zw^z\|_{\bar{m}}.\tag{10.1.12}$$

证明 只要证明 $\|w^x\|_x\leqslant\|D_xw^x\|_{\bar{m}}$, 其余是类似的. 注意到

$$w^x_{l+1/2,jk}=\sum_{i=1}^{l}\left(w^x_{i+1/2,jk}-w^x_{i-1/2,jk}\right)=\sum_{i=1}^{l}\frac{w^x_{i+1/2,jk}-w^x_{i-1/2,jk}}{h_{x_i}}h_{x_i}^{1/2}h_{x_i}^{1/2}.$$

由 Cauchy 不等式, 可得

$$\left(w^x_{l+1/2,jk}\right)^2\leqslant x_l\sum_{i=1}^{N_x}h_{x_i}\left([D_xw^x]_{ijk}\right)^2.$$

对上式左、右两边同乘以 $h_{x,i+1/2}h_{y_j}h_{z_k}$, 并求和可得

$$\sum_{i=1}^{N_x}\sum_{j=1}^{N_y}\sum_{k=1}^{N_z}(w^x_{i-1/2,jk})^2h_{x,i-1/2}h_{y_j}h_{z_k}\leqslant\sum_{i=1}^{N_x}\sum_{j=1}^{N_y}\sum_{k=1}^{N_z}\left([D_xw^x]_{ijk}\right)^2h_{x_i}h_{y_j}h_{z_k}.$$

引理 10.1.4 得证.

对于中网格系统, 区域为 $\Omega=\{[0,1]\}^3$, 通常基于上述粗网格的基础上再进行均匀细分, 一般取原网格步长的 $1/\hat{l}$, 通常 $\hat{l}$ 取 2 或 4, 其余全部记号不变, 此时 $h_{\hat{c}}=h_p/\hat{l}$. 关于细网格系统, 区域为 $\Omega=\{[0,1]\}^3$, 定义均匀网格剖分:

$$\begin{aligned}&\bar{\delta}_x:0=x_0<x_1<\cdots<x_{M_1-1}<x_{M_1}=1,\\&\bar{\delta}_y:0=y_0<y_1<\cdots<y_{M_2-1}<y_{M_2}=1,\\&\bar{\delta}_z:0=z_0<z_1<\cdots<z_{M_3-1}<z_{M_3}=1,\end{aligned}$$

此处 $M_i(i=1,2,3)$ 均为正常数, 三个方向步长和网格点分别记为 $h^x=\dfrac{1}{M_1}$, $h^y=\dfrac{1}{M_2}$, $h^z=\dfrac{1}{M_3}$, $x_i=i\cdot h^x, y_j=j\cdot h^y, z_k=k\cdot h^z, h_c=((h^x)^2+(h^y)^2+(h^z)^2)^{1/2}$. 记

$$\begin{aligned}&D_{i+1/2,jk}=\frac{1}{2}[D(X_{ijk})+D(X_{i+1,jk})],\\&D_{i-1/2,jk}=\frac{1}{2}[D(X_{ijk})+D(X_{i-1,jk})],\end{aligned}$$

$D_{i,j+1/2,k},D_{i,j-1/2,k},D_{ij,k+1/2},D_{ij,k-1/2}$ 的定义是类似的. 同时定义:

$$\delta_{\bar{x}}(D\delta_xW)^n_{ijk}=(h^x)^{-2}[D_{i+1/2,jk}(W^n_{i+1,jk}-W^n_{ijk})-D_{i-1/2,jk}(W^n_{ijk}-W^n_{i-1,jk})],\tag{10.1.13a}$$

$$\delta_{\bar{y}}(D\delta_y W)_{ijk}^n = (h^y)^{-2}[D_{i,j+1/2,k}(W_{i,j+1,k}^n - W_{ijk}^n) - D_{i,j-1/2,k}(W_{ijk}^n - W_{i,j-1,k}^n)], \tag{10.1.13b}$$

$$\delta_{\bar{z}}(D\delta_z W)_{ijk}^n = (h^z)^{-2}[D_{ij,k+1/2}(W_{ij,k+1}^n - W_{ijk}^n) - D_{ij,k-1/2}(W_{ijk}^n - W_{ij,k-1}^n)]. \tag{10.1.13c}$$

$$\nabla_h(D\nabla W)_{ijk}^n = \delta_{\bar{x}}(D\delta_x W)_{ijk}^n + \delta_{\bar{y}}(D\delta_y W)_{ijk}^n + \delta_{\bar{z}}(D\delta_z W)_{ijk}^n. \tag{10.1.14}$$

10.1.3 混合元-特征混合体积元-分数步差分方法程序

10.1.3.1 格式的提出

对于 Darcy-Forchheimer 相混溶驱动问题, 我们提出混合元-特征混合体积元-分数步差分方法. 对于流动方程的混合元方法, 首先引入 Sobolev 空间有关记号如下:

$$\begin{aligned}
&X = \{\mathbf{u} \in L^2(\Omega)^3, \nabla\cdot\mathbf{u} \in L^2(\Omega), \mathbf{u}\cdot\gamma = 0\}, \quad ||\mathbf{u}||_X = ||\mathbf{u}||_{L^2} + ||\nabla\cdot\mathbf{u}||_{L^2},\\
&M = L_0^2(\Omega) = \left\{p \in L^2(\Omega) : \int_\Omega p dX = 0\right\}, \quad ||p||_M = ||p||_{L^2},\\
&V = H^1(\Omega), \quad ||c||_V = ||c||_{H^1}.
\end{aligned} \tag{10.1.15}$$

流动方程 (10.1.1) 的弱形式通过乘检验函数和分部积分得到. 寻求 $(\mathbf{u}, p) : (0, T] \to (X, M)$ 使得

$$\int_\Omega (\mu(c)\kappa^{-1}\mathbf{u} + \beta\rho(c)|\mathbf{u}|\mathbf{u})\cdot v dX - \int_\Omega p\nabla v dX = \int_\Omega r(c)\nabla d\cdot v dX, \quad \forall v \in X, \tag{10.1.16a}$$

$$-\int_\Omega w\nabla\cdot\mathbf{u}dX = -\int_\Omega wq dX, \quad \forall w \in M. \tag{10.1.16b}$$

对于饱和度方程 (10.1.2), 注意到这流动实际上沿着迁移的特征方向, 采用特征线法处理一阶双曲部分, 它具有很高的精确度和稳定性. 对时间 t 可采用大步长计算[11-14]. 记 $\psi(X, \mathbf{u}) = [\varphi^2(X) + |\mathbf{u}|^2]^{1/2}$, $\dfrac{\partial}{\partial\tau} = \psi^{-1}\left\{\varphi\dfrac{\partial}{\partial t} + \mathbf{u}\cdot\nabla\right\}$. 为了应用混合体积元离散扩散部分, 我们将方程 (10.1.2) 写为下述标准形式

$$\psi\frac{\partial c}{\partial\tau} + \nabla\cdot\mathbf{g} = f(X, c), \tag{10.1.17a}$$

$$\mathbf{g} = -D(\mathbf{u})\nabla c, \tag{10.1.17b}$$

此处 $f(X, c) = (c_I - c)q_I$.

考虑到二相渗流驱动过程中流体的压力和流体速度变化较慢, 而饱和度函数变化较快的特性, 我们对流动方程 (10.1.1) 采用大步长, 对饱和度方程采用小步长计算. 为此设 Δt_p 是流动方程的时间步长, 第一步时间步长记为 $\Delta t_{p,1}$. 设 $0 = t_0 <$

$t_1 < \cdots < t_M = T$ 是关于时间的一个剖分. 对于 $i \geqslant 1, t_i = \Delta t_{p,1} + (i-1)\Delta t_p$. 类似地, 记 $0 = t^0 < t^1 < \cdots < t^N = T$ 是饱和度方程关于时间的一个剖分, $t^n = n\Delta t_c$, 此处 Δt_c 是饱和度方程的时间步长. 我们假设对于任一 m, 都存在一个 n 使得 $t_m = t^n$, 这里 $\Delta t_p/\Delta t_c$ 是一个正整数. 记 $j^0 = \Delta t_{p,1}/\Delta t_c, j = \Delta t_p/\Delta t_c$. 设 J_p 是一类对于三维区域 Ω 的拟正则 (长方六面体) 剖分, 如 10.1.2 小节图 10.1.1 所示, 其剖分单元为 $\Omega_{ijk} = [x_{i-1/2}, x_{i+1/2}] \times [y_{j-1/2}, y_{j+1/2}] \times [z_{k-1/2}, z_{k+1/2}]$, 其单元最大直径为 h_p. $(X_h, M_h) \subset X \times M$ 是一个对应于混合元空间指数为 k 的 Raviart-Thomas 元或 Brezzi-Douglas-Marini 元[25]. 设 J_c 是一类对应于三维区域 Ω 的拟正则 (长方六面体) 剖分, 其单元最大直径为 h_c.

设 $P, \mathbf{U}, C, \mathbf{G}$ 分别为 $p, \mathbf{u}, c$ 和 $\mathbf{g}$ 的混合元-特征混合体积元的近似解. 由有关记号 (10.1.15) 和方程 (10.1.1) 的变分形式 (10.1.16) 可导出下述流体压力和流速的混合元格式:

$$\int_\Omega (\mu(\bar{C}_m)\kappa^{-1}\mathbf{U}_m + \beta\rho(\bar{C}_m)|\mathbf{U}_m|\mathbf{U}_m) \cdot v_h dX - \int_\Omega P_m \nabla v_h dX$$

$$= \int_\Omega r(\bar{C}_m)\nabla d \cdot v_h dX, \quad \forall v_h \in X_h, \tag{10.1.18a}$$

$$-\int_\Omega w_h \nabla \cdot \mathbf{U}_m dX = -\int_\Omega w_h q_m dX, \quad \forall w_h \in M_h. \tag{10.1.18b}$$

对方程 (10.1.17a) 利用向后差商逼近特征方向导数

$$\frac{\partial c^{n+1}}{\partial \tau}(X) \approx \frac{c^{n+1} - c^n(X - \varphi^{-1}\mathbf{u}^{n+1}(X)\Delta t_c)}{\Delta t(1 + \varphi^{-2}|\mathbf{u}^{n+1}|^2)^{1/2}}.$$

则饱和度方程 (10.1.17a) 的特征混合体积元格式为

$$\left(\varphi\frac{C^{n+1} - \hat{C}^n}{\Delta t}, v\right)_{\bar{m}} + \left(D_x G^{x,n+1} + D_y G^{y,n+1} + D_z G^{z,n+1}, v\right)_{\bar{m}}$$

$$= \left(f(\hat{C}^n), v\right)_{\bar{m}}, \quad \forall v \in S_h, \tag{10.1.19a}$$

$$\begin{aligned}
&\left(D^{-1}(E\mathbf{U}^{n+1})G^{x,n+1}, w^x\right)_x + \left(D^{-1}(E\mathbf{U}^{n+1})G^{y,n+1}, w^y\right)_y \\
&+ \left(D^{-1}(E\mathbf{U}^{n+1})G^{z,n+1}, w^z\right)_z \\
&- \left(C^{n+1}, D_x w^x + D_y w^y + D_z w^z\right)_{\bar{m}} = 0, \quad \forall w \in V_h,
\end{aligned} \tag{10.1.19b}$$

此处 $\hat{C}^n = C^n(\hat{X}^n)$, $\hat{X}^n = X - \varphi^{-1}E\mathbf{U}^{n+1}\Delta t_c$. 由于在非线性项 μ, ρ 和 r 中用近似解 C_m 代替在 $t = t_m$ 时刻的真解,

$$\bar{C}_m = \min\{1, \max(0, C_m)\} \in [0, 1]. \tag{10.1.20}$$

在时间步 $t^{n+1}, t_{m-1} < t^n \leqslant t_m$, 应用如下的外推公式

$$EU^{n+1} = \begin{cases} \mathbf{U}_0, & t_0 < t^{n+1} \leqslant t_1, m = 1 \\ \left(1 + \dfrac{t^{n+1} - t_{m-1}}{t_{m-1} - t_{m-2}}\right)\mathbf{U}_{m-1} & \\ -\dfrac{t^{n+1} - t_{m-1}}{t_{m-1} - t_{m-2}}\mathbf{U}_{m-2}, & t_{m-1} < t^{n+1} \leqslant t_m, m \geqslant 2. \end{cases} \tag{10.1.21}$$

初始逼近:

$$C^0 = \tilde{C}^0, \quad \mathbf{G}^0 = \tilde{\mathbf{G}}^0, \quad X \in \Omega, \tag{10.1.22}$$

此处 $(\tilde{C}^0, \tilde{\mathbf{G}}^0)$ 为 $(c_0, \mathbf{g}_0)$ 的 Ritz 投影 (将在 10.1.4 小节定义).

在上述基础上, 对组分浓度方程组 (10.1.7) 需要高精度计算, 其计算工作量最大, 同样注意到这流动实际上是沿着迁移的特征方向, 利用特征线法处理一阶双曲部分具有很高的精确度和稳定性, 对 t 可用大步长计算. 记 $\psi_\alpha(c,\mathbf{u}) = [\varphi^2 c^2 + |\mathbf{u}|^2]^{1/2}$, $\dfrac{\partial}{\partial \tau_\alpha} = \psi_\alpha^{-1}\left\{\varphi c \dfrac{\partial}{\partial t} + \mathbf{u}\cdot\nabla\right\}$. 则方程组 (10.1.7) 可改写为下述形式

$$\psi_\alpha \frac{\partial s_\alpha}{\partial \tau_\alpha} - \nabla\cdot(\hat{D}(c)\nabla s_\alpha) = f_\alpha(s_\alpha, c), \quad X \in \Omega, t \in J, \alpha = 1, 2, \cdots, n_c, \tag{10.1.23}$$

其中 $\hat{D}(c) = \varphi c \kappa, f_\alpha(s_\alpha, c) = Q_\alpha(c, s_\alpha) - s_\alpha\left(q + \varphi\dfrac{\partial c}{\partial t}\right)$. 在这里注意到在油藏数值模拟中处处存在束缚水的特征[11-14], 则有 $c(X,t) \geqslant c_0 > 0$, 此处 c_0 为确定的正常数, 对方程 (10.1.7) 的系数有下述正定性[11-14]:

$$0 < \bar{D}_* \leqslant \hat{D}(c) \leqslant \bar{D}^*, \quad 0 < \bar{\varphi}_* \leqslant \varphi c \leqslant \bar{\varphi}^*, \tag{10.1.24}$$

此处 $\bar{D}_*, \bar{D}^*, \bar{\varphi}_*$ 和 $\bar{\varphi}^*$ 均为确定的正常数.

对方程组 (10.1.7) 采用向后差商逼近特征方向导数

$$\frac{\partial s_\alpha^{n+1}}{\partial \tau_\alpha} \approx \frac{s_\alpha^{n+1} - s_\alpha^n(X - \varphi^{-1}c^{-1}\mathbf{u}^{n+1}\Delta t)}{\Delta t(1 + \varphi^{-2}c^{-2}|\mathbf{u}^{n+1}|^2)^{1/2}}.$$

对组分浓度方程组 (10.1.23) 的特征分数步差分格式为

$$\begin{aligned} \varphi_{ijk}C_{ijk}^{n+1}\frac{S_{\alpha,ijk}^{n+1/3} - \hat{S}_{\alpha,ijk}^n}{\Delta t_c} =& \delta_{\bar{x}}(\hat{D}(C^{n+1})\delta_x S_\alpha^{n+1/3})_{ijk} \\ &+ \delta_{\bar{y}}(\hat{D}(C^{n+1})\delta_y S_\alpha^n)_{ijk} + \delta_{\bar{z}}(\hat{D}(C^{n+1})\delta_z S_\alpha^n)_{ijk} \\ &+ Q_\alpha(C^{n+1}, S_\alpha^n)_{ijk} - S_{\alpha,ijk}^n\left(q^{n+1} + \varphi\frac{C^{n+1} - C^n}{\Delta t_c}\right)_{ijk}, \\ & 1 \leqslant i \leqslant M_1, \alpha = 1, 2, \cdots, n_c, \end{aligned} \tag{10.1.25}$$

$$\varphi_{ijk}C_{ijk}^{n+1}\frac{S_{\alpha,ijk}^{n+2/3}-S_{\alpha,ijk}^{n+1/3}}{\Delta t_c}$$
$$=\delta_{\bar{y}}(\hat{D}(C^{n+1})\delta_y(S_\alpha^{n+2/3}-S_\alpha^n))_{ijk},\quad 1\leqslant j\leqslant M_2,\alpha=1,2,\cdots,n_c,\tag{10.1.26}$$

$$\varphi_{ijk}C_{ijk}^{n+1}\frac{S_{\alpha,ijk}^{n+1}-S_{\alpha,ijk}^{n+2/3}}{\Delta t_c}$$
$$=\delta_{\bar{z}}(\hat{D}(C^{n+1})\delta_z(S_\alpha^{n+1}-S_\alpha^n))_{ijk},\quad 1\leqslant j\leqslant M_3,\alpha=1,2,\cdots,n_c,\tag{10.1.27}$$

此处 $S_\alpha^n(X)(\alpha=1,2,\cdots,n_c)$ 为分别按节点值 $\{S_{\alpha,ijk}^n\}$ 分片三二次插值[25], $\hat{S}_{\alpha,ijk}^n=S_\alpha^n(\hat{X}_{ijk}^n)$, $\hat{X}_{ijk}^n=X_{ijk}-\varphi_{ijk}^{-1}C_{ijk}^{n+1,-1}E\mathbf{U}_{ijk}^{n+1}\Delta t_c$, $C_{ijk}^{n+1,-1}=(C_{ijk}^{n+1})^{-1}$.

初始逼近:

$$S_{\alpha,ijk}^0=s_{\alpha,0}(X_{ijk}),\quad X_{ijk}\in\bar{\Omega}_h,\alpha=1,2,\cdots,n_c.\tag{10.1.28}$$

混合元-特征混合体积元-分数步差分格式的计算程序. 首先由初始条件 $c_0,\mathbf{g}_0=-D\nabla c_0$, 应用混合体积元的椭圆投影确定 $\{\tilde{C}^0,\tilde{\mathbf{G}}^0\}$. 取 $C^0=\tilde{C}^0,\mathbf{G}^0=\tilde{\mathbf{G}}^0$. 再应用 (10.1.8a), (10.1.8b), 共轭梯度法求得 $\{\mathbf{U}_0,P_0\}$. 在此基础上, 应用特征混合体积元格式 (10.1.19), 共轭梯度法求得 $\{C^1,\mathbf{G}^1\}$. 再用修正特征分数步差分格式 (10.1.25)—(10.1.27), 一维追赶法依次计算出过渡层的 $\{S_\alpha^{1/3}\},\{S_\alpha^{2/3}\}$. 最后得 $t=t^1$ 的差分解 $\{S_\alpha^1\},\alpha=1,2,\cdots,n_c$. 这样完成了第 1 层的计算. 按此方式可以求出 $\{C^2,\mathbf{G}^2\},\{S_\alpha^2,\alpha=1,2,\cdots,n_c\},\cdots,\{C^{j_0},\mathbf{G}^{j_0}\},\{S_\alpha^{j_0},\alpha=1,2,\cdots,n_c\}$. 对 $m\geqslant 1$, 此处 $C^{j_0+(m-1)j}=C_m$ 是已知的, 逼近解 $\{\mathbf{U}_m,P_m\}$ 应用 (10.1.18a), (10.1.18b) 可以得到. 再由 (10.1.19a), (10.1.19b), (10.1.25)—(10.1.27) 依次可得 $\{C^{j_0+(m-1)j+1},\mathbf{G}^{j_0+(m-1)j+1}\}$, $\{S_\alpha^{j_0+(m-1)j+1},\alpha=1,2,\cdots,n_c\},\cdots$. 这样逐层计算可得全部数值逼近解, 由正定性条件 (C), 解存在且唯一.

10.1.3.2 局部质量守恒律

如果问题 (10.1.1)—(10.1.6) 没有源汇项, 也就是 $q\equiv 0$, 边界条件是不渗透的, 则在每个单元 $J_c\in\Omega$ 上, 为简单起见, 设 $l=1$, 即粗中网格重合, $J_c\equiv J_p=\Omega_{ijk}=[x_{i-1/2},x_{i+1/2}]\times[y_{j-1/2},y_{j+1/2}]\times[z_{k-1/2},z_{k+1/2}]$, 饱和度方程的局部质量守恒表现为

$$\int_{J_c}\psi\frac{\partial c}{\partial\tau}dX-\int_{\partial J_c}\mathbf{g}\cdot\gamma_{J_c}dS=0.\tag{10.1.29}$$

此处 J_c 为区域 Ω 关于饱和度的细网格剖分单元, ∂J_c 为单元 J_c 的边界面, γ_{J_c} 为单元边界面的外法线方向矢量. 下面我们证明 (10.1.19a) 满足下面的离散意义下的局部质量守恒律.

定理 10.1.1 如果 $q \equiv 0$, 则在任意单元 $J_c \in \Omega$ 上, 格式 (10.1.19a) 满足离散的局部质量守恒律[18]

$$\int_{J_c} \varphi \frac{C^{n+1} - \hat{C}^n}{\Delta t_c} dX - \int_{\partial J_c} \mathbf{G}^{n+1} \cdot \gamma_{J_c} dS = 0. \tag{10.1.30}$$

证明 因为 $v \in S_h$, 对给定的单元 $J_c = \Omega_{ijk}$ 上, 取 $v \equiv 1$, 在其他单元上为零, 则此时 (10.1.19a) 为

$$\left(\varphi \frac{C^{n+1} - \hat{C}^n}{\Delta t_c}, 1\right)_{\Omega_{ijk}} + \left(D_x G^{x,n+1} + D_y G^{y,n+1} + D_z G^{z,n+1}, 1\right)_{\Omega_{ijk}} = 0. \tag{10.1.31}$$

按 10.1.2 小节中的记号可得

$$\left(\varphi \frac{C^{n+1} - \hat{C}^n}{\Delta t}, 1\right)_{\Omega_{ijk}} = \varphi_{ijk} \left(\frac{C_{ijk}^{n+1} - \hat{C}_{ijk}^n}{\Delta t}\right) h_{x_i} h_{y_j} h_{z_k} = \int_{\Omega_{ijk}} \varphi \frac{C^{n+1} - \hat{C}^n}{\Delta t_c} dX, \tag{10.1.32a}$$

$$\begin{aligned}
&\left(D_x G^{x,n+1} + D_y G^{y,n+1} + D_z G^{z,n+1}, 1\right)_{\Omega_{ijk}} \\
&= (G_{i+1/2,jk}^{x,n+1} - G_{i-1/2,jk}^{x,n+1}) h_{y_j} h_{z_k} \\
&\quad + (G_{i,j+1/2,k}^{y,n+1} - G_{i,j-1/2,k}^{y,n+1}) h_{x_i} h_{z_k} + (G_{ij,k+1/2}^{z,n+1} - G_{ij,k-1/2}^{z,n+1}) h_{x_i} h_{y_j} \\
&= -\int_{\partial \Omega_{ijk}} \mathbf{G}^{n+1} \cdot \gamma_{J_c} dS.
\end{aligned} \tag{10.1.32b}$$

将式 (10.1.32) 代入式 (10.1.31), 定理 10.1.1 得证.

由局部质量守恒律定理 10.1.1, 即可推出整体质量守恒律.

定理 10.1.2 如果 $q \equiv 0$, 边界条件是不渗透的, 则格式 (10.1.19a) 满足整体离散质量守恒律[18]

$$\int_{\Omega} \varphi \frac{C^{n+1} - \hat{C}^n}{\Delta t_c} dX = 0, \quad n \geqslant 0. \tag{10.1.33}$$

证明 由局部质量守恒律 (10.1.30), 对全部的网格剖分单元求和, 则有

$$\sum_{i,j,k} \int_{\Omega_{ijk}} \varphi \frac{C^{n+1} - \hat{C}^n}{\Delta t_c} dX - \sum_{i,j,k} \int_{\partial \Omega_{ijk}} \mathbf{G}^{n+1} \cdot \gamma_{J_c} dS = 0. \tag{10.1.34}$$

注意到 $-\sum_{i,j,k} \int_{\partial \Omega_{ijk}} \mathbf{G}^{n+1} \cdot \gamma_{J_c} dS = -\int_{\partial \Omega} \mathbf{G}^{n+1} \cdot \gamma dS = 0$, 定理得证.

10.1.4 混合元-特征混合体积元-分数步差分方法的收敛性分析

对于三维混合元空间, 我们假定存在不依赖网格剖分的常数 K 使得下述逼近性质和逆性质成立:

$$
(\mathrm{A_{p,u}})\quad \begin{cases} \inf\limits_{v_h\in X_h} \|f-v_h\|_{L^q} \leqslant K\|f\|_{W^{m,q}}h_p^m, & 1\leqslant m\leqslant k+1, \\ \inf\limits_{w_h\in M_h} \|g-w_h\|_{L^q} \leqslant K\|g\|_{W^{m,q}}h_p^m, & 1\leqslant m\leqslant k+1, \\ \inf\limits_{v_h\in X_h} \|\mathrm{div}(f-v_h)\|_{L^2} \leqslant K\|\mathrm{div}f\|_{H^m}h_p^m, & 1\leqslant m\leqslant k+1, \end{cases} \tag{10.1.35a}
$$

$$
(\mathrm{I_{p,u}})\quad \|v_h\|_{L^\infty} \leqslant Kh_p^{-3/2}\|v_h\|_{L^2}, \quad v_h\in X_h, \tag{10.1.35b}
$$

$$
(\mathrm{A_c})\quad \inf_{\chi_h\in V_h}[\|f-\chi_h\|_{L^2}+h_c\|f-\chi_h\|_{H^1}] \leqslant Kh_c^m\|f\|_m, \quad 2\leqslant m\leqslant k+1, \tag{10.1.35c}
$$

$$
(\mathrm{I_c})\quad \|\chi_h\|_{W^{m,\infty}} \leqslant Kh_c^{-3/2}\|\chi_h\|_{W^m}, \quad \chi_h\in V_h. \tag{10.1.35d}
$$

为了理论分析简便, 我们假定 $D(\mathbf{u})\approx\varphi d_m\mathbf{I}=D(X)$. 并引入二个椭圆投影.

定义 Forchheimer 投影算子 (Π_h,P_h): $(\mathbf{u},p)\to(\Pi_h\mathbf{u},P_hp)=(\tilde{\mathbf{U}},\tilde{P})$, 由下述方程组确定:

$$
\int_\Omega[\mu(c)\kappa^{-1}(\mathbf{u}-\tilde{\mathbf{U}})+\beta\rho(c)(|\mathbf{u}|\mathbf{u}-\|\tilde{\mathbf{U}}\|\tilde{\mathbf{U}})]\cdot v_hdX-\int_\Omega(p-\tilde{P})\nabla v_hdX=0, \quad \forall v_h\in X_h, \tag{10.1.36a}
$$

$$
-\int_\Omega w_h\nabla\cdot(\mathbf{u}-\tilde{\mathbf{U}})dX=0, \quad \forall w_h\in M_h. \tag{10.1.36b}
$$

应用方程式 (10.1.16a) 和 (10.1.16b) 可得

$$
\int_\Omega(\mu(c)\kappa^{-1}\tilde{\mathbf{U}}+\beta\rho(c)|\tilde{\mathbf{U}}|\tilde{\mathbf{U}})\cdot v_hdX-\int_\Omega\tilde{P}\nabla v_hdX=\int_\Omega r(c)\nabla d\cdot v_hdX, \quad \forall v_h\in X_h, \tag{10.1.37a}
$$

$$
-\int_\Omega w_h\nabla\cdot\tilde{\mathbf{U}}dX=-\int_\Omega w_h\nabla\cdot\mathbf{u}dX=-\int_\Omega w_hqdX, \quad \forall w_h\in M_h. \tag{10.1.37b}
$$

依据文献 [7] 中的结果, 存在不依赖 h_p 的正常数 K 使得

$$
\|\mathbf{u}-\tilde{\mathbf{U}}\|_{L^2}^2+\|\mathbf{u}-\tilde{\mathbf{U}}\|_{L^3}^3+\|p-\tilde{P}\|_{L^2}^2 \leqslant K\{\|\mathbf{u}\|_{W^{k+1,3}}^2+\|p\|_{H^{k+1}}^2\}h_p^{2(k+1)}. \tag{10.1.38a}
$$

当 $k\geqslant1$ 和 h_p 足够小时, 则有

$$
\|\tilde{\mathbf{U}}\|_{L^\infty}\leqslant\|\mathbf{u}\|_{L^\infty}+1. \tag{10.1.38b}
$$

记 $F=f-\psi\dfrac{\partial c}{\partial\tau}$. 引入混合体积元的 Ritz 投影.

定义 $\tilde{\mathbf{G}}\in V_h$, $\tilde{C}\in S_h$, 满足

$$
(D_x\tilde{G}^x+D_y\tilde{G}^y+D_z\tilde{G}^z,v)_{\bar{m}}=(F,v)_{\bar{m}}, \quad \forall v\in S_h, \tag{10.1.39a}
$$

$$(D^{-1}\tilde{G}^{x}, w^x)_x + (D^{-1}\tilde{G}^{y}, w^y)_y + (D^{-1}\tilde{G}^{z}, w^z)_z$$
$$-(\tilde{C}, D_x w^x + D_y w^y + D_z w^z)_{\bar{m}} = 0, \quad \forall w \in V_h. \tag{10.1.39b}$$

记 $\pi = P - \tilde{P}$, $\eta = \tilde{P} - p$, $\sigma = \mathbf{U} - \tilde{\mathbf{U}}$, $\rho = \tilde{\mathbf{U}} - \mathbf{u}$, $\xi = C - \tilde{C}$, $\zeta = \tilde{C} - c$, $\alpha = \mathbf{G} - \tilde{\mathbf{G}}$, $\beta = \tilde{\mathbf{G}} - \mathbf{g}$. 设问题 (10.1.1) 和 (10.1.2) 满足正定性条件 (C), 其精确解满足正则性条件 (R). 由 Weiser 和 Wheeler 的理论[26]得知格式 (10.1.39) 确定的辅助函数 $\{\tilde{\mathbf{G}}, \tilde{C}\}$ 存在唯一, 并有下述误差估计.

引理 10.1.5 若问题 (10.1.1), (10.1.2) 的系数和精确解满足条件 (C) 和 (R), 则存在不依赖于 h 的常数 $\bar{C}_1, \bar{C}_2 > 0$, 使得下述估计式成立:

$$||\zeta||_{\bar{m}} + |||\beta||| + \left|\left|\frac{\partial \zeta}{\partial t}\right|\right|_{\bar{m}} \leqslant \bar{C}_1\{h_p^2 + h_c^2\}, \tag{10.1.40a}$$

$$|||\tilde{\mathbf{G}}|||_{\infty} \leqslant C_2. \tag{10.1.40b}$$

为了进行收敛性分析, 我们需要下面几个引理. 引理 10.1.6 是混合元的 LBB 条件, 在文献 [7] 中有详细的论述.

引理 10.1.6 存在不依赖 h 的 $\bar{r}$ 使得

$$\inf_{w_h \in M_h} \sup_{v_h \in X_h} \frac{(w_h, \nabla \cdot v_h)}{||w_h||_{M_h} ||v_h||_{X_h}} \geqslant \bar{r}. \tag{10.1.41}$$

下面几个引理是非线性 Darcy-Forchheimer 算子的一些性质.

引理 10.1.7 设 $f(v) = |v|v$, 则存在正常数 $K_i, i = 1, 2, 3$, 对于 $u, v, w \in L^3(\Omega)^d$, 满足

$$K_1 \int_\Omega (|u| + |v|)|v - u| dX \leqslant \int_\Omega (f(v) - f(u)) \cdot (v - u) dX, \tag{10.1.42a}$$

$$K_2 ||v - u||_{L^3}^3 \leqslant \int_\Omega (f(v) - f(u)) \cdot (v - u) dX, \tag{10.1.42b}$$

$$K_3 \int_\Omega |f(v) - f(u)||v - u| dX \leqslant \int_\Omega (f(v) - f(u)) \cdot (v - u) dX, \tag{10.1.42c}$$

$$\int_\Omega (f(v) - f(u)) \cdot w dX \leqslant \left[\int_\Omega (|v| + |u|)|v - u|^2 dX\right]^{1/2} [||u||_{L^3}^{1/2} + ||v||_{L^3}^{1/2}]||w||_{L^3}. \tag{10.1.42d}$$

现在考虑 $(\mathbf{u}, p)$, 因为 $c \in [0, 1]$, 我们容易看到

$$|\bar{C}_{h,m} - c_m| \leqslant |C_{h,m} - c_m|. \tag{10.1.43}$$

从格式 (10.1.18a), (10.1.18b) 和投影 $(\tilde{\mathbf{U}}, \tilde{P})$ 的误差估计式 (10.1.38), 可得下述引理.

引理 10.1.8 存在不依赖网格剖分的 K 使得

$$\|\mathbf{u}_m-\mathbf{U}_m\|_{L^2}^2+\|\mathbf{u}_m-\mathbf{U}_m\|_{L^3}^3\leqslant K\{h_p^{2(k+1)}+\|c_m-C_m\|_{L^2}^2\}.\tag{10.1.44}$$

证明 事实上, 从方程 (10.1.18a), (10.1.18b) 以及 Forchheimer 投影 (10.1.36), 有

$$\begin{aligned}&(\mu(\bar{C}_m)K^{-1}(\mathbf{u}_m-\mathbf{U}_m)+\beta\rho(\bar{C}_m)(|\mathbf{u}_m|\,\mathbf{u}_m-|\mathbf{U}_m|\,\mathbf{U}_m),v_h)-(\tilde{P}_m-P_m,\nabla_h v_h)\\&=-((\mu(c_m)-\mu(\bar{C}_m))K^{-1}\tilde{\mathbf{U}}_m+\beta(\rho(c_m)-\rho(\bar{C}_m))K^{-1}\left|\tilde{\mathbf{U}}_m\right|\tilde{\mathbf{U}}_m,v_h)\\&\quad+((r(c_m)-r(\bar{C}_m))\nabla d,v_h),\quad\forall v_h\in X_h,\end{aligned}\tag{10.1.45a}$$

$$-(w_h,\nabla\cdot(\tilde{\mathbf{U}}_m-\mathbf{U}_m))=-(w_h,\nabla\cdot(\tilde{\mathbf{U}}_m-\mathbf{u}_m))=0,\quad\forall w_h\in M_h.\tag{10.1.45b}$$

由 (10.1.45b) 得知 $(\tilde{P}_m-P_m,\nabla\cdot(\tilde{\mathbf{U}}_m-\mathbf{U}_m))=0$, 对式 (10.1.45a) 取 $v_h=\tilde{\mathbf{U}}_m-\mathbf{U}_m$, 可得

$$\begin{aligned}&(\mu(\bar{C}_m)K^{-1}(\mathbf{u}_m-\mathbf{U}_m)+\beta\rho(\bar{C}_m)(|\mathbf{u}_m|\,\mathbf{u}_m),\mathbf{u}_m-\mathbf{U}_m)\\&=(\mu(\bar{C}_m)K^{-1}(\mathbf{u}_m-\mathbf{U}_m)+\beta\rho(\bar{C}_m)(|\mathbf{u}_m|\,\mathbf{u}_m),\mathbf{u}_m-\tilde{\mathbf{U}}_m)\\&\quad-((\mu(c_m)-\mu(\bar{C}_m))K^{-1}\tilde{\mathbf{U}}_m+\beta(\rho(c_m)-\rho(\bar{C}_m))K^{-1}\left|\tilde{\mathbf{U}}_m\right|\tilde{\mathbf{U}}_m,\tilde{\mathbf{U}}_m-\mathbf{U}_m)\\&\quad+((r(c_m)-r(\bar{C}_m))\nabla d,\tilde{\mathbf{U}}_m-\mathbf{U}_m).\end{aligned}\tag{10.1.46}$$

分别估计 (10.1.46) 左右两端, 可得

$$左端\geqslant K_0\left\{\|\mathbf{u}_m-\mathbf{U}_m\|_{L^2}^2+\|\mathbf{u}_m-\mathbf{U}_m\|_{L^3}^3+\int_\Omega(|\mathbf{u}_m|+|\mathbf{U}_m|)|\mathbf{u}_m-\mathbf{U}_m|^2dx\right\},\tag{10.1.47a}$$

此处 K_0 为确定的正常数.

$$\begin{aligned}右端\leqslant{}&K\{\|\mathbf{u}_m-\mathbf{U}_m\|_{L^2}\|\mathbf{u}_m-\tilde{\mathbf{U}}_m\|_{L^2}\\&+\left[\int_\Omega(|\mathbf{u}_m|+|\mathbf{U}_m|)|\mathbf{u}_m-\mathbf{U}_m|^2dx\right]^{1/2}[\|\mathbf{u}_m\|_{L^3}^{1/2}\\&+\|\mathbf{U}_m\|_{L^3}^{1/2}]\|\mathbf{u}_m-\tilde{\mathbf{U}}_m\|_{L^2}\\&+(1+\|\tilde{\mathbf{U}}_m\|_{L^\infty})\|c_m-C_m\|_{L^2}\|\mathbf{u}_m-\tilde{\mathbf{U}}_m\|_{L^2}\}\\\leqslant{}&\varepsilon\left\{\|\mathbf{u}_m-\mathbf{U}_m\|_{L^2}^2+\int_\Omega(|\mathbf{u}_m|+|\mathbf{U}_m|)|\mathbf{u}_m-\mathbf{U}_m|^2dx\right\}\\&+K\left\{\|\mathbf{u}_m-\tilde{\mathbf{U}}_m\|_{L^2}^2+\|\mathbf{u}_m-\tilde{\mathbf{U}}_m\|_{L^3}^3\right.\\&\left.+(1+\|\tilde{\mathbf{U}}_m\|_{L^\infty})\|c_m-C_m\|_{L^2}^2\right\}.\end{aligned}\tag{10.1.47b}$$

对估计式 (10.1.46) 左右两端分别应用估计式 (10.1.47a), (10.1.47b), 引理 10.1.7 和投影估计式 (10.1.38), 即可得流速的估计. 引理 10.1.8 得证.

下面讨论饱和度方程 (10.1.2) 的误差估计. 为此将式 (10.1.19a) 和式 (10.1.19b) 分别减去 $t=t^{n+1}$ 时刻的式 (10.1.39a) 和式 (10.1.39b), 分别取 $v=\xi^{n+1},w=\alpha^{n+1}$, 可得

$$\begin{aligned}&\left(\varphi\frac{C^{n+1}-\hat{C}^n}{\Delta t_c},\xi^{n+1}\right)_{\bar{m}}+\left(D_x\alpha^{x,n+1}+D_y\alpha^{y,n+1}+D_z\alpha^{z,n+1},\xi^{n+1}\right)_{\bar{m}}\\ =&\left(f(\hat{C}^n)-f(c^{n+1})+\psi^{n+1}\frac{\partial c^{n+1}}{\partial\tau},\xi^{n+1}\right)_{\bar{m}},\end{aligned}\tag{10.1.48a}$$

$$\begin{aligned}&\left(D^{-1}\alpha^{x,n+1},\alpha^{x,n+1}\right)_x+\left(D^{-1}\alpha^{y,n+1},\alpha^{y,n+1}\right)_y+\left(D^{-1}\alpha^{z,n+1},\alpha^{z,n+1}\right)_z\\ &-\left(\xi^{n+1},D_x\alpha^{x,n+1}+D_y\alpha^{y,n+1}+D_z\alpha^{z,n+1}\right)_{\bar{m}}=0.\end{aligned}\tag{10.1.48b}$$

将式 (10.1.48a) 和式 (10.1.48b) 相加可得

$$\begin{aligned}&\left(\phi\frac{C^{n+1}-\hat{C}^n}{\Delta t_c},\xi^{n+1}\right)_{\bar{m}}+\left(D^{-1}\alpha^{x,n+1},\alpha^{x,n+1}\right)_x\\ &+\left(D^{-1}\alpha^{y,n+1},\alpha^{y,n+1}\right)_y+\left(D^{-1}\alpha^{z,n+1},\alpha^{z,n+1}\right)_z\\ =&\left(f(\hat{C}^n)-f(c^{n+1})+\psi^{n+1}\frac{\partial c^{n+1}}{\partial\tau},\xi^{n+1}\right)_{\bar{m}}.\end{aligned}\tag{10.1.49}$$

应用方程 (10.1.2) $t=t^{n+1}$, 将上式改写为

$$\begin{aligned}&\left(\varphi\frac{\xi^{n+1}-\xi^n}{\Delta t_c},\xi^{n+1}\right)_{\bar{m}}+\sum_{s=x,y,z}\left(D^{-1}\alpha^{s,n+1},\alpha^{s,n+1}\right)_s\\ =&\left(\left[\varphi\frac{\partial c^{n+1}}{\partial t_c}+\mathbf{u}^{n+1}\cdot\nabla c^{n+1}\right]-\varphi\frac{c^{n+1}-\check{c}^n}{\Delta t_c},\xi^{n+1}\right)_{\bar{m}}+\left(\varphi\frac{\zeta^{n+1}-\zeta^n}{\Delta t_c},\xi^{n+1}\right)_{\bar{m}}\\ &+(f(\hat{C}^n)-f(c^{n+1}),\xi^{n+1})+\left(\varphi\frac{\hat{c}^n-\check{c}^n}{\Delta t_c},\xi^{n+1}\right)_{\bar{m}}-\left(\varphi\frac{\hat{\zeta}^n-\check{\zeta}^n}{\Delta t_c},\xi^{n+1}\right)_{\bar{m}}\\ &+\left(\varphi\frac{\hat{\xi}^n-\check{\xi}^n}{\Delta t_c},\xi^{n+1}\right)_{\bar{m}}-\left(\varphi\frac{\check{\zeta}^n-\zeta^n}{\Delta t_c},\xi^{n+1}\right)_{\bar{m}}+\left(\varphi\frac{\check{\xi}^n-\xi^n}{\Delta t_c},\xi^{n+1}\right)_{\bar{m}},\end{aligned}\tag{10.1.50}$$

此处 $\check{c}^n=c^n(X-\varphi^{-1}\mathbf{u}^{n+1}\Delta t_c)$, $\hat{c}^n=c^n(X-\varphi^{-1}E\mathbf{U}^{n+1}\Delta t_c)$, 对 $\check{\zeta},\hat{\zeta},\check{\xi}$ 和 $\hat{\xi}$ 的表达式是类似的.

对式 (10.1.50) 的左端应用不等式 $a(a-b)\geqslant\dfrac{1}{2}(a^2-b^2)$, 其右端分别用 $T_1,T_2,\cdots,T_8$ 表示, 可得

$$\frac{1}{2\Delta t_c}\left\{(\varphi\xi^{n+1},\xi^{n+1})_{\bar{m}}-(\varphi\xi^n,\xi^n)_{\bar{m}}\right\}+\sum_{s=x,y,z}\left(D^{-1}\alpha^{s,n+1},\alpha^{s,n+1}\right)_s\leqslant T_1+T_2+\cdots+T_8.\tag{10.1.51}$$

为了估计 T_1, 注意到 $\varphi\dfrac{\partial c^{n+1}}{\partial t}+\mathbf{u}^{n+1}\cdot\nabla c^{n+1}=\psi^{n+1}\dfrac{\partial c^{n+1}}{\partial\tau}$, 于是可得

$$\frac{\partial c^{n+1}}{\partial\tau}-\frac{\varphi}{\psi^{n+1}}\frac{c^{n+1}-\check{c}^n}{\Delta t_c}=\frac{\varphi}{\psi^{n+1}\Delta t_c}\int_{(X,t^n)}^{(X,t^{n+1})}[|X-\hat{X}|^2+(t-t^n)^2]^{1/2}\frac{\partial^2 c}{\partial\tau^2}d\tau. \tag{10.1.52}$$

对上式乘以 ψ^{n+1} 并作 $\bar{m}$ 模估计, 可得

$$\begin{aligned}&\left\|\psi^{n+1}\frac{\partial c^{n+1}}{\partial\tau}-\varphi\frac{c^{n+1}-\check{c}^n}{\Delta t_c}\right\|_{\bar{m}}^2\leqslant\int_\Omega\left[\frac{\psi^{n+1}}{\Delta t_c}\right]^2\left|\int_{(X,t^n)}^{(X,t^{n+1})}\frac{\partial^2 c}{\partial\tau^2}d\tau\right|^2dX\\&\leqslant\Delta t_c\left\|\frac{(\psi^{n+1})^3}{\varphi}\right\|_\infty\int_\Omega\int_{(X,t^n)}^{(X,t^{n+1})}\left|\frac{\partial^2 c}{\partial\tau^2}\right|^2d\tau dX\\&\leqslant\Delta t_c\left\|\frac{(\psi^{n+1})^4}{\varphi^2}\right\|_\infty\int_\Omega\int_{t^n}^{t^{n+1}}\int_0^1\left|\frac{\partial^2 c}{\partial\tau^2}(\bar{\tau}X+(1-\bar{\tau})X,t)\right|^2d\bar{\tau}dXdt.\end{aligned} \tag{10.1.53}$$

因此有

$$|T_1|\leqslant K\left\|\frac{\partial^2 c}{\partial\tau^2}\right\|_{L^2(t^n,t^{n+1};\bar{m})}^2\Delta t_c+K\left\|\xi^{n+1}\right\|_{\bar{m}}^2. \tag{10.1.54a}$$

对于 T_2, T_3 的估计, 应用引理 10.1.5 可得

$$|T_2|\leqslant K\left\{(\Delta t_c)^{-1}\left\|\frac{\partial\zeta}{\partial t}\right\|_{L^2(t^n,t^{n+1};\bar{m})}^2+\left\|\xi^{n+1}\right\|_{\bar{m}}^2\right\}. \tag{10.1.54b}$$

$$|T_3|\leqslant K\left\{\left\|\xi^{n+1}\right\|_{\bar{m}}^2+\|\xi^n\|_{\bar{m}}^2+(\Delta t_c)^2+h^4\right\}. \tag{10.1.54c}$$

估计 T_4, T_5 和 T_6 导致下述一般的关系式. 若 f 定义在 Ω 上, f 对应的是 c,ζ 和 ξ,Z 表示方向 $E(\mathbf{U}-\mathbf{u})^{n+1}$ 的单位矢量. 则

$$\begin{aligned}&\int_\Omega\varphi\frac{\hat{f}^n-\check{f}^n}{\Delta t_c}\xi^{n+1}dX=(\Delta t_c)^{-1}\int_\Omega\varphi\left[\int_{\check{X}}^{\hat{X}}\frac{\partial f^n}{\partial Z}dZ\right]\xi^{n+1}dX\\&=(\Delta t_c)^{-1}\int_\Omega\varphi\left[\int_0^1\frac{\partial f^n}{\partial Z}((1-\bar{Z})\check{X}+\bar{Z}\hat{X})d\bar{Z}\right]|\hat{X}-\check{X}|\xi^{n+1}dX\\&=\int_\Omega\left[\int_0^1\frac{\partial f^n}{\partial Z}((1-\bar{Z})\check{X}+\bar{Z}\hat{X})d\bar{Z}\right]|E(\mathbf{u}-\mathbf{U})^{n+1}|\xi^{n+1}dX,\end{aligned} \tag{10.1.55}$$

此处参数 $\bar{Z}\in[0,1]$, 应用关系式 $\hat{X}-\check{X}=\Delta t_c[E\mathbf{u}^{n+1}(X)-E\mathbf{U}^{n+1}(X)]/\varphi(X)$. 设

$$g_f=\int_0^1\frac{\partial f^n}{\partial Z}((1-\bar{Z})\check{X}+\bar{Z}\hat{X})d\bar{Z}.$$

则可写出关于式 (10.1.55) 三个特殊情况:

$$|T_4| \leqslant \|g_c\|_\infty \left\|E(\mathbf{u}-\mathbf{U})^{n+1}\right\|_{\bar{m}} \left\|\xi^{n+1}\right\|_{\bar{m}}, \tag{10.1.56a}$$

$$|T_5| \leqslant \|g_\zeta\|_{\bar{m}} \left\|E(\mathbf{u}-\mathbf{U})^{n+1}\right\|_{\bar{m}} \left\|\xi^{n+1}\right\|_\infty, \tag{10.1.56b}$$

$$|T_6| \leqslant \|g_\xi\|_{\bar{m}} \left\|E(\mathbf{u}-\mathbf{U})^{n+1}\right\|_{\bar{m}} \left\|\xi^{n+1}\right\|_\infty. \tag{10.1.56c}$$

由引理 10.1.1—引理 10.1.5 和 (10.1.44) 可得

$$\left\|E(\mathbf{u}-\mathbf{U})^{n+1}\right\|_{\bar{m}}^2 \leqslant K\left\{\|\xi_{m-1}\|_{\bar{m}}^2 + \|\xi_{m-2}\|_{\bar{m}}^2 + h_p^{2(k+1)} + h_c^4 + (\Delta t_c)^2\right\}. \tag{10.1.57}$$

因为 $g_c(X)$ 是 c^n 的一阶偏导数的平均值, 它能用 $\|c^n\|_{W_\infty^1}$ 来估计. 由式 (10.1.56a) 可得

$$|T_4| \leqslant K\left\{\|\xi_{m-1}\|_{\bar{m}}^2 + \|\xi_{m-2}\|_{\bar{m}}^2 + \left\|\xi^{n+1}\right\|_{\bar{m}}^2 + h_p^{2(k+1)} + h_c^4 + (\Delta t_c)^2\right\}. \tag{10.1.58}$$

为了估计 $\|g_\zeta\|_{\bar{m}}$ 和 $\|g_\xi\|_{\bar{m}}$, 我们需要作归纳法假定:

$$\sup_{0\leqslant n\leqslant L} \left|\left|\left|\sigma_{m(n)}\right|\right|\right|_\infty \to 0, \quad \sup_{0\leqslant n\leqslant L} \|\xi^n\|_{\bar{m}} \to 0, \quad (h_c, h_p, \Delta t_c) \to 0. \tag{10.1.59}$$

同时作下述剖分参数限制性条件:

$$\Delta t_c = O(h_c^2). \tag{10.1.60}$$

为了估计 T_5,T_6, 现在考虑

$$\|g_f\|^2 \leqslant \int_0^1 \int_\Omega \left[\frac{\partial f^n}{\partial Z}((1-\bar{Z})\check{X} + \bar{Z}\hat{X})\right]^2 dXd\bar{Z}. \tag{10.1.61}$$

定义变换

$$G_{\bar{Z}}(X) = (1-\bar{Z})\check{X} + \bar{Z}\hat{X} = X - [\varphi^{-1}(X)E\mathbf{u}^{n+1}(X) + \bar{Z}\varphi^{-1}(X)E(\mathbf{U}-\mathbf{u})^{n+1}(X)]\Delta t_c, \tag{10.1.62}$$

设 $J_p = \Omega_{ijk} = [x_{i-1/2}, x_{i+1/2}] \times [y_{j-1/2}, y_{j+1/2}] \times [z_{k-1/2}, z_{k+1/2}]$ 是流动方程的网格单元, 则式 (10.1.61) 可写为

$$\|g_f\|^2 \leqslant \int_0^1 \sum_{J_p} \left|\frac{\partial f^n}{\partial Z}(G_{\bar{Z}}(X))\right|^2 dXd\bar{Z}. \tag{10.1.63}$$

由归纳法假定 (10.1.59) 和剖分参数限制性条件 (10.1.60) 有

$$\det DG_{\bar{Z}} = 1 + o(1).$$

则式 (10.1.63) 进行变量替换后可得

$$\|g_f\|^2 \leqslant K \|\nabla f^n\|^2. \tag{10.1.64}$$

对 T_5 应用式 (10.1.64), 引理 10.1.5 和 Sobolev 嵌入定理[28]可得下述估计:

$$\begin{aligned}|T_5| &\leqslant K\|\nabla\zeta^n\|\cdot\left\|E(\mathbf{u}-\mathbf{U})^{n+1}\right\|\cdot h^{-(\varepsilon+1/2)}\left\|\nabla\xi^{n+1}\right\|\\&\leqslant K\left\{h_c^{2-(\varepsilon+1/2)}\left\|E(\mathbf{u}-\mathbf{U})^{n+1}\right\|\left\|\nabla\xi^{n+1}\right\|\right\}\\&\leqslant K\left\{\|\xi_{m-1}\|_{\bar m}^2+\|\xi_{m-2}\|_{\bar m}^2+h_p^{2(k+1)}+h_c^4+(\Delta t_c)^2\right\}+\varepsilon\left|\left|\left|\alpha^{n+1}\right|\right|\right|^2.\end{aligned} \tag{10.1.65a}$$

从式 (10.1.57) 我们清楚地看到 $\left\|E(\mathbf{u}-\mathbf{U})^{n+1}\right\|_m=o(h_c^{-(\varepsilon+1/2)})$, 因我们的定理证明 $\|\xi^n\|_{\bar m}=O(h_p^{k+1}+h_c^2+\Delta t_c)$. 类似于在文献 [13] 中的分析, 有

$$|T_6|\leqslant K\|\nabla\xi^n\|\cdot\left\|E(\mathbf{u}-\mathbf{U})^{n+1}\right\|\cdot h^{-(\varepsilon+1/2)}\left\|\nabla\xi^{n+1}\right\|\leqslant\varepsilon\left\{\left|\left|\left|\alpha^{n+1}\right|\right|\right|^2+|||\alpha^n|||^2\right\}. \tag{10.1.65b}$$

对 T_7, T_8 应用负模估计可得

$$|T_7|\leqslant Kh_c^4+\varepsilon\left|\left|\left|\alpha^{n+1}\right|\right|\right|^2, \tag{10.1.66a}$$

$$|T_8|\leqslant K\|\xi^n\|_{\bar m}^2+\varepsilon\left|\left|\left|\alpha^{n+1}\right|\right|\right|^2. \tag{10.1.66b}$$

对误差估计式 (10.1.50) 左右两端分别应用式 (10.1.51), (10.1.54), (10.1.58), (10.1.65) 和 (10.1.66) 可得

$$\begin{aligned}&\frac{1}{2\Delta t}\left\{\left(\varphi\xi^{n+1},\xi^{n+1}\right)_{\bar m}-\left(\varphi\xi^n,\xi^n\right)_{\bar m}\right\}+\sum_{s=x,y,z}\left(D_s\alpha^{s,n+1},\alpha^{s,n+1}\right)_s\\\leqslant&K\left\{\left\|\frac{\partial^2 c}{\partial\tau^2}\right\|_{L^2(t^n,t^{n+1};\bar m)}^2\Delta t+(\Delta t_c)^{-1}\left\|\frac{\partial\zeta}{\partial t}\right\|_{L^2(t^n,t^{n+1};\bar m)}^2\right.\\&+\left\|\xi^{n+1}\right\|_{\bar m}^2+\|\xi^n\|_{\bar m}^2+\|\xi_{m-1}\|_{\bar m}^2\\&\left.+\|\xi_{m-2}\|_{\bar m}^2+h_p^{2(k+1)}+h_c^4+(\Delta t_c)^2\right\}+\varepsilon\left\{\left|\left|\left|\alpha^{n+1}\right|\right|\right|^2+|||\alpha^n|||^2\right\}.\end{aligned} \tag{10.1.67}$$

对式 (10.1.67) 乘以 $2\Delta t$, 并对时间 t 求和 $(0\leqslant n\leqslant L)$, 注意到 $\xi^0=0$, 可得

$$\left\|\xi^{L+1}\right\|_{\bar m}^2+\sum_{n=0}^{L}\left|\left|\left|\alpha^{n+1}\right|\right|\right|^2\Delta t_c\leqslant K\left\{\sum_{n=0}^{L}\left\|\xi^{n+1}\right\|_{\bar m}^2\Delta t_c+h_p^{2(k+1)}+h_c^4+(\Delta t_c)^2\right\}. \tag{10.1.68}$$

应用 Gronwall 引理可得

$$\left\|\xi^{L+1}\right\|_{\bar m}^2+\sum_{n=0}^{L}\left|\left|\left|\alpha^{n+1}\right|\right|\right|^2\Delta t_c\leqslant K\left\{h_p^{2(k+1)}+h_c^4+(\Delta t_c)^2\right\}. \tag{10.1.69a}$$

对流动方程的误差估计式 (10.1.38) 和 (10.1.44), 应用估计式 (10.1.69a) 可得

$$\sup_{0\leqslant n\leqslant L}|||\alpha^{n+1}|||^2\leqslant K\left\{h_p^{2(k+1)}+h_c^4+(\Delta t_c)^2\right\}. \tag{10.1.69b}$$

下面需要检验归纳法假定 (10.1.59). 对于 $n=0$ 时, 由于初始值的选取, $\xi^0=0$, 由归纳法假定显然是正确的. 若对 $1\leqslant n\leqslant L$ 归纳法假定 (10.1.59) 成立. 由估计式 (10.1.69) 和限制性条件 (10.1.60) 有

$$\left\|\sigma_{M(L+1)}\right\|_\infty\leqslant Kh_p^{-3/2}\left\{h_p^{k+1}+h_c^2+\Delta t_c\right\}\leqslant Kh_p^{1/2}\to 0, \tag{10.1.70a}$$

$$\left\|\xi^{L+1}\right\|_\infty\leqslant Kh_c^{-3/2}\left\{h_p^{k+1}+h_c^2+\Delta t_c\right\}\leqslant Kh_c^{1/2}\to 0. \tag{10.1.70b}$$

归纳法假定成立.

在上述工作的基础上, 讨论组分浓度方程组的特征分数步差分方法的误差估计. 记 $\xi_{\alpha,ijk}^n=s_\alpha(X_{ijk},t^n)-S_{\alpha,ijk}^n$. 对于方程组 (10.1.7) 若假定饱和度函数 $c(X,t)$ 是已知的, 且是正则的. 下面研究分数步差分格式 (10.1.25)—(10.1.27) 的误差估计. 为此从格式 (10.1.25)—(10.1.27) 消去 $S_\alpha^{n+1/3}$,$S_\alpha^{n+2/3}$, 可得下述等价形式

$$\begin{aligned}
&\varphi_{ijk}C_{ijk}^{n+1}\frac{S_{\alpha,ijk}^{n+1}-\hat{S}_{\alpha,ijk}^n}{\Delta t_c}-\sum_{s=x,y,z}\delta_{\bar{s}}(\hat{D}(C^{n+1})\delta_sS_\alpha^{n+1})_{ijk}\\
={}&Q_\alpha(C^{n+1},S_\alpha^n)_{ijk}\\
&-S_{\alpha,ijk}^n\left(q^{n+1}+\varphi\frac{C^{n+1}-C^n}{\Delta t_c}\right)_{ijk}-(\Delta t_c)^2\{\delta_{\bar{x}}(\hat{D}(C^{n+1})\delta_x((\varphi C^{n+1})^{-1}\\
&\cdot\delta_{\bar{y}}(\hat{D}(C^{n+1})\delta_y(\partial_tS_\alpha^n))))_{ijk}+\cdots+\delta_{\bar{y}}(\hat{D}(C^{n+1})\\
&\cdot\delta_y((\varphi C^{n+1})^{-1}\delta_{\bar{z}}(\hat{D}(C^{n+1})\delta_z(\partial_tS_\alpha^n))))_{ijk}\}\\
&+(\Delta t_c)^3\delta_{\bar{x}}(\hat{D}(C^{n+1})\delta_x((\varphi C^{n+1})^{-1}\delta_{\bar{y}}(\hat{D}(C^{n+1})\\
&\cdot\delta_y((\varphi C^{n+1})^{-1}\delta_{\bar{z}}(\hat{D}(C^{n+1})\delta_z(\partial_tS_\alpha^n))))))_{ijk},\\
&X_{ijk}\in\Omega_h,\quad \alpha=1,2,\cdots,n_c.
\end{aligned} \tag{10.1.71}$$

由组分浓度方程组 (10.1.23) $(t=t^{n+1})$ 和格式 (10.1.71) $(t=t^{n+1})$ 相减, 可得下述差分方程组:

$$\begin{aligned}
&\varphi_{ijk}C_{ijk}^{n+1}\frac{\xi_{\alpha,ijk}^{n+1}-(s_\alpha^n(\bar{X}_{ijk}^n)-\hat{S}_{\alpha,ijk}^n)}{\Delta t_c}-\sum_{s=x,y,z}\delta_{\bar{s}}(\hat{D}(C^{n+1})\delta_s\xi_\alpha^{n+1})_{ijk}\\
={}&Q_\alpha(c^{n+1},s_\alpha^{n+1})_{ijk}-Q_\alpha(C^{n+1},S_\alpha^n)_{ijk}-\left\{s_{\alpha,ijk}^{n+1}\left(q^{n+1}+\varphi\frac{\partial c^{n+1}}{\partial t}\right)_{ijk}\right.
\end{aligned}$$

$$
\begin{aligned}
&- S_{\alpha,ijk}^n\left(q^{n+1}+\varphi\frac{C^{n+1}-C^n}{\Delta t_c}\right)_{ijk}\Bigg\}\\
&-(\Delta t_c)^2\{\delta_{\bar{x}}(\hat{D}(c^{n+1})\delta_x((\varphi c^{n+1})^{-1}\delta_{\bar{y}}(\hat{D}(c^{n+1})\delta_y(\partial_t\xi_\alpha^n))))_{ijk}\\
&+\cdots+\delta_{\bar{y}}(\hat{D}(c^{n+1})\delta_y((\varphi c^{n+1})^{-1}\delta_{\bar{z}}(\hat{D}(c^{n+1})\delta_z(\partial_t\xi_\alpha^n))))_{ijk}\}\\
&+(\Delta t_c)^3\delta_{\bar{x}}(\hat{D}(c^{n+1})\delta_x((\varphi c^{n+1})^{-1}\delta_{\bar{y}}(\hat{D}(c^{n+1})\\
&\cdot\delta_y((\varphi c^{n+1})^{-1}\delta_{\bar{z}}(\hat{D}(c^{n+1})\delta_z(\partial_t\xi_\alpha^n))))))_{ijk}\\
&+\varepsilon_{\alpha,ijk}^{n+1},\quad X_{ijk}\in\Omega_h,\alpha=1,2,\cdots,n_c,
\end{aligned}\tag{10.1.72}
$$

此处 $\bar{X}_{ijk}^{n+1}=X_{ijk}-(\varphi c^{n+1})_{ijk}^{-1}\mathbf{u}_{ijk}^{n+1}\Delta t$, $|\varepsilon_{\alpha,ijk}^{n+1}|\leqslant K\left\{h_s^2+\Delta t\right\}$, $\alpha=1,2,\cdots,n_c$.

对误差方程组 (10.1.72), 基于误差估计式 (10.1.69) 和正定性条件 (C) 可得下述估计式

$$
\begin{aligned}
&\varphi_{ijk}c_{ijk}^{n+1}\frac{\xi_{\alpha,ijk}^{n+1}-\hat{\xi}_{\alpha,ijk}^n}{\Delta t_c}-\sum_{s=x,y,z}\delta_{\bar{s}}(\hat{D}(c^{n+1})\delta_s\xi_\alpha^{n+1})_{ijk}\\
&\leqslant K\{|\xi_{\alpha,ijk}^n|+|\mathbf{u}_{ijk}^{n+1}-\mathbf{U}_{ijk}^{n+1}|+h_p^2+h_c^2+h_s^2+\Delta t_c\}\\
&\quad-(\Delta t_c)^2\{\delta_{\bar{x}}(\hat{D}(c^{n+1})\delta_x((\varphi c^{n+1})^{-1}\delta_{\bar{y}}(\hat{D}(c^{n+1})\delta_y(\partial_t\xi_\alpha^n))))_{ijk}\\
&\quad+\cdots+\delta_{\bar{y}}(\hat{D}(c^{n+1})\delta_y((\varphi c^{n+1})^{-1}\delta_{\bar{z}}(\hat{D}(c^{n+1})\delta_z(\partial_t\xi_\alpha^n))))_{ijk}\}\\
&\quad+(\Delta t_c)^3\delta_{\bar{x}}(\hat{D}(c^{n+1})\delta_x((\varphi c^{n+1})^{-1}\delta_{\bar{y}}(\hat{D}(c^{n+1})\delta_y((\varphi c^{n+1})^{-1}\\
&\delta_{\bar{z}}(\hat{D}(c^{n+1})\delta_z(\partial_t\xi_\alpha^n))))))_{ijk},\\
&X_{ijk}\in\Omega_h,\quad\alpha=1,2,\cdots,n_c.
\end{aligned}\tag{10.1.73}
$$

对误差方程组 (10.1.73) 乘以 $\partial_t\xi_{\alpha,ijk}^n\Delta t_c=\xi_{\alpha,ijk}^{n+1}-\xi_{\alpha,ijk}^n$, 作内积并分部求和可得

$$
\begin{aligned}
&\left\langle\varphi c^{n+1}\frac{\xi_\alpha^{n+1}-\hat{\xi}_\alpha^n}{\Delta t_c},\partial_t\xi_\alpha^n\right\rangle\\
&+\frac{1}{2}\sum_{s=x,y,z}\left\{\left\langle\hat{D}(c^{n+1})\delta_s\xi_\alpha^{n+1},\delta_s\xi_\alpha^{n+1}\right\rangle-\left\langle\hat{D}(c^{n+1})\delta_s\xi_\alpha^n,\delta_s\xi_\alpha^n\right\rangle\right\}\\
\leqslant&\,\varepsilon|\partial_t\xi_\alpha^n|_0^2\Delta t_c+K\left\{|\xi_\alpha^n|_0^2+h_p^4+h_c^4+h_s^4+(\Delta t_c)^2\right\}\Delta t_c\\
&-(\Delta t_c)^3\bigg\{\left\langle\delta_{\bar{x}}(\hat{D}(c^{n+1})\delta_x((\varphi c^{n+1})^{-1}\delta_{\bar{y}}(\hat{D}(c^{n+1})\delta_y(\partial_t\xi_\alpha^n)))),\partial_t\xi_\alpha^n\right\rangle\\
&+\cdots+\left\langle\delta_{\bar{y}}(\hat{D}(c^{n+1})\delta_y((\varphi c^{n+1})^{-1}\delta_{\bar{z}}(\hat{D}(c^{n+1})\delta_z(\partial_t\xi_\alpha^n)))),\partial_t\xi_\alpha^n\right\rangle\bigg\}\\
&+(\Delta t_c)^4\Big\langle\delta_{\bar{x}}(\hat{D}(c^{n+1})\delta_x((\varphi c^{n+1})^{-1}\delta_{\bar{y}}(\hat{D}(c^{n+1})\delta_y((\varphi c^{n+1})^{-1}
\end{aligned}
$$

$$\delta_{\bar{z}}(\hat{D}(c^{n+1})\delta_z(\partial_t\xi_\alpha^n)))))), \partial_t\xi_\alpha^n\Big\rangle,$$

$$\alpha = 1, 2, \cdots, n_c, \tag{10.1.74}$$

此处 $\langle\cdot,\cdot\rangle$, $|\cdot|_0$ 为对应于 l^2 离散内积和范数, 这里利用了 $L^2(\Omega)$ 连续模和 $l^2(\Omega)$ 离散模之间的关系[12,14]. 将估计式 (10.1.74) 改写为下述形式

$$\begin{aligned}
&\left\langle \varphi c^{n+1}\frac{\xi_\alpha^{n+1}-\xi_\alpha^n}{\Delta t_c}, \partial_t\xi_\alpha^n\right\rangle \Delta t_c \\
&+\frac{1}{2}\sum_{s=x,y,z}\{\langle\hat{D}(c^{n+1})\delta_s\xi_\alpha^{n+1}, \delta_s\xi_\alpha^{n+1}\rangle - \langle\hat{D}(c^n)\delta_s\xi_\alpha^n, \delta_s\xi_\alpha^n\rangle\} \\
\leqslant &\left\langle \varphi c^{n+1}\frac{\hat{\xi}_\alpha^n-\xi_\alpha^n}{\Delta t_c}, \partial_t\xi_\alpha^n\right\rangle \Delta t_c + \frac{1}{2}\sum_{s=x,y,z}\langle[\hat{D}(c^{n+1}) \\
&-\hat{D}(c^n)]\delta_s\xi_\alpha^n, \delta_s\xi_\alpha^n\rangle + \varepsilon|\partial_t\xi_\alpha^n|_0^2\Delta t_c + K\{|\xi_\alpha^n|_0^2 + h_p^4 \\
&+h_c^4 + h_s^4 + (\Delta t_c)^2\}\Delta t_c - (\Delta t_c)^3\{\langle\delta_{\bar{x}}(\hat{D}(c^{n+1})\delta_x((\varphi c^{n+1})^{-1} \\
&\cdot\delta_{\bar{y}}(\hat{D}(c^{n+1})\delta_y(\partial_t\xi_\alpha^n)))), \partial_t\xi_\alpha^n\rangle \\
&+\cdots+\langle\delta_{\bar{y}}(\hat{D}(c^{n+1})\delta_y((\varphi c^{n+1})^{-1}\delta_{\bar{z}}(\hat{D}(c^{n+1})\delta_z(\partial_t\xi_\alpha^n)))), \partial_t\xi_\alpha^n\rangle\} \\
&+(\Delta t_c)^4\langle\delta_{\bar{x}}(\hat{D}(c^{n+1})\delta_x((\varphi c^{n+1})^{-1} \\
&\cdot\delta_{\bar{y}}(\hat{D}(c^{n+1})\delta_y((\varphi c^{n+1})^{-1}\delta_{\bar{z}}(\hat{D}(c^{n+1})\delta_z(\partial_t\xi_\alpha^n)))))), \partial_t\xi_\alpha^n\rangle, \\
&\alpha = 1, 2, \cdots, n_c.
\end{aligned} \tag{10.1.75}$$

首先估计式 (10.1.75) 右端第 1 项, 应用表达式

$$\hat{\xi}_{\alpha,ijk}^n - \xi_{\alpha,ijk}^n = \int_{X_{ijk}}^{\hat{X}_{ijk}^n} \nabla\xi_\alpha^n \cdot \mathbf{U}_{ijk}^{n+1}/|\mathbf{U}_{ijk}^{n+1}|ds, \quad X_{ijk}\in\Omega_h. \tag{10.1.76a}$$

由剖分限制性条件 (10.1.60) 和已建立的估计式 (10.1.69), 可以推得

$$\left|\sum_{\Omega_h}\varphi_{ijk}c_{ijk}^{n+1}\frac{\hat{\xi}_{\alpha,ijk}^n - \xi_{\alpha,ijk}^n}{\Delta t}\partial_t\xi_{\alpha,ijk}^n h_i^x h_j^y h_k^z\right|\Delta t_c \leqslant \varepsilon|\partial_t\xi_\alpha^n|_0^2\Delta t_c + K|\nabla_h\xi_\alpha^n|_0^2\Delta t_c, \tag{10.1.76b}$$

此处 Ω_h 表示 Ω 的离散细网格, $|\nabla_h\xi_\alpha^n|_0^2 = \sum\limits_{s=x,y,z}|\partial_s\xi_\alpha^n|_0^2$.

对于估计式 (10.1.75) 右端第 2 项, 有下述估计式

$$\left|\frac{1}{2}\sum_{s=x,y,z}\langle[\hat{D}(c^{n+1}) - \hat{D}(c^n)]\delta_s\xi_\alpha^n, \delta_s\xi_\alpha^n\rangle\right| \leqslant K|\nabla_h\xi_\alpha^n|_0^2\Delta t_c. \tag{10.1.77a}$$

现估计式 (10.1.75) 右端第 5 项, 首先讨论其首项

$$
\begin{aligned}
&-(\Delta t_c)^3\langle\delta_{\bar{x}}(\hat{D}(c^{n+1})\delta_x((\varphi c^{n+1})^{-1}\delta_{\bar{y}}(\hat{D}(c^{n+1})\delta_y(\partial_t\xi_\alpha^n)))),\partial_t\xi_\alpha^n\rangle\\
=&-(\Delta t_c)^3\{\langle\delta_x(\hat{D}(c^{n+1})\delta_y(\partial_t\xi_\alpha^n)),\delta_y((\varphi c^{n+1})^{-1}\hat{D}(c^{n+1})\delta_x(\partial_t\xi_\alpha^n))\rangle\\
&+\langle\hat{D}(c^{n+1})\delta_y(\partial_t\xi_\alpha^n),\delta_y(\delta_x(\varphi c^{n+1})^{-1}\cdot\hat{D}(c^{n+1})\delta_x(\partial_t\xi_\alpha^n))\rangle\}\\
=&-(\Delta t_c)^3\sum_{\Omega_h}\{\hat{D}_{i,j+1/2,k}\,\hat{D}_{i+1/2,jk}(\varphi c^{n+1})_{ijk}^{-1}[\delta_x\delta_y\partial_t\xi_\alpha^n]_{ijk}^2\\
&+[\hat{D}_{i,j+1/2,k}\,\delta_y(\hat{D}_{i+1/2,jk}(\varphi c^{n+1})_{ijk}^{-1})\delta_x(\partial_t\xi_{\alpha,ijk}^n)\\
&+\hat{D}_{i+1/2,jk}(\varphi c^{n+1})_{ijk}^{-1}\delta_x\,\hat{D}_{i,j+1/2,k}\cdot\delta_y(\partial_t\xi_{\alpha,ijk}^n)\\
&+\hat{D}_{i,j+1/2,k}\,\hat{D}_{i+1/2,jk}\,\delta_y(\partial_t\xi_{\alpha,ijk}^n)]\cdot\delta_x\delta_y\partial_t\xi_{\alpha,ijk}^n\\
&+[\hat{D}_{i,j+1/2,k}\,\hat{D}_{i+1/2,jk}\,\delta_x\delta_y(\varphi c^{n+1})_{ijk}^{-1}\\
&+\hat{D}_{i,j+1/2,k}\,\delta_y\,\hat{D}_{i+1/2,jk}\,\delta_x(\varphi c^{n+1})_{ijk}^{-1}]\delta_x(\partial_t\xi_{\alpha,ijk}^n)\delta_y(\partial_t\xi_{\alpha,ijk}^n)\}h_i^x h_j^y h_k^z.
\end{aligned}
\tag{10.1.77b}
$$

由于 $\hat{D}(c)$ 的正定性, 对表达式 (10.1.77b) 右端的前三项, 应用 Cauchy 不等式消去高阶差商项 $\delta_x\delta_y(\partial_t\xi_{\alpha,ijk}^n)$, 最后可得

$$
\begin{aligned}
&-(\Delta t_c)^3\sum_{\Omega_h}\{\hat{D}_{i,j+1/2,k}\,\hat{D}_{i+1/2,jk}(\varphi c^{n+1})_{ijk}^{-1}(\delta_x\delta_y\partial_t\xi_\alpha^n)_{ijk}^2\\
&+[\cdots+\hat{D}_{i,j+1/2,k}\,\hat{D}_{i+1/2,jk}\,\delta_y(\partial_t\xi_{\alpha,ijk}^n)]\\
&\cdot\delta_x\delta_y(\partial_t\xi_{\alpha,ijk}^n)\}h_i^x h_j^y h_k^z\\
\leqslant&K\{|\nabla_h\xi_\alpha^{n+1}|_0^2+|\nabla_h\xi_\alpha^n|_0^2\}\Delta t_c.
\end{aligned}
\tag{10.1.77c}
$$

对式 (10.1.77b) 的最后一项, 由于 $\varphi c,\hat{D}(c)$ 的正则性, 有

$$
\begin{aligned}
&-(\Delta t_c)^3\sum_{\Omega_h}\{[\hat{D}_{i,j+1/2,k}\,\hat{D}_{i+1/2,jk}\,\delta_x\delta_y(\varphi c^{n+1})_{ijk}^{-1}\\
&+\hat{D}_{i,j+1/2,k}\,\delta_y\,\hat{D}_{i+1/2,jk}\,\delta_x(\varphi c^{n+1})_{ijk}^{-1}]\delta_x(\partial_t\xi_{\alpha,ijk}^n)\\
&\cdot\delta_y(\partial_t\xi_{\alpha,ijk}^n)\}h_i^x h_j^y h_k^z\\
\leqslant&K\{|\nabla_h\xi_\alpha^{n+1}|_0^2+|\nabla_h\xi_\alpha^n|_0^2\}\Delta t_c.
\end{aligned}
\tag{10.1.77d}
$$

对式 (10.1.75) 右端最后一项, 采用类似的方法, 应用 Cauchy 不等式消去高阶差商项 $\delta_x\delta_y\delta_z(\partial_t\xi_\alpha^n)$, 可得

$$
(\Delta t_c)^4\langle\delta_{\bar{x}}(\hat{D}(c^{n+1})\delta_x((\varphi c^{n+1})^{-1}\delta_{\bar{y}}(\hat{D}(c^{n+1})
$$

$$\cdot \delta_y((\varphi c^{n+1})^{-1}\delta_{\bar{z}}(\hat{D}(c^{n+1})\delta_z(\partial_t\xi_\alpha^n)))))), \partial_t\xi_\alpha^n\rangle$$
$$\leqslant K\{|\nabla_h\xi_\alpha^{n+1}|_0^2 + |\nabla_h\xi_\alpha^n|_0^2\}\Delta t_c. \tag{10.1.78}$$

对式 (10.1.75) 应用式 (10.1.76)—(10.1.78), 经整理可得

$$\begin{aligned}&|\partial_t\xi_\alpha^n|_0^2\Delta t_c + \frac{1}{2}\sum_{s=x,y,z}\{\langle\hat{D}(c^{n+1})\delta_s\xi_\alpha^{n+1}, \delta_s\xi_\alpha^{n+1}\rangle - \langle\hat{D}(c^{n+1})\delta_s\xi_\alpha^n, \delta_s\xi_\alpha^n\rangle\}\\ \leqslant{}& \varepsilon|\partial_t\xi_\alpha^n|_0^2\Delta t_c + K\{|\xi_\alpha^n|_0^2\\ &+ |\nabla_h\xi_\alpha^{n+1}|_0^2 + |\nabla_h\xi_\alpha^n|_0^2\\ &+ h_p^4 + h_s^4 + h_c^4 + (\Delta t_c)^2\}\Delta t_c, \quad \alpha = 1, 2, \cdots, n_c.\end{aligned} \tag{10.1.79}$$

对组分浓度误差方程组 (10.1.79), 先对 α 求和 $1 \leqslant \alpha \leqslant n_c$, 再对 t 求和 $0 \leqslant n \leqslant L$, 注意到 $\xi_\alpha^0 = 0, \alpha = 1, 2, \cdots, n_c$, 可得

$$\begin{aligned}&\sum_{n=0}^{L}\sum_{\alpha=1}^{n_c}|\partial_t\xi_\alpha^n|_0^2\Delta t_c + \frac{1}{2}\sum_{\alpha=1}^{n_c}\sum_{s=x,y,z}\langle\hat{D}(c^{n+1})\delta_s\xi_\alpha^{L+1}, \delta_s\xi_\alpha^{L+1}\rangle\\ \leqslant{}& K\left\{\sum_{n=0}^{L}\sum_{\alpha=1}^{n_c}[|\xi_\alpha^n|_0^2 + |\nabla_h\xi_\alpha^{n+1}|_0^2] + h_p^4 + h_s^4 + h_c^4 + (\Delta t_c)^2\right\}\Delta t_c.\end{aligned} \tag{10.1.80}$$

这里注意到 $\xi_\alpha^0 = 0$ 和关系式 $|\xi_\alpha^{L+1}|_0^2 \leqslant \varepsilon\sum_{n=0}^{L}|\partial_t\xi_\alpha^n|_0^2\Delta t_c + K\sum_{n=0}^{L}|\xi_\alpha^n|_0^2\Delta t_c$. 并考虑 $L^2(\Omega)$ 连续模和 l^2 离散模之间的关系[12,14], 并应用 Gronwall 引理可得

$$\sum_{n=0}^{L}\sum_{\alpha=1}^{n_c}|\partial_t\xi_\alpha^n|_0^2\Delta t_c + \sum_{\alpha=1}^{n_c}[|\xi_\alpha^n|_0^2 + |\nabla_h\xi_\alpha^{n+1}|_0^2] \leqslant K\{h_p^4 + h_s^4 + h_c^4 + (\Delta t_c)^2\}. \tag{10.1.81}$$

由估计式 (10.1.69), (10.1.81) 和引理 10.1.5, 可以建立下述定理.

定理 10.1.3　对问题 (10.1.1)—(10.1.6) 假定其精确解满足正则性条件 (R), 且其系数满足正定性条件 (C). 采用混合体积元-特征混合体积元-分数步差分方法 (10.1.18), (10.1.19), (10.1.25)—(10.1.27) 逐层求解. 若剖分参数满足限制性条件 (10.1.60), 则下述误差估计式成立:

$$\begin{aligned}&||\mathbf{u} - \mathbf{U}||_{\bar{L}^\infty(J,V)} + ||c - C||_{\bar{L}^\infty(J;m)} + ||\mathbf{g} - \mathbf{G}||_{\bar{L}^2(J;V)}\\ &+ \sum_{\alpha=1}^{n_c}\{||s_\alpha - S_\alpha||_{\bar{L}^\infty(J;h^1)} + ||\partial_t(s_\alpha - S_\alpha)||_{\bar{L}^2(J;l^2)}\}\\ \leqslant{}& M^*\left\{h_p^2 + h_s^2 + h_c^2 + \Delta t\right\},\end{aligned} \tag{10.1.82}$$

此处 $\|g\|_{\bar{L}^\infty(J;X)}=\sup\limits_{n\Delta t\leqslant T}\|g^n\|_X$, $\|g\|_{\bar{L}^2(J;X)}=\sup\limits_{L\Delta t\leqslant T}\left\{\sum\limits_{n=0}^{L}\|g^n\|_X^2\,\Delta t\right\}^{1/2}$, 常数 M^* 依赖于函数 $p,c,s_\alpha(\alpha=1,2,\cdots,n_c)$ 及其导函数.

10.1.5　数值算例

现在, 我们应用本节提出的混合元-特征混合体积元方法解一个椭圆-对流-扩散方程组:

$$\begin{cases}-\Delta p=\nabla\cdot\mathbf{u}=c+F, & X\in\partial\Omega,0\leqslant t\leqslant T,\\ \dfrac{\partial c}{\partial t}+\mathbf{u}\cdot\nabla c-\varepsilon\Delta c=f, & X\in\Omega,0<t\leqslant T,\\ c(X,0)=c_0, & X\in\Omega,\\ \dfrac{\partial c}{\partial\nu}=0, & X\in\partial\Omega,0<t\leqslant T,\\ -\dfrac{\partial p}{\partial\nu}=\mathbf{u}\cdot\nu=0, & X\in\partial\Omega,0<t\leqslant T.\end{cases}\tag{10.1.83}$$

此处 p 是流体压力, $\mathbf{u}$ 是流体速度, c 是饱和度函数. $\Omega=(0,1)\times(0,1)\times(0,1)$ 和 ν 是边界面 $\partial\Omega$ 的单位外法向矢量. 我们选定 F,f 和 c_0 对应的精确解为

$$\begin{aligned}p=&e^{12t}\Big(x_1^4(1-x_1)^4x_2^4(1-x_2)^4x_3^4(1-x_3)^4\\&-x_1^2(1-x_1)^2x_2^2(1-x_2)^2x_3^2(1-x_3)^2/21^3\Big),\\ c=&-e^{12t}\sum_{i=1}^{3}\Big(12x_i^2(1-x_i)^4-32x_i^3(1-x_i)^3\\&+12x_i^4(1-x_i)^2\Big)x_{i+1}^4(1-x_{i+1})^4x_{i+2}^4(1-x_{i+2})^4.\end{aligned}$$

对 $\varepsilon=10^{-3},\Delta t=0.01,T=1$, 数值解误差结果在表 10.1.1 指明. 当 h 很小时, 从图 10.1.2—图 10.1.5 可知, 逼近解 $\{\mathbf{U},P\}$ 对精确解 $\{\mathbf{u},p\}$ 定性的图像有相当好的近似. 从图 10.1.6—图 10.1.9, 逼近解 $\{\mathbf{G},C\}$ 对精确解 $\{\mathbf{g},c\}$ 定性的图像亦有很好的近似.

表 10.1.1　数值结果

	$h=1/4$	$h=1/8$	$h=1/16$
$\|p-P\|_m$	1.82852e − 004	1.17235e − 004	3.30572e − 005
$\|\|\|\mathbf{u}-\mathbf{U}\|\|\|$	6.95898e − 003	1.86974e − 003	4.74263e − 004
$\|c-C\|_m$	1.39414e − 001	8.76624e − 002	4.46468e − 002
$\|\|\|\mathbf{g}-\mathbf{G}\|\|\|$	1.78590e − 003	8.88468e − 004	4.85070e − 004

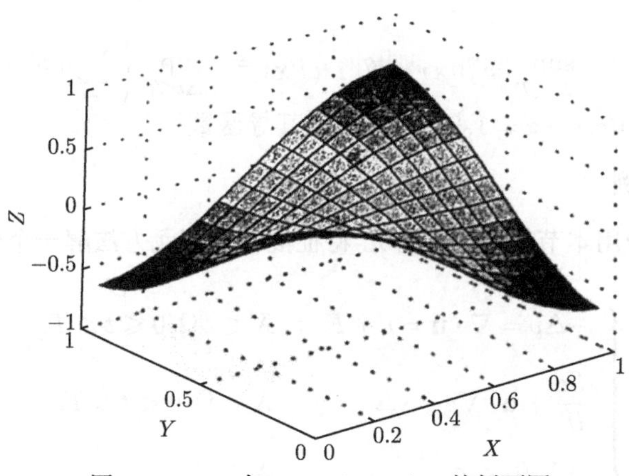

图 10.1.2　p 在 $t=1, h=1/16$ 的剖面图

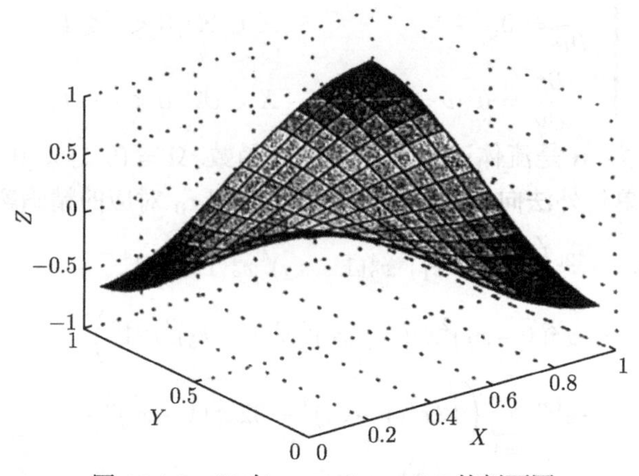

图 10.1.3　P 在 $t=1, h=1/16$ 的剖面图

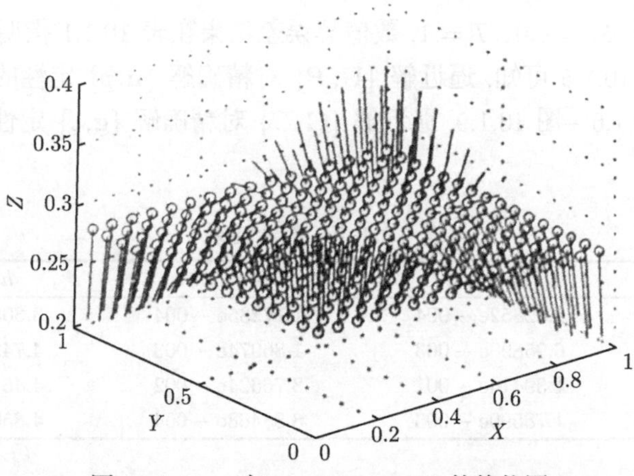

图 10.1.4　$\mathbf{u}$ 在 $t=1, h=1/16$ 的箭状图

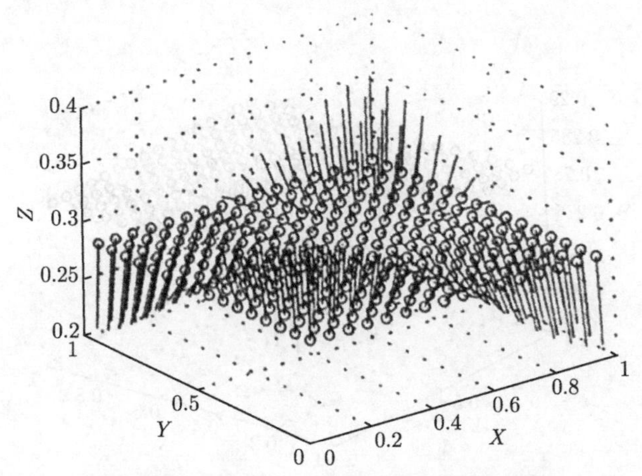

图 10.1.5 **U** 在 $t=1, h=1/16$ 的箭状图

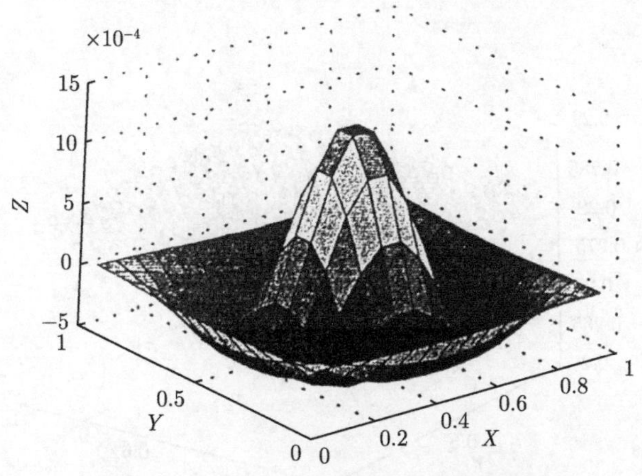

图 10.1.6 c 在 $t=1, h=1/16$ 的剖面图

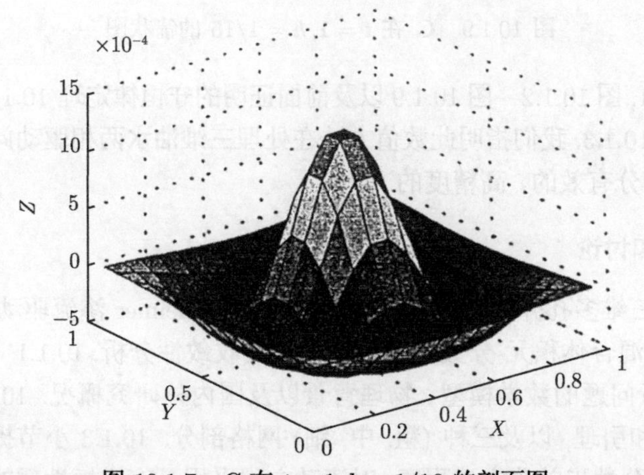

图 10.1.7 C 在 $t=1, h=1/16$ 的剖面图

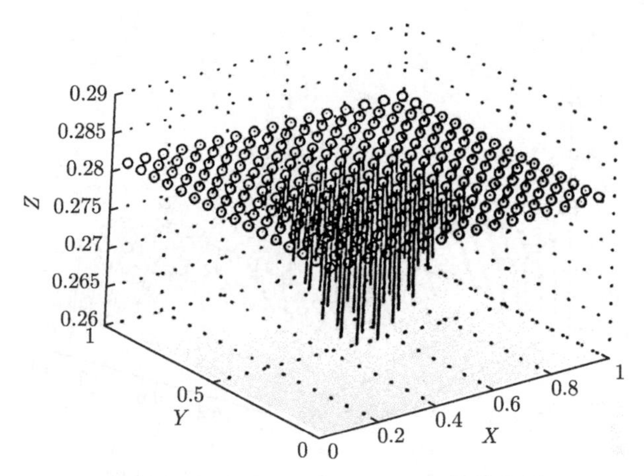

图 10.1.8 $\mathbf{g}$ 在 $t=1, h=1/16$ 的箭状图

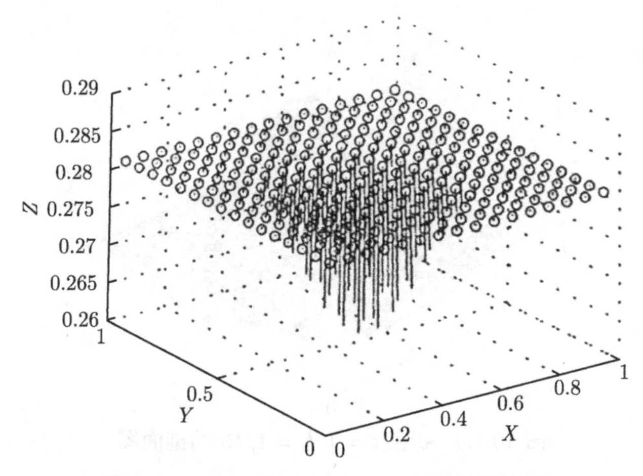

图 10.1.9 $\mathbf{G}$ 在 $t=1, h=1/16$ 的箭状图

从表 10.1.1, 图 10.1.2—图 10.1.9 以及前面证明的守恒律定理 10.1.1, 定理 10.1.2 和收敛性定理 10.1.3, 我们指明此数值方法在处理三维油水两相驱动问题 (10.1.1)—(10.1.6) 将是十分有效的、高精度的.

10.1.6 总结和讨论

本节研究三维多孔介质中油水二相 Darcy-Forchheimer 渗流驱动问题, 提出一类混合元-特征混合体积元-分数步差分方法及其收敛性分析. 10.1.1 小节是引言部分, 叙述和分析问题的数学模型、物理背景以及国内外研究概况. 10.1.2 小节给出网格剖分记号和引理, 以及三种 (粗, 中, 细) 网格剖分. 10.1.3 小节提出混合元-特征混合体积元-分数步差分方法程序, 对流动方程采用具有守恒性质的混合元离散,对 Darcy-Forchheimer 速度提高了一阶精确度. 对饱和度方程采用了特征混合体积元求解, 对流部分采用特征线法, 扩散项采用混合体积元离散, 大大提高了数值计算的稳定性和精确度, 且保持单元质量守恒, 这在强化采油数值模拟计算中是十分重要的. 对计算工作量最大的组分浓度方程组, 采用特征分数步差分方法计算, 大大减少了实际计算工作量. 10.1.4 小节是收敛性分析, 应用微分方程先验估计理论和特殊技巧, 得到了二阶 L^2 模误差估计结果. 这点是特别重要的, 它突破了 Arbogast 和 Wheeler 对同类问题仅能得到 3/2 阶的著名成果. 10.1.5 小节给出了数值算例, 支撑了理论分析, 并指明本节所提出的方法在实际问题中是切实可行和高效的. 本节有如下特征: ①本格式具有物理守恒律特性, 这点在油藏数值模拟是极其重要的, 特别是强化采油的数值模拟计算; ② 由于组合地应用混合体积元和特征线-分数步差分方法, 它具有高精度和高稳定性的特征, 特别适用于三维复杂区域大型数值模拟的工程实际计算; ③ 它拓广了 Arbogast 和 Wheeler 对同类问题仅能得到 3/2 阶收敛性结果, 推进并解决了这一重要问题[1,6,13,11,18,25]; ④ 它拓广了 Douglas 学派仅能处理 Darcy 流的经典结果, 在现代强化采油数值模拟领域的研究这是十分重要的[11-14,20,21,24]. 详细的讨论和分析可参阅文献 [29].

10.2 强化采油渗流驱动问题的迎风块中心方法和分析

10.2.1 引言

油田经注水开采后, 油藏中仍残留大量的原油, 这些油或者被毛细管力束缚住不能流动, 或者由于驱替相和被驱替相之间的不利流度比, 使得注入流波及体积小, 而无法驱动原油. 在注入液中加入某些化学添加剂, 则可大大改善注入液的驱洗油能力. 常用的化学添加剂大都为聚合物、表面活性剂和碱. 聚合物被用来优化驱替相的流度, 以调整与被驱替相之间的流度比, 均匀驱动前缘, 减弱高渗层指进, 提高驱替相的波及效率, 同时增加压力梯度等. 表面活性剂和碱主要用于降低地下各相间的界面张力, 从而将被束缚的油驱动[1-6].

本节研究强化采油数值模拟中的 Darcy 渗流驱动耦合问题, 提出的一类迎风块中心-分数步差分方法, 得到严谨的数值分析结果. 数值试验支撑了理论分析, 它对强化采油数值模拟的理论和实际应用具有重要的价值.

问题的数学模型是一类非线性偏微分方程组的初边值问题[11,13,14,21,30,31]:

$$-\nabla\cdot\left(\frac{\kappa(X)}{\mu(c)}\nabla p\right)\equiv\nabla\cdot\mathbf{u}=q(X,t)=q_I+q_p,\quad X=(x,y,z)^{\mathrm{T}}\in\Omega,t\in J=(0,T], \tag{10.2.1a}$$

$$\mathbf{u}=-\frac{\kappa(X)}{\mu(c)}\nabla p,\quad X\in\Omega,t\in J, \tag{10.2.1b}$$

$$\varphi\frac{\partial c}{\partial t}+\mathbf{u}\cdot\nabla c-\nabla\cdot(D(\mathbf{u})\nabla c)+q_I c=q_I c_I,\quad X\in\Omega,t\in J,\tag{10.2.2}$$

$$\varphi\frac{\partial}{\partial t}(cs_\alpha)+\nabla\cdot(s_\alpha\mathbf{u}-\varphi c\kappa_\alpha\nabla s_\alpha)=Q_\alpha(X,t,c,s_\alpha),\quad X\in\Omega,t\in J,\alpha=1,2,\cdots,n_c,\tag{10.2.3}$$

此处 Ω 是三维空间 R^3 中的有界区域. (10.2.1) 是流动方程, (10.2.2) 是饱和度方程, $p(X,t)$ 是压力函数, $\mathbf{u}=(u_1,u_2,u_3)^{\mathrm{T}}$ 是 Darcy 速度, $c(X,t)$ 是水的饱和度函数. $q(X,t)$ 是产量项, 通常是生产项 q_p 和注入项 q_I 的线性组合, 也就是 $q(X,t)=q_I(X,t)+q_p(X,t)$. c_I 是注入液的饱和度, 是已知的, $c(X,t)$ 是生产井的饱和度. $\varphi(X)$ 是多孔介质的空隙度, $\kappa(X)$ 是岩石的渗透率, $\mu(c)$ 为依赖于饱和度 c 的黏度. $D=D(\mathbf{u})$ 是扩散系数矩阵, 它是由分子扩散和机械扩散两部分组成的扩散弥散张量, 可表示为[31,32]

$$\mathbf{D}(X,\mathbf{u})=D_m\mathbf{I}+|\mathbf{u}|(d_l\mathbf{E}+d_t(\mathbf{I}-\mathbf{E}))\tag{10.2.4}$$

此处 $E=\mathbf{u}\mathbf{u}^{\mathrm{T}}/|\mathbf{u}|^2, D_m=\varphi d_m$, d_m 是分子扩散系数, $\mathbf{I}$ 为 3×3 单位矩阵, d_l 是纵向扩散系数, d_t 是横向扩散系数.

方程 (10.2.3) 为组分浓度方程组, $s_\alpha=s_\alpha(X,t)$ 是组分浓度函数, 组分是指各种化学剂 (聚合物、表面活性剂、碱及各种离子等), n_c 是组分数, $\kappa_\alpha=\kappa_\alpha(X)$ 是相应的扩散系数, Q_α 为与产量相关的源汇项.

问题 (10.2.1)—(10.2.4) 的边界和初始条件:

$$\mathbf{u}\cdot\gamma=0,(D(\mathbf{u})\nabla c-\mathbf{u}c)\cdot\gamma=0,\quad X\in\partial\Omega,t\in J,\tag{10.2.5a}$$

$$s_\alpha=h_\alpha(X,t),\quad X\in\partial\Omega,t\in J,\alpha=1,2,\cdots,n_c,\tag{10.2.5b}$$

$$c(X,0)=c_0(X),\quad X\in\Omega,\tag{10.2.5c}$$

$$s_\alpha(X,0)=s_{\alpha,0}(X),\quad X\in\Omega,\alpha=1,2,\cdots,n_c.\tag{10.2.5d}$$

此处 $\partial\Omega$ 为有界区域 Ω 的边界面, γ 是 $\partial\Omega$ 的外法向矢量.

为保证解的存在唯一性, 还需要下述相容性和唯一性条件:

$$\int_\Omega q(X,t)dX=0,\quad \int_\Omega p(X,t)dX=0,\quad t\in J.\tag{10.2.6}$$

利用方程 (10.2.1) 和 (10.2.2), 我们将方程 (10.2.3) 改写为下述便于计算的形式

$$\varphi c\frac{\partial s_\alpha}{\partial t}+\mathbf{u}\cdot\nabla s_\alpha-\nabla\cdot(\varphi c\kappa_\alpha\nabla s_\alpha)=Q_\alpha-s_\alpha\left(q+\varphi\frac{\partial c}{\partial t}\right),\quad X\in\Omega,t\in J,\alpha=1,2,\cdots,n_c.\tag{10.2.7}$$

对于二维不可压缩二相渗流驱动问题, 在问题周期性假定下, Douglas, Ewing, Russell, Wheeler 等提出著名的特征差分方法和特征有限元方法, 并给出严谨的数值分析结果, 奠定了油藏数值模拟理论基础[11,13,14,30,31]. 他们将特征线法和标准的有限差分方法、有限元方法相结合, 真实地反映出对流-扩散方程的一阶双曲特性, 减少截断误差, 克服数值振荡和弥散, 大大提高计算的稳定性和精确度. 作者去掉周期性假定, 给出新的修正特征差分格式和有限元格式, 并得到最佳阶 L^2 模误差估计[6,14,31].

我们注意到有限体积元法[33,34]兼具有差分方法的简单性和有限元方法的高精度性, 并且保持局部质量守恒, 是求解偏微分方程的一种十分有效的数值方法. 混合元方法[25,35,36]可以同时求解压力函数及其 Darcy 流速, 从而提高其一阶精确度. 论文 [26,37] 将有限体积元和混合元结合, 提出了块中心数值方法的思想, 论文 [38,39] 通过数值算例验证这种方法的有效性. 论文 [40—42] 主要对椭圆问题给出块中心数值方法的收敛性估计等理论结果, 形成了块中心差分方法的一般框架. 芮洪兴等用此方法研究了非 Darcy 油气渗流问题的数值模拟计算[43,44]. 本书作者用此方法处理半导体器件瞬态问题的数值模拟计算, 得到了十分满意的结果[45,46]. 在上述工作的基础上, 我们对三维强化采油 Darcy 渗流驱动问题提出一类块中心-迎风块中心-分数步差分方法. 即用块中心方法同时逼近压力函数和 Darcy 速度, 并对 Darcy 速度提高了一阶计算精确度. 对饱和度方程用迎风块中心方法, 即对方程的扩散项采用块中心离散, 对流部分采用迎风格式来处理. 能消除数值弥散和非物理性振荡, 这种方法适用于对流占优问题, 提高计算精确度. 扩散项采用块中心方法, 可以同时逼近饱和度函数及其伴随向量函数, 保持单元上质量守恒. 这在强化采油渗流力学数值模拟计算是特别重要的. 对计算工作量最大的组分浓度方程组采用迎风分数步差分方法, 将整体三维问题分解为连续解三个一维问题, 且可用追赶法求解, 大大减少实际计算工作量[22,23]. 应用微分方程先验估计理论和特殊技巧, 得到了最优阶误差估计. 本节对一般对流-扩散方程做了数值试验, 进一步指明本节的方法是一类切实可行的高效计算方法, 支撑了理论分析结果, 成功解决了这一问题[1,6,24,27,31]. 这项研究成果对强化采油数值方法、软件研制和矿场实际应用均有重要的价值.

我们使用通常的 Sobolev 空间及其范数记号. 假定问题 (10.2.1)—(10.2.6) 的精确解满足下述正则性条件:

$$
\text{(R)}\quad \begin{cases} p\in L^\infty(H^1), \\ \mathbf{u}\in L^\infty(H^1(\text{div}))\cap L^\infty(W^1_\infty)\cap W^1_\infty(L^\infty)\cap H^2(L^2), \\ c,s_\alpha\in L^\infty(H^2)\cap H^1(H^1)\cap L^\infty(W^1_\infty)\cap H^2(L^2),\alpha=1,2,\cdots,n_c, \end{cases}
$$

同时假定问题 (10.2.1)—(10.2.6) 的系数满足正定性条件:

$$\text{(C)}\quad \begin{cases} 0 < a_* \leqslant \dfrac{\kappa(X)}{\mu(c)} \leqslant a^*, \quad 0 < \varphi_* \leqslant \varphi(X) \leqslant \varphi^*, \quad 0 < D_* \leqslant D(X,\mathbf{u}), \\ 0 < K_* \leqslant \kappa_\alpha(X,t) \leqslant K^*, \quad \alpha = 1,2,\cdots,n_c, \end{cases}$$

此处 $a_*, a^*, \varphi_*, \varphi^*, D_*, K_*$ 和 K^* 均为确定的正常数.

在本节中 K 表示一般的正常数, ε 表示一般小的正数, 在不同地方具有不同含义.

10.2.2 记号和引理

为了应用迎风块中心-分数步差分方法, 我们需要构造三套网格系统. 粗网格是针对流场压力和 Darcy 流速的非均匀粗网格, 中网格是针对饱和度方程的非均匀网格, 细网格是针对需要精细计算且工作量最大的组分浓度方程组的均匀细网格. 首先讨论粗网格系统和中网格系统.

研究三维问题, 为简单起见, 设区域 $\Omega = \{[0,1]\}^3$, 用 $\partial\Omega$ 表示其边界. 定义剖分

$$\delta_x : 0 = x_{1/2} < x_{3/2} < \cdots < x_{N_x-1/2} < x_{N_x+1/2} = 1,$$
$$\delta_y : 0 = y_{1/2} < y_{3/2} < \cdots < y_{N_y-1/2} < y_{N_y+1/2} = 1,$$
$$\delta_z : 0 = z_{1/2} < z_{3/2} < \cdots < z_{N_z-1/2} < z_{N_z+1/2} = 1.$$

对 Ω 做剖分 $\delta_x \times \delta_y \times \delta_z$, 对于 $i = 1,2,\cdots,N_x$; $j = 1,2,\cdots,N_y$; $k = 1,2,\cdots,N_z$, 记 $\Omega_{ijk} = \{(x,y,z)|x_{i-1/2} < x < x_{i+1/2}, y_{j-1/2} < y < y_{j+1/2}, z_{k-1/2} < z < z_{k+1/2}\}$, $x_i = (x_{i-1/2} + x_{i+1/2})/2$, $y_j = (y_{j-1/2} + y_{j+1/2})/2$, $z_k = (z_{k-1/2} + z_{k+1/2})/2$,$h_{x_i} = x_{i+1/2} - x_{i-1/2}$,$h_{y_j} = y_{j+1/2} - y_{j-1/2}$, $h_{z_k} = z_{k+1/2} - z_{k-1/2}$, $h_{x,i+1/2} = (h_{x_i} + h_{x_{i+1}})/2 = x_{i+1} - x_i$, $h_{y,j+1/2} = (h_{y_j} + h_{y_{j+1}})/2 = y_{j+1} - y_j$, $h_{z,k+1/2} = (h_{z_k} + h_{z_{k+1}})/2 = z_{k+1} - z_k$, $h_x = \max\limits_{1\leqslant i\leqslant N_x}\{h_{x_i}\}$, $h_y = \max\limits_{1\leqslant j\leqslant N_y}\{h_{y_j}\}$, $h_z = \max\limits_{1\leqslant k\leqslant N_z}\{h_{z_k}\}$, $h_p = (h_x^2 + h_y^2 + h_z^2)^{1/2}$. 称剖分是正则的, 是指存在常数 $\alpha_1, \alpha_2 > 0$, 使得

$$\min_{1\leqslant i\leqslant N_x}\{h_{x_i}\} \geqslant \alpha_1 h_x, \quad \min_{1\leqslant j\leqslant N_y}\{h_{y_j}\} \geqslant \alpha_1 h_y, \quad \min_{1\leqslant k\leqslant N_z}\{h_{z_k}\} \geqslant \alpha_1 h_z,$$
$$\min\{h_x, h_y, h_z\} \geqslant \alpha_2 \max\{h_x, h_y, h_z\}.$$

特别指出的是, 此处 $\alpha_i (i = 1,2)$ 是二个确定的正常数, 它与 Ω 的剖分 $\delta_x \times \delta_y \times \delta_z$ 有关.

图 10.2.1 表示对应于 $N_x = 4, N_y = 3, N_z = 3$ 情况简单网格的示意图. 定义 $M_l^d(\delta_x) = \{f \in C^l[0,1] : f|_{\Omega_i} \in p_d(\Omega_i), i = 1,2,\cdots,N_x\}$, 其中 $\Omega_i = [x_{i-1/2}, x_{i+1/2}]$, $p_d(\Omega_i)$ 是 Ω_i 上次数不超过 d 的多项式空间, 当 $l = -1$ 时, 表示函数 f 在 $[0,1]$ 上可以不连续. 对 $M_l^d(\delta_y), M_l^d(\delta_z)$ 的定义是类似的. 记 $S_h = M_{-1}^0(\delta_x) \otimes M_{-1}^0(\delta_y) \otimes M_{-1}^0(\delta_z)$,$V_h = \{\mathbf{w}|\mathbf{w} = (w^x, w^y, w^z), w^x \in M_0^1(\delta_x) \otimes M_{-1}^0(\delta_y) \otimes M_{-1}^0(\delta_z), w^y \in$

$M_{-1}^0(\delta_x)\otimes M_0^1(\delta_y)\otimes M_{-1}^0(\delta_z), w^z\in M_{-1}^0(\delta_x)\otimes M_{-1}^0(\delta_y)\otimes M_0^1(\delta_z), \mathbf{w}\cdot\gamma|_{\partial\Omega}=0\}$. 对函数 $v(x,y,z)$, 用 $v_{ijk}, v_{i+1/2,jk}, v_{i,j+1/2,k}$ 和 $v_{ij,k+1/2}$ 分别表示 $v(x_i,y_j,z_k), v(x_{i+1/2}, y_j,z_k), v(x_i,y_{j+1/2},z_k)$ 和 $v(x_i,y_j,z_{k+1/2})$.

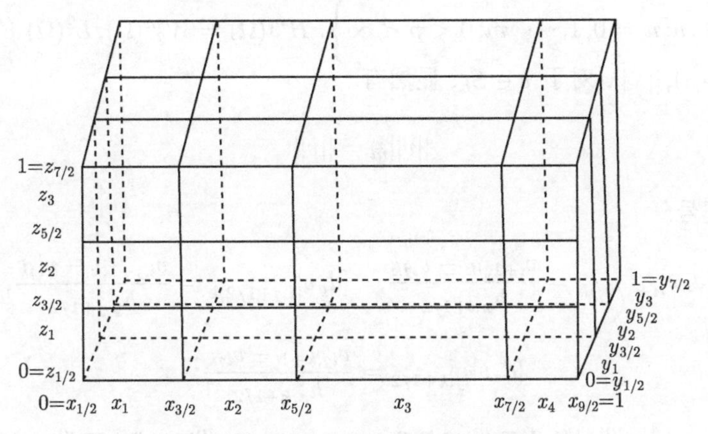

图 10.2.1 非均匀网格剖分示意图

定义下列内积及范数:

$$(v,w)_{\bar{m}}=\sum_{i=1}^{N_x}\sum_{j=1}^{N_y}\sum_{k=1}^{N_z}h_{x_i}h_{y_j}h_{z_k}v_{ijk}w_{ijk},$$

$$(v,w)_x=\sum_{i=1}^{N_x}\sum_{j=1}^{N_y}\sum_{k=1}^{N_z}h_{x_{i-1/2}}h_{y_j}h_{z_k}v_{i-1/2,jk}w_{i-1/2,jk},$$

$$(v,w)_y=\sum_{i=1}^{N_x}\sum_{j=1}^{N_y}\sum_{k=1}^{N_z}h_{x_i}h_{y_{j-1/2}}h_{z_k}v_{i,j-1/2,k}w_{i,j-1/2,k},$$

$$(v,w)_z=\sum_{i=1}^{N_x}\sum_{j=1}^{N_y}\sum_{k=1}^{N_z}h_{x_i}h_{y_j}h_{z_{k-1/2}}v_{ij,k-1/2}w_{ij,k-1/2},$$

$$\|v\|_s^2=(v,v)_s, s=\bar{m},x,y,z,\quad \|v\|_\infty=\max_{1\leqslant i\leqslant N_x,1\leqslant j\leqslant N_y,1\leqslant k\leqslant N_z}|v_{ijk}|,$$

$$\|v\|_{\infty(x)}=\max_{1\leqslant i\leqslant N_x,1\leqslant j\leqslant N_y,1\leqslant k\leqslant N_z}|v_{i-1/2,jk}|,$$

$$\|v\|_{\infty(y)}=\max_{1\leqslant i\leqslant N_x,1\leqslant j\leqslant N_y,1\leqslant k\leqslant N_z}|v_{i,j-1/2,k}|,$$

$$\|v\|_{\infty(z)}=\max_{1\leqslant i\leqslant N_x,1\leqslant j\leqslant N_y,1\leqslant k\leqslant N_z}|v_{ij,k-1/2}|.$$

当 $\mathbf{w}=(w^x,w^y,w^z)^{\mathrm{T}}$ 时, 记

$$|||\mathbf{w}|||=\left(\|w^x\|_x^2+\|w^y\|_y^2+\|w^z\|_z^2\right)^{1/2},\quad |||\mathbf{w}|||_\infty=\|w^x\|_{\infty(x)}+\|w^y\|_{\infty(y)}+\|w^z\|_{\infty(z)},$$

$$||\mathbf{w}||_{\bar{m}} = \left(||w^x||_{\bar{m}}^2 + ||w^y||_{\bar{m}}^2 + ||w^z||_{\bar{m}}^2\right)^{1/2}, \quad ||\mathbf{w}||_\infty = ||w^x||_\infty + ||w^y||_\infty + ||w^z||_\infty.$$

设 $W_p^m(\Omega) = \left\{ v \in L^p(\Omega) \middle| \dfrac{\partial^n v}{\partial x^{n-l-r}\partial y^l \partial z^r} \in L^p(\Omega), n-l-r \geqslant 0, l = 0,1,\cdots,n; r = 0,1,\cdots,n; n = 0,1,\cdots,m; 0 < p < \infty \right\}$. $H^m(\Omega) = W_2^m(\Omega)$, $L^2(\Omega)$ 的内积与范数分别为 $(\cdot,\cdot), ||\cdot||$. 对于 $v \in S_h$, 显然有

$$||v||_{\bar{m}} = ||v||. \tag{10.2.8}$$

定义下列记号:

$$[d_x v]_{i+1/2,jk} = \frac{v_{i+1,jk} - v_{ijk}}{h_{x,i+1/2}}, \quad [d_y v]_{i,j+1/2,k} = \frac{v_{i,j+1,k} - v_{ijk}}{h_{y,j+1/2}},$$

$$[d_z v]_{ij,k+1/2} = \frac{v_{ij,k+1} - v_{ijk}}{h_{z,k+1/2}};$$

$$[D_x w]_{ijk} = \frac{w_{i+1/2,jk} - w_{i-1/2,jk}}{h_{x_i}}, \quad [D_y w]_{ijk} = \frac{w_{i,j+1/2,k} - w_{i,j-1/2,k}}{h_{y_j}},$$

$$[D_z w]_{ijk} = \frac{w_{ij,k+1/2} - w_{ij,k-1/2}}{h_{z_k}};$$

$$\hat{w}_{ijk}^x = \frac{w_{i+1/2,jk}^x + w_{i-1/2,jk}^x}{2}, \quad \hat{w}_{ijk}^y = \frac{w_{i,j+1/2,k}^y + w_{i,j-1/2,k}^y}{2},$$

$$\hat{w}_{ijk}^z = \frac{w_{ij,k+1/2}^z + w_{ij,k-1/2}^z}{2};$$

$$\bar{w}_{ijk}^x = \frac{h_{x,i+1}}{2h_{x,i+1/2}} w_{ijk} + \frac{h_{x,i}}{2h_{x,i+1/2}} w_{i+1,jk}, \quad \bar{w}_{ijk}^y = \frac{h_{y,j+1}}{2h_{y,j+1/2}} w_{ijk} + \frac{h_{y,j}}{2h_{y,j+1/2}} w_{i,j+1,k},$$

$$\bar{w}_{ijk}^z = \frac{h_{z,k+1}}{2h_{z,k+1/2}} w_{ijk} + \frac{h_{z,k}}{2h_{z,k+1/2}} w_{ij,k+1},$$

以及 $\hat{\mathbf{w}}_{ijk} = (\hat{w}_{ijk}^x, \hat{w}_{ijk}^y, \hat{w}_{ijk}^z)^{\mathrm{T}}$, $\bar{\mathbf{w}}_{ijk} = (\bar{w}_{ijk}^x, \bar{w}_{ijk}^y, \bar{w}_{ijk}^z)^{\mathrm{T}}$. 此处 $d_s(s = x,y,z)$, $D_s(s = x,y,z)$ 是差商算子, 它与方程 (10.2.4) 中的系数 D 无关. 记 L 是一个正整数, $\Delta t = T/L, t^n = n\Delta t, v^n$ 表示函数在 t^n 时刻的值, $d_t v^n = (v^n - v^{n-1})/\Delta t$.

对于上面定义的内积和范数, 下述四个引理成立.

引理 10.2.1　对于 $v \in S_h$, $\mathbf{w} \in V_h$, 显然有

$$(v, D_x w^x)_{\bar{m}} = -(d_x v, w^x)_x, \quad (v, D_y w^y)_{\bar{m}} = -(d_y v, w^y)_y, \quad (v, D_z w^z)_{\bar{m}} = -(d_z v, w^z)_z. \tag{10.2.9}$$

引理 10.2.2　对于 $\mathbf{w} \in V_h$, 则有

$$||\hat{\mathbf{w}}||_{\bar{m}} \leqslant |||\mathbf{w}|||. \tag{10.2.10}$$

证明见引理 10.1.2.

引理 10.2.3 对于 $q \in S_h$, 则有

$$\| \bar{q}^x \|_x \leqslant M\|q\|_m, \quad \| \bar{q}^y \|_y \leqslant M\|q\|_m, \quad \| \bar{q}^z \|_z \leqslant M\|q\|_m, \tag{10.2.11}$$

此处 M 是与 q, h 无关的常数.

引理 10.2.4 对于 $\mathbf{w} \in V_h$, 则有

$$\|w^x\|_x \leqslant \|D_x w^x\|_{\bar{m}}, \quad \|w^y\|_y \leqslant \|D_y w^y\|_{\bar{m}}, \quad \|w^z\|_z \leqslant \|D_z w^z\|_{\bar{m}}. \tag{10.2.12}$$

证明见引理 10.1.4.

对于中网格系统, 区域为 $\Omega = \{[0,1]\}^3$, 通常基于上述粗网格的基础上再进行均匀细分, 一般取原网格步长的 $1/\hat{l}$, 通常 $\hat{l}$ 取 2 或 4, 其余全部记号不变, 此时 $h_{\hat{c}} = h_p/\hat{l}$. 关于细网格系统, 对于区域 $\Omega = \{[0,1]\}^3$, 定义均匀网格剖分:

$$\bar{\delta}_x : 0 = x_0 < x_1 < \cdots < x_{M_1-1} < x_{M_1} = 1,$$
$$\bar{\delta}_y : 0 = y_0 < y_1 < \cdots < y_{M_2-1} < y_{M_2} = 1,$$
$$\bar{\delta}_z : 0 = z_0 < z_1 < \cdots < z_{M_3-1} < z_{M_3} = 1,$$

此处 $M_i (i = 1,2,3)$ 均为正常数, 三个方向步长和网格点分别记为 $h^x = \dfrac{1}{M_1}$, $h^y = \dfrac{1}{M_2}$, $h^z = \dfrac{1}{M_3}$, $x_i = i \cdot h^x, y_j = j \cdot h^y, z_k = k \cdot h^z, h_c = ((h^x)^2 + (h^y)^2 + (h^z)^2)^{1/2}$. 记

$$D_{i+1/2,jk} = \frac{1}{2}[D(X_{ijk}) + D(X_{i+1,jk})], \quad D_{i-1/2,jk} = \frac{1}{2}[D(X_{ijk}) + D(X_{i-1,jk})],$$

$D_{i,j+1/2,k}, D_{i,j-1/2,k}, D_{ij,k+1/2}, D_{ij,k-1/2}$ 的定义是类似的. 同时定义:

$$\delta_{\bar{x}}(D\delta_x W)^n_{ijk} = (h^x)^{-2}[D_{i+1/2,jk}(W^n_{i+1,jk} - W^n_{ijk}) - D_{i-1/2,jk}(W^n_{ijk} - W^n_{i-1,jk})], \tag{10.2.13a}$$

$$\delta_{\bar{y}}(D\delta_y W)^n_{ijk} = (h^y)^{-2}[D_{i,j+1/2,k}(W^n_{i,j+1,k} - W^n_{ijk}) - D_{i,j-1/2,k}(W^n_{ijk} - W^n_{i,j-1,k})], \tag{10.2.13b}$$

$$\delta_{\bar{z}}(D\delta_z W)^n_{ijk} = (h^z)^{-2}[D_{ij,k+1/2}(W^n_{ij,k+1} - W^n_{ijk}) - D_{ij,k-1/2}(W^n_{ijk} - W^n_{ij,k-1})]. \tag{10.2.13c}$$

$$\nabla_h(D\nabla W)^n_{ijk} = \delta_{\bar{x}}(D\delta_x W)^n_{ijk} + \delta_{\bar{y}}(D\delta_y W)^n_{ijk} + \delta_{\bar{z}}(D\delta_z W)^n_{ijk}. \tag{10.2.14}$$

10.2.3 迎风块中心-分数步差分方法程序

10.2.3.1 格式的提出

为了引入块中心差分方法的处理思想, 我们将流动方程 (10.2.1) 写为下述标准形式:

$$\nabla \cdot \mathbf{u} = q, \tag{10.2.15a}$$

$$\mathbf{u}=-a(c)\nabla p, \tag{10.2.15b}$$

此处 $a(c)=\kappa(X)\mu^{-1}(c)$.

对饱和度方程 (10.2.2) 构造其迎风块中心差分格式. 为此将其转变为散度形式, 记 $\mathbf{g}=\mathbf{u}c=(u_1c,u_2c,u_3c)^{\mathrm{T}}$, $\bar{\mathbf{z}}=-\nabla c$, $\mathbf{z}=D\bar{\mathbf{z}}$, 则方程 (10.2.2)

$$\varphi\frac{\partial c}{\partial t}+\nabla\cdot\mathbf{g}+\nabla\cdot\mathbf{z}-c\nabla\cdot\mathbf{u}=q_I(c_I-c). \tag{10.2.16}$$

应用流动方程 $\nabla\cdot\mathbf{u}=q=q_I+q_p$, 则方程 (10.2.16) 可改写为

$$\varphi\frac{\partial c}{\partial t}+\nabla\cdot\mathbf{g}+\nabla\cdot\mathbf{z}-q_pc=q_Ic_I. \tag{10.2.17}$$

应用拓广的块中心方法[47], 此方法不仅得到对扩散流量 $\mathbf{z}$ 的近似, 同时得到对梯度 $\bar{\mathbf{z}}$ 的近似.

设 Δt_p 是流动方程的时间步长, 第一步时间步长记为 $\Delta t_{p,1}$. 设 $0=t_0<t_1<\cdots<t_M=T$ 是关于时间的一个剖分. 对于 $i\geqslant 1,t_i=\Delta t_{p,1}+(i-1)\Delta t_p$. 类似地, 记 $0=t^0<t^1<\cdots<t^N=T$ 是饱和度方程关于时间的一个剖分, $t^n=n\Delta t_c$, 此处 Δt_c 是饱和度方程的时间步长. 我们假设对于任一 m, 都存在一个 n 使得 $t_m=t^n$, 这里 $\Delta t_p/\Delta t_c$ 是一个正整数. 记 $j_0=\Delta t_{p,1}/\Delta t_c$, $j=\Delta t_p/\Delta t_c$.

设 $P,\mathbf{U},C,\mathbf{G},\mathbf{Z}$ 和 $\bar{\mathbf{Z}}$ 分别为 $p,\mathbf{u},c,\mathbf{g},\mathbf{z}$ 和 $\bar{\mathbf{z}}$ 在 $S_h\times V_h\times S_h\times V_h\times V_h\times V_h$ 空间上的近似解. 由 10.2.2 小节的记号和引理 10.2.1—引理 10.2.4 的结果导出流体压力和 Darcy 流速的块中心格式为

$$(D_xU_m^x+D_yU_m^y+D_zU_m^z,v)_{\bar{m}}=(q_m,v)_{\bar{m}},\quad \forall v\in S_h, \tag{10.2.18a}$$

$$\begin{aligned}&\left(a^{-1}(\bar{C}_m^x)U_m^x,w^x\right)_x+\left(a^{-1}(\bar{C}_m^y)U_m^y,w^y\right)_y+\left(a^{-1}(\bar{C}_m^z)U_m^z,w^z\right)_z\\&-(P_m,D_xw^x+D_yw^y+D_zw^z)_{\bar{m}}=0,\quad \forall\mathbf{w}\in V_h.\end{aligned} \tag{10.2.18b}$$

饱和度方程 (10.2.17) 的变分形式为

$$\left(\varphi\frac{\partial c}{\partial t},v\right)_{\bar{m}}+(\nabla\cdot\mathbf{g},v)_{\bar{m}}+(\nabla\cdot\mathbf{z},v)_{\bar{m}}-(q_pc,v)_{\bar{m}}=(q_Ic_I,v)_{\bar{m}},\quad \forall v\in S_h, \tag{10.2.19a}$$

$$(\bar{z}^x,w^x)_x+(\bar{z}^y,w^y)_y+(\bar{z}^z,w^z)_z-\left(c,\sum_{s=x,y,z}D_sw^s\right)_{\bar{m}}=0,\quad \forall\mathbf{w}\in V_h, \tag{10.2.19b}$$

$$(z^x,w^x)_x+(z^y,w^y)_y+(z^z,w^z)_z=(D(\mathbf{u})\bar{\mathbf{z}},\mathbf{w})_{\bar{m}},\quad \forall\mathbf{w}\in V_h. \tag{10.2.19c}$$

饱和度方程 (10.2.17) 的迎风块中心格式为

$$\left(\varphi\frac{C^n-C^{n-1}}{\Delta t_c},v\right)_{\bar{m}}+(\nabla\cdot\mathbf{G},v)_{\bar{m}}+(D_xZ^{x,n}+D_yZ^{y,z}+D_zZ^{z,n},v)_{\bar{m}}-(q_pC^n,v)_{\bar{m}}$$

$$=(q_I C_I^n, v)_{\bar{m}}, \quad \forall v \in S_h, \tag{10.2.20a}$$

$$\left(\bar{Z}^{x,n}, w^x\right)_x + \left(\bar{Z}^{y,n}, w^y\right)_y + \left(\bar{Z}^{z,n}, w^z\right)_z - \left(C^n, \sum_{s=x,y,z} D_s w^s\right)_{\bar{m}} = 0, \quad \forall \mathbf{w} \in V_h, \tag{10.2.20b}$$

$$\left(Z^{x,n}, w^x\right)_x + \left(Z^{y,n}, w^y\right)_y + \left(Z^{z,n}, w^z\right)_z = \left(D(E\mathbf{U}^n)\,\bar{Z}^n, \mathbf{w}\right)_{\bar{m}}, \quad \forall \mathbf{w} \in V_h. \tag{10.2.20c}$$

在非线性项 $a(c)$ 中用近似解 C_m 代替在 $t = t_m$ 时刻的真解 c_m, 令

$$\bar{C}_m = \min\{1, \max(0, C_m)\} \in [0,1]. \tag{10.2.21}$$

在时间步 t^n,$t_{m-1} < t^n \leqslant t_m$, 应用如下的外推公式

$$E\mathbf{U}^n = \begin{cases} \mathbf{U}_0, & t_0 < t^n \leqslant t_1, m = 1 \\ \left(1 + \dfrac{t^n - t_{m-1}}{t_{m-1} - t_{m-2}}\right)\mathbf{U}_{m-1} - \dfrac{t^n - t_{m-1}}{t_{m-1} - t_{m-2}}\mathbf{U}_{m-2}, & t_{m-1} < t^n \leqslant t_m, m \geqslant 2. \end{cases} \tag{10.2.22}$$

初始逼近:

$$C^0 = \tilde{C}^0, \quad X \in \Omega, \tag{10.2.23}$$

可以用椭圆投影 (将在 10.2.4 小节定义) 插值或 L^2 投影确定.

对方程 (10.2.20a) 中的迎风项, 用近似解 C 来构造. 本节使用简单的迎风方法. 由于在 $\partial\Omega$ 上 $\mathbf{g} = \mathbf{u}c = 0$, 设在边界上 $\mathbf{G}^n \cdot \gamma$ 的平均积分为 0. 假设单元 e_1, e_2 有公共面 σ, x_l 是此面的重心, γ_l 是从 e_1 到 e_2 的法向量, 那么可以定义

$$\mathbf{G}^n \cdot \gamma = \begin{cases} C_{e_1}^n (E\mathbf{U}^n \cdot \gamma_l)(x_l), & (E\mathbf{U}^n \cdot \gamma_l)(x_l) \geqslant 0, \\ C_{e_2}^n (E\mathbf{U}^n \cdot \gamma_l)(x_l), & (E\mathbf{U}^n \cdot \gamma_l)(x_l) < 0. \end{cases} \tag{10.2.24}$$

此处 $C_{e_1}^n, C_{e_2}^n$ 是 C^n 在单元上的常数值. 至此我们借助 C^n 定义了 $\mathbf{G}^n$, 完成了数值格式 (10.2.20) 的构造, 形成关于 C 的非对称方程组. 我们也可以用另外的方法计算 $\mathbf{G}^n$, 得到对称线性方程组:

$$\mathbf{G}^n \cdot \gamma = \begin{cases} C_{e_1}^{n-1} (E\mathbf{U}^n \cdot \gamma_l)(x_l), & (E\mathbf{U}^n \cdot \gamma_l)(x_l) \geqslant 0, \\ C_{e_2}^{n-1} (E\mathbf{U}^n \cdot \gamma_l)(x_l), & (E\mathbf{U}^n \cdot \gamma_l)(x_l) < 0. \end{cases} \tag{10.2.25}$$

在上述基础上, 对组分浓度方程组 (10.2.7) 需要高精度计算, 其计算工作量最大. 我们采用迎风分数步差分方法计算. 在这里注意到在油藏数值模拟中处处存在束缚水的特征[11,13,14,21,30], 则有 $c(X,t) \geqslant c_* > 0$, 此处 c_* 为确定的正常数, 对方程 (10.2.7) 的系数有下述正定性[11,13,14,21,30]:

$$0 < \bar{D}_* \leqslant \hat{D}(c) \leqslant \bar{D}^*, \quad 0 < \bar{\varphi}_* \leqslant \varphi c \leqslant \bar{\varphi}^*, \tag{10.2.26}$$

此处 $\hat{D}(c)=\varphi c\kappa$, $\bar{D}_*$,$\bar{D}^*$, $\bar{\varphi}_*$ 和 $\bar{\varphi}^*$ 均为确定的正常数.

对组分浓度方程组 (10.2.7) 的迎风分数步差分格式为

$$\begin{aligned}
&\varphi_{ijk}C_{ijk}^n\frac{S_{\alpha,ijk}^{n-2/3}-S_{\alpha,ijk}^{n-1}}{\Delta t_c}\\
&=\delta_{\bar{x}}(\varphi C^n\kappa_\alpha\delta_x S_\alpha^{n-2/3})_{ijk}\\
&\quad+\delta_{\bar{y}}(\varphi C^n\kappa_\alpha\delta_y S_\alpha^{n-1})_{ijk}+\delta_{\bar{z}}(\varphi C^n\kappa_\alpha\delta_z S_\alpha^{n-1})_{ijk}\\
&\quad+Q_\alpha(C_{ijk}^n,S_{\alpha,ijk}^{n-1}),\quad 1\leqslant i\leqslant M_1-1,\alpha=1,2,\cdots,n_c,
\end{aligned}\tag{10.2.27a}$$

$$S_{\alpha,ijk}^{n-2/3}=h_{\alpha,ijk}^n,\quad X_{ijk}\in\partial\Omega_h,\alpha=1,2,\cdots,n_c.\tag{10.2.27b}$$

$$\begin{aligned}
&\varphi_{ijk}C_{ijk}^n\frac{S_{\alpha,ijk}^{n-1/3}-S_{\alpha,ijk}^{n-2/3}}{\Delta t_c}\\
&=\delta_{\bar{y}}(\varphi C^n\kappa_\alpha\delta_y(S_\alpha^{n-1/3}-S_\alpha^{n-1}))_{ijk},\quad 1\leqslant j\leqslant M_2-1,\alpha=1,2,\cdots,n_c,
\end{aligned}\tag{10.2.28a}$$

$$S_{\alpha,ijk}^{n-1/3}=h_{\alpha,ijk}^n,\quad X_{ijk}\in\partial\Omega_h,\alpha=1,2,\cdots,n_c.\tag{10.2.28b}$$

$$\begin{aligned}
&\varphi_{ijk}C_{ijk}^n\frac{S_{\alpha,ijk}^{n}-S_{\alpha,ijk}^{n-1/3}}{\Delta t_c}\\
&=\delta_{\bar{z}}(\varphi C^n\kappa_\alpha\delta_z(S_\alpha^{n}-S_\alpha^{n-1}))_{ijk}\\
&\quad-\sum_{s=x,y,z}\delta_{E\mathbf{U}^n,s}S_{\alpha,ijk}^n,\quad 1\leqslant k\leqslant M_3-1,\alpha=1,2,\cdots,n_c,
\end{aligned}\tag{10.2.29a}$$

$$S_{\alpha,ijk}^{n}=h_{\alpha,ijk}^n,\quad X_{ijk}\in\partial\Omega_h,\alpha=1,2,\cdots,n_c.\tag{10.2.29b}$$

此处 $\delta_{E\mathbf{U}^n,s}S_{\alpha,ijk}^n=(E\mathbf{U}^n)_{s,ijk}\{H(E\mathbf{U}_{s,ijk}^n)\delta_{\bar{s}}+(1-H(E\mathbf{U}_{s,ijk}^n))\delta_s\}S_{\alpha,ijk}^n$, $\alpha=1,2,\cdots,n_c$, $H(z)=\begin{cases}1, & z\geqslant 0,\\ 0, & z<0.\end{cases}$

初始逼近:

$$S_{\alpha,ijk}^0=s_{\alpha,0}(X_{ijk}),\quad X_{ijk}\in\bar{\Omega}_h,\alpha=1,2,\cdots,n_c.\tag{10.2.30}$$

迎风块中心-分数步差分格式的计算程序. 首先采用初始逼近 (10.2.23), 应用共轭梯度法由 (10.2.18) 求出 $\{\mathbf{U}_0,P_0\}$. 在此基础上, 应用迎风块中心格式 (10.2.20) 求出 $\{C^1,\mathbf{Z}^1,\bar{\mathbf{Z}}^1\}$. 再由迎风分数步差分格式 (10.2.27)—(10.2.29), 应用一维追赶法依次计算出过渡层的 $\{S_\alpha^{1/3}\}$, $\{S_\alpha^{2/3}\}$. 最后得 $t=t^1$ 的差分解 $\{S_\alpha^1\}$,$\alpha=1,2,\cdots,n_c$. 这样完成了第 1 层的计算. 按此方式可以求出 $\{C^2,\mathbf{Z}^2,\bar{\mathbf{Z}}^2\}$, $\{S_\alpha^2,\alpha=1,2,\cdots,n_c\}$, $\cdots$, $\{C^{j_0},\mathbf{Z}^{j_0},\bar{\mathbf{Z}}^{j_0}\}$,$\{S_\alpha^{j_0},\alpha=1,2,\cdots,n_c\}$. 对 $m\geqslant 1$, 此处 $C^{j_0+(m-1)j}=C_m$ 是已知的,

应用 (10.2.18a), (10.2.18b) 得到 $\{\mathbf{U}_m, P_m\}$. 再由 (10.2.20a)—(10.2.20c), (10.2.27)—(10.2.29) 依次可得 $\{C^{j_0+(m-1)j+1}, \mathbf{Z}^{j_0+(m-1)j+1}, \bar{\mathbf{Z}}^{j_0+(m-1)j+1}\},\{S_\alpha^{j_0+(m-1)j+1}, \alpha = 1,2,\cdots,n_c\},\cdots$. 这样逐层计算可得全部数值逼近解, 由正定性条件 (C), 解存在且唯一.

10.2.3.2 单元质量守恒律

如果问题 (10.2.1)—(10.2.6) 没有源汇项, 也就是 $q \equiv 0$, 边界条件是不渗透的, 则在每个单元 $e \in \Omega$ 上,$e = \Omega_{ijk} = [x_{i-1/2}, x_{i+1/2}]\times[y_{j-1/2}, y_{j+1/2}]\times[z_{k-1/2}, z_{k+1/2}]$, 饱和度方程的单元质量守恒表现为

$$\int_e \varphi\frac{\partial c}{\partial t}dX - \int_{\partial e}\mathbf{g}\cdot\gamma_e dS - \int_{\partial e}\mathbf{z}\cdot\gamma_e dS = 0. \tag{10.2.31}$$

此处 e 为区域 Ω 关于饱和度的细网格剖分单元, ∂e 为单元 e 的边界面, γ_e 为单元边界面的外法线方向矢量. 下面我们证明 (10.2.20a) 满足下面的离散意义下的单元质量守恒律.

定理 10.2.1 如果 $q \equiv 0$, 则在任意单元 $e \in \Omega$ 上, 格式 (10.2.20a) 满足离散的单元质量守恒律

$$\int_e \varphi\frac{C^n - C^{n-1}}{\Delta t_c}dX - \int_{\partial e}\mathbf{G}^n\cdot\gamma_e dS - \int_{\partial e}\mathbf{Z}^n\cdot\gamma_e dS = 0. \tag{10.2.32}$$

证明 因为 $v \in S_h$, 对给定的单元 $e \in \Omega_{ijk}$ 上, 取 $v \equiv 1$, 在其他单元上为零, 则此时 (10.2.20a) 为

$$\left(\varphi\frac{C^n - C^{n-1}}{\Delta t_c}, 1\right)_{\Omega_{ijk}} - \int_{\partial e}\mathbf{G}^n\cdot\gamma_e dS + (D_x Z^{x,n} + D_y Z^{y,n} + D_z Z^{z,n}, 1)_{\Omega_{ijk}} = 0. \tag{10.2.33}$$

按 10.2.2 小节中的记号可得

$$\left(\varphi\frac{C^n - C^{n-1}}{\Delta t_c}, 1\right)_{\Omega_{ijk}} = \varphi_{ijk}\left(\frac{C_{ijk}^n - C_{ijk}^{n-1}}{\Delta t_c}\right)h_{x_i}h_{y_j}h_{z_k} = \int_{\Omega_{ijk}}\varphi\frac{C^n - C^{n-1}}{\Delta t_c}dX, \tag{10.2.34a}$$

$$\begin{aligned}
&(D_x Z^{x,n} + D_y Z^{y,n} + D_z Z^{z,n}, 1)_{\Omega_{ijk}} = \left(Z_{i+1/2,jk}^{x,n} - Z_{i-1/2,jk}^{x,n}\right)h_{y_j}h_{z_k} \\
&\quad + \left(Z_{i,j+1/2,k}^{y,n} - Z_{i,j-1/2,k}^{y,n}\right)h_{x_i}h_{z_k} + \left(Z_{ij,k+1/2}^{z,n} - Z_{ij,k-1/2}^{z,n}\right)h_{x_i}h_{y_j} \\
&= -\int_{\partial\Omega_{ijk}}\mathbf{Z}^n\cdot\gamma_{\partial\Omega_{ijk}}dS.
\end{aligned} \tag{10.2.34b}$$

将式 (10.2.34) 代入式 (10.2.33), 定理 10.2.1 得证.

由局部质量守恒律定理 10.2.1, 即可推出整体质量守恒律.

定理 10.2.2 如果 $q \equiv 0$, 边界条件是不渗透的, 则格式 (10.2.20a) 满足整体离散质量守恒律

$$\int_{\Omega} \varphi \frac{C^n - C^{n-1}}{\Delta t_c} dX = 0, \quad n > 0. \tag{10.2.35}$$

证明 由单元局部质量守恒律 (10.2.32), 对全部的网格剖分单元求和, 则有

$$\sum_e \int_e \varphi \frac{C^n - C^{n-1}}{\Delta t_c} dX - \sum_e \int_{\partial e} \mathbf{G}^n \cdot \gamma_e dS - \sum_e \int_{\partial e} \mathbf{Z}^n \cdot \gamma_e dS = 0. \tag{10.2.36}$$

记单元 e_1, e_2 的公共面为 σ_l, x_l 是此边界面的重心点,γ_l 是从 e_1 到 e_2 的法向量, 那么由对流项的定义, 在单元 e_1 上, 若 $E\mathbf{U}^n \cdot \gamma_l(X) \geqslant 0$, 则

$$\int_{\sigma_l} \mathbf{G}^n \cdot \gamma_l ds = C_{e_1}^n E\mathbf{U}^n \cdot \gamma_l(X)|\sigma_l|. \tag{10.2.37a}$$

此处 $|\sigma_l|$ 为边界面 σ_l 的测度. 而在单元 e_2 上,σ_l 的法向量是 $-\gamma_l$, 此时 $E\mathbf{U}^n \cdot (-\gamma_l(X)) \leqslant 0$, 则

$$\int_{\sigma_l} \mathbf{G}^n \cdot (-\gamma_l) ds = -C_{e_1}^n E\mathbf{U}^n \cdot \gamma_l(X)|\sigma_l|. \tag{10.2.37b}$$

$$\sum_e \int_{\partial e} \mathbf{G}^n \cdot \gamma_e dS = 0. \tag{10.2.38}$$

$$-\sum_e \int_{\partial e} \mathbf{Z}^n \cdot \gamma_e dS = -\int_{\partial\Omega} \mathbf{Z}^n \cdot \gamma_\Omega dS = 0. \tag{10.2.39}$$

将 (10.2.38), (10.2.39) 代入 (10.2.36) 可得

$$\int_{\Omega} \varphi \frac{C^n - C^{n-1}}{\Delta t_c} dX = 0, \quad n > 0. \tag{10.2.40}$$

定理 10.2.2 证毕. 这一物理特性, 对渗流力学数值模拟计算是特别重要的.

10.2.4 收敛性分析

为了进行收敛性分析, 引入下述辅助性椭圆投影. 定义 $\tilde{\mathbf{U}} \in V_h, \tilde{P} \in S_h$ 满足

$$\left(D_x \tilde{U}^x + D_y \tilde{U}^y + D_z \tilde{U}^z, v\right)_{\bar{m}} = (q, v)_{\bar{m}}, \quad \forall v \in S_h, \tag{10.2.41a}$$

$$\begin{aligned} &\left(a^{-1}(c)\tilde{U}^x, w^x\right)_x + \left(a^{-1}(c)\tilde{U}^y, w^y\right)_y + \left(a^{-1}(c)\tilde{U}^z, w^z\right)_z \\ &- \left(\tilde{P}, D_x w^x + D_y w^y + D_z w^z\right)_{\bar{m}} \\ &= 0, \quad \forall \mathbf{w} \in V_h. \end{aligned} \tag{10.2.41b}$$

其中 c 是问题 (10.2.1), (10.2.2) 的精确解.

记 $F=q_pc+q_Ic_I-\left(\psi\dfrac{\partial c}{\partial t}+\nabla\cdot\mathbf{g}\right)$. 定义 $\tilde{\mathbf{Z}},\tilde{\bar{\mathbf{Z}}}\in V_h$, $\tilde{C}\in S_h$, 满足

$$\left(D_x\tilde{Z}^x+D_y\tilde{Z}^y+D_z\tilde{Z}^z,v\right)_{\bar{m}}=(F,v)_{\bar{m}},\quad \forall v\in S_h, \tag{10.2.42a}$$

$$\left(\tilde{\bar{\mathbf{Z}}}^x,w^x\right)_x+\left(\tilde{\bar{\mathbf{Z}}}^y,w^y\right)_y+\left(\tilde{\bar{\mathbf{Z}}}^z,w^z\right)_z=\left(\tilde{C},\sum_{s=x,y,z}D_sw^s\right)_{\bar{m}},\quad \forall\mathbf{w}\in V_h, \tag{10.2.42b}$$

$$\left(\tilde{\mathbf{Z}}^x,w^x\right)_x+\left(\tilde{\mathbf{Z}}^y,w^y\right)_y+\left(\tilde{\mathbf{Z}}^z,w^z\right)_z=\left(D(\mathbf{u})\tilde{\bar{\mathbf{Z}}},\mathbf{w}\right)_{\bar{m}},\quad \forall\mathbf{w}\in V_h. \tag{10.2.42c}$$

记 $\pi=P-\tilde{P}$, $\eta=\tilde{P}-p$, $\sigma=\mathbf{U}-\tilde{\mathbf{U}}$, $\rho=\tilde{\mathbf{U}}-\mathbf{u}$, $\xi_c=C-\tilde{C}$, $\zeta_c=\tilde{C}-c$, $\alpha_z=\mathbf{Z}-\tilde{\mathbf{Z}}$, $\beta_z=\tilde{\mathbf{Z}}-\mathbf{z}$, $\bar{\alpha}_z=\bar{\mathbf{Z}}-\tilde{\bar{\mathbf{Z}}}$,$\bar{\beta}_z=\tilde{\bar{\mathbf{Z}}}-\bar{\mathbf{z}}$. 设问题 (10.2.1)—(10.2.6) 满足正定性条件 (C), 其精确解满足正则性条件 (R). 由 Weiser, Wheeler 理论[26]和 Arbogast, Wheeler, Yotov 理论[47]得知格式 (10.2.41), (10.2.42) 确定的辅助函数 $\{\tilde{P},\tilde{\mathbf{U}},\tilde{C},\tilde{\mathbf{Z}},\tilde{\bar{\mathbf{Z}}}\}$ 存在且唯一, 并有下述误差估计.

引理 10.2.5 若问题 (10.2.1)—(10.2.6) 的系数和精确解满足条件 (C) 和 (R), 则存在不依赖于 h 的常数 $\bar{C}_1,\bar{C}_2>0$, 使得下述估计式成立:

$$\|\eta\|_{\bar{m}}+\|\zeta_c\|_{\bar{m}}+|||\beta_z|||+|||\bar{\beta}_z|||+\left\|\frac{\partial\zeta_c}{\partial t}\right\|_{\bar{m}}\leqslant\bar{C}_1\{h_p^2+h_c^2\}, \tag{10.2.43a}$$

$$\left|\left|\left|\tilde{\mathbf{U}}\right|\right|\right|_\infty+\left|\left|\left|\tilde{\mathbf{Z}}\right|\right|\right|_\infty+\left|\left|\left|\tilde{\bar{\mathbf{Z}}}\right|\right|\right|_\infty\leqslant C_2. \tag{10.2.43b}$$

首先估计 π 和 σ. 将式 (10.2.18a), (10.2.18b) 分别减式 (10.2.41a) $(t=t_m)$ 和式 (10.2.41b) $(t=t_m)$ 可得下述关系式

$$(D_x\sigma_m^x+D_y\sigma_m^y+D_z\sigma_m^z,v)_{\bar{m}}=0,\quad \forall v\in S_h, \tag{10.2.44a}$$

$$\begin{aligned}&\left(a^{-1}(\bar{C}_m^x)\sigma_m^x,w^x\right)_x+\left(a^{-1}(\bar{C}_m^y)\sigma_m^y,w^y\right)_y+\left(a^{-1}(\bar{C}_m^z)\sigma_m^z,w^z\right)_z\\&-\left(\pi_m,D_xw^x+D_yw^y+D_zw^z\right)_{\bar{m}}\\=&-\sum_{s=x,y,z}\left((a^{-1}(\bar{C}_m^s)-a^{-1}(c_m))\tilde{U}_m^s,w^s\right)_s,\quad \forall\mathbf{w}\in V_h.\end{aligned} \tag{10.2.44b}$$

在式 (10.2.44a) 中取 $v=\pi_m$, 在式 (10.2.44b) 中取 $\mathbf{w}=\sigma_m$, 组合上述二式可得

$$\begin{aligned}&\left(a^{-1}(\bar{C}_m^x)\sigma_m^x,\sigma_m^x\right)_x+\left(a^{-1}(\bar{C}_m^y)\sigma_m^y,\sigma_m^y\right)_y+\left(a^{-1}(\bar{C}_m^z)\sigma_m^z,\sigma_m^z\right)_z\\=&-\sum_{s=x,y,z}\left((a^{-1}(\bar{C}_m^s)-a^{-1}(c_m))\tilde{U}_m^s,\sigma_m^s\right)_s.\end{aligned} \tag{10.2.45}$$

对于估计式 (10.2.45) 应用引理 10.2.1—引理 10.2.5, Taylor 公式和正定性条件 (C) 可得

$$
\begin{aligned}
|||\sigma_m|||^2 &\leqslant K \sum_{s=x,y,z} \left|\left|\bar{C}_m^s - c_m\right|\right|_{\bar{m}}^2 \\
&\leqslant K \left\{ \sum_{s=x,y,z} ||\bar{c}_m^s - c_m||_{\bar{m}}^2 + ||\xi_{c,m}||_{\bar{m}}^2 + ||\zeta_{c,m}||_{\bar{m}}^2 + (\Delta t_c)^2 \right\} \\
&\leqslant K \left\{ ||\xi_{c,m}||_{\bar{m}}^2 + h_c^4 + (\Delta t_c)^2 \right\}.
\end{aligned} \tag{10.2.46}
$$

对 $\pi_m \in S_h$, 利用对偶方法进行估计[48,49]. 为此考虑下述椭圆问题:

$$
\nabla \cdot \omega = \pi_m, \quad X = (x, y, z)^{\mathrm{T}} \in \Omega, \tag{10.2.47a}
$$

$$
\omega = \nabla p, \quad X \in \Omega, \tag{10.2.47b}
$$

$$
\omega \cdot \gamma = 0, \quad X \in \partial\Omega. \tag{10.2.47c}
$$

由问题 (10.2.47) 的正则性, 有

$$
\sum_{s=x,y,z} \left\| \frac{\partial \omega^s}{\partial s} \right\|_{\bar{m}}^2 \leqslant K \, ||\pi_m||_{\bar{m}}^2. \tag{10.2.48}
$$

设 $\tilde{\omega} \in V_h$ 满足

$$
\left(\frac{\partial \tilde{\omega}^s}{\partial s}, v \right)_{\bar{m}} = \left(\frac{\partial \omega^s}{\partial s}, v \right)_{\bar{m}}, \quad \forall v \in S_h, s = x, y, z. \tag{10.2.49a}
$$

这样定义的 $\tilde{\omega}$ 是存在的, 且有

$$
\sum_{s=x,y,z} \left\| \frac{\partial \tilde{\omega}^s}{\partial s} \right\|_{\bar{m}}^2 \leqslant \sum_{s=x,y,z} \left\| \frac{\partial \omega^s}{\partial s} \right\|_{\bar{m}}^2. \tag{10.2.49b}
$$

应用引理 10.2.4, 式 (10.2.46)—(10.2.48) 可得

$$
\begin{aligned}
||\pi_m||_{\bar{m}}^2 &= (\pi_m, \nabla \cdot \omega) = (\pi_m, D_x \tilde{\omega}^x + D_y \tilde{\omega}^y + D_z \tilde{\omega}^z)_{\bar{m}} \\
&= \sum_{s=x,y,z} \left(a^{-1}(\bar{C}_m^s)\sigma_m^s, \tilde{\omega}^s\right)_s + \sum_{s=x,y,z} \left((a^{-1}(\bar{C}_m^s) - a^{-1}(c_m)) \, \tilde{U}_m^s, \tilde{\omega}^s \right)_s \\
&\leqslant K \, |||\tilde{\omega}||| \left\{ |||\sigma_m|||^2 + |||\xi_{c,m}|||_{\bar{m}}^2 + h_c^4 + (\Delta t_c)^2 \right\}^{1/2}.
\end{aligned} \tag{10.2.50}
$$

由引理 10.2.4, (10.2.48), (10.2.49) 可得

$$
|||\tilde{\omega}|||^2 \leqslant \sum_{s=x,y,z} ||D_s \tilde{\omega}^s||_{\bar{m}}^2 = \sum_{s=x,y,z} \left\| \frac{\partial \tilde{\omega}^s}{\partial s} \right\|_{\bar{m}}^2 \leqslant \sum_{s=x,y,z} \left\| \frac{\partial \omega^s}{\partial s} \right\|_{\bar{m}}^2 \leqslant K \, ||\pi_m||_{\bar{m}}^2. \tag{10.2.51}
$$

将式 (10.2.51) 代入式 (10.2.50) 可得

$$\|\pi_m\|_{\bar{m}}^2 \leqslant K\left\{|||\sigma_m|||^2+\|\xi_{c,m}\|_{\bar{m}}^2+h_c^4+(\Delta t_c)^2\right\} \leqslant K\left\{\|\xi_{c,m}\|_{\bar{m}}^2+h_c^4+(\Delta t_c)^2\right\}. \tag{10.2.52}$$

对于迎风项的处理, 我们有下面的引理 10.2.6. 首先引入下面的记号: 网格单元 e 的任一面 σ, 令 γ_l 代表 σ 的单位法向量, 给定 (σ,γ_l) 可以唯一确定有公共面 σ 的两个相邻单元 e^+,e^-, 其中 γ_l 指向 e^+. 对于 $f\in S_h$, $x\in\sigma$,

$$f^-(x)=\lim_{s\to 0-}f(x+s\gamma_l),\quad f^+(x)=\lim_{s\to 0+}f(x+s\gamma_l),$$

定义 $[f]=f^+-f^-$.

引理 10.2.6 令 $f_1,f_2\in S_h$, 那么

$$\int_\Omega \nabla\cdot(\mathbf{u}f_1)f_2dx=\frac{1}{2}\sum_\sigma\int_\sigma[f_1][f_2]|\mathbf{u}\cdot\gamma|ds+\frac{1}{2}\sum_\sigma\int_\sigma\mathbf{u}\cdot\gamma_l(f_1^++f_1^-)(f_2^--f_2^+)ds. \tag{10.2.53}$$

证明

$$\begin{aligned}\int_\Omega\nabla\cdot(\mathbf{u}f_1)f_2dx=&\sum_e\int_{\Omega_e}\nabla\cdot(\mathbf{u}f_1)f_2dx\\=&\sum_\sigma\int_\sigma[(\mathbf{u}\cdot\gamma_l)_+f_1^{e^-}f_2^{e^-}+(\mathbf{u}\cdot\gamma_l)_-f_1^{e^+}f_2^{e^-}\\&+(\mathbf{u}\cdot(-\gamma_l))_+f_1^{e^+}f_2^{e^+}+(\mathbf{u}\cdot(-\gamma_l))_-f_1^{e^-}f_2^{e^+}]ds,\end{aligned}$$

其中 $(\mathbf{u}\cdot\gamma)_+=\max\{\mathbf{u}\cdot\gamma,0\}$, $(\mathbf{u}\cdot\gamma)_-=\min\{\mathbf{u}\cdot\gamma,0\}$.

应用关系式 $(\mathbf{u}\cdot(-\gamma_l))_+=-(\mathbf{u}\cdot\gamma_l)_-$ 和 $(\mathbf{u}\cdot(-\gamma_l))_-=-(\mathbf{u}\cdot\gamma_l)_+$ 以及 $f^{e^+}=f^r, f^{e^-}=f^l$, 上式可化简为

$$\begin{aligned}&\int_\Omega\nabla\cdot(\mathbf{u}f_1)f_2dx=\sum_\sigma\int_\sigma[(\mathbf{u}\cdot\gamma_l)_+f_1^l(f_2^l-f_2^r)+(\mathbf{u}\cdot\gamma_l)_-f_1^r(f_2^l-f_2^r)]ds\\=&\sum_\sigma\int_\sigma[((\mathbf{u}\cdot\gamma_l)_+-(\mathbf{u}\cdot\gamma_l)_-)f_1^l(f_2^l-f_2^r)+(\mathbf{u}\cdot\gamma_l)_-(f_1^r+f_1^l)(f_2^l-f_2^r)]ds\\=&\sum_\sigma\int_\sigma[|\mathbf{u}\cdot\gamma_l|(f_1^l-f_1^r)(f_2^l-f_2^r)+|\mathbf{u}\cdot\gamma_l|f_1^r(f_2^l-f_2^r)\\&+(\mathbf{u}\cdot\gamma_l)_-(f_1^r+f_1^l)(f_2^l-f_2^r)]ds\\=&\sum_\sigma\int_\sigma\left[\frac{1}{2}|\mathbf{u}\cdot\gamma_l|(f_1^l-f_1^r)(f_2^l-f_2^r)+(f_2^l-f_2^r)\right.\\&\left.\left(\frac{1}{2}|\mathbf{u}\cdot\gamma_l|(f_1^l-f_1^r)+|\mathbf{u}\cdot\gamma_l|f_1^r+(\mathbf{u}\cdot\gamma_l)_-(f_1^r+f_1^l)\right)g\right]ds\end{aligned}$$

$$=\sum_{\sigma}\int_{\sigma}\left[\frac{1}{2}|\mathbf{u}\cdot\gamma_l|(f_1^l-f_1^r)(f_2^l-f_2^r)+(f_2^l-f_2^r)\right.$$
$$\left.\left(\frac{1}{2}|\mathbf{u}\cdot\gamma_l|(f_1^l+f_1^r)+(\mathbf{u}\cdot\gamma_l)_-(f_1^r+f_1^l)\right)\right]ds$$
$$=\sum_{\sigma}\int_{\sigma}\left[\frac{1}{2}|\mathbf{u}\cdot\gamma_l|(f_1^l-f_1^r)(f_2^l-f_2^r)+(\mathbf{u}\cdot\gamma_l)\frac{1}{2}(f_1^l+f_1^r)(f_2^l-f_2^r)\right]ds,$$

其中 $f^r=f^{e^+},f^l=f^{e^-}$, f^r 即 f_1^r 和 f_2^r, f^l 即 f_1^l 和 f_2^l, 得到引理证明.

下面讨论饱和度方程 (10.2.2) 的误差估计. 为此将式 (10.2.20) 分别减去 $t=t^n$ 时刻的式 (10.2.42) 可得

$$\left(\varphi\frac{C^n-C^{n-1}}{\Delta t_c},v\right)_{\bar{m}}+(\nabla\cdot\mathbf{G}^n,v)_{\bar{m}}+\left(\sum_{s=x,y,z}D_s\alpha_z^{s,n},v\right)_{\bar{m}}$$
$$=\left(q_p(\xi_c^n+\zeta_c^n)+\varphi\frac{\partial c^n}{\partial t}+\nabla\cdot\mathbf{g}^n,v\right)_{\bar{m}},\quad \forall v\in S_h, \tag{10.2.54a}$$

$$(\bar{\alpha}_z^{x,n},w^x)_x+(\bar{\alpha}_z^{y,n},w^y)_y+(\bar{\alpha}_z^{z,n},w^z)_z=\left(\xi_c^n,\sum_{s=x,y,z}D_sw^s\right)_{\bar{m}},\quad \forall\mathbf{w}\in V_h, \tag{10.2.54b}$$

$$(\alpha_z^{x,n},w^x)_x+(\alpha_z^{y,n},w^y)_y+(\alpha_z^{z,n},w^z)_z=(D(E\mathbf{U}^n)\bar{\mathbf{Z}}^n-D(\mathbf{u}^n)\bar{\bar{\mathbf{Z}}}^n,\mathbf{w}),\quad \forall\mathbf{w}\in V_h. \tag{10.2.54c}$$

在 (10.2.54a) 中取 $v=\xi_c^n$, 在 (10.2.54b) 中取 $\mathbf{w}=\alpha_z^n$, 在 (10.2.54c) 中取 $\mathbf{w}=\bar{\alpha}_z^n$, 将 (10.2.54a) 和 (10.2.54b) 相加, 再减去 (10.2.54c), 经整理可得

$$\left(\varphi\frac{\xi_c^n-\xi_c^{n-1}}{\Delta t_c},\xi_c^n\right)_{\bar{m}}+(\nabla\cdot(\mathbf{G}^n-\mathbf{g}^n),\xi_c^n)_{\bar{m}}$$
$$=(q_p\xi_c^n,\xi_c^n)_{\bar{m}}+\left(q_p\zeta_c^n-\varphi\frac{\zeta_c^n-\zeta_c^{n-1}}{\Delta t_c},\xi_c^n\right)_{\bar{m}}+\left(\varphi\left(\frac{\partial c^n}{\partial t}-\frac{c^n-c^{n-1}}{\Delta t_c}\right),\xi_c^n\right)_{\bar{m}}$$
$$-(D(E\mathbf{U}^n)\bar{\alpha}_z^n,\bar{\alpha}_z^n)+([D(\mathbf{u}^n)-D(E\mathbf{U}^n)]\bar{\bar{\mathbf{Z}}}^n,\bar{\alpha}_z^n). \tag{10.2.55}$$

上式可改写为

$$\left(\varphi\frac{\xi_c^n-\xi_c^{n-1}}{\Delta t_c},\xi_c^n\right)_{\bar{m}}+(D(E\mathbf{U}^n)\bar{\alpha}_z^n,\bar{\alpha}_z^n)+(\nabla\cdot(\mathbf{G}^n-\mathbf{g}^n),\xi_c^n)_{\bar{m}}$$
$$=(q_p\xi_c^n,\xi_c^n)_{\bar{m}}+\left(q_p\zeta_c^n-\varphi\frac{\zeta_c^n-\zeta_c^{n-1}}{\Delta t_c},\xi_c^n\right)_{\bar{m}}+\left(\varphi\left(\frac{\partial c^n}{\partial t}-\frac{c^n-c^{n-1}}{\Delta t_c}\right),\xi_c^n\right)_{\bar{m}}$$
$$+([D(\mathbf{u}^n)-D(E\mathbf{U}^n)]\bar{\bar{\mathbf{Z}}}^n,\bar{\alpha}^n)=T_1+T_2+T_3+T_4. \tag{10.2.56}$$

首先估计 (10.2.56) 左端诸项.

$$\left(\varphi\frac{\xi_c^n-\xi_c^{n-1}}{\Delta t_c},\xi_c^n\right)_{\bar{m}}\geqslant\frac{1}{2\Delta t_c}\{(\varphi\xi_c^n,\xi_c^n)_{\bar{m}}-(\varphi\xi_c^{n-1},\xi_c^{n-1})_{\bar{m}}\}, \tag{10.2.57a}$$

$$(D(E\mathbf{U}^n)\,\bar{\alpha}_z^n,\bar{\alpha}_z^n)_s \geqslant D_*|||\,\bar{\alpha}_z^n\,|||^2. \tag{10.2.57b}$$

对第三项可以分解为

$$(\nabla\cdot(\mathbf{G}^n-\mathbf{g}^n),\xi_c^n)_{\bar{m}}=(\nabla\cdot(\mathbf{G}^n-\Pi\mathbf{g}^n),\xi_c^n)_{\bar{m}}+(\nabla\cdot(\Pi\mathbf{g}^n-\mathbf{g}^n),\xi_c^n)_{\bar{m}}. \tag{10.2.57c}$$

$\Pi\mathbf{g}$ 的定义类似于 $\mathbf{G}$

$$\Pi\mathbf{g}^n\cdot\gamma_l=\begin{cases}\Pi c_{e_1}^n(E\mathbf{U}^n\cdot\gamma_l)(x_l), & (E\mathbf{U}^n\cdot\gamma_l)(x_l)\geqslant 0,\\ \Pi c_{e_2}^n(E\mathbf{U}^n\cdot\gamma_l)(x_l), & (E\mathbf{U}^n\cdot\gamma_l)(x_l)<0.\end{cases}$$

应用 (10.2.53) 式

$$\begin{aligned}
&(\nabla\cdot(\mathbf{G}^n-\Pi\mathbf{g}^n),\xi_c^n)_{\bar{m}}=\sum_e\int_{\Omega_e}\nabla\cdot(\mathbf{G}^n-\Pi\mathbf{g}^n)\xi_c^n dx\\
&=\sum_e\int_{\Omega_e}\nabla\cdot(E\mathbf{U}^n\xi_c^n)\xi_c^n dx\\
&=\frac{1}{2}\sum_\sigma\int_\sigma|E\mathbf{U}^n\cdot\gamma_l|[\xi_c^n]^2ds-\frac{1}{2}\sum_\sigma\int_\sigma(E\mathbf{U}^n\cdot\gamma_l)(\xi_c^{n,+}+\xi_c^{n,-})[\xi_c^n]^2ds\\
&=Q_1+Q_2,\\
&Q_1=\frac{1}{2}\sum_\sigma\int_\sigma|E\mathbf{U}^n\cdot\gamma_l|[\xi_c^n]^2ds\geqslant 0,\\
&Q_2=-\frac{1}{2}\sum_\sigma\int_\sigma(E\mathbf{U}^n\cdot\gamma_l)[(\xi_c^{n,+})^2-(\xi_c^{n,-})^2]ds\\
&=\frac{1}{2}\sum_e\int_{\Omega_e}\nabla\cdot E\mathbf{U}^n(\xi_c^n)^2dx=\frac{1}{2}\sum_e\int_{\Omega_e}q^n(\xi_c^n)^2dx.
\end{aligned}$$

把 Q_2 移到方程 (10.2.56) 的右端, 且根据 q 的有界性得到, $|Q_2|\leqslant K\|\xi_c^n\|_{\bar{m}}^2$.

对于 (10.2.57c) 式第二项

$$\begin{aligned}
&(\nabla\cdot(\mathbf{g}^n-\Pi\mathbf{g}^n),\xi_c^n)_{\bar{m}}=\sum_\sigma\int_\sigma\{c^n\mathbf{u}^n\cdot\gamma_l-\Pi c^nE\mathbf{U}^n\cdot\gamma_l\}[\xi_c^n]^2ds\\
&=\sum_\sigma\int_\sigma\{c^n\mathbf{u}^n-c^nE\mathbf{u}^n+c^nE\mathbf{u}^n-c^nE\mathbf{U}^n+c^nE\mathbf{U}^n-\Pi c^nE\mathbf{U}^n\}\cdot\gamma_l[\xi_c^n]^2ds\\
&=(\nabla\cdot(c^n\mathbf{u}^n-c^nE\mathbf{u}^n),\xi_c^n)_{\bar{m}}+(\nabla\cdot c^nE(\mathbf{u}^n-\mathbf{U}^n),\xi_c^n)_{\bar{m}}\\
&\quad+\sum_\sigma\int_\sigma E\mathbf{U}^n\cdot\gamma_l(c^n-\Pi c^n)[\xi_c^n]ds\\
&\leqslant K\{\Delta t_p^4+\|E(\mathbf{u}^n-\mathbf{U}^n)\|_{H(\mathrm{div})}^2+\|\xi_c^n\|_{\bar{m}}^2\}\\
&\quad+K\sum_\sigma\int_\sigma|E\mathbf{U}^n\cdot\gamma_l||c^n-\Pi c^n|^2ds
\end{aligned}$$

$$+\frac{1}{4}\sum_{\sigma}\int_{\sigma}|E\mathbf{U}^n\cdot\gamma_l|[\xi_c^n]^2ds.$$

由估计式 (10.2.46), (10.2.52), 引理 10.2.5 和文献 [26,47] 有 $|c^n-\Pi c^n|=O(h_c^2)$, 得到

$$\begin{aligned}&(\nabla\cdot(\mathbf{g}^n-\Pi\mathbf{g}^n),\xi_c^n)_{\bar{m}}\\&\leqslant K\{\Delta t_p^4+h_p^4+h_c^2+||\xi_c^n||_{\bar{m}}^2+||\xi_{c,m-1}||_{\bar{m}}^2+||\xi_{c,m-2}||_{\bar{m}}^2\}\\&\quad+\frac{1}{4}\sum_{\sigma}\int_{\sigma}|E\mathbf{U}^n\cdot\gamma_l|[\xi_c^n]^2ds.\end{aligned}\tag{10.2.57d}$$

对误差估计式 (10.2.56) 的右端诸项的估计有

$$|T_1|+|T_2|+|T_3|\leqslant K\Delta t_c\left|\left|\frac{\partial^2 c}{\partial t^2}\right|\right|_{L^2(t^{n-1},t^n;\bar{m})}^2+K\{||\xi_c^n||_{\bar{m}}^2+h_c^4\}.\tag{10.2.58a}$$

对 T_4 应用 (10.2.46), (10.2.52) 和引理 10.2.5 可得

$$|T_4|\leqslant\varepsilon|||\,\bar{\alpha}_z^n\,|||^2+K\left\{(\Delta t_p)^3\left|\left|\frac{\partial\mathbf{u}}{\partial t}\right|\right|_{L^2(t_{m-1},t_m;\bar{m})}^2+h_p^4+||\xi_{c,m-1}||_{\bar{m}}^2+||\xi_{c,m-2}||_{\bar{m}}^2\right\}.\tag{10.2.58b}$$

将估计式 (10.2.57), (10.2.58) 代入误差估计方程 (10.2.56), 可得

$$\begin{aligned}&\frac{1}{2\Delta t_c}\{||\varphi^{1/2}\xi_c^n||_{\bar{m}}^2-||\varphi^{1/2}\xi_c^{n-1}||_{\bar{m}}^2\}+\frac{D_*}{2}|||\,\bar{\alpha}_z^n\,|||^2+\frac{1}{2}\sum_{\sigma}\int_{\sigma}|E\mathbf{U}^n\cdot\gamma_l|[\xi_c^n]^2ds\\&\leqslant K\left\{\Delta t_c\left|\left|\frac{\partial^2 c}{\partial t^2}\right|\right|_{L^2(t^{n-1},t^n;\bar{m})}^2+(\Delta t_p)^3\left|\left|\frac{\partial\mathbf{u}}{\partial t}\right|\right|_{L^2(t_{m-1},t_m;\bar{m})}^2\right.\\&\quad+||\xi_c^n||_{\bar{m}}^2+||\xi_{c,m-1}||_{\bar{m}}^2+||\xi_{c,m-2}||_{\bar{m}}^2\\&\quad\left.+h_c^2+h_p^4\right\}+\frac{1}{4}\sum_{\sigma}\int_{\sigma}|E\mathbf{U}^n\cdot\gamma_l|[\xi_c^n]^2ds.\end{aligned}\tag{10.2.59}$$

右边最后一项被左边最后一项吸收, 两边同乘以 $2\Delta t_c$, 并对时间 n 相加, 注意到 $\xi_c^0=0$ 和外推公式 (10.2.22), 可得

$$\begin{aligned}&||\varphi^{1/2}\xi_c^N||_{\bar{m}}^2+\sum_{n=1}^{N}|||\,\bar{\alpha}_z^n\,|||^2\Delta t_c\\&\leqslant K\{h_p^4+h_c^2+(\Delta t_c)^2+(\Delta t_{p,1})^3+(\Delta t_p)^4\}+K\sum_{n=1}^{N}||\xi_c^n||_{\bar{m}}^2\Delta t_c.\end{aligned}\tag{10.2.60}$$

应用离散 Gronwall 引理可得

$$||\xi_c^N||_{\bar{m}}^2+\sum_{n=0}^{N}|||\,\bar{\alpha}^n\,|||^2\Delta t_c\leqslant K\{h_p^4+h_c^2+(\Delta t_c)^2+(\Delta t_{p,1})^3+(\Delta t_p)^4\}.\tag{10.2.61}$$

对流动方程的误差估计式 (10.2.46) 和 (10.2.52), 应用估计式 (10.2.61) 可得

$$\sup_{0\leqslant m\leqslant M}\{||\pi_m||_{\bar{m}}^2+|||\sigma_m|||^2\}\leqslant K\{h_p^4+h_c^2+(\Delta t_c)^2+(\Delta t_{p,1})^3+(\Delta t_p)^4\}. \quad (10.2.62)$$

在上述工作的基础上, 讨论组分浓度方程组的迎风分数步差分方法的误差估计. 记 $\xi_{\alpha,ijk}^n=s_\alpha(X_{ijk},t^n)-S_{\alpha,ijk}^n$. 为此从格式 (10.2.27)—(10.2.29) 消去 $S_\alpha^{n-2/3}$, $S_\alpha^{n-1/3}$, 可得下述等价形式

$$\begin{aligned}
&\varphi_{ijk}C_{ijk}^n\frac{S_{\alpha,ijk}^n-S_{\alpha,ijk}^{n-1}}{\Delta t_c}-\sum_{s=x,y,z}\delta_{\bar{s}}(C^n\varphi\kappa_\alpha\delta_sS_\alpha^n)_{ijk}\\
=&-\sum_{s=x,y,z}\delta_{E\mathbf{U}^n,s}S_{\alpha,ijk}^n+Q_\alpha(C_{ijk}^n,S_{\alpha,ijk}^{n-1})\\
&-S_{\alpha,ijk}^{n-1}\left(q_{ijk}^n+\varphi\frac{C_{ijk}^n-C_{ijk}^{n-1}}{\Delta t_c}\right)\\
&-(\Delta t_c)^2\{\delta_{\bar{x}}(C^n\varphi\kappa_\alpha\delta_x((C^n\varphi)^{-1}\delta_{\bar{y}}(C^n\varphi\kappa_\alpha\delta_y(d_tS_\alpha^{n-1}))))_{ijk}+\cdots\\
&+\delta_{\bar{y}}(C^n\varphi\kappa_\alpha\delta_y((C^n\varphi)^{-1}\delta_{\bar{z}}(C^n\varphi\kappa_\alpha\delta_z(d_tS_\alpha^{n-1}))))_{ijk}\}\\
&+(\Delta t_c)^3\delta_{\bar{x}}(C^n\varphi\kappa_\alpha\delta_x((C^n\varphi)^{-1}\delta_{\bar{y}}(C^n\varphi\kappa_\alpha\delta_y((C^n\varphi)^{-1}\\
&\delta_{\bar{z}}(C^n\varphi\kappa_\alpha\delta_z(d_tS_\alpha^{n-1}))))))_{ijk}\\
&-\Delta t_c\left\{\delta_{\bar{x}}\left(C^n\varphi\kappa_\alpha\delta_x\left((C^n\varphi)^{-1}\sum_{s=x,y,z}\delta_{E\mathbf{U}^n,s}S_\alpha^{n-1}\right)\right)_{ijk}\right.\\
&\left.+\delta_{\bar{y}}\left(C^n\varphi\kappa_\alpha\delta_y\left((C^n\varphi)^{-1}\sum_{s=x,y,z}\delta_{E\mathbf{U}^n,s}S_\alpha^{n-1}\right)\right)_{ijk}\right\}\\
&+(\Delta t_c)^2\delta_{\bar{x}}\left(C^n\varphi\kappa_\alpha\delta_x\left((C^n\varphi)^{-1}\delta_{\bar{y}}\left(C^n\varphi\kappa_\alpha\delta_y\left((C^n\varphi)^{-1}\sum_{s=x,y,z}\delta_{E\mathbf{U}^n,s}S_\alpha^{n-1}\right)\right)\right)\right)_{ijk},\\
&X_{ijk}\in\Omega_h,\quad \alpha=1,2,\cdots,n_c,
\end{aligned} \quad (10.2.63\text{a})$$

$$S_{\alpha,ijk}^n=h_{\alpha,ijk}^n,\quad X_{ijk}\in\partial\Omega_h,\alpha=1,2,\cdots,n_c. \quad (10.2.63\text{b})$$

由组分浓度方程组 (10.2.7) ($t=t^n$) 和格式 (10.2.63) 可得组分浓度函数的误差方程

$$\varphi_{ijk}C_{ijk}^n\frac{\xi_{\alpha,ijk}^n-\xi_{\alpha,ijk}^{n-1}}{\Delta t_c}-\sum_{s=x,y,z}\delta_{\bar{s}}(C^n\varphi\kappa_\alpha\delta_s\xi_{\alpha^n})_{ijk}$$

$$
\begin{aligned}
=&\left\{\varphi(C^n-c^n)\frac{\partial s_\alpha^n}{\partial t}\right\}_{ijk}+\sum_{s=x,y,z}\delta_{\bar{s}}((c^n-C^n)\varphi\kappa_\alpha\delta_s s_\alpha^n)_{ijk}\\
&+\sum_{s=x,y,z}\{\delta_{E\mathbf{U}^n,s}S_\alpha^n-\delta_{\mathbf{u}^n,s}s_\alpha^n\}_{ijk}\\
&+Q_\alpha(c_{ijk}^n,s_{\alpha,ijk}^{n-1})-Q_\alpha(C_{ijk}^n,S_{\alpha,ijk}^{n-1})\\
&+\left\{(S_\alpha-s_\alpha)q^n+\left(S_\alpha^{n-1}\varphi\frac{C^n-C^{n-1}}{\Delta t_c}-s_\alpha^n\varphi\frac{\partial c^n}{\partial t}\right)\right\}_{ijk}\\
&-(\Delta t_c)^2\{\delta_{\bar{x}}(c^n\varphi\kappa_\alpha\delta_x((c^n\varphi)^{-1}\delta_{\bar{y}}(c^n\varphi\kappa_\alpha\delta_y(d_ts_\alpha^{n-1}))))_{ijk}\\
&-\delta_{\bar{x}}(C^n\varphi\kappa_\alpha\delta_x((C^n\varphi)^{-1}\delta_{\bar{y}}(C^n\varphi\kappa_\alpha\delta_y(d_tS_\alpha^{n-1}))))_{ijk}+\cdots\}\\
&+(\Delta t_c)^3\{\delta_{\bar{x}}(c^n\varphi\kappa_\alpha\delta_x((c^n\varphi)^{-1}\delta_{\bar{y}}(c^n\varphi\kappa_\alpha\delta_y((c^n\varphi)^{-1}\delta_{\bar{z}}(c^n\varphi\kappa_\alpha\delta_z(d_ts_\alpha^{n-1}))))))_{ijk}\\
&-\delta_{\bar{x}}(C^n\varphi\kappa_\alpha\delta_x((C^n\varphi)^{-1}\delta_{\bar{y}}(C^n\varphi\kappa_\alpha\delta_y((C^n\varphi)^{-1}\delta_{\bar{z}}(C^n\varphi\kappa_\alpha\delta_z(d_tS_\alpha^{n-1}))))))_{ijk}\}\\
&-\Delta t_c\left\{\left\{[\delta_{\bar{x}}(c^n\varphi\kappa_\alpha\delta_x(c^n\varphi)^{-1})+\delta_{\bar{y}}(c^n\varphi\kappa_\alpha\delta_y(c^n\varphi)^{-1})]\sum_{s=x,y,z}\delta_{\mathbf{u}^n,s}s_\alpha^{n-1}\right\}_{ijk}\right.\\
&\left.-\left\{[\delta_{\bar{x}}(C^n\varphi\kappa_\alpha\delta_x(C^n\varphi)^{-1})+\delta_{\bar{y}}(C^n\varphi\kappa_\alpha\delta_y(C^n\varphi)^{-1})]\sum_{s=x,y,z}\delta_{E\mathbf{U}^n,s}S_\alpha^{n-1}\right\}_{ijk}\right\}\\
&+(\Delta t_c)^2\left\{\delta_{\bar{x}}\left(c^n\varphi\kappa_\alpha\delta_x\left((c^n\varphi)^{-1}\delta_{\bar{y}}\left(c^n\varphi\kappa_\alpha\delta_y\left((c^n\varphi)^{-1}\sum_{s=x,y,z}\delta_{\mathbf{u}^n,s}s_\alpha^{n-1}\right)\right)\right)\right)_{ijk}\right.\\
&\left.-\delta_{\bar{x}}\left(C^n\varphi\kappa_\alpha\delta_x\left((C^n\varphi)^{-1}\delta_{\bar{y}}\left(C^n\varphi\kappa_\alpha\delta_y\left((C^n\varphi)^{-1}\sum_{s=x,y,z}\delta_{E\mathbf{U}^n,s}S_\alpha^{n-1}\right)\right)\right)\right)_{ijk}\right\}\\
&+\varepsilon_{\alpha,ijk},\quad X_{ijk}\in\Omega_h,\alpha=1,2,\cdots,n_c,
\end{aligned}\tag{10.2.64a}
$$

$$
\xi_{\alpha,ijk}^n=0,\quad X_{ijk}\in\partial\Omega_h,\alpha=1,2,\cdots,n_c,\tag{10.2.64b}
$$

此处 $|\varepsilon_{\alpha,ijk}^{n+1}|\leqslant K\left\{h_s^2+\Delta t_c\right\},\quad \alpha=1,2,\cdots,n_c$.

在数值分析中, 注意到在油藏区域内处处存在束缚水的特性, 故有 $c(X,t)\geqslant c_*>0$, 此处 c_* 为正常数. 由于我们已证明了关于水饱和度 $c(X,t)$ 的收敛性分析式 (10.2.62), 得知对适当小的 h_c 和 Δt_c 有

$$
C(X,t)\geqslant\frac{c_*}{2},\tag{10.2.65a}
$$

并且假设 $C(X,t)$ 有下述正则性条件:

$$
\sup_n|d_tC^{n-1}|_\infty\leqslant K^*,\tag{10.2.65b}
$$

K^* 为确定的正常数.

对误差方程组 (10.2.64) 乘以 $\delta_t\xi_{\alpha,ijk}^{n-1}=d_t\xi_{\alpha,ijk}^{n-1}\Delta t_c=\xi_{\alpha,ijk}^{n}-\xi_{\alpha,ijk}^{n-1}$ 作内积可得

$$
\begin{aligned}
&\left\langle\varphi C^n\frac{\xi_\alpha^n-\xi_\alpha^{n-1}}{\Delta t_c},d_t\xi_\alpha^{n-1}\right\rangle\Delta t_c+\sum_{s=x,y,z}\langle C^n\varphi\kappa_\alpha\delta_s\xi_\alpha^n,\delta_s(\xi_\alpha^n-\xi_\alpha^{n-1})\rangle\\
=&\left\langle\varphi(C^n-c^n)\frac{\partial s_\alpha^n}{\partial t},d_t\xi_\alpha^{n-1}\right\rangle\Delta t_c+\sum_{s=x,y,z}\langle\delta_{\bar{s}}((c^n-C^n)\varphi\kappa_\alpha\delta_s s_\alpha^n),d_t\xi_\alpha^{n-1}\rangle\Delta t_c\\
&+\sum_{s=x,y,z}\langle\delta_{E\mathbf{U}^n,s}S_\alpha^n-\delta_{\mathbf{u}^n,s}s_\alpha^n,d_t\xi_\alpha^{n-1}\rangle\Delta t_c\\
&+\langle Q_\alpha(c^n,s_\alpha^{n-1})-Q_\alpha(C^n,S_\alpha^{n-1}),d_t\xi_\alpha^{n-1}\rangle\Delta t_c\\
&+\langle q^n(S_\alpha-s_\alpha),d_t\xi_\alpha^{n-1}\rangle\Delta t_c+\left\langle S_\alpha^{n-1}\varphi\frac{C^n-C^{n-1}}{\Delta t_c}-s_\alpha^n\varphi\frac{\partial c^n}{\partial t},d_t\xi_\alpha^{n-1}\right\rangle\Delta t_c\\
&-(\Delta t_c)^3\{\langle\delta_{\bar{x}}(c^n\varphi\kappa_\alpha\delta_x((c^n\varphi)^{-1}\delta_{\bar{y}}(c^n\varphi\kappa_\alpha\delta_y(d_ts_\alpha^{n-1}))))\\
&-\delta_{\bar{x}}(C^n\varphi\kappa_\alpha\delta_x((C^n\varphi)^{-1}\delta_{\bar{y}}(C^n\varphi\kappa_\alpha\delta_y(d_tS_\alpha^{n-1})))),d_t\xi_\alpha^{n-1}\rangle+\cdots\}\\
&+(\Delta t_c)^4\langle\delta_{\bar{x}}(c^n\varphi\kappa_\alpha\delta_x((c^n\varphi)^{-1}\delta_{\bar{y}}(c^n\varphi\kappa_\alpha\delta_y((c^n\varphi)^{-1}\delta_{\bar{z}}(c^n\varphi\kappa_\alpha\delta_z(d_ts_\alpha^{n-1}))))))\\
&-\delta_{\bar{x}}(C^n\varphi\kappa_\alpha\delta_x((C^n\varphi)^{-1}\delta_{\bar{y}}(C^n\varphi\kappa_\alpha\delta_y((C^n\varphi)^{-1}\delta_{\bar{z}}(C^n\varphi\kappa_\alpha\delta_z(d_tS_\alpha^{n-1})))))),d_t\xi_\alpha^{n-1}\rangle\\
&-(\Delta t_c)^2\left\langle\left([\delta_{\bar{x}}(c^n\varphi\kappa_\alpha\delta_x((c^n\varphi)^{-1}))+\delta_{\bar{y}}(c^n\varphi\kappa_\alpha\delta_y((c^n\varphi)^{-1}))]\sum_{s=x,y,z}\delta_{\mathbf{u}^n,s}s_\alpha^{n-1}\right)\right.\\
&\left.-\left([\delta_{\bar{x}}(C^n\varphi\kappa_\alpha\delta_x((C^n\varphi)^{-1}))+\delta_{\bar{y}}(C^n\varphi\kappa_\alpha\delta_y((C^n\varphi)^{-1}))]\sum_{s=x,y,z}\delta_{E\mathbf{U}^n,s}S_\alpha^{n-1}\right),d_t\xi_\alpha^{n-1}\right\rangle\\
&+(\Delta t_c)^3\left\langle\delta_{\bar{x}}\left(c^n\varphi\kappa_\alpha\delta_x\left((c^n\varphi)^{-1}\delta_{\bar{y}}\left(c^n\varphi\kappa_\alpha\delta_y\left((c^n\varphi)^{-1}\sum_{s=x,y,z}\delta_{\mathbf{u}^n,s}s_\alpha^{n-1}\right)\right)\right)\right)\right.\\
&\left.-\delta_{\bar{x}}\left(C^n\varphi\kappa_\alpha\delta_x\left((C^n\varphi)^{-1}\delta_{\bar{y}}\left(C^n\varphi\kappa_\alpha\delta_y\left((C^n\varphi)^{-1}\sum_{s=x,y,z}\delta_{E\mathbf{U}^n,s}S_\alpha^{n-1}\right)\right)\right)\right),d_t\xi_\alpha^{n-1}\right\rangle\\
&+\langle\varepsilon_\alpha,d_t\xi_\alpha^{n-1}\rangle\Delta t_c.
\end{aligned}\tag{10.2.66}
$$

首先估计 (10.2.66) 左端诸项

$$
\langle\varphi C^nd_t\xi_\alpha^{n-1},d_t\xi_\alpha^{n-1}\rangle\Delta t_c\geqslant\frac{1}{2}\varphi_*c_*||d_t\xi_\alpha^{n-1}||^2\Delta t_c,\tag{10.2.67a}
$$

$$
\begin{aligned}
&\sum_{s=x,y,z}\langle C^n\varphi\kappa_\alpha\delta_s\xi_\alpha^n,\delta_s(\xi_\alpha^n-\xi_\alpha^{n-1})\rangle\\
\geqslant&\frac{1}{2}\sum_{s=x,y,z}\{\langle C^n\varphi\kappa_\alpha\delta_s\xi_\alpha^n,\delta_s\xi_\alpha^n\rangle-\langle C^n\varphi\kappa_\alpha\delta_s\xi_\alpha^{n-1},\delta_s\xi_\alpha^{n-1}\rangle\}.
\end{aligned}\tag{10.2.67b}
$$

下面估计 (10.2.66) 右端诸项

$$\left\langle \varphi(C^n - c^n)\frac{\partial s_\alpha^n}{\partial t}, d_t\xi_\alpha^{n-1} \right\rangle \Delta t_c \leqslant \varepsilon ||d_t\xi_\alpha^{n-1}||^2 \Delta t_c + K\{h_c^2 + (\Delta t_c)^2\}, \quad (10.2.68\text{a})$$

$$\sum_{s=x,y,z} \langle \delta_{\bar{s}}((c^n - C^n)\varphi\kappa_\alpha \delta_s s_\alpha^n), d_t\xi_\alpha^{n-1} \rangle \Delta t_c \leqslant \varepsilon ||d_t\xi_\alpha^{n-1}||^2 + K\{h_c^2 + (\Delta t_c)^2\}, \quad (10.2.68\text{b})$$

$$\sum_{s=x,y,z} \langle \delta_{E\mathbf{U}^n,s} S_\alpha^n - \delta_{\mathbf{u}^n,s} s_\alpha^n, d_t\xi_\alpha^{n-1} \rangle \Delta t_c$$
$$\leqslant \varepsilon ||d_t\xi_\alpha^{n-1}||^2 \Delta t_c + K\{||\nabla_h \xi_\alpha^n||^2 + h_c^2 + (\Delta t_c)^2\}\Delta t_c, \quad (10.2.68\text{c})$$

$$\langle Q_\alpha(c^n, s_\alpha^{n-1}) - Q_\alpha(C^n, S_\alpha^{n-1}), d_t\xi_\alpha^{n-1} \rangle \Delta t_c$$
$$\leqslant \varepsilon ||d_t\xi_\alpha^{n-1}||^2 \Delta t_c + K\{||\xi_\alpha^n||^2 + h_c^2 + (\Delta t_c)^2\}\Delta t_c, \quad (10.2.68\text{d})$$

$$\left\langle q^n(S_\alpha - s_\alpha), d_t\xi_\alpha^{n-1} \right\rangle \Delta t_c \leqslant \varepsilon ||d_t\xi_\alpha^{n-1}||^2 \Delta t_c + K\{||\xi_\alpha^n||^2 + (\Delta t_c)^2\}\Delta t_c, \quad (10.2.68\text{e})$$

$$\left\langle S_\alpha^{n-1}\varphi \frac{C^n - C^{n-1}}{\Delta t_c} - s_\alpha^n \varphi \frac{\partial c^n}{\partial t}, d_t\xi_\alpha^{n-1} \right\rangle \Delta t_c$$
$$\leqslant \varepsilon ||d_t\xi_\alpha^{n-1}||^2 \Delta t_c + K\{||\xi_\alpha^n||^2 + h_c^2 + (\Delta t_c)^2\}. \quad (10.2.68\text{f})$$

对于估计式 (10.2.66) 右端其余诸项估计可得

$$\begin{aligned}
&- (\Delta t_c)^3\{\langle \delta_{\bar{x}}(c^n\varphi\kappa_\alpha\delta_x((c^n\varphi)^{-1}\delta_{\bar{y}}(c^n\varphi\kappa_\alpha\delta_y(d_t s_\alpha^{n-1})))) \\
&- \delta_{\bar{x}}(C^n\varphi\kappa_\alpha\delta_x((C^n\varphi)^{-1}\delta_{\bar{y}}(C^n\varphi\kappa_\alpha\delta_y(d_t S_\alpha^{n-1})))), d_t\xi_\alpha^{n-1} \rangle + \cdots\} \\
&+ \cdots + \langle \varepsilon_\alpha, d_t\xi_\alpha^{n-1} \rangle \Delta t_c \\
\leqslant\ & \varepsilon ||d_t\xi_\alpha^{n-1}||^2 + K\{||\nabla_h\xi_\alpha^n||^2 + h_c^2 + h_s^4 + (\Delta t_c)^2\}\Delta t_c. \quad (10.2.68\text{g})
\end{aligned}$$

对估计式 (10.2.66) 左右两端分别应用 (10.2.67) 和 (10.2.68) 可得

$$\frac{1}{2}\varphi_* c_* ||d_t\xi_\alpha^{n-1}||^2 \Delta t_c + \frac{1}{2}\sum_{s=x,y,z}\{\langle C^n\varphi\kappa_\alpha\delta_s\xi_\alpha^n, \delta_s\xi_\alpha^n \rangle - \langle C^n\varphi\kappa_\alpha\delta_s\xi_\alpha^{n-1}, \delta_s\xi_\alpha^{n-1} \rangle\}$$
$$\leqslant \varepsilon ||d_t\xi_\alpha^{n-1}||^2 + K\{||\nabla_h\xi_\alpha^n||^2 + ||\xi_\alpha^n||^2 + h_c^2 + h_s^4 + (\Delta t_c)^2\}\Delta t_c. \quad (10.2.69)$$

将组分浓度误差方程组 (10.2.69), 对 $n(0 \leqslant n \leqslant L)$ 求和, 注意到 $\xi_\alpha^0 = 0$, 可得

$$\sum_{n=0}^{L} ||d_t\xi_\alpha^{n-1}||^2 \Delta t_c + \sum_{s=x,y,z}\{\langle C^L\varphi\kappa_\alpha\delta_s\xi_\alpha^L, \delta_s\xi_\alpha^L \rangle - \langle C^0\varphi\kappa_\alpha\delta_s\xi_\alpha^0, \delta_s\xi_\alpha^0 \rangle\}$$

$$\leqslant \sum_{n=0}^{L} \sum_{s=x,y,z} \langle [C^n - C^{n-1}] \varphi \kappa_\alpha \delta_s \xi_\alpha^n, \delta_s \xi_\alpha^n \rangle$$

$$+ K \sum_{n=0}^{L} \{ \|\nabla_h \xi_\alpha^n\|^2 + \|\xi_\alpha^n\|^2 + h_c^2 + h_s^4 + (\Delta t_c)^2 \} \Delta t_c. \quad (10.2.70)$$

对于式 (10.2.70) 右端第一项有估计式

$$\sum_{n=0}^{L} \sum_{s=x,y,z} \langle [C^n - C^{n-1}] \varphi \kappa_\alpha \delta_s \xi_\alpha^n, \delta_s \xi_\alpha^n \rangle \leqslant K \sum_{n=0}^{L} \|\nabla_h \xi_\alpha^n\|^2 \Delta t_c. \quad (10.2.71)$$

于是可得

$$\sum_{n=1}^{L} \|d_t \xi_\alpha^{n-1}\|^2 \Delta t_c + \|\nabla_h \xi_\alpha^L\|^2 \leqslant K \sum_{n=0}^{L} \{ \|\nabla_h \xi_\alpha^n\|^2 + \|\xi_\alpha^n\|^2 + h_c^2 + h_s^4 + (\Delta t_c)^2 \} \Delta t_c. \quad (10.2.72)$$

注意到 $\xi_\alpha^0 = 0$, 有

$$\|\xi_\alpha^L\|^2 \leqslant \varepsilon \sum_{n=1}^{L} \|d_t \xi_\alpha^{n-1}\|^2 \Delta t_c + K \sum_{n=0}^{L} \|\xi_\alpha^n\|^2 \Delta t_c.$$

于是有

$$\sum_{n=1}^{L} \|d_t \xi_\alpha^{n-1}\|^2 \Delta t_c + \|\xi_\alpha^L\|_1^2 \leqslant K \sum_{n=0}^{L} \{ \|\xi_\alpha^n\|^2 + h_c^2 + h_s^4 + (\Delta t_c)^2 \} \Delta t_c, \quad (10.2.73)$$

此处 $\|\xi_\alpha\|_1^2 = \|\xi_\alpha\|^2 + \|\nabla_h \xi_\alpha\|^2$. 应用 Gronwall 引理可得

$$\sum_{n=1}^{L} \|d_t \xi_\alpha^{n-1}\|^2 \Delta t_c + \|\xi_\alpha^L\|_1^2 \leqslant K\{ h_c^2 + h_s^4 + (\Delta t_c)^2 \}, \quad \alpha = 1, 2, \cdots, n_c. \quad (10.2.74)$$

由估计式 (10.2.61), (10.2.62), (10.2.74) 和引理 10.2.5, 可以建立下述定理.

定理 10.2.3 对问题 (10.2.1)—(10.2.6) 假定其精确解满足正则性条件 (R), 且其系数满足正定性条件 (C), 采用块中心-迎风块中心-分数步差分方法 (10.2.18), (10.2.20), (10.2.27)—(10.2.29) 逐层求解. 则下述误差估计式成立:

$$\|p - P\|_{\bar{L}^\infty(J;\bar{m})} + \|\mathbf{u} - \mathbf{U}\|_{\bar{L}^\infty(J;V)} + \|c - C\|_{\bar{L}^\infty(J;\bar{m})} + \|\mathbf{z} - \bar{\mathbf{Z}}\|_{\bar{L}^2(J;V)}$$

$$+ \sum_{\alpha=1}^{n_c} \left\{ \|d_t(s_\alpha - S_\alpha)\|_{\bar{L}^2(J;l^2)} + \|s_\alpha - S_\alpha\|_{\bar{L}^\infty(J;h^1)} \right\}$$

$$\leqslant M^* \left\{ h_p^2 + h_c + h_s^2 + \Delta t_c + (\Delta t_{p,1})^{3/2} + (\Delta t_p)^2 \right\}, \quad (10.2.75)$$

此处 $\|g\|_{\bar{L}^\infty(J;X)} = \sup_{n\Delta t \leqslant T} \|g^n\|_X$, $\|g\|_{\bar{L}^2(J;X)} = \sup_{L\Delta t \leqslant T} \left\{ \sum_{n=0}^{L} \|g^n\|_X^2 \Delta t \right\}^{1/2}$, 常数 M^* 依赖于函数 $p, c, s_\alpha (\alpha = 1, 2, \cdots, n_c)$ 及其导函数.

10.2.5　数值算例

为了说明方法的特点和优越性, 下面考虑一组非驻定的对流-扩散方程:

$$\begin{cases} \dfrac{\partial u}{\partial t} + \nabla\cdot(-a(x,y,z)\nabla u + \mathbf{b}u) = f, & (x,y,z)\in\Omega, t\in(0,T], \\ u|_{t=0} = x(1-x)y(1-y)z(1-z), & (x,y,z)\in\Omega, \\ u|_{\partial\Omega} = 0, & t\in(0,T]. \end{cases} \tag{10.2.76}$$

问题 I(对流占优):

$$a(x,y,z)=0.01,\quad b_1=(1+x\cos\alpha)\cos\alpha,\quad b_2=(1+y\sin\alpha)\sin\alpha,\quad b_3=1,\quad \alpha=\frac{\pi}{12}.$$

问题 II(强对流占优):

$$a(x,y,z)=10^{-5},\quad b_1=1,\quad b_2=1,\quad b_3=-2.$$

其中 $\Omega=(0,1)\times(0,1)\times(0,1)$, 问题的精确解为 $u=e^{t/4}x(1-x)y(1-y)z(1-z)$, 右端 f 使每一个问题均成立. 时间步长为 $\Delta t=\dfrac{T}{6}$. 具体情况如表 10.2.1 和表 10.2.2 所示 $\left(\text{当 } T=\dfrac{1}{2} \text{ 时}\right)$.

表 10.2.1　问题 I 的结果

N		8	16	24
UBCM	L^2	5.7604e − 007	7.4580e − 008	3.9599e − 008
FDM	L^2	1.2686e − 006	3.4144e − 007	1.5720e − 007

表 10.2.2　问题 II 的结果

N		8	16	24
UBCM	L^2	5.1822e − 007	1.0127e − 007	6.8874e − 008
FDM	L^2	3.3386e − 005	3.2242e + 009	溢出

其中 L^2 表示误差的 L^2 模, UBCM 代表本节的迎风块中心方法, FDM 代表七点格式的有限差分方法, 表 10.2.1 和表 10.2.2 分别是问题 I 和问题 II 的数值结果. 由此可以看出, 差分方法对于对流占优的方程有结果, 但对于强对流方程, 剖分步长较大时有结果, 但步长慢慢减小时其结果明显发生振荡不可用. 迎风块中心方法无论对于对流占优的方程还是强对流占优的方程, 都有很好的逼近结果, 没有数值振荡, 可以得到合理的结果, 这是其他有限元或有限差分方法所不能比的.

此外, 我们运用本节方法研究两类半正定的情形.

问题 III:

$$a(x,y,z)=x(1-x),\quad b_1=1,\quad b_2=1,\quad b_3=0.$$

问题 IV:

$$a(x,y,z)=(x-1/2)^2,\quad b_1=-3,\quad b_2=1,\quad b_3=0.$$

表 10.2.3 中 P-III, P-IV 代表问题 III, 问题 IV, 表中数据是应用迎风块中心方法所得到的. 可以看出, 当扩散矩阵半正定时, 利用此方法可以得到比较理想的结果.

表 10.2.3 问题 III 和问题 IV 的结果

N		8	16	24
P-III	L^2	8.0682e − 007	5.5915e − 008	1.2303e − 008
P-IV	L^2	1.6367e − 005	2.4944e − 006	4.2888e − 007

下面给出问题 IV 真实解与数值解之间的比较, 由于步长比较小时差分方法发生振荡没有结果, 所以我们选择稍大点的步长 $h=1/8$.

其中 TS 代表问题的精确解. 由表 10.2.3 和表 10.2.4 可以清楚地看到, 对于半正定的问题, 本节的迎风块中心方法优势明显, 而差分方法在步长 $h=1/4$ 较大时振荡轻微, 步长减小却发生严重的振荡, 结果不可用.

表 10.2.4 结果比较

节点	TS	UBCM	FDM
(0.125, 0.25, 0.125)	0.0032	0.0035	0.0262
(0.25, 0.25, 0.25)	0.0146	0.0170	0.0665
(0.125, 0.25, 0.375)	0.0068	0.0076	0.0182
(0.125, 0.25, 0.875)	0.0015	0.0013	−0.0117

10.2.6 总结和讨论

本节研究三维多孔介质中强化采油渗流驱动问题, 提出一类迎风块中心差分方法及其收敛性分析. 10.2.1 小节是引言部分, 叙述和分析问题的数学模型、物理背景以及国内外研究概况. 10.2.2 小节给出网格剖分记号和引理. 10.2.3 小节提出迎风块中心-分数步差分方法程序, 对流动方程采用具有守恒性质的块中心方法离散, 对 Darcy 速度提高了一阶精确度. 对饱和度方程采用了迎风块中心差分方法求解, 即对方程的扩散部分采用块中心方法离散, 对流部分采用迎风格式来处理. 这种方法适用于对流占优问题, 能消除数值弥散和非物理性振荡, 提高了计算精确度. 扩散项采用块中心离散, 可以同时逼近饱和度函数及其伴随函数, 保持单元质量守恒, 这在渗流力学数值模拟计算中是十分重要的. 对计算工作量最大的组分浓度方程组采用迎风分数步差分方法, 将整体三维问题分解为连续解三个一维问题, 且可用追赶法求解, 大大减少实际计算工作量. 10.2.4 小节是收敛性分析, 应用微分方程先验估计理论和特殊技巧, 得到了最佳阶误差估计结果. 10.2.5 小节给出数值算例, 指明该方法的有效性和实用性, 成功解决这一重要问题[6,7,11,12,32]. 本节有如下特征: ① 本格式具有物理守恒律特性, 这点在油藏数值模拟实际计算中是十分重要的, 特别强化采油数值模拟计算; ② 由于组合地应用块中心差分、迎风格式和分数步计算技巧, 它具有高精度和高稳定性的特征, 特别适用于三维复杂区域大型数值模拟的工程实际计算; ③ 处理边界条件简单, 易于编制工程应用软件. 详细的讨论和分析可参阅文献 [50].

参考文献

[1] Ewing R E, Yuan Y R, Li G. Finite element for chemical-flooding simulation. Proceeding of the 7th International Conference Finite Element Method in Flow Problems. The University of Alabama in Huntsville, Huntsville, Alabama: UAHDRESS, 1989: 1264-1271.

[2] 袁益让, 羊丹平, 戚连庆, 等. 聚合物驱应用软件算法研究// 冈秦麟, 化学驱油论文集. 北京: 石油工业出版社, 1998: 246-253.

[3] Yuan Y R, Cheng A J, Yang D P, Li C F. Applications, theoretical analysis, numerical method and mechanical model of the polymer flooding in porous media. Special Topics & Reviews in Porous Media: An International Journal, 2015,6(4): 383-401.

[4] Yuan Y R, Cheng A J, Yang D P, Li C F. Theory and application of numerical simulation of permeation fluid mechanics of the polymer-black oil. Journal of Geography and Geology, 2014, 6(4): 12-28.

[5] Yuan Y R, Cheng A J, Yang D P, Li C F. Numerical simulation of black oil-three compound combination flooding. International Journal of Chemistry, 2014, 6(4): 38-54.

[6] 袁益让, 程爱杰, 羊丹平. 油藏数值模拟的理论和矿场实际应用. 北京: 科学出版社, 2016.

[7] Pan H, Rui H. A mixed element method for Darcy-Forchheimer incompressible miscible displacement problem. Comput. Methods Appl. Mech. Engrg., 2013, 264: 1-11.

[8] Aziz K, Settari A. Petroleum Reservoir Simulation. London: Applied Science Publishers, 1979.

[9] Ewing R E, Lazarov R D, Lyons S L, Papavassiliou D V, Pasciak J, Qin G. Numerical well model for non-darcy flow through isotropic porous media. Comput. Geosci., 1999, 3(3/4): 185-204.

[10] Ruth D, Ma H. On the derivation of the Forchheimer equation by means of the averaging theorem. Transport in Porous Media, 1992, 7(3): 255-264.

[11] Douglas J, Jr. Finite difference method for two-phase in compressible flwo in porous media. SIAM J. Numer. Anal., 1983, 4: 681-696.

[12] Douglas J, Jr. Simulation of miscible displacement in porous media by a modified

method of characteristic procedure// Numerical Analysis. Lecture Notes in Mathematics, 912, Berlin: Springer-Verlag, 1982.

[13] Ewing R E, Russell T F, Wheeler M F. Convergence analysis of an approximation of miscible displacement in porous media by mixed finite elements and a modified method of characteristics. Comput. Methods Appl. Mech. Engrg., 1984, 47(1/2): 73-92.

[14] Douglas J, Jr, Yuan Y R. Numerical simulation of immiscible flow in porous media based on combining the method of characteristics with mixed finite element procedure. Numerical Simulation in Oil Rewvery, New York: Springer-Berlag, 1986: 119-132.

[15] 袁益让. 油藏数值模拟中动边值问题的特征差分方法. 中国科学 (A 辑), 1994, 24(10): 1029-1036.

[16] 袁益让. 三维动边值问题的特征混合元方法和分析. 中国科学 (A 辑), 1996, 26(1): 11-22.

[17] Cella M A, Russell T F, Herrera I, Ewing R E. An Eulerian-Lagrangian localized adjoint method for the advection-diffusion equations. Adv. Water Resour., 1990, 13(4): 187–206.

[18] Arbogast T, Wheeler M F. A characteristics-mixed finite element method for advection-dominated transport problems. SIAM J. Numer. Anal., 1995, 32(2): 404-424.

[19] Sun T J, Yuan Y R. An approximation of incompressible miscible displacement in porous media by mixed finite element method and characteristics-mixed finite element method. J. Comput. Appl. Math., 2009, 228(1): 391-411.

[20] 袁益让, 程爱杰, 羊丹平, 李长峰. 三维强化采油耦合系统隐式迎风分数步差分方法的收敛性分析. 中国科学 (数学), 2014, 44(10): 1035-1058.

[21] Yuan Y R, Cheng A J, Yang D P, Li C F. Theory and application of numerical simulation method of capillary force enhanced oil production. Appl. Math. Mech. Engl. Ed., 2015, 36(3): 379-406.

[22] 袁益让. 高维数学物理问题的分数步方法. 北京: 科学出版社, 2015.

[23] Peaceman D W. Fundamental of Numerical Reservoir Simulation. Amsterdam: Elsevier, 1980.

[24] Ewing R E. The Mathematics of Reservior Simulation. Philadelphia: SIAM, 1983.

[25] Raviart P A, Thomas J M. A mixed finite element method for second order elliptic problems// Mathematical Aspects of the Finite Element Method. Lecture Notes in Mathematics, 606. Berlin: Springer-Verlag, 1977.

[26] Weiser A, Wheeler M F. On convergence of block-centered finite differences for elliptic problems. SIAM J Numer Anal., 1988, 25(2): 351-375.

[27] 沈平平, 刘明新, 汤磊. 石油勘探开发中的数学问题. 北京: 科学出版社. 2002.

[28] Adams R A. Sobolev Spaces. New York: Academic Press, 1975.

[29] 袁益让, 程爱杰, 李长峰, 杨青. 化学采油渗流驱动问题的特征混合体积元方法. 山东大学数学研究所科研报告, 2017. 10.

Yuan Y R, Cheng A J, Li C F, Yang Q. A characteristic-mixed volume element method for the displacement problems of enhanced oil recovery. Advances in Applied Mathematics and Mechanics, 2019, 11(5): 1084-1113.

[30] Russell T F. Time stepping along characteristics with incomplete interaction for a Galerkin approximation of miscible displacement in porous media. SLAM J. Numer. Anal., 1985, 22(5): 970-1013.

[31] 袁益让. 能源数值模拟方法的理论和应用. 北京: 科学出版社, 2013.

[32] Dawson C N, Russell T F, Wheeler M F. Some improved error estimates for the modified method of characteristics. SIAM J. Numer. Anal., 1989, 26(6): 1487-1512.

[33] Cai Z. On the finite volume element method. Numer. Math., 1991, 58: 713-735.

[34] 李荣华, 陈仲英. 微分方程广义差分方法. 长春: 吉林大学出版社, 1994.

[35] Douglas J, Jr, Ewing R E, Wheeler M F. Approximation of the pressure by a mixed method in the simulation of miscible displacement. RAIRO Anal. Numer., 1983, 17(1): 17-33.

[36] Douglas J, Jr, Ewing R E, Wheeler M F. A time-discretization procedure for a mixed finite element approximation of miscible displacement in porous media. RAIRO Anal. Numer., 1983, 17(3): 249-265.

[37] Russell T F. Rigorous block-centered discritization on inregular grids: Improved simulation of complex reservoir systems. Project Report, Research Comporation, Tulsa, 1995.

[38] Jones J E. A mixed volume method for accurate computation of fluid velocities in porous media. Ph. D. Thesis. University of Clorado, Denver, Co. 1995.

[39] Cai Z, Jones J E, McCormilk S F, Russell T F. Control-volume mixed finite element methods. Comput. Geosci., 1997, 1: 289-315.

[40] Chou S H, Kawk D Y, Vassileviki P. Mixed volume methods on rectangular grids for elliptic problem. SIAM J. Numer. Anal., 2000, 37: 758-771.

[41] Chou S H, Kawk D Y, Vassileviki P. Mixed volume methods for elliptic problems on trianglar grids. SIAM J. Numer. Anal., 1998, 35: 1850-1861.

[42] Chou S H, Vassileviki P. A general mixed covolume frame work for constructing conservative schemes for elliptic problems. Math. Comp., 2003, 12: 150-161.

[43] Rui H X, Pan H. A block-centered finite difference method for the Darcy-Forchheimer Model. SIAM J. Numer. Anal., 2012, 50(5): 2612-2631.

[44] Pan H, Rui H X. Mixed element method for two-dimensional Darcy-Forchheimer model. J. of Scientific Computing, 2012, 52(3): 563-587.

[45] Yuan Y R, Liu Y X, Li C F, Sun T J, Ma L Q. Analysis on block-centered finite differences of numerical simulation of semiconductor detector. Appl., Math. Comput., 2016, 279: 1-15.

[46] Yuan Y R, Yang Q, Li C F, Sun T J. Numerical method of mixed finite volume-modified upwind fractional step difference for three-dimensional semiconductor device transient behavior problems. Acta. Mathematica Scientia, 2017, 37B(1): 259-279.

[47] Arbogast T, Wheeler M F, Yotov I. Mixed finite elements for elliptic problems with tensor coefficients as cell-centered finite differences. SIAM J. Numer. Anal., 1997, 34(2): 828-852.

[48] Nitsche J. Linear splint-funktionen and die methoden von Ritz for elliptishce randwert probleme. Arch. for Rational Mech. Anal., 1968, 36: 348-355.

[49] 姜礼尚, 庞之垣. 有限元方法及其理论基础. 北京: 人民教育出版社, 1979.

[50] 袁益让, 程爱杰, 李长峰, 宋怀玲. 强化采油渗流驱动问题的迎风块中心方法和分析. 山东大学数学研究所科研报告, 2017. 12.

Yuan Y R, Cheng A J, Li C F, Song H L. Block-centered upwind method and converangce analysis for enhanced oil recovery displacement problem. 山东大学数学研究所科研报告, 2017. 12.

索　引

第 3 章

第 4 章

第 5 章

第 6 章

第 7 章

第 8 章

第 9 章

第 10 章